Umweltschutztechnik

Ulrich Förstner · Stephan Köster

Umweltschutztechnik

9. Auflage

 Springer Vieweg

Ulrich Förstner
Institut für Umwelttechnik und Energiewirtschaft
Technische Universität Hamburg
Hamburg, Deutschland

Stephan Köster
Institut für Siedlungswasserwirtschaft
Universität Hannover
Hannover, Deutschland

ISBN 978-3-662-55162-2   ISBN 978-3-662-55163-9 (eBook)
https://doi.org/10.1007/978-3-662-55163-9

Die Deutsche Nationalbibliothek verzeichnet diese Publikation in der Deutschen Nationalbibliografie; detaillierte bibliografische Daten sind im Internet über http://dnb.d-nb.de abrufbar.

Springer Vieweg

Gedruckt auf säurefreiem und chlorfrei gebleichtem Papier

Springer Vieweg ist Teil von Springer Nature
Die eingetragene Gesellschaft ist Springer-Verlag GmbH Deutschland
Die Anschrift der Gesellschaft ist: Heidelberger Platz 3, 14197 Berlin, Germany

Vorwort zur 9. Auflage

Die Umweltkompartimente Wasser, Luft und Boden stehen weltweit nach wie vor unter erheblichem Druck. Trotz vielerorts unbestreitbarer Errungenschaften im Bereich des Umweltschutzes führen gleich mehrere globale Entwicklungen dazu, dass der Schutz unserer Umwelt noch nicht die Erfolge zeitigt, die eigentlich notwendig wären. Die Weltbevölkerung steigt weiter stark an, was sehr konkrete Versorgungsfragen nach sich zieht. Zeitgleich gelingt es immer mehr Schwellenländern, die Wohlstandsversprechen an ihre Bevölkerung einzulösen. Dies verstärkt die weltweite Ressourceninanspruchnahme, die bisher nicht vom Wirtschaftswachstum entkoppelt werden konnte. Zusätzlich wachsen viele Städte und dies zum Teil rasant. Doch besonders Städte gelten als sehr vulnerabel gegenüber dem Klimawandel.

Die langjährige Auseinandersetzung mit dem Klimawandel demonstriert eindrucksvoll, dass eine völkerübergreifende Festlegung und Umsetzung von Umweltschutzzielen sehr schwierige und langwierige Prozesse sind. Vielmehr erkennen wir immer deutlicher, wie schwierig es ist, tatsächlich nachhaltig zu leben und zu wirtschaften. So werden die Grundsätze des nachhaltigen Wirtschaftens „in den Grenzen der natürlichen Tragfähigkeit" in diesem Buch besonders gewürdigt (Gastbeitrag von dem Berliner Umweltökonomen und Vorsitzenden der Gesellschaft für Nachhaltigkeit, Prof. Holger Rogall im Teilkapitel 2.2).

In diesem Zusammenhang ist von neuem die Bedeutung des Umweltschutzes hervorzuheben. Er dient dem Erhalt unserer Lebengrundlagen und zielt eben nicht einseitig auf eine Belastung der Wirtschaft ab, wie es oftmals fälschlich wahrgenommen wird. Die Umweltschutztechnik leistet einen wichtigen Beitrag zum Umweltschutz. Sie versucht, die Inanspruchnahme der Umwelt und ihre anthropogen bedingte Verunreinigung so gut wie möglich auszugleichen. Hierzu sind teilweise hochentwickelte Prozesse und Technologien im Einsatz. In diesem Kontext sind die „Besten Verfügbaren Techniken" hervorzuheben, die auf europäischer Ebene im Rahmen des Sevilla-Prozesses stetig weiterentwickelt werden (u.a. in den Kapiteln 5 Immissionsschutz und 9 Abfall).

Aber gelingt die Ausrichtung auf die Zukunft? Nach der Energiewende haben die Themen „Ressourcenschutz" (neues Teilkapitel 2.3) und „Kreislaufwirtschaft" (überarbeitetes Kapitel 10) nochmals an Bedeutung gewonnen. Allerdings entstehen auch neue Konfliktebenen. Im Kontext der „Erneuerbaren Energien" (Kapitel 4 Klima und Energie) hat sich die Energiegewinnung aus landwirtschaftlich gewonnener Biomasse etabliert. Aber steht die hierfür erforderliche Landnutzung auch im Einklang mit regionalen und globalen Ernährungsfragen (Kapitel 8 Bodenschutz)? Die intensive Landwirtschaft tangiert ganz erheblich die (urbane) Wasserwirtschaft. Es ist besorgniserregend, dass die derzeitige Qualität der für die Trinkwasserversorgung genutzter Rohwässer vielfach durch ansteigende bzw.

nicht fallende Nitratkonzentrationen in den für uns so wichtigen Grundwasserleitern in Frage gestellt wird. Dieses und weitere aktuelle Themen wie Plastikeinträge in die aquatischen Umwelt und Möglichkeiten der Reduktion anthropogener Mikroschadstoffe werden in den vollständig überarbeiteten Kapiteln 6 Abwasser und 7 Trinkwasser diskutiert.

Ein erfolgreicher Umweltschutz ist ohne Umweltschutztechnik nicht möglich. Das vorliegende Handbuch soll einen umfassenden Überblick über den in der Umweltschutztechnik erreichten Stand geben. Es vermittelt ein sehr breites technikorientiertes Umweltwissen und erleichtert es dem Leser, Querbezüge zu benachbarten Fachbereichen herzustellen. Dem Verlag Springer-Vieweg und hier Herrn Dipl.-Ing. Thomas Lehnert danken wir für das anhaltende Interesse an diesem Buchprojekt und für viele wertvolle Anregungen.

Hamburg/Hannover, Oktober 2017   Ulrich Förstner und Stephan Köster

Vorwort zur 4. Auflage

Der Erfolg der „Umweltschutztechnik" machte in rascher Folge nach der korrigierten 3. Auflage eine wesentlich erweiterte 4. Auflage notwendig, die vor allem im Grundlagenteil neu konzipiert wurde, um den Ansprüchen an ein fachübergreifendes *Lehrbuch des ökologisch-technischen Umweltschutzes* zu genügen.

In dieser Querschnittsdisziplin ist in besonderem Maße jener Standardtypus der technischen Fachbildung gefordert, der „als Zwei-Drittel-Experte und wirklicher Generalist ausgewählte Sachbereiche in mehreren Perspektiven begreifen und diese verknüpfen kann" (*Günter Ropohl* „Technologische Bildung", Frankfurt/M. 1991). Für die Umweltschutztechnik sind solche Bereiche u.a. das Bauingenieurwesen, verschiedene Verfahrenstechnologien, die Energietechnik, die Messtechnik und die Informatik. Die ökologischen Ansätze und Perspektiven von *Grunddisziplinen der Technik und angewandten Naturwissenschaft* werden im Einführungskapitel beschrieben – zusätzlich zu den bereits in früheren Auflagen umrissenen politischen, rechtlichen und ökonomischen Aspekten des Umweltschutzes.

Dem Bereich *Umwelttechnik im Unternehmen* wurde ein eigenes Kapitel gewidmet. Die Umweltökonomen stehen vor einer neuen Qualität bei der Konzeptentwicklung, denn „wirklich substantielle Beiträge erzwingen ein echtes Eindringen in technische und in naturwissenschaftliche Sachverhalte" (*Gerd Rainer Wagner* „Unternehmung und ökologische Umwelt", München 1990). Das vorliegende Buch will hier eine Brücke schlagen, indem es die gängigen Ingenieurmaßnahmen in den verschiedenen Umweltbereichen darstellt (= *Umwelttechnik*), den Nachdruck jedoch auf die medienübergreifenden Ansätze unter besonderer Berücksichtigung ökologischer Kriterien legt (= *Umweltschutztechnik*).

Die immer deutlicheren Hinweise auf die kommende globale Klimakatastrophe und die bereits jetzt dramatisch sich zuspitzende Müllproblematik haben in beiden Bereichen die Entwicklung neuer Technologien und integrierter Strategien verstärkt. Für das Kapitel *Energie und Klima* wurde das 10bändige Studienprogramm der Enquêtekommission „Vorsorge zum Schutz der Erdatmosphäre" ausgewertet. Im Kapitel *Abfall* werden die praktischen Konsequenzen der neuen Verordnungen und Verwaltungsvorschriften (bspw. „TA Abfall") dargestellt; die Rückverlagerung der Entsorgungsprobleme auf den Produzenten wird künftig der betrieblichen Umwelttechnik eine zentrale Stelle innerhalb der Abfallwirtschaft einräumen.

Hamburg-Harburg, den 15. September 1992   Ulrich Förstner

Inhaltsverzeichnis

Verzeichnis der Kasten-Themen

Verzeichnis der Kasten-Themen aus Kapitel 1–3

Verzeichnis der Kasten-Themen aus Kapitel 4–7

Verzeichnis der Kasten-Themen aus Kapitel 8–10

1 Grundlagen der Umweltschutztechnik

Ziel und Aufgabe der Umweltschutztechnik ist die Entwicklung und Umsetzung von Ingenieurkonzepten zum Schutz der (natürlichen) Ressourcen. Die Anwendungsgebiete reichen von der Energie- und Rohstoffversorgung, der Reinhaltung von Wasser, Luft und Boden, Projekten zum Schutz der Meere und des Weltklimas bis zur Wiederherstellung geschädigter Ökosysteme.

Der ökologische Technikansatz ist dem *Vorsorgeprinzip* verpflichtet, der frühzeitigen Erfassung möglicher negativer Effekte. Er folgt dem *Leitbild der Nachhaltigkeit*, das den Einklang von wirtschaftlicher Entwicklung, sozialer Sicherheit und der langfristigen Erhaltung der natürlichen Lebensgrundlagen anstrebt. Die *Steigerung der Ressourcenproduktivität* ist eine Kernstrategie der nachhaltigen Entwicklung im Technologiebereich (Kapitel 2).

Der Abschnitt 1.1 beschreibt die *Umsetzung dieser Prinzipien* bei den globalen Klimaschutzzielen und in anderen strategischen Handlungsfeldern. Die Abschnitte 1.2 und 1.3 fassen die *rechtlich-ökonomischen und ökologischen Grundlagen* des technischen Umweltschutzes zusammen. Der Abschnitt 1.4 gibt einen Überblick über die *Querschnittsdisziplin Umweltschutztechnik* mit einer Auswahl von Beispielen aus den Ingenieur-, Natur- und Betriebswissenschaften (Risikoforschung, Informatik, Verfahrenstechnik, Biotechnologie, Green Chemistry, Nanotechnologie, Technische Geochemie, Geotechnik, Materialwirtschaft, Fertigungstechnik).

1.1 Leitbilder und Strategien

Umweltschutztechnik umfasst in einem erweiterten Rahmen die Bestandsaufnahme und Bewertung einer Problemsituation, die Planung und Durchführung technischer Maßnahmen zur Problemlösung, sowie deren Überwachung und Nachsorge. Der Begriff „Umwelttechnik" wird häufig für zentrale Ingenieuraufgaben bei der Begrenzung und Reparatur von Umweltschäden benutzt.

Diese Aufgaben lassen sich weder einem technologischen Kernbereich noch bestimmten Branchen (wie Energiewandlung, Transport, Landwirtschaft) zuordnen, sondern betreffen das gesamte Spektrum von Produktion und Konsumtion [1.1]: „jedes Produkt steht in Wechselwirkungen mit der Umwelt, von der Bereitstellung der zu seiner Herstellung benötigten Rohstoffe und Energie, über den eigentlichen Herstellungsprozess und die Nutzung bis hin zu seiner Entsorgung als Abfall. Umwelttechnologien haben somit Querschnittscharakter; sie stellen bestimmte Eigenschaften oder Bestandteile von Technologien dar, durch deren gezielten Einsatz den Anforderungen an den Schutz und die Entlastung der natürlichen Umwelt entsprochen werden soll". Ein Großteil der Umweltschutzgüter konzentriert sich auf forschungs- und wissensintensive Industrie- und Dienstleistungsbereiche, wie den Maschinen- und Fahrzeugbau, die Mess-, Steuer- und Regeltechnik, Metallverarbeitung, Elektrotechnik, Chemie- und Kunststoffindustrie sowie auf hochwertige Forschungs-, Planungs- und Beratungsleistungen [1.2].

© Springer-Verlag Berlin Heidelberg 2018
U. Förstner, S. Köster, *Umweltschutztechnik*, https://doi.org/10.1007/978-3-662-55163-9_1

Für den Einsatz von Umwelttechnik sind neben dem technischen Entwicklungs-stand die *Marktsituation* und die *gesetzlichen Regelungen* maßgebend; letzteres gilt vor allem für die nachgeschaltete Reinigung von Abgas und Abwasser. *End-of-the-pipe*-Methoden können durchaus fortschrittlich sein, wie das Beispiel der Aktivkoksfiltertechnik zeigt, deren hoher Wirkungsgrad den Einsatz von Müllver-brennungsanlagen in Stadtgebieten erst akzeptabel gemacht hat.

Unter funktionalen Kriterien umfasst Umweltschutz die *Beseitigung*, die *Kom-pensation*, die *Verringerung*, die *Vermeidung* und die *Beobachtung* nachteiliger Wirkungen menschlicher Eingriffe auf die Umwelt. Danach lassen sich generell vier Bereiche des Umweltschutzes unterscheiden, denen jeweils Umwelttechniken bzw. Umweltschutzgüter zugeordnet werden können (Tabelle 1.1 nach [1.3]):

Tabelle 1.1 Die Hauptkomponenten zum Begriff „Umweltschutztechnik" (umrahmt) und die vier Bereiche des technischen Umweltschutzes (*kursiv*; nach *Coenen, Klein-Vielhauer* und *Meyer* in dem Bericht „Integrierte Umwelttechnik – Chancen erkennen und nutzen" des Büros für Technikfolgen-Abschätzung beim Deutschen Bundestag [1.3]).

Märkte, Gesetze	Umwelt, Ressourcen, Technologien	Vorsorge-prinzip	Leitbild Nachhaltigkeit
Nachsorgender Umweltschutz	*Kompensatorischer Umweltschutz*	*Vorsorgender Umweltschutz*	*Umwelt-beobachtung*
• Relevante Techniken	• Relevante Techniken	• Relevante Techniken	• Relevante Techniken
– Abwasser-behandlung	– Erhöhung der Belastbarkeit von Umweltmedien und Ökosystemen	– Additive Umwelt-technk	– Überwachung der Wasser-, Luft- und Bodenqualität
– Abfallbehandlung	*-Kalken von Wäldern, sonst. forstwirtschaft-liche Maßnahmen*	*-Filtertechniken*	– Lebensmittelüber-wachung auf Schad-stoffkonzentrationen
– Sanierung (Boden-dekontaminierung, Gewässersanierung	*-Gewässerbelüftung*	*-Entschwefelung*	– Extraterrestrische Umweltbeobachtung
– Sekundär-Recycling	*-biotechnologische Maß-nahmen zur Anpassung an veränderte Umwelt-bedingungen (bspw. Klimaänderungen)*	*-Entstickung*	– Lärmmessung
	– Erosionsschutz	*-Katalysatoren*	
	– Küstenschutz	– Integrierte Umwelt-technik	
	– Lärmschutzwände	*-Material- und energie-effizientere Produk-tionsprozesse*	
		-Ersatz umweltschäd-licher Einsatzstoffe	
		-Substitution umwelt-schädl. Produktions-prozesse und Produkte	
		-Umweltverträglichere Produkte	
		– Primäres Recycling	
• Dienstleistungen	• Dienstleistungen	• Dienstleistungen	• Dienstleistungen
– Altlastenerkundung	– Management-konzepte für die nachhaltige Bewirtschaftung von Ökosystemen	– UVP für Industrie-anlagen	– Durchführung von Messkampagnen
– Kommunale Abfallentsorgung		– Öko-Audit	
– UVP für Entsor-gungsanlagen			

a) *Techniken des nachsorgenden Umweltschutzes* dienen der Beseitigung oder Verminderung bereits eingetretener Umweltbelastungen aus Produktions- und Konsumtionsprozessen. Dies sind Umweltbelastungen, die institutionelle Grenzen bzw. Systeme (industrielle Produktion, privater Konsum) überschritten haben. „Sekundäre" Recyclingtechniken setzen im Vergleich zu primären, die der vorsorgenden Umwelttechnik zuzuordnen sind, erst dann an, wenn es bereits zu Rückständen aus der Produktion gekommen ist oder Produkte nicht mehr gebrauchsfähig im Sinne der ursprünglichen Nutzungsansprüche sind.

b) Der *Einsatz kompensatorischer Umwelttechnik* ist zwar ebenfalls nachsorgend, setzt aber nicht an der Beseitigung, Reduzierung oder Verwandlung von Reststoffen in umweltverträglichere Formen an, sondern versucht, „die Belastungsfähigkeit bzw. Verarbeitungskapazität von Umweltmedien, Ökosystemen und Lebewesen zu erhöhen bzw. die Effekte bestehender Umweltbelastungen abzumildern, ohne die Umweltbelastungen selbst abzubauen" [1.3].

c) Unter *vorsorgender Umwelttechnik* kann man alle Techniken fassen, die dazu geeignet sind, Emissionen aus Produktions- und Konsumtionsprozessen von vornherein zu verringern – d.h. auch nachgeschaltete Techniken („end of pipe"). In jedem Fall zählt dazu die integrierte Umwelttechnik, die an den Quellen möglicher Belastungen ansetzt, d.h. am Material- bzw. Stoffeinsatz oder Energieeinsatz, sowie bei der Vermeidung des Einsatzes besonders umweltbelastender Stoffe.

d) *Techniken der Umweltbeobachtung.* Einen weiteren Bereich der Umwelttechnik bilden die Techniken, die der Messung von Emissionen und der Überwachung der Umweltqualität dienen. Neben Techniken der terrestrischen Umweltbeobachtung (Wasser, Luft, Boden), der Lärmmesstechnik und der Lebensmittelüberwachung im Hinblick auf Schadstoffkonzentrationen ist in diesem Bereich auch die weltraumgestützte Fernerkundung zuzuordnen.

Umweltschutzdienstleistungen (unterer Teil der Tabelle) sind in vielen Fällen Wegbereiter oder Basis für einen ökologisch-ökonomisch optimierten Einsatz von Umwelttechniken. Der Umweltschutzdienstleistungsbereich umfasst u.a. die Umweltberatung, die Durchführung von Umweltverträglichkeitsprüfungen (UVP) und anderer gesetzlich erforderlicher Umweltanalysen, die Durchführung von Umweltbetriebsprüfungen (Öko-Audits), die Erstellung von Ökobilanzen, Produktlinien- und Stoffstromanalysen (*siehe Kapitel 2.1 des vorliegenden Buchs*), und die Entwicklung kommunaler Abfallmanagement-Konzepte und Altlastenerkundungen.

Zur Abgrenzung van additiver und integrierter Umwelttechnik (Coenen et al. [1.3] Seiten 25 und 26): „Man kann das Begriffspaar additive und integrierte Umwelttechnik als einen Paradigmenwechsel in der ingenieurtechnischen Befassung mit Umweltschutz ansehen, und zwar als einen Wechsel von einem primär emissions- bzw. reststofforientierten Ansatz ('waste-oriented approach') zu einem quellenorientierten Ansatz ('source-oriented approach'), bei dem durch konstruktive Gestaltung von Produktionsprozessen und Produkten der Einsatz von Energie und Stoffen reduziert und damit das Rückstandsaufkommen von vornherein verringert wird und deshalb womöglich auf additive Maßnahmen verzichtet werden kann".

1.1.1 Umweltprobleme und Umwelthandeln

In einer „historischen Standortbestimmung" [1.4] wurden die folgenden quantitativen und qualitativen Unterschiede zwischen den traditionellen und den modernen Umweltzerstörungen beschrieben:

- An die Stelle punktueller treten *universelle Probleme.* Vor- und frühindustrielle Umweltschäden blieben lokal oder regional, auf die Umgebung einer Stadt oder einer Fabrik beschränkt, während weite Bereiche des betreffenden Ökosystems nicht beeinträchtigt wurden. Bspw. erzeugte erst die völlige Mechanisierung und Chemisierung der Landwirtschaft flächendeckende Umweltschäden.
- An die Stelle einfacher treten *komplexe Wirkungen.* So sind etwa die modernen Waldschäden nicht mehr auf die Wirkung eines bestimmten Stoffes zurückzuführen, sondern auf vielfache „Synergismen", so dass weder ein „Verursacher" noch auch eine „Ursache" eindeutig identifiziert werden kann.
- An die Stelle reversibler treten tendenziell *irreversible Schädigungen.* Die Anreicherung der Böden mit Schwermetallen ist ebenso wenig umkehrbar wie die Veränderung der chemischen Zusammensetzung der Atmosphäre mit ihren unabsehbaren Konsequenzen für das Klima.

Der Grundtenor der frühen geisteswissenschaftlichen Debattenbeiträge stimmte darin überein, dass die Wurzeln der modernen Umweltprobleme an der Schnittstelle zwischen Technik und Natur zu suchen wären. Gegensätzlich entwickelten sich jedoch die Reaktionen auf eine solche „unzulängliche ökologische Einbettung der Technik": Der *naturalistische* Ansatz enthielt vor allem die Forderung nach einer weitergehenden „moralischen Pflicht gegenüber der Natur" [1.5]; der *kulturalistische* Ansatz betrachtete dagegen die „Maße für die Umwelt", z.B. Umweltstandards, als soziale Konventionen [1.6].

In seinem Buch „Ökologische Kommunikation" postulierte *Niklas Luhmann* [1.7], dass sich bisher kein eigenständiges gesellschaftliches *Subsystem Ökologie* ausdifferenzieren konnte, weil die mit der Ökologie verbundenen Interferenzen zu bestehenden Funktionssystemen wie z.B. Politik, Wissenschaft, Religion usw. zu groß sind; deshalb müssten auch in Zukunft *ökologische Fragen dezentral gelöst werden*, d.h. im Rechtssystem als Rechtsfragen, etwa unter dem Aspekt des Raumrechts, im ökonomischen System über die Marktgesetze, usw. [1.7].

Nach den moralisierenden Schuldzuweisungen der frühen Umweltdiskussion – ökonomisches Fehlverhalten oder unzureichendes Verantwortungsgefühl – wurden in den 90er Jahren zunehmend praxisnähere Ökologieprobleme, z.B. im betrieblichen Umweltschutz, aufgegriffen. Auch bei der Wiederherstellung von geschädigten Umweltbereichen hat sich eine pragmatischere Haltung durchgesetzt („für eine wachsende Zahl von Umweltschützern ist die Technik ein Mittel zum Zweck des Umweltschutzes geworden") und es gibt keinen Widerspruch zu der Forderung, „dass sich die Technologiepolitik auf die Technologien des ‚Jahrhunderts der Umwelt' konzentrieren muss" [1.8].

„Die Ära der Ökologie – eine Weltgeschichte" von *Joachim Radkau* [1.9] gibt eine Bilanz der Umweltbewegung, mit der Erkenntnis, dass es aussichtslos ist, sich auf eine einzige Geschichte festlegen zu wollen: „Gerade die Pluralität möglicher Geschichten begründet die Zuversicht, *dass man etwas tun kann ....*".

Die Gründe für die Probleme bei der ökologischer Durchdringung der naturwissenschaftlich-technischen Disziplinen liegen auch in den traditionellen „Welt- und Technikbildern" [1.10] und insbesondere in dem Begriff „Umweltschutztechnik" treffen zwei grundsätzlich verschiedene Orientierungen und Ausprägungen in allen Lebensbereichen (Naturbild, Bild der Wissenschaftsgesellschaft, Sozialbild, Menschenbild) hart aufeinander[1]. Dabei erweist sich die Vorstellung, Technik- und Umweltfragen auf rein natur- und ingenieurwissenschaftlicher Grundlage beantworten zu können, zunehmend als technokratische Illusion. Streitigkeiten etwa um Grenzwerte sind „vernünftig" nur entscheidbar bei Kenntnis der soziokulturellen Dimension des Problems und einer bewussten Auseinandersetzung mit den Weltbildern, d.h. mit grundsätzlichen Sinn- und Orientierungsfragen[2].

Aus dieser Bipolarität der persönlichen Welt- und Technikbilder, die sich auch im Akzeptanzverhalten und in der Umweltpolitik manifestiert, entstanden unterschiedliche Strategien des *Umwelthandelns* [1.11]:

- Die *Suffizienz-Strategie* – sei es als „voluntary simplicity" der Vernunftliebenden und Empfindsamen („Living poor with style"), sei es als autoritäre Zwangsbewirtschaftung in einer Ökodiktatur – ist unrealistisch wegen des weltweiten Vormarsches des Nützlichkeitsdenkens und Glückseligkeitsstrebens, unerwünscht wegen der gewaltsamen Zerstörung freiheitlich-rechtstaatlicher und ziviler Lebensbedingungen, und unwirksam, weil sie implizieren würde, die Weltbevölkerung auf vorindustrielle Ausmaße zurückzuholen.

- Die *Effizienz-Strategie* zielt darauf ab, betriebliche Wirtschaftlichkeitsprinzipien noch konsequenter auch auf ökologische Zusammenhänge anzuwenden. Stoffe sollen möglichst lange immer wieder genutzt werden, ehe sie als Abfall wieder im Naturkreislauf für menschliche Zwecke verloren gehen. Neubekehrte Industrielle neigen dazu, „Nachhaltigkeit" mit „Effizienz" weitgehend gleichzusetzen. Bei ökologisch unangepassten bzw. unverträglichen Stoffströmen gelten aber letztlich die gleichen Restriktionen wie für die Suffizienz-Strategie.

- Die *Konsistenz-Strategie* will verhindern, dass sich anthropogene und geogene Stoffströme einander stören oder symbiotisch-synergetisch verstärken. Konsistente Stoffströme sind also solche, die entweder weitgehend störsicher im abgeschlossenen technischen Eigenkreislauf geführt werden, oder aber mit den Stoffwechselprozessen der umgebenden Natur so weit übereinstimmen, dass sie sich, auch in großen Volumina, relativ problemlos darin einfügen. Die Strategie der Konsistenz deckt sich mit den Zielen und Prinzipien des *vorsorgenden integrierten Umweltschutzes:* „Je mehr erneuerbare Ressourcen zugleich in naturintegrierten umweltverträglichen Kreisläufen bewirtschaftet werden, umso mehr kann das nackte Effizienz-Handeln wieder in den Hintergrund treten, zumindest aus ökologischer Sicht" [1.11].

---

[1] In der Definition von *Huber* [1.10] sind dies „eutope" bzw. „dystope" Technikbilder. „Eutop" aus eudämonistisch-utilaristischer (Glückseligkeits-/Nützlichkeitsphilosophie) Utopie; „dystop" aus negativer Utopie von der Art „1984" oder „Schöne Neue Welt".

[2] Die aktuellen Entwicklungen „Trends und Tendenzen im Umweltbewusstsein in Deutschland 2014" finden sich am Ende dieses Kapitels im Kasten auf Seite 58 mit Auszügen aus einer Studie des Instituts für ökologische Wirtschaftsforschung (UBA 2016 [1.145]).

1.1.2 Frühe Denkansätze zu Umwelt und Technik (aus 1. Auflage 1990)

Im Jahre 1972 machte der *Club of Rome*, ein informeller Zusammenschluss von etwa 70 Wissenschaftlern, Industriellen und Humanisten mit der Studie „Grenzen des Wachstums" [1.12] Schlagzeilen. Der Bericht des Exekutiv-Kommitees des „Clubs" verkündete in allgemein verständlicher Form eine Binsenweisheit: Alle *Ressourcen* – von der Energie bis zum Erz – sind endlich. Würde man die bis dahin gültigen Linien des Verbrauchs in die Zukunft verlängern, wäre ein Ende der Vorräte schon im nächsten Jahrzehnt abzusehen. Einige Behauptungen und Annahmen in dem *Weltmodell* und technischen Substudien (z.B. zur Verbreitung von DDT und Quecksilber [1.13]) wurden korrigiert oder widerlegt, aber der Hauptgedanke blieb: dass wir nicht mehr aus dem vollen schöpfen können [1.14].

Als Reaktion auf die Herausforderung „Grenzen des Wachstums" und für die Beantwortung der „ökologischen Frage" entwickelten sich seit Anfang der siebziger Jahre verschiedene Denkrichtungen [1.15]:

– Die Position der *ökologischen Anpassung* war durch die Konzepte des Nullwachstums, der Schrumpfung und der Askese gekennzeichnet; der rechte Ökoflügel forderte eine Wiederherstellungen alter Grundsätze, verbunden mit einem Verweis auf Innerlichkeit und immaterielle Werte.

– Die Position des *differenzierten* oder *selektiven Wachstums*, die um 1974/75 entstand, hält Wachstum je nach sozialer und geographischer Lage für vertretbar; die Güterproduktion ist zugunsten der Dienstleistungen zu drosseln.

– Die *technokratische Position* trat ab 1976 mit dem Programmkürzel „neues Wachstum" auf und versucht eine ökologisch angepasste *Superindustrialisierung* auf der Grundlage neuer Technologien zu etablieren.

– Die Position der *ökologischen Transformation*, die sich seit Ende der 70er Jahre in linken, alternativen Kreisen entwickelte, versucht eine Systemveränderung und Lebensgestaltung („eine andere Entwicklung") von der „Basis" aus.

Dabei liegen die Merkwürdigkeiten, Spannungen und Inkonsistenzen im Umweltbewusstsein (der Deutschen) auf drei Ebenen [1.16]: Auf der *Wahrnehmungsebene* zwischen unmittelbarer Erfahrung und staatsbürgerlicher Betroffenheit, auf der *Verhaltensebene* zwischen Motiven und ihrer Realisierung, und auf der *Zielebene* zwischen ökologischen Gefühlen und technokratischen Argumenten. Von einer breiten Mehrheit wird Wachstum als allgemeines *Gesellschaftsziel* positiv bewertet, während man für wichtige Bereiche eindeutig negative Auswirkungen der ökonomischen Expansion sieht [1.16]. Die im letzten Jahrhundert aufgebrochenen Gegensätze um die Technik als „Motor des Fortschritts" (Übersicht [1.17]) kulminieren in der *Energiedebatte* seit Mitte der 70er Jahre[3].

Im Umweltbericht von 1976 erklärte die Bundesregierung das *Vorsorgeprinzip* (Kasten) zum Handlungsgrundsatz ihrer Umweltpolitik; seit 1992 gilt das für die Europäische Union (Artikel 191 des Vertrags über die Arbeitsweise der EU).

---

[3] „Umweltschutztechnik – eine Einführung", 1. Auflage 1990, Kasten auf Seite 11.

Das Vorsorgeprinzip im Umweltschutz (aus: 2. Auflage, 1991)

Jede Verbreitung von Stoffen in der Umwelt beeinflusst die Ökosysteme. Da das Wissen um die ökologischen Wechselwirkungen nie ausreichen wird, um schädigende Folgen einer Veränderung solcher Systeme auszuschließen, gebietet es die Vorsorge, die *Vermischung und Verteilung von Stoffen in der Umwelt so weit wie möglich zu vermeiden* [1.18]. Dies gilt insbesondere bei komplexen Problemen mit vielfältigen oder *unklaren Ursache-Wirkungsbeziehungen* wie Waldschäden, Ozonloch oder Nordseeverschmutzung sowie für die *Verhütung von Langzeitwirkungen*, beispielsweise beim Eintrag von akkumulierenden Stoffen in ein Ökosystem. Ein unbestrittener Vorteil des Vorsorgeprinzips im Vergleich zu den älteren Grundsätzen des Umweltrechts, dem „Nachbesserungsprinzip" und dem „Schadensverhütungsprinzip" (das auf relativ einfachen, experimentell überprüfbaren Dosis-Wirkung-Beziehungen beruht), ist die frühzeitige Reaktion.

Das Vorsorgeprinzip wurde zur verbindlichen Richtschnur für umweltbewusstes Handeln erhoben (auch die europäische Gemeinschaft hat sich auf den Grundsatz verständigt, „Umweltbeeinträchtigungen vorzubeugen und sie nach Möglichkeit an ihrem Ursprung zu bekämpfen" [1.19]). Vorsorge heißt (*Lühr* [1.20]):

– Handeln bei *begründetem Verdacht* (Besorgnisgrundsatz);-

– Nachweis der *Unbedenklichkeit* nach bestem Wissen und Gewissen bei Freisetzung eines Stoffes in die Umwelt;

– *Forschung*, um frühzeitig Gefahren aufspüren zu können;

– *beste Technologie* einzusetzen, um Gefahren abzuwenden.

Den Vorzügen des Vorsorgeprinzips im Vergleich zum Schadensverhütungsgrundsatz stehen – vor allem aus der Sicht der Industrie – eine Reihe von Nachteilen gegenüber [1.21]: So werden bei der konsequenten Anwendung des Vorsorgeprinzips zwangsläufig höhere Kosten anfallen, da sich in vielen Fällen erst nachträglich herausstellen wird, dass eine umfangreiche Schutzmaßnahme nicht oder nur eingeschränkt erforderlich war. Eine weitere Folge dieser faktischen Umkehr der Beweislast ist eine Verlangsamung von Innovationen und – wegen der vielen Kontrollen und Prüfungen – eine verstärkte Bürokratisierung.

Bei der Umsetzung des Vorsorgeprinzips ist zunächst das *Verursacherprinzip* zu konkretisieren [1.8]. Umweltvorsorge wird immer mehr bedeuten, dass die Verantwortung für das Schicksal gebrauchter Stoffe auf die Produktion rückverlagert werden muss [1.22]. Die staatliche Vorsorgepolitik bekommt ihr Gegenstück in einem antizipierenden „proaktiven" Handeln der Unternehmen, das auf die Einsicht setzt, dass „möglichst weitgehende Transparenz bei der Produktionsentwicklung und Planung von Produktionsverfahren ein selbstverständlicher Bestandteil der Firmenkultur werden sollte" [1.23].

(*Ergänzung für die 9. Auflage:* „Das Vorsorgeprinzip ermöglicht auch dort ein staatliches Handeln, wo Unterlassen schwerwiegender als ein Fehlgreifen in der Wahl der Mittel wäre. Vorsorge geschieht jedoch nicht „ins Blaue" hinein; sie erfährt ihre rechtliche Grenze grundsätzlich in dem rechtsstaatlichen Bestimmtheitsgebot und in der Verhältnismäßigkeit von Mittel und Zweck" (*Storm* [1.24]).

1.1.3 Leitbild Nachhaltigkeit

Die Leitbilder und Konzepte im ökologisch-technischen Umweltschutz gründen sich auf politischen und wirtschaftlichen Vorstellungen und Prinzipien, die sich ihrerseits in den vergangenen Jahren weiterentwickelt haben. War es zunächst der Grundsatz „der Verschmutzer zahlt", mit dem die Verantwortlichen für offensichtliche Fehlentwicklungen vorrangig vom *Staat* zur Rechenschaft gezogen werden sollten, so setzte man seit Ende der achtziger Jahre nach der knappen und einprägsamen Formulierung *Ernst Ulrich v. Weizsäckers* [1.8] „Die Preise müssen die ökologische Wahrheit sagen" auf die *wirtschaftliche Eigendynamik* („Der Markt als grüner Zuchtmeister"). Die Lösung komplexer Umweltprobleme erfordert jedoch auch die Berücksichtigung *sozialer Aspekte.* Über die Vorsorge- und Kooperationsprinzipien entwickelte sich aus dem Brundtland-Report (1987[1.25]) „Our Common Future" das Leitbild einer „langfristig naturverträglichen Entwicklung".

„Sustainable Development" in der Agenda 21 der UN Umweltkonferenz von Rio de Janeiro von 1992 ist definiert als „dauerhafte Entwicklung, die den Bedürfnissen der heutigen Generation entspricht, ohne die Möglichkeiten künftiger Generationen zu gefährden, ihre eigenen Bedürfnisse zu befriedigen und ihren Lebensstil zu wählen" [1.26]. Nachhaltigkeitsstrategien wurden auf allen Ebenen weiterentwickelt, z.B. in der Definition der Lokalen Agenda 21 Berlin von 2006 [1.27]: „Eine nachhaltige Entwicklung strebt für alle heute lebenden Menschen und künftigen Generationen hohe ökologische, ökonomische und sozial-kulturelle Standards *in den Grenzen der natürlichen Tragfähigkeit* an; sie will somit das intra- und intergenerative Gerechtigkeitsprinzip umsetzen". Hiernach ist es bei besonders wichtigen natürlichen Lebensgrundlagen, wie einem stabilen Klima oder der Existenz der lebensschützenden Ozonschicht, unsinnig das Erhaltungsinteresse auf Grundlage einer Abwägung aus Kostengründen hinanzustellen (wobei natürlich weiterhin geprüft werden muss, mit welchen Maßnahmen Klimaschutz und Ozonschicht am kostengünstigsten zu erreichen ist [1.28]). Als solche „ökologischen Leitplanken" hat die Enquêtekommission des Deutschen Bundestages „Schutz des Menschen und der Umwelt" vier grundlegende Regeln formuliert ([1.29, 1.30]; s.a. Abschn. 2.2 „Zieldreieck des Nachhaltigen Wirtschaftens"):

1. Die Abbaurate erneuerbarer Ressourcen soll deren *Regenerationsraten* nicht überschreiten. Dies entspricht der Forderung nach Aufrechterhaltung der ökologischen Leistungsfähigkeit, d.h. (mindestens) nach der Erhaltung des von den Funktionen her definierten ökologischen Realkapitals.
2. Nicht erneuerbare Ressourcen sollen nur in dem Umfang genutzt werden, in dem ein physisch und funktionell *gleichwertiger Ersatz* in Form erneuerbarer Ressourcen oder höherer Produktivität der erneuerbaren sowie der nicht erneuerbaren Ressourcen geschaffen wird.
3. Stoffeinträge in die Umwelt sollen sich an der *Belastbarkeit der Umweltmedien* orientieren, wobei alle Funktionen zu berücksichtigen sind, nicht zuletzt auch die „stille" und empfindlichere Regelungsfunktion.
4. Das Zeitmaß anthropogener Einträge bzw. Eingriffe in die Umwelt muss in einem ausgewogenen Verhältnis zum Zeitmaß für das *Reaktionsvermögen* der umweltrelevanten natürlichen Prozesse stehen.

1.1.4 Umsetzung des Leitbildes Nachhaltigkeit

Bilanzen

Das Leitbild „Nachhaltigkeit" mit seinen Umweltqualitätszielen und Umwelthand-lungszielen (in Form messbarer und überprüfbarer Ziele) erfordert die Erstellung von *Sachbilanzen*, eine *Wirkungsabschätzung* und davon abgeleitete *Handlungs-strategien*. Ein zentraler Aspekt ist die Stoffbilanz, die den Eintrag von Material, Energie und Wasser in den Wirtschafts- und Gesellschaftsbereich mit dem Output in Form von Abfall, Emissionen und Abwasser misst, vergleicht und bewertet[4]:

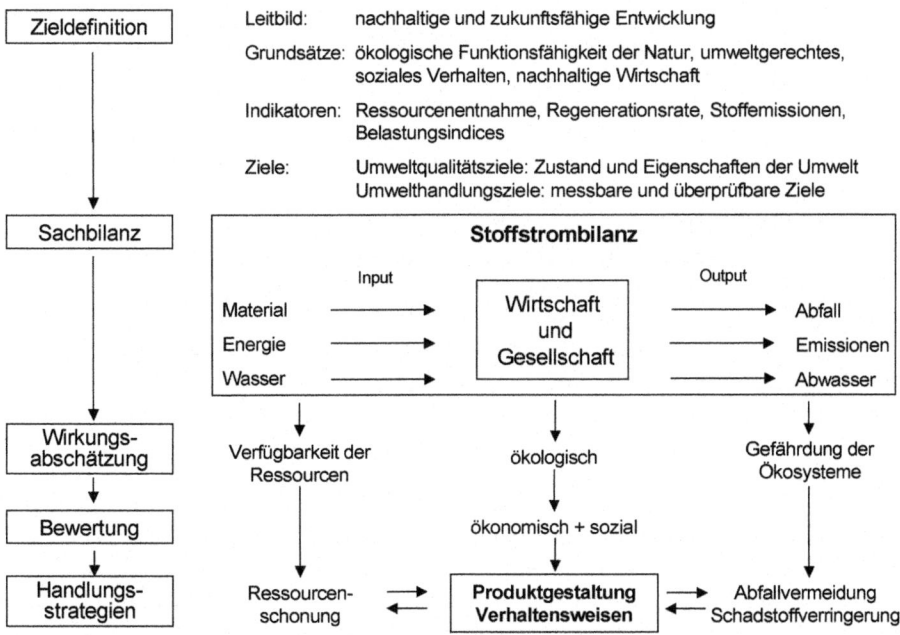

Abb. 1.1 Definitionen und Aufgaben im Leitbild „Nachhaltige Entwicklung" [1.31]

Modelle

Bei der Erstellung von Ökobilanzen müssen die Ergebnisse von Sachbilanzen und Wirkungsabschätzungen kombiniert und evtl. zu einer einzigen Maßzahl ag-gregiert werden. In einer Übersicht „Kreislaufwirtschaft und nachhaltige Entwick-lung" vergleicht *Moser* [1.32] die unterschiedlichen Modelle, die derzeit bei einer Bewertung der „Nachhaltigkeit" eingesetzt werden:

---

[4] Dieser Ansatz „Input" – „Wirtschaft/Gesellschaft" – „Output" wird uns bei den gesetz-lichen Regelungen wieder begegnen; dort wird „Wirtschaft/Gesellschaft" durch „Techni-scher Prozess" ersetzt und der Input-/Output entsprechend definiert.

- *Expertenurteil:* verbal-argumentative Beurteilung verschiedener Alternativen;
- *Nutzwertanalyse:* Verrechnung von qualitativen und halbquantitativen Größen mit quantitativen Werten auf der Grundlage einer formaler Vorgangsweise;
- *Ökonomische Modelle:* Ziel ist die Ermittlung der „wahren" Kosten durch Umlage von Schäden an Mensch und Umwelt auf den Prozess, die Dienstleistung oder das Produkt;
- *Grad der Nachhaltigkeit:* Vergleich von Anlagen-Alternativen unter Berücksichtigung der Knappheit von Ressourcen und die Erhaltung der ökologischen Funktionsfähigkeit; Kriterien sind Rohstoffe, Boden, Wasser, Luft, Bodennutzung und Deponieraum;
- *Grenzwertmodell der kritischen Volumina:* über die Immissionsgrenzwerte für Wasser, Boden und Luft werden kritische Volumen berechnet, die ein Maß dafür sind, wie viel 'sauberes' Volumen für einen Prozess, ein Produkt oder eine Dienstleistung benötigt wird;
- *Stoffflussmodell:* beruht auf dem Ansatz der „ökologischen Knappheit"; diese kann in der Aufnahmekapazität der Kompartimente Wasser, Luft und Boden, in der Erschöpfbarkeit eines Rohstoffs oder in der Verfügbarkeit von Deponievolumen liegen;
- *MIPS* (Material Intensity Per Unit Service): Vergleich der Umweltbelastungsintensität von Infrastrukturen, Gütern und Dienstleistungen über ihren gesamten Lebenszyklus, errechnet aus Material- und Energieflüssen für Produktion, Gebrauch, Entsorgung, Transport etc.;
- *Toxikologische Bewertung:* aus Ökotoxizitätsfaktoren für >400 Substanzen.

Das Expertenurteil und die Nutzwertanalyse sind an die Beurteilung einer Person oder eines Teams gebunden und gewährleisten daher im Unterschied zu den Modellen auf der Basis einer mathematischen Berechnung nur bedingt eine Reproduzierbarkeit. Qualitative Größen wie z.B. Landschaftsästhetik oder gesellschaftliche Werte sind jedoch nur auf diesem Wege zu ermitteln. Der MIPS führt die Bewertung über Massenbilanzen als *messbare Größen* durch. Der aus vielen Größen zusammengesetzte *Ökotoxizitätsfaktor* ist wesentlich schwieriger zu handhaben, was sich dann in allen damit verbundenen Modellen niederschlägt [1.32].

„Ökologischer Fußabdruck" u.a. Ökomodelle vorrangig zum Faktor „Zeit"
Die zeitlichen Veränderungen der *biologischen Vielfalt* werden vor allem in den „Living Planet Reports" des World Wide Fund for Nature (WWF [1.33]) verfolgt. Der *Living Plant Index* (LPI) basiert auf wissenschaftlichen Daten zu 14.152 untersuchten Populationen von Wirbeltierarten auf der ganzen Erde; für den Zeitraum von 1970 bis 2012 zeigt der globale LPI einen Rückgang der *Abundanz* von 58 %. Der *Ökologische Fußabdruck* misst die biologisch produktive Landfläche, die für die Bereitstellung der Ressourcen und für die Aufnahme von Abfallprodukten erforderlich ist; der durchschnittliche Wert einiger Länder übersteigt die pro Kopf verfügbare *Biokapazität* (1,7 gha/globale Hektar) um das 6-fache [1.33].

Im Abschn. 1.3 werden die verschiedenen Arten von *Ökosystemdienstleitungen* mit globalen und regionalen Beispielen beschrieben; der Abschn. 8.2 wird zeigen, dass der Mensch die Umwelt bereits grundlegend verändert und wir uns in einem *neuen erdgeschichtlichen Zeitalter* befinden – im „Anthropozän".

Indikatoren

Umweltindikatoren sind Kenngrößen zur Erfassung, Beschreibung und Bewertung von komplexen Umweltsachverhalten. Indikatoren sollen rechtzeitig Fehlentwicklungen anzeigen (Signal- und Warnfunktion), die Auswahl erforderlicher Maßnahmen zur Zielerreichung unterstützen (Planungsfunktion) und durch die Darstellung von Trendverläufen eine Überprüfung der dauerhaft umweltgerechten Entwicklung ermöglichen (Kontrollfunktion). Ein beispielhaftes Umweltindikatorensystem einer *länderbezogenen Agenda 21* wurde vom Bayerischen Landesamt für Umweltschutz entwickelt [1.34]. Grundlage ist der *DPSIR*-Ansatz der Europäischen Umweltagentur mit seinen fünf Kategorien (Abb. 1.2); in der Tabelle 1.2 werden jeweils zwei Beispiele von Nachhaltigkeits-Indikatoren aus den Bereichen *Natur und Landschaft, Ökosysteme, Klima und Mensch*, sowie *Ressourcen* aufgeführt.

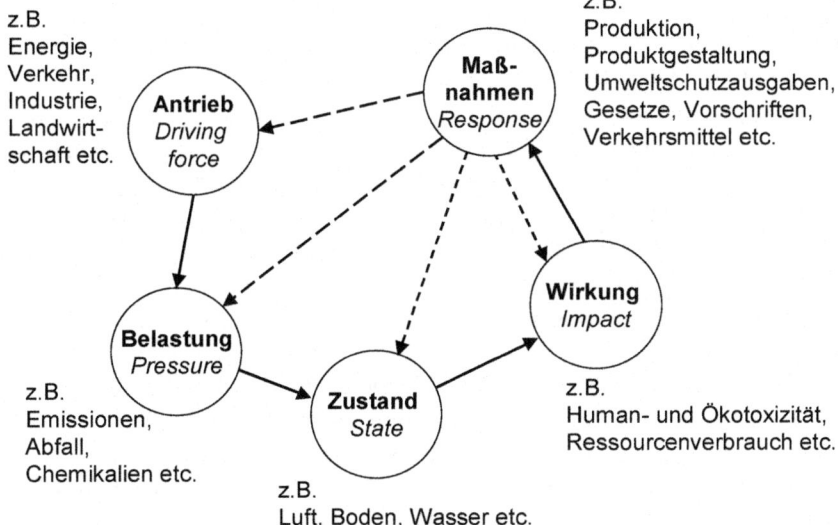

Abb. 1.2 DPSIR-Ansatz der Europäischen Umweltagentur (EEA)

Tabelle 1.2 Zuordnung zum *DPSIR*-Ansatz. *Betriebliche Indikatoren s. Abschn. 2.1.2

Umweltindikatorsystem	Indikator (Definition)	*DPSIR*
Artengefährdung	Rote Liste Arten, u.a. [Index]	*S*
Ökologisch wertvolle Lebensräume	Moore, Magerrasen, u.a. [ha]	*I*
Düngemitteleinsatz	Mineralische N-Dünger [kg/(ha·a)]	*P*
Eintrag persistenter Stoffe	As, Cd, Cr, Pb, Zn, u.a. [Index]	*S*
Luftqualitätsindex	NO_2, SO_2, CO, O_3, PM_{10} [Index]	*S*
Lärmbelastung im Wohnbereich	>55/>65 dB(A) [% Bevölkerung]	*S*
Energieverbrauch	Primärenergieverbrauch [PJ/a]	*D*
Umweltmanagement*	EMAS-validierte Betriebe [%]	*R*

Der Indikatorenbericht 2016 des Statistischen Bundesamts „Nachhaltige Entwicklung in Deutschland" [1.35] bezieht sich auf die Initiative der Bundesregierung „Perspektiven für Deutschland" aus dem Jahr 2002. Von den 21 Nachhaltigkeitsindikatoren zeigen die unmittelbar umweltbezogenen Beispiele folgende Entwicklungen:

- Die *Energieproduktivität* (Indikator 1a) hat sich in Deutschland von 1990 bis 2015 um 56,2 % erhöht. Dies entspricht einem jahresdurchschnittlichen Anstieg von 1,8 % in diesem Zeitraum. Die Effizienzsteigerung wurde durch ein Wirtschaftswachstum von 39,8 % im selben Zeitraum weitgehend aufgezehrt.

- Die *Rohstoffproduktivität* (1c) stieg von 1994 bis 2014 um 48,8 %; bei rückläufigem Materialeinsatz (− 12,8 %) stieg das Bruttoinlandsprodukt um 29,8 %. Der Trend des Indikators nahm über lange Sicht die angestrebte Richtung.

- Treibhausgasemissionen (2). Von 1990 bis 2015 sanken die *CO_2-Emissionen* um 24,0 %. Etwa die Hälfte dieser Reduktion erfolgte, v.a. durch Betriebsstilllegungen in den neuen Bundesländern, in den ersten fünf Jahren nach 1990.

- Im Zeitraum von 1990 bis 2014 stieg der *Anteil der erneuerbaren Energien* (3) am Endenergieverbrauch von 2 % auf 13,7 %. Bei einer Weiterentwicklung wie in den letzten fünf Jahren würde das Ziel für 2020 mehr als erreicht.

- In den letzten Jahren hat sich der *Zuwachs an Siedlungs- und Verkehrsfläche* (4) mit erkennbarem Trend abgeschwächt. Eine Fortsetzung dieser Entwicklung würde jedoch nicht genügen, um das Reduktionsziel bis 2020 zu erreichen.

- *Artenvielfalt und Landschaftsqualität* (5). Über die letzten zehn Beobachtungsjahre (2001 bis 2011) hat sich der Indikator statistisch signifikant weiter verschlechtert, vor allem durch den Teilindikator für das Agrarland.

- *Stickstoffüberschuss* (12a). Der N-Einsatz in der Landwirtschaft ist seit 1991 nur um 23 % zurückgegangen. Für die letzten fünf Jahre ist kaum noch eine Verbesserung zu erkennen und es gibt keinen statistisch signifikanten Trend.

- Die *Schadstoffbelastung der Luft* (13) lag im Jahr 2013 um 57,5 % unter derjenigen von 1990. In den letzten fünf Jahren bis 2013 verringerte sich der Index nur um 2 Prozentpunkte; 2014 ist er sogar um 0,5 Prozentpunkte angestiegen.

Bei der Bewertung der 2006 gestarteten *EU-Strategie für nachhaltige Entwicklung* ergibt sich hinsichtlich umweltbezogener Leitindikatoren ein gemischtes Bild:
- deutlich positive Veränderungen seit 2000 für die Ressourcenproduktivität;
- leicht positive Veränderungen beim Energieverbrauch des Verkehrs;
- deutlich negative Trends in Bezug auf die Erhaltung von Fischbeständen.

Der *Eurostat-Bericht von 2015* [1.36] zeigt, dass bei den Leitindikatoren „Treibhausgasemissionen" und „Energieverbrauch" die EU2020-Ziele von jeweils 20 % Reduktion gegenüber 1990 erreicht werden können. Es wird in dem Bericht aber auch deutlich, wie die Fortschrittsüberwachung durch Auswirkungen von Wirtschafts- und Finanzkrisen bzw. durch klimatische Effekte beeinflusst wird.

1.1.5 Steuerungsebenen für Klimawandel und Energiewende

Der Klimawandel als Folge eines verstärkten Eintrags von „Treibhausgasen" in die obere Erdatmosphäre wird in seinem Ausmaß alle bisherigen Umweltkrisen übertreffen (Kapitel 4, Übersicht [1.37]). Die internationale Reaktion entwickelte sich seit 1979 über die großen *Konferenzen der Vereinten Nationen*: die Klimakonvention von Rio de Janeiro 1992 und das Protokoll von Kyoto vom Dezember 1997, das die Industrieländer verpflichtete, im Zeitraum vom 2008 bis 2012 ihre Treibhausgasemissionen (THG-E) jährlich um mindestens 5,2 Prozent gegenüber dem Bezugsjahr 1990 reduzieren (Kapitel 4.3, Tabelle 4.5).

Weitere Effekte bei Minderung der THG-E ergeben sich aus dem *Emisssionshandel*. Die „Flexiblen Mechanismen" des Kyoto-Protokolls berücksichtigen die sehr unterschiedlichen Kosten für die Erschließung von Emissionsminderungspotenzialen von Staat zu Staat. Auf *EU-Ebene* können seit 2005 durch Umsetzung der *Linking Directive* auch Zertifikate aus emissionsmindernden Projekten im Rahmen des *Clean Development Mechanism* (CDM) und *Joint Implementation* (JI) generiert werden [1.38].

Das *Europäische Emissionshandelssystem* (EU-ETS) ist das erste internationale und größte Verfahren für Emissionsberechtigungen [1.39]. Eine Obergrenze (*Cap*) legt fest, wie viel THG-E (t CO_2-equv.) pro Handelsperiode von den emissionshandelspflichtigen Anlagen ausgestoßen werden dürfen. Eine entsprechende Menge wird den Anlagen entweder kostenlos zugeteilt oder sie müssen die notwendige Menge ersteigern. Die Berechtigungen können auf dem Markt frei gehandelt werden (*Trade*). Im EU-ETS werden die Emissionen von europaweit rund 12.000 Anlagen der Energiewirtschaft und der energieintensiven Industrie erfasst [1.39].

Die *nationalen Perspektiven* bei der Umsetzung der vorgenannten Regelungen – vor allem für erneuerbare Energien – beschreibt das Sondergutachten „Energie 2017: Gezielt vorgehen, Stückwerk vermeiden" der Monopolkommission [1.40]:

1. Die deutschen Wettbewerbsexperten fordern eine Stärkung des EU-ETS durch eine *Begrenzung der Menge an Zertifikaten* mit einer deutlichen Erhöhung des Mindestpreises (von derzeit ca. 6 €/t CO_2-equiv. auf 25-30 €/t).
2. Um die Verwendung von erneuerbaren Energien in den *Sektoren Verkehr und Gebäudeheizung zu erhöhen*, sollten diese in den EU-ETS einbezogen werden.
3. Dies könnte über eine *nationale Energiesteuer für alle Energieträger* erfolgen; dabei würde auch die bisherige Stromsteuer und EEG-Umlage auf Elektrizität zugunsten eines einheitlichen CO_2-Preissignals ersetzt werden.
4. Über *technologieneutrale Ausschreibungen* sollte das insgesamt effizienteste Angebot für Wind-, Solar- und Biomassekraftwerke identifiziert werden.
5. *Die Einführung eines regional differenzierten Netzentgelts für die Erzeugung von Strom aus neuen EE-Anlagen* („EE-Regionalkomponente") würde Anreize setzen, etwaige Netzausbaukosten bei der Standortwahl zu berücksichtigen.

Die *Kommunen* bilden die letztendliche Steuerungsebene für die Ausschreibung und den Betrieb der Strom- und Gasverteilungnetze; sie sind mitverantwortlich für die Kosten der Energiewende [1.40]. Der Modellansatz „Transition-Zyklus" [1.41] zeigt, wie im *Mikrokosmos der Kommunen* komplexe soziale Veränderungsprozesse bei der Energiewende nachhaltig gestaltet werden können:

Der Transition-Zyklus – Beispiel: Kommunen/Städte (Schneidewind [1.41])
Transition-Management ist ein politisches Steuerungsinstrument, das von Komplexität und Unsicherheit eines Systems ausgeht und als „koevolutionäres Steuern" bezeichnet wird. Der konzeptionelle Rahmen wurde 2005 – 2010 in der Transition-Forschung in den Niederlanden, im *Dutch Knowledge Network for System Innovation and Transitions* (KSI), entwickelt [1.42]; über den praktischen Einsatz im niederländischen Energiesektor berichten *Loorbach et al.* [1.43] vom *Dutch Research Institute for Transitions* (DRIFT) an der Erasmus Universität Rotterdam.

Kommunen, Unternehmen, aber auch Konsumenten-Netzwerke sind heute wichtige Treiber für einen nachhaltigen Wandel. Sie verfügen oft über mehr Innovationskraft und Beweglichkeit als staatliche Akteure. Mit erfolgreichen Nischenstrategien zeigen sie, welche Handlungsmöglichkeiten Gesellschaft und Wirtschaft haben, um eine nachhaltige Entwicklung zu unterstützen [1.41].

Um Veränderungen zu nachhaltiger Entwicklung anzustoßen, ist ein Kreislauf aus verschiedenen Faktoren, der *Transition-Zyklus*, wichtig (Abb. 1.3). Der Kreislauf beginnt (1) mit einer Problemanalyse, die meistens umfassend vorliegt. Dann folgt (2) das Entwickeln einer gemeinsamen Vision. Dies ist auf regionaler Ebene oft sehr viel leichter möglich als auf nationaler oder gar internationaler Ebene. (3) Vielfältige Experimente setzen zum Schluss die Vision um; das können technische, aber auch institutionelle Tests sein. Auf die erfolgreichen Experimente müssen dann (4) Lernprozesse und die Verbreitung von erfolgreichen Nischenstrategien folgen. Beispiele sind die Ausweitung von Regionen, die ihren Energiebedarf zu 100 Prozent mit erneuerbaren Energien decken oder die Transition-Town-Bewegung, in der Menschen für einen nachhaltigeren Lebensstil in Städten eintreten.

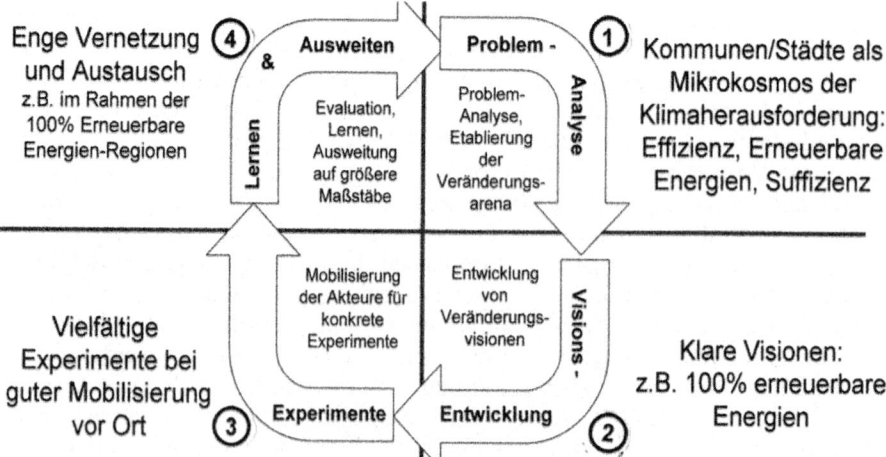

Abb. 1.3 Der Transition-Zyklus ([1.41] nach *Rotmans & Loorbach* [1.44] mit Beispielen aus dem Wuppertal-Institut, für (2) das Buch „Faktor Fünf" von *E.U. v. Weizsäcker* [1.45] und für (3) die Auftragsstudie „Zukunftsfähiges Hamburg" [1.46]

Strategiepfade für Nachhaltigkeit im Energiebereich [1.47, 1.11]

Kriterien zur Bewertung von Strategiepfaden und Energietechniken [1.47]:
i. *Ökologische Kriterien*: (1) Treibhausgase pro kWh, (2) Schadstoffemissionen und Abfälle pro kWh, (3) Flächenverbrauch pro kWh, (4) Verbrauch nicht-erneuerbarer Ressourcen pro kWh.
ii. *Ökonomische Kriterien*: (1) Arbeitsplätze pro kWh, (2) Preis/Kosten pro kWh, (3) jederzeitige und uneingeschränkte Verfügbarkeit, (4) Wirkungsgrad
iii. *Sozial-kulturelle Kriterien*: (1) Akzeptanz in der Bevölkerung, (2) dauerhaft sichere Versorgung, (3) Sicherheitsfreundlichkeit (Kosten für den schlimmsten möglichen Unfall), (4) Beitrag zur globalen Konfliktvermeidung.

Effizienzstrategie (siehe Abschn. 1.1.1)*:*
Vorhandene Produkte werden ressourceneffizienter (inkl. schadstoffärmer) gestaltet. Leitziel ist, die Ressourceneffizienz um den Faktor 10 zu steigern:
1. Erzeugung von Strom, Raumwärme und Warmwasser (z. B. Gas-und-Dampf-Kraftwerke in Kraft-Wärme-Kopplung und Blockheizkraftwerke)
2. Wärmeschutz im Gebäudebereich (Wärmeschutzsanierung aller Gebäude nach Niedrigenergiehausstandard und Nullenergiehausstandard für Neubauten),
3. Gerätesektor (A++-Effizienzstandards),
4. Verkehr (1-Liter-Auto)
Vorteile: (i) deutlicher Beitrag zum Klimaschutz (Senkung der Treibhausgase bis 2050 um bis zu 50 %, der Schadstoffemissionen um über 50 %, nicht-erneuerbare Ressourcen um 50 % [1.47]), (ii) nach ökonomischen Kriterien sehr vorteilhaft; in vielen Bereichen werden Treibhausgase am kostengünstigsten realisiert; die jederzeitige und uneingeschränkte Verfügbarkeit ist gewährleistet, der Wirkungsgrad wird deutlich erhöht, (iii) Akzeptanz der Bevölkerung und in vielen Wirtschaftssektoren ist hoch; die Effizienzstrategien sind relativ sicherheitsfreundlich.

Konsistenz- bzw. Substitutionsstrategie (siehe Abschn. 1.1.1)*:*
Hierbei werden neue zukunftsfähige Produkte entwickelt, die in der Lage sind die ökologischen Managementregeln einzuhalten (z. B. erneuerbare Energieträger statt Öl-Heizung).
1. Stromerzeugung (Wind- und Wasserkraft, Biomasse- und Geothermie-Kraftwerke, PV-Anlagen und Thermische Sonnenkraftwerke),
2. Wärmeversorgung (thermische Solaranlagen, Biomasseheizungen, Geothermie,
3. Verkehr (Umweltverbund, auf lange Sicht solarer Wasserstoff in Brennstoffzellen)
Vorteile: (i) wirkungsvoller Beitrag zur Senkung der natürlichen Ressourcen nach fast allen ökologischen Kriterien der Bewertung (Treibhausgase, Schadstoffemissionen, Verbrauch nicht erneuerbarer Ressourcen), (ii) unter Berücksichtigung der externen Kosten sind die meisten erneuerbaren Energien sogar kostengünstiger als konventionelle Energien, ihr Potential ist viel höher als das noch vor 10 Jahren für möglich gehalten wurde; (iii) die Akzeptanz ist relativ hoch, dies ermöglicht auch, Bündnispartner bei Teilen der Wirtschaft und Unterstützer bei den Konsumenten zu finden. Die Sicherheitsfreundlichkeit ist hoch, große Gefährdungen sind ausgeschlossen; der Beitrag für die globale Konfliktvermeidung ist hoch.

Aktuelle und künftige Schlüsseltechnologien zur Emissionsminderung
Der Beitrag der Arbeitsgruppe „Verminderung des Klimawandels" zum Vierten
Sachstandsbericht des zwischenstaatlichen Ausschusses für Klimaänderung
(IPCC) [1.48] enthält u.a. eine Zusammenstellung von (a) aktuell auf dem Markt
befindlichen und (b) bis 2030 auf dem Markt erwarteten Schlüsseltechnologien
und -praktiken zur Emissionsminderung nachstehend untergliedert in Sektoren:

Energieversorgung
a) Erhöhte Versorgung- und Verteilungseffizienz; Brennstoffwechsel von Kohle
   zu Gas; Kernenergie; erneuerbare Energie (*siehe Kasten*); Kraft-Wärme-Kopplung; frühe Anwendung von CO_2-Abrennung und -speicherung (CCS – *carbon
   capture and storage*; z.B. Speicherung von aus Erdgas entfernten CO_2)
b) CO_2-Abtrennung und -speicherung (CCS) für gas-, biomasse- oder kohlebetrie-
   bene Stromkraftwerke; weiterentwickelte erneuerbare Energien, Gezeiten- und
   Wellenkraftwerke, solarthermische Energie (CSP – *concentrating solar power*)

Verkehr
a) Treibstoffeffizientere Fahrzeuge; Hybridfahrzeuge; saubere Dieselfahrzeuge;
   Biotreibstoffe; modale Verlagerung von Straßenverkehr auf die Schiene und öffentliche Verkehrssysteme; schnelle öffentliche Verkehrssysteme, nicht-motori-
   sierter Verkehr (Fahrradfahren); Landnutzungs- und Verkehrsplanung)
b) Biotreibstoffe zweiter Generation; effizientere Flugzeuge; weiterentwickelte
   Elektro- und Hybridfahrzeuge mit stärkeren und zuverlässigeren Batterien

Gebäude
a) Effiziente Beleuchtung und Ausnutzung des Tageslichts; effizientere Elektrogeräte und Heiz- und Kühlvorrichtungen; bessere Wärmedämmung; passive
   und aktive Solararchitektur für Heizung und Kühlung; alternative Kühlflüssig-
   keiten
b) Integrale Energiekonzepte für Geschäftsgebäude incl. Technologien wie z.B.
   Zähler, die Steuerung ermöglichen; in Gebäude integrierte Photovoltaik

Industrie
a) Effizientere elektrische Endverbraucherausrüstung; Wärme- und Stromrück-
   gewinnung; Materialwiederverwertung und -ersatz; Emissionsminderung von
   Nicht-CO_2-Gasen sowie breites Spektrum an prozessspezifischen Technologien
b) Weiterentwickelte Energieeffizienz; CCS bei Zement-, Ammoniak- und Eisen-
   herstellung; inerte Elektroden für die Aluminiumherstellung

Landwirtschaft
a) Verbessertes Management von Acker- und Weideflächen zur Erhöhung der
   Kohlenstoffspeicherung im Boden; verbesserte Reisanbautechniken sowie
   Vieh- und Düngemittelmanagement zur Verringerung von Methan-Emissionen;
   verbesserte Stickstoffdüngung zur Verringerung von N_2O-Emissionen

Für eine langfristige Senkung der globalen THG-Emissionen haben folgende kurz-
bis mittelfristige Maßnahmen weichenstellende Funktion: Investitionen in Energieversorgung in Entwicklungsländern, Modernisierung der Energie-Infrastruktur
in Industrieländern und Maßnahmen zur Erhöhung der Energiesicherheit.

Verminderung des Klimawandels bis 2050 – Dilemma Kohleausstieg

Im „Special Report on Renewable Energy Sources and Climate Change Mitigation (SRREN)" kommt der Weltklimarat zu dem Ergebnis, dass im Jahr 2050 weltweit 77 Prozent aller Energie aus regenerativen Quellen stammen könnten [1.49]:

- *Biomasse* ist mit mehr als 10 Prozent die wichtigste erneuerbare Energie; ca. 6 Prozent entfallen auf traditionelle Holz- und Dungverbrennung, 4 Prozent auf effizientere Bio-Energie wie Holzschnitzelanlagen und Biotreibstoff.
- Die *Solarenergie* lag 2012 bei 1 Prozent und hat nach IPCC-Einschätzung das Potential, 2050 eine der Hauptenergiequellen der Menschheit zu sein.
- Die *Windenergie* lag 2012 global bei zwei Prozent und war damals bereits wettbewerbsfähig; bis 2050 könnte sie weltweit 20 Prozent erreichen.

In den vom Weltklimarat aus 164 Zukunftsszenarien ausgewählten Beispielen übersteigen die berücksichtigten Investitionen in keinem Fall 1 Prozent des globalen Bruttosozialprodukts. Die Wissenschaftler weisen darauf hin, dass „in vielen Kalkulationen die *Gewinne der Erneuerbaren* ebenso wenig mit eingerechnet werden wie die *Folgekosten für die Nutzung fossiler Brennstoffe* " [1.49].

Die Zeichen für ein *Ende des Kohlebooms* mehren sich: 2016 wurden weltweit 62 Prozent weniger Baustellen für Kohlekraftwerke eröffnet, 48 Prozent weniger Kraftwerke wurden neu geplant als im Jahr zuvor ([1.50] mit der jährlichen Statistik zu Kohleprojekten und Prognosen über künftige Kraftwerksstilllegungen).

In *Deutschland* konzentrierten sich die *Rückzugspläne* auf die Kraftwerke der Rheinischen, Lausitzer und Mitteldeutschen *Braunkohlereviere*. Die praktische Vorgehensweise beim „Kohleausstieg" war aber umstritten, wie u.a. die Zitate aus dem *Klimaschutzplan 2050 – Kabinettsbeschluss* [1.51] vom 14. November 2016 zeigen: „Die Klimaschutzziele können nur erreicht werden, wenn die Kohleverstromung schrittweise verringert wird". [–] „Es muss vor allem gelingen, in den betroffenen Regionen *konkrete Zukunftsperspektiven* zu eröffnen, *bevor* konkrete Entscheidungen für den schrittweisen Rückzug erfolgen können".

Im Oktober 2017 hat der *Sachverständigenrat für Umweltfragen* in seiner Stellungnahme „Kohleausstieg jetzt einleiten" die Einsetzung einer *Kohlekommission zur Beratung der neuen Bundesregierung* empfohlen. Als Ergebnis der fach- und themenübergreifenden Dokumentation wurde vorgeschlagen, den Ausstieg aus der Kohleverstromung in drei Stufen durchzuführen [1.52]:

1. Im Zeitraum bis 2020 sollten die ältesten, ineffizientesten und CO_2-intensivsten Kohlekraftwerke stillgelegt werden.
2. In der zweiten Phase bis 2030 sollten die verbliebenen Kohlekraftwerke mit verminderter Auslastung betrieben werden, aber zur Gewährleistung der Versorgungssicherheit größtenteils am Netz bleiben.
3. In der dritten Phase werden die übrigen Kohlekraftwerke im Verlauf der 2030er-Jahre sukzessive geschlossen.

„Das genaue Abschaltjahr des letzten Kohlekraftwerks muss von der Bundesregierung beschlossen werden, ist jedoch zweitrangig, solange ein mit dem *Klimaabkommen von Paris im Einklang stehendes CO_2-Emissionsbudget* eingehalten wird. Die dabei entstehenden Herausforderungen im Hinblick auf die Versorgungssicherheit und die wirtschaftliche Entwicklung in den Braunkohleregionen sind ernst zu nehmen, können aber bewältigt werden" (SRU [1.52]).

1.1.6 Strategische Handlungsfelder – Perspektiven 2020

Schwerpunkte ökologischer Herausforderungen [1.53]
Es besteht ein internationaler Konsens über einen Kern von globalen ökologischen Herausforderungen, der die Zielbereiche (1) Klimaschutz, (2) Erhalt biologischer Vielfalt, (3) Wasserversorgung incl. Abwasserentsorgung, Gewässerschutz sowie (4) den Gesundheitsschutz umfasst. Die Auswahl beruht auf Kriterien[5] wie dem langfristigen Charakter, den Gesundheitsrisiken, den ökologischen und ökonomischen Schäden und den sozialen und kulturellen Auswirkungen. In regionaler Hinsicht verlagern sich die Schwerpunkte allmählich hin zu Schwellen- und Entwicklungsländern. Hohe Wachstumsraten wie in China, aber auch in Indien, verschärfen die Herausforderungen in diesen Ländern und weltweit. Unterschiede für Ländergruppen zeigen sich bei der Untersetzung auf spezifischere Problemstellungen:

1. Klimaschutz
- Emissionsreduzierungen von Klimagasen
- Steigerung der Energieproduktivität
- Steigerung des Anteils erneuerbarer Energien
- Verringerte Transportintensität
- Steigerung des Schienenverkehrsanteils

2. Biologische Vielfalt
- Reduzierung von Flächenverbrauch
- Verringerung von Landschaftszerschneidungen und Suburbanisierung,
- Schutz von Böden vor Erosion, Verdichtung, Versiegelung, Versalzung, ...
- Schutz von Wäldern
- Bekämpfung der Wüstenbildung
- Schutz von Feuchtgebieten, Küstenzonen, Meeresschutz
- Nachhaltige Bewirtschaftung von Fischbeständen

3. Wasserversorgung
- Gewässerschutz
- Grundwasserschutz
- Reduzierung von Nährstoffeinträgen
- Abwasserbehandlung
- Zugang zu sanitären Einrichtungen

4. Gesundheitsschutz
- Reduzierung der Verwendung von Pestiziden
- Reduzierung von Luftbelastungen durch den Verkehr
- Chemikalienpolitik
- Lärmschutz

---

[5] Im Allgemeinen werden diese Kriterien nicht in formellen Verfahren systematisch festgelegt. Deswegen sind *innerhalb* des Kerns ökologischer Herausforderungen Prioritäten nicht auszumachen

Beitrag der strategischen Handlungsfelder zu Problemlösungen [1.53]
Problemlösungen für die in den kommenden Jahren weltweit zu erwartenden ökologischen Herausforderungen lassen sich sechs strategischen Handlungsfeldern zuordnen: (i) Erneuerbare Energien, (ii) Energie- und Rohstoffeffizienz sowie Kreislaufwirtschaft, (iii) Nachhaltige Wasserwirtschaft, (iv) Nachhaltige Mobilität, (v) Weiße Biotechnologie (Abschn. 1.4.4) und (vi) Abfall- und Entsorgungstechnologien. Die Verknüpfung dieser Handlungsfelder mit den Schwerpunktbereichen der ökologischen Herausforderungen („Zielbereiche") ermöglicht eine übersichtliche Darstellung der mittelfristigen Perspektiven, besonders im Hinblick auf die Akzeptanz und Marktchancen von technologischen Lösungen (Tab. 1.3):

Bei den *direkten und indirekten* (geschätzter Einfluss in Klammern) *Beiträgen* der strategischen Handlungsfelder zu Problemlösungen kommen dem Einsatz von Erneuerbaren Energien und der Erhöhung der Energie- und Rohstoffeffizienz für den Klimaschutz sowie einer Nachhaltigen Wasserwirtschaft für die globale Wasserversorgung erste Priorität zu. Die Nachhaltige Mobilität gewinnt zunehmend an Bedeutung im Klimaschutz und Gesundheitsschutz; die Rolle des Verkehrssektors in beiden ökologischen Zielbereichen wurde in einem Sondergutachten des Sachverständigenrats für Umweltfragen untersucht („Umsteuern erforderlich" [1.54]).

Tabelle 1.3 Direkter und indirekter (in Klammern) Beitrag von sechs strategischen Handlungsfeldern zur Problemlösung in den vier ökologischen Zielbereichen (nach [1.53])

	Klimaschutz	Biologische Vielfalt	Wasser-versorgung	Gesundheits-schutz
Erneuerbare Energien	+++ (+++)	- (++)	- (++)	++ (+++)
Energie- und Rohstoffeffizienz	+++ (+++)	- (++)	++ (+++)	++ (+++)
Nachhaltige Wasserwirtschaft	- (-)	+ (++)	+++ (+++)	++ (+++)
Nachhaltige Mobilität	++ (++)	- (+)	- (+)	++ (+++)
Weiße Biotechnologie	++ (++)	- (+)	- (+)	- (+)
Abfall-, Entsorgungs-technologien	- (+)	+ (++)	+ (++)	++ (++)

Während in vielen weniger entwickelten Ländern die Umweltbelastungen durch die Industrie noch eine wichtige Rolle spielen, steht in den reicheren Ländern die Entkopplung der von den drei Sektoren Energie, Verkehr und Landwirtschaft ausgehenden Umweltbelastungen vom Wirtschaftswachstum im Vordergrund. Maßnahmen in den strategischen Handlungsfeldern tragen in mehr oder weniger starkem Maße zur Reduzierung der Belastungen bei, die in diesen Wirtschaftssektoren entstehen. Außerdem bestehen zwischen den zentralen Zielbereichen enge Interdepenzen („spill-overs") [1.53].

1.2 Gesetze und Märkte

Nachhaltige Ökonomie – wie sie für dieses Buch später im Kapitel 2 beschrieben wird – ist eine umfassend angelegte Leitidee für die Entwicklung von Gesellschaft und Wirtschaft, und mehr noch: eine „Leitmaxime mit allgemeinem Durchdringungsanspruch" (*Rogall* [1.55]). Auf der Ebene der rechtlich-politischen Gestaltung interessiert deshalb vor allem die Frage danach, wie viel Nachhaltigkeit auf Grundlage der im Grundgesetz (GG) und in den EU-Verträgen niedergelegten übergeordneten Instrumente möglich ist. Das Zwischenfazit von *Klinski und Rogall* in einem gemeinsamen Beitrag „Rechtliche Grundlagen" zum Standardwerk der nachhaltigen Ökonomie [1.55] lautet: „Praktisch wird den Zielen der Nachhaltigkeit in den deutschen und EU-europäischen Rechtsvorschriften bislang nur partiell Beachtung geschenkt. Die Spielräume für eine Steuerung der Wirtschaft in Richtung der Nachhaltigkeit sind bei weitem nicht ausgeschöpft".

1.2.1 Entwicklung des Umweltrechts in Deutschland (nach [1.24])

Im ersten Umweltprogramm der Bundesrepublik Deutschland von 1971 wurde Umweltpolitik definiert als die Gesamtheit der Maßnahmen, die notwendig sind, um (1) dem Menschen eine Umwelt zu sichern, wie er sie für seine Gesundheit und für ein menschenwürdiges Dasein braucht, (2) Boden, Luft und Wasser, Pflanzenwelt und Tierwelt vor nachteiligen Wirkungen menschlicher Eingriffe zu schützen und (3) Schäden oder Nachteile aus menschlichen Eingriffen zu beseitigen (*umweltpolitische Zieltrias*). Nach den Erweiterungen dieser Definition in den Umweltberichten von 1990 und 1994 wurde schließlich mit dem Umweltbericht 1998 die Umweltpolitik der Bundesrepublik Deutschland unter das Leitbild der *Nachhaltigen Entwicklung* gestellt, das die wirtschaftliche Entwicklung und die soziale Sicherheit mit der langfristigen Erhaltung der natürlichen Lebensgrundlagen in Einklang bringt. Bereits 1994 war mit dem Umweltpflegeprinzip der Umweltschutz als staatliche Aufgabe im Grundgesetz (Art. 20 a GG) festgeschrieben worden. Für die praktische Umsetzung wurden aus den allgemein formulierten umweltpolitischen Zielen funktionale Definitionen abgeleitet:

Bei Schadstoff- und Lärm-Immissionen werden Gefahren, erhebliche Nachteile oder erhebliche Belästigungen unterschieden (*Schädlichkeitstrias*). Gesetzliche Maßnahmen – Gesetze, Verordnungen, Verwaltungsvorschriften – zur Verringerung von Immissionen verfolgen unterschiedliche Zielsetzungen (*Maßnahmentrias*): Durch Gebote, Verbote und Abgaben als eingreifende Maßnahmen, durch öffentliche Einrichtungen, Förderung, Beratung und Ersatzleistungen als leistende Maßnahmen und durch Programme und Pläne als planende Maßnahmen, wobei die Maßnahmen in der Regel bei Anlagen, Stoffen oder Grundflächen (*Objekttrias*) ansetzen.

Eine *erste legislative Phase* des Umweltrechts, die auf der Grundlage des Sofortprogramms der Bundesregierung von 1970 und des Umweltprogramms von 1971 eingeleitet wurde, führte zu einer Vielzahl neuer und zur Novellierung oder Gesamtreform bestehender Gesetze für einzelne Umweltbereiche; zuletzt 1998 für das Medium Boden das „Gesetz zum Schutz vor schädlichen Bodenveränderungen und zur Sanierung von Altlasten" (Bundes-Bodenschutzgesetz – BBodSchG). Auf die erste legislative Phase folgte ab 1980 eine *administrative Phase*, in der die gesetzlichen Ziele durch Erlass von Rechtsverordnungen und Verwaltungsvorschriften, durch das Aufstellen von Umweltplänen und durch Einzelfallentscheidungen konkretisiert wurden. In den „medienbezogenen" Kapiteln über Luftreinhaltung (Kap. 5), Wasser (Kap. 6 und 7) und Boden (Kap. 8 und 9) werden die einschlägigen Regelungen detailliert dargestellt.

In einer *zweiten legislativen Phase* kommen übergreifende, den Grundsatz der Vorsorge besonders berücksichtigende Gesichtspunkte stärker zum Ausdruck. Dabei gibt es neben der Tendenz der *Verdichtung und Verfeinerung* hinaus vier weitere Entwicklungslinien [1.24]: (1) Die Tendenz einer *ökologischen Fortentwicklung* des Umweltrechts, die sich mit (2) der Tendenz zur *Vereinheitlichung* des Umweltrechts verbindet. Beide werden ergänzt durch (3) die Tendenz der *Aktivierung indirekter Strategien* zur mittelbaren Lenkung umweltpfleglichen Verhaltens und (4) die Tendenz der Förderung oder *Übernahme supra- und internationaler Entwicklungen*. Das sog. *Artikelgesetz* vom 27. Juli 2001, das 24 umweltbezogene Gesetze und Verordnungen des Bundes änderte, dient in Umsetzung von EG-Richtlinien insbesondere der Weiterentwicklung der „Umweltverträglichkeitsprüfung" (*Gesetz über die Umweltverträglichkeitsprüfung [UVPG]* vom 5. Sept. 2001) und einer medienübergreifenden, internen Integration aller Umweltbelange bei der Zulassung von Industrieanlagen und Deponien (Richtlinie über die integrierte Vermeidung und Verminderung der Umweltverschmutzung (IVU) vom 24. September 1996). Letztere gab wesentliche Impulse für alle umwelttechnisch relevanten Bereiche – Luftreinhaltung, Abwasserbehandlung, Trinkwasserversorgung, Altlastenbehandlung und Abfallbehandlung und -beseitigung.

Durch die Umsetzung der *Industrial Emission Directive 2010/75/EU* wurden für Industrieanlagen insbesondere bei der Festlegung von Emissionsgrenzwerten und über regelmäßige Umweltinspektionen weitergehende Regelungen eingeführt. Ziel der IE-Richtlinie ist die Angleichung von Umweltschutzstandards in der EU in Bezug auf bestimmte industrielle Großanlagen und die Vermeidung von Wettbewerbsverzerrungen. Die *Besten Verfügbaren Techniken* in den BVT-Merkblättern für Industrieanlagen – d.h. der Einsatz bewährter Techniken zur Erzielung eines besonders hohen Maßes an Umweltschutz zu wirtschaftlich und technisch tragbaren Bedingungen – werden nunmehr verbindlich auf europäischer Ebene festgelegt. Zukünftig sind die von einem EU-Gremium zu erarbeitenden *BVT-Schlussfolgerungen*, die das zu berücksichtigende, branchenbezogene BVT-Merkblatt zusammenfassen, verpflichtend von Betreibern von IED-Anlagen einzuhalten [1.56]. Betroffen sind in Deutschland mehrere hundert Intensivtierhaltungsanlagen sowie mehr als 9.000 industrielle Anlagen, davon 1.800 Großfeuerungsanlagen, 130 Abfallverbrennungsanlagen und Anlagen zur Abfallmitverbrennung (v.a. Zementwerke), 7.069 Lösemittel einsetzende Anlagen und 6 Titanoxid produzierende Anlagen (nach Wikipedia „Richtlinie 2010/75/EU über Industrieemissionen" mit einem Überblick „Historie der Umsetzung in Deutschland").

Lissabon-Vertrag über die Arbeitsweise der Europäischen Union (AEUV)

Die primärrechtlichen Grundlagen des europäischen Rechts sind der Vertrag über die Europäische Union und der Vertrag über die Arbeitsweise der Europäischen Union. Der Vertrag von Lissabon, zu dem auch einige Protokolle gehören, änderte das europäische Primärrecht zum 1. Dezember 2009. Der Vertrag versetzt die EU in die Lage, sich den globalen Herausforderungen wie Klimawandel, Sicherheit und nachhaltige Entwicklung zu stellen[6]. Für das *europäische Umweltrecht* sind folgende Bestimmungen der Verträge hervorzuheben [1.57]

- *Artikel 3 Abs. 3 EUV* – als allgemeine Zielnorm der Europäischen Union – legt die Union auf eine „nachhaltige Entwicklung Europas auf der Grundlage eines ausgewogenen Wirtschaftswachstums" fest. Korrespondierend mit dem 9. Erwägungsgrund der Präambel zum EUV wird damit der Umweltschutz über den Grundsatz der *Nachhaltigkeit zum integralen Bestandteil der wirtschaftlichen Entwicklung.* Indem Artikel 2 EUV darüber hinaus ein hohes Maß an Umweltschutz und die Verbesserung der Umweltqualität fordert, wertet er den Umweltschutz als gleichwertige und ebenbürtige Aufgabe neben den anderen genannten Aufgaben auf. Auch Artikel 114 Absatz 3 AEUV bestätigt diesen hohen Stellenwert des Umweltschutzes. Dort heißt es: „Die Kommission geht in ihren Vorschlägen nach Absatz 1 in den Bereichen Gesundheit, Sicherheit, Umweltschutz und Verbraucherschutz von einem hohen Schutzniveau aus".

- *Artikel 11 AEUV* enthält zwei wesentliche Prinzipien des europäischen Umweltrechts: das Integrationsprinzip und den Nachhaltigkeitsgrundsatz. Das *Integrationsprinzip* fordert die wirksame Einbeziehung der Erfordernisse des Umweltschutzes im Rahmen von Politiken und Maßnahmen, welche an sich außerhalb der Umweltschutzpolitik angesiedelt sind. Ziel ist die Förderung einer nachhaltigen Entwicklung.

- *Artikel 191 AEUV* konkretisiert die Umweltschutzaufgabe der Union. Artikel 191 Absatz 1 AEUV bestimmt die Aufgaben und Ziele des Umweltschutzes. Diese sind durch den Vertrag von Lissabon um die Bekämpfung des *Klimawandels* ergänzt worden. Absatz 2 Satz 1 legt die Qualität der Umweltschutzpolitik fest. Korrespondierend zu Artikel 2 EUV und Artikel 114 Absatz 3 AEUV ist ein hohes Schutzniveau anzustreben. In Artikel 191 Absatz 2 finden sich zudem die umweltpolitischen Ziele der Union und die zu beachtenden Grundsätze wie der *Vorsorgegrundsatz,* das *Verursacherprinzip* und das *Ursprungsprinzip* (d.h. bevorzugt Maßnahmen an der Gefahrenquelle!).

- Mit *Artikel 194 AEUV* hat die Union eine verselbstständigte *Zuständigkeit in der Energiepolitik* erhalten, die sie unter Berücksichtigung der Notwendigkeit der Erhaltung und Verbesserung der Umwelt ausübt. Die Union ist danach zur Förderung der Energieeffizienz, von Energieeinsparungen sowie zur Entwicklung neuer und erneuerbarer Energiequellen verpflichtet.

---

[6] Friederike Herrmann (2011) Das neue Europa: Der Vertrag von Lissabon – Überblick und Änderungen im europäischen (Umwelt-)Recht. Umweltbundesamt FG I 1.3 Rechtswissenschaftliche Umweltfragen, Folienserie zum FG III-Gespräch am 09.06. 2011 in Berlin https://www.umweltbundesamt.de/sites/default/files/medien/pdfs/fb_iii-gespraech_vertrag_von_lissabon_20110609.pdf

1.2.2 Maßnahmen zur Umsetzung von umweltpolitischen Zielen

Die Umsetzung von Umweltqualitätszielen kann mit Hilfe zweier grundsätzlich verschiedener Strategien erfolgen: (1) dem Gemeinlastprinzip (GLP) und (2) dem Verursacherprinzip (VUP). Der Nachteil des Gemeinlastprinzips liegt vor allem darin, dass die Gefahr weiterer Umweltbelastungen entsteht, von denen der Verschmutzer erwarten kann, dass der Staat sie ebenfalls beseitigen wird. Bei der Umsetzung des Verursacherprinzips kann zwischen der Verschmutzungsabgabe und Umweltauflage gewählt werden.

Die Varianten des Auflageninstrumentariums können analog zum Ablauf der Produktionsprozesse den Kategorien „Inputauflagen", „Prozessnormen" und „Outputauflagen" zugeordnet werden (Abb. 1.4 [1.58]). Bei Verwendung von Inputauflagen wird den Firmen die Verwendung bestimmter Roh-, Hilfs- oder Betriebsstoffe vorgeschrieben bzw. verboten. Prozessnormen nach dem „Stand der Technik" (*Kasten*) sehen vor, dass die fortschrittlichsten, bereits mit Erfolg im Betrieb erprobten Technologien zur Anwendung kommen müssen. Orientieren sich die Prozessnormen an den „allgemein anerkannten Regeln der Technik", dann sind solche Technologien einzusetzen, die von der Mehrzahl der Betreiber ähnlicher Anlagen bereits genutzt werden[7]. Outputauflagen können bei den hergestellten Gütern (Produktions- und Produktnormen) oder bei den Emissionen ansetzen.

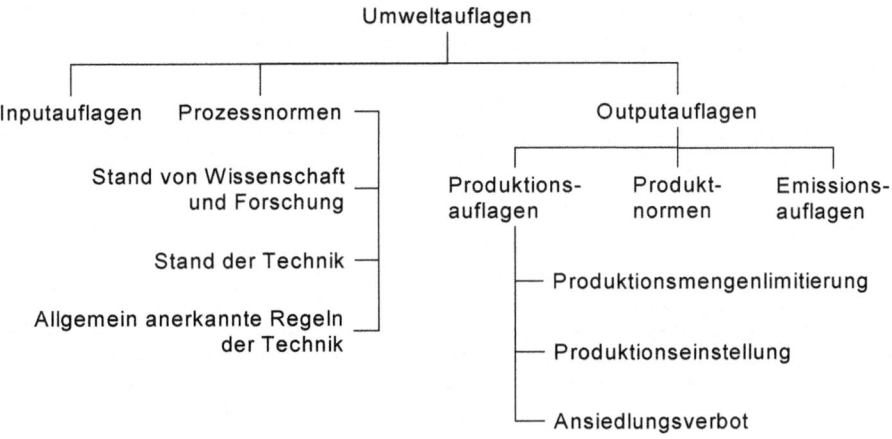

Abb. 1.4 Systematik der Umweltauflagen [1.58]

Im Gegensatz zum Auflageninstrumentarium werden den Emittenten bei Verwendung von Umweltabgaben keine verbindlichen Normen bezüglich der maximal zulässigen Emissionen oder der anzuwendenden Technologie auferlegt [1.59]. Stattdessen werden durch den finanziellen Anreizmechanismus einer Steuer bei den Emittenten freiwillige und individuelle Anpassungsreaktionen hervorgerufen,

---

[7] In seltenen Fällen wird Technik nach dem „Stand von Wissenschaft und Forschung", d.h. die noch in Entwicklung befindlichen, fortschrittlichsten Verfahren, verlangt.

die in ihrer Gesamtheit die erwünschte Emissionsminderung bewirken. Im Prinzip dient eine Umweltabgabe nicht der Beschaffung öffentlicher Mittel („Fiskalfunktion"), sondern als Lenkungsmechanismus zur Verteuerung umweltschädlichen Verhaltens. Probleme gibt es bei der Inputabgabe, aber auch bei der Produktabgabe ist nicht sichergestellt, dass die Nachfrage aufgrund des gestiegenen Preises tatsächlich sinkt [1.59]. Demgegenüber dienen bei Verwendung einer Emissionsabgabe diese selbst als Bemessungsgrundlage da es sich bei den emissionsmindernden Maßnahmen sowohl um Inputsubstitutionen als auch um Modifikationen der Technologie handelt, ist es jedem Unternehmen freigestellt, den kostengünstigsten Weg zu beschreiten.

Das Kreislaufwirtschafts- und Abfallgesetz (KrW-AbfG) brachte zusätzlich zu den Prozessnormen („Stand der Technik") und den Emissionsauflagen eine Verantwortung der Hersteller für ihre *Produkte*: „Zur Erfüllung der Produktverantwortung sind Erzeugnisse möglichst so zu gestalten, dass bei deren Herstellung und Gebrauch des Entstehen von Abfällen vermindert wird und die umweltverträgliche Verwertung und Beseitigung der nach deren Gebrauch entstandenen Abfälle sichergestellt ist" (§ 22 KrW-AbfG; einige Kriterien wie bspw. „technisch langlebig" sind im *Kasten* aufgeführt).

Die Produktverantwortung ist jeweils durch Rechtsverordnung zu konkretisieren; Beispiele sind die Verpackungsverordnung und die Batterieverordnung. Nach KrW-AbfG war es möglich, dass bestimmte Erzeugnisse überhaupt nicht in Verkehr gebracht werden durften, wenn bei ihrer Entsorgung die Freisetzung schädlicher Stoffe nicht oder nur mit unverhältnismäßig hohem Aufwand verhindert werden konnten.

Bei der Definition von Normen und deren Überführung in gesetzliche Regelungen für die verschiedenen Umweltmedien spielt das Expertenwissen eine wichtige Rolle. In der Tabelle 1.4 sind Beispiele für nationale Fachgremien aufgeführt.

Tabelle 1.4 Gesetzliche Regelungen und beratende Fachverbände für die verschiedenen Umweltmedien

	Wasser/Abwasser	Luft/Lärm	Boden/Abfall
Gesetze	Wasserhaushalts-G Abwasserabgaben-G	Bundesimmissions-schutz-G	Kreislaufwirtschafts- und Abfall-G Bodenschutz-G
Verordnungen	Abwasserherkunfts-V Trinkwasser-V	genehmigungsbedürftige Anlagen (4. BImSchV)	Abfall- und Klärschlamm-V (AbfKlärV) Abfallbestimmungs-V
Verwaltungs-vorschriften	Rahmen-Abwasser-VwV (mit Anhängen)	Technische Anleitung Luft (1. VwV zu 4. V)	Technische Anleitung Abfall (2. VwV AbfG)
Fachgremien*	DVGW, FW, DWA	VDI	DWA

* Deutsche Vereinigung des Gas- und Wasserfachs; Wasserchemische Gesellschaft, Fachgruppe Wasserchemie in der Gesellschaft Deutscher Chemiker; Deutsche Vereinigung für Wasserwirtschaft, Abwasser und Abfall e.V. (DWA) Verein Deutscher Ingenieure

Kriterien zur Bestimmung des Standes der Technik (Anhang zu § 3 BImSchG)

Bei der Bestimmung des Standes der Technik sind unter Berücksichtigung der Verhältnismäßigkeit zwischen Aufwand und Nutzen möglicher Maßnahmen sowie des Grundsatzes der Vorsorge und der Vorbeugung, jeweils bezogen auf Anlagen einer bestimmten Art, insbesondere folgende Kriterien zu berücksichtigen:

1. Einsatz abfallarmer Technologie,
2. Einsatz weniger gefährlicher Stoffe,
3. Förderung der Rückgewinnung und Wiederverwertung der bei den einzelnen Verfahren erzeugten und verwendeten Stoffe und ggf. der Abfälle,
4. vergleichbare Verfahren, Vorrichtungen und Betriebsmethoden, die mit Erfolg im Betrieb erprobt wurden,
5. Fortschritte in der Technologie und in den wissenschaftlichen Erkenntnissen,
6. Art, Auswirkungen und Menge der jeweiligen Emissionen,
7. Zeitpunkte der Inbetriebnahme der neuen oder der bestehenden Anlagen,
8. für die Einführung einer besseren verfügbaren Technik erforderliche Zeit,
9. Verbrauch an Rohstoffen und Art der bei den einzelnen Verfahren verwendeten Rohstoffe (einschließlich Wasser) sowie Energieeffizienz
10. Notwendigkeit, die Gesamtwirkung der Emissionen und die Gefahren für Mensch und Umwelt so weit wie möglich zu vermeiden oder zu verringern,
11. Notwendigkeit, Unfällen vorzubeugen und deren Folgen für Mensch und Umwelt zu verringern,
12. Informationen, die von der Kommission der Europäischen Gemeinschaft gem. Art. 16 Abs. 2 der Richtlinie 96/61/EG des Rates vom 24. September 1996 über die integrierte Vermeidung und Verminderung der Umweltverschmutzung (ABl. EG Nr. L 257 S. 26) oder von internationalen Organisationen veröffentlicht werden.

Produktverantwortung (§§ 22 bis 26 KrW-AbfG; § 23 KrWG)

Wer Erzeugnisse entwickelt, herstellt, be- und verarbeitet oder vertreibt, trägt zur Erfüllung der Ziele der Kreislaufwirtschaft die Produktverantwortung; diese Verantwortung umfasst insbesondere:

1. die Entwicklung, Herstellung und das Inverkehrbringen von Erzeugnissen, die mehrfach verwendbar, technisch langlebig und nach Gebrauch zur ordnungsgemäßen und schadlosen Verwertung und umweltverträglichen Beseitigung geeignet sind;
2. den vorrangigen Einsatz von verwertbaren Abfällen oder sekundären Rohstoffen bei der Herstellung von Erzeugnissen;
3. die Kennzeichnung von schadstoffhaltigen Erzeugnissen, um die umweltverträgliche Verwertung oder Beseitigung der Abfälle sicherzustellen;
4. den Hinweis auf Rückgabe-, Wiederverwendungs- und Verwertungsmöglichkeiten oder -pflichten und Pfandregelungen durch Kennzeichnung, und
5. die Rücknahme der Erzeugnisse und der nach Gebrauch der Erzeugnisse verbleibenden Abfälle sowie deren nachfolgende Verwertung oder Beseitigung.

1.2.3 Innovationen zwischen Technik und Politik

Innovation war für *Joseph Schumpeter* (1883-1950) die „Durchsetzung neuer Kombinationen". Diese Definition beinhaltet drei Elemente: zum einen das „Neue", d.h. einen kreativen Akt; zweitens die „Kombinationen", die besagen, dass auch das Neuarrangement bereits erarbeiteten Wissens zu Innovation zählt; und schließlich die „Durchsetzung", also der kommerzielle Erfolg am Markt, der ebenfalls ein konstituierendes Element eines abgeschlossenen Innovationsprozesses ist (*Pehnt* [1.60]).

In der Praxis, bspw. der Energiewirtschaft, besteht eine ausgeprägte Wechselwirkung zwischen technischen und politischen „Innovationen". *Jänicke* [1.61] hat dazu verschiedene typische Abläufe dargestellt (Abb. 1.5):

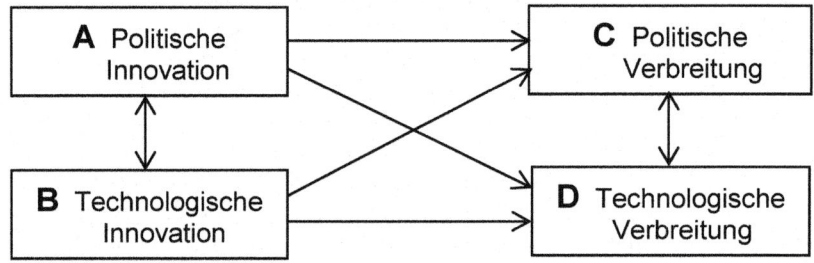

Abb. 1.5 Verbreitungsmuster ökologischer Innovationen [1.61]

1. Eine politische „Innovation", von der Technik forciert, ist die Kombination von Emissionsstandards und Filtertechnologien für PKW (A-B-C-D)
2. Eine technologische Innovation, die politisch verbreitet wurde, war die Entschwefelungstechnologie für Kraftwerke in den 80er Jahren (B-A-C-D).
3. Starke politische Dominanz zeigt die Kraft-Wärme-Kopplung; nur Subventionen ermöglich(t)en eine weitergehende Marktdiffusion (B-A-D-C).
4. Auf der anderen Seite steht die technologisch dominierte Verbreitung, bspw. bei den Fragen zur Energieeffizienz (B-D).

An den bemerkenswert unterschiedlichen Entwicklungen bei den regenerativen Energien in Deutschland, Österreich und der Schweiz ging *Madlener* [1.62] den Fragen nach, wodurch die Diffusion innovativer Energietechnologien bestimmt wird, wann eine Förderung mit öffentlichen Mitteln angebracht erscheint und ob die Kosten der Politik der öffentlichen Hand höher oder niedriger sind als die durch die Politik erzielten bzw. erzielbaren Wohlfahrtsgewinne; Antworten sind:

- ein möglichst rascher Diffusionsprozess ist nicht unbedingt ökonomisch sinnvoll, weil er zur Anschaffung einer weniger entwickelten oder überteuerten Technologie führen kann;
- Subventionen für umweltschonende Technologien sind i.A. politisch leichter durchzusetzen als die Internalisierung externer Effekte mittels Energiesteuern;
- es kann zu einer Bevorzugung privater Investitionen kommen, die über teures Risikokapital finanziert werden, während öffentlich-rechtliche Energieversorger mit entsprechender Eigenkapitalunterlegung günstiger sein könnten.

Umweltschädliche Subventionen in Deutschland (*UBA 2014* [1.63])
Im Jahr 2010 beliefen sich die umweltschädlichen Subventionen in Deutschland auf mehr als 52 Mrd. Euro. Dieses Gesamtvolumen ist nur eine Untergrenze, weil die Förderprogramme auf Landes- und kommunaler Ebene kaum berücksichtigt wurden; zudem war es in einigen Fällen nicht möglich, den umweltschädlichen Anteil der Subventionen zu quantifizieren.. Die Zusammenstellung des Umweltbundesamtes vom Dezember 2014 macht aber deutlich, dass Subventionen über Primär- und Sekundäreffekte alle betrachteten Umweltgüter und die menschliche Gesundheit belasten oder gefährden bzw. den *Rohstoffverbrauch* begünstigen.

Umweltschädliche Subventionen belasten die öffentlichen Haushalte auch indirekt, denn es entstehen Folgekosten für den Staat durch die verursachten Umwelt- und Gesundheitsschäden. Hinzu kommt, dass umweltschädliche Subventionen den Wettbewerb zu Lasten umweltfreundlicher Techniken und Produkte verzerren. Dies wiederum führt dazu, dass der Staat in erhöhtem Maße umweltgerechte Techniken und Produkte fördern muss, damit sie im Wettbewerb eine faire Chance haben und sich im Markt durchsetzen können.

Mit 21,6 Mrd. Euro wird die *Energiebereitstellung und -nutzung* gefördert. Dies betrifft sowohl die Gewinnung der Energieträger (z.B. Braunkohle und Steinkohle) als auch die Energieerzeugung und den Energieverbrauch. Subventionen, die den Energiepreis senken, verringern den Anreiz, Energie sparsam und effizient einzusetzen. Die Folgen sind ein höherer Energieverbrauch, verbunden mit höheren energiebedingten Umweltbelastungen. Beispiele sind die Steuerermäßigungen und -befreiungen bei der Energie- und Stromsteuer für Unternehmen des Produzierenden Gewerbes und der Landwirtschaft.

Subventionen im Energiebereich sind auch umweltschädlich, falls sie den *Wettbewerb zwischen den Energieträgern* zu Gunsten relativ umweltschädlicher Energieträger verzerren und auf diese Weise einen nicht nachhaltigen Energieträgermix begünstigen. Dies gilt für die kostenlose Zuteilung von CO_2-Emissionsberechtigungen im Emissionshandel, die Begünstigungen für die Braunkohlewirtschaft, die Energiesteuervergünstigung für die Kohle und die expliziten und impliziten Subventionen für die Kernenergie, welche diese überhaupt erst einzelwirtschaftlich rentabel machen. Diese Subventionen erhöhen tendenziell auch den Förderbedarf für die erneuerbaren Energien.

Im *Verkehr* trugen im Jahr 2010 Subventionen in Höhe von 24,2 Mrd. Euro zur Belastung der Umwelt bei. Mit rund 10,4 Mrd. Euro entfällt ein Großteil der umweltschädlichen Verkehrssubventionen auf den Luftverkehr. Quantitativ sehr bedeutsam sind außerdem die Energiesteuervergünstigung für Dieselkraftstoff, die Entfernungspauschale und die Begünstigungen der Biokraftstoffe. Ein Beispiel ist auch die Steuerbegünstigung von Dieselkraftstoff gegenüber Ottokraftstoff. Auch verringern subventionsbedingt niedrige Kraftstoff- oder Nutzungskosten die Anreize für Investitionen in innovative, effiziente Antriebstechniken oder Fahrzeuge.

Mit 12 Mrd. Euro hat knapp ein Viertel der umweltschädlichen Subventionen schädliche Primäreffekte auf die *biologische Vielfalt und die Landschaft*. Fast 90% der umweltschädlichen Subventionen gehen zu Lasten des Klimas. Damit einher geht in den meisten Fällen auch ein schädlicher Primäreffekt auf die Luftqualität und die Gesundheit.

1.2.4 Instrumente ökologischer Industriepolitik

Obwohl der freie Austausch von Gütern gemeinhin als die effizienteste Koordinationsform in der Ökonomie gilt, lassen sich im Bereich der Umwelt- und Effizienztechnologien staatliche Eingriffe rechtfertigen, um ineffizienten Allokationen und Marktversagen entgegenzuwirken [1.64]:

- Externe Effekte, wenn Teile der Kosten-Nutzen-Bilanz nicht vom Marktpreis berücksichtigt wird, wie im Falle von bestimmten Emissionen, bei technischen (z.B. Messungen) oder juristischen (z.B. Grenzwertfragen) Problemen.
- „Spill-over"-Effekte, wenn die Ergebnisse aufwändiger Forschung und Entwicklung nicht zügig umgesetzt werden, weil Unternehmen ihre Risiken dadurch verringern, dass sie andere Unternehmen vorangehen lassen („first mover") und deren Markterfolg oder -misserfolg beobachten.
- Informationsasymmetrien und -defizite, wenn bspw. Anwender weniger über Gefährlichkeitsmerkmale wissen als Hersteller und dadurch die Folgekosten der Verwendung von Chemikalien nicht ausreichend berücksichtigt werden.
- Investitionen in Infrastrukturen, z.B. Verkehr, oder in technologische Pfade, die den Zeithorizont der Renditeerwartungen privater Akteure übersteigen.

Eine (nachfrageorientierte) ökologische Industriepolitik zielt auf eine möglichst weitgehende Marktdurchdringung und gegebenenfalls sogar auf die internationale Diffusion der jeweiligen Innovationen (Tabelle 1.5 [1.64]; über die Abgrenzung zur technologieorientierten Umweltpolitik siehe Abschnitt 1.2.5).

Tabelle 1.5 Instrumente nachfrageorientierter ökologischer Industriepolitik [1.64]. * Ankündigung von Standards, die über den Stand der Technik hinausgehen, ** für Produkte und Prozesse, *** zu Gefährlichkeitsmerkmalen von Produkten

	Entwicklung: Technologien	Marktzugang	Diffusion	Export
Direkte Förderung	Forschungs- förderung	Öffentliche Beschaffung	Öffentliche Beschaffung	Exportbeihilfen
Ökonomische Instrumente	Steuerliche Privilegierung von F&E	Internalisierung externer Kosten, zB Steuerpolitik	Internalisierung externer Kosten, zB Steuerpolitik	Internalisierung externer Kosten, zB Klimapolitik
Ordnungs- politische Instrumente	Stimulierung von Cluster- bildung, z.B. Patentrecht	Öffnung von heimischen Märkten	Öffnung von heimischen Märkten	Öffnung von globalen Märkten
Regulierung	„Technology Forcing" *		dynamische Umwelt- standards	Europäische Standards** weiterentwick.
Informations- basierte Instrumente	Innovations- radar	obligatorische Folgen- abschätzung***	Umweltlabel	Marktstudien

1.2.5 Marktperspektiven für Umweltschutztechnologien

Die klassische Umwelttechnik gerät angesichts des Industrialisierungsschubs in den Schwellenländern, der rasant steigenden Nachfrage nach Energie und Rohstoffen sowie wachsender Konsumbedürfnisse an ihre Grenzen. Es geht nicht mehr nur um die Vermeidung unmittelbarer Belastungen (Luftverunreinigung, Bodenversauerung, Eutrophierung.), sondern um einen grundsätzlichen Wandel der Perspektive. Erforderlich ist eine Entkopplung von Wirtschaftswachstum und Umweltverbrauch mit Hilfe produktbezogener, verfahrensbezogener und organisatorischen Innovationen [1.65]. Besonderes Gewicht sollte dabei auf die Möglichkeiten des „ökologischen Leap-frogging" gelegt werden, bei dem bspw. Entwicklungsländer die Zwischenstufen einer nicht nachhaltigen, Ressourcen verschwendenden Wirtschaftsweise überspringen, um so aus Fehlern des Entwicklungsmodells der Industrieländern zu lernen und neue technologische Ansätze direkt auszunutzen [1.66].

Bei der staatlichen Förderung tritt zu den traditionellen technologiespezifischen Ansätzen der Mess-, Sortier-, Reinigungs-, Filter- und Recyclingverfahren eine „ökologische Industriepolitik" [1.64], die vor allem die mittel- und langfristige Diffusion und den Export von Innovationen zum Ziel hat (Abschn. 1.2.3/1.2.4):

Tabelle 1.6 Abgrenzung ökologischer Industriepolitik [1.64]

	Technologie-orientierte Umweltpolitik	Ökologische Industriepolitik
Technologischer Fokus	Umwelttechnik und integirierte Technik in Nischenplätzen	Umwelttechnik und integrierte Technik in Massenmärkten
Legitimation	Vorsorgeprinzip, externe Kosten	Umwelteffizienz, Wettbewerbsfähigkeit
Ziele	öko-effiziente Technik entwickeln und anwenden	ökologische Zukunftstechnologien entwickeln, internationalen Marktzugang schaffen
Hauptakteure	Umweltministerium, Wirtschaft, Umweltverbände	Umweltministerium, weitere Ressorts, Sozialpartner, Innovateure
Weitere Politikfelder	Wirtschaft, Verkehr, Energie, Landwirtschaft	Forschung/Bildung, Wirtschaft, Energie, Arbeit, Außen
Zeithorizont	kurz- und mittelfristig	langfristig

Im Bereich der Technologie-orientierten Umweltpolitik steht auf europäischer Ebene die Frage gleicher Technikstandards im Fokus (Abschn. 1.2.1, Seite 21): Das Umweltbundesamt koordiniert national den „Sevilla-Prozess" zur Umsetzung der überarbeiteten EG-Richtlinie „Über die integrierte Vermeidung und Verminderung der Umweltverschmutzung" (IVU; engl. IPPC [1.67, 1.68]) und gibt einen Wegweiser „Beste Verfügbare Techniken" (BVT; engl. BAT) zu den branchenspezifischen Merkblättern heraus [1.69]. *Beispiele* geben die Abschn. 5.2.3, 5.3.4, 6.1.2, 9.1.3. 9.2.2, 9.3 und 10.3.9 in diesem Buch. Z.Zt. entwickelt die EU-Kommission ein *Environmental Technology Verification Pilot Programme* [1.70].

Marktpotenziale in Industrie-, Schwellen- und Entwicklungsländern [1.1]
In einer Studie des Instituts für Technikfolgenabschätzung und Systemanalyse des Karlsruher Institut für Technologie (ITAS-KIT) wurden die Antworten von 440 Experten aus Wissenschaft, Wirtschaft, Politik und Verwaltung zu der Frage ausgewertet, *welche mittel- bis langfristigen Entwicklungen in der Umwelttechnik heute absehbar sind.* Für die Befragung wurden die im Projekt behandelten sieben Handlungsfelder zu *vier Themencluster* (mit ca. 20 funktionalen Beschreibungen von Technologien, Verfahren oder Konzepten, die in der Vorauswahl ein besonders hohes Problemlösungspotenzial aufwiesen) zusammengefasst:

- Cluster A: Wassermanagement
- Cluster B: Klimaschutz/Luftreinhaltung
- Cluster C: Bodenschutz und Erhalt der Biodiversität/Naturschutz
- Cluster D: Erhöhung der Rohstoffproduktivität/Kreislaufwirtschaft

Marktpotenzial in Industrieländern	Marktpotenzial in Schwellenländern	Marktpotenzial in Entwicklungsländern
1 Leuchtmittel **B**	1 Bedarfsgerechte Bewässerung **A**	1 Bedarfsgerechte Bewässerung **A**
2 Wärmedämmung **B**	2 Adaption an den Klimawandel **B**	2 Meer- u. Brackwasserentsalzung **A**
3 Werkstoffe für den Metall-Leichtbau **D**	3 Großflächiges Boden-Monitoring **C**	3 Adaption an den Klimawandel **B**
4 Dünnschichttechnologien **D**	4 Solarthermische Kühlung **B**	4 Erhöhung der Wasserspeicherkapazität **A**
5 Substitution knapper Metalle **D**	5 Metallrückgewinnung aus Abfällen **D**	5 Chemikalienarme Wasseraufbereitung **A**
6 Elektrische Antriebe **B**	6 Meer- u Brackwasserentsalzung **A**	6 Züchtung mehrjähriger Sorten **C**
7 Abwärmenutzung **B**	7 Aufbereitung von Sekundärrohstoffen **D**	7 Standortangepasste Bodenbearbeitung **C**
8 Mess-, Steuer- und Regeltechnik **D**	8 Standortangepasste Bodenbearbeitung **C**	8 Aquakulturen **A**

Abb. 1.6 Ranking der Umwelttechnologien nach ihren Marktpotenzialen in verschiedenen Länderkategorien [1.1, 1.71]; **fett**: Zuordnung zu den vier Clustern A, B, C und D

Die Abb. 1.6 zeigt, dass die höchsten Marktpotenziale in den Industrieländern bei Technologien aus den Clustern „Klimaschutz/Luftreinhaltung" (B) und „Rohstoffproduktivität/Kreislaufwirtschaft" (D) gesehen wird. Im Gegensatz dazu dominieren unter den ersten acht Technologiebereichen in den Entwicklungsländern die Technologien aus dem Bereich „Wassermanagement" (A) und „Bodenschutz" (C). Nur bei den Schwellenländern sind alle Cluster unter den ersten acht Technologien vertreten, allerdings mit unterschiedlichen Schwerpunktsetzungen [1.1].

Leitmarktkonzept – Schwerpunkte in Deutschland

Staaten auf der ganzen Welt entwickeln den Anspruch, die entstehenden Märkte für energie- und rohstoffeffizientere Güter, erneuerbare Energien und nachwachsende Rohstoffe zu bedienen und dabei eine führende Rolle zu übernehmen; gleichzeitig beginnen viele Unternehmen, sich auf diese Märkte und auf neue Knappheiten einzustellen [1.64]. Ein „Leitmarkt" entsteht, wenn sich in einem Land eine Innovation zuerst etabliert und sich von dort aus in ausländischen Märkten oder sogar weltweit durchsetzt [1.72]; das *Leitmarktkonzept* nach Porter & van der Linde drückt aus, dass Unternehmen eine Stärkung des Umweltschutzes als Chance im Hinblick auf mögliche Wettbewerbsvorteile begreifen sollten [1.66].

Deutschland hat in vielen Segmenten dieses Marktes bereits heute eine hervorragende Stellung und nimmt auf einigen Gebieten sogar weltweit eine Führungsrolle ein. Zu den Perspektiven der deutschen Umweltschutzwirtschaft wurden von der Bundesregierung mehrere Veröffentlichungen initiiert [1.73, 1.74], die sich für drei ökonomische Schwerpunktthemen wie folgt zusammenfassen lassen:

1. *Innovationen und Wachstum.* Der Markt für Umweltschutzgüter und -dienstleistungen stellt überdurchschnittlich hohe Anforderungen an die Innovationsfähigkeit der Unternehmen der Produktions- und Verfahrenstechnik, in öffentlichen (FuE-)Einrichtungen sowie an das Qualifikationsniveau der Beschäftigten. Alle bekannten Projektionen weisen auf eine expansive Entwicklung hin – vor allem im internationalen Raum und mit besonderem Gewicht auf den Klimaschutz.

2. *Auswirkungen von Regulierungen.* Umweltschutzbezogene Innovationen sind häufig auf staatliche Regulierungen wie Normen, Abgaben – aber auch auf Subventionen – zurückzuführen. Umweltregulierungen lösen sehr vielschichtige Innovationswirkungen aus: Ganz oben stehen Chemie/Mineralöl (Produkt- und Prozessinnovationen), vor technischen Dienstleistungen und Maschinenbau (neue Produkte), Wohnungswesen (Energieeinsparung), Fahrzeugbau (Recycling, Abgasreinigung, Ressourcenschonung). Insgesamt zielen zwei Drittel der Innovation auf neue Produkte, und jeweils rund ein Fünftel auf neue Prozesse bzw. Produktinnovationen bei gleichzeitiger Verfahrenserneuerung.

3. *Nachfrageentwicklung.* Die Unternehmen produzierten im Jahr 2013 im Wert von fast 82 Mrd. Euro Güter, die für Umweltschutzzwecke eingesetzt werden können. Das entspricht 6 % der gesamten deutschen Industrieproduktion. Auch im internationalen Wettbewerb sind deutsche Unternehmen gut aufgestellt: mit einem Welthandelsanteil von 14,8 % war Deutschland im Jahr 2013 erneut größter Exporteur von Umweltschutzgütern. Die Entwicklung in der Solarindustrie zeigt aber deutlich, dass diese gute Position kein Selbstläufer ist. In den Jahren 2012 und 2013 ist die Produktion von Solarzellen in Deutschland jeweils um mehr als 50 % eingebrochen, bei den übrigen Solarenergiegütern betrug der jährliche Rückgang mehr als 20 %. Produktionszuwächse in anderen Bereichen, wie beispielsweise der Windkraft, der Abwasserbehandlung oder der Mess-, Steuer- und Regeltechnik konnten diesen starken Rückgang nur zum Teil ausgleichen. Die Herstellung von Gütern, die Umweltschutzzwecken dienen können, ging deshalb zuletzt leicht zurück: von 85 Mrd. Euro im Jahr 2011 auf 81,6 Mrd. Euro im Jahr 2013 [1.74] (2015 wieder bei 83 Mrd. Euro).

1.3 Ökologische Grundlagen

Es spricht vieles dafür, dass die Umweltkrisen durch eine falsche oder nicht angemessene Denkweise hervorgerufen werden. Nach den klassischen Experimenten
von *Dörner und Mitarbeitern* [1.75], bei denen Versuchspersonen in die Rolle von
landwirtschaftlich-technischen Beratern einer fiktiven afrikanischen Region
„Tanaland" versetzt wurden, scheint erwiesen, dass der Denkapparat vieler Menschen außerstande ist, Problemstellungen innerhalb vernetzter Systeme von Ökonomie und Ökologie zu bewältigen. Die starke Gewichtung des jeweils zuletzt
wahrgenommenen Inhalts, das bevorzugte Vergessen neutraler Inhalte gegenüber
emotional positiv und negativ gefärbten Eindrücken machen das menschliche Gedächtnis zu einer sehr schlechten Basis für den Umgang mit sog. „nicht stationären zeitlichen Abläufen". Das frühe Beispiel des *Assuanstaudamms* hatte bereits
gezeigt, wie schwierig es ist, bei einem technischen Großprojekt die negativen
Folgen für die Umwelt abzuschätzen.

Die neue Sicht der Wirklichkeit beruht auf der Erkenntnis, dass alle Phänomene
– physikalische, biologische, psychische, gesellschaftliche und kulturelle – grundsätzlich miteinander verbunden und voneinander abhängig sind. An die Stelle iso-
lierter Kausalketten zu denken, tritt das *Denkmodell dynamisch vernetzter Systeme*
[1.76], die sich selbst regulieren.

„Ökologie" ist die Lehre vom Haushalt der Natur, erweitert „das Studium von
Struktur und Funktion der Natur", und in der umfassendsten Definition „die Wissenschaft von den Wechselbeziehungen zwischen den Organismen untereinander,
zu ihrer Umwelt und deren *Geoökofaktoren* (Klima, Wasser, Boden, Relief)". Die
„neue Ökologie" versucht der „Ganzheitlichkeit" in Wissenschaft und Technik
größere Aufmerksamkeit zu schenken (*Kasten* S. 37). Der Begriff „Ökologie" beschreibt heute kein definiertes Fachgebiet mehr, sondern umfasst ein Konglomerat
von Problemfeldern zum Gegenstand Umwelt [1.77].

1.3.1 Struktur von Ökosystemen

Die Ökologie ist nur ein Teil eines übergreifenden Natursystems, in dem stoffliche, energetische und informationelle Prozesse stattfinden (Tab. 1.7). Mit der Einführung des Begriffs „Ökosysteme" wurde es populär, derartige Systeme durch
Energieflüsse zu beschreiben. Für die *Synergetik*, die den energetischen Austausch
innerhalb verschiedener Strukturniveaus untersucht, ist die ökologische Grund-
lagenforschung mit ihren Modellen besonders wichtig; diese tragen viel zum Verständnis des Ordnungsauf- oder -abbaus in technischen Systemen bei.

Unter dem Begriff „Struktur" ist die Gesamtheit der Art und Menge der Elemente eines Systems sowie der zwischen den Elementen eines Systems bestehenden Kopplungen zu verstehen. Auf Grund der großen Vielfalt der biotischen und
abiotischen Elemente und der großen Zahl der möglichen Zustände zwischen diesen Elementen sind Ökosysteme sehr komplex. Deshalb ist ihr Verhalten schwer
voraussagbar; dazu tragen *Eigenschaften der Ökosysteme* bei (*Lange* in [1.78]):

Tabelle 1.7 Übersicht über die verschiedenen Formen des Austauschs zwischen Systemen (nach *Herlitzius & Töpfer* in [1.78])

	Stoffliche Prozesse	energetische Prozesse	Informationelle Prozesse (Träger)
präbio-tischer Bereich	Passiver Transport (mechanische Stoff-bewegung, Diffusion, Ionen- und Elektro-nentransport u.a.)	passiver Energieaus-gleich (potenzielle + kinetische Energie)	Entstehung höherer Ord-nung (Plasmazustände, dissipative Strukturen)
Lebens-prozesse	aktiver Transport (Bewegung der Orga-nismen, Stoffwechsel, Kreislauf, Wasser-transport)	Photosynthese, Muskel, ATP als spezifischer Energie-träger, Fettzelle, Chlorophyll	informationelle Prozesse in Lebewesen sowie zwischen Lebewesen und Umwelt
technische und gesell-schaftliche Prozesse	Güter- und Personen-transport, betrieblicher Materialfluss	Elektroenergieversor-gung und -nutzung, Raumwärme, Stadt-gas, Vergaser- und Dieselkraftstoffe	Kommunikation, Nach-richtenwesen, kollektive Erfahrung und kollektives Wissen, Steuerung und Regelung von Prozessen

- die stoffliche, energetische und informationelle Offenheit,
- die räumliche Heterogenität und zeitliche Variabilität des Systemzustands,
- die Kooperativität der physikalischen, chemischen und biologischen Prozesse,
- das vor allem in Entwicklungsprozessen ausgeprägte nichtlineare Verhalten und die zeitliche Trägheit,
- die Abhängigkeit der Veränderung des Systemzustands von den zeitlich voran-gegangenen Zuständen.

Die *thermodynamischen Gesetzmäßigkeiten*, vor allem die Gleichgewichte, kön-nen dazu nur den Rahmen des Möglichen abstecken.

1.3.2 Stabilität von Ökosystemen und technischen Systemen

Natürlich funktionierende Systeme in der Landschaft oder in den Gewässern und technisch-ökonomische Systeme in der modernen Industriegesellschaft haben eine Reihe von Grundmerkmalen gemeinsam – teilweise freilich nur formale Analo-gien. In der Tabelle 1.8 (nach *Weigmann* [1.79]) sind die Beipiele eines ökologi-schen Systems – *Wald* – und eines ökonomischen Systems – *Stahlwerk* – gegen-übergestellt.

Die *funktionelle Geschlossenheit* von natürlichen Ökosystemen bewirkt ein hohes Maß von internen Rück- und Nebenwirkungen, die eine komplex regulierte, dynamische Stabilisierung zur Folge haben. Der Zwang zur effizienten Nutzung der vorhandenen Stoffe und Energiemengen führt letztlich zu Stoffkreisläufen, zu einem natürlichem „Recycling", und bedeutet für die Umgebung des Systems ein Minimum an möglichen Belastungen durch Stoff- und Energieaustrag. Im Gegensatz zu dieser natürlichen Funktionsweise sollen vom Menschen genutzte Ökosysteme, wie Forst und Acker, nicht ein funktionelles Gleichgewicht erreichen, sondern möglichst hohe Mengen an Ernte hervorbringen. Man muss deshalb *Zusatzenergie und stoffliche Zusätze* in Form von Düngemitteln aufwenden, um über technische Regelung das System an der natürlichen Entwicklung hin zu einem stabilen System zu hindern.

Tabelle 1.8 Merkmalsanalogien partiell offener Systeme. Aus: *Weigmann* [1.79]

	Ökosystem Wald	Industriesystem (Stahlwerk)
Systemteile		
... unbelebt	Boden, Wasser, Luft	Gebäude, Maschinen, Verkehrswege
... belebt	Organismen	Arbeitskräfte
Ressourcen	Sonnenenergie, Wasser,	Brennstoffenergie, Rohstoffe,
...von außen	O_2, CO_2	Luft, Wasser
...von innen	Depotstoffe des Bodens (Mineralstoffe, Streu, Humus), Organismen	Lagerdepots
Funktionen		
verteilt auf Subsysteme	Baum-, Kraut-, Bodenschicht mit verschiedenen Organismen	Direktion, Verwaltung, Produktion, Verkauf, Einkauf
Steuerungsmechanismen	Wechselwirkung von Organismen	Planung, Organisation
...intern	Nahrungsbeziehungen, Konkurrenz u.a.	Prozess-Steuerung, Management u.a.
...extern	Sonne, Klima, Wirkung aus Nachbarsystemen	Wirtschafts-, Finanzpolitik, Rohstoffpolitik, Nachfrage
Ziele	System-Selbsterhaltung	Systemerhaltung
	durch Optimieren der Wechselbeziehungen u. Ressourcennutzung	durch Steigerung von Produktion, Umsatz, Kapitalertrag
	Stabilität	*Expansion*

Dieser Vergleich von ökologischen und technischen Systemen zeigt, dass auch aus wirtschaftlichen Gründen die folgenden *ökologischen Systemprinzipien* stärker beachtet werden müssen [1.79]: (1) Begrenztes Wachstum von Systemteilen und Prozessen; (2) bessere Energieausnutzung, Minimierung von Energiezu- und -abfuhr; (3) Förderung von Stoffrecycling, Minimierung von Stoffausfuhr als Abfall technischer Prozesse; (4) Verstärkung von regelnden Wechselwirkungen zwecks Harmonisierung der Systemprozesse; (5) Einführen von rückkoppelnden, stabilisierenden Mechanismen zwischen ökonomischen Systemen im Verbund (sektoral, regional, international).

Der *Schutz der biologischen Vielfalt* ist Ziel einer 1992 im Rahmen der Vereinten Nationen ausgehandelten "Convention on Biological Diversity" (*Kasten* [1.80]).

Biologische Vielfalt und Ökosystemdienstleistungen [1.80 - 1.82]

Die biologische Vielfalt (kurz: *Biodiversität*) betrifft die Vielfalt an Arten, die genetische Vielfalt innerhalb der Arten und die Vielfalt an Ökosystemen und deren Funktionen auf der Erde. Die Sicherung der Biodiversität gehört zu den großen Nachhaltigkeits-Herausforderungen des 21. Jahrhunderts [1.80]. Eine aktuelle Übersicht geben *Sutherland et al. in Trends Ecol. Evol. 32, 31-40 (2017)* [1.81].

Die Biodiversität wird von unterschiedlichen Faktoren *negativ beeinflusst*, z.B.: (i) Verlust und Schädigung von Lebensräumen, (ii) Klimawandel (Abschn. 1.1.5 und Kapitel 4), (iii) Übernutzung natürlicher Ressourcen (Unterkapitel 2.3), (iv) Umweltverschmutzung (Kapitel 3) und Immissionen (Kapitel 5) und (v) Ausbreitung gebietsfremder Arten. Es erscheinen hier bereits Fragen nach Nutzungsmöglichkeiten und nach Kategorien wie Risiken, Belastbarkeit, Empfindlichkeit und Tragfähigkeit (häufig im Begriff „Resilienz" zusammengefasst), die bestimmte Nutzungsabsichten begrenzen oder gar ausschließen können [1.81].

Funktionierende Ökosysteme bieten zahlreiche elementare *Dienstleistungen* an, die auch die Basis jeglichen wirtschaftlichen Handelns bilden [1.80]:

- *bereitstellende* Dienstleistungen: Nahrung, Wasser, Holz, Fasern, genetische Ressourcen; pharmazeutische Wirkstoffe;
- *regulierende* Dienstleistungen: Regulierung von Klima, Überflutungen, Krankheiten, Reinigung von Wasser und von Luft, Abfallbeseitigung;
- *kulturelle* Dienstleitungen: u.a. Erholung und ästhetisches Vergnügen;
- *unterstützende* Dienstleistungen: Bodenbildung, Nährstoffkreislauf, u.v.a.

Kostenbeispiele für Ökosystemdienstleistungen (ÖSD) bei *www.naturtipps.com*:

- aus 17 ausgewählten ÖSD wurde ein globaler Wert von mindestens 33.000 Mrd. US-$ berechnet [*Costanza R et al.*, Nature 387 (6630) 253-260];
- in den USA beträgt die Leistung der Insekten durch Pflanzenbestäubung, als Grundlage der Nahrungskette, durch Schädlingsbekämpfung und die Einarbeitung des Dungs von Weidetieren in den Boden einen Wert von mindestens 57 Mrd. US-$ pro Jahr [*Losey JE, Vaughan M*, BioScience 56 (4) 311-323];
- die ÖSD von Schutzgebieten betragen weltweit pro Jahr etwa 5.000 Mrd. US-$. Für ihren Erhalt sind im Vergleich dazu nur jährliche Investitionen in der Höhe von etwa 45 Mrd. US-$ notwendig [*Balmford A et al.*, Science 297: 950-953];
- der ökonomische Nutzen der weltweit 284.000 km² Korallenriffe beträgt jährlich ca. 30 Mrd. US-$; davon entfällt auf den Tauch-Tourismus etwa ein Drittel [*Cesar H et al.*, Cesar Environmental Economics Consulting, 2003, 23 S.];
- der Erholungswert der Schweizer Wälder beträgt etwa 10 Mrd. Schweizer Franken pro Jahr [*Ott W, Baur M*, Umwelt-Materialien 193. BUWAL/Bern 2005];
- an der Elbe ließen sich durch die Schaffung von Überflutungsflächen durch die Rückverlegung von Hochwasserschutzdämmen und Revitalsierung von Auen im Hochwasserfall Schäden von 427 Mio. € vermeiden [*Grossmann M et al.*, Naturschutz + Biologische Vielfalt 89, Bundesamt für Naturschutz, Bonn 2010]

1.4 Technologische Grundlagen

Technologie ist – in der Definition von *J. Beckmann* (1777) – „die Wissenschaft, welche die Verarbeitung der Naturalien, oder die Kenntnis der Handwerke, sowie der Fabriken und Manufakturen, lehret" [1.83]. Der Maschinenkonstrukteur Alois Riedler unterschied zwischen der Entwicklung einer Maschine, die *gangbar* ist, einer zweiten Stufe der Entwicklung einer Maschine, die *brauchbar* ist, und einer dritten Stufe, auf der die Maschine so weit entwickelt werden muss, um *marktfähig* zu sein [1.84]. *Technisierung*, d.h. die fortschreitenden Veränderungen in der Produktion und Verwendung von Technik sowie deren Folgen, bedeutet auch eine qualitative Steigerung hinsichtlich der *Wirksamkeit* (Leistung, Kapazität) und *Perfektion* (Einfachheit, Genauigkeit, Zuverlässigkeit)[1.85][8].

Die Einbeziehung der Umwelt („ökotechnologische Wende") erfordert eine neue Systemqualität des Wissens, die sich auf die Wahrnehmung der Ganzheit stützt, sich auf die Wechselwirkungen zwischen den Komponenten konzentriert, Gruppen von Variablen gleichzeitig verändert und Zeitdauer und Irreversibilitäten berücksichtigt [1.87]. Durch die Nachahmung natürlicher Regelmechanismen (*Kasten* „Acht Grundregeln für überlebensfähige Systeme") können die technisch-ökonomischen Systeme umweltverträglicher gestaltet werden [1.88]. Ökologisch orientierte Technisierung bedeutet eine hochentwickelte Fähigkeit zur *Antizipation* (darauf gründet sich auch das Vorsorgeprinzip!).

Zwei *Konzepte*, die zuerst in einem programmatischen Überblick der *U.S. National Academy of Engineering* [1.89] beschrieben wurden, können den gemeinsamen „analytischen Rahmen" der Umwelttechnologie bilden:

- Das Konzept der „Entmaterialisierung" (*dematerialization*) zielt auf die Verringerung des Materialgewichts und der eingelagerten Energie über die Zeit. Einsparungen am Beginn eines Produktlebenszyklus sind besonders günstig [1.90].
- Das Konzept des „industriellen Stoffwechsels" (*industrial metabolism*) lenkt das Interesse der Ingenieure auf die „dissipativen" Materialverluste an die Umwelt. Besondere Bedeutung kommt dabei den biologisch aktiven Stoffen zu, die im Allgemeinen die Phase der Nutzung relativ rasch durchlaufen [1.91].

Den Rahmen für die Planung und Umsetzung von Technologien bilden die Technikfolgenabschätzung und Technikgestaltung. Bei der *Technikfolgenabschätzung* werden das erarbeitete Folgenwissen und ihre Bewertungen in Meinungsbildungs- und Entscheidungsprozessen – in Elementen der Zukunftsgestaltung – eingesetzt; die entscheidungstheoretische Innovation besteht darin, systematisch und umfassend das beste verfügbare Wissen aus unterschiedlichen Perspektiven zu integrieren [1.92]. *Technikgestaltung* ist als ständiger Lernprozess zu verstehen, in dem über Gestaltungsziele und Realisierungsoptionen diskutiert wird, in den wissenschaftliches Wissen und ethische Orientierung eingehen, und in dem sich das Bild der zukünftigen Technik allmählich, Schritt für Schritt, herausbildet [1.93].

---

[8] Die historische Entwicklung des Technologiebegriffs, speziell in den 70er Jahren, in Deutschland (DDR und BRD), beschreibt eine acatech-Publikation [1.86])

Acht Grundregeln für überlebensfähige Systeme (Vester [1.88])

Der ökologische Technikansatz lässt sich durch die Einbeziehung „biokyberneti-scher" Grundregeln charakterisieren. Dazu gehört u.a. das Einschaukeln in ein sta-biles Gleichgewicht (= negative Rückkopplung, Nr.1), die Wiederwendung alles Produzierten (= Recycling, Nr. 5 und 6), der sparsame und effektive Umgang mit Energie, insbesondere von Sonnenenergie, das Prinzip des „Jiu-Jitsu" (eine asiati-sche Form der Selbstverteidigung), wo nicht Kraft mit Gegenkraft bekämpft, son-dern wo des Gegners Kraft lediglich umgelenkt („kybernetes" *[griech.]*: Steuer-mann) und so für die eigenen Zwecke genutzt wird (Nr. 4) sowie das Zusammen-leben verschiedener Lebensformen zum gegenseitigen Profit (= Symbiose, Nr. 7).

Grundregel	Bedeutung für die Systemdynamik
1. Negative Rückkopplung muss über positive Rückkopplung dominieren	Positive Rückkopplung bringt die Dinge durch Selbstverstärkung zum Laufen. Stabilität gegen Störungen und Grenzwertüberschreitungen.
2. Die Systemfunktion muss unabhängig vom Wachstum sein.	Durchfluss an Energie und Materie ist langfris-tig konstant. Weniger Irreversibilitäten und un-kontrolliertem Überschreiten von Grenzwerten.
3. Das System muss funktions-orientiert und nicht produkt-orientiert arbeiten.	Entsprechende Austauschbarkeit erhöht Flexi-bilität und Anpassung. Das System überlebt so auch bei veränderten Angeboten.
4. Nutzung vorhandener Kräfte nach dem Jiu-Jitsu-Prinzip statt Boxermethode	Fremdenergie wird länger ausgenutzt (Energie-kaskaden), eigene Energie vorw. als Steuer-energie eingesetzt. Profitiert von vorliegenden Konstellationen, fördert die Selbstregulation.
5. Mehrfachnutzung von Pro-dukten, Funktionen und Organisationsstrukturen	Reduziert den Durchsatz. Erhöht gleichzeitig den Vernetzungsgrad, verringert den Energie-, Material- und Informationsaufwand.
6. Recycling. Nutzung von Kreis-prozessen zur Abfall- und Abwärmeverwertung	Ausgangs- und Endprodukte verschmelzen. Materialflüsse laufen kreisförmig. Irreversibili-täten und Abhängigkeiten sind gemildert.
7. Symbiose. Gegenseitige Nutzung von Verschieden-artigkeit durch Kopplung und Austausch	Begünstigt kleinräumige Abläufe und kurze Transportwege. Verringert den Durchsatz und externe Dependenz, erhöht interne Dependenz. Verringert den Energieverbrauch.
8. Biologisches Design von Produkten, Verfahren und Organisationsformen durch Feedback-Planung mit der Umwelt.	Berücksichtigt endogene und exogene Rhyth-men. Nutzt die Resonanz und funktionelle Passformen. Harmonisiert die gesamte Sys-temdynamik. Ermöglicht die Integration neuer Elemente nach den 8 Grundregeln.

1.4.1 Risikoforschung

Der Begriff „Risiko" wird in vielen verschiedenen Bedeutungen gebraucht: In der Alltagssprache ist mit ihm das Wagnis eines Einsatzes für zukünftigen Gewinn verbunden. Im technisch-naturwissenschaftlichen Bereich sind mit diesem Begriff „mögliche zukünftige Folgen eines gegenwärtigen und andauernden Gewinns aus dem Einsatz technischer Mittel oder bestimmter Naturereignisse" gemeint [1.94]. Für die moderne Industriegesellschaft spielt dieses „Vorwegdenken" zukünftiger Lebensbedingungen und die bewusste Auswahl derjenigen Optionen, bei denen die geringsten negativen Folgen zu erwarten sind, eine immer größere Rolle.

Tabelle 1.9 gibt einen Überblick über die verschiedenen Aspekte, unter denen Risiko betrachtet wird (untere Zeile); darüber folgen die Methoden der wissenschaftlichen Erfassung und ein bis zwei Anwendungsbeispiele. Die beiden oberen Kriterien beschreiben die Funktionen der jeweiligen Ansätze, zunächst im Hinblick auf die methodologische Leistungsfähigkeit, dann für das gesellschaftlich wünschenswerte Ziel, das mit Hilfe dieses Ansatzes anzustreben ist. Die angeführten Ansätze sind aufeinander bezogen und schließen sich nicht gegenseitig aus; jede höhere Ebene der Risikoerfassung setzt Einsicht in die jeweils vorangegangenen Ansätze voraus. Eine *Schwerpunktverlagerung* von technisch-ökonomischen zu gesellschaftspolitischen Ansätzen ist dennoch unverkennbar:

- *Risikoerfassung*: Die Quantifizierung von Risiken durch Multiplikation eines Schadenspotentials mit der Eintretenswahrscheinlichkeit eignet sich zum Vergleich der Gefährlichkeit verschiedener Lösungen sowie insbesondere zum Aufdecken von Schwachstellen in technischen Systemen. Bei der Bestimmung von Wahrscheinlichkeiten von negativen Auswirkungen reicht im Allgemeinen der als Mittelwert einer relativen Häufigkeit definierte Erwartungswert, multipliziert mit der Schadensfolge, aus. Es muss dazu genügend statistisches Material vorliegen und die Randbedingungen müssen relativ konstant bleiben.

Tabelle 1.9 Risikoansätze und ihre Kriterien (nach *Häfele et al.* [1.94])

Konzepte und Kriterien	Risiko-erfassung	Risiko-analyse	Risiko-wahrnehmung	Risiko-politik
gesellschaftliche Funktion	Risiko-absicherung	Risiko-reduktion	individuelle Akzeptanz	politische Legitimation
instrumentelle Funktion	Früh-warnung	Identifikation von Gefahren	Wahrnehmungsprofil	rationelle demokrat. Verfahren
Anwendungen	Versicherung/ Statistik	technische Sicherheit, Gesundheit	Information, System-Modifikation	Verfahren, Kontrolle
Methodik	probabilistische Theorie	Fehlerbaum-Analyse	Psychometrik, Einstellung	Policy-Forschung + Design
Zentraler Aspekt	Erwartungs-wert	synthetischer Erwartungswert	Subjektiver Erwartungsnutzen	Gesellschaftlicher Nettonutzen

- *Risikoanalyse*: Im Gegensatz zum statistisch ermittelten Erwartungswert werden hier Ausfallwahrscheinlichkeiten synthetisiert, die sich auf drei Risikoquellen beziehen: (i) Seltene Systemausfälle, so dass nicht genügend Datenmaterial vorliegt (z.B. Dammbruch); (ii) neuartige Entwicklungen (z.B. Gentechnologien) mit unzureichenden Erfahrungswerten; (iii) die Beziehungen zwischen Dosis und Wirkung sind statistisch noch nicht nachzuweisen (z.B. Pestizidrückstände). Im letztgenannten Fall können Anhaltspunkte aus den Erfahrungen bei hohen Dosiskonzentrationen gewonnen werden. In allen Fällen spielen Expertenurteile eine wichtige Rolle.

- *Risikowahrnehmung*: In dieser Stufe werden objektive Bewertungsmaßstäbe teilweise ersetzt bzw. ergänzt durch das Konzept des subjektiven Erwartungsnutzens. Psychometrische Methoden werden zur Erstellung von Wahrnehmungsprofilen eingesetzt, die dazu dienen, technische Systeme auch unter dem Aspekt der individuellen Akzeptanz zu bewerten beziehungsweise zu modifizieren. Noch keine zufriedenstellenden Antworten gibt es auf die Frage, wie subjektive Urteile einzelner Individuen zusammengefasst werden können.

- *Risikopolitik* schließlich versucht, den quantitativ nicht messbaren gesellschaftlichen Gesamtnutzen im Sinne des Allgemeinwohls zu beurteilen. Es gibt zwar keine normativen Risikomodelle für eine umfassende Bewertung, doch wurden inzwischen verschiedene Planungsverfahren und Mitwirkungsmodelle entwickelt, die auf einen Kompromiss zwischen technisch-ökonomischer Rationalität, Verteilungsgerechtigkeit und individueller Akzeptanz ausgerichtet sind.

Kriterien bei der Bewertung von Umweltrisiken [1.95]
Neben den Kriterien „Eintrittswahrscheinlichkeit" (W) und „Schadensausmaß" *(A)* sowie der Ungewissheit hinsichtlich W und A gibt es bei der Analyse von Umweltrisiken verschärfende Bewertungsdimensionen, z.B. die Kriterien der *Irreversibilität* (Schäden sind nicht wieder behebbar), der *Persistenz* (Schadstoffe akkumulieren über lange Zeit), der *Ubiquität* (Schadstoffe breiten sich weltweit aus) und der *Mobilisierung* (Risiken führen zu starken Konflikten und ängstigen die Bevölkerung). *Verzögerungseffekte* können zu einer Unterschätzung von Risiken führen.

Risiken im Normalbereich zeichnen sich durch folgende Eigenschaften aus: (1) geringe Ungewissheiten in Bezug auf die Wahrscheinlichkeitsverteilung von Schäden, (2) insgesamt eher geringes Schadenspotenzial, (3) insgesamt geringe bis mittlere Eintrittswahrscheinlichkeit, (4) geringe Persistenz und Ubiquität, (5) weitgehende Reversibilität des potentiellen Schadens, (6) geringe Schwankungsbreiten von Schadenspotenzial und Eintrittwahrscheinlichkeiten und (7) geringes soziales Konflikt- und Mobilisierungspotenzial (keine deutlichen Bewertungsdiskrepanzen zwischen den Gruppen der Risikoträger und Nutzengewinner).

In diesem Fall ist eine multiplikative Verknüpfung von Schadensausmaß und Eintrittswahrscheinlichkeit unter Einbeziehung der jeweiligen Varianzen sinnvoll und angemessen, wie das in der technischen Risikoanalyse und der Versicherungswirtschaft seit Jahren praktiziert wird. Sind die beiden Faktoren Schadensausmaß und Wahrscheinlichkeit relativ klein, fällt auch das Produkt der beiden in den Normalbereich, für den die bestehenden rechtlichen Vorschriften meist ausreichen.

Strategien zur Bewältigung globaler Umweltrisiken [1.95]

„Abwarten und eventuell auftretenden Schäden bekämpfen" ist in einer global ver-
netzten Welt keine ethisch verantwortbare Handlungsmaxime. Je weitreichender
die möglichen Folgen sind und je weniger Kompensationsmöglichkeiten bestehen,
desto wichtiger ist eine an Vorsorgemaßnahmen orientierte Risikopolitik. Da die
Folgen von globalen Umweltrisiken experimentell nicht nachzuweisen sind, ist die
Wissenschaft weitgehend auf Analogieschlüsse oder auf Computersimulationen
angewiesen. Für den Umgang mit derartigen Risiken wurden typenspezifische
Verfahrensweisen und Managementregeln entwickelt (Tab. 1.10, Abb. 1.7):

1. Der Risikotyp *Damokles* bezieht sich auf Risikoquellen mit einem sehr hohen
   Schadenspotential und einer sehr geringen Eintrittswahrscheinlichkeit. Dabei
   werden im gesellschaftlichen Kommunikationsprozess technologische Risiken
   im Vergleich zu Naturkatastrophen eher verstärkt wahrgenommen.
2. In die Kategorie *Zyklop* fallen eine Reihe von Naturereignissen, aber auch das
   Auftreten von AIDS; die Eintrittswahrscheinlichkeiten sind weitgehend unge-
   wiss, während der maximale Schaden bestimmbar ist.
3. Beim *Pythia*-Typ besteht hohe Ungewissheit sowohl bezüglich der Schadens-
   effekte als auch deren Eintrittswahrscheinlichkeit. In diese Klasse fallen sowohl
   Unfälle als auch Akkumulationseffekte durch kontinuierliche Emissionen.
4. Der Risikotyp *Pandora* bezieht sich auf Risiken mit persistenten, ubiquitären
   und irreversiblen Wirkungen. Häufig sind, wie z.B. bei persistenten organischen Schadstoffen, die Auswirkungen dieser Risiken noch weitgehend unbekannt.
5. Beim Typ *Kassandra* besteht sowohl ein hohes Schadenspotential als auch eine
   hohe Eintrittswahrscheinlichkeit; beide kommen aber erst später zum Tragen.
   Beispiele sind die Risiken des Klimawandels.
6. Risiken vom Typ *Medusa* liegen – nach bestem Wissen der Experten – an der
   Grenze zum Normalbereich (Abb. 1.7), sind aber aufgrund bestimmter Eigenschaften der Risikoquelle besonders angstauslösend.

Ziel aller Maßnahmen zur typenspezifischen *Risikoreduktion* ist die Überführung
von Risiken aus dem Grenz- in den Normalbereich. Wie aus Abb. 1.7 ersichtlich,
führt eine Wissensverbesserung in der Regel zu einer Bewegung von einem Risikotyp zum anderen (etwa von Pandora zu Pythia, von Pythia zu Zyklop und von
dort zu Damokles oder Medusa). Möglicherweise wird durch besseres Wissen der
Verdacht auf irreversible Folgen oder hohe Persistenz erhärtet; in diesem Fall ist
eine Substitution des Stoffs oder sogar ein Verbot dringend angeraten.

Aus der Erfahrung mit öffentlichen Risikodebatten und ihren politischen Folge-
wirkungen besteht bei Risikoregulatoren die Neigung zu einem Verbot, auch wenn
die Schadenshöhe und die Eintrittswahrscheinlichkeit ein Normalrisiko signalisie-
ren. In diesem Fall sind *vertrauensbildende Maßnahmen* und weitere Verbesserungen des Wissensstandes notwendig, um die Bevölkerung von der Normalität des
Risikos zu überzeugen und gleichzeitig die Anlagebetreiber auf die gesetzlich vorgeschriebene Handhabung des Risikos zu verpflichten. Darüber hinaus ist immer
kritisch zu prüfen, ob die eingeleiteten Maßnahmen auch wirklich die gewünschte
Begrenzung des Risikos herbeigeführt haben.

Tabelle 1.10 WBGU-Risikotypen im Überblick (nach [1.95], *W* Eintrittswahrscheinlichkeit, *A* Schadensausmaß; ASS Abschätzungssicherheit)

Risikotyp	Charakterisierung	Beispiele
Damokles	*W* gering (gegen 0), ASS von *W* hoch *A* hoch (gegen ∞), ASS von *A* hoch	Kernenergie, Großchemische Anlagen, Staudämme
Zyklop	*W* ungewiss, ASS von *W* ungewiss *A* hoch, ASS von *A* eher hoch	Überschwemmungen, Erdbeben, Vulkaneruptionen, AIDS-Infektion
Pythia	*W* ungewiss, ASS von *W* ungewiss *A* ungewiss (hoch), ASS v. *A* ungew.	aufschaukelnder Treibhauseffekt, Freisetzung transgener Pflanzen
Pandora	*W* ungewiss, ASS von *W* ungewiss *A* ungewiss (nur Vermutungen), ASS von *A* ungewiss, Persistenz hoch	persistente organische Schadstoffe (POP), endokrin wirksame Stoffe
Kassandra	*W* eher hoch, ASS von *W* eher gering *A* eher hoch, ASS von *A* eher hoch Verzögerungswirkung hoch	anthropogener schleichender Klimawandel, Destabilisierung terrestrischer Ökosysteme
Medusa	*W* eher gering, ASS v. *W* eher gering *A* gering (Exposition hoch), ASS von *A* hoch, Mobilisierungspotential hoch	elektromagnetische Felder

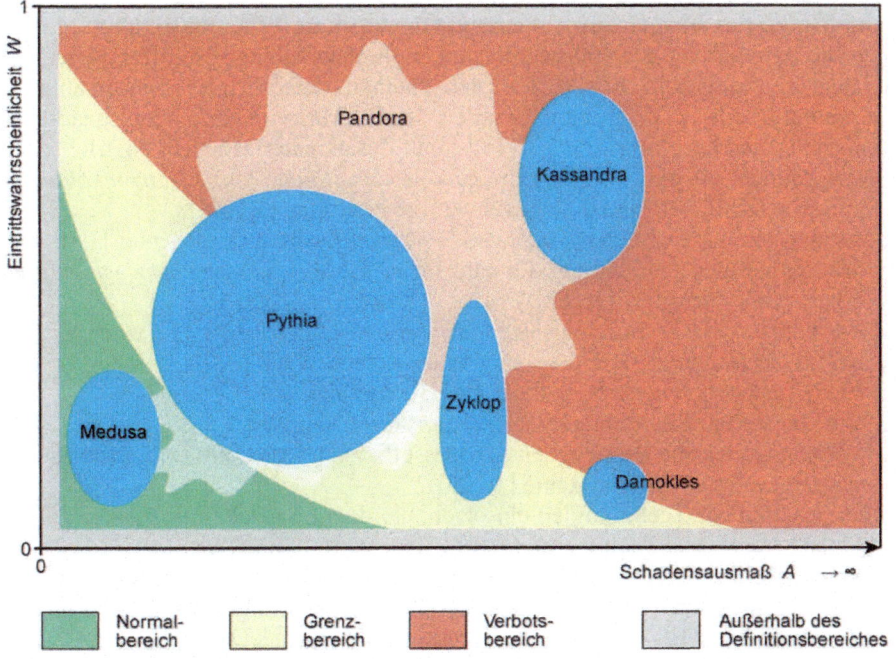

Abb. 1.7 Dynamik von Risiken im Normal-, Grenz- und Verbotsbereich (*WGBU* [1.95])

1.4.2 Umweltinformatik

Technische Maßnahmen im Umweltschutz können nur auf der Grundlage vielfältigen und detaillierten Wissens über die Ökosysteme und ihre Belastungen geplant und durchgeführt werden. Informationsbeschaffung umfasst Beobachtung, Messungen, Simulation und Modellrechnung; Verarbeitung umfasst Zusammenführen, Speichern, Verknüpfen, Überwachen und Darstellen von Informationen [1.96].

Der Fachausschuss „Informatik für Umweltschutz, Nachhaltige Entwicklung und Risikomanagement" der Gesellschaft für Informatik hat 2004 ein Memorandum „Nachhaltige Informationsgesellschaft" verfasst [1.97]. Bezüglich der *Auswirkungen* der Information and Communication Technology (ICT) auf die Umwelt lassen sich drei Bereiche unterscheiden [1.98]:

- Primäre Effekte: Die Hardware verursacht auf ihrem *Lebensweg* von der Produktion über die Distribution und Nutzung bis zur Entsorgung Umweltbelastungen (auch als „direkte Effekte" bezeichnet).
- Sekundäre Effekte: Die Anwendung von ICT hat Folgen für *andere Prozesse* (z.B. Verkehr), deren Auswirkungen auf die Umwelt sich dadurch positiv oder negativ verändern („indirekte Effekte").
- Tertiäre Effekte: Verhaltensweisen und Strukturen passen sich an die durch ICT veränderten Bedingungen an (Veränderungen der Konsummuster, neue Formen der Arbeitsorganisation, ökonomischer Strukturwandel; ebenfalls als „indirekte Effekte" oder als „Folgeeffekte" bezeichnet).

Zehn Motivationsfragen zum Thema „Informatik und Nachhaltigkeit" [1.99]
Über die Auswertung der 100 wichtigsten englischsprachigen Veröffentlichungen aus dem Zeitraum 2002 bis 2012 zu den Themen „Green" oder „Sustainable" + „Computing" oder „Technology" wurden *10 Motivationsfragen* herausgearbeitet (die Details sind bei *Knowles et al.* [1.99] und Zusatzmaterial beschrieben):

1. Wie können wir eine verantwortungsvolle *Beseitigung von Elektronikabfällen* erreichen (Umfang, Toxizität, gegenwärtige Praktiken [1.100])?
2. Wie können wir CO_2-*Emissionen verringern* (z.B. Cloud Data Center [1.101])?
3. Wie können wir den Zustand der natürlichen Umwelt besser *überwachen* (z.B. „participatory sensing" [1.102])?
4. Wie können wir Technik einsetzen um ein *umweltbewusstes Verhalten* zu fördert („Überzeugung", z.B. „sustainably unpersuaded" [1.103])?
5. Wie können wir *erneuerbare Ressourcen* besser nutzen? [1.104]
6. Wie können wir Ressourcen *effizienter einsetzen*? [1.105]
7. Wie können wir die Betriebs- und Prozesseffizienz verbessern (z.B. großskalige energiebewusste Verteilsysteme [1.106])?
8. Wie können wir Technologien einsetzen, um die *Gesellschaft effizienter* zu gestalten (Smart Grid Technology [1.107], Transportation Efficiency [1.108])?
9. Welche Rolle spielt die Technik für eine *nachhaltige Gesellschaft*? [1.109]
10. Wie kommen wir zu weniger zerstörenden und *befriedigenderen Verbrauchsgewohnheiten* (z.B. nachhaltiges „Interaktionsdesign" [1.110])?

Die 10 Fragen wurden *drei Oberthemen* „Verschmutzung", „Ressourcenbewirtschaftung", „Gesellschaft/Kultur" zugeordnet (Abb. 1.8) und weiter diskutiert:

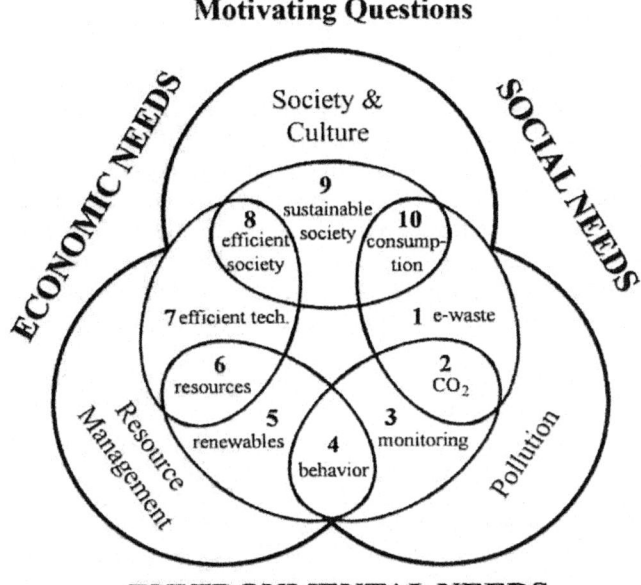

Motivating Questions

ENVIRONMENTAL NEEDS

Abb. 1.8 Motivationsfragen zur Umweltinformatik in einem 3fach-Bilanzschema [1.99]

Aus der Studie von *Knowles et al.* [1.99] werden einige Ergebnisse ausgewählt:

- Es gibt bei ähnlichen Themen große Unterschiede in der Diskussionstiefe: z.B. befasst sich Q1 vorrangig mit Symptomen von Fehlentwicklungen, während Q10 versucht, an den Ursachen der Probleme einzugreifen; bei der Reduktion von CO_2 zielt Q2 auf den Gebrauchszyklus, während Q6 auch die Produktionsphase (mit dem eingelagerten Kohlenstoff) einbezieht.

- Aus der Anordnung der Großthemen mit ihren Motivationsfragen in Abb. 1.8 lassen sich unschwer die drei Pfeiler der Nachhaltigkeit ableiten, wobei in den ausgewählten Arbeiten zur Umweltinformatik die ökonomisch und ökologisch geprägten Beiträge deutlich überwiegen; nur ein Fünftel der Top 100 Artikel spricht sozio-kulturelle Fragen an (hier [1.100; 1.102; 1.103; 1.109; 1.110]).

- Die vorliegende Literaturauswertung zeigt deutliche Parallelen zwischen der „Nachhaltigen Entwicklung" und „Mensch-Computer-Interaktion" (HCI), die beide mehr Verantwortung vom einzelnen Verbrauchern einfordern (Q4), aber gleichzeitig weg wollen von der „choreographierten Überalterung" [1.110] von Produkten, mit denen weiter Profite auf Kosten der Umwelt erzielt werden.

Ausblick: *Stuart Walker*, einer der Autoren der Auswertung [1.99], fordert in „The Spirit of Design" [1.111] „radikale" Fortschritte bei der Umsetzung des Leitbilds Nachhaltigkeit, u.a. bei elektronischen Gütern. Im Kap. 2 des vorliegenden Buchs wird *Nachhaltiges Wirtschaften* mit einem ähnlichen „Zieldreieck" wie in der Abb. 1.8 veranschaulicht – allerdings mit einem äußeren Ring, der die Aufschrift *„in den Grenzen der natürlichen Tragfähigkeit"* trägt (Abb. 2.2 auf S. 81).

Auswirkungen des Pervasive Computing (PvC) auf die Umwelt [1.112]
„Pervasive Computing" ist eine spezielle Anwendung von Informations- und Kommunikationstechnologien, die durch Miniaturisierung und Einbettung von Mikroelektronik in andere Objekte sowie ihre Vernetzung und Allgegenwart im Alltag gekennzeichnet ist. Anders als die meisten aktuellen ICT-Produkte sind Komponenten des Pervasive Computing mit Sensoren ausgestattet, über die sie ihre Umgebung erfassen, ohne dass der Benutzer dies aktiv veranlasst.

Tabelle 1.11 gibt Beispiele für primäre *PvC-Umwelteffekte*. Im Bereich Materialbedarf/Abfall/Schadstoffe wird sich dadurch die Ökobilanz dieses Lebenswegs nicht grundlegend verändern. Der Energiebedarf der Vernetzung, die für PvC benötigt wird, kann einige Prozent des gesamten Strombedarfs erreichen, wenn keine Anreize zur Nutzung technischer Energiesparpotenziale gegeben werden.

Tabelle 1.11 Screening der primären Umwelteffekte des Pervasive Computing (PvC); vermutete Hotspots sind *kursiv* gedruckt [1.112].

Anwendung	Materialbedarf, Abfälle, Schadstoffe	Energiebedarf
Wohnen	zunehmende Einbettung von Mikroelektronik in Elektrohaushaltgeräte und wachsender Bestand von Elektronikgeräten im Haushalt. Entsorgungsprobleme sind beherrschbar.	*wachsender Strombedarf durch zunehmende Vernetzung im Haushalt mit dauerbetriebener Infrastruktur, nach Verbreitung nur noch geringe Gestaltungsmöglichkeiten*
Verkehr	Eintrag von Mikroelektronik und Displays in die Shredder-Leichtfraktion beim Autorecycling, grundsätzlich lösbares Problem	zusätzlicher Strombedarf im Auto, im Vergleich zu Antriebsenergie und Strombedarf von Heizung und Klimaanlage zu vernachlässigen
Arbeit	*zunehmende ICT-bedingte Materialströme durch den breiten Einsatz von ICT in völlig neuen Bereichen, z.B. Einbettung in Büromöbel*	*wg. Ubiquität von drahtlosen Vernetzungen steigende Ansprüche an Infrastruktur; Dauerbetrieb, unterbrechungsfreie Stromversorgung*
Medizin	geringe Relevanz im Vergleich zu Gesundheitswesen	geringe Relevanz im Vergleich zu Gesundheitswesen
Wearables	*Entsorgungsprobleme durch Mikroelektronik u. Batterien in Textilien, Schmuckstücken, Kleinstgeräten u.ä*	geringe Relevanz im Vergleich zum Strombedarf der stationäre Infrastruktur (Wohnen und Arbeit)
Medien	*Wachsende Massenströme durch breiten Einsatz von ICT in völlig neuen Bereichen, z.B. elektronische Bücher und Zeitungen (z.T. durch Rückgang bei Papier kompensiert)*	*wegen Ubiquität von drahtlos vernetzten Komponenten steigende Ansprüche an Verfügbarkeit der Infrastruktur; Dauerbetrieb, unterbrechungsfreie Stromversorgung*
Smart Labels	*Eintrag von Mikroelektronik in alle Abfallfraktionen; im Falle toxischer Inhaltsstoffe sind bestehende Entsorgungskonzepte gefährdet*	zunehmender Energieverbrauch durch Lesegeräte im Dauerbetrieb. Relevanz im Vergleich zu anderen Infrastrukturen des PvC gering

Prozessleittechnik automatisiert, koordiniert und überwacht Verfahren

Ein Prozessleitsystem umfasst alle für die Aufgabe des Leitens (d.h. die Gesamtheit der Maßnahmen, die einen zielgerichteten Prozessablauf ermöglichen) erforderlichen Geräte und Programme zur Ausübung der Funktionen Messen, Steuern, Regeln, Rechnen, Überwachen, Positionieren, Anzeigen, Bedienen, Dokumentieren und Protokollieren. Die Funktionen eines Prozessleitsystems können in drei Hauptgruppen unterteilt werden (Abb. 1.9 aus [1.113]):

- Erfassung und Behandlung der Daten aus dem technischen Prozess, Prozessüberwachung (*Monitoring*). Die Erfassung der Daten schließt oft auch deren Speicherung ein (z.B. Betriebsdatenerfassung). Bei langsamen und sehr komplexen Prozessen, z.B. bei biologischen Prozessen, müssen Entscheidungen über die Prozesssteuerung teilweise von einem Operateur getroffen werden. *Experten- bzw. wissensbasierte Systeme* unterstützen den Operateur, indem sie – teilweise online – die Informationen der Sensoren verknüpfen.
- *Steuerung* einiger Größen des technischen Prozesses. Die Steuerung ist die gegensätzliche Funktion zur Überwachung, wobei die Steuersignale über die Stellglieder (Aktoren) den technischen Prozess beeinflussen.
- *Verknüpfung* der Eingangs- und Ausgangsgrößen des technischen Prozesses, automatische Steuerung und Regelung. Die Rückkoppelungssteuerung kann in Rechnersystemen entweder durch die traditionelle „direkte digitale Regelung" (DDC) oder über die „verteilte direkte digitale Regelung" (DDDC) vorgenommen werden. Bei letzterer stellen die Rechner auf den höheren Ebenen die Referenzwerte ein, während die Rechner der unteren Ebenen innerhalb der vorgegebenen Rahmenbedingungen einen Ausschnitt des Prozesses regeln.

Bei industriellen Verfahren bekommt die Steuerung von Material-, Energie- und Informationsflüssen gegenüber physikalischen Prozessen eine zusätzliche Bedeutung, weil sie hilft, den *Wirkungsgrad* eines Prozesses zu erhöhen und die *Probleme*, die sich aus der Abfallproduktion und den Schadstoffemissionen ergeben, zu reduzieren oder zu vermeiden.

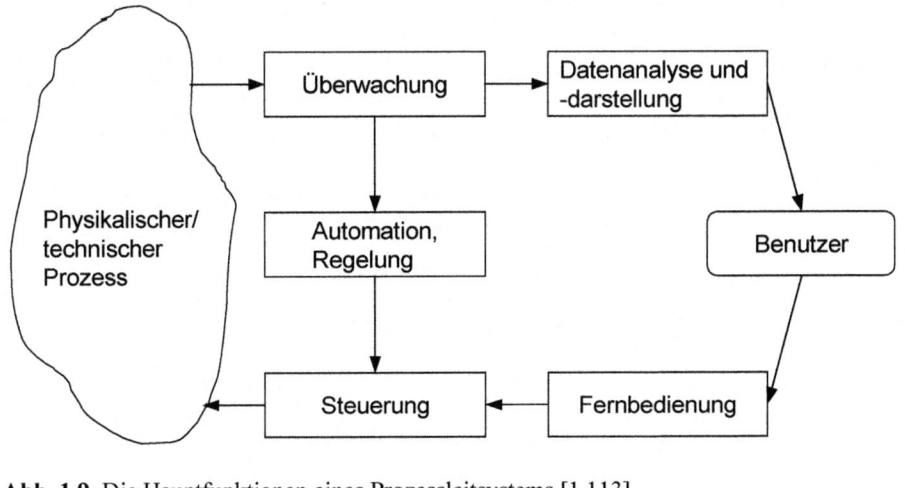

Abb. 1.9 Die Hauptfunktionen eines Prozessleitsystems [1.113]

1.4.3 Verfahrenstechnik

Über die Hälfte der deutschen Industrieproduktion wird unter maßgeblicher Verwendung verfahrenstechnischer Prozesse gefertigt. Schwerpunkte sind Nahrungsmittelherstellung, Hüttenwesen, Bergbau, Zementindustrie, Petrochemie, Papierindustrie, Anlagen- und Apparatebau und Pharmazie. Hinsichtlich ihrer Anwendungsgebiete ist die Verfahrenstechnik ein interdisziplinäres Fachgebiet und reicht von der Chemischen Technik bis zur Biotechnik und Medizintechnik.

Die Verfahrenstechnik ist ebenso wie Fertigungstechnik und Energietechnik ein Teil der Produktionstechnik. Ziel der Fertigungstechnik ist die Formänderung, Ziel der Energietechnik ist die Energieumwandlung und Ziel der Verfahrenstechnik ist die Stoffänderung. Die *Stoffumwandlung* kann erfolgen durch [1.114]:

1. Änderung der Zusammensetzung, z.B. von Suspensionen durch Filtrieren oder von Lösungen durch Destillieren.
2. Änderung der Eigenschaften, z.B. der Feuchtigkeit eines Produktes durch Trocknen oder der Korngröße durch Zerkleinern.
3. Änderung der Stoffart, z.B. von Verbindungen durch chemische Reaktionen oder von Elementen durch Kernumwandlung.

Die angewandte Verfahrenstechnik befasst sich mit *physikalischen Grundverfahren* (Unit-Operations wie z.B. Oberflächenvergrößern, Agglomerieren, Trennen, Energieübertragung), mit *chemischen Grundverfahren* (Unit-Processes; z.B. Polymerisation), und mit der technischen *Reaktionsführung* (Prozessleittechnik, Abschn. 1.4.2). Es ist üblich, die physikalische Verfahrenstechnik in eine mechanische und eine thermische Verfahrenstechnik zu unterteilen. Bei der mechanischen Verfahrenstechnik sind die Gesetze der Mechanik und bei der thermischen Verfahrenstechnik die Gesetze der Thermodynamik maßgebend für die Stoffumwandlung. Es gibt ca. 60 physikalische, chemische und biologische Grundverfahren, die in der Produktion teilweise gleichzeitig oder nacheinander durchlaufen werden.

Tabelle 1.12 Trennverfahren und ihre Anwendung im technischen Umweltschutz [1.114]

Phasentrennung	Mechanisch	thermisch	Umwelttechnik
fest/fest	Sieben, Sichten, Nassklassieren	Sublimieren	• Abtrennung von Sulfid aus Rohkohle
flüssig/fest	Zentrifugieren, Filtrieren	Abdampfen Trocknen	• Schlammbehandlung (z.B. Baggerschlick)
gasförmig/fest	Zyklonieren		• Entstaubungstechnik
flüssig/flüssig	Zentrifugieren Ultrafiltration Umkehrosmose	Destillieren Kristallisieren Extrahieren Ausfrieren	• Membranverfahren in der Abwassertechnik: Emulsionstrennung (z.B. an Ölphasen)
gasförmig/flüssig gasförmig/gasförmig	Diffundieren (Gaszentrifuge)	Absorbieren, Adsorbieren Kondensieren	• Wassertechnologie Abluftbehandlung (z.B. mit Aktivkohle)

Die Optimierung von industriellen Produktionsverfahren schließt eine möglichst geringe Abgabe von Schadstoffen an die Umwelt ein. Verfahrensinterne Umweltschutzmaßnahmen sind zunächst Reinigungsvorrichtungen, in denen Schmutzstoffe vom Wasser- und Luftstrom getrennt und anschließend neutralisiert, konserviert und umweltverträglich beseitigt werden. Bei fortschrittlicheren Verfahren werden die Abfälle nicht deponiert, sondern zu nützlichen Erzeugnissen (Rohstoffe, Halbfabrikate oder Fertigprodukte) für andere Betriebe verarbeitet. Diese Reinigung kann an den Rohstoffen, an Zwischenprodukten oder am Ende des Produktionszyklus durchgeführt werden (Abb. 1.10 nach [1.115]).

Ein zweites Maßnahmenbündel setzt bei den einzelnen Verfahrenstechniken an (Abb. 1.10 unten): Dazu gehören der Austausch bzw. Neueinführung von Prozesseinheiten, Apparaten und ganzen Verfahren, die Einstellung optimaler Prozessbedingungen und insbesondere die Schaffung von Kreislaufprozessen. Die Kreislaufführung von Kühl- und Produktionswässern ist bereits relativ weit entwickelt. Änderungen von Verfahrenstechniken bzw. deren Optimierung sind häufig auch im Hinblick auf einen verbesserten Lärmschutz erforderlich.

Abb. 1.10 Methoden der Verminderung des Schadstoffaustritts (nach Jugel et al. [1.115])

Innovative Entwicklungen im „Produktionsintegrierten Umweltschutz" wurden traditionell vom Bundesministerium für Forschung und Bildung und von der Deutschen Bundesstiftung Umwelt gefördert. Das PIUS-Internet-Projekt der DBU unterstützte vor allem die Beratung von kleinen und mittleren Unternehmen (Druckereien, Lackiererei, Galvanik, Oberflächenreinigung u.a.). Das Programm des BMBF „KMU-innovativ: Ressourcen- und Energieeffizienz" förderte den Technologietransfer aus dem vorwettbewerblichen Bereich in die praktische Anwendung; eine weitere BMBF-Maßnahme im Rahmen der Hightech-Strategie galt der Förderung von „Rohstoffintensiven Produktionsprozessen" [1.116]. Anschließend hat die Bundesregierung innerhalb des Sondervermögens "Energie und Klimafonds" einen Energieeffizienzfonds beim Bundesministerium für Wirtschaft und Energie (BMWi) aufgelegt, um die Industrie dabei zu unterstützen, energieeffiziente und klimaschonende Produktionsprozesse einzusetzen [1.117].

1.4.4 Biotechnologie

Ziel der Biotechnologie ist es, Erkenntnisse aus der Biologie und der Biochemie in technische oder technisch nutzbare Verfahren und Produkte umzusetzen. Durch den Einsatz von biologischen Prozessen und Organismen erhofft man Vorteile wie Kostenersparnisse, Umweltverträglichkeit, Sicherheit und Produktreinheit [1.118].

Da Biotechnologie ein sehr weit gefasster Begriff ist, wird versucht nach Anwendungsgebieten zu unterscheiden: Neben der *Grünen* Biotechnologie (landwirtschaftliche Anwendung), welche sich auf Pflanzen einschließlich ihrer gentechnischen Veränderung bezieht, gibt es die *Rote* Biotechnologie (medizinisch-pharmazeutisch), welche sich mit der Herstellung von Medikamenten und Diagnostika, die *Blaue* Biotechnologie, welche sich mit der Nutzung von Organismen aus dem Meer, die *Weiße* Biotechnologie, welche sich mit biotechnologisch-basierten Produkten und Industrieprozessen – beispielsweise in der Chemie-, Textil- oder Lebensmittelindustrie – befasst, sowie die *Graue* Biotechnologie, die biotechnologische Prozesse im Bereich der Abfall- und Wasserwirtschaft untersucht [1.119]:

- *Abwasserrenigung und Kompostieren* sind konventionelle Formen der Biotechnologie und basieren auf der mikrobiellen Umsetzung von organischen Stoffen. Neue Einsatzgebiete dieser Prozesse sind *Biofilter und Biowäscher.*
- *Altlastensanierung.* Der Einsatz von Organismen zur Beseitigung von Verunreinigungen und Schadstoffen wird als „Bioremediation" bezeichnet. Beispiele: ausgelaufenes Öl abbauen, Abraumhalden mit radioaktiven Abfällen reinigen, Beseitigung von Lösemitteln, Kunststoffen und Schadstoffen wie DDT, Dioxin oder TNT (*Stottmeister* „Biotechnologie zur Umweltentlastung" [1.120]; siehe Kapitel 8).
- *Biosensoren.* Mikroorganismen und DNA-Sonden können als „Detektive" eingesetzt werden um Kontaminationen aufzuspüren oder Prozesse kontinuierlich zu überwachen.

Die *Weiße* Biotechnologie, auch industrielle Biotechnologie genannt, nutzt die ca. 2 Milliarden Mikroorganismenspezies, um industrielle Prozesse kostengünstiger (weniger Prozessstufen, weniger Materialeinsatz) und ökologischer (weniger sowie umweltverträglichere Reststoffe und Emissionen) zu gestalten [1.118]. So können Produkte wie Antibiotika, Impfstoffe, Proteine oder Vitamine, für die mit klassischen Verfahren schwierige und potenziell gefährliche Bedingungen mit hohen Temperaturen und Drücken angewendet werden müssten, bei Verwendung von Organismen oder Enzymen als *Biokatalysatoren* unter Normalbedingungen realisiert werden. Aber auch Rohstoffe, die aus erneuerbaren Quellen bzw. aus der Biomasse stammen, sind Produkte der Weißen Biotechnologie [1.119]:

- *Bioethanol*: aus u.a. Zuckerrüben, Mais, Getreide oder organischen Abfällen wird Zucker gewonnen; dieser wird zu Ethylalkohol fermentiert
- *Biodiesel*: wird aus pflanzlichen Fetten und Ölen über eine katalytische Reaktion produziert
- *Biogas (Methangas)* und *Wasserstoff* werden durch mikrobiologische Fermentationsprozesse aus organischem Material gewonnen

1.4.5 Green Chemistry

Die Substitution von Stoffen mit besonders problematischen Eigenschaften und die Entwicklung von Stoffen mit einem „ökologischen Design" sind nicht nur im Lichte der unmittelbaren Verwendung zu sehen, sondern unter dem Aspekt einer „Integrierten Produktpolitik" (IPP, Abschn. 1.4.10) vielmehr als langfristigen Vorteil für die nachfolgenden *Recycling- und Entsorgungsstrategien*. Auch nach zehn Jahren intensiver Publikationstätigkeit für *Green Chemistry* [1.121], deren 12 Prinzipien von *Anatas & Warner* [1.114] in der Tabelle 1.13 wiedergegeben sind, gibt es in diesem Produktbereich immer noch einen großen Entwicklungsbedarf. Ein besonderer Blick richtet sich dabei auf die Risiken, die von vielen der rund 30.000 bisher nicht regulierten Altstoffen ausgeht (siehe Abschn. 3.1.1).

Tabelle 1.13 Die Prinzipien von Green Chemistry (nach Anatas/Warner [1.121. 1.122]). [a]für Reaktionen: (i) Nutzung von Katalysatoren anstelle von stöchiometrischen Reagenzien, (ii) Vermeidung unnötiger Zwischenstufen in chemischen Prozessen, (iii) Maximierung der Atomeffizienz: Synthesen und Reaktionen so gestalten und nutzen, dass sie die maximale Ausbeute ermöglichen, und (iv) Erhöhung der Energieeffizienz: wenn möglich Durchführung von Reaktionen bei Raumtemperatur.

Ausgangsstoff(e)	Reaktion[a] und Aufarbeitung	Produkte
wenn möglich, nachwachsende Rohstoffe einsetzen	Bedarf an Lösemitteln und Energien minimieren	Nebenprodukte vermeiden oder minimieren
Hilfssubstanzen vermeiden	Gefahrenpotential gering	Toxizität gering
Toxizität gering	analytisch kontrollierbar	Umweltbelastung gering
Umweltbelastung gering	Selektivität hoch	Entsorgung unkritisch

Eng verbunden mit der „Green Chemistry" ist das Thema „Nachhaltige Materialien und Prozesse" [1.123] – speziell *katalytische Prozesse* [1.124]:

- *Anwendungen* reichen von der Polymerherstellung über Massenchemikalien (wie Ammoniak, Polyethylen oder Essigsäure) bis hin zur Herstellung von Pharmazeutika oder Anlagen zur Abgasreinigung.
- Katalytische Prozesse können immer noch durch weiteres *Absenken der Temperatur*, höhere Produktausbeuten, oder die Entfernung schädlicher Nebenprodukte verbessert werden und sollten auf gut verfügbaren Elementen beruhen.
- Spezielle Katalysatoren für die *Umsetzung von Biomasse* können Alternativen zur Chemikalienerzeugung aus Rohöl zu schaffen. Hier müssen ganze Katalysatorfamilien gefunden werden, die bio-basierte Moleküle unter Erhalt hoher Effektivität, Aktivität und Selektivität in Wasser umsetzen können.
- *Immobilisierte Katalysatoren* haben das Potential, viele industrielle Prozesse zu revolutionieren. Solche Katalysatoren können nach der Reaktion einfach entfernt und wieder gewonnen und so Chemikalien reiner hergestellt werden.

Weitere „Green Chemistry"-Aspekte gibt Abschn. 2.3.2 *Ressourceneffizienz*, u.a. „Neue Materialien zur Energieumwandlung und -speicherung", „Ersatzstoffe für chemische Rohstoffe" und „Bewahrung seltener natürlicher Rohstoffe" [1.123].

1.4.6 Nanotechnologie

Nanotechnologie ist ein Sammelbegriff für Techniken für und mit nanoskaligen Systemen (in mindestens einer Dimension einen Größenbereich zwischen 1 und 100 nm aufweisend), die zielgerichtet und individuell (und nicht nur statistisch in Form einer großen Menge) analysiert und manipuliert werden können und die wenigstens der Intention nach technisch nutzbar gemacht werden können oder sollen [1.125]. Die Reduktion von Materialstrukturen in den Nanometerbereich hinein führt häufig zu neuen Eigenschaften von Werkstoffen (Härte, Bruchfestigkeit und -zähigkeit, Ausbildung zusätzlicher elektronischer Zustände, chemische Selektivität) und durch den kontrollierten Aufbau von Materialstrukturen aus atomaren und molekularen Bausteinen lassen sich funktionale Eigenschaften gezielt einstellen. In der Informationstechnologie beruhen die Hoffnungen vor allem auf der Nutzung quantenmechanischer Effekte und in der Biologie/Medizin basieren neue Konzepte u.a. darauf, mit nanontechnologischen Verfahren die Vorgänge in einer Zelle besser analysieren und beeinflussen zu können.

Die Fragen, was man in diesem Stadium der Technikentwicklung über Chancen und Risiken wissen sollte, erfordern einen dreiteiligen Ansatz [1.126]:

1. *Prospektive Innovations- und Technikanalyse:* Bewertung von Nanotechnologien und ihrer erwartbaren Wirkungen mit Hilfe einer „Charakterisierung der Technologie" (ähnlich den Stoffeigenschaften in der Toxikologie).
2. *Öko-Profile*: Abschätzung erwartbarer Umweltentlastungs- und -belastungseffekte (insbesondere Öko- und Ressourceneffizienzpotenziale) im Vergleich zu schon existierenden Lösungen, in Anlehnung an Ökobilanzen (Abschn. 1.1.2).
3. *Erweitertes vorsorgeorientiertes Risikomanagement.* Technologieentwicklung und -gestaltung mit Hilfe von „Leitbildern" sowie Integration der Gesundheits-, Sicherheits- und Umweltaspekte in ein die ganze Wertschöpfungskette übergreifendes Qualitätsmanagement.

Anwendungspotenziale der Nanotechnologie für die Umwelttechnik erstrecken sich u. a. auf Reinigungs- und Aufbereitungsprozesse, Sensorik und Analyseverfahren, Energiesysteme, Materialauswahl und die Oberflächenfunktionalisierung mit umweltfreundlichen Eigenschaften. In einem Forschungsvorhaben aus Mitteln des Landes Baden-Württemberg untersuchten *Heubach & Angerer* [1.127] das aus Umweltsicht interessante nanotechnologische Anwendungsfeld der funktionalisierten Oberflächen. Hierzu gehören „Nicht-Verschmutzungs"-Beschichtungen (Easy-to-Clean), Beschichtungen mit bioziden Eigenschaften oder reibungsarme Oberflächen. Man erwartet eine Einsparung an Reinigungsmitteln oder Schmierstoffen in der Industrie und eine Lebenszyklusverlängerung von Bauteilen.

In einer Kurzstudie im Rahmen dieses Forschungsvorhabens wurde beispielhaft die Anwendung auf dem Gebiet der neuartigen Farbstoff- oder organischen Solarzellen dargestellt. Diese Technologie setzt statt Silizium nanokristalline Elektroden aus Titandioxid ein, in die eine Schicht aus organischen Farbstoffen eingebettet ist. Der Vorteil solcher Farbstoffsolarzellen liegt darin, dass sie im Siebdruckverfahren hergestellt werden und keine Reinraumtechnik benötigen.

1.4.7 Technische Geochemie

Geochemie als vorrangig grundlagenorientierter Wissenschaftszweig befasst sich mit den Gesetzmäßigkeiten, welche die Verteilung der chemischen Elemente kontrollieren. Praktische Anwendung haben geochemische Fachkenntnisse traditionell bei der Exploration von Lagerstätten; im Mittelpunkt der umweltgeochemischen Arbeiten stehen die kontaminierten Feststoffe – Sedimente, Böden, Altlasten, Klärschlämme, Deponien und Abfälle, aber auch Luftpartikel.

Die langfristige Konditionierung von Abfallstoffen, sowohl hinsichtlich der Ablagerung als auch der möglichen Verwertung, stellt eine Hauptaufgabe der jungen Fachdisziplin *Ingenieurgeochemie* dar. Aus der Analyse der geochemischen Systemfaktoren – potentielle Steuerprozesse und kapazitative Eigenschaften – lassen sich die optimalen Behandlungsmethoden ableiten. Die ingenieurgeochemischen Techniken können an den Schadstoffen, der Feststoffmatrix oder an den Steuerfaktoren ansetzen (Tab. 1.14).

Die Auswahl geeigneter Ablagerungsbedingungen, z.B. für Baggergut in einem permanent anoxischen Milieu, kann eine kostengünstige Alternative zu Konditionierungsverfahren darstellen. Die Pufferwirkung der Feststoffmatrix lässt sich durch Zuschlagsstoffe technisch beeinflussen. Während daraus eine indirekte Änderung des Milieus und eine Fixierung relevanter Substanzen innerhalb der Matrix resultiert, zielt die weitestgehende Herstellung einer „Immissionsneutralität" der Abfälle direkt auf die potentiellen Schadstoffe, indem diese durch Extraktion oder thermische Fraktionierung aus der Matrix abgetrennt werden. In diesen Fällen liegt eine Verwertung der Produkte nahe – eine Zielsetzung, die durch die neue Abfallgesetzgebung weiter in den Vordergrund gerückt wurde, weil damit das Prinzip der Ressourcenschonung unterstützt wird.

Tabelle 1.14 Ingenieurgeochemische Konzepte in der Umweltschutztechnik [1.128]

Kopplung geochemischer Steuerfaktoren	Langzeitstabilisierung
Geochemische Steuerprozesse	1) Milieubedingungen und Pufferkapazität langfristig vorgeben
- Säurebildung durch Oxidation von Sulfiden (vor allem von Eisensulfid)	
- Mikrobieller Abbau organischer Substanzen, u.a. Sauerstoffverbrauch	2) reaktive Komponenten entfernen
- Neutralisationsprozesse, vor allem durch Karbonate, verbunden mit Ausfällungen	3) Ausfällung bzw. Kristalleinbaugegenüber Sorption bevorzugen
	4) Durchlässigkeit verringern
Kapazitative Eigenschaften	5) Behandlung mit dem Ziel der Verwertung von Inertmaterial
- Kationenaustauschkapazität	
- Säure-/Basen-Pufferkapazität	⇒ *Subaquatische Unterbringung*
- Redoxpufferkapazität	⇒ *Konditionierung mit Additiven*
- Speicherkapazität	⇒ *Extraktion, Schmelztrennung*
- Bodenstruktur und -textur	⇒ *Reaktive Barrierensysteme*
- mikrobiologische Aktivität	⇒ *Natürlicher Abbau u. Rückhalt*

1.4.8 Ingenieurgeologie und Geotechnik

Die Ingenieurgeologie und Geotechnik sind Teilgebiete der angewandten Geologie und des Bauingenieurwesens. Im Rahmen traditioneller umweltbezogener Ingenieuraufgaben beraten diese Disziplinen vor allem bei Fragen aus dem Wasserbau, aus der Wasserversorgung und aus der Abfallwirtschaft. Schwerpunktaufgaben liegen im Bereich der *Deponietechnik*, u.a. bei der Untergrundabdichtung und bei der Verfestigung/Stabilisierung von Abfällen. Zu einem zentralen Aufgabengebiet für die Geotechnik und ihrer Nachbargebiete Baugeologie, Hydrogeologie und Geophysik hat sich in den vergangenen zwanzig Jahren die *Altlastensanierung* entwickelt, wobei für die technischen Problemlösungen der Geotechnik besser der Begriff „Altlastensicherung" angewandt wird, da es sich in den meisten Fällen weniger um eine Vernichtung von Schadstoffen als vielmehr um Maßnahmen handelt, mit denen ihre Ausbreitung in der Umwelt eingeschränkt werden soll (Kap. 8).

Geologische und hydrogeologische Untersuchungen geben Aussagen über die Emissionswege von Schadstoffen im Untergrund der Verdachtsfläche und über den Aufbau des Deponieumfeldes. Von besonderem Interesse sind Informationen über die *hydrogeologischen Parameter* (Durchlässigkeit, Grundwasserfließrichtung und Grundwasserfließgeschwindigkeit). Die angewandte *Geophysik*, die ihre Wurzeln in der Exploration auf Kohlenwasserstoffe (Öl, Gas, Kohle) hat und seit einigen Jahrzehnten verstärkt kleinräumige Untersuchungen für Baugrund- und Grundwasserfragen sowie für die Prospektion von Erz und anderen mineralischen Rohstoffen durchführt, kann inzwischen ein breites Spektrum an Verfahren für die Erkundung von Altlastenverdachtsflächen anbieten..

Neben den Abdichtungsmaßnahmen, deren Durchführung in Kap. 8 dargestellt wird, sind die *Verfestigung und Stabilisierung* bauphysikalische und bauchemische Methoden, die sowohl im Altlastenbereich als auch für die Konditionierung von Abfällen eingesetzt werden (Tabelle 1.15).

Tabelle 1.15 Behandlung von kontaminierten Böden durch Verfestigung [1.129]

Methode	Beispiele
Verfestigen	Injektion/Verpressen erreichbarer Hohlräume mit Zement, Bentonit-Suspensionen, Wasserglas, Polymerlösungen
Stabilisieren	Fällung im Erdbereich mittels Reagenzieninjektion Hydroxid- und Sulfidfällung: Mehrzahl der Fallbeispiele!
Umschließen/Einkapseln	Umhüllen v. feindispersen Flüssigabfällen (z.B. PCB-haltigen Ölen, Säureteer) in Kalk oder Gips (Mikroeinkapselung)
Verglasen	In-situ-Verglasung metallkontaminierten Bodens, z.B. im Rahmen der NATO/CCMS-Demonstrationstechnologien
Verziegeln	Filterstäube, Galvanikschlämme, Hafen- und Flusssedimente in Backstein eingebunden

1.4.9 Materialwirtschaft und Logistik

Die Materialwirtschaft ist das Versorgungssystem des Unternehmens. Sie sichert die Liefer- und Produktionsbereitschaft zu wirtschaftlichen Bedingungen vom Beschaffungsmarkt über alle Wertsteigerungsstufen des Unternehmens bis hin zum Absatzmarkt. Die Materialwirtschaft hat innerhalb der betrieblichen Managementfunktionen immer mehr an Bedeutung gewonnen Die Gründe liegen in den erheblichen Rationalisierungsreserven bei den Materialkosten und Vorräten, einer verstärkten internationalen Arbeitsteilung und in einer computerunterstützten Logistik, die hohe Lieferbereitschaft und Produktionsflexibilität ermöglicht [1.130]. Die Verschärfung der umweltrechtlichen Vorschriften und freiwillige ökologische Zielsetzungen erfordern eine gezielte Beschaffungsmarktforschung und Lieferantenkooperation, die dem Einkäufer die Kenntnisse von Inhaltsstoffen, die Auswahl umweltgerechter Teile und Rohstoffe sowie Maschinen/Anlagen abverlangt [1.131].

Vermeidung von Produktionsabfällen [1.132]
Bei der Produktion werden Einsatzstoffe in „Produkte" und „Rückstände" umgewandelt. Da die Stoffströme auf der Inputseite zu unterschiedlichen Ansätzen bei der Entwicklung von Vermeidungs- und Verwertungsverfahren führen, muss bei den „Einsatzstoffen" zwischen „Rohstoffen" und „Hilfsstoffen" unterschieden werden. Die „Rohstoffe" enthalten einmal die für die Produktherstellung erforderlichen Komponenten (*Wertstoffe*) daneben sind noch andere Bestandteile (Nebenbestandteile) enthalten, die zwangläufig als Rückstand den Prozess verlassen müssen. Die „Hilfsstoffe", die lediglich die Durchführung des Produktionsprozesses ermöglichen sollen, gehen definitionsgemäß nicht in das Produkt ein und werden deshalb quantitativ als Rückstand aus dem Prozess ausgetragen. Der Einsatz von Hilfsstoffen trägt stark zum Sonderabfallaufkommen bei Beispiele sind halogenierte und nichthalogenierte Lösemittel, Säuren, Emulsionen, Abdecksalze, etc.

Vom recyclinggerechten Konstruieren zum entsorgungsfreundlichen Produkt
Die Konstruktion verursacht zwar nur 7 bis 8 Prozent aller Kosten eines Produkts, legt aber etwa 70 Prozent der Kosten fest, besonders im Einkauf [1.131]. Die Forderung einer umweltgerechten Wirtschaft nach Langzeitgütern, Reparaturfreundlichkeit, regenerativem Stoffeinsatz, „Clean & Recycling"-Attributen stellt deshalb an Entwicklung und Konstruktion besonders hohe Ansprüche [1.133]. Neben Funktionstüchtigkeit, ansprechendem Design und Materialqualität des Produktes wird von der Entwicklung und Konstruktion verlangt [1.131], dass sie ....
- über die Forschung von neuen Materialqualitäten und deren Umweltverträglichkeit informiert ist,
- über Beschaffungsmarktdateien ökologische Information aktuell in Werkstoff-Stücklistendateien abrufen kann,
- über Computer-Aided-Engineering-Systeme (CAE) Kenntnisse über bereits bestehende ähnliche Sachnummern und Analogteile erhält,
- ein Produkt aus niederentropischen Bestandteilen aufbaut, die verhältnismäßig einfach zu recyceln sind.

1.4.10 Produktion- und Fertigungstechnik [1.134]

Die Produktionstechnik- und Fertigungstechnik umfasst alle Anlagen zur Umwandlung, Be- und Verarbeitung von Rohstoffen und Halbfabrikaten. Von dort gehen hauptsächlich die Emissionen aus. Es ist deshalb besonders wichtig, umweltbelastende Rohstoffe, Behandlungsstufen und Teile des Produktionsprogramms durch weniger problematische zu ersetzen; so kann man bspw.:

- an Stelle des besonders gesundheitsgefährdenden Lösungsmittels Trichlorethylen das weniger belastende und energiesparende Trichlorethan einsetzen,
- Cadmium- bzw. Chrombeschichtungen durch Zinkschichten ersetzen,
- bei der Galvanisierung cyanidfreie oder saure Elektrolyte verwenden,
- konventionelle Lacke durch lösemittelarme Lacke (Wasserlacke) ablösen,
- emissionsarme Energieträger verwenden, z.B. schwefelarme Brennstoffe oder leichtes Heizöl bzw. Gas an Stelle von schwerem Heizöl.

Techniken, welche die *Inputstoffe* zu einem größeren Teil ausnutzen, sind ....

- Wirbelschichtfeuerung bei der Energiegewinnung oder Gegendrucköfen bei der Roheisenerzeugung,
- moderne Lackiersysteme, die den Wirkungsgrad von ca. 50 % auf mehr als 95 % erhöhen, z.B. die Tauchlackierung, Walz- oder Gießverfahren,
- die Verminderung des Badvolumens und/oder eine geringe Chemikalienkonzentration, um den Einsatz von Chemikalien zu reduzieren.

Die Standzeiten von Behandlungsbädern können mit Hilfe von Filtration, Flotation, Ionenaustausch, Elektrodialyse oder Adsorption verlängert werden. Energie- bzw. rohstoffsparende Varianten bei thermischen Prozessen sind ....

- die Umstellung auf Prozesse bei niedriger Temperatur, z.B. auf Kaltreiniger, auf Kaltverweil-Bleiche und -Färbeverfahren,
- die Vermeidung eines Abkühlens der Werkstücke, z.B. die Umstellung auf einen kontinuierlichen Prozessablauf,
- die Aufbereitung von Brennstoffen zur Optimierung der Verbrennungsprozesse z.B. schweres Heizöl mechanisch in feinste Partikel homogenisieren,
- die Verwendung von Additiven, z.B. solche mit katalytischer Wirkung oder Verblasung von reinem Sauerstoff an Stelle von Luft,
- eine seltenere Unterbrechung oder Umstellung der Produktion, wenn dies eine Reinigung bzw. ein Aufheizen der Anlage erforderlich macht.

Moderne *Mess- und Regeltechnik* kann beispielsweise genutzt werden für ....

- die automatische Kontrolle und Dosierung von Behandlungs- und Prozesschemikalien, verbunden mit einer Stabilisierung der Produktqualität,
- eine z.B. an der Leitfähigkeit des Wassers orientierte automatische Frischwasserdosierung bei Spül- und Waschprozessen,
- die automatische Steuerung über die Abluftfeuchte bei Trocknungsprozessen.

Die Erweiterung einer ressourcenschonenden und emissionsarmen Produktion zu einer umweltgerechten Produktgestaltung wird im *Kasten rechts* dargestellt.

Umweltgerechte Produktgestaltung – Integrierte Produktpolitik (IPP)
„Integrierte Produktpolitik setzt bei Produkten und Dienstleistungen und deren
ökologischen Eigenschaften während des gesamten Lebensweges an; sie zielt auf
die Verbesserung ihrer ökologischen Eigenschaften ab und fordert hierzu Innovationen von Produkten und Dienstleistung" [1.135]. Die Europäische Kommission
hat ein „Grünbuch" zur IPP verabschiedet, in dem eine Strategie zur Neuausrich-
tung der produktbezogenen Umweltpolitik dargestellt wird [1.136]. In einer Übersicht über beispielhafte Maßnahmen und Aktivitäten, die produktgruppenübergrei-
fend umzusetzen sind, hat *Rubik* [1.137] sieben Bausteine definiert: (1) Aufgabenteilung, (2) Information/Kommunikation, (3) Ökologische Produktinnovation, (4)
Verminderung/Vermeidung von Problemstoffen, (5) Schaffung von Märkten, (6)
Nachhaltiger Konsum, und (7) Abfallwirtschaft. Abb. 1.11 fasst die Entwicklungen und Randbedingungen des Produktbezogenen Umweltschutzes zusammen:

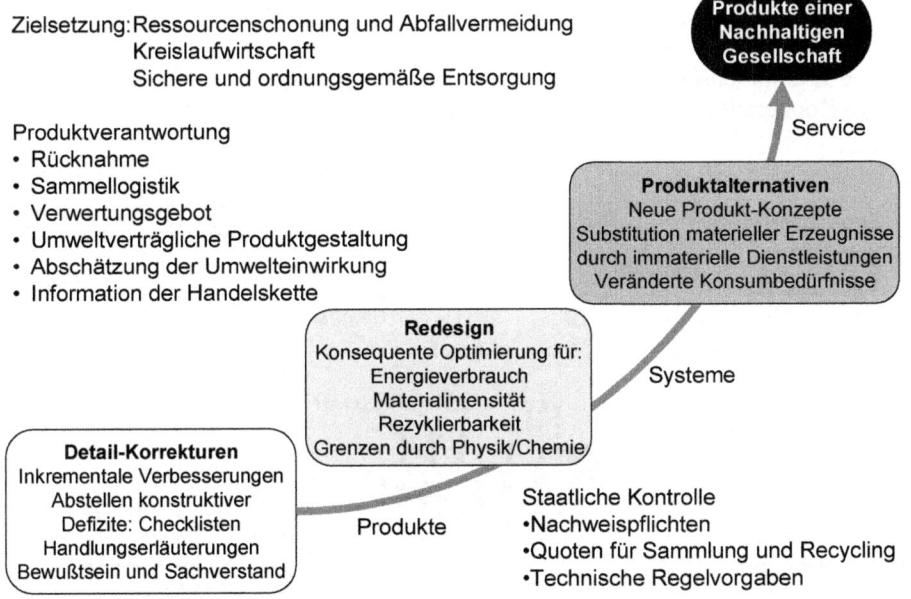

Abb. 1.11 Entwicklungen bei der Herstellung nachhaltiger Produkte und die aktuellen
Randbedingungen für den Produktbezogenen Umweltschutz (nach einer Graphik und Zusammenstellung von *Ertel* [1.138] auf der Grundlage eines MISTRA-Schemas).

Die Produktverantwortung zwingt die Unternehmen über die Schadstoffthematik
hinaus zu umfassenden Anstrengungen, die umweltverträgliche Produktgestaltung
zum Standard werden zu lassen [1.138]: Definiert und implementiert wurden Kon-
struktionsregeln, Stoffvermeidungs- bzw. Verbotslisten, interne und vor allem
auch branchenweite Normenwerke sowie Experten-Software (bspw. UMBERTO
[1.139]) für die Bilanzierung den gesamten Produktlebenszyklus.

1.4.11 Industrielle Symbiose – Ökopark

Das Konzept von Ökoparks – „Öko" sowohl für Ökologie als auch für Ökonomie – ist ein Teil des integrierten Ansatzes der „Industriellen Ökologie" (*industrial ecology* [1.140, 1.141]) zur Umsetzung des Nachhaltigkeitsprinzips in der Produktion. Auch bei den *Eco-Industrial Parks* [1.142] steht die Minimierung des Energie- und Rohstoffverbrauchs – 1978 von *R.U. Ayres* [1.143] als zentrale Aufgabe für den industriell-wirtschaftlichen Umweltschutz definiert – im Vordergrund.

Das klassische Beispiel für dieses Konzept ist der in 25 Jahren entwickelte Industriekomplex von Kalundborg/Dänemark (Abb. 1.12). Als Voraussetzungen für die erfolgreiche Verknüpfung verschiedener Produktions- und Servicebetriebe können im Rückblick folgende „Symbiose-Merkmale" gelten [1.144]:
1. Die grundsätzliche Ausrichtung der Industrien passte zusammen.
2. Die geographischen Entfernungen waren nicht zu groß.
3. Die „mentale Distanz" zwischen den Teilnehmern war gering (sie kannten sich bereits gegenseitig).
4. Der Anreiz war eine langfristige wirtschaftliche Perspektive auf der Grundlage solider Handelsverträge.
5. Die Zusammenschlüsse wurden zwar freiwillig getroffen, erfolgten aber in enger Kooperation mit den Aufsichtsbehörden.

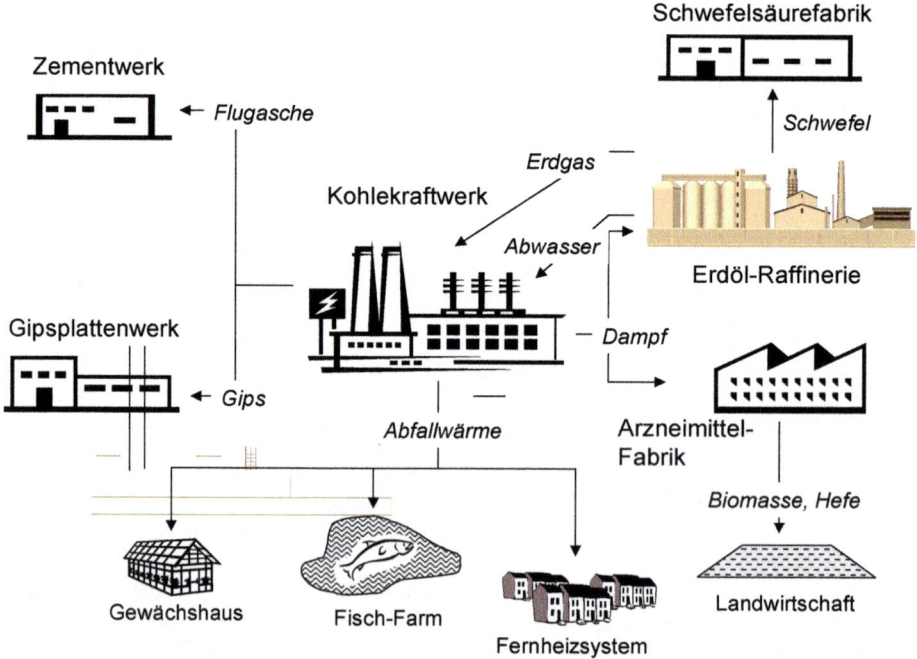

Abb. 1.12 Anordnung von Betrieben in einem Ökopark – Beispiel Kalundborg [1.144]

1.4.12 Umweltschutztechnik als Querschnittsdisziplin

Umweltschutztechnik ist eine fächerübergreifende Disziplin der Ingenieur- und angewandten Naturwissenschaften, die sich auf dem Vorsorgeprinzip begründet. Eine Gliederung des ökologisch-technischen Umweltschutzes gibt Tabelle 1.16.

- *Umweltverfahrenstechnik*, deren Teildisziplinen sich mit der Reinigung von Wasser, Boden und Luft befassen. Aufgaben sind u.a. die Behandlung von Sonderabfällen und Altlasten, da hier einschlägige Erfahrungen aus traditionellen verfahrenstechnischen Anwendungen vorliegen. Von der chemischen Industrie wurde der Begriff des verfahrensinternen oder produktionsintegrierten Umweltschutzes geprägt – Optimierung im Prozess oder im Produktionsverbund.

- *Umwelttechnik im Bauwesen*, mit dem traditionellen Gebiet des Siedlungswasserbaus, hat neue Schwerpunktaufgaben im Bereich der Abfallwirtschaft erhalten; diese umfassen ein weites Spektrum vom Sammeln des Abfalls bis zur Deponietechnik. Aus dem Städtebau und der Architektur heraus entwickelte sich neben dem ökologischen Bauen die Stadtökologie, die sich mit Raum-/Umweltplanung in Verdichtungsräumen befasst.

- *Technischer Umweltschutz im Betrieb*, der sich im Unterschied zu den naturwissenschaftlich orientierten Schwerpunktbereichen der Verfahrenstechnik bzw. Bauwesen auf die Disziplinen „Managementlehre", „Betriebswirtschaft" und „Umweltökonomie" gründet. Diese Teilgebiete des betrieblichen Umweltschutzes, die im Rahmen einer Integrierten Umwelttechnik eine immer größere Rolle spielen, werden in Kap. 2 dargestellt.

Tabelle 1.16 Fachgebiete des ökologisch-technischen Umweltschutzes

	Umweltverfahrens-technik (UVT)	Bauingenieurwesen und Umwelttechnik	Technischer Umweltschutz im Betrieb
Traditionelle Ingenieurdisziplinen	Verfahrenstechnik, Chemietechnik, Biotechnologie, Energietechnk	Wasserwesen, Erd- und Grundbau, Bauphysik/-chemie, Städtebau/Verkehr	Materialwirtschaft, Konstruktions- und Fertigungstechnik, Logistik
Mess-, Steuer- und Prüftechnik	System- und Prozessleittechnik; Mess-, Steuer-, Regelungstechnik; Chemische Analytik; Stoff- und Energieflussanalyse; Prüfverfahren		
Informatik	Modellbildung, Simulation, Umweltinformations-/Expertensysteme		
Natur- bzw. betriebswiss. Grundlagen	Wasser-, Boden- u. atmosphärische Chemie, Hydrobiologie, Ökotoxikologie, Biochemie, Geoökologie, Hydrogeologie, Bodenkunde		Managementlehre, Betriebswirtschaft, Umweltökonomie

Hinweis: Eine Übersicht über Studiengänge im Bereich Umweltschutz mit Informationen zu Studienangebot und Angebot für die Hauptrichtung „Ingenieurwissenschaftlich-technische Ausrichtung" und Beschäftigungsmöglichkeiten für Umweltschutzingenieure/-innen gibt der „Offizielle Studienführer für Deutschland" http://www.studienwahl.de/de/studieren/studienfelder/ingenieurwissenschaften/ umweltschutz-oekologie-entsorgung0137.htm.

Trends und Tendenzen im Umweltbewusstsein – Zusammenfassende Thesen
(aus der Studie des Instituts für ökologische Wirtschaftsforschung 2016 [1.145])

1. Das Umweltbewusstsein der ersten Generation war vor allem ein *Umwelt-Problem-Bewusstsein*, teilweise sogar ein „Umwelt-Katastrophen-Bewusstsein". Diese Form des Umweltbewusstseins ist (spätestens) seit Beginn des neuen Jahrtausends im Rückgang begriffen. Seine zentralen Themen waren die Luft- und Gewässerverschmutzung, das Waldsterben, das Ozonloch, der Natur- und Artenschutz und, nicht zuletzt, die zivile Nutzung der Atomenergie. Probleme, die man im Wesentlichen heute in Deutschland von einer verlässlichen Umweltverwaltung und -gesetzgebung bearbeitet sieht.

2. Ein weiteres schon früh aufgekommenes Thema, die *Grenzen des Wachstums*, war zwischenzeitlich fast vollständig aus dem Blickfeld verschwunden; es erlebt aber derzeit wieder, vor allem seit dem Ausbruch der Finanzkrise von 2008, eine bemerkenswerte Renaissance. Der thematische Horizont des Umweltbewusstseins hat sich in den letzten Jahrzehnten immer mehr verbreitert: Er ist zunehmend globaler, generationenübergreifender und inhaltlich vielschichtiger geworden.

3. Der Fokus des Umweltbewusstseins hat sich immer mehr von der Reaktion auf dringend anzupackende Probleme hin zu einer langfristig zu bearbeitenden und für die globalen Politikstrategien grundlegend wichtigen Gestaltungsaufgabe gewandelt. Dabei werden die Chancen, die eine konsequente *Umwelt- und Nachhaltigkeitspolitik* beinhaltet (oder beinhalten könnte), wie etwa ihre Funktion als Innovationstreiber oder ihr Beitrag zur Stärkung der internationalen Wettbewerbsfähigkeit Deutschlands, deutlicher wahrgenommen. Die *Gestaltungsaufgabe* kann einerseits als individueller Ansporn verstanden werden, sich selbst pro-aktiv für ökologisch sinnvolle technische und soziale Innovationen in Deutschland zu engagieren; sie kann aber auch im Sinne von Delegation der Verantwortung aufgefasst werden, als Domäne der qua Profession Zuständigen.

4. Vor dem Hintergrund einer verbesserten Umweltsituation in Deutschland (1.), eines verbreiterten thematischen Kontexts (2.), der gestiegenen Einsicht in die Notwendigkeit konsequent angelegter Nachhaltigkeitskonzepte (3.), bei jedoch immer stärker *im Alltag spürbar werdender anderer Zwänge*, koexistiert das Bewusstsein für die Bedeutung von globalen Langfriststrategien mit der Orientierung an Kurzfristaufgaben im persönlichen Leben. Ökologisch-korrekte Verhaltensweisen gehen einher mit dem Festhalten an umweltbelastenden Gewohnheiten.

Zwischenfazit. Das Umweltbewusstsein in Deutschland befindet sich offensichtlich in einer tiefgreifenden Veränderung, deren Auswirkungen sich erst in Umrissen abzeichnen. Für die Umweltpolitik ergibt sich daraus die Herausforderung, neue Formen in der Betrachtung und Reflexion der ökologischen Problematik verstärkt wahrzunehmen und daraus resultierende neue Chancen in den Verhaltensdispositionen gezielt aufzugreifen. Für die Forschung ergibt sich die Aufgabe, das Konstrukt „Umweltbewusstsein" immer wieder neu zu definieren und insbesondere die Wahrnehmungs- und Deutungsmuster der jüngeren Generationen verstärkt in den Blick zu nehmen.

1.5 Literatur

1.1   Schippl J, Grunwald A, Hartlieb N, Jörissen J, Mielicke U, Parodi O, Stelzer V, Weinberger N, Dieckhoff C. (2009) Roadmap Umwelttechnologien 2020. Endbericht Fz 01RI0718A. Forschungszentrum Karlsruhe, Institut für Technikfolgenabschätzung und Systemanalyse, unter Mitwirkung des Fraunhofer Institut für Chemische Technologie. Wissenschaftliche Berichte FZKAS 7519, 284 S.

1.2   Legler H, Krawczyk O, Leidmann M, Rammer C, Löhlein H, Frietsch R (2006) Zur technologischen Leistungsfähigkeit der deutschen Umweltschutzwirtschaft im internationalen Vergleich. Niedersächsisches Institut für Wirtschaftsforschung, Zentrum für Europäische Wirtschaftsforschung, Fraunhofer-Institut für System und Innovationsforschung. Studien zum deutschen Innovationssystem Nr. 20-2007, 158 S. Hrsg. BMBF, November 2006

1.3   Coenen R, Klein-Vielhauer S, Meyer R (1995) Integrierte Umwelttechnik – Chancen erkennen und nutzen. Endbericht TA-Projekt „Umwelttechnik und wirtschaftliche Entwicklung". TAB Büro für Technikfolgenabschätzung beim Deutschen Bundestag, Karlsruhe, November 1995, 124 S.

1.4   Sieferle RP (1988) Chemie und Umwelt – Versuch einer historischen Standortbestimmung. In: Held, M. (Hrsg.) Chemiepolitik: Gespräch über eine neue Kontroverse, S. 13-24, VCH Weinheim

1.5   Spaemann R (1980) Technische Eingriffe in die Natur als Problem der politischen Ethik. In: Birnbacher D (Hrsg.) Ökologie und Ethik, S. 180-206. Reclam Verlag

1.6   Gethmann CF, Mittelstraß J (1992) Maße für die Umwelt. Gaia 1 (1) 16-25

1.7   Luhmann N (1986) Ökologische Kommunikation. 275 S. Westdeutscher Verlag

1.8   Weizsäcker EU v (1992) Erdpolitik – Ökologische Realpolitik an der Schwelle zum Jahrhundert der Umwelt. 3. Auflage, 298 S. Wissenschaftliche Buchgesellschaft

1.9   Radkau J (2011) Die Ära der Ökologie – eine Weltgeschichte. 782 S. Verlag C.H. Beck München

1.10   Huber J (1989) Technikbilder – weltanschauliche Weichenstellungen der Technologie- und Umweltpolitik. 182 S. Westdeutscher Verlag Opladen

1.11   Huber J (1995) Nachhaltige Entwicklung durch Suffizienz, Effizienz und Konsistenz. In: Fritz P, Huber J, Levi HW (Hrsg.) Nachhaltigkeit in naturwissenschaftlicher und sozialwissenschaftlicher Perspektive, S. 31-46. S. Hirzel Verlag Stuttgart

1.12   Meadows Dennis, Meadows Donella, Zahn E, Milling P (1972) Die Grenzen des Wachstums – Bericht des Club of Rome zur Lage der Menschheit. 180 S. Deutsche Verlags-Anstalt Stuttgart

1.13   Meadows DL, Meadows DH (1974) Das globale Gleichgewicht. Modellstudien zur Wachstumskrise. 333 S. Deutsche Verlags-Anstalt Stuttgart

1.14   Gabor D, Colombo U, King A, Pestel E (1978) Das Ende der Verschwendung – Zur materiellen Lage der Menschheit. Ein Tatsachenbericht an den Club of Rome. 251 S., rororo-Sachbuch 7164. Reinbek

1.15   Huber J (1982) Die verlorene Unschuld der Ökologie – Neue Technologien und superindustrielle Entwicklung. 184 S. Verlag S. Fischer Frankfurt

1.16   Strümpel B (1985) Ökologische Gefühle – technokratische Argumente. In: Jänicke M, Simonis UE, Weigmann G.(Hrsg.) Wissen für die Umwelt. S. 261-277. Walter de Gruyter Verlag Berlin

1.17   Sieferle RP (1984) Fortschrittsfeinde? Opposition gegen Technik und Industrie von der Romantik bis zur Gegenwart. 301 S. C.H. Beck Verlag München

1.18   Lersner H v (1985) Rechtliche Instrumente der Umweltpolitik. In: Jänicke M, Simonis UE, Weigmann G (Hrsg.) Wissen für die Umwelt. S. 195-214. Walter de Gruyter Verlag Berlin

1.19   Anonym (1986) Vertrag zur Gründung der Europäischen Wirtschaftsgemeinschaft, zuletzt geändert durch die Einheitliche Europäische Akte vom 28.02.1986. Artikel 130r „Umweltpolitik der Gemeinschaft", Absatz 2

1.20   Lühr HP (1987) Umwelt und Technologie – Chance für die Zukunft. 132 S. Mc-Graw-Hill Hamburg

1.21   Malle K-G (1988) Das Vorsorgeprinzip. Wasser, Luft und Betrieb 9/88, S. 16-20

1.22   Weidemann C (Hrsg. 1992) Abfallgesetz. Kapitel „Einführung", S. VII-XXI. Beck-Texte im dtv 5569, München

1.23   Füllgraff G, Reiche J (1992) Proaktiver Umweltschutz. In: Schenkel W, Storm P-C (Hrsg.) Politik, Technik, Recht – Heinrich von Lersner zum 60. Geburtstag. S. 103-114. Erich Schmidt Verlag Berlin

1.24   Storm P-C (Hrsg.) (2016) Umweltrecht – wichtige Gesetze und Verordnungen zum Schutz der Umwelt. 26. Auflage 2016. 1476 S. Dt. Taschenbuch Verlag München

1.25   Anonym (1987) Our Common Future – The World Commission on Environment and Development. 400 S. Oxford University Press

1.26   Anonym (1992) Agenda 21. Konferenz der Vereinigten Nationen für Umwelt und Entwicklung im Juni 1992 in Rio de Janeiro

1.27   Abgeordnetenhaus von Berlin, Präsident (Hrsg.) Lokale Agenda 21 – Berlin zukunftsfähig gestalten. Broschüre über den Abgeordnetenhausbeschluss vom 8. Juni 2006,, Drucksache 15/5221. Definition auf der Grundlage von Rogall H (2002) Neue Umweltökonomie – Ökologische Ökonomie, 352 S. Opladen, S. 43

1.28   Rogall, H. (2008) Stellungnahme zum Konsultationspapier zum Forschungsbericht 2008 „Nationale Nachhaltigkeitsstrategie". Im Namen der Gesellschaft für Nachhaltigkeit (GfN-online.de). 4 S.

1.29   Anonym (1997) Konzept Nachhaltigkeit – Fundamente für die Gesellschaft von morgen. Zwischenbericht der Enquetekommission „Schutz des Menschen und der Umwelt" des Deutschen Bundestags. Referat Öffentlichkeitsarbeit. Zur Sache 1/97. 192 S. Bonn

1.30   Anonym (1994) Die Industriegesellschaft gestalten – Perspektiven für einen nachhaltigen Umgang mit Stoff- und Materialströmen. Enquete-Kommission „Schutz des Menschen und der Umwelt" des Deutschen Bundestags. 756 S. Economica Verlag Bonn

1.31   Faulstich M, Weber G (1999) Ressourcenschonung in Bayern. Forschungs- und Entwicklungsbedarf im BayFORREST-Bereich 1. Schlußbericht für das Bayerische Staatsministerium für Wissenschaft, Forschung und Kunst, München

1.32   Moser F (1996) Kreislaufwirtschaft und nachhaltige Entwicklung. In: Brauer, H. (Hrsg.) Handbuch des Umweltschutzes und der Umweltschutztechnik. Band 2: Produktions- und produktintegrierter Umweltschutz. S. 1059-1153. Springer Berlin

1.33   Anonym (2016) WWF Living Planet Report 2016. Kurzfassung, 23 S., Oktober 2016. World Wide Fund for Nature

1.34   Weber-Blaschke G, Frieß H, Peichl L, Fauchstich M (2002) Aktuelle Entwicklungen bei Umweltindikatorsystemen. UWSF Umweltchem Ökotox 14: 187-193

1.35   Anonym (2016) Ökonomische Gesamtrechnungen – Nachhaltige Entwicklung in Deutschland, Indikatoren zu Umwelt und Ökonomie. Statistisches Bundesamt, Wiesbaden, 33 S., 18. April 2016

1.36   Anonym (2015) Sustainable Development in the European Union – 2015 Monitoring Report of the EU Sustainable Development Strategy. Eurostat, 356 p, Luxembourg: Publication Office of the European Union, ISSN 2443-8480

1.37   Oreskes N, Conway EM (2014) Die Leugnung der Klimaerwärmung. Kapitel 6 in: Die Machiavellis der Wissenschaft. 363 S. Wiley-VCH

1.38   Anonym (2016) Trends and projections in Europe 2016 - Tracking progress towards Europe's climate and energy targets. EEA-Report from November 9, 2016, 80 p, European Environment Agency, Copenhagen

1.39   Anonym (2011) Gesetz über den Handel mit Berechtigungen zur Emissionen von Treibhausgasen (Treibhausgas-Emissionsgesetz – TEHG) vom 21. Juli 2011(BGBl. I, S. 1475, 28 S.

1.40   Anonym (2016) Teilnehmer und Prinzip des Europäischen Emissionsmandels. Umweltbundesamt

1.41   Schneidewind U (2011) Nachhaltige Entwicklung – wo stehen wir? UNESCO heute, Nr. 2/2011, S. 7-10

1.42   Grin J, Rotmans J, Schot J (2011) On patterns and agency in transition dynamics: Some key insights from the KSI programme. Environmental Innovations and Societal Transitions 1: 76-81

1.43   Loorbach D, Van der Brugge R, Taanman M (2008) Governance in the energy transition: Practice of transition management in the Netherlands. Int J Environ Technol & Management 9(2/3): 294-313

1.44   Rotmans J, Loorbach D (2010) Towards a better understanding of transitions and their governance: A systemic and reflexive approach. In: Grin J, Rotmans J, Schot J, Loorbach D, Geels F) Transitions to Sustainable Development. New Directions in the Study of Long Term Structural Change, pp 105-221. Routledge, New York

1.45   Weizsäcker EU v, Hargroves K, Smith M (2010) Faktor Fünf: Die Formel für nachhaltiges Wachstum. 432 S. Droemer München

1.46   Anonym (2010) Zukunftsfähiges Hamburg. Zeit zum Handeln. Studie des Wuppertal Instituts für Klima, Umwelt, Energie. BUND Landesverband Hamburg, Diakonisches Werk Hamburg, Zukunftsrat Hamburg. 256 S. Dölling & Galitz Hamburg

1.47   Rogall H (2008) Ökologische Ökonomie – Eine Einführung. 2., überarbeitete und erweiterte Aufl., VS Verlag für Sozialwissenschaften Wiesbaden

1.48   Anonym (2007) Klimaänderung 2007: Zusammenfassung für politische Entscheidungsträger. Vierter Sachstandsbericht des Zwischenstaatlichen Ausschusses für Klimaänderungen (Intergovernmental Panel on Climate Change (IPCC, WMO/-UNEP). 89 S. Bern/Wien/Berlin, Sept. 2007

1.49   Edenhofer O, Pichs-Madruga R, Sokona Y, Seyboth K (eds, 2012) IPCC Special Report on Renewable Energy Sources and Climate Change Mitigation. 1088 p, Cambridge University Press

1.50   Shearer C, Ghio N, Myllyvirta L, Yu A, Nace T (2017) Boom and bust 2017. Tracking the global coal plant pipeline. 16 p, CoalSwarm/Sierra Club/Greenpeace

1.51   Anonym (2016) Klimaschutzplan 2050. Kabinettsbeschluss vom 14. Nov. 2016. 91 S. Bundesministerium für Umwelt, Naturschutz, Bau und Reaktorsicherheit

1.52   Anonym (2017) Kohleausstieg jetzt einleiten. Stellungnahme des Sachverständigenrats für Umweltfragen. 50 S. Oktober 2017

1.53   Anonym (2007) Wirtschaftfaktor Umweltschutz – vertiefende Analyse zu Umwelt-schutz und Innovation. Im Auftrag des Umweltbundesamtes, Deutsches Institut für Wirtschaftsforschung (Berlin), Fraunhofer Institut für System- und Innovationsfor-schung (Karlsruhe) und Roland Berger Strategy Consultants (München). UBA/BMU-Reihe Umwelt, Innovation, Beschäftigung 1/07. 268 S.

1.54   Anonym (2017) Umsteuern erforderlich: Klimaschutz im Verkehrssektor. Sonder-gutachten des Sachverständigenrats für Umweltfragen. 216 S. November 2017

1.55   Rogall H (2012) Nachhaltige Ökonomie – Ökonomische Theorie und Praxis einer Nachhaltigen Entwicklung. 2. Überarbeitete und erweiterte Auflage, 812 S. Metro-polis Verlag Marburg

1.56   Anonym (2016) Die Umsetzung der Industrieemissionsrichtlinie – neue Pflichten für industrielle Großbetriebe. IHK-Merkblatt, Stand: Mai 2016, 18 S. Industrie- und Handelskammer Karlsruhe.

1.57   Anonym (2016) Europäisches Umweltverfassungsrecht – EU-Vertrag und Vertrag über die Arbeitsweise der Europäischen Union (AEUV). Übersicht des Umwelt-bundesamtes vom 19.02.2016.

1.58   Faber M, Stephan G, Michaelis P (1988) Umdenken in der Abfallwirtschaft. 198 S. Springer-Verlag Berlin

1.59   Hansmeyer K-H (1980) Ökonomische Aspekte der Umweltpolitik. In: Buchwald K, Engelhardt W (Hrsg.) Handbuch für Planung, Gestaltung und Schutz der Umwelt, Band 4 „Umweltpolitik", Kapitel 7.3.3., S. 79-91, BLV München

1.60   Pehnt M (2007) Erneuerbare Energien kompakt: Ergebnisse systemanalytischer Studien. Institut für Energie- und Umweltforschung (ifeu), im Auftrag des Bundes-umweltministeriums, 2., erweiterte Auflage, 55 S., Heidelberg

1.61   Jänicke M (2000) Ecological Modernization: Innovation and Diffusion of Policy and Technology. Fachbereich Politik und Sozialwissenschaften, Forschungsstelle für Umweltpolitik, Freie Universität Berlin, FFU-Report 00-08, 27 p. (Figure 3 Dif-fusion patterns of environmental innovation)

1.62   Madlener R (2006) Diffusion innovativer Energietechnologien aus der Sicht der Ökonomie. Die Volkswirtschaft 3/2006, S. 30-35.

1.63   Köder L, Burger A, Eckermann F (2014) Umweltschädliche Subventionen in Deutschland. Umweltbundesamt Fachgebiet I 1.4 Aktualisierte Ausgabe Oktober. 2014, 116 S., ISSN 2363-8311 (Print)

1.64   Jacob K (2009) Ökologische Industriepolitik – Wirtschafts- und politikwissen-schaftliche Perspektiven. Forschungsprojekt im Auftrag des Umweltbundesamtes (Fz 3707 14 101 / 02), Januar 2009. 108 S.

1.65   Schippl J, Jörissen J (2010) Foresight für die Umwelttechnik von morgen – Einfüh-rung in den Schwerpunkt. Technikfolgenabschätzung – Theorie und Praxis 19, 4-12

1.66   Anonym (2004) Welt im Wandel. Armutsbekämpfung durch Umweltpolitik. WBGU – Wissenschaftlicher Beirat der Bundesregierung Globale Umweltverände-rungen, Jahresgutachten 2004. 335 S. Berlin

1.67   Anonym (1996) Richtlinie 96/61/EG des Rates vom 24. September 1996 über die integrierte Vermeidung und Verminderung der Umweltverschmutzung. Amtsblatt Nr. L 257 vom 10.10.1996, S. 0026 – 0040. Enthält im Anhang II eine Liste der in Artikel 18 Abs. 2 („Gemeinschaftliche Emissionsgrenzwerte in den dort aufgeführ-ten Richtlinien und den anderen gemeinschaftlichen Vorschriften") und im Artikel 20 („Übergangsbestimmungen") genannten 15 Richtlinien

1.68   Anonym (2005) Bericht der Kommission an den Rat und das Europäische Parlament – Bericht der Kommission über die Umsetzung der Richtlinie 96/61/EG über die integrierte Vermeidung und Verminderung der Umweltverschmutzung (IVU), Brüssel, den 03.11.2005, KOM(2005) 540 endgültig.

1.69   Anonym (2016) Die Umsetzung der IE-RL und BVT-Schlussfolgerungen in Deutschland. Umweltbundesamt und Bundesministerium für Bildung und Forschung

1.70   Anonym (2016) EU Environmental Technology Verification Pilot Programme – General Verification Protocol. Version 1.2, July 27th, 2016. 72 p. European Commission, DG Environment

1.71   Jörissen J, Parodi O, Schippl J, Weinberger N (2010) Roadmap Umwelttechnologien 2020. Strategische Handlungsoptionen für Prioritätensetzung in der künftigen Förderpolitik. Technikfolgenabschätzung – Theorie und Praxis 19(1) 57-66

1.72   Anonym (2007) Eine Leitmarktinitiative für Europa. Mitteilung der Kommission KOM(2007)860 endgültig. Brüssel

1.73   Anonym (2007) GreenTech made in Germany – Umwelttechnologie-Atlas für Deutschland. Bundesministerium für Umwelt, Nasturschutz und Reaktorsicherheit (Hrsg.). Zusammenfassung, 522 S. Vahlen, München

1.74   Anonym (2015) Die Umweltwirtschaft in Deutschland 2015 – Entwicklung, Struktur und internationale Wettbewerbsfähigkeit, Bundesministerium für Umwelt, Naturschutz, Bau und Reaktorsicherheit, Hrsg. Umweltbundesamt, 18 S., Dez. 2015

1.75   Dörner D (1979) Ut desint vires. Über den Umgang mit komplexen Systemen. Scheideweg 9, 167-186

1.76   Capra F (1984) Wendezeit. Bausteine für ein neues Weltbild. 512 S. Scherz, Bern

1.77   Leser H (1991) Ökologie wozu? Der graue Regenbogen oder Ökologie ohne Natur. 362 S. Springer, Berlin

1.78   Busch K-F, Uhlmann D, Weise G (1989) Ingenieurökologie. 2. Auflage, 488 S. Gustav Fischer, Jena

1.79   Weigmann G (1985) Ökologie und Umweltforschung. In: Jänicke M, Simonis UE, Weigmann G (Hrsg.) Wissen für die Umwelt, S. 5-18. Walter de Gruyter, Berlin

1.80   Anonym (2012) Biologische Vielfalt und Ökosystemdienstleistungen. Econsense – Diskussionsbeitrag, 8 Seiten. Forum Nachhaltige Entwicklung der Deutschen Wirtschaft, Berlin

1.81   Grunewald K, Bastian O (2012) 2.1 Schlüsselbegriffe. S. 14-20 in: Grunewald K, Bastian O (Hrsg) Ökosystemdienstleistungen. Konzept, Methoden und Fallbeispiele, 332 S., Springer, Berlin

1.82   Anonym (2012) Ecosystem Services – Ökosystemdienstleistungen. Die Leistungen der Natur für den Menschen. Naturtipps - Naturschutz und Artenschutz in der Praxis. www.naturtipps.com

1.83   Beckmann J (1789) Anleitung zur Technologie oder zur Kenntnis der Handwerke, Fabriken und Manufakturen (1777), zitiert aus dem Nachdruck, Wien [1.85]

1.84   Weingart P (1982) Strukturen technologischen Wandels. In: Jokisch R (Hrsg.) Techniksoziologie. Suhrkamp Taschenbuch Wissenschaft No. 379, S. 112-141. Suhrkamp, Frankfurt/M

1.85   Ropohl G (1991) Technologische Aufklärung – Beiträge zur Technikphilosophie. 250 S. Suhrkamp, Frankfurt/M.

1.86   Federspiel R, Salem S (2011) Der Weg zur Deutschen Akademie der Technikwissenschaften. 266 S. Springer Berlin Heidelberg

1.87   De Rosnay J (1977) Das Makroskop. 257 S. Deutsche Verlagsanstalt Stuttgart

1.88   Vester F (1990) Ballungsgebiete in der Krise. dtv-Sachbuch 11332, 171 S. Deutscher Taschenbuch-Verlag München

1.89   Ausubel JE, Sladovich HE (1989) (Eds.) Technology and Enviroment, 221 p. National Academy of Engineering, Washington D.C.

1.90   Herman R, Ardekani SA, Ausubel J (1989) Dematerialization. In: [1.89], S. 50-69

1.91   Ayres RU (1989) Industrial Metabolism. In: [1.89] S. 23-49

1.92   Grunwald A (Hrsg. 2003) Technikgestaltung zwischen Wunsch und Wirklichkeit. 251 S. Springer Berlin Heidelberg

1.93   Grunwald A (2010) Technikfolgenabschätzung – Eine Einführung. 2. Aufl., 346 S. edition sigma, Berlin

1.94   Häfele W, Renn O, Erdmann G (1990) Risiko, Unsicherheit und Undeutlichkeit. In: Häfele W (Hrsg.) Energiesysteme im Übergang – unter den Bedingungen der Zukunft, S. 373-423. Poller im Verlag Moderne Industrie, Landsberg/Lech

1.95   Anonym (1998) Strategien zur Bewältigung globaler Umweltrisiken. Jahresgutachten 1998. Wissenschaftlicher Beirat der Bundesregierung Globale Umweltveränderungen. 383 S. Springer, Berlin

1.96   Page B (1990) Informatik im Umweltschutz. 225 S. Oldenbourg-Verlag München

1.97   Dompke M, v Geibler J, Göhring W, Herget M, Hilty LM, Isenmann R. Kuhndt M, Naumann St, Quack D, Seifert EK (2004) Memorandum „Nachhaltige Informationsgesellschaft". Fachausschuss „Umweltinformatik" der Gesellschaft für Informatik. 58 S. Fraunhofer IRB Verlag Stuttgart.

1.98   Türk V, Ritthoff M, v Geibler J, Kuhndt M (2002) Internet: virtuell=umweltfreundlich? In: Altner G, Mettler-von Meibom B, Simonis U, v Weizsäcker EU (Hrsg) Jahrbuch Ökologie 2003. S. 110-123. Beck Verlag München

1.99   Knowles B, Blair L, Hazas M, Walker S (2013) Exploring sustainability research in computing: where we are and where we go next. Proc UbiComp'13 ACM, p 305-314

1.100   Mankoff J, Kravets R, Blevis E (2008) Computer science issues in creating a sustainable world. Computer 41:102-105

1.101   Wang D(2008) Meeting green computing challenges. Electronics Packaging Technol Conf IEEE, p 121-126

1.102   Goodman E (2009) Three environmental discourses in human-computer interaction. Proc CHI EA'09 ACM, p 2535-2544

1.103   Brynjarsdóttir H, Hakanson M, Pierce J, Baumer EP, DiSalvo C, Sengers P (2012) Sustainable unpersuaded: how persuasion narrows vision of sustainability. Proc CHI'12 ACM, p 947-956

1.104   Pierce J, Paulos E (2012) Beyond energy monitors: interaction, energy, and emerging energy systems. CHI'12 ACM, p 665-674

1.105   Liu L, Wang H, Liu X, Jin X, He WB, Wang QB, Chen Y (2009) GreenCloud: a new architecture for green data center. Proc ICAC-INDST'09 ACM, p 29-38

1.106   Orgerie A-C, Lefèvre L, Gelas J-P (2008) Save watts in your grid: green strategies for energy-aware framework in large scale distributed systems. Proc ICPADS' 08, IEEE Computer Society, p 171-178

1.107   Ipakchi A, Albuych F (2009) Grid of the future. Power & Energy Mag 7(2) 52-52

1.108   Ferris B, Watkins K, Borning A (2010) OneBusAway: results from providing real-time arrival information for public transit. Proc CHI'10 ACM, p 1807-1816

1.109   Baumer EP, Silberman MS (2011) When the implication is not to design (technology). Proc CHI'11 ACM, p 2271-2274

1.110   Blevis E (2007) Sustainable interaction design: Invention and disposal, renewal and reuse. Proc CHI'07 ACM, p 503-512.

1.111   Walker S (2011) The spirit of design: objects, environment and meaning. 272 p. Earthscan Publ, London

1.112   Erdmann L, Köhler A (2003) Auswirkungen auf die Umwelt. In: Hilty L, Behrendt S, Binswanger M, Bruinink A, Erdmann L, Fröhlich J, Köhler A, Kuster N, Som C, Würtenberger F (Hrsg) Das Vorsorgeprinzip in der Informationsgesellschaft – Auswirkungen des Pervasive Computing auf Gesundheit und Umwelt. S. 181-234. TA Swiss

1.113   Olsson G, Piani G (1993) Steuern, Regeln, Automatisieren – Theorie und Praxis der Prozeßleittechnik. 577 p. Carl Hanser München, Prentice-Hall London

1.114   Hemming W (1993) Verfahrenstechnik. 7. Auflage, 211 S. Vogel, Würzburg

1.115   Jugel W, Busch KF, Hahn M, Reinhardt F, Schubert M, Wotte J (1977) Umweltschutztechnik. 2. Auflage, 146 S. VEB Deutscher Verlag für Grundstoffindustrie Leipzig (1. Auflage 1975)

1.116   Anonym (2007) Fördermaßnahme „KMU-innovativ: Ressourcen und Energieeffizienz". Bundesministerium für Bildung und Forschung (BMBF); Bekanntmachung zur Fördermaßnahme „Innovative Technologien für Ressourceneffizienz – Rohstoffintensive Produktionsprozesse", Hightech-Strategie der Bundesregierung

1.117   Anonym (2014) Förderung von energieeffizienten und klimaschonenden Produktionsprozessen. 6 S. Projektträger Karlsruhe, Karlsruher Institut für Technologie

1.118   Lippold B (2006) Der Regenbogen der Biotechnologie. Chemie.DE Information Service.

1.119   Anonym (o.J.) Was ist Biotechnologie? Webseite biologie.de http://www.biotechnologie.de/BIO/Navigation/DE/Hintergrund/basiswissen.html (16.05.2017)

1.120   Stottmeister U (2003) Biotechnologie zur Umweltentlastung. 340 S. B.G. Teubner

1.121   Anonym (2003) Green Chemistry – Nachhaltigkeit in der Chemie. Hrsg. American Chemical Society (ACS), Gesellschaft Deutscher Chemiker (GDCh) und Royal Society of Chemistry (RSC). Bearbeiter: M. Bahadir. 146 S. Wiley-VCH Weinheim

1.122   Anatas PT, Warner JC (1998) Green Chemistry: Theory and Practice. 135 p, University Press Oxford

1.123   Anonym (2010) Chemie für eine nachhaltige globale Gesellschaft. Weißbuch mit Beiträgen und Ergebnissen des zweiten Chemical Sciences und Society Symposiums (CS3): Sustainable Materials Summit, London, 7.-10. Sept. 2010. GDCh, 40 S.

1.124   Anonym (2010) Katalyse – eine Schlüsseltechnologie für nachhaltiges Wirtschaftswachstum. Roadmap der Deutschen Katalyseforschung. German Catalysis Society (GeCatS: DECHEMA, GDCh, DBG, DGMK, VDI) 3. Auflage, 44 S.

1.125   Grunwald A, Fleischer T (2007) Nanotechnologie – wissenschaftliche Basis und gesellschaftliche Folgen. In: Gazsó A, Greßler S, Schiemer F (Hrsg.) Nano – Chancen und Risiken aktueller Technologien. S. 1-20. Springer-Verlag Wien

1.126   Gleich A v, Petschow U, Steinfeldt M (2007) Nachhaltigkeitspotenziale und Risiken von Nanotechnologien – Erkenntnisse aus der prospektiven Technikbewertung und Ansätze zur Gestaltung. In: Gazsó A, Greßler S, Schiemer F (Hrsg.) Nano – Chancen und Risiken aktueller Technologien. S. 61-82. Springer-Verlag Wien

1.127   Heubach D, Angerer G (2007) INANU – Innovation durch Nanotechnologie in der Umwelttechnologie als Schlüssel zur Nachhaltigkeit. Gefördert mit Mitteln des Landes Baden-Württemberg. FKZ: BWI 25002, April 2007, 98 S.

1.128   Förstner U, Grathwohl P (2007) Ingenieurgeochemie. 2. Auflage, 471 S. Springer Berlin Heidelberg

1.129   Anonym (1990) Altlasten. Sondergutachten Dezember 1989. 297 S. Der Rat von Sachverständigen für Umweltfragen. Metzler-Poeschel Stuttgart

1.130   Stahlmann V (1991) Entfaltung von Umweltaktivitäten durch eine Integrierte Materialwirtschaft. In: Organisationsforum Wirtschaftskongreß OFW (Hrsg.): Umweltmanagement im Spannungsfeld zwischen Ökologie und Ökonomie, S. 253-284. Verlag Gabler Wiesbaden

1.131   Stahlmann V (1988) Umweltorientierte Materialwirtschaft. Das Optimierungskonzept für Ressorucen, Recycling, Rendite. 206 S. Verlag Gabler Wiesbaden

1.132   Sutter H (1989) Technische, wirtschaftliche und rechtliche Aspekte der industriellen Abfallvermeidung und Abfallverwertung. Abfallwirtsch.Journal 1(11):17-22

1.133   Seidel E, Menn H (1988) Ökologisch orientierte Betriebswirtschaft. 198 S. Verlag W. Kohlhammer Stuttgart-Mainz

1.134   Winter G (Hrsg.) (1987) Das umweltbewußte Unternehmen. Ein Handbuch der Betriebsökologie mit 22 Check-Listen für die Praxis. 216 S. C.H. Beck München

1.135   Anonym (2002) Evaluation of Environmental Product Declaration Schemes. Environmental Resources Management for EU Commission DG Environment. 129 S.

1.136   Anonym (2001) Grünbuch zur Integrierten Produktpolitik. Kommission der Europäischen Gemeinschaften. 07.02.2001 KOM (2001) 68 endgültig. 37 S, Brüssel

1.137   Rubik F (2002) Integrierte Produktpolitik. Ökologie und Wirtschaftsforschung Band 44. 396 S. Metropolis Verlag Marburg

1.138   Ertel J (2002) Umweltgerechte Produktgestaltung. 18. Münchner Gefahrstoff-Tage, 27.-29 November 2002 (Vortragsmanuskript).

1.139   Anonym (o.D.) Umberto www.umberto.de – der schnelle Überblick

1.140   Frosch RA (1991) Industrial ecology: A philosophical introduction. Proc. U.S. National Academy of Sciences 89(3):800-803;

1.141   Ayres RU, Ayres LW (1996) Industrial Ecology: Closing the Materials Cycle. 379 p, Cheltenham, UK and Lyme MA, Edward Elgar. ISBN 1-85898-397-5

1.142   Cote R, Hall J (1995) Industrial parks as ecosystems. J Cleaner Production 3 (1-2) 41-46

1.143   Ayres RU (1978) Resources, Environment and Economics: Applications of the Materials/Energy Balance Principle. 207 p, Wiley New York

1.144   Ehrenfeld J, Gertler N (1997) Industrial Ecology in practice – the evolution of interdependence at Kalundborg. J Industrial Ecol 1(1) 67-80

1.145   Schipperges M, Gossen M, Holzhauer B Scholl G (2016) Umweltbewusstsein und Umweltverhalten in Deutschland – Verertiefungsstudie: Trends und Tendenzen im Umweltbewusstsein. Institut für ökologische Wirtschaftsforschung (IÖW), Berlin, im Auftrag des Umweltbundesamtes, Januar 2016, 87 S., ISSN 1862-4804.

2 Nachhaltiges Wirtschaften – Ressourcenschutz

In den letzten Jahren haben sich das politische Interesse und damit auch die Innovationstätigkeit zunehmend in Richtung auf die Technologien des produkt- und produktionsintegrierten Umweltschutzes verschoben, bei dem der Material- und Energieinput optimiert und damit das Emissions- und Rückstandsaufkommen von vornherein verringert werden soll. Gründe dafür sind generell die Weiterentwicklung der ökologischen Leitbilder in den regionalen und globalen Ökonomien, aber auch der stark wachsende Rohstoff- und Energiebedarf, vor allem der Schwellenländer, der die Begrenzung der Ressourcen in aller Schärfe hervortreten lässt[1].

Abschnitt 2.1 beschreibt die betriebswirtschaftlichen Rahmenbedingungen für den technischen Umweltschutz; Themen sind u.a.: Corporate Social Responsibility – Nachhaltigkeitsberichte – Produktlinienanalysen – Ökobilanzen – Umweltinformationssysteme – Green Finance. *Abschnitt 2.2* enthält einen Gastbeitrag von *Prof. Holger Rogall* über die Grundzüge einer Nachhaltigen Ökonomie („wobei die planetaren Grenzen unserer Erde zusammen mit der Orientierung an einem Leben in Würde für alle Menschen die absolute äußere Beschränkung vorgeben"; Neue Deutsche Nachhaltigkeitsstrategie). *Abschnitt 2.3* untersucht die Thematik „Rohstoffeffizienz und Ressourcenschutz" mit einer Einführung über die Umweltbelastung durch Bergbau und einem Ausblick auf die Versorgung von neuen Energietechnologien (*Kapitel 4*) mit Rohstoffen.

2.1 Umweltschutz im Unternehmen

Aufgabe des betrieblichen Umweltmanagements ist im weitesten Sinne die Harmonisation von ökonomischen und ökologischen Unternehmenszielen. Die staatlich-rechtlichen und die gesellschaftlich-ethischen Normen bzw. Leitlinien geben dazu die Rahmenordnung, den Makrobezug. Im Kern besitzt das Umweltmanagement zwei Funktionen: die traditionelle *Führungsdimension* (mit den neuartigen Bewertungs- und Informationssystemen) und eine *strategische Dimension* für die Umsetzung der typischen ökologischen Reduktionsphase, mit der die Durchflusswirtschaft zur Kreislaufwirtschaft wird. Beide Funktionen erforderten in erheblich neuem Umfang die Analyse und Verarbeitung technischer und naturwissenschaftlicher Daten zu betriebswirtschaftlich relevanten Informationen [2.1]: „Die noch zu erarbeitenden neuartigen Konzeptionen erzwingen auch ein echtes Eindringen in technische und naturwissenschaftliche Sachverhalte" (Wagner „Unternehmung und ökologische Umwelt", 1990 [2.2]).

---

[1] aus Kapitel 1: *1.1 Leitbilder und Strategien* (1.1.4 Umsetzung des Leitbildes Nachhaltigkeit S. 9-12); *1.2 Gesetze und Märkte* (1.2.3 Innovationen zwischen Technik und Politik S. 26-27, 1..2.4 Instrumente ökologischer Industriepolitik S. 28, 1.2.5 Marktperspektiven für Umweltschutztechnologien S. 29-31; *1.4 Technologische Grundlagen* (1.4.9 Materialwirtschaft und Logistik S. 53, 1.4.10 Produktions- und Fertigungstechnik S. 54-55)

© Springer-Verlag Berlin Heidelberg 2018
U. Förstner, S. Köster, *Umweltschutztechnik*, https://doi.org/10.1007/978-3-662-55163-9_2

In den Monographien der späten 1980er Jahre von *Hopfenbeck* [2.3], *Seidel/Menn* [2.4] und *Steger* [2.5] wurden die Bereiche umweltorientierter Unternehmenspolitik beschrieben (Tabelle 2.1). Auf der Ebene einzelner Betriebe zeigte die ökologische Umsteuerung der Wirtschaft frühe Erfolge (*Steger* [2.6]). Unternehmensinitiativen wie bspw. B.A.U.M. (Bundesdeutscher Arbeitskreis für umweltbewusstes Management) sahen Umweltschutz als „vierten Produktionsfaktor" (neben Kapital, Arbeit und Wissenschaft & Technik (*Kreibich* [2.7]).

Tabelle 2.1: Bereiche umweltorientierter Unternehmenspolitik [2.3]

Informations-beschaffung	Zusammenarbeit mit Instituten und Verbänden, Datenbanken, ökologische Bestandsaufnahme, Kosten/Risiko-Analyse, usw.
Einkauf	Lieferantenwechsel, neue Märkte, Lizenznahme, Patentkauf
Produktion	neue Verfahren, Substitution, Recycling, Abfallbörsen, usw.
Produktabsatz	ökologische Produktanalyse, Entfernung schädlicher Produkte
Preispolitik	Kostenüberwälzung, ökolog. orientierte Preisdifferenzierung
Kommunikation	Sensibilisierung, Information, PR-Aktionen, Umweltzeichen
Vertrieb	Aufbau einer ressourcenschonenden Absatzorganisation
Organisation	Betriebsbeauftragte, Projektteams, Stab „Umweltschutz"
Kontrolle	Öko-Controlling, Umwelt-Audits (Risiko-Bewertung usw.)

Die Forderung nach einer ökologischen Dimension des Wirtschaftens war in der betriebswirtschaftlichen Literatur unbestritten, aber es gab auch kritische Debattenbeiträge zur ökologischen Herausforderung der Betriebswirtschaft[2], u.a. in den editierten Büchern von *Pfriem* [2.8], *Freimann* [2.9] und *Wagner* [2.10]: (1) Die Bedeutung ethischer Kategorien in der neuen Unternehmenspraxis, (2) ökologische Handlungsmöglichkeiten in Unternehmen, (3) die Rolle von Gewerkschaften und die Methodik von „Ökobilanzen"; kontroverse Themen waren (4) die rechtlichen Rahmenbedingungen, (5) der Einfluss ökologischer Vorgaben auf die internationale Wettbewerbsfähigkeit von Betrieben und (6) die Wirkungen der ökologischen Unternehmenspolitik für die Lösung globaler Umweltprobleme.

Inzwischen haben sich bei der ökologischen Ausrichtung der Betriebswirtschaft mehrere Schwerpunkte herausgebildet, die man stark vereinfachend bei den Aktivitäten der Akteure (Individuen und Organisationen) unterscheiden kann (*Dykhoff und Souren* [2.11]): Der *produktionswirtschaftliche Ansatz* konzentriert sich auf die materielle Ebene und neben den Produktions- auch auf Reduktionsprozesse, d.h. auf Abfälle. Der *marketingorientierte Ansatz* thematisiert zunehmend auch Transaktionen auf der Entsorgungsseite des Konsumenten. Der Schwerpunkt des *managementorientierten Ansatzes* liegt in der Informationsebene. Mit der Einbeziehung normativer Elemente und Ausdehnung auf die Wertebene wird bei dem *sozial-ökologischen Ansatz* Umweltschutz gleichrangig mit der Gewinnerzielung als unternehmerische Fundamentalzielsetzung betrachtet.

---

[2] Die einzelnen Zitate finden sich im Anhang zur 8. Auflage (2012), S. 480 bzw. 500-502

2.1.1 Einflüsse des Umweltschutzes auf die Unternehmen

Die Unternehmen werden von drei Trends im Umweltschutz beeinflusst (s.a. Kap. 1.2): Erstens durch die staatliche Gesetzgebung, die vor allem wegen des hohen bürokratischen Aufwands viel Zeit kostet; zweitens durch eine Globalisierung der Umweltprobleme und damit Steigerung der Eigendynamik eines ökologieverträglichen Strukturwandels; drittens durch den Übergang eines allgemeinen Umweltbewusstseins hin zu Verhaltensänderungen der Bürger, verbunden mit neuen Chancen bzw. Marktrisiken einzelner Produkte. Damit verbreitert sich der Bereich, in dem Unternehmen mit Umweltschutz konfrontiert sind (Abb. 2.1).

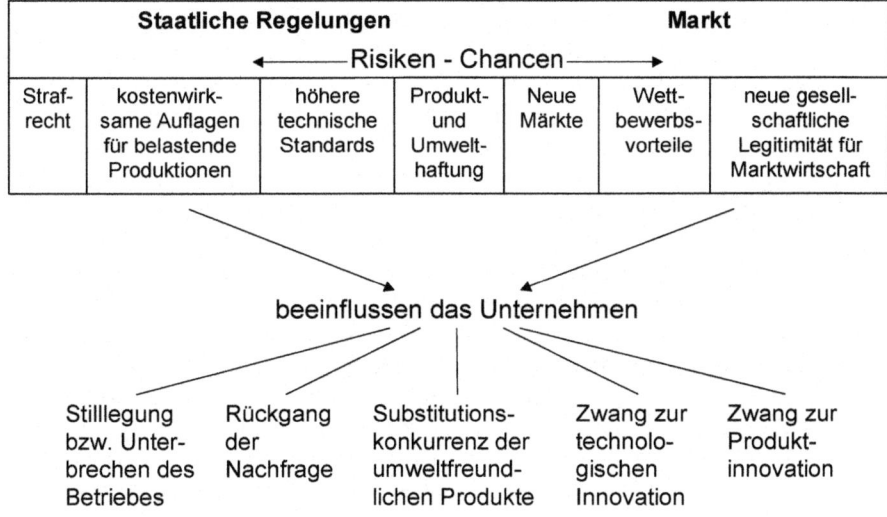

Abb. 2.1 Umwelteinfluss auf die Unternehmen (nach *Steger* [2.6])

Umweltfragen besitzen nach wie vor einen großen Einfluss auf die Strategien der Unternehmensführung. Ausgangspunkt der Planungsüberlegungen bilden neben der Ermittlung der markt- und umweltbezogenen Chancen und Risiken („externe Faktoren") die unternehmensinternen Stärken und Schwächen („interne Faktoren"), die sich aus der spezifischen Unternehmenssituation ergeben [2.12]:

- Höhe der zur Verfügung stehenden finanziellen Mittel für umweltgerichtete Investitionen (z.B. Installation von Umweltschutzanlagen oder Entwicklung umweltfreundlicher Produkte),
- Aufgeschlossenheit und flexible Reaktion des Managements auf ökologische Herausforderungen (z.B. frühzeitige Berücksichtigung von Umweltaspekten in der Unternehmens- und Marketingpolitik),
- Charakteristik und Nähe des Leistungsprogramms der Unternehmung zu Umweltschutzmärkten (z.B. Nutzen von Synergien, Zugang zu Ökomärkten),
- technisches Know-how der Unternehmung (z.B. Verfügbarkeit von Verfahren zur Herstellung umweltfreundlicher Produkte).

Studien und Broschüren zum Thema „Nachhaltiges Wirtschaften" [2.13-2.18]

Zwischen 2006 und 2010 sind mehrere Veröffentlichungen der deutschen Bundesregierung zum Thema „Umwelt und Wirtschaft" erschienen, die sich vorrangig mit dem damals neuen Aspekt „Nachhaltigkeit im Unternehmen" befassen:

- „Nachhaltigkeitsmanagement in Unternehmen – von der Idee zur Praxis: Managementansätze zur Umsetzung von Corporate Social Responsibility und Corporate Sustainability" [2.13] beschreibt sowohl bereits erfolgreich eingesetzte als auch weniger bekannte Ansätze, sowie Weiterentwicklungen bewährter Konzepte, Systeme oder Instrumente (z.B. [Umwelt-]Kostenrechnung), von denen viele laufend an neue Entwicklungen und Erfordernisse angepasst werden.
- In der Broschüre „Corporate Social Responsibility – eine Orientierung aus Umweltsicht" [2.14] des Bundesministeriums für Umwelt, Naturschutz und Reaktorsicherheit (BMU) wird empfohlen, nach dem EU CSR-Konzept (*Grünbuch*) „auf freiwilliger Basis soziale und Umweltbelange in die Unternehmenstätigkeit und in ihre Wechselbeziehungen mit den Stakeholdern zu integrieren" und an die Erfordernisse von Kleinen und Mittleren Unternehmen anzupassen.
- „Nachhaltigkeitsberichterstattung: Empfehlungen für eine gute Unternehmenspraxis" [2.15] ist eine weitere BMU-Broschüre, in der eine Verpflichtung von gesellschaftlich verantwortlichen Unternehmensführungen gegenüber externen Anspruchsgruppen beschrieben wird. Als Kerninhalte spielen die Managementsysteme zum Umweltschutz (z.B. EMAS, ISO 14001), zur Arbeitssicherheit und Gesundheit (OSHAS) und zur Beschaffung (SA 8000) eine wichtige Rolle.
- Für eine Studie „Zukunftsfaktor Nachhaltiges Wirtschaften" [2.16] wurden von der GTZ (Gesellschaft für Technische Zusammenarbeit), Agentur für marktorientierte Konzepte, 20 international agierende Unternehmen aus Deutschland mit inhaltlichem Bezug zu Entwicklungs- und Schwellenländern zu den fünf Dimensionen nachhaltigen Wirtschaftens befragt: (i) Motivation und Verständnis, (ii) Identifizierung der strategischen Herausforderungen, (iii) Strategieentwicklung, (iv) Operative Umsetzung und (v) Steuerung und Kontrolle.
- Im Forschungsbericht „Wirtschaftsfaktor Umweltschutz: Leistungsfähigkeit der deutschen Umwelt- und Klimaschutzwirtschaft im internationalen Vergleich" [2.17] finden sich u.a. Hinweise auf das Profil der Umweltschutzwirtschaft, das (Deutschland) im internationalen Wettbewerb abverlangt wird. Es werden einige Einflussgrößen auf die Innovationskraft der Umwelt- und Klimaschutzwirtschaft behandelt: staatliche FuE-Ausgaben sowie FuE-Förderung für Umweltschutz, leistungsfähige Wissenschaft, Umweltschutzinvestitionsneigung.
- In der Weiterführung dieses Forschungsprojekts mit dem Untertitel „Vertiefende Analyse zu Umweltschutz und Innovation" [2.18] finden sich zum Thema „Nachhaltiges Wirtschaften" zwei Beiträge „Aspekte einer innovationsorientierten Umweltpolitik" und „Einschätzungen für den Umweltmarkt".

Am 28. Oktober 2014 verabschiedete die EU die CSR-Richtlinie 2014/95/EU, die die Pflichten der Unternehmen zur nicht-finanziellen Berichterstattung erweitert. Am 21. September 2016 hat die Bundesregierung den Entwurf eines CSR-Richtlinie-Umsetzungsgesetzes vorgelegt [2.19].

Nachhaltigkeitsberichte – Ranking deutscher Unternehmen
Die Nachhaltigkeitsberichterstattung ist das zentrale Element einer konsequenten Unternehmensstrategie zur Umsetzung der gesellschaftlichen Verantwortung (Corporate Social Responsibility, CSR; siehe Kasten auf Seite 70). Gegenüber der Öffentlichkeit, Kunden, Geschäftspartnern und Behörden sichern diese Berichte die Akzeptanz des wirtschaftlichen Handelns („license to operate"); für Finanzmärkte sind Nachhaltigkeitsberichte zum Beleg eines umfassenden Risikomanagements geworden, das auch nichtfinanzielle Risiken miteinbezieht und geeignet ist, den Unternehmenswert zu sichern [2.20].

In Deutschland führen das Institut für ökologische Wirtschaftsforschung (IÖW) und der Unternehmensverband future seit 1994 ein Ranking von Umweltberichten durch. Dem Ranking 2015 liegt ein Set von sozialen, ökonomischen und kommunikativen Kriterien zugrunde, der u.a. auf 79 (von 150 größten deutschen) Unternehmen angewendet wurde, die einen eigenständigen Umwelt-, Nachhaltigkeits-, CSR- oder vergleichbaren Bericht veröffentlichen. Seit dem Ranking 2009 werden die produkt- und lieferkettenbezogenen Aspekte aufgesplittet, die Kriterienzuordnungen umgebaut und die Gewichtungsfaktoren neu verteilt. Bei den Umweltaspekten der Produktion wurden Materialeffizienz, Materialkosten und Rohstoffverknappungen sowie der Flächenverbrauch explizit angesprochen.

Die größten Ranking-Branchen bilden die Handels- und Technologieunternehmen sowie die Unternehmen der Chemie- und der Grundstoffindustrie. Die besten Durchschnittswerte bei den kombinierten Anforderungen* des Ranking 2015 erzielten die Auto- und Haushaltsgerätehersteller sowie die Banken. In Tab. 2.2 sind die Ergebnisse des Ranking 2015 für die *Ökologischen Anforderungen* aufgelistet.

Tabelle 2.2 Ranking der Nachhaltigkeitsberichte von Großunternehmen 2015 (2013/2014) nach ökologischen Kriterien (nach *IÖW/future* [2.20]; A = eigenständiger Bericht)

IÖW/future Ranking Ökologische Kriterien		Nachhaltigkeitsberichte Berichtstitel	Gesamt-Ranking*		
			2015	2011	2009
1	KfW Bankengruppe	Bericht 2015 „Verantwortung wirkt"	3	A	28
2	Landesbank B-W	„Überblick. Made in Germany" 2015	20	22	7
3	Commerzbank AG	„Wie nachhaltig kann eine Bank sein?"	7	8	9
4	DZ Bank AG	Nachhaltigkeitsbericht 2014	9	30	44
5	BMW Group	„Sustainable Value Report 2014"	1	1	3
6	Unicredit Bank AG	Bericht 2014/15 „Mehr als Geld"	16	20	20
7	Ergo Vers.gruppe	Nachhaltigkeitsbilanz 2014	22	-	-
8	Bayer. Landesbank	„Verantwortung, Nachhaltigkeit, …"	23	39	38
9	Rewe Group	Nachhaltigkeitsbericht 2013/2014	10	33	21
10	Volkswagen AG	Nachhaltigkeitsbericht 2014	5	9	6
11	Miele & Cie. KG	Nachhaltigkeitsbericht 2015	2	7	16
12	Axel Springer SE	Nachhaltigkeitsbericht 2013	35	11	23
13	Deutsche Bank AG	Bericht 2014 „Stärke nutzen."	36	40	36

2.1.2 Einsatz ökologieorientierter Managementsysteme

In Anwendung bekannter Prozeduren aus dem Finanz-, aber auch dem Produktionsbereich haben die ökonomische Theorie und Praxis das „Umwelt-Audit" entwickelt, ein Instrument zur Bewertung und Überprüfung von Firmen oder Unternehmensbereichen hinsichtlich ihrer Leistungsfähigkeit vor allem in umwelttechnischer Hinsicht und zur Identifizierung von ökologischen Risiken, die das Unternehmen verursacht. Im Mittelpunkt steht der Produktionsbereich mit seinen Stoff- und Energiekreisläufen sowie dessen Integration in das gesamte Unternehmen. Die ökologisch-technische Bewertung gilt vorrangig der Einsparung von Wasser, Energie und Materialien und der Vermeidung von Schadstoffen [2.21].

Im Bereich des ökologieorientierten Managements wurden sehr unterschiedliche Instrumente entwickelt und eingesetzt [2.5]: (1) Frühaufklärungsindikatoren, (2) Ökologische Buchhaltung, (3) Umweltverträglichkeitsprüfung, (4) Wirtschaftlichkeitsprüfung (beschränkt sich auf monetäre Größen bei Umweltschutzinvestitionen), (5) Technologiefolgenbewertung (generell), (6) Kosten-Nutzen-Analyse, (7) Nutzwert-Analyse/Scoring-Verfahren (Abschätzungen zu Handlungsalternativen ohne Monetarisierung), (8) Material-/Energiebilanzen oder -flussrechnungen, (9) Planspiele (zum Beispiel Simulation von Genehmigungsverfahren), (10) Systemsimulation (komplexe Ökosysteme).

Checklisten – Produktlinienanalysen – Ökobilanzen
Mit universell einsetzbaren Strukturierungshilfen wie *Umweltbelastungsprofilen* werden insbesondere die schwer quantifizierbaren Entscheidungskriterien zusammengestellt und verglichen [2.21, 2.22]: Willensbildung im Führungsteam, Unternehmenziele und -strategien, Mitarbeitermotivation und -ausbildung, usw.

In der *Produktlinienanalyse* soll der Blick von der reduzierten Optik der Ökonomie auf die Wechselbeziehungen mit sozialen und ökologischen Faktoren gerichtet werden. Ausgehend von der Frage nach den zugrundeliegenden Bedürfnissen werden Produkte über ihren gesamten Lebenszyklus (Vertikalbetrachtung) und mit ihren Auswirkungen auf Natur, Gesellschaft und Wirtschaft (Horizontalbetrachtung) untersucht und schließlich einem Variantenvergleich unterzogen [2.23].

Mit der *Ökobilanz* wird ein umfassender Ansatz verfolgt, der möglichst alle Umweltauswirkungen, die im Zusammenhang mit den betrieblichen Tätigkeiten stehen – und zwar nicht nur die direkt im Betrieb anfallenden, sondern auch bezüglich Produktgebrauch und Entsorgung – systematisch erfasst, bewertet und darstellt. In der Sachbilanz werden neben der Definition des Betrachtungsraums vor allem die Hauptstoffströme erfasst, d.h. Bezüge von Rohstoffen, Halbwaren, Fertigwaren und Abgaben von Emissionen an Boden, Wasser und Luft. Bei der Wirkungsabschätzung kommen die Umweltindikatoren zum Einsatz oder die zehn Kategorien, die vom Umweltbundesamt dafür empfohlen wurden: Rohstoffverbrauch, Flächenverbrauch; Treibhauseffekt, Bildung von Photooxidantien, Ozonabbau, Humantoxizität, Ökotoxizität, Lärmbelästigung, Versauerung und Eutrophierung (Abschn. 1.1.4).

Umweltmanagementsysteme

Umweltmanagementsysteme dienen dazu, den betrieblichen Umweltschutz nach definierten Vorgaben zu organisieren. Einen Rechtsrahmen für den Aufbau von Umweltmanagementsystemen im EU-Bereich gibt die EG-Verordnung 761/2001 vom 19.03.01 „Über die freiwillige Beteiligung von Organisationen an einem Gemeinschaftssystem für das Umweltmanagement und die Umweltbetriebsprüfung (EMAS)". EMAS steht für ein „Environmental Management and Audit Scheme"; es können sich Unternehmen aus Industrie, Handwerk und dem Dienstleistungsbereich sowie Behörden und andere öffentliche Einrichtungen beteiligen. Bereits 1996 hat die Weltnormungsorganisation ISO (International Standard Organisation die Normenreihe ISO 14000 verabschiedet, bei der die Teilnahme ebenfalls freiwillig ist. Beiden Normensystemen sind drei grundlagende Zielsetzungen gemein [2.25]: (1) ein wirksames System für die Umsetzung selbstdefinierter Umweltziele, das (2.) als Minimalziel die Einhaltung aller einschlägigen Umweltvorschriften sicherstellt und darüber hinaus auch (3.) die Verpflichtung zu einer kontinuierlichen Verbesserung des Umweltschutzes beinhaltet. UMS sind vielseitige und gestaltbare „Breitbandinstrumente"; ihr Einsatz ist mit unterschiedlichen Nutzenpotentialen für die Unternehmen verbunden (Tabelle 2.3):

Tabelle 2.3 Nutzungspotentiale von Umweltmanagementsystemen [2.24]

Interne Nutzungspotentiale	Externe Nutzungspotentiale
Systematisierung bestehender Umweltmaßnahmen	Verbessertes Image in der Öffentlichkeit
Erhöhung der Mitarbeitermotivation	Stärkung der Wettbewerbsfähigkeit
Risikovorsorge und Haftungsmeidung	Erleichterungen bei Banken und Versicherungen
Erkennen von Kostensenkungspotentialen	Verbesserung der Beziehungen zu Behörden

Betrachtet man nicht den ökonomischen Nutzen, sondern die ökologische Wirksamkeit von UMS, so können hier mehrere Dimensionen der ökologischen Effizienz unterschieden werden, z.B. [2.25]: (1) Materialintensität, (2) Energieintensität, (3) Toxizität von Freisetzungen (Risiken für Mensch und Umwelt), (4) Einsatz erneuerbarer Ressourcen, (5) Recycling (Wiederverwertung), (6) Verlängerung der Produktlebensdauer und (7) Produktverantwortung.

Der *Finanzsektor* rückt zunehmend ins Blickfeld der Nachhaltigkeitsstrategien. In einem Beitrag für die Frankfurter Allgemeine Zeitung zeigt *Schäfer* [2.26], dass nach dem *Greenhouse Protocol Scope 3* („Corporate Value Chain") den Kapitalgebern und Anlegern die Mitverantwortung für die Treibhausgasemissionen ihrer Kunden zugerechnet werden kann („Financed Emissions") und dass von Banken und Versicherungen erwartet wird, bspw. *Kohlenstoffrisiken als neue Risikodimension* zu erkennen, zu erfassen und in den Griff zu bekommen – im Kreditgeschäft, Investment Banking und in der Vermögensverwaltung („Green Finance").

EMAS – Prozessintegration im Umweltschutzmanagement
Bei den neueren Entwicklungen im integrierten betrieblichen Umweltschutz werden nicht – wie in früheren Ansätzen – die Normen für Managementsysteme in den Mittelpunkt gestellt, sondern die im Betrieb ablaufenden Prozesse. Dabei liegt das Schwergewicht auf der qualitäts- und umweltschutzorientierten Ausgestaltung dieser Prozesse; erst im Anschluss daran wird die Erfüllung der Normanforderungen geprüft. Es werden vier *Phasen* der Integration unterschieden [2.27]:
1. Analyse der Prozesse im Hinblick auf qualitäts-, umweltschutz- bzw. arbeitssicherheitsrelevante Aktivitäten.
2. Ergänzung bzw. Modifikation der Prozessbeschreibung um die jeweiligen qualitäts-, umweltschutz- bzw. arbeitssicherheitsrelevanten Aktivitäten.
3. Überprüfung der Forderungen der zugrundeliegenden Normen, Leitfäden und Verordnungen hinsichtlich ihrer Erfüllung und Identifikation der jeweiligen Prozesse, in die sie integriert sind.
4. Erstellung von separaten Prüfmatrizen für Qualität, Umweltschutz und Arbeitssicherheit, in denen verdeutlicht wird, auf welchen Prozess das entsprechende Normelement einwirkt bzw. durch welchen Prozess die jeweiligen Anforderungen erfüllt werden.

EMAS-Umsetzung durch den Umweltgutachterausschuss
Das für alle Organisationen offene, freiwillige EMAS-System für Umweltmanagement und Umweltbetriebsprüfung der Europäischen Union setzt auf die konkrete Verbesserung der Umweltleistung, fordert externe Kommunikation, z.B. durch die Verpflichtung einen Umweltbericht zu veröffentlichen (Umwelterklärung) und macht den Nachweis, dass die relevanten Umweltvorschriften eingehalten werden, zur Voraussetzung für eine gültige Teilnahme [2.28]. Schwerpunkte sind Fragen der Ressourceneffizienz (Abschn. 2.3; [2.29]) und des anlagenbezogenen Immissionsschutzes (Abschn. 5.2.1). Es bedarf aber weiterer Anreize, bspw. über eine Angleichung der Privilegien zwischen den Bundesländern und/oder durch die Etablierung einer gemeinsamen Datenbank, um ein System wie EMAS breiter zu nutzen und den hohen Aufwand bei der Zertifizierung zu rechtfertigen [2.30].

Der Umweltgutachterausschuss (UGA), ein unabhängiges Beratungsgremium des Bundesumweltministeriums zur Umsetzung und Verbreitung von EMAS, erlässt Richtlinien, die vom BMUB im Bundesanzeiger bekannt gemacht werden:
• Feststellung der Fachkunde von Umweltgutachtern
• Überprüfung von Umweltgutachtern im Rahmen der Aufsicht
• Aufnahme von Bewerbern in die Prüferliste
• Zertifizierungsverfahrensrichtlinie
Die Geschäftsstelle des UGA gibt Hilfestellung zur Erstellung eines Rechtskatasters sowie Unterstützung bei der Interpretation und Umsetzung der wichtigsten Umweltvorschriften; besonders nützlich ist die fortgeschriebene Linksammlung zum europäischen und deutschen (Bund und Länder) Umweltrecht [2.31].

2001 führte das UBA als erste Bundesbehörde EMAS an ihrem Dienstsitz in Berlin ein. Mittlerweile sind alle 15 Standorte des UBA – inkl. aller Luftmessstationen sowie der Geschäftsstelle des Sachverständigenrates für Umweltfragen – nach EMAS validiert. Dies wird jährlich unabhängig überprüft [2.32].

2.2 Beitrag der Ökonomie zur Nachhaltigen Entwicklung[3]

Die moderne Volkswirtschaftslehre entstand im *18. und 19. Jh.*, die bedeutendste Schule wird *klassische Ökonomie* genannt, wesentliche Vertreter waren *Adam Smith, David Ricardo, Jean Baptist Say* und *John Stuart Mill.* Diese Ökonomen kannten die wichtige Rolle des Bodens; Umweltprobleme und die Übernutzung der natürlichen Ressourcen spielten aber keine Rolle. An sie anknüpfend entwickelte sich die *neoklassische Theorie Ende des 19. Jh.*; sie stellt heute das herrschende ökonomische Lehrgebäude dar. Ihr Ausgangspunkt ist das Modell der vollständigen Märkte, auf denen alle Produktionsfaktoren und Güter mittels Tauschprozessen optimal verteilt werden. Auch hier werden natürliche Ressourcen und ihre Übernutzung nicht thematisiert (Rogall 2015 [2.33], Kap. 2 und 3).

Diese Sichtweise änderte sich in den *1970er und 1980er Jahren* als immer mehr Umweltunfälle öffentlich bekannt wurden. Auch wenn die beiden Erdöl-Preiskrisen andere (politische) Ursachen hatten, wurde das erstmal über die Knappheit der natürlichen Ressourcen diskutiert; die Publikationen des Club of Rome (z.B. „Grenzen des Wachstums" von Meadows u.a. [2.34]) arbeiteten diese Diskussion wissenschaftlich auf. Es wurde unübersehbar, dass die Märkte nicht in der Lage sind eine optimale Allokation (Einsatz/Verwendung) der natürlichen Ressourcen sicher zu stellen – für diese Güter herrscht *Marktversagen.* Aus dieser Erkenntnis entwickelte sich die *neoklassische Umwelt- und Ressourcenökonomie.*[4] Diese Unterschule der neoklassischen Ökonomie zeigte, dass auf die Wirtschaftsakteure (Konsumenten und Unternehmen) *sozial-ökonomische Faktoren* einwirken, die dafür sorgen, dass die Mehrzahl der Akteure nicht in der Lage ist sich durchgehend umweltbewusst und nachhaltig zu verhalten. Diese Verhaltensweise wird auch durch stärkere Information und Aufklärung nicht verändert. Wenn Menschen vor die Alternative gestellt werden, ein betriebswirtschaftlich (nicht volkswirtschaftlich) wenig Wärmeschutz isoliertes Haus zu kaufen oder ein teureres Nullenergiehaus anzuschaffen werden sie sich in der Regel für das umweltschädliche Haus entscheiden, da fossile Energieträger immer noch sehr preiswert sind. Theoretisch wurde das durch die Theorie der Externen Effekte,[5] der öffent-

---

[3] Der Beitrag beruht auf dem Lehrbuch von Rogall, H. (2015) Grundlagen einer nachhaltigen Wirtschaftslehre, Volkswirtschaftslehre für die Studierenden des 21. Jahrhunderts, 2. grundlegend überarbeitete Auflage, Marburg. Hier findet sich auch die weiterführende Literatur. Dem Leser unbekannte Begriffe können in dem Online-Glossar nachgelesen werden: http://www.enzyklo.de/lokal/42443&page=1

[4] Wesentliche deutschsprachige Autoren sind: Endres, A. (2007) Umweltökonomie, 3. Auflage, Stuttgart [2.35]; Cansier, D. (1996): Umweltökonomie, 2. Auflage, Stuttgart [2.36]).

[5] Bei der Theorie der externen Effekte wird gezeigt, wie die Verursacher von Umweltschäden die entstehenden volkswirtschaftlichen Kosten auf andere überwälzen (externalisieren) können und hierdurch die umweltschädlichen Produkte zu preiswert angeboten werden. Eine Übernutzung ist dadurch die zwingende ökonomische Folge (Ernst Ulrich von Weizsäcker nennt das „die Produkte sagen nicht die ökologische Wahrheit" [2.37]).

lichen Güterproblematik[6] und anderen sozial-ökonomischen Faktoren wie das Ge-
fangenendilemma[7] und die Diskontierung[8] erklärt. Danach war ein umweltfreundliches aber teures Verhalten schlicht nicht rational. Die Erkenntnisse der Umweltökonomie wurden in den 1990er Jahren und erneut 2016 durch drei große Untersuchungen empirisch bestätigt. Die Ergebnisse zeigten, dass sich hohes *Umweltbewusstsein* und *umweltschädliches Verhalten* keinesfalls ausschließen. Überspitzt
formuliert könnte man die Forschungsergebnisse sogar wie folgt zusammenfassen:
Je umweltbewusster sich jemand fühlt, umso schlechter fällt tendenziell seine persönliche Umweltbilanz aus. Die weiter gehenden Untersuchungen erhellten den
Hintergrund dieser zunächst kaum zu glaubenden Ergebnisse: Die Umweltbewussten verfügen im Durchschnitt über eine wesentlich höhere Ausbildung als die weniger Umweltbewussten, hierdurch verfügen sie in der Regel über besser bezahlte
Berufe. Zwar trennen sie sorgfältiger ihren Müll als die weniger Umweltbewussten, ihr höheres Einkommen führt jedoch zu größeren Wohnungen und Pkws sowie längeren und häufigeren Flugreisen. Dies kompensiert meist ihre Bemühungen, sich umweltfreundlicher zu verhalten. Innerhalb der Gruppe der gehobenen
Einkommensbezieher weisen die „Umweltbewussten" allerdings eine bessere
Umweltbilanz auf. Damit ist heute empirisch bewiesen, dass das *Einkommen der
wichtigste Faktor des persönlichen Ressourcenverbrauchs* ist (Pro-Kopf-Verbrauch von Fläche, energetischen und stofflichen Verbräuchen, THG-Emissionen). Erst nachrangig spielt das Umweltbewusstsein eine Rolle (*Kulke* [2.38];
Bodenstein et al. [2.39]; *Kleinhückelkotten et al.* [2.40]).

Damit legte die neoklassische Umweltökonomie zentrale Grundlagen für alle
späteren nachhaltigkeitsorientierten Wirtschaftsschulen. Ihre eigenen Beiträge zu
einer nachhaltigen Wirtschaftslehre blieben jedoch aufgrund ihrer ökonomischen
Paradigmen (theoretischen Grundlagen) begrenzt. So fordert nachhaltiges Wirtschaften eine Änderung der eingesetzten Techniken und Produkte, selbst wenn

---

[6] Die Öffentliche-Güter-Problematik zeigt, dass die Akteure die natürlichen Ressourcen als
     öffentliche Güter ansehen, die keine Knappheitsgrenze haben, weil sie keinen oder zu ge-
     ringen Preis haben, und daher diese übernutzen (siehe das Verhalten vieler Menschen bei
     Freibier).

[7] Für die einzelnen Wirtschaftsakteure ist es schwer, etwas für die Gemeinschaft zu tun,
     was ihren eigenen Nutzen beeinträchtigt. Ja selbst wenn der Akteur weiß, dass sein Ver-
     halten gesellschaftliche Gefahren verstärkt, ist er kaum bereit auf seine Nutzenmaximie-
     rung zu verzichten, wenn er nicht sicher sein kann, dass alle anderen Menschen auch ver-
     zichten. Ein gutes Beispiel ist die mangelnde Bereitschaft der meisten Menschen in den
     Industriestaaten auf Flugreisen zu verzichten, obgleich die weit überdurchschnittlichen
     Belastungen durch den Flugverkehr bekannt sind. Individuell ist dieses Verhalten nach-
     zuvollziehen, da ein individueller Verzicht tatsächlich an den Problemen nichts ändert.
     Nur wenn (fast) alle Menschen ihr Verhalten verändern, ließen sich die Probleme lösen.

[8] Unter D. wird eine Methode der neoklassischen Ökonomie verstanden, mit der ein in der
     Zukunft auftretender Schaden in der Gegenwart bewertet bzw. errechnet werden soll.
     Empirisch lässt sich nachweisen, dass Menschen künftige Kosten/Schäden abzinsen (ab-
     werten). So bewerten Menschen Schäden der Zukunft kleiner, als sie tatsächlich sind.
     Diese Verhaltensweise erklärt (ökonomisch), warum Menschen gegen gravierende Um-
     weltgefahren (z.B. Klimaveränderungen) nur unzureichende Maßnahmen ergreifen.

diese zunächst teurer sind. Das darf aber aus Sicht der traditionellen Ökonomie nicht durch den Staat geregelt werden, sondern nur durch die Konsumenten (die das aber aufgrund der sozial-ökonomischen Faktoren nicht können). Manche Autoren sprechen vom unauflösbaren Dilemma.

Die *Ökologische Ökonomie* (andere Autoren sprechen von Ökonomik) hat sich in den *1980er Jahren* (zunächst in den USA als *Ecological Economics*), aus der Kritik an der neoklassischen Umweltökonomie, zu einer eigenen Schule bzw. Teildisziplin innerhalb der Ökonomie entwickelt (detailliert *Rogall* 2008 [2.41] und 2012 [2.42] *119*; s.a. *Costanza et al.* 2001 [2.43]). Sie lieferte wesentliche Beiträge zum Verständnis eines ökologischen Wirtschaftens, umfasste aber nicht die drei Dimensionen der Nachhaltigkeit.

Daher entstanden seit *den 1990er Jahren* zahlreiche Forschungsansätze, die sich mit die sich mit den Bedingungen einer Nachhaltigen Entwicklung beschäftigen (Sustainable Science genannt). Aus ihnen entwickelte sich seit *Ende der 1990er* Jahre die *Nachhaltige Ökonomie* (einige Autoren sprechen auch von nachhaltige Ökonomik oder Nachhaltigkeitsökonomie), die als eine Art Dach für verschiedene ökonomische Unterschulen der Sustainable Science angesehen werden kann. Die Nachhaltige Ökonomie (nachhaltige Wirtschaftslehre) leitet aus den ethischen Prinzipien der Nachhaltigen Entwicklung folgende Definition für das nachhaltige Wirtschaften ab:

„Nachhaltiges Wirtschaften will für alle heute lebenden Menschen und künftigen Generationen ausreichend hohe ökologische, ökonomische und sozial-kulturelle Standards in den Grenzen der natürlichen Tragfähigkeit der Erde erreichen und so das intra- und intergenerativen Gerechtigkeitsprinzip durchsetzen" (Rogall 2000 [2.44]100; Abgeordnetenhaus von Berlin 2006 [2.45]12; Gründungserklärung des Netzwerks Nachhaltige Ökonomie 2009 [2.46]).

Insofern kann die Nachhaltige Ökonomie als ökonomische Theorie der Nachhaltigen Entwicklung betrachtet werden.

Die Definition der Nachhaltigen Ökonomie ergibt sich aus der *Anerkennung* des intra- und intergenerativen Gerechtigkeitsgrundsatzes. Im 7. Umweltprogramm der EU wird dieses Ziel auf die Kurzformel „Im Jahr 2050 leben wir gut innerhalb der ökologischen Belastbarkeitsgrenzen unseres Planeten" gebracht (EU 2013 [2.47]). In der Deutschen Nachhaltigkeitsstrategie von 2016 wird definiert: „Dafür bedarf es einer wirtschaftlich leistungsfähigen, sozial ausgewogenen und ökologisch verträglichen Entwicklung, wobei die planetaren Grenzen unserer Erde zusammen mit der Orientierung an einem Leben in Würde für alle (….) die absolute äußere Beschränkung vorgeben" (Bundesregierung 2017 [2.48] 24). Damit ähnelt sie stark der Definition durch die Nachhaltige Ökonomie. *Rockström et al.* [2.49] nennen das Prinzip innerhalb von natürlichen Leitplanken zu Wirtschaften „planetary boundaries" (Rockström et al. 2009: *472*).

In einem langjährigen Diskussionsprozess haben sich 10 Kernaussagen des nachhaltigen Wirtschaftens herausgebildet, auf die sich das Netzwerk Nachhaltige Ökonomie verständigt hat:

1. *Starke statt schwache Nachhaltigkeit*: Die Nachhaltige Ökonomie betrachtet die derzeitige Entwicklung und das Wirtschaften der Menschheit als nicht zukunftsfähig. Sie sieht daher die Notwendigkeit eines neuen Leitbilds und be-

kennt sich zu einer Position der starken Nachhaltigkeit. Damit werden die Wirtschaft als ein Subsystem der Natur und die natürlichen Ressourcen größtenteils als nicht substituierbar angesehen. Absolute Grenzen der Natur werden anerkannt. Im Mittelpunkt steht die dauerhafte Erhaltung und nicht der optimale Verbrauch der natürlichen Ressourcen.

2. *Pluralistischer Ansatz bei Abgrenzung zur neoklassischen Umweltökonomie:* Die Nachhaltige Ökonomie fühlt sich einem Methodenpluralismus verpflichtet. So erkennt sie bestimmte Erkenntnisse der traditionellen Ökonomie und Umweltökonomie an (z.B. die sozial-ökonomischen Erklärungsansätze der Übernutzung der natürlichen Ressourcen). Aus dieser Fehlallokation (Marktversagen) zieht sie die Konsequenz, dass Märkte sozial-ökologische Leitplanken benötigen (politisch-rechtliche Instrumente).

3. *Weiterentwicklung der traditionellen Ökonomie und Ökologischen Ökonomie zur Nachhaltigen Ökonomie:* Die Kernaussagen der Nachhaltigen Ökonomie beruhen auf den Erkenntnissen der Nachhaltigkeitswissenschaft (*Sustainable Science*). Im Zentrum der Diskussion steht die Frage, wie ausreichende ökologische, ökonomische und sozial-kulturelle Standards in den Grenzen der natürlichen Tragfähigkeit erreicht werden können und wie sich das intra- und intergenerative Gerechtigkeitsprinzip verwirklichen lässt. Dabei grenzt sie sich von einer Reihe von Aussagen der traditionellen Ökonomie ab und fordert eine grundlegende Reform ihrer Lehrinhalte. Das beginnt bei ihren Grundlagen (zum Beispiel dem Menschenbild) und setzt sich bei ihren Aussagen zur nationalen Wirtschaftspolitik bis zu den globalen Bedingungen für eine gerechte Weltgesellschaft fort. Auch soll u.a. auf die Verabsolutierung der Konsumentensouveränität,[9] Diskontierung künftiger Umweltkosten, Substituierbarkeit aller natürlichen Ressourcen, Position der schwachen Nachhaltigkeit, Monetarisierung aller Umweltschäden verzichtet werden. Dagegen soll der Aspekt der Gerechtigkeit eine stärkere Berücksichtigung erfahren.

4. *Nachhaltiges Wirtschaften verfolgt das Nachhaltigkeitsparadigma und das Ziel einer wirtschaftliche Entwicklung in den Grenzen der natürlichen Tragfähigkeit*: Nicht abgeschlossen ist die Diskussion wie das traditionelle Wachstumsparadigma durch ein *Nachhaltigkeitsparadigma* (stetige Senkung des Ressourcenverbrauchs) ersetzt werden kann. Einige Vertreter fordern ein *selektives Wachstum*, das den Ressourcenverbrauch trotz wirtschaftlicher Entwicklung senkt, andere ein *schrumpfendes BIP*. Ein selektives Wachstum soll durch die

---

[9] Die Verwendung des Begriffs der K. beinhaltet das neoklassische Paradigma, dass niemand das Recht habe – auch die demokratisch legitimierten Entscheidungsträger nicht – Entscheidungen der Konsumenten zu ändern. Dieser Aussage liegt die Vorstellung zugrunde, dass Menschen immer zu ihrem eigenen Besten handeln (und nach der Neoklassik damit in der Summe auch für die Gesellschaft als Ganzes). In dieser theoretischen Vorstellung ist kein Platz für gesellschaftliche Ziele jenseits der Interessen der einzelnen Gesellschaftsmitglieder. Einige neoklassische Ökonomen gehen sogar soweit, dass sie die Konsumentensouveränität absolut setzen und eine Veränderung der politisch-rechtlichen Rahmenbedingungen durch die demokratisch legitimierten Entscheidungsträger als illegitim ablehnen.

konsequente Umsetzung der Effizienz-, Konsistenz- und Suffizienzstrategie sowie mit Hilfe sozial-ökologischer Leitplanken (politisch-rechtlicher Instrumente, die den Entwicklungsrahmen vorgeben) erreicht werden.

5. *Nachhaltiges Wirtschaften beruht auf ethischen Grundlagen und einem neuen Menschenbild*: Aus Sicht der Nachhaltigen Ökonomie basiert ein nachhaltiges Wirtschaften auf ethischen Grundlagen. Im Mittelpunkt stehen hierbei die folgenden Prinzipien: Gerechtigkeit, Verantwortung, das Vorsorgeprinzips, Dauerhaftigkeit, Angemessenheit, sowie die Prinzipien einer partizipativen und solidarischen Demokratie und Rechtsstaatlichkeit, aus der die Notwendigkeit eines gesellschaftlichen Diskurs- und Partizipationsprozesses sowie die Aufnahme genderspezifischer Aspekte abgeleitet werden. Damit einher geht die Forderung, dass das in der traditionellen Ökonomie verwendete, aber durch zahlreiche Untersuchungen der Verhaltensökonomie als unrealistisch erkannte Menschenbild des homo oeconomicus zu hinterfragen ist. Stattdessen sollte ein realistisches Menschenbild verwendet werden, das dem kooperativen Potenzial des menschlichen Handelns und seiner Heterogenität stärker Rechnung trägt (*homo cooperativus/heterogenus*). Weiterhin sollen die Potenziale für einen kulturellen Wandel ausgelotet werden, wobei im Mittelpunkt ein nachhaltiger Konsum steht, der zu einer nachhaltigen Produktions- und Lebensweise beitragen soll.

6. *Nachhaltiges Wirtschaften beruht auf einem transdisziplinären Ansatz*: Die Nachhaltige Ökonomie will über die rein ökonomische Betrachtungsweise hinausgehen und die ökonomischen Prozesse im Rahmen eines sozial-ökologischen Zusammenhanges analysieren. Hierbei sind die Nutzung der Erkenntnisse und eine enge Kooperation mit anderen Sozial-, Geistes-, Natur- und Ingenieurwissenschaften von großer Bedeutung. So benötigt nachhaltiges Wirtschaften zur Realisierung nicht nur sozial-ökologische Leitplanken und partizipative Prozesse sondern auch die vollständige Umgestaltung (Transformation) aller Produkte und Produktionsprozesse, das ist ohne Ingenieure und ihr Wissen über die Umwelttechniken nicht möglich.

7. *Nachhaltiges Wirtschaften kann nur mit Hilfe von sozial-ökologischen Leitplanken realisiert werden*: Theoretisch und empirisch ist bewiesen, dass Konsumenten und Produzenten aufgrund der sozial-ökonomischen Faktoren nicht nachhaltig wirtschaften können. Daher soll mit Hilfe politisch-rechtlicher Instrumente (Leitplanken) die Rahmenbedingungen so verändert werden, dass die weitere wirtschaftliche Entwicklung die Grenzen der natürlichen Tragfähigkeit einhält.

8. *Notwendigkeit der Operationalisierung des Nachhaltigkeitsbegriffs, Managementregeln und neuen Messsysteme*: Eine Sinnentleerung des Nachhaltigkeitsbegriffs soll durch die Formulierung von Prinzipien, Managementregeln und neuen Messsystemen für den Nachhaltigkeitsgrad und die Lebensqualität verhindert werden. Anders als die traditionelle Ökonomie, die Lebensqualität und Wohlstand (gemessen am BIP pro Kopf) gleichsetzt, benötigt eine Nachhaltige Entwicklung Ziel- und Indikatorensysteme.

9. *Nachhaltig Wirtschaften heißt globale Verantwortung übernehmen*: Als zentrale Bedingungen für ein nachhaltiges Wirtschaften gelten u.a.: Einführung eines

globalen Ordnungsrahmens (mit Abgaben auf die globalen Umweltgüter und Finanztransaktionen sowie sozial-ökologische Mindeststandards u.v.a.m.), Senkung des globalen Ressourcenverbrauchs um 50% bis 2050. Akzeptiert wird, dass die Industrieländer aufgrund der historischen Entwicklung und der größeren Leistungsfähigkeit eine Vorreiterrolle für die Verwirklichung der intra- und intergenerativen Gerechtigkeit, globalen Nachhaltigkeit und fairen Handelsbeziehungen einnehmen und daher ihren Ressourcenverbrauch um 80-95% bis 2050 senken müssen. Diese Verantwortung muss sich entsprechender finanzieller und technologischer Unterstützung niederschlagen.

10. *Nachhaltiges Wirtschaften benötigt eine nachhaltige (sozial-ökologische) Marktwirtschaft*: Vertreter der Nachhaltigen Ökonomie sehen weder eine kapitalistische Marktwirtschaft noch eine zentrale Verwaltungswirtschaft in der Lage, den Transformationsprozess zu einem nachhaltigen Wirtschaftssystem zu gewährleisten. Sie sind davon überzeugt, dass nur marktwirtschaftliche Systeme mit einem nachhaltigen Ordnungsrahmen zukunftsfähig sind. Danach muss die Politik sozial-ökologische Leitplanken einführen, um den nachhaltigen Umbau der globalen Volkswirtschaften (Transformation) sicherzustellen. Darüber hinaus werden *institutionelle und eigentumsrechtliche Änderungen* angemahnt. Vertreter der Nachhaltigen Ökonomie fordern die Stärkung von genossenschaftlichen und kommunalen Unternehmen und sprechen sich für eine grundlegende Reform des Aktienrechts aus. Hiermit sollen der Wachstumszwang und das Gewinnmaximierungsprinzip gemindert werden. Langfristig wird von einigen die (Wieder-)Aufteilung der Aktiven in Namensaktien und Inhaberaktien oder die Umwandlung von Aktiengesellschaften in Stiftungen gefordert. Weiterhin sprechen sich viele für die Rekommunalisierung der Unternehmen der Daseinsvorsorge aus (z.B. dem Rückkauf der Stromnetze). Weitere zentrale Fragestellungen beschäftigen sich damit, wie die wirtschaftliche Machtkonzentration verringert werden kann und wie die Transparenz und Lobby-Kontrolle sich erhöhen lassen.

Um die *Transformation der Volkswirtschaften* in eine nachhaltige Wirtschaft zu beschleunigen, werden *zentrale Handlungsfelder* ausgewählt, in denen dieser Transformationsprozess mit Hilfe der Nachhaltigkeitsstrategien (Effizienz-, Konsistenz- und Suffizienzstrategie) und sozial-ökologischen Leitplanken exemplarisch vorangetrieben wird. Hierzu gehören: Die nachhaltige Energie-, Mobilitäts-, Landwirtschafts-, Ressourcennutzungs- und Produktgestaltungspolitik. Weiterhin das Nachhaltigkeitsmanagement, der Verbraucherschutz, das *sustainable Finance*, nachhaltige Stadtentwicklung und die soziale Gerechtigkeit und –Sicherung angesehen. Über die Inhalte einer notwendigen *Reform der Geld-, Finanz- und Währungspolitik* wird diskutiert. Bei diesem Transformationsprozess geht es nicht um eine Verbesserung der Umwelteffizienz um wenige Prozent, sondern um eine vollständig neue Entwicklung aller Produkte und Produktionsprozesse nach den Kriterien und Managementregeln des nachhaltigen Wirtschaftens, z.B. um eine 100%-Versorgung mit erneuerbaren Energien („Energiewende" genannt; *Rogall* 2014 [2.50], *Quaschning* 2013 [2.51], s.a. *Kapitel 4*). Daher bedeutet der Transformationsprozess zum nachhaltigen Wirtschaften zugleich einen ungeheuren Innovations- und Investitionsprozess.

Nachhaltiges Wirtschaften in den Grenzen der natürlichen Tragfähigkeit
Um die wissenschaftlichen und transdisziplinären Bedingungen des nachhaltigen Wirtschaftens mit ihren ethischen Grundprinzipien (intra- und intergenerativer Gerechtigkeit, Vorsorge, Dauerhaftigkeit, Angemessenheit) einzuhalten, beschäftigt sich die Nachhaltige Ökonomie nicht nur mit der ökologischen Frage, sondern auch damit, wie eine umfassende nachhaltige Wirtschaftslehre aussehen könnte. Hierzu gehören u.a. die ethischen, politischen, sozialen, technischen und wirtschaftlichen Grundlagen. Im Zentrum stehen hierbei die Fragen, wie sich ausreichend hohe ökonomische, ökologische und sozial-kulturelle Standards in den Grenzen der natürlichen Tragfähigkeit erreichen sowie das *intra- und intergenerative Gerechtigkeitsprinzip* durchsetzen lassen (Definition des nachhaltigen Wirtschaftens). Ein wesentliches Element ist hierbei die Herausarbeitung der Bedingungen für ein Wirtschaften nach den Prinzipien einer Nachhaltigen Entwicklung sowie die Formulierung der Ziele und Instrumente zu ihrer Durchsetzung (Abb. 2.2; s. *SRU* [2.52] und *Bundesregierung* [2.48]). Hierzu wurde Ende der 2000er Jahre das erste umfassende Lehrbuch veröffentlicht (*Rogall 2009 Nachhaltige Ökonomie* [2.53]). Parallel zur Erstellung des Lehrbuchs entstand das *Netzwerk Nachhaltige Ökonomie*, das die traditionelle Ökonomie in Richtung einer Nachhaltigen Ökonomie reformieren will. Heute hat das Netzwerk etwa 350 Mitglieder, davon über 150 Dozenten und renommierte Wissenschaftler. In Kooperation mit der Gesellschaft für Nachhaltigkeit (*GfN*), gibt ein Herausgeberteam mit Unterstützung eines wissenschaftlichen Beirats das *Jahrbuch Nachhaltige Ökonomie* heraus, von dem bislang fünf Bände erschienen sind (*Rogall et al.* [2.54-2.58]).

Ökonomische Ziele

1. Sichere Arbeitsplätze in angemessener Qualität
2. Befriedigung der Grundbedürfnisse mit nachhaltigen Produkten
3. Preise müssen angemessen sein und eine Lenkungsfunktion erfüllen, keine Konzentration
4. Außenwirtschaftliches Gleichgewicht, keine Abhängigkeiten
5. Handlungsfähiger Staatshaushalt u. hohe Ausstattung mit meritorischen Gütern

Ökologische Ziele
1. Begrenzung der Klimaerwärmung auf +1,5°
2. Naturverträglichkeit
3. Nachhaltige Nutzung erneuerbarer Ressourcen
4. Senkung des Verbrauchs nicht erneuerbarer Ress.
5. Gesunde Lebensbedingungen

Sozial-kulturelle Ziele

1. Begrenzung der wirtschaftlichen und politischen Fehlentwicklungen
2. Soziale Sicherheit, keine Armut, dauerhafte Versorgung
3. Chancengleichheit, soziale Integration, Verteilungsgerechtigkeit
4. Vermeidung gewaltsamer Konflikte
5. Risikolose Techniken

Abb. 2.2 Zieldreieck des Nachhaltigen Wirtschaftens (*Rogall, Treschau* 2008/2014 [2.59])

2.3 Ressourceneffizienz und nachhaltige Rohstoffpolitik

Eine sichere Versorgung mit Rohstoffen ist essentiell für Wachstum, Wohlstand und damit auch den Erhalt von Arbeitsplätzen. Dabei spielen die nicht erneuerbaren Rohstoffe, die zur Energiegewinnung verwendet werden, im geopolitischen Raum eine herausragende Rolle: „Der Besitz von und die Verfügungsgewalt über Rohstoffe bedeutet wirtschaftliche Macht" (*Wellmer & Becker-Platen* [2.60]).

Die Rohstoffversorgung muss als vulnerables System verstanden werden. Sie ist global hoch vernetzt und dadurch vielfältigen Einflüssen ausgesetzt. Die Empfindlichkeit der Rohstoffe verbrauchenden Wirtschaftssektoren ist dort besonders groß, wo die Möglichkeit fehlt, knappe und teure Rohstoffe zu substituieren. Die Marktturbulenzen seit Beginn dieses Jahrzehnts entstanden aus einem Ungleichgewicht von Angebot und Nachfrage. Die Nachfrageeffekte technischer Innovationen wurden nicht rechtzeitig erkannt und führten zu Fehleinschätzungen auf den Rohstoffmärkten (*Fraunhofer ISI* [2.61]).

Die Explorationsausgaben für die Entwicklung neuer Rohstoffprojekte sind im Bereich der Nichteisenmetalle (einschließlich Uran) in den Jahren 2009 bis 2012, auch beflügelt durch den globalen Konjunkturaufschwung und den Rohstoffbedarf Chinas, stark angestiegen. Der Einfluss von Spekulation auf den Rohstoffmärkten, Wettbewerbsverzerrungen im Handel und die z. T. hohe Konzentration der Weltrohstoffproduktion auf wenige und z. T. instabile Länder stellen jedoch die von Importen abhängige deutsche bzw. europäische Wirtschaft vor große Herausforderungen (*BGR* [2.62])

Ressourcenschutz bedeutet auch, sekundäre Folgeschäden zu berücksichtigen, die mit der Förderung und der Nutzung von Ressourcen verbunden sind: „Für viele Menschen in Entwicklungs- und Schwellenländer bringt die enorm gestiegene Nachfrage nach Rohstoffen direkt spürbare Konsequenzen mit sich: plötzlich tauchen an Orten, die bislang nie mit Bergbau zu tun hatten, ausländische Unternehmen mit großen Maschinen auf, um mineralische Vorkommen zu erkunden und anschließend Blei, Gold, Kupfer, Silber, Molybdän, Uran oder andere Mineralien abzubauen" (*Misereor* [2.63]).

Ressourcenschutz bedeutet schließlich auch, Obergrenzen bei dem Verbrauch von Ressourcen und bei negativen Umweltauswirkungen wie der Konzentration an Treibhausgasen zu definieren und einzuhalten. Insgesamt werden der Aufwand und die Risiken zur Gewinnung von Rohstoffen im Verlauf der Zeit größer, nachdem die leichter zu gewinnenden Rohstoffe bereits abgebaut worden sind. Die Verschmutzung der Gewässer mit Abfällen und Chemikalien belastet nicht nur wichtige Ökosysteme, sondern kann auch die Nahrungsmittelversorgung der Menschheit gefährden (*BUND* [2.64]).

Es besteht generell ein Konsens, den „Ressourcenschutz" als zentrales, mit dem Klimaschutz gleichrangiges Themenfeld zu etablieren. Am *Umweltbundesamt* wurde ein „Glossar zum Ressourcenschutz" [2.65] verfasst, das die wichtigsten Fachbegriffe in einen logischen Zusammenhang stellt. Damit wird versucht, der wissenschaftlichen, politischen und öffentlichen Diskussion über diesen vielschichtigen Bereich der nachhaltigen Entwicklung mehr Profil zu verleihen.

Für das vorliegende Unterkapitel wurde eine vereinfachte Gliederung der Rohstoffe aus einer Analyse des Akademienprojekts „Energiesysteme der Zukunft" [2.66] übernommen (Abb. 2.3); beteiligt war u.a. das Themennetzwerk „Energie und Ressourcen" der Deutschen Akademie der Technikwissenschaften (acatech).

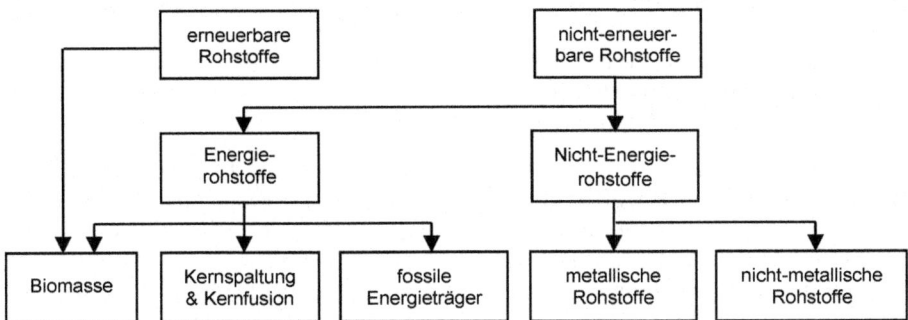

Abb. 2.3 Gliederung der Rohstoffe (nach *Angerer et al.*: Rohstoffe für die Energieversorgung der Zukunft. Geologie – Märkte – Umwelteinflüsse, München 2016 [2.66])

Zu den erneuerbaren Rohstoffen zählt insbesondere Biomasse wie bspw. Holz, Cellulose oder Stärke. Weiterhin können dazu die erneuerbaren Energien aus Wind, Sonne und Geothermie gezählt werden, die allerdings immaterielle Energiequellen darstellen. Die nicht-erneuerbaren Rohstoffe werden in die zwei großen Untergruppen Energierohstoffe und Nicht-Energierohstoffe unterteilt. Die *Energierohstoffe* umfassen im Wesentlichen die fossilen Energieträger Kohle, Erdöl, Erdgas und die radioaktiven Elemente Uran, Plutonium und Thorium, die für die Nutzung der Kernenergie relevant sind. Zu den *Nicht-Energierohstoffen* zählen die metallischen und nicht-metallischen Rohstoffe [2.66].

Die nicht-metallischen Rohstoffe lassen sich in drei Gruppen unterteilen: (1) Die Massenrohstoffe, bspw. die *Baurohstoffe* Sand und Kies sowie die *Ausgangsrohstoffe für die Zementherstellung*. (2) Salze wie bspw. Kalisalze. (3) Industrieminerale wie bspw. *Phosphat* oder *Kaolin*.

Bei metallischen Rohstoffen werden folgende Gruppierungen unterschieden [2.66]:
- Eisen/Stahl und *Stahlveredler* (bspw. Nickel oder Molydän)
- Nicht-Eisenmetalle (*Buntmetalle*, bspw. Kupfer; *Leichtmetalle*, bspw. Lithium, Aluminium und Magnesium)
- *Edelmetalle* (Gold, Silber und die Platingruppenelemente)
- *Refraktärmetalle* (bspw. Tantal oder Wolfram)
- *Nebenmetalle* (bspw. Antimon)
- Die Gruppe der *Seltene-Erden-Elemente* und die *Elektronikmetalle* oder *Halbleiterelemente* (bspw. Indium und Germanium).

Vor allem die letztgenannte Gruppe von Metallen bzw. Elementen umfasst die sog. *kritischen* und wirtschaftsstrategischen Rohstoffe, bei denen die geologischen Reserven ausreichend wären, die Versorgung aber zeitweise durch politische Krisen oder Handelshemmnisse erschwert werden kann (*Bradshaw* et al. [2.67]).

Rohstoffe für die Energietechnologien von 1800 bis heute

„In dem Maße, wie neue Energietechnologien an Bedeutung gewinnen, wird sich auch die Rohstoffnachfrage verändern; so stellt sich heute die Frage, ob oder wie sich der Rohstoffbedarf künftig decken lässt, damit der Ausbau innovativer Energietechnologien im großen Stil gelingen kann" (Rohstoffe für die Energieversorgung der Zukunft [2.66]).

Im Fokus stehen die verschiedenen Metalle und deren Einsatz in der Energieindustrie der vergangenen 200 Jahre fasst die Abb. 2.4 (nach „Materials Critical to the Energy Industry – An Introduction", 2. Aufl. 2014 [2.68]) zusammen:

Die Industrielle Revolution. Vor 1800 bestand die gesamte Energienachfrage für den größten Teil der Bevölkerung in gerade einmal drei Elementen: Kohlenstoff, Eisen und Calcium, das zur Schmelze benötigt wurde. Die Erfindung der Dampfmaschine leitete eine Revolution ein, nach der Massengüter um die gesamte Erde transportiert werden konnten. *Kupfer* verbesserte den Wirkungsgrad der Dampfkessel, mit der Kupfer/*Zinn*-Legierung Bronze konnten neue Maschinenteile geschaffen werden, *Blei*leitungen ermöglichten den Gastransport; die Glühstrümpfe der Gaslampen enthielten u.a. *Thorium* und *Cer*. Der Zusatz von *Chrom* und *Mangan* erweiterte die Anwendungsgebiete von Stahlprodukten. Der Stromgewinnung folgte die Glühbirne mit ihrem *Wolfram*faden.

Das Zeitalter des Erdöls. Nikolaus Otto und Karl Benz veränderten die Welt mit der Erfindung des internen Verbrennungsmotors. Frühe Motoren arbeiteten mit Ölprodukten, die noch ganz nahe am Rohöl lagen, aber die Fortschritte der Motortechnologie verlangten auch eine starke Verbesserung der Endprodukte bei den Treibstoffen, die u.a. Katalysatoren wie *Platin* und *Molybdän* benötigten. In den hochentwickelten Stählen und Legierungen der Fahrzeugteile finden sich Elemente wie *Titan, Vanadium, Magnesium, Nickel* und *Kobalt*.

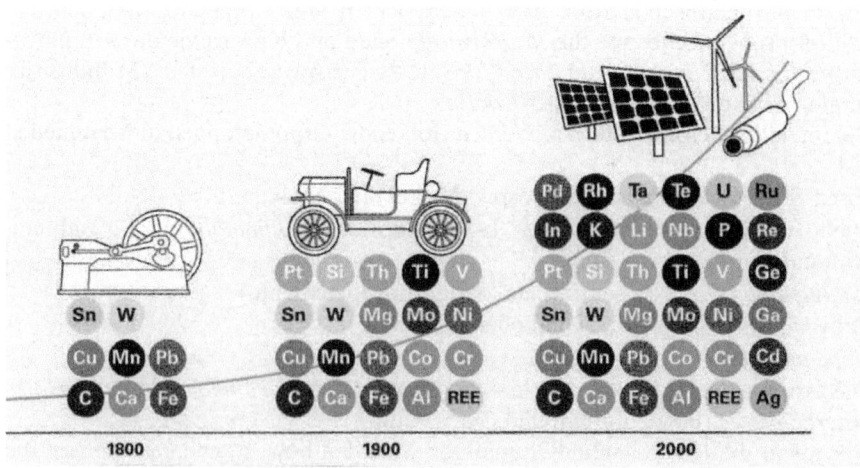

Abb. 2.4 Zeitliche Entwicklung des technologisch bedingten Elementeinsatzes bei der Energiegewinnung und Energieversorgung (*Zepf et al.* [2.68]).

Das Zeitalter der Elektrizität. Der Weg zur kohlenstoffarmen Energie erfordert neue Formen der Erzeugung und Nutzung. Die Kernenergie benötigt, zusätzlich zum *Uran* als Betriebsstoff, verschiedene Materialien als Moderatoren. Die Photovoltaik, die ursprünglich auf *Silizium* begründet war, greift inzwischen auf ein immer breiteres Spektrum an Elementen zu, u.a. *Cadmium, Gallium, Germanium* und *Tellur*. Einige Windturbinen benötigen Hochleistungsmagnete, für die *Seltenerdelemente* eingesetzt werden. *Lithium* und *Lanthan* sind die Elemente der Wahl für Batterien. In den Verteilungsnetzen und im Zentrum fast aller elektrischen Geräte, ist *Kupfer* wahrscheinlich *das Element des elektrischen Zeitalters* [2.68].

Haupt- und Nebenprodukte – „beibrechende Elemente"
Viele der vorgenannten Elemente werden hauptsächlich oder teilweise als Neben- oder Mitprodukte eines primär gewünschten Elements gewonnen. Beispiele wie *Indium, Tellur, Iridium* und andere möglicherweise kritische Elemente sind „beibrechend"; ein Produzent des Hauptmetalls, bei *Indium* zum Beispiel *Zink* (Abb. 2.5), wird die Hauptmetallproduktion kaum bei einer Knappheit des beibrechenden Metalls ausweiten Es gibt oft nur wenige Produzenten und Abnehmer, wodurch der Markt weniger transparent ist als bei Rohstoffen, die über große Börsen gehandelt werden [2.66].

Im Abschnitt 2.3.3 werden die Fragen zur Verfügbarkeit von Rohstoffen für die einzelnen Energietechnologien behandelt. Im Mittelpunkt stehen *potenziell kritische Rohstoffe*, das sind solche, die gleichzeitig ein hohes Versorgungsrisiko und eine hohe wirtschaftliche Bedeutung besitzen [2.66]. Zur *Kritikalität* trägt auch bei, wenn ein Rohstoff nicht substituierbar ist und nur in geringem Maße durch Recycling wiedergewonnen wird (*Abschnitt 2.3.2*).

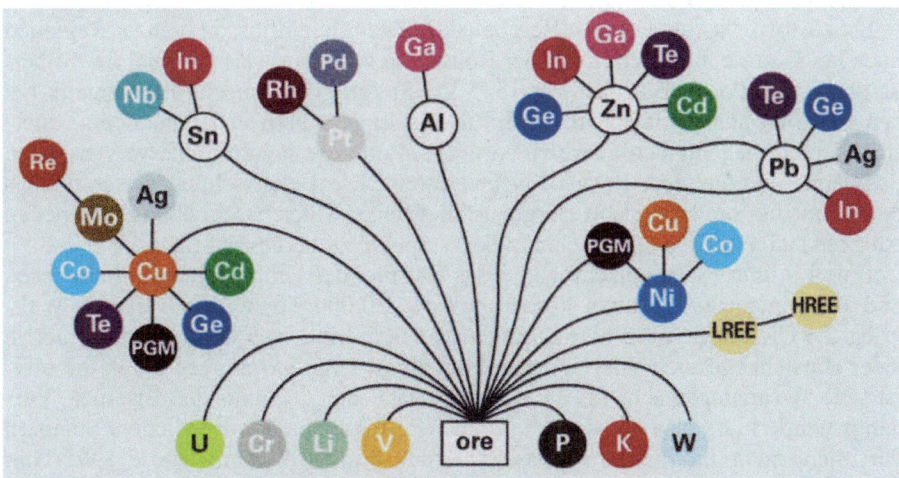

Abb. 2.5 Vom Erz zu den technologisch genutzten Elementen: Unterscheidung von primären und mitgewonnenen Produkten (LREE: Leichte Selten-Erdelemente, Scandium [OZ 21] und Elemente mit den Ordnungszahlen 57 bis 63; HREE: Schwere SEE, Yttrium [OZ 39] und Ordnungszahlen 64 bis 71; PGM: Platin-Metallgruppe; aus: *Zepf et al.* [2.68] nach *Hagelüken & Meskers* [2.69].

2.3.1 Umweltbelastung durch Bergbau

Ronald J. Allan, der frühere Leiter des kanadischen Wasserforschungszentrums in Burlington/Ontario, hat die Beziehungen zwischen Exploration, Rohstoffgewinnung und Umweltschutz aus der Sicht eines Geochemikers charakterisiert:

„Both the exploration and environmental geochemist can be looking for the same type of areas, those with high metal concentrations, but obviously from a different motivation" (Geol. Surv. Can. 1974 [2.70]).

In den fünf Jahrzehnten seit dem 2. Weltkrieg wurden mehr metallische Rohstoffe gewonnen als über die gesamte davor liegende Menschheitsgeschichte. Während sich die Weltbevölkerung zwischen 1959 und 1990 verdoppelt hat, ist die Förderung bei den sechs wichtigsten Basismetallen (Aluminium, Blei, Kupfer, Nickel, Zink und Zinn) um mehr als das Achtfache angestiegen. Im Gegensatz zu den Prognosen aus der Zeit zwischen 1950 bis zur Mitte der achtziger Jahre sind keine wesentlichen Engpässe bei den nicht-brennbaren Erzen aufgetreten. Ein wichtiger Faktor für die Verfügbarkeit von metallischen Rohstoffen ist jedoch das in den stark gestiegene Umweltbewusstsein, zunächst in den Industriestaaten, inzwischen aber auch in Entwicklungsländern (*Hodges* 1995 [2.71]).

Dabei waren der Bergbau und die Verhüttung von Erzen von Beginn an eine der wichtigsten Ursachen von Verschmutzungsproblemen. In mancher Hinsicht scheint sich daran seit dem Mittelalter, als die Bergbauindustrie in Europa anfing, Erze aus immer größerer Tiefe zu fördern (zuerst umfassend beschrieben von *Georgius Agricola* [2.72] in seinem 1556 erschienenen Buch „*De Re Metallica*", *Kasten*), bis heute wenig geändert zu haben, wenn man die primitive Verwendung von Quecksilber bei der Goldgewinnung in Brasilien und anderen Regionen sieht.

Schadstoffbelastungen aus Bergbauaktivitäten beeinflussen ganze Regionen noch lange Jahre nach dem Ende der Rohstoffgewinnung. Das Beispiel des Silberbergbaus von Potosi/Bolivien seit 1545 [2.73] zeigt die typische Problematik bei den Abfällen aus sulfidischen Erzen: als die Lagerstätten in Kontakt mit Sauerstoff kamen, begann sich Säure zu entwickeln und die sauren Sickerwässer lösten Schwermetalle aus dem Erz und Nebengestein. Die Beherrschung dieses Effekts dominiert die Sanierung von Bergbau-Altlasten; bei der Erschließung von neuen Anlagen sind dagegen alle Nachhaltigkeitsaspekte zu berücksichtigen.

Eine Einführung gibt nachfolgend das Beispiel der Urangewinnung in Sachsen und Thüringen, die mit einer Förderung von 220.000 Tonnen nach dem 2. Weltkrieg die Uranproduktion in Australien und Südafrika weit übertraf, mit einer in jeder Hinsicht rücksichtslosen Ausbeutung dieser Uranvorkommen durch die sowjetische Besatzungsmacht (siehe Kasten). Nach der Öffnung des Eisernen Vorhangs wurde klar, dass ein wirtschaftlicher Erzbergbau nach westlichem Standard dort nicht mehr möglich war. Das Sanierungsprojekt Wismut wurde 1992 vom Deutschen Bundestag verabschiedet und war bei einem Finanzumfang von rund 13 Milliarden DM weltweit eines der größten Umweltprogramme (*Mager* 1996 [2.74]). Einen Überblick über die Sanierung von ehemaligen Bergbauflächen und deren Nachnutzung gibt eine Broschüre des Bundesministeriums für Wirtschaft und Energie von 2015 [2.75].

Wismut/Uran: Von Georgius Agricola (1556) bis „Pechblende" (1988)
„Georgius Agricola, geboren am 2. März 1494 in Glauchau, war Stadtarzt in St. Joachimsthal und Chemnitz. Er verfasste umfangreiche Werke über Medizin und Bergbau und gilt als Begründer der wissenschaftlichen Mineralogie, der Bergbaukunde und der Metallerzeugung. Das Element Wismut wurde von ihm 1520 erstmals als Metall erwähnt. Es wird vermutet, dass der Name für dieses Metall von der Grube bei Schneeberg „St. Georg in der Wiesen" stammt und das dort gefundene Erz als „Wismut" bezeichnet wurde, da „muten" der erzgebirgische Ausdruck für „schürfen" war.

In seinem Hauptwerk „De re metallica", das 1556 erschien, erwähnte Georgius Agricola eine ‚seltsame Lungenkrankheit', an der die meisten Bergleute im Schneeberger Grubenrevier starben. Die „Schneeberger Bergmannskrankheit" wurde 1878 als Lungenkrebs erkannt, aber erst im 20. Jahrhundert konnte die Radioaktivität des Uranerzes als Ursache dieser Krankheit festgestellt werden. Ähnliche Erkrankungen sind auch aus den Bergwerken von Sankt Joachimsthal (Jáchymov) bekannt geworden, in dessen Stollen damals Silber zum Prägen von Münzen („Joachimsthaler", davon das Wort „Thaler" und später die Bezeichnung „Dollar") gewonnen wurde.

Aus St. Joachimsthal kam auch die Uranpechblende, an der der französische Physiker Henri Becquerel 1896 die natürliche Strahlung entdeckte und das Ehepaar Marie und Pierre Curie 1898 das stark strahlende Element Radium fand. Die Gewinnung und Verwertung von Uranerzen in den sächsischen Bergbaurevieren begann erst um 1820, als man diese zur Herstellung von farbigem (gelben) Glas einsetzen konnte. Die erzgebirgischen Uranerze bildeten dann die Voraussetzung für ein zweites wichtiges Ereignis in der Weltgeschichte: für die Herstellung der ersten sowjetischen Atombomben nach 1945" [2.76].

Die bisherigen und nachstehenden Abschnitte sind Zitate aus der Untergrund-Schrift „Pechblende – der Uranbergbau in der DDR und seine Folgen", für die Michael Beleites (*1964) fünf Jahre lang über die Sowjetisch-Deutsche Aktiengesellschaft Wismut recherchiert hat und die 1988 von der Evangelischen Kirche Berlin-Brandenburg herausgegeben wurde. „Pechblende" hieß das Uranerz bei den erzgebirgischen Bergleuten nicht nur wegen seiner pechschwarzen Farbe, sondern wohl auch, weil es ihnen Pech brachte, denn „das damals nutzlose Mineral lagerte meist da, wo die Silbergänge zu Ende waren" (Švenek [2.77] in [2.78]).

„Der Name ‚Wismut' ist irreführend, denn die Aktiengesellschaft Wismut war von Anfang an für den Uranbergbau bestimmt. Wahrscheinlich sollte der Name Wismut zu Anfang den Uranbergbau als Wismutbergbau tarnen, denn der Uranbergbau auf dem Gebiet der DDR begann nach dem zweiten Weltkrieg in der Umgebung von Schneeberg und Johanngeorgenstadt, genau dort, wo während des Krieges die Wismutvorkommen intensiv abgebaut wurden.

In die SDAG Wismut wurde von Anfang an in allen Bereichen mehr investiert als anderswo in der DDR. So erhalten Wismut-Angehörige generell höhere Löhne, der Wismut-Handel hatte ein größeres Warenangebot und die Wismut-Krankenhäuser wurden moderner und großzügiger gebaut als Bezirkskrankenhäuser. Der geringer werdende Umfang des Uranbergbaus hat dazu geführt, dass die Strukturen der SDAG Wismut zum Teil schon anderweitig genutzt werden ..." [2.76].

Sanierung der Bergbaufolgen an den beiden großen Mulde-Zuflüssen

Das Einzugsgebiet der Mulde besitzt mit seinen 7.400 km² einen Anteil von ca. 5% am Elbeeinzugsgebiet. Es erstreckt sich von der Tschechischen Republik über Sachsen bis Sachsen-Anhalt und entwässert mit den beiden Quellflüssen Freiburger und Zwickauer Mulde wesentliche Teile des Erzgebirges [2.79].

Untersuchungen der Schwermetall- und Arsenbelastung im Muldensystem zu Beginn der neunziger Jahre haben z. T. extreme Kontaminationen in den drei Teilsystemen Freiberger, Zwickauer und Vereinigte Mulde insbesondere für die in den erzgebirgischen Lagerstätten vorkommenden typischen Erz- und Begleitelemente nachgewiesen [2.80]. Besondere Problemabschnitte wurden in der *Freiberger Mulde* im Bereich der Bergbau- und Verhüttungsregion Freiberg (As, Cd, Pb, Zn, Cu) und in der *Zwickauer Mulde* in den Bereichen des Uranerzbergbaus Aue-Niederschlema und der Uranerzaufbereitung Crossen (As, U, Cd) festgestellt.

Obwohl weitestgehend stillgelegt, erfolgt aus diesen Bereichen auch heute noch eine Belastung der Fließgewässer, was sich in z. T. sehr hohen Konzentrationen von As, Cd, Pb, U, Zn in den Sedimenten widerspiegelt. Die extreme Niederschlagsbelastung im Erzgebirge vom 12. zum 13. August 2002 verursachte im Muldesystem das stärkste bisher bekannte *Hochwasser*, was zur Verlagerung von belasteten Sedimenten flussabwärts und zur Ablagerung auf den überfluteten, häufig landwirtschaftlich genutzten Flächen führte. Im Freiberger Raum kam es zusätzlich zum Materialabtrag von ufernahen, nicht ausreichend gesicherten Halden der Hüttenindustrie, mit erhöhten Gehalten an As, Pb und Cu in den Hochflutsedimenten. Im Gebiet der Zwickauer Mulde fand demgegenüber nur eine Verlagerung der Sedimente ohne Zumischung von extrem belastetem Material statt, so dass die Hochflutsedimente mit Ausnahme des As immer geringere Gehalte als die Flusssedimente aufwiesen [2.81].

Sanierungen im Bereich der Freiberger Mulde [2.82-2.86]. Auch nach Einstellung des Bergbaus im Freiberger Revier Ende der 1960er Jahre wurden die buntmetallurgischen Verhüttungsprozesse (z.B. aus einheimischen Zinnerzen von Altenberg und Ehrenfriedersdorf) an den drei Hüttenstandorten des damaligen *VEB Bergbau- und Hüttenkombinats Albert Funk* bis Anfang der 1990er Jahre fortgesetzt. Ziel des seit 1993 laufenden *Ökologischen Großprojekts Saxonia* war die Revitalisierung kontaminierter Standorte und Haldenflächen mit einem Finanzvolumen von 18,4 Mio. Euro.

Sanierungen im Bereich der Zwickauer Mulde [2.82, 2.87]. Nach Einstellung des Uranbergbaus blieben 1.500 km offene Grubenbaue, 311 Mio. m³ Haldenmaterial und 160 Mio. m³ radioaktive Schlämme zurück, die zu Umweltbeeinflussungen in oftmals dicht besiedelten Gebieten führten. Die Problematik im Sanierungsgebiet der Wismut GmbH umfasste im Vergleich zum Freiberger Raum wesentlich größere Flächen, größere Volumina und zusätzlich zu den Kontaminationen der Umwelt mit Schwermetallen und Arsen tritt hier die Verbreitung radioaktiver Stoffe (erhöhte Ortsdosisleistung) hinzu. Die Flutung der Gruben, die im Freiberger Revier bereits seit mehr als 40 Jahren abgeschlossen ist, stellte weitere neue Anforderungen an die Sanierung, da das Flutungswasser aufgrund seiner sehr hohen Schadstoffgehalte nicht direkt in die Vorflut abgegeben werden konnte.

Tabelle 2.4 Vergleich der Sanierungskonzeptionen in den Sanierungsstandorten der Saxonia mbH und der Wismut GmbH, entscheidende Unterschiede *kursiv* (*Greif* 2013 [2.82])

Sanierungsansatz	SAXONIA	WISMUT
Verwahrung der Gruben ☐ Schließung ☐ Verwahrung ☐ Flutung	1969 Ende des Freiberger Bergbaus, 1970 Flutung des Gruben- reviers durch Überlauf am Rothschönberger Stolln abgeschlossen, keine rechtlich geregelten Zuständigkeiten für den Roten Graben bzw. den Rothschönberger Stolln	*1990 Ende des Bergbaus in Grube Schlema-Alberoda,* *1991 Beginn der Flutung,* *2008 Erreichen der -30m Sohle als Niveau Arbeits- speicher WBA, Zuständigkeit: Wismut GmbH* *1990 Ende des Bergbaus in der Grube Pöhla,* *1991 bis 1995 Flutung*
Verwahrung von Halden ☐ Umlagerung ☐ In-situ-Sanierung	In-situ-Sanierung ist die bevorzugte Maßnahme, Umlagerung kontaminierter Materialien innerhalb der Standorte	In-situ-Sanierung ist die bevorzugte Maßnahme, Umlagerung von Halden im Deformationsgebiet
Verwahrung der indus- triellen Absetzanlagen ☐ In-situ-Verwahrung	Absetzbecken Hütte Freiberg	IAA Borbachtal IAA Helmsdorf
Umgang mit Betriebs- gebäuden und Anlagen ☐ Prüfung auf Wieder- verwendbarkeit	Abriss nicht mehr nutzbarer Anlagen und Gebäude, Umlagerung kontaminierter Materialien innerhalb der Standorte	Abriss nicht mehr nutzbarer Anlagen und Gebäude, Um- lagerung (de-)kontaminierter Materialien innerhalb der Standorte
Nachnutzung von sanierten Flächen	Nachnutzung der Industrie- gelände durch Industrie und Gewerbe, Nachnutzung der sanierten Haldenflächen als Grün- land, Freizeitfläche, Solar- anlagenstandort	Nachnutzung überwiegend durch Aufforstung oder Grün- flächenanlage, für die Freizeit (Golfplatz)
Behandlung kontaminierter Wässer ☐ Wasserbehandlungs- anlagen ☐ Rückstands- Verwahrung	keine Behandlung der Grubenwässer, keine Behandlung der Haldensickerwässer	*Behandlung der Gruben wässer in der WBA Schlema bzw. der WBA Pöhla, Behandlung der Frei- und Porenwässer in der WBA Helmsdorf, Behandlung von Teilströmen von Haldensickerwässern der Halde 371/I, Verwahrung der Rückstände am jeweiligen Standort*

Bergbau-Altlasten – weltweit [2.88]

Afrika. Die Bergbau-Industrie ist in vielen Regionen Afrikas der wichtigste Wirtschaftssektor, aber auch ihre Hinterlassenschaften sind in der afrikanischen Gesellschaft ständig präsent [2.89]. Das südafrikanische Bergbauministerium DMR besitzt eine Liste von 6.000 verlassenen und eigentümerlosen Minen, deren Sanierung über 4,2 Mrd. US$ kosten würde [2.90]. Das Staatsversagen in dieser Frage führt u.a. zu Bandenkriegen unter illegal eingewanderten Bergarbeitern [2.91].

Asien. In Südkorea waren im Jahr 2000 von 1.500 Bergwerken auf Gold, Kupfer, Blei und Zink bereits 900 aufgelassen worden [2.92, 2.93]. In China sind im Bergbausektor über 8.000 nationale und 230.000 private Betriebe tätig; viele Erzminen wurden aufgegeben und hinterließen über 3.2 Mio. ha Brachland, zu dem jährlich noch 46,700 ha hinzukommen [2.94]. Die indische Bergbaubehörde hat auf nationaler Ebene 297 Bergbau-Altlasten identifiziert [2.95].

Australien. In Westaustralien sind nach 150 Jahren Bergbau viele Minen nach Exploration oder Nutzung aufgegeben worden [2.96]; in der Folge findet man dort über 1.800 finale Hohlräume und 150 beendete Tagebaue [2.97]. Darüber hinaus gibt es ungefähr 2.000 aufgelassene Bergbau-Standorte in New South Wales, wo sich die Minen- und Prospektionstätigkeiten bis in die Mitte der 1800er Jahre zurück datieren lassen [2.98]. Altlasten des Uranbergbaus in Australien werden zusammen mit Standorten in anderen Ländern wie Kanada, USA, Portugal, Kongo, Madagaskar, Kirgisistan und Tadschikistan von *Abdleouas* [2.99] beschrieben.

Europa. Das Vereinigte Königreich (UK) hat Tausende von Bergbau-Altlasten, die von ehemaligen Basismetall-Minen in Schottland über Gold- und Kupferminen in den kambrischen Höhenzügen von Wales bis zu den Zinn-Minen in Cornwall reichen. Der Höhepunkt des UK-Bergbaus war im 18. und 19. Jahrhundert mit mehr als 2.000 Minen, die inzwischen alle stillgelegt sind [2.100]. Schweden besitzt mindestens 10.000 Bergbau-Altlasten [2.88]. Statistiken über Bergbau-Altlasten in Bulgarien, Estland, Lettland, Litauen, Polen, Rumänien, Slowakei, Slowenien, Tschechien und Ungarn aus 2004 gibt der EU-Bericht PECOMINES [2.101]. Fallstudien aus den Ländern des westlichen Balkans – Albanien, Bosnien und Herzegowina, Mazedonien, Montenegro und Serben – finden sich in einem Bericht der UNEP [2.102].

Amerika. In den USA sind 550.000 Bergbau-Altlasten allein für 45 Mrd. Tonnen Minenabfälle verantwortlich, incl. Gesteinsabfälle und Abraummaterial; viele dieser Standorte liegen in ariden und semiariden Regionen [2.103]. Das Verzeichnis des Bureau of Land Management von 2015 umfasst über 48,100 Standorte von Bergbau-Altlasten; 20% davon benötigen entweder keine Behandlung, wurden bereits saniert oder haben solche Aktivitäten unmittelbar vor sich [2.104]. In Kanada werden 10.000 Bergbau-Altlasten geschätzt; einige prominente Beispiele sind die Giant Goldmine, Britannia Kupfermine, die Kam Kotia Kupfer- und Zinkmine sowie der Gunnar Uranbergbau- und -aufbereitungsstandort [2.105].

Derzeit gibt es noch keine verlässlichen Statistiken über die Gesamtzahl von Bergbau-Altlasten, obwohl sich hier die Rolle von traditionellen Bergbau-Nationen wie Australien, Kanada, UK, USA und Südafrika generell bestätigt [2.106].

Katastrophale Dammbrüche von Bergbau-Absetzbecken – Beispiele [2.107]

Potosi (1626, Bolivien [2.108]). Mit dem Silber-Boom durch spanische Kolonisatoren war Potosi um 1600 mit 150.000 Einwohnern zu einer der größten Städte der Welt aufgestiegen, obwohl nur ca. 13.500 Menschen unter Tage Silber förderten. Am 3. März 1626 brach der San-Ildefonso-Damm eines Absetzbeckens der Silberminen. Die Schlammwelle überflutete große Teile der 3 km unterhalb gelegenen Stadt; es gab über 2000 Tote. Ausgelöst wurde eine Umweltkatastrophe durch Quecksilber, das damals bei der Silbergewinnung unverzichtbar war.

El-Cobre (1965, Chile [2.109, 2.110]). Am 28. März 1965 kam es in Chile bei einem Erdbeben zu einem Dammbruch. Mehrere Dämme von Absetzbecken einer Kupfermine brachen, weil sich das Schüttmaterial durch die Erschütterungen verflüssigte (Liquefaktion). Beim "El Cobre New Dam" rutschten 350.000 Kubikmeter ab und bewegten sich 12 km talabwärts, wobei die Stadt El Cobre durch die Schlammmassen zerstört wurde und mehr als 200 Menschen umkamen; beim "El Cobre Old Dam" wurden sogar 1,9 Millionen Kubikmeter Schlamm bewegt.

Tesero (1985, Val di Stava/Trentino [2.111]). Zwei Becken wurden 1961 und 1969 für Restschlämme aus der Flotation von Fluorit eingerichtet. 1985 hatte der Damm des oberen Beckens eine Höhe von 34 Metern erreicht; die Deponien enthielten rund 300.000 Kubikmeter Material. Um 12.23 Uhr des 19. Juli 1985 gibt der Damm des oberen Beckens nach und stürzt auf das untere Becken, das ebenfalls einstürzt. Auf ihrem Weg tötet die Schlammlawine 268 Personen, zerstört 3 Hotels, 53 Wohnhäuser und 6 Werkhallen.

Aznalcóllar (1998, Andalusien [2.112, 2.113]). Beim Bruch des 25 m hohen Dammes des Absetzbecken der Zink- und Bleimine „Los Frailes" am 25. April 1998 gelangten zwischen 4 und 7 Millionen m³ giftige Abraumschlämme in den nahe gelegenen Fluss Rio Agrio, einen Nebenfluss des Río Guadiamar. Der Schlamm bedeckte 4000 Hektar Ackerland und bedrohte den Nationalpark Coto de Donana, eine UN World Heritage Area. Es war eine große ökologische Katastrophe; Todesopfer gab es nicht. Naturschützer hatten jahrelang auf die mangelnde Sicherheit der Anlage hingewiesen.

Baia Mare (2000, Rumänien [2.114, 2.115]. Nach schweren Regenfällen brach am 30. Januar 2000 gegen 23 Uhr in der Stadt Baia Mare in Nordwest-Rumänien der Damm einer Golderz-Aufbereitungsanlage. Zwischen 100.000 m³ bis 300.000 m³ mit Schwermetallen versetzte Natriumcyanidlauge überflutete das angrenzende Areal und gelangte über den Săsar-Bach und die Flüsse Lapuş und Somes in die Theiß und in die Donau. Es war die größte Umweltkatastrophe Osteuropas seit dem Reaktor-Unfall 1986 in Tschernobyl.

Bento Rodrigues (2015, Brasilien [2.116]). Am 5. November 2015 brachen im Südosten Brasiliens zwei Dämme des Rückhaltebeckens eines Eisenerztagebaus des Unternehmens Samarco Mineração. Der Schlamm begrub das Bergdorf Bento Rodrigues unter sich, tötete 17 Menschen und verschmutzte den Doce-Fluss auf 500 Kilometern Länge. Im März 2016 hat sich Samarco mit der brasilianischen Regierung auf die Zahlung von 4,6 Milliarden Euro Schadenersatz geeinigt. Staatliche Stellen haben vermutlich Sicherheitsstandards nicht ausreichend beachtet.

Metalle – Risikogebiete in Entwicklungsländern (Beispiele aus [2.117])

Eine Studie der Weltbank, EU Kommission und Asiatischen Entwicklungsbank zu mehr als 3.000 Risikostandorten zeigte, dass weltweit über 200 Millionen Menschen durch giftige Chemikalien gefährdet sind [2.118]. Der Bericht des *Blacksmith Instituts und des Green Cross Switzerland* für 2013 [2.117] gibt Beispiele von spezifischen Metallproblemen, u.a. die Aufarbeitung von Elektronikabfällen [2.119] und die Goldgewinnung in Kleingewerbe-Minen [2.120-2.122].

Agbogbloshie, in Accra/Ghana, importiert jährlich ca. 215.000 t gebrauchte Unterhaltungselektronik, vor allem aus Westeuropa, und diese Masse nimmt ständig zu; etwa die Hälfte dieser Importe wird direkt benutzt oder instand gesetzt und verkauft [2.123]. Der Rest wird rezykliert; dabei sind 40.000 bis 250.000 Menschen einem erhöhten Gesundheitsrisiko ausgesetzt [2.124]. Die Exposition der allgemeinen Bevölkerung durch PAK ist höher als in Industrieländern [2.125].

Kabwe, die zweitgrößte Stadt in Sambia, liegt am sog. Copperbelt, aber die Probleme stammen vor allem aus dem Bleibergbau [2.126]. Bei der Hälfte der Kinder liegen die Blutbleiwerte um das Fünf- bis Zehnfache über dem Standard [2.127]. Die Verhüttung der Bleierze erfolgte durch das ganze 20. Jahrhundert weitgehend unreguliert. Während der offizielle Bergbau inzwischen eingestellt wurde, finden weiter kleingewerbliche Minenaktivitäten an den Abraumhalden statt [2.128].

Kalimantan ist der indonesische Teil von Borneo und in zwei von fünf Provinzen bildet der kleingewerbliche Goldbergbau die Existenzgrundlage für 43.000 Menschen [2.129]. Beim auch hier praktizierten Amalgamprozess wird am Ende die Quecksilberkomponente verflüchtigt; weltweit werden mit dieser rudimentären Verhüttungsmethode zwischen 720 bis 1.000 t in die Atmosphäre freigesetzt, das sind 30 % der jährlichen anthropogenen Quecksilberemissionen [2.130, 2.131].

Norilsk in Nordsibirien [2.132]. Der Bergbau von Kupfer- und Nickelerzen begann in den 1930er und bis in die frühen 2000er Jahre bildete Norilsk den weltweit größten Verhüttungskomplex; nahezu 500 t von Kupfer- bzw. Nickeloxiden sowie 2 Mio. t Schwefeldioxid wurden jährlich in die Luft emittiert [2.33]. Über 130.000 Bewohner sind davon betroffen; die Lebenserwartung von Fabrikarbeitern in Norilsk lag 10 Jahre unter dem russischen Durchschnittswert [2.134].

Mailuu-Suu, Kirgisistan. Die Stadt liegt unmittelbar flussabwärts von 23 Halden mit zwei Mio. m³ radioaktiven Abfällen aus den Anlagen, in denen zwischen 1946 und 1968 insgesamt über 9.000 t Uranerz aufbereitet wurden [2.135]. 2002 blockierte eine Schlammlawine den Mailuu-Fluss und im April 2006 rutschten ca. 300.000 m³ Material in den Fluss [2.136]. Die seismische Instabilität verstärkt die großräumige Bedrohung für das bevölkerungsreiche Fergana Becken [2.137].

Nach Schätzungen der WHO verursachen Schadstoffe in Luft, Wasser und Boden jährlich acht Millionen Todesfälle in Ländern mit mittleren und niedrigen Einkommen. An HIV/AIDS sterben jährlich 1,5 Millionen, an Malaria und Tuberkulose jeweils ungefähr 1 Million Menschen [2.138]. Diese Zahlen verdeutlichen die immer noch hohen Risiken durch Umweltverschmutzungen in diesen Ländern.

2.3.2 Ressourceneffizienz und Ressourcenproduktivität

"Humankind faces a vicious circle: a shift to renewable energy will replace one non-renewable resource (fossil fuel) with another (metals and minerals)" *by Olivier Vidal, Bruno Goffé & Nicholas Arndt,* Nature Geoscience, Vol. 6, 2013 [2.139]

Ressourcenproduktivität[10] ist seit den 90er Jahren in der öffentlichen Diskussion („Faktor 4" [2.141], „Faktor 5" [2.142], „Faktor 10" [2.143]). Die Rohstoffpro-duktivität stieg von 1994 bis 2007 um 35 % – zu wenig, um das Nachhaltigkeits-ziel einer Produktivitätsverdoppelung bis zum Jahr 2020 zu erreichen [2.144].

In Deutschland hatte seit 1992 durch die Schließung der deutschen Metallgru-ben und die Aufgabe der deutschen Auslandsbeteiligungen und aller Explorations-aktivitäten zu einem großen Know-how-Schwund im Bereich von Exploration und Bergbau geführt. Ab 2003, mit der starken Zunahme des Rohstoffverbrauchs und der immer größer werdenden Konkurrenz Chinas auf den internationalen Märkten, begann ein Umdenken [2.69]. Deutschland soll bis 2020 die ressourceneffizientes-te große Volkswirtschaft der Welt werden [2.145]. Gleichzeitig ist eine nachhalti-ge Rohstoffpolitik ein integraler Bestandteil der Wirtschaftspolitik [2.146]. Seit 2009 erfährt das Thema „Ressourceneffizienz" eine breite Förderung:

- Im Auftrag des BMBF untersuchte das Wuppertal Institut für Klima, Umwelt und Energie die *Steigerung der Ressourcenproduktivität als Kernstrategie einer nachhaltigen Entwicklung:* „auf Unternehmensebene zu anspruchsvollen Sys-temen des Qualitätsmanagements – unternehmensintern ergeben sich Motiva-tionseffekte, extern werden die Reputation und das Image verbessert" [2.140].
- Im Fokus der BMBF-Fördermaßnahme "Innovative Technologien für Ressour-ceneffizienz - *rohstoffintensive Produktionsprozesse (r²)*" [2.147] standen roh-stoffnahe Industrien mit hohem Materialeinsatz, da hier eine große Hebelwir-kung erwartet wurde (u.a. kleinere und mittlere Unternehmen als Zulieferer der Chemieindustrie, Metall- und Stahlproduktion sowie der Baustoffherstellung).
- Die Förderrichtlinie „r³ – innovative Technologien für Ressourceneffizienz – *Strategische Metalle und Mineralien"* [2.148] ist eine Konkretisierung der High-Tech-Strategie 2020 der Bundesregierung. Das Projekt bezieht sich auf die *Rohstoffinitiative der EU* [2.149-2.151] und speziell auf den Bericht der Kommission über „Critical raw materials for the EU" [2.152].
- Die Förderrichtlinie „r⁴ - Innovative Technologien für Ressourceneffizienz – *Forschung zur Bereitstellung wirtschaftsstrategischer Rohstoffe"* im Rahmen-programm „Forschung für nachhaltige Entwicklungen (FONA)" [2.153] finan-ziert Verbundprojekte zwischen Industrie und Wissenschaft mit dem Ziel, die Forschung, Entwicklung und Innovation entlang der Wertschöpfungskette mi-neralischer Rohstoffe auszubauen. Als flankierende Maßnahme soll die Akzep-tanzforschung zur Rohstoffgewinnung unterstützt werden.

---

[10] *Ressourcenproduktivität* ist die erzielte Wertschöpfung pro Einheit dafür erforderlicher Ressourcen auf der gesamtwirtschaftlichen oder sektoralen Ebene. *Ressourceneffizienz* wird verstanden als Verhältnis zwischen technisch-physikalischem oder betrieblichem Output zu den dafür erforderlichen Ressourcen auf der Technologie-, Produkt-, Unter-nehmens- oder Wertschöpfungskettenebene [2.140]

Metallbedarf für Zukunftstechnologien - Beispiele (Angerer [2.154])
Die seit Beginn dieses Jahrtausends verstärkt zu beobachtenden Turbulenzen auf den Rohstoffmärkten haben ihre Ursache zuerst in dem Boom der chinesischen Wirtschaft. Über 95 Prozent der Weltproduktion an Metallen der Seltenen Erden (darunter Lanthan, Yttrium, Cer, Neodym und Scandium) stammen aus China. Ein Hauptgrund für diese Marktdominanz dürften die gravierenden Umweltprobleme beim Abbau und bei der Aufbereitung der Seltenen Erden liegen [2.155].

Die Empfindlichkeit der Rohstoffe verbrauchenden Wirtschaftssektoren ist dort besonders groß, wo die Möglichkeit fehlt, knappe und teure Rohstoffe zu ersetzen (*Kasten*). Zum anderen resultieren die Fehleinschätzungen aus nicht rechtzeitig antizipierten technischen Entwicklungen [2.66]. Die Tabelle 2.5 zeigt solche Entwicklungen an: das Ranking für den Rohstoffbedarf 2035 ist ein Indikator für den Ausbaubedarf der Minenproduktion (Abschnitt 2.3.3).

Tabelle 2.5 Globaler Rohstoffbedarf des Zukunftstechnologien-Portfolios im Jahr 2013 und 2035 [2.156]. Die Zahlen für 2013 zeigen, welchen Anteil der jeweiligen Weltrohstoffproduktion durch die analysierten Technologien erfasst wird; die Zahlen für 2035 zeigen, welches Vielfache bzw. welcher Anteil der heutigen Weltproduktion des jeweiligen Rohstoffs für diese Technologien 2035 benötigt wird (der über die betrachteten Zukunftstechnologien hinaus bestehende Rohstoffbedarf ist nicht berücksichtigt). Abkürzungen: IC = Integrierter Schaltkreis, WLED = Weiße Leuchtdiode, IR = Infrarot-Technologien, SOFC = Festoxidbrennstoffzelle, RFID = radio-frequency identification [„Funk-Etikett"]. Metalle: [a] schwere Selten Erden Elemente (Dysprosium/Terbium), [b] leichte Selten Erden Elemente (Neodym/Praseodym)

Metall	Bedarf$_{2035}$/Produktion$_{2013}$		Zukunftstechnologien	Weltproduktion 2013 (in t)
	2013	2035		
Lithium	0,0	3,9	Lithium-Akku, Airframe-Leichtbau	30.000
H-REE [a]	0,9	3,1	Magnete, E-PKW, Windkraft	2.400
Rhenium	1,0	2,5	Superlegierungen	50
L-REE [b]	0,8	1,7	Magnete, E-PKW, Windkraft	37.000
Tantal	0,4	1,6	Mikrokondensatoren, Medizintechnik	1.300
Scandium	0,2	1,4	SOFC Brennstoffzellen	7
Kobalt	0,0	0,9	Lithium-Ionen-Akku, XtL („X to Liquid")	130.000
Germanium	0,4	0,8	Glasfaserkabel, IR-Technologie	140
Platin	0,0	0,6	Brennstoffzellen, Katalyse	190
Zinn	0,6	0,5	bleifreie Lote, transparente Elektrode	290.000
Palladium	0,1	0,5	Katalyse, Meerwasserentsalzung	200
Indium	0,3	0,5	Displays, Dünnschicht-Photovoltaik	800
Gallium	0,3	0,4	Dünnschicht-Photovoltaik, IC, WLED	350
Silber	0,2	0,3	RFID, bleifreie Weichlote	26.000
Kupfer	0,0	0,3	Effiziente Elektromotoren	18.000.000
Titan	0,0	0,2	Meerwasserentsalzung, Implantate	240.000

Alternativen bei der Verwendung seltener Rohstoffe (nach CS3-Studie [2.157])
30 der weltweit führenden Materialchemiker aus den fünf teilnehmenden Staaten
(USA, China, Japan, Großbritannien, Deutschland) trafen im September 2010 in
London zusammen, um den Forschungsbedarf für nachhaltige Materialien zu identifizieren und entsprechende Empfehlungen an die Politik zu formulieren. Ziel war
es, die meisten der seltenen Elemente in technischen Geräten und Prozessen durch
häufigere und zugänglichere Materialien zu ersetzen. Beispiele waren*:

Lithium (Li) ist bald das meistgebrauchte Metall in Batterien und wird durch die
Elektromobilität und intelligente Speichersysteme zumindest kurz- und mittelfristig eine stark wachsende Rolle spielen. Die nächste Generation von Batterien wird
Technologien zum Ersatz von Lithium auf der Basis von Natriumsulfid (Na_2S)
verwenden und vor allem Kohlenstoffmaterialien einsetzen:
- .Im Projekt CarboPower werden C-Nanochemikalien (CNT) als alternative
  Leitfähigkeitsadditive in Lithium-Ionen-Batterien erforscht. Die hohe elektrische Leitfähigkeit verspricht eine bessere Belastbarkeit der Batterie beim
  schnellen Laden und Beladen.

Platin (Pt) wird unter anderem als Zentralbestandteil von Brennstoffzellen einge-
setzt. Auslaugen des Metalls ist ein gängiges Problem bei dieser Anwendung, ver-
bunden mit Effizienzverlust, aber auch Umweltbelastung durch das Edelmetall.
- Es werden Alternativen für Platin in der Brennstoffzelle und katalytischen
  Anwendungen auf der Basis einfach zugänglicher Elemente entwickelt (z.B. C,
  N, Fe). Hier sind vor allem Stickstoff-dotierte Graphene im Blickpunkt.

Indium (In). Viele der jetzigen Solarzellentechnologien, aber auch andere Dünn-
filmbeschichtungen basieren auf Indium als transparentem Elektrodenmaterial. Da
Indium auf Basis der aktuellen Marktpreise ausschließlich als Koppelprodukt gewonnen werden kann, ist eine Produktionssteigerung sehr schwierig [2.158].
- Neue licht- und temperaturstabile, transparente und elektrisch leitfähige Substanzen, u.a. Indium-Zinn-Oxid (ITO)-freie Elektrodenmaterialien, werden auf
  der Basis von Kohlenstoff-Nanotubes entwickelt.

Seltene Erden Metalle werden für Hochleistungsmagnete in vielen Anwendungen
gebraucht, z.B. für Hybridfahrzeuge, Windgeneratoren usw. Der „Kampf um die
Seltenen Erden", wird teilweise von Übertreibungen hinsichtlich der Seltenheit
dieser Elemente, der Preisinstabilität und der Rolle Chinas genährt:
- Alternativen sind der Einsatz von Elektromagneten anstelle von Permanentmagneten in geeigneten Anwendungen, Nanokomposite auf Zinn-Kobalt-Basis
  und Ersatzstoffe wie Eisen-Kobalt-Legierungen.

Als nicht substituierbar wurden bspw. Indium in transparenten Indium-Zinn-Oxid-
Elektroden für Displays, Neodym in starken Permanentmagneten und Germanium
in Linsen der Infrarotoptik genannt [2.157].

* entsprechende Literaturzitate [2.103] bis [2.109] in Kap. 2.4.2 der 8. Auflage

Ressourceneffizienz entlang der Wertschöpfungskette (*Faulstich et al.* [2.159])
Kreislaufwirtschaft bedeutet, dass eine begrenzte Materialmenge mit möglichst
geringen Verlust zwischen Nutzung und Aufbereitung bzw. Rückgewinnung hin-
und hergeführt wird. Dabei wird Art und Umfang der Produktion und auch die
vor- und nachgelagerten Stufen der „Wertschöpfungskette" in erster Linie vom
Nutzerverhalten und der Nachfrage bestimmt. bei einer Verwertung von Abfällen
hat im deutschen Kreislaufwirtschaftgesetz [2.160] diejenige Option Vorrang, die
den Schutz von Mensch und Umwelt am besten gewährleistet (Kapitel 10).

In einem Übersichtsbeitrag „Strategieelemente zur Steigerung der Ressourceneffizienz" haben Faulstich et al. [2.159] die Randbedingungen und Potenziale
für eine Effizienzsteigerung entlang der Wertschöpfungskette untersucht:

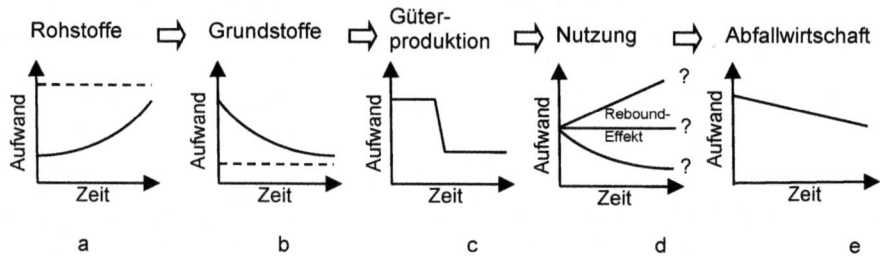

Abb. 2.6 Schematische Darstellung der Stationen der Wertschöpfungskette mit den jeweiligen Randbedingungen für eine Steigerung der Effizienz (*Faulstich et al.* [2.159])

Rohstoffe (Abb. 2.6a). Bei der Rohstoffgewinnung aus natürlichen Quellen sind
– bezogen auf eine einzelne Lagerstätte – Verbesserungen der Effizienz prinzipiell
möglich. Im Laufe der Zeit steigt der spezifische Aufwand immer weiter an, weil
die Konzentrationen an Nutzbarem sinkt, Verunreinigungen zunehmen, größere
Mengen an Abraum zu beseitigen sind oder die Rohstoffe aus immer größeren
Tiefen gefördert werden müssen. An der gestrichelten Begrenzungslinie ist aus
wirtschaftlichen oder technischen Gründen kein Abbau mehr möglich.

Grundstoffe (Abb. 2.6b). Bei der Grundstoffproduktion wird durch die stetige
Verbesserung von Prozessen und Verfahren eine kontinuierliche Verringerung des
spezifischen Aufwands erreicht. Allerdings bestehen hinsichtlich des Materialeinsatzes natürliche Grenzen in der Stöchimetrie der maßgeblichen Reaktionsglei-
chungen und in den thermodynamischen Gleichgewichten (gestrichelte Linie).

Güterproduktion (Abb. 2.6c). Bei der Herstellung von Gütern gibt es große Potenziale, die Materialeffizienz zu steigern. Auf dieser Stufe der Wertschöpfungskette können nicht nur inkrementelle Verbesserungen und Optimierungen, sondern
auch Effizienz-„Sprünge" erreicht werden. Diese sind durch solche Innovationen
zu erwarten, die zu einem neuen Design von Produkten und Verfahren führen und
bestimmte Funktionalitäten von Produkten auf ressourcenärmeren Weg bereitstel-
len. Insgesamt muss Ressourceneffizienz im Produktionsprozess zentraler, grund-
legender Baustein von Effizienzstrategien sein. Fördermaßnahmen, die zur Überwindung von Hemmnissen beitragen, sind notwendig und sinnvoll.

Nutzung (Abb. 2.6d). Um Wohlstand bei geringerem Ressourcenverbrauch zu sichern, müssen sich auch Nachfragemuster und die Art der Nutzung von Gütern ändern. Insbesondere geht es darum, den Verbrauch materialintensiver Güter und Dienstleistungen zu reduzieren. Zukünftige Entwicklungen, die einen gleich bleibenden oder sogar steigenden Materialverbrauch hervorrufen, sind allerdings angesichts bisheriger Tendenzen nicht unwahrscheinlich. Grundsätzlich sind Maßnahmen notwendig, die den so genannten *Rebound-Effekt* in Grenzen halten. Dieser Effekte beschreibt die Tatsache, dass Einsparungen an einer Stelle im System durch eine Steigerung der Gesamtproduktion oder durch erhöhten Verbrauch an anderer Stelle teilweise oder ganz ausgeglichen werden (siehe dazu den Beitrag „Über Effizienz hinaus" von *Scherhorn* [2.161]).

Abfallwirtschaft (Abb. 2.6e). Die deponierten Stoffe stehen prinzipiell für die Wiedergewinnung von Wertstoffen zur Verfügung und es ist auch dort von einem sinkenden spezifischen Aufwand auszugehen, obwohl der absolute Aufwand verglichen mit dem „normalen" Rohstoffabbau bei gering konzentrierten Abfällen zunächst höher sein kann („Landfill Mining" und „Urban Mining").

„Rohstoffäquivalente" – Ressourceneffizienz über die Produktionskette
Der Nachhaltigkeitsindikator „Rohstoffproduktivität" [2.162] beruht auf Material- und Energieflussdaten, die den Rahmen für eine Bilanzierung der Materialströme bilden. Das *gesamtwirtschaftliche Materialkonto* [2.163] betrachtet jedoch nur Materialflüsse, die mit einer Überschreitung der Systemgrenze zwischen Umwelt und Wirtschaft verbunden sind; nicht enthalten sind die indirekten Flüsse bezüglich der Im- bzw. der Exporte, also der Materialeinsatz in den „vorgelagerten" Produktionsstufen der Im- und Exportgüter („ökologische Rucksäcke").

Ein weiterer Mangel des bisherigen Indikators liegt darin begründet, dass das Gewicht der importierten Materialien in der Regel nur noch einen Teil der zu ihrer Erzeugung eingesetzten Rohstoffe repräsentiert. So gehen zum Beispiel allein bei der Herstellung von Roheisen aus Eisenerz rund 80 % des Gewichts des ursprünglich entnommenen Materials verloren. „Rohstoffäquivalente" als (ergänzender) Indikator umfassen statt des tatsächlichen Gewichts der importierten Güter den so genannten *direkten und indirekten Rohstoffeinsatz*, d.h. das Gewicht aller zur Produktion der importierten Güter über die gesamte Produktionskette hinweg eingesetzten Rohstoffe, einschließlich der Rohstoffaufwendungen für den Transport von Im- und Exportgütern Ein Rohstoffindikator, der auf der Basis von Rohstoffäquivalenten berechnet wird, liefert außerdem ein verbessertes Mengengerüst zur Analyse der Umweltwirkungen („impacts") der Rohstoffnutzung – sowohl für Rohstoffe insgesamt als auch auf der Ebene einzelner Rohstoffarten [2.164].

Die Studie des *Statistischen Bundesamtes* [2.165] zeigte, dass das in *Rohstoffäquivalenten* berechnete Gewicht von Rohstoffentnahme und Importen fast 2,5-mal höher ist als das tatsächliche Gewicht dieser Materialien. Betrachtet man nur die Importe, ist der Wert in Rohstoffäquivalenten sogar mehr als 5-mal so hoch wie die tatsächlichen Mengen der eingeführten Güter. Bei den abiotischen Rohstoffen entfielen 2005 auf die Kupfer-/Nickelerze die größte Menge an Rohstoffäquivalenten (840,3 Mio. Tonnen), gefolgt von Eisen- und Manganerzen (450,4 Mio. Tonnen), Erdöl (228,0 Mio. Tonnen) sowie Erdgas (209,0 Mio. Tonnen).

Effizienzsteigerungen bei Metallen und Mineralien (*Faulstich et al.* [2.149])
Die Informationen, die von den Initiatoren des BMBF-r³-Förderprogramms zusammengestellt wurden, repräsentieren die High-Tech-Strategie auf dem Gebiet der Ressourceneffizienz von Metallen und Mineralien. Eine zentrale Rolle spielen die Bewertungsverfahren und es wurden hier drei Studien verglichen:

- Der Ansatz der Ad-hoc Arbeitsgruppe *Critical Raw Materials for the EU* [2.152] beurteilt 41 Rohstoffgruppen nach drei Kriterien (1) wirtschaftliche Bedeutung, (2) Versorgungsrisiko und (3) ökologische Einschränkungen; die Versorgung von insgesamt 14 Beispielen wird kritisch beurteilt (Antimon, Beryllium, Flussspat, Gallium, Germanium, Graphit, Indium, Kobalt, Magnesium, Niob, Platingruppenmetalle, Seltene Erden, Tantal, Wolfram).
- In einer Studie des *Instituts der deutschen Wirtschaft Köln* [2.166] wird auch auf die aus den Reserven ermittelte statische Reichweite der Rohstoffe Bezug genommen. Für die einzelnen Rohstoffe gelten folgende Schwellenwerte: (1) Statische Reichweite geringer als 30 Jahre, (2) regionale Konzentration: mehr als 66 % der Vorkommen konzentrieren sich auf 3 Länder, (3) unternehmerische Konzentration: mehr als 45 % der Vorkommen konzentrieren sich auf 3 Anbieter und (4) Substituierbarkeit („ein Stoff ist im Produktionsprozess nicht oder nur schwer zu ersetzen").
- Der Fokus der Studie des Öko-Instituts *Critical metals for future sustainable technologies and their recycling potential* [2.167] liegt auf Rohstoffen, welche in den Zukunftstechnologien Elektronik, Photovoltaik, Batteriespeicher und Katalysatoren eine wichtige Rolle spielen. Die Bewertung erfolgt nach drei Hauptkriterien (1) Nachfragesteigerung (drastische bzw. moderate Zunahme), (2) Versorgungsrisiko (regionale, physikalische, temporäre, strukturelle oder technische Knappheit) und (3) Recyclingbeschränkungen (dissipative Verwendung, physikalische/chemische Begrenzung, Mangel an geeigneten Recyclingtechnologien, Infrastrukturen oder finanziellen Anreizen).

Der zweite Bereich des r³-Informationspapiers ist die Auswahl von 26 Themenvorschlägen für ein umfassendes F&E-Programm, das sich typischen Defiziten auseinandersetzt. Deutschland kann keine strategischen Rohstoffe in nennenswertem Umfang fördern und muss sich deshalb auf das Recycling rohstoffintensiver Produkte und Ende des Produktlebenszyklus konzentrieren. Daneben gilt es, diese Rohstoffe durch Materialien mit längerer Reichweite zu substituieren. Diese beiden Ansätze stehen – neben der Rückgewinnung von Wertstoffen aus anthropogenen Lagern – im Mittelpunkt des BMBF r³-Förderprogramms [2.148]:

Recycling von Rohstoffen aus Produkten bedeutet bei Metallen einen deutlich geringeren Aufwand an Energie im Vergleich zur Aufbereitung von Erzen. Darüber hinaus lässt sich beim Recycling oft eine erhöhte Rohstoffausbeute, bezogen auf die Menge an Ausgangsmaterial, erzielen.

Die direkte *Substitution* von strategischen Rohstoffen durch Materialien mit verlängerter statischer Reichweite oder besserer Verfügbarkeit ist insbesondere bei den Technologierohstoffen nur schwer möglich. Es können auch ganze Technologien bzw. Funktionen substituiert werden; hierbei sind die Möglichkeiten deutlich umfangreicher und umfassender als bei speziellen Einzellösungen.

Substitution [2.168]

Der Einsatz der in den Massenprodukten und Spezialanwendungen verwendeten Metalle und Minerale richtet sich nach der von ihnen zu erfüllenden Funktion [2.169]. Daraus resultieren recht unterschiedliche Substitutionsmöglichkeiten. Nach *Tilton et al.* [2.170] lassen sich generell fünf Substitutionstypen unterscheiden; die Beispiele stammen aus der umfassenden Arbeit von *Ziemann & Schebek* ([2.168] unter besonderer Berücksichtigung der Metallbeispiele Indium, Gold, Chrom und Niob):

1. *Materialsubstitution*: Ein Material oder ein Element ersetzt ein anderes Material/Element; einzelne Metalle bzw. Verbindungen sind Bestandteil des Materials oder ein Material als Ganzes. Im Bereich der Materialien verändern sich häufig die Produkteigenschaften oder die Substitute sind technisch schlechter und somit kein vollwertiger Ersatz. *Beispiele:* Speziell die Substitution von *Niob* ist ohne Leistungseinbußen und Kostensteigerungen nicht möglich [2.171]. Für *Chrom* gibt es auf der Materialebene bisher weder ein Substitut in rostfreien Stählen noch in Superlegierungen [2.172].

2. *Technologische Substitution*: Der Materialverbrauch wird verringert durch technologische Fortschritte und Verbesserungen im Herstellungsprozess bei gleichbleibender Funktionalität. *Beispiele: Gold* wird bereits durch unedle Metalle mit Goldüberzug sowohl in Schmuckwaren als auch in Elektronikprodukten ersetzt. Materialien mit einem reduzierten Gehalt des betreffenden Metalls spielen auch für die Substitution von *Indium* in LCDs eine große Rolle.

3. *Funktionale Substitution*: Ein (neues) Produkt kann ein anderes Produkt ersetzen, vorausgesetzt es erfüllt die gleiche Funktion. Unterschieden werden sollte zwischen der Produktebene und der funktionalen Ebene. *Beispiele (für Indium)*: Feldemissionsbildschirme, Plasmabildschirme statt Flüssigkristallbildschirme (Produktebene); Public Viewing statt Privatfernseher (funktionale Ebene).

4. *Qualitätssubstitution*: Statt qualitativ hochwertiger Produkte werden durch Materialeinsparung solche mit geringerer Qualität und Leistungsfähigkeit hergestellt. Qualitätssubstitution kann überall dort zum Tragen kommen, wo auch noch eine mindere Qualität den Abnehmer zufriedenstellt. Ein *Beispiel* ist die Verwendung nicht-rostfreier Legierungen für Schrauben bei Elektronikgeräten mit geringer erwarteter Geräteeinsatzdauer.

5. *Nicht-materielle Substitution*: Durch Zunahme nicht-materieller Faktoren wie Arbeit und Energie kann der Materialverbrauch reduziert werden. Einige Beispiele für nichtmaterielle Substitution finden sich beim Vergleich von Produktionsverfahren in Hochlohn- und Niedriglohnstandorten. So kann das Kolbenlöten von bestimmten Elektronikprodukten weniger Lötmetall verbrauchen als die entsprechende automatisierte Produktion.

Für die *Energiesysteme der Zukunft* (Abschnitt 2.3.3) sind Maßnahmen 1 bis 3 interessant [2.66]: Ein Beispiel für Materialsubstitution (1) ist der Ersatz von Kupfer durch Aluminium bei der Elektrizitätsübertragung. Bei der Miniaturisierung von Tantal-haltigen Kondensatoren in der Elektronikindustrie handelt es sich um eine technologische Substitution (2). Eine funktionale Substitution (3) ist der Ersatz von Synchronmotoren, deren Magnete Seltene-Erden-Elemente enthalten.

Recycling [2.172]

Neue Produkte wie Elektrofahrzeuge benötigen zunächst erhebliche Mengen an Kupfer, Kobalt, Lithium, Seltenen Erden und andere Technologiemetalle, und sie stehen erst nach vielen Nutzungsjahren für ein Recycling zur Verfügung (*Hagelüken* [2.173]). „Insofern bleiben Bergbau und Recycling komplementär für das *Rohstoffangebot*, während Materialeffizienz, Substitution, Produktdesign, Nutzungsoptimierung und Verbraucherverhalten die *Nachfrage* beeinflussen".

Der *Gesamtwirkungsgrad* beim Recycling wird bestimmt durch das schwächste Glied in der Kette (Abb. 2.7 [2.174]). So sind hocheffektive metallurgische Prozesse relativ wirkungslos, sofern es nicht gelingt, Produkte und Fraktionen mit hoher Relevanz für Edel- und Sondermetalle umfassend zu erfassen und möglichst verlustarm hin zum finalen Recyclingprozess zu kanalisieren. Von besonderer Bedeutung sind dabei die technische-wirtschaftliche Optimierung an der Schnittstelle zwischen Aufbereitung und Metallurgie sowie die Erleichterung grenzüberschreitender Transporte zu modernen integrierten Metallhütten [2.173].

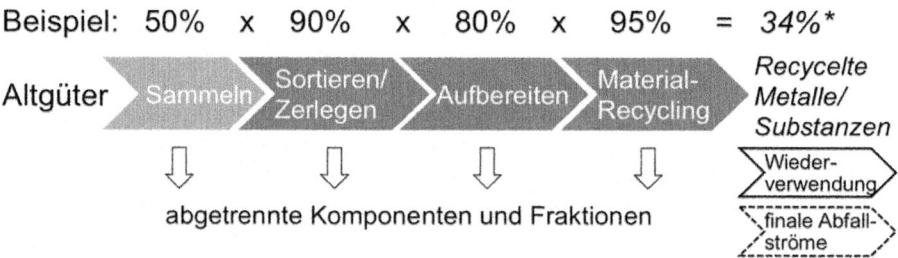

Abb. 2.7 Recycling*kette* – der Systemansatz entscheidet: (1) Metallrecycling "unendlich oft" möglich (kein "downcycling"); (2) hohe Metallausbeuten bei moderner Technik; (3) deutlich geringere CO_2-Belastung als beim Bergbau [2.174]. *Gesamtwirkungsgrad

In seiner Stellungnahme „Rohstoffe für die Energiewende" vom Februar 2017 [2.175] fasst das *Akademienprojekt* „Energiesysteme der Zukunft" den aktuellen Stand des Metallrecycling wie folgt zusammen: „Bislang werden hohe Recyclingraten nur bei Haupt- und Edelmetallen erreicht. Bei den Seltenen Erden und den Hightech- und Sondermetallen wie Indium, Germanium, Gallium, Tellur, Kobalt oder Lithium sind sie hingegen noch unzureichend. Diese Elemente kommen in den einzelnen Produkten oft in nur kleinen Mengen und in komplexer Zusammensetzung mit anderen Elementen vor, die Wiedergewinnung ist entsprechend aufwendig. Die Ursprungselemente lassen sich nur mithilfe von Spezialverfahren von ihren Produkten trennen und wieder zu Feinmetallen raffinieren. Während es auch für diese Metalle bei einfachen Rückständen (zum Beispiel Produktionsausschuss) und bestimmten Materialkombinationen etablierte Recyclingverfahren gibt, liegt die Herausforderung in der Regel bei komplexen ‚Multimetall'-Produkten." Hier ist die metallurgische Infrastruktur zur Gewinnung der Metalle noch nicht so gut ausgebaut, beziehungsweise es sind noch keine geeigneten Technologien verfügbar [2.176]. Bei vielen dieser für die Energietechnologien der Zukunft so wichtigen Metalle kommt es allerdings bereits beim Sammeln zu hohen Verlusten.

Recycling und Substitution als Kritikalitätsfaktoren [2.173]

Eine orientierende Einschätzung der Faktoren Inlandsbergbau, Auslandsbergbau, Außenhandelspolitik sowie des Recycling und der Substitution in Deutschland hinsichtlich ihres spezifischen Beitrages zur Versorgung des jeweiligen Rohstoffes und ihrer zeitlichen Wirksamkeit geben *Erdmann et al.* ([2.177], Abb. 2.8):

„Unausgereiftes *Produktionsabfallrecycling* und kurze Lebensdauern der entsprechenden Produkte lassen Recyclingpotentiale für Gallium und Indium mittelfristig in kleinerer bis mittlerer Größenordnung vermuten; für Germanium, Molybdän oder Niob entfalten solche Maßnahmen aufgrund der längeren Lebensdauern der Materialdepots erst langfristig ihre Wirkung. Höhere Recyclingbeiträge könnten mittel- bis langfristig für Kupfer und Wolfram erzielt werden.

Langfristige *Substitutionsprojekte* mit großer Wirkung wären die Substitution von Antimon in Flammschutzmitteln und von Indium in transparentem Elektrodenmaterial. Kurzfristigere, aber in ihrem Versorgungsbeitrag auch begrenztere Substitutionsmöglichkeiten gibt es für Gallium und Indium als Halbleitermaterial in Photovoltaik und für Kupfer in der Telekommunikation und in einigen Kraftfahrzeuganwendungen.

Die derzeit erkennbaren potentiellen *Bergbauprojekte in Deutschland* werden, wenn sie realisiert werden, ihre Wirkung auf die Rohstoffversorgung erst mittel- bis langfristig entfalten. Wesentlich größer sind die Potentiale von Engagements im *Auslandsbergbau*. Separations- und Aufbereitungsanlagen für Gallium, Indium und Rhenium können bei entsprechendem Zugang in bestehende und entstehende ausländische Rohstoffgewinnungsprozesse integriert werden. Kurz- bis mittelfristig ließen sich somit große Versorgungsbeiträge realisieren. Etwas später wirksam und mit einem geringeren spezifischen Versorgungsbeitrag wären Auslandsengagements bei primären Kupfer-, Molybdän- und Seltenen Erden-Projekten".

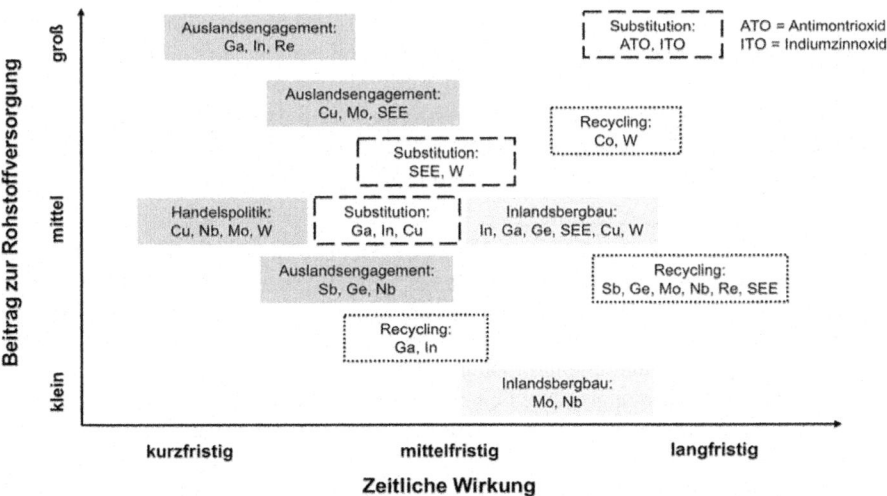

Abb. 2.8 Einschätzung des quantitativen Beitrags und der Wirkungslatenz von Maßnahmen zur Verbesserung der Rohstoffversorgung [2.177]

Ressourceneffizienz für „kritische Metalle" – weitergehende Anforderungen?

„Bei der Ressourcenbewertung ist unstrittig, dass die Gesamtressourceninanspruchnahme eines Energiesystems generell erheblich niedriger ist, wenn dieses nicht auf fossilen, sondern auf erneuerbaren Energien basiert … Dies bedeutet aber nicht zwangsläufig, dass die erneuerbaren Energien hinsichtlich des Ressourceneinsatzes in jedem Fall als unproblematisch zu betrachten sind. Insbesondere der *Verbrauch und die langfristige Verfügbarkeit der mineralischen Rohstoffe* wurden bisher wenig untersucht …" (*Wuppertal-Institut* 2014 [2.178]).

Diese Feststellung in dem *KRESSE*-Bericht mit seinem engen Kritikalitätsansatz (nachfolgend im Abschnitt 2.3.3) charakterisiert den aktuellen Stand der Diskussion in Deutschland und Europa zum Aspekt „Nachhaltigkeit" beim Einsatz von Rohstoffen für die Energieversorgung der Zukunft. Die Studie über „Kritische mineralische Ressourcen und Stoffströme bei der Transformation des deutschen Energieversorgungssystems" [2.178] enthält zwar ein Kapitel über „Gefahrstoffanalysen"[11], aber hier wie besonders bei den zentralen ökologischen und sozialen Fragestellungen beziehen die Autoren eine distanziert technokratische Position[12].

Im August 2016 ist die Analyse „Rohstoffe für die Energieversorgung der Zukunft: Geologie, Märkte, Umwelteinflüsse" [2.66] als Teil des *Akademienprojekts* „Energiesysteme der Zukunft" erschienen. Es handelt sich um eine vielseitige und kompakte Studie mit repräsentativer Literaturauswahl. Im Vergleich zu der hohen Kompetenz bei den montangeologisch-ökonomischen Themen gibt es auch hier weniger Engagement für die „weicheren" Nachhaltigkeitsaspekte.

Nachdem *Graedel et al.* von der Yale Universität in den USA [2.179] die Kritikalitätsmatrix um eine dritte Achse, den *Umweltauswirkungen* bei der Gewinnung und Verwendung von Rohstoffen, erweitert hatten, folgte das Umweltprogramm der Vereinigten Nationen (UNEP) in 2013 mit einer umfangreichen Studie über „Environmental risks and challenges of anthropogenic metals flows and cycles" [2.180]: Grundlage für die Bewertung sind Stoffflussanalysen; globale Daten sind vorhanden, aber sie müssen mit den regionalen und nationalen Informationen verknüpft werden. Untersuchungen über den Verbleib und die Toxizität sind teilweise weit fortgeschritten, aber noch ist die Wirkung von Schadstoffgemischen unklar. Technologisch ist das qualitativ hochentwickelte Recycling der Schlüssel für eine nachhaltige Bewirtschaftung von Metallen in Energie- und anderen Systemen.

---

[11] *Zusammenfassung von Kapitel 11 (S. 236-240):* „Bei den für die erneuerbaren Energien eingesetzten und im Rahmen dieser Studie betrachteten potenziell kritischen Rohstoffen gibt es hinsichtlich des *Gefährdungspotenzials* große Unterschiede. Von der Mehrzahl der Stoffe selber gehen nur vergleichsweise geringe Gefahren aus; eine Ausnahme bildet Cadmium, das in Cadmiumtellurid-Dünnschichtphotovoltaik eingesetzt wird. Deutlich größer sind die Gefährdungen durch eine Reihe von Verbindungen, in denen die Stoffe eingesetzt werden. Hier treten insbesondere bei den in den Speichertechnologien eingesetzten Vanadium- und Lithiumverbindungen relevante mögliche Gefährdungen auf".

[12] bspw. *Handlungsempfehlungen für die Forschung (S. 253)*: „Es sollten die Umweltbedingungen und der Arbeitsschutz beim Abbau Seltener Erden detailliert analysiert werden, wofür Kooperationen mit Forschungseinrichtungen und staatlichen Stellen in den entsprechenden Ländern notwendig sind".

2.3.3 Umgang mit kritischen Rohstoffen für Zukunftstechnologien

"The raw materials regarded as critical have changed depending on the global political environment at the time of analysis and on the state of technological development, but the way of looking at the problem has remained the same over the last decades" (*Bram Buijs, Henrike Sievers* & *Luis A. Tercero Espinoza* in Waste and Resource Management 165(4)201-208 [2.181])

Am 2. Februar 1975 startete Europa – zu 75 % auf Importe angewiesen – seine eigene Rohstoffbewirtschaftung. Die Kommissionsmitteilung „Rohstoffversorgung der Gemeinschaft" [2.182] beschreibt die Probleme und Lösungsmöglichkeiten; als unterstützende Maßnahmen werden Recycling, Substitution, höhere Effizienz, längere Produktlebensdauer und die Forschungsförderung genannt. Bemerkenswert ist die Schlussfolgerung (Abb. 2.9) mit dem Hinweis, dass Aufgaben dieser Größenordnung nur gemeinschaftlich gelöst werden können.

```
5. Conclusions.

The problem of Europe's raw material supplies is a vast but long-
term one which does not lend itself to spectacular, instant solu-
tions. Consequently the question is whether the Community will be
able to take advantage of the absence of immediate pressure to set
up, in an atmosphere of calm, those information, co-ordination and
planning systems needed to map out a long-term policy which are
currently lacking.

We must not allow the complexity and gravity of the problem of the
moment to cause us to lose sight of the other problems we shall
have to face in the future. Rather should we let them make us
aware of how adequate preparation can at least facilitate the so-
lution of such problems if not make it possible to forestall them.

In short, it must be recognised that the scale of this problem is
too great for individual Member States; and its importance demands
the establishment of that point of cohesion, currently lacking,
for all the different projects and initiatives underway here and
there throughout the Community in this enormous field.

The Commission therefore judges it essential to provide the struc-
ture that will make possible the co-ordination of the activities
now being undertaken at different levels, and if necessary the
launching of common initiatives in this field; and now asks the
member governments to provide it with all the help and support it
will need in drafting the specific proposals which it will lay be-
fore the Council.
```

Abb. 2.9 Die Schlussfolgerungen aus dem EU-Kommissionsbericht „The Community's Supplies of Raw Materials" vom 5. Februar 1975 [2.182]

Die konkrete Umsetzung des Kommissionsberichts von 1975 erfolgte erst 35 Jahre später mit den Mitteilungen an das Europäische Parlament, den Rat, den Europäischen Wirtschafts- und Sozialausschuss sowie an den Ausschuss der Regionen: (i) „Ressourcenschonendes Europa – eine Leitinitiative innerhalb der Strategie Europa 2020" [2.183] und (ii) einem „Fahrplan für ein ressoucenschonendes Europa" [2.184]. Zum Thema "Kritische Rohstoffe für die EU" erschien 2010 der erste Bericht einer Ad hoc-Arbeitsgruppe der Europäischen Kommission [2.152].

Bereits im Jahr 2007 hatte die Kommission einen Vorschlag der European Industrial Initiatives (EIIs) zusammen mit der European Energy Research Alliance (EERA) für ein Projekt „Towards a low-carbon future" [2.185] in einen Europäischen Strategischen Energieplan (SET-Plan [2.186]) aufgenommen. Der Mitteleinsatz für Forschung und Entwicklung im SET-Plan wurde im Zeitraum von 2007 bis 2011 mehr als verdoppelt, von 2,8 Mrd. € auf 7,1 Mrd. €, wovon 2/3 von der Industrie getragen wurden [2.187]; das gesamte vorgesehene Finanzvolumen des SET-Plans wurde auf bis zu 71,5 Mrd. € geschätzt [2.188].

Die Themen der beiden vorangegangenen Absätze liefen in dem Arbeitspapier „Materials roadmap enabling low carbon energy technologies" [2.189] des Kommissionsstabs aus dem Jahr 2011 zusammen. Das Institut für Energie und Transport am Joint Research Centre (JRC), das den SET-Plan fachlich betreut, hat zu den einzelnen Technologien wissenschaftliche Berichte über den Rohstoffaspekt herausgegeben: Windenergie [2.190], Photovoltaik [2.191], solarthermische Kraftwerke [2.192], Bioenergie [2.193], CO_2-Abscheidung und -Speicherung [2.194], Kernenergietechnologien [2.195] und Energie-effiziente Baumaterialien [2.196].

Kritische Rohstoffe, speziell Metalle, in der EU – (1) Energiesektor
In einer ersten Studie des JRC aus 2011 [2.197] wurden fünf Metalle, vorwiegend in Wind- und Photovoltaiktechnologien benutzt, als „kritisch" eingestuft: Tellur, Indium, Gallium, Neodym und Dysprosium. In der zweiten Studie 2013 [2.198], bei der auch Technologien wie Brennstoffzellen, Stromspeicher, Elektrofahrzeuge und Beleuchtungen einbezogen wurden, waren von den sechzig (wie 2011-Studie) untersuchten Metallen sechs Selten Erden Elemente (Dysprosium, Europium, Terbium, Yttrium, Praseodym und Neodym) und die beiden Metalle Gallium und Tellur als „kritisch" bewertet; vier Metalle (Graphit, Rhenium, Indium und Platin) wurden als „nahe kritisch" angesehen und sollten weiter beobachtet werden.

Kritische Rohstoffe in der EU – (2) Ausblick auf den Rohstoffmarkt 2020
Der zweite Bericht der Ad hoc-Arbeitsgruppe der Europäischen Kommission zum Thema "Kritische Rohstoffe für die EU" vom Mai 2014 [2.199] nimmt in der Diskussion über die künftige Rohstoffversorgung eine zentrale Rolle ein. So weist die „Akademienanalyse" [2.66] darauf hin, dass die EU-Liste „kritische Rohstoffe" wesentliche Grundlage für die Auswahl von förderfähigen Rohstoffen im Rahmen des Explorationsförderprogramm der Bundesregierung darstellt: „Als kritisch werden normalerweise solche Rohstoffe eingestuft, bei denen die Verwundbarkeit der Wirtschaft relativ hoch ist; das ist bei jenen Rohstoffen der Fall, die sich kaum durch Recycling wiedergewinnen oder durch andere Rohstoffe ersetzen lassen und die zudem überwiegend aus dem Ausland bezogen werden" ([2.66] S. 31-34).

Die erste Analyse "Kritische Rohstoffe für die EU" der Ad hoc-Arbeitsgruppe der Europäischen Kommission von 2010 [2.152] befasste sich mit einer Kandidatenliste von 41 nicht-energetischen, nicht-landwirtschaftlichen Rohstoffen; 14 Stoffe wurden als „kritisch" identifiziert. Bei der zweiten Studie 2014 [2.199] wurden mit denselben Schwellenbereichen für die Kriterien „wirtschaftliche Bedeutung" und „Versorgungsrisiko" 54 Materialien untersucht. Der 2014er Befund von 20 kritischen Rohstoffen wird in den Tabellen 2.6 und 2.7 weiter differenziert.

Die Liste von 2014 enthält 13 der 14 kritischen Rohstoffbeispiele der Analyse von 2010; nur Tantal ist aufgrund des geringeren Versorgungsrisikos „unkritisch". Sechs Materialien sind neu auf der Liste: Borate, Chrom, Kokskohle, Magnesit, Rohphosphat und metallisches Silizium; drei davon sind ganz neu in dem Bericht; keiner der biotischen Rohstoffe ist als kritisch klassifiziert.

Die primäre Versorgung durch Rohstoffe aus der EU liegt über alle 54 Kandidaten hinweg bei ca. 9 %; bei den als kritisch eingestuften Rohstoffe ist der Beitrag aus der EU sogar noch geringer. Ein Vergleich der beiden „Pools" zeigt, dass bei den kritischen Beispielen die Versorgung besonders stark von China abhängt.

Tabelle 2.6 Prognose des durchschnittlichen Nachfragewachstums bis 2020 für kritische Rohstoffe (% pro Jahr [2.199] nach *Roskill Information Services*, September 2013)

Sehr stark (> 8 %)	Stark (4,5 – 8 %)	Mäßig (3 – 4,5 %)	Gering (< 3 %)
Niob	Kobalt	Wolfram	Magnesit
Gallium	Leichte Selten Erden	Chrom	Silizium (Met.)
Schwere Selten Erden	Indium	Germanium	Antimon
	Magnesium (Metall)	Platin-Gruppe M.	Flussspat
	Kokskohle	Borate	Phosphate
		Naturgraphit	Beryllium

Tabelle 2.7 Zusammenfassung des prognostizierten Marktgleichgewichts für kritische Rohstoffe bis zum Jahr 2020 ([2.199] nach *Roskill Information Services*, September 2013)

Risiko von Marktdefizit	ausgeglichener Markt	Angebotsüberschuss
Antimon	Beryllium*	Borate
Kokskohle	Chrom	Magnesium (Metall)
Gallium	Kobalt	Naturgraphit
Indium	Flussspat	Niob
Platin-Gruppe-Metalle	Germanium	Leichte Selten Erden
Schwere Selten Erden	Magnesit	Phosphate
	Wolfram	
	Silizium (Metall)	

*keine quantitative Lieferprognose möglich

Rohstoff-Importe nach Deutschland – Ländervergleich (BGR 2014 [2.200])
„In Deutschland müssen Metalle zu 100 Prozent importiert werden" [2.201]. Die vom Gesamtwert wichtigsten Metalle sind Kupfer (33,7 %), Aluminium (17,2 %), Eisen (11,4 %), Nickel (9,8 %) und Platin (8,4 %). Folglich stehen in der Bedeutung für Deutschland Länder vorne, die diese Rohstoffe produzieren und/oder große Reserven und Ressourcen dieser Rohstoffe besitzen (Tabelle 2.8).

Chile liegt aufgrund der großen Bergwerksproduktion, der Reserven und Ressourcen sowie der hohen Raffinadeproduktion an Kupfer in allen vier Kategorien unter den Top 3 für Deutschland; Kupfer trägt bei Chile aufgrund des hohen Stellenwertes für den deutschen Import zu über 90 % zu jeder Kategorie bei.

Australien folgt in der Addition der vier Kategorien auf Rang 2. Bauxit das wichtigste Produkt Australiens für Deutschland, weil sein Anteil dieses Rohstoffs besonders bei den Reserven und der Bergbauproduktion sehr hoch ist. Weiterhin sind Eisen, Kupfer und Nickel bedeutende Rohstoffe für den deutschen Import. Auch bei Blei, Zink, Titan und Mangan spielt Australien eine führende Rolle.

China verfügt über eine Vielzahl an Rohstoffen, u.a. Bauxit, Kupfer und Eisen. Trotz der geringen Anteile am deutschen Import sind bei der Bergwerksproduktion zusätzlich Molybdän, Zink, Blei, Mangan, Zinn sowie besonders Wolfram, von dem China weltweit über 90 % fördert, wichtige Rohstoffe für Deutschland.

In *Südafrika* dominiert Platin bei der Importbedeutung für Deutschland mit mindestens 70 % der Reserven, Ressourcen und Bergbauproduktion; Weltweit hat Südafrika einen Anteil von über 75 % in diesen Kategorien. Bei den Reserven sind ferner Chromit, Mangan und Vanadium als bedeutsam einzuschätzen.

Aus der *Russischen Föderation* kommen vor allem Kupfer, Nickel, Platin, Bauxit und Eisen. Neben Südafrika und China gehört die Russische Föderation zu den einzigen drei Ländern, die nennenswerte Mengen an Vanadium produzieren.

Das wichtigste Bergbauprodukt der *USA* ist Kupfer, mit deutlichem Abstand gefolgt von Molybdän. Weitere Produkte sind Zink, Eisen, Blei und Platin.

Brasilien liegt gemeinsam mit den USA auf Rang 6, wegen seiner hohen Reserven, Ressourcen und Bergwerksproduktion von Bauxit und Eisen.

Tabelle 2.8 Rangfolge der Länder bezogen auf den Nettoimport Deutschlands von mineralischen Rohstoffen in den Kategorien Reserven, Ressourcen, Bergwerksproduktion und Raffinadeproduktion sowie die Summe der Platzierungen (*Drobe & Killiches* [2.200])

	Land	Reserven	Ressourcen	Bergwerks-produktion	Raffinade-produktion	*Summe der Platzierung*
1	Chile	2	1	1	3	*7*
2	Australien	1	2	3	8	*13*
3	China	3	10	2	1	*17*
4	Südafrika	4	3	4	9	*20*
5	RUS*	6	9	7	4	*26*
6	USA	8	6	6	5	*27*
6	Brasilien	5	4	6	12	*27*

* Russische Föderation

Länder mit starkem Bergbau und Potenzial an kritischen Rohstoffen [2.200]
Für eine große Zahl von Schwellen- und Entwicklungsländern spielt die Förderung und Raffinade von mineralischen Rohstoffen, vor allem von kritischen Rohstoffen, eine wichtige Rolle im Bruttoinlandsprodukt. Die Erfahrungen aus den letzten zwanzig Jahren haben gezeigt, dass es gerade für diese Länder schwierig ist, die Auswirkungen der teilweise extremen Preisschwankungen auf den Rohstoffmärkten zu bewältigen. Aus der BGR-Studie von *Drobe & Killiches* [2.200] „Vorkommen und Produktion mineralischer Rohstoffe – ein Ländervergleich" werden in der Tabelle 2.9 sieben Beispiele gegeben.

Es handelt sich überwiegend um Staaten mit einem niedrigen Governance-Indikator (WGI [2.202]), welcher sechs verschiedene Kategorien zur Bewertung der Regierungsführung bzw. der Stabilität eines Landes kombiniert und dessen Werte zwischen –2,5 und +2,5 variieren können. Ein niedriger Governance-Indikator deutet unter anderem auf eine geringe Leistungsfähigkeit der Regierung, schwache staatliche Ordnungspolitik, Rechtsstaatlichkeit und Korruptionskontrolle sowie eine unzureichende politische Stabilität und die Anwesenheit von Gewalt hin. Diese Faktoren erschweren das nachhaltige Management von natürlichen Ressourcen und eine verantwortungsvolle Regulierung des Rohstoffsektors [2.200].

Insgesamt ist der Diversifizierungsgrad der Bergbausektoren in den Ländern mit einer großen und mittlerer wirtschaftlichen Bedeutung des Rohstoffsektors eher gering. In zwölf der 49 Länder werden insgesamt drei oder weniger mineralische Rohstoffe abgebaut und in knapp der Hälfte der Länder (22) wird die extraktive Industrie zu mehr als 75 % von einem Rohstoff wertmäßig dominiert. Hierzu gehören: Chile (Kupfer, *Nr. 1 in Tabelle 2.8*) Sambia (Kupfer, *Nr. 1 in Tab. 2.9*), Mali (Gold), Surinam (Gold), Guyana (Gold), Laos (Kupfer), Ukraine (Eisen), Ghana (Gold), Burkina Faso (Gold), Tansania (Gold), Kirgistan (Gold), Jamaika (Bauxit), Usbekistan (Gold), Kuba (Nickel), Togo (Phosphat), Zentralafrikanische Republik (Diamanten) und Lesotho (Diamanten) [1.200].

Tabelle 2.9 Bedeutung des mineralischen Rohstoffsektors entsprechend des Anteils der Bergbau- und Raffinadeproduktion am BIP und als Anteil am Export; Angaben zum Governance-Indikator (WGI) und der Einkommensklasse (EK) der Länder nach Weltbank [2.202] sowie Angaben zum Anteil der wichtigsten Rohstoffe an der Landesproduktion („Bergwerksproduktion") und zu kritischen Rohstoffen („Potenziale") aus den Ländersteckbriefen (*R = Rang: eigene Auswahl aus den 38 „grünen" Ländern [„Rohstoffsektor von großer Bedeutung"] in der *BGR-Übersicht*, Tabelle 5, Seiten 30 und 31 in [2.200]).

		ökonomische Daten		Länderdaten		Produkte & Potenziale	
*R	Land	Anteil am BIP	Anteil Export	WGI	EK	Bergwerksproduktion	kritische Stoffe
1	Sambia	62,7 %	80,0 %	-0,35	mittel	Cu (93 %)	Kobalt
2	DR Kongo	55,8 %	77,3 %	-1,65	unten	Co, Cu, Tl	Co, Ta
5	Mongolei	25,9 %	77,3 %	-0,24	mittel	Cu, Au, Fe	Fluorit
10	Tadschikistan	17,7 %	54,7 %	-1,11	unten	Fluorit	Antimon
14	Mosambik	16,6 %	58,1 %	-0,26	unten	Ilmenit	Tantal
17	Simbabwe	34,5 %	38,1 %	-1,55	unten	Pt, Pd, Rh	Pt, Pd

Mineralische Rohstoffe aus Konfliktregionen

Mit dem Begriff „Konfliktminerale" werden die Erze und Konzentrate von Zinn, Tantal, Wolfram („3T") und Gold bezeichnet. Sie stellen u.a. im Kleinbergbausektor im Osten der DR Kongo wichtige Bergbauprodukte dar. Insgesamt werden sie jedoch weltweit auch in anderen, politisch stabilen Gegenden gewonnen [2.203].

Bei Mineralien aus Konfliktregionen besteht nach wie vor eine Nachfrage von Hüttenwerken/Raffinerien. Diese Akteure befinden sich in einer guten Position, um Auskunft über den Ursprung der gekauften Mineralien zu geben. Sie bilden das letzte Glied in der Lieferkette (Abb. 2.10 [2.203]), bei dem es noch technisch möglich ist, Mineralien zu ihrem Ursprung zurückzuverfolgen, In den bestehenden Initiativen zur Sorgfaltspflicht wird der Wert der Arbeit mit verantwortungsvollen Hüttenwerken anerkannt. Nach Recherchen der EU-Kommission lassen derzeit nur 16 % der Hüttenwerke weltweit und 18 % der EU-Hüttenwerke für Zinn, Tantal und Wolfram die gebotene Sorgfalt walten. Etwa 40 % der weltweiten Goldraffinerien und 89 % in der EU sind in Sorgfaltspflichtsysteme eingebunden [2.204].

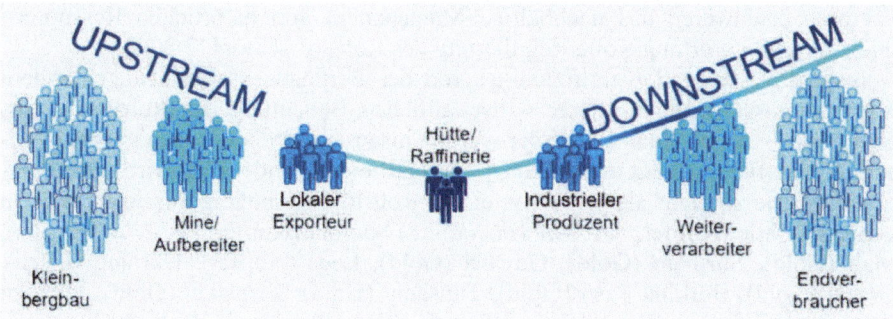

Abb. 2.10 Schema „Konfliktminerale" Anzahl der Akteure entlang der Lieferkette [2.203]

Die Europäische Kommission hat im März 2014 einen Vorschlag eingereicht, um gegen diese Missstände gemeinsam vorzugehen: „Vorschlag für eine Verordnung des Europäischen Parlaments und des Rates zur Schaffung eines Unionssystems zur Selbstzertifizierung der Erfüllung der Sorgfaltspflicht in der Lieferkette durch verantwortungsvolle Einführer von Zinn, Tantal, Wolfram, deren Erzen und Gold aus Konflikt- und Hochrisikogebieten". Bei der Abstimmung im EU-Parlament hat sich eine knappe Mehrheit dafür ausgesprochen, dass eine Zertifizierung nicht mehr nur auf freiwilliger Basis, sondern verpflichtend für Importeure gelten soll; das würde bedeuten, dass verbindliche Prüfpflichten auch für Unternehmen der nachgelagerten Lieferketten gelten, also für alle, die die vier Rohstoffe für die Herstellung von Produkten verwenden [2.204].

Das Parlament hat die erste Lesung zum Gesetzgebungsverfahren nicht formal abgeschlossen und verhandelt nun mit dem Rat und der Kommission über einen Kompromiss. Die Bundesregierung hat sich wie folgt geäußert: „Es sollten zunächst Erfahrungen mit diesem Ansatz und dem freiwilligen System abgewartet werden. Die Revisionsklausel nach drei Jahren (Art. 15 Abs. 3) lässt jede Option im Lichte der Erfahrungen mit diesem komplexen Thema zu" [2.205].

Deutsche und internationale Organisationen im Rohstoffsektor (nach [2.66])
Zwischen 1970 und 1990 waren noch mit einem Explorationsförderprogramm
(„Maßnahmen zur Verbesserung der Versorgung der Bundesrepublik mit mineralischen Rohstoffen") bedeutende Beteiligungen an ausländischen Gruben zustande
gekommen. Im Jahr 1992 schlossen dann die letzten deutschen Metallgruben. Die
Metallgesellschaft AG, eine der wichtigsten deutschen Firmen im Bereich Metall-
bergbau und Verhüttung sowie eine nationale Institution der Rohstoffversorgung,
wurde ab 1993 völlig umstrukturiert: fast alle deutschen Auslandsbeteiligungen
für mineralische Rohstoffe wurden verkauft [2.66].

Die *Deutsche Rohstoffagentur* wurde im Oktober 2010 gegründet; sie ist Be-
standteil der Bundesanstalt für Geowissenschaften und Rohstoffe (BGR), die Er-
fahrungen aus einer 50jährigen internationalen Zusammenarbeit, insbesondere mit
Entwicklungsländern, im Rohstoffsektor besitzt. Aktuelle Schwerpunkte sind
Rohstoffe, deren Gewinnung durch wenige Unternehmen kontrolliert wird und
Untersuchungen zu Versorgungsrisiken von Zwischenprodukten [2.206]:

Zwischenprodukte bezeichnen Verarbeitungs- beziehungsweise Veredelungs-
stufen eines Rohstoffes, die über die ersten Gewinnungsstufen, wie dem Erz, der
Raffinade oder dem Reinmetall, hinausgehen. Es kann sich dann um Handelspro-
dukte handeln, die Unternehmen verstärkt in ihren Verarbeitungsprozessen einsetzen. *Kritikalitätsanalysen* sollten sich künftig bis in die höheren Wertschöpfungs-
stufen fortsetzen. Beispiele sind Kupfer, Zinn, Zink, Zirkon, Antimon, Wolfram,
die Platingruppemetalle und Wismut (*DERA-Rohstoffinformationen*).

Beispiele für erhöhte *Firmenkonzentrationen* finden sich bei den Rohstoffen
Niob (Moreira Salles, Brasilien), Palladium (Norilsk Nickel, Russische Föderation
und Anglo American, Südafrika/Großbritannien), Zirkon und Rutil (Iluka Resources, Australien), bei der Disthen-Gruppe (Imerys, Frankreich) oder bei Rohstoffen, über die der chinesische Staat quasi die Kontrolle hat (Seltene Erden, Antimon etc.). Unternehmen, die Bergbau vor Ort bereits erfolgreich betreiben,
haben gute Voraussetzungen zur Übernahme kleinerer Firmen, regionale Konzentration kann demnach längerfristig auch zu einer Firmenkonzentration führen.

Auf dem Gebiet der *Corporate Social Responsibility* (CSR) und der Verpflichtung auf Umweltstandards vertritt der *International Council of Mining & Metals
(ICMM)* große Firmen und Bergbaugesellschaften, die 30-40 Prozent der Weltproduktion auf diesem Sektor fördern. Ein international etablierter Standard zur
Berichtspflicht von Unternehmen wird von der *Global Reporting Initiative (GRI)*
vertreten; diese unabhängige, internationale Organisation mit eigenem Bergbausektor wurde 1997 unter Beteiligung des Umweltprogramms der Vereinten Nationen gegründet. Das *Intergovernmental Forum on Mining, Minerals, Metals and
Sustainable Development (IGF)*, das von Südafrika und Kanada kofinanziert wird,
hat zum Ziel, über einen *„Globalen Dialog"* die für den Bergbau relevanten Forderungen des Weltnachhaltigkeitsgipfels von Johannesburg umzusetzen. Ebenfalls
nach dem Johannesburg-Gipfel – vom Vereinigten Königreich – gegründet, steht
die *Extractive Industries Transparency Initiative (*EITI [2.207]*)* für mehr Finanz-
transparenz und Rechenschaftspflicht im Rohstoffsektor: sie wird weltweit von einer wachsenden Zahl von Regierungen getragen (z.Zt. 51); im Februar 2016 wurde die deutsche EITI-Kandidatur mit dem Arbeitsplan angenommen [2.208].

Übergangsszenarien zu einer rohstoffeffizienten Wirtschaft in Europa [2.209]
„Auch wenn zum Schutze des Klimas und der Ressourcen langfristig *eine globale Abstimmung* – wirtschaftlich, ökologisch und sozial – erforderlich ist, kann die *Europäische Union* einen erheblichen Beitrag zu einer solchen Entwicklung im Alleingang leisten" [2.210]. Es wäre sogar von großem wirtschaftlichem Vorteil, wie die Ergebnisse einer Modellierung, die in getrennten Szenarien (1) eine globale Lösung, (2) einen europäischen Alleingang mit vorwiegend marktwirtschaftlichen Instrumenten und (3) die Wirkungen eines engagierten Verhaltens der Zivilgesellschaft in der EU abbilden (POLFREE [2.209]).

In dem Modellteilprojekt GINFORS [2.211], dessen Ergebnisse hier dargestellt werden, wurde zunächst festgestellt, dass gegenüber einem Referenzszenario „Business-as-usual" (u.a. ohne weitergehende Reduktionsmaßnahmen bei der Rohstoffgewinnung) der Pro-Kopf-Verbrauch von anorganischen Materialien bis 2050 weltweit von 6,8 auf 9,1 t steigen und die entsprechende Ressourcenproduktivität in den 27 EU-Ländern nur um 33,5 % verbessert würde. Die Tabelle 2.10 zeigt, dass die Zielgröße für den Pro-Kopf-Verbrauch von anorganischen Rohstoffen bei einer weltweiten Kooperation (1) am besten erfüllt würde, aber auch die Alternativen (2) und (3) könnten in jeweils abgeschwächter Form einen Beitrag leisten.

Tabelle 2.10 Ergebnisse von Modellrechnungen zum Verbrauch und zur Produktivität bei anorganischen Rohstoffen bis zum Jahr 2050 für drei alternative Szenarien [2.209 - 2.211].
a) Bruttoinlandsprodukt/Rohstoffinput$_{abiotisch}$; b) Abweichungen vom Referenzszenario

Ergebnisse für 2050		(1) Global Cooperation	(2) EU Goes Ahead	(3) Civil Society Leads
Rohstoffverbrauch	Welt	3,9 t	8,7 t	8,5 t
(RMC$_{abiotisch}$ pro-Kopf)	EU27	4,4 t	5,6 t	6,9 t
Rohstoffproduktivität a) (2010=100)		389,4	277,9	167,5
Export / Import für EU27 in % b)		+6,2 / + 5,4	+10,3 / -2,2	+2,4 / -25,6

Die Ergebnisse des Szenarios „EU Goes Ahead" sprechen dafür, dass sich die EU durch die Reduktion des Ressourcenverbrauchs bei anhaltend hohen Preissteigerungen einen Wettbewerbsvorteil verschafft, der andere Länder veranlassen wird, ebenfalls eine engagierte Ressourcenpolitik einzuführen. Die *Ressourcenkommission des Umweltbundesamtes* empfiehlt, eigene Politikstrategien zu reflektieren und auf die europäische Ebene zu tragen [2.210]. Maßnahmen bei den abiotischen Ressourcen wären: (i) Quoten für das Recycling von Erzen und nichtmetallischen Mineralien, (ii) Gütersteuern auf den Einsatz von nichtmetallischen Mineralien, (iii) Steuern auf die Endnachfrage ausschließlich der Exporte gemäß Rohstoffgehalt der Güter, (iv) Subventionierung von Gütern mit niedrigem Rohstoffverbrauch und (v) Förderung der Ressourceneffizienz im verarbeitenden Gewerbe.

2.4 Literatur

2.1   (1) Kreikebaum H (1996) Grundlagen der Unternehmensethik. Schäffer/Poeschel
        Verlag Stuttgart; (2) Steinmann H, Wagner GR (Hrsg.) (1998) Umwelt und Wirt-
        schaftsethik. Schäffer/Poeschel Verlag Stuttgart; (3) Ulrich P (1998) Integrative
        Wirtschaftsethik. Grundlagen einer lebensdienlichen Ökonomie. Haupt Verlag
        Bern; (4) Seidel E (Hrsg.) (1999) Betriebliches Umweltmanagement im 21. Jahr-
        hundert – Aspekte, Aufgaben, Perspektiven. 325 S. Springer-Verlag Berlin

2.2   Wagner GD (1990) Unternehmung und ökologische Umwelt – Konflikt oder Kon-
        sens, *in* Wagner GD (Hrsg., 1990) Unternehmung und ökologische Umwelt. 304 S.
        Verlag Vahlen München

2.3   Hopfenbeck W (1991) Allgemeine Betriebswirtschafts- und Managementlehre –
        Das Unternehmen im Spannungsfeld zwischen ökonomischen, sozialen und ökolo-
        gischen Interessen. 4. Auflage. 1132 S. Verlag Moderne Industrie Landsberg/Lech

2.4   Seidel E, Menn H (1988) Ökologisch orientierte Betriebswirtschaft. 198 S. Verlag
        W. Kohlhammer Stuttgart-Mainz

2.5   Steger U (1988) Umweltmanagement. Erfahrungen und Fundamente einer umwelt-
        orientierten Unternehmensstrategie. 350 S. FAZ und Verlag Gabler Wiesbaden

2.6   Steger U (1990) Unternehmensführung und ökologische Herausforderung. In:
        Wagner GD (Hrsg.) Unternehmung und ökologische Umwelt, S. 48-57. Vahlen

2.7   Kreibich R (1990) Ökologisches Wirtschaften durch neue Unternehmensstrategien.
        In: Schenkel W, Thomé-Kozminsky KJ (Hrsg.) Konzepte in der Abfallwirtschaft 3.
        S. 211-222. EF-Verlag für Energie- und Umwelttechnik Berlin

2.8   Pfriem R (Hrsg., 1986) Ökologische Unternehmenspolitik. 280 S. Campus-Verlag

2.9   Freimann J (Hrsg,, 1990) Ökologische Herausforderung der Betriebswirtschafts-
        lehre. 233 S. Verlag Gabler Wiesbaden

2.10   Wagner GD (Hrsg., 1990) Unternehmung und ökologische Umwelt. 304 S. Verlag
        Vahlen München

2.11   Dyckhoff H, Souren R (2008) Nachhaltige Unternehmensführung. 255 S. Springer

2.12   Meffert H (1988) Ökologisches Marketing als Antwort der Unternehmen auf aktu-
        elle Problemlagen der Umwelt. In: Brandt A, Hansen U, Schoenheit I, Werner K
        (Hrsg.): Ökologisches Marketing, S. 131-158. Campus Verlag Frankfurt

2.13   Schaltegger St, Herzig Chr, Kleiber O, Klinke T, Müller J (2007) Nachhaltigkeits-
        management in Unternehmen. Von der Idee zur Praxis: Managementansätze zur
        Umsetzung von Corporate Social Responsibility and Corporate Sustainability. Bun-
        desministerium für Umwelt, Naturschutz und Reaktorsicherheit (BMU, Hrsg.),
        ecosense – Forum Nachhaltige Entwicklung der Deutschen Wirtschaft e.V., Centre
        for Sustainability Management (CSM), Leuphania Universität Lüneburg. 188 S.

2.14   Anonym (2008) Corporate Social Responsibility – eine Orientierung aus Umwelt-
        sicht. Broschüre des BMU, 3. Auflage, Oktober 2008, 15 S. Berlin

2.15   Anonym (2009) Nachhaltigkeitsberichterstattung: Empfehlungen für eine gute Un-
        ternehmenspraxis. Broschüre des BMU, 2. Auflage, Januar 2009, 15 S. Berlin

2.16   Anonym (2006) Zukunftsfaktor Nachhaltiges Wirtschaften – Ergebnisse einer Stu-
        die zur Umsetzung nachaltgen Wirtschaftens in international tätigen deutschen Un-
        ternehmen. 44 S. Deutsche Gesellschaft für Technische Zusammenarbeit, Agentur
        für marktorientierte Konzepte.

2.17   Legler H, Krawczyk O, Walz R, Eichhammer W, Frietsch R. (2006) Wirtschaftsfaktor Umweltschutz: Leistungsfähigkeit der deutschen Umwelt- und Klimaschutzwirtschaft im internationalen Vergleich. Forschungsbericht 204 14 107 UBA-FB 000905. Niedersächsisches Institut für Wirtschaftsforschung (NIW) und Fraunhofer Institut für System- und Innovationsforschung (ISI) im Auftrag des Umweltbundesamtes. UBA-Texte 16/06, 139 S. Mai 2006.

2.18   Anonym (2007) Wirtschaftfaktor Umweltschutz – vertiefende Analyse zu Umweltschutz und Innovation. Forschungsprojekt im Auftrag des Umweltbundesamtes (FKZ 204 14 107), durchgeführt von Deutsches Institut für Wirtschaftsforschung (Berlin), Fraunhofer Institut für System- und Innovationsforschung (Karlsruhe) und Roland Berger Strategy Consultants (München). UBA/BMU-Reihe Umwelt, Innovation, Beschäftigung 1/07. 268 S., Anhänge

2.19   Anonym (2016) Entwurf eines Gesetzes zur Stärkung der nichtfinanziellen Berichterstattung der Unternehmen in ihren Lage- und Konzernberichten (CSR-Richtlinie-Umsetzungsgesetz). Deutschen Bundestag, Drucksache 18/9982 vom 17.10.2016

2.20   Hoffmann E, Dietsche C, Westermann U, Scholl G (2016) Nachhaltigkeitsberichterstattung in Deutschland; Ergebnisse und Trends im Ranking der Nachhaltigkeitsberichte 2015. Institut für ökologische Wirtschaftsforschung (IÖW) und future e.V. (Hrsg.) 46 S., Berlin, 29. Sept. 2016

2.21   Winter G (Hrsg.) (1987) Das umweltbewußte Unternehmen. Ein Handbuch der Betriebsökologie mit 22 Check-Listen für die Praxis. 216 S. C.H. Beck München

2.22   Sietz M (1991) Methoden des Umwelt-Auditing. In: Steger U (Hrsg.): Umwelt-Auditing. Ein neues Instrument der Risikovorsorge, S. 45-51. Frankfurter Allgemeine Zeitung Wirtschaftsbücher Frankfurt/M.

2.23   Rubik F, Harmsen A (1989) Die Produktlinienanalyse. In: Schmidt E (Hrsg.) Ökologische Produktionskonzepte – Kriterien, Instrumente, Akteure. Schriftenreihe des Instituts für Ökologische Wirtschaftsforschung (IÖW) 23/89: 40-56

2.24   Müller-Witt H (1991) Betriebliche Umweltinformationssysteme. In: Organisationsforum Wirtschaftskongreß OFW (Hrsg.): Umweltmanagement im Spannungsfeld zwischen Ökologie und Ökonomie, S. 191-219. Verlag Gabler Wiesbaden

2.25   Dyllick T (1999) Wirkungen und Weiterentwicklungen von Umweltmanagementsystemen. In: Seidel E (Hrsg.) Betriebliches Umweltmanagement im 21. Jahrhundert – Aspekte, Aufgaben, Perspektiven. S. 117-130. Springer-Verlag Berlin

2.26   Schäfer H (2017) „Heißes Weltklima lässt deutschen Finanzsektor kalt" (Green Finance als Katalysator für die Wettbewerbs- und Innovationsfähigkeit von Banken und Versicherungen). Frankfurter Allgemeine Zeitung vom 26. April 2017, Nr. 97, Seite 25

2.27   Ahsen A v (2001) Integriertes Qualitäts- und Umweltschutzmanagement. In: Haasis H-D, Kriwald T (Hrsg.) Wissensmanagement in Produktion und Umweltschutz. S. 89-107. Springer-Verlag Berlin

2.28   Anonym (2014) Der Umweltgutachterausschuss (UGA) – das Gremium zur Umsetzung und Förderung von EMAS in Deutschland. Infoblatt, Hrsg. UGA-Geschäftsstelle, Stand: August 2014

2.29   Anonym (2012) Mit EMAS zu verbesserter Ressourceneffizienz. Infoblatt. Hrsg. Geschäftsstelle des Umweltgutachterausschusses, Stand November 2012

2.30   Werland S, Range C (2015) Anreize für freiwillige Instrumente. PolRess Policy Paper 7, Ressourcen Politik, Forschungszentrum für Umweltpolitik, Freie Universität Berlin, Juli 2015

2.31   Anonym (2016) EMAS in Rechts- und Verwaltungsvorschriften. http://www.emas.de/fileadmin/user_upload/05_rechtliches/PDF-Dateien/EMAS_in_Rechts_und_Verwaltungsvorschriften.pdf (15.04.2017)

2.32   Anonym (2006) Umweltmanagement im UBA (Unser Umweltmanagement im Überblick. Unsere Ziele). Umweltbundesamt, 22.06.2016

2.33   Rogall H. (2015): Grundlagen einer nachhaltigen Wirtschaftslehre – Volkswirtschaftslehre für die Studierenden des 21. Jahrhunderts. 2. Aufl., 700 S. Metropolis-Verlag, Marburg

2.34   Meadows Dennis, Meadows Donella, Zahn E, Milling P (1972) Die Grenzen des Wachstums – Bericht des Club of Rome zur Lage der Menschheit. 180 S. Deutsche Verlags-Anstalt Stuttgart

2.35   Endres A (2007): Umweltökonomie, 3. Auflage, 361 S. Verlag W. Kohlhammer

2.36   Cansier, D. (1996) Umweltökonomie, 2. Auflage, 394 S. UTB Stuttgart

2.37   Weizsäcker EU v (1989) Erdpolitik – Ökologische Realpolitik an der Schwelle zum Jahrhundert der Umwelt. Wissenschaftliche Buchgesellschaft Darmstadt

2.38   Kulke U (1993) Sind wir im Umweltschutz nur Maulhelden?, in: Natur 3/1993.

2.39   Bodenstein G, Elbers H, Spiller A, Zuhlsdorf A (1998) Umweltschützer als Zielgruppe des ökologischen Innovationsmarketings – Ergebnisse einer Befragung von BUND-Mitgliedern, FB Wirtschaftswissenschaften der UNI Duisburg Nr. 246

2.40   Kleinhückelkotten S, Neitzke H-P, Moser S (2016) Repräsentative Erhebung von Pro-Kopf-Verbräuchen natürlicher Ressourcen in Deutschland (nach Bevölkerungsgruppen). 143 S. ECOLOG -Institut für sozial-ökologische Forschung und Bildung, Hannover, im Auftrag des Umweltbundesamtes, Dessau-Roßlau April 2016

2.41   Rogall H (2008) Ökologische Ökonomie – Eine Einführung. 2., überarbeitete und erweiterte Auflage. 372 S. VS Verlag für Sozialwissenschaften Wiesbaden

2.42   Rogall H (2012) Nachhaltige Ökonomie – Ökonomische Theorie und Praxis einer Nachhaltigen Entwicklung. 2. Auflage, 812 S. Metropolis-Verlag Marburg

2.43   Costanza R, Daly H, Goodland R, Cumberland J, Norgaard R (2001) Einführung in die Ökologische Ökonomik 420 S. UTB Verlag Lucius & Lucius, Stuttgart

2.44   Rogall H (2000) Bausteine einer zukunftsfähigen Umwelt- und Wirtschaftspolitik. Eine praxisorientierte Einführung in die Neue Umweltökonomie und Ökologische Ökonomie. 565 S. Verlag Duncker & Humblot, Berlin

2.45   Anonym (2006) Abgeordnetenhaus von Berlin, Präsident (Hrsg.) Lokale Agenda 21 – Berlin zukunftsfähig gestalten. Broschüre über den Abgeordnetenhausbeschluss vom 8. Juni 2006, Drucksache 15/522.

2.46   Anonym (2009) „Das Netzwerk Nachhaltige Ökonomie versteht sich als inter- und transdisziplinärer Zusammenschluss engagierter Menschen aus allen gesellschaftlichen Gruppen sowie der Wissenschaft, Wirtschaft und Politik. Das Netzwerk ist eine Plattform für den Wissenstransfer und Erfahrungsaustausch über zentrale Themen der sozial-ökologischen Transformation zu einer nachhaltigen Wirtschaft" (Gründungserklärung des Netzwerks Nachhaltige Ökonomie).

2.47   Anonym (2013) Gut leben innerhalb der Belastbarkeit unseres Planeten: Das 7. UAP – ein allgemeines Umweltaktionsprogramm der Union für die Zeit bis 2020, 4 Seiten. Europäische Kommission

2.48   Anonym (2017) Deutsche Nachhaltigkeitsstrategie, Neuauflage 2016, Kabinettsbeschluss vom 11. Januar 2017, 260 Seiten. Die Bundesregierung (Hrsg.)

2.49   Rockström J, Steffen W, Noone K, Persson Å, Chapin FS, Lambin EF, Lenton TM, Scheffer M, Folke C, Schellnhuber HJ, Nykvist B, de Wit CA, Hughes T, van der

Leeuw S, Rodhe H, Sörlin S, Snyder PK, Costanza R, Svedin U, Falkenmark M, Karlberg L, Corell RW, Fabry VJ, Hansen J, Walker B, Liverman D, Richardson K, Crutzen P, Foley JA (2009) A safe operating space for humanity. Nature 461:472-475

2.50   Rogall H (2014) 100%-Versorgung mit erneuerbaren Energien – Bedingungen für eine globale, nationale und kommunale Umsetzung. Metropolis-Verlag Marburg

2.51   Quaschning V (2013) Erneuerbare Energien und Klimaschutz. 3. Aufl., 384 Seiten, 249. Carl Hanser Verlag München

2.52   Anonym (2011) Wege zur 100 % erneuerbaren Stromversorgung. Sondergutachten Januar 2011, 390 S. Sachverständigenrat für Umweltfragen. Erich Schmidt Verlag

2.53   Rogall H (2009) Nachhaltige Ökonomie. Ökonomische Theorie und Praxis einer Nachhaltigen Entwicklung, Metropolis-Verlag, Marburg

2.54   Rogall H, Binswanger H-C, Ekardt F, Grothe A, Hasenclever W-D, Hauchler I, Jänicke M, Kollmann K, Michaelis NV, Nutzinger HG, Scherhorn G (Hg., 2011) Jahrbuch Nachhaltige Ökonomie 2011/2012 Im Brennpunkt: Wachstum, 2., korrigierte Auflage 2013, 422 Seiten. Metropolis-Verlag. Marburg

2.55   Rogall H, et al. (Hg., 2012) Jahrbuch Nachhaltige Ökonomie 2012/2013. Im Brennpunkt: Green Economy, 503 Seiten. Metropolis Verlag, Marburg

2.56   Rogall H, et al. (Hg., 2013) Jahrbuch Nachhaltige Ökonomie 2013/2014. Im Brennpunkt: Nachhaltigkeitsmanagement, 519 Seiten. Metropolis-Verlag, Marburg

2.57   Rogall H., et al. (Hg., 2014) Jahrbuch Nachhaltige Ökonomie 2014/15. Im Brennpunkt: Die Energiewende als gesellschaftlicher Transformationsprozess, 442 Seiten, Metropolis-Verlag, Marburg

2.58   Rogall H, et al. (Hg., 2016) Jahrbuch Nachhaltige Ökonomie 2016/2017. Im Brennpunkt: Ressourcenwende. 476 Seiten. Metropolis-Verlag Marburg

2.59   Rogall H, Treschau S (2007): Abbildungen für das Lehrbuch Rogall, H. (2008): Ökologische Ökonomie – Eine Einführung [2.41]. Zielsystem aktualisiert in Rogall H (2014) 100%-Versorgung mit erneuerbaren Energien – Bedingungen für eine globale, nationale und kommunale Umsetzung. 494 Seiten, Marburg [2.50]

2.60   Wellmer FW, Becker-Platen JD (Hrsg. 1999): Mit der Erde leben – Beiträge Geologischer Dienste zur Daseinsvorsorge und nachhaltigen Entwicklung, 273 S., Springer Verlag

2.61   Angerer G, Erdmann L, Marscheider-Weidemann F, Schap M, Lüllmann A, Handke V, Marwede M (2009) Rohstoffe für Zukunftstechnologien – Einfluss des branchenspezifischen Rohstoffbedarfs in rohstoffintensiven Zukunftstechnologien auf die zukünftige Rohstoffnachfrage. Fraunhofer-Institut für System- und Innovationsforschung ISI, Fraunhofer IRB Verlag, 383 S.

2.62   Huy D, Andruleit H, Babies H-G, Elsner H, Homberg-Heumann D, Meßner J, Röhling S, Schauer M, Schmidt S, Schmitz M, Szurlies M, Wehenpohl B (2015) Deutschland – Rohstoffsituation 2014. Bundesanstalt für Geowissenschaften und Rohstoffe,166 S. ISBN 978-3-943566-29-1

2.63   Anonym (2011) Bergbau in Entwicklungsländern. Misereor Positionspapier. 47 S. Hrsg. c/o Misereor Mozartstraße 9, 52064 Aachen, Juli 2011; s.a. Burgis T (2016) Der Fluch des Reichtums – Warlords, Konzerne, Schmuggler und die Plünderung Afrikas. 351 S. Westend Verlag Frankfurt/M

2.64   Anonym (2015) Ressourcenschutz ist mehr als Rohstoffeffizienz Materialien als Handreichung für Mitglieder und andere Interessenten. Bund für Umwelt und Naturschutz Deutschland (BUND), 59 S.

2.65 Kosmol J, Kanthak J, Herrmann F, Golde M, Alsleben C, Penn-Bressel G, Schmitz S, Gromke U (2012) Glossar zum Ressourcenschutz. Umweltbundesamt Dessau-Roßlau, 44 Seiten

2.66 Angerer G, Buchholz P, Gutzmer J, Hagelüken C, Herzig P, Littke R, Thauer R, Wellmer F-W (2016) Rohstoffe für die Energieversorgung. Geologie – Märkte – Umwelteinflüsse. Schriftenreihe Energiesysteme der Zukunft, München, 202 S.

2.67 Bradshaw AM, Reuter B, Hamacher T (2013) The potential scarcity of rare elements for the Energiewende. Green 3(2) 93-111

2.68 Zepf V, Reller A, Rennie C, Ashfield M, Simmons J (2014) Materials critical to the energy industry. An introduction. 2nd edition. 94p, Published by BP p.l.c., London, UK, ISBN 978-0-9928387-0-6

2.69 Hagelüken, C, Meskers CEM (2010) Complex lifecycles of precious and special metals, in: Graedel T, van der Voet E (eds): Link Ages of Sustainability. Strüngmann Forum Report, Vol 4: pp. 163-197, MIT Press, Cambridge, MA

2.70 Allan RJ (1974) Metal content of lake sediment cores from established mining areas: an interface of exploration and environmental geochemistry. Geol Surv Can 74-1/B: 43-49

2.71 Hodges CA (1995) Mineral resources, environmental issues and land use. Science 268, 2 June 1995

2.72 Naumann F (2015) Georgius Agricola – Berggelehrter, Naturforscher, Humanist, ca. 233 Seiten. E-Sights Publ. ISBN 978-3-945189-03-0

2.73 Strosnider WH, Llanos F, Nairn R (2008) A legacy of nearly 500 years of mining in Potosí, Bolivia: stream water quality. Proc America Soc Mining and Reclamation 2008, pp 1232-1251 DOI: 10.21000/JASMR08011232

2.74 Mager D (1996) Das Sanierungsprojekt WISMUT: Internationale Einbindung, Ergebnisse und Perspektiven. Geowiss 14: 443-447

2.75 Anonym (2015) Wismut Bergbausanierung – Landschaften gestalten und erhalten. 60 S. Bundesministerium für Wirtschaft und Energie

2.76 Beleites M (1988) Pechblende – der Uranbergbau in der DDR und seine Folgen. Hrsg. Kirchliches Forschungsheim Wittenberg und Arbeitskreis „Ärzte für den Frieden – Berlin" beim Landespfarrer für Krankenseelsorge der Evangelischen Kirche Berlin-Brandenburg. 74 S. http://www.wise-uranium.org/pdf/pb.pdf

2.77 Švenek J (1986) Minerale. Artia Verlag, Praha (cit. [2.76])

2.78 Beleites M (1992) Altlast Wismut: Ausnahmezustand, Umweltkatastrophe und das Sanierungsproblem im deutschen Uranbergbau. Mit einem Vorwort von Arnold Vaatz, 97 S. Verlag Brandes und Apsel, Frankfurt (Main), ISBN 3-86099-104-3

2.79 Greif A (2015) Das Einzugsgebiet der Mulde oberhalb des Muldestausees im Spiegel des erzgebirgischen Bergbaus. Hydrologie & Wasserwirtschaft 59(6) 318-331

2.80 Beuge P, Greif A, Hoppe T, Klemm W, Kluge A, Mosler U, Starke R, Alfaro J, Haurand M, Knöchel A, Meyer A (1999) Die Schwermetallsituation im Muldesystem. Schlussbericht zu den BMBF-Fördervorhaben 02WT9113, 02WT9114, TIB Hannover

2.81 Klemm, W, Greif A, Knittel U (2004) Schwermetall- und Arsenverlagerungen in der Freiberger und Zwickauer Mulde. S. 159-172, in: Geller W (Hrsg.) Schadstoffbelastung nach dem Elbe-Hochwasser 2002. Endbericht Adhoc-Projekt Schadstoffuntersuchungen nach dem Hochwasser vom August 2002. Ermittlung der Gefährdungspotentiale an Elbe und Mulde. Umweltforschungszentrum Leipzig-Halle

2.82   Greif A (2013) Studie zur Charakterisierung der Schadstoffeinträge aus den Erz-
       bergbaurevieren der Mulde in die Elbe. TU Bergakademie Freiburg, Institut für Mi-
       neralogie, für die Behörde für Stadtentwicklung und Umwelt (BSU) der Freien und
       Hansestadt Hamburg, Projekt ELSA, Abschlussbericht Stand 04.07.2013, 164 S.
       http://elsa-elbe.de/assets/download/fachstudien/Fachstudie-Mulde_ELSA_Greif.pdf

2.83   Eckstein L (2003) Festlegung von Sanierungszielen unter Beachtung einer groß-
       räumigen geogenen und anthropogenen Belastung. In: SAXONIA (Hrsg.) 10 Jahre
       Altlastenprojekt SAXONIA, S. 31–40, Wagner Digitaldruck und Medien GmbH,
       Nossen (cit Greif [2.82]).

2.84   Fritz E (2012) Revitalisierung von Altstandorten/Flächenrecycling. Vortrag am 18.
       Januar 2012 in Freiberg/Sachsen. 93 S. (cit Greif [2.82])

2.85   Kunau J. (2004) Die Schwermetallbelastung der Freiberger Mulde im Abschnitt
       Muldenhütten - Obergruna unter Bezugnahme auf das Altlastenprojekt SAXONIA.
       Praktikumsarbeit. 104 S. (cit Greif [2.82])

2.86   Anonym (2012) Altlastenprojekt Saxonia (cit Greif [2.82]).

2.87   Wismut GmbH (2013) 10 Jahre Sanierung von sächsischen Wismut-Altstandorten.
       http://www.wismut.de/de/download.php?download=2845

2.88   Venkateswarlu K, Nirola R, Kuppusamy S, Thavamani P, Naidu R, Megharaj M
       (2016) Abandoned metalliferous mines: ecological impacts and potential approach-
       es for reclamation. Rev Environ Sci Biotechnol 15(2) 327–354

2.89   Bempah CK, Ewusi A (2016) Heavy metals contamination and human health risk
       assessment around Obuasi gold mine in Ghana. Environ Monit Assess 188:1–3

2.90   Olalde M (2015) The haunting legacy of South Africa's gold mines. Report from 12
       Nov 2015. Yale Environment 360. http://e360.yale.edu/feature/the_haunting_lega-
       cy_of_south_africas_gold_mines/2931/. (02.03.2017)

2.91   Debut B (2015) Gang wars erupt over abandoned mines in South Africa, AFP (Béa-
       trice Debut) November 2, 2015

2.92   Lee JS, Chon HT, Kim KW (2005) Human risk assessment of As, Cd, Cu and Zn in
       the abandoned metal mine site. Environ Geochem Health 27:185–191

2.93   Kim S, Kwon HJ, Cheong HK, Choi K, Jang JY, Jeong WC, Hong YC (2008) In-
       vestigation on health effects of an abandoned metal mine. J Korean Med Sci
       23:452–458

2.94   Li MS (2006) Ecological restoration of mineland with particular reference to the
       metalliferous mine wasteland in China: a review of research and practice. Sci Tot
       Environ 357:38–53

2.95   Anonym (2003) Abandoned mine sites. Indian Bureau of Mines. http://ibm.nic.in/-
       index.php?c=pages&m=index&id=90&mid=18818 (02.03.2017)

2.96   Strickland C, ForbesM (2010) Field inventory of abandoned mine sites in Western
       Australia.   https://industry.gov.au/resource/Mining/Documents/StrategicFrame-
       workforManagingAbandonedMines.pdf (02.03.2017)

2.97   Doupé RG, Lymbery AJ (2005) Environmental risks associated with beneficial end
       uses of mine lakes in southwestern Australia. Mine Water Environ 24:134–138

2.98   Grant CD, Campbell CJ, Charnock NR (2002) Selection of species suitable for der-
       elict mine site rehabilitation in New South Wales, Australia. Water Air Soil Pollut
       139:215–235

2.99   Abdleouas A (2006) Uranium mill tailings: geochemistry, mineralogy, and environ-
       mental impact. Elements 2:335–341

2.100   Day S, Bowell RJ (o.J) The United Kingdom has thousands of abandoned metal mines. SRK Exploration Services, Waste Geochemistry New No 34, p. 8 http://www.srkexploration.com/en/newsletter/focus-waste-geochemistry/united-kingdom-has-thousands-abandoned-metal-mines (02.03.2017)

2.101   Jordan G, D'Alessandro M (eds, 2004) Mining, mining waste and related environmental issues: problems and solutions in Central and Eastern European Candidate Countries – inventory, regulations and environmental impact of toxic mining wastes in pre-accession countries. 202 p. JRC Enlargement Project PECOMINES

2.102   Stuhlberger C (o.J.) Mining and environment in the Western Balkans. Study initiated by the Environment and Security Initiative (ENVSEC),a partnership between UNDP, UNEP, OSCE, NATO, UNECE and REC, 108 p,

2.103   Anonym (2004) Abandoned mine lands team: reference notebook 2004. U.S. Environmental Protection Agency, www.epa.gov/aml/tech/amlref.pdf

2.104   Anonym (2015) Abandoned Mine Lands Site Status (01/02/2015). U.S. Bureau of Land Management http://www.blm.gov/wo/st/en/prog/more/Abandoned_Mine_Lands/abandoned_mine_site.html (02.03.2017)

2.105   Anonym (2012) What are abandoned mines? Miningfacts.org http://www.miningfacts.org/Environment/What-are-abandoned-mines/ (02.03.2017, mit weiteren Referenzen zu Kanada, Dominikanische Republik u.a.)

2.106   Wolkersdorfer C (2008) Water management at abandoned flooded underground mines: fundamentals, tracer tests, modelling, water treatment. Springer pp 129–336

2.107   Anonym (2016) Chronology of major tailings dam failures. WISE Uranium Project, last updated 18 Mar 2016. http://www.wise-uranium.org/mdaf.html (Angaben zu den einzelnen Fallbeispielen z.T. nach Wikipedia)

2.108   Gioda A, Serrano C, Forenza A (2002) Les ruptures de dans le monde: un nouveau bilan de Potosí (1626. Bolivie). La Houille Blanche 4-5 (2002) 165-170

2.109   Rudolph T, Coldewey WG (2008) Implications of earthquakes on the stability of tailings dams. IMWA Congress 2008, Karlovy Vary, 4p. https://www.imwa.info/-docs/imwa_2008/IMWA2008_025_Rudolph.pdf

2.110   Barrera S, Valenzuela L, Campagna J (2011) Sand tailings dam: design, construction and operation- Proc. Tailings and Mine Waste 2011, Vancouver, BC, November 6-9, 2011. http://www.infomine.com/library/publications/docs/Barrera2011.pdf

2.111   Anonym (2007) Stiftung Stava 1985. http://www.stava1985.it/stava1985/html/10/-10/40/ (02.03.2017)

2.112   Anonym (2015) The Los Frailes tailings dam failure (Aznalcóllar, Spain). WISE Uranium Project, last updated 27 February 2015 http://www.wise-uranium.org/-mdaflf.html (02.03.2017)

2.113   Sassoon M (1998) Los Frailes aftermath. Mining Environ Management 6(4) 8-12

2.114   Cordos E, Rautiu R, Roman C, Ponta M,Freniu T, Sarkany A, Fodorpataki L, Macalik K, McCormick C, Weiss D (2003) Characterization of the rivers system in the mining and industrial area of Baia Mare, Romania. Eur J Mineral Process Environ Protect 3(3) 324-335

2.115   Balkau F (2005) Learning from Baia Mare. Environment & Poverty Times 03/2005 http://www.grida.no/publications/et/ep3/page/2589.aspx (02.03.2017)

2.116   Kiernan P (2016) Samarco Warned of Problems at Dam, Engineer Says - Joaquim Pimenta de Ávila consulted for mining company, inspected a crack 14 months before collapse. The Wall Street Journal from Jan. 17, 2016.

2.117   Anonym (2013) The Worlds Worst 2013. The Top Ten Toxic Threats – Cleanup, Progress, and Ongoing Challenges, 19 p, Blacksmith Institute and Green Cross Switzerland, http://www.worstpolluted.org/docs/TopTenThreats2013.pdf

2.118   Anonym (2013) The Poisoned Poor: Toxic Chemicals Exposures in Low- and Middle-Income Countries, 20 p, Global Alliance on Health and Pollution. GAHP c/o Blacksmith Institute, New York

2.119   Baldé CP, Wang F, Kuehr R, Huisman J (2015) The global e-waste monitor – 2014, United Nations University, IAS – SCYCLE, Bonn, Germany. ISBN Print: 978-92-808-4555-6. http://i.unu.edu/media/unu.edu/news/52624/UNU-1stGlobal-E-Waste-Monitor-2014-large-optimized.pdf

2.120   Anonym (o.J.) What is Artisanal and Small-Scale Mining? Miningfacts.org. http://www.miningfacts.org/communities/what-is-artisanal-and-small-scale-mining/

2.121   Hruschka F. Echavarria C (2011) Rock-Solid Chances: For Responsible Artisanal Mining, in Series on Responsible ASM, No 3, January 2011, 35 p, Alliance for Responsible Mining. Published at www.communitymining.org

2.122   Keane S (2013) Artisanal and small-scale gold mining Area. UNEP Global Mercury Partnership. http://www.unep.org/chemicalsandwaste/Portals/9/Mercury/Documents/ASGM/ASGM_final_3.pdf

2.123   Amoyaw-Osei Y, Agyekum OO, Pwamang JA, Mueller E, Fasko R, Schleup M (2011) Ghana e-waste country assessment. 123 p. SBC E-Waste Africa Project. http://www.ewasteguide.info/files/Amoyaw-Osei_2011_GreenAd-Empa.pdf#page=1&zoom=110.00000000000001,0,849 (02.03.2017)

2.124   Caravanos J, Clark E, Fuller R, Lambertson C (2011) Assessing worker and environmental chemical exposure risks at an e-waste recycling and disposal site in Accra, Ghana. J Health & Pollution 1(1)16-25

2.125   Feldt T, Fobil JN, Wittsiepe J, Wilhelm M, Till H, Zoufaly A, Burchard G, Göen T (2014) High levels of PAH-metabolites in urine of e-waste recycling workers from Agbogbloshie, Ghana. Sci Total Environ 466-467:369-376

2.126   Anonym (2006) IRIN: Kabwe, Africa's most toxic city. http://www.irinnews.org/-report/61521/zambia-kabwe-africa-s-most-toxic-city (02.03.2017)

2.127   Nweke OC, Sanders WHIII (2009) Modern environmental health hazards: A public health issue of increasing significance in Africa. Environ Health Perspect 117(6) 863-870

2.128   Tembo B, Sichilongo K, Cernak J (2006) Distribution of copper, lead, cadmium and zinc concentrations in soils around Kabwe town in Zambia. Chemosphere 63(3) 497-501

2.129   Anonym (2012) Artisanal gold mining, mercury and sediment in Central Kalimantan, Indonesia; The Borneo Research Bulletin, January 2012. https://www.highbeam.com/doc/1G1-336176554.html (02.03.2017)

2.130   Anonym (2010) Artisanal gold mining – Central Kalimantan. Blacksmith Institute. http://www.blacksmithinstitute.org/projects/display/165 (02.03.2017)

2.131   Anonym (2013) Global Mercury Assessment 2013: Sources, Emissions, Releases and Environmental Transport, UNEP, Geneva, Switzerland, 2013

2.132   Anonym (o.J.) Norilsk – mining hell. Traveling Your Dream. http://travelingyourdream.com/?page_id=1536 (02.03.2017)

2.133   Zhulidov AV (2011) Long-term changes of heavy metal and sulphur concentrations in ecosystems of the Taymyr Peninsula (Russian Federation) North of the Norilsk industrial complex. Environ Monit Assess 181:1-4

2.134   Pereltsvaig A (2014) Pollution problems in Norilsk. Geocurrents Oct 10, 2014 http://www.languagesoftheworld.info/russia-ukraine-and-the-caucasus/pollution-problems-norilsk.html (02.03.2017)

2.135 Anonym (2000) Environmental performance review, Kyrgyzstan. United Nations Economic Commission for Europe (UNECE) http://www.unece.org/fileadmin-/DAM/env/epr/epr_studies/kyrgyzstan.pdf (02.03.2017)

2.136 Torgoev A, Havenith H-B (2013) Landslide susceptibility, hazard and risk mapping in Mailuu-Suu, Kyrgyzstan, pp 505-510, in: Margottini C, Canuti P, Sassa K (eds) Landslide Science and Practice, Volume 1: Landslide Inventory and Susceptibility and Hazard Zoning. Springer

2.137 Nasritdinov E, Ablezova M, Abarikova J, Abdoubaetova A (2010) Environmental migration: case of Kyrgyzstan, pp 235-246, in: Tafifi T, Jäger J (eds) Environment, Forced Migration, and Social Vulnerability, Springer

2.138 Anonym (2015) World's Worst Pollution Problems 2015. Top Six Toxic Threats 2015, 67 p, Pure Earth and Green Cross Switzerland, http://www.worstpolluted.org-/docs/WWPP_2015_Final.pdf (02.03.2017)

2.139 Vidal O, Goffé B, Arndt N (2013) Metals for a low-carbon society. Nature Geoscience 6:894–896

2.140 Wuppertal Institut für Klima, Umwelt, Energie GmbH (2006, 2007) Steigerung der Ressourcenproduktivität als Kernstrategie einer nachhaltigen Entwicklung. Projekt im Auftrag des BMBF. (1) Acosta-Fernández J (2007) Identifikation prioritärer Handlungsfelder für die Erhöhung der gesamtwirtschaftlichen Ressourcenproduktivität in Deutschland. AP 21, 70 S. Wuppertal, Mai 2007. (2) Wallbaum H, Kummer N (2006) Entwicklung einer Hot Spot-Analyse zur Identifizierung der Ressourcenintensitäten in Projektketten und ihre exemplarische Anwendung. AP 22, 73 S. Wuppertal, Dezember 2006. (3) Ritthoff M, Liedtke C, Kaiser C (2007) Technologien zur Ressourceneffizienzsteigerung: Hot Spots und Ansatzpunkte. AP 23, 74 S. Wuppertal, Juni 2007

2.141 Weizsäcker EU v, Lovins AB, Lovins LH (1997) Faktor vier: Doppelter Wohlstand - halbierter Verbrauch: Doppelter Wohlstand - halbierter Verbrauch. Der neue Bericht an den Club of Rome. Knaur Taschenbuch 352 S.

2.142 Weizsäcker EU v, Hargroves K, Smith M (2010) Faktor fünf: Die Formel für nachhaltiges Wachstum. Droemer Verlag, 432 S.

2.143 Schmidt-Bleek F (1997) Wieviel Umwelt braucht der Mensch? Faktor 10 – Das Maß für ökologisches Wirtschaften. dtv 335 S.

2.144 Anonym (2009) Ressourceneffizienz – Allgemein, Stand: Juli 2009. Bundesministerium für Umwelt, Naturschutz und Reaktorsicherheit, Bonn/Berlin

2.145 Anonym (2010) Der ökologische New Deal – Gründung des Netzwerks Ressourceneffizienz. Bundesministerium für Umwelt, Naturschutz und Reaktorsicherheit.

2.146 Anonym (2010) Rohstoffstrategie der Bundesregierung – Sicherung einer nachhaltigen Rohstoffversorgung Deutschlands mit nicht-energetischen mineralischen Rohstoffen

2.147 Anonym (2010) Ressourceneffizienz potenzieren. Broschüre zum Förderschwerpunkt „Innovative Technologien für Ressourceneffizienz – rohstoffintensive Produktionsprozesse" (r^2), gefördert vom Bundesministerium für Bildung und Forschung. Fraunhofer-Institut für System- und Innovationsforschung ISI Karlsruhe http://www.rzwei-innovation.de/_media/r2_broschuere_web.pdf

2.148 Faulstich M et al. (2010) Informationspapier zur BMBF-Fördermaßnahme „r^3 – Innovative Technologien für Ressourceneffizienz – Strategische Metalle und Mineralien", gefördert vom Bundesministerium für Bildung und Forschung. November 2010, 94 S. Lehrstuhl für Rohstoff- und Energietechnologie der Technischen Universität München

2.149   Anonym (2005) Auf dem Weg zur Europäischen Ressourcenstrategie: Orientierung durch ein Konzept für eine stoffbezogene Umweltpolitik. Stellungnahme des Sachverständigenrats für Umweltfragen Nr. 9, November 2005, 16 S.

2.150   Anonym (2011) Ressourcenschonendes Europa – eine Leitinitiative innerhalb der Strategie Europa 2020. Mitteilung der EU Kommission vom 26.01.2011, 20 S. Brüssel.

2.151   Schumacher K (2011) Rohstoffinitiative der EU und Rohstoffthemen mit Werkstoffbezug im 6. Call. Vortrag am 03. Mai 2011, DECHEMA, Frankfurt/M. Projektträger Jülich, NKS Werkstoffe, Nationale Kontaktstelle für das Europäische Forschungsrahmenprogramm. 19 S.

2.152   Anonym (2010) Critical raw materials for the EU. Report of the Ad-hoc Working Group on defining critical raw materials. Version of 30 July 2010. European Commission Enterprise and Industry. 84 p.

2.153   Anonym (2013) r4 - Innovative Technologien für Ressourceneffizienz – Forschung zur Bereitstellung wirtschaftsstrategischer Rohstoffe. Initiative des Bundesministeriums für Bildung und Forschung (BMBF), Projektträger Jülich. Einreichungsfrist 15. Januar 2015 https://www.ptj.de/r4

2.154   Angerer G (2010) Hightech-Metalle für Zukunftstechnologien. Technikfolgenabschätzung – Theorie und Praxis 19(1) 32-39

2.155   Graedel TE, Allwood J, Birat J-P, Reck BK, Sibley SF, Sonnemann G, Buchert M, Hagelüken C (2011) Recycling Rates of Metals – A Status Report. A Report of the Working Group on the Global Metal Flows to the International Resource Panel. United Nations Environmental Programme, 44 p

2.156   Marscheider-Weidemann F, Langkau S, Hummen T, Erdmann L, Tercero Espinoza L, Angerer G, Marwede M, Benecke S (2016) Rohstoffe für Zukunftstechnologien 2016. DERA Rohstoffinformationen 28: 353 S., Berlin

2.157   Anonym (2010) Chemie für eine nachhaltige globale Gesellschaft. Weißbuch mit Beiträgen und Ergebnissen des zweiten Chemical Sciences und Society Symposiums (CS3): Sustainable Materials Summit, London, 7.-10. Sept. 2010. GDCh, 40 S.

2.158   Anonym (2011) Deutsches Ressourceneffizienzprogramm (ProgRess). Arbeitsentwurf V 2.1 des BMU, Stand 07.04.2011. 55 S. Bonn/Berlin

2.159   Faulstich M, Leipprand A, Mocker M (2009) Strategieelemente zur Steigerung der Resourceneffizienz, In: KfW Bankengruppe (Hrsg.) Perspektive Zukunftsfähigkeit – Steigerung der Rohstoff- und Materialeffizienz. S. 9-31. KfW Publikationsreihe, Frankfurt, 15.09.2009

2.160   Anonym (2011) Entwurf eines Gesetzes zur Neuordnung des Kreislaufwirtschafts- und Abfallrechts vom 30. März 2011

2.161   Scherhorn G (2008) Über Effizienz hinaus. In: Hartard S, Schaffer A, Giegrich J (Hrsg.) Ressourceneffizienz im Kontext der Nachhaltigkeitsdebatte. S. 21-30. Nomos Verlag, Baden-Baden

2.162   Anonym (2008) Für ein nachhaltiges Deutschland. Fortschrittsbericht 2008 zur nationalen Nachhaltigkeitsstrategie. Stand Juli 2008, 222 S. Presse- und Informationsamt der Bundesregierung, Berlin

2.163   Lauber U (2005) Gesamtwirtschaftlicher Rohstoffeinsatz im Rahmen der Materialflussrechnungen. Statistisches Bundesamt, Wirtschaft und Statistik 3/2005, S. 253-264

2.164 Lauber U (2009) Gesamtwirtschaftlicher Rohstoff- und Materialeinsatz in Deutschland In: KfW Bankengruppe (Hrsg.) Perspektive Zukunftsfähigkeit – Steigerung
der Rohstoff- und Materialeffizienz. S. 53-78. KfW Publikationsreihe, Frankfurt,
15.09.2009

2.165 Buyny S, Klink S, Lauber U (2009) Verbesserung von Rohstoffproduktivität und
Ressourcenschonung - Weiterentwicklung des direkten Materialinputindikators.
Vereinbarung zwischen dem Umweltbundesamt und dem Statistischen Bundesamt,
FKZ 206 93 100/02. Endbericht August 2009, 114 S. Statistisches Bundesamt,
Wiesbaden

2.166 Bardt H (2008) Sichere Energie- und Rohstoffversorgung: Herausforderung für
Politik und Wirtschaft? Institut der deutschen Wirtschaft Köln, IW-Positionen 36,
Köln

2.167 Buchert M, Schüler D, Bleher D et al (2009) Sustainable innovation and technology
transfer industrial sector studies – Critical metals for future sustainable technologies
and their recycling potential. Öko-Institut e.V. Darmstadt for United Nations
Environment Programme & United Nations University (UNEP), July 2009. 81 p.

2.168 Ziemann S, Schebek L (2010) Substitution knapper Metalle – ein Ausweg aus der
Rohstoffknappheit? Chemie Ingenieur Technik 82(11):1965-1975

2.169 Wellmer F-W (2008) Reserves and resources of the geosphere, terms so often
misunderstood. Is the life index of reserves of natural resources a guide to the
future? Z Dt Ges Geowiss 159(4):575-590

2.170 Tilton JE, Canavan PD, Demler FR, Gill DG (1983) Material substitution: lessons
from tin-using industries. Resources for the Future Inc, Washington DC

2.171 Anonym (2007) Rohstoffwirtschaftliche Steckbriefe für Metall- und Nichtmetall-
rohstoffe. 40 p, Bundesanstalt für Geowissenschaften und Rohstoffe, Hannover

2.172 Anonym (2009) Mineral Commodity Summaries 2009, U.S. Department of the
Interior, U.S. Geological Survey, Government Printing Office, Washington DC

2.173 Hagelüken C (2016) Die Circular-Economy-Strategie der EU verbessert die Rahmenbedingungen für eine nachhaltige Metallwirtschaft – sofern sie konsequent umgesetzt wird. World of Metallurgy – Erzmetall 69(4):223-226

2.174 Hagelüken C (2010) Wir brauchen eine globale Recyclingwirtschaft – mit völlig
neuen Ansätzen. Wie sicher ist die Rohstoffversorgung für die Energietechnologien
der Zukunft? Wien, 11.10.2010. http://www.wachstumimwandel.at/wp-content/up-
loads/Christian_Hagelueken_Wir_brauchen_eine_globale_Recyclingwirtschaft.pdf

2.175 Anonym (2017) Rohstoffe für die Energiewende – Wege zu einer sicheren und
nachhaltigen Versorgung. Stellungnahme, Februar 2017, 104 S. Deutsche Akademie der Technikwissenschaften (acatech), Nationale Akademie der Wissenschaften
Leopoldina, Union der deutschen Akademien der Wissenschaften; Schriftenreihe
zur wissenschaftsbasieren Politikberatung, ISBN 978-3-8047-3664-1

2.176 Anonym (2015) Deutschland – Rohstoffsituation 2014. Bundesanstalt für Geowissenschaften und Rohstoffe, Hannover

2.177 Erdmann L, Behrendt S, Feil M (2011) Kritische Rohstoffe für Deutschland –
Identifikation aus Sicht deutscher Unternehmen wirtschaftlich bedeutsamer mineralischer Rohstoffe, deren Versorgungslage sich mittel- bis langfristig als kritisch er-
weisen könnte. Institut für Zukunftsstudien und Technologiebewertung (IZT) Berlin
und adelphi Berlin im Auftrag der KfW Bankengruppe Abschlussbericht, 30. Sept.
2011, Berlin 134 S. https://www.izt.de/fileadmin/publikationen/54416.pdf

2.178   Arnold K, Friege J, Krüger C, Nebel A, Ritthoff M, Samadi S, Soukup O, Teubler J, Viebahn P, Wiesen K (2014) KRESSE – Kritische mineralische Ressourcen und Stoffströme bei der Transformation des deutschen Energieversorgungssystems. Abschlussbericht 0325324 an das Bundesministerium für Wirtschaft und Energie (BMWi) Wuppertal Institut für Klima, Umwelt, Energie: Wuppertal. 277 S.

2.179   Graedel TE, Barr R, Chandler C, Chase T, Choi J, Christoffersen L, Friedlander E, Henly C, Jun C, Nassar NT, Schechner D, Warren S, Yang M-y, Zhu C (2012) Methodology of metal criticality determination methodology of metal criticality determination. Environ Sci Technol 46(2):1063–1070

2.180   Anonym (2013) Environmental Risks and Challenges of Anthropogenic Metals Flows and Cycles, A Report of the Working Group on the Global Metal Flows to the International Resource Panel (van der Voet E, Salminen R, Eckelman M, Mudd G, Norgate T, Hischier R). http://orbit.dtu.dk/files/54666484/Environmental_Challenges_Metals_Full_Report.pdf (02.03.2017)

2.181   Buijs B, Sievers H, Tercero Espinoza LA (2012) Limits to the critical raw materials approach. Waste & Resource Management 165 (WR4) 201-208

2.182   Anonym (1975) The community's supplies of raw materials. Commission of the European Communities. Communication COM(75) 50 final from the Commission to the Council, Brussels, 5 February 1975, 33 p http://aei.pitt.edu/1481/1/raw_materials_COM_75_50.pdf (02.03.2017)

2.183   Anonym (2011): Ressourcenschonendes Europa – eine Leitinitiative innerhalb der Strategie Europa 2020. Mitteilung an das Europäische Parlament, den Rat, den Europäischen Wirtschafts- und Sozialausschuss und den Ausschuss der Regionen, KOM(2011) 21 vom 26. Januar 2011, Brüssel, 20 S.

2.184   Anonym (2011): Fahrplan für ein ressourcenschonendes Europa. Mitt. an das EU Parlament, den Rat, den Europäischen Wirtschafts- und Sozialausschuss und den Ausschuss der Regionen, KOM(2011) 571 endgültig vom 20. Sept. 2011, 30 S.

2.185   Anonym (2007) "Towards a low carbon future". A European Strategic Energy Technology Plan (SET-plan). Communication from the Commission to the Council, the European Parliament, the European Economic and Social Committee and the Committee of the Regions. COM(2007) 723 final, 14 p, Brussels, 22.11.2007.

2.186   Anonym (2009) Investing in the development of low-carbon Technologies (SET-plan). Communication from the Commission to the Council, the European Parliament, the European Economic and Social Committee and the Committee of the Regions. COM(2009) 519 final, 17 p, Brussels, 7.10.2009

2.187   Anonym (2015) Towards an integrated strategic energy technology (SET) plan: Accelerating the European energy system transformation. Communication from the Commission C(2015 6317 final, Brussels, 15.9.2015

2.188   Anonym (2016) What is the SET-plan?. Strategic Energy Technologies Information System – SETIS. European Commission. https://setis.ec.europa.eu/about-setis/set-plan-governance (02.03.2017)

2.189   Anonym (2011) Materials Roadmap Enabling Low Carbon Energy Technologies, Commission Staff Working Paper SEC(2011) 1609 final, 113 p. Brussels, 13.12.2011

2.190   Janssen LGJ [Rapporteur], Lacal Aràntegui R, Bronstedt P, Gimondo P, Klimpel A, Johansen BB, Thibaux P (2012) Scientific Assessment in Support of the Materials Roadmap enabling Low Carbon Energy Technologies. Wind Energy. EUR 25197

EN, Joint Research Centre, Institute for Energy and Transport. 45 pp. Luxembourg: Publications Office of the European Union. ISBN 978-92-79-22936-7

2.191   Rigby P [Rapporteur], Fillon B, Gombert A, Herrero Rueda J, Kiel E, Mellikov E, Poortmans J, Schropp R, Schwirtlich IA, Warren P (2011) The Scientific Assessment in Support of the Materials Roadmap enabling Low Carbon Energy Technologies. Photovoltaic Technology. EUR 25172 EN, Joint Research Centre, Institute for Energy and Transport. 46 pp. Luxembourg: Publications Office. ISBN 978-92-79-22787-5.

2.192   Heller P, Häberle A, Malbranche P, Mal O, Cabeza LF, Taylor N, Tzimas E (2011) Scientific Assessment in Support of the Materials Roadmap Enabling Low Carbon Energy Technologies: Concentrating Solar Power Technology. EUR 27171EN, Joint Research Centre, Institute for Energy and Transport.36 pp. Luxembourg: Publications Office of the European Union. ISBN 978-92-79-22783-7

2.193   Schwarz WH, Gonzales Bello JG, De Jong W, Leahy JJ, Oakey J, Oyaas K, Sorum L, Steinmüller H (2011) Scientific Assessment in Support of the Materials Road-map enabling Low Carbon Energy Technologies. Bioenergy Technology. EUR 25154 EN, Joint Research Centre, Institute for Energy and Transport. 56 pp. Luxembourg: Publications Office of the European Union. ISBN 978-92-79-22680-9

2.194   Gomez-Briceno D, De Jong M, Drage T, Falzetti M, Hedin N, Snijkers F (2011): Scientific Assessment in Support of the Materials Roadmap Enabling Low-Carbon Energy Technologies – Fossil Fuel Energies Sector, including Carbon Capture and Storage. EUR 25104 EN, Joint Research Centre, Institute for Energy and Transport. 48 p., Luxembourg: Publications Office of the European Union. ISBN 978-92-79-22324-2

2.195   Buckthorpe D, Fazio C, Heikinheimo L, Hoffelner W, Van der Laan J, Nilsson K-F, Schuster F (2011) Scientific Assessment in Support of the Materials Roadmap Enabling Low Carbon Energy Technologies: Nuclear Fission. EUR 25180 EN, Joint Research Centre, Institute for Energy and Transport. 54 pp. Luxembourg: Publications Office of the European Union. ISBN 978-92-79-22796-5

2.196   Van Holm M, Simoes da Silva L, Revel GM, Sansom M, Koukkari H, Eek H (2011) Scientific Assessment in Support of the Materials Roadmap Enabling Low Carbon Energy Technologies: Energy-efficient Materials for Buildings. EUR 27173 EN, Joint Research Centre, Institute for Energy and Transport. 52 pp. Luxembourg: Publications Office of the European Union. ISBN 978-92-79-22789-9

2.197   Moss RL, Tzimas E, Kara H, Willis P,Kooroshy J (2011) Critical Metals in strategic energy technologies assessing rare metals as supply-chain bottlenecks in low-carbon energy technologies. European Commission, Joint Research Centre, Institute for Energy and Transport, Petten 2011, 164 p.

2.198   Moss RL, Tzimas E, Willis P, Arendorf J, Thompson P, Chapman A, Morley N, Sims E, Bryson R, Pearson J, Tercero Espinoza L, Marscheider-Weidemann F, Soulier M, Lüllmann A, Sartorius C, Ostertag K (2013) Critical Metals in the path towards decarbonisation of the EU energy sector – assessing rare metals as supply-chain bottlenecks in low-carbon energy technologies (scientific and policy reports), European Commission, Joint Research Centre, Institute for Energy and Transport, Petten 2013, 246 p

2.199   Anonym (2014) Report on critical raw materials for the EU, Report of the Ad hoc Working Group on defining critical Raw Materials, 41 p. European Commission, Brussels, May 2014

2.200   Drobe M, Killiches F (2014) Vorkommen und Produktion mineralischer Rohstoffe – ein Ländervergleich. Bundesanstalt für Geowissenschaften, 132 S., Mai 2014, BGR Hannover

2.201   Anonym (2013) Deutsche Industrie sorgt sich um Rohstoff-Nachschub. Handelsblatt vom 10. Juni 2013. http://www.handelsblatt.com/unternehmen/industrie/100-prozent-metall-importe-deutsche-industrie-sorgt-sich-um-rohstoff-nachschub-/8327394.html (02.03.2017)

2.202   Anonym (2013) – URL: http://info.worldbank.org/governance/wgi/index.asp

2.203   Killiches F, Schütte P, Franken G, Barume B, Näher U (2014) Sorgfaltspflichten in den Lieferketten von Zinn, Tantal, Wolfram und Gold. Commodity TopNews 46, 8 S. Bundesanstalt für Geowissenschaften/DERA, Oktober 2014, Hannover

2.204   Anonym (2015) Vorschlag für eine Verordnung des Europäischen Parlaments und des Rates zur Schaffung eines Unionssystems zur Selbstzertifizierung der Erfüllung der Sorgfaltspflicht in der Lieferkette durch verantwortungsvolle Einführer von Zinn, Tantal, Wolfram, deren Erzen und Gold aus Konflikt- und Hochrisikogebieten /COM/2014/0111 final - 2014/0059 (COD)/. http://eur-lex.europa.eu/legal-content/DE/ALL/?uri=CELEX:52014PC0111 (02.03.2017)

2.205   Anonym (2016] Die edelmetallverarbeitende Industrie in Deutschland. Wissenschaftliche Dienste des Deutschen Bundestages. Sachstand WD 5 - 3000 - 015/16, 13 S. Abschluss der Arbeit: 04.04.2016 https://www.bundestag.de/blob/421502-/d1b26fed35ae4ab54cf984bcd5aa5708/wd-5-015-16-pdf-data.pdf (02.03.2017)

2.206   Buchholz P, Huy D, Liedtke M, Schmidt M (2015) DERA-Rohstoffliste 2014 – Angebotskonzentration bei mineralischen Rohstoffen und Zwischenprodukten; potenzielle Preis- und Lieferrisiken. DERA Rohstoffinformationen 24, 112 S. Deutsche Rohstoffagentur in der Bundesanstalt für Geowissenschaften und Rohstoffe, August 2014, Berlin

2.207   Anonym (2014) Der EITI-Standard - Internationales EITI-Sekretariat 11. Juli 2013, 60 Seiten, Gedruckt in Deutschland im Auftrag des Bundesministeriums für Wirtschaft und Energie, 2014, Internationales EITI-Sekretariat, Ruselokkveien 26, 0251 Oslo Norwegen

2.208   Anonym (2016) Gewinnung heimischer Rohstoffe/Bergrecht. Bundesministerium für Wirtschaft und Energie. http://www.bmwi.de/DE/Themen/Industrie/Rohstoffe-und-Ressourcen/gewinnung-heimischer-rohstoffe,did=644772.html (02.03.2017)

2.209   Diestelkamp M, Meyer B, Moghayer SM (2015) Policy Options for a Resource-Efficient Economy (POLFREE); D3.7c Report about integrated scenario interpretation – comparison of results. Collaborate Project ENV.2012.6.3-2, 30.09.2015; 15 p. http://www.polfree.eu/publications/publications-2014/report-d37c (02.03.2017)

2.210   Anonym (2016) Ein ressourceneffizientes Europa – Ein Programm für Klima, Wettbewerbsfähigkeit und Beschäftigung. Position der Ressourcenkommission am Umweltbundesamt. 8 S. April 2016. Dessau-Roßlau

2.211   Meyer B, Distelkamp M, Beringer T (2015) Report about integrated scenario interpretation. 133 p. GINFORS/LPJmL results Deliverable D3.7a POLFREE project. 31.08.2015;   http://www.polfree.eu/publications/publications-2014/report-d37a (02.03.2017)

3 Schadstoffe

Mit dem Fortschritt der Technik ist eine breite Verwendung von Chemikalien verbunden. Darunter finden sich auch „umweltgefährliche Stoffe oder Zubereitungen, die selbst oder deren Umwandlungsprodukte geeignet sind, die Beschaffenheit des Naturhaushaltes, von Wasser, Boden oder Luft, Klima, Tieren, oder Mikroorganismen derart zu verändern, dass dadurch sofort oder später Gefahren für die Umwelt herbeigeführt werden können". Die Vermeidung bzw. Verringerung dieser Einträge in die Biosphäre ist eine Schwerpunktaufgabe der Umweltschutztechnik.

Nach der Einführung in Abschn. 3.1 Gefahrstoffrecht, Schadwirkungen folgen die Abschn. 3.2 Schwermetalle, 3.3 Organische Schadstoffe und 3.4 Strahlung mit Beispielen von Schadstoffproblemen und Lösungsansätzen in den einzelnen Technologiesparten. Themen im Abschn. 3.1 sind u.a.: Übersicht über wichtige Schadstoffquellen – Umsetzung von REACH und EU CLP (UN GHS) – Entwicklung und Leitbilder der Chemiepolitik – Wirkungen der Schadstoffe auf die menschliche Gesundheit – Bedeutung von Umweltstandards – Ausbreitung von Schad- und Belastungsstoffen in Luft, Wasser und Boden.

3.1 Gefahrstoffrecht, Schadwirkungen

Bei der Untersuchung und Bewertung von Umweltchemikalien haben sich verschiedene Betrachtungsweisen herausgebildet [3.1]:

1. Der *substanzbezogene Ansatz* mit den Parametern Produktion, Anwendungsmuster, Ausbreitung in der Umwelt, Persistenz und Abbau sowie Umwandlung konzentriert sich auf die physikalisch-chemischen Daten von Stoffen.
2. Die *wirkungsorientierten Aspekte* stehen im Mittelpunkt der „Ökologischen Chemie", die sich mit der Abklärung und Quantifizierung weiträumiger anthropogener Wirkungen auf empfindliche Bereiche der Biosphäre befasst.
3. Bei der *spartenbezogenen technologischen Betrachtung* kann der Nutzen von Chemikaliengruppen im Anwendungsbereich, z.B. von optischen Aufhellern in Waschmitteln, unmittelbar einem eventuellen Risiko gegenübergestellt werden.
4. Mit dem *medienorientierten Ansatz* werden die potenziell belasteten Umweltbereiche Luft, Wasser und Boden sowie kritische Transportwege für Schad- und Belastungsstoffe innerhalb dieser Umweltmedien untersucht.

In dem vorliegenden Buch folgt die Gliederung vor allem aus didaktischen Gründen dem medienorientierten Ansatz (4.) – Luftreinhaltung in Kap. 5, Abwasser/ Trinkwasser in Kap. 6 und 7, Boden/Abfall in Kap. 8 und 9. Es ist gleichzeitig die Klassifikation verschiedener *Emissionsarten* – nach der Herkunft von Schad- und Belastungsstoffen aus Autos, Fabriken, Siedlungen, Deponien, usw. Darüber hinaus ist es auch eine Aufteilung nach *verantwortlichen Disziplinen* – Abwasserwirtschaft, Wasserversorgung, Abfallwirtschaft, Altlasten-Sicherung (Bauwesen); Industrieabwasserreinigung, Müllverbrennung, Luftreinhaltung sowie biologische, chemische und thermische Altlasten-Behandlung (Verfahrenstechnik).

© Springer-Verlag Berlin Heidelberg 2018
U. Förstner, S. Köster, *Umweltschutztechnik*, https://doi.org/10.1007/978-3-662-55163-9_3

Tabelle 3.1 Bedeutende Schadstoffquellen und die Umweltmedien, in denen die entsprechenden Schadstoffe transportiert oder gespeichert werden (nach *Alloway/Ayres* [3.2])

---

1. *landwirtschaftliche Quellen*

Luft:	Pestizidaerosole, Stäube, NH_3, H_2S, Gerüche, Bodenpartikel
Wasser:	Sickerwasserlösungen aus Silos/Gruben, NO_3^-, HPO_4^{2-}, Pestizide
	Bodenpartikel, Kohlenwasserstoffe (ausgelaufene Treibstoffe)
Boden:	Düngemittel – As, Cd, U, V und Zn in Phosphatdüngern
	Dung – z.B. As und Cu in Schweine- und Geflügeldung
	Pestizide – As, Cu, Mn, Pb, Zn, DDT, Lindan
	ausgelaufener Treibstoff – Kohlenwasserstoffe
	Begraben toter Nutztiere – pathogene Mikroorganismen

2. *Energieerzeugung*

Luft:	CO_x, NO_x, SO_x, UO_x und PAK aus Kohle, radioaktive Isotope
Wasser:	Wärme, Biozide aus Kühlwasser; Bor und Arsen aus Asche
Boden:	Asche, Si-Niederschlag, SO_2, NO_x, Schwermetalle, Kohlestaub

3. *Gasversorgung, alte Gaswerke*

Luft:	flüchtige organische Verbindungen, H_2S, NH_3
Wasser:	PAK, Phenole, Cu, Cd, As, CN, Sulfate
Boden:	Teere (Phenole, Benzol, Xylol, Naphthalin und PAK), CN,
	verbrauchte Fe-Oxide, Cd, As, Pb, Cu, Sulfate, Sulfide

4. *Erzbergbau und Metallgewinnung*

Luft:	SO_x, Pb, Cd, As, Hg, Ni, Tl u.a. als Partikel und Aerosole
Wasser:	SO_4^{2-}, CN, Schaumbildner, Metallionen, Erzabfälle (PbS, ZnS)
Boden:	Erzabfallhalden – Winderosion, Verwitterung, Transport
	durch Flüsse verfrachtete Erzabfälle – Baggergut
	Erztransporte – aus Waggons und Lastkraftwagen etc.
	Verhüttung – Staub, Aerosole aus dem Schmelzofen

5. *metallverarbeitende Industrie*

Luft:	Partikel/Aerosole: As, Cd, Cr, Cu, Mn, Ni, Pb, Sb, Tl und Zn,
	flüchtige organische Verbindungen, Säuretröpfchen
Wasser:	Metallionen, Säureabfälle und Lösungsmittel
Boden:	Metalle in Abfällen, Lösungsmitteln, Säureresten, Niederschlag
	von Aerosolen etc., vor allem aus pyrometallurgschen Prozessen

6. *chemische Industrie und Elektroindustrie*

Luft:	flüchtige organische (Halogenkohlenwasserstoffe, Benzol) und
	anorganische (z.B. Quecksilber-) Verbindungen
Wasser:	Abfallbeseitigung und Abwassereinleitungen mit einem weiten
	Spektrum von Chemikalien
	Lösungsmittel aus der Mikroelektronik
Boden:	Partikelniederschlag aus Schornsteinen
	Lagerstätten, Verlade- und Verpackungsgebiete
	Schrott und beschädigte Elektrobestandteile – PAK, Metalle etc.

Tabelle 3.1 (Fortsetzung) Bedeutende Schadstoffquellen und die Umweltmedien

7. *allgemeine städtische/industrielle Quellen*

Luft: flüchtige organische Verbindungen, Partikel, Aerosole (z.B. Pb, V, Cu, Zn, Cd, PAK, PCB, Dioxine, Rauch)
Verbrennung fossiler Brennstoffe $-SO_x$, NO_x, As, Pb, V, PAK
Verbrennung von Gartenabfällen – PAK, PCDD/F, Pb, Cd etc.
Zementherstellung – Partikel, Ca, SO_4^{2-}, Si etc.

Wasser: eine Vielzahl von Abwässern, PAK aus Ruß, Pb, Zn etc.,
Ölabfälle – Kohlenwasserstoffe, PAK, Detergentien

Boden: Pb, Zn, V, Cu, Cd, PCB, PAK, Dioxine, Asbest

8. *Müllbeseitigung*

Luft: Verbrennung – Rauch, Aerosole und Partikel (Cd, Hg, Pb, CO_2, NO_x, PCDD/F, PAK)
Deponien – CH_4, flüchtige organische Verbindungen
Schrottplätze – Verbrennung von Kunststoffen (PAK, PCDD/F)

Wasser: Deponiesickerlösungen – NH_4^+, Cd, PCB, Mikroorganismen
Abwässer aus der Aufbereitung – HPO_4^-, NO_3, NH_4^+

Boden: Klärschlamm – NH_4^+, PAK, PCB, Metalle (Cd, Hg, Pb, Zn etc.)
Schrotthalden – Cd, Cr, Cu, Ni, Pb, Zn, Mn, V, W, PAK, PCB
Verbrennung von Gartenabfällen – Cu, Pb, PAK, B, As
Niederschlag aus Verbrennungsanlagen – Cd, Hg, PCDD/F
windverfrachtete Stäube von industriellen Abfällen

9. *Verkehr*

Luft: Abgabe, Aerosole und Partikel (z.B. CO_2, NO_x, SO_2, Rauch, PAK, PAN, O_3, PbBrCl, V, Mo)

Wasser: ausgelaufene Treibstoffe, Transportladungen (z.B. CKW)
Kohlenwasserstoffe, Pestizide, synthetische organische
Enteisungsmittel für Straßen und Flughäfen (z.B. Ethylenglykol)

Boden: Partikel (PbBrCl, PAK), Säureablagerungen aus Enteisern,
Ablagerung der Verbrennungsprodukte von Treibstoffen,
Rauch, PAK, SO_2, NO_x, Gummireifen (Zn und Cd)

10. *zufällige Quellen*

Wasser: Lecks in unterirdischen Speichertanks, z.B. Lösungsmittel

Boden: konserviertes Holz (z.B. PCP, Kreosol), Altbatterien (Hg, Cd, Ni, Zn), Jagd (Pb), galvanisierte Dächer und Zäune (Zn, Cd)

alle Medien betreffend: Krieg, z.B. Treibstoffe, Sprengstoffe, Munition,
Industrieunfälle, z.B. Bhopal, Seveso, Tschernobyl

11. *weiträumiger Transport in der Atmosphäre* (Ablagerung der transportierten Schadstoffe)

Wasser As, Pb, Cd, Hg, UO_x, Zn, SO_4^{2-}, NO_x, Pestizide, PAK und vom
Boden Wind verwehte Bodenpartikel mit daran adsorbierten Pestiziden

PAK = polyzyklische aromatische Kohlenwasserstoffe, PCB = polychlorierte Biphenyle,
PCDD = polychlorierte Dibenzodioxine, PCDF = polychlorierte Dibenzofurane

3.1.1 Gefahrstoffrecht

Im weitesten Sinne versteht man unter Gefahrstoffrecht die Gesamtheit aller Regelungen, die dem Schutz von Mensch und Umwelt vor gefährlichen Stoffen dienen sollen. Man unterscheidet das allgemeine Gefahrstoffrecht mit dem Chemikaliengesetz und seinen Verordnungen und das spezielle Gefahrstoffrecht, das eine Vielzahl von Gesetzen wie das DDT-Gesetz umfasst (Abb. 3.1).

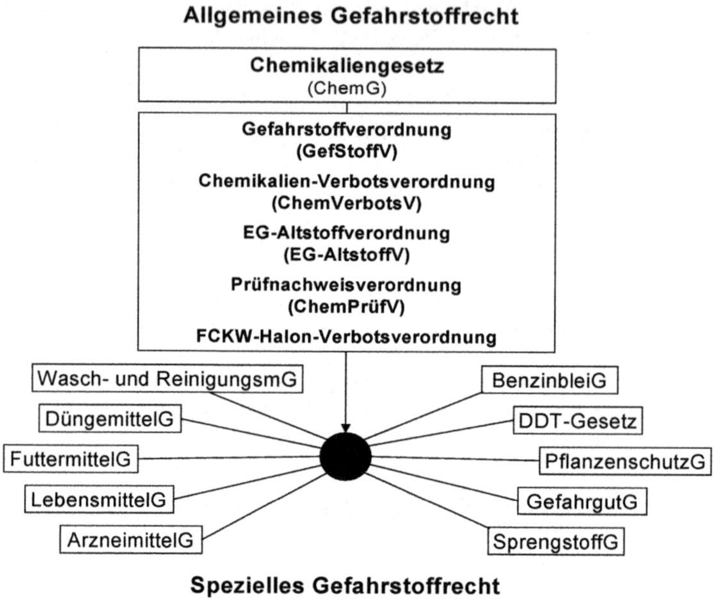

Abb. 3.1 Allgemeine und spezielle Regelungen des Gefahrstoffrechts (nach *Bliefert* [3.3])

Das Chemikaliengesetz[1] enthält vor allem Ermächtigungen zum Erlass von Rechtsverordnungen; z.B. die Gefahrstoffverordnung und die Chemikalien-Verbotsverordnung. Seit Inkrafttreten des Chemikaliengesetzes in Deutschland 1982 und der EU-Altstoffverordnung 1993 besteht die Pflicht, systematisch Daten über existierende Chemikalien zu erzeugen, zu sammeln und zu bewerten. Deutschland hat neben der Europäischen Union und den EU-Mitgliedstaaten das UN-ECE-PRTR-Protokoll unterzeichnet und sich damit verpflichtet, ein nationales Schadstofffreisetzungs- und -verbringungsregister (Pollutant Release & Transfer Register, PRTR) zur Information für die Öffentlichkeit aufzubauen und zu betreiben[2].

---

[1] Das Chemikaliengesetz mit seinen untergesetzlichen Regelungen [3.4] wurde am 2. Juli 2008 mit dem REACH-Anpassungsgesetz [3.5] an die Verordnung Nr. 1907/2006 des Europäischen Parlaments und des Rates vom 18.12.2006 zur Registrierung, Bewertung, Zulassung und Beschränkung chemischer Stoffe (REACH [3.6]) angepasst.

[2] https://www.thru.de/fileadmin/SITE_MASTER/content/Dokumente/Berichte/2017-03-21_Schadst_im_PRTR_2007-2015_Branchen_DEU.pdf

Durch die Chemikalienverordnung der Europäischen Union, *Registration, Evaluation and Authorization of Chemicals* (REACH) wurde ein Verfahren in Gang gesetzt, welches Herstellern, Weiterverarbeitern und Endanwendern von Chemikalien die Verantwortung für ihre Produkte zuweist.

Für die *Registrierung* müssen Stoffinformationen als technische Dossiers übermittelt werden, die je nach Produktions- bzw. Importmenge in ihrem Datenumfang gestaffelt sind. Für Stoffe ab 10 t/a müssen die Hersteller oder Importeure einen Sicherheitsbericht (*chemical safety report*, CSR) erstellen, der auch Auskunft zu wirksamen Risikominderungsmaßnahmen gibt. In der Sicherheitsbewertung (*chemical safety assessment*, CSA) werden alle Daten und Erkenntnisse zur Stoffwirkung dargelegt und verbleibende Unsicherheiten in der Interpretation beschrieben. Bei Mengen über 100 t/a sind Expositionsszenarien und ein Risikomanagement erforderlich; es findet eine Überprüfung der Daten (*compliance check*) statt.

Einem *Zulassungsverfahren* werden Stoffe unterzogen, die als krebserzeugend, erbgutschädigend sowie fortpflanzungs- und entwicklungsschädigend (wie bereits vor dem REACH-Mechanismus), bzw. als vPvB (*very persistent, very bioaccumulating*), PBT-Stoffe (*persistent and bioaccumulating and toxic*; Abschn. 3.1.3) eingestuft sind, oder wenn der Verdacht auf andere bedeutsame Wirkungen, bspw. endokrine (hormonähnliche) oder allergisierende Wirkung besteht.

Eng mit dem REACH-Prozess verbunden ist die Erstellung eines Leitfadens „Nachhaltige Chemikalien" [3.7]. Die Entwicklung von Kriterien und Methoden für diese „Entscheidungshilfe für Stoffhersteller, Formulierer und Endanwender von Chemikalien" orientiert sich an den Prinzipien der *Green Chemistry* (Abschn. 1.4.6) und an den Leitgedanken zur IVU/IE-Richtlinie (Abschn. 1.2.1).

Neben REACH orientiert sich die Europäische Union immer stärker an den globalen Entwicklungen. Die *EU CLP* (Classification, Labelling and Packaging of Chemical Substances and Mixtures)-Verordnung [3.8] basiert auf dem *UN GHS* (Globally Harmonised System [3.9]), einem weltweit einheitlichen System zur Einstufung und Kennzeichnung von Chemikalien, das eine einzige Gefahrenkommunikation für verschiedene Zielgruppen, wie Arbeiter, Verbraucher, Transport- und Erste Hilfe-Personal bietet. Die Einstufung und Kennzeichnung erfolgt auf der Grundlage der Eigenschaften der Stoffe und Gemische; das GHS umfasst 16 Klassen für physikalisch-chemische Gefahren, zehn Klassen für Gesundheitsgefahren und eine Gefahrenklasse für die aquatische Umwelt.

Das voll gültige System der *CLP-Verordnung* [3.8] erfordert eine Reihe von Detailänderungen des *Chemikaliengesetzes*[3]: Die im §3a ChemG bisher genannten Gefährlichkeitsmerkmale werden durch einen Verweis auf die komplexere, in *Gefahrenklassen* aufgegliederte Einstufungssystematik der CLP-Verordnung ersetzt. Zugleich wird die für die Zwecke des nationalen Chemikalienrechts bedeutsame Definition der *Umweltgefährlichkeit* fortgeführt, auf der insbesondere die Regelungen der nationalen Chemikalien-Klimaschutzverordnung zu klimaschädlichen Stoffen beruhen. Die Änderungen der Gefährlichkeitsdefinition haben Änderungen in einer Reihe sie zitierender anderer Vorschriften zur Folge.

---

[3] Chemikaliengesetz (ChemG), zuletzt geändert durch Artikel 2 des Gesetzes vom 18. Juli 2017 (BGBl. I S. 2774) http://www.gesetze-im-internet.de/chemg/ChemG.pdf

3.1.2 Entwicklung und Leitbilder der Chemiepolitik[4]

Nachteilige Folgen für die menschliche Gesundheit und die Umwelt waren von Anfang an mit der industriellen Chemie verknüpft, doch gab es auch frühzeitig Überlegungen, die *Ausgestaltung der Produktionsprozesse* entsprechend zu verändern [3.12]. Eine erste Welle der öffentlichen Debatte nach *Rachel Carson*s Buch „Der stumme Frühling" (1962) über ökologische Schäden beim Einsatz von Pestiziden brachte noch keine allgemeine Chemiediskussion in Gang. Sie führte aber zu *produktklassenspezifischen Einzelgesetzen* (Pflanzenschutzgesetz, Waschmittelgesetz, usw.)

Die Ende der 60er Jahre einsetzenden wissenschaftlichen Erkenntnisfortschritte und dabei insbesondere die verbesserten *Analysenmethoden* führten zur Entdeckung von *Langzeiteffekten*, z.B. von PCBs im Fettgewebe von Menschen und wildlebenden Tieren. Es wurde erkannt, dass eine auf die *Umweltmedien* gerichtete Betrachtungsweise nicht ausreicht. Der Übergang zu einer ergänzenden *stoffbezogenen* Sichtweise wurde vollzogen. Dadurch wurde ein breiter internationaler Erfahrungsaustausch über die ökologischen und gesundheitlichen Folgen chemischer Stoffe ausgelöst, in dessen Verlauf bis zu Beginn der achtziger Jahre in nahezu allen westlichen Industriestaaten übergreifende, nicht nur einzelne Produktbereiche betreffende Gesetze verabschiedet wurden. Damit war die *erste Phase der Chemiediskussion* abgeschlossen.

In der Öffentlichkeit war seit Beginn der 80er Jahre eine weiter zunehmende Sensibilisierung für die Gefährdungen durch chemische Produktion und Produkte festzustellen. Darüber hinaus war nun in Einzelbereichen wie etwa bei Chemikalien im *Haushalt* oder im *Kinderzimmer* und bezogen auf spezifische Produkte und Produktgruppen wie beispielsweise *Formaldehyd* und *Holzschutzmitteln* ein zunehmen kritisches Bewusstsein festzustellen, das sich auch in den Verkaufszahlen entsprechender Publikationen [3.13, 3.14] niederschlug. Dies wiederum führte nun auch auf Seiten der chemischen Industrie zu einer verstärkten Beschäftigung mit ökologischen und gesundheitlichen Risiken; ein Ergebnis war die Aufarbeitung der *Altstoffe*. Hinzu kam noch, dass in diesem Zeitraum die Brisanz der *Altlasten* erkannt wurde, bei denen die chemische Industrie nicht nur hinsichtlich ihrer Entstehung, sondern auch für Problemlösungen eine zentrale Rolle spielte.

Im Jahre 1984 legte der Bund für Umwelt und Naturschutz Deutschland e.V. (BUND) ein Positionspapier vor, in dem er als Fortentwicklung des Chemikaliengesetzes von 1980 eine umfassende *Chemiepolitik* forderte [3.15]. Die „weiche" Chemie (im Gegensatz zu der „harten", rein betriebswirtschaftlich orientierten Chemieproduktion) bezeichnete ein Produktionsweise, bei der die Kriterien (1) *niedrigerer Ressourcenverbrauch* bei der Produktion, (2) möglichst geringe Umweltbelastung bei den *Herstellungsverfahren*, sowie (3) keine gesundheits- oder umweltschädlichen *Produkte* beachtet werden sollten. Damit wurden nicht mehr nur *Einzelstoffe*, sondern auch umfassendere Bezüge der Stoffe thematisiert.

---

[4] Maßgebliche Anstöße zur Chemie-Diskussion in Deutschland hatten die Tagungen der Tutzinger Akademie von 1987 [3.10] und 1990 [3.11] gegeben. Der Begriff „Chemie-Politik" weist auf die Bedeutung übergreifender Bewertungsprozesse hin.

Standen in der chemiepolitischen Debatte noch Mitte der 80er Jahre die *Un-* bzw. *Störfälle* als Abweichungen vom Normalbetrieb, Emissionen des Produktionsprozesses und die toxischen Wirkungen einzelner Stoffe im Vordergrund, hat sich inzwischen das Schwergewicht in den Industriestaaten auf den *Ge-* und *Verbrauch von Produkten* der chemischen Industrie verlagert [3.16].

Bei der Erarbeitung alternativer Entwicklungslinien in der Chemiepolitik hatte man zu berücksichtigen, dass das *Denken in Produkt- bzw. Stoffstammbäumen* – angetrieben von dem Motor „Kuppelproduktion" – für die chemische Technologie kennzeichnend war [3.17]. Es gab eine Tendenz zur weiteren Ausdifferenzierung der Stoffvielfalt und Stoffvermischung, die der geforderten Wiederverwertbarkeit entgegen stand [3.16]. Eine Trendumkehr wurde gefordert, die nicht auf einer Ergänzung der bisherigen Entsorgungsstrukturen beruhte, sondern die Versorgungsstrukturen von Grund auf unter dem Blickwinkel des Gebrauchs und dem Verbleib *nach* dem Gebrauch änderte. Von Seiten der Industrie wurde diese Grundeinschätzung geteilt, soweit sie die mengenmäßig relevanten Kunststoffe betraf; für die mengenmäßig nachrangigen Spezialanwendungen sah die chemische Industrie nach wie vor die Notwendigkeit einer weitergehenden *Maßschneiderung* mittels entsprechender Zusatzstoffe und Stoffgemische [3.18].

Für die Orientierung auf dem Weg zu neuen Entwicklungslinien in der Chemiepolitik wurden verschiedene Leitbilder skizziert [3.11]:

• Leitbild *Geschlossene Kreisläufe*. Dieses Ziel ist nur in mehr oder weniger starken Annäherungen erreichbar; Differenzierungen sind erforderlich im Hinblick auf die Wiederverwendung und -verwertung, der ein- und mehrmaligen Wiederverwendung/-verwertung, den unterschiedlichen Qualitäten der Wiederverwertung usw. [3.19, 3.20]. Für das Verständnis der natürlichen und durch Menschen beeinflussten Stoffströme und Stoffwechselvorgänge ist es zentral, die unterschiedlichen Aufenthaltszeiten in bestimmten Umweltmedien, -sphären und Organismen und damit das Zusammenwirken unterschiedlicher Zeitskalen zu kennen [3.1, 3.21].

• Leitbild *Ansetzen am Bedarf*. Es wird immer deutlicher, dass sich die zukünftige Chemiepolitik mit der Frage des *sozialen Nettonutzens* von Umweltchemikalien befassen muss. Vorrangig ist dieses Konzept dadurch begründet, dass zwischen den erwünschten Nutzeigenschaften und den unerwünschten Eigenschaften chemischer Stoffe systematische Zusammenhänge bestehen können [3.22, 3.23]. Dabei ist es in vielen Fällen nicht damit getan, einen als problematisch erkannten Stoff durch einen anderen zu ersetzen, die erwünschten Nutzungseigenschaften dabei aber als vorgegeben zu unterstellen [3.24].

• Leitbild *Reduzierung der Chlororganika*. Obwohl die Erkenntnisse über sog. *Quantitative-Struktur-Aktivitätsbeziehungen* (QSAR) immer noch unzulänglich sind, gibt es Hinweise auf die Möglichkeiten zu Bündelungen auf „mittlerem Abstraktionsniveau" zwischen Einzelstoffen und Chlorchemie [3.25, 3.26].

In der aktuellen Praxis der ökologischen Risikobewertung und Anwendung von Wasserqualitätskriterien werden QSAR-Ergebnisse mit Modellen der *Interspecies Correlation Estimation* (ICE) kombiniert; letztere beschreiben die Beziehung zur akuten Toxizität einer stellvertretenden („surrogate") Organismenspezies [3.27].

3.1.3 Schadwirkungen

Die Prozesse, die zu einer toxischen Wirkung bei Organismen führen, sind in Abb. 3.2 dargestellt. Aufgenommene Chemikalien können ohne Wirkung in ihrer originalen Form oder als deren Metaboliten ausgeschieden werden. Sie können als direkter Rezeptor oder als aktiver Metabolit Schädigungen von Stoffwechsel-, Transport- und Regulationsprozessen oder Schaden am genetischen Material verursachen. Es gibt aber auch die Mechanismen der *Entgiftung*, bei der eine aufgenommene Chemikalie oder ein aktiver Metabolit in inaktive Metaboliten umgewandelt wird und der Gegenregulation, Adaptation, Reparatur und Regeneration, die zur Aufhebung der Schädigungen bei den Stoffwechsel-, Transport- und Regulationsprozessen führen.

Bei der Giftigkeit eines Stoffes unterscheidet man zwischen *akuter Toxizität* (die Giftwirkung, die nach einmaliger Verabreichung auftritt), *subakuter bzw. subchronischer Toxizität* (die Wirkung, die nach Verabreichung über einen begrenzten Zeitraum von 1 bis 3 Monaten auftritt) und *chronischer Toxizität* (Giftwirkung tritt auf nach einer Verabreichungsdauer von über 6 Monaten).

Die *akute Toxizität* einer Verbindung kann durch die LD_{50} charakterisiert werden, d.h. die Dosis, die die Hälfte einer Tierpopulation tötet. Im Vergleich zur Feststellung akuter Giftwirkungen ist die Ermittlung chronischer Giftwirkungen ungleich schwieriger und aufwendiger.

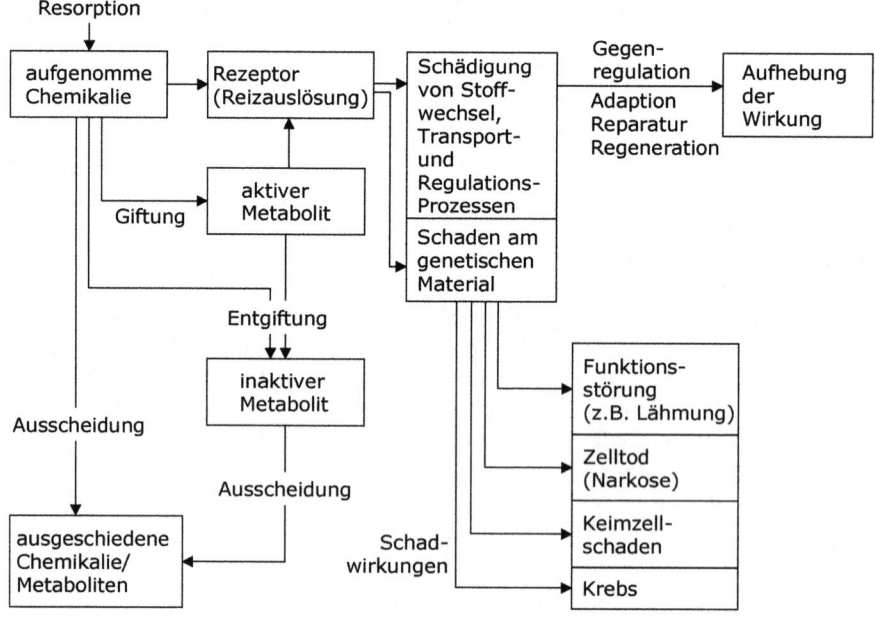

Abb. 3.2 Für die Toxizität einer Chemikalie bedeutsame Prozesse [3.28]

Erkenntnisse über die Ursache/Wirkung-Beziehungen bei hohen Schadstoffkonzentrationen, z.B. am Arbeitsplatz, lassen sich nur in Ausnahmefällen auf die Human-Ökologie – sie untersucht die Beziehungen zwischen menschlichen Erkrankungen und „normalen" Umweltbelastungen – übertragen. Bei Substanzen, die unter das *Lebensmittelgesetz* (LMBG) fallen, gilt praktische Erfahrung oder ein praktisch/theoretisch berechneter Wert für diejenige Menge, die bei täglicher Einnahme als sicher deklariert wird oder nicht (*ADI = accepted daily intake*).

Der ADI-Wert (in mg pro kg und Tag) bzw. PTWI-Wert (in mg pro kg und Woche) ergibt sich aus der „Dosis ohne Wirkung" (*NOEL: No Observed Effect Level*) dividiert durch den „Sicherheitsfaktor". Dieser Wert wird wie folgt abgeleitet: Nachdem im Tierexperiment die „Dosis ohne Wirkung" ermittelt worden ist, wird nach Art und Umfang der vorhandenen toxikologischen Daten und nach Ausmaß des Risikos ein Sicherheitsfaktor festgelegt, um die bestehenden Unsicherheiten (Nichterfassung von entscheidenden Wirkungen, Unterschiede in der Empfindlichkeit, nicht erfasste Kombinationswirkungen) auszugleichen:

- Sicherheitsfaktor < *100*: sofern ausreichende Erfahrungen beim Menschen vorliegen.
- Sicherheitsfaktor = *100*: Normalfaktor, sofern adäquate Langzeituntersuchungen beim Tier vorliegen.
- Sicherheitsfaktor > *100*: sofern nur unzureichende toxikologische Untersuchungen vorliegen oder für kanzerogene Stoffe, für die Faktoren bis 5000 vorgeschlagen wurden.

Bei den Bodengrenzwerten ist zu beachten, dass auch andere Faktoren die Giftigkeit im engeren Sinne modifizieren können; so sind bspw. bei den Auswirkungen von Cadmiumkontaminationen auf die menschliche Nahrung auch die Umweltbedingungen wie Eisen-, Vitamin-D- und Calciummangel zu berücksichtigen (Tabelle 3.2). Im Falle der Dioxinwerte, die hier als 2,3,7,8-Tetrachlordibenzodioxin-Toxizitätsäquivalente angegeben sind (Anhang 17. BImSchV), liegen die gemessenen Aufnahmeraten teilweise deutlich über den PTWI-Werten.

In Tabelle 3.3 sind die Vorkommen, Ursachen und Wirkungsmechanismen wichtiger Schadstoffe dargestellt.

Tabelle 3.2 PTWI-Werte für Schadstoffe im Boden [3.29]

Schadstoff	Nahrung*	PTWI**	Wirkungen (Besonderheiten)
Blei	0,91 mg	3,5 mg	Resorption bei Kindern erhöht
Cadmium	0,284 mg	0,525 mg	Eisen-, Vitamin-D-, Ca-Mangel
Quecksilber	0,063 mg	0,35 mg	für Methyl-Quecksilber: 0,23 mg
Arsen	0,2-0,3 mg	1 mg	letale Dosis: ~200 mg; cancerogen
PCB	0,04 mg	0,5 mg	Speicherung in Fett, Milch, Leber
TCDD-Eq.	140-1400 pg	500 pg	Hand-zu-Mund-Kontakt bei Kindern

*) Aufnahme: Durchschnitt pro Woche **) Provisional Tolerable Weekly Intake

Tabelle 3.3 Vorkommen, Ursachen und Wirkungsmechanismen typischer anorganischer und organischer Schadstoffe. Leichtflüchtige Chlorkohlenwasserstoffe (umfassen hauptsächlich chlorierte Methane, Ethane und Ethene), b) Pentachlorphenol, c) polychlorierte Biphenyle, d) polychlorierte Dibenzodioxine und Dibenzofurane

Schadstoff	Vorkommen	Ursache	Wirkungsmechanismus
Asbest	Luft	Baustoffe, Bremsen	Asbestose, Mesothelium (Lungenkarzinom)
Arsen	Wasser, Boden	Erzverhüttung, Mobilisierung d. Redoxänderungen	Brechdurchfall, Atemlähmung, Störung der Leber- und Nieren-funktion, Hauttumore
Blei	Luft	Benzin-Additiv	Blutbild, Nervensystem
Cadmium	Wasser, Nahrung	PVC-Stabili-satoren u.a.	Nierenschädigung, Knochendeformation
Quecksilber	Wasser, Nahrung	Chloralkali-elektrolyse	zentrales Nervensystem
Vanadium	Luft	Heizöl	Lungenkrebs?
Radioaktivität	Luft, Nahrung	Bergbau, AKW, Unfälle	Krebs, erbgutschädigend, fruchtschädigend
Benzol	Luft	Benzin	Blutschädigung, Krebs
Benzpyren	Luft	Benzin, Ruß	Lungenkrebs
DDT, E 605	Nahrung	Insekten-bekämpfung	Übelkeit; Leberkrebs? Nervensystem (E 605)
LCKW [a]	Wasser, Luft	Metallentfettung u.a.	Blut, Nervensystem, Niere, Leber, Haut
PCP [b]	Innenraumluft	Holz- und Textil-schutz	Übelkeit; Anfälligkeit für Infektionskrankheiten
Phthalate	Wasser, Nahrung	Weichmacher (PVC)	eingeschränkte Fortpflanzungs-fähigkeit?
PCB [c]	Nahrung	Weichmacher (of-fen)	Blutbild, Leberschäden, Nervensystem
PCDD/F [d]	Luft, Nahrung	Müllverbrennung u.a.	Chlorakne (1), Enzymgift (2), Krebs? (3); (4)

(1) – (4) Wirkungsmechanismen von PCDDs und PCDFs (s. auch Abschn. 3.3.1, S. 148): (1) Haut-Ekzeme, Organschäden: Blut, Niere, zentrales Nervensystem (auch organische Lösemittel); (2) Enzymhemmung. Beeinträchtigungen der Stoffwechselvorgänge (Oxydasenproduktion zur Entgiftung); (3) Entstehung in mehreren Stufen, u.a.: initiale Veränderungen, Anreiz zur Zellteilung, Weitergabe von DNA-Schädigung; (4) Allergische Effekte und Immundefekte: vermehrt Erkältungsphänomene (auch Pentachlorphenol)

3.1.4 Umweltgefährliche Stoffeigenschaften

Nach wie vor besitzt im Umweltschutz eine kleine Gruppe von besonders gefährlichen Chemikalien weltweit die größte Aufmerksamkeit: Das „dreckige Dutzend"
umfasst eine Reihe von Pflanzenschutzmitteln und Industriechemikalien sowie in
Produktions- und Verbrennungsprozessen entstehende unerwünschte Nebenprodukte wie die hochgiftigen Dioxine und Furane [3.30]. Diese Gruppe von „POPs"
(*persistent organic pollutants*) zeichnet sich durch Stoffeigenschaften wie Lang-
lebigkeit, Bioakkumulation, Öko- und Humantoxizität sowie das Potenzial zum
Ferntransport in Wasser, Boden und Luft aus [3.31]:

- *Resorption* bezeichnet die Fähigkeit von Organismen einen Stoff aufzunehmen
  (zu „resorbieren"). Aufgrund guter Fettlöslichkeit sind z.B. die meisten organischen Chlorverbindungen (u.a. Polychlorierte Biphenyle [PCB], DDT, TCDD)
  gut resorbierbar. Diese Verbindungen können sowohl von Pflanzen (in Ölen
  und Wachsen), Tieren, als auch von Menschen (im Fettgewebe) „resorbiert"
  und akkumuliert werden.
- *Persistenz* bezeichnet die Eigenschaft von Stoffen, in der Umwelt über lange
  Zeiträume verbleiben zu können, ohne durch physikalische, chemische oder biologische Prozesse abgebaut zu werden. Stoffe von hoher Persistenz sind z.B.
  viele organische Chlorverbindungen (PCB, DDT, TCDD, HCH), die in der natürlichen Umwelt nur sehr schwer zu ungiftigen anorganischen Stoffen (z.B.
  Kohlendioxid, Wasser) umgewandelt werden. Aufgrund ihrer großen Stabilität
  können persistente Stoffe (und deren Abbauprodukte) über die Nahrungskette
  in die Organismen gelangen und diese schädigen.
- *Bioakkumulation* ist die Anreicherung einer Chemikalie in einem Organismus
  durch Aufnahme aus dem umgebenden Medium und über die Nahrung.
- *Mobilität* ist die Geschwindigkeit der Verteilung eines Stoffes in der Umwelt
  und wird durch den Übergang eines Stoffes von einem Umweltmedium ins andere (bspw. durch Abregnen aus der Luft ins Wasser) bzw. durch die Verteilung in den einzelnen Umweltmedien bestimmt.

Die *POPs-Konvention* („Stockholmer Übereinkommen" [3.31]) hat ein weltweites
Verbot dieser Chemikalien zum Ziel. Während in den Industrieländern sowohl die
Produktion als auch der Gebrauch dieser Stoffe weitestgehend reguliert – meist
verboten – ist, werden sie in Entwicklungsländern und verschiedenen osteuro-
päischen Staaten weiter eingesetzt, bspw. als Pestizide, in Holzschutzmitteln oder
in Transformatoren. In Osteuropa und auf dem afrikanischen Kontinent bereiten
Lagerbestände von Pflanzenschutzmitteln von mehreren 100.000 Tonnen, die häufig in alten Fässern vor sich hinrotten, Anlass zu großer Sorge [3.30].

Die POPs haben durch den sogenannten „Grashoppers Effect" die Eigenschaft,
durch wiederholtes Verdunsten und Kondensieren mit den Luftströmungen in die
Richtung der Erdpole zu wandern. Auch durch den Ferntransport in Wasser und
durch wandernde Tierarten haben sie weitreichende Konsequenzen vor allem für
die kalten Regionen und speziell die Säuger am oberen Ende der Nahrungskette
wie z.B. Robben und Wale, ebenso wie die Eskimobevölkerung in der Nordpolar-
zone, die sich von diesen Tieren ernährt [3.30].

3.1.5 Umweltstandards

Umweltstandards sind Normen staatlicher oder nichtstaatlicher Organe und Institutionen. Dazu gehören „Diskussionswerte" und „Orientierungswerte", die von Fachwissenschaftlern für Gremien, Kommissionen, Verbände oder Behörden vorgeschlagen werden; „Richtwerte" werden von Gremien, Kommissionen und Verbänden durch Veröffentlichung bekannt gemacht; „Grenzwerte" werden von Behörden durch einen gesetzgeberischen Akt verbindlich festgelegt.

Umweltstandards und die davon abgeleiteten rechtlichen Regelungen können wie folgt klassifiziert werden:

- *emissionsbezogene Standards*, das sind Normen zur Begrenzung der Emission von Schadstoffen in Umweltmedien (Wasser, Luft, Boden) sowie zur schadlosen Beseitigung von Abfällen;
- *immissionsbezogene Umweltstandards* zum Schutz empfindlicher Pflanzen, Tiere und Sachgüter sowie zur Begrenzung der Schadstoffkonzentrationen in Umweltmedien, die unmittelbar oder mittelbar die vom Menschen aufgenommene Schadstoffmenge bestimmen (Luft, Trinkwasser, Böden, Lebens- und Futtermittel);
- *produktbezogene Umweltstandards*, die die Freisetzung von Schadstoffen bei der Verwendung bestimmter Produkte und Erzeugnisse vermindern und den Umgang mit gefährlichen Stoffen regeln sollen;
- *biologische Normen* und Standards, die die Schadstoffbelastung des Menschen durch Angabe maximal tolerierbarer Schadstoffkonzentrationen im menschlichen Organismus auf ein medizinisch unbedenkliches Maß begrenzen sollen.

Bedeutung von Grenzwerten

Kritiker des derzeit praktizierten Grenzwertkonzepts weisen auf verschiedene Unzulänglichkeiten hin, bspw. die mangelhafte Validität experimenteller Ansätze und die breite Skala individueller Empfindlichkeitsunterschiede und die fragwürdige wissenschaftliche Seriosität von Sicherheitsfaktoren. Die Akzeptanz wird wesentlich mitbestimmt von dem Konsens über die Vertretbarkeit der technischen Minimierung dieser Belastung: „Wissenschaft und Technik erhalten aus diesem Minimierungsgebot wesentliche Impulse für den Fortschritt zur Senkung der Nutzungsschwellen" [3.30].

Ein aktuelles Beispiel für den Einsatz von Konzentrationsgrenzwerten ist der Abfallsektor *(Kasten)*. Die Einstufung als „Gefährliche Abfälle" in der EU erfolgt künftig durch einheitliche Rechtsvorschriften der Gemeinschaft für Chemikalien. Dabei sind insbesondere die Regelungen zur Einstufung von Gemischen als gefährlich, inkl. der diesbezüglichen Konzentrationsgrenzwerte, anzuwenden. Im „Technischen Ausschuss zur Anpassung der EG-Abfallgesetzgebung an den wissenschaftlichen und technischen Fortschritt" (TAC) ist unter Berücksichtigung der abfallspezifischen Besonderheiten und der abfallwirtschaftlichen Erfordernisse eine Anpassung der Gefährlichkeitskriterien an das europäische Stoffrecht vorgenommen worden [3.33]. Zuletzt hat noch die Eigenschaft HP 14 „ökotoxisch", die nicht nur für Abfälle, sondern auch für Böden und Grundwässer deutlich gefahrenrelevant ist, eine Angleichung erfahren [3.34].

Gesundheits- und umweltrelevante Eigenschaften der Abfälle („Anhang III")
Mit der Verordnung der EU-Kommission Nr. 1357/2014 vom 18. Dezember 2014
[3.32] zur Ersetzung von Anhang III der Europäischen Abfallrahmenrichtlinie sind
die Regelungen zur Einstufung von Abfällen als gefährliche Abfälle an die
Rechtsvorschriften der Gemeinschaft über Chemikalien, hier die Verordnung
(EG) Nr. 1272/2008 („CLP-Verordnung" [3.8]), angeglichen worden. Bei der
Bewertung der gefahrenrelevanten Eigenschaften von Abfällen gelten die Kriterien des Anhangs III der Richtlinie 2008/98/EG. Einige Begriffe (*Beispiele*) sind
verändert, nicht jedoch die grundlegende abfallrechtliche Einstufungssystematik.

HP 4 ‚reizend — Hautreizung und Augenschädigung':
Abfall, der bei Applikation Hautreizungen oder Augenschädigungen verursachen
kann.

HP 5 ‚Spezifische Zielorgan-Toxizität (STOT)/Aspirationsgefahr':
Abfall, der nach einmaliger oder nach wiederholter Exposition Toxizität für ein
spezifisches Zielorgan verursachen kann oder akute toxische Wirkungen nach As-
piration verursacht.

HP 6 ‚akute Toxizität':
Abfall, der nach oraler, dermaler oder Inhalationsexposition akute toxische Wirkungen verursachen kann.

HP 7 ‚karzinogen':
Abfall, der Krebs erzeugen oder die Krebshäufigkeit erhöhen kann.

HP 8 ‚ätzend':
Abfall, der bei Applikation Hautverätzungen verursachen kann.

HP 9 ‚infektiös':
Abfall, der lebensfähige Mikroorganismen oder ihre Toxine enthält, die im Menschen oder anderen Lebewesen erwiesenermaßen oder vermutlich eine Krankheit
hervorrufen.

HP 10 ‚reproduktionstoxisch':
Abfall, der Sexualfunktion und Fruchtbarkeit bei Mann und Frau beeinträchtigen
und Entwicklungstoxizität bei den Nachkommen verursachen kann.

HP 11 ‚mutagen':
Abfall, der eine Mutation, d.h. eine dauerhafte Veränderung von Menge oder
Struktur des genetischen Materials in einer Zelle verursachen kann.

HP 12 ‚Freisetzung eines akut toxischen Gases':
Abfall, der bei Berührung mit Wasser oder einer Säure akut toxische Gase freisetzt (Akute Toxizität 1, 2 oder 3).

HP 13 ‚sensibilisierend':
Abfall, der einen oder mehrere Stoffe enthält, die bekanntermaßen sensibilisierend
für die Haut oder die Atemwege sind.

HP 14 ‚ökotoxisch':
Abfall, der unmittelbare oder mittelbare Gefahren für einen oder mehrere Umweltbereiche darstellt oder darstellen kann.

HP 15 ‚Abfall, der eine der oben genannten gefahren relevanten Eigenschaften
entwickeln kann, die der ursprüngliche Abfall nicht unmittelbar aufweist'.

3.1.6 Zeitskalen der Schadstoffausbreitung

Umweltchemikalien werden zwischen den verschiedenen „Medien" durch Vorgänge wie Ausregnen, Auflösen, Verdunsten, Adsorption und Desorption transportiert [3.6]. Aus den Erfahrungen der natürlichen Stoffbewegungen in der tieferen Erdkruste und den globalen Stoffströmen von Makroelementen wie Kohlenstoff, Stickstoff und Schwefel an der Erdoberfläche wurde das Bild des „Stoffkreislaufs" auch auf Umweltchemikalien übertragen. Dieses Bild kann jedoch in der umwelttechnischen Praxis irreführend sein, denn hier sind die Hauptprobleme die temporären Schadstoffanlagerungen und -anreicherungen an Feststoffen – Abfall, Klärschlamm, Staub, Boden, Sedimente –, aus denen diese Schad- und Belastungsstoffe bei veränderten Bedingungen *massiv freigesetzt* werden.

Die Ausbreitung von Schadstoffen in der Umwelt erfolgt in einem weiten zeitlichen Spektrum. Maßgebend sind einmal die Transportmechanismen und zum anderen die Wechselwirkungen der Schadstoffe mit den Trägermedien (Parameter der Stoffdynamik im Abschn. 3.1.7). Beispiele für charakteristische Grundwasserverschmutzungen sind in Tabelle 3.4 in einer zeitlichen Abfolge angeordnet:

- Am kurzfristigen Ende der Zeitskala stehen die Auswirkungen von grundwassergängigen organischen Substanzen bei Unfällen und Leckagen, von Nitrat und Pestiziden aus der Landwirtschaft, und von Chlorid aus dem Winterstreudienst.
- Großräumige, deutliche und meist rasch einsetzende pH-Absenkungen resultieren aus der Oxidation von Sulfiden, vor allem von Eisensulfid, von Bergbau-Abfällen und Baggerschlickablagerungen (Abschn. 8.2.3).
- Änderungen der Redoxbedingungen als Folge von organischen Umsetzungen bei der Uferfiltration und – meist weniger deutlich – künstlichen Infiltration lassen sich u.a. durch die Freisetzung von Mangan nachweisen (7.2.2).
- In deponiebeeinflussten Grundwässern zeigen Bor, Sulfat, Ammonium und Arsen besonders hohe „Kontaminationsfaktoren" (9.3.3).
- Starker atmosphärischer Säureeintrag in Waldböden pufferarmer Räume kann bereits mittelfristig eine intensive Freisetzung von Aluminium und Schwermetallen bewirken (5.1.6).
- Nutzungsänderungen von landwirtschaftlichen Böden hin zur Forstwirtschaft werden vermutlich die Mobilität von Schwermetallen langfristig erhöhen.
- Sehr langfristig und deshalb weitgehend spekulativ sind die Annahmen über eine verstärkte Freisetzung von Schwermetallen durch die Oxidation von Sulfiden in Reaktordeponien nach Beendigung von sauerstoffzehrenden Prozessen bzw. durch die Auflösung der Karbonatpuffer in Schlackendeponien.

Bei kurz- bis mittelfristigen Wirkungen (Tage bis wenige Monate) können die Ausbreitungsbedingungen unmittelbar durch Messungen verfolgt werden. Die sehr langfristigen Veränderungen lassen sich im Allgemeinen nur durch Laborexperimente, bspw. über Zeitraffereffekte, verifizieren. In dem dazwischen liegenden Bereich von Jahren bis Jahrzehnten ist es zweckmäßig, Frühwarnindikatoren einzusetzen: (1) Mobile Substanzen im Deponieuntergrund, (2) Calcium, Magnesium und Sulfat für die Intensivversauerung von Waldböden (*Abschn. 5.1.6*).

Tabelle 3.4 Zeitskalen von Grundwasserverschmutzungen

Dauer	Ursache – Prozess	Wirkung – Schadstoff
Tage	Leckagen, Unfälle, Straßenstreusalz	Öl, Benzol, HOV, Cl⁻
Wochen	Landwirtschaft, saure Sickerlösungen von Minen-abfällen und. Baggergut-Spülfeldern (Sulfid-oxidation)	Nitrat, Pestizide, Sulfat, Aluminium, Schwermetalle
Monate	Redoxveränderungen in Uferfiltratstrecken	Mangan, Eisen
Jahre	Deponiesickerwässer (anaerobe saure Phase)	Bor, Sulfat, NH_4^+, As, AOX, GC-Fingerprint
Jahr-zehnte	Intensivversauerung von Waldböden (pH<4,2)	Calcium, Aluminium, Schwermetalle
Jahr-hunderte	Nutzungsänderung von Land- zur Forst-wirtschaft (pH-Senkung, DOC)	Schwermetalle
	Sickerwässer aus postmethanogenen Reaktordeponien (Reoxidation)	Schwermetalle?
Jahr-tausende	Sickerwässer aus Schlackendeponien (Carbonatlösung)	Schwermetalle?

AOX = an Aktivkohle adsorbierbare organisch gebundene Halogene
DOC = gelöster (dissolved) organischer Kohlenstoff
GC-Fingerprint = Gas-Chromatographie-Spektrum ausgewählter deponietypischer Stoffe
HOV = halogenorganische Verbindungen

3.1.7 Parameter der Stoffdynamik in der Umwelt

Wichtige Informationen zur Beurteilung des Schicksals und der Aufenthaltszeit von Verunreinigungssubstanzen finden sich in Abb. 3.3 (nach [3.35]): Neben den *Transportwegen* und *Massenflüssen,* die sich aus der Produktionsstatistik, den Massenbilanzen, dem Transport und den Mischungsverhältnissen ableiten lassen, gilt das Interesse vor allem der *Verteilung* in den verschiedenen Umweltkompartimenten und den *molekularen Transformationen* in diesen Systemen. Dabei ist der Übergang des Schadstoffes in die verschiedenen Reservoire Wasser, Atmosphäre, Biota, Sedimente und Boden, die Verteilung in diesen und die verbleibende Konzentration abhängig von den physikalischen, chemischen und biologischen Eigenschaften der einzelnen Verbindungen und auch von den Eigenschaften der Umwelt. Beruhend auf den *Verteilungsgleichgewichten* kann die Art und Richtung der Transformation vorausgesagt werden. Bezieht man zusätzlich die *Kinetik* (Reaktionsablauf unter Berücksichtigung der Geschwindigkeit) dieser Transformation von einem Reservoir ins andere ein, können die Aufenthaltszeiten und somit die resultierenden Konzentrationen in einer ersten Näherung vorausgesagt werden.

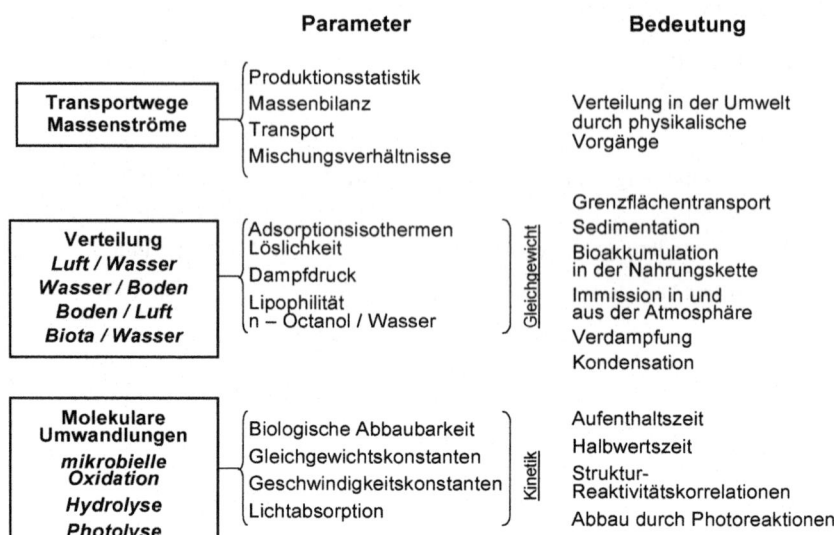

Abb. 3.3 Parameter für die Beurteilung des Schicksals und der Aufenthaltszeit von Schadstoffen in der Umwelt (nach *Stumm et al.* [3.35])

Ein Maß für die Bindungsfestigkeit bzw. Beweglichkeit von organischen Chemikalien ist der Verteilungskoeffizient zwischen Lösung und Feststoff. In Tabelle 3.5 sind Beispiele für die Gruppe der Pestizide wiedergegeben, die vor allem für das Verhalten von synthetischen organischen Stoffen in Böden von Interesse sind. Das K-Spektrum von hohen Werten, z.B. bei Organochlorpestiziden, zu niedrigen Verteilungskoeffizienten, z.B. die wegen der Grundwassergefährdung umstrittenen Stickstoffpestizide, entspricht nicht nur einem Anstieg der Wasserlöslichkeit, sondern stellt auch generell den Übergang von unpolaren über halbpolaren zu polaren Bindungscharakteristiken dar. Unpolare Verbindungen werden umso stärker sorbiert, je fettlöslicher (hydrophober) sie sind; als Maß für die Fettlöslichkeit wird üblicherweise der Octanol/Wasser-Verteilungskoeffizient (K_{OW}) gewählt.

Tabelle 3.5 Boden/Wasser-Verteilungskoeffizienten für Pestizide [3.36]

Pestizid-Typ	K-Wert	Pestizid-Typ	K-Wert
Organohalogenide		*Carbamate*	
Aromatisch	$10^5 ...10^3$	Methyl-Carbamate	$5 \times 10^2 ...2$
Aliphatisch		Thiocarbamate	$5 \times 10^2 ...50$
Organophosphate		*Nitroaniline*	$1 \times 10^3 ...50$
Aliphat. Derivate	$5 \times 10^2 ...10^1$	*Triazine*	$8 ...1$
Phenyl-Derivate	$10^3 ...10^2$		
Heterocyclen	$5 \times 10^2 ...50$		

3.2 Schwermetalle

3.2.1 Umwelttechnische Relevanz

Seit Dezember 2017 gilt in Deutschland die *Minamata Convention* [3.37]: Ab 2020 ist es weltweit verboten, quecksilberhaltige Produkte (Kosmetika, Thermometer, Batterien, Leuchtmittel u.a.) zu produzieren und zu verkaufen; die Verwendung des Schwermetalls in industriellen Prozessen soll eingeschränkt werden.

Bei den *Vergiftungsepidemien* von Minamata (1953-1956) und Niigata (1965) in Süd- bzw. Mitteljapan waren hunderte von Menschen, meist Fischer und deren Familienmitglieder, an schweren Schädigungen des Nervensystems erkrankt. Ausgelöst wurden die Katastrophen durch *Abwässer aus der Kunststoffproduktion*, als im Verlauf der katalytischen Umwandlung von Azetylen in Azetaldehyd unvorhergesehen Methylquecksilber- anstelle von anorganischen Quecksilberverbindungen entstanden (siehe 2. Aufl. Umweltschutztechnik Seite 63).

Metallprobleme
Schwermetalle stammen neben den natürlichen Quellen aus (1) industriellen Aufbereitungsverfahren von Erzen und Metallen, (2) dem Verbrauch von Metallen und metallhaltigen Stoffen, (3) der Auslaugung von Abfallstoffen und (4) aus tierischen und menschlichen Ausscheidungen.

Bei den *atmosphärischen Metallemissionen* sind vor allem die Cadmium-Emissionen problematisch, die zuerst vor allem aus der Erzverhüttung, Erzverarbeitung und später auch aus der Abfallverbrennung stammten. Der Anstieg der Nickelemissionen war besonders ausgeprägt seit den 50er Jahren, bedingt durch die wesentlich intensivierte Nutzung von Öl. Die Filterstäube ölgefeuerter Kessel enthalten ca. 1 % Ni. Typische Anreicherungsprodukte in feinkörnigen Flugaschen sind (ursprünglich in sulfidischen Mineralphasen der Kohle und z.T. in Erzen gebundene) Elemente wie Kupfer, Zink, Cadmium und Blei und mit noch stärkerer Tendenz zu flüchtigen Phasen Arsen, Selen und Antimon. Eine bevorzugte Emission mit der Gasphase zeigen Quecksilber, Fluor, Chlor und Brom [3.38].

Metallfreisetzung
Für eine verstärkte Löslichkeit, Mobilität und Bioverfügbarkeit feststoffgebundener Metalle sind Faktoren und Prozesse wichtig [3.39]:
- *pH*-Senkung, z.B. aus Bergbauabwässern, regional aus sauren Niederschlägen,
- Erhöhung der *Salzkonzentration* durch Konkurrenzeffekte bei der Oberflächenadsorption und die Bildung löslicher Chlorokomplexe einiger Spurenmetalle,
- erhöhte Gehalte an natürlichen und synthetischen *Chelatbildnern*, die lösliche Komplexe mit Metallen bilden, die sonst an Oberflächen adsorbiert würden,
- wechselnde *Redoxbedingungen*

Extreme Freisetzungseffekte von Spurenmetallen, die teilweise noch größere Flussabschnitte zu verfolgen sind, resultieren aus weiträumigen und anhaltenden Oxidationsprozessen von Sulfidmineralen in *Bergbauhalden*. In den Sickerwässern von frischen Bergehalden von Sulfiderzen können sich nach wenigen Jahren pH-Werte bis unter 1 mit extrem hohen Schwermetallgehalten einstellen [3.40].

3.2.2 Herkunft und Wirkung

Der globale Eintrag von Schwermetallen und ihre langfristige potentielle Anreicherung in der Biosphäre lässt sich aus dem *Technologie-Index* [3.41] ablesen, der die jährliche Erzgewinnung in Relation zu den normalen Gehalten im Gestein setzt (Werte in 5×10^7):

Mn =	Fe <	Ni	< Cr	< Zn	< Cu	< Hg	= Pb	< Au	< Cd
1	1	2	4	10	20	30	30	60	140

Mit diesen Index-Werten soll ausgedrückt werden, dass unter den technisch „aktiven" Elementen jene am bedrohlichsten für die belebte Umwelt sind, die aufgrund ihrer intensiven Nutzung besonders starke umweltgeochemische Anomalien ausbilden können.

Bei der Herkunft der *globalen Metallemissionen* können nach Nriagu u. Pacyna [3.42] folgende typische Entwicklungen unterschieden werden:

- der *Bergbau* produziert ein Mehrfaches der bei der natürlichen Verwitterung mobilisierten Metalle;
- die Einträge aus der *Industrie* in die Böden und Gewässer betragen für Chrom, Blei, Kupfer und Zink jeweils 15-20 % der Bergbauproduktion; bei Cadmium und Quecksilber übersteigen die heutigen Einträge aus der Industrie die aktuell gewonnenen Metallmengen, da der Bergbau auf Cadmium und Quecksilber inzwischen stark zurückgegangen ist;
- die *Verhüttung* von Erzen ist mit höheren Luft- als Gewässereinträgen verbunden, während bei der Industrieproduktion die Einträge in die Gewässer meist deutlich über den Emissionen in die Atmosphäre liegen (Ausnahme: Blei);
- die *Böden* sind bei allen Metallen schon heute das mit Abstand wichtigste Aufnahmemedium und dies wird sich wahrscheinlich mittelfristig noch verstärken.

Die Freisetzung von potentiell toxischen Elementen in die Umwelt kann Ökosysteme global, regional oder lokal belasten. Diese Effekte können in verschiedenen Medien beobachtet werden, z.B. in Böden, im Wasser und in Organismen. Besonders gut geeignet für eine Langzeitbeobachtung sind datierte Kerne im Eis oder aus den jüngeren Ablagerungen in Seen (Tabelle 3.6 [3.43]).

- Dramatische *globale* Veränderungen werden bei *Blei* zu beobachten und diese Effekte waren in erster Linie auf die Bleizusätze zum Benzin verursacht. Die drastische Einschränkung der Blei-Additive seit Ende der siebziger Jahre konnte eindeutig in einem entsprechenden Rückgang der Bleikonzentrationen im Blut der Bevölkerung verfolgt werden [3.44].
- Typisch *regionale* Veränderungen zeigen sich bei *Aluminium* unter dem Einfluss saurer Niederschläge. In den Gewässern wirken die erhöhten Aluminiumkonzentration toxisch auf kiemenatmende Tiere; organisch komplexiertes Aluminium wird relativ leicht mit der Nahrung aufgenommen und kann wichtige Stoffwechselprozesse stören [3.45].
- Anders als Blei und Aluminium wird *Chrom* meist lokal beeinflusst (z.B. aus Galvanikbetrieben oder Lederindustrie); dieses Element zeigt typische Spezies-

unterschiede, indem die sechswertige Form um ein Vielfaches giftiger ist als die dreiwertige Form. Die „Speziation" spielt eine wichtige Rolle bei der Abschätzung der Mobilität und biologischen Verfügbarkeit eines chemischen Elements. Die Spezies gelöster Komponenten wird durch Makromoleküle und durch feste Teilchen mitgeprägt. Sie werden dadurch für einige ihrer Auswirkungen maskiert oder immobilisiert (z.B. hinsichtlich der Toxizität), für andere jedoch aktiviert (indirekte Photolyse, biologischer Abbau, Stofftransport).

- Metalle können durch die Bildung organischer Verbindungen mobilisiert werden und – wie das Beispiel des *Quecksilber*s zeigt – auch giftiger sein als anorganische Formen. Die Halbwertszeit organischer Quecksilberverbindungen im menschlichen Körper beträgt ca. 70 bis 80 Tage, im Zentralnervensystem über 100 Tage. Quecksilber wird z.B. durch Bakterien in Methylquecksilber umgewandelt; durch diese organische Bindung wird Quecksilber lipophil (= fettlöslich; Abschn. 3.1.4) und kann nun vom Plankton (= im Wasser schwebende Algen, Kleinkrebse usw.) aufgenommen werden [3.46].

- Die Mobilität von *Cadmium* wird durch die Versauerung verstärkt und kann so insbesondere in kalkarmen Böden immer leichter von Pflanzen aufgenommen werden kann (Klärschlamm, Baggerschlamm, Böden). Bei Cadmium liegt die mittlere Verweilzeit im menschlichen Körper bei 18 Jahren, so dass vermutlich das wahre Ausmaß der Belastung bislang noch gar nicht zu erkennen ist.

Tabelle 3.6 Anthropogene Veränderungen von Schwermetallkreisläufen [3.43]

| | Skala der Veränderung | | | Diagnostisches Milieu | Freisetzungsmechanismus |
	global	regional	lokal		
Pb	+	+	+	Eis, Sediment	Verflüchtigung
Al	-	+	-	Wasser, Boden	Auflösung
Cr	-	-	+	Wasser, Boden	Auflösung
Hg	(-)	+	+	Fisch, Sediment	Alkylierung
Cd	(-)	+	+	Boden, Wasser, Sediment	Auflösung, Verflüchtigung

Der wichtigste Mechanismus, der die Toxizität von Schwermetallen generell bestimmt, ist die Inaktivierung von Enzymen. Dabei sind die zweiwertigen Übergangsmetalle besonders wirksam. Sie reagieren leicht mit den Amino- und Sulfhydryl-Gruppen der Proteine; einige (Cadmium, Quecksilber) konkurrieren mit Zink und ersetzen dieses in zinkhaltigen Metallo-Enzymen. Metalle können auch die Durchlässigkeit von Zellmembranen verändern und damit den Stofftransport beeinflussen. Metalle können Erbgut verändern und krebserregend wirken [3.47]. Bei den Itai-Itai-Erkrankungen in Japan bewirkte vermutlich Cadmium eine „Ausschwemmung" von Calcium aus den Knochen. Ein zweites Zentrum der toxischen Wirkung sind die Nieren, wo sich Cadmium anreichert und die Sekretionstätigkeit kontinuierlich verschlechtert.

3.3 Organische Schadstoffe

Unter dem Begriff organische Verbindungen sind alle chemischen Verbindungen zusammengefasst, bei denen Kohlenstoffatome das Grundgerüst bilden. Aufgrund der Molekülstruktur wird dabei unterschieden zwischen aliphatischen Kohlenwasserstoffen (kettenförmige) und aromatischen Kohlenwasserstoffen (vom Benzolring abgeleitete Verbindungen). Wenn ein oder mehrere Wasserstoffatome durch Halogen-Atome, z.B. Chlor, Brom, Jod, Fluor, ersetzt werden, entstehen Halogenkohlenwasserstoffe. Entsprechend ihrer unterschiedlichen physikalischen und chemischen Eigenschaften finden die chlorierten Kohlenwasserstoffe in weiten Bereichen eine Anwendung. Beispielsweise werden bestimmte chlorierte Kohlenwasserstoffe mit guten fettlösenden Eigenschaften, z.B. Perchlorethylen und Trichlorethylen, zur Metallentfettung, für die chemische Reinigung, als Extraktionsmittel und als Verdünner in der Farben- und Lackindustrie verwendet. Ferner sind chlorierte Kohlenwasserstoffe das Ausgangsprodukt für die Herstellung von Kunststoffen, z.B. PVC. Entsprechend ihrer unterschiedlichen Giftigkeit werden bestimmte chlorierte Kohlenwasserstoffe als Schädlingsbekämpfungsmittel gegen Insekten (Insektizid), gegen Pilze (Fungizid), gegen Bakterien (Bakterizid) und gegen bestimmte Pflanzen (Herbizid) eingesetzt. Chlorierte Kohlenwasserstoffe mit einem breiten Wirkungsspektrum, z.B. mit fungizider, bakterizider und insektizider Wirkung werden als Holzschutzmittel eingesetzt. Auch in zahlreichen im Haushalt üblichen verwendeten Mitteln (z.B. Fleckwasser, Pinselreiniger u.ä.) können chlorierte Kohlenwasserstoffe enthalten sein [3.48].

3.3.1 Umwelttechnische Relevanz

a) Innenraumluft und Erdatmosphäre
Die Kontamination von Innenräumen, nicht nur am Arbeitsplatz, wird immer mehr als einer der wichtigsten Faktoren für die menschliche Belastung durch Luftschadstoffe erkannt. Die Ursache dieser Schadstoffbelastungen (gasförmig und partikulär) ist sehr vielfältig: Es sind Anwendungen von Haushaltsgas, Verbrennung von Kohle, Koks und Holz; sie gehen aus von bestimmten Zimmerpflanzen, entstehen beim Kochen, Reinigen, Malen es sind Stoffe in Haushalts- und Geschäftsgegenständen wie Reinigungsmittel, Klebstoff, Korrekturflüssigkeiten und Nagellacke. Zwei Verbindungen sind besonders umstritten [3.49]:

Formaldehyd dient als Ausgangsstoff für viele Kunstharze, Bindemittel für die Herstellung von Holzspanplatten, Holzfaserplatten und Sperrholz, sowie von Textilhilfsmitteln und Desinfektionsmitteln. Anfang der 80er Jahre wurde Formaldehyd aufgrund von Tierversuchen als krebserregend eingestuft. *Pentachlorphenol* (PCP) fand Verwendung nicht nur im Holzschutz sondern auch zu Konservierungszwecken. Früher enthielt PCP signifikante Mengen an Dioxinen und Furanen aus dem Produktionsprozess. Die Beschränkungen des Inverkehrbringens sowohl von Formaldehyd als auch von Pentachlorphenol war in der Chemikalienverbotsverordnung (ChemVerbotsV) vom 19. Juli 1996 geregelt.

1. Aliphatische Verbindungen

z.B. Alkane: Methan   Ethan   Propan   Butan

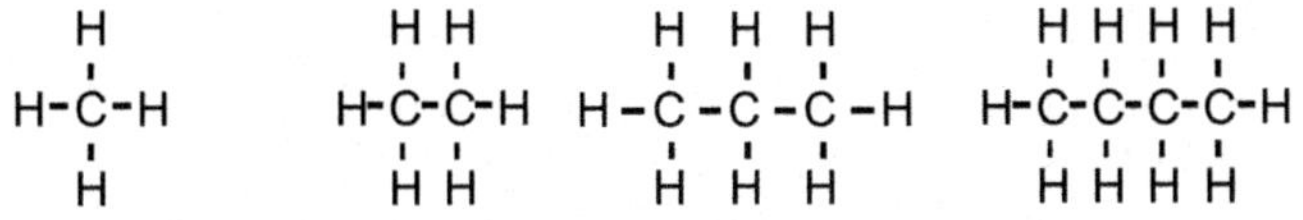

Bei einer Substitution von „H" durch „Chlor" wird die Nummer des C-Atoms, mit dem „H" verbunden war, angegeben. Bei den aliphatischen Verbindungen erfolgt die Nummerierung von links nach rechts.

1,3-Dichlorpropan

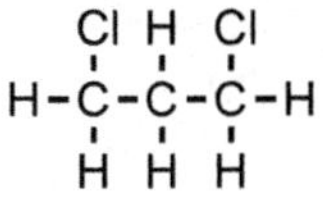

2. Aromatische Verbindungen

a) Benzol und vom Benzol abgeleitete Verbindungen

Die Nummerierung der C-Atome im Benzolring erfolgt im Uhrzeigersinn. Bei zwei Substituenten wird je nach ihrer Stellung zueinander zwischen ortho- (o-), meta (m-) und der para- (p-) Stellung unterschieden, z.B.:

1,2-Dichlorbenzol = o-DCB   1,4-Dichlorbenzol = p-DCB

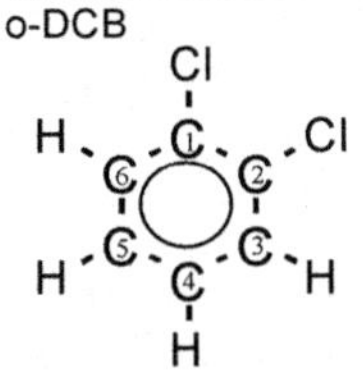

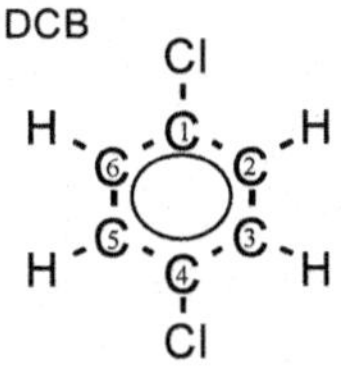

b) Biphenyle

Es handelt sich um Verbindungen, die zwei miteinander verbundene Phenylgruppen aufweisen. Bei Biphenylen erfolgt die Nummerierung der C-Atome in der ersten Phenylgruppe entgegen dem Uhrzeigersinn, in der zweiten Phenylgruppe im Uhrzeigersinn; zusätzlich werden die C-Atome in der zweiten Phenylgruppe mit einem „'" versehen, z.B. 3,5'-Dichlorbiphenyl:

3,5'-Dichlorbiphenyl   2,5,3',6'-Tetrachlorbiphenyl

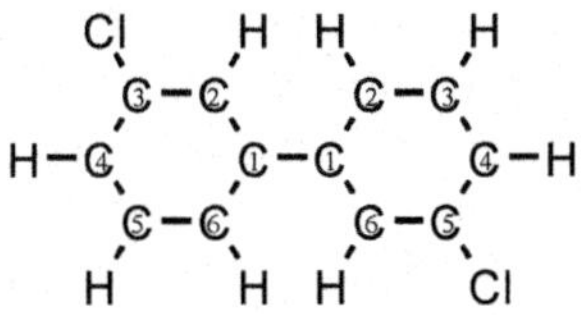

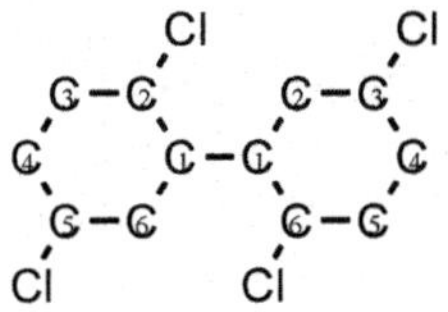

c) Dibenzo-p-dioxine

PCDD

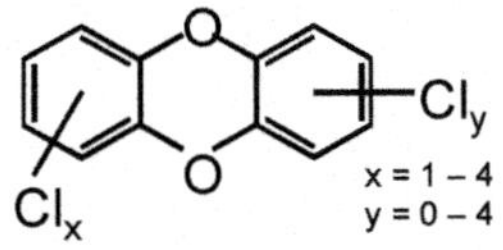

$x = 1 - 4$
$y = 0 - 4$

Zwei Phenylringe sind über zwei orthoständige Sauerstoff-Atome verknüpft. Für die Chlor-Substitution stehen insgesamt acht C-Atome zur Verfügung.

Abb. 3.4 Chlorkohlenwasserstoffverbindungen – Struktur und Benennung [3.48]

Fluorchlorkohlenwasserstoffe (FCKW) zeichnen sich ebenso wie die entsprechenden Bromverbindungen durch hohe Stabilität aus und sind nicht brennbar. Wegen ihrer günstigen Eigenschaften werden sie u.a. in Feuerlöschmitteln, als Kältemittel für Kühl- und Gefriergeräte, Wärmepumpen und Klimaanlagen, als chemische Reinigungs- und Lösemittel und als Verschäumungsmittel in der Kunststoffproduktion eingesetzt. In dem Protokoll von Montreal vom 16.09.1987 verpflichteten sich die Industriestaaten, den Verbrauch von FCKW nachhaltig zu reduzieren und Stoffe mit hohem *Ozonabbaupotential* vorrangig zu ersetzen.

Als vorübergehender Ersatzstoff, *„Überbrückungsstoff"* [3.32], für die bisher vorzugsweise verwendeten Verbindungen FCKW-11 (CCl_3F) und FCKW-12 (CCl_2F_2) kommt vor allem FCKW-22 ($CHClF_2$) in Frage, das nur ca. ein Zwanzigstel des ozonschädigenden Potentials dieser Verbindungen aufweist. Die Wasserstoffatome dieser und anderer Ersatzstoffe wie z.B. F-123 ($CHCl_2CF_3$) und F-141b (CH_3CCl_2F) werden in den unteren Atmosphärenschichten leichter oxidiert.

Erste Hinweise, dass der Zerfall der Ozonschicht gestoppt sei, stammen aus dem Fachmagazin *Atmospheric Chemistry and Physics Discussions* vom August 2010. Im Juni 2016 berichtete eine Forschergruppe *um Susan Solomon* vom Massachusetts Institute of Technology in „Science" [3.51], dass die Ozonschicht tatsächlich wieder dicker geworden ist; Wetterschwankungen können diesen Befund zwar beeinflusst haben, doch ist nach entsprechenden Simulationen damit höchstens die Hälfte des Zuwachses erklärbar.

b) Altlasten und Grundwasserverschmutzung
Nach der Aufdeckung spektakulärer Schadensfälle von „Altlasten" – Love Canal/ USA (1978), Stoltzenberg/Hamburg (1979), Lekkerkerk/Niederlande (1981), Georgswerder/Hamburg (1983) – wurden in den meisten Industrienationen detaillierte Erhebungen über das Ausmaß von Bodenkontaminationen durchgeführt. Zunächst wurden etwa 10 % der Altstandorte und Altablagerungen als sanierungsbedürftig angesehen; inzwischen geht man davon aus, dass der Anteil der kostenwirksamen Sanierungsfälle zwischen 15 und 30 % aller erfassten Altlasten liegen wird. Das Umweltbundesamt hat eine bundesweite Übersicht zur Altlastenstatistik auf Basis der im Altlastenausschuss des Länderarbeitskreises Boden (LABO) abgestimmten Datenerhebung vom 24.08.2015 veröffentlicht [3.52].

Die Belastung des Untergrunds durch organische Schadstoffe entsteht häufig durch Unfälle von Tanklastzügen, auslaufende Ölbehälter, unzureichend gesicherte Öl- und Chemikalienleitungen, sowie Unachtsamkeit beim Betanken von Fahrzeugen. Eine häufige Form der Untergrundverunreinigung von Industriegelände fand im Bereich von Kokereien statt, wo nicht verwertbare Rückstände aus der Produktion (Teerrückstände, Säuren, Laugen, Schlämme) meist unmittelbar auf dem Betriebsgelände in Gruben oder angelegten Erdbecken ohne besondere Dichtungsmaßnahmen verbracht wurden; gleichzeitig finden sich in diesen Böden häufig erhöhte Konzentrationen von Kokereiprodukten wie Benzol, Toluol, Xylol, Naphthalin, Phenol, Ölfraktionen- und Teerfraktionen; sowie Ammoniak. Andere typische Standorte einer organischen und teilweise auch anorganischen Bodenverunreinigung sind die Produktionsstätten für Pflanzenschutzmittel und vor allem die Betriebe, in denen Lösungsmittel verwendet werden oder wurden.

3.3.2 Herkunft und Wirkung

Die Gesamtzahl der organischen Verbindungen dürfte bei über 100.000 liegen, wovon ca. 60.000 allgemein verwendet werden; pro Jahr kommen ungefähr 1.000 neue Verbindungen hinzu. Schätzungsweise 1.000 dieser Verbindungen werden in Mengen hergestellt, die zu weiterreichenden Verschmutzungen führen könnten, wenn sie freigesetzt würden. In diesem Zusammenhang ist zu erwähnen, dass nicht nur die produktions- und anwendungsbedingten Emissionen chemisch definierter Stoffe zu Kontaminationen der Umwelt führen. Als nicht minder bedenklich sind die als flüssige, gasförmige und feste Abfälle im Produktionsprozess bzw. bei der Anwendung entstehenden Produkte anzusehen. Die nicht beabsichtigte Bildung von definierten Chemikalien außerhalb der chemischen Industrie kann ebenfalls zu Umweltbelastungen führen. Beispielsweise wird die jährliche globale Emission an Kohlenwasserstoffen durch die *Verbrennung fossiler Energieträger und von Treibstoffen* (Kraftfahrzeugverkehr) auf etwa 100 Mill. t geschätzt. Davon stammen ca. 25 Mill. t aus der Müllverbrennung, ca. 50 Mill. aus Raffinerien und dem Verkehr und ca. 15 Mill. t aus der Verbrennung fossiler Energieträger. Für Benzol, Toluol und Xylol sowie andere Stoffe ergeben sich jährlich zusätzlich ca. 10 Mill. t zu den produktions- und anwendungsbedingten Emissionen [3.53].

Bei den Umweltproblemen *produktionsbedingten Emissionen* stehen die Rückstände der Produktlinie „Chlorchemie" an erster Stelle; sie reichen von der Herstellung des Vorproduktes Chlor/NaOH, über diverse Zwischenprodukte bis zu deren Weiterverarbeitung zu chlorhaltigen oder chlorfreien Endprodukten [3.54].

- *Solereinigung.* Bei dem Amalgam- (höchste Qualität) und Diaphragma-Verfahren entstehen Verunreinigungen von Calcium-, Magnesium-, Eisen- und Sulfatverbindungen. Je t Chlor entstehen 200 kg wasserhaltige Fällschlämme.
- *Chlorerzeugung.* Besonders problematisch sind quecksilberhaltige Schlämme. Vor der Weiterverarbeitung müssen die Elektrolyseprodukte Chlor, Quecksilber oder chlororganischen Verbindungen gereinigt werden.

Weitere problematische Abfallprodukte sind die CKW-Rückstände bei der Erzeugung von Propylenoxid und die PVC-Schlämme aus der Polymerisation. Eine wesentliche Entlastung brächte ein Teilausstieg aus der Chlorchemie bei der Produktion chlorfreier Chemieprodukte über die Chlorroute – ein Drittel des Chlorverbrauchs dient lediglich als Synthesevermittler und wird anschließend vollständig aus dem Produktionsprozess ausgeschleust. Für alle diese Produktionsverfahren stehen großtechnisch erprobte chlorfreie Alternativen zur Verfügung [3.54].

Ein Beispiel für *anwendungsbedingten Emissionen* sind die Probleme mit Polychlorierten Biphenylen (PCB), die bis Anfang der siebziger Jahre vielseitig genutzt wurden – als Weichmacher, Flammschutzmittel, druckempfindliche Kleb- und Kittstoffe; später wurden nur noch geschlossene Anwendungen zugelassen. Durch Überlegungen über die Entsorgung von Transformatoren tauchte bei der Bearbeitung der PCB-Bilanz 1974-1976 der Verdacht auf, dass PCB mit dem Altöl vermischt werden und auf diesem Wege eine PCB-Kontamination der Umwelt entstehen könnte [3.55]. Es wurden Möglichkeiten untersucht, vorhandene PCB-haltige Produkte von PCB zu befreien („Retrofilling") bzw. bei der Konstruktion von neuen Produkten die Anwendung von PCB zu vermeiden.

Humantoxikologische Wirkungen

Die Giftwirkung organischer Fremdstoffe resultiert direkt bzw. nach vorangegangener Speicherung aus der aufgenommen Substanz oder aus deren Stoffwechselprodukten („Metaboliten" 3.1.3). Bekannt sind Abbaumechanismen über hochreaktive Zwischenstufen (Epoxyde), die wesentlich giftiger sind als die Ausgangsstoffe. Folgende Schadwirkungen können bei Menschen auftreten [3.56]:

- *Organschäden, z.B. Blut, Niere, Haut, Zentrales Nervensystem.* Eine besonders niedrige Reaktionsschwelle besitzen die mit Chlordibenzodioxinen verunreinigten Polychlorierten Biphenyle; hier löst der Hautkontakt Ekzeme (Chlorakne) aus. Empfindlich reagiert das Zentrale Nervensystem auf organische Lösemittel (Perchlorethylen, Hexan, Alkohole, Ester, Toluol usw.); schon kurzfristige Belastungen können zu Kopfschmerzen, Gedächtnisstörungen, Abgeschlagenheit und Konzentrationsschwäche führen.

- *Stoffwechselvorgänge, z.B. Enzymbeeinträchtigungen.* Die schwerflüchtigen Organohalogenverbindungen – Pestizide wie z.B. Lindan sowie die PCB und Chlordibenzodioxine – veranlassen den Organismus zur beschleunigten Synthese der Enzyme, die sie entgiften sollen („Enzyminduktion"). Dabei wird nicht nur der natürliche Stoffwechsel beschleunigt, sondern es werden auch Schadstoffe rascher metabolisiert; so können z.B. aus polycyclischen Aromaten vermehrt hochtoxische Reaktionsprodukte entstehen.

- *Allergische Effekte und Immundefekte.* Allergische Wirkungen sind in ihrem Wirkungsmechanismus kaum bekannt; es ist lediglich nachgewiesen, dass z.B. Formaldehyd-Allergien in Form von Ekzemen auf der Haut auslösen kann. Noch weniger geklärt sind die Wirkungen auf das Immunsystems. So beklagen z.B. Menschen in Häusern, deren Holzvertäfelungen mit dioxinhaltigem Pentachlorphenol behandelt wurden, u.a. vermehrt auftretende Erkältungsphänomene und Infektionskrankheiten.

- *Mutagene, teratogene und kanzerogene Wirkungen.* Einige organische Chemikalien, z.B. Vinylchlorid, können auf direktem Weg Krebs auslösen. Die meisten dieser Xenobiotika sind jedoch Prä- oder Procarcinogene, die erst durch Stoffwechselvorgänge in das eigentliche Carcinogen umgewandelt werden.

Richt- und Grenzwerte für Dioxin im Boden

Der kritische Belastungspfad für hochtoxische Dioxine/Furane verläuft vom Boden über Lebensmittel. Legt man für eine grobe Abschätzung einen Transferfaktor von 0,01 bis 0,1 zugrunde, so wäre bei einer Belastung durch 5 ng-TCDD-Äquivalenten (TE) pro kg Boden mit Gehalten von 50-500 pg TE pro kg in den dort erzeugten Lebensmitteln zu rechnen. Bei einem Verzehr von 2 kg Lebensmitteln pro Tag wäre damit bei vollständiger Selbstversorgung eine tägliche Aufnahme von etwa 100-1000 pg TCDD-Äquivalenten pro Person bzw. 1,3-13 pg/kg Körpergewicht zu erwarten [3.57]. Diese Werte übersteigen die vorläufige duldbare tägliche Aufnahmemenge von 1 pg/kg Körpergewicht. Insofern ist der vom Bundesgesundheitsamt empfohlene Wert von 5 ng TE pro kg für Boden bei uneingeschränkter gärtnerischer und landwirtschaftlicher Nutzung keinesfalls zu hoch angesetzt (Abschn. 3.1.3).

Abbaubarkeit von organischen Schadstoffen (*Track & Michels* [3.58, 3.59])

Aliphatische Mineralölkohlenwasserstoffe (MKW) sind biologisch gut verwertbar, obwohl die Wasserlöslichkeit gering ist. Toxischere Metabolite sind bei der Mineralisierung nicht zu erwarten. Ab besten produktiv abbaubar sind die sog. Mitteldestillate. Der bevorzugte Abbau findet unter aeroben Bedingungen statt, ein Abbau unter anaeroben Bedingungen ist in Gegenwart von Nitrat und Sulfat möglich. MKW sorbieren einerseits sehr stark an Bodenpartikel und Humus, andererseits sind kurzkettige MKW flüchtig und toxisch für die Bakterien.

Die in MKW-Produkten enthaltenen *BTEX-Aromaten und Phenole* sind nicht nur wasserlöslicher als die aliphatischen MKW, sondern unter aeroben Bedingungen gut, und unter anaeroben Bedingungen vergleichsweise gut abbaubar. In höheren Konzentrationen wirken sie allerdings toxisch [3.58a].

Aliphatische chlorierte Kohlenwasserstoffe (LCKW) sind aufgrund ihrer Wasserlöslichkeit sehr mobil und bilden lange Schadstofffahnen. Mehr als bei jeder anderen Gruppe hängt der biologische Umsatz und die mögliche Akkumulation von Zwischenprodukten von den Redoxverhältnissen ab. Hoch chlorierte LCKW werden anaerob, niedrig chlorierte aerob umgesetzt. Die Mineralisierung erfolgt zumeist cometabolisch. Erst die Entdeckung der reduktiven Dehalorespiration zeigte, dass der anaerobe Abbau hochchlorierter LCKW auch produktiv sein kann.

Im Gegensatz dazu sind *aromatische chlorierte Kohlenwasserstoffe* nur schwer wasserlöslich und auch nur schwer biologisch abbaubar. Das mag einerseits an der toxischen Wirkung vieler Chloraromaten liegen, andererseits führen Dechlorierungen meist nur zu niedriger chlorierten Verbindungen. Diese interagieren mit der Huminstoff-Matrix, so dass im Boden nicht die Mineralisierung, sondern die Bildung von gebundenen Rückständen (Humifizierung) im Vordergrund steht. Obwohl verschiedene aerobe und anaerobe Dechlorierungsstrategien bekannt sind, erfolgt die Metabolisierung cometabolisch [3.58b. 3.59a].

Als Beispiel für *nitroaromatische Verbindungen* wird hier auf das TNT (2,4,6-Trinitrotoluol) eingegangen. Dieses wird im Gegensatz zu niedriger nitrierten Aromaten nur cometabolisch umgesetzt. Es ist schwer wasserlöslich. Sowohl aerob als auch anaerob erfolgt eine Reduktion der Nitrogruppen zu den entsprechenden Aminoaromaten. Diese werden unter aeroben Bedingungen humifiziert. Die biotische oder abiotische Oxidation der Methylgruppe führt zu gut wasserlöslichen und wahrscheinlich gut biologisch abbaubaren Verbindungen [3.59b].

Polyzyklische aromatische Kohlenwasserstoffe (PAK) sind eine heterogene Gruppe von kondensierten aromatischen Systemen. Unter den PAK ist hauptsächlich Naphtalin unter aeroben und anaeroben Bedingungen abbaubar. Höher kondensierte PAK (3-4 Ringe) werden meist erst im Anschluss an leichter verwertbare Schadstoffe langsam abgebaut. Der biologische Abbau hochmoledukarer PAKs (>4 Ringe) ist unbedeutend; er wird maßgeblich durch die geringe Wasserlöslichkeit sowie ihre starke Sorption an die Matrix des Untergrundes limitiert [3.58c]. Für die Umsetzung von PAK stehen vor allem die vollständige mikrobiologische Mineralisierung und die Humifizierung in der Bodenmatrix zur Verfügung. PAKs sind im Untergrund wenig mobil.

„Neue" Schadstoffe: Gewässerrelevanz endokriner Stoffe und Arzneimittel
Mit dem Schwerpunktprogramm der Deutschen Forschungsgemeinschaft *„Schad-stoffe im Wasser"* (1970-1977 [3.60]) begann die systematische Erforschung der Gewässerverschmutzung in Deutschland; die Ergebnisse dieser Arbeiten bildeten die wichtigste Grundlage der späteren Überwachungsprogramme in den Ländern. Deren organisatorische Struktur hat sich auch nach der deutschen Wiedervereinigung und unter den neuen europäischen Regelungen bewährt.

Drei wissenschaftlich-technische Fragen sind für die Gewässerüberwachung nach wie vor aktuell (und werden bspw. von der Fachgruppe Wasserchemie in der Gesellschaft Deutscher Chemiker bearbeitet):

1. Ist die analytische Erfassung und Identifizierung der verschiedenen potenziellen Schadstoffe gesichert?
2. Bei welchen Konzentrationen ist mit einer Schädigung durch die einzelnen Stoffe zur rechnen und wie kann ihre Schädlichkeit getestet werden?
3. Wie lässt sich ihr Auftreten vermeiden bzw. wie können sie auf ein unbedenkliches Maß vermindert werden?

In den letzten 10-15 Jahren sind vor allem die Auswirkungen von Umweltchemikalien auf die hormonellen Systeme („endokrine Disruption") in die öffentliche Diskussion gerückt. Auch bei der Umsetzung der Europäischen Wasserrahmenrichtlinie (Abschn. 6.2.1) werden den Störungen durch endokrin wirksame Substanzen in Oberflächengewässern eine besondere Bedeutung beigemessen. Ein Projekt der Fa. ECT Oekotoxikologie und der Bundesanstalt für Gewässerkunde hat die bisherigen Erkenntnisse über diese Chemikalien und Arzneimittel ausgewertet und Strategien zur Reduzierung des Eintrags dieser Substanzen in die Gewässer erarbeitet [3.61].

In dieser Studie wurden für 71 Stoffe einer Gesamtliste von 652 Verdachtsstoffen *in vivo*-Wirkungen auf aquatische Organismen festgestellt; bei 31 dieser 71 Stoffe ist der endokrine Endpunkt der empfindlichste, bei 21 war ein anderer ökotoxikologischer Endpunkt empfindlicher. Für 38 Stoffe lagen Messdaten aus deutschen Oberflächengewässern vor; als gewässerrelevant werden die 24 Stoffe eingestuft, die in Gewässern nachgewiesen wurden und deren Konzentrationen im Jahresmittel über den Umweltqualitätnormvorschlägen liegen [3.61].

Besonders nachhaltig sind Maßnahmen, die zu einer Minimierung der endokrin wirksamen Stoffe an der Quelle der Anwendung bzw. der Emission führen [3.62]:
• Umweltlabel für Produkte, die endokrin wirksame Stoffe enthalten, um ein Umweltbewußtsein beim Umgang und Gebrauch zu entwickeln;
• striktes Eintragsverbot bzw. stärkere Regulierung bei der Zulassung;
• Ersatz von schlecht eliminierbaren durch leichter abbaubare Substanzen
• Separation von Urin, Grauwasser und Faeces,
• separate Behandlung stark verschmutzter Abwässer, z.B. aus Krankenhäusern, (Alters-)Heimen, Industrie;

Andere Maßnahmen setzen bei der Abwasserreinigung an, z.B. Erhöhung des Schlammalters im Belebungsbecken, Einrichtung zusätzlicher Filtrationsschritte, weitergehende Behandlung durch Ozonung, alternativ Behandlung mit Pulveraktivkohle (*Abschnitt 6.4.5 Vierte Reinigungsstufe: Sonderverfahren*).

3.4 Strahlung

Beim Menschen lösen energiereiche Strahlen verschiedene Schädigungen aus. Dazu gehört die Bildung von Krebs und Blutkrebs. Welche physiologischen Auswirkungen der Strahlen diese Krankheitsbilder verursachen, ist noch nicht genau bekannt. Vermutlich werden sie durch strahleninduzierte *Mutationen* eingeleitet.

In den vergangenen Jahren hat, nicht zuletzt unter dem Eindruck der Nuklearkatastrophen von *Tschernobyl* und *Fukushima*, das Bewusstsein über die Gefahren durch ionisierende Strahlen stark zugenommen. Dabei wird häufig übersehen, dass der *Strahlenschutz* einen hohen technischen Stand erreicht hat, der maßgebend für die Entwicklung der *Sicherheitstechnik* in anderen Bereichen war.

Strahlenschutzmesstechnik
Radiometrische Verfahren haben bei richtiger Anwendung eine größere Empfindlichkeit und Zuverlässigkeit als *Messverfahren* für andere physikalische oder chemische Größen. Die Nachweisgrenzen sind äußerst niedrig, die Aussagen meist sehr spezifisch und mit keiner anderen Methode erreichbar [3.63] (Tabelle 3.7).

Messeinheiten im Strahlenschutz
Die *Zerfallshäufigkeit* oder Radioaktivität eines Stoffes wird in Becquerel (Bq), der Zahl der radioaktiven Zerfälle pro Sekunde, gemessen. Die abgeleitete SI-Einheit für die *spezifische Aktivität* ist das Becquerel durch Kilogramm ($Bq\ kg^{-1}$) bzw. Becquerel durch Kubikmeter ($Bq\ m^{-3}$). Die Energiedosis (D) ist die auf ein Material mit einer homogenen Masse 1 kg übertragene Strahlungs-Energie von 1 J (Gray). Die Einheit für die *Äquivalentdosis* ist 1 *Sievert* (Sv) = 1 Gray x Qualitätsfaktor (Q; nach Reichwerte und Durchdringungsfähigkeit der Strahlung) in $J\ kg^{-1}$. Ein Beispiel zur Verdeutlichung der Größenordnungen: Die terrestrische Umgebungsstrahlung, der natürliche Strahlenuntergrund oder Strahlenpegel (Nullwert), hat eine Äquivalentdosisleistung von 0,40 mSv/a = 0,05 µSv/h = 50 nSv/h.

Tabelle 3.7 Das Aufgabenspektrum der Radiometrie nach Einsatzgebieten [3.63]

- Exploration; geologische und archäometrische Altersbestimmung
- Nuklearmedizinische Diagnostik (z.B. Szintigraphie)
- Nuklearmedizinische Therapie (z.B. Krebsbehandlung)
- Materialprüfung mit Durchleuchtung
- Industrielle Steuer- und Regelungstechnik, Rauchmelder
- Indikatormethoden, Tracer
- Radiochemische und biochemische Markierungs- und Spurenanalysen
- Aktivierungsanalyse
- Entkeimung von Geräten und Lebensmitteln
- Kontaminationsüberwachung
- Radioaktivität der Umwelt (nuklidspezifische Aktivitätsmessungen)

3.4.1 Natürliche Strahlenbelastung [3.64]

Die natürliche Strahlenexposition des Menschen resultiert aus der *kosmischen Strahlung*, z.T. solaren, z.T. galaktischen Ursprungs, bei der verschiedene Partikel hoher Energie bei der Kollision mit der Atmosphäre Neutronen, Protonen und Alpha-Partikel mit hoher Ionisationsrate sowie Gammastrahlen freisetzen. In mittlerer Siedlungshöhe ergibt sich eine kosmische Strahlung von ca. 0,5 μSv, in Höhen des Düsenflugverkehrs das 10- bis 100fache.

Die *terrestrische Strahlung* stammt z.T. von einigen extrem langlebigen, seit Entstehung der Erde vorhandenen – primordialen – Radionukliden in Gesteinen und Böden (K-40, Rb-87), die nach dem Zerfall in inaktive Isotope übergehen, vor allem aber von weiteren ebenfalls langlebigen Nukliden der Uran-Radium-Reihe (U-238), der Thorium-Reihe (Th-232) und der Actinium-Reihe (U-235), jede mit zahlreichen radioaktiven Tochternukliden sehr verschiedener Halbwertszeit. Bei der internen Strahlenexposition sind die Quelle für den größten Teil Radon und die Radontöchter.

In Deutschland wird für die meisten Einwohner die effektive natürliche Äquivalentdosis aus allen natürlichen Strahlungsquellen zwischen 1,5 und 4 mSv/Jahr liegen. Dazu trägt die externe Strahlenexposition zu einem Viertel und die interne Strahlenexposition zu drei Viertel bei; die Dosis durch externe Bestrahlung stammt zu rund 50 % von der kosmischen Strahlung und zu je 25 % von Kalium-40 und den Nukliden der Uran- und Thorium-Reihe [3.64].

Umwelttechnische Relevanz

Aus den *Gesteinen* gelangen Radionuklide in unterschiedlicher Menge auch in Baustoffe. In Häusern aus Schlackensteinen (z.B. im Saarland) kann das zu Strahlenbelastungen führen, die ca. 10fach über dem Durchschnitt liegen (ca. 0,7 mSv/a). Zwar wirken Decken und Wände des Gebäudes einerseits als Abschirmung gegenüber der äußeren Strahlung, andererseits kann die natürliche Radioaktivität vieler Baustoffe zu einer zusätzlichen Strahlenexposition führen (Tabelle 3.8). In Holz- und Fertighäusern heben sich die beiden Anteile gegenseitig auf, häufig überwiegt sogar der Abschirmeffekt. In Massivhäusern führt der Aktivitätsgehalt der Baustoffe zu einer deutlich höheren Strahlenexposition.

Tabelle 3.8 Einfluss verschiedener Baumaterialien auf die Strahlenexposition in Wohngebäuden [3.64] *) durch Abschirmung der Umgebungsstrahlung

Baustoff	zusätzliche Strahlenexposition (mSv/Jahr)		
Holz	-0,2*	bis	0
Kalksandstein, Sandstein	0	bis	0,1
Ziegel, Beton	0,1	bis	0,2
Naturstein, technisch erzeugter Gips	0,2	bis	0,4
Schlackenstein, Granit	0,4	bis	2,0

3.4.2 Künstliche Strahlenbelastung

Spalt- und Aktivierungsprodukte aus Kernwaffenexplosionen und aus der Nutzung der Kernkraft sowie Strahlen aus der Röntgendiagnostik, Strahlentherapie und Nuklearmedizin stellen die wichtigsten künstlichen Belastungsquellen dar. Das Bundesgesundheitsamt gibt für Deutschland den Mittelwert der genetisch signifikanten Strahlendosis durch *Röntgendiagnostik* mit 0,5 mSv an, doch wird gleichzeitig auf die regional stark unterschiedliche Anwendungshäufigkeit hingewiesen. Es ist daher gerechtfertigt, den gesamten Beitrag zur Strahlenexposition durch Röntgendiagnostik, Strahlentherapie und Nuklearmedizin mit einer jährlichen effektiven Äquivalentdosis von 1 mSv je Einwohner anzusetzen [3.64].

Die gesamte aus *kerntechnischen Anlagen* resultierende Exposition wird mit ca. 10 µSv/a angegeben [3.65]. Obwohl die Strahlenbelastung aus Kernkraftwerken im Normalbetrieb unproblematisch ist, müssen wie bei den medizinischen Anwendungen bestimmte Anreicherungsvorgänge in Organen oder Organbezirken in Rechnung gestellt werden. Besonders zu beachten ist die Aufnahme von Jod-131, zum einen direkt über die Atemluft, zum anderen aber auch über die Nahrung, hier speziell mit der Milch, in der sich Jod über die Kette Luft-Weide-Kuh-Milch besonders anreichert. Im Fall der Atomkatastrophe von *Fukushima* zeigen die Abschätzungen der Gesellschaft für Anlagen- und Reaktorsicherheit (GRS [3.66]), dass sich aus den Maxima der gemessenen Aktivitätskonzentrationen (Messpunkt in 330 m Entfernung vom Auslauf) bei einem Verzehr von lediglich 100 g Meeresalgen eine effektive Dosis zwischen maximal 2,2 mSv (Rotalgen) bzw. 220 mSv (Kombu) ergeben würde. Damit wäre der in Deutschland gültige Grenzwert der Jahresdosis für Personen der Bevölkerung über alle Expositionspfade von 1 mSv bereits bei dem Verzehr von 1 g Kombu (die in Japan beliebte Braunalge ist wegen des sehr hohen natürlichen Jodgehaltes in Deutschland nicht als Lebensmittel zugelassen!), überschritten.

Gesamtstrahlungsexposition
Die mittlere effektive Äquivalentdosis aus allen natürlichen und künstlichen (ohne berufliche Quellen) Strahlenquellen beträgt für einen Einwohner in Deutschland 3,2 mSv/Jahr [3.64]: Diese Dosis stammt zu etwa gleichen Anteilen aus der natürlichen Strahlung, der zivilisationsbedingten zusätzlichen Strahlung durch die natürliche Radioaktivität in Häusern und der Strahlung durch die *Röntgendiagnostik*. Mit diesem Wert können die somatischen *Strahlenrisiken* der Bevölkerung abgeschätzt werden, d.h. das durch ionisierende Strahlung bedingte Auftreten von *Leukämie* und *Krebs*. Die für die Beurteilung genetischer Folgen wichtige genetisch signifikante Dosis ist deutlich kleiner. Alle anderen Beiträge zur Strahlenexposition sind für den durchschnittlichen Erwachsenen zu vernachlässigen. Die zusätzliche Dosis durch einen Flug in den Urlaub beträgt etwa 20 µSv/Jahr; die Exposition bei Daueraufenthalt am Zaun eines Kernkraftwerks etwa 10 µSv/Jahr; die tritiumhaltigen Leuchtziffern einer Uhr tragen 0,3 µSv/Jahr zur Strahlenexposition bei. Zu beachten sind bestimmte Belastungspfade dennoch, insbesondere im Hinblick auf die Anreicherung von radioaktivem Jod in der *Schilddrüse* von Kleinkindern [3.64].

Strahlenexposition im Bergbau; strahlungsaktive Rückstände

Nach wie vor gehören Arbeiter in Uranminen, insbesondere untertage, zu der Gruppe der beruflich strahlenexponierten Personen, die im Mittel die höchste Strahlendosis aus externer und durch Radon und seine Folgeprodukte bedingter interner Exposition erhalten. Nach Messungen in *Uranminen* in Frankreich, Kanada und USA liegt die durchschnittliche, jährliche effektive Äquivalentdosis durch *Radoninhalation* zwischen 6 und 34 mSv. Unzureichend erfasst wird die Strahlenexposition für Hunderttausende von Bergarbeitern im Erz- und Kohlebergbau. Im *Kohlebergbau* ist mit einer mittleren effektiven Äquivalentdosis durch die Inhalation von Radon und seinen Folgeprodukten zwischen 1 und 2 mSv/Jahr zu rechnen, im *Erzbergbau* für die untertage Beschäftigten von 3 bis 20 mSv/Jahr [3.65].

Die Überwachung von *strahlungsaktiven Rückständen* ist ein wichtiger Teilschritt bei der umfassenden Bewertung von Abfällen und Produkten, die künftig im Zuge der Umsetzung des Verwertungsgebots in wesentlich größeren Anteilen in Kontakt mit dem Boden und mit dem Grundwasser gelangen, als dies bei einer Deponierung der Fall wäre.

3.4.3 Elektrosmog

„Elektrosmog" ist ein umgangssprachlicher Ausdruck für die elektromagnetische Umweltbelastung bzw. die technische Hintergrundstrahlung, die beim Betrieb von Hochspannungsleitungen, Radaranlagen, Rundfunksendern, Bildschirmen, Mikrowellenherden, Mobilfunkgeräten usw. auftritt. Eine journalistische Aufarbeitung des Themas findet sich bei ZEIT-Online [3.67] Das Bundesamt für Strahlenschutz befasste sich mit Studien, die öffentliches Interesse erweckt haben [3.68].

Es gibt Hinweise auf biologische Effekte bereits von schwachen 50-Hz-Feldern [3.69]. Etwa 4 % der Bevölkerung reagieren besonders empfindlich auf elektromagnetische Strahlung, doch lassen sich die Fragen nach spezifischen Auswirkungen auf die menschliche Gesundheit noch nicht klar beantworten [3.70].

Die Untersuchungen zur *Magnetfeldexposition* der Bevölkerung im Niederfrequenzbereich können wie folgt zusammengefasst werden [3.71]:

- Hochspannungsleitungen erzeugen die höchsten Magnetfeldstärken, denen Menschen im Alltag über einen *längeren Zeitpunkt* ausgesetzt sind. Dabei wird jedoch keiner der in rechtlichen Normen genannten Grenzwerte überschritten.
- Die höchsten Magnetfeldstärken, denen Menschen *kurzzeitig* ausgesetzt sind, werden durch Arbeitsmaschinen und Haushaltsgeräte erzeugt. Sie sind aber nur bei einem Betrieb über längere Zeit in unmittelbarer Körpernähe zu beachten.

Die *26. BImSchV* (Verordnung über elektromagnetische Felder [3.72]) gilt für die Errichtung und den Betrieb von Hochfrequenzanlagen und ortsfesten Niederfrequenzanlagen, berücksichtigt jedoch nicht die Wirkungen auf elektrisch oder elektronisch betriebene Implantate (z.B. Herzschrittmacher). In den Anhängen 1 und 2 sind die Effektivwerte der Feldstärke (für Hochfrequenzanlagen) bzw. der elektrischen Feldstärke und magnetischen Flussdichte (für Niederfrequenzanlagen) verzeichnet. Soweit anwendbar sind die Mess- und Berechnungsverfahren des Normentwurfs DIN VDE 0848 Teil 1, Ausgabe Mai 1995, einzusetzen.

3.5 Literatur

3.1   Korte F (1992) Lehrbuch der ökologischen Chemie. 3. Aufl., 373 S. Georg Thieme

3.2   Alloway BJ, Ayres DC (1996) Schadstoffe in der Umwelt – Chemische Grundlagen zur Beurteilung von Luft-, Wasser- und Bodenverschmutzungen. 382 S. Spektrum

3.3   Bliefert C (1997) Umweltchemie. 2. Auflage. 510 S. Wiley-VCH Weinheim

3.4   Anonym (2008/2017 [s. Fußnote 3]) Gesetz zum Schutz vor gefährlichen Stoffen (Chemikaliengesetz – ChemG) in der Fassung der Bekanntmachung vom 2. Juli 2008, BGBl. I, S. 1146. [3.4a] Anonym (2017) Verordnung über Verbote und Beschränkungen des Inverkehrbringens und über die Abgabe bestimmter Stoffe, Gemische und Erzeugnisse nach dem Chemikaliengesetz (Chemikalien-Verbots-verordnung – ChemVerbotsV) vom 20. Januar 2017 BGBl. I, S. 94 [3.4b] Anonym (2010) Verordnung zum Schutz vor gefährlichen Stoffen (Gefahrstoffverordnung – GefStoffV) vom 26.09. 2010, BGBl. I S. 1643

3.5   Anonym (2008) REACH-Anpassungsgesetz – Gesetz zur Durchführung der Verordnung (EG) Nr. 1907/2006, 20 Mai 2008, BGBl. 1 Nr. 21 vom 31.5.2008 S. 922

3.6   Anonym (2006) Richtlinie 2006/121/EG des Europäischen Parlaments und des Rates vom 18. Dezember 2006 zur Änderung der Richtlinie 67/548/EWG des Rates zur Angleichung der Rechts- und Verwaltungsvorschriften für die Einstufung, Verpackung und Kennzeichnung gefährlicher Stoffe im Hinblick auf ihre Anpassung an die Verordnung (EG) Nr. 1907/2006 zur Registrierung, Bewertung, Zulassung und Beschränkung chemischer Stoffe (REACH) und zur Schaffung eines Europäischen Amtes für chemische Stoffe, ABl. EU Nr. L 396 S. 852.

3.7   Reihlen A, Bunke D, Gruhlke A, Groß R, Blum C (2010/2016) Leitfaden Nachhaltige Chemikalien. Stand November 2016, 76 Seiten. Umweltbundesamt

3.8   Anonym (2008) Verordnung (EG) Nr. 1272/2008 des Europäischen Parlaments und des Rates vom 16. Dezember 2008 über die Einstufung, Kennzeichnung und Verpackung von Stoffen und Gemischen, zur Änderung und Aufhebung der Richtlinien 67/548/EWG, und 1999/45/EG und zur Änderung der Verordnung Nr. 1907/2006.

3.9   Anonym (2015) Globally Harmonized System of Classification and Labelling of Chemicals (GHS). Sixth revised edition, 527 p. United Nations Economic Commission for Europe (UNECE)

3.10   Held M (Hrsg, 1988) Chemiepolitik: Gespräch über eine neue Kontroverse. Tagung der Evangelischen Akademie Tutzing, 4. bis 6. Mai 1987. 374 S. VCH Weinheim

3.11   Held M (Hrsg, 1991) Leitbilder der Chemiepolitik. Stoffökologische Perspektiven der Industriegesellschaft. 292 S. Campus Verlag Frankfurt/M.

3.12   Henseling KO (1992) Ein Planet wird vergiftet. Der Siegeszug der Chemie. Geschichte einer Fehlentwicklung. 313 S. rororo aktuell 13013. Rowohlt Reinbek

3.13   Grießhammer R (1988) Chemie im Haushalt. 383 S. Rowohlt Verlag Reinbek

3.14   Friege Hannelore, Claus F, D'Haese M (1985) Chemie im Kinderzimmer. 256 S. Rowohlt Verlag Reinbek

3.15   Friege Henning (1984) Chemie-Politik. BUND-Positionen 10. Bund für Umwelt- und Naturschutz Deutschland e.V. Bonn

3.16   Held M (1991) Stoffökologische Perspektiven und alternative Entwicklungslinien der Chemiepolitik – Fazit und Perspektiven. In: Held M (Hrsg) [3.11] S. 259-273

3.17   Schramm E (1991) Denken in Entwicklungslinien und Verzweigungen. Die Alkalichlorid-Elektrolyse und ihre Genese als Fallbeispiel. Held M (Hrsg) [3.11] S. 42-54

3.18   Harnisch H (1991) Entwicklungslinien in der chemischen Industrie – eine Heraus-
        forderung für die Forschung. In: Held M (Hrsg) [3.11] S. 65-75
3.19   Claus F (1991) Recycling bei Kunststoffen? Das Fallbeispiel PVC – Entropie setzt
        geschlossenen Kreisläufen Grenzen. In: Held M (Hrsg) [3.11] S. 106-118
3.20   Sutter H (1991) Von offenen Systemen in der Produktion zu Verwertungskaskaden
        und geschlossenen Systemen. In: Held M (Hrsg.)[3.11] S. 87-96
3.21   Baccini P, Brunner PH (1991) Metabolism of the Anthroposphere. 157 S. Springer
3.22   Nichols JK, Crawford PJ (1983) Managing Chemicals in the 18980s. OECD Paris
3.23   Ratka R (1988) Sozialer Nettonutzen – Begründung und Präzisierung des Konzepts.
        In: Held M (Hrsg.) [3.10] S. 127-137
3.24   Hollmann G (1991) Ökologische Kreisläufe – Integriertes Entsorgungskonzept. In:
        Held M (Hrsg.) [3.11]. S. 97-105
3.25   Marsmann M, Schüürmann G (1991) Chlororganische Verbindungen – Struktur-
        Wirkungsbeziehungen zur Analyse ökotoxischer Eigenschaften. In: Held M (Hrsg)
        [3.11] S. 151-171
3.26   Dieter HH (1991) Chlororganische Struktur-/Aktivitätsbeziehungen und kritische
        Stoffgruppen, In: Held M (Hrsg) [3.11] S. 172-185
3.27   He J, Tang Z, Zhao Y, Fan M, Dyer SD, Belanger SE, Wu F (2017) The combined
        QSAR-ICE models: Practical application in ecological risk assessment and water
        quality criteria. Environ Sci Technol 51(16)8877-8878
3.28   Anonym (1986) Beratergremium für umweltrelevante Altstoffe (BUA): Umwelt-
        relevante Alte Stoffe. Auswahlkriterien und Stoffliste. VCH Weinheim
3.29   Anonym (1985) Bodenschutzkonzeption der Bundesregierung vom 06.02.1985, 122
        S. Bundesministerium des Innern, Bonn
3.30   Anonym (2006) POPs-Konvention (Stockholmer Übereinkommen). BMU-Seite
        „Chemikalien", Stand 24. Oktober 2006.
3.31   Anonym (2004) Stockholmer Übereinkommen Persistente Organische Schadstoffe
3.32   Anonym (2014) Verordnung(EU) Nr. 1357/2014 der Kommission vom 18. Dezem-
        ber 2014 zur Ersetzung von Anhang III der Richtlinie 2008/98/EG des Europäi-
        schen Parlaments und des Rates über Abfälle und zur Aufhebung bestimmter Richt-
        linien ABl. L 365, S. 8 9 vom 19. Dezember 2014
3.33   Anonym (2016) Verordnung (EU) 2016/1179 der Kommission vom 19. Juli 2016
        zur Änderung der Verordnung (EG) Nr. 1272/2008 zwecks Anpassung an den
        technischen und wissenschaftlichen Fortschritt
3.34   Anonym (2017) Verordnung (EU) 2017/997 des Rates vom 8. Juni 2017 zur Ände-
        rung von Anhang III der Richtlinie 2008/98/EG des Europäischen Parlaments und
        des Rates in Bezug auf die gefahrenrelevante Eigenschaft HP 14 „ökotoxisch"
3.35   Stumm W, Schwarzenbach R, Sigg L (1983) Von der Umweltanalytik zur Ökotoxi-
        kologie. Angewandte Chemie 95: 345-355
3.36   Pavlou SP, Dexter RN (1980) Thermodynamic aspects of equilibrium sorption of
        persistent organic molecules at the sediment-seawater interface: A Framework for
        Predicting Distribution in the Aquatic Environment. In: Baker RA (Hrsg) Contami-
        nants and Sediments, S. 323-329. Ann Arbor Sci. Publ., Ann Arbor/Michigan
3.37   Anonym (2017) Gesetz zu dem Übereinkommen von Minamata vom 10. Oktober
        2013 über Quecksilber (Minamata-Übereinkommen). BGBl. 2017 Teil II Nr. 14,
        S. 610-649. Bonn, 19. Juni 2017
3.38   Förstner U (1986) Chemical forms and environmental effects of critical elements in
        solid-waste materials – combustion residues. In: Bernhard M, Brinckman FE, Sad-

ler PJ (eds) The Importance of Chemical "Speciation" in Environmental Processes. Dahlem Workshop Reports, Life Sciences Research 33, pp 465-491. Springer

3.39   Förstner U (1987) Demobilisierung von Schwermetallen in Schlämmen und festen Abfallstoffen. In: Straub H, Hösel G, Schenkel W (Hrsg) Handbuch Müll- und Abfallbeseitigung Nr. 4515, 20 S. Erich Schmidt Verlag Berlin

3.40   Schöpel M, Thein J (1991) Stoffaustrag aus Bergehalden. In: Wiggering H, Kerth M (Hrsg) Bergehalden des Steinkohlebergbaus. S. 115-128. Vieweg

3.41   Förstner U, Müller G (1973) Heavy metal accumulation in river sediments: a response to environmental pollution. Geoforum 14: 53-61

3.42   Nriagu JO, Pacyna JM (1988) Quantitative assessment of worldwide contamination of air, water and soils with trace metals. Nature 333: 134-139

3.43   Andreae MO, Asami T, Bertine KK, Buat-Ménard PE, Duce RA, Filip Z, Förstner U, Goldberg ED, Heinrichs H, Jernelöv AB, Pacyna JM, Thornton I, Tobschall HJ, Zoller WH (1984) Changing biogeochemical cycles. In: Nriagu JO (Hrsg) Changing Metal Cycles and Human Health. Dahlem Konferenzen, Life Sciences Research Report 28: 359-373. Springer Berlin Heidelberg New York

3.44   Boeckx RL (1986) Lead poisoning in children. Anal Chem 58: 274A-286A

3.45   Gjessing ET, Alexander J, Rosseland BO (1989) Acidification and aluminium – contamination of drinking water. In: Wheeler D, Richardson ML, Bridges J (Hrsg) Watershed 89 – The Future for Water Quality in Europe. Bd 1, S. 15-21. Pergamon

3.46   Kaiser G, Tölg, G (1980) Mercury. In: Hutzinger, O. (ed) The Handbook of Environmental Chemistry. Vol. 3 Part A, pp. 1-58. Springer

3.47   Geldmacher-von Mallinckrodt M (1984) Akute Toxizität von Metallen beim Menschen. In: Merian E (Hrsg) Metalle in der Umwelt – Verteilung, Analytik und biologische Relevanz. S. 223-228. Verlag Chemie Weinheim

3.48   Anonym (1982) Chlorierte Kohlenwasserstoffe - Daten der Elbe - von Schnackenburg bis zur See. Bericht der Arbeitsgemeinschaft für die Reinhaltung der Elbe.

3.49   Anonym (1987) Luftverunreinigungen in Innenräumen. Sondergutachten des Rats von Sachverständigen für Umweltfragen. 110 S. Kohlhammer Verlag Stuttgart

3.50   Zellner R (1991) Zum atmosphärisch-chemischen Verhalten alternativer FCKW. Chemie Ingenieur Technik 63: 610-613

3.51   Solomon S, Diane J, Ivy1 DJ, Kinnison D, Mills MJ, Neely RR, Schmidt A (2016) Emergence of healing in the Antarctic ozone layer. Science 353 (6296) 269-274

3.52   Anonym (2015) Altlasten und ihre Sanierung. Umweltbundesamt, 22.10.2015

3.53   Koch R (1991) Umweltchemikalien. Physikalisch-chemische Daten, Toxizitäten, Grenz- und Richtwerte, Umweltverhalten. 3. Auflage, 421 S. VCH Weinheim 1991

3.54   Drechsler W (1992) Produktionsintegrierte Abfallwirtschaft in der Chlorchemie. AbfallwirtschaftsJournal 4 (11): 882-891

3.55   Rauhut A (1987) Polychlorierte Biphenyle. In: Straub H, Hösel G, Schenkel W (Hrsg) Handbuch Müll- und Abfallbeseitigung. Nr. 8596, 14 S. E. Schmidt Verlag

3.56   Kruse H (1989) Bewertung der Altlasten aus toxikologischer Sicht - Grundlagen toxikologischer Bewertung. In: Franzius V, Stegmann R, Wolf K (Hrsg.) Handbuch der Altlasten-Sanierung. Abschn. 4.1.1. R.v.Decker's Verlag G. Schenck

3.57   Anonym (1989) Umweltforschung und Umwelttechnologie. Programm 1989 bis 1994. Bundesministerim für Forschung und Technologie. 110 S. Bonn

3.58   Track T, Michels J (2000) Resümee des 1. Symposiums „Natural Attenuation – Möglichkeiten und Grenzen naturnaher Sanierungsstrategien", S. 3-15. DECHEMA Frankfurt/ M [3.58a] Püttmann W, Martus P, Schmitt R (2000) Natural Attenuation von MKW im Grundwasser. Ibid. S. 79-94. [3.58b] Held T (2000) Natural Attenuation bei CKW-Kontaminationen. Ibid. 149-166. [3.58c] Kästner M (2000) „Humifizierung" oder die Bildung refraktärer organischer Substanzen. S. 111-118.

3.59   Track T, Michels J (2001) Resümee des 2. Symposiums „Natural Attenuation – Neue Erkenntnisse, Konflikte, Anwendungen S. 3-7. DECHEMA Frankfurt/M. [3.59a] Held T (2001) Prognose des kontrollierten natürlichen Abbaus von leichtflüchtigen chlorierten Kohlenwasserstoffen: Identifizierung von Kenntnislücken. . p 11-34. [3.59b] Grupe S, Rößner U (2001) Quantifizierung des *in-situ* Transformationspotentials sprengstofftypischer Verbindungen im Grundwasserleiter. p 35-46.

3.60   Förstner U, de Haar U, Jüttner F, Müller H, SonnebornM, Winkler HA (Hrsg 1982) Schadstoffe im Wasser: Metalle – Phenole – Algenbürtige Schadstoffe. Kurzfassung des Schwerpunktprogramms „Schadstoffe im Wasser" (1970-1977) der Deutschen Forschungsgemeinschaft, Mitt. IV, Kommission für Wasserforschung

3.61   Moltmann JF, Liebig M, Knacker Th, Keller M, Scheurer M, Ternes Th (2007) Gewässerrelevanz endokriner Stoffe und Arzneimittel – Neubewertung des Vorkommens, Erarbeitung eines Monitoringkonzepts sowie Ausarbeitung von Maßnahmen zur Reduzierung des Eintrags in Gewässer. F+E-Vorhaben – FKZ 20524205 – im Auftrag des Umweltbundesamtes Dessau, Abschlussbericht März 2007, 129 S.

3.62   Joss A, Klaschka U, Knacker Th, Liebig M, Lienert J, Ternes TA, Wennalm A (2006) Source control, source separation. In: Ternes TA, Joss A (eds) Human Pharmaceuticals, Hormones and Fragrances: The Challenge of Micropollutants in Urban Water Management. S. 353-384. IWA Publ. London

3.63   Philipsborn H v (1987) Radiometrie im Felde und im Labor - Teil II. Messgrößen, Geräte und Stoffe. Geowissenschaften in unserer Zeit 5: 81-91

3.64   Kiefer H, Koelzer W (1992) Strahlen und Strahlenschutz. 3. Aufl., 177 S. Springer

3.65   Masters GM, Ela WP (2014) Introduction to Environmental Engineering and Science. 3rd Harlow Pearson Education Ltd

3.66   Anonym (2011) Zur Meerwasserkontamination bei Fukushima Daiichi. Kurzfassung, Stand: 06.04.2011. GRS Fukushima-Informationsportal. Gesellschaft für Anlagen- und Reaktorsicherheit

3.67   Kunze A, Rauner M (2013) Elektrosmog – verstrahlt. ZEIT-ONLINE Gesundheit vom 22. August 2013,

3.68   Anonym (2008) Zusammenstellung der Studien, die öffentliches Interesse erweckt haben, und deren Bewertung durch das Bundesamt für Strahlenschutz (BfS).

3.69   Brinkmann K, Kärner H, Schaefer H (Hrsg.)(1995) Elektromagnetische Verträglichkeit biologischer Systeme in schwachen 50-Hz-Feldern. 277 S. VDE-Verlag Berlin Offenbach

3.70   Anonym (2001): Stichwort „Elektrosmog" in Katalyse-Umweltlexikon. Katalyse-Institut für Angewandte Umweltforschung Köln

3.71   Stamm E (1993) Untersuchungen zur Magnetfeldexposition der Bevölkerung im Niederfrequenzbereich. 140 S. VDE-Verlag Berlin-Offenbach

3.72   Anonym (1996) Sechsundzwanzigste Verordnung zur Durchführung des Bundes-Immissionsschutzgesetzes (26. BimSchV –Verordnung über elektromagnetische Felder) vom 16. Dezember 1996. BGBl. III/FNA 2129-8-26

4 Klima und Energie

Bei der Lösung von globalen Umweltproblemen besitzt der Klimaschutz mit den strategischen Handlungsfeldern „Erneuerbare Energien" und „Energie-Effizienz" hohe Priorität. Im Abschn. 4.1 werden die Ursachen und Wirkungen der Treibhausgase sowie die Voraussetzungen für den Übergang zu einem nachhaltigeren Energiesystem beschrieben („2000 Watt-Szenario", Effizienz- und Substitutionsstrategien, integrierte Energie- und Klimaprogramme). Abschn. 4.2 befasst sich mit den Technologien zur rationellen Energieerzeugung (Dekarbonisierung, Kraft-Wärme-Kopplung, Einsatz von Brennstoffzellen, Erhöhung des Wirkungsgrades von Kraftwerken, Abscheidung und Lagerung von CO_2). Abschn. 4.3 beschreibt die Einsparpotenziale in Industrie und Gewerbe, im Verkehr, in Haushalten und in Gebäuden. Im Abschn. 4.4 werden die Möglichkeiten und Begrenzungen bei der Nutzung der verschiedenen erneuerbaren Energien – Geothermie, solarthermische Wärmebereitstellung, Photovoltaik, Windenergie und Biomasse – aufgezeigt. Die Energiewende stellt hohe Anforderungen an das Lastmanagement und an die Vernetzung von Erzeugern, Energiespeichern und Verbrauchern; eine zentrale Aufgabe ist die Sektorkopplung von Strom, Wärme und Verkehr (Abschn. 4.5).

4.1 Grundlagen des Klimaschutzes

Die wissenschaftliche Konsensfindung zum globalen Klimawandel begann vor 100 Jahren ([4.1] *Kasten*). Nun beherrscht das Thema „Climate Change" die Umweltagenturen weltweit (Beispiele von aktuellen Klimaberichten aus Deutschland, Österreich und der Schweiz [4.2]) und beim Pariser Gipfel vom April 2016 wurde ein wichtiges Etappenziel des internationalen Klimaschutzes erreicht [4.3].

Eine Weltkarte „Global Warming: Early Warning Signs" des World Resources Institute [4.4] verzeichnet über 80 Beispiele von ...

- ...*direkten Nachweisen* („fingerprint") ausgedehnter und langfristiger Trends zu wärmeren globalen Temperaturen. Zu dieser Kategorie zählen Meeresspiegelerhöhungen mit Überflutungen in Küstengebieten, das verstärkte Abschmelzen von Berggletschern und die signifikante Erwärmung der Arktis und Antarktis;
- ...*Vorboten* („harbinger") für Ereignisse, die man mit zunehmender Erwärmung immer häufiger erwarten muss. Diese Kategorie umfasst z.B. veränderte Aktivitätsmuster von Krankheitserregern, die Verschiebung der Lebensräume von landwirtschaftlichen Nutzpflanzen, das Ausbleichen von Korallenriffen, etc.

Die im ersten Sachstandsbericht des Intergovernmental Panel on Climate Change von 2001 genannten Besorgnisgründe – Risiken für einzigartige und bedrohte Ökosysteme durch extreme Wetterereignisse und großskalige irreversible Klimafolgen – wurden im vierten und fünften IPCC-Bericht [4.5, 4.6] nachdrücklich bestätigt, mit der Tendenz, dass immer mehr dieser Effekte schon bei geringerem Temperaturanstieg zu erwarten wären. Die aktuelle Forschung konzentriert sich besonders auf die Auswirkungen in verschiedenen Regionen der Erde [4.7].

© Springer-Verlag Berlin Heidelberg 2018
U. Förstner, S. Köster, *Umweltschutztechnik*, https://doi.org/10.1007/978-3-662-55163-9_4

Geschichte einer weltweiten wissenschaftlichen Konsensbildung (nach [4.1])

1896   Svante Arrhenius, ein schwedischer Chemiker, stellt die These auf, dass CO_2-Emissionen aus der Kohleverbrennung den Treibhauseffekt auf der Erde verstärken und zu einem globalen Klimawandel führen könnten.

1924   Auf der Grundlage des Kohleverbrauchs von 1920 spekuliert Alfred Lotka, ein U.S.-amerikanischer Physiker, dass die Industrietätigkeit die CO_2-Konzentration in der Atmosphäre innerhalb von 500 Jahren verdoppeln könnte.

1949   Guy S. Callendar, ein britischer Wissenschaftler, vermutet eine Verbindung zwischen dem 10%igen Anstieg des atmosphärischen CO_2 von 1850 bis 1940 und der Erwärmung des nördlichen Europa und von Nordamerika, die seit den 1880er Jahren beobachtet wurde.

1958   C.D. Keeling, Wissenschaftler des Scripps Instituts, startet die ersten verlässlichen und kontinuierlichen Messungen der CO_2-Konzentrationen am Mauna Loa Observatorium auf Hawaii.

1967   Erste verlässliche Computersimulationen berechnen, dass die mittlere globale Temperatur um mehr als 2,2°C ansteigen würde, wenn sich die atmosphärischen CO_2-Gehalte gegenüber vor-industriellen Zeiten verdoppeln.

1979   Der Bericht des Ausschusses für Klimawandel der U.S. National Academy of Sciences (NAS) stellt fest, dass „eine Politik des 'wait-and-see' bedeuten könnte, dass es zu spät ist, den globalen Klimawandel zu vermeiden".

1983   Ein NAS-Bericht bestätigt, dass die Verdopplung der CO_2-Gehalte letztlich die Erde um 2 bis 5 °C aufheizen wird. Im selben Jahr stellt eine Studie der U.S.-amerikanischen Umweltbehörde zum Thema *Können wir den Treibhauseffekt aufhalten?* fest, dass als Ergebnis der Erwärmung die Landwirtschaft verändert und die Wirtschaftssysteme potenziell gestört werden.

1987   Ein Eiskern aus der Antarktis, der von französischen und russischen Wissenschaftlern analysiert wurde, zeigt eine sehr enge Korrelation zwischen CO_2 und Temperaturen bis weit zurück um mehr als 100,000 Jahre.

1988   Der Intergovernmental Panel on Climate Change (IPCC), bestehend aus weltweit führenden Klimaforschern, wird vom United Nations Environmental Program und der World Meteorological Organization eingesetzt, um die wissenschaftlichen und ökonomischen Grundlagen der Klimawandelpolitik in Vorbereitung auf den 1992 Erdgipfel von Rio zu bewerten

2001   Der dritte Sachstandsbericht des IPCC (TAR) stellt fest, dass sich die globale Durchschnittstemperatur im Lauf des 20. Jahrhundert um etwa 0,6 °C erhöht hat. Die 1990er Jahre waren das wärmste Jahrzehnt seit Beginn der systematischen Temperaturmessungen auf der Südhalbkugel 1861.

2007   Nach dem vierten Sachstandsbericht des IPCC (AR4) liegt der Trend der vergangenen 50 Jahre mit 0,13 °C pro Jahrzehnt nahezu doppelt so hoch wie für die letzten 100 Jahre. Der Anstieg des Meeresspiegels im 20. Jahrhundert beträgt insgesamt 17 cm – seit 1993 sogar 3,1 mm pro Jahr [4.5].

2014   AR5: Veränderungen (Atmosphäre, Eis, Meeresspiegel), die vor den 1950er Jahren in Jahrzehnten bis Jahrtausenden nicht aufgetreten waren [4.6].

2016   Am 4. November ist das von 195 Staaten, darunter China, Indien und den USA, unterzeichnete Pariser Klimaabbkommen [4.3] in Kraft getreten.

4.1.1 Wirkung und Herkunft der Treibhausgase

Die wichtigsten klimawirksamen Spurengase sind in Tabelle 4.1 zusammenge-stellt. Der größte Anteil am zusätzlichen Treibhauseffekt, jeweils bezogen auf die Konzentration, wird mit etwa 60 % dem Kohlendioxid zugeschrieben, gefolgt von Methan (15 %), den Fluorkohlenwasserstoffen (11 %) und Distickstoffoxid (4 %).

Tabelle 4.1 Treibhausgase (THG), deren atmosphärische Konzentration durch menschliche Aktivitäten erhöht wird (*Schönwiese* [4.8] nach *Houghton et al.* [4.9])

	CO_2	CH_4	N_2O	FCKW
Konzentration, vorindustriell	280 ppm	0,70 ppm	0,28 ppm	0
Schätzung 1998	365 ppm	1,72 ppm	0,31 ppm	0,3 ppb
relatives Treibhauspotenzial	1	24,5	320	8500 (F12)
Beitrag natürlicher Treibhauseffekte	26 %	2 %	4 %	–
Beitrag anthropogener THG-Effekte	61 %	15 %	4 %	11 %

Die Tabelle 4.2 gibt die prozentuale Zuordnung der Herkunft der Emissionen. Der anthropogene Anteil von *Kohlendioxid* geht zu 75 % auf die Nutzung der fossilen Energie zurück, d.h. auf die Verbrennung von Kohle, Erdöl und Erdgas (einschl. Verkehr); 20 % stammen von Rodungen des tropischen Regenwaldes, vor allem in Südamerika, sowie des borealen Nadelwaldes, z.B. in den GUS und in Kanada.

Tabelle 4.2 Prozentuale Aufschlüsselung der in Tabelle 4.1 genannten anthropogenen Treibhausgas-Emissionen (*Schönwiese* [4.8] nach *Houghton et al.* [4.9]).

	Anthropogene Gesamtemission	Quellen (Aufschlüsselung)
CO_2	29±6 Gt (8Gt C)	75 % fossile Energie 20 % Waldrodungen 5 % Holzverbrennung
CH_4	360±200 Mt (270 Mt C)	27 % fossile Energie 23 % Viehhaltung 17 % Reisanbau 11 % Biomasseverbrauch 8 % Müllhalden 8 % Abwasser 6 % Tier-Exkremente
N_2O	10±8 Mt (3 Mt N)	23-48 % Bodenbearbeitung 15-18 % chemische Industrie 17-23 % fossile Energie 15-19 % Biomasseverbrauch
FCKW (CFK)	≈ 1 Mt	Sprühdosen, Kältetechnik, Dämm-Material, Reinigung

4.1.2 Übergang zu einem nachhaltigeren Energiesystem

Das globale Energiesystem der Jahrtausendwende mit 95 % nicht erneuerbaren fossilen Ressourcen Kohle, Erdöl und Erdgas, war nach den Kriterien „Zeit sicherer Praxis" und „Systemträgheit" bereits aus wirtschaftlicher Sicht reformbedürftig [4.10]. Die zusätzlich erforderliche Senkung der CO_2-Emissionen verschärfte dieses Nachhaltigkeitsproblem und die Notwendigkeit einer Neuorientierung der Energiepolitik mit enormen technischen Innovationen.

Tabelle 4.3 vergleicht die damalige globale CO_2-Situation mit den künftig zulässigen CO_2-Emissionen nach dem S450-Szenario des Intergovernmental Panel on Climate Change [4.11], wonach die atmosphärische CO_2-Konzentration auf maximal 450 ppm anwachsen und sich dort stabilisieren soll (diese CO_2-Konzentration orientiert sich an der natürlichen Schwankungsbreite der mittleren globalen Temperatur während der letzten 100.000 Jahre). Nach diesem Szenario wären die CO_2-Emissionen pro Person im Jahr 2050 gegenüber 2000 zu halbieren – bei einem verdoppelten globalen Energiebedarf. Es wäre aber mit den Zielen des Klimaschutzes durchaus kompatibel, im Jahr 2050 noch 700 bis 1100 und im Jahr 2100 noch 250 bis 450 Watt pro Person aus fossilen Energieressourcen zu nutzen.

Table 4.3 Die globale CO_2-Situation im IPCC S450-Szenario [4.11, 4.12]. [a] Mit folgenden CO_2-Emissionsfaktoren berechnet (in kg CO_2/GJ): Kohle 94,6, Rohöl 73.3, Erdgas 56,1

CO_2-Emission 2000

Total	23 Gigatonnen (Gt) CO_2 pro Jahr
Weltweiter Durchschnitt	4 t CO_2 pro Jahr und Person
USA	20 t CO_2 pro Jahr und Person
OECD-Länder	11 t CO_2 pro Jahr und Person
Indien	0.9 t CO_2 pro Jahr und Person

Zulässige CO_2-Emission für das S450-Szenario

	Bevölkerung	Emissionen ges. (Gt CO_2/Jahr)	Emission/Person (t CO_2/Jahr)	Potenzial für die Energienutzung[a] (Watt/Person)		
				Kohle	Öl	Gas
2050	10 Mrd.	20 (15 bis 40)	2,0 (1,5 bis 4,0)	700	900	1100
2100	12 Mrd.	10 (7 bis 18)	0,8 (0,6 bis 1,5)	250	350	450

In dem Projekt „Die 2000 Watt-Gesellschaft" an der ETH Zürich [4.13] wurde gezeigt, dass ein Land wie die Schweiz ohne Einbuße an Lebensstandard mit 2000 Watt pro Person auskommen kann, in einem globalen Energiesystem, das im Jahr 2050 zu 20 bis 30 % durch fossile Energiequellen und mit dem Rest durch solare Energie gedeckt wird. Die Differenz zu den 4500 Watt, die heute im Durchschnitt von einem EU-Bürger verbraucht werden, ließe sich allein beim Bedarf für Raumheizung und für die Mobilität einsparen [4.13]. Das Szenario einer 2000 Watt-Gesellschaft war Ausgangspunkt für weitere Untersuchungen über Energie- und gesellschaftliche Zielkonzepte wie bspw. das deutsche Projekt „Energiebalance – Optimale Systemlösungen für erneuerbare Energie und Energieeffizienz" [4.14].

Klimawandel in Deutschland (Springer/Spektrum 2017)

Eine nationale Untersuchung [4.15] stellt den Forschungsstand zum Klimawandel umfassend für alle Themenbereiche und gesellschaftlichen Sektoren dar. Womit müssen wir in Deutschland rechnen, welche Auswirkungen werden die Klimaveränderungen auf Wirtschaft und Gesellschaft haben, und wie können wir uns wappnen? 126 Autoren äußern sich zu Themen wie bereits beobachtete und zukünftige Veränderungen, Wetterkatastrophen und deren Folgen, den Projektionen für die Zukunft, den Risiken und möglichen Anpassungsstrategien.

[1] Einführung. *Teil 1: Globale Klimaprojektionen und regionale Projektionen für Deutschland und Europa.* [2] Globale Sicht des Klimawandels. [3] Beobachtung von Klima und Klimawandel in Mitteleuropa und Deutschland. [4] Regionale Klimamodellierung. [5] Grenzen und Herausforderungen der regionalen Klimamodellierung. *Teil 2: Klimawandel in Deutschland: Regionale Besonderheiten und Extreme.* [6] Temperatur inkl. Hitzewellen. [7] Niederschlag. [8] Winde und Zyklonen. [9] Meeresspiegelanstieg, Gezeiten, Sturmfluten und Seegang. [10] Hochwasser und Sturzfluten an Flüssen in Deutschland. [11] Exkurs: Unsicherheiten bei der Analyse und Attribution von Hochwasserereignissen. [12] Dürre, Waldbrände, gravitative Massenbewegungen und andere klimarelevante Naturgefahren. *Teil 3: Auswirkungen des Klimawandels in Deutschland.* [13] Luftqualität. [14] Gesundheit. [15] Biodiversität. [16] Wasser. [17] Biogeochemische Stoffkreisläufe. [18] Landwirtschaft. [19] Wald und Forstwirtschaft. [20] Boden. [21] Personen- und Güterverkehr. [22] Städte. [23] Tourismus. [24] Infrastrukturen und Dienstleistungen in der Energie- und Wasserversorgung.[25] Kosten des Klimawandels und Auswirkungen auf die Wirtschaft. *Teil 4: Übergreifende Risiken und Unsicherheiten.* [26] Das Assessment von Vulnerabilitäten, Risiken und Unsicherheiten. [27] Analyse der Literatur zu Klimawirkungen in Deutschland: ein Gesamtbild mit Lücken. [28] Klimawandel als Risikoverstärker in komplexen Systemen. [29] Übergreifende Risiken und Unsicherheiten. [30] Entscheidungen unter Unsicherheiten in komplexen Systemen. *Teil 5: Integrierte Strategien zur Anpassung an den Klimawandel.* [31] Die klimaresiliente Gesellschaft – Transformation und Systemänderungen (Visionen). [32] Anpassung an den Klimawandel als neues Politikfeld (Status Quo). [33] Optionen zur Weiterentwicklung von Anpassungsstrategien.

[34] *Executive Summary* (Auszug): „Die Begrenzung des globalen Temperaturanstiegs auf deutlich unter zwei Grad bedarf einer umfassenden Transformation nationaler und globaler Wirtschaftsweisen. Das bedeutet: wir brauchen eine konsequente Dekarbonisierung der Energiesysteme, der Landnutzung, des Wohnen und der Mobilität ([bspw.] *Rockström et al.* in *Science* vom 24. März 2017 „A Roadmap for Rapid Decarbonization" [4.16]). Die Anpassung an den Klimawandel muss in diese Transformation eingebettet werden und bedarf insbesondere einer stärkeren Einbindung von Kommunen, Unternehmen und Privatpersonen. Das Problembewusstsein wächst an vielen Stellen jedoch zu langsam, um mit den raschen Klimaveränderungen Schritt zu halten und verzögert oder verhindert so wirksame Maßnahmen".

4.2 Rationelle Energieerzeugung

„Eine systematische Steigerung der Effizienz bei der Erzeugung und dem Verbrauch von Energie ist der Schlüssel für eine nachhaltige Entwicklung" [4.17]. Bei der Stromerzeugung stehen an erster Stelle Kraftwerke mit höheren Wirkungsgraden, speziell *KW-Anlagen* auf der Basis des Kraft-Wärme-Kopplungsgesetzes (Abschn. 4.2.2). Eine zentrale Zukunftstechnologie ist die *Brennstoffzelle*, mit der aus Wasserstoff, Erdgas oder Methanol mit hohen Wirkungsgraden und geringem Schadstoffausstoß Strom und Wärme erzeugt wird (Abschn. 4.2.3).

4.2.1 Umwandlung von Energieformen

Energieträger werden nach dem Grad der Umwandlung unterteilt in Primär- und Sekundärenergieträger sowie Endenergieträger [4.18] (Abb. 4.1):

- Unter Primärenergieträgern werden Stoffe verstanden, die noch keiner technischen Umwandlung unterworfen wurden (z.B. Kohle, Erdöl, Biomasse, usw.);
- Sekundärenergieträger haben eine oder mehrere Umwandlungen in technischen Anlagen erfahren (z.B. Benzin, Heizöl, Rapsöl, elektrische Energie).
- Endenergieträger bzw. Endenergie bezieht der Endverbraucher, z.B. als Heizöl im Öltank, Fernwärme an der Hausübergabestation, usw.
- Mit Nutzenergie wird letztlich die Energie bezeichnet, die nach der letzten Umwandlung in den Geräten des Verbrauchers für die Befriedigung der jeweiligen Bedürfnisse (Raumtemperatur, Information, Beförderung) zur Verfügung steht. Sie wird gewonnen aus Endenergie, vermindert um die Verluste bei dieser letzten Umwandlung, z.B. infolge der Wärmeabgabe für die Erzeugung von Licht.

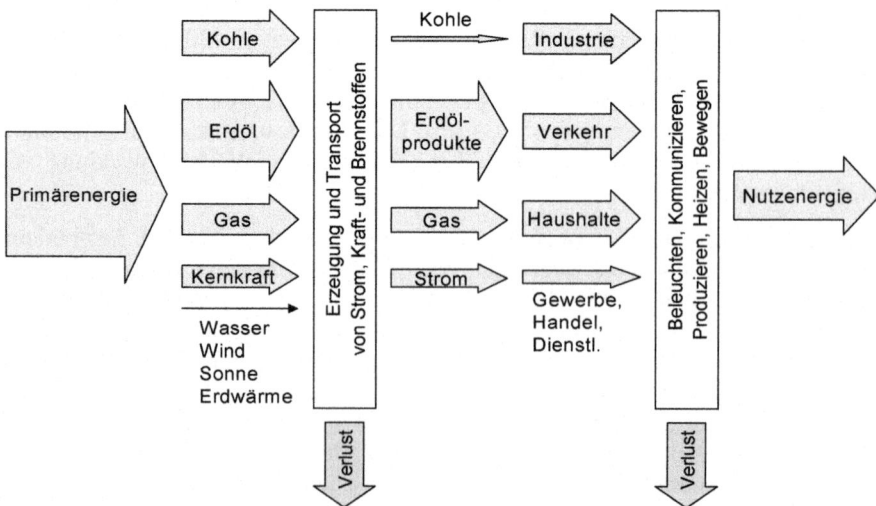

Abb. 4.1 Umwandlung von Energieformen (aus: *Daten zur Umwelt 2001* [4.19])

Der *Primärenergieverbrauch* in Deutschland lag 2015 bei 14.400 PJ; er verteilte sich auf folgende Energieträger: Mineralöl 33,8 %, Erdgas 21,0 %, Steinkohle 12,7 %, Braunkohle 11,9 %, Kernenergie 7,5 %, Erneuerbare und Sonstige 12,6 %. Der *Endenergieverbrauch* in Höhe von 8.648 PJ im Jahr 2014 ging in: Mechanische Energie 39 %, Raumwärme 27 %, Prozesswärme 2 %, Warmwasser 5 %, Beleuchtung 3 %, IKT 3 % [4.20].

Nach *Sektoren* waren der Verkehr mit 30 %, die Industrie mit 29 %, die Haushalte mit 26 %, Gewerbe/Handel/Dienstleistung (GHD) mit 15 % beteiligt [4.20]. Der *Nutzungsgrad* von Endenergie beträgt in der Industrie 64 %, in Haushalten 71,5 %, in GHD 61,3 % und im Verkehr 20 %, insgesamt 53 % [4.21].

4.2.2 Entkarbonisierung

Vor den langfristigen Maßnahmen, die zusammen mit der Umsetzung von Einsparpotentialen (Abschn. 4.2) und dem verstärkten Einsatz von Erneuerbaren Energien (Abschn. 4.4) die CO_2-Einträge in die Atmosphäre bis zum Jahr 2050 halbieren sollen, ist die Entkarbonisierung [4.22] – der Übergang zu wasserstoffreicheren Rohstoffen – ein wichtiger Beitrag zum Klimaschutz. Abb. 4.3 zeigt die spezifischen CO_2-Emissionen bei der Verbrennung von Braunkohle, Steinkohle, Erdöl und Erdgas (121:100:88:58), die weltweit zwischen 1870 und 1995 bereits von 0,8 t C auf 0,4 t C/kW Primärenergiebedarf gesunken sind [4.23].

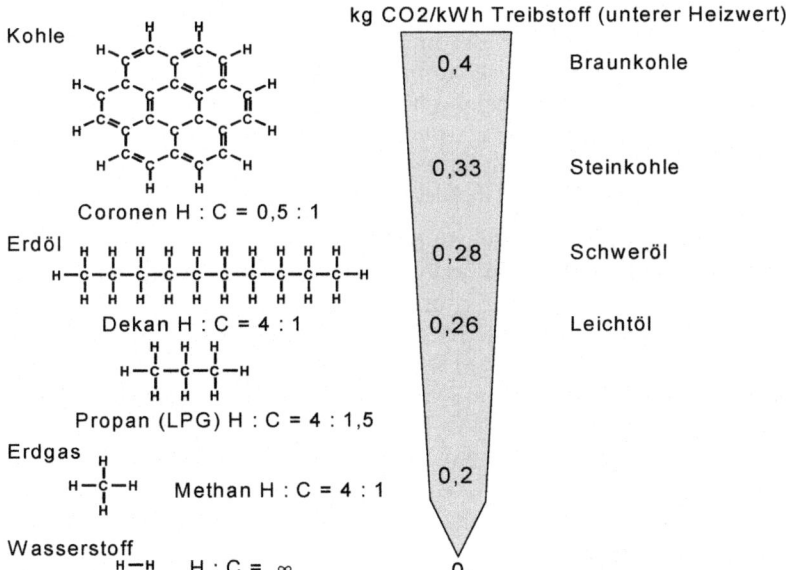

Abb. 4.2 Wasserstoff/Kohlenstoffverhältnis verschiedener Kraft- und Brennstoffe [4.23]

4.2.3 Kraft-Wärme-Kopplung

Vorbemerkung. Strom für Dauerbedarf wird mit Grundlastkraftwerken erzeugt, bei hohen Kapitalkosten und relativ niedrigen Brennstoff- und Betriebskosten, bspw. Braunkohle- und Kernkraftwerke. Mittellastkraftwerke auf Steinkohlebasis werden überwiegend am Tag und in den Wintermonaten eingesetzt. Spitzenlastkraftwerke haben relativ niedrige Investitionskosten, benötigen aber zur Deckung kurzzeitiger Stromspitzen teuren Brennstoff, im allgemeinen Öl und Gas.

Nahezu die gesamte Stromabgabe, die über das Netz der öffentlichen Stromversorgung verteilt wird, stammt aus *Kondensationskraftwerken.* In deren Turbinen expandiert der Dampf bei hohem Druck und hoher Temperatur bis zu dem im Kondensator erzeugten Vakuum, mit dem ein möglichst großes Wärmegefälle erzielt wird. Diese Kraftwerke wandeln im Durchschnitt 38–45 % der eingesetzten Energie in Strom um (Brutto-Wirkungsgrad); wenn man noch den Strombedarf abzieht, der für den Betrieb der Kraftwerksanlagen notwendig ist (Pumpen, Kohlemühlen), sowie die Netzverluste, so kommen von der eingesetzten Primärenergie nur 34-40 % beim Verbraucher an. Der Nutzungsgrad der Stromanwendung für Wärmezwecke ist schlechter als der aller übrigen Heizungstechnologien.

Bei der *Kraft-Wärme-Kopplung (KWK)* wird durch die gleichzeitige Abgabe von Strom und Wärme ein sehr viel höherer Nutzungsgrad erreicht – bis zu 90 Prozent – wobei diese Steigerung bei den mit Wasserdampf betriebenen Heizkraftwerken aus physikalischen Gründen mit einer Verringerung der Stromproduktion einhergeht. In einer konventionellen KWK-Anlage wird Dampf vor dem Niederdruckteil der Turbine abgezweigt und strömt in einen Heizkondensator, wo er sich unter Wärmeabgabe an den Fernwärmekreislauf bei ~100°C verflüssigt. Je nach Priorität für eine der beiden Energieformen werden konventionelle KWK-Anlagen strom- oder wärmegeführt, wobei die höchste Effizienz bei wärmegeführter Auslegung erzielt werden kann. Die gewonnene Wärme wird als warmes Wasser oder Wasserdampf über isolierte Rohrleitungen zur Gebäudeheizung oder für industrielle Zwecke (Prozesswärme) verwendet [4.24].

Größenklassen und Einsatzfälle von KWK-Anlagen
Kraft-Wärme-Kopplung-Anlagen sind inzwischen in verschiedenen Größenklassen und für unterschiedliche Einsatzfälle verfügbar [4.24, 4.25]:

- Motor-Blockheizkraftwerke ab 3 Kilowatt elektrischer und 10 kW thermischer Leistung in Größe einer Waschmaschine bis zu Anlagen auf Basis von Schiffsmotoren, deren Leistung weit in den zweistelligen Megawattbereich hinein reicht; die Minikraftwerke (< 150 kW_{el}) können mit verschiedenen Technologien betrieben werden – Ottomotor, Stirling-Motor, Gasturbine und Brennstoffzelle [4.26]; Gasturbinen-KWK-Anlagen die mit Düsentriebwerken an Flugzeugen zu vergleichen sind, ermöglichen hohe Temperaturen bis 500 °C.
- Dampfturbinenanlagen mit bis zu mehreren hundert Megawatt elektrischer Leistung: dazu gehört auch die Wärmeauskopplung aus Großkraftwerken;
- GuD (kombinierte Gas-/Dampfturbinen)-Anlagen, die die in einer Gasturbine freigesetzte Energie zusätzlich für die Strom- und Wärmeerzeugung nutzen.

KWK ist überall dort sinnvoll, wo in geringer Entfernung ein größerer und vor allem möglichst kontinuierlicher (also nicht nur jahreszeitlicher) Bedarf an Wärme besteht; wird zeitweilig keine Wärme erzeugt, sind ihr Brennstoffverbrauch und ihre Emissionen meist höher als bei optimierten Kondensationskraftwerken. Vor allem die Blockheizkraftwerke (BHKW) erweitern den Einsatzbereich der gekoppelten Energieerzeugung in Richtung kleinstädtischer und ländlicher Regionen, da zunächst in Form von Inselnetzen nur kleine Vorleistungen erbracht werden müssen und im Falle von Neubaugebieten relativ kleine Verlegungskosten auftreten. Ein besonderer Vorteil ist, dass Motoren aus Fahrzeug- oder Schiffsmotorgroßserien eingesetzt werden können. Fortschritte bei der Entgiftung der Abgase über Katalysatoren können so für diese Kleinstkraftwerke genutzt werden [4.24].

Vor allem die kleineren Motoren-Anlagen arbeiten überwiegend mit Erdgas oder leichtem Heizöl. Die Motorentechnik ist so ausgereift, dass die Energieerzeugung auch mit ganz anderen Brennstoffen läuft: Dazu gehören Sondergase wie Klär-, Deponie- und auch das in der Landwirtschaft aus Pflanzen- und Tiergülle vergorene Biogas sowie Grubengas aus dem Steinkohlebergbau. Ebenso ist Pflanzenöl oder Biodiesel möglich [4.24].

Nach dem Kraft-Wärme-Kopplungsgesetz (KWKG) zahlt der Stromnetzbetreiber einen sog. KWK-Zuschlag für Strom aus KWK-Anlagen. Der Zuschlag für die vom Bundesamt für Wirtschaft und Ausfuhrkontrolle (BAFA [4.27]) nach dem KWKG-2012 zugelassenen Anlagen wurde für den gesamten erzeugten Strom gezahlt. Dies gilt nach der zum 01.01.2016 in Kraft getretenen Novelle des Gesetzes (KWKG 2016 [4.28]) nur noch für Anlagen bis 100 kW$_{el}$; bei größeren Anlagen ist nur noch der in das allgemeine Stromnetz ausgespeiste Strom zuschlagsfähig.

Verwendung von Biomasse in Kraft-Wärme-Kopplungs-Anlagen [4.29]
Eine direkte Verwertung fester Biomasse zur KWK ist nur bei externen thermischen Verfahren möglich. Für die anderen Technologien muss die Biomasse in flüssige oder gasförmige Brennstoffe umgewandelt werden (siehe auch 4.4.6):

- Ölgewinnung durch Abpressen von Ölsaaten für die direkte Nutzung oder nach Umesterung zu Methylester ("Biodiesel")
- Pyrolyse (thermochemische Verflüssigung) vorwiegend von Holz zu Pyrolyseöl (Holzteer, Methanol) und Pyrolysegas unter Sauerstoffausschluss
- Aerobe alkoholische Fermentation von zucker-, stärke- und cellulosehaltigen Pflanzen, Endprodukt: Ethanol
- Biogasgewinnung durch anaerobe Fermentation führt zu Gasen mit 50-70 % Methananteil (ca. 20 MJ/m³; 50% des Energieinhalts der Biomasse genutzt).
- Synthesegas wird bspw. aus Kohle unter hohem Druck bei Sauerstoff- oder Dampfzufuhr erzeugt und besteht vorwiegend aus Kohlenmonoxid und Wasserstoff (ca. 15 MJ/m³) mit hohem Ausnutzungsgrad Zur Verwendung in internen Verbrennungsmotoren ist eine aufwändige Gasreinigung erforderlich. Es ist ein Rohstoff für die Methanolsynthese.
- niederkaloriges Gas (sog. Schwachgas), mit hohen Stickstoffanteilen (> 50 %) und dem zufolge geringen Heizwerten um 5 MJ/m³ entsteht bei der Vergasung von Biomasse mit Luft in unterschiedlichen Verfahren (vgl. Synthesegas) und als industrielles Abfallprodukt.

4.2.4 Einsatz von Brennstoffzellen, Energiespeicher[1]

Die Brennstoffzelle ist ein Aggregat, in dem aus chemischer Energie (in Form von Wasserstoff, Erdgas, Methanol oder Benzin) Strom und Wärme erzeugt wird. Die vielseitig nutzbaren Energiewandler haben vier Vorzüge [4.35, 4.36]: (1) sie emittieren wenig Schadstoffe, (2) arbeiten nahezu lautlos, (3) verwerten auch im wichtigen Teillastbereich die Energierohstoffe sehr effizient und (4) eignen sich für alle Leistungsbereiche von Watt (Notebook) über Kilowatt (Hausenergie oder Automobil) bis Megawatt (Kraftwerk).

Von den drei Hauptanwendungsfeldern der Brennstoffzelle (im Automobil, für die stationäre Energieversorgung, portable Geräte) weisen die *Portablen die größte Marktnähe* auf. Dieses Anwendungsfeld ist sehr heterogen mit einer Vielzahl von Unternehmen (in Deutschland vorrangig Kleine und Mittelgroße Unternehmen [KMUs]) aus verschiedenen Branchen. Ein Schwerpunkt der Betrachtung liegt in den Membranbrennstoffzellen PEMFC (Proton Exchange Membrane Fuel Cell) und DMFC (Direct Methanol Fuel Cell) [4.37].

Für den *stationären Anwendungsbereich* kommen prinzipiell alle verschiedenen Typen von Brennstoffzellen in Frage. Aktuelle Entwicklungen fokussieren sich aber auf die drei Typen PEMFC, MCFC (Molten Carbonate Fuel Cell) und SOFC (Solid Oxid Fuel Cell)[4.37]; die beiden letztgenannten Typen haben den Vorteil, dass bedingt durch die hohen Temperaturen (650°C bzw. 800-1000°C) Erdgas direkt als Brenngas eingesetzt werden kann.

Die Kosten für komplette Brennstoffzellen-Antriebe belaufen sich etwa auf 800 €/kW, während Verbrennungskraftmaschinen bei rund 25 €/kW liegen. Die Lage im Brennstoffzellen-Bereich verbessert sich zwar zunehmend, konkurrenzfähig sind Brennstoffzellen jedoch noch immer nicht. Der angenommene Grenzwert, um auf dem Markt konkurrenzfähig sein zu können, liegt für komplette BSZ-Anlagen inklusive der Nebenaggregate für (a) BHKW-Systeme bei 1.200,- €/kW, (b) Hausenergie-Versorgungssysteme bei 300 bei 500,- €/kW, (c) Bus-Systeme bei 150,- €/kW und (d) Pkw-Systeme bei 50,- €/kW [4.38]. Die Frage „Batterie oder Brennstoffzelle für Elektromobilität" befindet sich im wissenschaftlichen Dialog [4.39].

Das nationale Innovationsprogramm „Wasserstoff- und Brennstoffzellentechnologie" von 2008 führte dazu, dass erste Produkte zwar die technische Marktreife hinsichtlich Funktion und Lebensdauer erlangt haben, aber auf Grund hoher Herstellungskosten noch nicht die wirtschaftliche Konkurrenzfähigkeit erreichen konnten. Dies trifft besonders zu für die brennstoffzellenbasierte industrielle Kraft-Wärme-Kopplung und deren Anwendungen im *Bereich Hausenergie*. Hier hat das Bundesministerium für Verkehr und digitale Infrastruktur im März 2015 ein neues Förderprogramm („Brennstoffzellen-KWK-Richtlinie" [4.40]) gestartet.

---

[1] Aktuelle Buchpublikationen zum erweiterten Thema „Energiespeicher": (a) Energietechnologien der Zukunft – Erzeugung, Speicherung, Effizienz und Netze [4.30], (b) Energiespeicher – Bedarf, Technologien, Integration [4.31], (c) Energiespeicher: Grundlagen, Komponenten, Systeme und Anwendungen [4.32], (d) Batterien als Energiespeicher: Beispiele, Strategien, Lösungen [4.33], (e) Elektrochemische Speicher: Superkondensatoren, Batterien, Elektrolyse-Wasserstoff; Rechtliche Grundlagen [4.34].

Elektromobilität – Veränderungen bei der Wertschöpfung im Kfz-Bereich

Einer Studie der *Forschungsgesellschaft für Energietechnik und Verbrennungs-motoren (FEV)* zufolge sollen Elektroautos im Jahr 2025 immer noch nicht günstiger sein als Verbrenner, wie die Frankfurter Allgemeine Zeitung *(F.A.Z)* berichtete [4.41]. Der Berechnung legten die Forscher ein Elektroauto der Golf-Klasse mit 600 Kilometern Reichweite zugrunde, bei einer Produktion von mehr als 100.000 Einheiten pro Jahr (s.a. Elektromobilitätsportal *ecomento.tv* [4.42]):

„Vergleiche man einen typischen Antriebsstrang des Jahres 2016 (Benziner mit 1,4 Liter Hubraum, 150 PS und Doppelkupplungsgetriebe) mit einem Elektroantrieb des Jahres 2025, so steigen der FEV-Studie zufolge die Produktionskosten für den Antrieb um 4500 auf 8900 Euro. Allerdings würde im gleichen Zeitraum auch der Benziner durch die verschärften Emissionsvorschriften um 1300 Euro teurer, u.a. durch Partikelfilter und ein 48-Volt-Mikrohybridsystem. Das Elektroauto soll summa summarum immer noch 3200 Euro teurer sein als der Benziner.

Preistreiber sind bei den Elektroautos nach der FEV-Studie die benötigten *Rohstoffe für die Batteriezellen*. Der Lithium-Preis ist zwischen 2011 und 2015 um etwa 20 Prozent gestiegen. Für einen Akku mit 70 Kilowattstunden Kapazität werden mehr als 20 Kilo Lithium benötigt. Noch teurer könnte das Element Kobalt werden, das in den Zellen als Material für die Kathoden verbaut ist. Im Jahr 2018 soll allein Tesla für seine Rundzellen 12.000 Tonnen *Kobalt* benötigen, etwa ein Zehntel der Weltjahresproduktion. Da der Löwenanteil der Antriebskosten eines Elektroautos mit etwa 6600 Euro bei der Batterie liegen werde, empfehlen etliche Experten bzw. fordern etliche Betriebsräte der großen Autohersteller den Aufbau einer Zell- und Batterieproduktion in Deutschland. Bislang stammen die Zellen fast ausschließlich aus Südkorea und Japan".

Im Detail unterscheidet sich die *Wertschöpfung* der beiden Szenarios „Benziner 2016" und „Elektroantrieb 2025" (nach der FEV/FAZ-Graphik „Das Elektroauto: Einfach und teuer" [4.41]) wie folgt: Von den 4.400 Euro für den „Benziner" entfällt die Hälfte, jeweils ca. 1.100 Euro, auf die Motormechanik („Grundmotor") und das Getriebe; der Rest verteilt sich auf Elektrik/Elektronik, Turbosysteme und Abgasanlage (jeweils 300-400 Euro) sowie Kühlsystem, Kraftstoffanlage, sonstige Bauteile inkl. Einspritzanlage und Montage (jeweils 200-300 Euro). Bei 8.900 Euro Wertschöpfung aus dem „Elektroauto 2025" werden laut FEV-Szenario nur 800 Euro durch den Bau des Elektromotors erzielt. Neben dem Batteriesystem und dem Motor schlagen sich beim Elektroantrieb – hier sind die Montagekosten jeweils eingerechnet) – nur noch die „Leistungselektronik" (rund 1.400 Euro) und die sonstigen Bauteile (ca. 100 Euro) zu Buche [4.41].

Mit dem Blick auf 2025 sind natürlich auch die *Unsicherheiten* in einigen entscheidenden Bereichen relativ hoch. So unterstellt das FEV-Szenario (in der FAZ-Veröffentlichung) beispielsweise, dass ein permanentmagnetisierter Elektromotor zum Einsatz kommt; hier ist zu beachten, dass derzeit für die Magnetisierung *Seltene Erden* verwendet werden, deren Markt aktuell noch durch China dominiert wird (Abschnitt 2.3.2 „Ressourceneffizienz und Ressourcenproduktivität").

4.2.5 Erhöhung der Wirkungsgrade von Kraftwerken

Wirkungsgrade von Kraftwerken

Im Energiebereich sind die Kriterien der *Wirtschaftlichkeit* häufig ein Maß für umweltfreundliches Verhalten. Die Tabelle 4.4 gibt einen Überblick über die Ergiebigkeiten verschiedener Energiequellen und charakterisiert dabei die Begriffe *Wirkungsgrad*, das Verhältnis von erzeugter „geordneter" zur eingesetzten Energie, und *Erntefaktor* als Verhältnis der gesamten im Verlaufe der Lebensdauer der Anlage erzeugten Energie zu der für Bau, Betrieb, Unterhalt und Entsorgung aufzuwendenden Energie [4.43].

Tabelle 4.4 Material und Energiebilanzen für einige Kraftwerkstypen (nach *Strauß* [4.43], Wirkungsgrade nach [4.44]. Erntefaktor ε = gesamte erzeugte Energie/gesamte aufgewendete Energie; Wirkungsgrad η = Endenergie/Primärenergie

	Volllast-stunden [a^{-1}]	Material-bedarf [kg/MWh]	Energie-rückfluss-zeit [a]	Ernte-faktor ε [-]	Wirkungs-grad η [%]
Kohlekraftwerk	6.000	1,3	0,15	120	46
Gasturbinenkraftwerk	6.000	1,1	0.20	180	39-58
Kernkraftwerk	6.000	2,6	0,5	100	35
Windenergieanlage	2.000	~15	2	20	40
Solarzellenkraftwerk	1.000	~30	4	5	30

Der erste und wichtigste Schritt, um die Auswirkungen des Energieverbrauchs auf Mensch und Umwelt zu reduzieren, ist die rationelle Energieausnutzung [4.45]: Die Beleuchtungstechnik entwickelte Lampen, die heute das 100-fache der Lichtausbeute erreichen und der spezifische Stromverbrauch bei der Schmelzflusselektrolyse von Aluminium sank auf fast ein Drittel. Innerhalb der letzten 30 Jahre verminderte sich in der Bundesrepublik Deutschland bei der Stahlherstellung der Energieverbrauch pro kg Rohstahl um rund 25% und die Umwandlungsverluste bei den Raffinerieprozessen verringerten sich um rund ein Drittel. Geht man bis ins Mittelalter zurück, so war der Primärenergieverbrauch pro Tonne Roheisen etwa 20 Mal höher als heute.

In der Entwicklung der Kohlekraftwerke lag die wirksamste Maßnahme zur Erhöhung der Wirkungsgrade in der Erhöhung der Dampfparameter. Vor 100 Jahren betrugen diese 13 bar und 275°C mit einem Wirkungsgrad von 5 %, bei Neubauten bis 1950 erbrachten 150-180 bar und 510-540°C einen Wirkungsgrad von 30 %. Mitte der 80er Jahre war man bei Bestwerten von ca. 43 % angekommen (260 bar, rd. 540°C [4.46]); bei den neuesten Kohlekraftwerken werden bei reiner Stromerzeugung nahezu 46 % erreicht.

Für fossil befeuerte Großkraftwerke in Deutschland hat der VDI-Fachbereich „Energiewandlung und -anwendung" die aus der Energiewende resultierenden Herausforderungen und Potenziale beschrieben [4.47].

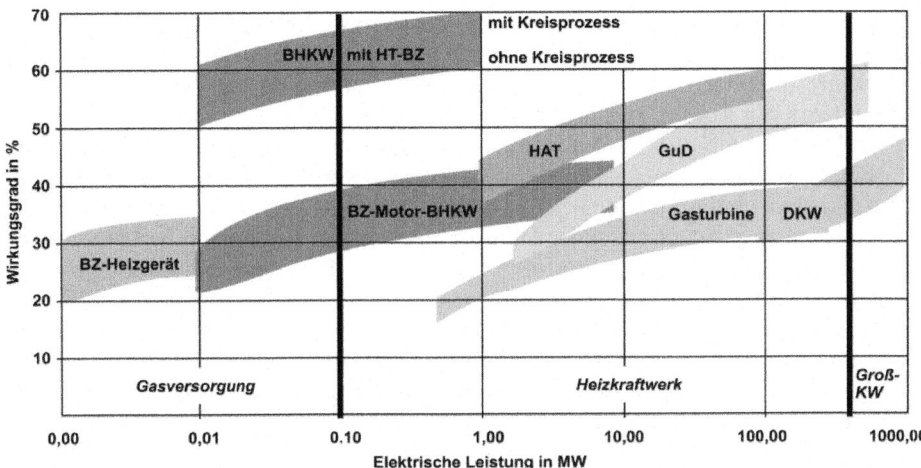

Abb. 4.3 Wirkungsgrade verschiedener Kraftwerksprozesse ([4.48], nach *FhG-ISI* [4.49])

Verbesserte Wirkungsgrade bei Gas- und Dampfturbinenanlagen

Die Abb. 4.3 zeigt, dass die Wirkungsgrade der verschiedenen Kraftwerksprozesse in allen Leistungsbereichen generell mit der Größe/Leistung der Anlage zunehmen. Der Leistungsbereich bis 1 MW mit Brennstoffzellen und Blockheizkraftwerken mit Motor- oder Hochtemperatur-Brennstoffzellen-Versorgung wurde im Abschn. 4.2.3 behandelt, im Bereich über 500 MW mit den Wirkungsgradoptimierungen von vorrangig stromerzeugenden Anlagen liegen bspw. die Kraftwerke Datteln und Niederaußem [4.50-4.52]. Im Folgenden liegt der Schwerpunkt bei Kraftwerken im Leistungsbereich zwischen 1 MW und 500 MW, mit besonderem Nachdruck bei den kombinierten Anlagen mit Gas- und Dampfturbinen.

Reine Gasturbinenantriebe mit den drei Komponenten „Kompressor", „Brennkammer" und „Antriebsturbine" werden vor allem für Flugzeuge verwendet. Bei der Stromerzeugung treibt eine Gasturbine einen Generator an; die heißen Abgase der Gasturbine erzeugen in einem Verdampfer heißen Wasserdampf unter hohem Druck, der eine Dampfturbine antreibt. *Gasturbinen* gestatten es, Wärme auf sehr hohem Temperaturniveau zur Erzeugung von elektrischer Energie zu nutzen, während Dampftemperaturen ein Arbeiten bis in die Nähe der Umgebungstemperatur erlauben [4.53]. In einem *Kombiprozess* erfolgt die Wärmezufuhr im Gasturbinenprozess, während die Wärmeabfuhr im Wesentlichen am kalten Ende eines nachgeschalteten Dampfturbinenprozesses geschieht. Die *Abgaswärme* wird zur Beheizung des Dampferzeugers im Dampfturbinenprozess eingesetzt; das Leistungsverhältnis zwischen Gas- und Dampfturbine ist ohne Zusatzfeuerung im Bereich von 3:1 bis 2:1 wählbar. Bei den sog. aufgeladenen Dampferzeugern erfolgt die Verbrennung in der *Brennkammer* unter Druck; gleichzeitig wird in dieser Brennkammer Dampf erzeugt, wobei die Wärmeübertragungsverhältnisse gegenüber einem Dampferzeuger unter Normaldruck wesentlich verbessert werden [4.54].

Kombiprozesse mit integrierter Kohlevergasung und CO_2-Abscheidung [4.55]
Der Wirkungsgrad von Wärmekraftwerken lässt sich besonders durch druckauf-
geladene Wirbelschicht und kombinierte Gasturbinen- und Dampfturbinenanlagen
mit integrierter *Kohlevergasung*, noch beträchtlich verbessern.

Bei dem Kombiprozess mit integrierter Kohlevergasung wird ein für den Gasturbinenprozess geeignetes Brenngas durch Kohlevergasung hergestellt. In diesem
Prozess kann zudem der *Schwefel* in elementarer (und gut verwertbarer) Form abgeschieden werden (Abb. 4.4). Dies ist ein Vorteil gegenüber herkömmlichen
Steinkohle-Kraftwerken, da dort der Schwefel als SO_2 über eine Rauchgasreinigungsanlage entzogen werden muss (Abschn. 5.3.3). Die zu erwartenden Weiterentwicklungen der Hochtemperatur-Gasturbinentechnik und des Hochtemperatur-
dampfprozesses können auch für das Kombikraftwerk mit integrierter Kohlevergasung zur Wirkungsgradsteigerung genutzt werden, wodurch eine Erhöhung des
Gesamtwirkungsgrads auf fast 50 % möglich wird.

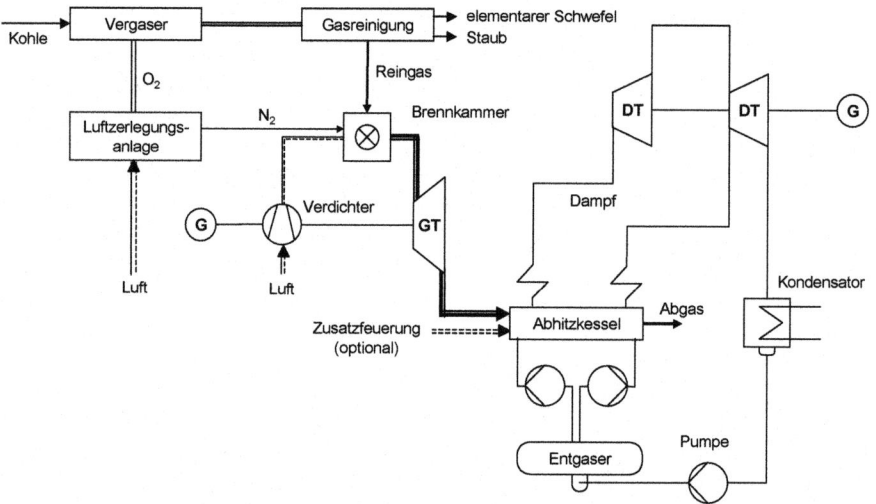

Abb. 4.4 Schema eines Kombiprozesses mit integrierter Kohlevergasung [4.55]

In Kohlekraftwerken mit integrierter Kohlevergasung kann auch eine CO_2-Ab-
scheidung vorgenommen werden. Bei der Kohlevergasung entsteht ein Gemisch
aus Kohlenmonoxid, Kohlendioxid und Wasserstoff. Kohlenmonoxid kann mit der
sog. *Wassergas-Shift-Reaktion* zu CO_2 konvertiert werden, das anschließend nach
dem Gegenstromprinzip in einem Adsorberturm entfernt wird; dafür gibt es bereits
erprobte physikalische Absorptionsmittel.

Bei Annahme eines Netto-Wirkungsgrades von etwa 50 % für das Kombikraftwerk mit integrierter Kohlevergasung ergeben sich bei Hinzufügen einer CO_2-Ab-
trennung und gasförmiger Ausschleusung des CO_2 ein *Gesamtwirkungsgrad* von
noch 40,4 % und bei Ausschleusen in flüssiger bzw. fester Form Wirkungsgrade
von 37,3 % bzw. 35 %, d.h. mit solchen Anlagen können Gesamtwirkungsgrade in
Höhe der heutigen Steinkohlekraftwerke erreicht werden.

4.2.6 CO_2-Sequestrierung – Carbon Capture Storage Technologien

Wenn die CO_2-Reduktion durch höhere Wirkungsgrade nicht mehr ausreichend ist, sind Techniken notwendig, um das CO_2 aus den Rauchgasen zu entfernen. Im Wesentlichen gibt es drei Möglichkeiten einer *CO_2-Sequestrierung* [4.43, 4.56]:
1. Nachrüstung bestehender Kraftwerke mit Abscheideanlagen nach der Verbrennung (*post combustion*)
2. Sauerstoffbetriebene Kraftwerke: Verbrennung von Kohle oder Erdgas in einer O_2/CO_2-Atmosphäre (*O_2/CO_2 recycle combustion*)
3. Brennstoffumwandlung: Vergasung von Kohle oder Dampfreforming von Erdgas mit anschließender CO_2-Abtrennung vor der Verbrennung des Synthesegases (*pre-combustion*)

Die drei Möglichkeiten der Abtrennung finden sich auch in den übergreifenden Untersuchungen, bspw. in der RECCS-Studie [4.57] und anderen Arbeiten für das Bundesministerium für Umwelt, Naturschutz und Reaktorsicherheit [4.58, 4.59]:
- Die Abscheidung mittels *Gaswäsche* beruht auf dem gut bekannten Prinzip der chemischen Absorption des CO_2 in einem Lösemittel und anschließender Desorption (Abschn. 5.3.2).
- Bei diesem Prozess, der als *Oxyfuel combustion* bezeichnet wird, erfolgt die Verbrennung des kohlenstoffhaltigen Brennstoffs in einer stickstofffreien Atmosphäre; da mit Reinsauerstoff zu hohe Temperaturen entstehen würden, wird ein Teil der Verbrennungsgase zurückgeführt und ersetzt den Stickstoff.
- Auch der *IGCC-Process* (Gas- und Dampfturbinenprozesse mit integrierter Kohlenvergasung), der in Abschn. 4.2.5 beschrieben wurde, setzt nur den aus der Luft vorab abgetrennten Sauerstoff ein. RWE [4.60] entwickelte eine halbkommerzielle IGCC-Anlage mit CO_2-Speicherung, die aber wegen Differenzen über das Kohlendioxid-Speicherungsgesetz [4.61] nicht realisiert wurde.

Prinzipiell kann die *Speicherung von CO_2* in geologischen Strukturen mittels vieler bereits in der Öl- und Gasindustrie angewandter Verfahren und technologischer Prozessschritte erfolgen [4.62]. Der Hauptanteil am Speicherpotenzial in Deutschland bezieht sich auf tiefe salinare Aquifere mit 12-28 Gt und leer geförderte Gasfelder mit 2,3-2,5 Gt Kapazität, während die Nutzbarkeit von tiefen Kohleflözen mit 3,7-16,7 Gt Kapazität hinsichtlich ihrer Permeabilität umstritten ist [4.57]. Eine Studie des Umweltbundesamts gilt bislang wenig erforschten Risiken [4.63]. In letzter Zeit hatte die CCS-Technik enorme Rückschläge zu verzeichnen.

Nach neuen Schätzungen liegen die Kosten für die Einführung von CCS in den USA bei mehr als einer Billion US-Dollar – allein bis 2050 (NZZ v. 22.1.2016 [4.64]): „Regierungen und Unternehmen müssen sich zu Forschung, Entwicklung und Demonstrationsprojekten in nie da gewesenem Ausmass verpflichten" [4.65].

Der Fahrplan der Internationalen Energieagentur von 2009 [4.66] mit dem Ziel, von 2010 bis 2020 rund hundert CCS-Projekte aufzubauen und dabei 300 Mio. t CO_2 zu speichern, ist bereits überholt. Im aktualisierten IEA-Fahrplan von 2013 [4.67] ist nur noch von gut 30 CCS-Kraftwerken die Rede: „Der Mangel an CCS-Projekten sagt womöglich mehr über die Ernsthaftigkeit, mit der Staaten dem Klimawandel begegneten, als über die CCS-Techniken an sich" (*Reiner* [4.68]).

4.3 Einsparpotenziale bei Treibhausgasen

Nach dem Kyoto-Protokoll von 1997 sind die Industrieländer zur detaillierten Bilanzierung und Prognose ihrer klimarelevanten Emissionen gegenüber den Vereinten Nationen verpflichtet (Abschn. 1.1.5). Dabei hat sich Im Verlauf der globalen Klimaschutz-Debatte der Schwerpunkt der Berichterstattung immer mehr auf das Gebiet der technischen Einsparpotenziale verlagert. So befasst sich auch der Bericht des Umweltbundesamts zum Deutschen Treibhausinventar 1990-2014 [4.2, 4.69] zu je einem Drittel mit energietechnischen und industriellen Verfahren (Brennstoffe, Chemie, Elektonik, usw.), land- und forstwirtschaftlichen Maßnahmen sowie mit Managementfragen im weitesten Sinne.

Die Aufteilung nach *Sektoren* in Tabelle 4.5 [4.70] zeigt, dass die Energiewirtschaft – mit knapp 40 Prozent – im Jahr 2014 die meisten Emissionen verursachte. Danach folgten die Industrie (20 Prozent), der Verkehr (18 Prozent) sowie die privaten Haushalte (rund 11 Prozent). Deutlich niedriger lag der Anteil der Landwirtschaft (8 Prozent), des Sektors Gewerbe, Handel und Dienstleistung (4 Prozent) sowie der Abfallwirtschaft (1 Prozent).

Die Minderung von CO_2-Emissionen in Deutschland nach 1990 war neben der generellen Entkopplung von Wirtschaftswachstum und Energieverbrauch zunächst vor allem dem Zusammenbruch der DDR-Industrien geschuldet [4.71]. Bei den Entwicklungen 1990-2013 in den ausgewählten Sektoren von Tabelle 4.5 wird sich insgesamt der Rückgang bei den Emissionen aus der Energiewirtschaft und aus der Industrie kurz- bis mittelfristig am stärksten auf die Treibhausgasbilanz auswirken. Auf der anderen Seite stehen die Emissionen aus dem Verkehrssektor, die seit einigen Jahren kaum abnehmen.und damit den größten Schwachpunkt in der deutschen Klimabilanz darstellen [4.72, 4.73].

Tabelle 4.5 Abnahme von klimarelevanten Emissionen in Deutschland zwischen 1990 und 2013 [4.70] und Prognosen für 2020, 2025 und 2030 an Hand zweier Politikszenarien [4.77] für fünf Sektoren (Quellbereiche)

Mio. t CO_2-Äq. (Werte gerundet)	Ist-Werte Umweltbundesamt [4.70]			Treibhausgas-Emissionsszenarien bis 2030 nach Quellbereichen [4.77]		
	1990	2013	1990-2015	2020 *EWS* (APS)	2025 *EWS* (APS)	2030 *EWS* (APS)
Energiewirtschaft	466	355	-23.8 %	*231* (286)	*196* (271)	*136* (208)
Industrie	283	182	-33,6 %	*107* (113)	*103* (112)	*98* (110)
GHD	78	42	-55,1 %	*36* (42)	*28* (38)	*20* (35)
Haushalte	131	104	-32,8 %	*75* (89)	*55* (82)	*36* (74)
Verkehr	163	158	+0,6 %	*130* (138)	*117* (130)	*103* (120)
Aktuelle-Politik-Szenario ggü. 1990 (gesamt)				-34,0 %	-37,3 %	-44,4 %
Energiewende-Szenario ggü. 1990 (gesamt)				*-41,8 %*	*-48,9 %*	*-58,5 %*

Im August 2007 hatte die Bundesregierung ein Paket mit 29 Einzelmaßnahmen beschlossen, um das *Reduktionsziel* von -40 % (bezogen auf 1990) der Treibhausgasemissionen bis zum Jahr 2020 in Deutschland zu erreichen [4.74], und im Erneuerbare Energiegesetz [4.75] wurde ein Zielpfad von mindestens 35 % erneuerbare Energien bis 2020, 50 % bis 2030, 65 % bis 2040 und 80 % bis zum Jahr 2050 verankert. Diese Ziele wurden im *Aktionsprogramm Klimaschutz* vom 03. Dezember 2014 [4.76] bekräftigt.

Die Langzeitprognosen werden durch *Szenarien* ergänzt: Im Projekt „Politikszenarien für den Klimaschutz VI" von 2013 [4.77] werden die Treibhausgasemissionen für Deutschland auf der Basis von Modellanalysen für im Detail spezifizierte energie- und klimapolitische Instrumente analysiert (Tabelle 4.5):

- Im *Aktuelle-Politik-Szenario (APS)* werden alle Maßnahmen berücksichtigt, die bis zum 8. Juli 2011 ergriffen worden sind (und nach dem 01.01.2005 erstmalig in Kraft traten oder geändert wurden). Im Vergleich zum Basisjahr 1990 wird bis zum Jahr 2020 eine Emissionsminderung für die vom Kyoto-Protokoll erfassten Treibhausgase von 34 % erreicht, bis zum Jahr 2030 belaufen sich die Emissionsminderungen auf über 44 %.

- Im *Energiewende-Szenario (EWS, Zahlenwerte in Tabelle 4.5 kursiv)* werden zusätzliche Maßnahmen berücksichtigt. Diese bewirken bis zum Jahr 2020 eine Emissionsminderung von knapp 42 % (gegenüber 1990), bis zum Jahr 2030 wird eine Minderung von 58,5 % erreicht. Auch hier entfällt über die Hälfte der erzielten Minderungen auf die Energieumwandlungssektoren und dort vor allem die Stromerzeugung (Abschn. 4.2.2 bis 4.2.6). Die größten Effekte der untersuchten Politikmaßnahmen entfallen auf die striktere Umsetzung der energetischen Gebäudestandards, auf den effizienteren Einsatz von Strom im GHD- und Haushaltssektor (Abschn. 4.3.2 und 4.3.4), ambitioniertere Verbrauchsstandards für Pkw (Abschn.4.3.3) und den stärkeren Einsatz von erneuerbaren Energien im Wärme-, Verkehrs- und Stromerzeugungssektor.

Neben den in der Tabelle 4.5 aufgeführten Sektoren sind die *Industrieprozesse* und die *Landwirtschaft* mit einem Anteil von 6 bis 7 % an den Gesamtemissionen zu nennen. Während die klimarelevanten Emissionen aus den Industrieprozessen zwischen 1990 und 2014 um 36,8 % sanken, waren dies in der Landwirtschaft nur rund 15 %. Die stärkste relative Minderung der Treibhausgas-Emissionen (-70 %) trat in der *Abfallwirtschaft* auf, so dass der Anteil an den Gesamtemissionen im Jahr 2014 nur noch 1,2 % betrug [4.78]. Im Zeitraum zwischen 2005 und 2030 werden nach dem Energiewendeszenario (EWS) [4.77] die *flüchtigen* Treibhausgasemissionen aus den Energiesektoren um 65 % gemindert, die *prozessbedingten* Treibhausgasemissionen sinken um ca. 50 %. Neben dem Sektor *Industrie* (-14 %) fallen im Gesamtzeitraum 2005 bis 2030 die Emissionsminderungen für die *Landwirtschaft* (−3 %) vergleichsweise gering aus.

Im Herbst 2017 wurde bekannt, dass Deutschland sein Klimaziel von -40 % THG-Emissionen bis 2020 wohl verfehlen wird, vor allem wegen der anhaltend hohen Produktion von Kohlestrom, den weiter erhöhten Fahrleistungen im Verkehr und dem derzeitigen Preisvorteil für Öl bei der Gebäudeheizung. Ohne eine „Nachsteuerung" sei bis 2020 bestenfalls ein Minus von 32,5 Prozent zu erwarten [4.79].

4.3.1 Industrie

Klimarelevante Emissionsquellen der Industrie waren im Jahr 2014 [4.70]: 66 % Industriefeuerung (ohne CO_2 aus verbrannter Biomasse), 11 % Herstellung mineralischer Produkte, 10 % Herstellung von Metallen, 4 % Chemische Industrie, 9 % übrige Prozesse und Produktverwendung

Energiesparmaßnahmen mit Reduktionspotenzialen für CO_2-Emissionen im industriellen Bereich sind mit vielen technischen Details verbunden [4.80]. Im Mittelpunkt stehen die Nutzung bzw. Nutzbarmachung von Abwärme mit Techniken, die allein oder miteinander kombiniert einsetzbar sind [4.81]:

- Rückführung des abwärmehaltigen Stoffstroms, ggf. nach Reinigung, in denselben Prozess,
- Nutzung des abwärmehaltigen Stoffstroms in einem anderen Prozess (z.B. Abluft als Verbrennungsluft für eine Feuerung),
- Wärmerückgewinnung durch Wärmeaustauscher, ggf. durch Einschaltung eines Zwischenmediums (Wärmeträger),
- Wärmerückgewinnung mit Temperaturanhebung durch Wärmetransformatoren,
- Gewinnung von mechanischer/elektrischer Energie aus Abwärme in Dampf- oder Organic-Rankine-Cycle(niedrig siedendes organisches Medium)-Anlagen.

Eine Studie „Kosten und Potenziale der Vermeidung von Treibhausgasemissionen in Deutschland" [4.82] beschreibt die einzelnen „Hebel" in den Sektoren „Energie", „Industrie" und „Gebäude" (wird im Abschn. 4.3.4 exemplarisch dargestellt).

4.3.2 Gewerbe, Handel, Dienstleistungen

Energieträger im Bereich Gewerbe, Handel und Dienstleitungen waren im Jahr 2013 [4.70]: 60 % Verbrennung von Gasen, 40 % Verbrennung von Flüssigbrennstoffen und <1 % Verbrennung von Festbrennstoffen. Der *Energieverbrauch* (von 2013 [4.83]) verteilte sich auf 35 % Strom, 32 % Gase, 23 % Heizöle, 7 % Erneuerbare Energien und 3 % Fernwärme.

Wie bei den privaten Haushalten ist auch im Sektor Gewerbe, Handel und Dienstleistungen das Heizen ein entscheidender Faktor: Rund die Hälfte des Endenergieverbrauchs dient dazu, Raumwärme zu erzeugen. Das Heizen beeinflusst somit grundlegend die Emissionsmenge, die dieser Sektor verursacht. Beim Stromverbrauch fließt der größte Teil in mechanische Energie und die Beleuchtung [4.83].

Den höchsten Verbrauch (absolut) im Sektor Gewerbe, Handel und Dienstleistung haben büroähnliche Betriebe, Beherbergungen, Gaststätten und Heime. Dies gilt besonders bezüglich Wärme. Eine bedeutende Rolle spielt zudem die Kühlung: Rund 8,6 Prozent der büroähnlichen Betriebe sind klimatisiert [4.83].

Rund die Hälfte der Unternehmen ergriff energiesparende Maßnahmen. Rund 37 Prozent der Betriebe verfügen über ein Energiemanagement oder kontrollieren zumindest ihren Energieverbrauch. Besonders hoch sind Energiesparaktivitäten in Krankenhäusern, Schulen und Bädern; knapp gefolgt von Hotels und Gaststätten.

4.3.3 Verkehr – Fahrzeugtechnik

Die Emissionsquellen im Verkehr waren im Jahr 2014 (ohne CO_2 aus Biomasse [4.70]): 34 % Straße-LKW, 61 % Straße-PKW, jeweils 1% für nationalen Luftverkehr, Schienenverkehr, Küsten- und Binnenschifffahrt, sowie übrige.

Motorentechnik [4.84]
In Kraftfahrzeugen werden überwiegend Hubkolbenmotoren mit innerer Verbrennung als *Ottomotor* mit den Varianten Viertakt- und Zweitaktmotor und als Dieselmotor eingesetzt. Der *Stirling-Motor* ist ein Kolbenmotor mit äußerer kontinuierlicher Verbrennung, der über einen leisen Lauf, akzeptablen Verbrauch und über niedrige Schadstoffemissionen verfügt, der allerdings nur eine geringe Leistung je Gewichtseinheit und lange Bereitschafts- und Ansprechzeiten aufweist und wegen dieser Trägheiten als selbständiges Antriebsaggregat wenig geeignet ist. Der *Elektromotor* hat einen vibrationsfreien Lauf und erzeugt im Betrieb keine Verbrennungsgase; seine Anwendung wird durch das Fehlen kleiner, leichter und dauerhaltbarer Batterien behindert. Um diese Nachteile zu kompensieren, ist der Einsatz von *Hybridantrieben* denkbar, auch über Brennstoffzellen, wenn der Verbrennungsmotor mit einem Methanol-Reformer verbunden wird (Abschn. 4.2.4).

Kraftübertragungssysteme und andere Maßnahmen [4.84]
Der Kraftstoffverbrauch kann durch optimale Anpassung der Antriebsübersetzung an den Leistungsbedarf deutlich verringert werden. Automatisierte Schaltgetriebe erleichtern die Nutzung der im praktischen Betrieb erfolgreichen langen Antriebsübersetzungen z.B. durch Automatisieren der Schaltung zwischen dem Economy-Gang und den niedrigen Gängen. Bei der Schwung-Nutzautomatik wird der Motor in geeigneten Fahrzuständen abgeschaltet und das Fahrzeug über eine automatisch arbeitende Kupplung abgekoppelt, so dass es weiterrollen kann. Mit stufenlosen mechanischen Getrieben (CVT-Continuously Variable Transmission) kann die Übersetzung automatisch auf den vom Schaltprogramm angesteuerten Wert eingestellt werden

Einsparpotenziale beim *Fahrzeuggewicht* bestehen einerseits durch den verstärkten Einsatz von Aluminium, Magnesium und Kunststoffen und andererseits durch neue Konstruktionsprinzipien. So kann das Gewicht der heute standardmäßig verwendeten selbsttragenden Stahlblechkarosserie durch Mischbauweisen – etwa Tragstruktur aus Stahlblech mit Flächenelementen aus Aluminium – um ca. 25 % verringert werden. Die Möglichkeiten zur Verringerung der Fahrzeuggrößen und damit auch der Fahrzeuggesamtgewichte sind durch die Anforderungen an die passive Sicherheit allerdings begrenzt.

Der *Luftwiderstand* ist in den letzten 20 Jahren durch Verbesserungen des c_w-Wertes deutlich gesenkt worden, so dass das verbleibende Verbesserungspotenzial relativ gering ist. Beim Rollwiderstand, der bei Nutzfahrzeugen einen größeren Anteil am Fahrwiderstand hat als der Luftwiderstand, sind auch in Zukunft noch wesentliche Verbesserungen zu erwarten.

4.3.4 Haushalte – Raumwärme und Geräte

Energieträger im Bereich Private Haushalte waren im Jahr 2014 [4.70]: 52 % Verbrennung von Gasen, 45 % Verbrennung flüssiger Brennstoffe, 2 % Verbrennung fester Brennstoffe, 1 % Verbrennung von Biomasse. Der Energieverbrauch (2013) verteilte sich auf 40 % Gase, 21,5 % Mineralöle, 19 % Strom, 11 % Erneuerbare Energien, 7 % Fernwärme, 1 % Braunkohle und 0,5 % Steinkohle.

Baulicher Wärmschutz und Lüftungswärmeverluste [4.85]
Der Energiebedarf wird zum größten Teil von den Wärmeverlusten durch die Gebäudehülle (Wände, Fenster, Decken etc.) verursacht. beeinflusst auch durch den Dämmwert dieser Bauteile und deren geometrische Form und Abmessung.

Nach den Transmissionsverlusten stellen die Lüftungswärmeverluste in Wohngebäuden in der Regel den zweithöchsten Anteil an den Gesamtwärmeverlusten dar: bei Altbauten und den dort üblichen Luftwechselraten 20-40 % und bei Neubauten – bei gleichen Luftwechselraten – 30-50 %. Bei hochwärmegedämmten Gebäuden dominieren die Lüftungswärmeverluste über die Transmissionswärmeverluste und erfordern deshalb vordringlich eine Kontrolle der Lüftung. Eine kontrollierte Luftführung ist derzeit nur bei ca. 2 % der Wohnungen gegeben.

Raumwärme und Beheizungsstruktur [4.85]
Der Bedarf an Endenergie, der erforderlich ist, um den Nutzenergiebedarf für Raumwärme, Lüftung und Klimatisierung zu decken, hängt von der vorhandenen Beheizungsstruktur und den eingesetzten Heizungssystemen ab. Zwischen den unterschiedlichen am Markt befindlichen Heizsystemen (Radiator-, Konvektor-, Flächen- und Luftheizung) bestehen bei ordnungsgemäßer Ausführung keine wesentlichen Unterschiede hinsichtlich des Energieverbrauchs.

Moderne Heiz- und Brennwertkessel besitzen große Vorteile Der Brennwert, der die Kondensationswärme des Wassers berücksichtigt, das bei der Reaktion von Kohlenwasserstoffen entsteht, liegt bei Erdgas etwa 10 % über dem Heizwert. Wie gut sich die im Brennstoff enthaltene Energie nutzen lässt, hängt vor allem von den Rücklauftemperaturen ab; je kühler das Heizwasser von den Heizkörpern in den Brennwertkessel zurückströmt, desto besser kühlt es dort die heißen Abgase ab und fördert den nützlichen Kondensationseffekt [4.86].

Die Energieverluste für die Wärmeverteilung zu den einzelnen Räumen liegen gegenwärtig bei neuen Anlagen bei etwa 5 %; bei niedrigen Vorlauftemperaturen und besserer Rohrleitungsdämmung können sie bis auf ca. 3 % reduziert werden. Durch Anpassung der Heizleistung an den tatsächlichen Bedarf mit Hilfe von Regelungstechnik lassen sich z.B. in einem typischen Mehrfamilienhaus bis zu 10 % Heizenergie einsparen [4.85].

Bei einer Heizungsmodernisierung sollte bereits ein Solarspeicher installiert werden, auch wenn die entsprechende Anlage zur Warmwasserversorgung erst später eingebaut wird. Solarspeicher verfügen über einen Extra-Wärmespeicher für die Sonnenenergie mit einem Fassungsvermögen von ca. 300 Liter. Ist die Solaranlage noch nicht angeschlossen, wird vom Heizungskessel nur die obere Zone, das Bereitschaftsvolumen, mit deutlich mehr als 100 Litern erwärmt [4.86].

Haushaltsgroßgeräte – Initiative *EnergieEffizienz* (dena und BMWi [4.87])
Große Haushaltgeräte wie Kühlschrank oder Wäschetrockner sind für rund 50 Prozent der Stromkosten in privaten Haushalten verantwortlich. Wer alte Geräte gegen moderne, energieeffiziente Modelle austauscht, kann seine Kosten für Strom und Wasser deutlich senken: So bringt bereits der Austausch eines zehn Jahre alten Wäschetrockners gegen ein sparsames Modell eine Ersparnis von rund 100 Euro pro Jahr. Werden darüber hinaus noch Geschirrspüler, Kühl- und Gefrierkombination und Waschmaschine ausgetauscht, steigt die Ersparnis auf rd. 230 Euro pro Jahr (Tabelle 4.6). Die *Initiative EnergieEffizienz* der Deutschen Energie-Agentur (dena) unterstützt Verbraucher mit einer Online-Datenbank unter www.topgeraete.de beim Kauf energieeffizienter Haushaltsgeräte.

Tabelle 4.6 Jährliche Einsparpotenziale beim Einsatz moderner, energieeffizienter Haushaltsgroßgeräte ([4.87]; den Berechnungen liegt ein Strompreis von 24 ct/kWh zu Grunde)

	Strom			Wasser			$S+W$
	2000	2010	*Spar*	2000	2010	*Spar*	*Σ Spar*
Gefrierschrank	92 €	38 €	*54 €*				
Kühl- und Gefrierkombi	94 €	47 €	*47 €*				
Kühlschrank/Gefrierfach	69 €	37 €	*32 €*				
Geschirrspüler	77 €	52 €	*25 €*	18 €	11 €	*7 €*	*32 €*
Waschmaschine	75 €	52 €	*23 €*	67 €	39 €	*28 €*	*51 €*
Wäschetrockner	164 €	67 €	*97 €*				

Orientierung beim Kauf neuer Geräte bietet Verbrauchern das EU-Label [4.88]: Es zeigt auf einen Blick, wie energieeffizient ein elektrisches Gerät ist. Für Kühl- und Gefriergeräte, Waschmaschinen und Geschirrspüler kann seit Ende 2010 das neue EU-Label mit der höchsten Energieeffizienzklasse A+++ verwendet werden. Das neue Label gilt auch für Fernsehgeräte, dort steht zunächst die Klasse A für höchste Energieeffizienz. Für Wäschetrockner, Elektrobacköfen, Raumklimageräte und Haushaltslampen gilt das Label in seiner bisherigen Form mit der höchsten Energieeffizienzklasse A.

Die *Initiative EnergieEffizienz* bietet auf www.stromeffizienz.de [4.89] einen kostenlosen Stromsparcheck, der für jeden Haushalt individuelle Einsparpotenziale berechnet. So kann ein typischer Vier-Personen-Haushalt durch energieeffiziente Geräte und geschickte Nutzung rund 25 Prozent seiner Stromkosten einsparen: schaltbare Steckerleisten installieren, Energiesparfunktionen an Computer und Waschmaschine aktivieren und beim Neukauf energieverbrauchender Geräte konsequent auf die höchste Energieeffizienzklasse achten. Beispielsweise sollten Glühlampen soweit möglich gegen energieeffiziente Alternativen wie Energiesparlampen und LED ausgetauscht werden. Die sparsamen Alternativen verbrauchen mindestens 80 Prozent weniger Strom als herkömmliche Glühlampen. Werden in einem Haushalt alle Glühlampen ausgetauscht, so lassen sich die Stromkosten dadurch bereits um rund 100 Euro im Jahr senken.

4.3.5 Gebäude – Vermeidungskostenkurve [4.82]

Eine Prioritätensetzung im Bereich Klima und Energie lässt sich anschaulich aus den spezifischen Vermeidungskosten ableiten, wie sie die McKinsey-Studien für verschiedene Treibhausgas-Quellbereiche (Energieerzeugung, Industrie, Gebäude) untersucht haben. Die Vermeidungspotenziale und -kosten – in Abb. 4.5 für den Sektor „Gebäude" – werden in einer *Vermeidungskostenkurve* zusammengestellt; diese Kurve zeigt auf der X-Achse, welchen Beitrag jeder einzelne „Vermeidungs-hebel" zur Treibhausgasvermeidung leistet; auf der Y-Achse sind die Vermei-dungskosten pro Tonne CO_2e (e = equiv) für den jeweiligen Vermeidungshebel abgetragen. Die Vermeidungshebel, die sich links in der Verteilungskurve (auf oder unterhalb der Nulllinie) befinden, sind aus Entscheidersicht über die Nutz-ungsdauer der Maßnahme wirtschaftlich, d.h. entweder kostenneutral oder sogar mit einer Ersparnis verbunden. Von links nach rechts sind die Maßnahmen in auf-steigender Reihenfolge nach der Höhe der jeweiligen Vermeidungskosten sortiert.

Im Gebäudebereich leisten Hebel zur Verbrauchsminderung und zur Steigerung der Energieeffizienz (Dämmung, Austausch der Heizungsanlage, Beleuchtung und effiziente Elektrogeräte) den größten Beitrag zur Treibhausgasvermeidung. Dabei bewirkt die gesamthafte Sanierung alter, nicht energieeffizienter Gebäude eine deutlichere Verbesserung als die bloße Umsetzung von Standards für einzelne Gebäudeteile. Da aus zusätzlichen Investitionen bei diesen Hebeln oft erhebliche Energieeinsparungen resultieren, sind insgesamt knapp 90 % der Vermeidungs-hebel (63 Mt CO_2e) im Gebäudesektor aus Entscheidersicht wirtschaftlich (dunkle Fläche in Abb. 4.7). Weitere 4 Mt CO_2e sind zu Vermeidungskosten von 20 bis 100 EUR/t CO_2e realisierbar; dazu gehört vor allem der Einsatz optimierter Klimasysteme. Ein knappes Zehntel des Vermeidungspotentials würde beim Ent-scheider Vermeidungskosten von mehr als 100 EUR/t CO_2e verursachen; dies betrifft insbesondere Maßnahmen, die den Primärenergiebedarf für die Raum-wärmeerzeugung in Wohngebäuden im Bestand über den „7-Liter-Standard" hin-aus auf bis zu 20 kWh bzw. 2 Liter pro Quadratmeter und Jahr reduzieren („2-L-Standard" bzw. „Passivhausstandard").

Die Vermeidungspotentiale im Gebäudesektor wurden in *drei Szenarien* quanti-fiziert, die sich in Energiekosten und Umsetzungsgeschwindigkeit unterscheiden:

- *Basisszenario:* Maßnahmen werden dann umgesetzt, wenn dies die gewöhn-liche Nutzungsdauer des betroffenen Gebäudes oder Geräts nahelegt (bspw. Heizungen nach „Stand der Technik" im Durchschnitt alle 25 Jahre).
- *Öl*-Hochpreisszenario: Unabhängige Variable ist einzig der Rohölpreis; ihm folgen der Erdgaspreis und u.U. der Strompreis.
- *Beschleunigte Umsetzung*: Ein Teil der Entscheider setzt Maßnahmen vor dem Eintreten des gewöhnlichen Ersatzzeitpunkts, also „außer der Reihe" um. Diese Kosten müssen voll angerechnet und können nicht als ohnehin anfallende Kosten abgezogen werden.

Abb. 4.5 Vermeidungskostenpotenziale für CO_2e-Emissionen im Gebäudesektor [4.82]

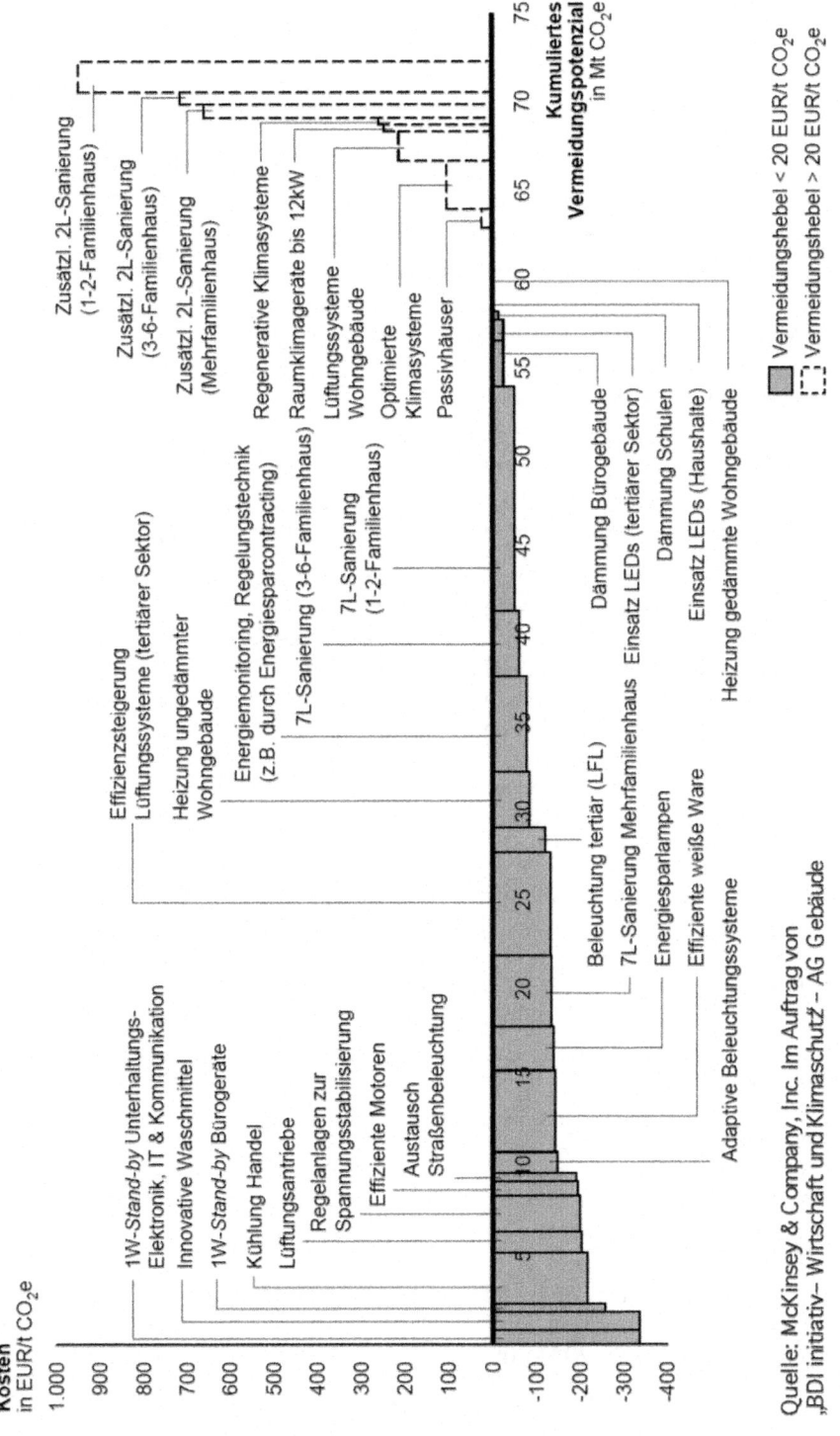

Kosten
in EUR/t CO₂e

Quelle: McKinsey & Company, Inc. Im Auftrag von
„BDI initiativ– Wirtschaft und Klimaschutz" – AG Gebäude

4.4 Erneuerbare Energien

Für den Ausbau erneuerbarer Energien sprechen viele *Gründe* [4.90-4.93]; sie ...

... tragen im Unterschied zu den traditionellen Technologien wesentlich zu einer nachhaltigen Energieversorgung bei;

... leisten einen erheblichen Beitrag zum Klimaschutz, weil in ihren Anlagen keine fossilen Brennstoffe verbrannt werden;

... diversifizieren die Rohstoffvielfalt und tragen so zur Versorgungssicherheit sowie zur Vermeidung von Rohstoffkonflikten (Abschn. 2.3.3) bei;

... sichern mittelfristig gegen Kostensteigerungen ab, die bei den fossilen und nuklearen Ressourcen unvermeidbar eintreten werden;

... nutzen vielfach heimische Energieträger, die zur regionalen Wertschöpfung beitragen und Arbeitsplätze sichern;

... können in armen Ländern Wege aus der Armut weisen; sie ermöglichen großen Bevölkerungsteilen den Zugang zu Energie (bspw. ländliche Elektrifizierung).

... bilden keine strahlende Altlast (Anlagen können am Ende ihrer Lebensdauer relativ einfach abgebaut werden) und sie hinterlassen keine Kohlengruben.

Der *bisherige Ausbau* der Erneuerbaren Energien in Deutschland ist zum großen Teil eine Erfolgsgeschichte. Die Tabelle 4.8 [4.94] gibt die aktuellen Daten für das Jahr 2015; *Eckwerte* daraus – im Vergleich zu den Jahren 2006 und 2010 – sind:
- 31,6 % am Stromverbrauch (2006: 11,6 %, 2010: 17,0 %)
- 13,2 % am Endenergieverbrauch für Wärme (2006: 8,0 %; 2010: 11,1 %)
- 5,2 % am Endenergieverbrauch im Sektor Verkehr (2006: 6,5 %; 2010: 5,8 %)
- 12,5 % am gesamten Primärenergieverbrauch (2006: 6,3 %, 2009: 9,9 %)

Von 2006 bis 2015 stieg der Anteil der durch Erneuerbare Energien vermiedenen *Treibhausgase* gegenüber 1990 von 204 % (2006), 396 % (2010) auf 460 %.

Die *Investitionen* (Tabelle 4.7) zeigen 2006 bis 2010 einen starken Anstieg bei Photovoltaik und 2010 bis 2015 bei Windenergie auf See. Zwischen 2010 und 2015 nahmen die Investitionen bei Photovoltaik und Biomasse-Strom deutlich ab.

Tabelle 4.7 Investitionen in die Errichtung von Erneuerbare-Energien-Anlagen [4.94]

Angaben in Mio. Euro	2006	2010	2015
Windenergie an Land	3.180	2.070	5.210
Windenergie auf See	0	490	4.460
Photovoltaik	4.010	19.460	1.620
Biomasse Strom	2.080	1.960	490
Biomasse Wärme	1.950	1.390	1.380
gesamte Investitionen im EE-Sektor	*13.240*	*27.690*	*14.970*

Neben den Investitionen gibt es auch wirtschaftliche Impulse durch den *Betrieb der Anlagen*. Diese betrugen im Jahr 2015 insgesamt 14,6 Milliarden Euro und sind gegenüber dem Jahr 2014 mit 14,1 Mrd. Euro leicht angestiegen [4.94].

Tabelle 4.8 Beitrag der Erneuerbaren Energien zur Energiebereitstellung in Deutschland 2015 [4.94] (Prozentanteile: *) am Bruttostromverbrauch; **) am Endenergieverbrauch Wärme bzw. Verkehr, ***) am Primärenergieverbrauch für 2015 = 13.335 PJ)

	End-energie 2015 [GWh]	Anteil *) bis ***) [%]	vermiedene CO_2-Emissionen [1.000 t]	End-energie 2006 [GWh]
Stromerzeugung				
Wasserkraft	18.976	3,2	14.085	19.876
Windenergie an Land	70.922	11,9	48.085	30.710
Windenergie auf See	8.284	1,4	5.568	0
Photovoltaik	38.737	6,5	23.630	2.220
biogene Festbrennstoffe	10.816	1,8	7.434	6.518
biogene flüssige Brennstoffe	385	0,1	214	1.314
Biogas + Biomethan	31.550	5,3	13.040	4.169
Klärgas	1.384	0,2	867	936
Deponiegas	370	0,1	232	1.050
biogener Anteil des Abfalls	5.784	1,0	4.376	3.639
Geothermie	133	0,02	69	0,4
Summe Stromerzeugung	*187.341*	*31,6**	*117.572*	*70.433*
Wärmeerzeugung				
biogene Festbrennstoffe (Haushalte)	61.800	5,2	12.038	61.600
biogene Festbrennstoffe (GHD)[b]	11.760	1,0	3.486	8.544
biogene Festbrennstoffe[a] (Industrie)	26.577	2,2	7.459	11.250
biogene Festbrennstoffe[a] (HW/HKW)[c]	5.996	0,5	1.313	1.977
biogene flüssige Brennstoffe	2.049	0,2	353	1.400
Biogas & Biomethan	16.798	1,4	3.045	3.000
Klärgas	1.978	0,2	461	1.679
Deponiegas	109	0,01	33	270
biogener Anteil des Abfalls	11.570	1,0	2.603	4.911
Solarthermie	7.806	0,7	2.037	3.274
tiefe Geothermie	1.052	0,1	348	156
oberflächennahe Geothermie	10.351	0,9	894	1.778
Summe Wärmeerzeugung	*157.846*	*13,2***	*34.069*	*89.543*
Kraftstoff				
Biodiesel	20.871	1,2	3.299	29.444
Pflanzenöl	21	0,003	3	7.417
Bioethanol	8.648	1,3	869	3.556
Biomethan	530	0,1	130	0
Stromverbrauch Verkehr	3.697	0,6	k.A.	1.457
Summe Erneuerbare im Verkehr	*33.767*	*5,2***	*4.421*	*40.417*
gesamt	377.538	12,5***	156.061	200.393

[a] einschließlich Klärschlamm, [b] Gewerbe, Handel und Dienstleistungen, [c] Heiz- und Heizkraftwerke

Gestaltungsoptionen für das Stromsystem (Teil 1) – das Akademienprojekt „Energiesysteme der Zukunft" [4.95] vergleicht 130 Konstellationen

(1) Welchen Einfluss haben die CO_2-Minderungsziele?
„Windenergie und Photovoltaik sind die wichtigsten Erzeugungstechnologien für die Stromversorgung 2050. Geht man davon aus, dass der Preis für CO_2-Emissionszertifikate bis zum Jahr 2050 deutlich steigen wird, ist die Stromerzeugung mit hohem Wind- und Photovoltaikanteil in der Regel günstiger als mit einem von fossilen Energien dominierten Kraftwerkspark heutiger Prägung.

Die schwankende Einspeisung aus Wind- und Photovoltaik erfordert den Einsatz von Flexibilitätstechnologien. Gasturbinen- sowie Gas-und-Dampfturbinen-Kraftwerke sind künftig das Rückgrat einer gesicherten und zuverlässigen Stromversorgung, zu der es wenige Alternativen gibt. Abhängig davon, wie viel Kohlendioxid tatsächlich eingespart werden muss und wie hoch der Anteil erneuerbarer Energien ist, werden diese Kraftwerke mit Erdgas, mit Biogas oder als Teil von Speichersystemen mit Wasserstoff oder synthetischem Methan betrieben. Sind die Anlagen mit variabler Gasfeuerung ausgelegt, ermöglichen sie eine sukzessive Umstellung auf erneuerbare Brennstoffe".

(2) Wie könnte ein Stromsystem mit 100 Prozent Erneuerbaren aussehen?
„Bei einem hohen Wind- und Photovoltaikanteil von 80 bis 95 % ist eine Option, den verbleibenden Strombedarf durch Bioenergie abzudecken. Hierzu wäre allerdings bis zu doppelt so viel Biogas erforderlich wie heute. Wie viel Biomasse tatsächlich für den Stromsektor zur Verfügung steht, kann nur im Rahmen einer nationalen Biomassestrategie entschieden werden. Sie muss sowohl Nutzungskonkurrenzen als auch ökologische und soziale Folgen des Anbaus berücksichtigen. Alternativ könnten deutlich mehr Wind- und Photovoltaikanlagen zusammen mit saisonalen Gasspeichern installiert werden als rechnerisch zur Deckung des Strombedarfs erforderlich sind (Überinstallation). In diesem Fall würde für den Ausgleich zwischen Angebot und Nachfrage weniger als die Hälfte dessen benötigt, was heute an Biogas eingesetzt wird. In besonders wind- und sonnenreichen Zeiten würden die zusätzlichen Wind- und Photovoltaikanlagen abgeregelt.

Bei einem niedrigen Anteil an Wind und Photovoltaik wären solarthermische Kraftwerke mit integrierten Wärmespeichern (Concentrated Solar Power) als Ergänzung zu Windkraft und Photovoltaik vergleichsweise kostengünstig. Von Südeuropa oder Nordafrika aus könnten sie Deutschland über transeuropäische Stromnetze versorgen. Die Voraussetzung: Erzeugerländer und „Transitstaaten" gewährleisten die für den Stromtransport erforderliche Rechtssicherheit. Falls noch geringe Restemissionen erlaubt sind, kann der zusätzliche Strombedarf am kostengünstigsten durch Erdgaskraftwerke gedeckt werden. Ohne Erdgas und Solarthermie könnte die Geothermie die Lücke schließen, allerdings verbunden mit relativ hohen Kosten. Falls noch geringe Restemissionen erlaubt sind, kann der zusätzliche Strombedarf am kostengünstigsten durch Erdgaskraftwerke gedeckt werden."

4.4.1 Technologien: Nutzungsformen und Potenziale[2]

Für die nachfolgenden Beschreibungen ausgewählter Technologien von erneuerbaren Energien wird die Klassifizierung nach ihrer Entstehung verwendet (aus *Hennicke/Fischedick* [4.96]: Direkt oder indirekt aus der Solareinstrahlung abgeleitete Nutzungsmöglichkeiten sind die Solarenergie (solarthermische Kollektorsysteme, Photovoltaik in Abschn. 4.4.3 und 4.4.4), die Windenergie (4.4.5), die Wasserkraft und die Biomasse (4.4.6); auf Zerfallsprozesse im Erdinnern ist die Erdwärme (Geothermie; 4.4.2) zurückzuführen. Sie werden sowohl zur Stromerzeugung genutzt als auch zur Wärmebereitstellung oder zur Kraftstoffproduktion (Tabelle 4.9). Bei den hier nicht beschriebenen Technologien und für detaillierte Informationen zur Systemtechnik und Wirtschaftlichkeit wird auf die Bücher von *Kaltschmitt et al.* [4.91], *Quaschning* [4.92] und *Walter* [4.93] verwiesen.

Tabelle 4.9 Übersicht über Art und Nutzungsformen Erneuerbarer Energien (nach [4.96])

	Natürliche Energie-umwandlung	Technische Energie-umwandlung	Sekundär-energie	Abschn.
Primärenergiequelle Sonne				
Biomasse	Biomasse-Produktion	Heizkraftwerk/ Konversionsanlage	Wärme, Strom Brennstoff	4.4.6
Wasserkraft	Verdunstung, Niederschlag, Schmelzen	Wasserkraftwerk	Strom	
Windkraft	Atmosphärenbeweg. Wellenbewegung	Windenergieanlage Wellenkraftwerk	Strom Strom	4.4.5
Solar-strahlung	Meeresströmung	Meeresströmungs-kraftwerk	Strom	
	Erwärmung Erdoberfläche + Atmosphäre	Wärmepumpen	Wärme	4.4.2
	Solarstrahlung	Meereswärmekraftw.	Strom	
		Photolyse	Brennstoff	
		Solarzelle, Photovoltaikkraftwerk	Strom	4.4.4
		Kollektor, solarthermisches Kraftwerk	Wärme	4.4.3
Primärenergiequelle Mond				
Gravitation	Gezeiten	Gezeitenkraftwerk	Strom	
Primärenergiequelle Erde				
Isotopen-zerfall u.a.	Geothermik	Geothermisches Heizkraftwerk	Wärme, Strom	4.4.2

[2] Aktuelle Informationen in Studien, Programmen und Berichten: *(i) Deutschland* (BMWi) „Die Erneuerbaren Energien" [4.97], „Energiewende-Atlas Deutschland 2030" [4.98]; *(ii) Österreich* (EEÖ u.a.) „Eckpunkte für eine Energiestrategie 2015-2030" [4.99], „Erneuerbare Energien in Österreich 2015" [4.100]; *(iii) Schweiz* (BFE u.a.) „Die Stromzukunft der Schweiz" [4.101], „Neue Energie für die Schweiz" [4.102], „Schweizerische Statistik der erneuerbaren Energien" [4.103]

Für die Abschätzung der aktuellen und zukünftigen *Nutzbarkeit* von erneuerbaren Energiequellen sind drei Potenzialkategorien zu unterscheiden [4.104]:

- Das *theoretische Potenzial* stellt das physikalische Angebot der regenerativen Energiequelle dar. Für die solare Strahlung z.B. ergibt es sich aus der auf die Fläche einfallenden solaren Einstrahlung;

- das *technische Potenzial* ergibt sich aus dem theoretischen Potenzial unter Berücksichtigung der *Wirkungsgrade* der jeweiligen Systeme sowie anderer Randbedingungen. So könnte z.B. nur ein kleiner Teil der Landfläche mit Sonnenkollektoren belegt werden.

- Das *wirtschaftliche Potenzial* resultiert aus dem Kostenvergleich zu konkurrierenden Systemen (das *Erwartungspotenzial* umfasst noch die Ausschöpfung des wirtschaftlichen Potenzials, z.B. Markteinführungsgeschwindigkeiten).

Das *theoretische Potenzial* zur Nutzung erneuerbarer Energiequellen liegt weltweit um ein Vielfaches über dem derzeitigen Primärenergieverbrauch. Der Grund für die geringe Nutzung ist nicht nur in historischen Gegebenheiten zu suchen, sondern basiert auf prinzipiellen physikalischen Nachteilen: Regenerative Energiequellen sind dadurch gekennzeichnet, dass ihre Energiedichte sehr gering ist (Ausnahmen: Wasserkraft und Tiefengeothermie) und ihr Angebot starken zeitlichen Schwankungen unterliegt. Die geringe Leistungs- bzw. Energiedichte der regenerativen Energieformen Wind, Umweltwärme und Bioenergien (Tabelle 4.10) erfordert einen hohen Materialeinsatz, der mit hohen Kosten verbunden ist. Die Abbildung 4.6 zeigt, dass die regenerativen Techniken eine im Mittel zehnfach, teilweise sogar hundertfach, höhere Material-Intensität als die konventionellen Anlagen besitzen.

Tabelle 4.10 Flächenbezogene Leistungsdichten regenerativer Energiequellen im Vergleich zu herkömmlichen Energietechnologien [4.105]   [a] z.B. Koks, Briketts, Benzin, Strom u.a. [b] z.B. Wärme und Licht.

Regenerativ (Primärenergie)	W/m^2
Jahresmittel der Sonnenbestrahlung in Deutschland	133
Spitzenwert der Sonnenbestrahlung um die Mittagszeit	1.000
Jahresmittel des Winds an der Nordseeküste	490
Bei Sturm (20 m/s)	4.800
Biomassezuwachs (Mittelwert)	2
Geothermischer Wärmefluss	0,06
Herkömmlich (Sekundär-[a], End- und Nutzenergie[b])	
Wärmestrom durch die Kochplatte eines Elektroherdes	100.000
Wärmestrom durch die Heizfläches eines Dampfkessels	600.000
Elektrischer Strom durch ein Kabel im Haushalt	1.000.000
Erdgasstrom durch eine große Fernleitung	15.000.000.000

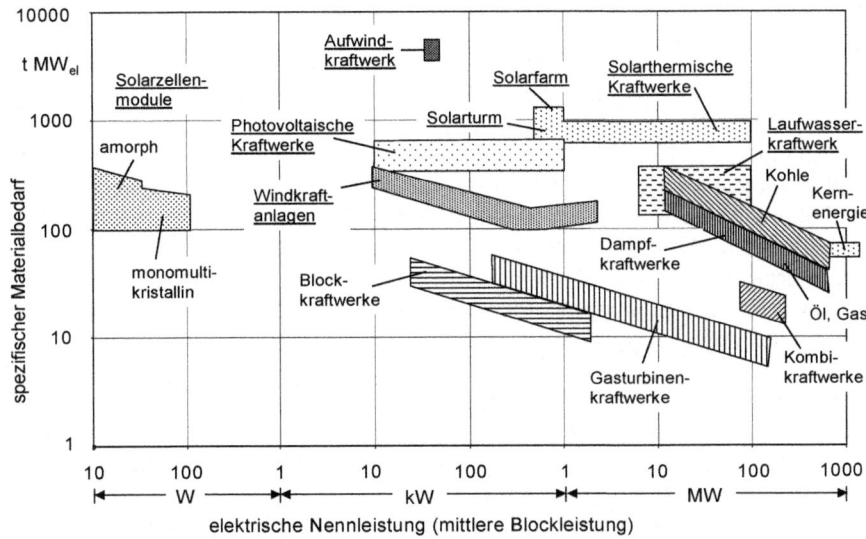

Abb. 4.6 Spezifischer Materialaufwand (ohne nichtmetallische Baustoffe) von Strom-erzeugungsanlagen (unterstrichen: Erneuerbare Energien). Aus [4.106] nach [4.107]

Einige spezifische Umweltbeeinträchtigungen bei der Nutzung von erneuer-baren Energien sind in der Tabelle 4.11 aufgeführt. Ein Teil der Probleme lässt sich bei Einhaltung der üblichen technischen Standards vermeiden, bspw. die Schadstoffemissionen bei der Verbrennung kontaminierter Einsatzstoffe. Dann bleiben die grundsätzlichen Vorteile dieser Energienutzung erhalten.

Tabelle 4.11 Umweltbeeinträchtigungen bei Nutzung erneuerbarer Energien [4.108]

Energiequellen	Umweltaspekte
Wind (Windparks)	optische Veränderung, Beeinflussung elektromagnetischer Felder („Geisterbilder"), Geräuschentwicklung
Biomasse, Müll	
- Verbrennung von Holz, Stroh	Emissionen von Kohlenmonoxid, Stickoxi-den, Stäuben, Kohlenwasserstoffen, Schwe-feldioxid
- Müllverbrennung	zusätzlich noch Dioxine, Furane
- Energiepflanzen-Plantagen	hoher Dünger- und Schädlingsmittelbedarf bei Monokulturen
Wasser	
- Großkraftwerke (GW-Bereich)	Risiko des Staudammbruchs, hoher Land-bedarf, Umsiedlung, Abfangen von Schlamm für die Landschaft, Entzug von Nährstoffen (Fischerei), Gefahr der Bodenversalzung

4.4.2 Geothermie

Bei der *Tiefengeothermie* wird das im Erdinneren vorhandene Energiepotenzial, dessen Temperaturniveau im Mittel um 3°C je 100 m ansteigt, durch Bohrungen bis in 3.000-4.000 m Tiefe erschlossen. Besonders geeignet sind die Thermalwasservorkommen der Norddeutschen Tiefebene, des Süddeutschen Molassebeckens zwischen Donau und Alpen, der Schwäbischen Alb und der Oberrheintals; mit der Erschließung dieser Ressourcen könnten bis zu 30 % des deutschen Wärmebedarfs gedeckt werden [4.109]. Bei der systemtechnischen Beschreibung wird zwischen dem Untertageteil und dem Übertageteil des Thermalwasserkreislaufs, dem Fernwärmenetz und der Einkopplung der geothermischen Wärme in die Versorgungssysteme unterschieden (Übersicht siehe *Janczik et al.* [4.110])

Von *oberflächennaher Geothermie* spricht man bis zu einer Tiefe von 400 m; in diesen geringen Tiefen reicht die Erdwärme nicht zur direkten Nutzung aus, sie wird vielmehr mit Hilfe einer (elektrischen) Wärmepumpe auf ein für die Raumwärme nutzbares Temperaturniveau gebracht. In der Folge besteht ein System zur Nutz- bzw. Endenergiebereitstellung durch eine Nutzung von Umgebungsluft bzw. oberflächennaher Erdwärme im Regelfall aus drei Systemelementen: (1) Wärmequellenanlage, (2) Wärmepumpe oder eine andere technische Anlage, die für die Erhöhung des Temperaturniveaus zwingend benötigt wird, und (3) Wärmesenke, d.h. eine Anlage zur Einspeisung oder Verwendung der geförderten Wärme (Übersicht siehe *Kaltschmitt et al.* [4.111]).

Im Jahr 2015 waren *weltweit* Anlagen der Geothermie mit einer thermischen Leistung von insgesamt 70.270 MW sowie mit einer elektrischen Leistung von insgesamt 12.590 MW installiert. Dies sind 39 % bzw. 18 % mehr als fünf Jahre zuvor [4.112].

Die aktuellen Daten zur Nutzung dieser Technologien in *Deutschland* gibt der Bundesverband Geothermie [4.112]. Bei der Tiefengeothermie waren 2016 insgesamt 34 Anlagen in Betrieb (31 Heizwerke, 9 Kraftwerke und 6 Heizkraftwerke); die installierte Wärmeleistung betrug 307 MW, die elektrische Leistung 42 MW. Bei der oberflächennahen Geothermie waren rund 333.000 Anlagen – bspw. Erdwärmesonden oder -kollektoren in Verbindung mit Wärmepumpen – mit ca. 3.900 MW vorhanden; neu installierte Anlagen pro Jahr (Zahlen für 2015) lagen bei 17.000. Die bereitgestellte Menge Strom in 2013 betrug 0,079 TWh und entsprach dem jährlichen Strombedarf von etwa 8.300 Zweipersonen-Haushalten; die bereitgestellte Menge Wärme von ca. 8 TWh in 2013 reichte aus, um den jährlichen Wärmebedarf von 580.000 Zweipersonen-Haushalten zu erfüllen [4.112].

Das Potenzial der tiefen Geothermie als kontinuierlich nutzbare erneuerbare Energiequelle soll weiter erschlossen werden. Im Jahr 2015 hat das Bundesministerium für Wirtschaft und Energie für die Projektförderung in der tiefen Geothermie Fördermittel in Höhe von insgesamt 13,38 Millionen Euro für 94 laufende Vorhaben aufgewendet [4.98]. Aus der Projektförderung hervorzuheben ist das Projekt GRAME, unter Koordination der Stadtwerke München. Das Ziel ist es, bis 2040 die gesamte Fernwärme der bayerischen Landeshauptstadt aus regenerativen Energien zu gewinnen, ein Großteil davon durch Geothermie.

4.4.3 Solarthermische Wärmebereitstellung

Thermische *Solarkollektoren* wandeln die Strahlungsenergie der Sonne in Wärme um, mit der bspw. Wasser für den täglichen Bedarf erwärmt oder Gebäude beheizt werden können. In der einfachsten technische Ausführung fließt ein Wärmeträgermedium durch nicht abgedeckte, schwarze Kunststoffmatten; diese werden bspw. für die Erwärmung von Badewasser in Freibädern eingesetzt. *Flachbettkollektoren* bestehen aus einer schwarzen *Absorber*-Platte aus Metall oder Kunststoff und darunter liegenden Rohren, die von einem Wärmeträgermedium durchströmt werden. *Vakuumröhrenkollektoren*, bei denen der Absorber in einer evakuierten Glasröhre angeordnet ist, haben 15-20 % höhere Erträge als Flachkollektoren, verursachen aber auch um 20 % höhere Systemkosten [4.113].

Für eine Solarkollektoranlage ist ein *Speicher* unerlässlich. Im Bereich der Niedertemperatur-Wärmespeicherung bis ca. 80°C wird hauptsächlich die thermische Wärmespeicherung angewendet; dabei können *Flüssigkeitsspeicher* (Wasserspeicher), *Feststoffspeicher* (Schüttungen aus Kies, massereiche Teile des Gebäudes, auch mit Flüssigkeit als Wärmeträger) und Latentwärmespeicher (über die Änderung des Aggregatzustandes eines Materials) unterschieden werden [4.114]. Nach einer Faustregel für Solarthermie benötigt man für jede Person im Haushalt 4 m² Flach- oder 3 m² Vakuumröhrenkollektoren. Der Kombispeicher für Heizungs- und Trinkwasser sollte in einem Vier-Personen-Haushalt 1000 l Wasser fassen, d.h. 70-100 l pro Quadratmeter Kollektorfläche.

In den kommenden Jahrzehnten wird der Wärmebedarf deutlich sinken aufgrund der *energetischen Sanierung des Gebäudebestands*. Auf der anderen Seite wird die Wärmeversorgung bei 100% erneuerbaren Energien im Jahr 2050 überwiegend aus Solarwärme bestehen, sowie aus Kraft-Wärme-Kopplung, angetrieben mit Biogas, Wasserstoff oder Methan (aus erneuerbarem Strom hergestellt) und aus Wärmepumpen (angetrieben mit erneuerbar erzeugtem Strom) [4.115]. Das aktuelle Fazit für den engeren und weiteren Bereich der Solarthermie ist:

- Die *solarthermischen Potenziale* können bis zu 25 % des Endenergieverbrauchs für Gebäude mit einer Wohneinheit decken. Die Ökobilanz zeigt, dass der Primärenergieaufwand und die CO_2-Emissionen für die Herstellung und den Betrieb der Solarthermieanlagen deutlich unter den Werten des Vergleichssystems, einer Gas-Brennwerttherme, liegen. Energetische Amortisationszeiten von unter vier Jahren bestätigen die Solarthermie als „echte" regenerative Energiequelle (Wüstenrot Stiftung „Technik, Potenziale, Wirtschaftlichkeit und Ökobilanz für solarthermische Systeme in Einfamilienhäusern" [4.116]).

- Aufgrund der hohen *Komplexität des Wärmemarktes* sind in den vergangenen Jahren unterschiedliche politische Instrumente entstanden, die nicht optimal aufeinander abgestimmt sind. Durch strukturelle Bedingungen, u.a. das Fehlen eines alle Akteure verbindenden Netzes, sowie starke externe Faktoren, z.B. Preise für fossile Energien, ist die politische Beeinflussbarkeit des Wärmemarktes deutlich geringer als im Strommarkt. „Der Wärmesektor ist unter Berücksichtigung seiner Kopplungen zu den anderen Sektoren wenigstens ebenso bedeutend" (Positionspapier des FVEE „Erneuerbare Energien im Wärmesektor – Aufgaben, Empfehlungen und Perspektiven" [4.117]).

4.4.4 Photovoltaik

Solarzellen sind Bauelemente, die durch Absorption elektromagnetischer Strahlung, durch die Entstehung beweglicher positiver und negativer Ladungsträger und durch deren Trennung in einem elektrischen Feld eine Spannung (ca. 0,5 V für Silizium) entstehen lassen. Weitere Komponenten von Photovoltaik-(PV-)Systemen sind im Falle der autarken Versorgung Laderegler und Energiespeicher oder bei netzgekoppelter Versorgung Wechselrichter und Stromzähler Ergänzt wird die Anlagentechnik durch eine automatische Fernüberwachung und -erfassung von Betriebszustand und Ertrag [4.96].

Bei den *netzunabhängigen Anwendungen* wird zwischen netzfreien und netzfernen Anwendungen unterschieden [4.118]:

- *netzfrei* sind Anwendungen, in den eine photovoltaische Energieversorgung aus Gründen der Wirtschaftlichkeit, der Handhabbarkeit, der Sicherheit oder des Umweltschutzes eingesetzt wird (Bsp. Taschenrechner; Leistungen zwischen wenigen mW und einigen 100 W);
- *netzfern* sind photovoltaische Energieversorgungen, wenn ein Zugang zum Netz der öffentlichen Versorgung aus technischen oder ökonomischen Gründen in Folge der Entfernung zum nächsten Netzanschlusspunkt nicht realisiert werden kann (z.B. bei Alpenhütten).

Die *netzgekoppelte* photovoltaische Erzeugung elektrischer Energie erfolgt durch dachmontierte Anlagen oder über Freiflächenanlagen. In Deutschland sind Marktentwicklungen wesentlich durch die Regelungen im Erneuerbare Energie Gesetz bestimmt. So hat die Anpassung – „atmender Deckel" für Photovoltaik im EEG – dazu geführt, dass der Ausbau auf Freiflächen von 1.589 MW (2010) über ein Hoch von 2.931 MW (2012) auf ca. 500 MW in 2014 zurückging; neben der sinkenden Vergütung spielt hier auch die Streichung der Vergütung auf Ackerflächen mit der EEG-Novelle 2011 ein Rolle. Der Ausbau der Photovoltaik-Dachanlagen fiel von nahezu 6.000 MW in 2010 auf ca. 1.400 MW in 2014 [4.119].

Die *Kosten* der Photovoltaik lagen im Jahr 2013 bei 7,9 bis 16,6 Cent pro Kilowattstunde (ct/kWh) und damit an guten Standorten gleichauf mit Erdgas (7,6 bis 10,0 ct/kWh). Photovoltaikanlagen, die im Jahr 2015 ans Netz gehen, könnten nach den analysierten Studien je nach Standort bereits zu den gleichen Kosten produzieren wie neue Steinkohlekraftwerke mit 8 bis 10,3 ct/kWh [4.120].

Die *Stromgestehungskosten* (LCOE) von PV-Systemen werden im Zeitraum von 2014 bis 2030 nochmals um 30–50 % sinken, abhängig vom Wachstum und Lernprozess (*Kasten*). Aus der Studie „PV LCOE in Europe 2014–30" der EUPV Technology Platform [4.121] geht hervor, dass sich der Preis für Solarmodule bis ins Jahr 2030 nahezu halbieren wird. Auch der Preis für die übrigen Systemkomponenten (BoS; Balance of System) wird voraussichtlich um mehr als 35 % sinken; daraus ergibt sich eine Gesamtsenkung der Kosten von Photovoltaik-Anlagen von etwa 45 %. Die Kostensenkung wird möglich durch die weitere Reduzierung von Materialverbrauch und die Steigerung der Produktionseffizienz. Gleichzeitig wird eine Senkung der Betriebskosten von PV-Systemen um 30 % erwartet.

Fakten zur Photovoltaik in Deutschland (Wirth, Fraunhofer ISE [4.122])

Stromgestehungskosten
Die Stromgestehungskosten eines PV-Kraftwerks resultieren aus dem Verhältnis von Gesamtkosten (€) zur elektrischen Energieproduktion (kWh), beides bezogen auf seine wirtschaftliche Nutzungsdauer. Die jährlichen Betriebskosten eines PV-Kraftwerks liegen mit ca. 1 % der Investitionskosten vergleichsweise niedrig. Der dominierende Kostenanteil von PV-Kraftwerken, die Investitionskosten, fielen seit 2006 dank technologischen Fortschritts, Skalen- und Lerneffekten im Mittel um ca. 13 % pro Jahr, insgesamt um 75 %.

Der *Preis der PV-Module* ist für knapp die Hälfte der Investitionskosten eines PV-Kraftwerks in der Größenordnung von 10 bis 100 kWp (Aufdachanlage) verantwortlich; bei größeren Kraftwerken steigt dieser Anteil. Die Historie zeigt, dass die Preisentwicklung für PV-Module einer sogenannten „Preis-Erfahrungskurve" folgt, d.h. bei Verdopplung der gesamten installierten Leistung sinken die Preise um einen konstanten Prozentsatz. Bei inflationsbereinigten Weltmarktpreisen lag 1982 der mittlere Preis von damals installierten Modulen für kumulative 0,02 GW_p bei 25 € pro W_p; Ende 2015 waren weltweit ca. 245 GW PV-Leistung installiert und die dazu erforderlichen Module kosteten im Mittel 0,6 €/W_p. Dieser Durchschnittspreis umfasste alle marktrelevanten Technologien, also kristallines Silizium und Dünnschicht. Der Trend deutet auf ca. 23 % Preisreduktion bei einer Verdopplung der kumulierten installierten Leistung. Die Modulpreise in Deutschland liegen um 10-20 % höher als auf dem Weltmarkt, gestützt durch Antidumping-Maßnahmen der EU-Kommission.

Erzeugt die PV-Branche nur Arbeitsplätze in Asien?
Die *Exportquote* der gesamten deutschen PV-Zulieferer (Herstellung von Komponenten, Maschinen und Anlagen) ging von 87 % in 2011 auf 65 % in 2014 zurück. Bei Solarzellen und Modulen war Deutschland 2013 mit einem Produktionsvolumen um 1,3 GW Netto-Importeur. In anderen PV-Bereichen ist Deutschland klarer Netto-Exporteur, zum Teil als internationaler Marktführer (bspw. Wechselrichter, Produktionsanlagen). In den letzten Jahren haben die deutschen Produzenten von PV-Zellen und Modulen dramatisch an Marktanteilen verloren, als Folge der entschiedenen Industriepolitik im asiatischen Raum und der dort generierten massiven Investitionen in Produktionskapazitäten. Die Lohnkosten spielen in dieser Entwicklung eine untergeordnete Rolle, da die PV-Produktion einen sehr hohen *Automatisierungsgrad* hat. Ausschlaggebend ist hier die geringe Komplexität der Produktion, verglichen etwa mit der Automobil- oder Mikroelektronikindustrie.

Trotz der hohen Importquote bei PV Modulen bleibt ein großer Teil der mit einem PV-Kraftwerk verbundenen *Wertschöpfung im Land*. Wenn man annimmt, dass 80 % der hier installierten PV-Module aus Asien kommen, diese Module ca. 60 % der Kosten eines PV-Kraftwerks ausmachen (Rest v.a. Wechselrichter und Installation) und die Kraftwerkskosten ca. 60 % der Stromgestehungskosten ausmachen (Rest: Kapitalkosten), dann fließen über die Modulimporte knapp 30 % der Einspeisevergütung nach Asien. Dabei ist zu berücksichtigen, dass ca. 50 % der asiatischen PV-Produktion auf Anlagen aus Deutschland gefertigt wurde.

4.4.5 Windenergie

Im Jahr 2014 konnten in Deutschland nach einem Rekordzubau von 5.188 MW zu insgesamt 38.215 MW nahezu 10% des Bruttostromverbrauchs mit *Windenergie an Land* bereitgestellt werden; der Beitrag der Windenergie war damit erstmals ähnlich hoch wie der von Erdgas [4.123]. Der Zubau in Jahr 2015 von 1.368 Anlagen an Land brachte eine zusätzliche Leistung von 3.731 MW; 176 dieser im Jahr 2015 errichteten WEA wurden im Rahmen der Datenerhebung als Repoweringanlagen identifiziert [4.124]. Derzeit wird der *Offshore-Bereich* erschlossen; von den bis Ende.2015 installierten 792 OWEA mit einer Leistung von insgesamt 3.295 MW fand bei 546 Anlagen im Verlauf des Jahres 2015 eine erstmalige Stromeinspeisung – 2.282 MW – in das Netz statt [4.125]. Die installierte Leistung der Offshore-Windenergie wird in Deutschland bis zum Jahr 2020 voraussichtlich zwischen 6.000 und 10.000 MW betragen [4.126].

Anpassung der Windenergieförderung an die Standortqualität
Die Förderung der Stromgewinnung aus Windenergieanlagen an Land erfolgt seit 01. Januar 2017 unter dem Erneuerbare-Energien-Gesetz [4.127] über ein Ausschreibungsverfahren nach dem Motto: „Je höher der Energieertrag an einem realen Windenergiestandort ist, umso kürzer wird die erhöhte Anfangsvergütung bezahlt" [4.128]. Die Standortqualität ergibt sich aus dem rechnerisch ermittelten Verhältnis „Ertrag am Standort zu Referenzertrag der Anlage"; die dazugehörigen Volllaststunden werden aus den Angaben zu den mittleren Jahreserträgen und den installierten Leistungen der Anlagen berechnet [4.129].

Die Studie „Kostensituation der Windenergie an Land" [4.130] – zusammengefasst in Tabelle 4.12 – zeigt die Beziehungen zwischen Anlagentechnologie, Anlagenkosten und abgeleiteten Stromgestehungskosten in den einzelnen Standortqualitätsbereichen; hier liegt der Fokus auf dem Spektrum von 60 % bis 110 %, in dem sich über vier Fünftel der 23.636 analysierten Anlagen befinden:

- Die windstarken Zonen 4 und 3 wurden dem SQB >110 %, die *Windzone 2* mit mittleren Windgeschwindigkeiten den Bereichen 80 – 100 % und *Windzone 1* als Schwachwindbereich den Standortqualitätsbereichen <80 % zugeordnet.
- Die *Hauptinvestitionskosten* gelten der Auswahl der Anlagentechnologie. Generell steigen die Kosten je Kilowatt mit der Nabenhöhe- Diese reichen je nach Leistungsklasse von 980 €/kW (< 100 m) bis 1.380 €/kW (140 m).
- Die *Nebeninvestitionskosten* beinhalten Fundament, Netzanbindung, usw. mit einem mittleren Wert von 387 €/kW. Die Betriebskosten wurden als Wert für einen 80 % Standort mit 56 €/kW angesetzt (30 % fix, 70 % variabel).

Durch den neuen *§24 EEG* – Verringerung der Förderung bei negativen Preisen, d.h. Überangebot von mehr als 65 % an Strom aus Erneuerbaren Energien – ist über die gesamte Anlagenlaufzeit die Gefahr einer Kostensteigerung deutlich höher als die Wahrscheinlichkeit einer Kostensenkung [4.130]. Wie *Energy Brainhood* [4.131] herausfand, ist der wirkliche Grund für diese Kostensteigerung (viertletzte Zeile in Tabelle 4.12) die mangelnde Flexibilität des Stromsystems. Mit einem *Flexibilitätsgesetz* sollten zügig bestehende Hemmnisse im konventionellen Kraftwerkspark und auf der Stromnachfrageseite abgebaut werden.

Tabelle 4.12 Technische Daten, Investitionen und Betriebskosten sowie durchschnittliche Stromgestehungskosten für Windenergieanlagen an Land, untergliedert nach Standortqualitätsbereichen (Ausschnitt 60 % bis 110 %, nach *Lüers et al.* [4.130]).

	\multicolumn{6}{c}{Standortqualität}
	60%	70%	80%	90%	100%	110%
Projektbeschreibung						
Spezifische Flächenleistung (W/m²)	280	280	324	324	324	354
Nabenhöhe (m)	139	139	125	125	125	100
Rotordurchmesser (m)	110	110	102	102	102	102
Spezifischer Energieertrag (kWh/kW/a)	2088	2436	2688	3024	3360	3366
Spez. Energieertrag (kWh/qm /a)	584	682	872	981	1090	1190
Projektkosten						
Spezifische Gesamtinvestition (€/kW)	1711	1711	1628	1628	1628	1463
Betriebskosten Jahr 1 – 10 (€/MWh)	26	25	24	23	23	22
Betriebskosten Jahr 11 – 20 (€/MWh)	29	28	27	26	25	25
Fremdfinanzierungsdauer (Jahre)	17	17	17	16	14	12
Stromgestehungskosten in ct/kWh						
Ausgangsfall	9,6	8,6	7,8	7,2	6,7	6,3
Berücksichtigung von §24 EEG 2014[a]	9,9	8,9	8,0	7,4	7,0	6,5
Reduktion §24 gem. Energy Brainpool[b]	10,6	9,5	8,6	7,9	7,4	7,0
Σ alle kostensteigernde Parameter[c]	12,2	10,8	9,7	8,9	8,4	7,9
Σ alle kostensenkende Parameter[d]	8,2	7,3	6,7	6,2	5,8	5,5
Zum Vergleich: 2012/13	*11,1*	*9,9*	*9,0*	*8,2*	*7,7*	*7,3*

[a] siehe Text bzw. [4.125]; [b] siehe Text bzw. [4.131]; [c] Anstieg der Hauptinvestitionskosten, Investitionsnebenkosten und Betriebskosten um jeweils 10%, Fremdkapitalzinsen um 1%-Punkt, Eigenkapitelverzinsung um 2%-Punkte und Anstieg des Eigenkapitalanteils um 10%-Punkte; [d] entsprechende Reduktion der Kosten, bei den Fremdkapitalzinsen um 0,5%-Punkte, beim Eigenkapitalanteil um 5%-Punkte

Genehmigungsverfahren für deutsche Offshore-Windparks [4.132]

Die deutschen Offshore-Windparks in der Nord- und Ostsee liegen aus Gründen des Naturschutzes und Tourismus weit draußen vor der Küste seewärts der 12-Seemeilengrenze, mit relativ großen Wassertiefen von 20 bis 40 m, in der *ausschließlichen Wirtschaftszone* (AWZ). Mit der Novellierung der SeeAnlV vom 5. April 2002 ist für Offshore-Windpark-Projekte über 20 WEA eine Umweltverträglichkeitprüfung (UVP) obligatorisch vorgeschrieben. Sie prognostiziert die Auswirkungen eines Projekts auf die im UVP-Gesetz genannten Schutzgüter Boden, Wasser, Luft/Klima, Benthische Flora und Fauna, Fische, Meeressäuger, Vögel, Kultur- und Sachgüter (meeresarchäologische Objekte), Landschaft und Mensch. Die SeeAnlV sieht keine Prüfung der Wirtschaftlichkeit der Projekte vor. Ebenso wenig konnte bisher wegen fehlender raumordnerischer Instrumente in diesen Gebieten eine Abwägung mit anderen konkurrierenden Nutzungen der Rohstoffindustrie (Öl und Gas, Sand und Kies), der Fischerei, der Betreiber von Seekabel und Pipelines u. a. vorgenommen werden.

4.4.6 Biomasse

„In der Debatte um einen Ausbau der Erneuerbaren Energien spielt die Biomasse aufgrund ihrer vielfältigen Nutzungsmöglichkeiten quasi als ‚Alleskönner' eine große Rolle. Nicht nur weil sie kurz- und mittelfristig mobilisierbar ist, sondern zugleich der Land- und Forstwirtschaft neue Einkommensquellen erschließen. Bei allem Enthusiasmus besteht dabei die Gefahr, diese letztlich begrenzte Ressource gleich dreimal zu verteilen: für die dezentrale Wärmebereitstellung, für die Stromerzeugung und nicht zuletzt als Alternative im Verkehr. Dass dies nicht trivial ist, ergibt sich nicht nur aus der Konkurrenzsituation zwischen den verschiedenen energetischen Nutzungsformen, sondern auch zur stofflichen Nutzung von Biomasse und insbesondere aus dem Flächenbedarf für die Nahrungsmittelproduktion" (*Staiß* [4.133]; Abb. 4.7 nach *Fritsche et al.* [4.134]).

Nach einer übergreifenden Stoffanalyse zur nachhaltigen energetischen Nutzung von Biomasse [4.109] kann als *Grundprinzip* gelten, „der stofflichen Nutzung von Biomasse den Vorrang vor der energetischen Nutzung einzuräumen; eine Primärverwendung von Biomasse als Energieträger kommt deshalb besonders dann in Frage, wenn für andere Zwecke keine entsprechende Nachfrage besteht".

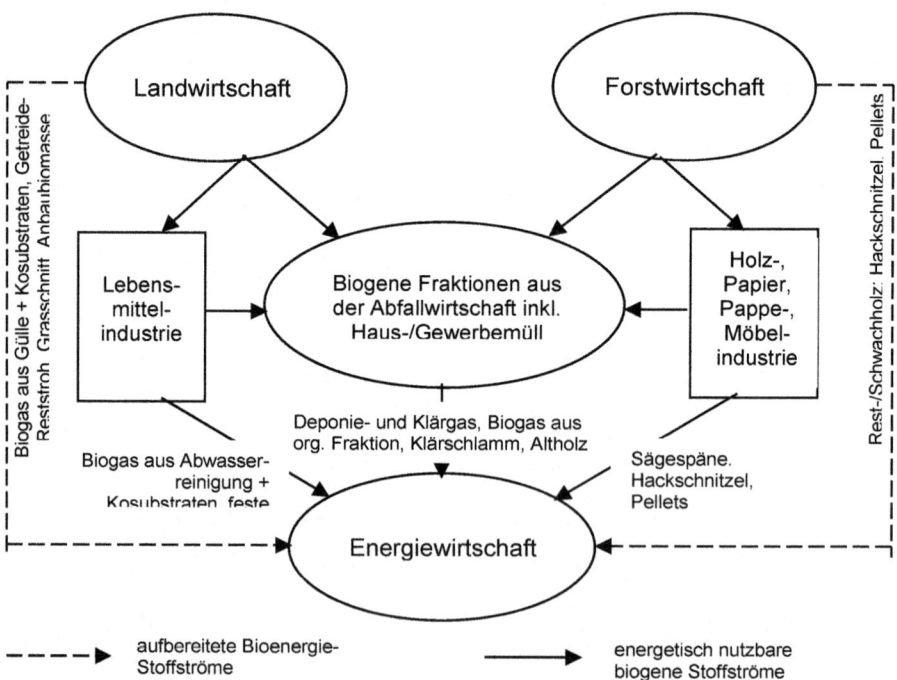

Abb. 4.7 Systemgrenzen der Stoffstromanalyse zur nachhaltigen energetischen Nutzung von Biomasse. Nach *Fritsche et al.* [4.134]

Bioenergie-Potenziale und ihre Nutzung

Unter energetisch nutzbarer „moderner" Biomasse versteht man folgende Komponenten (siehe auch Abb. 4.7):

- landwirtschaftliche Reststoffe (bspw. Stroh, Dung, Reisspelzen), soweit diese ohne Nährstoffverluste der Ackerböden verwertbar sind;
- Waldrest- und Schwachholz, soweit es nicht aus ökologischen Gründen (u.a. durch seine Nährstoffgehalte) im Wald verbleiben muss oder aus ökonomischen Gründen anderweitig verwendet wird;
- Industrierestholz und Gebrauchtholz (auch hier treten z.T. wesentliche ökonomische Restriktionen auf);
- Speziell zum Zweck der Energiegewinnung angebaute ein- oder mehrjährige Energiepflanzen.

Eine reine Verstromung von Biomasse oder die Erzeugung von Biokraftstoffen der 1. Generation (Bioethanol und Biodiesel) nutzt wenig von der ursprünglichen Energie – die Energieeffizienz liegt unter 30%. Deutlich größer ist die Effizienz von Biokraftstoffen der 2. Generation, wie Biomethan oder BtL (biomass-to-liquid) mit ca. 40%; diese Kraftstoffe zeichnen sich dadurch aus, dass unspezifische Biomasse inkl. Rest- und Abfallstoffe verarbeitet werden kann [4.135, 4.136]. Die effizienteste Möglichkeit die Energie der Biomasse zu nutzen ist ein Heizkraftwerk bei dem nur Wärme gewonnen wird.

Einen Vergleich der Bioenergieverfahren anhand technischer, ökonomischer und ökologischer Kenngrößen gibt die Tabelle 4.13 [4.137]:

- Alle untersuchten Optionen sind durch vergleichsweise hohe technische Potenziale und eine bisher nur sehr eingeschränkte Nutzung gekennzeichnet.
- Bei einem ökonomischen Vergleich der Möglichkeiten einer Wärme-, Strom- und Kraftbereitstellung aus Biomasse zeigt sich, dass eine Wärmebereitstellung aus biogenen Festbrennstoffen in vielen Fällen relativ kostengünstig ist. Diese ist im kleinen Leistungsbereich ohne und im größeren Leistungsbereich (d.h. Nahwärmenetze) mit Zufeuerung fossiler Energieträger sinnvoll einsetzbar.
- Besonders vielversprechend erscheinen die Optionen, die bereits weitgehend im Hinblick auf eine Minimierung der Umwelteffekte optimiert wurden.

Tabelle 4.13 Qualitativer Vergleich der Optionen einer Strom-, Wärme- und/oder Kraftbereitstellung aus Biomasse (+ relativ weniger vielversprechend, relativ gering bzw. relativ teuer; +++ relativ sehr vielversprechend, relativ hoch bzw. relativ kostengünstig; Signatur „Ökonomie" verändert). RME Rapsmethylester. Nach *Kaltschmitt et al.* [4.137]

	Technik	Ökonomie	Ökologie	Potenziale	Nutzung
Verbrennung – Wärme	+++	+++	+++	+++	+++
Verbrennung – Strom	++(+)	++	++(+)	+++	++
Vergasung	+(+)	+	+(++)	+++	
Biogaserzeugung	++(+)	++	++(+)	++(+)	++
Alkoholgewinnung	+(++)	+	++(+)	+(+)	
RME-Produktion	+++	+(+)	++(+)	+	+

Biokonversion

„Biokonversion" ist im energetischen Sinne die Umwandlung von Biomasse in Wärme oder feste, flüssige und gasförmige Energieträger [4.138]. Das einfachste Verfahren ist die mechanische Veränderung der Biomasse, bspw. das Pelletieren von Holzabfällen. *Thermochemische Verfahren* wandeln Biomasse durch Zufuhr von Wärme und chemische Reaktionen in Energie und Energieträger um:

- *Vergasung* ist die Umsetzung von Biomasse zu gasförmigem Brennstoff unter Verwendung von bspw. Luftsauerstoff oder Wasserdampf.
- Im Anschluss an die Vergasungsanlage kann über eine Fischer-Tropsch-Synthese *flüssiger Kraftstoff* („Biomass-to-Liquid") gewonnen werden.

Bei den *biochemischen Verfahren* erfolgt die Umwandlung bei niedriger Temperatur durch einzellige Mikroorganismen. Unter energetischen Aspekten sind zwei Gärverfahren – anaerob im wässrigen Milieu – von Bedeutung:

- *Biogasgewinnung* erfolgt in einem Fermenter direkt aus der Biomasse;
- *Ethanolgewinnung* aus zuckerhaltiger oder zu Zucker umgewandelten stärke- oder cellulosehaltigen Biomasse mit anschließender Destillation.

Nutzungspfade und Praxisbeipiele geben Abbildung 4.8 und Tabelle 4.14.

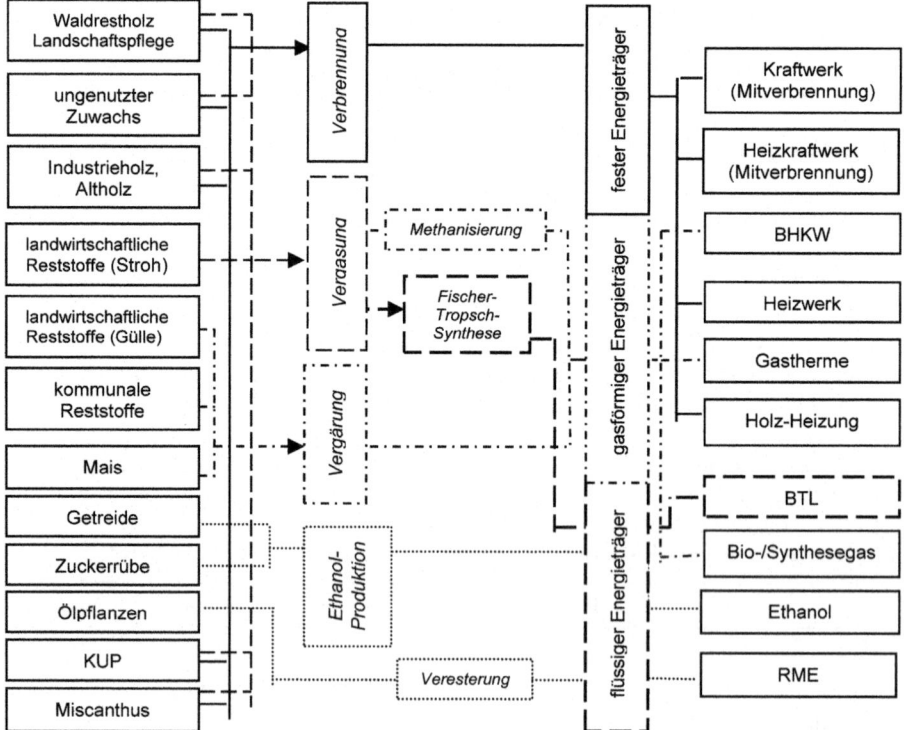

Abb. 4.8 Biomasse-Nutzungspfade (nach *Hennicke/Fischedick* [4.96]); KUP Kurzumtriebplantage, BHKW Blockheizkraftwerk, BTL Biomass-to-Liquid, RME Rapsmethylester

Tabelle 4.14 Übersicht über technische Konversionsverfahren von Biomasse (nach der Analyse durch *WBGU* [4.139] und *Müller-Langer et al.* [4.140]).

Bezeichnung im Nutzungspfad	Produkt- bzw. Produktwandlung	Leistungsgröße der Anlage (Biomasseinput in MW$_{th}$)
Mobilität		
Ethanol-PKW	Bioethanol (1. Generation, Ausnahme Stroh: 2. Gen.) Ottomotor/Flexible-Fuel-V	Mais – 192 MW Zuckerrohr – 319 MW Getreide – 229 MW Stroh – 378 MW
Biodiesel-PKW	Biodiesel (1. Generation) Dieselmotor	Rapskörner – 175 MW Ölpalme – 298 MW Jatropha – 291 MW Altfett – 61 MW
Pflanzenöl-PKW	Pflanzenöl (1. Generation) Dieselmotor (angepasst)	Rapskörner – 2,9 MW
Biomethan-PKW	Biomethan (1. Generation) Gas-Ottomotor	Mais – 3,2 MW Gülle/Ernterückst. – 5,0 MW Grassilage/Gülle – 3,8 MW Bioabfall – 3,9 MW
Biomethan-PKW	Biomethan (2. Generation) Gas-Ottomotor	KUP – 39 MW Restholz – 39 MW
Fischer-Tropsch-Diesel-Biomasse-to-Liquid (BtL)	BtL-Diesel (2. Generation) Dieselmotor	KUP – 518 MW Restholz – 518 MW Stroh – 536 MW
Wasserstoff-Brennstoffzelle (Proton-Exchange-Memb.)	Biowasserstoff (2. Gen.) Brennstoffzelle (PEM,H$_2$)	Restholz – 250 MW
Biogas-BHKW-elektroPKW	Biostrom Elektromotor	Hirse – 1,6 MW Gülle/Ernterückst. – 2,5 MW
Strom und Wärme – Kraft-Wärme-Kopplung (nur Strom bei [Stein]Kohlekraftwerken)		
Biogas-BHKW (*Abschn. 4.2.3*)	Biogas Dezentrales Blockheizkraftwerk (BHKW) Gas-Ottomotor	Mais – 1,6 MW Hirse – 1,6 MW Gülle/Ernterückst. – 2,5 MW Grassilage/Gülle – 1,9 MW BioAbfall – 3,9 MW
Biomethan-BHKW (*Abschn. 4.2.3*)	Biomethan Dezentrales BHKW Gas-Ottomotor	BioAbfall – 3,9 MW sonst wie „Biogas-BHKW", jedoch mit doppeltem Input
Biogas-Brennstoffzelle (SOFC, *Abschn. 4.2.4*)	Biogas Festoxid-Brennstoffzelle	Einsatzstoffe und Biomasseninput wie „Biogas-BHKW"
Biomethan-GuD (Gas-und-Dampf-Kraftwerk, *Abschn. 4.2.5*)	Biomethan Zentrales GuD-Kraftwerk	Mais – 3,2 MW Hirse – 3,1 MW KUP – 39 MW Gülle/Ernterückst. – 5,0 MW Grassilage/Gülle – 3,8 MW BioAbfall – 3,9 MW
Pflanzenöl-BHKW	Pflanzenöl Dezentrales BHKW	Raps – 2,9 MW Ölpalme – 3,9 MW Jatropha – 3,7 MW
Pellet-Kohle-Kraftwerk	Pellets (Steinkohle)	KUP/Restholz/Stroh - 144 MW
Hackschnitzel-HeizKW	Hackschnitzel (Dampf-T)	KUP/Restholz/Stroh – 22 MW
Rohgas-Gasturbine	Rohgas (Gasturbine)	KUP-Restholz – 90 MW
Rohgas-Brennstoffzelle	Rohgas (SOFC)	KUP-Restholz – 18 MW

Biokraftstoffe in der Diskussion – Regelungen – Zertifizierung
Es gibt weltweit Bedenken gegen eine forcierte Ausweitung des Biokraftstoff-
anteils: Nach der schweizerischen EMPA-Studie [4.141] sind in den gemäßigten
Breiten teils der niedrige Flächenertrag, teils die intensive Düngung und mechanische Bearbeitung für eine negative Umweltbeurteilung ausschlaggebend. Im Fall
der tropischen Landwirtschaft ist es primär die *Brandrodung von Urwäldern*, die
große Mengen von CO_2 freisetzt, eine erhöhte Luftbelastung bewirkt und starke
Auswirkungen auf die Biodiversität hat. Die Umwandlung von Wäldern, Savan-
nen und Mooren in Anbauflächen würde CO_2-Emissionen verursachen, die erst in
einigen Jahrzehnten bis Jahrhunderten wieder ausgeglichen wären; erst dann
könnte sich der Einspareffekt der Biokraftstoffe bemerkbar machen [4.142]. Pro
Hektar umgewandelter Fläche werden im Schnitt 351 Mio. t CO_2-Äquivalente aus
verrottender oder verbrennender Vegetation freigesetzt; dem ständen Einsparungen von jährlich 1,8 Mio. t/ha Ethanol-Mais. Die Umwandlung tropischer Wald-
flächen und Feuchtgebiete in *Ölpalmen-Plantagen* erzeugt so eine „Treibhausgas-
Schuld", wie sie wohl nicht vor Mitte des Jahrtausends abbezahlt wird [4.143].

Mit der *EU-Richtlinie* 2009/28/EG [4.144] zur Förderung der Nutzung von
Energie aus erneuerbaren Quellen sind Biokraftstoffe in den Fokus der gesetzlichen Regelungen gelangt [4.145]. Kern dieser Richtlinie (und Änderung von
2015) ist das bis zum Jahr 2020 zu erreichende verbindliche Mindestziel von 10
Prozent erneuerbarer Energie als Anteil am Kraftstoffmarkt in allen EU-
Mitgliedstaaten (Artikel 3). Zudem sind verbindliche Nachhaltigkeitskriterien
vorgegeben, die Biokraftstoffe erfüllen müssen, um auf die Quoten angerechnet zu
werden oder staatliche Förderung zu erhalten. Dazu gehören verbindliche Mindestwerte für Treibhausgaseinsparungen gegenüber fossilen Kraftstoffen sowie
der Schutz von Flächen mit hoher biologischer Vielfalt oder hohem Kohlen-
stoffspeicher wie Regenwälder (Artikel 17).

Um die Umweltverträglichkeit von Biokraftstoffen zu gewährleisten, hat die
Bundesregierung eine Biokraftstoff-Nachhaltigkeitsverordnung erlassen [4.145].
Danach gelten Biokraftstoffe künftig nur dann als nachhaltig hergestellt, wenn sie
– unter Einbeziehung der gesamten Herstellungs- und Lieferkette – im Vergleich
zu fossilen Kraftstoffen mindestens 35 Prozent an Treibhausgasen einsparen.

Eine *Analyse des World Wildlife Funds* (WWF [4.146]) hinsichtlich der
Umsetzung der Biokraftstoff-Regelungen und die Auswahl von Zertifizierungssystemen führte zu folgenden kritischen Hinweisen:

- Während sich die Debatten meist auf indirekte Auswirkungen konzentrieren,
  weist der WWF darauf hin, dass *direkte Auswirkungen* ebenfalls unzureichend
  in der Richtlinie thematisiert werden bzw. weiterer Definitionen bedürfen.
- Verbindliche Anforderungen zur Erhaltung und Verbesserung von *Boden-,
  Wasser- und Luftqualität* sowie soziale Fragen wie der Umgang mit betroffenen
  Kommunen, der Einhaltung von Konventionen der Internationen Arbeitsorganisation (ILO) sowie Sicherung der Ernährung fehlen in der Richtlinie.
- Insgesamt kann mit den derzeitigen verbindlichen Mindest-Nachhaltigkeits-
  anforderungen der EU-Richtlinie 2009/28/EG nicht gewährleistet werden, dass
  in der EU genutzte Biokraftstoffe, die aus der Inlandsproduktion hervorgehen
  oder importiert werden, nachhaltig im Sinne der WWF-Ziele sind [4.146].

Gestaltungsoptionen für das Stromsystem (Teil 2) – Akademienprojekt [4.95]

(3) Zentrale oder dezentrale Erzeugung?

„Insgesamt sind Systeme mit starkem Übertragungsnetzausbau sowie dem kombinierten Einsatz von dezentralen und zentralen Kraftwerkstechnologien günstiger als rein dezentrale Systeme. Lässt man die Verteilnetze außen vor, sind die Stromgestehungskosten eines dezentralen Systems rund zehn Prozent höher (nur Anlagen mit einer Leistung unter 100 Megawatt, 90 Prozent Wind und Photovoltaikanteil). Je niedriger der Wind- und Photovoltaikanteil, desto höher sind die Mehrkosten. Deshalb sollte ein hoher Grad an Dezentralität mit einem starken Ausbau von Wind- und Photovoltaikanlagen in allen Teilen Deutschlands, vor allem nahe der Verbrauchszentren einhergehen.

Umfragen zeigen, dass kleine, dezentrale Anlagen in der Bevölkerung mehr Zustimmung finden als große, zentrale Anlagen. Darüber hinaus stößt der Netzausbau teilweise auf vehementen Widerstand. Bei der Entscheidung für eine zentrale oder dezentrale Architektur der Stromversorgung müssen daher auch die gesellschaftlichen Präferenzen berücksichtigt werden".

(4) Welche Rolle können Speicher in Zukunft spielen?

„Das wichtigste Unterscheidungsmerkmal der zahlreichen Speichertechnologien ist die Dauer, für die Energie aufgenommen oder abgegeben werden kann. Als Kurzzeitspeicher zur Überbrückung einiger Stunden können Pump- und Druckluftspeicher sowie eigens für diesen Zweck installierte Batterien dienen. Wesentlich kostengünstiger wäre jedoch das Demand-Side-Management, d.h. die gezielte Steuerung der Stromnachfrage von Haushalten oder Industrieunternehmen. Denn 2050 wird es sehr wahrscheinlich so viele Photovoltaik- und Elektrofahrzeug-Batterien, elektrische Heiz- und Warmwassersysteme mit thermischen Speichern sowie steuerbare Haushaltsgeräte geben, dass sie den gesamten Kurzzeitspeicherbedarf abdecken können. Die Herausforderung: Flächendeckend wird intelligente Steuerungstechnik benötigt, mit der sich Geräte in Haushalten und Unternehmen „fernsteuern" lassen. Die Verbraucher wiederum müssten bereit sein, die Steuerungseingriffe zu akzeptieren.

Mehrwöchige wind- und sonnenarme Phasen („Dunkelflauten") lassen sich technisch sowohl mithilfe von Langzeitspeichern als auch flexiblen Erzeugern zum Beispiel Gaskraftwerken) überbrücken. Für die Langzeitspeicherung muss Strom in Wasserstoff oder in einem weiteren Schritt in Methan umgewandelt werden (Power-to-Gas), das später in Gaskraftwerken rückverstromt wird. Langzeitspeicher kommen vor allem dann zum Einsatz, wenn die Klimaschutzziele sehr ambitioniert und die Möglichkeiten zur flexiblen Stromerzeugung begrenzt sind (zum Beispiel, wenn wenig Biomasse zur Energiegewinnung verfügbar ist). Bis zu einer Einsparung von 80 Prozent CO_2 lohnen sich Langzeitspeicher dagegen kaum und es ist kostengünstiger, den Überschussstrom dem Wärmemarkt zur Verfügung zu stellen und bis zu zehn Prozent abzuregeln. Bei hohen Anteilen fluktuierender erneuerbarer Energien können Langzeitspeicher allerdings auch gezielt installiert werden, um die Stromversorgung unabhängiger vom Erdgasimport zu machen".

4.5 Instrumente der Energiewende

Nach Ansicht der deutschen Bundesregierung ist der Ausbau der erneuerbaren Energien im Stromsektor eine tragende Säule der Energiewende. Ihr Anteil soll von rund 32 Prozent (2015, Tabelle 4.9) auf 40 bis 45 Prozent in 2025, auf 55 bis 60 Prozent in 2035 und auf mindestens 80 Prozent bis 2050 steigen [4.147]. Das Erneuerbare-Energien-Gesetz (EEG) ist das zentrale Instrument, um diese Ziele zu erreichen. Dieser Ausbau macht eine stärkere Integration der erneuerbaren Energien in die Strommärkte erforderlich.

Im Folgenden werden neben den rechtlichen Regelungen (Abschn. 4.5.1) die technischen Instrumente für die Weiterentwicklung der Energiewende beispielhaft beschrieben: (i) Innovationsprogramm Wasserstoff- und Brennstoffzellentechnologie (Abschn. 4.5.2); (ii) Chemische Speicher am Beispiel der Wandlung von überschüssigem Strom aus Erneuerbaren Energien zu Methan (Abschn. 4.5.3); (iii) Management von Lastspitzen, bspw.. in den Sektoren Klimatisierung und Elektromobilität (Abschn. 4.5.4); (iv) IKT-betriebene Verknüpfung von Erzeugern, Energiespeichern und Verbrauchern in Smart Grids (Abschn. 4.5.5).

4.5.1 Rechtliche Regelungen [4.148]

Mit dem EEG 2017 [4.147] wurde der Systemwechsel der Erneuerbare-Energien-Finanzierung auf ein Ausschreibungsmodell für die wesentlichen Technologien vollzogen. Die Vergütungshöhe – in Form einer gleitenden Marktprämie für den Zeitraum von 20 Jahren ab Inbetriebnahme – wird nun wettbewerblich ermittelt. Zuständig für die Durchführung des Ausschreibungsverfahrens ist die Bundesnetzagentur. In die Neuregelung einbezogen sind alle Offshore-Windkraftanlagen, Solarenergieanlagen und Onshore-Windenergieanlagen ab einer installierten Leistung von 750 Kilowatt sowie Biomasseanlagen ab 150 Kilowatt Leistung. Weiterhin eine feste Marktprämie ohne Ausschreibung erhalten: Windkraft-, Photovoltaik- und Biomasseanlagen, die kleiner als 750 beziehungsweise 150 Kilowatt sind, Anlagen zur Erzeugung von Strom aus Wasserkraft, Deponie-, Klär- oder Grubengas und Geothermie sowie Pilotwindenergieanlagen bis zu einer installierten Leistung von insgesamt 125 Megawatt, die wesentliche technische Weiterentwicklungen oder Neuerungen aufweisen. Weitere Gesetze im Umfeld des Erneuerbare-Energien-Gesetzes von 2017 sind:

- Strommarktgesetz: Die Stromversorgung soll kosteneffizient und umweltverträglich weiterentwickelt und die Versorgungssicherheit bei der Transformation des Energieversorgungssystems gewährleistet werden [4.149].
- Digitalisierungsgesetz: Das Gesetz enthält unter anderem Vorgaben für die Einbaupflicht von Smart Metern, technische Vorgaben sowie Regelungen zur Gewährleistung von Datenschutz und Interoperabilität [4.150].
- Bundesbedarfsplangesetz: Mit diesem Gesetz wurde die Liste der vordringlichen Netzausbauvorhaben im Übertragungsnetz aktualisiert und in diesem Zusammenhang auch der Einsatz von Erdkabeln neu geregelt [4.151].

4.5.2 Wasserstoff aus Biomasse

Eine wesentliche Komponente in allen Langfristszenarien ist der Einsatz von Primärenergieträgern mit hohen Wasserstoffanteilen – vor allem Erdgas. Die weitere Entwicklung bis 2050 wird vermutlich durch die breite Anwendung der *Wasserstofftechnologie* gekennzeichnet sein [4.152]. Aktuell stehen neben dem Automobilsektor und der Hausenergieversorgung auch Sonderanwendungen wie unterbrechungsfreie Stromversorgungsanlagen oder netzferne Stromversorgung vor dem Eintritt in den Markt [4.98].

Wasserstoff zeichnet sich durch geringe Emissionen bei der weiteren Energieumwandlung aus. Er stellt damit den langfristig wichtigsten Kraftstoff für den Einsatz von Brennstoffzellen *(Abschn. 4.2.4)* dar. In Zukunft soll die Technologie bei der nachhaltigen Energieversorgung eine Schlüsselrolle einnehmen. Erst die Gewinnung von „grünem" Wasserstoff aus regenerativem Strom schließt die Lücke der Integration (Bundesbericht Energieforschung 2016 [4.98]).

Für die *Wasserstoffgewinnung* stehen neben der alkalischen Wasserelektrolyse weitere Technologien zur Verfügung [4.153]:

- *Membranelektrolyse*, vor allem für die Vor-Ort-Bereitsstellung von Wasserstoff als Kraftstoff, benutzt Polyelektrolmembrane bei Betriebsdruck von 35 MPa;
- bei der *Hochtemperaturelektrolyse* liegt wie bei der Hochtemperaturbrennstoffzelle die Betriebstemperatur im Bereich von 800 – 1.000 °C;
- die *Dampfreformierung* leichter Kohlenwasserstoffe ist heute das weltweit am meisten verbreitete Verfahren zur Erzeugung von Wasserstoff;
- im Unterschied zur Dampfreformierung stellt die *partielle Oxidation* keine hohen Anforderungen an die Qualität der Rohstoffe;
- die Konversion von Festbrennstoffen zu Wasserstoff mittels *Hochtemperaturvergasung* verläuft mit konventioneller Technik über Synthesegas.

Im Rahmen des Nationalen Innovationsprogramms Wasserstoff- und Brennstoffzellentechnologie (NIP) wurden nach einer Vorauswahl aus 20 Vorschlägen elf Verfahren und Technologien für die Bereitstellung von Wasserstoff auf Basis von Biomasse evaluiert [4.154]. Drei Konzepte wurden detailliert technisch, ökonomisch und ökologisch analysiert: zwei basieren auf der *allothermen Wirbelschichtvergasung*, ein drittes auf der *Dampfreformierung*.

Unter *thermodynamischen* Kriterien erscheinen vergasungsbasierte Verfahren vorteilhafter, da diese insgesamt durch geringere Verluste gekennzeichnet sind – besonders bei größerer Anlagenleistung. Bei allen drei Konzepten werden 30 bis 40 % der *Bereitstellungkosten* von der Wasserstoffdistribution verursacht; deren Einfluss schlägt sich auch in der *Ökobilanz* nieder (Energieverbräuche, Emissionen und Treibhausminderungspotentiale). Eine sorgfältige Standortplanung unter besonderer Berücksichtigung der *Rohstoffverfügbarkeiten* ist unerlässlich. Während für das vergärungsbasierte Konzept 60 % nachwachsende Rohstoffe unterstellt werden, basieren die vergasungsbasierten Konzepte auf Waldrestholz als Einsatzstoff (und erreichen damit das Ziel von 50 % THG-Minderung),

Mit dem Ziel der Markteinführung von wettbewerbsfähigen Produkten wird das NIP als Regierungsprogramm von vier Bundesministerien bis 2026 mit einem Fördervolumen von 1,4 Mrd. € (Industrie 2 Mrd. €) weitergeführt [4.155].

4.5.3 Stromspeicher [4.13]

Die starke Zunahme fluktuierender, erneuerebarer Energie erfordert mittel- bis langfristig den Einsatz großer zusätzlicher Stromspeicher. Benötigt werden sowohl Kurzzeit- als auch Langzeitspeicher. Die Kurzzeitspeicher, bspw. Pumpspeicherwerke, können die Einspeiseschwankungen im Ein- und Mehrtagebereich ausgleichen. Langzeitspeicher, bspw. chemische Speicher, können Schwankungen im Mehrtages-, Monats- oder Jahresbereich ausgleichen. Bei den chemischen Speichersystemen werden in Abb. 4.9 die auf der Basis erneuerbarer Energien hergestellten Methan (eE-Methan) und Wasserstoff (eE-Wasserstoff) beschrieben.

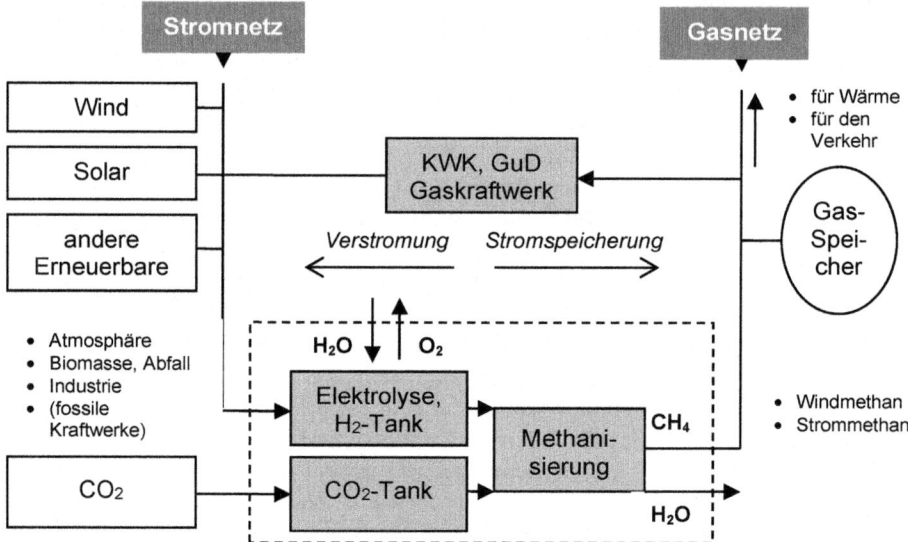

Abb. 4.9 Konzept zur Wandlung überschüssigen Stroms aus Erneuerbaren Energien zu Methan mit Rückverstromung in Gasturbinen oder Gas- und Dampfturbinenkraftwerken (GuD). Nach *Klaus et al.* [4.156]

Der Wirkungsgrad für die *Methanisierung* liegt bei 75 bis 85 %. Bei dem Prozess fällt Abwärme auf hohem Temperaturniveau an, die mittels ORC-Anlagen (Organic Rankine Cycle) zur Stromerzeugung nutzbar ist. Das verwendete CO_2 sollte möglichst aus der energetischen Nutzung von Restbiomasse stammen, bspw. aus der biochemischen oder thermischen Vergasung. Die Rückverstromung sollte vorrangig in den sehr gut regelbaren Gasturbinen- oder GuD-Kraftwerken nahe den Verbrauchsschwerpunkten erfolgen. Der elektrische Systemwirkungsgrad für die gesamte Kette (Überschussstrom – Wasserstofferzeugung – Methanisierung – Speicherung – Rückverstromung von CH_4 in GuD-Kraftwerken) liegt bei ca. 35 %. Beim *Wasserstoff*-Pfad beträgt der Systemwirkungsgrad für die gesamte Kette ca. 42 % und ist damit 7 % höher als im Fall des eE-Methan-Speichersystems.

4.5.4 Lastmanagement [4.156]

Lastmanagement ermöglicht es, durch zeitliche Verlagerung oder das Abschalten unkritischer Stromanwendungen, Lastspitzen in Situationen zu minimieren, in denen die Last die Einspeisung aus erneuerbaren Energien deutlich übersteigt, und den Verbrauch auf Situationen zu verlagern, in denen die Einspeisung aus erneuerbaren Energien die Last übersteigt. Das Lastmanagement kann als eine Art virtueller Speicher betrachtet werden.

Für das Lastmanagement geeignet sind alle Anwendungen, deren Energiebezug durch Strom- oder Wärmespeicher zeitlich verschiebbar ist oder auf deren Einsatz für einen gewissen Zeitraum vollständig verzichtet werden kann (z. B. der Ladevorgang von Plug-in-Hybridfahrzeugen). Neben der bereits dargestellten Wasserstoff-Elektrolyse bieten elektrische Wärmepumpen, Klimatisierung, Elektrofahrzeuge und große industrielle Verbraucher die größten Potenziale. Die Potenzialschätzungen des Fraunhofer-Instituts für Windenergie und Energiesystemtechnik [4.156] gehen von der besten heute am Markt verfügbaren Technik aus, d.h. der zu erwartende technische Fortschritt in 40 Jahren ist hier noch nicht berücksichtigt.

- Die *Klimatisierung*, vorwiegend im Sektor Gewerbe, Handel, Dienstleistungen, ist generell zum Lastmanagement geeignet. Photovoltaik und Klimatisierungsbedarf korrelieren gut miteinander, sind doch Sonneneinstrahlung und Klimatisierungsbedarf im Sommer am höchsten. Da sich die Gebäude im Verlauf des Tages aufheizen, treten die Bedarfsspitzen für die Klimatisierung jedoch zeitlich nach den Spitzen der Stromeinspeisung aus Photovoltaik auf. Bei dem angenommen Jahresstromverbrauch von 28 TWh im Jahr 2050 für die Klimatisierung ist das Lastmanagementpotential erheblich. Ein Großteil dieses Stromverbrauchs kann für das Lastmanagement genutzt werden.

- Da *Wärmepumpen* mehr Strom für die Heizung als für den Warmwasserverbrauch (Verhältnis 2,3:1) benötigen, sind sie vorwiegend in der Heizperiode im Einsatz. Damit sind auch die Lastmanagementpotenziale größtenteils nur in der Heizperiode verfügbar. Wärmespeicher ermöglichen es, die Nutzung von Strom und Wärme zeitlich zu entkoppeln. Wärmepumpen verfügen üblicherweise über Anschlussleistungen von 2 bis 200 kW, industrielle Anwendungen können auch darüber liegen. Nach den Annahmen zur Gebäudedämmung und zum Warmwasserbedarf verbrauchen Wärmepumpen in Haushalten, GHD und Industrie im Jahr 2050 zusammen etwa 44 TWh Strom. Ein Großteil dieses Stromverbrauchs kann für das Lastmanagement genutzt werden.

- Bei der *Elektromobilität* ist das Lastmanagementpotential stark abhängig von den Batteriespeicherkapazitäten und der Fahrzeugart (Elektrofahrzeug oder Plug-in-Hybrid) sowie dem Konzept zur Netzintegration der Elektrofahrzeuge mit entsprechenden Tarifstrukturen. Anders als bei den Wärmepumpen und der Klimatisierung sind die Lastmanagementpotentiale im Bereich der Elektromobilität ganzjährig vorhanden Insgesamt kann ein Großteil des Stromverbrauchs für Elektro-PKW von erwarteten 50 TWh für das Lastmanagement genutzt werden.

4.5.5 IKT-betriebene Energiesysteme

„Internet der Energie" [4.157, 4.158]
Der forcierte Ausbau insbesondere der erneuerbaren Energien in Deutschland stellt das Gesamtsystem vor große Herausforderungen. Bei steigender Fluktuation der Einspeisung vervielfacht sich der Steuerungsaufwand für das Netz, mit einer dynamischen Anpassung von Erzeugungskapazitäten *und* Lasten (Abschn. 4.5.2).

Die Realisierung der heutigen Netze kann konzeptionell in drei Schichten unterteilt werden: (A) Physik, (B) Informations-/Kommunikationstechnologien (IKT) und (C) Märkte. Auf der *Anlagenebene* (C) kommuniziert eine Vielzahl von Erzeugungs-, Verbrauchs- und Steuerungsanlagen untereinander. Auf der *Geschäftsebene* (A) planen, steuern, überwachen und optimieren die Akteure je nach ihrer Marktrolle die wirtschaftliche Nutzung der Anlagen. Die *Informations- ebene* (B) ist das Herzstück von E-Energy. Sie verbindet die beiden anderen Ebenen und lässt die Akteure und Anlagen des „Energie-Webs" sicher und zeitnah miteinander kommunizieren (Abb. 4.10 nach [4.159]).

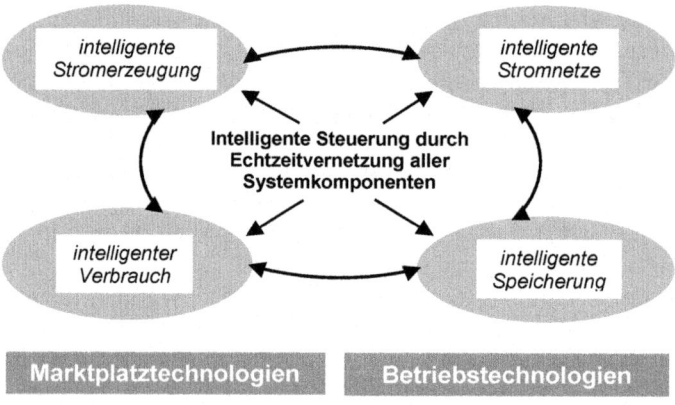

Abb. 4.10 Querschnittstechnologien im Internet der Energie [4.159]

Smart Grids und Super Grids
Unter dem Konzept der Smart Grids wird eine intelligente Verknüpfung von Er- zeugern, Energiespeichern und Verbrauchern vor allem über die Niederspan- nungsnetze verstanden. Mangels kontinuierlicher Messung von Netzkenngrößen ist der Netzzustand vielerorts unbekannt und eine lokale Netzsteuerung nicht möglich. Auch konnten sich aufgrund der nicht vorhandenen IKT auf der Nieder- spannungsebene bisher keine Energieeinsparpotentiale, aber auch keine Mehrwert- dienste und innovativen Geschäftsmodelle herausbilden. Smart Meter und Smart Grid nutzen die gleiche IKT-Infrastruktur und bilden zusammen, im Haushalt und auch auf regionaler Ebene, ein integriertes System, das Internet der Energie. Mit den *Super Grids*, einem europaweiten Hochspannungssystem, sollen die großen EE Potenziale in verbrauchsfernen Gebieten, u.a. die Solarenergie in Südeuropa, Nordafrika und im Nahen Osten erschlossen werden.

Werkstoffe und Materialien für die Energiewende (acatech [4.160] Bolt et al.)

Eine zentrale Anforderung an alle Energietechnologien besteht in der hohen Halt-
barkeit von Anlagen und Komponenten, die mit typischerweise zehn bis vierzig
Jahren eine Größenordnung über der Lebensdauer üblicher Konsumgüter liegt.

Die vorliegende Publikation der Deutschen Akademie der Technikwissenschaf-
ten befasst sich mit photoelektronischen Materialien (*B Rech*, Helmholtz-Zentrum
Berlin), Materialien mit elektrochemischen Eigenschaften für Speicheranwendun-
gen (*R-A Eichel*, Jülich), Werkstoffen für lastflexible Kraftwerke (*M Oechsner*,
TU Darmstodt), mit Leichtbau- und Polymerwerkstoffen in der Energietechnik
(*F Henning/KA Wiedemann*, Fraunhofer ICT und *RW Lang* JKU Linz) und mit
Materialien für effiziente Energieumwandlungen (Weichmagnetische Werkstoffe:
K Hameyer/G Hirt, RWTH Aachen; Reibung und Verschleiß: *C Gachot et al.*
Universität des Saarlandes). Eine Übersicht über Querschnittsthemen und Methoden geben *I Arzberger & H Bolt*, Forschungszentrum Jülich [4.160]:
„Eine maßgebliche Verkürzung der Entwicklungszeiten für neue Energiemate-
rialien ist dann zu erwarten, wenn es gelingt, die Eigenschaften von Werkstoffen
in Abhängigkeit von der Werkstoffzusammensetzung, den Herstellungsverfahren
und der Verarbeitung zu Verbund, Komponente oder System vorherzusagen
beziehungsweise Werkstoffe bereits in der Designphase gezielt mit den jeweils
erforderlichen Eigenschaften maßzuschneidern".

Das Energiesystem resilient gestalten (Akademienprojekt [4.161]; Renn, Hg.)

„Im Februar 2014 sprengten Separatisten in der pakistanischen Provinz Belutschi-
stan gleichzeitig drei wichtige Erdgasleitungen. Über einen Tag lang waren Millionen Menschen ohne Gas. 2010 reduzierte China die Exporte Seltener Erden um
40 Prozent – daraufhin verzehnfachten sich die Preise für Neodym, das u.a. in
Turbinen von Windrädern steckt. Und im November 2005 brachten Schneemassen
zahlreiche Stromleitungen und Masten in Westdeutschland zum Einsturz. 250.000
Menschen fehlte mehrere Tage der Strom; der wirtschaftliche Schaden durch das
‚Münsterländer Schneechaos' wird auf rund 100 Millionen Euro geschätzt".
Resilienz ist die Fähigkeit von Systemen, ihre Funktionsfähigkeit unter Stress
und Belastungen aufrechtzuerhalten bzw. kurzfristig wiederherzustellen (Abschn.
1.3.2). Das Akademienprojekt „Energiesysteme der Zukunft" [4.95] untersucht
aus interdisziplinärer Perspektive Wege, um die Energiewende vorausschauend,
robust und lernfähig zu gestalten. In einer Analyse von sechs Bedrohungs-
szenarien wurden zuletzt *zehn Interventionstypen* identifiziert, bspw.:
„In der Regel nimmt die Resilienz zu, wenn Vorsorgemaßnahmen ausgebaut
und wirksamere Recyclingmethoden und Ersatzmöglichkeiten für Metalle entwickelt werden. Auch Redundanzen im System und zusätzliche Energiespeicher
tragen dazu bei. Darüber hinaus wird die Versorgung resilienter, wenn die Vielfalt
der Anlagentechnologien erhöht und unabhängige Versorgungseinheiten geschaffen werden, ohne die Bevölkerung stärker zu belasten. Zu einer wirksamen
Resilienzstrategie gehören auch ein systematisches Gefahrenmonitoring, Notfall-
vorkehrungen sowie Dialogangebote und partizipative Verfahren" [4.161].

4.5.6 Sektorkopplung von Strom, Wärme und Verkehr

Die Deutsche Energie-Agentur definiert Sektorkopplung als „ein integriertes Energiesystem, in dem alle Teile aufeinander abgestimmt werden können; hierbei sind die unterschiedlichen Märkte und Infrastrukturen ebenso zu berücksichtigen wie Kosteneffizienz, Klimaschutzaspekte und die begrenzte Verfügbarkeit von Ressourcen". Um mit diesem Ansatz die *Ziele des Pariser Klimagipfels* [4.3] zu erreichen, sind u.a. folgende Maßnahmen notwendig [4.162]:

- Für einen erfolgreichen Klimaschutz müssen die Sektoren Strom, Wärme und Verkehr bis zum Jahr 2040 vollständig *dekarbonisiert* werden.
- Kohlekraftwerke zählen zu den größten Verursachern von Kohlendioxidemissionen. Der *Kohleausstieg* sollte daher spätestens 2030 abgeschlossen sein. Hierfür ist auch die schnelle *Errichtung von Speichern* erforderlich.
- Mit der jetzigen Energiepolitik und den Zubaukorridoren für den Ausbau der regenerativen Stromerzeugung im *EEG* können regerative Energien bis zum Jahr 2040 nur bis zu 35 % des erforderlichen Bedarfs decken. Das Einhalten der Pariser Klimaschutzvereinbarungen ist damit absolut unmöglich.
- Künftig wird auch ein großer Teil des Energiebedarfs in den *Sektoren Wärme und Transport* durch elektrischen Strom aus Solar- und Windkraftanlagen gedeckt werden müssen. Dadurch steigt der *Stromverbrauch* von derzeit 628 TWh auf mindestens 1320 TWh.
- Werden keine ambitionierten *Effizienzmaßnahmen* umgesetzt, kann sich der Strombedarf verfünffachen und auf über 3000 TWh ansteigen. Dieser Bedarf lässt sich bis 2040 nicht durch erneuerbare Energien in Deutschland decken.
- Aus Effizienzgründen scheiden künftig Fahrzeuge mit *Verbrennungsmotoren* sowie *Gasheizungen* und *KWK-Anlagen* aus.
- Möglichst ab 2025, spätestens aber ab 2030, sollten daher in Deutschland keine Neufahrzeuge mit Verbrennungsmotoren mehr zugelassen werden. Die wichtigsten Fernstraßen sind mit *elektrischen Oberleitungen* zu versehen.
- Gas-Brennwertkessel und KWK-Anlagen dürfen ab dem Jahr 2020 nicht mehr neu gebaut werden. Stattdessen müssen *effiziente Wärmepumpen* die Gebäudewärmeversorgung und Warmwasserbereitung weitgehend übernehmen.
- Durch *Gebäudesanierung* sollte der Wärmebedarf der Gebäude in den nächsten 25 Jahren möglichst um 30 bis 50 % gesenkt werden.
- Für die *regenerative Stromerzeugung* wird für das Jahr 2040 für Onshore-Windkraft eine installierte Leistung von 200 GW, für die Offshore-Windkraft von 76 GW und für die Photovoltaik von 400 GW empfohlen. Der erforderliche *Nettozubau* beträgt für die Onshore-Windkraft 6,3 GW, für die Offshore-Windkraft 2,9 GW und für die Photovoltaik 15 GW pro Jahr.

Nach einer Analyse der ökonomisch-gesellschaftlichen und rechtlichen Zusammenhänge durch das Akademienprojekt „Energiesysteme der Zukunft" [4.163] wäre ein *einheitlicher, wirksamer CO_2-Preis das zentrale Steuerungselement* bei der Sektorkopplung [4.164]: „Dieser kann erreicht werden, indem der europäische Emissionshandel auf alle Sektoren ausgeweitet und mit einem Mindestpreis beaufschlagt oder eine CO_2-Steuer eingeführt wird" (vgl. Abschn. 1.1.5).

4.5.7 World Energy Scenarios: The Grand Transition [4.165]

Die längerfristigen Entwicklungen im Energiesektor werden nach einer Studie des Weltenergierats „Der große Übergang" [4.164][3] deutliche Unterschiede aufweisen, je nachdem, welche *Energiepolitik die Länder* in den nächsten Jahren einschlagen. Denn entscheidend wird sein, ob den Marktkräften eher freier Lauf gelassen wird („Modern Jazz") oder ob die Politik mit Gesetzen und Subventionen den Trend bestimmt („Unfinished Symphony"). Neu untersucht wurde auch ein „Hard Rock" genanntes Szenario, in dem wegen des wirtschaftlichen und sozialen Drucks die Regierungen den globalen Anstrengungen weniger Bedeutung beimessen und sich bei der Energie stärker auf die eigenen Interessen konzentrieren. Dieses Szenario hätte die geringsten Auswirkungen auf die derzeitigen Verhältnisse.

Die überraschendste Erkenntnis dürfte sein, dass der *Primärenergieverbrauch* pro Kopf noch vor 2030 seinen Höhepunkt erreichen wird. Möglich wird diese Entwicklung dank den Fortschritten in der Energieeffizienz sowie den technologischen Verbesserungen beim Transport und im Gebäudebereich. Insgesamt wird der Endenergieverbrauch bis 2060 hingegen weiter steigen, um 46%, wenn der *Status quo* (Hard Rock) anhält, um 38%, wenn ein eher *liberaler Weg* (Modern Jazz) eingeschlagen wird, oder immerhin um 22%, wenn sich eine eher *interventionistische Strategie* (Unfinished Symphony) durchsetzen würde.

Der Ausstoß an *Kohlenstoffdioxid* (CO_2) wird zwischen 2020 und 2040 seinen Höhepunkt erreicht haben und dann tendenziell abnehmen. Werden sich die Länder auf eine auf Eigeninteressen und Bestehendes aufbauende Strategie berufen (Hard Rock), würden sie jedoch 2060 leicht über dem Niveau von 2014 zu liegen kommen. Wird indes den Markt- und Innovationskräften vertraut (Modern Jazz), kann mit 28% weniger, bei stark interventionistischen Energiestrategien (Unfinished Symphony) sogar mit 61% weniger CO_2-Emissionen gerechnet werden.

Auch im Jahr 2060 werden die *fossilen Energien* (Kohle, Erdöl, Erdgas) mindestens für die Hälfte der Primärenergie aufkommen. Seit 1970 hat sich ihr Anteil leicht von 86% auf 81% verringert. Hingegen wird die bisher weitverbreitete *Kohle* ihre Dominanz langsam verlieren und die Nachfrage noch vor 2020 erreicht haben, außer Länder wie Indien und China würden sie weiterhin für die Stromproduktion favorisieren. Im Strombereich setzen sich auch in diesen Regionen die neuen erneuerbaren Energien wie *Solar und Wind* zunehmend durch. Weltweit werden mit ihnen erst 4% erzeugt. Bis 2060 könnte dieser Anteil auf 20% bis 39% steigen. Zu den weitgehend emissionsfreien Erzeugungsarten gehören auch die Wasser- und die Kernkraft, deren Bedeutung zunehmen dürfte. In Afrika würden *Wasserkraftwerke* wichtiger werden, glaubt der Weltenergierat, während im ostasiatischen Raum, vor allem in China, neue *Atomkraftwerke* gebaut werden.

Abschließend eine Zahl zu den *Kosten*: Der Konsum des vergleichsweise sauberen Energieträgers Elektrizität wird sich global betrachtet bis 2060 verdoppeln. Dazu sind enorme Investitionen in die Infrastruktur nötig. Der Weltenergierat rechnet bis 2060 mit einer Summe von 35 Bio. bis 43 Bio. $ [4.165].

---

[3] Nach dem NZZ-Bericht „Weltenergiekongress 2016 – Energienachfrage vor dem Zenit" von Giorgio V. Müller [4.166].

4.6 Literatur

4.1   Oreskes N (2004) Beyond the Ivory Tower: The Scientific Consensus on Climate Change. Science 306 (no. 5702) p. 1686

4.2   *Anonym (2016)* Berichterstattung unter der Klimarahmenkonvention der Vereinten Nationen und dem Kyoto-Protokoll 2016 – Nationaler Inventarbericht zum Deutschen Treibhausgasinventar 1990 – 2014. Climate Change 23/2016, 1040 S. Umweltbundesamt, Dessau-Roßlau. *Kind C et al. (2015)* Gute Praxis der Anpassung an den Klimawandel in Deutschland. Climate Change 22/2015. Oktober 2015, 65 S., UBA. *Reese M et al. (2016)* Rechtlicher Handlungsbedarf für die Anpassung an die Folgen des Klimawandels – Analyse, Weiter- und Neuentwicklung rechtlicher Instrumente. Climate Change 07/2016, Februar 2016, 513 S., UBA. *Weisz H et al. (2016)* Anwendung von Konzepten, Werkzeugen und Methoden der integrierten Risikobewertung – Entscheidungshilfen für Anpassung an den Klimawandel. Climate Change 09/2016, Februar 2016, 158 S., UBA. *Thomas S (2016)* Wirkungsanalyse bestehender Klimaschutzmaßnahmen und -programme sowie Identifizierung möglicher weiterer Maßnahmen eines Energie- und Klimaschutzprogramms der Bundesregierung. Climate Change 10/2016, Februar 2016, 202 S., UBA. *Schlomann B et al. (2016)* Methoden- und Indikatorenentwicklung für Kenndaten zum Klimaschutz im Energiebereich. Climate Change 12/2016, Febr. 2016, 270 S., UBA. *Anonym (2015)* Klimaschutzbericht 2015. Report REP-0555, 186 S. Umweltbundesamt Wien. *Krutzler T et al.* (2013) Energiewirtschaftliche Inputdaten und Szenarien – Grundlagen für den Monitoring Mechanism 2013 und das Klimaschutzgesetz, Synthesebericht 2013. Report REP-0415 Umweltbundesamt Wien 2013. *Anonym (2016)* Überblick über den Energieverbrauch der Schweiz im Jahr 2015. Juni 2016, 8 S., Eidgenöss. Departement für Umwelt, Verkehr, Energie und Kommunikation, Bundesamt für Energie BFE, Bern. *Anonym (2016)* Schweizerische Statistik der erneuerbaren Energien. Ausgabe 2015. September 2016. 84 S,. Bundesamt für Energie, Bern. *Anonym (2016)* Annual European Union Greenhouse Gas Inventory 1990-2014 and Inventory Report 2016, Submission to the UNFCCC Secretariat, EEA Report No 15/2016, 819 p., European Environment Agency

4.3   Anonym (2016) Die Klimakonferenz in Paris. Hintergrundpapier des Bundesministeriums für Umwelt, Naturschutz, Bau und Reaktorsicherheit. 21. April 2016

4.4   Anonym (o.J.) „Climate Hot Map – Global Warming Effects around the World" (http://www.climatehotmap.org), herausgegeben von Environmental Defense Fund, Natural Resources Defense Council, Sierra Club, Union of Concerned Scientists, U.S. Public Interest Research Group, Worlds Resources Institute (http://www.wri.org) und World Wildlife Fund. © UCS und WRI (wird fortlaufend ergänzt).

4.5   Anonym (2007) Klimaänderung 2007: Zusammenfassung für politische Entscheidungsträger. Vierter Sachstandsbericht des Zwischenstaatlichen Ausschusses für Klimaänderungen (Intergovernmental Panel on Climate Change (IPCC, WMO/-UNEP). 89 S. Bern/Wien/Berlin, Sept. 2007.

4.6   Anonym (2014) Zusammenfassung für politische Entscheidungsträger. In: Klimaänderung 2014: Synthesebericht. Beitrag der Arbeitsgruppen I, II und III zum Fünften Sachstandsbericht des Zwischenstaatlichen Ausschusses für Klimaänderungen (IPCC), 39 S. [Pachauri RK, Meyer LA (Hauptautoren)]. Genf, Schweiz. Deutsche Übersetzung durch Deutsche IPCC-Koordinierungsstelle, Bonn 2015

4.7   Reyer CPO, Kumari-Rigaud K, Fernandes E, Hare W, Serdeczny O, Schellnhuber HJ (2017) Turn down the heat: regional climate change impacts on development. Reg Environ Change 17:1563-1568

4.8   Schönwiese C-D (2000) Treibhauseffekt und Klimaänderungen. In: Guderian R (Hrsg.) Atmosphäre. Bd 1 B Handbuch der Umweltveränderungen und Ökotoxikologie, S. 331-393. Springer-Verlag Berlin

4.9   Houghton JT, Meira Filho LG, Callander BA, Harris N, Kattenberg A, Maskell K (Hrsg.) (1996) Climate Change 1995. The Science of Climate Change (IPCC/WMO/UNEP). Cambridge University Press, Cambridge, UK

4.10   Imboden DM (2001) Nachhaltigkeit globaler Energiesysteme. In: Nachhaltige Entwicklung und Innovaton im Energiebereich. Europäische Akademie, Graue Reihe Nr. 28, S. 68-80.

4.11   Anonym (2000) Emissions Scenarios. Summary for Policymakers. A Special Report of IPCC Working Group III. Intergovernmental Panel on Climate Change (IPCC, WMO/UNEP).

4.12   Steger U, Achterberg W, Blok K, Bode H, Frenz W, Gather C, Hanekamp G, Imboden D, Jahnke M, Kost M, Kurz R, Nutzinger HG, Ziesemer Th (2002) Nachhaltige Entwicklung und Innovation im Energiebereich. 273 S. Springer Berlin. Kap. 4 Auf dem Weg zu einem nachhaltigen Energiesystem (S. 55-98) und Kap. 5 Potenziale für eine nachhaltige Entwicklung von Energiesystemen (S. 99-123)

4.13   Imboden DM, Roggo C (2000) Die 2000 Watt-Gesellschaft – Der Mondflug des 21. Jahrhunderts. ETH Bulletin 276, S. 24-27; Gutzwiller L (2006) 21. Exkurs: 2000-Watt-Gesellschaft. 13 S. Bundesamt für Energie, Bern, Dezember 2006

4.14   Pehnt M, Paar A, Otter P, Merten F, Hanke T, Irrek W, Schüwer D, Supersberger N, Zeiss C (2009) Energiebalance – Optimale Systemlösungen für erneuerbare Energien und Energieeffizienz. 440 S., Ifeu-Institut/Wuppertal-Institut, BMU

4.15   Brasseur GP, Jacob D, Schuck-Zöller S (Hrsg, 2017) Klimawandel in Deutschland – Entwicklung, Folgen, Risiken und Perspektiven. 350 S., Springer. [1] Brasseur G, Becker P, Claußen M, Jacob D, Schellnhuber H-J, Schuck-Zöller S *(S. 1-4)*; [2] Schmidt H, Eyring V, Latif M, Rechid D, Sausen R *(S. 7-16)*; [3] Kaspar F, Mächel H *(S. 17-26)*; [4] Jacob D, Kottmeier C, Petersen J, Rechid D, Teichmann C *(S. 27-35)*; [5] Dobler A, Feldmann H, Ulbrich U *(S. 37-44)*; [6] Deutschländer T, Mächel H *(S. 47-56)*; [7] Kunz M, Mohr S, Werner P *(S. 57-66)*; [8] Pinto JG, Reyers M *(S. 67-75)*; [9] Weiße R, Meinke I *(S. 77-85)*; [10] Bronstert A, Bormann H, Bürger G, Haberlandt U, Hattermann F, Heistermann M, Huang S, Kolokotronis V, Kundzewicz Z, Menzel L, Meon G, Merz B, Meuser A, Paton EN, Petrow T *(S. 87-101)*; [11] Mudelsee M *(S. 103-109)*; [12] Glade T, Hoffmann P, Thonicke K *(S. 111-121)*; [13] Schultz MG, Klemp D, Wahner A *(S. 127-136)*; [14] Augustin J, Sauerborn R, Burkart K, Endlicher W, Jochner S, Koppe C, Menzel A, Mücke H-G, Herrmann A *(S. 137-149)*; [15] Klotz S, Settele J *(S. 151-160)*; [16] Kunstmann H, Fröhle P, Hattermann FF, Marx A, Smiatek G, Wanger C *(S. 161-172)*; [17] Brüggemann N, Butterbach-Bahl K *(S. 173-181)*; [18] Gömann H, Frühauf C, Lüttger A, Weigel H-J *(S. 183-191)*; [19] Köhl M, Plugge D, Gutsch M, Lasch-Born P, Müller M, Reyer C *(S. 193-201)*; [20] Pfeiffer E-M, Eschenbach A, Munch JC *(S. 203-213)*; [21] Flämig H, Gertz C, Mühlhausen T *(S. 215-223)*; [22] Kuttler W, Oßenbrügge J, Halbig G *(S. 225-234)*; [23] Matzarakis A, Lohmann M *(S. 235-241)*; [24] Koch H, Karl H, Kersting M, Lucas R, Werbeck N *(S. 243-251)*; [25] Klepper G, Rickels W, Schenker O, Schwarze R, Bardt H, Biebeler H, Mahammadzadeh M, Schulze S *(S. 253-264)*; [26] Birkmann J, Greiving S, Serdeczny O *(S. 267-276)*; [27] Fleischhauer M, Greiving S, Lindner C, Lückenkötter J *(S. 277-286)*; [28] Scheffran J *(S. 287-294)*; [29] Renn O *(S. 295-303)*; [30] Held H *(S. 305-311)*; [31] Hirschfeld J, Hansen G, Messner D *(S. 315-324)*; [32] Vetter A, Chrischilles E, Eisenack K, Kind C, Mahrenholz P, Pechan A *(S. 325-334)*; [33] Mahrenholz P, Knieling J, Knierim A, Martinez G, Molitor H, Schlipf S *(S. 335-344)*; [34] Zusammenfassung für Entscheidungsträger, 7 Seiten

4.16   Rockström J, Gaffney O, Rogelj J, Meinshausen M, Nakicenovic N, Schellnhuber HJ (2017) A roadmap for rapid decarbonization: Emissions inevitably approach zero with a "carbon law". Science 355 no. 6331 p 1269-1271, 24 march 2017

4.17   Anonym (2002) Dialog Nachhaltigkeit – der rote Faden für das 21. Jahrhundert. Deutsche Bundesregierung Berlin

4.18   Kaltschmitt M, Streicher W, Wiese A (Hrsg. 2006) Erneuerbare Energien. Systemtechnik, Wirtschaftlichkeit, Umweltaspekte. 4. Auflage, 702 S. Springer Berlin

4.19   Anonym (2001) Effizienz bei der Energienutzung. S. 87-89. Daten zur Umwelt. Umweltbundesamt Berlin

4.20   Anonym (2016) Energiedaten: Gesamtausgabe. Mai 2016. 76 S. Bundesministerium für Wirtschaft und Energie. https://www.bmwi.de/BMWi/Redaktion/PDF/E/-energiestatistiken-grafiken,property=pdf,bereich=bmwi2012,sprache=de,rwb=-true.pdf (13.05.2017)

4.21   Geiger B, Nickel M, Wittke F (2005) Energieverbrauch in Deutschland – Daten, Fakten, Kommentare. BWK 57 (1/2), 48-56

4.22   Winter C-J (2001) Nachhaltige Energieversorgung: Der Weg ist das Ziel! Thesen und Begründungen. In: Langniß O, Pehnt M (Hrsg) Energie im Wandel – Politik, Technik und Szenarien einer nachhaltigen Energiewirtschaft. S. 17-29. Springer

4.23   Nakicenovic N, Grübler A, McDonald A (1998) Global Energy Perspectives. Cambridge University Press, Cambridge UK

4.24   Schaumann G, Schmitz KW (Hrsg. 2009) Kraft-Wärme-Kopplung, 4. Auflage, 456 S. VDI-Buch. Springer-Verlag

4.25   Kirchner A, Schmidt M (2017) Praxixhandbuch Kraft-Wärme-Kopplung. Planung und Dimensionierung von Mini- und Mikro-Kraft-Wärme-Kopplung-Anlagen. Beuth-Verlag

4.26   Zahoransky R (2015) Stationäre Kolbenmotoren für energetischen Einsatz. In: Zahoransky (Hrsg) Energietechnik: Systeme zur Energieumandlung. 7. Auflage. S. 231-268. Springer-Vieweg

4.27   Anonym (2016) Kraft-Wärme-Kopplung – Förderung von KWK-Anlagen. Bundesamt für Wirtschaft und Ausfuhrkontrolle. http://www.bafa.de/bafa/de/energie/-kraft_waerme_kopplung/ (13.05.2017)

4.28   Anonym (2016) Gesetz für die Erhaltung, die Modernisierung und den Ausbau der Kraft-Wärme-Kopplung (KWKG; 21.12.2015) "Kraft-Wärme-Kopplungsgesetz vom 21. Dezember 2015 (BGBl. I S. 2498), das durch Artikel 14 des Gesetzes vom 29. August 2016 (BGBl. I S. 2034) geändert worden ist"

4.29   Bard J, Blum L, Brinner A (2001) Dezentrale Kraftwärmekopplung – Konversionstechnologien und Einsatzmöglichkeiten. In: Integration Erneuerbarer Energien in die Wärmeverorgung. ForschungsVerbund-Sonnenergie, Themen 2001, S. 73-81.

4.30   Wietschel M, Ullrich S, Markewitz P, Schulte F, Genoese F (Hrsg, 2015) Energietechnologien der Zukunft – Erzeugung, Speicherung, Effizienz und Netze. 484 S. Springer-Vieweg

4.31   Sterner M (2014) Energiespeicher – Bedarf, Technologien, Integration. 748 S. Springer-Vieweg

4.32   Rummich E (2015) Energiespeicher: Grundlagen, Komponenten, Systeme und Anwendungen. 234 S. Expert-Verlag

4.33   Faulbusch E (Hrsg, 2015) Batterien als Energiespeicher: Beispiele, Strategien, Lösungen. 514 S. Beuth Verlag

4.34   Kurzweil P, Dietlmeier OK (2016) Elektrochemische Speicher: Superkondensatoren, Batterien, Elektrolyse-Wasserstoff; Rechtliche Grundlagen. 579 S. Springer-Vieweg [4.33].

4.35   Geitmann S (2012) Energiewende 3.0 – Mit Wasserstoff und Brennstoffzellen. 3. Auflage, 236 S., Hydrogeit Verlag

4.36   Töpler J, Lehmann J (Hrsg, 2014) Wasserstoff und Brennstoffzelle: Technologien und Marktperspektiven. 281 S. Springer-Vieweg

4.37   Schelling U (2015) Brennstoffzellen. In: Zahoransky (Hrsg) Energietechnik: Systeme zur Energieumandlung. 7. Auflage. S. 269-302, Springer-Vieweg

4.38   Anonym (2016) Kosten für Brennstoffzellen. Energieportal24. http://www.energieportal24.de/cms1/wissensportale/energiespeicherung/brennstoffzellen/bsz-kosten/

4.39   Anonym (2015) Förderrichtlinie „Brennstoffzellen für hocheffiziente Kraft-Wärme-Kopplungsanlagen" vom 2. März 2015. 3 S. Bundesministerium für Verkehr und digitale Infrastruktur. Bekanntmachung im Bundesanzeiger vom 17. März 2015

4.40   Anonym (2015) Die Batterie ist nur eine Übergangslösung auf dem Weg in die Elektromobilität – die Zukunft gehört der Brennstoffzelle. Ergebnispapier zum Online-Dialog Nr. 19. 12 S. Deutsches Dialog Institut, Frankfurt/M. 29.05.2015

4.41   Winterhagen J (2016).Weniger Teile, weniger Arbeit, weniger Jobs? Elektroautos werden anders gebaut als Fahrzeuge mit Verbrennungsmoto. Das stellt Hersteller und Zulieferer vor große Herausforderungen. Auswertung einer Studie der Forschungsgesellschaft für Energietechnik und Verbrennungsmotoren. Frankfurter Allgemeine Zeitung Nr. 279 v. 29. November 2016, Technik und Motor, Seite T 1 http://www.faz.net/aktuell/technik-motor/auto-verkehr/elektroautos-fordern-hersteller-und-zulieferer-heraus-14547766.html (29.03.2017)

4.42   Anonym (2016) Elektroauto 2025 immer noch nicht günstiger als Benziner? https://ecomento.tv/2016/12/15/elektroauto-2025-immer-noch-nicht-guenstiger-als-benziner-studie/ (29.03.2017)

4.43   Strauß K (2006) Kraftwerkstechnik. 5. Auflage. 518 S. Springer-Verlag Berlin

4.44   Roth E (2004) Warum haben Wärmekraftwerke einen relativ niedrigen Wirkungsgrad? Energie-Fakten, 12. September 2004, 6 S.

4.45   Rudolph M, Wagner U (2008) Energieanwendungstechnik – Wege und Techniken zur effizienteren Energienutzung. 424 S. Springer-Verlag Berlin

4.46   Schilling H-D (2004) Wie haben sich die Wirkungsgrade der Kohlekraftwerke entwickelt und was ist künftig zu erwarten? Energie-Fakten, 20. Februar 2004, 7 S.

4.47   Anonym (2013) Fossil befeuerte Großkraftwerke in Deutschland – Stand, Tendenzen, Schlussfolgerungen. Statusreport 2013. 52 S., VDI-Gesellschaft Energie und Umwelt, Fachbereich „Energiewandlung und -anwendung", Dez. 2013

4.48   Anonym (2003) Konzeptstudie Referenzkraftwerk Nordrhein-Westfalen v. 19. Nov. 2003. Kurzbericht, 12 S. VGB Power Tech e.V.

4.49   Anonym (2007) Kraftwerke mit Kohleverbrennung. BINE Informationsdienst ProjektInfo 06/07, 4 S.

4.50   Anonym (2004) Kraftwerk Niederaußem – ein Standort voller Energie. Broschüre RWE Power AG, 12 Seiten.

4.51   Anonym (2002) Effiziente Kraftwerke. basisEnergie. BINE Informationsdienst, 6 Seiten.

4.52   Anonym (o.J.) Fraunhofer Institut für Systemtechnik und Innovationsforschung. Cit. [4.51]

4.53   Kugeler K, Phlippen P-W (1990) Energietechnik - technische, ökonomische und ökologische Grundlagen. Springer-Verlag Berlin (3. Auflage 2018 angekündigt)

4.54   Bormann H, Buxmann J (1981) Kombinierte Kraftwerksprozesse mit geschlossener Gas- und Dampfturbine. BWK 33, 215-221

4.55   Wittig S, Brandauer M, Kim S, Sieger K, Tremmel A (1995) Fossile Kraftwerke. Gutachten für die Akademie für Technikfolgenabschätzung „Klimaverträgliche Energieversorgung in Baden-Württemberg", Arbeitsbericht 11. In: Schade D (Hrsg.) Energiebedarf, Energiebereitstellung, Energienutzung – Möglichkeiten und Maßnahmen zur Verringerung der CO_2-Emission. S. 99-114. Springer-Verlag

4.56   Fischedick M, Görner K, Thomczek M (Hrsg, 2015) CO_2: Abtrennung, Speicherung, Nutzung – Ganzheitliche Bewertung im Bereich von Energiewirtschaft und Industrie. 855 S., Springer-Vieweg

4.57   Fischedick M, Pastowski A, Schüwer D, Supersberger N, Nitsch J, Viebahn P, Bandi A, Zuberbühler U, Edenhofer O (2007) RECCS Strukturell-ökonomisch-ökologischer Vergleich regenerativer Energietechnologien (RE) mit Carbon Capture and Storage (CCS). Wuppertal Institut, DLR, Zentrum für Sonnenenergie und Wasserstoff-Forschung, Potsdam-Institut für Klimafolgenforschung im Auftrag des BMU. Dezember 2007. 249 S.

4.58   Radgen P, Cremer C, Warketin S, Gerling P, May F, Knopf S (2005) Bewertung von Verfahren zur CO_2-Abscheidung und -Deponierung. 24 S., Fraunhofer Institut für Systemtechnik und Innovationsforschung (ISI), Karlsruhe und Bundesanstalt für Geowissenschaften und Rohstoffe, Hannover, März 2005

4.59   Cremer C (2007) Zukunftsmarkt CO_2-Abscheidung und -Speicherung. Fallstudie im Auftrag des Umweltbundesamtes, Fraunhofer-Institut für System- und Innovationsforschung (ISI), Karlsruhe, Dezember 2007

4.60   Anonym (o.J.) IGCC-Technologie mit CCS-Technologie im Großmaßstab realisierbar. http://www.rwe.com/web/cms/de/346362/rwe-power-ag/innovationen/klima-schonendes-kohlekraftwerk/ (13.05.2017)

4.61   Anonym (2012) Gesetz zur Demonstration der dauerhaften Speicherung von Kohlendioxid (Kohlendioxid-Speicherungsgesetz – KSpG) vom 17.08.2012. BGBl. IS. 1726), das durch Artikel 116 der Verordnung vom 31. August 2015 (BGBl.IS. 1474 geändert worden ist

4.62   Fischedick M, Esken A, Luhmann H-J, Schüwer D, Supersberger N (2008) Geologische CO_2-Speicherung als klimapolitische Handlungsoption – Technologien, Konzepte, Perspektiven. 18 S., Wuppertal Spezial 35, Studie im Auftrag der Deutsche Shell, Hamburg. Wuppertal Institut für Klima, Umwelt, Energie GmbH

4.63   Becker R, Boehringer A, Charisse T, Frauenstein J, Gagelmann F, Ginzky H, Hummel H-J, Karschunke K, Lipsius K, Lohse C, Marty M, Müschen K, Schäfer L, Sternkopf R, Werner K (2009) CCS-Rahmenbedingungen des Umweltschutzes für eine sich entwickelnde Technik. 22 S., Umweltbundesamt Dessau-Roßlau, Mai 2009

4.64   Titz S (2016) Abscheidung und Speicherung von CO_2 – Der Klima-Notnagel steht schief. Neue Zürcher Zeitung vom 22. Januar 2016 (Klima und Umwelt, Seite 54). http://www.nzz.ch/wissenschaft/klima/der-klima-notnagel-steht-schief-1.18681211

4.65   Sanchez DL, Kammen DM (2016) A commercialization strategy for carbon-negative energy. Nature Energy 1(1) article no. 15002, 11 January 2016

4.66   Anonym (2009) Technology Roadmap: Carbon Capture and Storage, 52 p, IEA (International Energy Agency), OECD/IEA, Paris

4.67   Anonym (2013) Technology Roadmap: Carbon Capture and Storage, 63 p, IEA (International Energy Agency), OECD/IEA, Paris

4.68   Reiner DM (2016) Learning through a portfolio of carbon capture and storage demonstration projects. Nature Energy 1 (1) article no. 15011, 11 January 2016

4.69   Anonym (2014) Berichterstattung unter der Klimarahmenkonvention der Vereinigten Nationen und dem Kyoto-Protokoll 2014. Nationaler Inventarbericht zum Deutschen Treibhausgasinventar 1990-2012. Climate Change 24/2014, 963 S., Umweltbundesamt (UBA), Dessau-Roßlau.

4.70   Anonym (2016) Klimaschutz in Zahlen – Fakten, Trends und Impulse deutscher Klimapolitik. Ausgabe 2016. 72 S. Bundesministerium für Umwelt, Naturschutz, Bau und Reaktorsicherheit (BMUB, Berlin

4.71   Anonym (2005) Klimaschutz und Energieversorgung in Deutschland 1990 – 2020. Eine Studie der Deutschen Physikalischen Gesellschaft, Bad Honnef, 111 S.

4.72   Wille J (2016) Klimawandel – Verkehr ruiniert Klimabilanz. Frankfurter Rundschau vom 15. Februar 2016. http://www.fr-online.de/wirtschaft/klimawandel-verkehr-ruiniert-klimabilanz-,1472780,33792182.html (13.05.2017)

4.73   Anonym (2007) Eckpunkte für ein integriertes Energie- und Klimaprogramm. 47 S. Bundesregierung

4.74   Anonym (2010) Energiekonzept für eine umweltschonende, zuverlässige und bezahlbare Energieversorgung. BMWi und BMU, September 2010, 36 S.

4.75   Erdmenger C et al. (2007) Klimaschutz in Deutschland: 40 %-Senkung der CO_2-Emissionen bis 2020 gegenüber 1990. Umweltbundesamt, Climate Change 05/07, 74 S.

4.76   Anonym (2014) Aktionsprogramm Klimaschutz 2020 – Kabinettsbeschluss vom 3. Dezember 2014. 84 S. BMUB, Berlin.

4.77   Anonym (2013) Politikszenarien für den Klimaschutz VI – Treibhausgas-Emissionsszenarien bis zum Jahr 2030. Climate Change 04/2013. Umweltbundesamt, Dessau-Roßlau

4.78   Anonym (2016) Treibhausgas-Emissionen in Deutschland – THG-Emissionen nach Kategorien. Übersicht vom 25.04.2016. Umweltbundesamt. https://www.umweltbundesamt.de/daten/klimawandel/treibhausgas-emissionen-in-deutschland

4.79   Bauchmüller M (2017) Deutschland hinkt seinem Klimaziel hinterher. Süddeutsche Zeitung v. 11. Oktober 2017. http://www.sueddeutsche.de/wirtschaft/klimawandel-deutschland-hinkt-seinem-klimaziel-hinterher-1.3702329

4.80   Rebhan E (2002) Energiehandbuch. Formen, Wandlung und Nutzung. 750 S. Springer Verlag Berlin Heidelberg

4.81   Kuhn H, Götschel U, Hellriegel E, Brunner CU, Brandes C, Meyer-Hunziker B, Müller EA (1990) Emissionsminderung durch rationale Energienutzung im Kleinverbrauch. Studie A.1.5.a and A.1.5.b, S. 547-598. In: Energie und Klima. Herausgegeben von der Enquête-Kommission "Vorsorge zum Schutz der Erdatmosphäre" des Deutschen Bundestages. Economica (Bonn) und Verlag C.F. Müller Karlsruhe

4.82   Anonym (2009) Kosten und Potenziale der Vermeidung von Treibhausgasemis-
        sionen in Deutschland. Aktualisierte Energieszenarien und -sensitivitäten, März
        2009. Eine Studie von McKinsey & Company, Inc., erstellt im Auftrag von „BDI
        initiativ – Wirtschaft für Klimaschutz"

4.83   Anonym (2015) Klimaschutz in Zahlen – Fakten, Trends und Impulse deutscher
        Klimapolitik. Ausgabe 2015 80 S. Bundesministerium für Umwelt, Naturschutz,
        Bau und Reaktorsicherheit (BMUB, Berlin

4.84   Fiedler R-G, Helfer M, Essers U (1995) Energieeinsparung und CO_2-Minderung im
        Verkehr – Fahrzeugtechnik. Gutachten für die Akademie für Technikfolgenabschät-
        zung „Klimaverträgliche Energieversorgung in Baden-Württemberg", Arbeitsbe-
        richt 22. In: Schade D (Hrsg.) Energiebedarf, Energiebereitstellung, Energienutz-
        ung – Möglichkeiten und Maßnahmen zur Verringerung der CO_2-Emission. S. 87-
        97. Springer-Verlag Berlin Heidelberg

4.85   Gierga M, Erhorn H (1995) Energieeinsparung im Gebäudebereich. Gutachten für
        die Akademie für Technikfolgenabschätzung „Klimaverträgliche Energieversor-
        gung in Baden-Württemberg", Arbeitsbericht 8. In: ibid [4.102] S. 99-114.

4.86   Anonym (2010) Mehrwert dank Brennwert. Test, Stiftung Warentest, Juli 2010, S.
        60-65

4.87   Anonym (2011) Hohes Einsparpotenzial bei Haushaltgeräten. Pressemitteilung vom
        18.05.2011 der Deutschen Energie-Agentur GmbH (dena)

4.88   Anonym (2010) Richtlinie 2010/30/EU des Europäischen Parlaments und des Rates
        vom 19. Mai 2010 über die Angabe des Verbrauchs an Energie und anderen
        Ressourcen durch energieverbrauchende Produkte mittels einheitlicher Etiketten
        und Produktinformationen. Amtsblatt der Europäischen Union L 153/1 v.
        18.06.2010

4.89   Anonym (2011) Sofortmaßnahmen gegen hohe Stromkosten. Pressemitteilung vom
        11. April 2011 der Deutschen Energie-Agentur GmbH (dena). Graphik mit Text
        „Energiesparen macht sich bezahlt" (1,04 MB, JPG)

4.90   Anonym (2007) Erneuerbare Energien in Zahlen – nationale und internationale Ent-
        wicklung. Stand: November 2007 (Internet-Update). 58 S. Bundesministerium für
        Umwelt, Naturschutz und Reaktorsicherheit.

4.91   Kaltschmitt M, Streicher W, Wiese A (Hrsg, 2013) Erneuerbare Energien –
        Systemtechnik, Wirtschaftlichkeit, Umweltaspekte. 5. Auflage, 931 S. Springer

4.92   Quaschning V (2015) Regenerative Energiesysteme – Technologie, Berechnung,
        Simulation. 9. Auflage, 444 S. Hanser

4.93   Walter H (2015) Regerative Energiesysteme – Grundlagen, Systemtechnik und
        Analysen ausgeführter Beispiele nachhaltiger Energiesysteme. 4. Auflage, 457 S.
        Springer

4.94   Anonym (2016) Zeitreihen zur Entwicklung der erneuerbaren Energien in Deutsch-
        land – unter Verwendung von Daten der Arbeitsgruppe Erneuerbare Energien-
        Statistik (AGEE-Stat). Stand: August 2016. 44 S. Bundesministerium für Wirt-
        schaft und Energie.

4.95   Anonym (2015) Flexibilitätskonzepte für die Stromversorgung 2050 – Stabilität im
        Zeitalter der erneuerbaren Energien. Kurzfassung der Stellungnahme der deutschen
        Akademien vom Dezember 2015, 6 S. Nationale Akademie der Wissenschaften
        Leopoldina, acatech – Deutsche Akademie der Technikwissenschaften, Union der
        deutschen Akademien der Wissenschaften

4.96   Hennicke P, Fischedick M (2007) Erneuerbare Energien – mit Energieeffizienz zur
        Energiewende. 144 S. Verlag C.H. Beck, München

4.97   Anonym (2016) Die erneuerbaren Energien. Alle wichtigen Fakten zum neuen EEG 2017. August 2016. 40 S. Bundesministerium für Wirtschaft und Energie, Berlin

4.98   Anonym (2017) Energiewendeatlas Deutschland 2030. 98 S. Hrsg. Agentur für Erneuerbare Energien. Berlin, 30. Mai 2017

4.99   Anonym (2015) Eckpunkte für eine Energiestrategie 2015 – 2030. Erneuerbare Energie Österreich, 5 S. www.erneuerbare-energie.at (13.05.2017)

4.100   Anonym (2015) Erneuerbare Energien in Österreich 2015. Einstellungen, Assoziationen und Investitionsintention österreichischer Haushalte betreffend erneuerbare Energietechnologien. 24 S. Wirtschaftuniversität Wien, Deloitte, Wienenergie

4.101   Anonym (2015) Die Stromzukunft der Schweiz: Erwartungen der Bevölkerung und Präferenzen bei Zielkonflikten. 39 S. Stiftung Risiko-Dialog St. Gallen

4.102   Duss S, Ganter R, Kalt D,Stiehler A (2016) Neue Energie für die Schweiz. März 2016, 44 S. UBS Switzerland AG

4.103   Anonym (2016) Schweizerische Statistik der erneuerbaren Energien. Ausgabe 2015. September 2016. Bundesamt für Energie, Eidg. Department UVEK

4.104   Anonym (2006) Erneuerbare Energien – Innovationen für die Zukunft. 6. Auflage, 131 S. Bundesministerium für Umwelt, Naturschutz und Reaktorsicherheit.

4.105   Kleemann M., Meliß M (1993) Regenerative Energiequellen. 2. Auflage, 315 S. Springer-Verlag Berlin Heidelberg New York

4.106   Grawe J (1992) Wirkungen verschiedener Energieträger und -quellen auf die menschliche Gesundheit und die Umwelt. Geographie und Schule 14, Energie und Umwelt, Sonderband August 1992, S. 2-14

4.107   Schäfer H (1990) Energetischer Vergleich zentraler und dezentraler Erzeugungs- und Anwendungstechniken. In: Energiesysteme im Übergang. VDI-Berichte 807. Verein Deutscher Ingenieure, Düsseldorf

4.108   Häfele W (1990) Energiesysteme: Eine einführende Problematisierung. In: Häfele W (Hrsg.) Energiesysteme im Übergang unter den Bedingungen der Zukunft, S. 1-48. Poller im Verlag Moderne Industrie, Landsberg/Lech

4.109   Anonym (2007) Tiefengeothermie in Deutschland. Institut für Energetik und Umwelt gGmbH, Leipzig, im Auftrag des Bundesministeriums für Umwelt, Naturschutz und Reaktorsicherheit (BMU). September 2007, 44 S.

4.110   Janczik S, Kabus F, Kaltschmitt M, Kock N, Seibt P (2013) Nutzung tiefer Erdwärme. In: [4.91] Kap. 10, S. 699-807. Springer

4.111   Kaltschmitt M, Sanner B, Stegelmeier M, Streicher W, Ziegler F (2013) Nutzung von Umgebungsluft und oberflächlicher Erdwärme. In: [4.91] Kap. 9, S. 621-698.

4.112   Anonym (2016) Bundesverband Geothermie. Nutzung der Geothermie in Deutschland. http://www.geothermie.de/aktuelles/geothermie-in-zahlen.html (13.05.2017)

4.113   Birgit Schneider (2008) Thermische Solaranlagen. BINE Informationsdienst basis-Energie 4, August 2008, 6 S. FIZ Karlsruhe GmbH, Eggenstein-Leopoldshafen

4.114   Kaltschmitt M, Stegelmeier M, Streicher W (2013) Solarthermische Wärmenutzung. In: [4.91] Kap. 4, S. 181-262. Springer

4.115   Stryl-Hipp G, Rockendorf G, Reuß M (2010) Das Technologieentwicklungspotenzial für die Nutzung der Solarwärme. Forschungsverbund Erneuerbare Energie fvee Themen 2010. S. 101-107. FVEE Jahrestagung Berlin, 12.10.2010

4.116   Corradini R, Sutter M, Leukefeld T, Prutti C, Wagner H-J, Eickelkam T, Rosner V (2014) Solarthermie – Technik, Potenziale, Wirtschaftlichkeit und Ökobilanz für solarthermische Systeme in Einfamilienhäusern. 169 S. Wüstenrot Stiftung

4.117   Stryl-Hipp G, et al. (2015) Erneuerbare Energien im Wärmesektor – Aufgaben, Empfehlungen und Perspektiven. 32 S. Positionspapier des ForschungsVerbunds Erneuerbare Energien, Fachausschuss „Zukunft der erneuerbaren Wärme".

4.118   Kaltschmitt M, Lippitsch K, Müller J, Reichert S, Schulz D, Schwunk S (2013) Photovoltaische Stromerzeugung. In: [4.91] Kap. 6, S. 353-462. Springer

4.119   Anonym (2015) Marktanalyse Photovoltaik-Dachanlagen. 7 Seiten. Bundesministerium für Wirtschaft und Energie, Berlin

4.120   Anonym (2014) Neue Metaanalyse vergleicht 20 wissenschaftliche Studien im Hinblick auf prognostizierte Stromgestehungskosten. https://www.unendlich-viel-energie.de/presse/pressemitteilungen/neue-metaanalyse-zu-stromgestehungskosten

4.121   Vartiainen E, Masson G, Breyer C (2015) PV LCOE in Europe 2014-30. Final Report, 23 June 2015. 28 p. European PV Technology Platform

4.122   Wirth H (Hrsg. 2016) Aktuelle Fakten zur Photovoltaik. 88 S. Fraunhofer Institut für Solare Energiesysteme, Fassung vom 14. Oktober 2016

4.123   Anonym (2015) Fraunhofer IWES legt neuen Windreport vor. Institut für Regenerative Energiewirtschaft. IWR-Online vom 06.05.2015

4.124   Anonym (2016) Status des Windenergieausbaus an Land in Deutschland – Jahr 2015. Factsheet, 6 S. Deutsche Windguard, Varel

4.125   Anonym (2016) Status des Offshore-Windenergieausbau in Deutschland – Jahr 2015. Factsheet, 5 S. Deutsche Windguard, Varel

4.126   Hobohm J, Krampe L, Peter F, Gerken A, Heinrich P, Richter M (2014) Kostensenkungspotenziale der Offshore-Windenergie in Deutschland. Kurzfassung, 27 S. Prognos AG Berlin und Fichtner GmbH und Co. KG Stuttgart

4.127   Anonym (2016) Erneuerbare-Energien-Gesetz vom 21. Juli 2014 (BGBl. I S. 1066), das zuletzt durch Artikel 2 des Gesetzes vom 22. Dezember 2016 (BGBl. I S. 3106) geändert worden ist

4.128   Anonym (2016) Referenzertrag von Windenergieanlagen. 9 S. Windenergie im Binnenland. The truth about windpower... http://www.windenergie-im-binnenland.de/referenzertrag.php (13.05.2017)

4.129   Falkenberg D, Bernotat S, Lorenz C, Schiffler A (2015) Marktanalyse – Windenergie an Land.45 S. Leipziger Institut für Energie, i.A. des BMWi, 18.02.2015

4.130   Lüers S, Wallasch A-K, Rehfeldt K (2015) Kostensituation der Windenergie an Land in Deutschland – Update. Dezember 2015, 65 S. Deutsche Windguard

4.131   Götz P, Henkel J, Lenck T, Lenz K (2014) Negative Strompreise: Ursachen und Wirkungen. Juni 2014, 64 S. Energy Brainpool i.A. von Agora Energiewende

4.132   Zeiler M, Dahlke C, Nolte N (2005) Offshore-Windparks in der ausschließlichen Wirtschaftszone von Nord- und Ostsee. promet 31(1) 71-76

4.133   Staiß F (2007) Jahrbuch Erneuerbare Energien 2007. 452 S. Bieberstein Fachbuchverlag Radebeul

4.134   Fritsche UR, Dehoust G, Jenseit W, Hünecke K, Rausch L, Schüler D, Wiegmann K; Heinz A, Hiebel M, Ising M, Kabasci S, Unger C; Thrän D, Fröhlich N, Scholwin F; Reinhardt G, Gärtner S, Patyk A; Baur F, Bemmann U, Groß B, Heib M, Ziegler C; Flake M, Schmehl M; Simon S (2004) Stoffstromanalyse zur nachhaltigen energetischen Nutzung von Biomasse. Endbericht, 1. Auflage, 263 S. Öko-Institut (Freiburg u.a.), FhI-UMSICHT (Fraunhofer Institut für Umwelt-, Sicherheits- und Energietechnik, Oberhausen), IE (Institut für Energetik und Umwelt, Leipzig), IFEU (Institut für Energie- und Umweltforschung Heidelberg), IZES (Institut für ZukunftsEnergieSysteme, Saarbrücken), TU Braunschweig (Institut für Geoökologie/Abt. Umweltsystemanalyse), TU München (Lehrstuhl für Wirtschaftslehre des Landbaues); gefördert durch das Bundesministerium für Umwelt, Naturschutz und Reaktorsicherheit. Endbericht 1. Auflage, Dezember 2004

4.135   Anonym (2007) Klimaschutz durch Biomasse. Sondergutachten des Sachverständigenrats für Umweltfragen, Juli 2007.

4.136   Anonym (2006) Vergleich der Umweltbilanzen der Biokraftstoffe der 1. und 2. Generation. Bundesverband Erneuerbare Energie e.V. 5 S.

4.137   Kaltschmitt M. Merten D, Fröhlich N, Nill M (2003) Energiegewinnung aus Biomasse. Externe Expertise für das WBGU-Hauptgutachten 2003 „Welt im Wandel: Energiewende zur Nachhaltigkeit". Materialien, 148 S. Wisenschaftlicher Beirat der Bundesregierung Globale Umweltveränderungen, Berlin, Heidelberg.

4.138   Kaltschmitt M, Hartmann H, Hofbauer H (Hrsg., 2016) Energie aus Biomasse – Grundlagen, Techniken und Verfahren. 3. Aufl., 1867 S.. Springer

4.139   Anonym (2009) Welt im Wandel: Zukunftsfähige Bioenergie und nachhaltige Landnutzung. Wissenschaftlicher Beirat der Bundesregierung Globale Umweltveränderungen, 421 S., WBGU, Berlin. ISBN 978-3-936191-21-9

4.140   Müller-Langer F, Perimenis A, Brauer S, Thrän D, Kaltschmitt M (2008) Technische und Ökonomische Bewertung von Bioenergie-Konversionspfaden. Expertise für das WBGU Hauptgutachten „Welt im Wandel: Zukunftsfähige Bioenergie und nachhaltige Landnutzung" [4.139].

4.141   Zah R, Böni H, Gauch M, Hischier R, Lehmann M, Wäger P (2007) Ökobilanz von Energieprodukten: Ökologische Bewertung von Biotreibstoffen. EMPA im Auftrag des Bundesamtes für Energie, der Bundesamtes für Umwelt und des Bundesamtes für Landwirtschaft, Bern 22. Mai 2007. 161 S.

4.142   Searchinger T, Heimlich R, Houghton RA, Dong F, Elobeid A, Fabiosa J, Tokgoz S, Hayes D, Yu T-S (2008) Use of U.S. croplands for biofuels increases greenhouse gases through emissions from land-use change. Science 319, no. 5867, 1238-1240

4.143   Fargione J, Hill J, Tilman D, Polasky S, Hawthorne P (2008) Land clearing and the biofuel carbon debt. Science 319, no. 5867, 1235-1238

4.144   Anonym (2009) Richtlinie 2009/28/EG des Europäischen Parlaments und des Rates vom 23. April 2009 zur Förderung der Nutzung von Energie aus erneuerbaren Quellen und zur Änderung und anschließenden Aufhebung der Richtlinien 2001/77/EG und 2003/30/EG; Anonym (2015) Richtlinie 2015/1513 vom 9. September 2015, u.a. zur Änderung der Richtlinie 2009/28/EG, 15.9.2015

4.145   Anonym (o.J.) Grundvorschriften für Biokraftstoffe in der EU und in Deutschland https://www.bdbe.de/politik/gesetze_gesetzgebung

4.146   Saotome T, Schlamann I, Wieler B, Fleckenstein M, Walther-Thoß J, Haase N (2013) Vergleichende Analyse von Zertifizierungssystemen für Biomasse zur Herstellung von Biokraftstoffen. 92 S. WWF Deutschland November 2013

4.147   Anonym (2016) EG-Novelle-2016. Fortgeschriebenes Eckpunktepapier zum Vorschlag des Bundesministeriums für Wirtschaft und Energie, Stand: 15.02.16

4.148   Argyropoulos D, Godron P, Graichen P, Utz P, Pescia D, Podewils C, Redl C, Ropenus, S, Rosenkranz G (2016) Energiewende: Was bedeuten die neuen Gesetze. Zehn Fragen und Antworten zu EEG 2017, Strommarkt- und Digitalisierungsgesetz. 42 S. Agora Energiewende, Berlin

4.149   Anonym (2016) Gesetz zur Weiterentwicklung des Strommarktes (Strommarktgesetz) vom 26. Juli 2016. Bundesgesetzblatt Jahrgang 2016, Teil I, Nr. 37, ausgegeben zu Bonn am 29. Juli 2016

4.150   Anonym (2016) Gesetz zur Digitalisierung der Energiewende vom 29. August 2016. Bundesgesetzblatt Jahrgang 2016 Teil I Nr. 43, ausgegeben zu Bonn am 1. September 2016

4.151   Anonym (2016) Gesetz über den Bundesbedarfsplan (Bundesbedarfsplangesetz – BBPlG) vom 23.07.2013 (BGBl I S.2543; 2014 I S. 148, 271), das durch Artikel 12 des Gesetzes vom 26. Juli 2016 (BGBl. I S. 1786 geändert worden ist.

4.152   Anonym (2006) Erneuerbare Energien – Innovationen für die Zukunft. 6. Auflage, 2006, 131 S. Bundesministerium für Umwelt, Naturschutz und Reaktorsicherheit.

4.153   Anonym (2005) Strategiepapier zum Forschungsbedarf in der Wasserstoff-Energietechnologie. Strategiekreis Wasserstoff des Bundesministeriums für Wirtschaft und Arbeit. Januar 2005, 78 S.

4.154   Zech K, Grasemann, Oehmichen K, Kiendl I, Schmersahl R, Rönsch S, Weindorf W, Funke S, Michaelis J, Wietschel M, Seiffert M, Müller-Langer F (2013) Hy-NOW. Evaluierung der Verfahren und Technologien für die Bereitstellung von Wasserstoff auf Basis von Biomasse. 193 S., DBFZ Leipzig, Juni 2013

4.155   Anonym (2016) Regierungs Regierungsprogramm Wasserstoff- und Brennstoffzellentechnologie 2016-2026 – von der Marktvorbereitung zu wettbewerbsfähigen Produkten zur Fortsetzung des NIP 2006-2016. BMVI, BMWi, BMBF und BMUB.

4.156   Klaus T, Vollmer C, Werner K (2010, Hrsg.) Potential von Stromspeichern und Lastmanagement. In: Energieziel 2050: 100% Strom aus erneuerbaren Quellen. Kap. 04, S. 32-45. Fraunhofer Institut für Windenergie und Energiesystemtechnik Kassel. Im Auftrag des Umweltbundesamtes, Dessau-Roßlau, Juli 2010

4.157   Anonym (2008) Internet der Energie. IKT für die Energiemärkte der Zukunft. Die Energiewirtschaft auf dem Weg in Internetzeitalter. BDI initiativ. BDI-Drucksache Nr. 416. Dezember 2008, 43 S.

4.158   Anonym (2011) Auf dem Weg zum Internet der Energie. Der Wettbewerb allein wird es nicht richten. Smart Grid. Paradigmenwechsel in Deutschland. Bundesverband der Deutschen Industrie. BDI-Drucksache Nr. 450. Mai 2011, 12 S.

4.159   Brodersen N, Nabe C (2009) Stromnetze 2020plus. Ecofys German Berlin im Auftrag der Bundestagsfraktion Bündnis 90/Die Grünen. September 2009, 97 S

4.160   Bolt H, Arzberger I, Berger C (Hrsg, 2017) Werkstoffe und Materialien für die Energiewende. 34 S., acatech Materialien, März 2017. Deutsche Akademie der Technikwissenschaften. Herbert Utz Verlag, München

4.161   Anonym (2017) Das Energiesystem resilient gestalten. Maßnahmen für eine gesicherte Versorgung. Stellungnahme acatech/Leopoldina/Akademienunion. Mai 2017 ISBN: 978-3-8047-3668-9; Renn O (2017) Das Energiesystem resilient gestalten. Szenarien – Handlungsspielräume – Zielkonflikte (Schriftenreihe Energiesysteme der Zukunft), München 2017. ISBN: 978-3-9817048-7-7

4.162   Quaschning V (2016) Sektorkopplung durch die Energiewende. Anforderungen an den Ausbau erneuerbarer Energien zum Erreichen der Pariser Klimaschutzziele unter Berücksichtigung der Sektorkopplung. 20. Juni 2016, 38 S. Hochschule für Technik und Wirtschaft HTW Berlin

4.163   Ausfelder X et al. (2017) Sektorkopplung – Untersuchungen und Überlegungen zur Entwicklung eines integrierten Energiesystems. Schriftenreihe Energiesysteme der Zukunft. 204 S., München, November 2017. ISBN 978-3-9817048-9-1

4.164   Anonym (2017) Sektorkopplung – Optionen für die nächste Phase der Energiewende. Hrsg: acatech/Leopoldina/Akademienunion, 100 S. ISBN 978-3-8047-3672-6

4.165   Anonym (2016) World Energy Scenarios 2016 – The Grand Transition. 138 p. World Energy Council with Accenture Strategy and Paul Scherrer Institute

4.166   Müller GV (2016) Weltenergiekongress 2016 – Energienachfrage vor dem Zenit. Neue Zürcher Zeitung (NZZ.at) 10.10.2016. https://nzz.at/oesterreich/geld/energienachfrage-vor-dem-zenit (16.03.2017)

5 Immissionsschutz

Die neue Richtlinie über Industrieemissionen stärkt den Ansatz „beste verfügbare Techniken", indem die BVT-Schlussfolgerungen, u.a. Grenzwerte für die Luft, als eigenständige Rechtsdokumente im Amtsblatt der EU veröffentlicht werden. Aus dieser zentralen technischen Sicht wird hier der Immissionsschutz beschrieben: Abschn. 5.1 gibt einen Überblick über die Herkunft und Eigenschaften der Luftschadstoffe in der Troposphäre (die unterste Luftschicht der Erdatmosphäre), die Entstehung von Stickoxiden und Schwefeldioxid sowie die Ausbreitung von Luftschadstoffen. Im Abschnitt 5.2 werden Richtlinien zur Luftreinhaltung, Ausbreitungsmodelle und das Schwerpunktthema „Feinstaub" behandelt. Der Abschn. 5.3 befasst sich mit den Luftreinhaltungstechniken, vor allem zur Staubabscheidung und zur Verminderung gasförmiger Emissionen, bspw. der „Entschwefelung" und „Entstickung" in Kraftwerken sowie der Abgasreinigung an Kraftfahrzeugen. Im Abschn. 5.4 wird eine Einführung in das Thema „Verkehrslärm" gegeben.

5.1 Ursachen und Wirkungen von Luftbelastungen

Als *Immissionen* gelten alle Luftverunreinigungen (Veränderungen der natürlichen Luftzusammensetzung durch Rauch, Ruß, Stäube, Gase, Aerosole, Dämpfe, Geruchsstoffe), Geräusche, Erschütterungen, Licht, Wärme, Strahlen und andere Umwelteinwirkungen, die von ihrer Art, Ausmaß und Dauer geeignet sind, Belästigungen für die Allgemeinheit darzustellen. Während die Bezeichnung *Emission* auf die Freisetzung von Schadstoffen, ausgehend von einer konkreten Quelle (Anlage) abzielt, werden bei der Erfassung der Immissionen die an einem Standort feststellbaren Einwirkungen von Schadstoffen ermittelt, und zwar unabhängig von ihrer Quelle. Viele *Immissionsgrenzwerte* beziehen sich ausschließlich auf Grenzwerte für die menschliche Gesundheit, die evtl. empfindlichere Flora und Fauna bleibt dabei ebenso unberücksichtigt wie die Tatsache, dass aufgrund der Wechselwirkungen zwischen unterschiedlichen Schadstoffen wesentlich niedrigere Stoffkonzentrationen angebracht sein könnten [5.1].

Die an die Luft abgegebenen Stoffe (= Emissionen) breiten sich aus (= Transmission) und können dann auf Mensch, Tier und Pflanze einwirken (= Immission). *Transmission* bezeichnet alle „Vorgänge, in deren Verlauf sich räumliche Lage und Verteilung der luftverunreinigenden Stoffe in der offenen Atmosphäre unter dem Einfluss von Bewegungsphänomenen oder infolge weiterer physikalischer sowie chemischer Effekte ändern" [5.2].

„Die Atmosphäre ist keineswegs ein zwischen Emission und Immission liegendes inertes Transportmedium für luftverunreinigende Stoffe" [5.3]; durch komplexe Umsetzungen verschwinden ursprünglich vorhandene Substanzen und neue (sekundäre) luftverunreinigende Stoffe entstehen. Diese Prozesse werden in den Abschn. 5.1.3 *Entstehung von Stickoxiden*, 5.1.4 *Entstehung von Schwefeldioxid* und 5.1.5 *Reaktionen bei der Ausbreitung von Luftschadstoffen* beschrieben.

© Springer-Verlag Berlin Heidelberg 2018
U. Förstner, S. Köster, *Umweltschutztechnik*, https://doi.org/10.1007/978-3-662-55163-9_5

5.1.1 Entwicklung bei typischen Luftschadstoffen

Tabelle 5.1 zeigt die Entwicklung der Emissionen von vier typischen Luftschadstoffen in Deutschland von 1990 (1995 bei PM_{10}) bis 2014 – Stickoxide und leichtflüchtige organische Verbindungen (NMVOC) als Ozonvorläufersubstanzen, Schwefeldioxid sowie Feinstaubpartikel kleiner als 10 µm Durchmesser [5.4]. Diese Stoffe sind wichtige Nachhaltigkeitsindikatoren [5.5] und bilden den Kern der EU- und nationalen Regelungen/Überwachungsprogramme [5.6, 5.7].

Tabelle 5.1 Emissionen ausgewählter Luftschadstoffe nach Quellgruppen in Deutschland 1990(1995)/2014. UBA-Daten ([5.4], kt = Tausend Tonnen, Werte auf- und abgerundet)

	NO_x in kt		NMVOC in kt		SO_2 in kt		PM_{10} in kt	
	1990	2014	1990	2014	1990	2014	1995	2014
Energiewirtschaft	608	299	9	4	3.136	221	22	10
Gewerbe (verarbeitend)	310	90	17	8	904	31	10	4
Verkehr	1.463	491	1.179	97	123	5	73	33
Haushalte, Kleinverbr.	206	126	267	59	847	49	43	31
Militär, kleine Quellen	47	5	199	2	69	<1	2	<1
Diffuse Brennstoffe	8	1	194	65	50	3	6	5
Industrieprozesse	104	89	1.246	588	181	80	124	87
Landwirtschaft	138	122	279	211	k.A.	k.A.	38	50
Gesamt	2.885	1.223	3.389	1.041	5.312	389	316	221
Veränderung	*100 %*	*42 %*	*100 %*	*31 %*	*100 %*	*7 %*	*100 %*	*70 %*

Bei den *Stickoxiden* machen die stationären und mobilen Verbrennungsprozesse nach wie vor den Großteil der Emissionen aus (Abschn. 5.1.3). Die Emissionen an flüchtigen organischen Verbindungen ohne Methan (engl. *Non Methan Volatile Organic Compounds*) stammen heute überwiegend noch aus der Lösemittelverwendung in Industrieprozessen. Der Verkehr sowie die Haushalte tragen wesentlich zu den Problemen mit *Feinstäuben* bei (Abschn. 5.2.2).

5.1.2 Luftschadstoffe in der Troposphäre [5.8]

Die Troposphäre ist die unterste Luftschicht der Erdatmosphäre und erstreckt sich bis zu einer Höhe von ca. 12 km über dem Erdboden. Sie zeichnet sich durch eine relativ rasche konvektive Durchmischung der Luftmassen aus. Neben den Hauptbestandteilen N_2 und O_2 enthält die Troposphäre eine Reihe von Spurengasen, deren Vorkommen bzw. signifikante Anreicherung auf menschliche Aktivitäten in Industrie, Verkehr, Haushalten und Landwirtschaft zurückzuführen ist (Tabelle 5.2). In der Troposphäre können diese Stoffe entweder weiterreagieren oder zusätzlich aus anderen Quellen meist auf chemischem Weg entstehen (5.1.5); bspw. wird Methan wie die anderen in die Atmosphäre emittierten Kohlenwasserstoffe über CO zu CO_2 abgebaut – und trägt damit zum Treibhauseffekt bei (Kap. 4).

Tabelle 5.2 Eigenschaften wichtiger Spurengase in der Troposphäre (Heintz/Reinhardt [5.7] nach Keppler [5.8])

Spurengas	Emissionsrate weltweit in 10^9 kg/a	anthropogener Anteil in %	mittlere Lebensdauer	Quellen anthropogene	Quellen natürliche	Schadwirkungen
NO, NO$_2$	160	80	trop.: 1 d strat.: 1 a	Verbrennung fossiler Brennstoffe	Blitze (Gewitter)	Smog, Ozon- und Säurebildner, Atmungserkrankungen, Saurer Regen, Waldschäden
SO$_2$*	400	40	4 d	Verbrennung von Erdöl und Erdgas	Sümpfe, Vulkane, Ozeane	Smog, Ozon- und Säurebildner, Atmungserkrankungen, Saurer Regen, Waldschäden
CO	3400	90	1-3 m	Verbrennung fossiler Brennstoffe und Biomasse, Oxidation anthropogen emittierter KW**	Pflanzen, Ozeane, Oxidation natürlich emittierter KW**	giftig, Smog
KW**	1000	10	k.A.	Kraftfahrzeuge, Lösungsmittel	Bäume (Terpene, Isoprene)	wichtig bei Ozonbildung im Photosmog, z.T. cancerogen
CH$_4$	500	60	8-16 a	Tierhaltung, Reisfelder, Deponien	Sümpfe, Termiten, geothermische Aktivität	wichtig bei Ozonbildung im Photosmog
HCl	k.A.	100	k.A.	Verbrennung chlorhaltiger Substanzen	–	giftig, Saurer Regen
CKW***	k.A.	100	k.A.	Lösungsmittel	–	giftig, z.T. cancerogen

* alle Schwefelverbindungen, umgerechnet auf SO$_2$, ** KW = Kohlenwasserstoffe ohne Methan, *** CKW = Chlorkohlenwasserstoffe; d = Tag, m = Monat, a = Jahr, k.A. = keine Angaben

5.1.3 Entstehung von Stickoxiden [5.10, 5.11]

Stickoxide entstehen aus dem organisch gebundenen Stickstoff und aus dem Luft-stickstoff bei hohen Temperaturen. Dabei fördert O_2 die Reaktion. In der Atmo-sphäre wird NO allmählich durch Reaktion mit atomarem Sauerstoff in NO_2 um-gewandelt. NO_2, das stark giftig ist, ist bei normaler Feuerung zu ca. 5 % in den Stickoxiden enthalten; lediglich bei Gasturbinen ist der Anteil höher und kann dort im Leerlauf bis zu 50 % betragen. Die Bildung von Stickoxiden ist kein einfacher Vorgang und es gibt noch keine schlüssige Theorie der Entstehung. „Thermisches NO_x" entsteht bei hoher Temperatur; „promptes NO_x" bildet sich bei der Brenn-stoffumsetzung im Überschuss von atomarem Sauerstoff und wird über Kohlen-wasserstoffe katalysiert. „Brennstoff-NO_x" ist im Brennstoff gebunden und wird von dort bereits bei mäßigen Temperaturen freigesetzt (Abb. 5.1). Faktoren, wel-che die Entstehung und Menge von NO_x beeinflussen, sind: Luftüberschuss, Stick-stoffgehalt im Brennstoff, Betriebsweise (Grundlast, Anfahren, Lastfolge), der Grad der Verschmutzung, der Anteil an anderen Brennstoffen, sonstige Emissio-nen mit möglichen Katalyseeffekten [5.12].

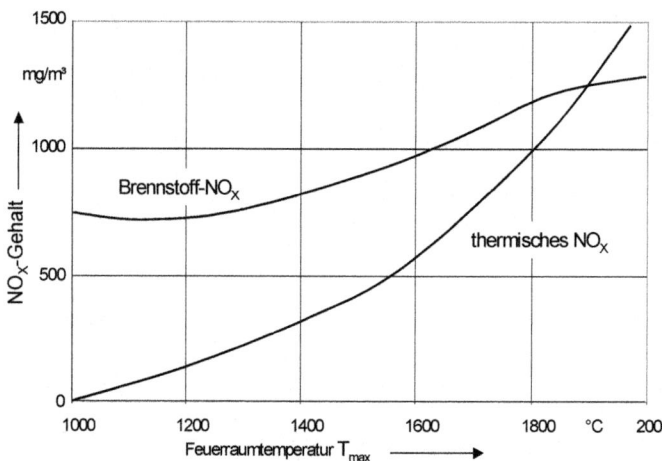

Abb. 5.1 NO_x-Bil-dung bei der Kohle-verbrennung (*Fritz/-Kern* [5.13, 5.14])

Für das Ausmaß an NO_x-Emissionen bei der Kohleverbrennung ist neben der Art der verwendeten Kohle die Feuerungsart wichtig: Man unterscheidet dabei zwei Haupttypen: Trockenfeuerung und Schmelzfeuerung. Diese beiden Verfahren un-terscheiden sich vor allem durch die Verbrennungstemperatur und das Verhältnis von anfallender Schlacke zu Filterstaub. Im erstgenannten Typ fällt nur ein gerin-ger Asche-Anteil als Schlacke an (ca. 15 %). Der größte Teil läuft als Flugstaub die Kesselzüge und wird mit hohem Wirkungsgrad in Elektrofiltern abgefangen. Die Verbrennungstemperaturen liegen bei der Trockenfeuerung bei 1100 bis 1350°C. Bei der Schmelzfeuerung beträgt die Temperatur je nach Kesseltyp und Kohleart 1400 bis 1550°C. Dabei wird der Erweichungspunkt der Aschen überschritten; 60 bis 85 % der eingebrachten Aschen werden durch Rotation der Feuersäule an die Wände geschleudert und fließen in ein sich unter dem Feuerungsraum befindliches Wasserbad. Die Schmelze erstarrt und zerfällt in grobkörniges Granulat (cm-Bereich), das sich als Straßenbau-Rohstoff und an die Bauindustrie gut verkaufen lässt.

Vom technologischen und ökonomischen Standpunkt aus betrachtet weisen beide Verfahren folgende Vor- bzw. Nachteile auf: Die Trockenfeuerung wird bei der Verbrennung relativ aschearmer Kohlen bevorzugt und ist technisch einfacher zu handhaben. Probleme bereiten vor allem die großen Flugstaubmengen. Diese Feuerungsart wird überwiegend (mehr als 98 %) bei den Braunkohlekraftwerken eingesetzt, wo wegen der großen Tagebaue eine anschließende Deponie der Stäube keine großen Schwierigkeiten bereitet. Bei der Schmelzfeuerung spielt der Aschegehalt der Kohlen keine so große Rolle, und dieser Typ wird deshalb bevorzugt bei der Verfeuerung ballastreicher Stein- und Magerkohlen eingesetzt. Da ein Großteil der Schlacke letztlich als Granulat anfällt, reduzieren sich die Betriebskosten. Außerdem wird durch Ascherückführung quasi sämtliche Asche (>95 %) zu Granulat. Nachteilig ist der relativ große Wärmeverlust durch die flüssige Schlacke sowie die durch die hohen Temperaturen bedingte Korrosionsgefahr und die erhöhte Emission von Stickoxiden.

5.1.4 Entstehung von Schwefeldioxid [5.10]

Die Tabelle 5.3 zeigt den Schwefelgehalt verschiedener fossiler Brennstoffe. Für die SO_2-Emissionen ist zunächst festzustellen, dass Schwefel in den fossilen Brennstoffen in unterschiedlichen Bindungsformen vorliegt. In anorganischer Form ist dies der Sulfatschwefel, z.B. $CaSO_4$, in sulfidischer Form überwiegend der Pyrit (FeS_2); außerdem kommt Schwefel als gasförmiger Schwefelwasserstoff (H_2S), als elementarer Schwefel im Erdöl sowie zusammen mit organischen Bindungsformen im Erdöl sowie in Stein- und Braunkohlen vor. Der organisch gebundene Schwefelgehalt in deutschen Steinkohlen beträgt im Mittel 0.8 %; dieser Schwefel kann durch mechanisch-aufbereitungstechnische Maßnahmen nicht abgetrennt werden. Allein der im Pyrit gebundene Schwefel (ca. 1 %) kann durch mechanische Maßnahmen vor der Verbrennung abgeschieden werden.

Mit dieser Methode, die verfahrenstechnisch weitgehend gelöst ist, kann der Schwefelgehalt von Kraftwerkskohle von 13 auf 10 g/kg Steinkohleneinheiten (SKE) gesenkt werden. Bereits in den 60er Jahren wurde mit ersten Untersuchungen zur *mikrobiellen Entpyritisierung* der Kohle begonnen; Beck et al. [5.15] berichten über Versuche mit mesophilen und thermophilen Mikroorganismen.

Tabelle 5.3 Schwefelgehalt verschiedener fossiler Brennstoffe in kg, bezogen auf die Menge an Brennstoff, die einem Brennwert von 1 Gigajoule (= 10^9 J) entspricht [5.10, 5.16]

Brennstoff	Schwefelgehalt	Brennstoff	Schwefelgehalt
Steinkohle	10,9	leichtes Heizöl / Diesel	1,7
Braunkohle	8,0	Ottokraftstoff	0,8
schweres Heizöl	6,7	Erdgas	0,2

5.1.5 Reaktionen bei der Ausbreitung von Luftschadstoffen

Dem oxidierenden Charakter der Luft entsprechend handelt es sich bei den Veränderungen während der Ausbreitung von Luftschadstoffen vor allem um den Einfluss einer Vielzahl von Oxidationsreaktionen; jedoch kommen auch Reduktionen, Dissoziationen und Assoziationen vor. Aus methodischen Gründen werden „homogene" und „heterogene" Reaktionen unterschieden. Die letzteren, bei denen neben Gasen und Wassertropfen auch Oberflächen von Staubpartikeln beteiligt sind, spielen nur im Nahbereich von Quellen (Abgasfahne) eine bedeutende Rolle [5.17]. Bei den homogenen Reaktionen sind vor allem die Umsetzungen von Stickoxiden von Interesse:

- im *Nahbereich* – <0,1 km – dominiert die „molekulare" Oxidation des NO,
- im *Mittelbereich* – 0,1 bis 20 km – erfolgt die Oxidation durch Ozon, und
- im *Fernbereich* ist die Durchmischung der Abgasfahne mit der Umgebungsluft so gut, dass die gesamte „Smogchemie" zum Tragen kommt [5.18].

Schwefeldioxid kann „trocken" oder „nass" zu Schwefelsäure oxidiert werden. Eine dritte Möglichkeit ist die der „katalytischen" Oxidation an schwermetallhaltigen Ruß- und Staubteilchen. Die Gegenwart von kleinen Wassertropfen in Form von Nebel begünstigt diesen Reaktionsablauf; dabei werden die Nebeltröpfchen stark säurehaltig. Der entstehende „Saure Smog" wirkt besonders schädigend auf die Atmungsorgane. Im Unterschied zum *Photosmog* („Los Angeles-Smog"), der vor allem während der Mittagszeit in den sonnenreichen Sommermonaten seine stärksten Auswirkungen zeigt, tritt der *Saure Smog* („London-Smog") eher morgens oder abends in der feuchtkalten Jahreszeit des Winters auf [5.10].

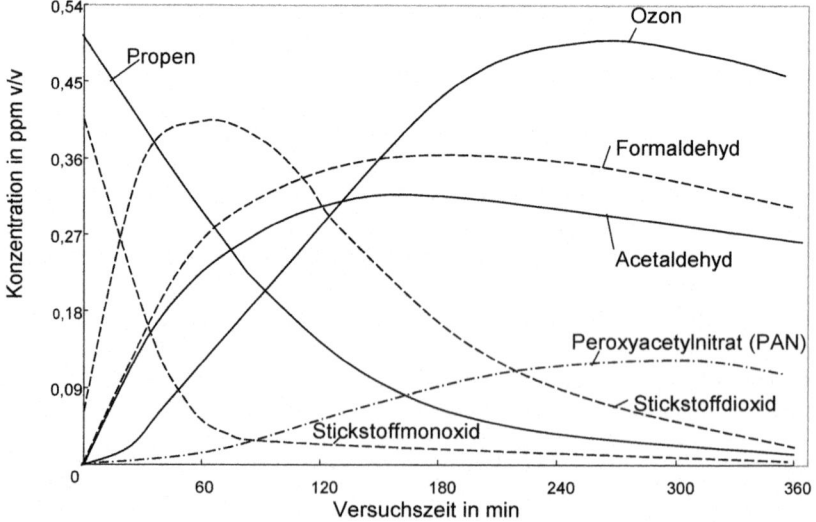

Abb. 5.2 Ergebnisse eines Experiments in einer Smogkammer (aus [5.19] nach [5.20]). Ausgangskonzentration der Reaktionspartner: 0.45 ppm NO, 0,05 ppm NO_2, 0,5 ppm C_3H_6

Photochemische Reaktionen in der Atmosphäre beziehen vor allem längerkettige Kohlenwasserstoffe wie Propan, Butan oder auch Octane ein, die oxidiert werden. Über mehrere Zwischenstufen, in denen die sogenannten Peroxiradikale $R\text{-}CH_2O_2$ auftreten, werden Kohlenwasserstoffe zum Aldehyd R-CHO und gleichzeitig NO zu NO_2 aufoxidiert, das wieder photolytisch gespalten wird und dabei weitere Aldehyd- und Ozonmoleküle bildet. Häufig sind die Aldehyde nicht das Ende der Oxidationskette, sondern der am häufigsten vorkommende Aldehyd, der Acetaldehyd CH_3CHO kann weiterreagieren zum Peroxiacetylnitrat $CH_3C(O)O_2NO_2$, das gleichzeitig eine Senke für NO_2 darstellt (Abb. 5.2). Photosmog entsteht bei hohen Emissionsraten an Stickstoffoxid bei gleichzeitiger Emission von Kohlenwasserstoffen während sog. „Inversionswetterlagen", d.h. wenn die höheren Luftschichten wärmer sind als die bodennahen: Die schadstoffreiche Abluft von Ballungszentren kann nicht abziehen und es stellt sich wegen des fehlenden vertikalen Luftaustausches eine ständig wachsende Schadstoffkonzentration ein.

Der *pH-Wert* von reinem Wasser, das im Gleichgewicht mit atmosphärischem Kohlendioxid steht, liegt bei 5,6. Regen, dessen pH-Wert kleiner als 5,6 ist, wird gewöhnlich als „Saurer Regen" bezeichnet. Realistischer ist es jedoch davon auszugehen, dass der pH-Wert natürlicherweise unter 5,6 liegt (ca. 5,0), weil in der Atmosphäre neben CO_2 auch andere Stoffe wie SO_2, NH_x, SO_3 aus natürlichen Quellen vorliegen. Die in die Atmosphäre emittierten Stickstoffoxide und Schwefeldioxid lösen sich in den Wassertröpfchen von Nebel, Wolken sowie Regen und bilden Säuren. Neben Säuren (3/4 Schwefelsäure, 1/5 Salpetersäure und etwa 1/20 Salzsäure) enthalten Niederschläge noch weitere Schadstoffe (Salze, Schwermetalle und organische Substanzen)[5.10].

Die pH-Werte im Niederschlag an den Stationen Westerland, Waldhof, Deuselbach/Hunsrück und Schauinsland zeigen im Untersuchungszeitraum 1982-2014 einen Anstieg von 4,1 bis 4,6 auf 5,1 bis 5,2. Auch im kürzeren Beobachtungszeitraum seit 1993 ist für die Stationen Neuglobsow und Schmücke in den neuen Bundesländern eine Zunahme der pH-Werte festzustellen. Damit befinden sich die heutigen pH-Werte im Bereich der natürlichen, ohne anthropogene Beeinflussung in Mitteleuropa zu erwartenden Werte [5.21].

5.1.6 Wirkungen von Luftschadstoffen

Gefährdung der Gesundheit

Die Skala von Gesundheitsschäden durch luftverunreinigende Stoffe reicht von Reizungen bis hin zu Vergiftungen. Erkrankungen der Atmungsorgane, Bindehautentzündungen, Rachitis sowie Infektionen können in ursächlichen Zusammenhang mit Luftverunreinigungen gebracht werden. In der Umwelt vorkommende *Stickstoffdioxid*-Konzentrationen sind vor allem für Asthmatiker ein Problem, da sich eine Bronchialkonstriktion (Bronchienverengung) einstellen kann, die zum Beispiel durch die Wirkungen von Allergenen verstärkt werden kann. Die gesundheitlichen Wirkungen von *Ozon* bestehen in einer verminderten Lungenfunktion, entzündlichen Reaktionen in den Atemwegen und Atemwegsbeschwerden. Bei körperlicher Anstrengung können sich diese Auswirkungen verstärken [5.22].

Waldschäden

Bei den heute auftretenden Waldschäden weist vieles darauf hin, dass es sich nicht allein um natürliche Ursachen, z.B. lange Trockenperioden, extreme Winter, Befall durch Schädlinge und Krankheiten oder unzureichende waldbauliche Methoden und ungeeignete forstwirtschaftliche Nutzungsarten (z.B. Monokulturen), sondern vor allem um Umweltbelastungen durch Luftschadstoffe, handelt. Nach der Art der Ablagerung von Schadstoffen unterscheidet man [5.8]:

Die *trockene Deposition*, bei der Feststoffe wie z.B. Ruß, schwermetallhaltiger Staub oder Aerosole auf Blätter und Boden abgelagert werden. Auch die direkte Aufnahme von gasförmigen Schadstoffen durch Pflanzen zählt zur trockenen Deposition. Zu diesen Schadgasen gehören SO_2, NO_x sowie die durch Sonnenstrahlung gebildeten Gase wie Ozon und Peroxiacetylnitrat [5.11].

Die *nasse Deposition* umfasst die in Regen, Schnee oder Nebel gelösten Schadstoffe, meist Oxidationsprodukte von SO_2 und NO_x, also Schwefelsäure, Salpetersäure sowie Sulfate und Nitrate. Zu der nassen Deposition gehört auch das sogenannte „Traufwasser", das den Baum herabfließende oder herabtropfende Regenwasser; es spült die durch trockene Deposition auf den Blättern und Zweigen abgelagerten Schadstoffe in den Boden [5.8].

Wirkungen auf Gewässer und Böden

In versauerten Gewässern pufferschwacher Räume haben sich inzwischen tiefgreifende biozönotische Veränderungen ergeben, die u.a. zum Verschwinden von Fischen, Fischnährtieren und Amphibien geführt haben [5.23]. Die Wirkung von sauren Niederschlägen zeigt sich auch in einer Mobilisierung von Schadstoffen. Mit dem Fortschreiten der Versauerung bis in das oberflächennahe Grundwasser wird vor allem die Löslichkeit von Schwermetallen erhöht [5.24]. In versauerungssensiblen Gebieten wie z.B. in Südnorwegen stieg der Aluminiumgehalt über die zulässigen Grenzwerte an [5.25].

Kalkung ist die bevorzugte Sanierungsmaßnahme bei kleineren Seen und es liegen inzwischen ausgedehnte Erfahrungen an skandinavischen und nordamerikanischen Gewässern vor [5.24]. Mit Kalkzugaben lassen sich auch die Aluminiumkonzentrationen in der Trinkwasseraufbereitung relativ gut beherrschen [5.25].

Während die Veränderungen in den Oberflächengewässern überwiegend reversibel sind, lassen die Befunde an Waldböden erkennen, dass die meisten Böden ein schadloses Auffangen der zugeführten und zusätzlich entstehenden Säurebelastung bei weitem nicht leisten können [5.26] und diese Entwicklung praktisch *irreversibel* ist [5.27]. Der Säureeintrag führt zu einer Auswaschung an Mineralstoffen wie Calcium und Magnesium, d.h. zu einem Nährstoffmangel [5.28].

Der Säureeintrag führt im Boden zur Mobilisierung weiterer *Puffersysteme*, die im Zuge der fortschreitenden Versauerung bei Erreichen bestimmter pH-Werte nacheinander „zugeschaltet" werden [5.29]: Zuerst verliert der Boden seine austauschbaren basischen Kationen. Danach, etwa beim pH-Wert von 4,5 beginnend, kommt es zur Tonmineralzerstörung und damit zur Freisetzung potentiell toxisch wirkender Metallkationen (Mn, Al und Fe). Dieser Prozess wirkt zwar puffernd, jedoch in umkehrbarer Weise, d.h. die Säuren und die H^+-Ionen können im Boden, im Untergrund oder in den aquatischen Systemen wieder freigesetzt werden.

Schadwirkungen auf Sachgüter

Luftverschmutzungen verursachen Schäden an Baudenkmälern, an Skulpturen und Glasgemälden, an Industrie- und Gebrauchsgütern und an Archivgut [5.30]; SO_2, NO_x, beschleunigen die natürlichen Verwitterungs- und Alterungsvorgänge [5.8.

Bauwerke können unter Bildung leicht löslicher Salze (z.B. Umsetzung von $CaCO_3$ zu $Ca(HCO_3)_2$ und durch Auskristallisieren voluminöser Salze (Bildung sulfatischer Ca/Al-Salze in Beton) geschädigt werden. Auf metallische Werkstoffe wirken saure oder alkalische Gase (SO_2, HCl, NO_x, NH_3) korrodierend. Schwefeldioxid besitzt eine besonders stimulierende Wirkung auf die Korrosion des häufigsten Gebrauchsmetalls Stahl. Primär gebildetes Eisensulfat ($FeSO_4$) reagiert mit Luftsauerstoff und Wasser weiter zu Rost (v.a. zu Eisenoxidhydrat $FeOOH$) und Schwefelsäure, die dann erneut Eisen unter Bildung von Eisensulfat angreift. Die letztgenannten Reaktionen können sich mehrfach wiederholen [5.31]. Auch bei Verwendung von Stahlbeton korrodieren die Metallanteile der Bausubstanz, wenn die Alkalireserve des Betons durch die säurebildenden Gase verbraucht wurde.

Eine Abschätzung des Umweltbundesamtes aus den frühen 80er Jahren hat die Verluste bei den Fassadenanstrichen in den alten Bundesländern auf 500 Mio. € beziffert [5.32]. Auch direkte Auswirkungen von Korrosionsvorgängen sind zu erwarten, wenn toxische Schwermetalle und organische Chemikalien bspw. von Dächern abgespült und in die Gewässer und Böden verfrachtet werden [5.33].

Externe Kosten durch Luftschadstoffe [5.35]

Die Quantifizierung externer Kosten ist seit vielen Jahren Gegenstand intensiver Forschungsaktivitäten, insbesondere auch durch die von der Europäischen Kommission geförderten ExternE-Projekte [5.36]. In Tabelle 5.4 sind die Abschätzungen der Schadenskosten durch Luftschadstoffe nach verschiedenen theoretischen Ansätzen vorgenommen worden, bspw. wurden Gesundheitsschäden von Dosis-Wirkungsbeziehungen aus epidemiologischen Untersuchungen abgeleitet. Es ergeben sich jährliche Kosten zwischen 1 Mrd. € (NMVOC) und 5 Mrd. € (NO_x).

Tabelle 5.4 Quantifizierbare spezifische Schadenskosten verschiedener Luftschadstoffe in € je Tonne Schadstoff (*Krewitt* [5.34] unter Verwendung des Modells EcoSensLE [5.35]; Abkürzungen siehe Text zu Tabelle 5.1). [1] eigene Berechnung, [a] vermiedene externe Emissionen durch den Einsatz erneuerbarer Energien (2006 [5.36]), [b] UBA-Daten (2009)

	CO_2	NO_x	NMVOC	SO_2	PM_{10}
Klimawandel	70				
Gesundheitsschäden					
- erhöhtes Sterblichkeitsrisiko		2.120	60	2.020	8.000
- nicht-tödliche Gesundheitsschäden		1.000	170	1.040	4.000
Ernteverluste		130	640	-10	
Materialschäden		70		230	
Summe	70	3.320	870	3.280	12.000
Emissionen in 1.000 t (D 2009)	(46.000)[a]	1.367[b]	1.284[b]	448[b]	181[b]
Schadenskosten in Mio. € (D 2009)[1]	(3.220)	4.538	1.117	1.469	2.172

5.2 Rechtsnormen und Ausbreitungsmodelle

Die Zahl luftverunreinigender Stoffe liegt bei 1.400 bis 1.600. Sie lassen sich ausgehend von der Definition der VDI 2450 in zwei Gruppen unterteilen:

- Primäre luftverunreinigende Stoffe gelangen aus technischen Anlagen oder durch natürliche Vorgänge in die offene Atmosphäre. Beispiele: SO_2 und CO.
- Sekundäre luftverunreinigende Stoffe entstehen erst in der Atmosphäre aus den primären luftverunreinigenden Stoffen. Beispiele: Ozon und Peroxiacetylnitrat.

Bei der Entstehung (Emission) von Abgasen aus *Verbrennungsprozessen* kann man zwei Gruppen primärer luftverunreinigender Stoffe unterscheiden [5.19]:

- *brennstoffabhängige* luftverunreinigende Stoffe. Sie entstehen aus den schadstoffbildenden Elementen der Brennstoffe und sind deshalb abhängig von ihrer Zusammensetzung. Auch in einer idealen Feuerung sind sie nicht zu vermeiden. Beispiele: SO_2 aus Schwefel und gasförmige Fluorverbindungen aus Fluor.
- *prozessabhängige* luftverunreinigende Stoffe. Sie sind durch die jeweilige Feuerungstechnik und Betriebsführung bedingt. Beispiele sind die Produkte unvollkommener Verbrennung wie Kohlenmonoxid und Kohlenwasserstoffe.

5.2.1 Regelbereiche

Die Errichtung von „Anlagen, deren Emissionen für die Bewohner benachbarter Grundstücke oder für das Publikum generell erhebliche Nachteile, Gefahren oder Belästigungen herbeiführen können", ist seit über 100 Jahren nur mit Genehmigung der zuständigen Behörden zulässig. Eine Gliederung des Immissionsschutzrechts wird in Tabelle 5.6 (Abschn. 5.2.2) gegeben:

Die zentralen Aufgaben des Gesetzes liegen im Bereich des *anlagenbezogenen Immissionsschutzes*. Unter dem Begriff „Anlagen" verzeichnet das Bundesimmissionsschutzgesetz, das außerdem für Produkte und Gebiete zuständig ist:

- Betriebsstätten und sonstige ortsfeste Einrichtungen;
- Maschinen, Geräte und sonstige ortsveränderliche technische Einrichtungen und Fahrzeuge, und
- Grundstücke, auf denen Stoffe gelagert oder abgelagert oder Arbeiten durchgeführt werden, die Emissionen verursachen können.

Beim *produktbezogenen* Immissionsschutz regelt die 41. BImSchV die Bekanntgabe von Stellen und Sachverständigen gemäß § 29b Absatz 1 des BImSchG. Der *gebietsbezogene Immissionsschutz* umfasst vor allem die Überwachung der Luftverunreinigungen im Bundesgebiet und die Erstellung von *Luftreinhalteplänen*. Zur einheitlichen Beurteilung und Durchführung der Untersuchungen wurden die 4. BImSchVwV und zahlreiche Richtlinien erlassen. Die Landesbehörden stellen nach der 5. BImSchVwV *Emissionskataster* und ggfs. Luftreinhaltepläne auf. Beim Einsatz des freiwilligen (EU-)*EMAS-Systems* (Kap. 2.1.2) gibt es administrative Anreize wie Erleichterungen im Rahmen von Berichtspflichten, Genehmigungsverfahren und Messpflichten (EMAS-PrivilegierungsVO [5.37]).

5.2.2 Rechtsnormen und Technische Anleitungen

Die übergeordneten Normen für die Luftreinhaltung in Europa und in Deutschland sind die *Richtlinie 96/62/EG* über die Beurteilung und Kontrolle der Luftqualität von 1996 [5.6] und das *Bundesimmionsschutzgesetz* (BImSchG) von 2002 [5.7].

Die Richtlinie 2001/81/EG des Europäischen Parlaments und des Rates vom 23.10.2001 [5.6a]) legte *nationale Emissionshöchstmengen* (national emission ceilings – NECs) für die Luftschadstoffe Schwefeldioxid (SO_2), Stickstoffoxide (NO_x), Ammoniak (NH_3) und flüchtige organische Verbindungen ohne Methan (NMVOC) fest, die bis 2010 zu erreichen waren. Die Richtlinien 2004/107/EG [5.6b] und 2008/50/EG [5.6c] werden mit der *Verordnung über Luftqualitätsstandards und Emissionshöchstmengen*, 39. BImSchV [5.7a], umgesetzt.

Die Technischen Anleitungen „Luft" bzw. „Lärm" enthalten Vorschriften, die von den Behörden in z.B. Genehmigungsverfahren zu beachten sind. Die VDI-Richlinien haben keinen „Rechtsnormcharakter", geben jedoch Hinweise auf den Stand von Wissenschaft und Technik. Die neue *Technische Anleitung zur Reinhaltung der Luft* vom 01.10.2002 orientiert sich wie ihre Vorgängerin an der Chemie und insbesondere an der Wirkung von schädlichen Stoffen [5.38]. Zusätzlich zu den Angaben in Tabelle 5.5 gibt es noch Jahreswerte für Benzol (5 µg/m³), Blei und seine anorganischen Verbindungen als Bestandteile des Schwebstaubes (0,5 µg/m³ als Pb) und Tetrachlorethen (10 µg/m³). Die Werte basieren auf Kenngrößen für Vor- und Zusatzbelastungen, die mit *Ausbreitungsmodellen* (Abschn. 5.2.2) für ein bestimmtes *Beurteilungsgebiet* ermittelt werden (TA Luft Nr. 4.6).

Tabelle 5.5 Immissionswerte in mg/m³ [5.38-5.40]

Schadstoff-komponente	TA-Luft (2002)			MIK-Werte			MAK-Werte
	1 h	24 h	1 a	½ h	24 h	1 a	
SO_2	0,35	0,125	0,40	1,00	0,30	–	5,0
NO_2	0,20	–	0,04	0,20	0,10	–	9,0
NO	–	–	–	1,00	0,50	–	–
O_3	–	–	–	0,15	0,05	0,05	0,2
Staub	–	0,05	0,04	0,45	0,30	0,15	–

Tabelle 5.5 enthält weitere Werte zur Charakterisierung von Luftschadstoffen. Als „maximale Immissionskonzentration *(MIK)*"-Werte wurden Schadstoffkonzentrationen in der freien Luft festgelegt, die nach den derzeitigen Erfahrungen im allgemeinen für Mensch, Tier und Pflanze als unbedenklich gelten; hier steht also allein die physiologische Wirksamkeit der Substanzen im Vordergrund, ohne Rücksicht auf die technische Realisierbarkeit [5.39]. Eine Richtlinie, die speziell für den Menschen am Arbeitsplatz zugeschnitten ist, enthält die *MAK*-Werte (= maximale Arbeitsplatzkonzentrationen); diese Grenzwerte einer Kommission der DFG sind so festgelegt, dass auch bei einer langfristigen Exposition am Arbeitsplatz die Gesundheit von Menschen keinen Schaden nehmen sollte [5.40].

Tabelle 5.6 Regelbereiche des Bundes-Immissionsschutzgesetzes mit Verordnungen und Verwaltungsvorschriften (Auswahl aus übersicht_bimschg.pdf). Unterstrichen: Änderungen vom 02.05.2013 zur Umsetzung der Richtlinie 2010/75/EU „Industrieemissionen" [5.41]

Anlagen- und betriebsbezogener Immissionsschutz		Produktbezogener Immissionsschutz	Gebietsbezogener Immissionsschutz
Genehmigungsbedürftige Anlagen	Nicht genehmigungsbedürftige Anlagen		
1. BImSchVwV (TA Luft)			
6. BImSchVwV (TA Lärm)			
4. BImSchV – VO über genehmigungsbedürftige Anlagen	1. BImSchV – VO über kleine u. mittlere Feuerungsanlagen	32. BImSchV – VO Geräte- und Maschinenlärm	4. BImSchVwV – Ermittlung von Immissionen
5. BImSchV – VO über Immissionsschutz- und Störfallbeauftragte	2. BImSchV – VO z. Emissionsbegrenzung halogenierter organischer Verbindungen	36. BImSchV – Durchführung der Regelungen zur Biokraftstoffquote	5. BImSchVwV – Emissionskataster in Untersuchungsgebieten
9. BImSchV – VO über das Genehmigungsverfahren	7. BImSchV – VO z. Auswurfbegrenzung von Holzstaub	41. BImSchV – BekanntgabeVO	UntersuchungsgebietsVOen – Verordnungen der Bundesländer nach §49 Abs. 1 BImSchG
11. BImSchV EmissionserklärungsVO	20. BImSchV – VO z. Emissionsbegrenzung b. Umfüllen u. Lagern von Ottokraftstoffen		16. BImSchV: VerkehrslärmschutzVO
12. BImSchV – StörfallVO	21. BImSchV – VO z. Emissionsbegrenzung beim Betanken von Kraftfahrzeugen		18. BImSchV – SportanlagenlärmschutzVO
13. BImSchV – VO über Großfeuerungsanlagen	26. BImSchV – VO über elektromagnetische Felder		24. BImSchV – VerkehrswegeSchallschutzVO
14. BImSchV – VO über Anlagen der Landesverteiigung	27. BImSchV – VO über Anlagen zur Feuerbestattung		34. BImSchV – LärmkartierungVO
17. BImSchV – VO über AbfallverbrennungsanlagenVO	28. BImSchV – VO über Emissionsgrenzwerte für Verbrennungsmotoren		35. BImSchV – VO zur Kennzeichnung der Kraftfahrzeuge mit geringem Beitrag zur Schadstoffbelastung
25. BImSchV – VO über Anlagen der Titandioxid-Indust.	29. BImSchV – VO über Gebühren für Typenprüfungen von Verbrennungsmotoren		
30. BImSchV – VO über Anlagen zur biologischen Abfallbehandlung			39. BImSchV – VO über Luftqualitätsstandards und Emissionshöchstmengen
31. BImSchV – VO über Emissionsbegrenzung bei der Lösemittelverwend.			EMAS-Privilegierungsverordnung

5.2.3 EU-Regelungen für Industrieemissionen (IE-Richtlinie)

Die Industrieemissionsrichtlinie (*Industrial Emissions Directive*, IED), die 2010 vom Europäischen Rat und Europäischen Parlament verabschiedet wurde [5.42], ist ein integrierter Ansatz zur Vermeidung bzw. Verminderung von industriebürtigen Umweltbelastungen. Im Unterschied zur früheren Genehmigungsgrundlage für Industrieanlagen in den EU-Mitgliedsländern, Richtlinie 96/61/EG (integrierte Vermeidung und Verminderung der Umweltverschmutzung; ersetzt durch IVU-Richtlinie 2008/1/EG [5.43]), beinhaltet die IED die Verbindlichkeit der „besten verfügbaren Techniken" (BVT; *Best Available Techniques Reference*, BREF) und die Verpflichtung zur systematischen und regelmäßigen Überwachung der Industrieanlagen sowie zur Veröffentlichung der Überwachungsberichte.

Im „Sevilla-Prozess" – Artikel 13 der IE-Richtlinie – wird der Informationsaustausch zwischen den EU Mitgliedsstaaten, den betreffenden Industriezweigen, den Nichtregierungsorganisationen, die sich für den Umweltschutz einsetzen, und der Kommission organisiert [5.44]: Jedes branchenspezifische BVT-Merkblatt (*BREF Document*) enthält *Schlussfolgerungen*, in denen auch Emissionswerte genannt werden, die mit den besten verfügbaren Techniken erreicht werden können. Diese Emissionswerte müssen spätestens vier Jahre nach Veröffentlichung der BVT-Schlussfolgerungen im EU-Amtsblatt in den betroffenen Anlagen eingehalten werden. Das Europäische IPPC Büro Sevilla (Institute for Prospective Technological Studies, Sustainable Production and Consumption Unit) der Europäischen Kommission bearbeitet und verwaltet die BREF Documents (*downloads* [5.45]). National wird der Sevilla-Prozess vom Umweltbundesamt koordiniert [5.46].

Die Umsetzung der IE-Richtlinie in *deutsches Recht* erfolgte durch ein *Artikelgesetz* (u.a. zur Änderung des Bundesimmissionsschutzgesetzes, der Wasserhaushaltsgesetzes und des Kreislaufwirtschaftsgesetzes) und zwei Artikelverordnungen, die am 02.05.2013 in Kraft getreten sind. Die *1. Artikelverordnung* regelt die Zulassung und Überwachung von Industrieanlagen; aus dem engeren Bereich des Bundesimmissionsschutzgesetzes zählen dazu die folgenden Verordnungen (Tabelle 5.7): 4. BImSchV, 5. BImSchV, 9. BImSchV, 11. BImSchV, 41. BImSchV. Die *2. Artikelverordnung* enthält Anforderungen zum Betrieb von Industrieanlagen nach *Stand der Technik* (BVT-Merkblätter); dieses Verordnungspaket benötigte die Zustimmung von Bundestag *und* Bundesrat [5.47, 5.48], da es typische *Emissionsgrenzwerte* betrifft, u.a. zu (siehe auch Tabelle 5.6):

- Kraftwerken mit mehr als 50 MW Leistung (13. BImSchV [5.49])
- Müllverbrennung und Müll-Mitverbrennung in Zementwerken und anderen Anlagen (17. BImSchV [5.50])
- Anlagen, die organische Lösemittel verwenden (2. BImSchV, 31. BImSchV)
- Anlagen zur Herstellung von Titandioxid (25. BImSchV)

Praxisbeispiele für die Umsetzung der IE-Richtlinie gibt im vorliegenden Buchkapitel der Abschn. 5.3.5 mit den Datenerhebungen an rund 50 deutschen *Großkraftwerken* sowie im Unterkapitel 9.2 Müllverbrennung der Abschn. 9.2.1 „Müllverbrennungsanlagen" und Abschn. 9.2.2 „Rauchgasreinigung".

5.2.4 Feinstaub/Schwebstaub (PM)

„Staub" als klassischer Luftschadstoff ist in Deutschland in den vergangenen Jahren deutlich zurückgegangen (Tabelle 5.1); dennoch ist „Fein- oder Schwebstaub" wieder in die Diskussion geraten, weil es neue Erkenntnisse über seine gesundheitlichen Wirkungen gibt. Es wurde festgestellt, dass es – im Gegensatz zu früheren Annahmen – für Schwebstaub keine Schwelle gibt, unterhalb derer keine schädigende Wirkung mehr auftritt. Das bedeutet, dass unerwünschte Wirkungen zwar vermindert, aber nicht völlig verhindert werden können. Diese Wirkungen reichen von vorübergehenden Beeinträchtigungen der Atemwege (was sich in der Zunahme von Atemwegssymptomen, wie zum Beispiel Husten, und verschlechterten Lungenfunktionsmesswerten zeigt) über einen erhöhten Medikamentenbedarf bei Asthmatikern bis zu vermehrten Krankenhausaufnahmen sowie einer Zunahme der Sterblichkeit (Mortalität) wegen Atemwegserkrankungen und Herz-Kreislauf-Problemen [5.51].

Schwebstaubteilchen können als Fremdkörper dort, wo sie abgelagert werden, eine Reizwirkung ausüben, die zu entzündlichen Veränderungen führt. Je kleiner die Partikel sind, desto weiter können sie in die Atemwege vordringen. Partikel über 10 µm Teilchengröße kommen kaum über den Kehlkopf hinaus, nur ein kleiner Teil davon kann also die kleineren Bronchien und die Lungenbläschen erreichen. Für Teilchen unter 10 µm (PM_{10}) und vor allem für diejenigen unter 2,5 µm ($PM_{2,5}$) ist dies jedoch möglich. Ultrafeine Partikel, also solche, deren Teilchengröße unter 0,1 µm liegt, können sogar über die Lungenbläschen in die Blutbahn vordringen und sich über den Blutweg im Körper verteilen. Im Bereich der Lungenbläschen sind Atmung und Blutkreislauf funktionell und anatomisch sehr eng miteinander verbunden. Deshalb können Störungen des einen Systems auch das andere System, also Herz/Kreislauf, mit beeinträchtigen [5.51].

Die auf die Qualität der Luft bezogenen rechtlichen Regelungen für die Belastung durch PM_{10} finden sich in der 22. BImSchV vom 11.09.2002 [5.52]. Mit ihr wurde die Richtlinie 1999/30/EG des Rates vom 22.04.1999 über Grenzwerte für Schwefeldioxid, Stickstoffdioxid und Stickstoffoxide, Partikel und Blei in der Luft in deutsches Recht umgesetzt. In ihr gilt folgende Grenzwertregelung [5.53]:

1. Seit dem 1. Januar 2005 gilt ein Tagesmittelwert für PM_{10} von 50 µg/m³ bei 35 zugelassenen Überschreitungen im Kalenderjahr;
2. der Jahresmittelwert für PM_{10} beträgt 40 µg/m³;
3. ist vor dem Stichjahr ein Grenzwert inklusive der festgelegten Toleranzmarge überschritten, so müssen für die betroffenen Gebiete *Luftreinhaltepläne* aufgestellt werden;
4. ist ein Grenzwert nach einem Stichtag überschritten, sind sogenannte *Aktionspläne* aufzustellen. In den Aktionsplänen ist festzulegen, welche Maßnahmen kurzfristig zu ergreifen sind, um diesen Grenzwert einzuhalten.

Außerdem spielt die 33. BImSchV [5.54], mit der die Höchstmengen von Schwefeldioxid, Stickstoffoxiden, Ammoniak und flüchtiger organischer Stoffe (ohne Methan) geregelt werden, um die Gefahr von Sommersmog, Versauerung und die Einträge von Nährstoffen zu vermindern, indirekt eine Rolle, denn diese Stoffe können sich in der Atmosphäre in *sekundäre Feinstaubpartikel* umwandeln [5.51].

Mobile Quellen, wie der Straßenverkehr – vorrangig Diesel-LKW und Diesel-PKW – sind vor allem in Ballungsgebieten die dominierende PM-Quelle. Zu den Rußpartikeln aus dem Auspuff sind beim Straßenverkehr zusätzlich der Abrieb der Reifen, Bremsen und Kupplungsbeläge sowie der wieder aufgewirbelte Straßenstaub als sogenannte diffuse Emissionen zu berücksichtigen. Unter den *ortsfesten (stationären) Quellen* sind die Verbrennungsanlagen zur Energieversorgung, Abfallverbrennungsanlagen, Hausbrand, Industrieprozesse (z.B. Metall-, Stahlerzeugung, Sinteranlagen) und Schüttgutumschlag am wichtigsten [5.51]. Maßnahmen gegen Feinstaub/Schwebstaub-Emissionen werden in den nachfolgenden Technologieabschnitten dargestellt, für mobile Quellen in Abschn. 5.3.6, für stationäre Anlagen in Abschn. 5.3.1.

Die ersten Verursacheranalysen zu PM_{10} nach Auswertung von Luftreinhalte- und Aktionsplänen [5.55] zeigen einen hohen Anteil des „Großräumigen Hintergrunds". An zweiter Stelle folgt der Straßenverkehr mit einem hohen Anteil der Emissionen direkt im „hot spot". Auswertungen von Veröffentlichungen aus anderen europäischen Ländern zeigen, dass bei den Maßnahmen auch außerhalb von Deutschland der Kfz-Verkehr im Vordergrund steht. Die vorliegenden verallgemeinerten Abschätzungen des Potenzials von Maßnahmen zur Minderung von Dieselpartikelemissionen verdeutlichen, dass eine einzelne Maßnahme auch unter relativ extremen Annahmen nur ein Potenzial von maximal 10 % bezogen auf den Jahresmittelwert von PM_{10} besitzt. Das größte Potenzial hat unter den gegebenen Voraussetzungen eine Umweltzone. Die Nachrüstung von Partikelfiltern hat bei einem hohen Durchsetzungsgrad ein etwas höheres Potenzial als lokale vollständige Durchfahrtsverbote für LKW [5.56].

In einer weiteren Studie des Umweltbundesamtes [5.57] wurden auf der Basis von Referenzszenarien für die Entwicklung der anthropogenen Staub- und Feinstaubemissionen bis zum Jahr 2020 die Emissionsminderungspotenziale in einzelnen Quellsektoren abgeschätzt. Auf der Ebene der Einzelmaßnahmen liegen die größten Minderungspotenziale im Zeitrahmen 2020 bei Maßnahmen zur Senkung der spezifischen Emissionen bei Holzfeuerungen in Haushalten sowie bei Kohlefeuerungen der Großfeuerungsanlagen.

Mit der Novellierung der 1. BImSchV [5.58], der Verordnung über kleine und mittlere Feuerungsanlagen, wird gegen eine der Hauptquellen der Feinstaubemissionen angegangen. Die Hälfte der Einzelraumfeuerungsanlagen, die zumeist als Zusatzheizung zu den zentralen Öl- und Gasheizungen betrieben werden, ist älter als 20 Jahre und verantwortlich für rund 2/3 der Gesamtstaubfracht. Der Ausbau der energetischen Nutzung von Biomasse kann jedoch nur dann eine breite und umweltpolitisch positive Akzeptanz finden, wenn er unter Einsatz moderner Anlagentechnik erfolgt. Insgesamt sind ca. 4,5 Mio. Einzelraumfeuerungsanlagen von der Nachrüstung mit Staubfiltern bzw. zum Austausch betroffen. Bei Nichteinhaltung bestimmter Emissionsgrenzwerte werden diese Maßnahmen zwischen 2015 und Ende 2024 fällig. Neue Einzelraumfeuerungsanlagen kosten >500 Euro. Eine Filternachrüstung wird ab 2015 zwischen 200 bis 500 Euro kosten. Es wird erwartet, dass mit der neuen 1. BImSchV [5.58] die Feinstaubemissionen aus Kleinfeuerungsanlagen von heute etwa 24.000 Tonnen bis zum Jahr 2025 halbiert werden.

5.2.5 Ausbreitungsmodelle

Aus der Kenntnis der Emissionsverhältnisse kann mit Hilfe von mathematisch-physikalisch-meteorologischen Modellen über die Transmission, d.h. die Ausbreitung, die Immission abgeschätzt werden In Vereinfachung werden die Schadstoffe nach Austritt aus ihrer Quelle mit der herrschenden Luftströmung forttransportiert und auf ihrem Weg zum Immissionsort verdünnt, ausgewaschen oder durch chemische Reaktionen verändert. In der Praxis ergeben sich bei der Immissionsberechnung Unsicherheiten dadurch, dass in die Rechnung eine große Zahl von Parametern eingehen, die teilweise nicht mit der erforderlichen Genauigkeit bekannt sind und außerdem zeitlich oder örtlich stark schwanken.

Die räumlichen Größenordnungen von Ausbreitungsmodellen und Simulationsrechnungen erstrecken sich von der Betrachtung einzelner Emittenten über stadtklimatologische Fragen bis hin zur Untersuchung von ganzen Ballungsräumen und überregionalen Gebieten (Tabelle 5.7).

Tabelle 5.7 Einteilung der Anwendungsbereiche für Ausbreitungsmodelle [5.19]

Anwendungsbereich	Raum-Maßstab	Zeit-Maßstab
Regional bis überregional	50 km bis 200 km	½ Tag bis 1 Woche
Städtisch bis regional	1 km bis 100 km	1 Std. bis 1 Tag
Punktquelle (Kraftwerk)	500 m bis einige km	½ Std. bis einige Stunden
Linienquellen (Kfz-Verkehr - anbaufreie Schnellstraße)	100 m bis einige km	½ Std. bis einige Stunden
Straßenschlucht (Kfz-Verkehr - innerstädtisch)	einige Meter (1 m bis 100 m)	Einige Min. bis 1 Std.

Eine vielpraktizierte Anwendung findet die Ausbreitungsrechnung in der *Kaminhöhenberechnung* im Umkehrschluss gemäß der Technischen Anleitung zur Reinhaltung der Luft: Dort wird mit Hilfe eines Nomogramms aus einer am Einwirkungsort vorgegebenen zulässigen Immissionsgröße und der emissionsseitig benötigten Werte wie Schadstoffmenge, Rauchgasmenge usw. die ausreichende Kaminhöhe berechnet. Die „effektive Schornsteinhöhe" setzt sich aus baulicher Schornsteinhöhe und Schornsteinüberhöhung zusammen. Unter der Schornsteinüberhöhung ist der Abstand zwischen Schornsteinkopf und der mittleren Höhe, in der sich die Staub- bzw. Abgasfahne horizontal unter Windeinfluss bewegt, zu verstehen. Die Schornsteinüberhöhung hängt von der Strömungsgeschwindigkeit und der Temperatur der Abgase sowie von der Windgeschwindigkeit ab. Daraus lässt sich der Ort der maximalen Schadstoffkonzentration in Lee ermitteln [5.31].

Die meisten Modelle, mit denen man die zeitlich gemittelten Konzentrationen der Schadstoffe auf der windabgewandten Seite einer punktförmigen Schadstoffquelle beschreibt, legen eine Normalverteilung (Gaußsche Verteilungskurve) der Schadstoffe zugrunde. Auch wenn diese vereinfachten Modelle in den meisten Fällen nur zu ±50 Prozent verlässlich sind, lässt sich mit ihnen das Schicksal von aus Schornsteinen emittierten Schadstoffen recht gut vorhersagen.

5.3 Luftreinhaltungstechniken

Die Emission von Luftschadstoffen kann sowohl technologisch bedingt sein als auch durch ungeeignete, verschlissene bzw. defekte Anlagenteile hervorgerufen werden. Bei vorhandenen Anlagen und Verfahren müssen die Ursachen für die Entstehung von Emissionen gründlich analysiert werden. In einigen Fällen kann eine Verbesserung der lufthygienischen Verhältnisse erzielt werden, wenn die für einen bestimmten Prozess eingesetzten Rohstoffe verändert werden. Ein typisches Beispiel ist der Einsatz von entschwefeltem Heizöl bzw. Erdgas anstelle schwefelhaltiger Kohle für die Energieerzeugung, wodurch eine erhebliche Senkung der SO_2-Emissionen erreicht wird. Durch den Einsatz von Erdgas werden gleichzeitig die Flugstaubemissionen beseitigt.

5.3.1 Staubemissionen

Unter Staub ist feinteilige, feste Materie zu verstehen, die durch Luftbewegung zur Dispergierung und Ausbreitung gebracht werden kann. Rauch ist eine Dispersion kleinster, fester, noch sichtbarer Stoffe in einem Trägergas und entsteht bei Verbrennungsprozessen. Generell wird feinst verteilte Materie in Luft als „Aerosol" bezeichnet[1]. Das wichtigste Kennzeichen von Rauch, Nebel und Staub ist die geringe Teilchengröße von etwa 100 bis 0,1 µm. Die gröberen Teilchen setzen sich mit der Zeit ab und werden aus der Atemluft durch die Nase und die Bronchien herausfiltriert. Der Feinstaub, unter 2,5-10 µm Durchmesser, dringt aber bis in die Lunge vor (Abschn. 5.2.2). Die Kleinheit der Teilchen bewirkt eine hohe spezifische Oberfläche. Da die Teilchen häufig nadel- und plättchenförmige Formen zeigen oder zerklüftet sind, ist ihre wirksame Oberfläche noch größer.

Stäube werden durch ihre mineralogische (Phasenbestand) und chemische Zusammensetzung, durch Konzentration, Korngrößenverteilung und morphologische Daten charakterisiert. Daneben sind physikalische Kenngrößen vor allem für den Verfahrenstechniker bedeutsam, wie Dichte, Schütt- und Rütteldichte, Rutschwinkel und Böschungswinkel, Verschleißfaktor und spezifische Oberfläche.

Nach der Staubentstehung erfolgt eine Einteilung in *Primärstaub*, der durch Neubildung anfällt, und *Sekundärstaub*, der hauptsächlich durch Wiederaufwirbelung bereits sedimentierten Staubes entsteht. Der Anteil von Sekundärstaub kann in Großstädten und industriellen Ballungsgebieten bis zu 30 % der Gesamtstaubbelastung betragen. Grundoperationen für eine Staubentstehung sind Zerkleinern, Sieben und Sichten, Dispergieren, Granulieren, Sintern, Trocknen, Beschicken,

---

[1] Im angloamerikanischen Sprachgebrauch haben sich bestimmte Begriffe gebildet: Unter *fume* (= Rauch) versteht man feste Schwebeteilchen, die sich aus Dämpfen von Metallen, Salzen oder organischen Stoffen durch *Kondensation* gebildet haben; unter *smoke* (= Rauch) Verbrennungsprodukte. *Nebel* bestehen aus Flüssigkeitströpfchen, nach der Größe wird unterschieden zwischen *fog* (>10 µm) und *mist* (<10 µm); *„dust"* (= Staub) wird im allgemeinen nicht durch Kondensation von Molekülen, sondern durch Zerteilung von grober Materie gebildet. *Smog* ist gebildet aus *smoke* + *fog* [5.59].

Fördern, Mischen, Lagern, Ausbunkern, Reinigen, Verpacken und Transportieren [5.31]. Bei der Erfassung und Lösung von Staubproblemen muss berücksichtigt werden, dass nicht nur anfallende Staubmengen, sondern auch deren toxische Eigenschaften und Korngrößen von Bedeutung sind. Unter dem Aspekt der Toxizität verdienen solche Stoffe wie Quarz, Asbest, Ruß, Blei-, Cadmium- und Vanadium-verbindungen sowie radioaktiver Staub besondere Beachtung.

Verfahren zur Staubabscheidung [5.31]
Die Staubabscheidung - als Phasentrennung fest/gasförmig verstanden – erfolgt in mehreren Stufen unter Ausnutzung unterschiedlicher physikalischer Kräfte (Klassifikation in Tabelle 5.8).

Unter den *Fliehkraftabscheidern* hat der Zyklon, bei dem die Abscheidung der Staubteilchen durch das Zusammenwirken von Zentrifugal- und Schwerkraft erfolgt, die größte praktische Bedeutung erlangt. Der Rohgasstrom tritt tangential in das zylindrische Gehäuse ein und bewegt sich spiralförmig nach unten. Die Staubteilchen werden zur Gehäusewand geschleudert, gleiten von dort in den Kegel und werden durch Schleusen abgezogen. Der Gaswirbel kehrt im konischen Unterteil um und steigt nach oben zum axialen Tauchrohr. Die Grenzkorngröße liegt bei normalen Zyklonen im Bereich von 10 bis 20 µm.

Bei der *Nassabscheidung* werden die Staubteilchen durch Waschen aus dem Rohgas entfernt. Um einen schnellen, intensiven Kontakt des staubbeladenen Gases mit der Waschflüssigkeit – meist Wasser – zu erreichen, müssen große Flüssigkeitsoberflächen erzeugt werden, was mit verschiedenen Verfahren realisiert werden kann:

Tabelle 5.8 Systematik der Staubabscheider. Aus: *Winkler/Worch* [5.31]

	Art des Abscheiders	Abscheide-grad	wirkende Kräfte / Erscheinungen
	Schwerkraft-abscheider	0,4...0,6	Schwerkraft, Sedimentation
	Prallabscheider	0,6...0,8	Trägheitkraft, Pralleffekt, Schwerkraft, Sedimentation
Trocken-abscheidung	Elektro-abscheider	0,9...0,999	Elektrostatische Polarisierung elektrostatische Aufladung
	Fliehkraft-abscheider	0,7...0,95	Fliehkraft, Ausschleudern
	Multizyklon	0,8...0,97	Schwerkraft, Sedimentation
Nass-abscheidung	Filtrations-abscheider	0,9...0,99	Sieb-, Sperr-, Trägheitseffekt, elektrostatische Aufladung
	Nassabscheider	0,9...0,99	Trägheitskraft, Pralleffekt, Diffusion, Kondensation, Aufladung, Gasabkühlung

- Eindüsen der Waschflüssigkeit in das Rohgas;
- rotierende Apparateteile;
- Rohgasführung durch Waschflüssigkeit (Blasenbildung);
- Erzeugung von ausgedehnten Flüssigkeitsfilmen an Apparatewänden und in Füllkörperschichten.

Nassabscheider dienen bei hohem Abscheidegrad vor allem der Entfernung feiner Staubteilchen (kleiner 0,5 μm) aus heißen Abgasen (Abb. 5.3). Brand- und Explosionsgefahren sind gering. Nachteilig wirkt sich jedoch die aufwendige Schlamm- und Abwasserbehandlung aus, die durch den anfallenden Schlamm notwendig wird. Zu den Nassabscheidern mit bewegten Einbauten gehören die Venturi- und Wirbelwäscher. Beim Venturiwäscher strömt das Rohgas durch ein Rohr und wird in dessen konvergenten Teil stark beschleunigt. Hier erfolgt axiale oder radiale Flüssigkeitszuführung. Durch die Turbulenz erfolgt Vermischung von Rohgas und Flüssigkeit. Im Diffusor verringert sich wieder die Geschwindigkeit, und der Schlamm kann sich absetzen.

Filtrationsabscheider werden entsprechend ihrer Abscheideart – an der Oberfläche oder im Filterinnern – in Abreinigungs- und Speicherfilter eingeteilt. Die in Abreinigungsfiltern eingesetzten Materialien bestehen zunehmend aus Faserschichten mit besonderer Oberflächenbehandlung. Wichtige Parameter sind u.a. die Verarbeitungsmöglichkeit zu feinsten Fäden, mechanische und thermische Belastbarkeit, Brennbarkeit, Beständigkeit gegen chemische und biologische Einflüsse, Feuchtigkeitsbeständigkeit und elektrostatische Aufladbarkeit. In einem Schlauchfilter erfolgt der Gaseintritt von unten, wo – bedingt durch die verminderte Strömungsgeschwindigkeit – die gröbsten Staubpartikel zum Teil zurückbleiben und sedimentieren.

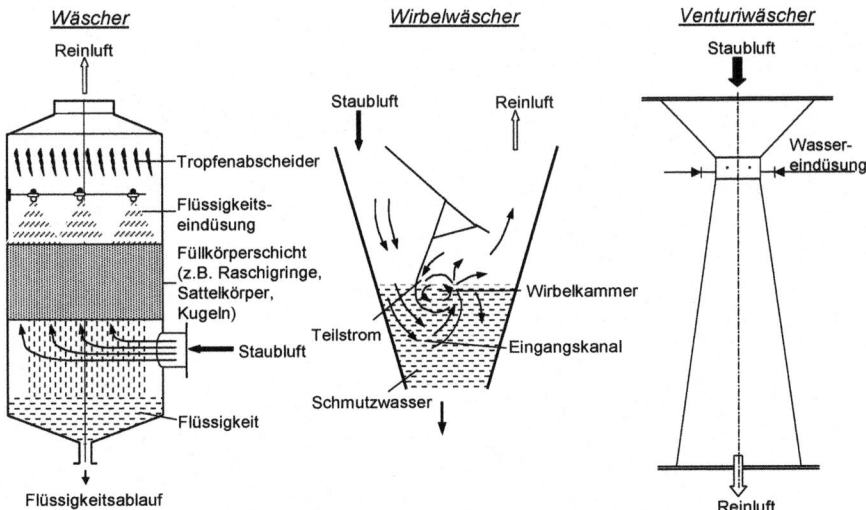

Abb. 5.3 Schematische Darstellungen der gebräuchlichsten Nassabscheidertypen [5.19]

Bei der *Elektroabscheidung* (elektrische Gasreinigung, EGR) wird die in einem elektrischen Feld aufgeladene Teilchen wirkende Kraft genutzt. Da dieses Prinzip auch bei sehr feinen Teilchen wirksam ist, gehören die elektrischen Abscheider zu den Hochleistungsentstaubern mit Abscheidegraden von über 99 %. Sie werden bevorzugt zur Reinigung großer Gasmengen mit hohen Temperaturen eingesetzt und zeichnen sich durch ihren vergleichbar geringen Energiebedarf aus [5.13].

Die Erzeugung von Ladungsträgern erfolgt in einem elektrischen Gleichspannungsfeld von 20 bis 100 kV, das durch die üblicherweise als Kathode geschaltete Sprühelektrode (Draht oder Band) und die geerdete Niederschlagselektrode (Rohrinnenwand oder Platte) gebildet wird (Abb. 5.4). Bei hohen Feldstärken in der „aktiven" Zone um den Sprühdraht werden die vorhandenen freien Elektronen so stark beschleunigt, dass sie ab einer bestimmten Spannung eine Ionisation der Gasmoleküle auslösen. Diese Gasstrahlungserscheinungen werden „Korona" genannt; sie enthält die positiv oder negativ geladenen Gasionen. Elektropositive Moleküle (N_2, H_2) werden in positiv geladene Gasionen und Elektronen aufgespalten, die ihrerseits wieder zur Ionisation beitragen. Durch diese Kettenreaktion kommt es zu einer lawinenartigen Entstehung freier Elektronen, die jedoch auf dem Weg zur Anode von den elektronegativen Molekülen (z.B. O_2, SO_2, CO_2, Cl_2, H_2O) eingefangen werden. Die positiven Gasionen strömen zur Kathode, wo sie beim Aufprall neue Elektronen freisetzen; die negativen Gasionen bewegen sich in Richtung Anode und lagern sich an die im Gas dispergierten Staub- oder Flüssigkeitsteilchen an. Die Strömung der Elektronen, Gasmoleküle und negativ geladenen Teilchen zwischen Kathode und Anode wird als elektrischer Wind bezeichnet und kann Geschwindigkeiten von mehreren Metern pro Sekunde erreichen.

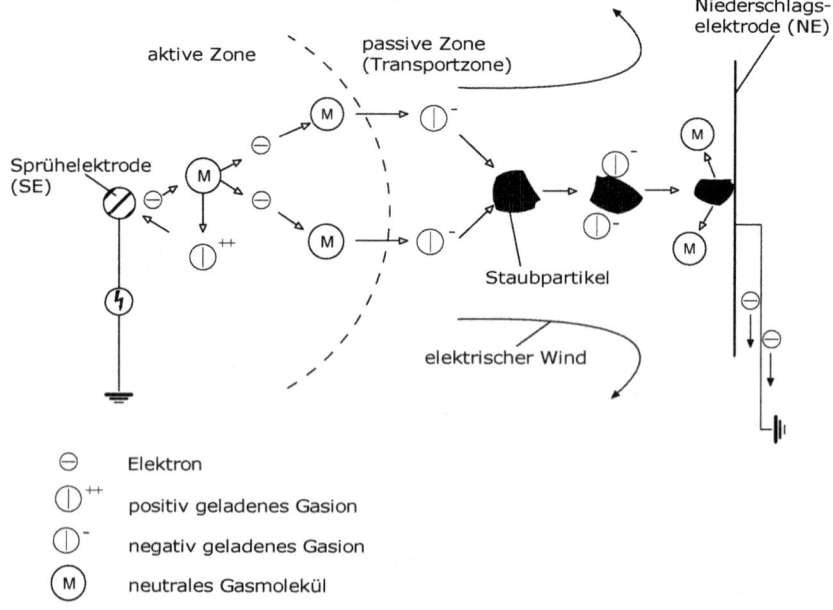

Abb. 5.4 Aufladungsvorgang bei negativer Korona (aus *Fritz/Kern* [5.13])

5.3.2 Verminderung gasförmiger Emissionen [5.31]

Im Vergleich zu Kraftwerken sind die SO_2-Emissionen aus industriellen Quellen gering und entstehen hauptsächlich bei der Beheizung von Reaktoren mit schwefelhaltigen Brennstoffen, bei Röstprozessen in der Bunt- und Schwarzmetallurgie und bei Kohleveredlungsprozessen (Schwelung, Verkokung, Vergasung).

Stickoxide treten bei jeder Verbrennung und bei der Erzeugung sowie bei der Umsetzung von Salpetersäure und Nitraten auf. Ein besonderes Problem stellt der Einsatz von nitrosehaltiger Abfallschwefelsäure in Superphosphatbetrieben dar, wobei bis zu 50 % der Stickoxide freigesetzt und emittiert werden können.

Chlorhaltige Abgase werden vor allem bei der Chloralkalielektrolyse emittiert. Besonders kritisch ist das diskontinuierlich auftretende „Kaminchlor", das bei An- und Abfahrvorgängen oder Störungen kurzzeitig, aber in großen Mengen anfällt. Auch bei der Chlorierung anorganischer und organischer Ausgangsprodukte zu Aluminiumchlorid, Chlorwasserstoff, Waschmittelgrundstoffen, chlorierten Kohlenwasserstoffen, Schädlingsbekämpfungsmitteln u.ä. kann im Abgas bis zu 30 % des eingesetzten Chlors enthalten sein. Nicht unbeträchtliche Mengen von Chlorwasserstoff werden bei der Trocknung von Kalidüngesalzen frei.

Bei der Entfernung gasförmiger Schadstoffe ist ein relativ großes *Konzentrationsspektrum* zu beachten, das die jeweilige Verfahrenstechnik beeinflusst (Abb. 5.5). Reinigungsmechanismen sind die Absorption (Gaswäsche), die Adsorption, die katalytische und thermische Oxidation. Die bei diesen Stofftrennprozessen anfallenden Schadstoffkomponenten werden entweder zurückgewonnen oder durch chemische Reaktion in hygienisch unbedenkliche Stoffe umgewandelt.

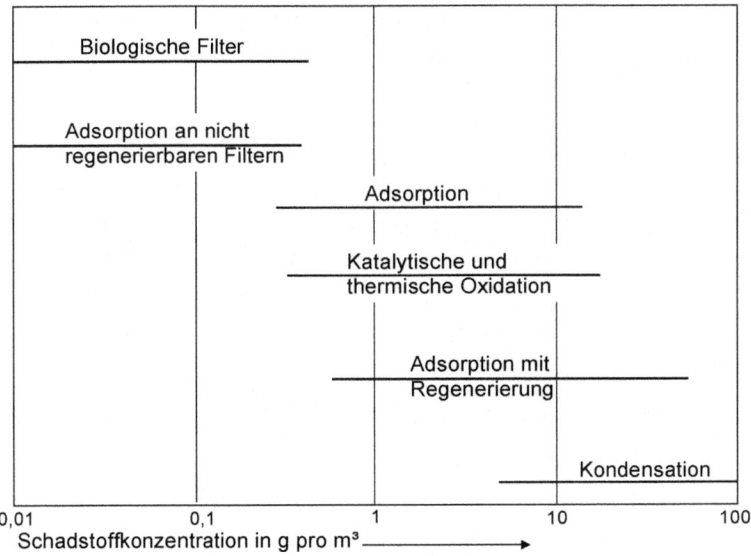

Abb. 5.5 Anwendung der verschiedenen Verfahren zur Verminderung gasförmiger Luftverunreinigungen. Aus: *Winkler/ Worch* [5.31]

Bei *Absorptionsverfahren* kommt der Auswahl eines geeigneten Lösungsmittels besondere Bedeutung zu. Für die Entnahme gasförmiger anorganischer Stoffe wie z.B. Phosgen, Brom-, Chlor-, Cyan-, Fluor- und Schwefelwasserstoff werden wässrige Absorbentien eingesetzt, die alkalische Zusätze enthalten (Natriumhydroxid, Calciumhydroxid, Natriumkarbonat, Ammoniak); für die Absorption von Ammoniak-Dämpfen werden saure Zusätze angewendet. Stickstoffmonoxid wird u.a. mit Zusätzen von Salzen der Ethylendiamintetraessigsäure absorbiert; diese starken Komplexbildner können zu Abwasser- und zu Gewässerproblemen führen, da sie feststoffgebundene Schwermetalle mobilisieren können (Tabelle 5.9).

Die für die Abgasreinigung eingesetzten Apparate lassen sich in Absorber mit und ohne Einbauten einteilen. Absorber ohne Einbauten (z.B. die Sprühwässer, Venturiwäscher und Nasszyklone) sind wenig störanfällig und lassen große Gasdurchsätze bei nur geringem Druckverlust zu. Das Einbringen von Einbauten in die Absorber (z.B. bei Füllkörper- und Bodenkolonnen, Rotationsabsorbern) verbessert den Kontakt zwischen Gas und Flüssigkeit, erhöht jedoch den Druckverlust (Abb. 5.6).

Tabelle 5.9 Beispiele für Absorptiv/Absorbens-Kombinationen [5.60]

Anorganische Absorptive	Absorbentien
Halogenwasserstoffe (HCI, HF, HBr), Schwefeltrioxid	Wasser
Schwefeldioxid	wässrige Lösungen von NaOH, KOH, Ca(OH)$_2$, NH$_3$, Na$_2$CO$_3$, Mg(OH)$_2$, Na$_2$SO$_3$, Na-Acetat, Na-Citrat; wässrige Suspensionen von MgO, CaO, CaCO$_3$
Schwefelwasserstoff, Kohlenoxidsulfid	Methanol, wässrige Lösungen von NaOH, K$_2$CO$_3$, Ethanolamine
Chlor	Natronlauge (pH > 11), Sulfitlauge
Kohlenoxidchlorid	Natronlauge
Ammoniak	Schwefelsäure, Phosphorsäure
Stickstoffdioxid	Wasser, alkalische Lösungen
Stickstoffmonoxid	wässrige Lösungen von KMnO$_4$, wässrige Lösungen von Sulfiten und Fe^{2+}-Komplexsalzen (Komplexbilder z.B. Edta ≡ Ethylen-diamin-tetraacetic-acid)
Organische Absorptive	Absorbentien
Thioalkohole, Thioether	Hypochlorit-Lösung
Organische Säuren, Phenole, Kresole	Laugen
Amine	Säuren
Aldehyde	Ammoniakwasser, Sulfit-Lösungen
Alkohole	KMnO$_4$-Lösung, Hypochlorit-Lösungen, Peroxo-Säuren

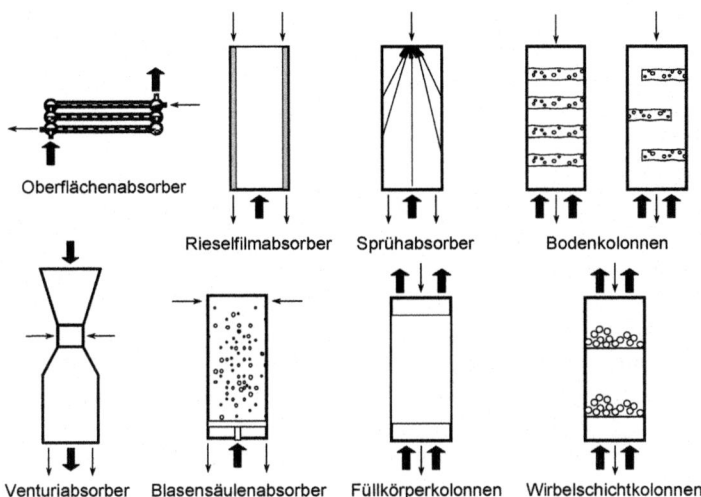

Abb. 5.6 Bauformen von Absorbern. Aus *Fischer et al.* [5.60]

Bei den *Adsorptionsverfahren* werden die abzutrennenden Gaskomponenten (Adsorptive) selektiv an die Oberflächen von Feststoffen (Adsorbentien) gebunden und können in einem anschließenden Regenerationsschritt (Desorption) wieder in die Gasphase überführt werden. Am weitesten verbreitet sind Festbettadsorber, die sich durch geringe Störanfälligkeit und lange Lebensdauer der Adsorberfüllung auszeichnen. Das Fließbettverfahren arbeitet mit bewegtem Adsorbens. Das Adsorbens gleitet nach unten und wird von entgegengeführter Luft beladen. Die gereinigte Abluft verlässt den Adsorber am Kopf. Im unteren Teil der Apparatur erfolgt die Aufheizung des Adsorbats; dadurch wird der adsorbierte Komponente desorbiert und kann abgezogen werden.

Bei der *biologischen Abluftreinigung* [5.61] unterscheidet man die Biowäsche, bei der die Regeneration der Waschflüssigkeit durch biologischen Abbau mit Mikroorganismen erfolgt und den Einsatz von Biofiltern, bei denen die schadstoffhaltige Abluft durch biologisch aktives Material – z.B. Kompost – strömt, sorbiert wird und anschließend von dort angesiedelten Mikroorganismen umgesetzt wird [5.19]. Zur Anwendung der biologischen Abluftreinigung müssen nach [5.60] folgende Voraussetzungen erfüllt sein: (1) wasserlösliche und (2) biologisch abbaubare Abluftinhaltsstoffe; (3) Ablufttemperatur zwischen 5 und 60°C; (4) keine toxischen Stoffe in der Abluft, die (5) feucht sein muss.

Die dritte Gruppe von Gasreinigungsverfahren sind die *thermischen und katalytischen Nachverbrennungs-Verfahren*. Die eingesetzten Katalysatoren müssen sich durch eine hohe Lebensdauer auszeichnen und die Temperaturen sollten nicht über 600°C liegen. Die Anlagen für eine thermische Abgasverbrennung arbeiten normalerweise bei höheren Temperaturen (800 bis 1000°C), die durch Zugabe von Sekundärluft (meist Sauerstoff) zum Abgasstrom erreicht wird. Die katalytischen Verfahren kommen vor allem bei der Entstickung von Abgasen aus Kohlekraftwerken zum Einsatz.

5.3.3 Entschwefelung in Kraftwerken

Die meisten Rauchgasentschwefelungsverfahren basieren auf dem Trennprinzip der Absorption. Folgende Verfahrenstechniken stehen zur Verfügung [5.10]:

Nassabscheideverfahren
- *Kalkwaschverfahren* mit regenerativer Wiederaufheizung und Gebläse; als Endprodukt liefert dieses Verfahren Gips;
- *Ammoniakwäsche* mit Endprodukt Ammoniumsulfat/-nitrat (Walther-Verfahren): Mit Ammoniakwasser (NH_3 + H_2O) wird das SO_2 zu Ammoniumsulfit $(NH_4)_2SO_3$ gebunden; das Ammoniumsulfit wird mit Luft zu Ammoniumsulfat $(NH_4)_2SO_4$ oxidiert und kann als Dünger eingesetzt werden;
- *Sprühabsorptionsverfahren*, primär nur für Kleinanlagen getestet; Endprodukt Calciumsulfit, das durch Oxidation in technisches Anhydrit umgewandelt wird.
- SO_2-Adsorption an *Aktivkohle* (z.B. Bergbauforschung-Uhde-Verfahren).

Halbtrockene Verfahren
Eindüsung von konzentrierter Kalksuspension in den heißen Rohgasstrom. Das Verfahren eignet sich vorzugsweise für die Nachrüstung von kleinen Anlagen, die nicht sehr große jährliche Benutzungszeiten aufweisen.

Trockenadditivverfahren
Zugabe von Kalk und Dolomit zum Brennstoff zur SO_2-Minderung. Dieses Verfahren ist vor allem für Feuerungen mit relativ geringer SO_2-Konzentration im Rauchgas geeignet.

Bei der Großkraftwerksentschwefelung hat sich die Rauchgaswäsche nach Kalkwaschverfahren durchgesetzt.

Eingesetzt werden auch Verfahren, bei denen das Adsorptionsmittel zurückgewonnen werden kann, die sogenannten regenerativen Verfahren. Zu ihnen zählen u.a. das Magnesiumverfahren und das Wellman-Lord-Verfahren [5.8]:
- Das *Magnesiumverfahren* wird zwar bisher in der Bundesrepublik nicht eingesetzt, findet aber in den USA und Japan häufig Anwendung: Schwefeldioxid wird mit einer wässrigen Suspension von Magnesiumhydroxid umgesetzt; das entstandene Magnesiumsulfithydrat $MgSO_3 \cdot 6\,H_2O$ wird thermisch regeneriert, wobei H_2O ausgetrieben und SO_2 und MgO zurückgewonnen werden.
- Bei dem *Wellman-Lord-Verfahren* wird Natriumsulfit Na_2SO_3 als Absorbens eingesetzt. Die alkalische Natriumsulfit-Lösung reagiert mit dem SO_2 des Rohgases zu Natriumhydrogensulfit. Diese Reaktion kann in einem Verdampfer umgekehrt werden; dabei entsteht SO_2-Gas hoher Konzentration (ca. 85 %), das als SO_2-"Reichgas" bezeichnet wird. Es kann je nach Bedarf zu verschiedenen Produkten weiterverarbeitet werden: Entweder durch Umsatz mit Schwefelwasserstoff zu Elementarschwefel, durch Kondensation zu flüssigem SO_2, oder durch weitere Oxidation zu Schwefelsäure.

5.3.4 Minderung von Stickoxiden

Problemstellung

Bei der Festsetzung der Emissionswerte für Stickoxide wurden großtechnische Erfahrungen aus Japan und zum Teil aus den USA herangezogen. Da jedoch die Unterschiede in der Feuerungsart (in der Bundesrepublik dominieren Schmelzkammerfeuerungen, die in Japan nicht eingesetzt werden) und im Betrieb (häufiger Grundlastwechsel im täglichen Kraftwerksbetrieb) unberücksichtigt blieben, wurden für feste Brennstoffe Grenzwerte festgelegt, die bislang weder mit Pilotanlagen noch im großtechnischen Einsatz bei Schmelzkammerfeuerungen erreicht worden sind [5.10]. Als Entstickungstechniken werden sowohl Primärmaßnahmen, die die Entstehung von NO_x vermeiden sollen, als auch Sekundärmaßnahmen, die das bereits entstandene NO_x nachträglich beseitigen, eingesetzt.

Primärmaßnahmen

Durch Primärmaßnahmen lässt sich vor allem die thermische NO-Bildung beeinflussen, teilweise aber auch die Umsetzung des Brennstoff-Stickstoffs; die prompte NO-Bildung hat ohnehin nur eine geringe Bedeutung. Entsprechend den in Abschn. 5.1.3 genannten Entstehungsbedingungen von Stickstoffoxiden in Flammen haben Primärmaßnahmen folgende Ziele [5.19]:

- Verringerung des verfügbaren Sauerstoffs in der Reaktionszone,
- Erniedrigung der Verbrennungstemperaturen,
- gleichmäßige und schnelle Vermischung der Reaktionspartner in den Flammen,
- Verringerung der Verweilzeit bei hohen Temperaturen, und
- Reduktion bereits gebildeter Stickstoffoxide am Flammenende.

Als besonders wirksam hat sich das Prinzip der Stufenverbrennung erwiesen. Dabei wird in der Hauptreduktionszone der Flamme, in der die hohen Temperaturen auftreten, die Luft-/Brennstoffverhältnis auf Werte unter 1 abgesenkt und die Produkte unvollständiger Verbrennung – Kohlenmonoxid, Kohlenwasserstoffe, Ruß – bei niedrigerer Temperatur nachverbrannt. Durch Eindüsung von Sekundärbrennstoff in die Verbrennungsprodukte der Primärflamme kann eine Atmosphäre erzeugt werden, in der bereits gebildetes Stickstoffoxid an Bestandteilen wie NH_3, HCN und CO wieder zu N_2 reduziert wird [5.19]. Bei Kohlenstaubbrenner besteht die Gefahr, dass unverbrannte Kohlepartikel und CO im Abgas auftreten; eine feine Ausmahlung der Kohle kann für einen verbesserten Ausbrand sorgen.

Eine weitere Reduzierung von primären NO-Bildungen lässt sich durch eine Rückführung von Rauchgasen in die Verbrennungsluft des Brenners erreichen. Diese Methode ist besonders bei Feuerungen mit hohen Verbrennungstemperaturen wie Schmelzkammer-, Öl- oder Gasfeuerungen angezeigt ([5.19], Abb. 5.7).

Da mit Primärmaßnahmen vorwiegend das thermische NO verringert werden kann, ergibt sich das größte Minderungspotential bei Anlagen mit niedrigem Brennstoff-Stickstoffoxidanteil, d.h. vor allem bei Erdgasfeuerung. Auch bei Ölfeuerungen sollte es möglich sein, mit optimierten Primärmaßnahmen die geforderten Grenzwerte zu unterschreiten.

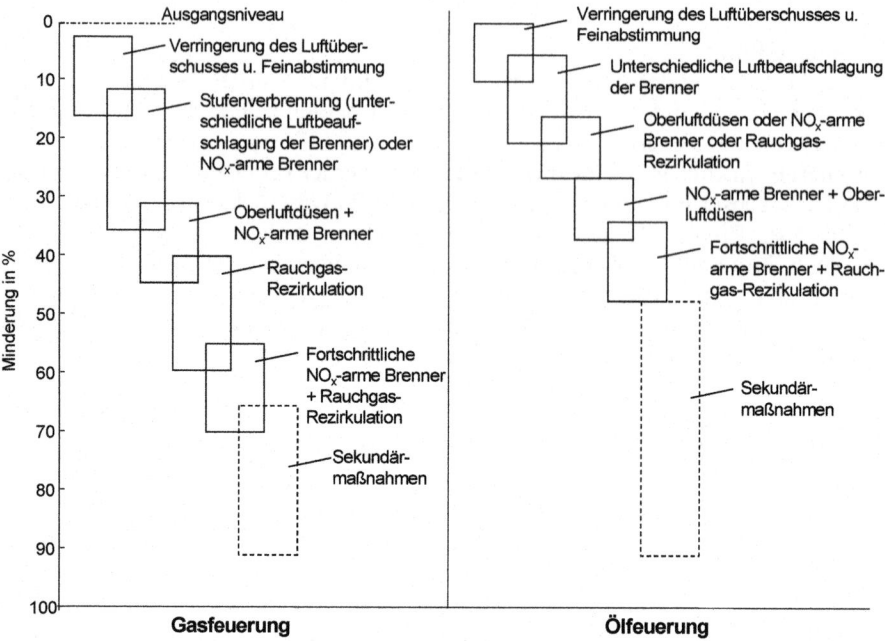

Abb. 5.7 NO$_x$-Minderungspotential der Primärmaßnahmen bei Gas- und Ölfeuerungen (aus *Baumbach* [5.19])

Sekundärmaßnahmen

Bei den Sekundärmaßnahmen zur Entfernung von Stickstoffoxiden aus Abgasen werden grundsätzlich zwei Verfahrensprinzipien angewendet [5.19]:

- *Reduktionsverfahren.* NO wird zu molekularem Stickstoff reduziert, wobei im allgemeinen NH$_3$ als Reduktionsmittel zur Sauerstoffaufnahme eingesetzt wird. Es wird unterschieden zwischen der nichtkatalytischen und der katalytischen Reduktion.
- *Oxidationsverfahren.* NO wird oxidiert, z.B. durch Radikale, die durch Elektronenstrahlen erzeugt werden, oder durch Ozon. Das Oxidationsprodukt NO$_2$ bzw. HNO$_3$ wird i.A. mit Ammoniak (NH$_3$) zu Ammoniumsalzen umgesetzt.

Katalytische Reduktionsverfahren

Bei großen Feuerungsanlagen ist die „selektive katalytische Reduktion" *(SCR = Selective Catalytic Reduction)* das am häufigsten eingesetzte Verfahren zur Verringerung von Stickstoffoxid- Emissionen. Dabei erfolgt eine Trennung des NO$_x$ in der Gasphase durch katalytische Reduktion in Stickstoff und Wasserstoff. Zur Entstickung wird das Rauchgas über Keramik-Festbettkatalysatoren, basierend auf Titanoxid mit Zusätzen von Vanadiumpentoxid, Wolfram u.a. Metallen, geleitet und zur Reduktion Ammoniak hinzugefügt (Abb. 5.8).

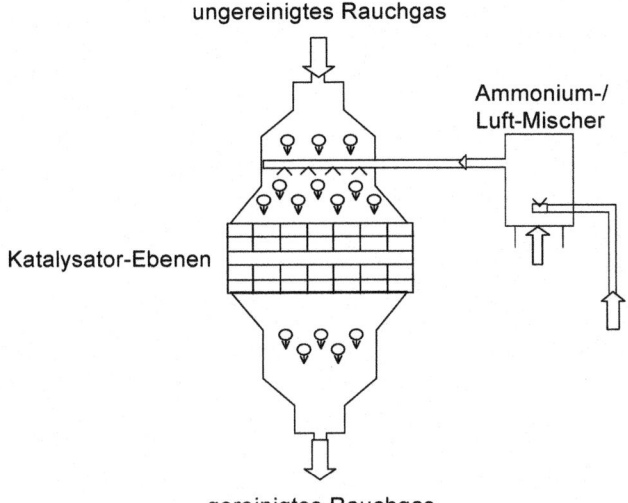

ungereinigtes Rauchgas

Ammonium-/
Luft-Mischer

Katalysator-Ebenen

gereinigtes Rauchgas

Abb. 5.8 Prinzip einer Katalysator-Anlage zur Stickoxid-Minderung (*Seidel* [5.62])

Die *Titandioxid-Katalysatoren* arbeiten optimal im Temperaturbereich um 350°C; bei niedrigeren Temperaturen nimmt die Reduktionsgeschwindigkeit rasch ab, bei höheren Temperaturen steigt die Oxidationsrate von SO_2 zu SO_3 deutlich an, was zu Korrosionsproblemen in nachgeschalteten Anlagenteilen führen kann. Die TiO_2-Katalysatoren haben sich als säurefest erwiesen. Für staubhaltige Abgase aus Kohlefeuerungen muss die Katalysatorform so gewählt werden, dass das Katalysatorbett nicht verstopft und keine Katalysatorerosion auftritt. Dafür haben sich Katalysatoren in Waben-, Platten- und Röhrenform mit unterschiedlichen Strömungsquerschnitten bewährt. Bei den Wabenkatalysatoren werden 36 bis 130 Elemente mit einer Länge von 650 mm und etwa 14 kg Gewicht in Stahlkörben zu Modulen zusammengesetzt; ein ca. 4 mm starker Mineralfilz dichtet sie gegeneinander und gegen die Stahlkonstruktion ab. Bei 130 Elementen beträgt die gesamte Masse 2,68 t [5.12].

Als Katalysatormatrix kommen auch *Zeolithe* in Frage, das sind synthetisierte, auch natürlich vorkommende Alumosilikate mit einer offenen Gerüststruktur. Ihre Eigenschaften lassen sich für bestimmte Funktionen „maßschneidern" [5.63].

Der SCR-Reaktor kann entweder direkt *nach dem Kessel* („high dust system") oder nach der Rauchgasentschwefelungsanlage geschaltet werden. Ein Verfahrensvergleich zeigt, dass die Schaltung auf der Rauchgasseite höhere Katalysatorenkosten sowie aufwendigere Umbauarbeiten erfordert. Demgegenüber führt der Einsatz des SCR-Reaktors *nach der REA* zwar zu kostengünstigeren Katalysatoren (z.B. Pellets mit relativ langer Standzeit), jedoch zu höheren Investitionskosten (Wärmetauscher und Brennstoffe) durch die notwendige Wiederaufheizung. Da zudem bei einer Schaltung nach einer Kalkwäsche die Gefahr der Standzeitverkürzung durch Gipspartikelablagerungen im SCR-Katalysator besteht, wird das High-Dust-System bei großen Blöcken (ab 300 MW_{el}) bevorzugt [5.10].

Schema der Rauchgasreinigung eines Kraftwerks

Abbildung 5.9 (nach Baumbach [5.19]) zeigt schematisch die Reinigungsleistungen in einem modernen Kohlekraftwerk (750 MW$_{el}$). Nach Verlassen des Dampferzeugers gelangen die Rauchgase zuerst in den SCR-Katalysator. Danach findet im Luftvorwärmer eine Abkühlung statt, bevor die Entstaubung im Elektrofilter erfolgt. Zur nassen Rauchgasentschwefelung ist eine weitere Abkühlung der Rauchgase erforderlich. Mit der frei werdenden Wärme werden die gereinigten Rauchgase wieder aufgeheizt, bevor sie dem Kamin zugeleitet werden. Die nasse Rauchgasentschwefelung wirkt als zusätzlicher Entstauber.

In dem vorgestellten Kraftwerk werden stündlich 240 t Kohle verbrannt. Die Behandlung der daraus entstehenden 2,3 Mill. m³ Rauchgas erfordert 0,5 t Ammoniak für den Betrieb der DENOX-Anlage und 9 t Kalkstein (in 105 m³ Wasser) für die Rauchgasentschwefelung. Neben den dort stündlich entstehenden 12 t Gips sind als weitere feste Produkte etwa 4 t Feuerasche und 15 t Flugstaub (aus den Elektrofiltern) zu verwerten.

Für alle Aschearten bestehen vielfältige *Einsatzmöglichkeiten im Baubereich.* Während bei Steinkohlenflugasche und Grobasche die Verwertung in diesem Sektor schon seit Jahren Stand der Technik ist, sind bei anderen Aschen – z.B. Wirbelschicht- und Trocken-Additiv-Aschen – weitere Aktivitäten notwendig, um die Verwertungsquoten zu erhöhen (Abschn. 9.5.3). Für die Verwaltungen, die über einen Einsatz entscheiden, sind eindeutige Vorgaben festzulegen [5.64].

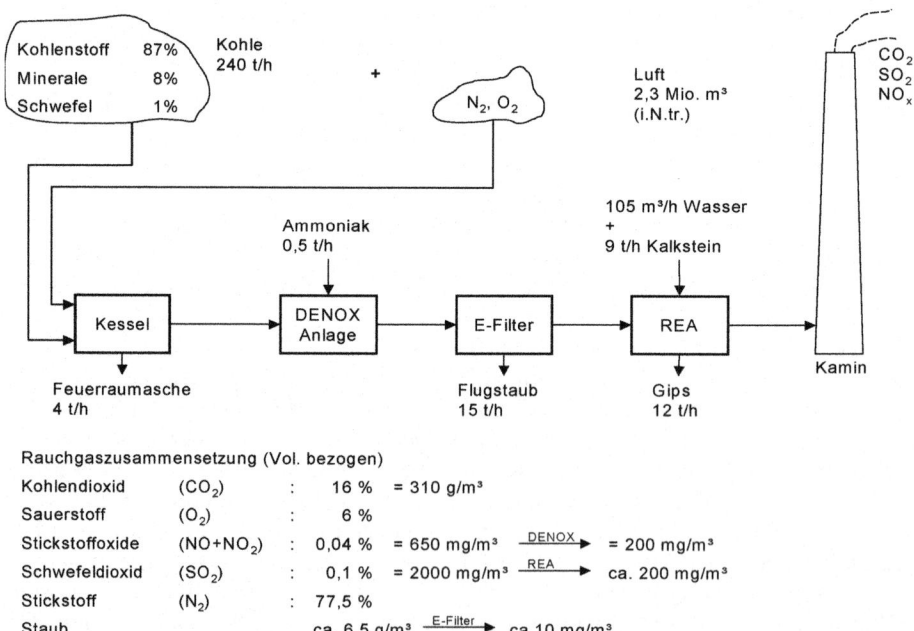

Abb. 5.9 Mengenströme und Rauchgaszusammensetzung eines 700 MW-Kraftwerkblocks (*Baumbach* [5.19])

Studie zur Revision des BVT-Merkblattes „Großfeuerungsanlagen" [5.65]
Im Rahmen eines Forschungsprogramms des Bundesumweltministeriums „Innovative Techniken – Beste Technik in ausgewählten Sektoren" untersuchte das Institut für Energietechnik der Technischen Universität Hamburg den Bereich „Großfeuerungsanlagen" für eine Revision des BVT-Merkblattes (Abschn. 5.2.3). Die Studie an rund 50 deutschen Großkraftwerken konzentrierte sich auf Rauchgasemissionen, differenziert nach Brennstofftypen und Anlagentechnologien.

Die Tabelle 5.10 zeigt 14 Beispiele von steinkohlebefeuerten Großkraftwerken mit ihren Rauchgasdaten; in diesen Anlagen werden eine SCR-DeNO$_x$, E-Filter und eine nasse REA eingesetzt (vgl. Abb. 5.9). Bei deutlichen Schwankungen bleiben die gemessenen Konzentrationswerte insgesamt im zulässigen Rahmen.

Tabelle 5.10 Emissionen mit dem Rauchgas der Anlagengruppe steinkohlebefeuerte Kessel (nach *Kather et al.* [5.65]). FWL in MW$_{th}$ = Feuerungswärmeleistung in Megawatt

FWL in MW$_{th}$	Anlage	NO$_x$ Ø in mg/Nm³	CO Ø in mg/Nm³	Staub Ø in mg/Nm³	SO$_x$ Ø in mg/Nm³	Absch in %	Hg Ø in mg/Nm³
>300-800	134	196,0	16,3	2,9	48,8	97,4	<0,001
	141	78,4	25,2	0,3	51,1	96,1	0,006
	146	178,2	15,6	11,1	107,7	-	0,004
>800-1600	138	141,6	2,3	2,6	132,9	92,0	0,004
	124-1	201,5	8,4	8,3	36,3	97,9	0,004
	139	183,9	0,2	1,3	122,4	93,3	0,004
	123	175,6	10,1	2,6	40,4	-	0,003
>1600	124-2	214,4	9,4	4,2	286,8	83,1	0,003
	122-1	195,2	1,9	0,6	115,3	91,4	0,002
	122-2	196,1	3,1	2,2	123,1	90,5	0,001
	131	168,4	1,9	8,5	99,3	87,7	0,002
	142	182,6	1,0	3,5	116,0	91,7	0,001
	121	187,4	7,6	5,6	87,7	-	0,001
	132	182,6	2,8	4,7	81,2	91,0	-
	Bereich	*78 - 214*	*0 - 25*	*0 – 12*	*36 - 287*		*0 – 0,006*

Vor dem Hintergrund der Zunahme der erneuerbaren Energien an der Stromproduktion sind Großfeuerungsanlagen zukünftig wesentlich flexibler zu betreiben als bisher. Für die Novellierung des BVT-Merkblattes empfiehlt die Studie eine bessere Vergleichbarkeit von Daten, insbesondere in Bezug auf außergewöhnliche Betriebszustände (*Other Than Normal Operating Conditions, OTNOCs*). Sinnvoll erscheint eine weitere Differenzierung der Leistungsklassen oberhalb von 300 MWth, vor allem für stein- und braunkohlebefeuerte Anlagen [5.65].

Gegen die Stimme von Deutschland hat die EU am 28.04.2017 eine Verschärfung der Emissionsstandards für fossil betriebene Großkraftwerke ab 2021 beschlossen; besonders strittig war dabei die Senkung des NO$_x$-Grenzwerts auf 175 mg/Nm³.

5.3.5 Abgasreinigung bei Kraftfahrzeugen

Emissionen aus Kraftfahrzeugen sind eine wichtige Ursache der Luftverschmutzung; in Deutschland beträgt ihr Anteil bei Kohlenmonoxid etwa zwei Drittel, bei den Stickoxiden ungefähr die Hälfte und bei den Kohlenwasserstoffen etwa ein Drittel der jährlichen Gesamtemissionen. Zugenommen haben vor allem die Stickoxid-Emissionen aus dem Verkehrsbereich und diese Emissionen besitzen einen charakteristischen tageszeitlichen Verlauf (Abb. 5.10), der im Zusammenhang mit den Reaktionen der „Smog-Chemie" (Abschn. 5.1.4) zu beachten ist.

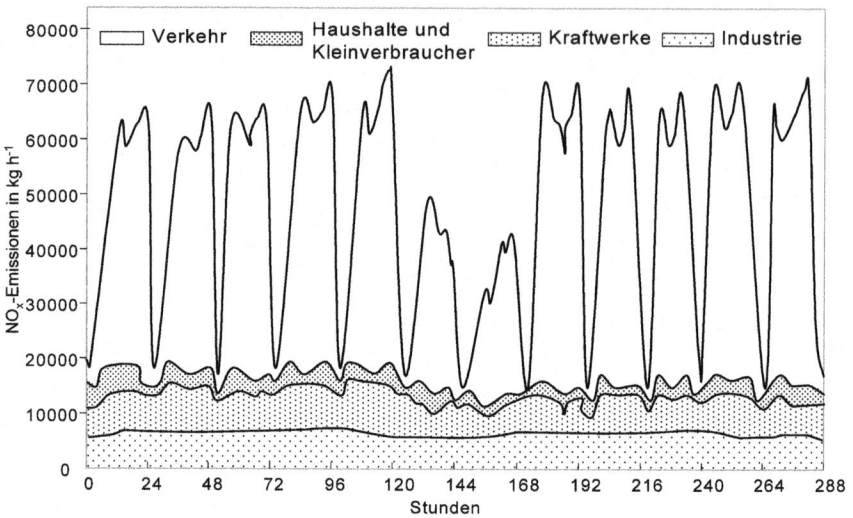

Abb. 5.10 Verlauf der gesamten NO_x-Emissionen in Baden-Württemberg in der Zeit vom 18.-29.3.1988 (nach *Boysen et al.* [5.66] aus *Baumbach* [5.19])

Zur gleichzeitigen Entfernung der *Hauptschadstoffe* NO_x, CO und C_mH_n in dem Abgasen von Kfz-Motoren – die beiden letzteren Produkte einer unvollständigen Verbrennung – sind die folgenden Prozesse zu kombinieren [5.8]: CO kann oxidativ in CO_2 übergeführt werden, und auch die Kohlenwasserstoffe lassen sich oxidieren, wobei bei vollständiger Umsetzung CO_2 und H_2O entstehen; NO_x kann zu N_2 reduziert werden. Es besteht demnach die prozesstechnische Aufgabe, auf relativ engem Raum sowohl Oxidations- als auch Reduktionsreaktionen ablaufen zu lassen. Um diese Reaktionen unter den Betriebsbedingungen eines Motors möglichst effizient durchzuführen, bedarf es spezieller Katalysatoren [5.13].

Die Kraftfahrzeug-*Dreiwegkatalysatoren* bestehen aus Edelmetallen auf wabenförmigen Keramikträgern und enthalten als wichtigste Komponenten Platin und Rhodium im Verhältnis 5:1, wobei Rhodium eine Schlüsselfunktion zukommt. Diese Metalle können Sauerstoff speichern und damit Sauerstoffüberschuss- und -mangelbedingungen kurzzeitig ausgleichen.

Abbildung 5.11 zeigt das Schema der Abgasreinigung mit multifunktionellem Katalysator, dem sogenannten Dreiweg-Katalysator. Er setzt gleichzeitig NO_x, CO und Kohlenwasserstoffe um, kann jedoch seine Funktion nur optimal erfüllen, wenn die Zusammensetzung des Benzin/Luft-Gemisches „geregelt" ist.

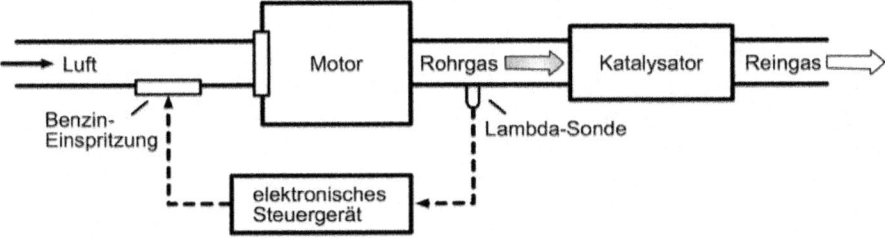

Abb. 5.11 Abgasreinigung mit 3-Wege-Katalysator (nach *Fritz/Kern* [5.13])

Die Oxidationsreaktionen laufen um so vollständiger ab, je sauerstoffreicher das Brennstoffgemisch ist („magere Gemische"); dabei bleibt jedoch für die Stickoxid-Reduktion nicht mehr genügend CO übrig. Auf der anderen Seite werden im sauerstoffarmen („fetten") Bereich nur geringe CO- und Kohlenwasserstoffmengen oxidiert (Abb. 5.12). In einem bestimmten optimalen Bereich ist die Umwandlung der beiden Stoffgruppen etwa gleich groß; dieses enge „Fenster" (das durch das Katalysatormaterial verbreitert wird) steht in Korrelation zu einem bestimmten Sauerstoffgehalt des Abgases. Durch die Messung des Sauerstoffgehaltes über eine Zirkoniumoxid-Sonde („Lambda-Sonde") vor dem Katalysator kann der Sauerstoffgehalt des Kraftstoffgemisches im Einspritzer oder auch Vergaser gesteuert werden („geregelter Katalysator").

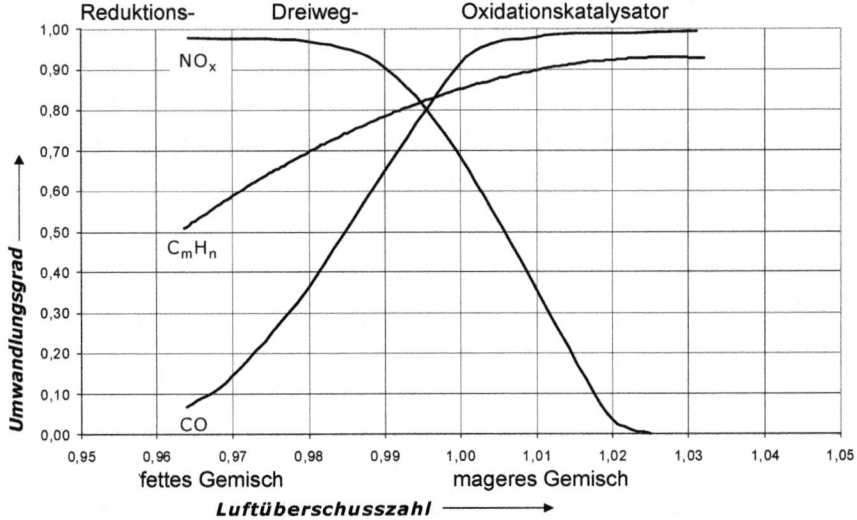

Abb. 5.12 Schadstoffminderung am Katalysator. Aus: *Fritz/Kern* [5.13]

Dieselruß-Filter

Vor dem aktuellen Stickoxid-Problem *(Kasten)* galten die meisten Diskussionen um die Dieselabgase den *Rußpartikeln*, die mit krebserregenden und erbgutverändernden Substanzen, bspw. polycyclischen aromatischen Kohlenwasserstoffverbindungen, belegt sind [5.67]. Ruß entsteht im Dieselmotor bei ungenügender Vermischung und bei hoher Temperatur durch Crack-Prozesse. Die Dieselruß-Filter sammeln und verbrennen die Partikel, wobei mit der Verbrennung – additiv- oder katalyseunterstützt – das Porensystem des Filters regeneriert wird [5.68].

Während die Grenzwerte der Euro-4-Norm z.T. noch mit motorischen Maßnahmen eingehalten werden konnten, wurde klar, dass mit Euro 5 der Einsatz von Partikelfiltern unausweichlich sein würde [5.69]. Der Einbau von Rußpartikelfiltern wurde von 2007 bis 2010 steuerlich gefördert. Aufwändiger Nachrüstsysteme (sog. geschlossene oder geregelte Filter) können die ausgestoßene Partikelmasse um über 98 % reduzieren und sind damit so wirksam wie Partikelfilter.

Der Lkw-Verkehr trägt zwar nur mit knapp 10 % zum gesamten Verkehrsaufkommen bei, verursacht jedoch rund 70 % der Staub-/Rußemissionen. Trotzdem kommen erst mit der Euro VI Verordnung [5.70], die am 1. Januar 2014 in Kraft tritt, wirksame Maßnahmen gegen Ruß-Emissionen von schweren Nutzfahrzeugen in Sicht. Für die Senkung der emittierten Partikelmasse um 66 % wird zwar keine bestimmte Technik vorgeschrieben, doch ging der Gesetzgeber davon aus, dass sich der neue Grenzwert nur mit Diesel-Partikelfilter einhalten lässt [5.71].

Euro 5 und Euro 6

Seit dem 1. Januar 2011 gilt für die Zulassung und den Verkauf von neuen Fahrzeugtypen die Norm Euro 5 [5.72] mit folgenden Regelungen:

Emissionen aus Dieselfahrzeugen:
- Kohlenmonoxid: 500 mg/km;
- Partikel: 5 mg/km (80 % weniger als Euro-4-Norm);
- Stickstoffoxide (NO_x): 180 mg/km (>20 % weniger als Euro-4-Norm);
- Summe der Kohlenwasserstoff- und Stickstoffoxidemissionen: 230 mg/km.

Emissionen aus Fahrzeugen mit Benzin-, Erdgas- oder Flüssiggasbetrieb:
- Kohlenmonoxid: 1000 mg/km;
- Nichtmethankohlenwasserstoffe: 68 mg/km;
- Summe der Kohlenwasserstoffe: 100 mg/km;
- Stickstoffoxide (NO_x): 60 mg/km (25 % weniger als Euro-4-Norm);
- Partikel (nur benzinbetriebene Fahrzeuge mit Magermix-Direkteinspritzung)

Die Norm Euro 6 gilt seit 1. September 2014 für die Typzulassung und seit Januar 2015 für die Zulassung und den Verkauf von neuen Fahrzeugtypen [5.72]. Die Emissionen aus Personenwagen und anderen der Personen- und Güterbeförderung dienenden Fahrzeugen werden auf 80 mg/km begrenzt (d.h. eine Verringerung um 50 % gegenüber der Norm Euro 5). Die Summe der Kohlenwasserstoff- und der Stickstoffoxidemissionen aus Dieselfahrzeugen wird auf 170 mg/km begrenzt.

Mit dem *VW-Abgasskandal* ist das Thema „NO_x-Emissionen im praktischen Fahrbetrieb" unter verschiedenen Aspekten sichtbar geworden *(Kasten)*.

Verordnung (EU) 2016/646; Thema: „NO$_x$ Real Driving Emissions" [5.73]

(3) .... Die Kommission ist zu dem Schluss gekommen, dass die in der Betriebspraxis mit Fahrzeugen des Typs Euro 5/6 tatsächlich entstehenden Emissionen, insbesondere die NO$_x$-Emissionen von Dieselfahrzeugen, die im vorgeschriebenen Neuen Fahrzyklus (*NEFZ*) gemessenen Emissionen erheblich überschreiten.

(4) .... Zwar wurden für Fahrzeuge im Allgemeinen bei den limitierten Schadstoffen durchweg erhebliche Emissionsminderungen erreicht, jedoch nicht bei den NO$_x$-Emissionen aus Dieselmotoren (insbesondere von leichten Nutzfahrzeugen). Daher sind Maßnahmen nötig, um diesen Missstand zu beenden.

(5) „Abschalteinrichtungen" im Sinne von Artikel 3 Absatz 10 der Verordnung (EG) Nr. 715/2007 zur Verringerung der Emissionsminderungsleistun sind verboten. Die jüngsten Ereignisse haben deutlich gemacht, dass die Durchsetzung von Rechtsvorschriften in dieser Hinsicht verstärkt werden muss ....

(7) Die Kommission hat im Januar 2011 eine Arbeitsgruppe eingerichtet, in der alle Interessenträger an der Entwicklung eines Prüfverfahrens zur Messung der Emissionen im praktischen Fahrbetrieb (*real driving emissions* – RDE) mitwirken, das ein realistisches Bild von den im Fahrbetrieb auf der Straße gemessenen Emissionen vermittelt. Dazu wurde nach ausführlichen Fachdiskussionen der in der Verordnung (EG) Nr. 715/2007 angeregte Weg beschritten, nämlich der Einsatz portabler Emissionsmesssysteme (*PEMS*) sowie das Regulierungskonzept verbindlicher Höchstwerte (*NTE*-Grenzwerte).

(10) Damit sich die Hersteller allmählich an die RDE-Vorschriften anpassen können, sollten die endgültigen quantitativen RDE-Anforderungen in zwei aufeinander folgenden Schritten eingeführt werden. In einem ersten Schritt, der vier Jahre nach den verbindlichen Daten für die Anwendung von Euro 6 beginnt, sollte ein *Übereinstimmungsfaktor* von 2,1 gelten. Im 2. Schritt nach weiteren 16 Monaten ist der Emissionsgrenzwert für NO$_x$ von 80 mg/km gemäß der Verordnung (EG) Nr. 715/2007 vollständig einzuhalten (zuzüglich einer PEMS-Marge).

Literatur
zu (3) Verordnung (EG) Nr. 692/2008 [5.74], NEFZ/NEDC [5.75]
zu (4) Toxikologische Studien zu erhöhten NO$_x$-Emissionen (Beispiele [5.76])
zu (5) BMVI-Untersuchungskommission „Volkswagen", Bericht [5.77]
zu (7) RDE [5.78], PEMS [5.79], NTE ("not-to-exceed limits")[5.80]
zu (10) Übereinstimmungsfaktor ("conformity factor")[5.81].

Bei der praktischen Umsetzung der Verordnung kommen neben reinen Softwareupdates auch weitergehende technische Maßnahmen in Betracht (Übersicht [5.82]; Beispiel: http://baumot.twintecbaumot.de/produkte/bnox-scr-system/).

Das Verwaltungsgericht Stuttgart war am 28.07.2017 zu dem Schluss gekommen, dass *Fahrverbote* die einzig effektive Lösung gegen eine gesundheitsschädliche Stickoxidbelastung sind; die Nachrüstung von Dieselfahrzeugen reiche nicht aus und sei nach dem Plan erst 2020 und damit zu spät umzusetzen. Der *Diesel-Gipfel* vom 02.08.2017 war ein typisches Beispiel für „informales Kooperationshandeln" mit Vorteilen im Hinblick auf die Geschwindigkeit und Flexibilität von staatlichen Entscheidungen, aber auch möglicherweise zu milden Umweltstandards [5.83].

5.4 Verkehrslärm

„Lärm ist Schall (Geräusch), der Nachbarn oder Dritte stören (gefährden, erheblich benachteiligen oder erheblich belästigen) kann oder stören würde" (aus der „Technischen Anleitung zum Schutz gegen Lärm" – TA Lärm [5.84]).

Lärm ist kein physikalischer, sondern ein subjektiver Begriff: für die Bewertung von Schall als Lärm sind die Betroffenen maßgebend. Lärm entzieht sich demzufolge objektivierbaren Messverfahren – messbar sind nur die auftretenden Geräusche. Das allgemeine Maß für Geräusche ist die Schallintensität (= Schallleistung pro Fläche). Da das menschliche Gehör zwischen der Hörschwelle und der Schmerzgrenze über eine riesige Spanne zur Wahrnehmung des Schalldrucks verfügt, einigte man sich in der Akustik darauf, "Schalldruckpegel" in einer logarithmisch aufgebauten Skala – in Dezibel (dB) – anzugeben (Abb. 5.13). Daneben werden Geräusche nach ihrem Klangcharakter (Frequenzen) und nach ihrer zeitlichen Dauer unterschieden.

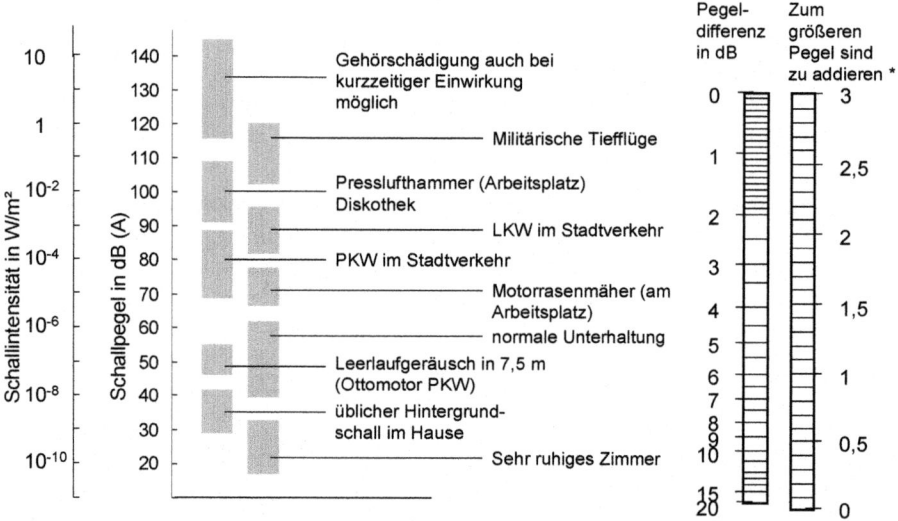

Abb. 5.13 Bereich üblicher Geräusch (links) und Addition von Pegeln[2] (rechts)[5.85]

Geräusche können nicht nur belästigen, die Kommunikation stören, sondern auch durch chronische Beeinträchtigung des Schlafes, der Erholung und der geistigen Arbeit eine Gesundheitsgefährdung darstellen. Die Lärmwirkungsforschung hat eine Reihe von Schwellenwerten erarbeitet und weitgehend abgesichert, bei denen lärmbedingte Veränderungen physiologischer und psychischer Abläufe eintreten.

---

[2] Rechenhilfe für die Addition von Pegeln: Beispiel 1: 64 dB + 64 dB = ?; Differenz = 0 dB; zum größeren Pegel sind zu addieren: 3 dB; also: 64 dB + 64 dB = 67 dB. Beispiel 2: 76 dB + 70 dB = ?; Differenz = 6 dB; zum größeren Pegel sind zu addieren: 1 dB; also 76 dB + 70 dB = 77 dB.

Medizinisch können ferner Gefährdungswerte für gesundheitliche Risiken angegeben werden. Zwischen diesen beiden Bereichen der Schwellen- und Gefährdungswerte erstreckt sich ein Kontinuum immer unzumutbar werdender Belastungen [5.86]. Abbildung 5.14 verdeutlicht das Spannungsfeld, in dem die Beurteilung von Lärmeinwirkungen erfolgen muss; bei der Beurteilung möglicher Gesundheitsbeeinträchtigungen empfiehlt sich die zusätzliche Berücksichtigung des Maximalpegels L_{Amax}dB.

Grundsätzlich ist zwischen auralen und extraauralen, nicht auf das Hörorgan bezogenen Lärmwirkungen zu unterscheiden. In beiden Bereichen sind akute (reversible) und chronische (irreversible) Wirkungen zu beobachten [5.87]. Infolge der Schädigung des Innenohrs (aurale Wirkungen) kann eine Lärmschwerhörigkeit auftreten. Während der zeitweilige Hörverlust auf einer kurzzeitigen Überbeanspruchung der Sinneszellen beruht und sich nach einer entsprechenden Lärmpause zurückbildet, besteht bei einer jahrelangen täglichen Schallbelastung von mehr als 85 dB(A) Mittelungspegel ein zunehmendes Risiko irreversibler Innenohrschädigungen. Die dafür verantwortlichen lang andauernden höheren Schallintensitäten werden beim Straßen- und Schienenverkehr nicht erreicht. Die durch Straßen- und Schienenverkehr verursachten Geräusche können dagegen vegetative und endokrine Reaktionen (extraaurale Wirkungen) hervorrufen. Bei Pegeln über 50 dB(A) nachts ist mit Schlafstörungen zu rechnen, bei Pegeln über 65 dB(A) tags sind erhöhte Risiken z.B. für Herzkreislauferkrankungen zu befürchten [5.88].

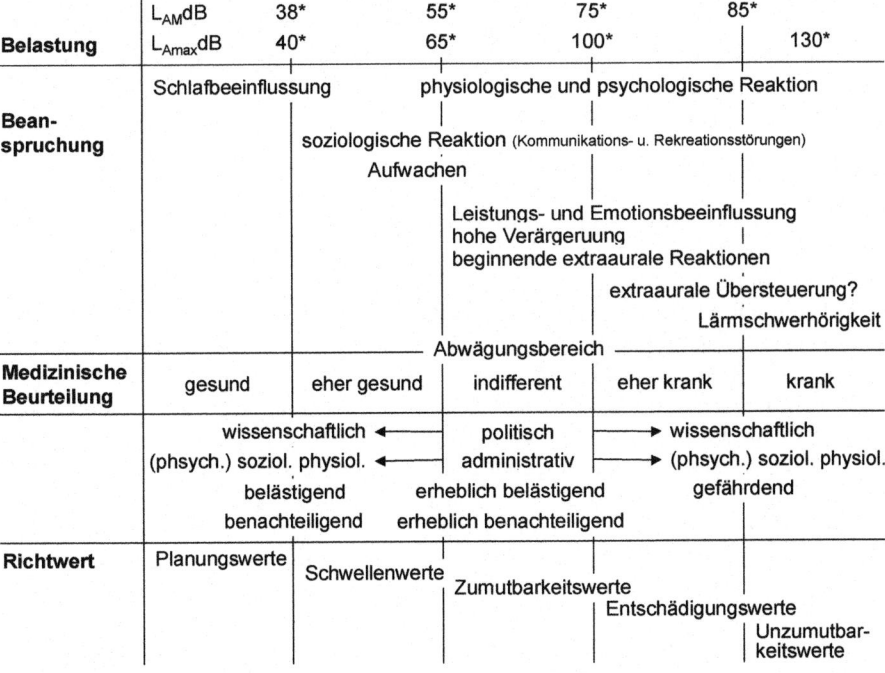

Abb. 5.14 Kriterien zur Lärmbeurteilung (*Anhaltswerte). Aus: *Jansen et al.* [5.87]

Lärmschutz

Der Schutz vor Lärm, der durch Straßen- und Schienenverkehr verursacht wird, ist in der 16. BImSchV [5.89] geregelt, die auch Immissionsgrenzwerte (Tab. 5.11) und Methoden zur Berechnung der Beurteilungspegel enthält. Im Zuge der Umsetzung der Richtlinie 2002/49/EG über die Bewertung und Bekämpfung von Umgebungslärm [5.91] werden nach der 34. BImSchV die Hauptverkehrslinien kartiert und lärmmindernde Maßnahmen geplant und durchgeführt [5.92].

Tabelle 5.11 Lärmschutz-Regelungen im Straßenverkehr [5.89][a], [5.90][b]

Art der zu schützenden Nutzung	Immsionswerte dB(A)			
	Tag[a]	Nacht[a]	Tag[b]	Nacht[b]
Krankenhäuser, Schulen, Kur- und Altenheime	57	47	67	57
reine und allg. Wohn- und Kleinsiedlungsgebiete	59	49	67	57
Kerngebiete, Dorf- und Mischgebiete	64	54	69	59
Gewerbegebiete	69	59	72	62

[a] Lärmvorsorge bei Neubau und wesentlicher Änderung von Straßen (16. BImSchV)
[b] Lärmsanierung an bestehenden Straßen in der Baulast des Bundes („Auslösewerte" für den Verkehrslärmschutz an Bundesstraßen; Bundeshaushaltsplan 2016, siehe [5.90])

Wie beim Schadstoffausstoß von Fahrzeugen (Abschn. 5.3.5) scheinen auch bei der Geräuschemission die Werte der offiziellen Messverfahren erheblich vom tatsächlichen Lärm auf der Straße abzuweichen. Nach einem ARD-Bericht vom 09. August 2017 waren „etliche Fahrzeuge bewusst so konstruiert, dass jenseits des engen Messwert-Fensters bei 50 km/h die Emission um ein Vielfaches lauter wird; denn es gibt dafür keine gesetzlichen Lärm-Grenzen – ähnlich wie bei den so genannten ‚Thermo-Fenstern' bei den Abgasen" [5.93].

Ausblick: Kommunales Verkehrsmanagement – Beispiel Stuttgart

Der Immissionsschutz im Bereich „Nachhaltige Mobilität" wird künftig verstärkt auf der kommunalen Ebene organisiert [5.94]. Maßnahmen werden exemplarisch im Luftreinhalteplan Stuttgart vom Sommer 2017 beschrieben [5.95]; eine Stellungnahme der Stadt für die Europäische Kommission [5.96] hatte Ansätze zur Verkehrsverlagerung von 20 Prozent des Kfz-Verkehrs auf umweltverträgliche Verkehrsmittel benannt: (1) Das bestehende *Parkraummanagement* – dessen Ziel es u.a. ist, den Parksuchverkehr zu verringern – wird auf alle Innenstadtbereiche ausgeweitet; (2) gute Bedingungen für *Fußgänger* („walkability"), gute Aufenthaltsqualität im öffentlichen Raum und kompakte Siedlungsstrukturen; (3) Förderung des *Radverkehrs* in Verbindung mit der steigenden Verbreitung von Pedelecs; (4) vorrangiger Ausbau des *Verkehrssystems Bus*, insbesondere im Innenstadtbereich; dabei können Bus- und Radspuren auf Straßen emissionsarme Fortbewegungsmittel wie den öffentlichen Personennahverkehr (ÖPNV) oder den Fahrradverkehr fördern und beschleunigen; (5) das Maßnahmenpaket *Verkehrssteuerung* zielt vor allem auf die Verstetigung des Verkehrs und die Vermeidung von Durchfahrten durch die Umweltzone.

5.5 Literatur

5.1   Anonym (2003) Immissionen. Lexikon der Geowissenschaften. Spektrum der Wissenschaft, Heidelberg

5.2   Anonym (1977) VDI-Richtlinie 2450 Blatt 1: Messen von Emission, Transmission und Immission luftverunreinigender Stoffe. Begriffe, Definitionen, Erläuterungen. Hrsg. vom Verein Deutscher Ingenieure, Düsseldorf

5.3   Anonym (2007) Nationales Programm zur Verminderung der Ozonkonzentrationen und zur Einhaltung der Emissionshöchstmengen. Programm gemäß § 8 der 33. BImSchV und der Richtlinie 2001/81/EG (NEC RL). UBA-Texte 37/07, 79 S. Umweltbundesamt, Dessau-Rosslau, August 2007.

5.4   Anonym (2016) Luftschadstoff-Emissionen in Deutschland. Emissionsentwicklung 1990-2014. Umweltbundesamt, 03.05.2016

5.5   Anonym (2016) Indikatoren zu Umwelt und Ökonomie. Nr. 13 Schadstoffbelastung der Luft, S. 25. Statistisches Bundesamt, Wiesbaden, Mai 2016..

5.6   Anonym (1996) Richtlinie 96/62/EG des Rates vom 27. September 1996 über die Beurteilung und die Kontrolle der Luftqualität Amtsblatt Nr. L 296 v. 21.11.1996, S. 55-63. (5.6a) Anonym (2001) Richtlinie 2001/81/EG des Europäischen Parlaments und des Rates vom 23. Oktober 2001 über nationale Emissionshöchstmengen für bestimmte Luftschadstoffe. Amtsblatt Nr. L 309 v. 27/11/2001 S. 22-30. (5.6b) Anonym (2004) Richtlinie 2004/107/EG des Europäischen Parlaments und des Rates vom 15. Dezember 2004 über Arsen, Kadmium, Quecksilber, Nickel und polyzyklische aromatische Kohlenwasserstoffe in der Luft (ABl. L 23 vom 26.01.2005, S. 3). (5.6c) Anonym (2008) Richtlinie 2008/50/EG des Europäischen Parlaments und des Rates vom 21. Mai 2008 über Luftqualität und saubere Luft für Europa, ABl. L 152 vom 11.06.2008, S. 1)

5.7   Anonym (2013) Gesetz zum Schutz vor schädlichen Umwelteinwirkungen durch Luftverunreinigungen, Geräusche, Erschütterungen und ähnliche Vorgänge (Bundesimmissionsschutzgesetz – BImSchG). Fassung v. 26.09.2002, BGBl. I, S. 3830. Neubekanntmachung in der ab 02.05.2013 gültigen Fassung vom 17. Mai 2013, BGBl. I S. 1274. Die Berichtigung BGBl. 2013 I S. 3753 des Gesetzes zur Umsetzung der Richtlinie über Industrieemissionen vom 08.04.2013 (BGBl. I S. 734) ist im Text berücksichtigt. (5.7a) Anonym (2010) Neununddreißigste Verordnung zur Durchführung des Bundes-Immissionsschutzgesetzes Verordnung über Luftqualitätsstandards und Emissionshöchstmengen – 39. BImSchV) vom 02. August 2010, BGBl. I S. 1065

5.8   Heintz A, Reinhardt G (1996) Chemie und Umwelt. 4. Auflage, 366 S. Verlag Friedr. Vieweg & Sohn, Braunschweig

5.9   Keppler E (1988) Die Luft in der wir leben. Piper Verlag, München

5.10   Allhorn H, Birnbaum U, Huber W (1984) Kohleverwendung und Umweltschutz. 215 S. Springer-Verlag Berlin

5.11   Anonym (1990) Luftverschmutzung durch Stickoxide – Ursachen, Wirkungen, Minderung. Hrsg. v. Umweltbundesamt Berlin. UBA Berichte 3/90. Erich Schmidt Verlag Berlin

5.12   Kolar J (1990) Stickstoffoxide und Luftreinhaltung. 293 S. Springer-Verlag Berlin

5.13   Fritz W, Kern H (1990) Reinigung von Abgasen. 241 S. Vogel Buchverlag

5.14   Schrod M, Semel J, Steiner R (1985) Chem. Ing. Tech. 57: 717-727. Cit. [5.13]

5.15   Beck D, Heinritz H-J, Worbs M (1988) Mikrobiologische Kohleentschwefelung. Acta Biotech 8(1)87-92

5.16   Riedel E (1990) Anorganische Chemie, 2. Aufl., De Gruyter

5.17   Pankrath J (1983) Großräumiger Transport von Luftverunreinigungen in Europa: Anforderungen an Modelle zur Simulation der Ausbreitung und Deposition von säurebildenden Luftverunreinigungen. VDI-Bericht Nr. 500, S. 43-54. Düsseldorf

5.18   Bruckmann P (1983) Bildung von Säuren und Oxidantien durch Gasphasenreaktionen. VDI-Bericht Nr. 500, S. 21-33. Düsseldorf

5.19   Baumbach G (1994) Luftreinhaltung. 2. Auflage, 461 S. Springer-Verlag Berlin Heidelberg

5.20   Finlayson-Pitts BJ, Pitts JN jr (1986) Atmospheric Chemistry, Fundamentals and Experimental Techniques. John Wiley & Sons New York

5.21   Anonym (2016) Thema Luft: Nasse Deposition saurer und säurebildender Regeninhaltsstoffe. Umweltbundesamt. https://www.umweltbundesamt.de/daten/luftbelastung/nasse-deposition-saurer-saeurebildender (13.05.2017)

5.22   Anonym (2016) Thema Luft: Wirkungen auf die Gesundheit. Umweltbundesamt. https://www.umweltbundesamt.de/themen/luft/wirkungen-von-luftschadstoffen-/wirkungen-auf-die-gesundheit (13.05.2017)

5.23   Lehmann R, Hamm A (1988) Pufferschwache Räume in der Bundesrepublik Deutschland. Die Geowissenschaften 6:242-245

5.24   Porcella DB et al. (1990) Mitigation of acidic conditions in lakes and streams. In: Norton SA, Lindberg SE, Page AL (Eds) Acidic Precipitation. Vol. 4: Soils, Aquatic Processes, and Lake Acidification, pp. 159-186. Springer-Verlag New York

5.25   Wright RF, Lotse E, Semb A (1988) Reversibility of acidification shown by whole-catchment experiments. Nature 334:670-675

5.26   Linkendörfer S, Benecke P (1987) Auswirkungen von sauren Depositionen auf die Grundwasserqualität in bewaldeten Gebieten – eine Literaturstudie im Auftrag des Umweltbundesamtes. UBA-Materialien 4/87. Erich Schmidt Verlag Berlin

5.27   Ulrich B (1983) Soil acidity and its relation to acid deposition. In: Ulrich B, Pankrath J (Eds) Effect of Accumulation of Air Pollutants in Forest Ecosystems, pp. 127-146. Reidel Publ. Co. Dordrecht

5.28   Stern AC et al. (1984) Fundamentals of Air Pollution. Academic Press New York

5.29   Benecke P (1987) Die Versauerung bewaldeter Wassereinzugsgebiete. Geowissenschaften in unserer Zeit 5:19-26

5.30   Lipfert FW (1989) Air pollution and materials damage, in: Hutzinger O (Ed) The Handbook of Environmental Chemistry, Vol. 4B, pp. 114-186. Springer-Verlag, Berlin-Heidelberg

5.31   Winkler F, Worch E (1986) Verfahrenschemie und Umweltschutz – eine Einführung. 195 S. VEB Deutscher Verlag der Wissenschaften, Berlin

5.32   Schmölling J, Kalmbach B (Koordinatoren) (1989) Luftreinhaltung '88, Tendenzen – Probleme – Lösungen. Materialien z. 4. Immissionsschutzbericht der Bundesregierung an den Deutschen Bundestag (Drucksache 11/2714) nach § 61 Bundes-Immissionsschutzgesetz. Hrsg. Umweltbundesamt. Erich Schmidt Verlag Berlin

5.33   Ellis JB, Revitt DM, Harrop DO, Beckwith PR (1987) The contribution of highway surfaces to urban stormwater sediments and metal loadings. Sci Total Environ 59: 339-349

5.34   Krewitt W (2007) Die externen Kosten der Stromerzeugung aus erneuerbaren Energien im Vergleich zur fossilen Stromerzeugung. Z. Umweltchem Ökotox 19 (3), 144-151

5.35   Anonym (2006) EcoSensLE – A simplified online version of the Ecosense model (cit. [5.34]).

5.36   Krewitt W, Schlomann B (2006) Externe Kosten der Stromerzeugung aus erneuerbaren Energien im Vergleich zur Stromerzeugung aus fossilen Energieträgern. Gutachten für das Bundesministerium für Umwelt, Naturschutz und Reaktorsicherheit

5.37   Anonym (2002) Verordnung über immissionsschutz- und abfallrechtliche Überwachungserleichterungen für nach der Verordnung (EG) Nr. 761/2001 registrierte Standorte und Organisationen (EMAS-Privilegierungs-Verordnung – EMASPrivilegV) vom 24. Juni 2002 (BGBl. I S. 2247), die zuletzt durch Artikel 10 der Verordnung vom 28. April 2015 (BGBl. I S. 670) geändert worden ist.

5.38   Anonym (2002) Erste Verwaltungsvorschrift zum Bundes-Immissionsschutzgesetz. Technische Anleitung zur Reinhaltung der Luft (TA Luft) vom 30.07.2002, GMBl. 2002, Heft 25-29, S. 511-605

5.39   Anonym (2011) Maximale Immissions-Werte der VDI-Richtlinien. Internet-Archiv

5.40   Henschler D, Greim H (Hrsg, 2001) MAK- und BAT-Wert-Liste 2001. VCH-Verlag

5.41   Anonym (2013) Gesetz zur Umsetzung der Richtlinie über Industrieemissionen [5.42] vom 8. April 2013. BGBl. I, S. 734-752

5.42   Anonym (2010) Richtlinie 2010/75/EU des Europäischen Parlaments und des Rates vom 24. November 2010 über Industrieemissionen (integrierte Vermeidung und Verminderung der Umweltverschmutzung). Neufassung. Amtsblatt der Europäischen Union L 334/17, 17.12.2010

5.43   Anonym (2008) Richtlinie 2008/1/EG des Europäischen Parlaments und des Rates vom 15. Januar 2008 über die integrierte Vermeidung und Verminderung der Umweltverschmutzung (kodifizierte Fassung. Amtsblatt der Europäischen Union L 24/8, 29.01.2008

5.44   Anonym (2012) Durchführungsbeschluss der Kommission vom 10. Februar 2012 mit Leitlinien für die Erhebung von Daten sowie für die Ausarbeitung der BVT-Merkblätter und die entsprechenden Qualitätssicherungsmaßnahmen gemäß der Richtlinie 2010/75/EU des Europäischen Parlaments und des Rates über Industrieemissionen. Bekanntgegeben unter Aktenzeichen C(2012) 613. Amtsblatt der Europäischen Union L 63/1, 02.03.2012

5.45   Anonym (o.J.) Reference documents under the IPPC Directive and the IED. http://eippcb.jrc.ec.europa.eu/reference/ (13.05.2017)

5.46   Anonym (o.J.) Sevilla-Prozess. Umweltbundesamt. https://www.umweltbundesamt.de/themen/wirtschaft-konsum/beste-verfuegbare-techniken/sevilla-prozess/bvt-download-bereich (13.05.2017)

5.47   Anonym (2016) Verordnung [der Bundesregierung] zur Umsetzung der Richtlinie 2014/99/EU und zur Änderung und Anpassung weiterer immissionsschutzrechtlicher Verordnungen [2. BImSchV, 20. BImSchV, 21. BImSchV, 25. BImSchV, 31. BImSchV]. Drucksache 18/8879 vom 22.06.2016. Deutscher Bundestag, 18. Wahlperiode

5.48   Anonym (2016) Verordnung [der Bundesregierung] zur Umsetzung der Richtlinie 2014/99/EU und zur Änderung und Anpassung weiterer immissionsschutzrechtlicher Verordnungen [5.47]. Drucksache 607/16 vom 13.10.2016, Bundesrat

5.49   Anonym (2013) Dreizehnte Verordnung zur Durchführung des Bundes-Immissions-schutzgesetzes (Verordnung über Großfeuerungs-, Gasturbinen- und Verbren-nungsmotoranlagen – 13. BImSchV) vom 02.05.2013. BGBl. I, S. 1021, 1023

5.50   Anonym (2013) Siebzehnte Verordnung zur Durchführung des Bundes-Immissions-schutzgesetzes (Verordnung über die Verbrennung und Mitverbrennung von Abfäl-len – 17. BImSchV) vom 02.05.2013. BGBl. I S. 1021, 1044, 3754

5.51   Anonym (2005) Hintergrundpapier zum Thema Staub/Feinstaub (PM) Umweltbun-desamt Berlin. 23 S.

5.52   Anonym (2002) Zweiundzwanzigste Verordnung zur Durchführung des Bundes-immissionsschutzgesetzes (Verordnung über Immissionswerte für Schadstoffe in der Luft – 22. BImSchV) vom 11.09.2002, BGBl. I, S. 3626

5.53   Anonym (1999) Richtlinie 1999/30/EG des Rates vom 22. April 1999 über Grenz-werte für Schwefeldioxid, Stickstoffdioxid und Stickstoffoxide, Partikel und Blei in der Luft. Amtsblatt Nr. L 163 vom 29.06.1999, S. 41-60

5.54   Anonym (2004) Dreiunddreißigste Verordnung zur Durchführung des Bundes-immissionsschutzgesetzes (Verordnung zur Verminderung von Sommersmog, Ver-sauerung und Nährstoffeinträgen – 33. BImSchV) v. 13.07.2004, BGBl. I, S. 1612.

5.55   Diegmann V, Pfäfflin F, Wiegand G, Wursthorn H, Dünnebeil F, Helms H, Lam-brecht U (2007) Maßnahmen zur Reduzierung von Feinstaub und Stickstoffdioxid. Forschungsbericht 20442222 UBA-FB 000981. UBA-Texte 22/07. 193 S. Umwelt-bundesamt, Dessau, Juni 2007.

5.56   Diegmann V, Pfäfflin F, Wiegand G, Wursthorn H, Dünnebeil F, Helms H, Lam-brecht U (2006) Verkehrliche Maßnahmen zur Reduzierung von Feinstaub - Mög-lichkeiten und Minderungspotenziale. Studie des IVU Umwelt (Freiburg) und IFEU (Heidelberg) für das Umweltbundesamt Dessau, Juli 2006. 16 S.

5.57   Jörß W, Handke V, Lambrecht U, Dünnebeil F (2007) Emissionen und Maßnah-menanalyse Feinstaub 2000-2020. Forschungsbericht 20442202/2 UBA-FB000965. UBA-Texte 38/07. 67 S. Umweltbundesamt, Dessau, August 2007.

5.58   Anonym (2010) Erste Verordnung zur Durchführung des Bundes-Immissions-schutzgesetzes (Verordnung über kleine und mittlere Feuerungsanlagen – 1. BIm-SchV) vom 26. Januar 2010 (BGBl. I S. 38. Anonym (2009) Hintergrundinforma-tionen des Bundesministerium für Umwelt, Naturschutz und Reaktorsicherheit zur Novelle der 1. BIMSchV, August 2009

5.59   Moll, WLH (1978) Taschenbuch für Umweltschutz. I. Chemische und technologi-sche Informationen. 2. Auflage. UTB 197, Steinkopff Verlag Darmstadt

5.60   Fischer KM, Hübner K, Schulz R (1999). Schadgasabscheidung. In: Görner K, Hübner K (Hrsg.) HÜTTE-Umweltschutztechnik. Kapitel F-41-77. Springer Verlag

5.61   Fischer K et al. (1990) Biologische Abluftreinigung. Kontakt & Studium, Band 212. Expert Verlag, Ehningen

5.62   Seidel J (1986) Rauchgasreinigung in Kohlekraftwerken – 12 Transparente mit Er-läuterungen. Hrsg. Hamburgische Electricitäts-Werke AG, Information Schulen, Hamburg

5.63   Weitkamp J et al. (1986) Formselektive Katalyse in Zeolithen. Chem-Ing Tech 58: 623-632

5.64   Walter G, Gallenkemper B (1996) Verwertung von Steinkohlen- und Braunkohlen-aschen. In: Brauer H (Hrsg.) Handbuch des Umweltschutzes und der Umwelt-schutztechnik. Band 2: Produktions- und produktintegrierter Umweltschutz. Kap. 17, S. 1037-1058. Springer Verlag

5.65   Kather A, Gellert S, Woltersdorf N, Roeder V, Paschke B, Everts B, Distler T, Ka-
        ther P, Klostermann M (2016) Innovative Techniken – Beste verfügbare Technik in
        ausgewählten Sektoren. Teilvorhaben 1: Großfeuerungsanlagen (Revision des
        BVT-Merkblattes ab 2010). UBA Texte 43/2016, 421 S

5.66   Boysen B, Friedrich R, Müller T, Scheirle N, Voß A (1988) Feinmaschiges Katas-
        ter der SO_2- und NO_x-Emissionen in Baden-Württemberg und im Oberrheintal –
        Emissionsuntersuchungen im Rahmen des TULLA-Projektes. Bericht über das 2.
        Status-Kolloquium des PEF, Band 2, S. 481-492. Forschungszentrum Karlsruhe
        (cit. [5.19])

5.67   Salmeen IT, Pero AM, Zator R, Schuetzle D, Riley TL (1984) Ames assay chroma-
        tograms and the identification of mutagens in Diesel particle extracts. Environ Sci
        Technol 18, 375-382

5.68   Reif K (Hrsg. 2010) Dieselmotor-Management im Überblick, einschließlich Abgas-
        technik. Vieweg + Teubner, Wiesbaden, 210 S.

5.69   Anonym (2003) Future Diesel – Abgasgesetzgebung Pkw, leichte Nfz und Lkw.
        Fortschreibung der Grenzwerte bei Dieselfahrzeugen. Umweltbundesamt, Berlin,
        Juli 2003. 70 S.

5.70   Anonym (2009) Verordnung (EG) Nr. 595/2009 des Europäischen Parlaments und
        des Rates vom 18. Juni 2009 über die Typgenehmigung von Kraftfahrzeugen und
        Motoren hinsichtlich der Emissionen von schweren Nutzfahrzeugen (Euro VI) und
        über den Zugang zu Fahrzeugreparatur- und -wartungsinformationen, zur Änderung
        der Verordnung (EG) Nr. 715/2007 und der Richtlinie 2007/46/EG sowie zur Auf-
        hebung der Richtlinien 80/1269/EWG, 2005/55/EG und 20578/EG. Amtsblatt der
        Europäischen Union vom 18.07.2009 L 188

5.71   Anonym (2008) Empfehlung der Ausschüsse zur geplanten Verordnung 595/2009
        [5.70], Drucksache 36/1/08 zur 842. Sitzung des Bundesrates am 14. März 2008

5.72   Anonym (2007) Verordnung (EG) Nr. 715/2007 des Europäischen Parlaments und
        des Rates vom 20. Juni 2007 über die Typgenehmigung von Kraftfahrzeugen hin-
        sichtlich der Emissionen von leichten Personenkraftwagen und Nutzfahrzeugen
        (Euro 5 und Euro 6) und über den Zugang zu Reparatur und Wartungsinformatio-
        nen für Fahrzeuge. Amtsblatt der Europäischen Union L 171, 29.06.2007

5.73   Anonym (2016) Verordnung (EU) 2016/646 der Kommission vom 20. April 2016
        zur Änderung der Verordnung (EG) Nr. 692/2008 hinsichtlich der Emissionen von
        leichten Personenkraftwagen und Nutzfahrzeugen (Euro 6). Amtsblatt der Europäi-
        schen Union L 109, 26.04.2016

5.74   Anonym (2008) Verordnung (EG) Nr. 692/2008 der Kommission vom 18. Juli 2008
        zur Durchführung und Änderung der Verordnung (EG) Nr. 715/2007 [5.72]. Amts-
        blatt der Europäischen Union L 199, 28.07.2008

5.75   Pischinger S, Seiffert U (Hrsg. 2016) Vieweg Handbuch Kraftfahrzeugtechnik.
        Springer-Vieweg

5.76   Oldenkamp R, Van Zelm R, Huijbregts MAJ (2016) Valuing the human health
        damage caused by the fraud of Volkswagen. Environ Pollut 212:121-127; Anenberg
        SC, Miller J, Minjares R, Du L, Henze DK, Lacey F, Malley CS, Emberson L,
        Franco V, Klimont Z, Heyes C (2017) Impacts and mitigation of excess diesel-
        related NO_x emissions in 11 major vehicle markets. Nature 545(7655):467-471

5.77   Anonym (2016) Bericht der Untersuchungskommission "Volkswagen". Bundes-
        ministerium für Verkehr und digitale Infrastruktur, 134 S., April 2016

5.78   Gerstenberg J, Hartlief H, Tafel S (2015) RDE engineering environment on a dynamic engine test bench. ATZ extra 9/2015, 8 S.

5.79   Kousoulidou M, Fonteras G, Ntziachristos L, Bonnel P, Samaras Z, Dilara P (2013) Use of portable emissions measurement system (PEMS) for the development and validation of passenger car emission factors. Atmospheric Environ 64:329-338

5.80   Anonym (2012) Mitteilung der Kommission: CARS 2020 – ein Aktionsplan für eine wettbrwerbsfähige und nachhaltige Automobilindustrie in Europa – COM(2012) 636 final, Drucksache 692/12

5.81   Andrews A, Taddei U (2016) Legality of the Conformity Factors in the RDE tests. ClientEarth, Dec 2016, 16 p. London-Brussels-Warsaw

5.82   Winterhagen J (2017) Ist der Diesel noch zu retten? Frankfurter Allgemeine Zeitung, Nr. 107, Technik und Motor Seite T1, Dienstag, 9. Mai 2017

5.83   Kloepfer M (2017) Dieselgipfel ohne Rechtsschutz. Die Erklärungen der Teilnehmer sind juristisch nicht durchsetzbar. Frankfurter Allgemeine Zeitung, Nr. 183 vom 9. August 2017, Seite 16

5.84   Anonym (1968/1998) Technische Anleitung zum Schutz gegen Lärm (Sechste Allgemeine Verwaltungsvorschrift zum Bundesimmissionsschutzgesetz nach § 48 BImSchG) vom 16. Juli 1968. Fassung vom 26. August 1998, BMBl. 1998 S. 503

5.85   Anonym (1988) Lärmbekämpfung '88 – Tendenzen, Probleme, Lösungen. Materialien zum Vierten Immissionsschutzbericht der Bundesregierung an den Deutschen Bundestag (Drucksache 11/2714) nach § 61 Bundesimmissionsschutzgesetz

5.86   Jansen G, Jansen P, Pütz M, Scherer-Leydecker C (2002) Immissionsschutzrecht – Lärmschutz. In: Görner K, Hübner K (Hrsg) Gasreinigung und Luftreinhaltung, Abschn. B.2.3. Springer-Verlag

5.87   Jansen G (2002) Lärmwirkungen. In: Görner K, Hübner K (Hrsg) Gasreinigung und Luftreinhaltung. Abschn. D.6. Springer-Verlag

5.88   Anonym (2000): Lärm. Aus: Daten zur Umwelt 2000. S. 321-329. Umweltbundesamt. Erich Schmidt Verlag Berlin

5.89   Anonym:(2014) Sechzehnte Verordnung zur Durchführung des Bundes-Immissionsschutzgesetzes (Verkehrslärmschutzverordnung – 16. BImSchV) vom 12. Juni 1990, geändert durch Art. 1 der Verordnung vom 18. Dez. 2014 (BGBl. I. S.2269)

5.90   Anonym (2017) Lärmvorsorge und Lärmsanierung an Bundesfernstraßen. BMVI. https://www.bmvi.de/SharedDocs/DE/Artikel/StB/laermschutz.html

5.91   Anonym (2002) Richtlinie 2002/49/EG des Europäischen Parlaments und des Rates vom 25. Juni 2002 über die Bewertung und Bekämpfung von Umgebungslärm. Amtsblatt Nr. L 189, S. 12-25 v. 18.07.2002

5.92   Anonym (2015) Verordnung über die Lärmkartierung, 34. BImSchV vom 6. März 2006, zuletzt geändert durch Art. 84 der VO v. 31. August 2015 (BGBl. I S. 1474)

5.93   Anonym (2017) Lärm-Grenzwerte bilden nicht die Realität ab. http://www.das-erste.de/information/wirtschaft-boerse/plusminus/sendung/sendung-vom-09-08-2017-verkehrslaerm100.html

5.94   Fischedick M, Grunwald A (Hrsg. 2017) Pfadabhängigkeiten in der Energiewende: Das Beispiel Mobilität. 64 S. Schriftenreihe Energiesysteme der Zukunft

5.95   Anonym (2017) Anhörung zur 3. Fortschreibung des Luftreinhalteplans Stuttgart. Beschlussvorlage vom 18.05.2017. Landeshauptstadt Stuttgart, OB 1515-01

5.96   Anonym (2015) Konzept Luftreinhaltung für die Landeshauptstadt Stuttgart. Konkretisierende Stellungnahme für die Europäische Kommission. Ministerium für Verkehr und Infrastruktur Baden-Württemberg. Stuttgart, den 27.07.2015, 14 S.

6 Abwasser

Die Siedlungswasserwirtschaft trägt Verantwortung für die Ausgestaltung des urbanen Wasserkreislaufs. Neben der Trinkwasserbereitstellung gehören dazu die schadlose Sammlung, Ableitung und Reinigung von Abwässern. Die Kanalisationen prägen die urbane Hydrologie, indem dort die Abwässer gesammelt und abgeführt werden. Ergänzt werden die Systeme durch Sonderbauwerke, Entlastungs- und Regenwasserversickerungseinrichtungen. Die gesammelten Abwässer werden Kläranlagen zugeführt, wo sie gereinigt werden. Anschließend werden sie dem natürlichen Wasserhaushalt wieder übergegen.

Die Stadtentwässerung hat zwei zentrale Aufgaben. Zum einen die „Entwässerung" eines Gebietes, das heißt sie hält das Siedlungsgebiet „trocken". Sie ist so dimensioniert, dass die Siedlungsgebiete bis zum Erreichen festgelegter Belastungsspitzen vor Überflutungen geschützt sind. Zum anderen leistet sie mit Blick auf die Zusammensetzung der Abwässer einen sehr wichtigen Beitrag zur Aufrechterhaltung der Stadthygiene. Die Reinigung der gesammelten Abwässer ist ein essentieller Beitrag zur Emissionsminderung aus Punktquellen und somit zum Schutz der aquatischen Umwelt.

Dieses Kapitel widmet sich dem Thema Abwasser und seiner Einordnung in den urbanen sowie natürlichen Wasserkreislauf. Im Einzelnen werden die folgenden Aspekte behandelt. Abschn. 6.1 stellt den urbanen Wasserkreislauf vor und steckt das Handlungsfeld für die Abwasserentsorgung ab. Hierzu zählen ausdrücklich auch die dieses Aufgabengebiet betreffenden rechtlichen Rahmenbedingungen und die darin enthaltenen emissions- und immissionsseitigen Anforderungen. In Abschn. 6.2 werden Abwässer und ihre Zusammensetzung vorgestellt. Daran anknüpfend werden in Abschn. 6.3 die Grundlagen der Stadtentwässerung eingeführt, indem ein breiter Überblick über die Stadtentwässerung und Regenwasserwirtschaft gegeben wird und zusätzlich Ausführungsformen von Kanalisationen, Sonderbauwerken, Rohrquerschnitten und eingesetzte Materialien ausführlich vorgestellt werden. In Abschn. 6.4 werden die Verfahren der Abwasserreinigung näher erläutert und dies mit besonderer Schwerpunktsetzung auf die Behandlung kommunaler Abwässer. Dabei wird beleuchtet, welche Aufgaben bei der Abwasserreinigung zu erfüllen sind und wie diese technisch umgesetzt werden. Der Abschn. 6.5 widmet sich der Entsorgung von Reststoffen. In diesem Kapitel werden zusätzlich die Zukunft betreffende Herausforderungen angesprochen. Dies umfasst insbesondere Fragen des Stoffstrommanagements einschließlich der Möglichkeiten der Stoffrückgewinnung und des Umgangs mit den „neuen Schadstoffen" wie Arzneimittelrückstände und Industriechemikalien.

© Springer-Verlag Berlin Heidelberg 2018
U. Förstner, S. Köster, *Umweltschutztechnik*, https://doi.org/10.1007/978-3-662-55163-9_6

6.1 Der urbane Wasserkreislauf

6.1.1 Elemente des urbanen Wasserkreislaufs

Für den urbanen Wasserkreislauf, dessen Zusammenhänge in Abb. 6.1 dargestellt sind, wird der aquatischen Umwelt Wasser entnommen, um es zu Trinkwasser aufzubereiten. In Deutschland liegt der durchschnittliche Trinkwasserverbrauch derzeit bei 122 Litern pro Einwohner und Tag (Kap. 7). Durch den Konsum wird das Trinkwasser zu Abwasser. Das heißt, dass in der Größenordnung des Trinkwasserverbrauchs auch häusliches Abwasser anfällt. 80 Millionen Menschen erzeugen somit in Deutschland am Tag rund knapp 10 Millionen Kubikmeter häusliches Abwasser. Dazu kommen weitere Abwasserarten wie Niederschlagswasser und Abwässer aus dem industriell-gewerblichen Bereich. Alle Abwässer werden gesammelt, schadlos abgeführt und anschließend gereinigt.

Städte unterscheiden sich erheblich von ländlichen beziehungsweise gering besiedelten Gebieten. In Städten trifft man auf viele versiegelte Flächen und eine sehr dichte Bebauung, sodass in einem hohen Maß Wärme gespeichert wird. Im Vergleich zu ländlichen Gebieten zirkuliert in Städten weniger Wind, die Luftfeuchtigkeit ist deutlich geringer und es liegt nur wenig Vegetation vor. Daraus resultiert der so genannte städtische Wärmeinseleffekt (*Urban Heat Island Effect*), der zum Ausdruck bringt, dass in Städten höhere Temperaturen vorliegen als im Umland. Dieser Unterschied ist im Sommer und Winter besonders ausgeprägt. Der konkrete Nachweis, welche detaillierten Auswirkungen das Stadtklima auf das Niederschlagsgeschehen hat, ist schwierig zu führen. Dennoch lassen sich offensichtliche Effekte des spezifischen Stadtklimas auf die städtischen Niederschläge ableiten. So wurde bereits lange zurückliegend für städtische Gebiete der Zusammenhang zwischen der emissionsbedingten höheren Konzentration an Kondensationskernen und der dort auftretenden Erhöhung der mittleren Niederschlagshöhe dokumentiert. Gleiches gilt für die Häufigkeit und Dauer von Starkregen und Gewitterereignissen [6.1]. Somit kann die Luftverunreinigung konkret Einfluss auf die Regenmenge und -dauer in urbanen Gebieten nehmen. Darüber hinaus ist bedeutsam, dass „im Kerngebiet der Städte in der Regel 70 bis 90 % der vorhandenen Fläche bebaut, asphaltiert oder anderweitig verfestigt sind, sodass sich stadthydrologisch bemerkbar macht, dass Städte einen hohen Anteil an abflusswirksamen Flächen aufweisen" [6.2].

Angesichts aktueller urbaner Trends und mit Blick auf die eine nachhaltige Entwicklung beschreibenden Indikatoren und Kennzahlen (bspw. Flächeninanspruchnahme, Verkehrsentwicklung und Energieverbrauch) wird deutlich, dass Städte heutiger Prägung nicht nachhaltig sind. Es bedarf daher noch erheblicher Anstrengungen, um hier eine Entwicklung in Richtung Nachhaltigkeit anzustoßen. Der Anspruch an Städte, nachhaltig(er) zu sein, lässt sich vertreten, wenn man sich vergegenwärtigt, dass Städte besonders empfindlich gegenüber Effekten einer nicht nachhaltigen Entwicklung sind. So sind Städte besonders betroffen und vulnerabel hinsichtlich klimatischer aber auch demografischer Veränderungen. Vielerorts stehen große starre unterirdische Infrastrukturen gegen teils sich

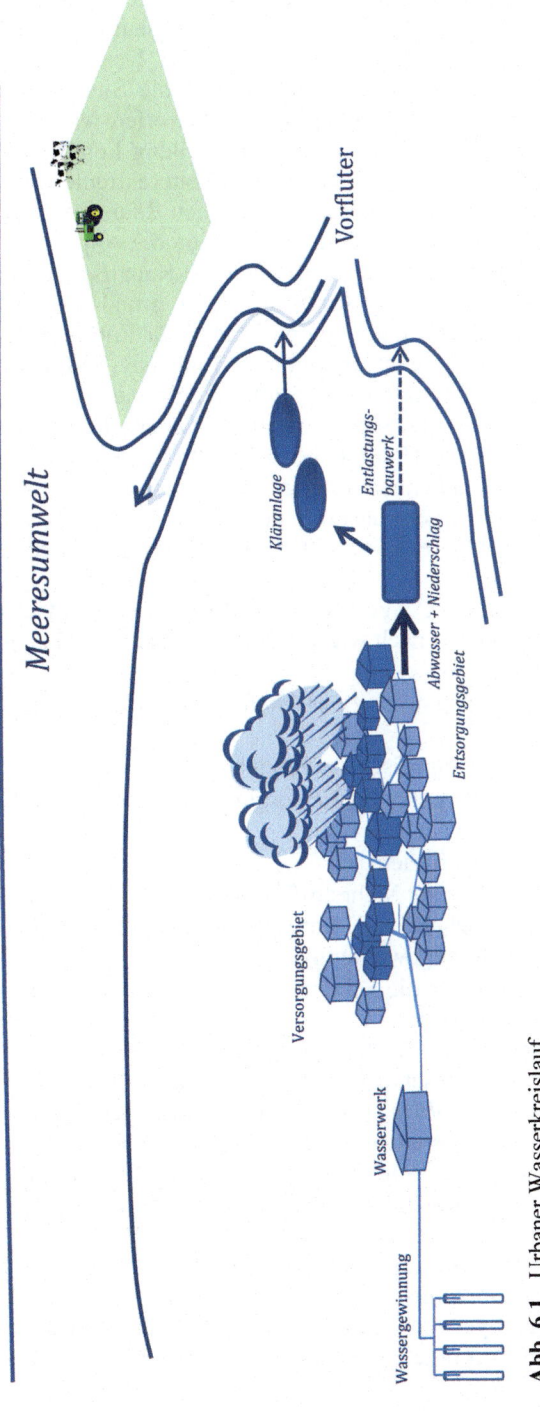

Abb. 6.1 Urbaner Wasserkreislauf

hochdynamisch entwickelnde Städte. Städte sehen sich klimatischen Entwicklung gegenüber, die jedoch nur unter erheblichen Prognoseunsicherheiten beschrieben und in Planungsprozessen antizipiert werden können. Dennoch gilt es unterdessen als gesicherte Erkenntnis, dass der Klimawandel die Siedlungswasserwirtschaft und in besonderem Maße die Stadthydrologie betreffen wird. Dies führt zu der Schlussfolgerung, dass der Klimawandel im Siedlungskontext ein Wasserthema von erheblicher Relevanz ist. Besonders die Wetterextreme haben unmittelbare wasserwirtschaftliche Bedeutung für die städtischen Räume. So stehen die Kanalisationen häufig im zentralen Blickfeld, wenn es um die Anpassung an den Klimawandel geht. Durch Starkregenereignisse kann die Kanalisation hydraulisch überlastet werden. Eine Überlastung des Systems ist grundsätzlich zulässig, wenn integrierte Regenüberlaufvorrichtungen planmäßig für Entlastung sorgen. Sind jedoch die Starkregenereignisse außergewöhnlich intensiv, sodass die gesamte Entwässerungsinfrastruktur überlastet und folglich nicht mehr funktional ist, können lokale Überflutungen ausgelöst werden. Sollten Wetterextreme wie außergewöhnlich intensive Starkregen in Häufigkeit tatsächlich zunehmen, sind auch die Bemessungsvorgaben für Stadtentwässerungssysteme zu überprüfen. Die zurzeit verfolgte Strategie ist jedoch, verschärfte Lagen an der Oberfläche zu lösen und dort vergrößerte Retentionsräume zu schaffen, beispielsweise durch die Einrichtung multifunktionaler Flächen.

Ein Blick auf die aktuelle Agenda der Siedlungswasserwirtschaft führt im urbanen Kontext zu folgenden nach wie vor gültigen Nachhaltigkeits- und Zukunftsthemen, vgl. auch [6.3, 6.4]:

- Anpassung der siedlungswasserwirtschaftlichen Infrastruktur an den Klimawandel;
- Anpassung an den demografischen Wandel;
- Integration dezentraler Ver- und Entsorgungskonzepte (in städtischen Randlagen);
- Steigerung der Energieeffizienz;
- Nutzung des Abwassers als Mehrstoffressource im Kontext einer weiter entwickelten Kreislaufwirtschaft (z. B. Entwicklung und Umsetzung technischer Lösungen zur Nährstoffrückgewinnung)
- Technische Lösungen für die Elimination „neuer" Schadstoffe wie Arzneimittelrückstände im Abwasser;

Was lässt sich nun aus dieser Auflistung herauslesen? Resümierend lässt sich festhalten, dass die urbane Wasserwirtschaft als wichtiges Element der Kreislaufwirtschaft effizienter und flexibler werden muss, dabei zeitgleich aber auch neue Stoffproblematiken adressieren und technisch lösen können muss. Insbesondere die vielfach geforderte Flexibilisierung und die damit auch verbundene Abkehr von den sehr starren und beständigen wasserwirtschaftlichen Infrastrukturen dürfte die wohl am schwersten zu erfüllende Aufgabe sein. Bieker und Frommer kommen zu dem Schluss, dass „die bisherige Annahme, dass zentrale Systeme bei mittleren bis hohen Siedlungsdichten technische und ökonomische Vorteile gegenüber dezentralen Systemen haben, vor dem Hintergrund der erforderlichen Anpassungsfähigkeit in Frage gestellt werden muss" [6.5]. Konkrete Hoffnungen werden auch in die Potentiale gesetzt, die sich im Zuge der Weiterentwicklung und Umsetzung des Smart City Konzeptes ergeben. Mit der Idee einer Smart City verbindet man den sehr technik- bzw. wissensorientierten Ansatz, „alle Funktionen einer baulichen bzw. urbanen Struktur durch *smart grids*, intelligente Netze, miteinander zu vernetzen, um höchstmögliche Effizienz zu erzielen" [6.6].

Zu erwähnen ist ferner der Ansatz der „Wassersensitiven Stadtentwicklung". Er umfasst vorrangig an der städtischen Oberfläche umzusetzende Maßnahmen, um auf diesem Weg unter Umständen vorhandene und durch den Klimawandel verschärfte Defizite existierender Entwässerungssysteme auszugleichen. Derartige mit der Stadtplanung eng verbundene Entwicklungsstrategien berücksichtigen ergänzend, dass zukunftsorientierte städtische Konzepte und Wohnformen zu veränderten Wasserverbräuchen, Versorgungstopografien und -strecken führen werden. Die Aufgaben der Siedlungswasserwirtschaft werden sich demnach in Zukunft nicht mehr allein auf die Wasserver- und Abwasserentsorgung beziehen. Vielmehr werden weitere Ansprüche formuliert werden, wie beispielsweise die Bereitstellung zusätzlichen Wassers für die Bewässerung städtischen Grüns, für eine weitergehende hydraulische Freiraumvernetzung zur Verbesserung des Stadtklimas einschließlich der Nutzung von Wasser als Gestaltungselement zur Schaffung ästhetischer und ggf. multifunktionaler Erlebnisräume.

Für die Zukunft wird maßgeblich sein, die Folgen des Klimawandels zu bewältigen und insbesondere angepasste Lösungen für die städtische Überflutungsvorsorge zu implementieren. Damit verbundene Maßnahmen wie die Reduktion der Flächenversiegelung, die Schaffung neuer Retentionsräume sowie erweiterte Umsetzungen einer dezentralen naturnahen Regenwasserbewirtschaftung können wichtige Impulse für eine nachhaltige Stadt- bzw. Quartiersentwicklung sein. Ferner sind urbane Trends zu antizipieren und hinsichtlich ihrer Bedeutung für die Siedlungswasserwirtschaft abzuschätzen. Zu nennen sind hier *vertical greening*, *urban gardening* oder auch *urban agriculture*. Derartige Trends können durchaus Veränderungen hinsichtlich des städtischen Wasserbedarfs nach sich ziehen. Je nach lokalem Wasserdargebot gewinnen Optionen des *rainwater harvesting*, der Abwasserwiedernutzung oder stoffstromorientierte dezentrale Abwasserentsorgungslösungen ebenfalls an Bedeutung.

Angesichts der hier aufgeworfenen Fragen und skizzierten Aufgaben der Siedlungswasserwirtschaft ist zu empfehlen, dass eine enge beziehungsweise intensivere Kooperation zwischen Siedlungswasserwirtschaft und Stadtplanung etabliert wird, die es gestattet, zunehmend wasserorientierte Stadtentwicklungskonzepte umzusetzen. Wie letzteres aussehen kann, wird seit dem Jahr 2015 in China mit dem dort landesweit verfolgten Entwicklungsziel der Schwammstadt (*Sponge Cities*) aufgezeigt.

6.1.2 Rechtliche Rahmenbedingungen

Die rechtlichen Regelungen machen normative Vorgaben, die technisch und betrieblich umzusetzen sind. Neben allgemeinen Grundsätzen und ordnungsgebenden Vorgaben zur Ausgestaltung der Wasserwirtschaft sind insbesondere für den

Abwasserbereich konkrete Emissions- und Immissionsanforderungen zu beachten. Emissionsanforderungen definieren ein maximal zulässiges Verschmutzungsniveau infolge von Emissionen. Sie beziehen sich auf die Verursacher von Umweltverschmutzungen und nehmen diese über das *polluter pays principle* in die Pflicht. Dies setzt voraus, dass die entsprechenden Emissionen erfasst und kontrolliert werden können. Leicht umsetzbar ist dies im Fall von Punktquellen wie beispielsweise die Überwachung des Ablaufs kommunaler und industrieller Kläranlagen. Immissionsseitig werden Umweltqualitätsnormen formuliert, die den gewünschten Zustand eines (aufnehmenden) Gewässers beschreiben beziehungsweise einen noch tolerierbaren Verschmutzungsgrad festlegen. Durch die Immissionsregelungen werden auch die diffusen Quellen adressiert, die sich emissionsseitig nur schwer regeln und kontrollieren lassen. Für jede Nutzung eines Gewässers bedarf es einer Gestattung. Als mögliche Gestattungsformen sind die Erlaubnis, die gehobene Erlaubnis und die Bewilligung anzuführen. Es besteht jedoch kein grundsätzlicher Anspruch auf eine der genannten Gestattungsformen. Die zuständigen Wasserbehörden haben mit Blick auf die Nutzung der Wasserressourcen ein so genanntes Bewirtschaftungsermessen.

Übersicht über wichtige wasserrechtliche Regelungen und Vorgaben

Wasserrahmenrichtlinie: Die Europäische Wasserrahmenrichtlinie (WRRL) schafft einen Ordnungsrahmen für Maßnahmen der Europäischen Gemeinschaft im Bereich der Wasserpolitik. Damit gibt sie seit 2000 die Leitlinien für die Ausgestaltung der Wasserwirtschaft in der Europäischen Union vor. Auf der Grundlage der WRRL sind Tochterrichtlinien wie zum Beispiel die Grundwasserrichtlinie verabschiedet worden. Die WRRL ist für die Mitgliedsstaaten kein unmittelbar geltendes Recht. Vielmehr bedurfte es zunächst einer Umsetzung in die jeweilige nationale Gesetzgebung der Mitgliedsstaaten. In Deutschland geschah dies in Form der Integration der entsprechenden Regelungen in das Wasserhaushaltsgesetz (WHG) sowie in die 16 Landeswassergesetze. Weitere maßgebliche Inhalte der WRRL finden sich in nachgeordneten Regelungen wie der Grundwasser- und Oberflächengewässerverordnung wieder.

Badegewässerrichtlinie: Die europäische Badegewässerrichtlinie dient der Überwachung und Einstufung der Qualität von Badegewässern und legt Bestimmungen für deren Bewirtschaftung fest. Zentraler Bestandteil ist die Information der Öffentlichkeit über die Badegewässerqualität. Dieser Berichtspflicht haben die Mitgliedsstaaten zwingend nachzukommen.

WHG: Das Wasserhaushaltsgesetz (WHG) dient der Ordnung des Wasserhaushalts in Deutschland. So ist dem WHG zu entnehmen: „Zweck dieses Gesetzes ist es, durch eine nachhaltige Gewässerbewirtschaftung die Gewässer als Bestandteil des Naturhaushalts, als Lebensgrundlage des Menschen, als Lebensraum für Tiere und Pflanzen sowie als nutzbares Gut zu schützen". Es enthält Bestimmungen zur Bewirtschaftung oberirdischer Gewässer und der Grundwasservorkommen. Ferner umfasst es besondere wasserwirtschaftliche Bestimmungen bspw. hinsichtlich der Trinkwasserversorgung, Abwasserbeseitigung und dem Hochwasserschutz.

Landeswassergesetze: Alle Bundesländer verfügen über eigene Landeswassergesetze (LWG), die die Vorgaben aus dem Wasserhaushaltsgesetz konkretisieren
und ergänzen.

Abwasserverordnung: Die Abwasserverordnung (AbwV) ist eine Regelung, die
konkrete Anforderungen an die Emissionen zahlreicher vorrangig gewerblicher
Abwassereinleiter stellt. In Anhang 1 der Verordnung sind die Mindestanforderungen für Anlagen aufgeführt, die häusliches bzw. kommunales Abwasser behandeln. In weiteren 56 Anhängen werden branchenspezifische Anforderungen
von der Braunkohle-Brikettfabrikation bis zu Wollwäschereien formuliert. Die
branchenbezogenen Anforderungen gestatten, den Besonderheiten einzelner Industriezweige Rechnung zu tragen.

Grundwasserverordnung: Die Grundwasserverordnung (GrwV) ist eine Immissionsregelung, die unter anderem Umweltqualitätsziele und -normen für Grundwasservorkommen definiert. Damit ist sie eine Konkretisierung des Wasserhaushaltsgesetzes. Entsprechend der Zielsetzungen der WRRL werden beispielsweise
Kriterien zur Ermittlung und Beurteilung des mengenmäßigen und chemischen
Grundwasserzustands definiert.

Oberflächengewässerverordnung: „Die Oberflächengewässerverordnung (OGewV)
dient dem Schutz der Oberflächengewässer und der wirtschaftlichen Analyse der
Nutzungen ihres Wassers." Sie ist eine Immissionsregelung, die Umweltqualitätsziele und -normen für die Oberflächengewässer definiert. Auf ihrer Grundlage
können Gewässerbelastungen dokumentiert und die dadurch ausgelösten Belastungen hinsichtlich ihrer Auswirkungen beurteilt werden. In der OGewV sind viele Instrumente und Ansätze aus der WRRL enthalten wie beispielsweise eine Bestandsaufnahme der Emissionen, die Einstufung des ökologischen Zustands und
des ökologischen Potenzials, die Einstufung des chemischen Zustands sowie Angaben zur wirtschaftlichen Analyse der Wassernutzungen.

Nachstehend werden die für die Abwasserentsorgung maßgeblichen Rechtsvorschriften noch genauer vorgestellt. Eine weitergehende Darstellung der rechtlichen
Regelungen mit besonderem Blick auf die Trinkwasserversorgung wird in Kap. 7
vorgenommen.

Wasserrechtliche Rahmensetzung
Ordnungsrechtliche Emissions- und Immissionsregelungen basieren auf einem
wasserwirtschaftlichem Rechtsrahmen. Hier ist zunächst die Europäische Wasserrahmenrichtlinie (WRRL) zu würdigen, die den wasserwirtschaftlichen Rechtsrahmen in der Europäischen Union setzt. Sie hat seit ihrer Verabschiedung im
Jahr 2000 die Wasserwirtschaft in Europa tiefgreifend geprägt und teilweise neu
ausgerichtet. So brachte die WRRL zahlreiche Neuerungen für die Wasserwirtschaft. Alle Vorgaben der WRRL waren innerhalb von zwei Jahren in die nationale Gesetzgebung der europäischen Mitgliedsstaaten zu integrieren. Grundsätzlich
bestand seitens der Mitgliedsstaaten die Möglichkeit, noch strengere Vorgaben
vorzusehen. Die WRRL führte sehr ambitionierte Zielsetzungen in den Bereich

des Gewässerschutzes ein. Der intendierte und dabei sehr weit reichende Schutz der aquatischen Umwelt orientiert sich am Leitbild natürlicher und vom Menschen unbeeinflusster Gewässer. Dieses Leitbild erscheint angesichts einer stark anthropogen geprägten Umwelt besonders weitreichend. Konkret bestehen folgende Zielsetzungen:

- Oberflächengewässer sollen einen guten (chemischen und guten ökologischen) Zustand aufweisen;
- Grundwasser soll einen guten mengenmäßigen und guten chemischen Zustand aufweisen;
- Erheblich veränderte Gewässer bzw. Wasserkörper sollen über ein gutes ökologisches Potential verfügen;

Um der Zielerreichung Nachdruck zu verleihen, umfasst die WRRL unter anderem ein Verschlechterungsverbot mit Blick auf den Zustand der Gewässer seit der ersten Bestandsaufnahme. Ergänzend wurde eine Auflage zur Umkehr hinsichtlich festgestellter Verschmutzungstrends ausgesprochen. Ein weiteres zentrales Element der WRRL ist der so genannte „kombinierte Ansatz", der ein abgestimmtes Zusammenspiel zwischen emissions- und immissionsrechtlichen Anforderungen vorsieht. Darüber hinaus enthält die WRRL Regelungen wie beispielsweise die Vorschrift zur Kostendeckung von Wasserdienstleistungen. Dies bedeutet ausdrücklich eine Abkehr der Subventionierung von Wasserdienstleistungen. In diesem Zusammenhang wurden ergänzend weitere in der Vergangenheit nicht berücksichtigte Kostenarten wie die Umwelt- und Ressourcenkosten eingeführt (vgl. hierzu auch Kap. 7).

Wesentliches Merkmal der WRRL ist, dass sich die Gewässerbewirtschaftung nicht an politischen Grenzziehungen orientieren darf, sondern dass die Bewirtschaftung ausschließlich anhand der Einzugsgebiete der Gewässer zu erfolgen hat. Dies verlangt ausdrücklich nach einer grenzüberschreitenden Kooperation, wenn man z. B. auf den Verlauf von Flüssen wie dem Rhein oder der Donau blickt. Für Deutschland fiel der zugehörige Lernprozess noch etwas anstrengender aus, da die neuen Kooperationserfordernisse auch bundeslandübergreifend zu erfüllen waren. Da Fließgewässer von der Quelle bis zur Mündung sehr unterschiedliche Gestalt und teilweise auch Qualitäten aufweisen können, wurden sie in Bewirtschaftungseinheiten unterteilt, in die so genannten Wasserkörper (*Water Bodies*). Für diese Bewirtschaftungseinheiten war die spezifische Bestandsaufnahme durchzuführen als Ausgangspunkt für alle sich anschließenden Maßnahmen zur Verbesserung des mengenmäßigen und qualitativen Zustands der Gewässer. Gemäß WRRL waren die in Bewirtschaftungsplänen darzulegenden Maßnahmen bis zum Jahr 2015 umzusetzen. Mittlerweile hat sich gezeigt, dass dieses Datum nur für wenige Gewässer realistisch war. Da nicht alle Gewässer in einen guten bzw. natürlichen Zustand zurückentwickelt werden können, sieht die WRRL auch Ausnahmen vor. So ist beispielsweise die Ausweisung von erheblich veränderten Wasserkörpern (*Heavily Modified Water Bodies*) zulässig, für die schwächere Ziele eines guten ökologischen Potentials gelten. Weiterführende Angaben zur Umsetzung der WRRL sind auf den Seiten der Europäischen Kommission zu finden [6.7]. Dort sind vor allem zahlreiche Berichte und Zwischenberichte zur Umsetzung der WRRL in den

Mitgliedsstaaten abrufbar. Für Deutschland haben sich anlässlich der in 2012 erforderlichen Berichterstattung an die Europäische Kommission die folgenden Schlüsselmaßnahmen zur Umsetzung der Richtlinie herauskristallisiert [6.8]:

- Verbesserung des hydromorphologischen Zustands von Gewässern;
- Verbesserung der linearen Durchgängigkeit;
- Reduzierung der Nährstoffeinträge aus der Landwirtschaft;
- Beratungen für die Landwirtschaft;
- Bau bzw. Nachrüstung von Kläranlagen;
- Forschung, Reduzierung von Unsicherheiten durch Verbesserung der Wissensbasis;

Die Bestandsaufnahme sowie die Maßnahmenplanung und -umsetzung sind kontinuierlich fortzuschreiben. Für alle Flusseinzugsgebiete sind in 2015 aktualisierte Bewirtschaftungspläne zum zweiten Zyklus 2015–2021 der WRRL veröffentlicht worden (für viele vgl. [6.9]). Insgesamt handelt es sich bei der Implementierung der WRRL um eine sehr komplexe und aufwändige Arbeit, die grenzüberschreitend eine hochkonzentrierte, konzertierte und engagierte Zusammenarbeit aller beteiligten Wasserakteure und Stakeholder voraussetzt.

Emissionsvorschriften mit konkretem Bezug zur Abwasserwirtschaft
Eine Besonderheit des deutschen Umweltrechts ist der Begriff „Stand der Technik".
Er kann gleichgesetzt werden mit den Besten Verfügbaren Techniken (BVT), die auf europäischer Ebene definiert werden. Konkret werden die BVT im Rahmen des so genannten Sevilla-Prozesses festgelegt (siehe hierzu auch Abschn. 1.2.1, Abschn. 1.2.5 und Abschn. 5.2.3). Dies ist ein von Sevilla aus koordinierter Erfahrungsaustausch von Fachleuten, um die BVT branchenbezogen zu definieren. So werden als Ertrag des Sevilla-Prozesses BVT-Merkblätter erarbeitet, aus denen wiederum die BVT-Schlussfolgerungen abgeleitet werden. Die in den BVT-Schlussfolgerungen enthaltenen Vorgaben und Emissionswerte sind für die europäischen Mitgliedsstaaten verbindlich. Vier Jahre nach Verabschiedung und Bekanntmachung der Schlussfolgerungen sind insbesondere die darin genannten Emissionswerte (nicht nur rechtlich sondern auch materiell) in den Mitgliedsstaaten umzusetzen.

Die Emissionsregelungen mit expliziter Bezugnahme auf die Abwasserentsorgung dienen keinem Selbstzweck sondern ganz konkret dem Schutz der Gewässer. Nachstehend werden in diesem Zusammenhang besonders relevante Regelungen vorgestellt.

Abwasserverordnung: Die Abwasserverordnung (AbwV) steht für emissionsrechtliche Mindestanforderungen an die Abwasserreinigung. Das heißt, die dort niedergelegten Grenzwerte sind Mindestwerte, die von den Einleitern eingehalten werden müssen. Die Festlegung noch strengerer Anforderungen für die Abwassereinleitung ist möglich, wenn beispielsweise ein „schwacher" Vorfluter vorliegt. Die AbwV definiert Betreiberpflichten, indem konkrete Anforderungen an die Errichtung, den Betrieb und die Benutzung von Abwasseranlagen gestellt werden. Außerdem werden Analyse- und Messungsverfahren spezifiziert (§ 4) sowie Angaben zum Bezugspunkt der Anforderungen (§ 5) gemacht. Anhang 1 der AbwV umfasst die Mindestanforderungen für die kommunale Abwasserreinigung. Es werden insgesamt fünf Größenklassen von Kläranlagen unterschieden. Mit zunehmender Anlagengröße werden die Vorschriften strenger. Wie Tabelle 6.1 zu entnehmen ist, werden Anforderungen für den Chemischen Sauerstoffbedarf, den biochemischen Sauerstoffbedarf in 5 Tagen, den Ammoniumstickstoff, den Gesamtstickstoff und Phosphor-Gesamt definiert.

Tabelle 6.1 Anforderungen an das Abwasser für die Einleitungsstelle kommunaler Kläranlagen nach Abwasserverordnung (*AbwV* [6.10])

Proben nach Größenklassen der Abwasserbehandlungsanlagen	Chemischer Sauerstoffbedarf (CSB)	Biochemischer Sauerstoffbedarf in 5 Tagen (BSB5)	Ammoniumstickstoff (NH4-N)	Stickstoff, gesamt, als Summe von Ammonium-, Nitrit- und Nitratstickstoff (N_{ges})	Phosphor gesamt (P_{ges})
	mg/l	mg/l	mg/l	mg/l	mg/l
Größenklasse 1 kleiner als 60 kg/d BSB5 (roh)	150	40	–	–	–
Größenklasse 2 60 bis 300 kg/d BSB5 (roh)	110	25	–	–	–
Größenklasse 3 größer als 300 bis 600 kg/d BSB5 (roh)	90	20	10	–	–
Größenklasse 4 größer als 600 bis 6.000 kg/d BSB5 (roh)	90	20	10	18	2
Größenklasse 5 größer als 6.000 kg/d BSB5 (roh)	75	15	10	13	1

Insgesamt umfasst die Abwasserverordnung 57 Branchenanhänge. Diese Diversifizierung gestattet, den Besonderheiten einzelner Industriezweige Rechnung zu tragen. Die Einhaltung der jeweiligen Anforderungen kann anhand einer qualifizierten Stichprobe oder durch eine 2-Stunden-Mischprobe nachgewiesen werden. Nach Ausführungen der AbwV ist die qualifizierte Stichprobe eine Mischprobe aus mindestens fünf Stichproben, die in einem Zeitraum von höchstens zwei Stunden im Abstand von nicht weniger als zwei Minuten entnommen und gemischt werden. Seit längerer Zeit steht diese Art der Probenahme in der Kritik beziehungsweise Diskussion. Sie gestattet eine Probenahme innerhalb eines sehr kurzen Zeitraums (10 Minuten). Sie entspricht damit lediglich einer Momentaufnahme, die die tatsächliche Reinigungsleistung einer Anlage unter Umständen nicht richtig abbildet.

Mit Blick auf Industrieanlagen ist ergänzend noch die Verordnung zur Regelung des Verfahrens bei Zulassung und Überwachung industrieller Abwasserbehandlungsanlagen und Gewässerbenutzungen (IZÜV) zu erwähnen, die für die Erteilung von Erlaubnissen für Gewässerbenutzungen durch Industrieanlagen heranzuziehen ist.

Abwasserabgabengesetz: Das Gesetz über Abgaben für das Einleiten von Abwasser in Gewässer (Abwasserabgabengesetz – AbwAG) nimmt Bezug auf das Wasserhaushaltsgesetz (§ 3 Nummer 1 bis 3 WHG) und regelt Details hinsichtlich der Abgabe, die für das Einleiten von Abwasser in ein Gewässer zu entrichten ist. Sie „richtet sich nach der Schädlichkeit des Abwassers, die unter Zugrundelegung der oxidierbaren Stoffe, des Phosphors, des Stickstoffs, der organischen Halogenverbindungen, der Metalle Quecksilber, Cadmium, Chrom, Nickel, Blei, Kupfer und ihrer Verbindungen sowie der Giftigkeit des Abwassers gegenüber Fischeiern (…) in Schadeinheiten bestimmt wird" (§ 3 AbwAG). Sie wird durch die Länder erhoben und unterliegt einer Zweckbindung.

Immissionsregelungen
Immissionsregelungen liegt in der Regel ein Leitbild zu Grunde, das der Formulierung der Umweltqualitätsziele dient. Damit wird möglich, den angestrebten Zustand eines zu schützenden Umweltmediums genau zu definieren. Die in diesem Zusammenhang kursierenden Begrifflichkeiten sind vielfältig und teils nur schwer zu unterscheiden. So tauchen in den fachlichen Diskussionen oftmals die Begriffe Umweltqualitätsziele, -kriterien, -normen und -standards auf. Umweltqualitätsziele werden leitbildorientiert formuliert und mit konkreten Umweltqualitätskriterien hinterlegt (z. B. durch Angabe von Konzentrationswerten für einzelne Parameter). Die Umweltqualitätskriterien werden wiederum zu Umweltqualitätsnormen beziehungsweise Umweltqualitätsstandards, wenn sie in rechtliche Regelungen Eingang finden (vgl. auch [6.11]). Die Oberflächengewässerverordnung definiert den Begriff Umweltqualitätsnorm wie folgt:

> „Die Konzentration eines bestimmten Schadstoffs oder einer bestimmten Schadstoffgruppe, die in Wasser, Schwebstoffen, Sedimenten oder Biota aus Gründen des Gesundheits- und Umweltschutzes nicht überschritten werden darf." (§ 2 OGewV [§ 2 OGewV])

Werden gesetzlich verankerte Qualitätsstandards nicht erreicht, liegt ein messbarer Verstoß vor, der Gegenmaßnahmen erforderlich macht.

Oberflächengewässerverordnung: Da die meisten Kläranlagen in Oberflächengewässer einleiten, ist die Verordnung zum Schutz der Oberflächengewässer (Oberflächengewässerverordnung – OGewV) von besonderer Bedeutung. Gemäß OGewV sind die Gewässerbelastungen zusammenzustellen und hinsichtlich ihrer Auswirkungen zu beurteilen. Die Klassifizierung der Gewässergüte und Wasserbeschaffenheit erfolgt anhand biologischer, hydromorphologischer, chemischer sowie allgemeiner physikalisch-chemischer Qualitätskomponenten. Werden allein immissionsbezogene Kriterien zur Zustandsbeschreibung eines Schutzgutes definiert, lassen sich daraus nicht zwangsläufig Aussagen hinsichtlich der Quelle einer möglichen Zustandsbeeinträchtigung ableiten. Lediglich für den Fall, dass einzelne

Immissionswerte nur einen Herkunftsbereich haben können (z. B. Humanarznei-mittel aus Kläranlagenabläufen), sind unmittelbare Rückschlüsse möglich. Um ein ausreichend genaues Gesamtbild zu erhalten, wird daher durch die OGewV zu-sätzlich geregelt, dass signifikante Punktquellen und diffuse Quellen auszuweisen und hinsichtlich ihrer Emissionen beziehungsweise ihres Einflusses auf das Ge-wässer zu bewerten sind. Hierzu heranzuziehende Parameter sind Schwebstoffe, Nährstoffe und Chemische Sauerstoffbedarf. Darüber hinaus kommen weitere Elemente des Instrumentenkastens der WRRL zum Einsatz, so beispielsweise die Maßnahmenplanung mit dem Ziel eines guten ökologischen Zustandes. Der „gute ökologische Zustand" eines Oberflächengewässers ist erreicht, wenn „alle biologi-schen Qualitätskomponenten mindestens mit ‚gut' bewertet werden, die festgelegten Konzentrationen (Umweltqualitätsnormen) für flussgebietsspezifische Schadstoffe eingehalten werden und die Werte für die allgemeinen Bedingungen in einem Be-reich liegen, der die Funktionsfähigkeit des Ökosystems gewährleistet" [6.12].

Tangierende Rechtsbereiche
Ergänzend zu den oben vorgestellten rechtlichen Regelungen sind weitere tangie-rende Rechtsbereiche mit hoher Relevanz für die Wasserwirtschaft zu beachten. Zunächst gibt es aus dem Bereich des Produkt- und Stoffrechts hervorzuhebende Regelungen. So ist für die Siedlungswasserwirtschaft bzw. Abwasserwirtschaft maßgeblich, ob abwasserrelevante Stoffe und Produkte in entsprechenden Vor-schriften erfasst, geregelt oder sogar verboten werden. Eine sehr bekannte Pro-duktregelung ist die „Verordnung über Höchstmengen für Phosphate in Wasch- und Reinigungsmitteln" aus dem Jahr 1980. Diese Regelung hatte ganz entschei-dend Einfluss auf die in das Abwasser eingetragenen Phosphatfrachten. Die Ver-ordnung über das Inverkehrbringen von Düngemitteln, Bodenhilfsstoffen, Kultur-substraten und Pflanzenhilfsmitteln (Düngemittelverordnung – DüMV) stellt gewissermaßen eine Schnittstelle zu den bodenschutzrechtlichen Regelungen dar. Eine weitere relevante Regelung ist die Klärschlammverordnung (AbfKlärV). „Diese Verordnung hat zu beachten, wer Abwasserbehandlungsanlagen betreibt und Klärschlamm zum Aufbringen auf landwirtschaftlich oder gärtnerisch genutz-te Böden abgibt oder abgeben will, Klärschlamm auf landwirtschaftlich oder gärt-nerisch genutzte Böden aufbringt oder aufbringen will". Mit Blick auf den Boden-schutz ist außerdem das Gesetz zum Schutz vor schädlichen Bodenveränderungen und zur Sanierung von Altlasten (Bundes-Bodenschutzgesetz – BBodSchG) von Bedeutung sowie die zugehörige Bundes-Bodenschutz- und Altlastenverordnung (BBodSchV).

6.2 Abwässer und ihre Zusammensetzung

6.2.1 Abwasseraufkommen und -bilanzierung

Bevor technische Lösungen für die Abwasserentsorgung vorgestellt werden, lohnt ein genauer Blick auf die unterschiedlichen Abwasserarten sowie ihre jeweilige

Zusammensetzung. Das Abwasserabgabengesetz gibt eine offizielle Definition von Abwasser, wie nachstehend aufgeführt (§ 2 Abs. 1 AbwAbG [§ 2 Abs. 1 AbwAbG]).

> „Abwasser im Sinne dieses Gesetzes sind das durch häuslichen, gewerblichen, landwirtschaftlichen oder sonstigen Gebrauch in seinen Eigenschaften veränderte und das bei Trockenwetter damit zusammen abfließende Wasser (Schmutzwasser) sowie das von Niederschlägen aus dem Bereich von bebauten oder befestigten Flächen abfließende und gesammelte Wasser (Niederschlagswasser). Als Schmutzwasser gelten auch die aus Anlagen zum Behandeln, Lagern und Ablagern von Abfällen austretenden und gesammelten Flüssigkeiten.“

Ergänzend hierzu gibt Abb. 6.2 einen Überblick über die Zusammensetzung maßgeblicher Abwasserarten und über teilweise aus mehreren Abwasserarten zusammengesetzte Abflussarten in Abhängigkeit vom eingesetzten Kanalisationssystem (vgl. Abschn. 6.3.1).

Abb. 6.2 Zusammensetzung maßgeblicher Abwasserarten und Abflüsse

6.2.1.1 Abwasserarten

Das Wasserhaushaltsgesetz definiert das Zustandekommen von Schmutzwasser und legt zusätzlich fest, dass das von Niederschlägen aus dem Bereich von bebauten oder befestigten Flächen gesammelt abfließende Niederschlagswasser gleichermaßen als Abwasser zu klassifizieren ist (WHG § 54 Absatz 1 [WHG § 54 Absatz 1]). Hinsichtlich Schmutzwasser ist zwischen häuslichem und gewerblichem Schmutzwasser zu unterscheiden. Neben dem Niederschlagswasser ist zusätzlich Fremdwasser als abwasserrelevante aber gesetzlich nicht definierte Größe einzuführen.

Häusliches Schmutzwasser
Häusliches Schmutzwasser ist Abwasser, das an häuslichen Verbrauchsstellen anfällt. Verbrauchsstellen sind Badezimmer und WCs (Toiletten, Duschen, Badewannen, Waschbecken, Bidets) sowie Küchen (Kochen, Abwaschen, Geschirrspüler). Ferner wird Schmutzwasser erzeugt, wenn aufgrund anderweitiger Tätigkeiten in Haushalten für deren Verrichtung Wasser benötigt wird und dieses nach Gebrauch in einem häuslichen Abfluss entsorgt wird.

Gewerbliches Schmutzwasser

Das Aufkommen und die Zusammensetzung gewerblichen Schmutzwassers sind in hohem Maße branchenabhängig. Die jeweils erzeugten Produkte, die eingesetzten Produktionsmethoden und die erreichte Wassereffizienz infolge von Maßnahmen des produktionsintegrierten Umweltschutzes entscheiden darüber, in welcher Menge betriebliches Abwasser anfällt und welche Verschmutzung es aufweist. Ferner werden Produktionsabwässer und in den Betrieben anfallende haushaltsähnliche Schmutzwässer häufig vermischt und gemeinsam zur Behandlung gebracht. Dadurch ist gewerbliches Schmutzwasser oftmals deutlich heterogener und komplexer zusammengesetzt als häusliches Schmutzwasser. Es kann toxische beziehungsweise gefährliche Substanzen enthalten. Nicht nur im Falle einer Direkteinleitung sondern auch vor einer Indirekteinleitung in die öffentliche Kanalisation ist ggf. vorzubehandeln. Hervorzuheben ist, dass Industrie- und Gewerbetriebe mehrheitlich nicht in die öffentliche Kanalisation einleiten, sondern eigene Kläranlagen betreiben und somit Direkteinleiter sind.

Fremdwasser

Fremdwasser ist unplanmäßig in die Kanalisation eindringendes Wasser infolge von Undichtigkeiten oder Fehlanschlüssen. Beispiele sind ein Grundwassereintritt infolge eines defekten Rohres oder eine Drainageleitung, die an einen Schmutzwasserkanal fehlangeschlossen wurde. Die „Drainagewirkung undichter Kanäle kann sich sogar in Form eines örtlich abgesenkten Grundwasserstands" offenbaren [6.13]. Mit Blick auf die Abwasserbeseitigung ist hervorzuheben, dass Fremdwasser nicht verunreinigt und demzufolge auch nicht behandlungsbedürftig ist. So bedeutet der Fremdwassereintritt, dass „echtes" Abwasser verdünnt wird und auf Kläranlagen ohne Erfordernis mitbehandelt werden muss. Es entstehen größere Wassermengen, die zu transportieren und damit unter Umständen auch zu heben sind. Mit zunehmender Verdünnung nimmt die Behandlungseffizienz auf Kläranlagen ab. Fremdwasser kann daher eine sehr erhebliche Bedeutung in der abwassertechnischen Praxis einnehmen. Es gibt Entwässerungssysteme, in denen genau so viel Fremdwasser anfällt wie Schmutzwasser. In Deutschland macht Fremdwasser 23 % der Gesamtabwassermenge aus [6.14].

Niederschlag

Niederschlagswasser steht für Regenwasser und Schmelzwasser. Wie eingangs erwähnt, stellt zur gesammelten Ableitung erfasstes Niederschlagswasser rechtlich Abwasser dar. Niederschlagswasser wird in urbanen Siedlungsgebieten dadurch zu einer wesentlichen Größe, dass dort in der Regel ein hoher Versiegelungsgrad vorliegt und Versickerungs- und Ableitungsmöglichkeiten abseits der öffentlichen Kanalisation nicht bestehen. So ist mit der öffentlichen Kanalisation dafür Sorge zu tragen, dass Niederschlagswasser aus dem Einzugsgebiet herausgeleitet wird. Niederschlagsmengen können die üblicherweise anfallenden Schmutzwassermengen bei weitem übersteigen. Niederschläge fallen naturgemäß nicht kontinuierlich oder in prognostizierbaren Tagesgängen an sondern sind schwer vorherzusagen. Eine besondere Herausforderung stellen Starkniederschläge dar. Hier muss für die Auslegung einer Kanalisation ein Bemessungsmaß definiert werden, welcher Niederschlag noch schadlos abgeleitet werden kann. Zusätzlich ist zu beachten, dass je nach Herkunft des Niederschlagswassers eine Verunreinigung und daher Behandlungsbedürftigkeit vorliegen kann (z. B. Niederschläge von Verkehrsflächen).

6.2.1.2 Abflussarten und -bildung

Die maßgeblichen Abflussarten ergeben sich aus den oben genannten Abwasserarten sowie aus dem vorliegenden Kanalisationstyp (Tabelle 6.2). Die Entwässerungsarten Trenn- und Mischsystem werden in Abschn. 6.3.1 eingeführt und genauer beschrieben.

Tabelle 6.2 Abflussarten im Trenn- und Mischsystem

Abflussart	Beschreibung
Trockenwetterabfluss	Der Trockenwetterabfluss setzt sich aus Schmutzwasser und Fremdwasser zusammen. Es handelt sich dabei um ein Abwasser, das immer anfällt.
Niederschlagsabfluss	Der Niederschlagsabfluss fällt im Fall von Niederschlagsereignissen und Schneeschmelze an.
	Im Trennsystem wird der gesammelte Niederschlag in einer separaten Rohrleitung abtransportiert, sodass ein Niederschlagsabfluss vorliegt.
Mischwasserabfluss	Ein Mischwasserabfluss liegt vor, wenn in einer Mischkanalisation der Trockenwetterabfluss mit dem Niederschlagswasser vermischt und in nur einem Rohr abgeleitet wird. Diese Abflussart kann daher nur im Mischsystem auftreten.

Für die Stadtentwässerung und für die sich anschließenden Aufgaben der Abwasserreinigung ist von Belang, dass Abwasser nicht konstant in gleicher Menge und Zusammensetzung anfällt. Es gibt zahlreiche Faktoren, die über das zeitlich teilweise stark variierende Abwasseraufkommen bestimmen. Als maßgebliche Einflüsse auf die Trockenwetterabflüsse sind zu nennen:

- übliche Tagesschwankungen hinsichtlich des Wasserverbrauchs in den Haushalten;
- veränderte Wasserentnahmen am Wochenende im Vergleich zu Werktagen;
- veränderliche Wasserverbräuche des Gewerbes bzw. der Industrie – einschließlich der Einflüsse von Produktionskampagnen;
- jahreszeitlich bedingte Einflüsse (Winter und Sommer);

In Entwässerungsgebieten, die in touristischen Regionen oder Städten liegen, kann der Fremdenverkehr einen starken saisonalen Einfluss ausüben. Und zu guter Letzt bestimmen Sonderbauwerke und Einbauten in der Kanalisation ebenfalls über das tatsächliche Abflussgeschehen. Zum Beispiel verändern eingebaute Spülklappen oder die sukzessive Entleerung von Sonderbauwerken nach Niederschlagsereignissen das Abflussgeschehen messbar. Der resultierende Tagesgang ist zudem abhängig von der Größe des Entwässerungsgebietes. Je größer ein Einzugsgebiet ist, desto geringer fällt üblicherweise die Bandbreite der Schwankungen im Tagesgang aus. Eine Großstadt wie Berlin zeigt deutlich weniger stark ausgeprägte Abflussspitzen im Vergleich zu einer Kleinstadt.

Niederschlagsereignisse dynamisieren das Abflussgeschehen in der Kanalisation nochmals erheblich. Die zu beachtenden Auswirkungen des Stadtklimas auf Niederschläge in städtischen Einzugsgebieten wurden bereits oben erläutert (Abschn. 6.1.1). Die relevanten Phasen für den Niederschlagsabfluss sind die Abflussbildung, -konzentration, -transport und -transformation. Das heißt, dass es regnet und sich der wirksame Niederschlag zu einem Abfluss an der Oberfläche formiert. Dieser gelangt in die Kanalisation und wird dort abtransportiert. Während des Transports im Kanal findet noch eine Transformation des Abflusses statt. Dies umfasst Effekte der Dämpfung (Retention) und zeitlichen Verschiebung (Translation) der Abwasserabflüsse. Insbesondere nach längeren Fließzeiten in der Kanalisation flacht die Niederschlagsabflusskurve zum Teil deutlich ab, wenn die kanaleigene Retentionswirkung zum Tragen kommt. Retentionswirkung bedeutet, dass weniger Abfluss pro Zeiteinheit erfolgt, dies aber über einen längeren Zeitraum. In der Gesamtschau wird der Niederschlagsabfluss durch die Größe des Einzugsgebietes, die Charakteristik der angeschlossenen Teileinzugsgebiete, die Versiegelungsgrade und Größe der abflusswirksamen Flächen sowie durch vorhandene Möglichkeiten der Zwischenspeicherung oder dezentralen Regenwasserentsorgung geprägt. Die niederschlagsbedingten Abflüsse aus mehreren Teileinzugsgebieten können sich in der Kanalisation aufsummieren.

Abwasseraufkommen in Deutschland in 2013

- In 2013 betrug die insgesamt anfallende Jahresabwassermenge in Deutschland 9.887.127.000 m³, also knapp 10 Mrd. m³;
- Das gesamte Aufkommen an Schmutzwasser betrug 5.082.702.000 m³, also rund 5 Mrd. m³;
- Das Aufkommen an Niederschlag lag bei 2.568.925.000 m³, entsprechend rund 2,6 Mrd. m³;
- Das Fremdwasseraufkommen lag bei 2.235.500.000 m3, also bei rund 2,2 Mrd. m³;

(*Statistisches Bundesamt* [6.15])

6.2.2 Abwasserqualitäten und -parameter

Frischwasser wird zu Abwasser, indem es verbraucht und „in seinen Eigenschaften verändert" wird, sprich es wird verschmutzt. Schmutzwasser kann gelöste anorganische und organische Verbindungen sowie Feststoffe mit wiederum adsorbierten (Schad-)Stoffen enthalten. Übliche Bestandteile von Schmutzwasser sind Sand (mineralische Fraktion), anorganische Stoffe wie Schwermetalle, Salze, Säuren und Laugen, organische Stoffe wie Fäkalien, Speisereste, Öle und Fette sowie weitere unter Umständen problematische Inhaltsstoffe wie reißfeste, sich nicht zersetzenden Feuchttücher, unsachgerecht über die Toilette entsorgte Medikamentenreste oder auch Mikroplastik aus Kosmetik- und Körperpflegeprodukten.

Auch Regenwasser kann verschmutzt sein. Enthalten sind häufig Sand und eine Feststofffeinfraktion, die als besonders adsorptionsfreudig im Hinblick auf Schadstoffe gilt. Ferner sind oft Schwermetalle und organische Belastungen (Exkremente von Tieren, Laub, Bodensubstanz, Öle) im Niederschlagswasser nachweisbar. Darüber können in Niederschlagswasser noch problematischere Stoffe wie Düngemittel und Pflanzenschutz- und Schädlingsbekämpfungsmittel oder auch Biozide aus dem Fassadenschutz enthalten sein. Eine weitere Problematik stellt der Reifenabrieb dar, der zum einen als maßgebliche Mikroplastikquelle (Abschn. 6.4.5) gilt und zum anderen andere unerwünschte Inhaltsstoffe aufweisen kann wie Polyzyklische Aromatische Kohlenwasserstoffe [6.16].

Angesichts der oben angedeuteten sehr großen Bandbreite an Verschmutzungsmöglichkeiten und der sich dahinter verbergenden Vielzahl an Einzelstoffen hat sich zur Abwassercharakterisierung ein Zusammenspiel von Summen- und ausgewählten Einzelparametern bewährt. Es gibt mehrere Gründe, warum derartige Parameter zur Beschreibung der Verschmutzung benötigt werden. Ohne derartige Parameter wären eine Kläranlagenauslegung, ein sachgerechter Anlagenbetrieb sowie eine behördliche Überwachung der Anlagen nicht möglich.

Die stoffliche Zusammensetzung von Abwässern ist möglichst genau zu spezifizieren, um anhand dieser Eingangsgrößen die Prozessauswahl und -auslegung auf Kläranlagen vornehmen zu können. Aber auch in der Betriebsphase sind diese Parameter wichtige Prozess- und Steuergrößen. Und zusätzlich dienen sie dem Nachweis der rechtlichen Konformität. In den zugehörigen rechtlichen Regelungen werden für ausgesuchte Parameter konkrete Grenzwerte vorgegeben (Verweis Abschn. 6.1.2), die beim Anlagenbetrieb einzuhalten und im Rahmen einer behördlichen sowie eigenverantwortlichen Überwachung zu dokumentieren sind. Hinsichtlich der für die Abwasserreinigung auf kommunalen Kläranlagen festgeschriebenen Mindestanforderungen der Abwasserverordnung wird auf Tabelle 6.1 verwiesen. Neben dem CSB und BSB$_5$ sind als Grenzwert-Parameter N$_{ges}$, P$_{ges}$ und Ammoniumstickstoff enthalten. Nachstehend werden die Summen- und Einzelstoffparameter vorgestellt, die in der Abwasserwirtschaft eine breite Nutzung erfahren und die vielfach auch entsprechend gesetzlich geregelt sind (Abwasserverordnung Abschn. 6.1.2).

Summenparameter

Chemischer Sauerstoffbedarf: Der Chemische Sauerstoffbedarf (CSB) ist der Parameter, der die Gesamtheit aller im (Ab-)Wasser enthaltenen oxidierbaren Verbindungen summarisch erfasst. Alternativ kann auch der gesamte organische Kohlenstoff bestimmt werden, der durch den Parameter *Total Organic Carbon* (TOC) beschrieben wird. Im CSB enthalten ist der Biochemische Sauerstoffbedarf (BSB). Der BSB ist ein Maß für die Sauerstoffmenge, die zum biochemischen Abbau organischer Stoffe – d. h. unter Mitwirkung von Mikroorganismen – benötigt wird. Der jeweilige Bestimmungszeitraum des BSB wird durch die Ziffer im Index angezeigt. Üblicherweise wird der BSB für 5 Tage bestimmt, sodass daraus die bekannte Bezeichnung BSB$_5$ resultiert. Der CSB hat vor kurzem eine weitere Aufwertung erfahren, da die in Deutschland maßgebliche Bemessungsrichtlinie für einstufige Belebungsanlagen auf Kläranlagen im Jahr 2016 den in der Vergangenheit genutzten BSB_5-Ansatz durch einen ausschließlich auf den CSB ausgerichteten Ansatz ersetzt hat (Arbeitsblatt DWA-A 131).

Der Kjeldahl Stickstoff (*Kjeldahl Nitrogen* – KN) umfasst den organisch gebundenen Stickstoff und Ammoniumstickstoff. Damit eignet sich der KN mit Blick auf die Stickstoffbelastung besonders für die Charakterisierung des Rohabwassers, da dieses im Wesentlichen diese beiden Stickstoffarten aufweist. Der Gesamtstickstoff N_{ges} steht grundsätzlich für die Gesamtheit aller Stickstoffverbindungen. Ein Blick in die Abwasserverordnung offenbart allerdings auch, dass dort abweichend unter N_{ges} nur die Verbindungen Ammonium, Nitrit und Nitrat fallen und der organische Stickstoff (N_{org}) ausgespart wird.

Gesamtphosphor (P_{ges}) umfasst alle im Abwasser enthaltenen organischen und anorganischen Phosphorverbindungen. Der Eintrag erfolgt durch menschliche Ausscheidungen, Lebensmittelreste und Waschmittel (z. B. Spülmaschinentabs). Der größte Anteil an P_{ges} im Abwasser tritt als Orthophosphat auf [6.17].

Die Abfiltrierbaren Stoffe (AFS) umfassen unterschiedslos Restkonzentrationen an im Wasser enthaltenen Feststoffen. Sie werden mittels Filtration bestimmt, in der Regel über Filter mit einer Durchlassweite von 0,45 μm. Die Nutzung des Parameters AFS macht nur dort Sinn, wo tatsächlich nur geringe Restkonzentrationen an Feststoffen vorliegen, beispielsweise im Ablauf von Kläranlagen.

Pathogene sind ein Sammelbegriff für Krankheiten auslösende Erreger wie Bakterien, Viren und Parasiten (zur genaueren Definition siehe auch Kap. 7).

Einzelparameter
In Ergänzung zu den Summenparametern sind folgende Einzelstoffe von abwassertechnischer Bedeutung:

Ammonium (NH_4^+): Ammonium ist eine anorganische Stickstoffverbindung und ein Umwandlungsprodukt von Ammoniak (NH_3). Es ist ein Produkt des Abbaus von Eiweißen und Aminosäuren und somit ein guter Indikator für den Einfluss von Abwasser. Die Erscheinungsform ist abhängig vom pH-Wert. Mit steigendem pH-Wert nimmt der Anteil an Ammoniak zu, das fischtoxisch ist. Während bei einem pH von 7 so gut wie kein Ammoniak sondern nur Ammonium vorliegt, liegen bei einem pH Wert von 9 schon 30 % Ammoniak und nur noch 70 % Ammonium vor. Bei einem pH von 11 liegen 96 % als NH_3 und 4 % als NH_4^+ vor [6.18, 6.19].

Die Stickstoffverbindungen Nitrat (NO_3^-) und Nitrit (NO_2^-) sind Bausteine des Stickstoffkreislaufes und sind damit wichtige Größen für die Beschreibung des Stickstoffumsatzes auf Kläranlagen.

Ergänzend anzuführen sind Einzelstoffe aus Schadstoffgruppen. Wie der Abwasserverordnung zu entnehmen ist, werden Schwermetalle für kommunale Kläranlagen als nicht ablaufrelevant eingestuft. Im Abwasser enthaltene Schwermetalle gehen zu großen Anteilen in den auf den Reinigungsanlagen anfallenden Klärschlamm über, sodass dessen Belastung mit Schwermetallen insbesondere bei der

Klärschlammentsorgung zu beachten ist. Entsprechende Grenzwertsetzungen sind der Klärschlammverordnung zu entnehmen. Beispielsweise sind dort hinsichtlich der Aufbringung von Klärschlämmen auf landwirtschaftlich oder gärtnerisch genutzte Böden Maximalgehalte für Blei, Cadmium, Chrom, Kupfer, Nickel, Quecksilber, Zink enthalten (§ 4 Abs. 8 AbfKlärV [§ 4 Abs. 8 AbfKlärV]).

<u>Anthropogene organische Mikroschadstoffe</u> wie beispielsweise Arzneimittelrückstände, organische Industriechemikalien oder Flammschutzmittel sind derzeit in der umweltpolitischen Diskussion. Mit Ausnahme der Stoffregelungen durch die WRRL (prioritäre Stoffe) ist die überwiegende Zahl der Stoffe bisher weder emissions- noch immissionsseitig ordnungsrechtlich geregelt (Abschn. 6.1.2). Einige in der Diskussion stehende Stoffe wie Diclofenac, Östrogene und ein Antibiotikum sind auf der Beobachtungsliste zur Wasserrahmenrichtlinie aufgenommen worden. Die verschärfte stoffspezifische Beobachtung dient als vorgeschalteter Schritt vor einer Aufnahme in die Liste der prioritären Stoffe nach WRRL.

<u>Weitere Stoffe</u>: Sollten für einzelne Abwässer bzw. Vorfluter spezielle Parameter von Interesse sein beziehungsweise eine besondere Relevanz haben, sind diese ebenfalls zu untersuchen.

6.3 Grundlagen der Stadtentwässerung

Zentrale Aufgaben der Stadtentwässerung sind die Sammlung und schadlose Ableitung des Abwassers in besiedelten Gebieten. Sie sorgt also aufgrund ihrer Drainagewirkung und ihrem Überflutungsschutz buchstäblich für trockene Städte. Da das Schmutzwasser und zu gewissen Anteilen auch Niederschlagswasser verunreinigt und pathogen belastet sind, leistet die Stadtentwässerung durch den Abwassertransport einen zentralen Beitrag zur Aufrechterhaltung der Stadthygiene. In den meisten Fällen werden die Entwässerungssysteme als Schwemmkanalisation mit Freispiegelabfluss ausgeführt. Wichtigste Ausführungsarten sind das Trenn- und Mischsystem (Abschn. 6.3.1). Die Kanalinfrastrukturen liegen im Normalfall unterirdisch, sodass ihre Zugänglichkeit für die Wahrnehmung von Aufgaben des Anlagenbetriebs und der -instandhaltung grundsätzlich erschwert ist (Abschn. 6.3.4). Mit Blick auf den Zustand und die Zuständigkeiten ist zwischen der öffentlichen Kanalisation und privaten Grundstücksleitungen zu unterscheiden. Das öffentliche Kanalnetz in Deutschland hat eine Länge von insgesamt 575.000 Kilometern [6.20]. Im Vergleich dazu ist die Länge der Grundstücksleitungen doppelt so lang. Die Gesamtlänge der Hausanschlussleitungen wird mit zwischen 1 Million und 1,3 Millionen Kilometer abgeschätzt. Gerade bezüglich der Grundstücksleitungen werden erhebliche Undichtigkeitsprobleme gesehen. In den letzten Jahren sind die Inspektions- und Instandsetzungspflichten der Grundstückseigentümer verschärft worden, sodass im privaten Bereich mehr saniert wird als in der Vergangenheit.

Kennzahlen zur öffentlichen Kanalisation in Deutschland [6.20]

- Die Gesamtlänge der Mischwasserkanäle in Deutschland liegt bei 242.847 km;
- Die Gesamtlänge der Schmutzwasserkanäle umfasst 206.234 km;
- Die Gesamtlänge der Regenwasserkanäle beläuft sich auf 126.480 km;

Daraus resultiert nach Angabe des Statistischen Bundesamtes eine Gesamtlänge der öffentlichen Kanalisation von 575.561 km. Als Bundesdurchschnitt ergeben sich 7,14 m öffentlicher Kanal pro Bürger [6.21].

6.3.1 Systeme der Stadtentwässerung

Unter die nachstehend vorgestellten Systeme der Stadtentwässerung fallen verschiedene Ausführungen der Schwemmkanalisation sowie Sondersysteme wie die Druck- und Vakuumentwässerung. Die überwiegend anzutreffende Schwemmkanalisation nutzt Wasser als Transportmedium und wird damit der Definition des Wortes „Schwemmen" gerecht, das „mit fließendem Wasser spülen, transportieren, befördern oder tragen" bedeutet. Die Ableitung als Freispiegelabfluss bringt folgende betriebliche Vorteile [6.22]:

- Ausreichende Sauerstoffversorgung zur Vermeidung von Geruchs- und Korrosionsproblemen;
- Kein energetischer Zusatzaufwand, wenn Freispiegelabfluss mit ausreichend Gefälle möglich ist;
- Für Aufgaben des Betriebs und der Instandhaltung ist die Zugänglichkeit besser als bei Vakuum- und Drucksystemen;

Warum fiel die Wahl auf die Schwemmkanalisation?

Die Schwemmkanalisation ist ein historisches Erbe aus der Zeit der Industrialisierung, der schnell wachsenden Städte und der durch verunreinigtes Trinkwasser ausgelösten Cholera-Epidemien. Nach Abkehr vom Fehlglauben an Miasmen aus Böden sowie der Einführung der Spültoilette sahen sich die Städte zunehmend mit dem Erfordernis einer geordneten Stadtentwässerung konfrontiert. Nach Kluge sind „die heute dominierenden Wasserinfrastrukturen Resultat zum Teil sehr kontrovers geführter Auseinandersetzungen und insofern auch das Resultat zurückgedrängter Alternativen" [6.23]. Demnach war die damalige Einführung der Schwemmkanalisation kein zwangsläufiges technisches Erfordernis, sondern es war eine mögliche Entwicklungsrichtung, die sich gegenüber anderen Optionen durchsetzen konnte. Wesentliche konzeptionelle und technische Impulse kamen hierbei aus England. Für die Verbreitung englischer Ideen sorgte auch, dass in Deutschland britische Ingenieure wie zum Beispiel William Lindley in Hamburg in entscheidenden Positionen aktiv waren. Erwähnenswert ist auch, dass die Berliner Wasserbetriebe 1852 ihren Ursprung durch einen Versorgungsvertrag mit den englischen Privatunternehmen *Fox* und *Crampton* fanden [6.23]. Resümierend nimmt Kluge Bezug auf W. H. Lindley, der einst ausführte, „wie speziell in Deutschland um die Mitte des 19. Jahrhunderts der Eisenbahnbau und im weiteren die Trinkwasserversorgung und danach Kanalisationsprojekte nicht nur von engli-schem Kapital vorfinanziert, sondern auch von englischen Ingenieuren technisch entworfen und ausgeführt wurden" [6.23].

Auf dem europäischen Kontinent war Hamburg die erste Stadt mit innerstädti-scher Kanalisation (lokale Bezeichnung: Sielnetz). Nach dem verheerenden Brand im Jahr 1842 erhielt der bereits zitierte englische Ingenieur William Lindley den Auftrag, für Hamburg eine Kanalisation zu bauen. „In Hamburg waren der glück-liche Umstand eines grundlegenden Neuanfangs und die wahlverwandtschaftliche Nähe zu London die Gründe, die eine frühe Etablierung der Schwemmkanalisation ermöglichten" [6.23]. „Bis 1880 besaßen 23 deutsche Städte eine Schwemmkana-lisation, 1907 mehr als 600 Städte. 1905 verfügte gut die Hälfte der deutschen Großstädte über eine voll ausgebaute, im Mischsystem betriebene Kanalisation" [6.25]. Die Entscheidung zugunsten der Schwemmkanalisation war zudem Weg-bereiter für den Siegeszug der Spültoilette. So wurde beispielsweise in München „die Schwemmkanalisation offiziell im Jahr 1890 eingeführt. Damit setzte sich auch in München das Spülklosett durch, das in England schon seit 1810 üblich war" [6.26].

Unbestreitbar ist der Beitrag der Schwemmkanalisation zur Stadthygiene. Nach dem Bau einer Schwemmkanalisation zeigten sich aber auch sehr zügig ihre Nach-teile. Im Wesentlichen wurde kritisiert, dass durch die Schwemmkanalisation die Gewässer erheblich verunreinigt wurden und zu störenden Geruchsbelästigungen insbesondere an den Einleitstellen führten. Darüber hinaus war Gegenstand der Kritik, dass die Fäkalieneinschwemmung in die Flüsse zur Folge hatte, dass die Fäkalien nicht mehr wie früher nach einer separaten Sammlung für die Landwirt-schaft zur Verfügung standen [6.27]. Demnach ergab sich die Konstellation, dass „die Einrichtung der Schwemmkanalisation auf der einen Seite die Stadthygiene förderte, aber andererseits die Gewässer belastete, wenn nicht wie ab den 1870er-Jahren in Danzig, Berlin, Dortmund und Münster eine Abwasserverrieselung statt-fand" [6.27]. Auch die Durchsicht zeitgenössischer Fachliteratur zeigt, dass ange-sichts dieser Kontroverse bereits Ende des 19. Jahrhunderts die Diskussion um die Schwemmkanalisation recht polemisch geführt wurde, vgl. auch [6.28]. Mit den Konsequenzen der damals getroffenen Entscheidungen und der in die Wege gelei-teten technischen Lösungen leben wir noch heute. Mit Blick auf die Zukunft geht es darum, die Systeme mit Augenmaß weiterzuentwickeln und ggf. erforderliche Anpassungen auch im Hinblick auf dezentrale Abwasserentsorgungslösungen vor-zunehmen.

Hinsichtlich der Schwemmkanalisation gibt es die beiden Ausführungsformen Misch- und Trennsystem, die nachstehend ausführlich vorgestellt werden.

6.3.1.1 Mischsystem

Im Mischsystem werden Schmutzwasser und Niederschlagswasser gemeinsam in einem Rohr abgeleitet. Oft wurde als Grund für die Nutzung des Mischsystems angeführt, dass insbesondere in innerstädtischen Lagen unterirdische Platzproble-me zu beachten seien. So hätten in vielen Fällen erhebliche Schwierigkeiten bei dem Einbau von zwei Kanalisationssträngen bestanden [6.27]. Abb. 6.3 zeigt, dass das Mischsystem eine sehr einfache Grundstruktur hat. Das Vorhandensein von nur einer Rohrleitung macht Fehlanschlüsse unmöglich. Dessen ungeachtet muss das Mischsystem durch zahlreiche Sonderbauwerke und Einrichtungen zur betrieblichen Kontrolle ergänzt werden.

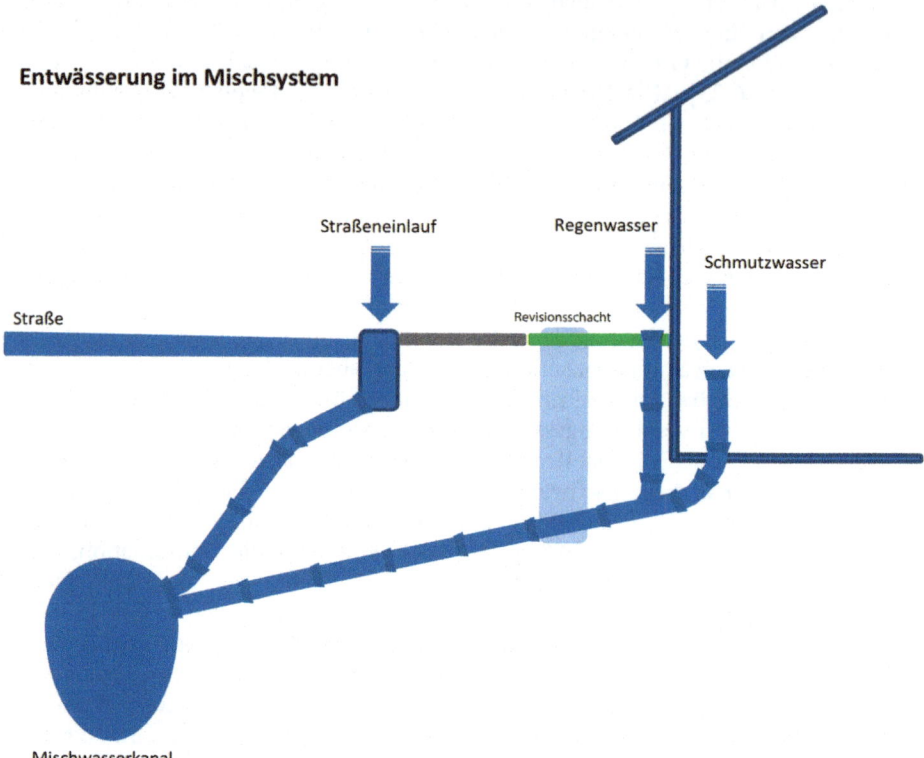

Abb. 6.3 Entwässerung im Mischsystem

Im Mischsystem muss die Festlegung des Rohrquerschnitts so erfolgen, dass sowohl der Trockenwetter- als auch der Mischwasserabfluss ohne Einschränkung gewährleistet sind. Nun betragen bei Mischwasserabfluss die auftretenden Abflussspitzen ein Vielfaches des regulären Trockenwetterabflusses. So ist zunächst anhand des Bemessungsniederschlages der Rohrquerschnitt für den maximal abzuleitenden Mischwasserabfluss festzulegen. Dadurch ergibt sich ein Rohrquerschnitt, der für den Trockenwetterabfluss eigentlich viel zu groß ist. Dennoch muss gewährleistet sein, dass in den auf den Mischwasserabfluss ausgelegten Rohrquerschnitten auch der Trockenwetterabfluss und damit der erforderliche Schmutzstofftransport jederzeit erfolgen können. Hierzu ist ein Trockenwetternachweis zu führen, um zu belegen, dass eine ausreichende Fließgeschwindigkeit und Schleppkraft im gewählten Profil vorhanden sind. Sollte dieser Nachweis beispielsweise mit einem Kreisprofil nicht zu erbringen sein, wäre eine alternative Querschnittsform wie das Eiprofil zu wählen (Abb. 6.7).

Dieser wetterbedingte Kontrast der Abflussbedingungen betrifft auch die Kläranlagen. Im Mischsystem genutzte Abwasserreinigungsanlagen müssen verfahrenstechnisch beide Zulaufsituationen bewältigen können, ohne dass es am Anlagenablauf zu Grenzwertüberschreitungen kommt. Ein Mischwasserzulauf macht sich klärtechnisch insofern bemerkbar, als dass die Abwassermengen stark ansteigen und sich die Abwasserzusammensetzungen verändern. Mit einsetzendem Mischwasserabfluss kann es ferner zu Spülstößen kommen. Hierbei handelt es sich um stark verschmutztes Mischwasser zu Beginn eines Regenereignisses infolge des Ausschwemmens von Ablagerungen, die sich während des vorherigen Trockenwetters in der Kanalisation gebildet haben. Durch den Mischwasserzulauf verkürzt sich die hydraulische Aufenthaltszeit in der Kläranlage. Das Mischsystem wirkt sich jedoch positiv aus, wenn im Einzugsgebiet verunreinigte und damit behandlungsbedürftige Niederschlagswässer anfallen. Werden diese nicht entlastet sondern zur Kläranlage geführt, werden diese dort mitbehandelt.

Den bereits genannten Vorteilen des Mischsystems stehen aber auch noch weitere Nachteile gegenüber. Besteht beispielweise topografisch die Notwendigkeit, Abwasser zu heben, muss dies für das gesamte Mischwasser möglich sein. So sind im Vergleich zum Trennsystem im Mischsystem aufwändigere Pumpinfrastrukturen vorzusehen. Es ist Pumptechnik vorzuhalten, die nur bei einigen Regenwetterlastfällen tatsächlich zur Anwendung kommt. Als wesentlicher Mangel der Mischsysteme gelten jedoch nach wie vor die Entlastungsvorrichtungen, die es bei Erreichen der Belastungsgrenze der Kanalisation (und Kläranlage) grundsätzlich gestatten, unbehandeltes Abwasser in die Vorfluter einzuleiten. Da es dieser Bauwerke bedarf, ergibt sich für das Mischsystem ein zusätzlicher investiver, baulicher und betrieblicher Aufwand. Als Entlastungbauwerke sind in der Praxis Regenüberläufe und Regenüberlaufbecken anzutreffen. Regenüberläufe sind einfache Überlaufwehre, die keine Zwischenspeicherung von Mischwasser vor einer Entlastung vorsehen. Dagegen gestatten Regenüberlaufbecken eine limitierte Mischwasserspeicherung, die je nach technischer Ausführung mit einer mechanischen Teilreinigung verbunden ist. Eine Sonderform der Regenüberlaufbecken stellen die Stauraumkanäle dar. Es sind Kanalstrecken mit besonders großem Rohrdurchmesser, die mit Blick auf die Stauraumkanalstrecke entweder mit oben oder unten liegender Entlastungsmöglichkeit ausgestattet sind. Ergänzend sind als weitere Sonderbauwerke noch Regenrückhaltebecken zu nennen, die ausschließlich der Zwischenspeicherung von Mischwasser dienen und keine Mischwasserentlastung vorsehen. Alle hier genannten Sonderbauwerke werden unten noch ausführlicher vorgestellt (Abschn. 6.3.2).

Modifiziertes Mischsystem
Um die oben genannten Nachteile des Mischsystems aufzufangen oder zumindest abzumildern, wird beim modifizierten Mischsystem das klassische Mischsystem um mehrere Möglichkeiten der dezentralen Regenwasserbewirtschaftung erweitert. Das Ziel der Modifikation ist, die Menge des Niederschlagswassers, das die Kanalisation erreicht, zu minimieren. Hierzu werden unterschiedliche Maßnahmen

empfohlen. Es beginnt mit Maßnahmen auf Privatgrundstücken wie beispielsweise die Begrünung von Dächern und die Regenwassernutzung. Dazu kommen Maßnahmen im Einzugsgebiet. Es sind durchlässige Oberflächen zu schaffen, entweder durch gezielte Entsiegelung oder den Gebrauch wasserdurchlässiger Bodenbeläge (Abb. 6.4). Elementar ist ferner, Regenwasser – soweit möglich – dezentral zu versickern und dadurch eine Abkoppelung von der Kanalisation zu erreichen. Damit wird versucht, dass es zu weniger Überlastungssituationen und somit zu geringeren Entlastungshäufigkeiten im Mischsystem kommt.

Abb. 6.4 Wasserdurchlässiger Pflasterstein zum Beispiel für Parkflächen

6.3.1.2 Trennsystem

Das Trennsystem gilt dem Mischsystem gegenüber als vorzugswürdig. In einem Trennsystem werden Schmutz- und Niederschlagswasser in zwei getrennt voneinander geführten Leitungssystemen gesammelt und abgeleitet. Beim Trennsystem besteht zwangsläufig ein höherer Platzbedarf als beim Mischsystem. Darüber hinaus stellt das Trennsystem höhere Anforderungen an die bauliche Ausführung und hier insbesondere an die korrekte Durchführung des Anschlusses der Grundstücksleitungen für Schmutz-, Drainage und Regenwasser. Abb. 6.5 zeigt anhand eines groben Schnittes die Funktionsweise des Trennsystems. Die Schmutzwasserleitung wird grundsätzlich seitlich versetzt und unterhalb der Regenwasserleitung angeordnet.

Die Vorzüge des „Trennungssystems" wurden bereits Anfang des 20. Jahrhunderts gewürdigt. Zu dieser Zeit wurde das Trennsystem eher in kleineren Ortschaften umgesetzt. In größeren Siedlung wurde es nur in Teilbereichen realisiert. Ausschlaggebend für die geringe Verbreitung waren damals im wesentlichen Kostenaspekte [6.29].

Im Trennsystem wird die Kläranlage nur mit Schmutzwasser beschickt, sodass sich handfeste Vorteile bei der Abwasserreinigung ergeben. Es liegen weniger

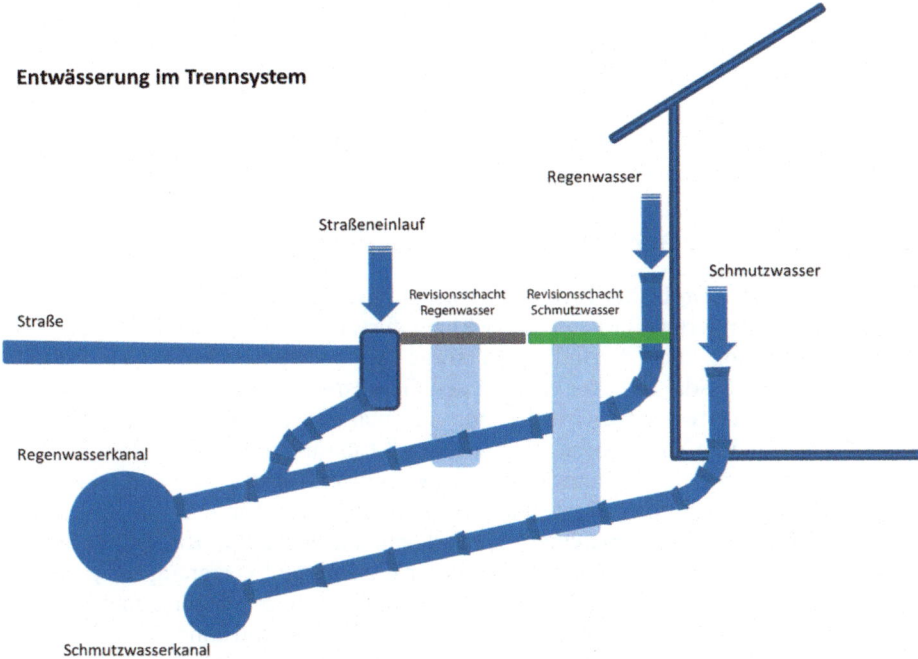

Entwässerung im Trennsystem

Abb. 6.5 Entwässerung im Trennsystem

ausgeprägte Zulaufschwankungen und konstantere Abwasserzusammensetzung vor. Ferner liegen keine Streusalzeinträge vor, die die Abwasserreinigung stören können. Darüber hinaus ist sichergestellt, dass das gesamte Schmutzwasser die Kläranlage erreicht. Im Trennsystem kann kein ungeklärtes Schmutzwasser über die Schnittstelle der Entlastungsbauwerke in die Vorfluter gelangen. Da die Schmutzwasserleitungen keine Niederschlagswasser aufnehmen müssen, haben sie deutlich kleinere Rohrdurchmesser als die Rohre in der Mischkanalisation. Dies macht möglich, dass besonders robuste Rohrmaterialien wie Steinzeug genutzt werden können. Zu guter Letzt entstehen geringere investive und betriebliche Aufwendungen, wenn Abwasserpumpwerke nur für das Schmutzwasser erforderlich sind.

Angesichts der genannten Vorteile gibt es aber auch einige Nachteile, die dem Trennsystem zuzuordnen sind. Es ist immer aufwändiger, den Betrieb und die Instandhaltung anstelle für ein Mischsystem für zwei Leitungsstränge zu gewährleisten. Ferner besteht die bereits angeführte Gefahr von Fehlanschlüssen, d. h. dass beispielsweise Schmutzwassergrundstücksleitungen fälschlicherweise an den Regenwasserkanal angeschlossen werden. Darüber hinaus ist bei den Schmutzwasserleitungen den Ablagerungen größere Beachtung zu schenken, da Spüleffekte durch Niederschlagsereignisse nicht gegeben sind. So sind erforderliche Mindestgefälle zwingend einzuhalten. Dies gilt verstärkt für besonders betroffene Kanalabschnitte wie die Anfangshaltungen. Gegebenenfalls sind zusätzlich regelmäßige betriebliche Maßnahmen wie eine Kanalreinigung/-spülung durchzuführen.

Da das Regenwasser nicht bis zur Kläranlage geführt werden muss, liegen insgesamt kürzere Transportstrecken vor. Im Trennsystem können die Regenwasserleitungen sinnvoll durch Regenklärbecken oder Retentionsbodenfilter ergänzt werden, um auch in diesem System verunreinigten Niederschlägen vor einer Abgabe an den natürlichen Wasserhaushalt angemessen Rechnung zu tragen. Die entsprechenden Becken- und Bodenfilterformen werden weiter unten vorgestellt.

6.3.1.3 Erweiterte Regenwasserbewirtschaftung

In Ergänzung zu dem bisher Erreichten zwingt besonders der Klimawandel zu einer zukunftsorientierten Strategieentwicklung für eine weitergehende Regenwasserbewirtschaftung und Überflutungsvorsorge (vgl. auch Abschn. 6.1.1). Vielerorts setzten sich Städte sehr konkret mit den Herausforderungen hinsichtlich einer verbesserten Regenwasserbewirtschaftung auseinander, um die Voraussetzungen für lokales Handeln zu schaffen. Es entstehen Struktur- und Maßnahmenplanungen zur verbesserten Überflutungsvorsorge. Planerische, technische und administrative Vorsorgemaßnahmen werden auf der Grundlage einer intensiven Auseinandersetzung mit den von extremen Wetterlagen ausgehenden Risiken definiert (Gefährdungsanalyse). Für die Maßnahmenumsetzung sind vorrangig die geläufigen Wasserakteure verantwortlich. Das heißt, viele Vorsorgemaßnahmen finden unter kommunaler Regie statt. Besonders weit reichende und innovative Vorsorgeansätze entstehen jedoch, wenn Stadtplanung und Siedlungswasserwirtschaft enger interagieren. Bei der Quartiersentwicklung vergrößern zum Beispiel multifunktionale Flächen den urbanen Retentionsraum und tragen zur Schadensprävention bei. Derartige multifunktionale Freiflächen haben eine Primärfunktion beispielsweise als Spiel-, Park- oder Sportplatz. Im Fall von außergewöhnlichen Starkregenereignissen kommt die Sekundärfunktion als temporärer Wasserspeicher zum Tragen. Das Design der multifunktionalen Freiflächen muss so vorgenommen werden, dass bei Befüllung des Speichers keine (Personen-)Schäden zu besorgen sind. Wegweisende Beispiele für die Ausführung derartiger Flächen finden sich unter anderem in den Niederlanden (z. B. Water Plaza in Rotterdam) und in Dänemark (Vergnügungspark in Roskilde). In der Gesamtschau erreichen die bis heute angestellten Überlegungen hinsichtlich der für die Zukunft gebotenen Überflutungsvorsorge jedoch noch sehr unterschiedliche Tiefen. So geben einige Kommunen sehr konkrete und spezifische Handlungsempfehlungen, während andere weichere und weniger konkrete Maßnahmen anregen [6.30]. Erwähnenswerte Beispiele zur städtischen Überflutungsvorsorge in Deutschland sind in einer Studie des Bundesinstituts für Bau-, Stadt- und Raumforschung beschrieben [6.31].

6.3.1.4 Entwässerungssondersysteme

Entwässerungssondersysteme sind Alternativen zur klassischen Schwemmkanalisation. Als wichtige Sondersysteme sind die Unterdruck- und Druckentwässerung zu unterscheiden. Diese beiden nachstehend näher beschriebenen Sondersysteme werden insbesondere in Fällen genutzt, in denen die lokalen Gegebenheiten eine Ableitung im Freispiegelgefälle nicht zulassen oder diese nur unter sehr unwirtschaftlichen Bedingungen umgesetzt werden könnten. Dies trifft insbesondere auf kleinere Ortschaften mit geringer Bevölkerungsdichte und räumlich weit entfernter Ortsteile zu [6.32]. Zu beachten ist, dass sich die Sondersysteme nur auf das Schmutzwasseraufkommen beziehen. Die Regenwasserableitung findet meist auf konventionellem Wege statt, solange das Regenwasser nicht direkt vor Ort versickert werden kann. Als ebenfalls wichtiger Aspekt ist anzuführen, dass die Entwässerungssondersysteme als Wegbereiter für die Umsetzung alternativer beziehungsweise dezentraler Entsorgungslösungen gelten [6.33]. Die Nutzung der Sondersysteme ist für die angeschlossenen Haushalte insgesamt aufwändiger im Vergleich zu einem Anschluss an eine klassische Freispiegelleitung. So ist grundsätzlich möglich, dass Kosten vom öffentlichen in den privaten Bereich verlagert werden, wenn beispielsweise die höheren Kosten für die Förderaggregate durch die Privathaushalte zu decken sind [6.34]. Ferner setzen die Systeme voraus, dass die zugehörigen Hausinstallationen richtig betrieben werden. Untersuchungen zur Instandhaltung und zu Ausfallhäufigkeiten der Sondersysteme haben gezeigt, dass Fehlbedienungen durch die Eigentümer Ursache für rund zwei Drittel der aufgenommenen Systemausfälle waren [6.35].

Unterdruckentwässerung
Bei der Vakuumentwässerung wird zur Schmutzwasserableitung mit Unterdruck gearbeitet. Die zugehörige Vakuumstation bzw. -pumpe erzeugt einen Unterdruck in der Größenordnung von 0,5 bis 0,7 bar. Die Größe eines im Unterdruck entwässerten Systems ist nicht beliebig ausdehnbar sondern auf maximal 4 km limitiert. Das System endet mit einem Sammelbehälter. Daran anschließend können Pumpwerke zur Weiterförderung eingesetzt werden. Es besteht die Möglichkeit, Hausanschlüsse mit den Übergabeventilen auszustatten oder Vakuumtoiletten mit eigenen Ventilen zu nutzen. Im Leitungsnetz sind Mindestnennweiten von DN 65 erforderlich. Zur Bildung von förderfähigen Abwasserpfropfen sind bei der frostsicheren Lage der Leitungen Hoch- und Tiefpunkte (alle 40–60 Meter) erforderlich sowie ausreichend Revisionsschächte vorzusehen [6.34]. Aus betrieblicher Sicht sind in den Vakuumsystemen besonders ausfallsensitive Aggregate die Sammeltanks mit Ablassventilen [6.35].

Vakuumsysteme eröffnen noch weitere Möglichkeiten, die beispielsweise bei aktuellen Projekten zum Tragen kommen. Mit dem *Hamburg Water Cycle* wird in Hamburg in der Neubausiedlung Jenfelder Au mit 600 Wohnungen für 2.000 Einwohner eine dezentrale Entsorgungslösung umgesetzt, die auf die Trennung der Abwasserströme setzt. Das heißt, dass Schwarzwasser (Toiletten) und Grauwasser (sonstiges Abwasser aus Waschbecken, Duschen, Badewannen, Waschmaschinen) separat erfasst werden. Für die Sammlung des Schwarzwassers werden Vakuumtoiletten eingesetzt. Das Schwarzwasser wird einer Schwarzwasserverwertungsanlage zugeführt, in die zusätzlich weitere Bioabfälle eingespeist werden. Mit Hilfe eines Anaerobprozesses wird Biogas erzeugt, das als Energieträger im Siedlungsgebiet zur Verfügung stehen soll. Die Projektverantwortlichen gehen davon aus, dass 50 % der Energie im Siedlungsgebiet und 40 % der Wärme aus der kreislauforientierten Abwasserwirtschaft bereitgestellt werden können.

Das Grauwasser aus den Duschen und Waschbecken wird ebenfalls separat gesammelt und auf dem Betriebshof der Siedlung in einer eigenen Anlage aufbereitet, sodass es anschließend vor Ort als Brauchwasser zur Verfügung steht oder in
den Vorfluter abgeleitet werden kann. Mit den Bauarbeiten wurde 2012 begonnen
und sie sind auf 5 Jahre angesetzt worden. Während die Umsetzung eines solchen
Systems in einem Neubaugebiet relativ einfach ist, stellt sich die Frage nach der
Umsetzbarkeit im städtischen Bestand. So befasst sich die zugehörige Begleitfor-
schung zum *Hamburg Water Cycle* auch mit der Frage, wie derartige Konzepte
auch in bereits bestehenden Gebäuden umgesetzt werden können [6.36].

Druckentwässerung
Bei der Druckentwässerung herrschen vergleichbare äußere Rahmenbedingungen
wie bei der Entwässerung mit Unterdruck. Für das Druckrohrnetz hat sich eine
Ringanordnung als günstig erwiesen mit Anschlussdruckrohrleitungen und
Schmutzwasserförderanlagen für jeden Anschlussnehmer [6.34]. Die Elemente ei-
ner Druckentwässerung sind [6.32]:
• Hausentwässerungsleitungen (Grundleitungen)
• Schmutzwassersammelschacht
• Anschlussdruckrohrleitungen
• Sammeldruckrohrleitung mit Hochpunkten zur Entlüftung
• falls erforderlich Druckluftspülstationen
Für eine Hochdruckentwässerung werden pneumatische und für eine Niederdruck-
entwässerung hydraulische Förderaggregate eingesetzt [6.37]. Aus betrieblicher
Sicht sind in den Drucksystemen besonders ausfallsensitive Aggregate die Pump-
stationen [6.35].

6.3.2 Rohrmaterialien, Querschnittsformen, Einbauten und Bauwerke

6.3.2.1 Rohrmaterialien

Die für die Abwasserableitung genutzten Rohre sollen möglichst robust und kor-
rosionsunempfindlich sein. Diese Forderung verlangt nach einer hohen Resistenz
gegenüber mechanischen und chemischen Beanspruchungen. Zunächst führen
Auflasten zu Rohrbeanspruchungen, unter Umständen einhergehend mit besonderen Punktlasten. Aus diesem Grund kommt dem Verlegen der Rohre und der dabei
erreichten Qualität der Rohrbettung eine große Bedeutung zu, da die Verlegequali-
tät darüber entscheidet, inwieweit eine gleichmäßige Lastaufnahme erreicht wird.
Weitere grundlegende Wünsche hinsichtlich der genutzten Rohre sind ein möglichst leichter Einbau, eine dauerhafte Standsicherheit und geringe Verformungs-
entwicklung sowie die problemlose Durchführbarkeit von Hochdruck-Reinigun-
gen [6.38]. Tabelle 6.3 führt die in der Stadtentwässerung eingesetzten Rohre
beziehungsweise Rohrwerkstoffe auf.

Ergänzend zeigt Abb. 6.6 eine Hochrechnung für die in Deutschland derzeit an-
zusetzende Verteilung der Rohrmaterialien.

Tabelle 6.3 In der Abwasserableitung eingesetzte Rohrmaterialien (*Bölke* [6.39])

Biegesteife Rohrmaterialien	Biegeweiche Rohrmaterialien	Verbundmaterialien
Steinzeugrohre	Gemauerte Kanäle	Beton mit PVC
Stahlbetonrohre	PE-Rohre	Beton mit GFK
Faserzementrohre	PVC-Rohre	Beton mit PE
Betonrohre	GFK-Rohre	Beton mit Steinzeug
Polymerbetonrohre	PP-Rohre	

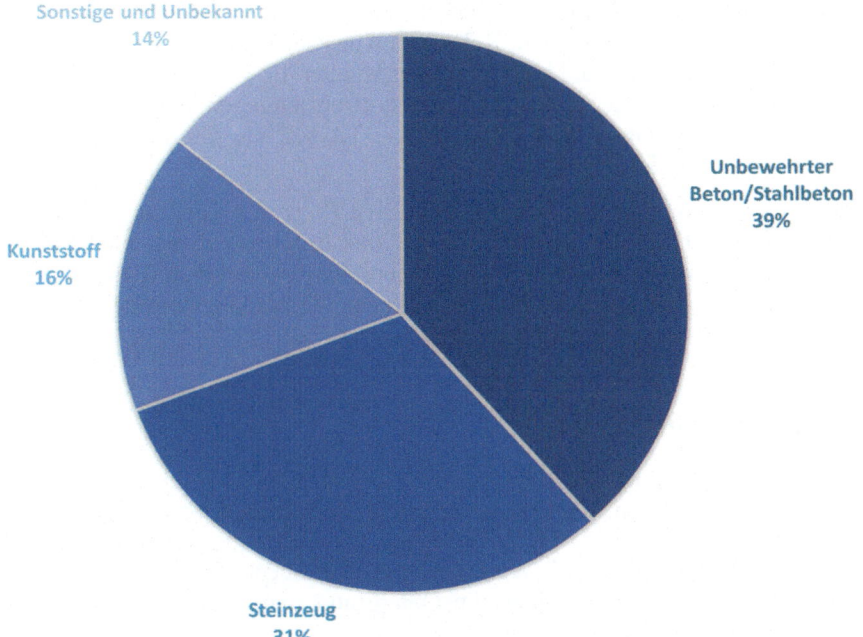

Abb. 6.6 Hochrechnung der für Deutschland gültigen Verteilung der Rohrmaterialien (nach *Berger et al.* [6.40])

Deutlich wird, dass Betone, Steinzeug und Kunststoffe bezüglich ihrer Verbreitung und Nutzung in der Abwasserableitung bedeutsame Materialien sind. Dies lässt sich wie folgt begründen:

Werkstoff Steinzeug: Insbesondere Steinzeug hat sich als robuster Rohrwerkstoff für Entwässerungsleitungen sehr bewährt. „Rohre, Formstücke, Sohlschalen und Platten werden aus Ton unter Zugabe von Schamotten als Magerungsmittel geformt, mit Spatglasur überzogen und gebrannt. Sie haben den großen Vorzug, von saurem oder alkalischem Abwasser nicht angegriffen zu werden" [6.34].

Werkstoff Beton: Unbewehrter Beton und Stahlbeton sind zuverlässige und alt bekannte Werkstoffe. Stahlbeton gestattet die Nutzung großer Rohrquerschnitte bis hin zu Stauraumkanälen, die Durchmesser von 4 Metern aufweisen können. Weiteres aktuelles Ausführungsbeispiel für Betonrohre ist der Neubau des Emscherkanals mit Rohrdurchmessern von 1,6 bis 2,8 m [6.41]. Zu beachten ist die Korrosionsanfälligkeit von Betonrohren bei Kontakt mit Schwefelwasserstoff (biogene Schwefelwasserstoffkorrosion), der bei anaeroben Verhältnissen auftritt.

Werkstoff Kunststoff: Der Kunststoffrohrbestand ist mit Blick auf andere Materialien mit rund 16 % noch recht überschaubar. Großer Vorteil der Kunststoffe ist, dass sie chemisch sehr resistent sind. Sie werden vorrangig bei kleineren Rohrdurchmessern (z. B. in der Grundstücksentwässerung) eingesetzt. Kunststoffe können zusätzlich bei Verbundlösungen z. B. als Rohrinnenauskleidung von Betonrohren zur Anwendung kommen. Rohre aus Kunststoff sind leichter als andere Werkstoffe und können gut und schnell verlegt werden. Im größeren Nennweitenbereichen $\geq$ DN 800 liegt der Anteil der Kunststoffrohrleitungen lediglich bei rund 1 %. Die Anwendbarkeit ebendieser größeren Querschnitte wurde bereits verschiedentlich belegt [6.38].

Abschließend zu erwähnen ist, dass der exklusive Blick auf die Rohrmaterialien nicht ausreichend ist, um die im Markt verfügbaren Rohrsysteme abschließend zu beschreiben. Die eingesetzten Systeme bestehen aus Rohren sowie Formstücken und weiteren Bauteilen mit teils unterschiedlichen Verbindungsformen wie beispielsweise Muffen- oder Steckverbindungen.

6.3.2.2 Querschnittsformen

Für die Stadtentwässerung wäre das klassische Kreisprofil als alleiniger Rohrquerschnitt nicht auskömmlich. Es sind weitere Rohrquerschnitte verfügbar, die im Mischsystem sowohl einen Trockenwetter- als auch Mischwasserabfluss besser gewährleisten als ein Kreisprofil. Weitere Gründe auf andere Querschnittsformen auszuweichen, können Platzprobleme im Untergrund sein. Häufig anzutreffende Rohrquerschnitte nach DIN 4263 sind:
- Kreisquerschnitt (klassisches Profil, Einsatz im Trennsystem)
- Eiquerschnitt (Einsatz vorrangig im Mischsystem)
- Maulquerschnitt (wenn geringe Bauhöhe erforderlich)

Abb. 6.7 zeigt die genannten Querschnitte sowie weitere wichtige Ausführungsformen, die in der Stadtentwässerung eingesetzt werden. Ergänzende Informationen wie beispielsweise die genauen geometrische Verhältnisse sowie Abmessungen der Querschnittsformen können der DIN 4263 „Kennzahlen von Abwasserkanälen und -leitungen für die hydraulische Berechnung im Wasserwesen" (DIN 4263: 2011-06) entnommen werden.

1) Eiquerschnitt
2) Rinnenquerschnitt mit einseitigem Auftritt
3) Kreisquerschnitt
4) Rinnenquerschnitt mit beidseitigem Auftritt
5) Maulquerschnitt

Abb. 6.7   Ausgesuchte in der Stadtentwässerung eingesetzte Rohrquerschnitte

6.3.2.3 Einbauten und Bauwerke in der Kanalisation

Einbauten

Wie mehrfach angemerkt, besteht die Kanalisation nicht ausschließlich aus Rohren. Zahlreiche Einbauten, reguläre Bauwerke und Sonderbauwerke ergänzen die Ableitungsinfrastruktur. Nachstehend sind reguläre Bauwerke aufgeführt, die in der Kanalisation gemeinsam mit den Rohrleitungen das hydraulische System prägen.

- Schächte stellen den Zugang zu den Rohrleitungen sicher, definieren eine Haltung (Strecke zwischen zwei Schächten) und ermöglichen Richtungsänderungen. Die durchschnittliche Haltungslänge in Deutschland beträgt 39,1 m [6.40].
- Absturzbauwerke werden vorgesehen, wenn Höhenunterschiede zu überwinden sind – zum Beispiel die Verbindung eines hoch liegenden Kanalisationsstrangs mit einem tiefer liegendem. Absturzbauwerke stellen dabei in einem Bauwerk den erforderlichen Höhensprung und damit einhergehend die angestrebte Energiedissipation sicher. Hinsichtlich der baulichen Ausführung kommen beispielsweise Sohlstufen oder verschiedene Formen von Fallschächten in Frage.
- Düker dienen der Unterquerung von Hindernissen. Besonderheit ist, dass der Dükerabschnitt unter Druck steht – also als Druckleitung ausgeführt wird. In der Regel werden im Düker mehrere Rohrleitungen vorgesehen, um diese je nach Abwasseraufkommen sukzessive beschicken zu können, sodass in jedem Rohr eine ausreichend hohe Fließgeschwindigkeit sichergestellt ist [6.22].

- Pumpwerke können erforderlich werden, wenn ansonsten nicht vermeidbare Höhenunterschiede zu überwinden sind. Da es sich bei der Kanalisation um eine Freispiegelentwässerung handelt, sind Pumpwerke möglichst sparsam einzusetzen [6.22].
- Drosselstrecken: „Drosselstrecken sind Kanalrohre, die teilweise unter Druck betrieben werden und die Aufgabe haben den Durchfluss nach oben zu begrenzen. Sie kommen zur Anwendung, um den Ablauf von Entlastungs- und Rückhaltebauwerken zu kontrollieren" [6.22].

Sonderbauwerke: Regenrückhalteanlagen (RRA) und Regenüberlaufbecken (RÜB)

Separat zu würdigen sind Regenrückhalte- und Mischwasserentlastungsbauwerke als Sonderbauwerke in der Kanalisation. Regenrückhaltebecken stellen zusätzlichen Speicherraum zur Verfügung, sodass eine spürbare Retentionswirkung erzielt werden kann. Eine Entlastung in den Vorfluter ist nicht vorgesehen. Es ist lediglich ein Notüberlauf vorhanden. Regenüberlaufbecken als Mischwasserentlastungsbauwerke verfügen ebenfalls über ein Speichervolumen, das aber deutlich kleiner ausfällt als das von Regenrückhaltebecken. Hauptzweck dieser Bauwerke ist, den Abwasserstrom zu drosseln, die nicht weiterleitbare Abwassermenge zwischenzuspeichern und bei ausgeschöpftem Speichervolumen direkt (mit oder ohne mechanische Klärung) in den Vorfluter zu entlasten. Es gibt folgende Ausführungen: Durchlaufbecken und Fangbecken. Diese Bezeichnungen weisen bereits konkret darauf hin, welche Funktionen diese Becken erfüllen. Welcher Beckentyp genutzt wird, ist damit im Wesentlichen vom Verschmutzungsgrad des Mischwassers unter besonderer Beachtung von Verschmutzungsspitzen (Spülstöße) abhängig. Fangbecken dienen dem Auffangen einer bestimmten Wassermenge, die nach Abklingen des Regenereignisses vollständig zur Kläranlage geführt wird. Dies macht besonders in (kleineren) Einzugsgebieten Sinn, wo ausgeprägte Spülstöße, also stark verschmutztes Mischwasser, zu Beginn eines entlastungsrelevanten Abflusses auftreten können. Abb. 6.8 illustriert die Funktionsweise eines Fangbeckens im Nebenschluss.

Durchlaufbecken werden dagegen kontinuierlich durchflossen. Nach vollständiger Befüllung wird in diesen Becken ebenfalls eine Entlastung ausgelöst. Wesentlicher Unterschied zu den Fangbecken ist, dass aufgrund des kontinuierlichen Durchflusses vor der Entlastung eine mechanische Klärung des gesamten zu entlastenden Mischwassers möglich ist. Die genannten Regenüberlaufbecken können im Hauptschluss oder Nebenschluss angeordnet sein.

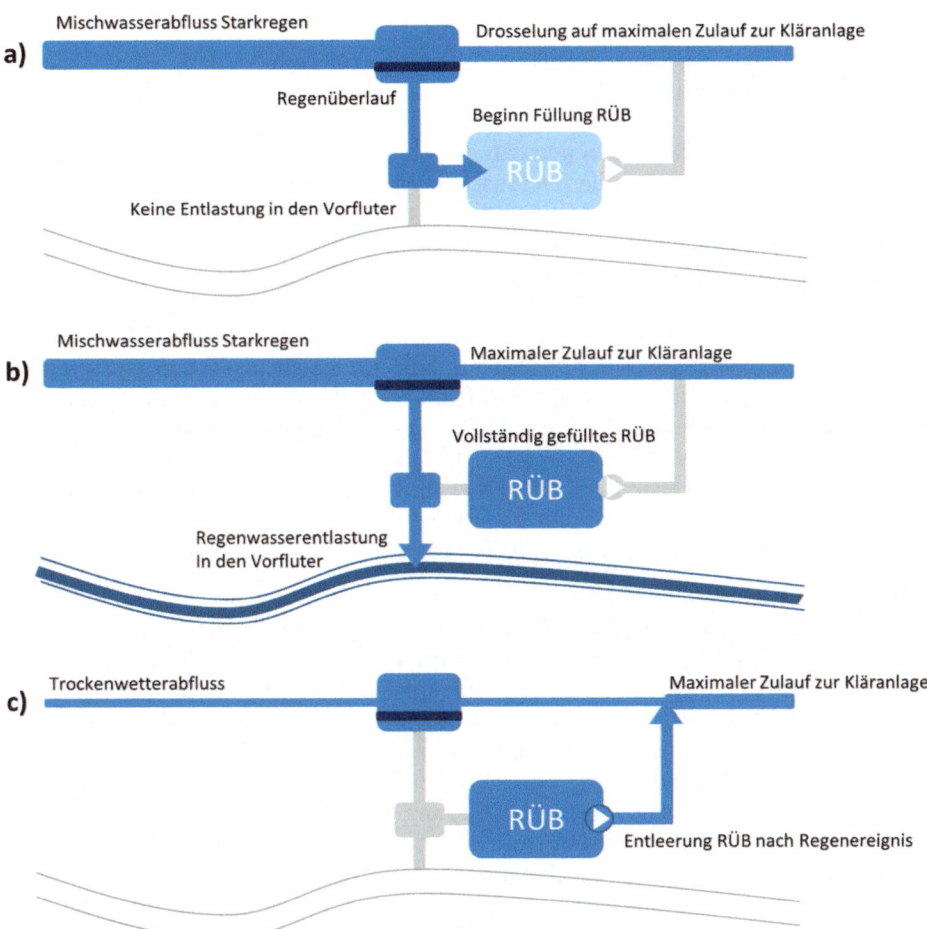

Abb. 6.8 Prinzipskizzen zur Funktionsweise von Regenüberlaufbecken am Beispiel eines Fangbeckens im Nebenschluss

Eine Sonderbauform von Regenüberlaufvorrichtungen sind die Stauraumkanäle (SK). Dabei handelt es sich um großformatige Kanalstrecken mit Durchmessern bis 4 Metern. Eindrucksvolle Beispiele hierfür sind Stauraumkanäle in Berlin oder Nürnberg, die ebendiese Durchmesser von 4,0 Metern aufweisen. Stauraumkanäle verfügen ebenso über Entlastungsmöglichkeiten. Ist die Entlastungsvorrichtung am Anfang des Stauraumkanals angeordnet, liegt die Funktionsweise eines Fangbeckens vor. Zu Beginn wird Mischwasser zwischengespeichert und nachkommendes Mischwasser durchfließt den Stauraumkanal nicht mehr. Ist die Mischwasserentlastung am Ende des Stauraumkanals positioniert (unten liegend), entspricht die Funktion des Kanals einem Durchlaufbecken. Der Stauraumkanal wird durch nachkommendes Mischwasser kontinuierlich durchflossen.

Regenklärbecken (RKB)

Auf die eventuell gegebene Behandlungsbedürftigkeit von Niederschlägen wurde bereits hingewiesen. Im Trennsystem werden jedoch verschmutzte Regenwässer systembedingt nicht auf der kommunalen Kläranlage mitbehandelt. So werden im Trennsystem Regenklärbecken genutzt, die der gezielten Behandlung von Regenwasser dienen. Hinsichtlich der technischen Ausführung gibt es Becken mit und ohne Dauereinstau. Technisch umgesetzt werden eine Partikelabtrennung durch Sedimentation sowie eine Leichtstoffabscheidung. Die Größenordnung der Auslegung von Regenklärbecken liegt bei 10 bis 50 m³/ha. Die mit derartigen Anlagen erreichbare Klärwirkung steht unter genauer Beobachtung. Kritik wird an dem unzureichenden Rückhalt der Feststofffeinfraktion festgemacht. Die schlecht sedimentierende Feinkornfraktion gilt als stark belastet, da sie als Träger anderweitiger Schadstoffe fungiert. So steht die Feinkornfraktion für eine starke Beladung mit Schwermetallen, mineralischen Kohlenwasserstoffen und Polyzyklischen Aromatischen Kohlenwasserstoffen [6.42]. Mit Blick auf konventionelle Absetzanlagen, die mit Oberflächenbeschickungen (Herleitung der Oberflächenbeschickung in Abschn. 6.4.2) zwischen 2 und 10 m/h betrieben werden, konstatieren Fuchs et al. bezüglich des Feinpartikelrückhalts weitgehende Wirkungslosigkeit [6.42].

Retentionsbodenfilter (RBF)

Retentionsbodenfilter können zur Behandlung von Niederschlagsabflüssen aus Misch- und Trennsystemen und von Straßenflächen vor deren Einleitung in Oberflächengewässer eingesetzt werden. Retentionsbodenfilter weisen eine höhere Reinigungsleistung als Regenklärbecken auf und sind daher besonders geeignet, anspruchsvolle emissions- und immissionsbezogene Anforderungen des Gewässerschutzes zu erfüllen [6.43]. Das Funktionsprinzip der Retentionsbodenfilter ergibt sich aus ihrer zweistufigen Ausführung. Die erste Stufe ist ein Absetzbecken und dient der Vorreinigung mit integrierter Leichtstoffabscheidung. Ohne diese Vorreinigung wäre die sich anschließende Bodenfiltration in der zweiten Stufe innerhalb kurzer Zeit stark beeinträchtigt. Im Filterbecken dient zunächst der Filterüberstau als Retentionsraum. Die Filteroberfläche wird bepflanzt. In der Regel wird Schilf genutzt, das als konkurrenzstarke Pflanze gilt und zusätzlich Fremdbewuchs unterdrückt. Weiterer Vorteil ist, dass die Schilfstreu zur Ausbildung einer strukturreichen Filteroberfläche und damit zum Kolmationsschutz beiträgt [6.43]. Der Filter ist an der Sohle abgedichtet. Das Filtrat wird durch ein Dränagesystem aus dem Filterbett entnommen und dem Ablaufbauwerk zugeführt. Am Ablauf befindet sich eine Drosseleinrichtung, die den Abfluss der Anlage begrenzt bzw. steuert [6.43]. Der Abfluss des Retentionsbodenfilters kann in ein Oberflächengewässer abgeleitet oder versickert werden. Abb. 6.9 illustriert die beschriebene Funktionsweise eines Retentionsbodenfilters.

Retentionsbodenfilter haben aufgrund der Filterpassage eine hohe Wirksamkeit im Hinblick auf den Rückhalt der oben angesprochenen belasteten Feinstofffraktionen. So werden angesichts einer repräsentativen Zulaufkonzentration an Abfiltrierbaren Stoffen (AFS) von 149 mg/l entsprechende AFS-Ablaufwerte von unter 1 mg/l erreicht [6.42]. Zur Einstufung der Reinigungsleistungen von Retentionsbodenfiltern sind in Tabelle 6.4 erzielbare Ablaufkonzentrationen aufgeführt.

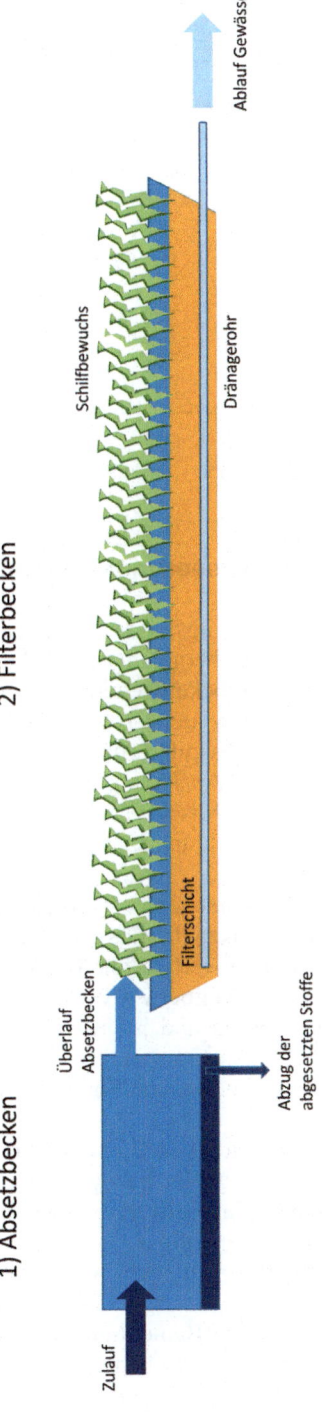

Abb. 6.9 Funktionsweise eines Retentionsbodenfilters

Tabelle 6.4 Erzielbare Ablaufkonzentrationen (Dränablauf) von Retentionsbodenfiltern (*MKUNLV* [6.43])

Parameter	Einheit	Mischsystem	Trennsystem/Straße
AFS_{fein}	mg/l	< 5	< 5
TOC	mg/l	8	5
NH_4-N	mg/l	< 0,1	< 0,1
P_{ges}	mg/l	1,0/0,03*	0,3/0,03*
Zink	mg/l	20	20
Cadmium	mg/l	0,02	0,02
Kupfer	mg/l	10	10

* Nur bei speziell für P melioriertem Substrat

** AFS_{fein} entspricht Feststoffen in der Größe < 63 μm (AFS63)

6.3.3 Auslegung von Stadtentwässerungssystemen

Hinsichtlich der Berechnung beziehungsweise Auslegung von Stadtentwässerungssystemen sind zunächst die oben hergeleiteten Abflussarten zu vergegenwärtigen. Unter Bezugnahme auf den Trockenwetterabfluss ist die Berechnung von Schmutzwassernetzen im Trennsystem meist recht einfach vorzunehmen. Angesetzt wird die doppelte maximale Tagesspitze zuzüglich Fremdwasseraufkommen. Eine größere Herausforderung bei der Auslegung ist die angemessene Berücksichtigung des Niederschlagsabflusses im Mischsystem und im Regenwasserkanal im Trennsystem. Die zu wählenden Berechnungsansätze richten sich nach der Komplexität des auszulegenden Systems.

Das DWA Arbeitsblatt A118 unterscheidet hydrologische und hydrodynamische Berechnungsmethoden für den Kanalabfluss. Unter die hydrologischen Methoden fallen Ansätze wie das Zeitbeiwertverfahren oder die Anwendung hydrologischer Abflussmodelle. Das Zeitbeiwertverfahren kann für einfache Kanalisationsnetze angewendet werden und ist in Handrechnung gut ausführbar. Die Einordnung als einfaches Kanalisationsnetz ist an einige Kriterien wie Einzugsgebietsgröße (< 50 ha) und das Fehlen von Sonderbauwerken wie Regenüberlaufbecken geknüpft.

Bei Nutzung des Zeitbeiwertverfahrens wird ein maximal zu bewältigender Abfluss ermittelt. Zugrunde liegt eine gebietsbezogen gewählte Starkregenspende $r_{D,n}$. Ergänzt durch einen Spitzenabflussbeiwert ψ_S, der der Gebietscharakteristik Rechnung trägt, wird der größte Regenabfluss Q_R ermittelt. Dieser ist Grundlage, um den passenden Rohrquerschnitt festzulegen, wobei gilt $Q_{voll} > Q_{max}$. Hinsichtlich der Festlegung der für das zu entwässernde Gebiet maßgeblichen Regenspende $r_{D,n}$ ist die Wiederkehrhäufigkeit des Bemessungsregens bedeutsam, die sich je nach Schutzbedürftigkeit des Gebietes zwischen 1 (einmal pro Jahr) und 0,1 (alle

10 Jahre) bewegt. Für Bereiche mit einer normalen Bebauung wird in der Regel eine Wiederkehrhäufigkeit von 2 Jahren (n = 0,5) angesetzt.

Der Spitzenabflussbeiwert ψ_S ist der Quotient aus dem effektiven Niederschlag und dem Gesamtniederschlag oder – etwas anders ausgedrückt – das Verhältnis von Abflussspende zu Regenspende. Der effektive Niederschlag ist der Anteil des Gesamtniederschlags, der tatsächlich direkt abfließt. Damit werden die Anteile des Niederschlags abgezogen, die nicht zwischengespeichert werden, anderweitig verbleiben (z. B. in nicht abflusswirksamen Vertiefungen und Mulden), versickern oder verdunsten. Hilfestellung bei der Festlegung des Spitzenabflussbeiwerts ψ_S leistet das DWA Arbeitsblatt A 118, dem Angaben zu ψ_S in Abhängigkeit vom Befestigungsgrad und der Geländeneigung entnommen werden können. Ebenso bietet das Arbeitsblatt genauere Angaben zur Nutzung des Zeitbeiwertverfahrens. Mit der Einzugsgebietsgröße A_E in ha ergibt sich nun der maximale Regenabfluss wie folgt.

$$Q_R = r_{D,n} * \psi_S * A_E \ [l/s] \tag{6.1}$$

Werden die Kriterien für ein einfaches Kanalnetz teilweise oder gänzlich nicht erfüllt, liegt ein komplexes Kanalnetz vor. Hier ist ein Überstaunachweis zu erbringen. Überstau bedeutet in der Regel, dass der Wasserstand die Geländeoberkante erreicht. Ein solcher Nachweis kann ausschließlich hydrodynamisch erfolgen. Hydrodynamische Berechnungen zeichnen sich dadurch aus, dass sie den Fließvorgang mit den physikalisch-hydraulischen Gesetzmäßigkeiten möglichst genau beschreiben. Hier ist eine Rechnerunterstützung zur detaillierten Simulation naheliegend.

6.3.4 Betrieb und Instandhaltung von Stadtentwässerungsnetzen

Betriebliche Aufgaben
Hauptaufgabe des Kanalbetriebs ist, jederzeit und ohne Einschränkung die vordefinierte Vorflut zu gewährleisten. Es gibt rein betriebliche Aufgaben wie die Abflusssteuerung aber auch Aufgaben, die nicht ohne weiteres von den Aufgaben der Kanalinstandhaltung abzugrenzen sind wie beispielsweise die Zustandserfassung oder auch die Kanalreinigung.

Anlagenbewirtschaftung und Zustandserfassung: Der Anlagenbetrieb kann nur dann erfolgreich wahrgenommen werden, wenn eine gute Kenntnis des gesamten Systems vorliegt und auf dieser Grundlage alle erforderlichen Maßnahmen zum Erhalt der Funktionsfähigkeit des Systems rechtzeitig eingeleitet werden können. Maßgebliches Ziel ist, die betrieblichen Einschränkungen oder einen Anlagenausfall zu vermeiden. Angesichts dieser Anforderung sind hohe Maßstäbe an die Anlagenbewirtschaftung anzulegen. Eine gute Kenntnis des gesamten Kanalsystems basiert auf der Anlagendokumentation (Unterlagen aus der Bau- und Ausführungsphase) sowie einer kontinuierlichen Fortsetzung der Bestands- bzw. Zustandsaufnahme. Die Zustandserfassung bedeutet explizit, Abweichungen vom Sollzustand – d. h. vorhandene Schäden und Undichtigkeiten – zu detektieren. Untersuchungen zur Zusammensetzung der Sielhaut (Biofilm auf der wasserbenetzen Fläche der Kanalrohre) geben Aufschluss über unter Umständen nicht zulässige Einleitungen. Alle Aktivitäten zur Datenerfassung vor Ort sind angesichts der großen Länge und unterirdischen Lage der Kanalinfrastruktur mit hohem personellem und gerätetechnischem Aufwand verbunden. Soweit möglich werden eine Begehung der Kanäle vorgenommen oder anderweitig geeignete Instrumente (Spiegel, Kameras/Roboter zur Kanalbefahrung, Abb. 6.10) eingesetzt. Das Gesamteinzugsgebiet ist in Bewirtschaftungseinheiten einzuteilen (Teileinzugsgebiete) und deren (Abfluss-)Charakteristik zu erfassen und zu beschreiben (insb. Befestigungsgrade). Alle im Rahmen der Bestands- und Zustandserfassung aufgenommenen Daten finden Eingang in geeignete EDV-Instrumente, die es gestatten, sowohl den Istzustand zu dokumentieren als auch zukünftige Betriebszustände zu prognostizieren und Maßnahmen im System vor und nach der Durchführung zu bewerten (Kanaldatenbanken, Geografische Informationssysteme, Kanal-Alterungsmodelle).

Abb. 6.10 Kamerawagen zur Kanalbefahrung und Videoaufzeichnung

Es wird deutlich, dass alle Maßnahmen zur Bestands- und Zustandserfassung essentielle Voraussetzung für die Planung und Durchführung angemessener beziehungsweise besonders effektiver Instandhaltungsmaßnahmen sind (siehe unten).

Kanalreinigung: Die Kanalreinigung ist eine dauerhafte betriebliche Aufgabe. Sie ist zu erfüllen, wenn die Abflüsse nicht ausreichen, genügend Schleppkraft zu entwickeln, um Ablagerungen zu vermeiden beziehungsweise aufgetretene Ablagerungen aufzulösen. Ablagerungen behindern nicht nur die Vorflut sondern führen auch zu stofflichen Umsatz- und Abbauvorgängen in der Kanalisation. Letzteres kann wiederum zu einer Verschärfung von Geruchs- und Korrosionsproblemen führen. Es gibt viele Gründe, warum es zu Ablagerungen kommt. Dies können technisch bedingte Unzulänglichkeiten sein wie unzureichendes Abwasseraufkommen in den Anfangshaltungen oder Passagen mit nur geringem Gefälle. In

Abschn. 6.3.1 wurde darauf hingewiesen, dass die Schmutzwasserkanäle im Trennsystem systembedingt nicht von Spüleffekten aufgrund von Regenereignissen profitieren. Auch die klimatischen Veränderungen werden verstärkt Einfluss auf den Kanalbetrieb haben. Überflutungen führen in der Regel nicht nur zu nennenswerten Sach- und unter Umständen auch Personenschäden sondern es kann dadurch auch unvorhersehbare Feststoffeinträge geben, zum Beispiel durch die Beseitigung von Hochwasserfolgen, wenn Schlamm von den Straßen in die Kanalisation gespült wird. Längere Trockenphasen können die Funktionalität von Entwässerungssystemen ebenfalls beeinträchtigen. Die Kanäle bleiben „ungespült", sodass eine häufigere Kanalreinigung erforderlich wird.

Für die Schwemmkanalisation wird frisches Wasser als Transportmedium benötigt, um die im Siedlungsgebiet anfallenden Exkremente aus dem Entsorgungsgebiet herauszuleiten. Wasser als Transportmedium ist also conditio sine qua non. Die tatsächlich abfließende Menge an Abwasser ist aber nicht eindeutig prognostizierbar. Der Anfall von Fremdwasser ist von der Lage des Rohres, seiner Dichtigkeit sowie vom Umfang der Fehlanschlüsse abhängig. Probleme mit Ablagerungen können sich ferner ergeben, wenn es infolge demografischer Entwicklung oder als Folge des Wassersparens zu sinkenden Schmutzwassereinträgen in die Kanalisation kommt. Insbesondere die Wassersparmaßnahmen der Trinkwasser-Verbraucher können dazu führen, dass nicht genügend Wasser zum „Schwemmen" vorhanden ist (Kap. 7 – Wassersparen). Für die Spülung selbst stehen mehrere Optionen zur Auswahl. Neben einer einfachen Spülung mit Frischwasser oder eine Hochdruckspülung durch ein Hochdruckreinigungsfahrzeug können auch kanalinterne Einbauten wie Spülklappen Reinigungseffekte auslösen. Sonderbauwerke sind separat zu reinigen.

Abflusssteuerung: Die Abflusssteuerung ist ein moderner Schalthebel zur Optimierung des Kanalbetriebs. Steuerung heißt, auf den Abflussprozess situationsangepasst Einfluss zu nehmen. Demnach muss eine betriebliche Abflusssituation feststellbar sein, um auf dieser Grundlage anhand festgelegter Steuergrößen über Stellorgane das Abflussgeschehen zu beeinflussen. Die drei grundsätzlichen Möglichkeiten der Abflusssteuerung sind eine [6.44]

- lokale Steuerung: örtlich begrenzte Maßnahmen mit Bezug auf lokale Zustandsgrößen, feste Abflusssollwerte und feste Abfluss-Wasserstands-Kennlinien [6.44];
- Verbundsteuerung: wichtige Stellen im Netz geben Stellgrößen vor, damit auch eine Vernetzung der Abflusssteuerung mehrerer Teileinzugsgebiete möglich wird;
- integrierte Steuerung: güteorientierte Interaktion mit der Kläranlage oder dem Gewässer;

Es wird deutlich, dass durch die Implementierung einer Abflusssteuerung mehrere oder sogar unterschiedliche Zielsetzungen angestrebt werden können. In jedem Fall ist es positiv, wenn es gelingt, bisher nicht oder nur unzureichend genutztes Kanalvolumen zu aktivieren und damit die Dämpfung von Abflussspitzen erreicht werden kann. Wenn es also hydraulisch gelingt, die Entlastungshäufigkeiten in Mischsystemen zu reduzieren, ergibt sich eine konkrete Verbesserung in Sachen Gewässerschutz. Kommen neben hydraulischen auch stoffliche bzw. qualitative

Steuergrößen hinzu, sind weitere Wirkungen hinsichtlich des Gewässerschutzes zu erwarten. Insbesondere eine (verbesserte) Interaktion zwischen Kanalisation und Kläranlage im Rahmen der integrierten Steuerung ist ein recht ambitionierter Bewirtschaftungsansatz. Eine derartige Interaktion mit der Kläranlage kann helfen, im Niederschlagsfall das Optimum an Reinigungsleistung zu gewährleisten.

Zusammenfassend ist es ein Qualitätsmerkmal des Kanalbetriebs, wenn Steuerungsmöglichkeiten bestehen. Wenn diese Steuerung Handhabe bietet, um Entlastungshäufigkeiten zu reduzieren, ist eine Verbesserung beim Gewässerschutz erreicht. Zusätzlich kann die Abflusssteuerung ein wichtiger Beitrag für die zumindest graduelle Absicherung gegen neue oder sich verschärfende Risiken sein wie sie uns durch den Klimawandel auferlegt werden. Inwieweit eine Kostenreduktion mit der Abflusssteuerung einhergeht, hängt davon ab, ob dadurch erzielte Effekte berücksichtigt und entsprechend monetarisiert werden können. Konkret wäre festzulegen, wie beispielsweise die erreichte Verbesserung der Gewässerqualität auch als Kostenreduktion dargestellt werden kann.

Instandhaltung

Die Instandhaltung umfasst Maßnahmen der Wartung, Inspektion und Instandsetzung. Die Instandsetzung sieht Reparaturmaßnahmen oder eine Erneuerung von Anlagen und Bauteilen vor. Im Laufe der Zeit ist noch eine vierte Instandhaltungskomponente hinzugekommen: die „Verbesserung". Zugehörige Maßnahmen verbessern das System und steigern seine Funktionsfähigkeit und -sicherheit. Genauere Einzelheiten sind in der DIN 31051 festgelegt. Es gibt zwei wesentliche Instandhaltungsstrategien. Bei der korrektiven Strategie werden Schadensereignisse und Ausfälle von Anlagenteilen detektiert und behoben. Im Rahmen der präventiven Instandhaltung werden Maßnahmen so geplant und umgesetzt, dass Schadens- oder Systemausfälle nicht auftreten.

Mit Blick auf die Stadtentwässerung wird sich ein dichtes Kanalnetz mit vertretbarem Aufwand nicht umsetzen lassen. Man wird immer mit gewissen Undichtigkeiten leben müssen. Um jedoch die Unzulänglichkeiten eines Kanalnetzes zu begrenzen, sind die tatsächlich vorhandenen Schäden und Undichtigkeiten zu detektieren und anschließend – soweit wie möglich und vertretbar – zu beheben. Es wurde schon darauf hingewiesen, dass in der Stadtentwässerung die betrieblichen Aufgaben recht eng an die Aufgaben der Kanalinstandhaltung geknüpft sind. Die Bestands- und Zustandserfassung sowie die gezielte Datenauswertung in Form von Alterungsmodellen dienen ganz maßgeblich der Vorbereitung der Systeminstandhaltung.

Vielfach zu beobachtende Undichtigkeiten werden durch Fehler bei der Bauausführung ausgelöst, z. B. aufgrund einer unzureichenden Rohrbettung. Weitere Ursachen für Undichtigkeiten sind Verschiebungen der Rohrlage, undichte Rohrverbindungen und Leckagen als Folge von Wurzeleinwuchs. Derartige Schadensfälle bergen immer die Gefahr, dass es zu einer Abwasserexfiltration und einem erhöhten Fremdwassereintritt kommt. Sollten noch zusätzlich Bodenauswaschungen auftreten, können die Bodenstandsicherheit und darüber liegende Bauten gefährdet sein. In Ergänzung zu der offiziellen Nomenklatur der DIN 31051 wird im Bereich der Kanalisation oftmals von einer Kanalsanierung gesprochen. Gemeint ist die Wiederherstellung des Sollzustandes. Dies deckt sich mit der Zielsetzung der Instandsetzung. Die Instandsetzung durch eine Reparatur bezieht sich auf einzelne schadhafte Stellen und bedeutet die Wiederherstellung der Funktionsfähigkeit, ohne dass ein Austausch vorgenommen wird. Bei der Erneuerung werden schadhafte Rohrleitungen (oder andere Elemente der Kanalisation) beispielsweise durch zerstörungsfreie Inlinerlösungen in bestehenden Kanälen oder einen Austausch des Rohres durch grabenlose Verfahren wie das *Pipe-Burst-* oder *Pipe-Eating*-Verfahren instandgesetzt.

6.4 Verfahren der Abwasserreinigung

6.4.1 Übersicht konventionelle Abwasserreinigung

Die Abwasserreinigung schließt die Entsorgung von Abwässern ab. Sie ist ein notwendiger Schritt zum Schutz der aquatischen Umwelt. Auf Kläranlagen wird in der Regel auf Prozesse zurückgegriffen, die der Natur entlehnt sind und unter optimiert-kontrollierten Randbedingungen ablaufen.

Vor der Behandlung wird das Abwasser größtenteils gehoben, sodass es im Freispiegelgefälle ohne weitere Pumperfordernisse die Kläranlage durchlaufen kann (Abb. 6.11). Dies geschieht in der Regel mit robusten Schneckenpumpwerken. Die zu Beginn zu leistende Aufgabe ist die mechanische Reinigung. Sie dient dem Rückhalt von groben aber auch feineren Feststoffen. Übliche Reinigungsschritte sind Rechen, Sandfang, Leichtstoffabscheider und Vorklärbecken. Nach der Feststoffentnahme werden bei der sich anschließenden biologischen Reinigung unter Zuhilfenahme spezieller Biozönosen gelöste Stoffe verstoffwechselt und auf diesem Weg aus dem Abwasser herausgeschleust. Der heutige Leistungsumfang biologischer Reinigungsstufen umfasst den Abbau von Kohlenstoffverbindungen sowie der Nährstoffe Stickstoff und Phosphor.

Abb. 6.11 Schneckenpumpwerk auf einer Kläranlage

Wesentliches Merkmal der biologischen Abwasserreinigung ist, dass eine Biomasse (belebter Schlamm oder Biofilme) im Bioreaktor im gebotenen Umfang aufrechterhalten wird. Beim Belebtschlammverfahren gelingt die Aufrechterhaltung der Biomassemenge M_{TS} dadurch, dass durch eine der biologischen Behandlung nachgeschalteten Feststoffabtrennung der abgetrennte Schlamm wieder in den Bioreaktor zurückgeführt wird. Dadurch wird für die biologische Stufe die hydraulische Aufenthaltszeit von der der Biomasse entkoppelt. So ist sichergestellt, dass immer ausreichend Biomasse für den Stoffumsatz im Reaktor verfügbar ist. Dieser Umsatz sorgt aber auch für einen kontinuierlichen Zuwachs von Biomasse. Daher ist der überschüssige Anteil der Biomasse dem System als Überschussschlamm zu entziehen. Der abgezogene Überschussschlamm wird mit dem Primärschlamm aus der Vorklärung in der Schlammbehandlung weiter behandelt und in einen stabilisierten und entsorgungsfähigen Zustand überführt. Abb. 6.12 zeigt den Ablauf der Abwasserreinigung auf einer konventionellen Kläranlage, die zur biologischen Reinigung das Belebtschlammverfahren verwendet.

Viele konventionelle Klärprozesse enden mit der biologischen Stufe. Sollte diese nicht ausreichend sein, können sich noch zusätzliche Reinigungsschritte zum Erreichen besonderer Ablaufqualitäten oder zum erhöhten Schutz besonders sensitiver Vorfluter anschließen. Als Beispiele sind hier eine Nachnitrifikation, Abwasserfiltration und -desinfektion zu nennen. Nachstehend werden die einzelnen Stufen bzw. Verfahrenstechnologien in der Abwasserreinigung vorgestellt.

6.4.2 Mechanische Reinigung

Die Abwasserreinigung folgt der Logik, erst Feststoffe zurückzuhalten und anschließend gelöste Stoffe zu eliminieren. Die Feststoffentnahme erfolgt durch die mechanische (Vor-)Reinigung. „Es werden insbesondere Grobstoffe und abrasive mineralische Stoffe wie Sand aus dem Abwasser entfernt, die im weiteren Verlauf der Abwasserreinigung zu Verstopfungen, Geruch, unansehnlichen Verklebungen oder zu Problemen in der Schlammbehandlung führen können" [6.22]. Damit ist zu konstatieren, dass die mechanische Reinigung die biologische Stufe entlastet und betrieblichen Problemen vorbeugt. Für die mechanische Reinigung stehen mehrere Verfahren zur Verfügung. Tabelle 6.5 enthält eine Aufstellung der Verfahren zur mechanischen Reinigung auf Kläranlagen.

In die mechanische Reinigung können zusätzlich noch (chemische) Prozesse integriert werden, die entweder den Prozess der Phasenseparation verbessern (Flockung) oder überhaupt erst abscheidbare Partikel generieren (Fällung). Die angesprochenen Fällungs- und Flockungsprozesse sind zwar keine Verfahren der mechanischen Reinigung, sind aber dennoch unmittelbar mit dieser verbunden (siehe auch Kap. 7).

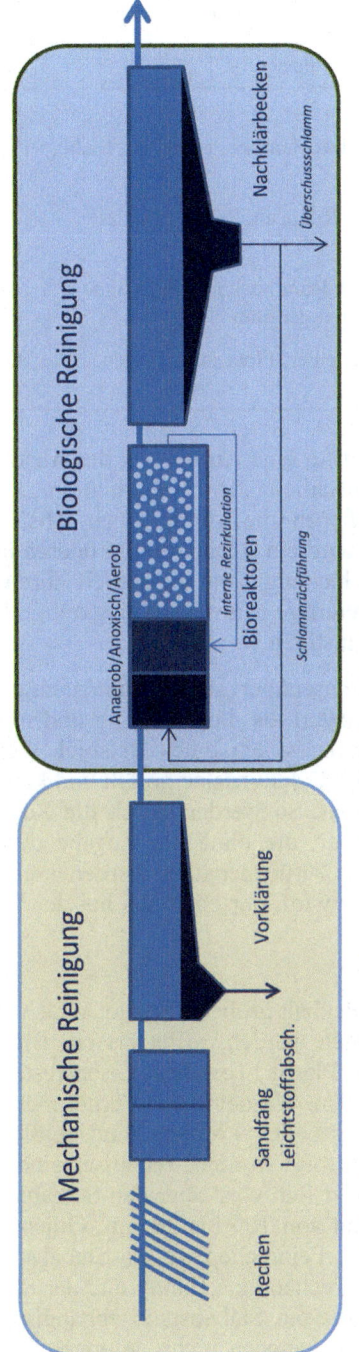

Abb. 6.12 Reinigungsstufen auf einer konventionellen Kläranlage (Belebtschlammverfahren)

Tabelle 6.5 Verfahren zur mechanischen Vorreinigung

Verfahren	Technische Ausführungen	Abgetrennte Fraktionen
Rechen- und Siebanlagen	Schutzrechen Grobrechen, Feinrechen, Feinstrechen, Siebe, (Siebrechen)	Grobstoffe wie Textilien, Papiere, etc.
Sandfänge	Langsandfänge, Rundsandfänge, belüftete Sandfänge	Abtrennen der feineren mineralischen Fraktionen
Vorklärbecken	Rechteckbecken, Rundbecken: beide Bauformen maschinell geräumt	Absetzen organischer Feststoffe
Sonstige	Leichtstoffabscheider, Flotationsanlagen	Öle, Fette mit einer Dichte < 1 kg/l

Flockung: Die Flockung steht für eine Aufhebung der Abstoßungskräfte zwischen den Partikeln und einer anschließenden Flokkulation. Die zugegebenen Flockungsmittel (Metallsalze) heben die vorhandenen Abstoßungskräfte auf oder schirmen diese ab. Dadurch wird ein Verbund zu größeren und damit abscheidbaren Flocken möglich. Die Flockung kann zusätzlich durch die Zugabe weiterer Stoffe unterstützt werden. Derartige Mittel sind langkettige Polymere, die die Bildung von Makroflocken begünstigen.

Fällung: die Fällung ist ein Phasenübergang von gelöst zu ungelöst. Damit ist dieser Prozess völlig anders gelagert als die Flockung und mit dieser nicht zu verwechseln. Die Phosphorfällung ist ein gutes Beispiel. Gelöster Phosphor wird durch Eisen-, Aluminium oder Calciumsalze gefällt und kann anschließend in fester Form abgeschieden werden. So werden durch die Zugabe von Chemikalien Wasserinhaltsstoffe rückhaltbar, die ohne die Zugabe durch die mechanischen Verfahrensansätze eben nicht zurückgehalten werden könnten. Zu beachten ist, dass ein Fällschlamm erzeugt wird, der ebenfalls bei der Schlammentsorgung zu berücksichtigen ist.

Rechen
Rechen gewährleisten den Rückhalt gröberer Stoffe. Welche Stoffe dem Abwasser bereits am Rechen entnommen werden, offenbart ein Blick auf das Rechengut (Abb. 6.30). Dort sind Papier, Plastik, Textilien, Essensreste, Körperpflegeprodukte (z. B. Wattestäbchen), Binden, Windeln oder Verhütungsmittel (Kondome) enthalten. Ein weiteres recht aktuelles Problem sind reißfeste Feuchttücher, die fälschlich über die Toilette entsorgt wurden. Technisch sind Grob- und Feinrechen zu unterscheiden. Ob grob oder fein wird über den Stababstand definiert. Grobrechen haben einen Stababstand von 100 bis 20 mm. Gujer gibt als typischen Bereich 30 bis 60 mm an [6.22]. Feinrechen weisen Stababstände zwischen 20 und 8 mm auf. Gujer gibt für Feinrechen eine Bandbreite der Stababstände von 30 bis 6 mm an [6.22]. Eine genaue, vom Stababstand abhängige Aufteilung zwischen Grob- und Feinrechen gibt es demnach nicht. Je enger der Stababstand gewählt wird, desto höher ist der Rechengutanfall. Ausführungsformen sind Greiferrechen,

Umlaufrechen, Bogenrechen und Gegenstromrechen. Auf Kläranlagen ist eine maschinelle Räumung der Regelfall. Eine noch weiter reichende Abtrennleistung wird durch die Nutzung von Feinstrechen (Stababstand < 8 mm) oder Siebrechen erreicht. Die Rechenanlage ist auf einer Kläranlage oft der geruchsintensivste Bereich, sodass sich hier eine Einhausung anbietet. Die Bemessung des Rechenbauwerkes hat – soweit zutreffend – auf den Mischwasserzulauf zu erfolgen. Grundsätzlich ist die Rechenkammer so zu erweitern, dass der durch die Rechenstäbe einstellende Verlust an Durchströmungsfläche wieder aufgehoben wird. Es wird eine Mindestfließgeschwindigkeit von 0,7 m/s empfohlen, unter anderen um zu verhindern, dass sich bereits hier Sande absetzen. Zu hohe Fließgeschwindigkeiten führen dazu, dass Rechengut durch den Rechen hindurchgedrückt wird.

Sandfänge
Im Anschluss an die Rechenanlage erfolgt in Sandfängen die Separation abrasiver mineralischer Stoffe. Die frühzeitige Entnahme der mineralischen Feinfraktion dient der Vermeidung von Ablagerungen in den sich anschließenden Becken und Leitungen sowie von Abrasionseffekten bei maschinetechnischen Anlagen. Ferner können Sande die Schlammbehandlung und hier insbesondere die Faulung erheblich stören (Versandung der Faultürme). Sandfänge sind Absetzvorrichtungen, in die ergänzend eine Leichtstoffabtrennung integriert werden kann. Die in Sandfängen abgeschiedenen Korngrößen liegen zwischen 0,1–0,2 mm. Sande haben eine Sinkgeschwindigkeit von mehr als 0,01 m/s. Aufgrund der guten Sedimentationseigenschaften der mineralischen Fraktion fallen Sandfänge deutlich kleiner aus als die sich anschließenden Vorklärbecken. Es gibt zahlreiche Bauformen von Sandfängen (Rundsandfänge, Langsandfänge, Tiefsandfang, belüftete Sandfänge). In den Bauformen der Sandfänge spiegelt sich wider, dass der Absetzvorgang durch eine effektive strömungstechnische Gestaltung unterstützt wird. Eine viel genutzte Variante ist der belüftete Sandfang, der durch eine seitliche Lufteinblasung eine Rotation des Wasserkörpers auslöst und damit die Sedimentationswirkung strömungstechnisch gezielt unterstützt. Gleichzeitig findet durch den Sauerstoffeintrag eine „Auffrischung" des Abwassers und eine Dichtereduzierung statt (Abb. 6.13). Zudem fallen die baulichen Abmessungen eines belüfteten Sandfanges in der Regel geringer aus als die eines Langsandfanges.

Abb. 6.14 zeigt einen kompakten Rundsandfang mit tangentialer Abwasserzuführung.

Vorklärung
Die Vorklärung ist der letzte Schritt der mechanischen Reinigung. Die zugehörigen Vorklärbecken sind Absetzvorrichtungen, in denen organische Feststoffe abgetrennt werden. Wesentlicher Grund ist die Entlastung der biologischen Stufe. Die Sedimentation der Feststoffe ist deutlich einfacher und kostengünstiger als ein biologischer Abbau unter energetisch aufwändiger Sauerstoffzugabe. Ferner ist eine Feststoffentnahme dann geboten, wenn verstopfungsempfindliche Aggregate eingesetzt werden. Dies trifft beispielsweise auf Beschickungsvorrichtungen wie Drehsprenger von Tropfkörpern zu. Auch feinporige Belüfter können von Verstopfungen betroffen sein, insbesondere wenn die Belüftung unterbrochen oder diskontinuierlich betrieben wird.

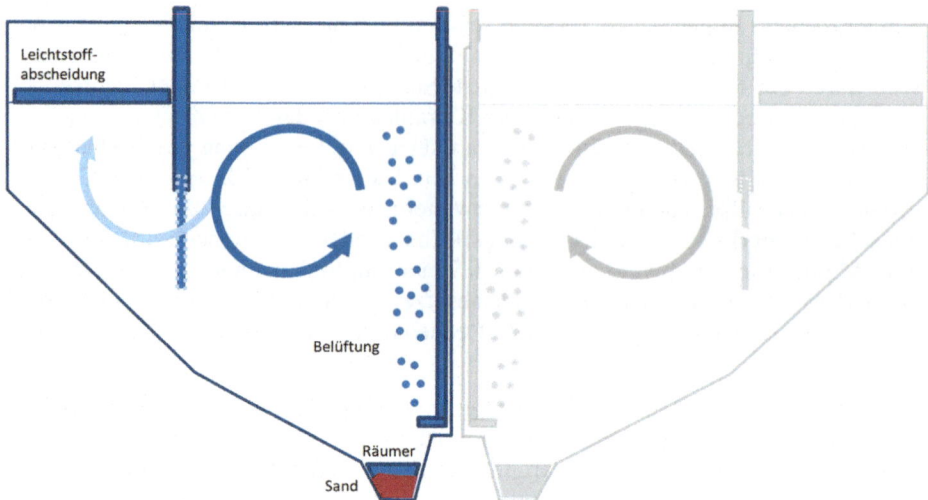

Abb. 6.13 Prinzip des belüfteten Sandfangs mit Leichtstoffabscheidung

Abb. 6.14 Kompakter Rundsandfang

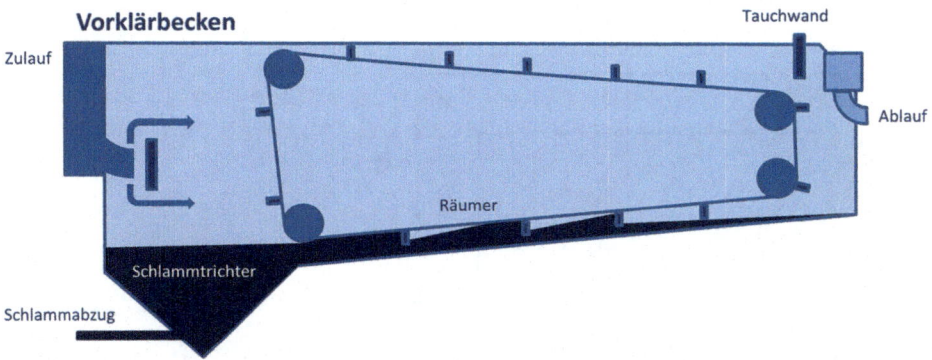

Abb. 6.15   Vorklärung als Rechteckbecken

Oberflächenbeschickung q$_A$

Die Oberflächenbeschickung q$_A$ ist die zentrale Bemessungsgröße bei der Phasenseparation. Mit ihr werden Absetzbecken und einige Bauformen von Sandfängen ausgelegt. Die Oberflächenbeschickung hat die Einheit m³/(m² x h), die aber oft verkürzt mit m/h angegeben wird. Sie entspricht dem Verhältnis der zugeführten Wassermenge pro Zeiteinheit (m³/h) zur Beckenoberfläche (m²). Sie geht auf Hazen zurück, der seine Überlegungen hierzu im Jahr 1904 publizierte.

Zunächst gibt es zwei Geschwindigkeitskomponenten, die zu betrachten sind: zum einen die horizontale Durchströmungsgeschwindigkeit eines Partikels v$_H$, zum anderen die Sink- bzw. Absetzgeschwindigkeit eines Partikels im Wasser. Die Sinkgeschwindigkeit entspricht der beim Absinken erreichten Geschwindigkeit, wenn der Gleichgewichtszustand zwischen Gewichtskraft, Auftriebskraft und Strömungswiderstandskraft erreicht wird. Nun kommt eine zeitliche Abwägung ins Spiel. Ein Partikel, der sich bei Beckeneintritt nahe der Wasseroberfläche befindet, muss ausreichend Zeit haben, bei horizontaler Durchströmung durch Absinken den Boden des Absetzbeckens zu erreichen. Dies führt zu der Bedingung, dass die Zeit zum Durchströmen des Beckens (Beckenlänge L/v$_H$ = Durchströmungszeit) größer sein muss als die maximale für das Absetzen benötigte Zeit (Beckentiefe H/v$_S$ = Absinkdauer). Daraus lässt sich wiederum die Bedingung ableiten, dass die Sinkgeschwindigkeit größer als der Quotient von Zufluss und Beckenoberfläche (Q/A) sein muss. Dieser Quotient entspricht der Oberflächenbeschickung.

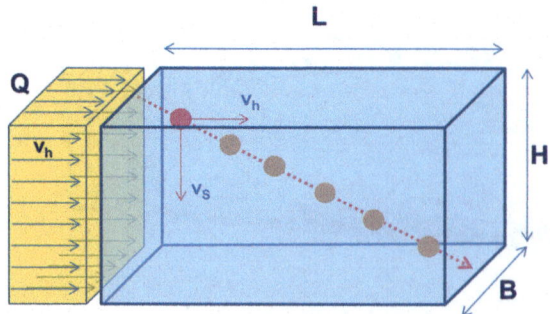

Abb. 6.16 Modellvorstellung des Absetzvorgangs

$$v_S \geq \frac{H * v_H}{L} = \frac{H * B * v_H}{L * B} = \frac{Q}{A} = q_A$$

Mit Vorgaben zur Oberflächenbeschickung q_A kann mit bekanntem Wasserdurchfluss Q sehr zügig eine erforderliche Beckenoberfläche bestimmt werden. Mit weiteren Vorgaben zur hydraulischen Aufenthaltszeit ergibt sich das Volumen bzw. die Tiefe der Absetzvorrichtung. Welche Unterschiede sich hinsichtlich der erforderlichen Oberflächenbeschickungen ergeben können, illustriert der Vergleich zwischen Sandfängen und Vorklärbecken. Die Oberflächenbeschickung von Sandfängen liegt in der durchschnittlichen Größenordnung von 20 m/h und ist damit deutlich größer als die allgemeinhin empfohlene Oberflächenbeschickung von Vorklärbecken, die zwischen 0,8 und 4 m/h liegt (abgeleitet aus Angaben aus [6.45]).

Auslegung der Vorklärung

Die Auslegung einer Vorklärung basiert auf zwei Größen: Erstens auf der hydraulischen Aufenthaltszeit und zweitens einer angemessenen Oberflächenbeschickung. Eine Aufenthaltsdauer des Abwassers in der Vorklärung von mehr als 2,5 Stunden ist nicht zielführend, da nach diesem Zeitraum der Grenznutzen erreicht ist und keine weitere nennenswerte Abscheidung von Feststoffen in vertretbaren Zeiträumen erreichbar wäre. Relativ lange Aufenthaltszeiten in der Vorklärung werden empfohlen, wenn anschließend Tropfkörper genutzt werden (1,7 bis 2,5 Stunden). So kann eine Verstopfung der Drehsprenger und des Tropfkörpers verhindert werden. Für Belebungsstufen fallen die Empfehlungen für die Aufenthaltszeit in der Vorklärung mit Werten zwischen 0,5 und 1,5 Stunden deutlich kürzer aus. Wenn die Stickstoffelimination auf einer vorgeschalteten Denitrifikationsstufe basiert, wäre es kontraproduktiv, durch die Vorklärung bei hohen Aufenthaltszeiten zu viel organisches Substrat zu entziehen. So wird für diesen Fall eine maximale Aufenthaltsdauer in der Vorklärung von einer Stunde empfohlen. Sollen längere hydraulische Aufenthaltszeit eingehalten werden, sind kleinere Oberflächenbeschickung von 0,8 bis 1,5 m/h zu wählen. In der Regel liegen die Oberflächenbeschickungen in der Vorklärung aber zwischen 2,5 und 4,0 m/h [6.45]. Im Rahmen der hier beschriebenen Auslegung erhält man eine Gesamt(beckenober-)fläche. Diese ist – zumindest bei größeren Anlagen – sinnvoll auf mehrere Becken aufzuteilen. Ähnlich wie bei der Filterauslegung können hier Symmetrien vorteilhaft sein, zum Beispiel, wenn eine Räumerkonstruktion für zwei Becken genutzt werden kann.

Qualität des Ablaufs aus der Vorklärung
Die Zusammensetzung des Ablaufs der Vorklärung ist bedeutsam für die sich anschließende biologische Stufe. Zu betonen ist, dass Vorklärbecken eben nicht darauf ausgelegt werden, organische Feststoffe restlos zu eliminieren, sondern sie sollen nur eine signifikante Reduktion der Feststoffkonzentration herbeiführen. Wie weitreichend die Stoffreduktion ausfällt, hängt maßgeblich von der hydraulischen Aufenthaltszeit des Abwassers ab. So lassen sich in Abhängigkeit von der Aufenthaltsdauer die in Abb. 6.17 verbildlichten Abschätzungen hinsichtlich der erreichbaren stofflichen Reduktion vornehmen (Arbeitsblatt A 131).

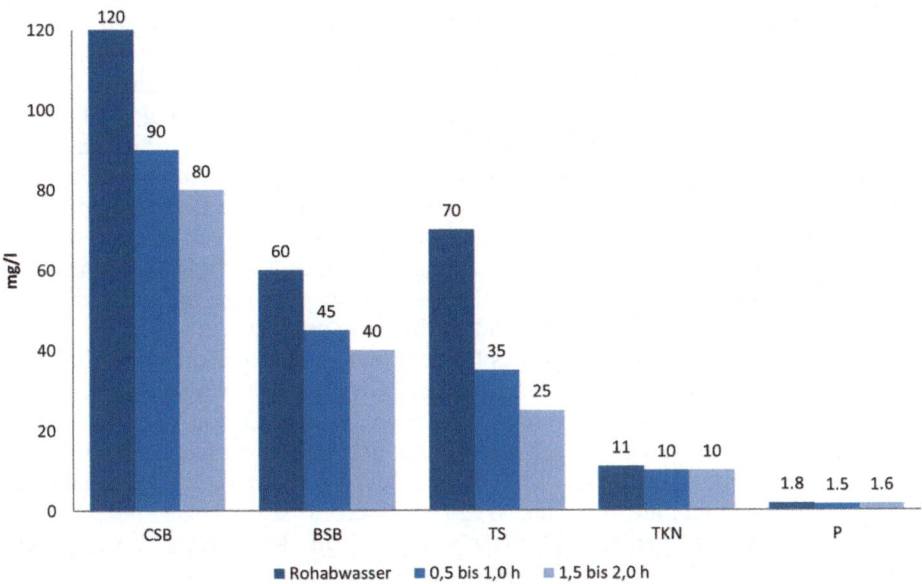

Abb. 6.17 Effekte der Vorklärung auf die Abwasserzusammensetzung (*Arbeitsblatt A 131* [6.46])

Es ist zu erkennen, dass in der Vorklärung bei einer hydraulischen Aufenthaltsdauer von mehr als 1,5 Stunden rund 65 % der Feststoffe zurückgehalten werden. Die CSB- und BSB_5-Konzentrationen reduzieren sich um etwa 33 %. Der Effekt hinsichtlich der Reduktion von Stickstoff mit ca. 9 % und Phosphor mit ca. 11 % ist dagegen weniger deutlich. Diese Reduktionseffekte sind bei der Auslegung der biologischen Abwasserreinigung zu berücksichtigen.

6.4.3 Biologische Prozesse in der Abwasserreinigung

Die biologischen Verfahren haben sich etabliert, obwohl zur Zeit der Anfänge der Abwasserreinigung auch mit chemischen Abwasseraufbereitungsverfahren experimentiert wurde (zum Beispiel die Sielklär-Versuchsstation in Hamburg-Eppendorf, Betrieb von 1895 bis 1912 [6.47]). Es ist bemerkenswert, dass die Anaerobtechnik noch vor dem Belebtschlammverfahren im Einsatz war. Große Bekanntheit hat der Emscherbrunnen erlangt, der auch unter der Bezeichnung Imhoff-Tank bekannt ist. Dabei handelt es sich um ein Trichterbecken zum Absetzen der Feststoffe mit darunter liegendem deutlich größerem Faulraum für die Ausfaulung des abgesetzten Schlammes (z. B. Bau von Emscherbrunnen 1910 in Bochum und 1912 in Nürnberg).

Der Belebtschlammprozess wurde in England 1914 „erfunden". Als Erfinder gelten Ardern und Lockett. Beide profitierten maßgeblich von den langjährigen Vorarbeiten anderer. Eine wesentliche Inspiration kam aus den USA, wo auf der Lawrence Experimental Station in Massachusetts Laborversuche durchgeführt wurden, in denen kommunales Abwasser in Flaschen mit Algensuspension belüftet wurde. Wesentlicher Erkenntniszugewinn war, dass eine Belüftung nicht allein ausreichend ist, sondern zusätzlich eine ausreichende Biomasse vorhanden sein muss. So war für die Erfindung des Belebtschlammverfahrens das letzte Puzzlestück hinzuzufügen, indem ein Methode zu integrieren war, die Biomasse im System zu halten [6.48]. Rund hundert Jahre später blicken wir zurück auf eine stetige weiter wachsende Verbreitung dieses Verfahrensansatzes. Das Belebtschlammverfahren kann sicherlich keinen Alleingeltungsanspruch reklamieren, hat aber dennoch eine herausragende Bedeutung und Verbreitung erlangt.

Seit Vorstellung der Grundzüge des Belebtschlammverfahrens hat sich die biologische Reinigung erheblich weiterentwickelt. Die heutigen Aufgaben der biologischen Abwasserbehandlung wurden einleitend bereits benannt. Ein genauerer Blick auf die verfahrenstechnische Umsetzung des Kohlenstoffabbaus sowie der Nährstoffelimination zeigt, dass die Trinität der Verfahrensziele (Elimination von C, N und P) nicht auf trivialem Wege umzusetzen ist. Es bedarf des Zusammenspiels mehrerer Behandlungsareale/-reaktoren, in denen stark voneinander abweichende Umgebungsbedingungen (aerob, anoxisch und anaerob) etabliert sein müssen, sodass sich dort spezialisierte Bakteriengruppen entfalten können. Je nach Bakteriengattung wachsen diese unterschiedlich schnell und benötigen unterschiedliche Energiequellen (autotrophe und heterotrophe Bakterien). Für die Auslegung von Bioreaktoren ist das Bakterienwachstum demnach eine entscheidende Größe. Wachstum heißt, inwieweit sich die Bakterienpopulation durch Zellteilung vergrößert beziehungsweise verdoppelt (Verdoppelungszeit t_d). Faktoren, die maßgeblich über das Wachstum bestimmen, sind das Substratangebot, der pH-Wert und die Umgebungstemperatur. Zu geringe oder zu hohe Temperatur können das Wachstum minimieren bzw. ganz zum Erliegen kommen lassen. Für einfache und kontrollierte Rahmenbedingungen sind die Wachstums- und Absterbeprozesse von Bakterien gut zu beschreiben. Für einfache Batchkulturen lassen sich folgende vier Phasen des bakteriellen Wachstums und Absterbens definieren [6.49]:

1. Anlaufphase bzw. Latenzphase: Anpassungs- und Regulationsprozesse mit wenig Biomassezuwachs;
2. Exponentielle Phase (log): Zellvermehrung mit konstanter und maximaler Rate;
3. Stationäre Phase: es findet kein weiteres Wachstum statt;
4. Absterbephase;

Da gut passend, werden für den Bereich der Abwasserreinigung meist die mikrobiologischen Gesetzmäßigkeiten angewandt, die von Monod erarbeitet wurden [6.50]. Ähnlich wie die Michaelis-Menten-Gleichung setzt die Monod-Kinetik das Wachstum von Mikroorganismen in Relation zum Substratangebot. Ergänzend zum Substratangebot [S] führte Monod die Affinitäts- bzw. Sättigungskonstante K_S ein. K_S entspricht der Substratkonzentration, bei der die Wachstumsrate μ die Hälfte der maximalen Rate beträgt. K_S ist damit ein konkreter Ausdruck der Affinität der Bakteriengattung zum vorliegenden Substrat. Die Monod-Gleichung lautet:

$$\mu = \frac{\mu_{max}[S]}{K_S + [S]}$$

Wie im Folgenden dargestellt, sind an der Abwasserreinigung zahlreiche unterschiedliche Bakteriengruppen beteiligt, die unterschiedlichen Wachstumsraten und Substrataffinitäten ausweisen und unterschiedliche Milieus benötigen.

Mikroorganismen und ihre Energiequellen

- Autotrophe Mikroorganismen nutzen anorganische Stoffe als Energiequelle;
- Heterotrophe Mikroorganismen nutzen organische Stoffe als Energiequelle;
- Protozoen sind eine gegenüber den anderen Bakterien eine quantitativ weniger bedeutsame Organismengruppe. Dennoch tragen sie erheblich zur biologischen Abwasserreinigung bei, wobei dies vor allem indirekt über Wechselwirkung mit den Bakterien geschieht [6.50];

Wie zuvor angemerkt, können nicht alle Verfahrensziele der biologischen Abwasserreinigung in einem Reaktor erreicht werden. Es bedarf unterschiedlicher Milieus, die in Tabelle 6.6 in einer Übersicht konkretisiert werden.

Tabelle 6.6 Bei der biologischen Abwasserreinigung umzusetzende Milieus in Abhängigkeit vom Verfahrensziel

Prozessziel	Milieu	Beteiligte Bakterien
Kohlenstoffabbau	Aerob/Anoxisch	Heterotrophe Bakterien, Protozoen
Nitrifikation	Aerob	Autotrophe, z. B. Nitrosomonas, Nitrobacter
Denitrifikation	Anoxisch	Heterotrophe Bakterien
P-Elimination	Anaerobe Zwischen-stufe	Polyphosphat-akkumulierende Organismen (PAOs)

6.4.3.1 Kohlenstoffabbau

Die zur Abwasserreinigung genutzten biologischen Prozesse sind der Natur entlehnt. Suspendierte (belebte) Schlämme oder sessile Biomassen (Biofilme) werden unter optimierten Rahmenbedingungen in technischen Anlagen genutzt. Auf Kläranlagen sind die Möglichkeiten der Steuerung der Abwasserreinigung sehr gut, sodass dort optimale Rahmenbedingungen für die biologische Behandlung geschaffen und aufrechterhalten werden können. Es besteht eine kontinuierliche Substratzufuhr und dort, wo Sauerstoff benötigt wird, steht er mittels Belüftungsaggregaten ausreichend zur Verfügung. Wie bereits von Ardern und Lockett beschrieben, werden unter mikrobiologischer Mitwirkung energiereiche hochmolekulare Verbindungen zu den energiearmen Endprodukten CO_2 und H_2O oxidiert. Der Prozess lässt sich wie folgt zusammenfassen [6.22]:

$$CH_2O + O_2 \rightarrow CO_2 + H_2O$$

Am Beispiel des Abbaus von Glucose lässt sich dies ebenfalls sehr eindeutig nachvollziehen. Bei der Zellatmung nehmen die beteiligten Eukaryonten für ihre Energieversorgung die Glucose auf. Sie werden im Cytoplasma und in den Mitochondrien zu Kohlenstoffdioxid und Wasser verstoffwechselt:

$$C_6H_{12}O_6 + O_2 \rightarrow 6CO_2 + 6H_2O$$

Die Wachstums- und Vermehrungsraten der am Kohlenstoffumsatz beteiligten heterotrophen Bakterien liegen nach Gujer im aeroben Milieu für die Temperaturen 10 und 20 °C bei [6.22]:

- μ (10 °C) = 3 pro Tag, Verdoppelungszeit t_d = 6 Stunden
- μ (20 °C) = 6 pro Tag, Verdoppelungszeit t_d = 3 Stunden

6.4.3.2 Stickstoffelimination

Die Stickstoffelimination lässt sich gut biologisch im Rahmen eines zweistufigen Prozesses realisieren. Zunächst ist das im Abwasser enthaltene Ammonium zu nitrifizieren (Nitrifikation). Hierzu werden strikt anaerobe Verhältnisse benötigt, in denen autotrophe Bakterien Ammonium über die Zwischenstufe Nitrit (NO_2^-) zu Nitrat (NO_3^-) oxidieren. Der Prozess der Nitrifikation lässt sich wie folgt zusammenfassen [6.22]:

$$NH_4^+ + 2O_2 \rightarrow NO_3^- + H_2O + 2H^+$$

Schlüsselt man den zweistufigen Prozess der Nitrifikation auf, ergeben sich folgende Zusammenhänge:

(1) Ammoniumoxidation, d. h. Nitritation

$$NH_4^+ + 1{,}5O_2 \rightarrow NO_2^- + H_2O + 2H^+$$

(2) Nitritoxidation, d. h. Nitratation:

$$NO_2^- + 0{,}5O_2 \rightarrow NO_3^-$$

Den Gleichungen ist zu entnehmen, dass bei der Nitrifikation H^+-Ionen gebildet werden, sodass die Nitrifikation mit einer pH-Wert Absenkung verbunden ist. Bekannte an der Nitrifikation beteiligte Bakteriengruppen sind Nitrosomonas (Nitritbildner) und Nitrobacter (Nitratbildner). Für die überwiegend durch autotrophen Stoffwechsel ablaufende Nitrifikation ist das Vorhandensein einer anorganischen Kohlenstoffquelle maßgeblich. Damit ist die Säurekapazität des Abwassers von Bedeutung, da sie – vereinfacht ausgedrückt – ein Maß für das im Abwasser enthaltene Hydrogencarbonat ist. Das Wachstum der Nitrifikanten verläuft recht langsam, wie es am Beispiel der Nitrosomonas gut aufgezeigt werden kann [6.22]:

- μ (10 °C) = 0,3 pro Tag, Verdoppelungszeit t_d = 55 Stunden
- μ (20 °C) = 1 pro Tag, Verdoppelungszeit t_d = 17 Stunden

Gilbert gibt folgende von Knowles et al. in 1965 abgeleitete Wachstumsraten für die Nitrifikanten an [6.51]:

- Nitrosomonas μ max = $0,47 * 1,103^{(T-15)}$
- Nitrobacter μ max = $0,78 * 1,06^{(T-15)}$

Für den vollständigen Stickstoffumsatz folgt nach der Nitrifikation die Denitrifikation. Die Denitrifikation kann nur unter anoxischen Bedingungen von vorrangig heterotrophen (und einigen wenigen autotrophen) Bakterien durchgeführt werden. Das Nitrat wird unter Ausschluss von gelöstem molekularem Sauerstoff zu molekularem N_2 umgewandelt. Der bei der Abwasserreinigung bewerkstelligte Kunstgriff ist, den Denitrifikanten keinen gelösten molekularen Sauerstoff zugänglich zu machen. In Ermangelung einer anderen Sauerstoffquelle nutzen die Denitrifikanten sodann den Nitratsauerstoff für ihren Stoffwechsel („anaerobe" Nitratatmung), sodass es im Rahmen eines mehrstufigen Umsatzprozesses zur Bildung des molekularen Stickstoffs (N_2) kommt [6.52]. Der mehrstufige Denitrifikationsprozesses lässt sich wie nachstehend aufgeführt zusammenfassen:

$$4NO_3^- + 4H^+ + 5CH_2O \rightarrow 5CO_2 + 2N_2 + 7H_2O$$

Anammox-Prozess & Deammonifikation

Anammox ist eine Wortschöpfung, die sich aus den Begriffen Anaerobe Ammoniak-Oxidation ergibt. Nach ersten Beobachtungen in den 1980er-Jahren konnte der Anammox-Prozess 1995 in einer niederländischen Versuchsanlage (Gist-Brocades, Delft, Niederlande) etabliert und demonstriert werden [6.53]. Die Grundgleichung des Anammox-Prozesses lautet wie folgt:

$$NH_4^+ + NO_2^- \rightarrow N_2 + 2H_2O$$

Der Anammox Prozess ist von hohem Interesse für die Abwasserreinigung, da er ohne Sauerstoff auskommt und damit deutlich weniger energieaufwändig angelegt ist als der oben beschriebene klassische klärtechnische Stickstoffumsatz. Das Verfahren wird zwar bereits großtechnisch angewandt, befindet sich aber noch weiter in der Erprobung und Weiterentwicklung. Die Deammonifikation inkludiert den Anammox-Prozess und fügt als ersten zu leistenden Schritt eine (partielle) Nitritation hinzu. Das heißt, dass zunächst ein Teil des Ammoniums zu Nitrit oxidiert wird. Anschließend wird der Anammoxprozess genutzt, wie oben kurz umrissen. Dieser Ansatz bietet sich insbesondere für die Behandlung stickstoffreicher und kohlenstoffarmer Abwässer an. Dies trifft beispielsweise auf die Abwässer aus der Schlammbehandlung zu [6.54].

6.4.3.3 Phosphorelimination

Eine Phosphorelimination kann auf chemischem oder alternativ auf biologischem Wege erfolgen. Es besteht daher eine Wahlmöglichkeit, die für jeden Einzelfall individuell zu treffen ist. Die chemische Phosphorelimination basiert auf einer Fällung und anschließenden Phasenseparation (Beschreibung des Fällungsprozesses in Abschn. 6.4.2). Der Fällungsprozess zur P-Elimination kann auf Kläranlagen an folgenden Orten stattfinden:

- Zugabe des Fällmittels in den Zulauf der Vorklärung (Vorfällung);
- Zugabe in den Zulauf, in den Ablauf des Belebungsbeckens oder in die Schlammrückführung (Simultanfällung);
- in den Ablauf der Nachklärung mit anschließender zusätzlicher Fällschlammabtrennung (Nachfällung);

In den meisten Fällen wird die Simultanfällung genutzt. Jedoch ist zu beachten, dass die Art und Weise der Phosphorelimination heute eng an die Frage der Rückgewinnung der Mangelressource Phosphor geknüpft ist (Abschn. 6.4.5). Als Alternative bzw. in Ergänzung zur chemischen Elimination kommt die biologische Phosphorelimination in Frage. Dieser Ansatz trägt die Bezeichnung „vermehrte biologische Phosphorelimination" oder im Englischen *Enhanced Biological Phosphorus Removal* (EBPR). Die Bakterien im Belebungsbecken benötigen immer Phosphor zum Zellaufbau. Bei der biologischen P-Elimination geht es also darum, die Phosphoraufnahme durch die ansässigen Bakterien zu intensivieren, sodass sie vermehrt Phosphor extrahieren. Dies gelingt, indem gezielt polyphosphatanreichernde Organismen/Bakterien (*polyphosphate accumulating organisms*, PAOs) genutzt werden. Es mutet zunächst als Widerspruch an, dass die PAOs in einer anaeroben Umgebung zunächst unter Stress gesetzt werden und dort Phosphor abgeben. Die P-Konzentration im Abwasser steigt sogar, da die POAs Polyphosphat verbrauchen, um organische Stoffe aufnehmen zu können. Der entscheidende Effekt dieser anaeroben Stresssituation findet anschließend statt. Die PAOs nehmen darauffolgend in einer aeroben Umgebung deutlich mehr Phosphor auf, als sie dies ohne die vorherige Stresssituation tun würden. Dadurch ergibt sich eine intensivierte Aufnahme von Phosphor durch die Bakterien. Mit Blick auf den hier beschriebenen Prozess lässt es sich leicht nachvollziehen, dass eine gut adaptierte Biomasse benötigt wird [6.22]. Eine passende Anordnung der Becken ist Abb. 6.20 (mit Stickstoffelimination) zu entnehmen.

6.4.3.4 Anaerober Stoffumsatz

Biologische Prozesse, die unter anaeroben Bedingungen ablaufen, basieren darauf, dass weder molekularer noch gebundener Sauerstoff vorhanden ist. So werden unter Abwesenheit von Sauerstoff organische Stoffe in einem mehrstufigen Prozess zu Methan und zu anorganischen Stoffen wie Kohlenstoffdioxid und Ammonium zersetzt [6.55]. Die Besonderheit ist, dass es hier zu einer „mutualistischen Wechselbeziehung" der beteiligten Bakterien kommt [6.50]. Lemmer et al. heben mit Blick auf anaerobe Lebensgemeinschaften hervor, dass „verschiedene Populationen in konzertierter Aktion den Abbau von organischen Ausgangssubstanzen über mehrere Stoffwechselzwischenprodukte bis hin zum Endprodukt Methan vollziehen" [6.50]. Der Prozess ist abgeschlossen, wenn Methan gebildet wird. Bis dahin gilt es vier Phasen zu durchlaufen, die in Abb. 6.18 beschrieben sind [6.56].

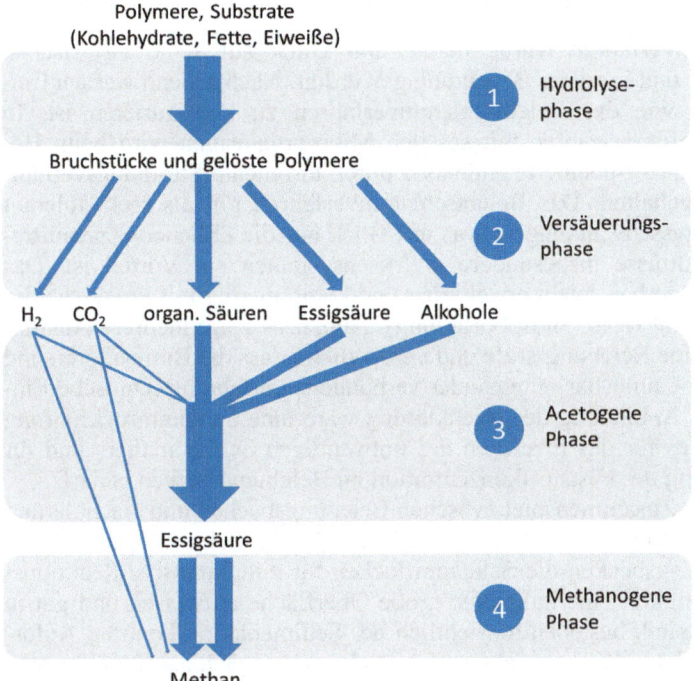

Abb. 6.18 Schema des vierstufigen anaeroben Abbaus (*Bischofsberger et al.* [6.56])

Zu erkennen ist, dass im Rahmen der ersten beiden Abbauphasen organische Stoffe wie Kohlenhydrate, Eiweiße oder Fette zunächst über enzymatische Reaktionen zu organischen und energiereicheren Zwischenprodukten wie organische Säuren und Alkohole abgebaut werden. Anschließend erfolgt die Umwandlung in Essigsäure, die Ausgangspunkt für die Methanbildung ist. Für den anaeroben Metabolismus sind 3 Bakteriengruppen zu unterscheiden [6.57]:

- *Acidogenic bacteria* – Acidogene, d. h. säurebildende Bakterien (1. und 2. Phase)
- *Acetogenic bacteria* – Acetogene Bakterien (3. Phase)
- *Methanogenic bacteria* – Methanbakterien (4. Phase)

Es ist stets zu prüfen, ob die zu behandelnden Abwässer für eine anaerobe Behandlung geeignet sind. Im Allgemeinen gilt, dass sich organisch hoch belastete Abwässer gut für eine derartige Behandlung anbieten. Resümierend sind als Vorteile des anaeroben Abbaus festzuhalten, dass insbesondere kein Sauerstoff benötigt wird und am Ende des Behandlungsprozesses mit Methan ein Energieträger vorliegt.

6.4.4 Verfahrenstechnische Umsetzung

6.4.4.1 Belebtschlammverfahren

Das Belebtschlammverfahren wurde bereits mit Blick auf seine historischen Wurzeln vorgestellt und in seiner Bedeutung gewürdigt. Nachstehend werden Einzelheiten erläutert, wie das Belebtschlammverfahren zu konfigurieren ist. In Abgrenzung zu Biofilmverfahren mit sessilen Mikroorganismen wird beim Belebtschlammverfahren suspendierte Biomasse durch turbulente Strömungsverhältnisse in Schwebe gehalten. Das Belebtschlammverfahren gilt als recht tolerant gegenüber Belastungsschwankungen, was mit Blick auf die üblicherweise auftretenden Zulaufverhältnisse insbesondere in Mischsystemen ein Vorteil ist. Das Verfahren ist gut steuerbar, leicht erweiterbar und kombinierbar mit Prozessen der chemischen Reinigung (z. B. Phosphorfällung). Abb. 6.19 zeigt mehrere Ausführungsoptionen für eine Belebungsstufe und verdeutlicht, dass die Bioreaktoren und die Nachklärung eine unlösbar miteinander verbundene verfahrenstechnische Einheit sind. Ohne die Anbindung der Nachklärung wäre eine Schlammrückführung nicht gegeben, die es für das Erreichen des notwendigen Schlammalters und für die Aufrechterhaltung der Feststoffkonzentration im Belebungsbecken bedarf.

Mit Blick auf das Zusammenspiel zwischen Belebungsbecken und Nachklärung offenbaren sich recht diametrale Ansprüche an die Schlammeigenschaften. Während in dem Belebungsbecken die Schlammflocken für eine intensive Reaktions- und Stoffwechseltätigkeit eine möglichst große Oberfläche aufweisen und gut in Schwebe zu halten sind, bestehen hinsichtlich der Sedimentation konträre Anforderungen. Hier sind kleine, kompakt und gut absetzbare Schlammflocken von Vorteil.

Verfahrenstechnische Integration der Nährstoffelimination
Das Kernstück einer Belebung ist das belüftete Becken. Die dort etablierten Bakterien benötigen zum Kohlenstoffabbau Sauerstoff, der über Belüftungsaggregate meist aus Umgebungsluft zur Verfügung gestellt wird. Mit der Einführung von Ablaufanforderungen für Stickstoff und Phosphor war in der Vergangenheit die Nährstoffelimination in die Belebungsstufe verfahrenstechnisch zu integrieren. Die Stickstoffelimination erfolgt in der Abwasserreinigung biologisch. Bei der Phosphorelimination stehen die chemische und vermehrte biologische Phosphorelimination zur Auswahl. Der Ablauf der Stickstoffelimination ergibt sich aus den zuvor beschriebenen Vorgängen. Das heißt, dass erst das im Abwasser vorhandene Ammonium über Nitrit zu Nitrat nitrifiziert und anschließend das Nitrat zu molekularem Stickstoff denitrifiziert wird. Die Nitrifikation basiert auf autotrophen Bakterien, die ebenfalls Sauerstoff benötigen. Daher kann der Prozess der Nitrifikation ebenfalls in einem belüfteten Belebungsbecken erfolgen. Für die anschließende Denitrifikation sind heterotrophe Bakterien verantwortlich, die eine

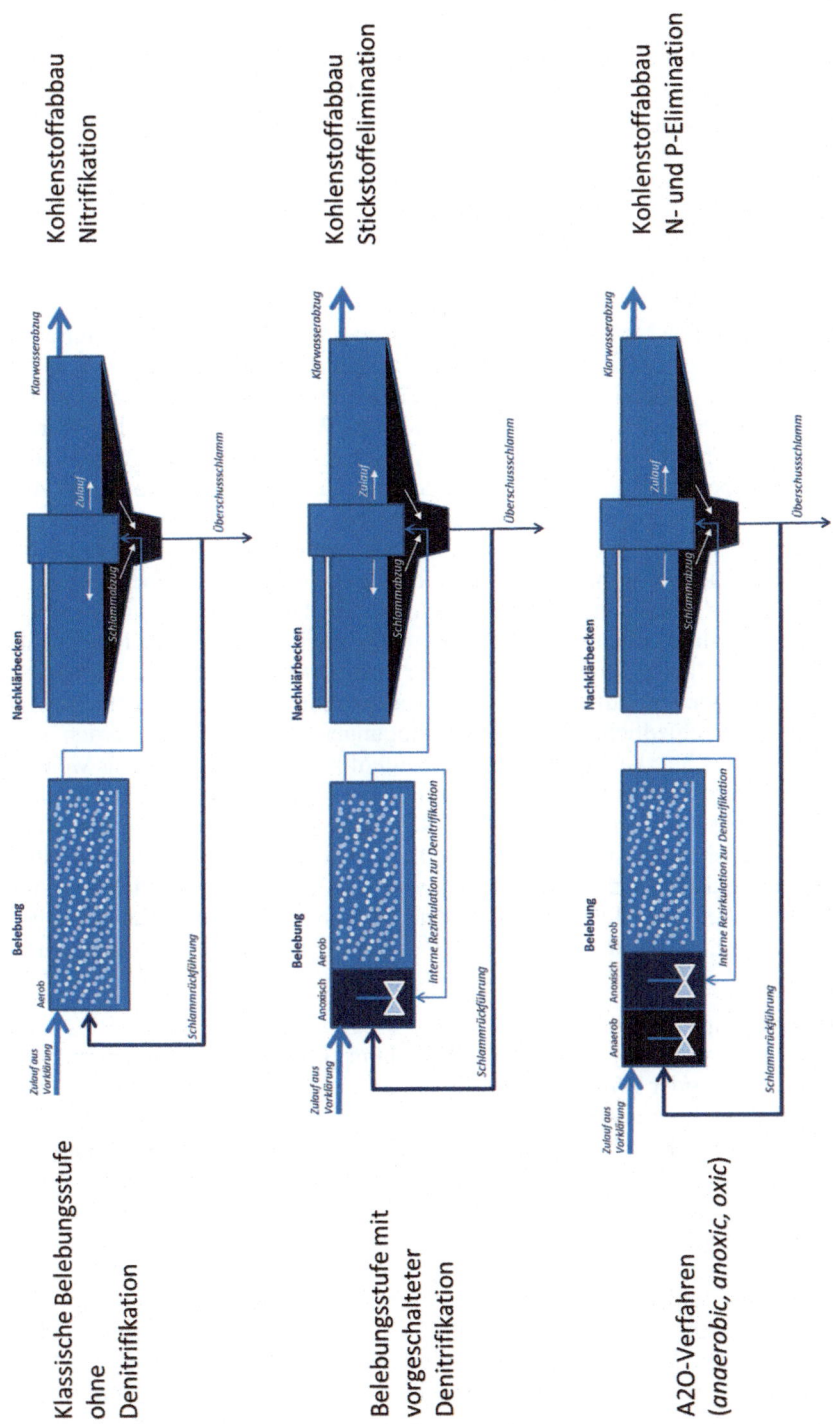

Abb. 6.19 Optionen bei der Ausgestaltung einer Belebungsstufe

organische Kohlenstoffquelle benötigen. Nun stellt sich die Frage, auf welchen organischen Kohlenstoff die Denitrifikation zugreifen kann, wenn zuvor in dem Belebungsbecken bereits ein Kohlenstoffabbau stattgefunden hat. Wird die Denitrifikation der Nitrifikation nachgeschaltet – entsprechend der eigentlichen Abfolge des Stickstoffumsatzes – bedarf es in den meisten Fällen der Zugabe von Kohlenstoff aus einer externen Quelle, dessen Bereitstellung zusätzliche Kosten verursacht. Dieser essentielle Verfahrensnachteil war wesentliche Ursache, auf eine vorgeschaltete Denitrifikation zurückzugreifen. In dieser Konstellation ist die Denitrifikation prozesstechnisch vor der Nitrifikation angeordnet. Sie profitiert also von dem Kohlenstoff, der im Zulauf zur biologischen Stufe enthalten ist. Diese Umkehr des eigentlich verfahrenstechnisch Erforderlichen kann aber nur funktionieren, wenn von der nachgeschalteten Nitrifikation das nitrifizierte Abwasser in die vorgeschaltete Denitrifikation wieder zurückgeführt wird. Dies erfolgt im Rahmen der so genannten internen Rezirkulation. Werden sehr niedrige Nitrat-Ablaufwerte gefordert, so empfiehlt sich die Nutzung einer nachgeschalteten Denitrifikation bei genauer Einhaltung der Sequenz des Stickstoffumsatzes. Abb. 6.20 zeigt detailliert die erforderliche Anzahl an Bioreaktoren und verdeutlicht die Komplexität der biologischen Reinigung, wenn neben dem Kohlen- und Stickstoffabbau auch Phosphor auf biologischen Wege eliminiert werden soll.

An dieser Stelle werden nur die wesentlichen Grundlagen des Belebungsverfahrens vorgestellt. Hinsichtlich der möglichen technischen Ausführung gibt es zahlreiche Optionen, beispielsweise ein- oder mehrstufige Beckenanordnungen und -geometrien wie Umlauf-, Misch-, oder Karussellbecken. Je nach Erfordernissen können unterschiedliche Strömungsbedingungen herbeigeführt werden wie komplett durchmischte, kaskadierte und schlaufenförmige Reaktoren. Für weitere Einzelheiten hierzu wird auf die weiterführende Fachliteratur verwiesen. Gleiches gilt für die technische Beckenausstattung, die insbesondere hinsichtlich der Wahl der Belüftungsart hohe Bedeutung besitzt. Die Vielfalt, die im Bereich der Belüftungsaggregate existiert, kann mit dem Hinweis auf Oberflächenbelüftungssysteme (Kreiselbelüfter, Strahldüsenbelüfter) und bodennahe Systeme (flächig angeordnete Druckbelüftung mittels Tellerbelüfter oder Plattenbelüfter) nur angedeutet werden.

Wichtige Prozessparameter
Der Trockensubstanzgehalt (TS-Gehalt, in Gramm pro Liter g/l, Kilogramm pro Kubikmeter kg/m³ oder %) beschreibt die Biomassekonzentration in einem System. Im Fall eines konventionellen Belebungsbeckens liegt der TS-Gehalt in der Regel zwischen 3 und 4 g/l. Auf die Notwendigkeit der Schlammrückführung zur Aufrechterhaltung einer stabilen Menge an Biomasse wurde bereits hingewiesen. Die hydraulische Aufenthaltszeit in einem Bioreaktor ist viel kürzer als die Reproduktionsrate der an der Abwasserreinigung beteiligten Bakterien. Daher bedarf es eines Mechanismus, die Biomasse im System zu halten. Dies gelingt über die Rückführung des Schlammes aus der Phasenseparation zurück in die biologische Stufe. Meist werden für die Schlammabtrennung Sedimentationsanlagen (Nachklärbecken) genutzt, in denen sich der belebte Schlamm absetzt und anschließend aufkonzentriert in den Bioreaktor zurückgeführt werden kann. Die erforderliche

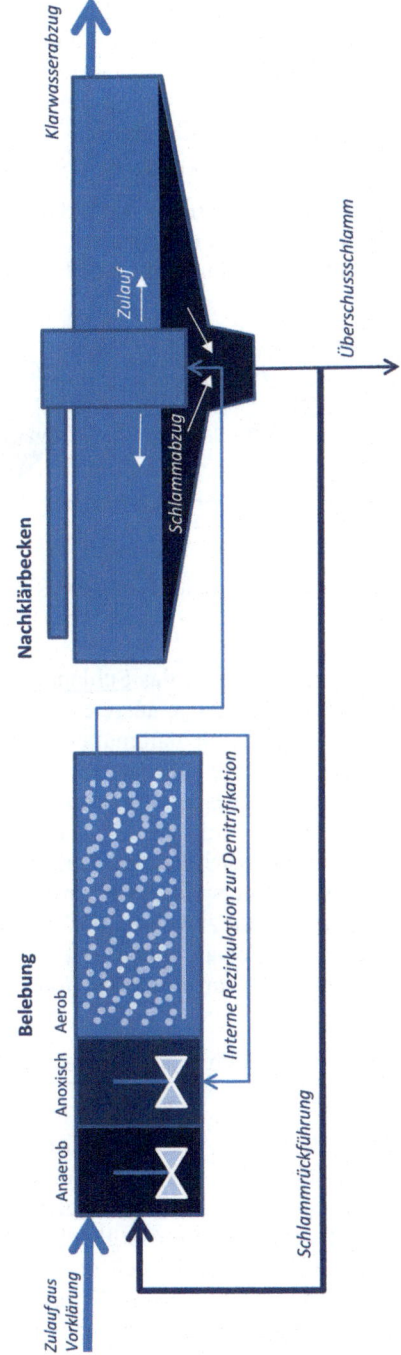

Abb. 6.20 Belebungsstufe mit N- und P-Elimination

Schlammrückführung zieht aber auch hydraulische Implikationen nach sich. So steht das <u>Rücklaufschlammverhältnis</u> (RV) für das Verhältnis des zurückgeführten Schlammanteils zum Zulauf zur Kläranlage.

$$RV = \frac{Q_{\text{Rücklaufschlamm}}}{Q_{\text{Zulauf Kläranlage}}}$$

Das bedeutet wiederum, dass der effektive Zulauf zur Belebungsstufe damit deutlich höher ausfällt als der eigentliche Kläranlagenzulauf. Er erhöht sich um den Faktor $1 + RV$. Dieser Zusammenhang wird in Abb. 6.21 beschrieben.

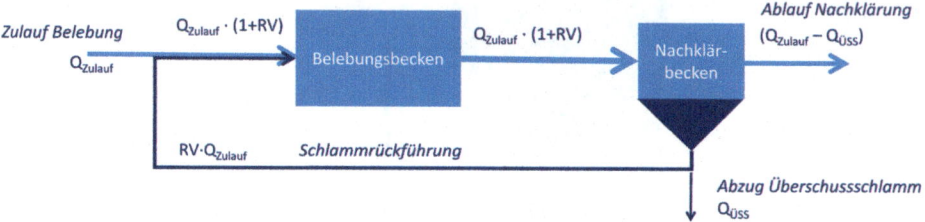

Abb. 6.21 Hydraulische Beaufschlagung des Belebungsbeckens infolge der Schlammrückführung

Eine weitere sehr wichtige Prozessgröße ist das <u>Schlammalter</u>, das konkret im Zusammenhang steht mit dem Vorhalten einer ausreichend großen und aktiven Biozönose. Vereinfacht ausgedrückt ist das Schlammalter die Dauer in Tagen, die ein Bakterium im System verbringt, bevor es über den Überschussschlammabzug aus dem System ausgeschleust wird. Die Festlegung des erforderlichen Schlammalters trägt insbesondere dem gewählten Reinigungsziel und den langsam wachsenden und temperaturempfindlichen Nitrifikanten Rechnung. Daher ist das Schlammalter ein sehr wichtiger Auslegungsparameter für die Abwasserreinigung.

Ergänzend ist auf den <u>Schlammindex</u> hinzuweisen, der die Absetzeigenschaften eines Schlammes charakterisiert. Der Schlammindex ist der Quotient aus Vergleichsschlammvolumen und Trockensubstanzkonzentration im Belebungsbecken und wird in ml/g angegeben.

$$ISV \; [\text{ml/g}] = \frac{\text{Schlammvolumen [ml/l]}}{TS_{BB} \; [\text{g/l}]}$$

Abb. 6.22 zeigt die vier Phasen, die beim Absetzen belebter Schlämme zu verzeichnen sind [6.58]. Durch die schlagartig ruhigen hydraulischen Verhältnisse nach Eintritt in den Absetzraum beginnt der Absetzvorgang mit der Flockungsphase. Nach der Flockenbildung folgt die Phase des gleichmäßigen Absetzens bis die Flocken so eng beieinander stehen, dass sie sich gegenseitig beim Absetzen behindern. Der Absetzvorgang wird durch die Konsolidierungsphase abgeschlossen. Das für die Ermittlung des Schlammindexes benötigte Schlammvolumen wird mit einer Ablesung nach 30 Minuten bestimmt.

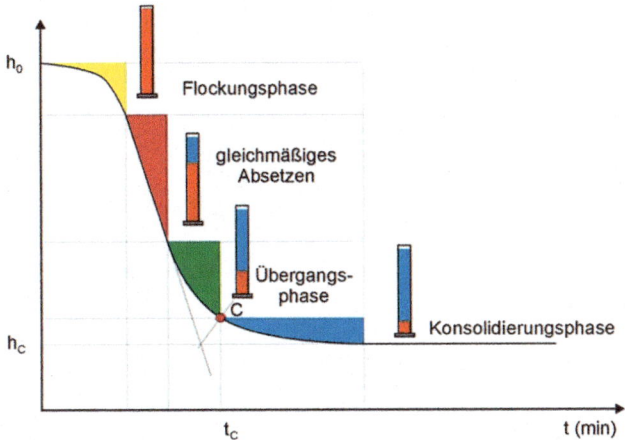

Abb. 6.22 Bestimmung des Schlammvolumens

Liegt der Schlammindex unter 100 ml/g, liegen gute bis sehr gute Absetzeigenschaften vor. Gute Absetzeigenschaften des Schlammes sind Voraussetzung für das Erreichen einer ausreichend guten Ablaufqualität mit nur noch geringen Konzentrationen an abfiltrierbaren Stoffen (AFS). Liegt der AFS-Gehalt im Ablauf unter 10 mg/l liegt auch optisch eine gute Ablaufqualität vor (Abb. 6.23). Ein Schlammindex über 150 ml/g entspricht schlechten Absetzeigenschaften. Dies kann so weit gehen, dass der Schlamm als Blähschlamm an der Wasseroberfläche der Nachklärung treibt. Tauchwände sollen dort ein Abdriften des Blähschlammes in den Ablauf verhindern. Die Absetzeigenschaften des Schlammes können im Verlauf eines Jahres stark variieren. Oft sind die Absetzeigenschaften im Sommer besser als im Winter. Unter Umständen kann es erforderlich werden, zumindest temporär Flockungsmittel beziehungsweise weitere Hilfsmittel zuzugeben, um die Absetzeigenschaften des Schlammes zu verbessern.

Abb. 6.23 Ablaufrinne eines Nachklärbeckens

Die beiden Prozessgrößen Schlamm- und die Raumbelastung charakterisieren recht gut die Verhältnisse in der Belebung. Die <u>Schlammbelastung</u> B_{TS} beschreibt das Verhältnis des verfügbaren Nahrungsangebotes (BSB_5-Fracht) zu der im System befindlichen Menge an Mikroorganismen M_{TS}.

$$B_{TS}\left[\frac{kg\ BSB5}{kg\ TS\ d}\right] = \frac{Nahrungsangebot\left[\frac{kg\ BSB5}{d}\right]}{Mikroorganismen\ [kg\ TS]}$$

Die <u>Raumbelastung</u> B_R setzt das Nahrungsangebot (Substrat) ins Verhältnis zum Volumen des Belebungsbeckens V_{BB}.

$$B_R\left[\frac{kg\ BSB5}{m^3\ d}\right] = \frac{Nahrungsangebot\left[\frac{kg\ BSB5}{d}\right]}{Volumen\ Belebungsbecken\ V_{BB}\ [m^3]}$$

Weitere Ausführungsformen des Belebtschlammverfahrens

<u>Aufstauanlagen</u> (*Sequencing Batch Reactors,* SBR): Aufstauanlagen zeichnen sich dadurch aus, dass Prozesse, die sonst in mehreren Becken ablaufen, in einem Becken zusammengelegt werden. Dort wird in Zyklen eine Abfolge unterschiedlicher Betriebszustände durchlaufen. Ein Zyklus besteht üblicherweise aus Füllen, Mischen, Reaktion, Absetzen und Abziehen des Klarwassers sowie Überschussschlamms (Abb. 6.24).

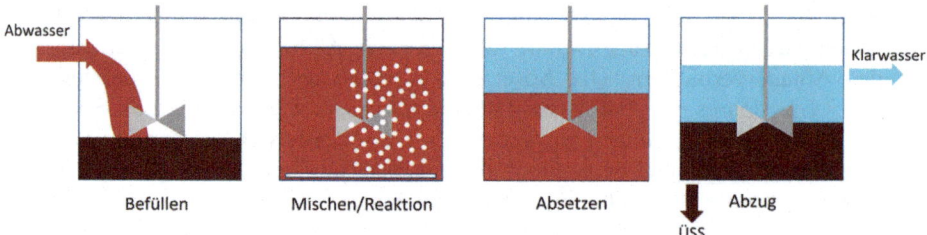

Abbildung-Beschriftungen: Abwasser — Klarwasser — Befüllen — Mischen/Reaktion — Absetzen — Abzug — ÜSS

Abb. 6.24 Zyklen beim Betrieb eines SBRs

Aufstauanlagen sind deutlich kompakter als klassische Belebungsanlagen. Hinsichtlich ihrer Steuer- und Regelung sind sie aber relativ aufwändig und dies insbesondere dann, wenn mehrere SBR-Becken betrieben werden. Zusätzlich können Vorlagebehälter und Becken zur Ablaufzwischenspeicherung erforderlich sein. Letzteres ist beispielsweise geboten, wenn ein Vorfluter nicht stoßweise belastet werden darf.

<u>Membranbioreaktoren</u>: Eine Membranfiltration mittels Mikrofiltration oder Ultrafiltration ist eine alternative Lösung für die Abtrennung des belebten Schlammes. Sie macht Nachklärbecken entbehrlich und befreit die Phasenseparation von der Abhängigkeit von den Absetzeigenschaften des belebten Schlammes. Die Membranfiltration kann direkt in das Belebungsbecken in Nassaufstellung integriert werden. Alternativ kann die Membranfiltration auch nach dem Belebungsbecken Belebung in Nass- oder Trockenaufstellung erfolgen. Die Membranfiltration ist

ein rein physikalisches Verfahren, das eine Abscheidung von Feststoffen an der Membranoberfläche vornimmt. Es ist jedoch ein nicht unerheblicher Energieeinsatz erforderlich, um die Druckverhältnisse zu erzeugen, das Wasser durch die Membran zu führen. Die in Membranbioreaktoren eingesetzten Mikro- und Ultrafiltrationsmembranen gelten als Niederdruckverfahren (vgl. auch Ausführungen zur Membrantechnik in Kap. 7).

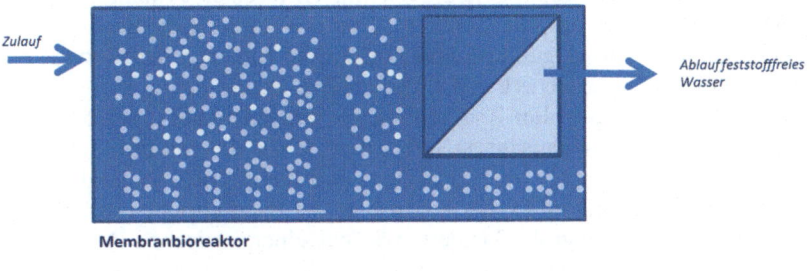

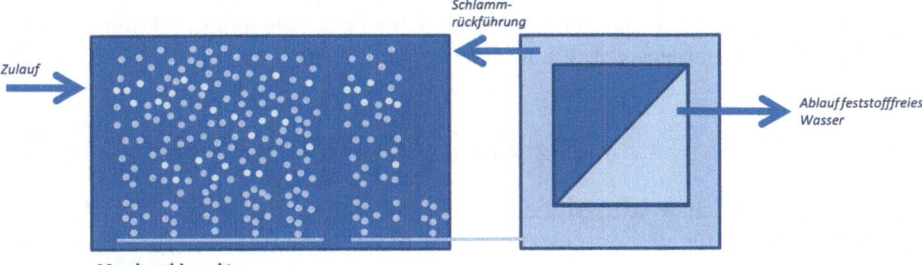

Abb. 6.25 Prinzip des Membranbioreaktors

Die Unabhängigkeit von den Schlammabsetzeigenschaften und von einer separaten Nachklärung gestattet grundsätzlich höhere TS-Gehalte im Belebungsbecken eines MBR und damit kompaktere Abmessungen. Je kompakter bzw. kleiner jedoch das Belebungsbecken ausfällt, desto kürzere hydraulische Aufenthaltszeiten ergeben sich. Daher ist jeweils zu überprüfen, ob zum Beispiel mit einem Membranbioreaktor auch bei Mischwasserzufluss alle Abbauziele sicher erreicht werden. Ein zentraler Vorteil der Membranbioreaktoren ist, dass sie einen geringeren Platzbedarf als konventionelle Anlagen mit Nachklärbecken haben. Die feststofffreie Ablaufqualität qualifiziert Membranbioreaktoren insbesondere für sich anschließende Verfahren, die auf die Elimination von Mikroverunreinigungen abzielen (Abschn. 6.4.5). Beim Membranbetrieb ist besonderes Augenmerk auf nachteilige Fouling- und Scaling-Effekte zu legen, die die Leistung der Membranstufe beeinträchtigen können und bedarfsgerechte Regenerationszyklen erforderlich machen.

6.4.4.2 Auslegung von Belebungsstufen

Wie erfolgt nun die Auslegung einer Belebungsstufe? Kann ein statischer Bemessungsansatz den komplexen Zuständen und Betriebsbedingungen, die in einer Belebungsstufe herrschen, ausreichend Rechnung tragen? Derzeit wird in der Regel wie nachstehend beschrieben verfahren. Zunächst wird eine statische Auslegung eines Systems vorgenommen. Das System kann anschließend im Falle ausreichender Datenverfügbarkeit und Modellgenauigkeit mit Hilfe einer dynamischen Simulation nachbemessen und optimiert werden. Damit wird der Erkenntnis Rechnung getragen, dass die Auslegung oft von zahlreichen zu tätigenden Annahmen geprägt ist (einschl. vieler Unsicherheiten), die die Prozessauslegung maßgeblich beeinflussen, vgl. [6.59]. Trotz aller Kritik an einem statischen und damit letztlich einfach handhabbaren Bemessungsansatz steckt dennoch in dieser Form der Auslegung von Belebungsstufen sehr viel Erfahrung und damit auch Richtigkeit. In Deutschland ist die Auslegung im DWA Arbeitsblatt A131 beschrieben [6.60].

Einführend wird zunächst grob skizziert, wie bei einer statischen Auslegung von Belebungsstufen vorgegangen wird. Um das Volumen eines Belebungsbeckens bestimmen zu können, wird zunächst ermittelt, wie viel Biomasse in der Belebungsstufe M_{TS} vorhanden sein muss. Dieser Wert ergibt sich aus dem erforderlichen Schlammalter und der täglichen Überschussschlammproduktion, die aus der Abwasserzusammensetzung und den Stoffwechselprozessen der Bakterien resultiert.

$$M_{TS}[kg] = t_{TS, Bem}[d] * \ddot{U}S_d \left[\frac{kg}{d}\right]$$

Wie bereits deutlich wurde, ist die Berücksichtigung des langsamen Wachstums der Nitrifikanten für die Ausgestaltung des biologischen Prozesses maßgeblich. Daher werden bei der Festlegung des Schlammalters Prozess- bzw. Sicherheitsfaktoren angesetzt, die eine Stickstoffelimination auch bei Zulauf- bzw. Konzentrationsspitzen gewährleisten sollen. Für die Bestimmung des Volumens der Belebung V_{BB} wird zusätzlich die Trockensubstanzkonzentration im Belebungsbecken TS_{BB} benötigt. TS_{BB} wird mit Hilfe des Rücklaufverhältnisses RV und der TS-Konzentration des Schlammrücklaufes TS_{RS} bestimmt. Den Wert für TS_{RS} erhält man für konventionelle Anlagen über die Auslegung der Nachklärung. Es wird eine in der Nachklärung geleistete Eindickleistung unterstellt, die unter Umständen – d. h. wenn ein Einfluss der gewählten Räumertechnik gegeben ist – noch angepasst bzw. abgemindert werden muss.

$$TS_{BB} \left[\frac{kg}{m^3}\right] = \frac{RV * TS_{RS}}{1 + RV}$$

Mit den Angaben zur „Biomasse im Becken" (M_{TS}) und der Trockensubstanzkonzentration im Belebungsbecken (TS_{BB}) lässt sich das Volumen des Belebungsbeckens bestimmen.

$$V_{BB}[m^3] = \frac{M_{TS}\,[kg]}{TS_{BB}\left[\frac{kg}{m^3}\right]}$$

Statischer Bemessungsansatz gemäß DWA Arbeitsblatt A131 (2016)

In Deutschland ist das Arbeitsblatt DWA-A 131 „Bemessung von einstufigen Belebungsanlagen" das anzuwendende Regelwerk. Im Sommer 2016 wurde eine überarbeitete Fassung durch die beteiligten Ausschüsse vorgelegt (Arbeitsblatt DWA-A 131 [6.60]). Die wichtigsten Inhalte und Veränderungen werden im Folgenden kurz beschrieben. Auf die Anwendbarkeit des Arbeitsblattes auch für MBR- und SBR-Anlagen wird ausdrücklich hingewiesen. Die Ermittlung der für die Bemessung anzusetzenden Zulaufbelastung erfolgt anhand des Arbeitsblattes DWA-A 198.

Blickt man zurück, dann zeigt sich, dass über die Jahrzehnte die zur Bemessung herangezogenen Parameter und Prozessgrößen mit dem für die jeweilige Zeit gültigen Erfordernissen einhergingen, die bei der Abwassereinigung zu erfüllen waren. Durch die Einführung der Stickstoffelimination wurde beispielsweise das Schlammalter zu einer zentralen Auslegungsgröße. Aber auch einer CSB-Bilanz kommt große Bedeutung zu, um den Stoffumsatz beschreiben und die Überschussschlammproduktion ableiten zu können [6.61]. So überrascht es nicht, dass mit der neuen Fassung des Arbeitsblatts eine Fokussierung auf den Parameter CSB stattfindet. In Abkehr vom bisherigen BSB_5-Ansatz ist die Grundlage der Bemessung eine CSB-Bilanz, die auf einer möglichst genauen Fraktionierung des CSB beruht. Zum einen lässt sich der CSB einfacher bestimmen als der BSB_5. Zum anderen wird damit eine bessere Schnittstelle zu populären Softwarelösungen zur Modellierung von Abwasserreinigungsprozessen geschaffen.

Bei der CSB-Fraktionierung werden die inerten und abbaubaren Anteile bestimmt. Dadurch lässt sich der Sauerstoffverbrauch für den Kohlenstoffumsatz in der biologischen Stufe ableiten. Die CSB-Fraktionierung ist jedoch recht aufwändig und nicht alle CSB-Anteile sind direkt bestimmbar. Die Fraktionierung ist mit großer Sorgfalt durchzuführen, sobald ein unbekanntes Abwasser vorliegt, insbesondere wenn es von der üblichen Zusammensetzung kommunaler Abwässer abweicht. Darüber hinaus muss – wie auch in den früheren Versionen des Arbeitsblattes – zusätzlich eine Stickstoffbilanzierung erfolgen, um das notwendige Behandlungsvolumen für die Denitrifikation zu bestimmen. Bei der Auslegung der Denitrifikationsstufe wird nun ein neu eingeführter Prozessfaktor anstelle des bisher anzusetzenden Sicherheitsfaktors genutzt, sodass Schwankungen der Stickstoff-Konzentration im Zulauf sowie (strengere) Ammonium-Überwachungswerte bei der Bemessung besser berücksichtigt werden können.

Im Einzelnen wird das aerobe Schlammalter unter Annahme einer passenden Bemessungstemperatur und mit dem neuen Prozessfaktor ermittelt. Anschließend wird der Denitrifikationsanteil am gesamten Volumen der Belebung abgeschätzt. Dies ist dann Ausgangspunkt für eine Iteration, die am Ende eine Übereinstimmung von Denitrifikationsatmung und zu denitrifizierender Nitratmenge ergeben soll. Auf dieser Grundlage kann die erforderliche Schlammmenge M_{TS} bestimmt werden. Mit der TS-Konzentration im Belebungsbecken TS_{BB} ergibt sich sodann das Volumen des Belebungsbeckens.

Deutlich wird, dass der sehr komplexe Prozess der Abwasserreinigung bei der statischen Bemessung auf recht einfache Zusammenhänge reduziert wird. Natürlich können so nicht alle biochemischen Phänomene und ihre Interaktionen adäquat abgebildet werden. Daher bietet sich ergänzend eine EDV-gestützte Simulation an, um zum einen eine Nachbemessung vorzunehmen und zum anderen die optimalen betrieblichen Einstellungen zu ermitteln. Dies hilft nicht nur der jeweiligen Anlage sondern unterstützt auch zukünftige Anlagenauslegungen [6.62].

6.4.4.3 Biofilmverfahren

Biofilmverfahren basieren auf sessilen, d. h. immobilisierten Mikroorganismen, die in den Bioreaktoren auf Aufwuchsflächen wachsen. Biofilme gelten als stabile und im Abbau effektive Biozönosen. So weisen Biofilme meist mehrere Schichten auf und können somit auf sehr engem Raum im vertikalen Schnitt mehrere Milieus umfassen, d. h. aerob, anoxisch, anaerob [6.57]. Die Biofilmverfahren werden oft nach Art der Aufwuchsflächen unterschieden. Dies können unbewegliche Flächen sein wie sie beispielsweise in Tropfkörpern oder getauchten Festbetttechnologien eingebaut sind. Bewegliche Aufwuchsflächen liegen in Rotationstauchkörpern und in der Wirbelbetttechnologie vor.

Tauchkörper: In Tropfkörpern liegt eine sessile Biomasse vor, die auf dem im Tropfkörper eingebrachten Material aufwächst. Somit liegt ein Festbettreaktor vor. Tropfkörper werden mit Drehsprengern beschickt, um eine gleichmäßige Verteilung des vorgereinigten möglichst feststofffreien Abwassers zu gewährleisten (Abschn. 6.4.2). Sie werden von oben nach unten durchströmt.

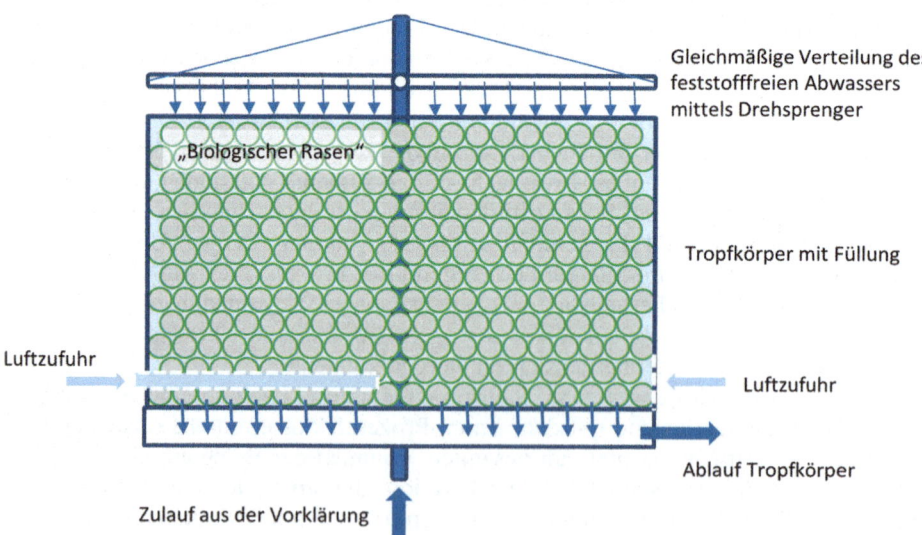

Abb. 6.26 Funktionsprinzip eines Tropfkörpers

Mit Tropfkörpern ist auch eine Nitrifikation umsetzbar. Die aeroben Bakterien verteilen sich über die vertikale Abwicklung des Tropfkörpers, wobei sich in der Regel die kohlenstoffabbauenden Bakterien oben und die Nitrifikanten unten im

Tropfkörper ansiedeln. Abfallender Bakterienbewuchs wird ausgeschwemmt und anschließend durch einen geeignete Phasenseparation (z. B. Nachklärung) abgetrennt [6.22]. Die Luftzufuhr erfolgt von unten unter Ausnutzung des Kaminzugeffekts oder mittels einer Belüftung [6.57]. Grundsätzlich bestehen Schwierigkeiten hinsichtlich einer vollständigen Stickstoffelimination, die mit einer Denitrifikation ihren Abschluss findet.

Getauchte Festbetttechnik: Eine getauchte Festbetttechnik liegt vor, wenn in einem Bioreaktor Aufwuchskörper eingebracht und fest verankert wurden. Das Prinzip ähnelt dem Belebungsverfahren, nutzt aber anstelle einer suspendierten Biomasse eine auf Aufwuchsflächen angesiedelte Biomasse.

Wirbelbetttechnologien: Alternativ können Wirbelbettreaktoren (*Moving Bed Biofilm Reactor*) mit in Schwebe gehaltenen Trägermaterialien genutzt werden. Es können dabei unterschiedliche leichte Trägermaterialien zur Anwendung kommen. Oft werden sehr leichte (Kunststoff-)Träger eingesetzt, die eine gute Durchmischung erlauben.

Rotationstauchkörper: Rotationstauchkörper (*Rotating Disc Reactors*) sind auf Achsen gelagerte rotierende scheibenartige Aufwuchsflächen. Die Konstruktionsform und die Rotation der Scheiben gewährleisten sowohl den wiederkehrenden Kontakt mit dem Abwasser als auch den Kontakt mit der Umgebungsluft zum Zwecke der Sauerstoffversorgung. Ein separates Belüftungssystem kann dadurch entfallen.

6.4.4.4 Anaerobe Verfahren

Die Grundzüge des anaeroben Stoffwechsels sind vorstehend beschrieben worden. Es wurde ferner darauf hingewiesen, dass jeweils genau zu prüfen ist, ob die abwassertechnischen Rahmenbedingungen so ausfallen, dass ein anaerobes Verfahren zweckdienlich eingesetzt werden kann. Beispielsweise gilt kommunales Abwasser für eine Anaerobbehandlung als zu gering belastet. Im kommunalen Bereich kommt Anaerobtechnik vorrangig bei der Schlammbehandlung zum Einsatz (Abschn. 6.5.2). Soll anaerobe Verfahrenstechnik genutzt werden soll, gilt generell, dass eine hohe organische Belastung des Abwassers von Vorteil ist, so wie sie insbesondere bei industriellen Abwässern vorliegen kann.

Ähnlich wie im aeroben Bereich kommen auch bei der Anaerobtechnik suspendierte Biomassen und sessile Biomassen in Festbetttechnologien (eingetauchte Festbettkonstruktionen, Rotationstauchkörper) zum Einsatz, vgl. [6.57]. Zusätzlich ist ein weiterer Aspekt zu beachten, der bei den aeroben Verfahrenstechnologien nicht vorliegt. So kommt durch die Biogaserzeugung eine dritte Phase hinzu. Das Auffangen des erzeugten Gases ist prozesstechnisch zu integrieren. Fragen hinsichtlich der Gasspeicherung und -nutzung sind ebenfalls zu beantworten. Bedeutende Vertreter der Anaerobreaktortechnik sind der *Upflow Anaerobic Sludge Blanket Reactor* (UASB) und seine Weiterentwicklung der *Expanded Granular Sludge Bed Reactor* (EGSB).

UASB: Der UASB Reaktor ist ein prominenter Vertreter der Anaerobtechnik und findet vielfach seinen Einsatz in der Behandlung industrieller Abwässer. Die Durchströmungsrichtung ist bereits im Namen enthalten. Gleiches gilt für das biologische Wirkprinzip (anaerob) sowie die wesentliche Schlammeigenschaft, nämlich die Möglichkeit, ein durch einen Schlammspiegel abgegrenztes Schlammbett zu erzeugen. Die suspendierte Biomasse muss im aufwärts durchströmten Reaktor gehalten werden können, ohne dass es zu Schlammabtrieb kommt. Dies wird dadurch erreicht, dass ein speziell adaptierter Schlamm in granularer Form bzw. Schlammpellets eingesetzt werden. So lassen sich Schlammkonzentration bis zu $30 \, kg/m^3$ erreichen – ein Vielfaches der üblicherweise in aeroben Belebungsanlagen erreichten TS-Konzentrationen. Es bedarf ferner eines 3-Phasenseparators zur Trennung der Phasen Gas, Wasser und Schlamm. So ist ein spezielles Gasauffangsystem integriert, das eine Ausschleusung des Methangases gestattet. Weitere Angaben zur Auslegung und zur Anwendung des UASB-Reaktors sind u. a. zu finden in [6.63].

EGSB: Die mit einem *Expanded Granular Sludge Bed* ausgestatteten Reaktoren stehen für eine anaerobe Hochlasttechnologie und sind eine Weiterentwicklung der UASB-Verfahrenstechnik. Die Expansion bzw. Fluidisierung des Schlammbetts wird durch eine hohe Durchströmungsgeschwindigkeit induziert. Dadurch soll ein besserer Kontakt zwischen Abwasser und Schlamm sichergestellt werden. Um die hohen Aufstromgeschwindigkeiten für die Schlammbettexpansion aufrecht zu erhalten, wird in der Regel eine interne Rezirkulation im Reaktor genutzt.

Anaerobe Membranbioreaktoren haben sich noch nicht durchgesetzt, da im Vergleich zu aeroben Anlagen die feinere Struktur des anaeroben Schlammes in der Vergangenheit zu einer eher schlechten Abscheidbarkeit durch die Membranfilter geführt hat.

6.4.5 „Vierte" Reinigungsstufe: Sonderverfahren zur weitergehenden Abwasseraufbereitung

Die Abwasserreinigung steht seit einigen Jahren immer wieder in der Kritik. Anlass für diese Kritik waren wiederholt Unzulänglichkeiten hinsichtlich des Rückhaltes der so genannten *Emerging Pollutants*. Darunter fallen anthropogene Spurenstoffe wie Arzneimittelrückstände und Industriechemikalien aber auch Mikroplastik-Partikel und Pathogene. Kläranlagen sind bisher verfahrenstechnisch nicht dafür ausgelegt worden, diese Stoffe gezielt zurückzuhalten. Wohlgemerkt besteht bis heute auch kein nationaler gesetzlicher Zwang, die genannten Stoffgruppen mit ihren vielen Einzelsubstanzen aus dem Abwasser zu entfernen. Der Gesetzgeber wird darüber befinden, inwieweit er diesen Zwang in Zukunft ausübt, indem er entsprechende Emissionsanforderungen (oder auch Immissionsanforderungen) erlässt. Sollten entsprechende Anforderungen in Zukunft bestehen, stünde die Abwasserreinigung vor einem nächsten tiefgreifenden Entwicklungsschritt. Dabei ginge es sowohl um den Ausbau der Emissionsvermeidung (*end-of-pipe*) als auch darum, zukunftsorientierte Stoffstromkonzepte zum Umgang mit Abwasser zu untermauern oder überhaupt erst zu ermöglichen. Zu nennen sind hier Optionen der Abwasserwiedernutzung oder der Rückgewinnung von Phosphor (Abschn. 6.4.5.4).

Neben den stoffliche Herausforderungen der anthropogenen organischen Mikroschadstoffe, Mikroplastik und Pathogene kommen zusätzlich konkrete Ansprüche hinsichtlich einer Stoffstrom- bzw. Kreislaufwirtschaft hinzu, die deutlich weiter reichen soll als bisher. In der Gesamtschau ist es daher ratsam, für die genannten einzelnen Herausforderungen keine vereinzelte Insellösungen anzustreben, sondern aufeinander abgestimmte Lösungen zu konzipieren und diese Ansätze im Kontext einer „vierten" Reinigungsstufe zusammenzuführen.

6.4.5.1 Anthropogene organische Mikroschadstoffe

Seit mehreren Jahren stehen anthropogene organische Mikroschadstoffe in der fachlichen und öffentlichen Diskussion. Ihr Auftreten, ihre Schädlichkeit und der gebotene Umgang mit diesen Stoffen sind sowohl abwasser- als auch trinkwasserseitig Gegenstand dieser Diskussionen (siehe auch Kap. 7). Dieses Problem ist letztlich kennzeichnend für hoch entwickelte Industriegesellschaften einschließlich aller damit zusammenhängenden Entwicklungen. So darf für die Zukunft nicht nur mit Blick auf eine alternde Bevölkerung und steigende Medikamentenverbräuche mit einer weiteren Verschärfung dieses Problems gerechnet werden [6.64].

Zunächst ist anzumerken, dass die organischen Stoffe im Abwasser in sehr geringen Konzentrationen vorliegen. Die Konzentrationsangaben der in Rede stehenden Stoffe liegen in der Regel im Mikrogramm- und Nanogrammbereich je Liter. Zusätzlich ist zu diagnostizieren, dass das so vielfach genutzte Belebtschlammverfahren mit Blick auf die Reduktion von organischen Mikroschadstoffen nur eine sehr begrenzte und stoffspezifische Wirkung hat. So fällt die in der Praxis zu verzeichnende Reduktionsleistung insgesamt meist geringer aus, als dies von toxikologischer Seite gefordert wird.

Gesetzt den Fall, auf einer Kläranlage sollen organische Mikroschadstoffe gezielt aus dem Abwasser entfernt werden, sind nicht unerhebliche zusätzliche verfahrenstechnische Aufwendungen zu betreiben, um diese Stoffe in sehr geringen Konzentrationen zu eliminieren. Hierzu werden derzeit zwei verfahrenstechnische Ansätze vorrangig verfolgt:

- Oxidation durch Ozonung
- Adsorption mit Aktivkohle

Beim Einsatz von Ozon werden die in Rede stehenden Verbindungen oxidiert. Vorteil des Verfahrens ist, dass keine Reststoffe anfallen, die zu entsorgen wären. Dennoch werden auch kritische Fragen gestellt, nämlich welche Transformations- und Nebenprodukte bei der Ozonung entstehen und ob diese unter Umständen nicht ebenfalls toxisch oder sogar toxischer als die Ausgangssubstanzen sind. Die Anzahl aus einer Ausgangssubstanz entstehender Transformationsprodukte ist weitgehend unbekannt. Zusätzlich ist darauf zu achten, dass bei spezifischen Zehrungen von in der Regel mehr als 0,7 mg O_3 pro mg DOC kanzerogenes Bromat entsteht, sofern Bromid im behandelten Wasser enthalten ist.

Die Adsorption bedeutet einen Rückhalt auf der Oberfläche des Adsorbens. Dies kann in Form einer eigenständigen Aktivkohlefiltration geschehen, die mit granulierter Aktivkohle (GAK) als Filtermaterial betrieben wird. Nach vollständiger Beladung ist die Aktivkohle aus dem Filter zu entnehmen und zu entsorgen bzw. zu regenerieren. Alternativ hierzu kann auch Pulveraktivkohle genutzt werden. Diese wird in bestehende Prozesse eingespeist, sodass ggf. eine separate Separationsstufe für PAK und zusätzlich eine Filtration zur Abtrennung feinster Aktivkohlepartikel notwendig werden. Unter Umständen kann ein (negativer) Einfluss auf die biologischen Prozesse auftreten und das Schlammaufkommen erhöht sich. Aufgrund des Einsatzmodus der PAK ist eine Regenerierung und anschließende Wiedernutzung nicht möglich. Dies ist auch unter energetischen Gesichtspunkten von Bedeutung, da die Herstellung von Aktivkohle mit hohen CO_2-Emissionen einhergeht und eine Regenerierung weniger Energie benötigt als ihre Herstellung.

Sowohl für die Ozonung als auch für die Anwendung der Aktivkohle gilt, dass die zuvor stattgefundene Abwasserreinigung eine gute (Vor-)Reinigungsleistung gewährleistet. Das Wasser sollte feststofffrei sein und nur noch geringe Rest-CSB-Konzentrationen aufweisen. So macht es beispielsweise wenig Sinn, eine Oxidation mittels Ozon durchzuführen, wenn die Oxidationskraft des Ozons durch erhöhte Rest-CSB-Konzentrationen in Anspruch genommen wird und die Spurenstoffelimination nur unzureichend verlaufen würde. Sowohl die Ozonung als auch die Aktivkohleadsorption wirken nicht stoffspezifisch sondern sie zielen auf eine Breitbandwirkung ab.

Für die Mikroschadstoffelimination kämen ebenfalls Hochdruckmembranverfahren wie die Nanofiltration oder Umkehrosmose in Frage. Jedoch weisen diese Membranverfahren einen sehr maßgeblichen Nachteil auf. Infolge des vergleichbar großen Konzentrataufkommens ergäbe sich eine neue und schwer zu lösende Entsorgungsproblematik. Hinzu kommen beachtliche Energieverbräuche.

Die Anwendung aller hier genannten Verfahren ist mit hohen Kosten verbunden, sodass sich der Rückhalt anthropogener Mikroschadstoffe auf Kläranlagen sehr deutlich in den für die Abwasserentsorgung zu entrichtenden Gebühren widerspiegeln wird.

6.4.5.2 Mikroplastik

Die durch Mikroplastik ausgelöste Umweltbelastung rückte vor wenigen Jahren in den Fokus der Öffentlichkeit und erreichte zügig auch die Expertenforen der Siedlungswasserwirtschaft. Mikroplastik ist ein wichtiger Teilaspekt des weltumspannenden Problems der Meeresverunreinigung durch Plastik. Eine weiträumige Verteilung von Plastikabfällen ist grundsätzlich unerwünscht, insbesondere, wenn die Gefahr besteht, dass auch ein Eintrag in die Nahrungskette stattfinden kann. Ebendies ist eine zentrale Sorge beim Thema Mikroplastik.

Als Mikroplastik gelten Kunststoffpartikel, die kleiner als 5 mm sind. Sind die Partikel kleiner als 1 mm gelten sie als kleines Mikroplastik [6.65]. Partikel mit derartigen Größen können als primäres Mikroplastik beispielsweise über Kosmetikprodukte eingebracht werden oder aber auch durch mechanischen Abrieb eintreten, wenn größere Plastikpartikel in kleinere Fragmente zerrieben werden (sekundäres Mikroplastik). Erste Hinweise auf relevante Mikroplastikquellen im Binnenland sowie wesentliche Impulse für die Entwicklung von Detektionsmethoden für Mikroplastik kamen aus der Meeresforschung. Regelmäßig wird die Abwasserreinigung als maßgeblicher Eintragspfad von Mikroplastik angeführt, sodass zur Abschätzung der tatsächlichen Relevanz kürzlich mehrere Einzeluntersuchungen angestoßen wurden. Unbestreitbar emittieren Kläranlagen Mikroplastik. Dies liegt zunächst daran, dass im Rohabwasser Mikroplastik enthalten ist. Zum einen aufgrund von Plastikbestandteilen im Kosmetik- und Körperpflegeprodukten. Hier besteht zwar eine zunehmende Sensibilität bei den Herstellern, dennoch sind Kunststoffe in diesen Produkten bis heute vertreten. Zum anderen werden Kunststoffpartikel beziehungsweise Kunststofffasern über das Abwasser aus Waschmaschinen eingetragen. Hohe Kunststoffanteile in der Kleidung sind heute Standard. Dennoch ist der Eintragspfad Abwasser auch vor dem Hintergrund anderer relevanter Quellen einzuordnen. Blickt man auf das abgeschätzte Aufkommen an Reifenabrieb allein in Deutschland mit 111.000 t im Jahr 2005 erscheint die Kunststoffmenge in Kosmetikprodukten (500 t) eher gering [6.65]. Abb. 6.27 zeigt exemplarisch Mikroplastikpartikel in einem Peeling-Produkt und zusätzlich die Ansicht einer filtrierten Probe eines Kläranlagenablaufs.

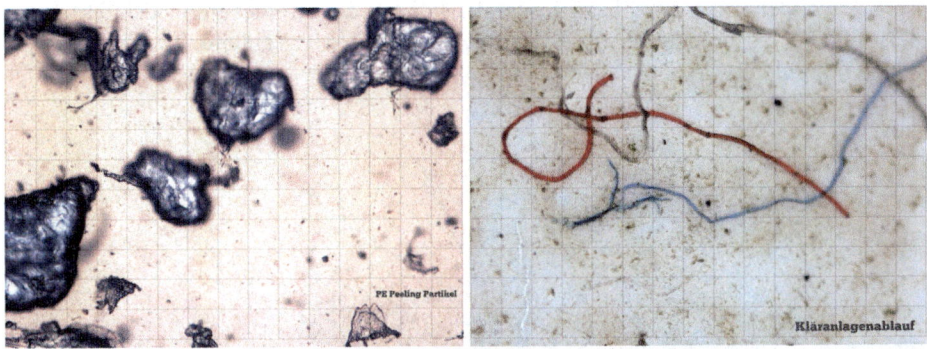

Abb. 6.27 *links* Mikroplastikpartikel in Peeling Produkt und *rechts* Ansicht filtrierte Probe eines Kläranlagenablaufs

Die Untersuchungen zum Thema Mikroplastik im Abwasser beziehen sich bisher nahezu ausschließlich auf die quantitative Erhebung, oft werden sogar nur die Anzahl der emittierten Partikel erhoben gegebenenfalls mit ergänzenden Aussagen zum Partikelmaterial. Dies lässt aber noch keine umfassende Beurteilung der Umweltrelevanz zu. Vielmehr sind zusätzlich auch Beladungseffekte in die Betrachtung einzubeziehen, die aus Mikroplastik maßgebliche Vektoren bzw. Träger von Schadstoffen und Krankheitserregern machen können. So wird die chemische und mikrobiologische Beladung von Mikroplastikpartikeln in der Fachwelt als sehr maßgeblicher Aspekt der Umweltproblematik Mikroplastik eingestuft.

Mit Blick auf die Partikelgrößen ist ein Rückhalt von Mikroplastik auf Kläranlagen durchaus technisch umsetzbar. Membranfiltrierte Kläranlagenabläufe sollten deutlich geringere Mikroplastikpartikel aufweisen als die Abläufe aus konventionellen Nachklärbecken. Auf konventionellen Anlagen ließe sich eine mechanische Abtrennung der Mikroplastikpartikel beispielsweise über eine Tuchfiltration des Kläranlagenablaufs umsetzen.

6.4.5.3 Abwasserdesinfektion

Die Abwasserverordnung sieht für (kommunales) Abwasser keine hygienischen Anforderungen vor. Eine Desinfektion auf Kläranlagen kann aber erforderlich werden, wenn die hygienische Gewässerqualität zu verbessern ist. Dies trifft insbesondere zu, wenn beispielsweise die Gütekriterien der EU-Badegewässerrichtlinie sicher zu erreichen sind. Ähnlich wie in der Trinkwasseraufbereitung stehen physikalische und chemische Methoden zur Auswahl (vgl. auch Merkblatt ATV-M 205, das die Desinfektion von biologisch gereinigtem Abwasser behandelt [6.66]).

In der Abwasserreinigung hat sich die UV-Bestrahlung als physikalisches Verfahren bewährt. Sie ist eine robuste und relativ einfach einzusetzende Technik, die die Vorteile aufweist, keine weiteren Chemikalienkosten sowie Rückstände zu verursachen. Durch die UV-Bestrahlung werden Pathogene inaktiviert. Die Leistung einer UV-Bestrahlung ist abhängig von der Restverschmutzung des Abwassers. Besonders noch enthaltene Feststoffe können die erreichbaren Desinfektionsleistungen einschränken. Abb. 6.28 zeigt eine UV-Bestrahlung im Einsatz auf einer Kläranlage.

Abb. 6.28 UV-Desinfektion von Abwasser

Ein recht bekanntes Beispiel ist die Abwasserdesinfektion, die im Rahmen eines Sonderprogramms unter anderem an der Isar durchgeführt wird. Wesentliches Ziel ist die Verbesserung der hygienischen Qualität des Gewässers, um die Isar bedenkenlos als Badegewässer nutzen zu können [6.67]. Als weiteres physikalisches Verfahren stehen prinzipiell Membranverfahren zur Verfügung. Sie wurden bereits verschiedentlich als Desinfektionsmethode ins Spiel gebracht. Hier ist aber darauf zu achten, welches Verfahren in Erwägung gezogen wird. Beispielsweise ist ein Attribut der in der MBR-Technologie eingesetzten Ultrafiltration, zumindest eine Teildesinfektion zu gewährleisten. Die vorgenommene Einschränkung auf Teildesinfektion bezieht sich darauf, dass Bakterien durch die Ultrafiltration zuverlässig zurückgehalten werden können, jedoch für die deutlich kleineren Viren ein vollständiger Rückhalt nicht garantiert werden kann. Eine vollständige Abwasserdesinfektion könnte jedoch durch Hochdruckmembranen wie beispielsweise die Nanofiltration erreicht werden. Im letzten Fall ergäbe sich ein deutlich höherer energetischer und verfahrenstechnischer Aufwand und es stellte sich zusätzlich die Frage nach der Entsorgung anfallender Konzentrate.

Hinsichtlich der möglichen chemischen Verfahren stehen oxidative Verfahren wie die Chlorung oder Ozonung in Rede. Hier sind Aspekte der Chemikalienbeschaffung, -lagerung und -dosierung zu beachten. Insgesamt ist die Handhabung dieser Verfahren deutlich aufwändiger als die UV-Bestrahlung und es ergeben sich zusätzlich gewichtige Arbeitssicherheitsaspekte. Neben der Explosionsgefahr können (toxische) Desinfektionsnebenprodukte entstehen. Unter Umständen können auch die Ökosysteme des Vorfluters durch (zu hohe) Restkonzentrationen an Desinfektionsmitteln betroffen sein.

6.4.5.4 Phosphorrückgewinnung

Recht wenig allgemeines Bewusstsein besteht noch bezüglich der Wahrnehmung des Phosphors als Mangelressource. Die primären Phosphorvorkommen sind endlich. Die Erschöpfung der Phosphorressourcen wird – ähnlich dem Erdöl – für den Zeitraum innerhalb der nächsten 50 bis 100 Jahre vorhergesagt [6.68]. Dies ist insofern dramatisch, als dass in Zeiten einer weiter steigenden Weltbevölkerung die heutige intensiv betriebene Landwirtschaft ohne phosphorhaltige Dünger nicht auskäme. Die Phosphorfracht, die allein in Deutschland im Zulauf zu kommunalen Kläranlagen transportiert wird, kann mit einer Menge zwischen 60.000 und 72.000 Tonnen Phosphor pro Jahr abgeschätzt werden [6.68, 6.69]. Bereits mehrere Jahrzehnte zurückliegend wurde damit begonnen, Technologien zu entwickeln Phosphor zurückzugewinnen. In den letzten Jahren wurden die Anstrengungen erneut stark intensiviert. Heute stehen viele Verfahren zur Auswahl, die großtechnisch eingesetzt werden können, um Phosphor zurückzugewinnen [6.70, 6.71].

In diesem Zusammenhang gibt es drei grundsätzliche Möglichkeiten, wo im Hinblick auf eine Rückgewinnung angesetzt werden kann [6.68]. Die erste Möglichkeit ist eine unmittelbare Rückgewinnung aus der Abwassermatrix mittels Kristallisations-, Fällungs- oder Ionentauscherverfahren. Im Fall der Kristallisation wird aus gelösten Magnesium-, Ammonium- und Phosphor-Ionen durch eine pH-Wert Erhöhung das Löslichkeitsgleichgewicht verschoben und ein Kristallisationsprozess ausgelöst, der Magnesium-Ammonium-Phosphat (MAP, auch Struvit genannt) erzeugt. Alternativ kann als zweiter Ansatz Phosphor aus dem Klärschlamm als Produkt der Abwasserreinigung zurückgewonnen werden (Kristallisationsverfahren, Adsorptionsverfahren, hydrothermaler und thermochemischer

Aufschluss). Als letzte Möglichkeit gilt die Gewinnung aus Klärschlammasche aus der Monoverbrennung (nasschemischer Aufschluss, thermochemischer Aufschluss). Gerade diese Möglichkeit bietet für den heutigen Tag eine Langzeitperspektive. Die Idee besteht darin, den Klärschlamm durch eine Monoverbrennung in eine lagerfähige Asche umzuwandeln. Wenn sich in Zukunft eine P-Rückgewinnung aus der Asche ökonomisch darstellen lässt, würde man mit den heute gewonnenen Aschen zu einem deutlich späteren Zeitpunkt arbeiten können. Dies setzt aber eine Monoverbrennung und geeignete Asche-Lagerstätten voraus. Eine Mitverbrennung in Siedlungsabfallverbrennungsanlagen oder in Kraftwerken liefert dagegen keine ausreichend verwertbaren Aschen. Der heutige Kenntnisstand zu relevanten Verfahren der P-Rückgewinnung wird in Tabelle 6.7 zusammengefasst [6.69].

Tabelle 6.7 Allgemeine Kurzcharakterisierung von Verfahren zur Phosphorrückgewinnung nach (*LAGA* [6.69])

Verfahren	Leistung P-Rückgewinnung	Recyklat Pflanzenverfügbarkeit	Recyklat Schadstoffabreicherung	Einsatzfähigkeit/ Anwendbarkeit	Betriebsmittelverbrauch, Energieeffizienz	Reife des Verfahrens	Kosten pro kg Phosphor
Fällung, Kristallisation, Adsorption	+	++	++	++	++(+)	+++	ooo
Nasschemischer Aufschluss	++	+++	+++	+++	+	++	oo
Thermochemischer Aufschluss	+++	++	++	++(+)	+	++	o
Metallurgischer Aufschluss	+++	++	++	++(+)	++	+	o(o)

+ = gering   o = hoch

++ = mittel   oo = mittel

+++ = gut   ooo = niedrig

Insgesamt zeichnen sich derzeit die Konturen einer konkreten Phosphorstrategie für den Abwassersektor ab, die ihren ersten gesetzlichen Niederschlag in der Verordnung zur Neuordnung der Klärschlammverwertung vom 3.10.2017 finden, indem dort Regelungen zum „Einstieg in die Rückgewinnung von Phosphor und anderen Nährstoffen aus Klärschlämmen und in die Beendigung der bodenbezogenen Klärschlammdüngung rechtlich verankert" wurden.

Wie konkrete Auflagen zur Phosphorrückgewinnung aussehen können, wurde bereits in einem Abschlussbericht eines vom Umweltbundesamt finanzierten Vorhabens näher beschrieben. Ähnliche bis gleichlautende Forderungen finden sich in der von der Bund/Länder-Arbeitsgemeinschaft Abfall (LAGA) vertretenen Strategie wieder. Darin finden sich Forderungen wie beispielsweise:

- Einführung einer P-Rückgewinnung auf großen Kläranlagen (Größenklasse 4 > 10.000 EW und Größenklasse 5 > 100.000 EW);
- Recyklatqualität begutachten und überwachen;
- Keine leichtfertige Mitverbrennung von Klärschlämmen, da ansonsten der Phosphor unwiederbringlich verloren ginge;

Diesen Empfehlungen ist der Gesetzgeber nur bedingt gefolgt. Durch die Verordnung zur Neuordnung der Klärschlammverwertung sind ausschließlich größere Kläranlagen mit einer gesetzlich verankerten Rückgewinnungspflicht für Phosphor konfrontiert. Kläranlagen ab einer Ausbaugröße von 100.000 Einwohnerwerten haben die neuen gesetzlichen Vorgaben spätestens 12 Jahre nach Inkrafttreten der Verordnung zu erfüllen. Für Anlagen ab einer Ausbaugröße von 50.000 Einwohnerwerten gelten die Anforderungen nach spätestens 15 Jahren. Kleinere Anlagen mit einem Anschlussgrad von weniger als 50.000 Einwohnerwerten haben dagegen keine Auflagen zur Phosphorrückgewinnung zu erfüllen.

6.4.6 Energieverbrauch von Kläranlagen

Kläranlagen sind Anlagen, die im Regelfall einen hohen Energieverbrauch aufweisen. Nicht selten sind Kläranlagen der größte kommunale Energieverbraucher. Der jeweilige spezifische Energieverbrauch ist von der Größe einer Kläranlage abhängig (zur Definition der Größenklassen siehe Tabelle 6.1). In Tabelle 6.8 sind Kennzahlen des Umweltbundesamtes und der DWA zum Energiebedarf und zur Stromerzeugung auf Kläranlagen zusammengefasst [6.72, 6.73].

Ergänzend weist das Umweltbundesamt darauf hin, dass die Größenklassen 4 und 5 zwar hinsichtlich der Anzahl nur einen Anteil von 22 Prozent an den etwa 10.000 deutschen Kläranlagen haben, aber sie behandeln über 90 Prozent der Einwohnerwerte und verursachen etwa 87 Prozent des gesamten Stromverbrauchs. Abb. 6.29 zeigt ergänzend die Verteilung der Energie auf die Anlagenteile einer Kläranlage, sodass deutlich wird, wo die Energie verbraucht wird [6.73].

Die biologische Reinigung hat mit Abstand den größten Energiebedarf. Insbesondere die dort im Einsatz befindlichen Belüftungsaggregate und Pumpen haben eine hohe energetische Relevanz. Daher sind alle Prozessoptimierungen, die die Belüftungserfordernisse reduzieren, energetisch bedeutsam. In diesem Zusammenhang sind insbesondere die aktuellen Arbeiten und Initiativen zur Optimierung der Stickstoffelimination von Interesse (Abschn. 6.4.3 – Deammonifikation).

Tabelle 6.8 Kennzahlen zum Energiebedarf und zur Stromerzeugung auf Kläranlagen (*DWA* [6.72]; *Umweltbundesamt* [6.73])

Größen-klasse	Einwohner-werte (EW)	Spezifischer Stromver-brauch nach UBA 2009 [6.73]	Spezifischer Stromver-brauch nach DWA 2016 [6.72] (Median)	Spezifische Stromerzeu-gung nach DWA 2016 [6.72] (Median)	Eigenversor-gungsgrad nach DWA 2016 [6.72] (Median)
		kWh/(EW x a)	kWh/(EW x a)	kWh/(EW x a)	%
1	< 1.000	75	64,3	–	–
2	> 1.000–5.000	55	42,8	6,3	13,6
3	> 5.000–10.000	44	40,1	8,6	21,2
4	> 10.000–100.000	35	34	13,5	42,1
5	> 100.000	32	30,5	18,2	62,1

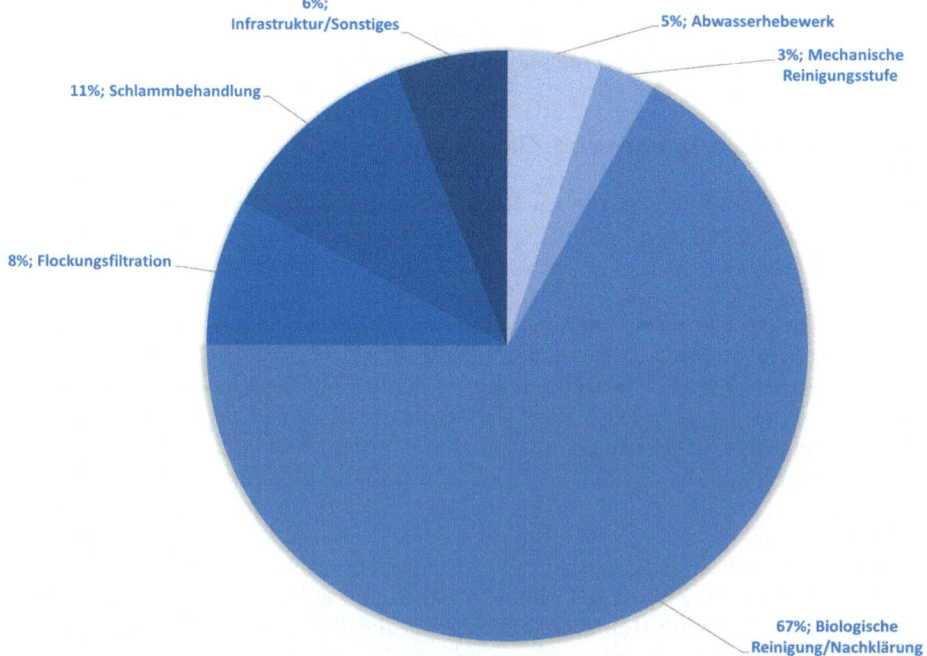

Abb. 6.29 Anteile der Behandlungsstufen am Gesamtenergiebedarf einer Kläranlage (*Umweltbundesamt* [6.73])

Nach Angaben des Umweltbundesamtes steigt der Energiebedarf bei Nutzung von Membrananlagen mit geschätzten spezifischen Energiebedarfen von 120–130 kWh/(EW x a) erheblich an [6.73]. Sollte „nur" eine nachgeschaltete Membrananlage vorgesehen werden, läge der energetische Mehraufwand bei 13 kWh/(EW x a). Besonders stiege der Energiebedarf bei Nutzung oxidativer Verfahren zur Elimination anthropogener Spurenstoffe. Eine Ozonung würde in einem Energiemehrbedarf von rund 100 kWh/(EW x a) resultieren. Dagegen sehr moderat erscheint der zusätzliche Energieaufwand für eine UV-Desinfektion, die einen Energiezusatzbedarf von lediglich 2,7 kWh/(EW x a) bedeuten würde [6.73].

Kläranlagen sind als Energieverbraucher ein wichtiger Faktor, sodass ihre Energieeffizienz ein wichtiges Thema sein muss. Potentiale zur Reduktion des Energieverbrauchs bestehen durchaus. Dabei darf nicht das Hauptziel einer Kläranlage – die Abwasserreinigung – aus dem Blick geraten. Erschwert werden die Bemühungen Energie einzusparen, wenn die Reinigungsanforderungen strenger werden sollten. Zumindest kann eine Kläranlage einen nicht unerheblichen Anteil des Energiebedarfs durch eine Faulgasproduktion und -verwertung abdecken. Die Zahlen in Tabelle 6.8 zeigen aber auch, dass es noch ein weiter Weg bis zum Erreichen der verschiedentlich propagierten Energieautarkie von Kläranlagen ist. Abschließend sei darauf verwiesen, dass die Klimarelevanz von Kläranlagen sich nicht allein aus ihrem Energieverbrauch ergibt, sondern auch Emissionen von Treibhausgasen wie bspw. Lachgas ebenfalls zu berücksichtigen sind.

6.5 Behandlung und Entsorgung der Reststoffe aus der Abwasserreinigung

In jeder Reinigungsstufe der konventionellen Abwasserbehandlung fallen Reststoffe an. Aus der mechanischen Reinigung stammen Rechengut, Sandfanggut, abgeschiedene Leichtstoffe und der Primärschlamm aus der Vorklärung. Aus der biologischen Behandlung gehen der Überschussschlamm als Sekundärschlamm, ggf. Tertiärschlamm aus einer P-Fällung sowie abgezogene Schwimm- und Blähschlämme hervor. Primär- und Sekundärschlamm werden zusammengeführt und gemeinsam in einer Schlammbehandlung behandelt. Im Hinblick auf die spätere Entsorgung der Reststoffe ist zu vergegenwärtigen, dass Anlagen zur Abwasserreinigung grundsätzlich der Schadstoffausschleusung dienen und Schadstoffe in die Reststoffe übergehen, sodass die Freiheitsgrade bei der Entsorgung grundsätzlich eingeschränkt sind.

Nachstehend werden unterschiedliche Reststoffe genauer vorgestellt sowie Wege ihrer Behandlung bis zum Erreichen definierter Eigenschaften, die einen Transport und eine anschließende Entsorgung gestatten.

6.5.1 Reststoffe aus der mechanischen Reinigung

Rechengut ist der Reststoff der Rechenanlage, Sandfanggut der Reststoff aus dem Sandfang. In der Vorklärung wird Primärschlamm erzeugt. Rechengut – wie in

Abb. 6.30 Rechengut

Abb. 6.30 abgebildet – ist zu entwässern, um eine Entsorgungs- bzw. Transportfähigkeit herzustellen. Eine Entsorgungsoption ist seine Verbrennung. Unter Umständen kann eine Rechengutwaschanlage zum Einsatz kommen.

Sandfanggut (Abb. 6.31) eignet sich wegen seines hohen mineralischen Anteils zur Aufbereitung und Wiedernutzung zum Beispiel im Straßenbau. Der Sand wird mittels Wäschern von organischen Rückständen befreit.

Abb. 6.31 Auffangbehälter von Sandfanggut

In der Vorklärung wird der so genannte Primärschlamm erzeugt. Er kommt gemeinsam mit dem Überschussschlamm in die Schlammbehandlung wie in Abschn. 6.5.2 ausgeführt.

6.5.2 Schlammaufkommen und -behandlung

Die Schlammbehandlung ist integraler Teil der Abwasserreinigung. Diese steht für die Entwässerung und den Abbau organischer Substanz (Stabilisierung) der Schlämme aus der Abwasserreinigung. Im Einzelnen werden die Stationen Voreindickung, Stabilisierung, Nacheindickung und maschinelle Entwässerung durchlaufen. Eine weitergehende Trocknung verbessert die Transporteigenschaften und ist in der Regel Voraussetzung für eine thermische Verwertung des Klärschlamms. Das Prinzip der Schlammbehandlung ist in Abb. 6.32 dargestellt. Die Abbildung benennt alle maßgeblichen auf Kläranlagen auftretenden Schlammarten.

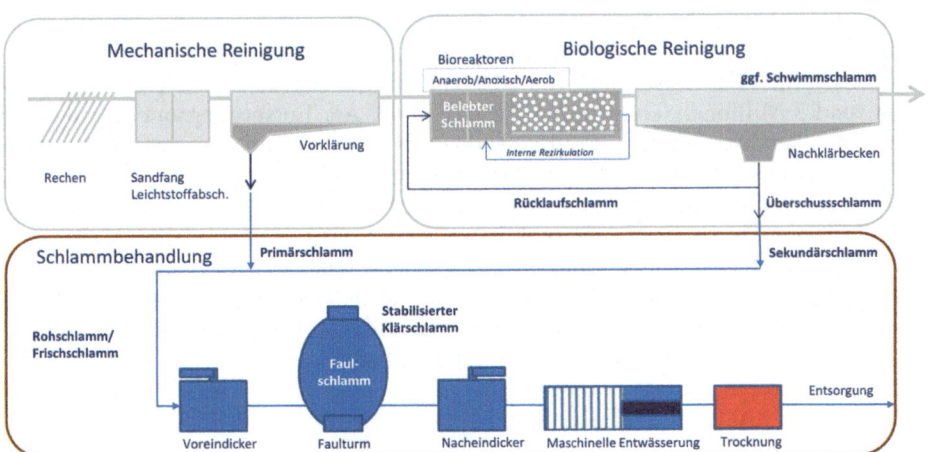

Abb. 6.32 Prinzip der Schlammbehandlung

Die Voreindickung, Nacheindickung, maschinelle Entwässerung und Trocknung dienen der Reduktion des Wassergehalts. Bei der Eindickung und maschinellen Entwässerung wird der Klärschlamm-Wasser-Matrix zu großen Anteilen nur freies Wasser entzogen. Kapillarwasser, Zellwasser und das Oberflächenwasser werden meist erst im Trocknungsvorgang aus der Schlammmatrix ausgeschleust. Je nach Trocknungsverfahren können so die Wassergehalte sehr weit nach unten gebracht werden, sodass beim Umgang mit Klärschlamm anderweitige Gefahren wie Staubentwicklung und eine Explosionsgefährdung zu beachten sind. Durch die Schritte der Schlammentwässerung und -trocknung erfolgt eine nennenswerte so genannte Rückbelastung der Abwasserreinigung mit den Wässern aus der Schlammbehandlung. Diese werden in der Regel dem Abwasserreinigungsprozess zugeführt und können eine signifikante stoffliche Zusatzbelastung des Kläranlagenzulaufs darstellen. Mit Blick auf die Belastung dieser Abwässer kann aber auch eine separate Behandlung dieser Abwässer zweckdienlich sein, da insbesondere sehr hohe Stickstoffbelastungen vorliegen. Da der Kohlenstoffanteil eher gering ist, bietet sich z. B. als separate Behandlung ein Verfahren wie die Deammonifikation besonders an.

Der anaerobe Stoffumsatz findet nach der Voreindickung im beheizten Faulturm statt, der unter meist mesophilen Bedingungen den Schlamm stabilisiert. Stabilisierung bedeutet, dass auf der Kläranlage in-situ die biochemischen Umsatzprozesse intensiviert werden, um anschließend einen deutlich höheren mineralischen Anteil im Schlamm zu erhalten, sodass nur noch eine gering ausgeprägte biochemische Aktivität vorliegt. Der Faulturm auf kommunalen Kläranlagen ist ein klassischer Ausschwemmreaktor mit einer erforderlichen Schlammaufenthaltszeit von rund 20 Tagen. Früher wurden längere Aufenthaltszeiten von über 30 Tagen angesetzt. Die angestrebte Schlammstabilisierung kann auch auf aeroben Weg und hier in der biologischen Stufe der Abwasserreinigung durch ein ausreichend hohes Schlammalter erreicht werden (> 25 Tage). Meist ist aber die anaerobe Faulung das Verfahren der Wahl, um die Schlämme zu stabilisieren, nicht zuletzt wegen der Option der Energiegewinnung durch die Faulgasnutzung.

Hinsichtlich der Entsorgung von Klärschlamm fällt im Jahr eine Trockenmasse von rund 3 Millionen Tonnen jährlich an [6.74]. Als Entsorgungsoptionen kommen eine landwirtschaftliche oder landbauliche Verwertung sowie auf thermischen Weg eine Mit- oder Monoverbrennung in Frage. Insbesondere die landwirtschaftliche Verwertung der Klärschlämme steht in der Kritik und wird in einigen Bundesländern auch nicht mehr praktiziert. Alle Trends deuten auf eine Monoverbrennung des Klärschlamms hin, um insbesondere eine spätere Ascheverwertung zur Rückgewinnung des Phosphors zu ermöglichen. Ferner gilt, dass man aus einer Verbrennung eines Klärschlamms keinesfalls die Energie herausbekommen wird, die vorher in seine Trocknung investiert wurde.

6.6 Literatur

6.1   Helbig, Alfred; Baumüller, J.; Kerschgens, M.J (Hg.) (2013): Stadtklima und Luftreinhaltung. 2., Aufl. 1999. Berlin: Springer Berlin (VDI-Buch).

6.2   Malberg, Horst (1997): Meteorologie und Klimatologie. Eine Einführung. Dritte, aktualisierte und erweiterte Auflage. Berlin, Heidelberg, s. l.: Springer Berlin Heidelberg. Online verfügbar unter http://dx.doi.org/10.1007/978-3-662-12484-0.

6.3   Schaff; Lenz (2010): Standortbestimmung und Zukunftschancen der deutschen Wasserwirtschaft. In: *Korrespondenz Abwasser, Abfall* 57 (8), S. 748–755.

6.4   Schmitt, T. G. (2007): Siedlungswasserwirtschaft 2030. Mögliche Entwicklungen und Herausforderungen. In: *Korrespondenz Abwasser, Abfall* 54 (8), S. 798–804.

6.5   Bieker, S., Frommer, B. (2010): Potenziale flexibler integrierter semizentraler Infrastruktursysteme in der Siedlungswasserwirtschaft – Neue Handlungsspielräume für die Infrastrukturentwicklung in der Bundesrepublik Deutschland? Raumforsch Raumordn (2010) 68: Seiten 311–326

6.6   Streich, Bernd (2011): Stadtplanung in der Wissensgesellschaft. Ein Handbuch. 2. Aufl. Wiesbaden: VS Verl. für Sozialwissenschaften.

6.7   Europäische Kommission (2015): Mitteilung der Kommission an das Europäische Parlament und den Rat. Wasserrahmenrichtlinie und Hochwasserrichtlinie – Maßnahmen zum Erreichen eines guten Gewässerzustands in der EU und zur Verringerung der Hochwasserrisiken. COM(2015) 120 final. Online verfügbar unter http://ec.europa.eu/environment/water/water-framework/pdf/4th_report/ COM_2015_120_de.pdf, zuletzt geprüft am 24.01.2017.

6.8   BMU (2013): Die Wasserrahmenrichtlinie. Eine Zwischenbilanz zur Umsetzung der Maßnahmeprogramme 2012. Online verfügbar unter https://www.umweltbundesamt.de/sites/default/files/medien/378/publikationen/ wasserrahmenrichtlinie_2012.pdf, zuletzt geprüft am 25.01.2017.

6.9   IKSD (2015): The Danube River Basin District. Part A – Basin-wide overview, Update 2015. Online verfügbar unter http://www.icpdr.org/main/sites/default/files/ nodes/documents/drbmp-update2015.pdf, zuletzt geprüft am 25.01.2017.

6.10   AbwV, vom zuletzt geändert 01.06.2016: Verordnung über Anforderungen an das Einleiten von Abwasser in Gewässer (Abwasserverordnung – AbwV). Fundstelle: BGBl. I S. 1290. Online verfügbar unter http://www.gesetze-im-internet.de/ bundesrecht/abwv/gesamt.pdf, zuletzt geprüft am 25.01.2017.

6.11   Umweltbundesamt (2012): Bestimmung von stoffbezogenen Umweltqualitätskriterien. Ein Methodenvergleich von nationalen und internationalen Bewertungsgrundlagen. Unter Mitarbeit von Silke Kleihauer, Martin Führ, Udo Hommen, Kerstin Hund-Rinke und Christiane Heiß. Hg. v. Umweltbundesamt. Umweltbundesamt. Online verfügbar unter http://www.umweltbundesamt.de/sites/default/files/medien/ 461/publikationen/4337.pdf.

6.12   BMUB (2017): Zustand der Oberflächengewässer. Bundesministerium für Umwelt, Naturschutz, Bau und Reaktorsicherheit. Online verfügbar unter http://www.bmub.bund.de/themen/wasser-abfall-boden/binnengewaesser/ fluesse-und-seen/zustand-der-oberflaechengewaesser/.

6.13   UBA (2015): Fremdwasser in der Kanalisation belastet Klärwerke. Umweltbundesamt. Online verfügbar unter http://www.umweltbundesamt.de/themen/fremdwasser-in-der-kanalisation-belastet-klaerwerke, zuletzt geprüft am 14.03.2017.

6.14   Bosseler, Bert; Brüggemann, Thomas; Dyrbusch, Amely; Beck, Daniela; Kohler, Thomas; Kramp, Thomas et al. (2015): Kanalabdichtungen – Auswirkungen auf die Reinigungsleistung der Kläranlagen und der Einfluss auf den örtlichen Wasserhaushalt (Texte, 21/2015). Online verfügbar unter http://www.umweltbundesamt.de/sites/default/files/medien/378/publikationen/ texte_21_2015_kanalabdichtungen_auswirkungen_auf_die_reinigungsleistung_ der_klaeranlagen.pdf, zuletzt geprüft am 19.01.2017.

6.15   Statistisches Bundesamt (2015b): Umwelt – Öffentliche Wasserversorgung und öffentliche Abwasserentsorgung. Strukturdaten zur Wasserwirtschaft 2013. Wiesbaden (Fachserie 19, 2.1.3). Online verfügbar unter https://www.destatis.de/DE/ Publikationen/Thematisch/UmweltstatistischeErhebungen/Wasserwirtschaft/ Wasserwirtschaft2190213139004.pdf;jsessionid=E89B15FA6B568493B7C2A4523 1E9B7C3.cae4?__blob=publicationFile, zuletzt geprüft am 19.01.2017.

6.16   BAST (2010): Stoffeinträge in den Straßenseitenraum – Reifenabrieb. Unter Mitarbeit von Birgit Kocher, Susanne Brose, Johannes Feix, Claudia Görg, Angela Peters und Klaus Schenker (Berichte der Bundesanstalt für Straßenwesen – Verkehrstechnik, Heft V188).

6.17   DWA Bayern (2001): Betrieb von Abwasseranlagen: Die Phosphorbilanz im kommunalen Abwasser. Hg. v. DWA Bayern. DWA (Leitfaden 2-13, 2-13). Online verfügbar unter http://www.dwa-bayern.de/lv-publikationen.html?file=tl_files/_media/content/PDFs/LV_Bayern/6%20LV-Publikationen/Leitfaden_DWA_Bayern_2-13_Phosphorbilanz-kommAbwasser.pdf, zuletzt geprüft am 24.02.2017.

6.18   Pohling, Rolf (2015): Chemische Reaktionen in der Wasseranalyse. Berlin: Springer Spektrum. Online verfügbar unter http://search.ebscohost.com/login.aspx?direct=true&scope=site&db=nlebk&AN=980334.

6.19   LfU Bayern (2013): UmweltWissen – Schadstoffe: Ammoniak und Ammonium. Hg. v. Bayerisches Landesamt für Umwelt. Online verfügbar unter http://www.lfu.bayern.de/umweltwissen/doc/uw_6_ammoniak_ammonium.pdf, zuletzt geprüft am 24.02.2017.

6.20   Statistisches Bundesamt (2015a): 2013. 97 % der Einwohner leiten Abwasser über öffentliche Kanäle ab (Pressemitteilung, 390/15). Online verfügbar unter https://www.destatis.de/DE/PresseService/Presse/Pressemitteilungen/2015/10/PD15_390_322pdf.pdf?__blob=publicationFile, zuletzt geprüft am 30.01.2017.

6.21   Brombach, Hansjörg; Dettmar, Joachim (2016): Im Spiegel der Statistik: Abwasserkanalisation und Regenwasserbehandlung in Deutschland. In: *Korrespondenz Abwasser, Abfall* 63 (3), S. 176–186.

6.22   Gujer, Willi (2007): Siedlungswasserwirtschaft. Mit 84 Tabellen. 3., bearb. Aufl. Berlin, Heidelberg: Springer. Online verfügbar unter http://dx.doi.org/10.1007/978-3-540-34330-1.

6.23   Kluge, Thomas (2000): Wasser und Gesellschaft. Von der hydraulischen Maschinerie zur nachhaltigen Entwicklung. Wiesbaden: VS Verlag für Sozialwissenschaften (Reihe „Soziologie und Ökologie", 3). Online verfügbar unter http://dx.doi.org/10.1007/978-3-322-95136-6.

6.24   BWB (ohne Jahresangabe): Ein Unternehmen mit Tradition. Berliner Wasserbetriebe. Online verfügbar unter http://www.bwb.de/content/language1/html/881.php, zuletzt geprüft am 03.02.2017.

6.25   König, Wolfgang (2000): Geschichte der Konsumgesellschaft: Franz Steiner Verlag Stuttgart (Vierteljahrschrift für Sozial- und Wirtschaftsgeschichte – VSWG Begleithefte, 154).

6.26   Tietz, Hans-Peter (2007): Systeme der Ver- und Entsorgung. [Funktionen und räumliche Strukturen]. 1. Aufl. Wiesbaden: Teubner.

6.27   Meurer, Rolf (2000): Wasserbau und Wasserwirtschaft in Deutschland. Vergangenheit und Gegenwart. Berlin: Parey.

6.28   König, J. (1887): Die Verunreinigung der Gewässer, deren schädliche Folgen, nebst Mitteln zur Reinigung der Schmutzwässer. Mit dem Ehrenpreis Sr. Majestät des Königs Albert von Sachsen gekrönte Arbeit. Berlin, Heidelberg: Springer Berlin Heidelberg; Imprint; Springer.

6.29   Neufeld, C. A.; Behre, A.; Sonntag, G.; Rammul, A.; Müller, Max (1909): Abwasser. In: *Zeitschr. f. Untersuchung d. Nahr.-u. Genußmittel.* 17 (7), S. 427–432. DOI: 10.1007/BF02004685.

6.30   Süßbauer, Elisabeth (2014): Klimawandel als widerspenstiges Problem. Dissertation. Fachbereich Architektur Stadt- und Landschaftsplanung, Universität Kassel. Online verfügbar unter http://gbv.eblib.com/patron/FullRecord.aspx?p=4442129.

6.31   BBSR (2015): Überflutungs- und Hitzevorsorge durch die Stadtentwicklung: Strategien und Maßnahmen zum Regenwassermanagement gegen urbane Sturzfluten und überhitzte Städte. Ergebnisbericht der fallstudiengestützten Expertise „Klimaanpassungsstrategien zur Überflutungsvorsorge verschiedener Siedlungstypen als kommunale Gemeinschaftsaufgabe". Unter Mitarbeit von bgmr Landschaftsarchitekten und Ingenieurgesellschaft Prof. Dr. Sieker mbH. Hg. v. Bundesinstitut für Bau-, Stadt- und Raumforschung im Bundesamt für Bauwesen und Raumordnung (BBR). Online verfügbar unter http://www.bbsr.bund.de/BBSR/DE/ Veroeffentlichungen/Sonderveroeffentlichungen/2015/DL_UeberflutungHitze Vorsorge.pdf?__blob=publicationFile&v=3, zuletzt geprüft am 06.02.2017.

6.32   Horlacher, Hans-Burkhard; Helbig, Ulf (Hg.) (ohne Jahresangabe): Rohrleitungen 1 und 2. Grundlagen, Rohrwerkstoffe, Komponenten. Unter Mitarbeit von Frank Wolfgang Günthert und Simon Faltermaier. Living Reference Work, continuously updated edition (Springer NachschlageWissen). Online verfügbar unter http://dx.doi.org/10.1007/978-3-642-45027-3.

6.33   Hiessl, Harald; Toussaint, Dominik; Becker, Michael; Geisler, Silke; Dyrbusch, Amely; Herbst, Heinrich; Prager, Jens U. (2003): Alternativen der kommunalen Wasserversorgung und Abwasserentsorgung – AKWA 2100. Heidelberg: Physica-Verlag (Technik, Wirtschaft und Politik : Schriftenreihe des Fraunhofer-Instituts für Systemtechnik und Innovationsforschung ISI, v. 53).

6.34   Bischof, Wolfgang (1998): Abwassertechnik. 11., neubearbeitete und erweiterte Auflage. Wiesbaden, s. l.: Vieweg+Teubner Verlag. Online verfügbar unter http://dx.doi.org/10.1007/978-3-663-09204-9.

6.35   Miszta-Kruk, Katarzyna (2016): Reliability and failure rate analysis of pressure, vacuum and gravity sewer systems based on operating data. In: *6th International Conference on Engineering Failure Analysis* 61, S. 37–45. DOI: 10.1016/j.engfailanal.2015.07.034.

6.36   Hamburg Wasser (ohne Jahresangabe): Hamburg Water Cycle. Kreislauforientierte Abwasserwirtschaft. Online verfügbar unter http://www.hamburgwatercycle.de/, zuletzt geprüft am 06.02.2017.

6.37   Korda, Martin; Bischof, Wolfgang (2005): Städtebau. Technische Grundlagen ; mit 131 Tabellen. 5., neubearb. Aufl. Stuttgart, Leipzig, Wiesbaden: Teubner.

6.38   Bosseler, B.; Sokoll, O. (2005): Profilierte Großrohre aus Kunststoff – Praxiserfahrungen und Prüfkonzepte. Hg. v. Ministerium für Umwelt und Naturschutz, Landwirtschaft und Verbraucherschutz des Landes NRW. IKT – Institut für Unterirdische Infrastruktur. Online verfügbar unter https://www.ikt.de/down/f0120langbericht.pdf, zuletzt geprüft am 07.02.2017.

6.39   Bölke, Klaus-Peter (1996): Kanalinspektion. Schäden erkennen und dokumentieren. Berlin, Heidelberg: Springer Berlin Heidelberg; Imprint; Springer (VDI-Buch).

6.40   Berger, C.; Falk, C.; Hetzel, F.; Pinnekamp, J.; Roder, S.; Ruppelt, J. (2016): Zustand der Kanalisation in Deutschland – Ergebnisse der DWA-Umfrage 2015. Sonderdruck. In: *Korrespondenz Abwasser, Abfall* 63. (6).

6.41   EGLV (2017): Emscher Umbau – Technische Daten. Online verfügbar unter http://www.eglv.de/emschergenossenschaft/emscher-umbau/der-umbau/technische-daten/, zuletzt aktualisiert am 07.02.2017.

6.42   Fuchs, S.; Lambert, B.; Grotehusmann, D. (2010): Neue Aspekte in der Behandlung von Siedlungsabflüssen. In: *Umweltwiss Schadst Forsch* 22 (6), S. 661–667. DOI: 10.1007/s12302-010-0161-2.

6.43   MKUNLV (2015): Retentionsbodenfilter. Handbuch für Planung, Bau und Betrieb. 2. aktualsierte Auflage. Unter Mitarbeit von Dieter Grotehusmann, Mathias Uhl, Stephan Fuchs und Benedikt Lambert. Online verfügbar unter https://www.umwelt.nrw.de/fileadmin/redaktion/Broschueren/retentionbodenfilter_handbuch.pdf, zuletzt geprüft am 24.01.2017.

6.44   Scheer, Martina (2008): Ermittlung und Bewertung der Wirkungen der Abflusssteuerung für Kanalisationssysteme. Zugl.: Karlsruhe, Univ., Diss., 2008. Karlsruhe: Verl. Siedlungswasserwirtschaft (Schriftenreihe SWW, 131), zuletzt geprüft am 24.02.2017.

6.45   Zilch, Konrad (Hg.) (2014): Wasserbau, Siedlungswasserwirtschaft, Abfalltechnik. [s. l.]: Springer (Handbuch für Bauingenieure, 5).

6.46   Arbeitsblatt A 131, 2000: Bemessung von einstufigen Belebungsanlagen.

6.47   Hapke, Thomas (Hrsg.) (1993): Stadthygiene und Abwasserreinigung nach der Hamburger Cholera-Epidemie. Umweltforschung vor 100 Jahren im Spiegel der Bibliothek der Sielklär-Versuchsstation Hamburg-Eppendorf: Verlag Traugott Bautz Herzberg.

6.48   Wanner, Jiří; Jenkins, David (2014): Activated Sludge: 100 Years and Counting: IWA Publishing.

6.49   Cypionka, Heribert (2010): Grundlagen der Mikrobiologie. 4., überarb. und aktual. Aufl. Heidelberg: Springer (Springer-Lehrbuch). Online verfügbar unter http://site.ebrary.com/lib/alltitles/docDetail.action?docID=10386966.

6.50   Lemmer, Hilde; Griebe, Thomas; Flemming, Hans-Curt (1996): Ökologie der Abwasserorganismen. Berlin, Heidelberg: Springer Berlin Heidelberg. Online verfügbar unter http://dx.doi.org/10.1007/978-3-642-61423-1.

6.51   Gilbert, Eva Marianne (2014): Partielle Nitritation / Anammox bei niedrigen Temperaturen (Dissertation), zuletzt geprüft am 27.02.2017.

6.52   Zumft, W. G. (1997): Cell biology and molecular basis of denitrification. In: *Microbiology and molecular biology reviews : MMBR* 61 (4), S. 533–616.

6.53   Jetten, M. S. M.; Cirpus, I.; Kartal, B.; van Niftrik, L.; van de Pas-Schoonen, K. T.; Sliekers, O. et al. (2005): 1994–2004: 10 years of research on the anaerobic oxidation of ammonium. In: *Biochemical Society transactions* 33 (Pt 1), S. 119–123. DOI: 10.1042/BST0330119.

6.54   Ruhrverband (ohne Jahresangabe): Deammonifikation. Ruhrverband. Online verfügbar unter http://www.ruhrverband.de/de/wissen/forschung-entwicklung/deammonifikation/, zuletzt geprüft am 14.03.2017.

6.55   Rosenwinkel, Karl-Heinz; Kroiss, Helmut; Dichtl, Norbert; Seyfried, Carl-Franz; Weiland, Peter (Hg.) (2015): Anaerobtechnik. Abwasser-, Schlamm- und Reststoffbehandlung, Biogasgewinnung. 3., neu bearb. Aufl. Berlin: Springer Vieweg.

6.56   Bischofsberger, Wolfgang; Rosenwinkel, Karl-Heinz; Dichtl, Norbert; Seyfried, Carl Franz; Böhnke, Bortho; Bsdok, Jens; Schröter, Thorsten (Hg.) (2005): Anaerobtechnik. 2., vollst. überarb. Aufl. Berlin: Springer.

6.57   Wiesmann, Udo; Choi, In Su; Dombrowski, Eva-Maria (2007): Fundamentals of biological wastewater treatment. Weinheim: Wiley-VCH.

6.58   Günthert, Wolfgang; Krebs, Peter; Deininger, Andrea (1998): Theorie, Modellierung, Auslegung und Betrieb von Nachklärbecken. In: *KA Korrespondenz Abwasser, Abfall* 45 (3).

6.59   Flores-Alsina, Xavier; Corominas, Lluís; Neumann, Marc B.; Vanrolleghem, Peter A. (2012): Assessing the use of activated sludge process design guidelines in wastewater treatment plant projects: A methodology based on global sensitivity analysis. In: *Environmental Modelling & Software* 38, S. 50–58. DOI: 10.1016/j.envsoft.2012.04.005.

6.60   Arbeitsblatt DWA-A 131, 2016: Bemessung von einstufigen Belebungsanlagen.

6.61   Grady, C. P. Leslie, JR. (2011): Biological Wastewater Treatment, Third Edition. 3rd ed. Boca Raton: CRC Press. Online verfügbar unter http://ebookcentral.proquest.com/lib/gbv/detail.action?docID=4742502.

6.62   Hreiz, Rainier; Latifi, M. A.; Roche, Nicolas (2015): Optimal design and operation of activated sludge processes: State-of-the-art. In: *Chemical Engineering Journal* 281, S. 900–920. DOI: 10.1016/j.cej.2015.06.125.

6.63   Lettinga, O.; Hulshoff, L. W. (1991): UASB-PROCESS DESIGN FOR VARIOUS TYPES OF WASTEWATERS. In: *Water Sciene and Technology* (Vol. 24, No. 8), S. 87–107.

6.64   Umweltbundesamt (2010): Demografischer Wandel als Herausforderung für die Sicherung und Entwicklung einer kosten- und ressourceneffizienten Abwasserinfrastruktur. Online verfügbar unter http://www.uba.de/uba-info-medien/3779.html, zuletzt geprüft am 12.01.2017.

6.65   Umweltbundesamt (2015): Quellen für Mikroplastik mit Relevanz für den Meeresschutz in Deutschland. Unter Mitarbeit von Roland Essel, Linda Engel, Michael Carus und Ralph Heinrich Ahrens. Hg. v. Umweltbundesamt. Umweltbundesamt (Texte, 63). Online verfügbar unter https://www.umweltbundesamt.de/publikationen/quellen-fuer-mikroplastik-relevanz-fuer-den, zuletzt geprüft am 20.02.2017.

6.66   Merkblatt ATV-M 205, 1998: Desinfektion von biologisch gereinigtem Abwasser.

6.67   LfU Bayern (ohne Jahresangabe): Abwasserdesinfektion. LfU Bayern. Online verfügbar unter http://www.lfu.bayern.de/wasser/abwasser_kommunale_anlagen/abwasserdesinfektion/index.htm, zuletzt geprüft am 15.03.2017.

6.68   Montag, David; Everding, Wibke; Malms, Susanne; Pinnekamp, Johannes; Reinhardt, Joachim; Fehrenbach, Horst et al. (2014): Bewertung konkreter Maßnahmen einer weitergehenden Phosphorrückgewinnung aus relevanten Stoffströmen sowie zum effizienten Phosphoreinsatz. Hg. v. Umweltbundesamt (Forschungskennzahl 3713 26 301 – UBA-FB-00212). Online verfügbar unter http://www.bmub.bund.de/fileadmin/Daten_BMU/Pools/Forschungsdatenbank/fkz_3713_26_301_phosphorrueckgewinnung_bf.pdf, zuletzt geprüft am 20.02.2017.

6.69   LAGA (2015): Ressourcenschonung durch Phosphor-Rückgewinnung. Abschlussbericht der LAGA Ad-hoc-AG. Bund/Länder Arbeitsgemeinschaft Abfall. Online verfügbar unter http://www.laga-online.de, zuletzt geprüft am 20.02.2017.

6.70   Egle, Lukas; Rechberger, Helmut; Zessner, Matthias (2014): Vergleich von Verfahren zur Rückgewinnung von Phosphor aus Abwasser und Klärschlamm. In: *Österr Wasser- und Abfallw* 66 (1–2), S. 30–39. DOI: 10.1007/s00506-013-0127-x.

6.71   Sabelfeld, Marina; Geißen, Sven-Uwe (2011): Verfahren zur Eliminierung und Rückgewinnung von Phosphor aus Abwasser. In: *Chemie Ingenieur Technik* 83 (6), S. 782–795. DOI: 10.1002/cite.201000187.

6.72   DWA (2016): 28. Leistungsvergleich kommunaler Kläranlagen 2015. Deutsche Vereinigung für Wasserwirtschaft, Abwasser und Abfall. Online verfügbar unter https://bmbf.nawam-erwas.de/sites/default/files/download/leistungsvergleich_2015.pdf, zuletzt geprüft am 21.02.2017.

6.73   Umweltbundesamt (2009): Energieeffizienz kommunaler Kläranlagen. Umweltbundesamt (Hintergrund). Online verfügbar unter https://www.umweltbundesamt.de/sites/default/files/medien/publikation/long/3855.pdf, zuletzt geprüft am 20.02.2017.

6.74   Statistisches Bundesamt (2016): Umwelt Abwasserbehandlung – Klärschlamm Ergebnisbericht 2013/2014.

7 Trinkwasser

Wasser ist Lebensraum, Voraussetzung für Leben und damit eine unverzichtbare Ressource. Ohne Wasser ist kein Leben möglich. Der Mensch besteht zu rund zwei Dritteln aus Wasser und braucht Wasser zum Überleben. Laut Weltgesundheitsorganisation WHO braucht der Mensch täglich 20 Liter Wasser als absolute Mindestmenge zur Lebenserhaltung. Für Haushalt und Hygiene werden 50 bis 100 Liter benötigt [7.1]. In Deutschland liegt der durchschnittliche Wasserverbrauch derzeit bei 122 Litern pro Einwohner und Tag [7.2].

Der Rohstoff Wasser ist von unschätzbarem Wert. Für den Menschen ist es nicht nur das wichtigste Lebensmittel. Darüber hinaus erfüllt Wasser viele weitere Funktionen. Wir nutzen Wasser als Betriebsmittel in der industriellen Produktion, als Energieträger, als Medium zum Transport, zum Kühlen, Heizen und Reinigen. Wasser ist ferner ein landschaftsprägendes Element. Es dient uns zur Erholung und Freizeitgestaltung oder aber auch als Verkehrsweg.

Wasserressourcen sind nachhaltig zu bewirtschaften. Somit erfordert die Bewirtschaftung der Wasserressourcen eine gleichrangige Beachtung ökologischer, ökonomischer und sozialer Kriterien. Eine Übernutzung bzw. Ausbeutung der verfügbaren Wasserressourcen ist demnach zu vermeiden. Vielmehr ist darauf zu achten, dass sich die verfügbaren Wasserressourcen auch unter hohem Nutzungsdruck immer in ausreichender Form erneuern können. Gleichermaßen spielen qualitative Aspekte eine große Rolle. So basiert die Bereitstellung von Trinkwasser auf ausreichenden und qualitativ hochwertigen Rohwasservorkommen. Das qualitative Niveau von Trinkwasser ist so definiert, dass einerseits durch den Trinkwasserkonsum keine Krankheiten unmittelbar ausgelöst werden und andererseits über die gesamte Lebensdauer eines Menschen Trinkwasser in beliebig großer Menge konsumiert werden kann, ohne dass die im Wasser enthaltenen Stoffe bei chronischer Exposition eine Beeinträchtigung der Gesundheit hervorrufen.

Am effektivsten lässt sich ein vorsorgeorientierter Versorgungsansatz durch einen sehr weitreichenden Rohwasserschutz umsetzen. Schwierig wird es, wenn sich rohwasserseitig die quantitativen und qualitativen Erwartungen nicht erfüllen lassen. So stehen bspw. über Jahrzehnte abgesunkene Grundwasserspiegel in den Megastädten Peking und Mexico-City stellvertretend für die Herausforderung, die oftmals steigende Wassernachfrage mit lokalen Ressourcen zu befriedigen. Riesige Infrastrukturprojekte wie das Süd-Nord-Wasser-Transfer-Projekt in China sollen hier Abhilfe schaffen. Alternativ wird mit hohem Engagement an der Effizienzsteigerung von Meerwasserentsalzung gearbeitet. Eine andere ebenfalls bereits umgesetzte Möglichkeit ist die direkte Aufbereitung von Abwasser zu Trinkwasser wie es bspw. in Singapur (NEWater) oder in Windhoek, Namibia (WINGOC: wastewater to clean water) praktiziert wird [7.3, 7.4].

Insgesamt werden angesichts der immer weiter steigenden Weltbevölkerung, des zunehmenden Wohlstands und Konsums einhergehend mit einer fortschreitenden Urbanisierung zukünftig erhebliche Herausforderungen bei der Trinkwasserversorgung zu bewältigen sein. In Abschn. 7.1 dieses Kapitels wird ein Überblick

© Springer-Verlag Berlin Heidelberg 2018
U. Förstner, S. Köster, *Umweltschutztechnik*, https://doi.org/10.1007/978-3-662-55163-9_7

über die Praxis der Trinkwasserversorgung gegeben. In Abschn. 7.2 werden Rohwasserarten und Einflüsse auf die Gewässerqualität ausführlich beleuchtet. Abschn. 7.3 präsentiert grundlegende Verfahrensziele und Technologien bei der
Trinkwasseraufbereitung. In Abschn. 7.4 wird die Verteilung von Wasser genauer
vorgestellt. Abschließend werden in Abschn. 7.5 Sonderaspekte wie bspw. Vor-
und Nachteile des Wassersparens, das Konzept des virtuellen Wassers oder der
Umgang mit „neuen Schadstoffen", zu denen auch Arzneimittelrückstände gehören, angesprochen und im Kontext der Trinkwasserversorgung diskutiert.

7.1 Praxis der Trinkwasserversorgung

Die Versorgung der Bevölkerung mit Trinkwasser ist eine zentrale Aufgabe der
Siedlungswasserwirtschaft. Sie ist ein maßgeblicher Beitrag zum Gesundheitsschutz der Bevölkerung und dient insbesondere der Aufrechterhaltung der
Stadthygiene. Es darf als zivilisatorische Höchstleistung gewertet werden, wenn
dem Leitungsnetz Wasser entnommen werden kann, das zu jeder Zeit in ausreichender Menge vorhanden und zugleich qualitativ bzw. hygienisch einwandfrei
ist. Das beispielsweise in Deutschland erreichte Versorgungsniveau stellt jedoch
keine Selbstverständlichkeit dar. In vielen Gebieten auf der Erde ist die Versor-
gungssituation im Hinblick auf die verfügbare Wassermenge und Wasserqualität
deutlich schlechter. Trotz intensiver Anstrengungen die Situation zu verbessern,
hatten im Jahr 2015 immer noch 1,8 Mrd. Menschen keinen Zugang zu einer sicheren Trinkwasserversorgung [7.5].

Die Verbesserung der Situation bzgl. der Trinkwasserversorgung ist nach wie
vor eines der wichtigsten weltweit gültigen Entwicklungsziele (vergleiche Millennium Development Goals und „Post-2015 Development Agenda" der Vereinten
Nationen [7.6, 7.7]). Jedoch erschweren zahlreiche globale Entwicklungen die
Bemühungen, die Versorgungsqualität zu verbessern. So nimmt die Weltbevölkerung weiter zu, sodass immer mehr Menschen zu versorgen sind. Die Urbanisierung schreitet weltweit ungebremst voran. Dies ist auch insofern maßgeblich, als
dass in Städten der Pro-Kopf-Verbrauch von Trinkwasser in der Regel deutlich
höher ist als in ländliche Regionen. Beispielsweise liegt im wasserarmen Peking
der Prokopfverbrauch bei 217 Litern Trinkwasser pro Einwohner und Tag [7.8]. In
Deutschland dagegen liegt der Durchschnittsverbrauch bei 122 Litern pro Einwohner und Tag [7.2]. Aber auch die produzierende Industrie insbesondere in
Schwellenländern weist nach wie vor (teilweise zu) hohe Wasserverbräuche auf.

Es gilt der Versorgungsgrundsatz, dass Trinkwasser jederzeit und mit ausreichendem Druck an jeder Stelle des Versorgungsgebietes in ausreichender Menge
bereitgestellt wird. Dabei muss das abgegebene Trinkwasser von einwandfreier
Beschaffenheit sein. Das für die Trinkwasserversorgung benötigte Rohwasser
wird aus Grundwasservorkommen oder aus Oberflächengewässern entnommen.
Grundwasser ist die bevorzugte Rohwasserart. Es weist den Vorteil auf, dass bei
fachgerechter Förderung keine Feststoffe enthalten sind. Jedoch ist die Rohwasserqualität einzelfallspezifisch zu überprüfen, um die erforderlichen Aufberei-

tungsschritte ableiten zu können. In wenigen Fällen ist Grundwasser zu Trinkwasserversorgungszwecken ungeeignet, wie beispielsweise in Teilen Südostasiens wie Bangladesch, wo das Grundwasser geogen bedingt hohe Arsenkonzentrationen aufweist [7.9]. Wenn geeignetes Grundwasser in nicht ausreichender Menge vorhanden ist, ist auf andere Rohwasserarten wie Wasser aus Talsperren, Seen oder Flüssen auszuweichen. Trinkwassertalsperren sind künstliche Wasserkörper und weisen eine gute Steuerbarkeit auf. Alternativ wird auch aus Seen Rohwasser entnommen. Prominentes Beispiel ist die Bodenseewasserversorgung, die im Rahmen einer Verbundversorgung Trinkwasser bis nach Stuttgart liefert. Flusswasser sollte möglichst über eine Uferfiltration gewonnen werden. Alternativ kann das aus der fließenden Welle entnommene Flusswasser vorbehandelt und für eine Bodenpassage reinfiltriert werden (angereichertes Grundwasser).

Multibarrierensystem in der Trinkwasserversorgung in Deutschland

Einige zentrale Grundsätze der Trinkwasserversorgung in Deutschland sind es wert, in kurzer Form genauer vorgestellt zu werden. Zunächst ist das so genannte „Multibarrierenprinzip" anzuführen, das die Ausgestaltung der Trinkwasserversorgung in Deutschland maßgeblich prägt. Es umfasst als erste Barriere einen weitreichenden und wirkungsvollen Rohwasserschutz. Für die Trinkwasserversorgung in Deutschland wurde gesetzlich geregelt, dass die Versorgung vorrangig aus ortsnahen Wasservorkommen zu erfolgen hat. Ferner gestatten das europäische und damit auch deutsche Wasserrecht (§ 51 Wasserhaushaltsgesetz) die Einrichtung von Wasserschutzzonen, die die Einzugsgebiete unter einen besonderen Schutzstatus stellen. So wird es möglich, im Rahmen der zweiten Barriere – das heißt bei der Trinkwasseraufbereitung – weitgehend auf naturnahe Verfahren zurückzugreifen oder zumindest die technischen Aufwendungen soweit wie möglich zu begrenzen [7.10]. In einigen Fällen ist aufgrund der guten Rohwasserqualität und eines guten Zustandes des Versorgungsnetzes keine Aufbereitung oder zumindest keine Desinfektion des Rohwassers erforderlich, bevor es als Trinkwasser in die Verteilung gegeben wird. Die Trinkwasseraufbereitung hat die Aufgabe zu erfüllen, die Wasserqualität gemäß den gesetzlichen Vorgaben herbeizuführen. Ferner wird durch die Aufbereitung Vorsorge getroffen, dass es während der Verteilung nicht zu Einbußen hinsichtlich der Trinkwasserqualität kommt. Dies betrifft in erster Linie die hygienische Qualität, die durch einen Restgehalt an chemischen Desinfektionsmitteln im Trinkwasser (unter Ausnutzung der so genannten Depotwirkung) aufrechterhalten werden kann. Ferner leistet die Aufbereitung auch eine optimale Einstellung des Trinkwassers, um Korrosionseffekte bei metallischen Rohrmaterialien während der Verteilung zu vermeiden. Im Multibarrierensystem der Trinkwasserversorgung sind die Hausinstallationen die letzte Barriere, wo ausschließlich unter Sicherheits- und Hygieneaspekten geprüfte Materialien zum Einsatz kommen sollen.

Mit Blick auf eine gute Praxis der Trinkwasserversorgung ist das Managementkonzept der Water Safety Plans zu nennen. Water Safety Plans (WSP) dienen der Durchführung einer Gefährdungsanalyse und Risikoabschätzung auf der Grundlage einer systematischen Prozessbeherrschung. Das explizit auf die Trinkwasser-versorgung zugeschnittene Instrument der Water Safety Plans geht auf Leitlinien der Weltgesundheitsorganisation zur Trinkwasserqualität zurück. Nach Darstel-lung des Umweltbundesamtes „zielt das Konzept der Water Safety Plans auf die maßgeschneiderte Analyse, Bewertung und Beherrschung von Risiken in einem Versorgungssystem durch eine Kontrolle der Prozesse im Einzugsgebiet sowie bei Gewinnung, Aufbereitung, Speicherung und Verteilung ab. Das WSP-Konzept kann von ‚großen‘ und ‚kleinen‘ Wasserversorgern erfolgreich eingesetzt werden" [7.11]. In Anlehnung an die WHO und die International Water Association kon-kretisiert das Umweltbundesamt ferner die mit der Umsetzung des WSP-Managementansatzes verbundenen, nachfolgend genannten Schritte [7.12, 7.13]:

- Einberufung eines Teams
- Beschreibung des Versorgungssystems
- Systembewertung (Gefährdungsanalyse und Risikoabschätzung)
- Maßnahmen zur Risikobeherrschung
- betriebliche Überwachung
- Verifizierung (Trinkwasserverordnung eingehalten / versorgungstechnische Ziele erreicht)
- Dokumentation
- Geplante & periodische Revision

Rechtliche Grundlagen der Trinkwasserversorgung

Die wichtigsten wasserrechtlichen Bestimmungen wurden in Kap. 6 Abwasser ausführlich erläutert. Mit Verweis auf diese Ausführungen findet an dieser Stelle keine erneute Vorstellung statt. In Ergänzung zu den einführenden Erläuterungen oben sind mit Blick auf die Trinkwasserversorgung jedoch noch folgende rechtli-chen Regelungen hervorzuheben:

Wasserhaushaltsgesetz: Das Wasserhaushaltsgesetz (WHG) enthält unter anderem spezifische Bestimmungen zur öffentlichen Wasserversorgung. In § 50 definiert das WHG eine der Allgemeinheit dienende Wasserversorgung (öffentliche Was-serversorgung) als Aufgabe der Daseinsvorsorge. So ist der Wasserbedarf der öf-fentlichen Wasserversorgung vorrangig aus ortsnahen Wasservorkommen zu de-cken, soweit überwiegende Gründe des Wohls der Allgemeinheit dem nicht entgegenstehen. Da die Aufwendungen beim Transport von Wasser recht groß sind, ist eine Nutzung ortsnaher Vorkommen nachvollziehbar. Ergänzend wirkt aber dieser Vorrang möglichen Bestrebungen hinsichtlich einer Liberalisierung des Wasserversorgungsmarktes entgegen. § 51 WHG regelt die Festsetzung von Wasserschutzgebieten. Ferner wird konkretisiert, dass in Wasserschutzgebieten bestimmte Handlungen verboten oder für nur eingeschränkt zulässig erklärt wer-den können (§ 52 WHG). In § 6a WHG werden die Grundsätze für die Kosten von Wasserdienstleistungen und Wassernutzungen eingeführt. Unter anderem heißt es dort, dass „bei Wasserdienstleistungen zur Erreichung der Bewirtschaftungsziele nach den §§ 27 bis 31, 44 und 47 der Grundsatz der Kostendeckung zu berück-sichtigen ist. Hierbei sind auch die Umwelt- und Ressourcenkosten einzubeziehen.

Es sind angemessene Anreize zu schaffen, Wasser effizient zu nutzen, um so zur Erreichung der Bewirtschaftungsziele beizutragen."

Infektionsschutzgesetz: Das Gesetz zur Verhütung und Bekämpfung von Infektionskrankheiten beim Menschen (Infektionsschutzgesetz – IfSG) enthält Regelungen zur Trinkwasserversorgung. Abschnitt 7 (§ 37 ff IfSG) trägt den Titel „Wasser". § 37 IfSG formuliert Anforderungen an die Beschaffenheit von Wasser für den menschlichen Gebrauch sowie von Schwimm- und Badebeckenwasser. In Absatz 1 heißt es: „Wasser für den menschlichen Gebrauch muss so beschaffen sein, dass durch seinen Genuss oder Gebrauch eine Schädigung der menschlichen Gesundheit, insbesondere durch Krankheitserreger, nicht zu besorgen ist." In § 38 IfSG ist der Erlass von Rechtsverordnungen geregelt und ist mit seinem Absatz 1 Ermächtigungsgrundlage für die Trinkwasserverordnung.

Trinkwasserverordnung: Die Trinkwasserverordnung basiert auf dem Infektionsschutzgesetz und hinterlegt dessen allgemein gehaltene Regelungen. Inhaltlich basiert die Trinkwasserverordnung auf Bestimmungen der europäischen Trinkwasserrichtlinie (Richtlinie 98/83/EG). Die zuletzt 2016 angepasste Trinkwasserverordnung definiert als ihren Zweck „die menschliche Gesundheit vor den nachteiligen Einflüssen, die sich aus der Verunreinigung von Wasser ergeben, das für den menschlichen Gebrauch bestimmt ist, durch Gewährleistung seiner Genusstauglichkeit und Reinheit nach Maßgabe der folgenden Vorschriften zu schützen." In Abschnitt 2 werden allgemeine, mikrobiologische und chemische Anforderungen an die Beschaffenheit des Trinkwassers formuliert. Daraus lassen sich ganz konkret die bei der Trinkwasseraufbereitung zu leistenden Aufgaben ableiten. § 8 TrinkwV legt als Stelle der Einhaltung den Austritt an allen Zapfstellen fest, die der Entnahme von Trinkwasser dienen. Der 3. Abschnitt der Trinkwasserverordnung behandelt die Aufbereitung und Desinfektion und schreibt vor, dass während der Gewinnung, Aufbereitung und Verteilung des Trinkwassers nur Aufbereitungsstoffe verwendet werden dürfen, die in einer Liste des Bundesministeriums für Gesundheit enthalten sind. Diese Liste der Aufbereitungsstoffe und Desinfektionsverfahren gemäß § 11 Trinkwasserverordnung wird vom Umweltbundesamt gepflegt und herausgegeben [7.14]. Die Trinkwasserverordnung enthält noch zahlreiche weitere Regelungen, wie beispielsweise die Darlegung der Pflichten des Unternehmers und des sonstigen Inhabers einer Wasserversorgungsanlage (4. Abschnitt), von Belangen der Überwachung (5. Abschnitt), Sondervorschriften (6. Abschnitt) und die Definition von Straftaten und Ordnungswidrigkeiten (7. Abschnitt). In der Anlage 2 sind konkrete Konzentrationswerte gegeben, zum einen für chemische Parameter, deren Konzentration sich im Verteilungsnetz einschließlich der Trinkwasser-Installation in der Regel nicht mehr erhöht, und zum anderen für Parameter, deren Konzentration im Verteilungsnetz einschließlich der Trinkwasser-Installation ansteigen kann.

7.1.1 Elemente einer Trinkwasserversorgungsanlage

In Deutschland versorgen knapp 6.000 Wasserversorgungsunternehmen die Bevölkerung [7.15]. Die hierfür erforderliche Infrastruktur setzt sich im Wesentlichen aus vier Elementen zusammen, wie in Abb. 7.1 dargestellt: Rohwassergewinnung, Trinkwasseraufbereitung, Trinkwasserspeicherung und Trinkwasserverteilung. Dabei bilden „Förderanlagen, Transportleitungen, Behälter und Versorgungsnetz ein betriebliches System, dessen Bestandteile in ihrer Leistungsfähigkeit aufeinander abgestimmt sein müssen" [7.16].

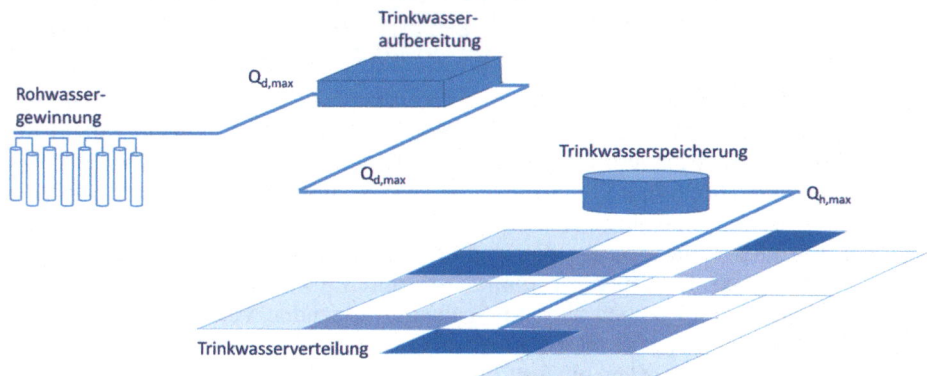

Abb. 7.1   Elemente einer Trinkwasserversorgungsanlage

Wie oben bereits angemerkt, sind Grundwasser, stehende Gewässer und auch Fließgewässer nutzbare Rohwasservorkommen. Je nach Rohwasserart ergeben sich unterschiedliche Anforderungen an die Aufbereitung. In den meisten Fällen ist eine Aufbereitung erforderlich, um die gesetzlichen Vorgaben hinsichtlich der Trinkwasserqualität zu erfüllen. Die Trinkwasseraufbereitung dient nicht nur der Verbesserung beziehungsweise Anpassung der Wasserqualität, sondern wird auch dazu genutzt, möglichst positive Eigenschaften für einen Korrosionsschutz während der Wasserverteilung zu gewährleisten. Auf diesem Weg kann die Wasserqualität dazu beitragen, Korrosionseffekte während der Trinkwasserverteilung zu vermeiden. Mit Blick auf die Korrosion haben die für die Trinkwasserverteilung genutzten Werkstoffe eine große Bedeutung. So ist zu berücksichtigen, dass „die für die Wasserverteilung verwendeten Rohrwerkstoffe unterschiedliche Eigenschaften haben. Zum Beispiel hat Stahl eine große Festigkeit, ist aber anfällig für Korrosion. Kunststoffe dagegen besitzen eine weitaus geringere Festigkeit, aber eine hohe Korrosionsbeständigkeit" [7.16].

7.1.2 Auslegungsgrößen für eine Trinkwasserversorgungsanlage

Es ist naheliegend, dass die maßgebliche Größe für die Auslegung von Trinkwasserversorgungsanlagen der Wasserbedarf ist. Die benötigte Wassermenge setzt sich aus der Wassernachfrage seitens der Bevölkerung, öffentlicher Einrichtungen, des Gewerbes und der Industrie zusammen. Dazu kommen noch Sonderbedarfe wie beispielsweise die Löschwasserbevorratung. Wie ebenfalls bereits angeführt, verbraucht ein Bürger in Deutschland derzeit durchschnittlich 122 Liter Trinkwasser am Tag [7.2]. Seit 2007 liegt der Verbrauch in dieser Größenordnung. Länger zurückliegend waren die Verbräuche noch deutlich höher. 1991 lag der Wert beispielsweise noch bei 144 Liter pro Einwohner und Tag [7.17]. Die Angaben zum bundesdeutschen Durchschnitt sind für sich allein stehend nicht wirklich aussagekräftig. Es gibt teilweise deutliche regionale Unterschiede. Aufgeschlüsselt nach Bundesländern war in 2013 der geringste Verbrauch in Sachsen mit 86,3 Litern pro Einwohner und Tag zu verzeichnen. Im gleichen Jahr waren die Trinkwasserkonsumenten in Hamburg Spitzenreiter mit einem Verbrauch von 138,1 L/Ed [7.18].

Naturgemäß sind für Anlagen der Trinkwasserversorgung langfristige Planungshorizonte anzusetzen. Dieses Erfordernis erschwert die Berücksichtigung von Entwicklungen, die einen veränderten Wasserkonsum nach sich ziehen können und folglich bei der Auslegung von Wasserversorgungsanlagen zu berücksichtigen wären. Zu nennen sind hier zum einen der demografische Wandel, d. h. Veränderungen hinsichtlich der Anzahl und des Alters der in einem Land bzw. Versorgungsgebiet lebenden Menschen, sowie Effekte einer zunehmenden Urbanisierung einhergehend mit der Herausforderung sehr schnell wachsender urbaner Ballungsräume. Welche deutlichen Verschiebungen allein hinsichtlich der demografischen Entwicklung prognostiziert werden, zeigt Abb. 7.2 durch die Gegenüberstellung des aktuellen Altersaufbaus in Deutschland und einer Bevölkerungsvorausberechnung für das Jahr 2050.

Zusätzlich ist es schwierig abzuschätzen, inwieweit prognostizierte klimatische Veränderungen die Trinkwasserversorgung betreffen werden. Sollten, wie vorgesagt, Wetterextreme in Häufigkeit und Intensität zunehmen, wird dies auch die Trinkwasserversorgung betreffen.

Werden alle oben genannten Faktoren adressiert, abgeschätzt und soweit wie möglich in Planungs- und Auslegungsprozesse einbezogen, ist es aufgrund der Prognoseunschärfen gleichermaßen schwierig, zu zuverlässigen Bedarfsprognosen zu kommen. Noch in den 1980er-Jahren ging man von einem stetig beziehungsweise linear wachsenden Wasserbedarf aus. Die Abschätzungen gipfelten in einer viel zitierten Abbildung, die damals für das Jahr 2000 einen Wasserbedarf von abgeschätzten 220 L/Ed auswies (TU Berlin, Prognose aus dem Jahr 1980 zitiert u. a. in [7.20]). Diese Abschätzung hat sich – wie wir heute wissen – nicht bewahrheitet. Im Gegenteil, die Bemühungen hinsichtlich eines sparsamen und effizienteren Umgangs mit Wasser verliefen in Haushalten und Gewerbe sehr erfolgreich. Weitere unvorhersehbare Ereignisse wie die Überwindung der deutschen Teilung haben in den neuen Bundesländern zu stark reduzierten Wasserentnahmen geführt.

Liegt eine profunde Bedarfsbestimmung vor, kann bei der Auslegung einer Trinkwasserversorgungsanlage wie nachstehend beschrieben vorgegangen werden. In der Regel wird bis zum letzten Bauwerk vor der Trinkwasserverteilung auf den Tagesspitzenwert ausgelegt. Bei der Wasserverteilung selbst wird ein Stundenspitzenwert zu Grunde gelegt.

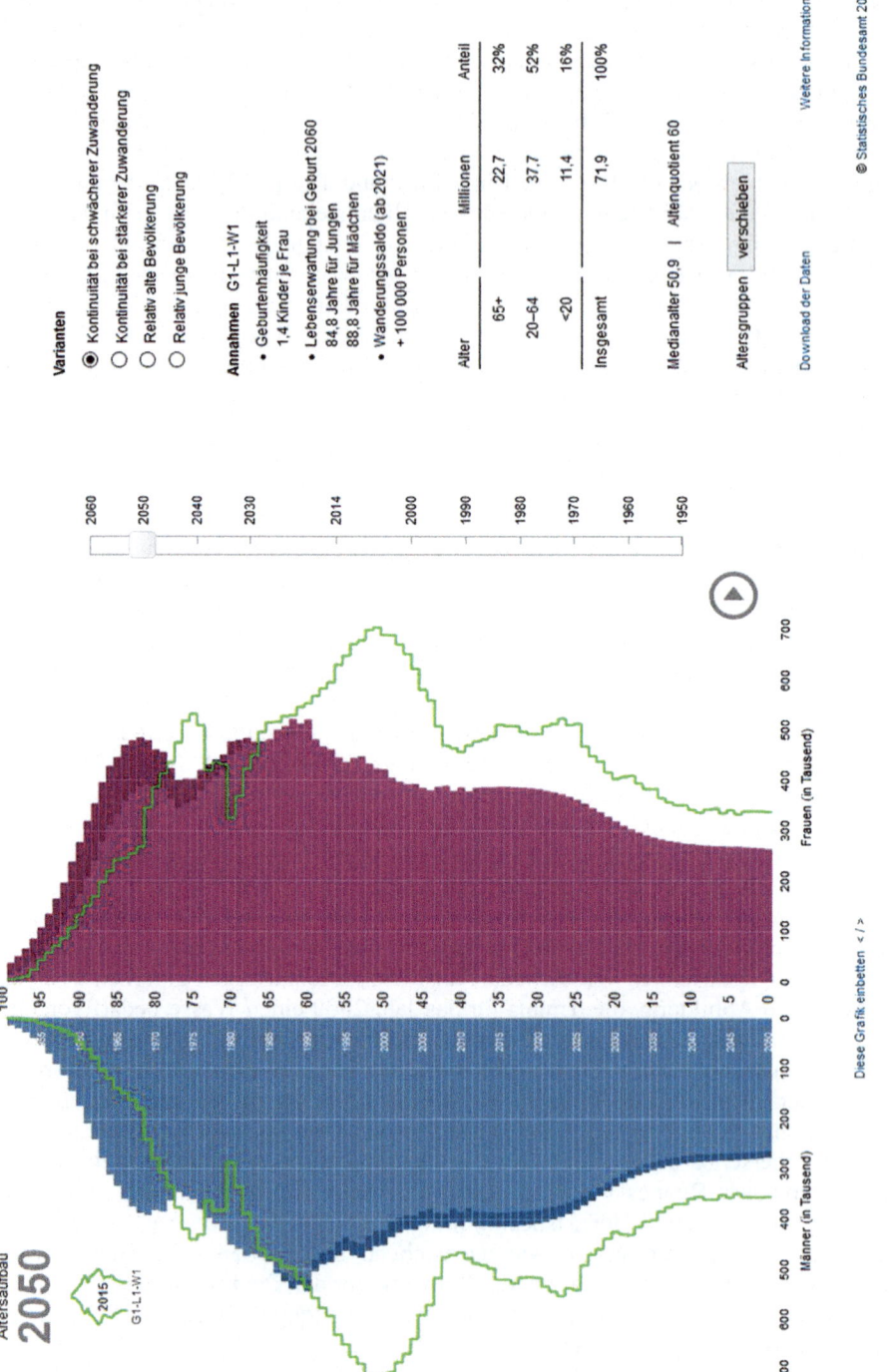

Abb. 7.2 Vorausberechnung der Bevölkerungsentwicklung in Deutschland (*DESTATIS* [7.19])

Wasserabgabe pro Tag: Die maximale Wasserabgabe pro Tag ($Q_{d,max}$) ist die maßgebliche Bemessungsgröße für Anlagen der Wassergewinnung, -aufbereitung sowie Zuleitung zu Anlagen der Wasserspeicherung vor der Wasserverteilung [7.21].

- $Q_{d,max} = Q_d \times f_d$
- Q_d = Jahresdurchschnittswert
- f_d = Tagesspitzenfaktor = $3{,}9 * \text{Einwohnerzahl}^{-0{,}0752}$

Wasserabgabe pro Stunde: Die maximale stündliche Wasserabgabe $Q_{h,max}$ ergibt sich unter Ansatz eines Stundenspitzenfaktors aus dem Stundenmittel, das sich aus dem Tagesbedarf ableitet. $Q_{h,max}$ ist maßgebend für Anlagenteile im Trinkwasserversorgungssystem, wo stündliche Verbrauchsschwankungen nicht – bspw. durch Anlagen der Trinkwasserspeicherung – ausgeglichen werden können. Dies trifft auf Haupt- und Versorgungsleitungen zu. Eine weitere Verbrauchsgröße ist der Eigenbedarf der Wasserversorgungsunternehmen bspw. für Filterrückspülungen. Die Wasserverluste während der Wasserverteilung sind ebenfalls zu berücksichtigen. Hier ist zwischen echten Verlusten (z. B. Leckagen im Wasserverteilungssystem) und unechten Verlusten (z. B. nicht erfasste Verbräuche) zu unterscheiden (siehe auch Abschn. 7.4). Der Spitzenfaktor zur Ermittlung des maximalen stündlichen Bedarfs ergibt sich wie folgt [7.21]:

- $Q_{h,max} = f_h \times Q_d/24$
- $f_h = 18{,}1 * \text{Einwohnerzahl}^{-0{,}1682}$

In Tabelle 7.1 ist ein Berechnungsbeispiel zur Ermittlung von Auslegungsgrößen für eine Wasserversorgungsanlage gegeben. Die Berechnung der Spitzenfaktoren erfolgte wie oben eingeführt nach [7.21].

Tabelle 7.1 Berechnungsbeispiel zur Ermittlung von Auslegungsgrößen für eine Wasserversorgungsanlage

Größe	Wert	Einheit	Bemerkung
Einwohner	532.163	E	
Spez. Bedarf	122	L/Ed	Durchschnittsverbrauch in Deutschland im Jahr 2015
Berechnung			
Jahresbedarf	23.697.218	m³/a	0,122 m³/Ed * 532.163 E * 365
Q_d	64.924	m³/d	Mittlerer Tagesbedarf
f_d	1,447		Tagesspitzenfaktor
$Q_{d,max}$	93.945	m³/d	$Q_{d,max} = f_d \times Q_d$, max. Tagesbedarf
f_h	1,9704		Stundenspitzenfaktor
$Q_{h,max}$	5.330	m³/h	Stundenspitzenbedarf

Tabelle 7.2 AfA-Tabelle für den Wirtschaftszweig „Energie- und Wasserversorgung" – Wasserversorgung (*Bundesfinanzministerium* [7.22])

Wasserversorgung	Nutzungsdauer (a)
Betriebsgebäude (massiv)	50
Hochbehälter	
Bauwerke	50
Behälter	25
Rohre	25
Schieber	25
Kesselanlagen	20
Maschinen	15
Pumpen	
Kolbenpumpen	15
Kreiselpumpen	10
Quellfasspumpen	20
Rohrbrunnen	12
Sammelbecken (Sammelbrunnen, Wasserschloss aus Beton)	50
Schachtbrunnen ohne Filter (Beton od. Mauerwerk)	50
Stadtnetzleitungen	
aus Gusseisen	40
aus Stahl	30
Wasserfernleitungen	
aus Beton	50
aus Stahl	33
Wasseraufbereitungs- und -reinigungsanlagen	20
Wasserzähler	15

Die Anlagen und Infrastrukturen der Wasserversorgung, die im Rahmen der Siedlungswasserwirtschaft aufgebaut werden, haben oftmals eine sehr lange Nutzungsdauer. Somit müssen zugehörige Anlagen für diese langen Zeiträume geplant und ausgelegt werden. Die Autoren des Fachbuchs „Taschenbuch der Wasserversorgung" empfehlen einen Bemessungszeitraum von 15 Jahren für alle Anlagenteile einer Wasserversorgung. Für Sonderanlagenteile wie beispielsweise Trinkwassertalsperren, Wasserturm und Fernleitungen werden 30 Jahre als Bemessungshorizont empfohlen. Auf 50 Jahre sollten die Sicherung von Wassergewinnungsgebieten und die wasserwirtschaftlichen Planungen ausgelegt werden [7.21]. Das Bundesfinanzministerium offeriert weitere Angaben für die anzusetzenden Nutzungsdauern für die Anlagen und Aggregate im Wirtschaftszweig der Wasserversorgung. So lassen sich durchschnittliche Nutzungsdauern mit Hilfe der AfA-Tabellen abschätzen, die vom Bundesfinanzministerium herausgegeben werden. Die AfA-Tabelle weist für den Wirtschaftszweig „Energie- und Wasserversorgung" die in Tabelle 7.2 aufgeführten Nutzungsdauern für Anlagen der Wasserversorgung aus [7.22].

7.1.3 Betrieb und Instandhaltung von Wasserversorgungsanlagen

Mit Blick auf die Bedeutung der Trinkwasserversorgung besteht eine besondere Verpflichtung im Hinblick auf den Erhalt der Funktionalität, der Zuverlässigkeit und des Wertes der Versorgungsanlagen. Erwähnenswert ist, dass die Wasserverteilungsanlagen rund 60 bis 80 % des Anlagenvermögens einer Wasserversorgung ausmachen [7.21]. Auch die aktuellen (Re-)Investitionsraten in das deutsche Rohrnetz, die für das Jahr 2013 bei 63 % der in die Trinkwasserversorgung gesamt-investierten 2,4 Mrd. EUR lagen, unterstreichen dessen Bedeutung [7.2]. Dabei handelt es sich bei dem Rohrnetz um ein Anlagevermögen, das unter der Erde liegt und damit schwer zugänglich ist. Demnach kann es auch nur unter erschwerten Rahmenbedingungen instandgehalten werden.

Im Falle der Wasserverteilungsanlagen gehen Betrieb und Instandhaltung Hand in Hand, teilweise sind die Grenzen fließend. Unter die betrieblichen Aufgaben fallen Tätigkeiten wie die „Bestandsdokumentation", das heißt Anlagen- und Rohrnetzdokumentation, Überwachung (mit besonderem Augenmerk auf Wasserverluste) und die Zustandsermittlung. Dazu kommt die Wahrnehmung weiterer betrieblicher Aufgaben wie z. B. die regelmäßige Spülung von Trinkwassernetzen bzw. -leitungen, soweit dies erforderlich ist. Hinsichtlich der Aufgaben der Instandhaltung bedarf es einer zweckmäßigen strategischen Ausrichtung, die das Risiko von Anlagen- oder Systemausfällen möglichst minimiert. Die Instandhaltung dient demnach der Erhaltung des Sollzustandes und umfasst Aufgaben der Inspektion, Wartung und Instandsetzung (Reparatur/Erneuerung). Maßnahmen der Erneuerung entsprechen Leistungen mit größeren Umfang wie bspw. der Neubau einer Leitung.

Exkurs Wasserpreise

Vergleicht man die Entgelte für aus der Leitung entnommenes Trinkwasser mit den Preisen für Mineralwasser, das im Handel in Flaschen abgepackt gekauft werden kann, so wird deutlich, dass in dieser Vergleichskonstellation Leitungswasser sehr preisgünstig ist. Im Jahr 2013 hatten private Haushalte in Deutschland für die Trinkwasserversorgung durchschnittlich 1,69 EUR pro Kubikmeter (€/m³, dies entspricht 0,169 Eurocent pro Liter) aufzubringen [7.23]. Der niedrigste Preis fiel in Niedersachsen (1,23 EUR pro Kubikmeter) an, der höchste in Berlin (2,17 EUR pro Kubikmeter).

Im Hinblick auf eine nachhaltige Bewirtschaftung gelten subventionierte Wasserversorgungsdienstleistungen als kontraproduktiv, obgleich Subventionen noch vielfach in der Praxis vorkommen. Für Frankreich wird beispielsweise ein Subventionsanteil von 20 % und für Italien von immerhin 70 % ausgewiesen [7.24]. Eine Wasserversorgung ohne Subventionen umzusetzen, heißt, dass bei der Tarifgestaltung der für die Wasserversorgung zu entrichtende Preis die tatsächlich angefallenen Kosten repräsentieren muss. Dieses Kostendeckungsprinzip umfasst eine vollständige Kostenallokation und -internalisierung (z. B. Kosten für die Rohwasserbeschaffung, Trinkwasseraufbereitung, den Betrieb und die Instandhaltung bei der Wasserverteilung). Basierend auf Regelungen in der europäischen Wasserrahmenrichtlinie hat inzwischen das Prinzip der Kostendeckung der Wasserdienstleistungen auch im deutschen Wasserhaushaltsgesetz Eingang gefunden. Die zugehörige Regelung in § 6a WHG lautet: „(1) Bei Wasserdienstleistungen ist zur Erreichung der Bewirtschaftungsziele nach den §§ 27 bis 31, 44 und 47 der Grundsatz der Kostendeckung zu berücksichtigen. Hierbei sind auch die Umwelt- und Ressourcenkosten zu berücksichtigen. Es sind angemessene Anreize zu schaffen, Wasser effizient zu nutzen, um so zur Erreichung der Bewirtschaftungsziele beizutragen." Hinsichtlich der Frage, welche Kosten es zu berücksichtigen gilt, hat vor Jahren die Wasserrahmenrichtlinie eine wichtige Erweiterung gebracht. Grundsätzlich ist beabsichtigt, weitergehende Kostenfaktoren, die durch die Inanspruchnahme des Wasserhaushalts entstehen, zu internalisieren, so beispielsweise die Umwelt- und Ressourcenkosten. Umweltkosten repräsentieren „Kosten für Schäden, die die Wassernutzung für Umwelt, Ökosysteme und Personen mit sich bringt, die die Umwelt nutzen" (z. B. Artenverlust/Reduktion der Artenvielfalt). Ressourcenkosten stehen für Kosten für entgangene Möglichkeiten, unter denen andere Nutzungszwecke infolge einer Nutzung der Ressource über ihre natürliche Wiederherstellungs- oder Erholungsfähigkeit hinaus leiden. In der Praxis ist die konkrete Hinterlegung der „Umwelt- und Ressourcenkosten" jedoch nicht einfach vorzunehmen [7.25].

Die obigen Ausführungen bedeuten nicht, dass bei der Tarifgestaltung keine Freiheitgrade bestünden. Vielmehr können sozio-ökonomischer Faktoren berücksichtigt werden, wenn bspw. ein kostengünstigerer Grundtarif ergänzt wird mit deutlich höheren Preisen für größere Verbräuche. Zusammenfassend ist zu resümieren, dass die Tarifgestaltung einer der effektivsten Hebel ist, um Wasserverbräuche zu steuern.

Aufbauend auf den Ausführungen in diesem Abschnitt werden nachstehend die Bereiche der Wassergewinnung, -aufbereitung und -verteilung vertieft dargestellt.

7.2 Rohwasservorkommen und -gewinnung

In diesem Abschnitt werden maßgebliche Aspekte der Gewinnung von Rohwasser vorgestellt. Es ist naheliegend, dass eine Trinkwasserversorgung auf ausreichend vorhandenen und qualitativ hochwertigen Wasserressourcen basiert. Bei der Wasserversorgung besteht grundsätzlich eine Vorzugswürdigkeit ortsnaher Wasserressourcen, da der Transport von Wasser über große Distanzen aufwändig ist (siehe rechtliche Regelungen Abschn. 7.1).

7.2.1 Rohwasserdargebot und -schutz

Die für die Trinkwasserversorgung nutzbaren Rohwasserressourcen sind Grundwasser, Quellwasser und Oberflächenwasser. Vor der Nutzung zu Trinkwasserversorgungszwecken ist die Eignung eines Rohwassers grundsätzlich nachzuweisen. So sollten vor der Erschließung eines Rohwasservorkommens die Charakteristik des Einzugsgebiets sowie der mengenmäßige und chemische Zustand des Rohwassers untersucht werden. In Abb. 7.3 werden die unterschiedlichen Arten von Grundwasser und Oberflächenwasser spezifiziert.

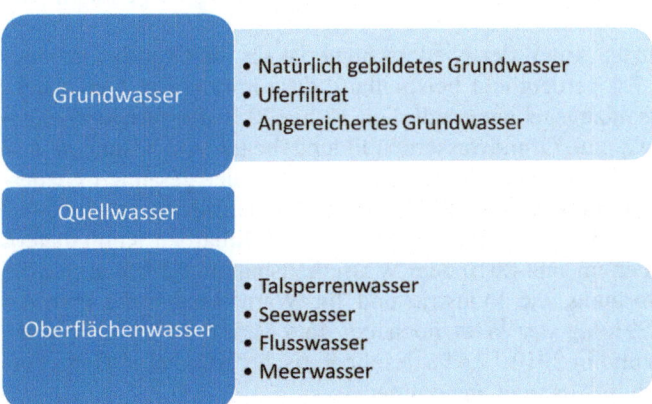

Abb. 7.3 Übersicht über zur Trinkwassergewinnung nutzbare Rohwasserarten

Gemäß DIN 4049 – Hydrologische Grundbegriffe ist „Grundwasser unterirdisches Wasser, das die Hohlräume der Erdrinde zusammenhängend ausfüllt, und dessen Bewegung ausschließlich von der Schwerkraft und den durch die Bewegung selbst ausgelösten Reibungskräften bestimmt wird." Quellwasser ist zu Tage tretendes Grundwasser und weist oft ähnlich gute Qualitäten auf wie aus dem Boden entnommenes Grundwasser. Im Hinblick von Oberflächenwasser sind stehende (Seen, Talsperren) und fließende Gewässer (Fluss) zu unterscheiden. Meerwasser hat einen Sonderstatus und kommt als Rohwasserquelle nur dort in Betracht, wo die Süßwasser-Optionen weitgehend ausgeschöpft sind oder definitiv nicht in ausreichender Menge zur Verfügung stehen. Meerwasser bedarf aufgrund seines hohen Salzgehaltes einer anders gelagerten, aufwändigen und sehr energieintensiven Aufbereitung.

Wasserdargebot und Rohwassernutzung in Deutschland

Der häufig angegebene Durchschnittswert für die Niederschlagshöhe in Deutschland liegt bei rund 800 mm, vgl. auch [7.26]. Natürlich gibt es hier über die Jahre und Regionen Schwankungen. Zuletzt fiel die mittlere Niederschlagshöhe im Bezugsjahr 2016 mit 668 mm niedriger aus. Ein bundesdeutscher Durchschnittswert ist ohnehin etwas irreführend, da sich der Niederschlag landesweit doch recht ungleich verteilt. Das durch den DWD gemessene Niederschlagsminimum für 2016 lag bei 324 mm und das entsprechende Maximum bei 3.254 mm. In diesem Jahr waren die geringsten Niederschläge in der Region von Magdeburg bis Erfurt zu verzeichnen. Besonders niederschlagsreich waren dagegen der Alpenraum und Schwarzwald [7.27].

Nur ein recht begrenzter Anteil der Niederschläge ist für die Grundwasserneubildung relevant. Abb. 7.4 verdeutlicht beispielhaft, dass in den dort berücksichtigten vier großen Flusseinzugsgebieten lediglich 12 bis 20 % des niedergegangenen Niederschlags direkt zur Grundwasserneubildung beitragen. Neumann und Wycisk konstatieren, dass „für Deutschland nur knapp 1/6 der gesamten Niederschlagsmenge direkt zur Grundwasserneubildung beiträgt" [7.28].

Das Süßwasserdargebot in Deutschland wird mit 188 Milliarden Kubikmetern angegeben. Davon wurden im Jahr 2010 dem Wasserhaushalt 32,8 Mrd. m³ für die öffentliche Wasserversorgung, die Industrie und für Wärmekraftwerke entnommen [7.26]. Im Jahr 1991 lag der Wert noch bei 46,3 Mrd. m³ [7.18]. Folglich wurden in 1991 24,6 % und in 2010 17,4 % des theoretisch verfügbaren Dargebots an Süßwasser tatsächlich in Anspruch genommen.

Die Verfügbarkeit von Rohwasservorkommen ist ausschlaggebend, inwieweit eine Trinkwasserversorgung mit diesen Vorkommen möglich ist. Abb. 7.5 zeigt für das Bezugsjahr 2013 die für die öffentliche Wassergewinnung in Deutschland genutzten Rohwasserarten. Dort lässt sich ebenfalls ablesen, dass in Deutschland Grundwasser die vorrangig genutzte Rohwasserart ist.

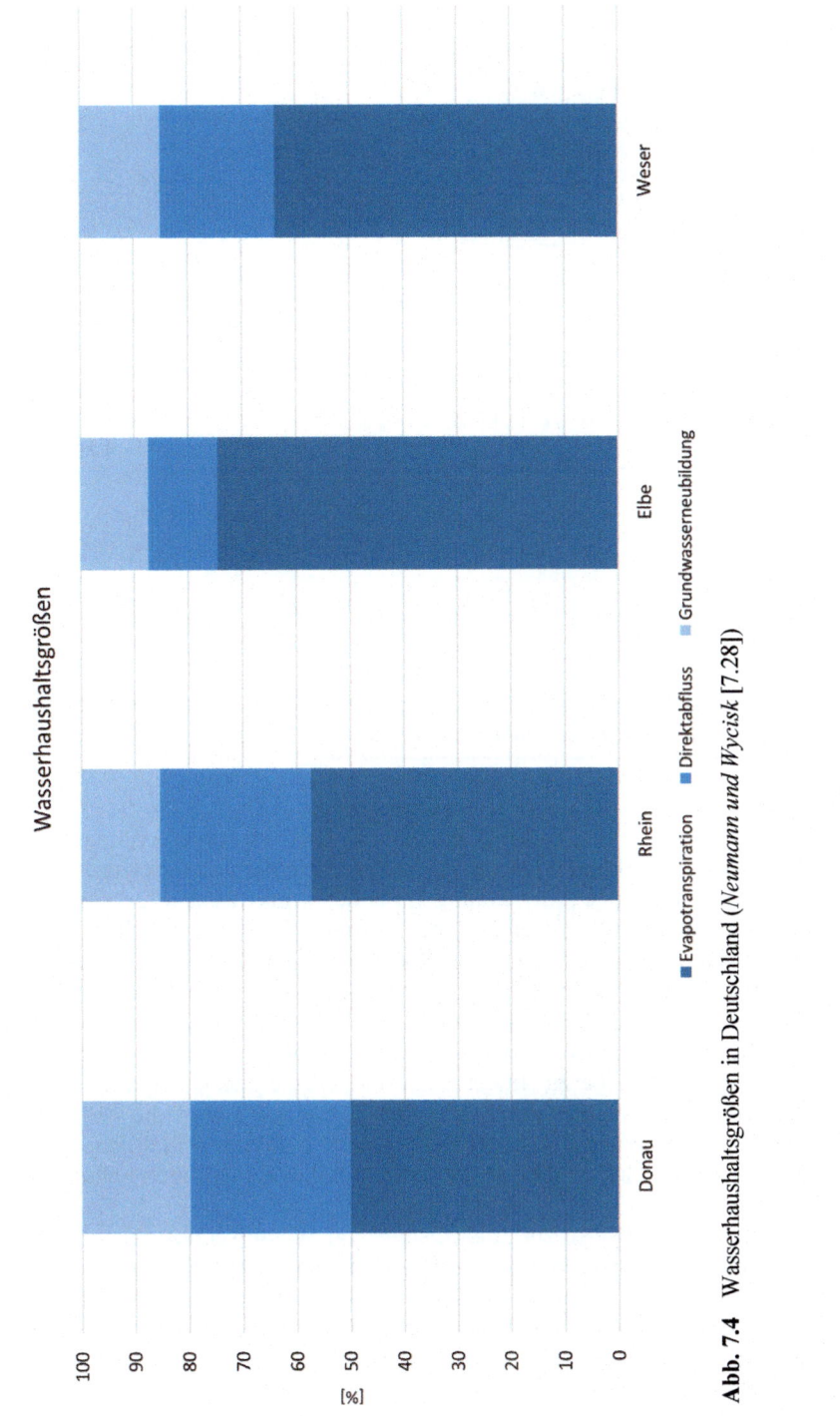

Abb. 7.4 Wasserhaushaltsgrößen in Deutschland (*Neumann und Wycisk* [7.28])

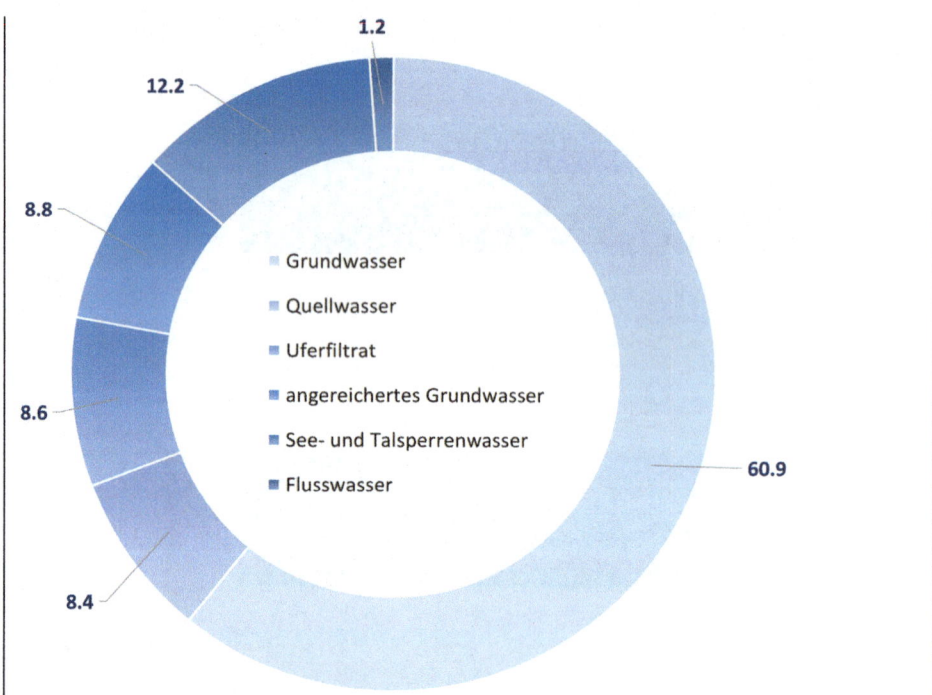

Abb. 7.5 Öffentliche Wassergewinnung nach Wasserarten in Deutschland Anteil in %, Bezugsjahr 2013 (*Statistisches Bundesamt* [7.18])

Rohwasserschutz und Wasserschutzgebiete

Es gehört zum grundlegenden Konzept der Trinkwasserversorgung in Deutschland, Rohwasservorkommen so umfassend wie möglich zu schützen, um anschließend möglichst geringe Aufwendungen bei der Trinkwasseraufbereitung zu haben (Abschn. 7.1 – Multibarrierenprinzip). Zentraler Baustein innerhalb dieses Konzeptes sind die Wasserschutzgebiete. Das heißt, dass Gebiete, in denen Rohwasser zum Zwecke der Trinkwasserversorgung entnommen wird, unter einen besonderen Schutzstatus gestellt werden. Dies umfasst insbesondere, dass gewisse Aktivitäten für unzulässig oder für nur eingeschränkt möglich erklärt werden. Grundlegende Regelungen hierzu findet man im Wasserhaushaltsgesetz und in den jeweiligen Landeswassergesetzen. In diesen Gesetzen wird die Möglichkeit der Einrichtung von Wasserschutzzonen definiert. Konkrete inhaltliche Regelungen für die jeweiligen Schutzgebiete finden sich in den zugehörigen Schutzgebietsverordnungen.

Wesentliche Hinweise zur Ausweisung von Wasserschutzgebieten bzw. zu ihrer Aufteilung in mehrere Zonen geben die vom DVGW gemeinsam mit der LAWA erarbeiteten technischen Regeln in den Arbeitsblättern W 101 (Schutzgebiete für Grundwasser) und W 102 (Schutzgebiete für Talsperren). In der Regel gibt es in einem Wasserschutzgebiet eine Unterteilung in die Zonen I, II und III. Zone I schützt den Fassungsbereich (z. B. Grundwasserbrunnen oder das Talsperrenufer). Zone II beschreibt die engere Schutzzone und die Zone III stellt die weitere Schutzzone dar. Abb. 7.6 veranschaulicht beispielhaft die Ausgestaltung von Schutzzonen für eine Grundwasserfassung. Ergänzend illustriert Abb. 7.7 ein Beispiel einer Wasserschutzzonenausweisung für das Einzugsgebiet einer Talsperre.

Anknüpfend an die bildlichen Darstellungen sind in Tabelle 7.3 noch genauere Empfehlungen zur Bemessung der Schutzgebiete und Schutzzonen bei der Festlegung und Gestaltung von Wasserschutzgebieten aufgeführt.

Tabelle 7.3 Bemessung der Schutzgebiete und Schutzzonen (nach *Mutschmann et al.* [7.21])

Zone	Grundwasserfassung	Trinkwassertalsperre
I – Fassungs-bereich	Der Fassungsbereich dient dem unmittelbaren Schutz der Fassung. Die Ausdehnung der Zone I soll bei Brunnen allseitig mindestens 10 m, bei Quellfassungen oder Sickerleitungen in Richtung des zuströmenden Grundwassers mindestens 20 m betragen.	Sie umfasst die Speicherbecken mit Haupt- und Vorsperren sowie den Uferbereich bei Vollstau mit circa 100 m Breite. Dieser Bereich muss vor jeder Beeinträchtigung geschützt werden.
II – Engeres Schutzgebiet	Die engere Schutzzone bemisst sich nach der 50-Tage-Linie, welche durch geohydraulische Fließzeitberechnung ermittelt wird.	Sie umfasst die oberirdischen Zuflüsse mit den Quellbereichen sowie die zugehörigen Uferbereiche auf ca. 100 m Breite. Dazu kommen die an die Außengrenzen der Schutzzone I angrenzenden Flächen auf ebenfalls ca. 100 m Breite. Die Schutzzone II muss mindestens die gewässersensiblen Bereiche erfassen.
III – Weiteres Schutzgebiet	Die weitere Schutzzone sollte in der Regel das gesamte unterirdische Einzugsgebiet umfassen. Zweckmäßigerweise ist die Grenze jedoch dort zu ziehen, wo eine allgemein erlaubte Handlung oder Einrichtung das praktisch erreichbare Schutzziel in Frage stellt.	Die Schutzzone III erfasst die Einzugsgebietsflächen, die durch die Schutzzonen I und II noch nicht erfasst sind. Dieser Bereich soll den Schutz des Speicherwassers vor weit reichenden Beeinträchtigungen sicherstellen.
Anmerkung	Die Schutzzone III kann in die Zonen A und B unterteilt werden.	Die Schutzzonen II und III können jeweils in die Zonen A und B unterteilt werden.

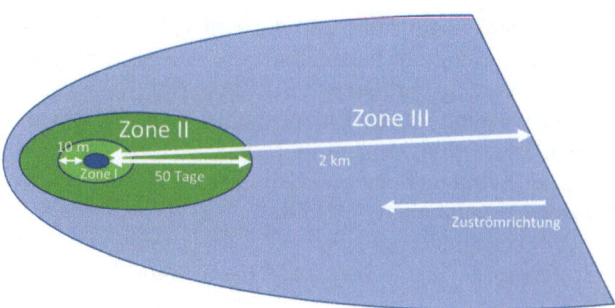

Abb. 7.6 Beispiel für die Schutzzonen I–III bei einer Grundwasserfassung

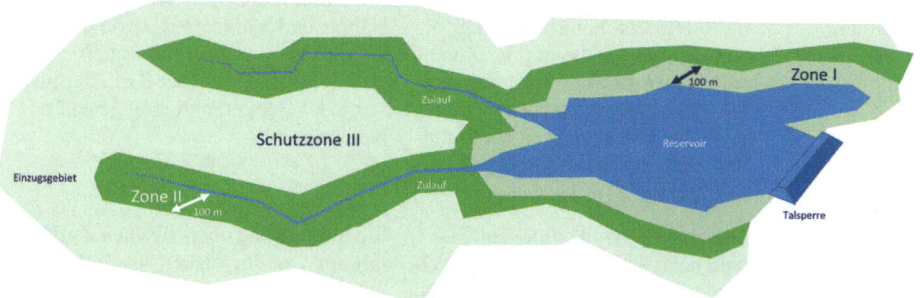

Abb. 7.7 Beispiel für die Schutzzonenausweisung für ein Talsperreneinzugsgebiet

7.2.2 Rohwassergewinnung

Nach den Ausführungen zum Rohwasserschutz werden in diesem Abschnitt wichtige Gesichtspunkte zur Gewinnung von Rohwasser aus Grundwasservorkommen, Talsperren und Seen sowie Fließgewässern behandelt. Für jede Rohwasserart werden jeweils drei Aspekte in folgender Reihung aufgegriffen: 1) Vorkommen, 2) Rohwasserqualitäten und 3) Technologien zur Wassergewinnung.

7.2.2.1 Wassergewinnung aus Grundwasservorkommen

Grundwasservorkommen
Per definitionem steht Grundwasser unterhalb der Erdoberfläche an. Gespeist wird es durch versickernde Niederschläge und aus Oberflächengewässern. Oben wurde bereit skizziert, bis zu welchem Grad Niederschläge zur Grundwasserneubildung beitragen. Je nach geologischem Aufbau des Grundwasserleiters unterscheidet man zwischen Lockergesteins-, Kluft- und Karstgrundwasser. Nach Fritsch sind die Grundwasserleiter wie in Tabelle 7.4 beschrieben zu charakterisieren [7.21].

Nach Angaben der Bundesanstalt für Geowissenschaften und Rohstoffe „weist etwa 49 % der Landesfläche Deutschlands Porengrundwasserleiter auf, teilweise mit sehr bedeutenden Grundwasservorkommen. Rund 12 % der Fläche wird von

Kluftgrundwasserleitern und ca. 6 % von Karstgrundwasserleitern eingenommen. Etwa ein Drittel Deutschlands verfügt nur über lokale und geringe Grundwasservorkommen" [7.29]. Damit sind die Grundwasservorkommen in Deutschland im Vergleich zu vielen anderen europäischen Ländern als relativ bedeutend einzustufen. Wie Abb. 7.8 aufzeigt, liegt allerdings eine sehr unterschiedliche regionale Verteilung vor. Nördlich der Mittelgebirge sind die Vorkommen überwiegend groß bis sehr groß.

Tabelle 7.4 Charakterisierung der maßgeblichen Grundwasserleiter (*Mutschmann et al.* [7.21])

Grundwasserleiter	Charakterisierung
Poren	Lockergesteine wie Sand und Kies; es besteht eine hohe nutzbare Porosität von etwa 10 bis 25 %; die Fließgeschwindigkeit liegt unter 1 m/d bis mehrere 10 m/d;
Kluft	Geklüftetes Festgestein wie Sandstein und Kalkstein; es besteht nur eine geringe nutzbare Porosität von etwa 1–2 %; die Fließgeschwindigkeit liegt unter 1 m/d bis mehrere 100 m/d;
Karst	Festgestein mit Hohlräumen, z. B. Malm (Weißer Jura) und unterer Muschelkalk; es liegt ein großes Hohlraumvolumen vor; die Fließgeschwindigkeit kann mehrere 10 m/d bis km/d betragen;

Auf einen Blick: Trinkwasserversorgung mit Grundwasser

- Grundwasser hat ein großes Beharrungsvermögen und weist sehr konstante Eigenschaften auf. Diese Vorteile begünstigen die Trinkwasserversorgung erheblich.
- Besonders ergiebig sind Porengrundwasserleiter, die damit für die Rohwassergewinnung sehr gut geeignet sind.
- In Grundwasserleitern liegt in der Regel eine laminare Strömung vor. Die Fließgeschwindigkeit von Grundwasser lässt sich in erster Näherung mit 1 Meter pro Tag annehmen. Für eine präzisere Bestimmung im Einzelfall sind genauere Untersuchungen mittels Pumpversuchen, Siebanalysen und ungestörten Bodenproben vorzunehmen.
- Karstgrundwasserleiter sind anfälliger gegenüber Verschmutzungen als Porengrundwasserleiter.
- In grundwasserarmen Gebieten wie bspw. Mittelgebirgslagen muss zur Bedarfsdeckung ergänzend auf weitere Rohwasserarten wie Rohwasser aus Talsperren zurückgegriffen werden.

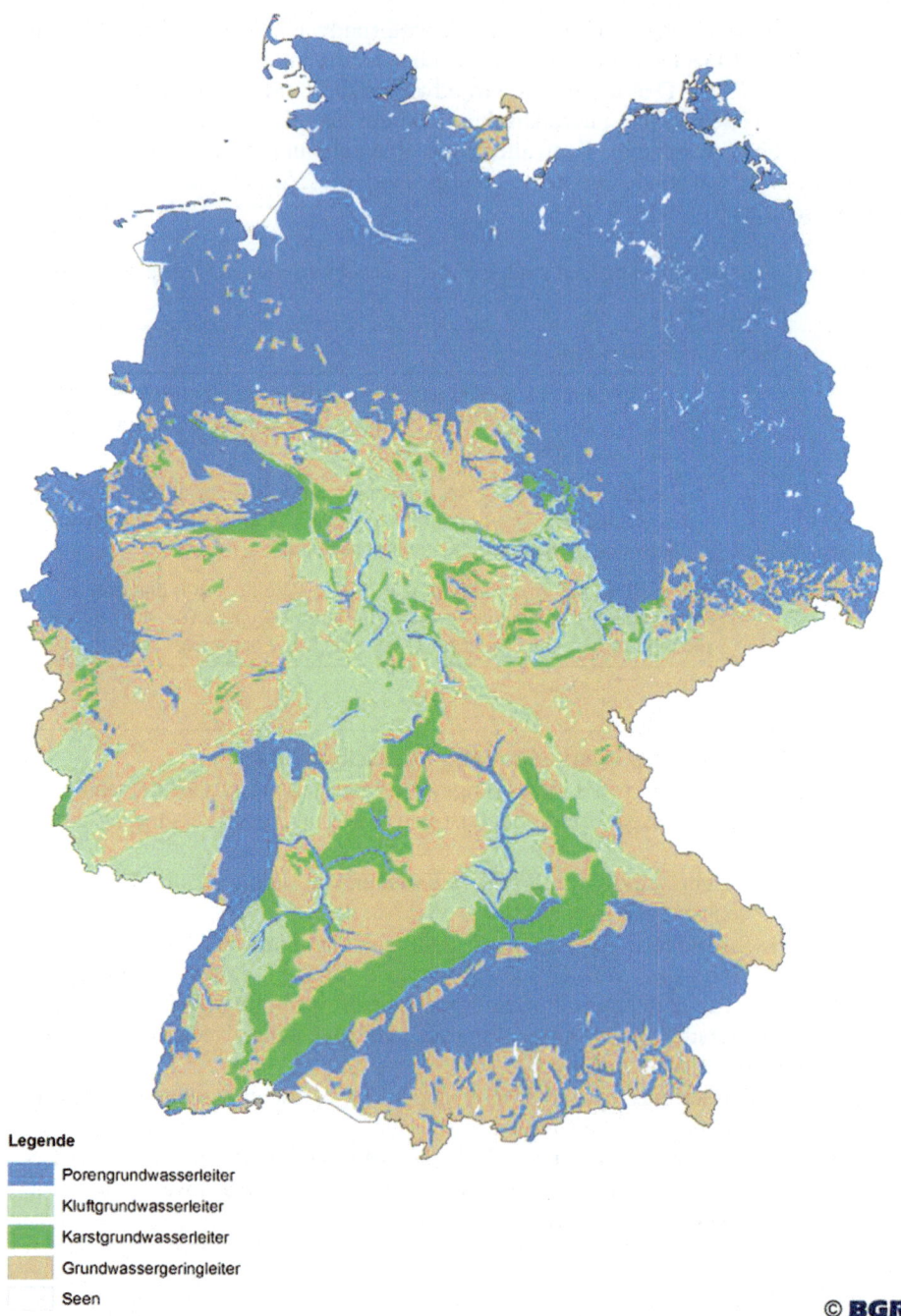

Legende

■ Porengrundwasserleiter
■ Kluftgrundwasserleiter
■ Karstgrundwasserleiter
■ Grundwassergeringleiter
□ Seen

© **BGR**

Abb. 7.8 Verteilung der Grundwasservorkommen in Deutschland (*BGR* [7.29])

Mengenmäßiger Zustand

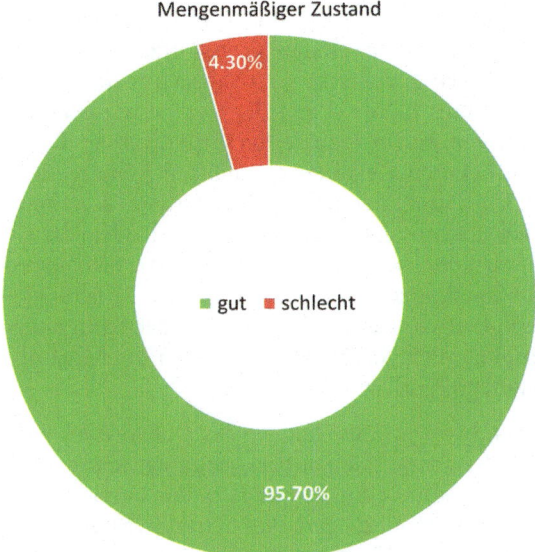

Abb. 7.9 Mengenmäßiger Zustand der Grundwasservorkommen in Deutschland (*UBA* [7.30])

Die Umsetzung der europäischen Wasserrahmenrichtlinie in den Mitgliedsländern führte zu einer detaillierten Dokumentation des Zustands der Wasservorkommen, die laufend fortgeschrieben wird. Blickt man auf den mengenmäßigen Zustand der Grundwasservorkommen in Deutschland, ergibt sich ein positives Bild, wie Abb. 7.9 belegt. So sind 95,7 % der Grundwasservorkommen hinsichtlich des Bewertungskriteriums „Menge" in einem guten Zustand [7.30].

Grundwasserqualitäten

Die natürliche Grundwasserqualität wird maßgeblich durch die Umgebungsbedingungen geprägt. Das heißt, dass die Bodenpassage und damit die anliegenden geologischen Formationen direkten Einfluss auf die Qualität des Grundwassers haben. So enthält Grundwasser von Natur aus zahlreiche gelöste anorganische Stoffe. Es erfolgt beispielsweise der Eintrag der Erdalkaliionen Calcium und Magnesium, die die Wasserhärte bestimmen. Im Detail finden beim Eindringen von Wasser in den Untergrund Stoffübergänge zwischen fester und flüssiger Matrix statt. Die Mechanismen dieser Übergänge setzen sich aus einer Reihe sehr unterschiedlicher, voneinander abhängiger und teilweise auch gegenläufiger physikalischer, chemischer und biologischer Vorgänge zusammen [7.31]. In diesem Zusammenhang muss mit Blick auf die Prozesse im Boden zwischen der wasserungesättigten und wassergesättigten Zone unterschieden werden. Insbesondere die ungesättigte Bodenzone ist Heimat zahlreicher unterschiedlicher Prozesse. So kommt es zu physikalischen Vorgängen wie Filtration, Ad- und Desorption oder aber auch zu einem Ionenaustausch. Dazu kommen chemische Reaktionen infolge von Oxidation- und Reduktionsprozessen einschließlich Fällungsreaktionen und biologische Abbau- und Umwandlungsprozesse. In der wassergesättigten Bodenzone sind dagegen

Lösungs- und Verdünnungsprozesse maßgeblich. Ein Eintrag von Sauerstoff findet über die Grundwasserneubildung statt. Da im Boden sauerstoffzehrende Substanzen vorliegen, kommt es – wie soeben angemerkt – zu Umsatzprozessen, die zu einer Absenkung des Sauerstoffgehaltes führen. Liegt der Sauerstoffgehalt unterhalb von 1,5 mg O_2/l spricht man von einem reduzierten Grundwasser. Reduzierte Grundwässer erkennt man an höheren Gehalten an gelösten Metallverbindungen wie Eisen und Mangan [7.32]. Die Aufenthaltszeit im Grundwasserleiter bestimmt ebenfalls ganz maßgeblich über die Lösungsprozesse im Boden. Ist sie ausreichend lang, wird die Sättigungskonzentration für die jeweils verfügbaren Mineralphasen erreicht. Diese Maximalkonzentration begrenzt die Mineralisierung von Grundwässern. In Abhängigkeit von der Löslichkeit und der Sättigungskonzentration der im Grundwasserleiter verfügbaren Minerale kann die Mineralisation von Grundwässern stark variieren [7.33].

Anthropogene Einflüsse auf das Grundwasser: Die Qualität des Rohwassers wird nicht allein durch die Bodenpassage bestimmt. Neben den geogenen Rahmenbedingungen sind zusätzlich anthropogen bedingte Stoffeinträge in das Grundwasser von hoher Relevanz. Schädliche Verunreinigungen des Grundwassers sind schwerwiegend, da das große Beharrungsvermögen des Grundwassers langfristige und nicht einfach zu behebende Qualitätsprobleme bewirkt. Tabelle 7.5 fasst mögliche Kontaminationsformen des Grundwassers und zugehörige Eintragspfade zusammen.

Tabelle 7.5 Mögliche Beeinträchtigungen der Grundwasserqualität

Herkunftsbereich	Eingetragene (Schad-)Stoffe	Mögliche Ursache und Eintragspfade
Landwirtschaft	Nitrat, Phosphate, Ammonium, Pestizide	Aufbringen von mineralischen Düngemitteln und Wirtschaftsdüngern, Gülle sowie Gärresten auf landwirtschaftlich genutzte Flächen
Verkehr	PAK, Kohlenwasserstoffe, Salze	Einsatz von salzhaltigem Streugut, Reifenabrieb, Eintrag über Straßenseitenstreifen
Siedlungen	Abwasser	Leckagen in der Kanalisation
Deponien, Altablagerungen, Altstandorte	Mineralöle, leichtflüchtige Schadstoffe	Einsickernde Niederschläge infolge fehlender Oberflächenabdichtung sowie fehlende Untergrundabdichtung
Bergbau	Chlorid, Sulfat, Schwermetalle, Polychlorierte Biphenyle	Stilllegung von bergbaulichen Anlagen, Aussetzen von Sümpfungsmaßnahmen

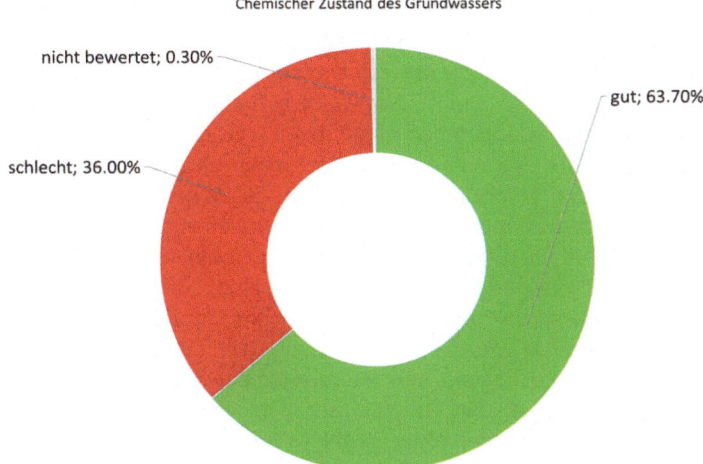

Chemischer Zustand des Grundwassers

nicht bewertet; 0.30%

gut; 63.70%

schlecht; 36.00%

Abb. 7.10   Chemischer Zustand der Grundwasservorkommen in Deutschland (*UBA* [7.30])

Entgegen der positiven Situation hinsichtlich des mengenmäßigen Zustandes ergibt sich mit Blick auf den chemischen Zustand der Grundwasserkörper in Deutschland ein anderes Bild. Abb. 7.10 dokumentiert, dass mehr als 16 Jahre nach Inkrafttreten der Wasserrahmenrichtlinie noch 36 % der Grundwasservorkommen in einem schlechten chemischen Zustand sind [7.30].

Stickstoff- bzw. Nitratproblematik

<u>Problem</u>: Ein jüngst verstärkt in das allgemeine Bewusstsein gerücktes Problem sind zu hohe bzw. steigende Nitratgehalte im Grundwasser. Gemäß Nitratbericht 2016 des Bundes und der Länder weisen „für den Berichtszeitraum 2012 bis 2014 28 % der Messstellen des EU-Nitratmessnetzes Konzentrationen größer 50 mg/l auf, an knapp der Hälfte aller Messstellen wurden Nitratkonzentrationen kleiner 25 mg/l gemessen. Die übrigen Messstellen weisen Konzentrationen zwischen 25 mg/l und 50 mg/l auf" [7.34]. Mit 50 mg/l ist der Grenzwert der Trinkwasserverordnung überschritten.

<u>Eintragspfade</u>: Es gibt viele mögliche Quellen für Stickstoffeinträge in die Böden wie beispielsweise Altlasten oder unzureichend abgedichtete Deponien. Wesentlicher Eintragspfad sind jedoch landwirtschaftlich genutzte Flächen aufgrund der Nutzung von Mineral- und Wirtschaftsdüngern [7.35]. Dazu kommt die Aufbringung von Gülle aus Viehzucht-(Groß)Betrieben oder von Gärresten aus Biogasanlagen. Angesichts der hohen Mengen an aufgebrachten Düngemitteln sowie der messbaren Stoffkonzentrationen ist zu diagnostizieren, dass die rechtlich geforderte Trendumkehr mit Blick auf die Stickstoffbelastung bisher nicht gelungen ist.

Auswirkungen: Der Sachverständigenrat für Umweltfragen (SRU) stellt fest, dass etwa 26 % aller Grundwasserkörper wegen hoher Nitratgehalte in einem schlechten chemischen Zustand sind, sodass auch die Trinkwassergewinnung beeinträchtigt wird. In einigen Regionen könne der Trinkwassergrenzwert für Nitrat nur noch durch zum Teil aufwändige Maßnahmen eingehalten werden. Somit wird die Stickstoffbelastung des Grundwassers zu einem der dringlichsten qualitativen Probleme bei der Trinkwasserversorgung [7.35]. Die gesetzlichen Vorgaben schreiben einen Höchstwert von 50 mg/l Nitrat im Trinkwasser vor. Festzuhalten ist, dass bis heute bei der Trinkwasseraufbereitung im Allgemeinen keine technischen Maßnahmen zur Reduktion des Nitratgehalts vorgesehen sind. Aus diesem Grund sind bereits im Rohwasser auftretende Überschreitungen des Nitrat-Grenzwertes problematisch. Sollte eine Überschreitung des Grenzwertes von 50 mg/l nach der Aufbereitung vorliegen, weil aufbereitungstechnisch keine Reduktionsmöglichkeiten gegeben sind, darf die zentrale Versorgung nur bei Erfüllung umfänglicher Informationspflichten weitergeführt werden (Einzelheiten siehe [7.36]). Kann nicht auf andere Rohwasserressourcen zurückgegriffen werden, sind aufbereitungstechnische Maßnahmen vorzusehen. Für diesen Fall werden bereits erhebliche Preissteigerungen für die Trinkwasserversorgung prognostiziert.

Neben den bereits genannten werden nachstehend weitere mögliche Beeinträchtigungen der Grundwasserqualität benannt.

Versalzung: Eine Versalzungsproblematik von Süßwasservorkommen kann sich durch die Salzwasserintrusion in küstennahen Gebieten ergeben. Grund hierfür ist, wenn eine Übernutzung der verfügbaren Grundwasservorkommen vorliegt oder der Meeresspiegel steigt. Weiterer Eintragspfad von Salzen in Gewässer ist der Streumittelgebrauch im Winter entweder über Straßenrandböden oder aber auch über die Stadtentwässerung in die Kläranlagen und Oberflächengewässer [7.37]. So lassen sich in der Nähe von Straßen oftmals erhöhte Chlorid-Werte im Grundwasser feststellen [7.38]. Unter die Versalzung fällt auch die Nitratproblematik die oben als separater Themenblock ausführlich vorgestellt wurde.

Im Jahr 2006 gab es eine bundesweite Debatte über Uran im Trinkwasser. „Aufgrund der ubiquitären Verbreitung von Uran aber auch der sonstigen natürlichen Radionuklide und deren Zerfallsprodukten in der Erdkruste finden sich in allen Grund- und Trinkwässern Spuren von radioaktiven Stoffen" [7.39]. Somit kann Uran allein aufgrund der geologischen Gegebenheiten im Rohwasser vorliegen. Uran kann ebenfalls in Phosphatdüngemitteln enthalten sein, die in der Landwirtschaft breite Anwendung finden. Durch die Diskussion in 2006 wurde in der Trinkwasserverordnung der Grenzwert von 10 µg/l für Uran aufgenommen. Soweit erforderlich sind spezielle Aufbereitungsansätze zur Reduktion des Urangehalts zu verfolgen wie beispielsweise Anionentauscher.

Grundsätzlich sind hygienische Aspekte – also Pathogene im Grundwasser – ein relevantes Thema. Eine besondere Eintragsgefahr besteht bei Extremwettersituationen. Mischwasserentlastungen sind eine zulässige Möglichkeit, ungeklärtes oder nur partiell geklärtes Abwasser in die Vorfluter einzuleiten (Kap. 6 Abwasser). Bei außergewöhnlichen Niederschlagsereignissen kann es zu Überflutungen urbaner Bereiche kommen, die einen unplanmäßigen Schadensfall darstellen. Ein weiterer potentieller Eintragspfad sind undichte Kanäle, in denen eine Abwasser-exfiltration auftritt. Ferner kann in der Landwirtschaft ein Eintrag über den Gebrauch von Wirtschaftsdüngern/Gülle erfolgen. Grundsätzlich gilt jedoch, dass die Maßnahmen des umfassenden Rohwasserschutzes ganz maßgeblich dazu dienen, einen unmittelbaren Eintrag an Pathogenen in für die Trinkwasserversorgung genutzte Wasservorkommen zu vermeiden (Abschn. 7.1 – Wasserschutzgebiete).

Weitere Qualitätsfragen hinsichtlich unterirdischer Wasservorkommen ergeben sich aus den langfristigen Konsequenzen der aktuellen Energiepolitik. Zum einen ist <u>Fracking</u> zu nennen, das als besondere Methode der Erdgasgewinnung eine große wasserwirtschaftliche Relevanz hat, da große, mit Chemikalien versetzte Wassermengen in den Boden eingepresst werden. Zum anderen gibt es Überlegungen zur <u>unterirdischen Speicherung von sequestriertem CO_2</u>. Abschließend sind die Folgen des Bergbaus anzuführen. Derzeit stehen beispielsweise die Auswirkungen in der Diskussion, die sich infolge der Flutung von Stollen in alten Bergbauanlagen ergeben könnten. Hier besteht die Sorge, dass es zu einer Freisetzung von Polychlorierten Biphenylen (PCB) kommt, die noch in untertage zurückgelassener Maschinentechnik enthalten sind.

Rohwassergewinnung aus Grundwasser

Die Wasserentnahme stellt einen Eingriff in das natürlich anstehende Grundwasser dar. Folge der Entnahme ist eine lokale Absenkung des Grundwasserspiegels mit der Reichweite R, wie es Abb. 7.11 veranschaulicht. Häufig werden zur Grundwasserentnahme Vertikalfilterbrunnen genutzt, da dadurch große Tiefen erreichbar werden. In oberflächennahen Grundwasserleitern, die nur eine geringe Mächtigkeit aufweisen, wird auf Horizontalfilterbrunnen ausgewichen.

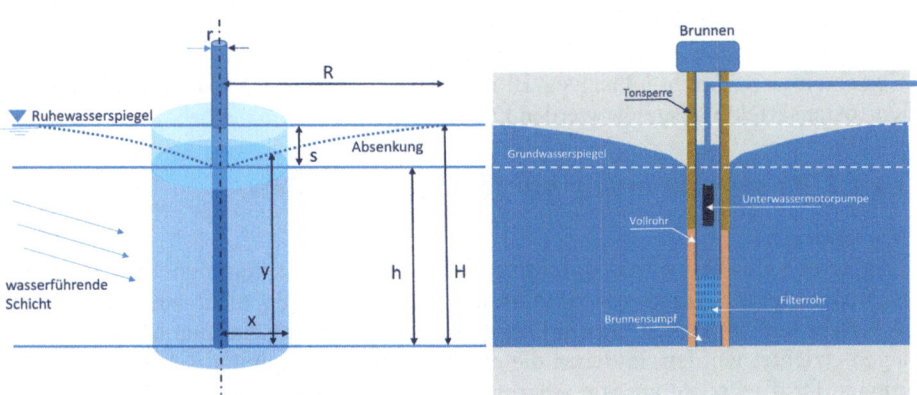

Abb. 7.11 Schnitt durch Vertikalfilterbrunnen mit Absenktrichter des Grundwassers

„Bei Vertikalfilterbrunnen sind die Brunnenrohre innerhalb der wasserführenden Schicht gelocht oder geschlitzt. Zwischen der Bohrlochwand und dem durchlässigen Teil des Brunnenrohrs wird zum Schutz gegen schnelle Filterverstopfung Kies geschüttet, dessen Körnung den Bodenverhältnissen angepasst ist" [7.40].

Zur Förderung des Wassers werden in Vertikalbrunnen Unterwasserpumpen genutzt. Beim Brunnenbau ist darauf zu achten, dass die Brunnenfassung gegen oberflächige Verunreinigungen gut abgedichtet wird. Sollten Deckschichten durchbohrt werden, muss ein hydraulischer Kontakt zwischen den verschiedenen Grundwasserstockwerken ausgeschlossen werden [7.40]. Um Grundwasserbrunnen auszulegen, werden folgende Größen herangezogen [7.21]:

Reichweite (m): $R = 3.000 * s * \sqrt{k_f}$

Ergiebigkeit (m³/s): $Q = \left(H^2 - h^2\right) * \dfrac{\pi * k_f}{\ln\left(\frac{R}{r}\right)}$

Fassbare Menge (m³/s): $Q = \dfrac{2}{15} * \pi * r * h * \sqrt{k_f}$

Im Fall von Horizontalfilterbrunnen führen sternförmig angeordnete und horizontal ausgerichtete Filterstränge das Wasser einem in den Abmessungen größeren Brunnenschacht zu. Die gegenüber einzelnen Vertikalfilterbrunnen stark vergrößerte Filterfläche macht hier eine Wasserförderung auch aus Böden sinnvoll, die nur eine sehr geringe Wasserdurchlässigkeit aufweisen. In Abhängigkeit von der tatsächlich gegebenen Ergiebigkeit lassen sich mit derartigen Horizontalfilterbrunnen Förderleistungen bis zu 3.500 m³ pro Stunde erreichen [7.40].

Nach Errichtung eines Brunnens ist der Brunnenbetrieb zu kontrollieren. Eine Überwachung hinsichtlich möglicher Betriebsbeeinträchtigungen ist insofern erforderlich, als dass Brunnen Alterungsprozessen und somit Leistungsrückgängen unterliegen. Häufigster Alterungsprozess ist die Brunnenverockerung. Bei der chemischen Verockerung erfolgt bei Verfügbarkeit von Sauerstoff eine Oxidation des im Wasser enthaltenen zweiwertigen Eisens und Mangans zu schwer löslichen dreiwertigen Eisen- und vierwertigen Manganverbindungen. „Die biologische Verockerung wird durch eisen- und manganoxidierende Bakterien verursacht. Beide Verockerungsformen treten häufig zusammen auf" [7.21]. Die beschriebenen Inkrustationen lassen sich durch mechanische und chemische Verfahren beseitigen. Weitere Alterungserscheinungen können durch eine Versandung, Vereiterung oder Verschleimung durch intensives Biomassewachstum sowie durch anderweitige Korrosionseffekte ausgelöst werden [7.21].

7.2.2.2 Wassergewinnung aus Talsperren und Seen

Vorkommen

Talsperren sind die Antwort auf limitierte Grundwasservorkommen. Sie werden in Regionen genutzt, in denen die Grundwasservorkommen nicht ausreichen, den Wasserbedarf zu decken. So sind Talsperren in grundwasserarmen Mittelgebirgslagen errichtet worden, in denen die entsprechenden morphologischen Voraussetzungen für die Errichtung von Absperrbauwerken gegeben waren. Talsperren sind Absperrbauwerke, die einen künstlichen Wasserkörper erzeugen. Der Talsperrenbau ist immer ein spürbarer Eingriff in den natürlichen Wasserhaushalt. Talsperren sind aus wasserwirtschaftlicher Sicht gut steuerbare Gewässer, die in der Regel mehr als einen Bewirtschaftungszweck erfüllen. Ist die Talsperre als Trinkwassertalsperre ausgewiesen, ist die Rohwasserbereitstellung vorrangiger Bewirtschaftungszweck. Es können noch weitere Bewirtschaftungsziele hinzu-

kommen wie beispielsweise der Hochwasserschutz einschl. Schmelzwasserauf-
nahme, die Wasserkraftnutzung, die Niedrigwasseraufhöhung, eine Brauchwas-
serversorgung und der Naturschutz [7.41]. Ferner stellen Talsperren einen Frei-
zeitwert dar und dienen damit auch der Naherholung, wie Abb. 7.12 unterstreicht.

Abb. 7.12   Panoramaansicht der Eckertalsperre im Harz

In Deutschland begann der Talsperrenbau Ende des 19. Jahrhunderts. Er fiel in
die Zeit eines stark steigenden Wasserbedarfs infolge einer fortschreitenden Industrialisierung, steigender Bevölkerungszahlen und eines schnellen Wachstums
der Städte. Die erste deutsche Trinkwassertalsperre war die in den Jahren 1889 bis
1891 errichtete Eschbachtalsperre bei Remscheid. Das Absperrbauwerk wurde als
Gewichtsstaumauer (nach dem Intze-Prinzip) aus Bruchsteinen errichtet. Das
Speichervolumen beträgt 1,05 Millionen Kubikmeter [7.42]. Zum Vergleich, die
ebenfalls in Deutschland beheimatete Bleilochtalsperre verfügt über ein Speichervolumen von 212,1 Millionen Kubikmeter [7.41].

Moderne Talsperren gestatten eine große Wasserbevorratung. Diese findet ihren Ausdruck im Ausbaugrad, der ein wichtiger Kennwert für Talsperren ist. Der
Ausbaugrad ist das Verhältnis von Volumen einer Talsperre zum Jahreszufluss.
Damit wird rein theoretisch die Aufenthaltszeit eines Wassertropfens in der Talsperre definiert. Angestrebt werden Ausbaugrade größer 1, also eine Aufenthaltszeit des Wassers von mehr als einem Jahr. Ferner sollten Talsperren ausreichend
tief sein, um wichtige Stoff- und Lebenskreisläufe im Gewässer aufrecht zu erhalten. In Deutschland werden derzeit über 90 Talsperren betrieben, die der Trinkwasserversorgung dienen.

Talsperrenwasserqualitäten
Die Talsperrenbewirtschaftung sieht ein klares Schutzkonzept vor. Das gesamte
Einzugsgebiet wird als Wasserschutzgebiet ausgewiesen. Vorzugswürdig ist ein
bewaldetes Einzugsgebiet ohne Landwirtschaft und ohne besiedelte Flächen. Es ist
ein enges Netz an (Online-)Mess- und Probenahmestellen vorzusehen, um wichtige Erkenntnisse (in Echtzeit) zu gewinnen, die eine bestmögliche Talsperrenbewirtschaftung bzw. -steuerung unterstützen. Dies ist insofern bedeutsam, als dass
Talsperren als Oberflächengewässer besonders vulnerabel sind. So sind die klimatischen Einflüsse auf die Talsperrenbewirtschaftung erheblich. Das lokale Klima
hat sehr großen und unmittelbaren Einfluss auf die gewässerinternen Prozesse und
somit auch auf die Qualität des Rohwassers. Doch zunächst entscheidet der durch

das Einzugsgebiet geprägte Zulauf darüber, welche Wasserqualitäten in der Talsperre erreicht werden können. Dies gilt insbesondere für die eingetragenen Nährstoffkonzentrationen. Falls erforderlich, können die Zulaufqualitäten durch die Einrichtung von Vorsperren positiv beeinflusst werden. Die im Talsperrenzulauf angeordneten Vorsperren dienen somit konkret dem Schutz der Hauptsperre. In die Vorsperren werden gezielt Prozesse ausgelagert, die in der Hauptsperre unerwünscht sind (d. h. eine verstärkte Primärproduktion sowie ein Feststoffrückhalt durch Sedimentation). Die im Überlauf betriebenen Vorsperren sind damit eine zielgerichtete Vorreinigung und Schutzmaßnahme, die maßgeblich zu einer guten Wasserqualität im Hauptbecken beiträgt. Der Wahnbachtalsperrenverband betreibt als technische Sondermaßnahme eine Phosphor-Eliminierungsanlage (PEA) zur Verbesserung der Zulauf- bzw. Wasserqualität. So wird an der Wahnbachtalsperre in der Nähe von Bonn seit 1977/78 der Zulauf zum Hauptbecken mit der PEA behandelt. Die Behandlungskapazität liegt bei 5 m³/s [7.43]. Damit wird an dieser recht jungen Talsperre der landwirtschaftlichen Prägung des Einzugsgebiets Rechnung getragen.

Eine Talsperre ist ein großer Reaktor, der durchaus in der Lage ist, negative Einflüsse aus dem Einzugsgebiet auszugleichen. Wie bereits angedeutet, besteht ein sehr enger Zusammenhang zwischen der Morphologie des Wasserspeichers und den erreichbaren Wasserqualitäten. Die Aufenthaltsdauer des Wassers sowie die Wasseroberfläche und Tiefe des Beckens determinieren die Wasserqualität. In diesem Zusammenhang muss das Ziel sein, essentielle gewässerinterne Prozesse und Stoffkreisläufe zu ermöglichen bzw. dauerhaft stabil und funktional zu erhalten. Hier ist der Zyklus des Aufbaus und Abbaus von Biomasse im Wasserkörper zu beleuchten. Wenn im Wasserkörper die Primärproduktion – d. h. das Algenwachstum infolge von Photosynthese – größer ist als die ebenfalls im Gewässer zu leistende Dekomposition der Biomasse, kommt es zu kritischen Gewässerzuständen, die eine Trinkwasseraufbereitung erheblich erschweren können. Somit ist festzuhalten, dass zur Bewirtschaftung einer Trinkwassertalsperre sehr gute Kenntnisse hinsichtlich der gewässerinternen Prozesse unabdingbar sind.

Zunächst ist noch ein weiteres Detail zu erwähnen. Mit Blick auf die gewässerinternen Prozesse spielt die Dichteanomalie des Wassers eine zentrale Rolle. Diese besteht darin, dass Wasser bei 3,98 °C seine größte Dichte hat. Das bedeutet, dass Temperaturveränderungen über die Wassertiefe in Dichteunterschieden resultieren, die wiederum zu einer Schichtung innerhalb des Wasserkörpers (Stratifikation) führen. Diese Schichten sind stabil und stehen nicht im gegenseitigen Austausch. Der Temperaturabfall über die Wassertiefe ist besonders ausgeprägt, wenn über die Wasseroberfläche ein hoher Energieeintrag erfolgt. Dies ist insbesondere während des Sommers der Fall, wenn aufgrund der Sonneneinstrahlung eine Aufwärmung der oberen Wasserschicht erfolgt (Abb. 7.13). Es wird eine Stratifikation ausgelöst, infolge derer sich drei horizontale Schichten ergeben: Epilimnion (epi = über), Metalimnion (meta = inmitten, Sprung-/Übergangsschichtschicht) und Hypolimnion (hypo = unter). Fällt der Energieeintrag klimatisch bedingt weg (z. B. im Spätherbst, Winter, Frühjahr), werden die Temperaturunterschiede geringer oder fallen gänzlich weg. Liegt im gesamten Wasserkörper eine einheitliche Temperatur vor, kommt es zur Vollzirkulation und damit zur Volldurchmischung.

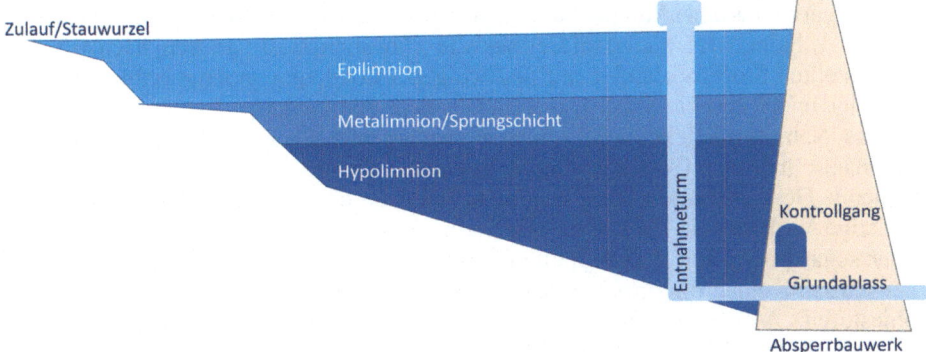

Abb. 7.13 Stratifikation in einer Talsperre während der Sommerstagnation

In Deutschland liegt bei Talsperren ein so genanntes dimiktisches Verhalten vor. Das heißt, dass es zweimal pro Jahr zu einer Vollzirkulation (Frühjahr, Herbst) kommt, unterbrochen durch zwei Stagnationsphasen (Sommer, Winter bei Eisbedeckung). Während der sommerlichen Stagnationsphase liegt in der Regel eine ausgeprägte Stratifikation vor. Abb. 7.14 zeigt die in Mitteleuropa üblichen Stagnation- und Zirkulationsphasen in stehenden Wasserkörpern. Die Durchmischung beziehungsweise Zirkulation wird durch Windeinflüsse angeregt. Während der Sommerstagnation wird lediglich das Epilimnion durch Windeinfluss bewegt. Während der Zirkulationsphasen induziert der Wind die Umwälzung des gesamten Wasserkörpers, solange dieser nicht zu tief ist.

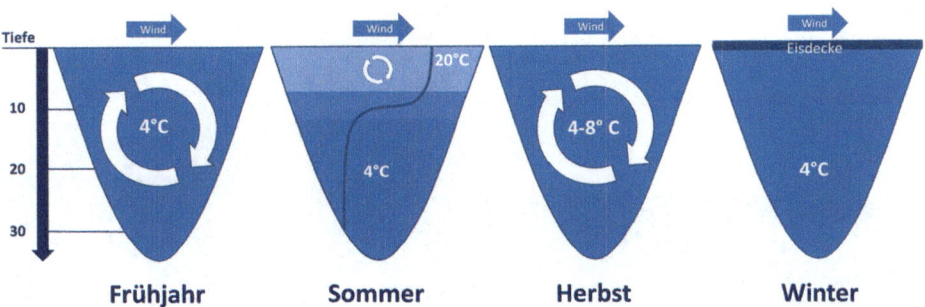

Abb. 7.14 Stagnations- und Zirkulationsphasen nach (*LAWA* [7.44], verändert und ergänzt)

Im Verlauf eines Jahres stellen sich in einer Talsperre somit mehrere stark voneinander abweichende Zustände ein. Es kommt zu stratifizierten und zu volldurchmischten Zuständen. Besonders die stratifizierten Zustände bedeuten betriebliche Herausforderungen. Aus Sicht der Trinkwasserversorgung ist die Stratifikation während der Sommerperiode besonders zu beachten. Aufgrund der Schichtung findet ein Wasseraustausch zwischen den drei Schichten nicht mehr statt. Als Folge kann es im Hypolimnion zu einem Sauerstoffdefizit kommen mit eher negativen Auswirkungen auf die Wasserqualität. Zum einen werden bei längerem Anhalten des Sauerstoffdefizits die Umsatzprozesse in den nachstehend vorgestellten Stoffkreisläufen empfindlich gestört und zum anderen erfolgt zusätzlich eine unerwünschte Stoffrücklösung aus dem Sediment.

Das Nährstoffangebot im Freiwasser entscheidet über die Primärproduktion und damit über den Trophiegrad einer Talsperre. Der Trophiegrad bezieht sich auf stehende Gewässer und klassifiziert diese hinsichtlich des Nährstoffangebots. Ungünstige Verhältnisse liegen vor, wenn eine Talsperre eutrophe (Trophiestufe III) oder sogar polytrophe Eigenschaften (Trophiestufe IV) aufweist. Anzustreben ist der Zustand einer oligotrophen und damit nährstoffarmen Wasserqualität (Trophiestufe I). Von vorrangigem Interesse sind hierbei die Stoffhaushalte für Kohlenstoff, Stickstoff und Phosphor. Die für stehende Gewässer typischen Stoffkreisläufe lassen sich wie folgt grob umschreiben. Abb. 7.15 zeigt stark vereinfacht die Stoffkreisläufe für Kohlenstoff, Stickstoff und Phosphor. Das Grundprinzip ist für alle Stoffe letztlich gleich. Anorganische Ausgangssubstanzen werden durch die autotrophe Primärproduktion in organisches Material umgewandelt. Das organische Material entspricht weitgehend der aquatischen Lebensgemeinschaft im Freiwasser (Phytoplankton, Zooplankton, Friedfische und Raubfische). Tote organische Substanz und Ausscheidungen der Lebensgemeinschaft werden durch heterotrophe Destruenten unter Sauerstoffverbrauch im Tiefenbereich des Gewässers abgebaut und remineralisiert. Durch die Zirkulationsphase werden diese remineralisierten Abbauprodukte wieder in die oberen Bereiche des Gewässers transportiert. Der Kreislauf schließt sich.

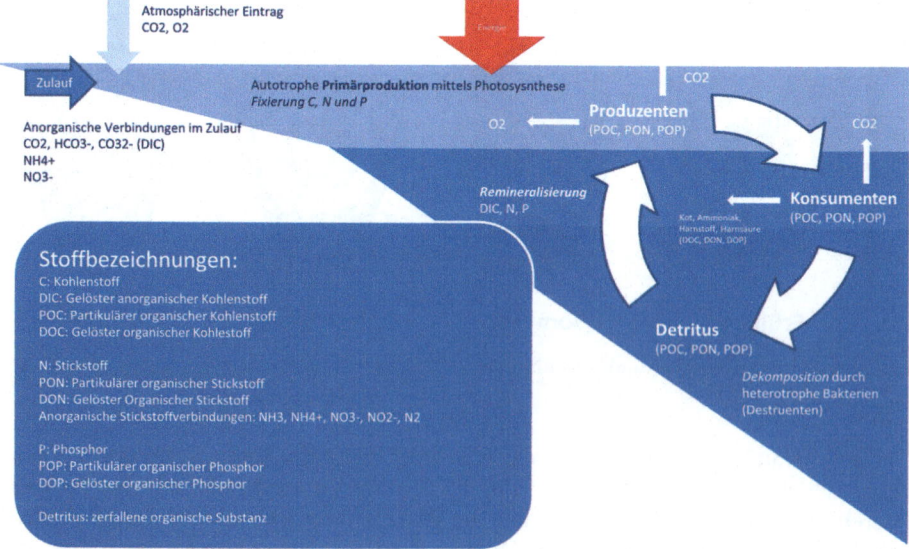

Abb. 7.15 Vereinfachtes Grundprinzip der Stoffkreisläufe im Wasserkörper einer Talsperre

Neben den gewässerinternen Prozessen bestehen noch zusätzlich zahlreiche Interaktionen zwischen dem Freiwasser und Sediment, die in Abb. 7.15 nicht dargestellt sind. Kommt es beispielsweise infolge einer Stagnationsphase zu einer Sauerstoffarmut im Hypolimnion, kann es zu Stoffrücklösungsprozessen (von Eisen und Mangan) kommen, was im Hinblick auf die Trinkwasseraufbereitung ebenfalls von Bedeutung ist.

Wassergewinnung aus Talsperren
Die generell gute Steuerbarkeit einer Talsperre ergibt sich aus den üblicherweise vorhandenen Einrichtungen wie Entnahmeturm, Grundablass und Hochwasserüberlauf. Dennoch lässt sich erkennen, dass angesichts der oben vorgestellten gewässerinternen Prozesse die Bewirtschaftung von Talsperren eine recht komplexe Aufgabe ist. Ziel der Rohwasserbereitstellung muss sein, immer das bestmögliche Rohwasser aus der Talsperre zu entnehmen, um die Aufwendungen bei der Aufbereitung möglichst gering zu halten. So ist der nahe dem Absperrbauwerk platzierte Entnahmeturm so konstruiert, dass aus der Talsperre in unterschiedlichen Entnahmehorizonten Rohwasser entnommen werden kann. Dies ermöglicht die Auswahl des für die Aufbereitung qualitativ besten Rohwassers. In den meisten Fällen wird das Rohwasser aus dem oberen Hypolimnion entnommen. Abb. 7.16 zeigt einen Entnahmeturm in der Nähe des Absperrbauwerks einer Talsperre.

Abb. 7.16 Entnahmeturm in der Nähe des Absperrbauwerks einer Talsperre

Kurze Erwähnung muss auch die Trinkwassergewinnung aus Seen finden. Seen sind ebenfalls stehende Gewässer, weisen je nach Morphologie die gleichen gewässerinternen Prozesse auf wie Talsperren und werden verschiedentlich auch zur Trinkwassergewinnung genutzt. Da es sich um natürliche Gewässer handelt, ist ihre Steuerbarkeit jedoch deutlich geringer ausgeprägt. Ein sehr bekanntes Beispiel für die Trinkwasserversorgung aus einem See ist die Wasserentnahme aus dem

Bodensee. Die Rohwasserqualität im Bodensee konnte in den zurückliegenden Jahrzehnten insbesondere durch Maßnahmen auf Kläranlagen in einen oligotrophen Zustand zurückgeführt werden, sodass gute Voraussetzungen für eine Rohwasserentnahme bestehen. Zwischenzeitlich gab es sogar Klagen der am Bodensee ansässigen Fischer, die Wasserqualität sei zu gut mit der Folge eines unzureichenden Nahrungsangebots für die Fische im See. Bei der Bodenseewasserversorgung wird in einer Tiefe von 60 Metern über drei jeweils zehn Meter hohe Entnahmetürme Rohwasser entnommen. Diese Türme sind in 70 m Tiefe gegründet und verfügen über Entnahmeköpfe mit einer Lochblechverkleidung. In der Tiefe von 60 Metern ist das Wasser sehr klar und hat ganzjährig eine gleichbleibend niedrige Temperatur von etwa 5 °C. Insgesamt werden vier Millionen Menschen mit Bodenseewasser versorgt [7.45].

7.2.2.3 Wassergewinnung aus Flusswasser

Vorkommen

Fließgewässer sind als Oberflächengewässer Bestandteil des natürlichen Wasserhaushalts. So haben „Fließgewässer die Aufgabe, überschüssiges Wasser aus dem lokalen Ökosystem abzuführen. Sie entstehen dort, wo Vegetation und Boden die Niederschlagsmenge nicht aufnehmen können. Da sowohl die Menge der Niederschläge als auch der Bedarf der Vegetation klimatisch bedingt sind und sich die klimatischen Bedingungen im Laufe des Jahres stark ändern können, muss es auch starke Unterschiede in der Wasserführung der Fließgewässer geben. Zeiten starker Flut wechseln mit Niedrigwasserführung oder sogar mit trockenen Flussufern" [7.46]. Im Vergleich zu stehenden Gewässern liegt in Fließgewässern in der Regel eine nur sehr kurze Aufenthaltszeit des Wassers vor. Diese wird meist in Tagen ausgedrückt und liegt damit weit entfernt von Aufenthaltszeiten in stehenden Gewässern, die oft in Jahren beziffert werden (vgl. auch Ausführungen zum Ausbaugrad bei Talsperren). Die in Fließgewässern transportierten Wassermengen sind über Pegelmessungen gut erfassbar und für viele Jahre bzw. Jahrzehnte sehr gut dokumentiert.

Flusswasserqualitäten

Hinsichtlich der Qualität von Rohwasser aus Flüssen besteht ein unmittelbarer Einfluss des vorgelagerten Flussabschnitts bzw. des gesamten stromaufwärts liegenden Einzugsgebietes. Damit ist ein Wasserschutzgebiet, vergleichbar mit denen anderer Rohwasserarten, nicht in gleicher Form ausweisbar. Fließgewässer stehen oft unter einem sehr hohen Nutzungsdruck durch die Energiewirtschaft, andere Industriezweige und durch die Schifffahrt. So werden Fließgewässer insbesondere dafür genutzt, in erheblichem Umfang Wasser zur Kühlung von Energiegewinnungs- und Industrieanlagen zu entnehmen. Ferner dienen Fließgewässer als Vorfluter für die Einleitungen beispielsweise aus kommunalen und industriellen Kläranlagen. Es besteht demnach die Gefahr, dass illegale Schadstoffeinleitungen oder Industrieunfälle die Flusswasserqualität erheblich beeinträchtigen. Bezeichnend ist, dass 20 % der chemischen Industrie Europas am Rhein angesiedelt ist. Diese Zahl demonstriert die vielerorts gegebene Nähe von Industrie und Wasser und gibt auch ein Gefühl für daraus resultierende Gefährdungspotentiale. Ein in Erinnerung gebliebenes Ereignis ist der Sandoz-Unfall im Jahr 1986. Damals gelangten infolge eines Brandes über das Löschwasser bis zu 30 Tonnen gefährlicher Pflanzenschutzmittel in das Ökosystem Rhein. Dies führte zu einem massiven Fischsterben [7.47]. Zusätzlich wurde am Rhein die Rohwasserentnahme für Trinkwasser für mehrere Tage eingestellt [7.48]. Seit dem Sandoz-Unglück ist im Bereich des (Fließ-)Gewässerschutzes viel Positives angestoßen worden. So sind zahlreiche Präventivmaßnahmen umgesetzt worden, um den Gewässerschutz zu verbessern [7.49]. Dennoch bleibt noch Arbeit zu tun, wie die jüngsten Berichte zur Umsetzung der Wasserrahmenrichtlinie belegen. Abb. 7.17 stellt die jüngsten Daten zur Erfassung des ökologischen Zustands der deutschen Flüsse dar.

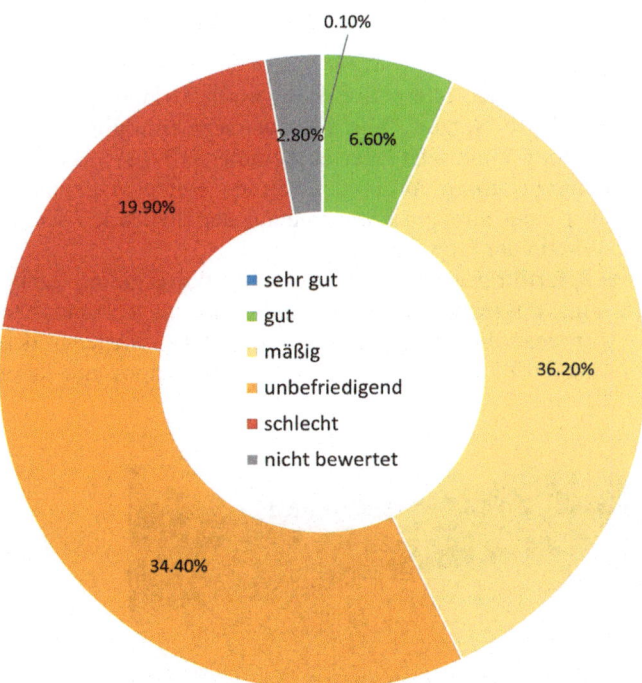

Abb. 7.17 Ökologischer Zustand der deutschen Flüsse 2016 (*BMUB* [7.50])

Wassergewinnung aus Fließgewässern
In Deutschland erfolgt in nur sehr seltenen Fällen eine direkte Entnahme und unmittelbare Aufbereitung von Flusswasser. Wesentlicher Grund hierfür ist, dass bei einer direkten Entnahme deutlich höhere Aufwendungen bei der Trinkwasseraufbereitung zu leisten sind als beispielsweise bei der Grundwasseraufbereitung.

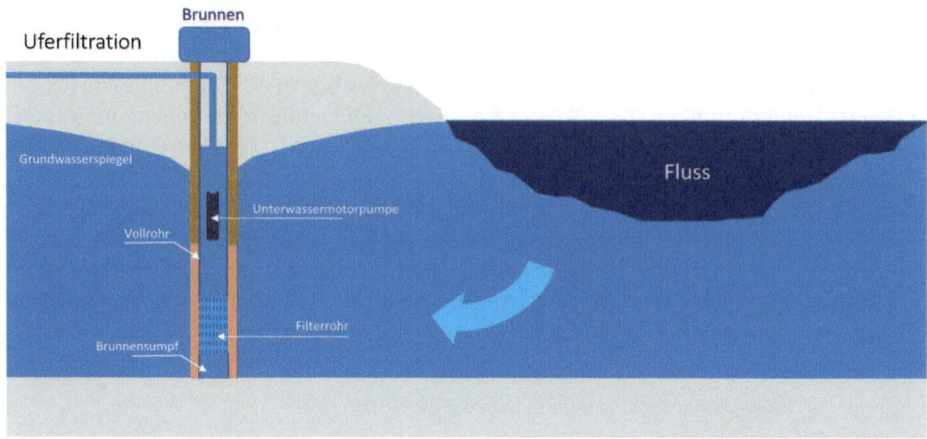

Abb. 7.18   Prinzip der Uferfiltration

Wie nachstehend ausgeführt, stehen alternative Rohwassergewinnungsformen zur Verfügung, die eine mittelbare Nutzung von Flusswassers ermöglichen. So sollte entweder eine Uferfiltration umgesetzt oder entnommenes Flusswasser für eine künstliche Grundwasseranreicherung vorgesehen werden. Beide Maßnahmen sind vorzugswürdig gegenüber einer direkten Entnahme aus der fließenden Welle. Abb. 7.18 verdeutlicht das Prinzip der Uferfiltration.

Sollte die Qualität einer Uferfiltration nicht ausreichend oder ergiebig genug sein, bietet es sich an, das Flusswasser zu entnehmen und – ggf. im Anschluss an eine zwischengeschaltete Vorbehandlung über Langsamsandfilter – wieder in den Boden zu reinfiltrieren (Abb. 7.19). Nach einer derartigen Bodenpassage kann

Abb. 7.19   Becken zur Grundwasseranreicherung mit vorbehandeltem Flusswasser (*RWW* [7.51])

über Brunnen oder andere Gewinnungsanlagen das so vorgereinigte Rohwasser wieder gewonnen werden. Diese Art der Rohwassergewinnung wird beispielsweise an der Ruhr in Nordrhein-Westfalen praktiziert.

7.3 Trinkwasseraufbereitung

7.3.1 Rahmenbedingungen der Trinkwasseraufbereitung

Zunächst ist zu vergegenwärtigen, welche Aspekte der Rohwasserqualität bei der Trinkwasseraufbereitung eine Rolle spielen. So können im Rohwasser folgende Stoffe enthalten sein, denen aufbereitungstechnisch zu begegnen ist:
- Feststoffe
- Mikroorganismen und/oder Pathogene
- Erdalkalisalze bzw. Härtebildner – Calciumsulfat, Magnesiumchlorid
- Ionen/Salze wie Natriumchlorid und Sulfate
- Eisen- und Manganverbindungen
- Kieselsäure: Sauerstoffsäuren des Siliciums
- Gase: Sauerstoff, Kohlendioxid (Kohlensäure)
- (Sonstige Verunreinigungen wie organische Schadstoffe)
Die Trinkwasseraufbereitung ist die Stufe im Multibarrierensystem der Trinkwasserversorgung, die sicherstellt, dass das Wasser frei von Krankheitserregern ist. Krankheitserreger sind Viren, Bakterien, Pilze, Protozoen und Würmer [7.52, 7.53]. Hinsichtlich der hygienischen Qualität von Trinkwasser sind die nachstehend aufgeführten Krankheitserreger hervorzuheben:
- Bakterien sind einzellige Mikroorganismen und weisen Größen zwischen 0,5 bis 5 µm auf. Insgesamt sind rund 5.000 Arten bekannt [7.54]. Coliforme Bakterien sind in der Trinkwasserverordnung geregelt und sind ein zentraler Verschmutzungsindikator. „Unter dem Begriff coliforme Bakterien wird ein breites Spektrum von Bakteriengattungen und -arten zusammengefasst, die der Familie der Enterobacteriaceae zugehören. Hinsichtlich ihrer pathogenen Eigenschaften und ihrer Virulenz unterscheiden sich diese Arten und Gattungen erheblich" [7.55]. Die Grenzwertsetzung der Trinkwasserverordnung liegt bei null Coliformen Bakterien pro 100 ml (vgl. Trinkwasserverordnung Anhang 3, auch rechtliche Grundlagen in Abschn. 7.1)
- Viren: Viren sind deutlich kleiner als Bakterien. Sie haben Größen von 10 bis 300 nm. Nach Auffassung von Botzenhart ist „die Gefährdung durch Viren durch die bisher angewandten Methoden der Trinkwasseraufbereitung und Desinfektion beherrschbar, wenn diese der Rohwasserqualität angepasst und konsequent in ihrem optimalen Wirkungsbereich eingesetzt werden" [7.56].
- Parasiten: Parasiten- bzw. Protozoenformen wie *Giardia Lamblia* und *Cryptosporidium* können in geringer Anzahl bereits krankheitsauslösend sein und haben nach wie vor eine sehr aktuelle Trinkwasserrelevanz [7.57]. Erschwerend kommt hinzu, dass sich diese Parasiten klassischen Desinfektionsansätzen recht gut entziehen können. Gemäß Trinkwasserverordnung ist zunächst ein indirek-

ter Parasiten-Nachweis über den Indikatorparameter *Clostridium Perfringens* vorgesehen. Grund hierfür war, dass *C. perfringens* „umweltresistente Sporen bildet, die gegenüber der Aufbereitung von Trinkwasser eine ähnliche Resistenz wie Oozysten von Cryptosporidium oder Zysten von Giardia aufweisen" [7.54]. Da aufbereitungsseitig die genannten Parasiten nicht leicht zu handhaben sind, sollte daher rohwasserseitig besondere Achtsamkeit bestehen. So konstatieren Gornik et al., dass „die Erfahrungen aus anderen Ländern erkennen lassen, dass trinkwasserassoziierte Ausbrüche durch Parasiten häufig mit einer erhöhten Rohwasserbelastung, fehlender oder nicht ausreichender Wasseraufbereitung oder mit Fehlern im Aufbereitungsmanagement einhergehen" [7.58].

- <u>Legionellen</u>: Die Gefahr der Entstehung einer Legionellen-Belastung ist vorrangig bei der gebäudeinternen Warmwasserverteilung zu verorten. Legionellen können auch in kaltem Wasser vorliegen, sie vermehren sich hier jedoch nur sehr langsam. Bei Temperaturen zwischen 30 und 45 °C können sich Legionellen unter optimalen Rahmenbedingungen vermehren. Eine Abtötung der Legionellen findet erst oberhalb von 60 °C statt [7.54]. Die Trinkwasserverordnung sieht einen technischen Maßnahmenwert von 100 KBE/100 ml vor (TrinkwV Anlage 3 Teil II: Spezieller Indikatorparameter für Anlagen der Trinkwasser-Installation).

Als Antwort auf alle genannten stofflichen und hygienischen Qualitätsbeeinträchtigungen von Rohwasser werden bei der Trinkwasseraufbereitung gewöhnlich folgende Verfahrensschritte umgesetzt (siehe auch Abb. 7.20):

- Mechanische Reinigung zur Entfernung ungelöster Stoffe bzw. suspendierter Feststoffe;
- Entfernung gelöster Stoffe wie beispielsweise Eisen und Mangan;
- Enthärtung oder Teilenthärtung durch die Entnahme härtebildender Erdalkaliionen (Calcium, Magnesium);
- Einstellung der optimalen korrosionschemischen Eigenschaften (meist sichergestellt durch eine Entsäuerung);
- Unter Umständen ist eine Aufhärtung eines weichen Rohwassers vorzunehmen, die z. B. im Rahmen einer chemischen Entsäuerung umgesetzt werden kann;
- Desinfektion: Methoden der Desinfektion gestatten einen zuverlässigen Rückhalt aller maßgeblichen Pathogene. Ziel dieses Aufbereitungsschrittes ist es, falls erforderlich, das Wasser umfassend zu desinfizieren und zusätzlich so zu konditionieren, dass während der Wasserverteilung keine Wiederverkeimung auftritt;
- Möglichkeiten der spontanen Reaktion auf besondere, nicht vorhersehbare oder nicht dauerhaft auftretende Verunreinigungen und Qualitätseinschränkungen;

7.3.2 Aufbereitungsverfahren und -technologien

Die Trinkwasseraufbereitung kann auf eine große Vielfalt an technischen Lösungen zurückgreifen. Teilweise sind attraktive verfahrenstechnische Synergien möglich, sodass durch die Nutzung einer einzelnen Verfahrenstechnologie mehrere Aufbereitungsziele gleichzeitig erreicht werden können. Die aufzubereitende Rohwasserart entscheidet darüber, welche Technologien bei der Aufbereitung zum

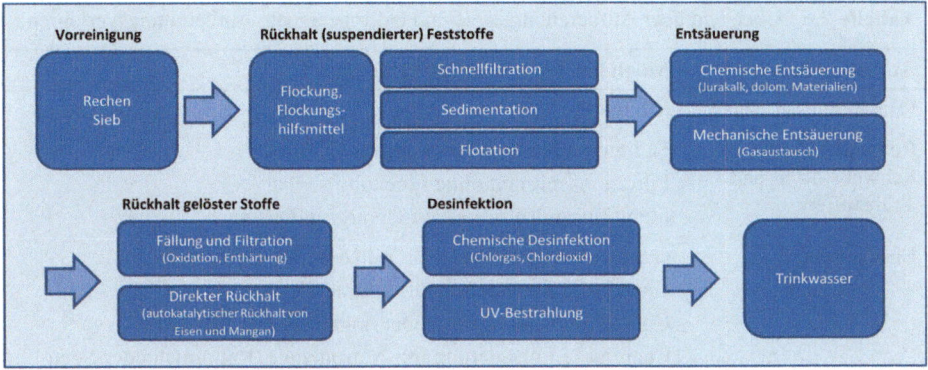

Abb. 7.20   Grundsätzliches Vorgehen bei der Trinkwasseraufbereitung

Einsatz kommen. Beispielweise wird ein sehr weiches Oberflächenwasser nicht mit einem Gasaustauschverfahren effektiv entsäuert werden können. Hier wäre ein chemisches Verfahren der bessere Ansatz. Die jeweilige Aufbereitungskonfiguration ist vom Einzelfall abhängig, sodass immer Pilotversuche zu empfehlen sind, bevor eine Planung für die großtechnische Ausführung umgesetzt wird. In Abb. 7.20 sind übliche Schritte der Trinkwasseraufbereitung zusammengefasst. Grundsätzlich gilt, dass zunächst ungelöste Stoffe zurückzuhalten sind, bevor gelöste Stoffe eliminiert werden. Ferner ist das Wasser zusätzlich in seinen Eigenschaften so zu verändern, dass es korrosionschemisch optimal eingestellt ist. Vorrangig kommen physikalisch-chemische Verfahren zum Einsatz. Verfahrenstechnologien, die auf biologischen Wirkprinzipien beruhen, sind eher selten anzutreffen (siehe hierzu auch Abschn. 7.3.2.7).

Tabelle 7.6 gibt ergänzend Beispiele für Aufbereitungsverfahren, mit denen einzelne Aufbereitungsziele erreicht werden können.

Als Übersicht werden nachstehend zunächst einzelne Beispiele gegeben, mit welchen verfahrenstechnischen Konstellationen Grund-, Talsperren- und Flusswasser aufbereitet werden können. Anschließend werden folgende Aufbereitungsverfahren gesondert vorgestellt: Filtertechnologien, Membranverfahren, Fällung und Flockung, Entsäuerung, Enthärtung, Entsalzung, Enteisenung und Entmanganung sowie Desinfektion.

7.3.2.1 Übersichten über Aufbereitungsverfahren

Übersicht Aufbereitung von Grundwasser: Bei der Aufbereitung von Grundwasser ist wegen der bereits erfolgten Bodenpassage keine Feststoffentnahme erforderlich. Somit sind die im Wasser gelösten Stoffe wie Eisen und Mangan zu eliminieren. Die Aufbereitung beginnt oft mit einer Belüftung beziehungsweise einem Gasaustausch zur mechanischen Entsäuerung. Die durch die Belüftung initiierte Oxidation gestattet es, anschließend Eisen und Mangan in fester Phase in einem Schnellfilter abzutrennen. Sehr harte Wässer werden gelegentlich noch enthärtet. Eine Desinfektion kann unter Umständen geboten sein. Abb. 7.21 umfasst mögliche Schritte bei der Aufbereitung von Grundwasser.

Tabelle 7.6 Übersicht über Aufbereitungsziele und dafür geeignete Aufbereitungsverfahren

Aufbereitungsziel	Mögliche Aufbereitungsverfahren
Entnahme von Algen	Mikrosieb
Entnahme von Schwebstoffen und Trübstoffen	Sedimentation (mit Flockung)
	Filtration (mit und ohne Flockung)
	Langsamsandfiltration mit Untergrundpassage
Entsäuerung	Gasaustausch (meistens Grundwasser)
	Chemische Entsäuerung über Jurakalk
	Chemische Entsäuerung über dolomitische Materialien
	Chemische Entsäuerung mit Natronlauge, Kalkmilch oder Soda
Enteisenung Entmanganung	Fällung durch Oxidation und anschließende Phasenseparation
	Direkte Oxidation in separaten Einschichtfiltern mit biologischer Mitwirkung
	(Elimination in dolomitischen Entsäuerungsfiltern)
Enthärtung	Fällung durch Oxidation
	Entkarbonisierung
	Hochdruckmembranverfahren (bspw. Nanofiltration)
Entsalzung	Ionenaustauscher
	Hochdruckmembranverfahren – Umkehrosmose
	Elektrodialyse
	Biologische Denitrifikation zur Nitratelimination
Desinfektion	Chlorgas, Calciumhypochlorit, Natriumhypochlorit
	Chlordioxid
	UV-Bestrahlung
	Ozonierung und anschließende Aktivkohlefiltration

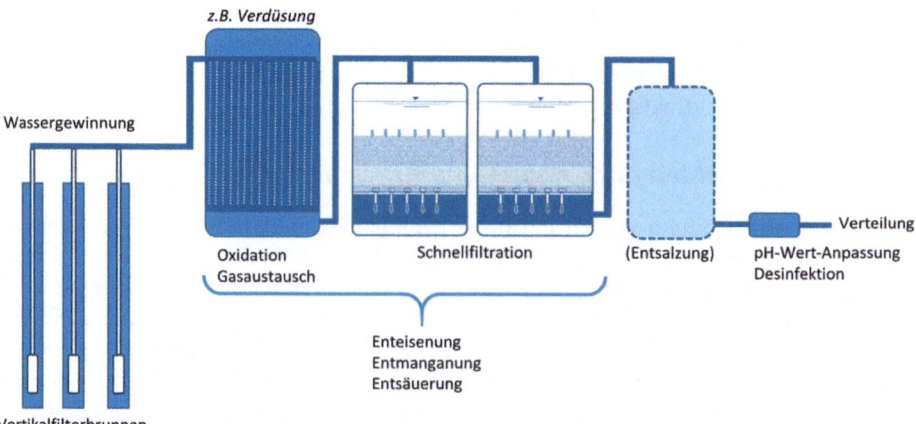

Abb. 7.21 Schritte bei der Grundwasseraufbereitung

<u>Übersicht Aufbereitung von Trinkwasser aus Talsperren und stehenden Oberflächengewässern</u>: Wie oben beschrieben, ist die Qualität von Rohwasser aus Talsperren abhängig von den limnologischen Prozessen, die im aufgestauten Wasser ablaufen. Das Maß der Primärproduktion und die Dekompositionsleistung bestimmen darüber, wie viele „Feststoffe" (d. h. Algen bzw. Phyto- und Zooplankton) im Rohwasser enthalten sind. Liegt eine hohe Feststoffbeladung vor, kann sich zu Beginn der Aufbereitung der Betrieb eines Mikrosiebes als erster Schritt in der Aufbereitungskette als zweckmäßig erweisen. Um die suspendierten Stoffe zuverlässig eliminieren zu können, ist vor der Phasenseparation eine Zugabe von Flockungsmitteln nutzbringend. Eine Enteisenung und Entmanganung kann insbesondere dann erforderlich werden, wenn infolge der Sommerstagnation aufgrund von Rücklösungen aus dem Sediment die Eisen- und Manganwerte ansteigen. Oberflächenwasser ist in der Regel weich und eher schlecht gepuffert. Daher ist die Aufhärtung im Zuge der chemischen Entsäuerung ein willkommener Nebeneffekt. Gleichzeitig wird die Pufferungskapazität des Wassers erhöht. Da es sich um ein Oberflächenwasser handelt, ist als letzter Schritt eine Desinfektion meist unumgänglich. Abb. 7.22 zeigt beispielhaft ein Schema für die konventionelle Aufbereitung von Talsperrenwasser.

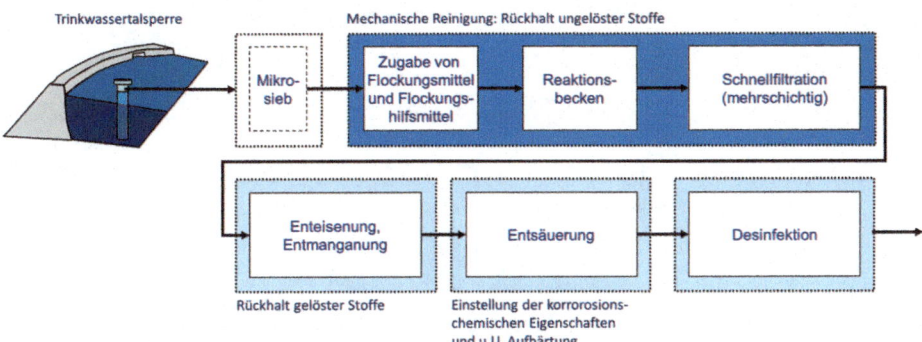

Abb. 7.22   Schema einer konventionellen Aufbereitung von Talsperrenwasser

<u>Übersicht Aufbereitung von Flusswasser</u>: Die Aufbereitung von Flusswasser ist deutlich komplexer als die von Grundwasser. Dies veranschaulicht das Beispiel des Mülheimer Verfahrens, das eine weltweite Bekanntheit erlangt hat. Es ist sehr gut geeignet exemplarisch aufzuzeigen, wie Flusswasser zur Trinkwassergewinnung genutzt werden kann. Das Mülheimer Verfahren entstand in Abkehr von der früher praktizierten Knickpunktchlorung. Es basiert auf der Aufbereitung mit Ozon und anschließender Aktivkohlefiltration [7.59]. In Mülheim Styrum/Ost wird Rohwasser aus der Ruhr in unterirdischen Rohrleitungen gesammelt und mehreren großen Versickerungsbecken zugeführt (Durchsatz pro Tag: 150.000 m³/d). Das Wasser wird über eine Filterschicht aus Sand reinfiltriert und nach 3 bis 7 Tagen über Sammelstollen und Sammelbrunnen zurückgewonnen. Eine Reinigung des Wassers findet in Langsamsandfiltern und hier insbesondere an der Filteroberfläche statt. Neben dem Feststoffrückhalt kommen aufgrund des

Wirkprinzips von Langsamsandfiltern auch biologische Prozesse zum Tragen. Die chemische Aufbereitung findet mittels Ozonung statt. Ozon ist ein starkes Oxidationsmittel und dient gleichermaßen der Desinfektion. Das ozonierte Wasser gelangt anschließend in die zweistufige Filterstufe. In den Stahlbehältern erfolgen zunächst eine Mehrschicht- und anschließend eine Aktivkohlefiltration. Oxidiertes Eisen und Mangan wird zurückgehalten. Ferner werden dort Restozon abgebaut sowie DOC Anteile und organische Verunreinigungen/Spurenstoffe durch die biologische Mitwirkung im Aktivkohlefilter zurückgehalten. Anschließend wird das Wasser mittels UV-Bestrahlung desinfiziert und der pH-Wert eingestellt. Die zusätzliche Möglichkeit der Zugabe von Chlorgas dient dazu, eine Depotwirkung zu erzielen, um Wiederverkeimungseffekten während der Verteilung vorzubeugen [7.59]. Abb. 7.23 veranschaulicht den Einsatz des Mülheimer Verfahrens.

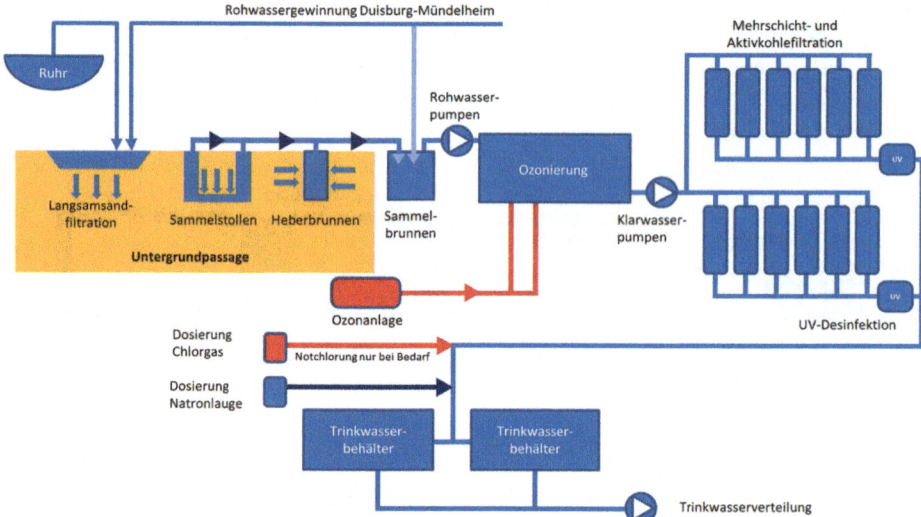

Abb. 7.23 Aufbereitung im Wasserwerk Mülheim-Styrum/Ost, nach (*RWW* [7.60])

Ein weiteres interessantes Beispiel ist die Flusswasseraufbereitung, die in Rostock mit einer Kapazität bis zu 42.000 m³ pro Tag praktiziert wird. Die Aufbereitung ähnelt der verfahrenstechnischen Konfiguration in Mülheim. Am Anfang der Aufbereitung dienen Grobrechen sowie Feinrechen dem Rückhalt größerer Feststoffe. Es folgt eine Vorozonung mit Radialbegasern in 2 Kammern, die die Prozesse in der anschließenden Flockungs- und Sedimentationsstufe verbessert. In der anschließenden „Grobreinigung" wird ein Großteil der organischen Inhaltsstoffe abgeschieden. Die Effektivität der Phasenseparation wird zusätzlich durch Lamellenabscheider erhöht. In der anschließenden Mehrschichtfiltration mit Blähton und Quarzsand als Filtermaterialien findet eine weitergehende mechanische und zusätzlich biologische Behandlung statt, die gelöste organische Stoffe sowie Eisen und Mangan zurückhält. In der Hauptozonung mittels Dombegaser werden in zwei Straßen Geruchs- und Geschmacksstoffe eliminiert und das Wasser desinfiziert. In der abschließenden Aktivkohlefiltration werden unter anderem organische Spurenstoffe zurückgehalten, bevor das Wasser anschließend in das Trinkwasserpumpwerk zur Trinkwasserabgabe kommt [7.61].

7.3.2.2 Filtertechnologien

Filter sind die zentralen Bausteine der Wasseraufbereitung. Wichtig ist jedoch, sich zu vergegenwärtigen, dass es sehr viele unterschiedliche Filterarten und damit erreichbare Aufbereitungsziele gibt. Tabelle 7.7 gibt eine weiterführende Übersicht über die in der Trinkwasseraufbereitung eingesetzten Filtertechnologien und die mit ihnen erreichbaren Verfahrensziele.

Tabelle 7.7 Übersicht über in der Trinkwasseraufbereitung eingesetzte Filtertechnologien

Filtertechnologie	Wirkprinzip und wichtige Charakteristika
Langsamsandfilter	Siebwirkung an der Oberfläche mit anschließender Bodenpassage, Filtergeschwindigkeit 1–2 m/d, Regenerierung durch Abschälen der oberen Schicht;
Schnellfilter	In der Regel ausgeführt als Mehrschichtfilter, sodass der Effekt einer Raumfiltration vorliegt, Filtergeschwindigkeit 3–15 m/h, überschlägige Filterauslegung mit 10 m/h;
Membranfiltration (Niederdruck)	Ausführung als Mikrofiltration (MF) oder Ultrafiltration (UF) zum Rückhalt von Feststoffen. Im Falle der UF auch partielle Desinfektion (zuverlässiger Rückhalt von Bakterien, zumindest partieller Rückhalt von Viren);
Membranfiltration (Hochdruck)	Nanofiltration oder Umkehrosmose zum Rückhalt gelöster Verbindungen;
Adsorptionsfilter	Einschichtfilter mit adsorptivem Material (meistens Aktivkohle), z. B. eingesetzt zum Rückhalt von Restozon nach einer Ozonung. Weiteres potentielles Einsatzgebiet ist der Rückhalt anthropogener Spurenstoffe;
Chemische Entsäuerungsfiltration	Entsäuerung für meist weiche Oberflächenwässer durch Filtration über Jurakalk oder halbgebrannte dolomitische Materialien. Dieser Prozess ist mit einer Aufhärtung verbunden. In dolomitischen Filtern kann simultan auch eine Entmanganung erfolgen mit graduellen Einbußen hinsichtlich der Entsäuerungsleistung;
Enteisenungs- und Entmanganungsfiltration	Einschichtfiltration zur direkten Enteisenung bzw. Entmanganung bei biologischer Mitwirkung ohne vorgeschaltete Oxidationsstufe. Es sind in der Regel höhere Filtergeschwindigkeiten als bei der Schnellfitration möglich;
Ionentauscher	In Ionenaustauschern werden beladene Harze mit selektiver oder nicht-selektiver Wirkung eingesetzt, zum Beispiel zum Zwecke der Entsalzung eines Wassers;

Schnellfilter zur Phasenseparation

Die erforderliche Gesamtfilterfläche einer Filterstufe wird unter Heranziehung des aufzubereitenden Gesamtdurchflusses Q ermittelt. Eine Schnellfilterstufe kann überschlägig mit einer Filtergeschwindigkeit von 10 m/h ausgelegt werden. Die ermittelte Gesamtfläche ist anschließend sinnvoll auf einzelne Filter(-straßen) aufzuteilen. Hier gilt die so genannte Filterregel, die besagt, dass mindestens „n+1" Filter vorzusehen sind. Grund hierfür ist, dass nicht zu jedem Zeitpunkt alle Filter zur Verfügung stehen, sondern wegen regelmäßig durchzuführenden Rückspülungen bzw. aus Revisionsgründen außer Betrieb gestellt werden. Als günstig hat es sich erwiesen, bei der Filterauslegung auch auf Symmetrien zu achten. Bei rechnerisch erforderlichen 14,8 Filtern wäre beispielsweise die Wahl von 2 Filterstraßen mit jeweils 8 Filtereinheiten möglich.

Abb. 7.24 zeigt einen typischen Aufbau eines offenen Mehrschichtfilters zur Phasenseparation. Es sind dort sowohl der Regelbetrieb als auch der Filter während einer Rückspülung abgebildet. In einem Mehrschichtfilter muss die Zusammensetzung der Filtermaterialen so gewählt werden, dass sich nach einer Rückspülung der mehrschichtige Aufbau exakt wieder ergibt. Dies wird dadurch erreicht, dass die genutzten Materialien über unterschiedliche spezifische Gewichte verfügen, so dass nach einer Rückspülung die gewünschte Klassierung eintritt. Damit das Wasser nach der Filtration aus dem Filter entnommen werden kann, ohne Filtermaterial auszuschwemmen, sind im Filterboden Polsterohrdüsen angeordnet, die es gestatten, bei der Rückspülung Luft und Luft-Wassergemische in den Filter einzutragen.

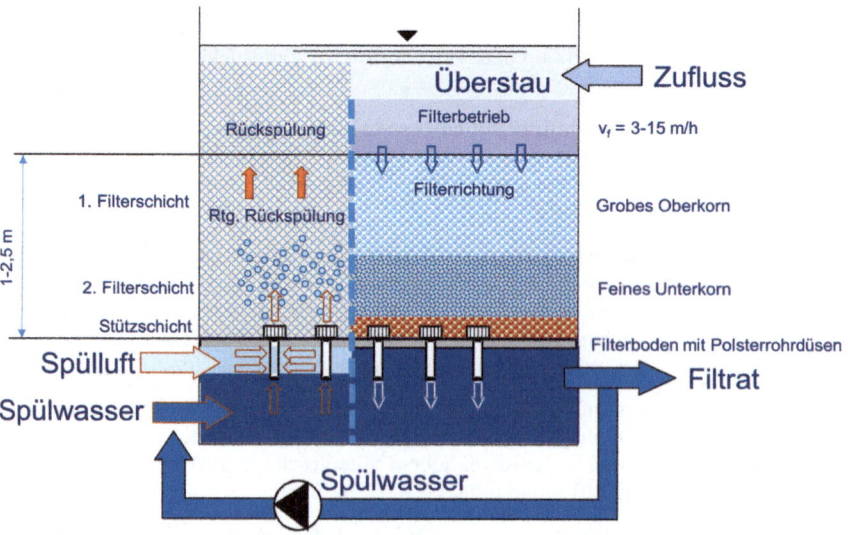

Abb. 7.24 Schnellfilter zur Phasenseparation, ergänzt durch Angaben aus (*Mutschmann et al.* [7.21])

Abb. 7.25 zeigt eine Aufnahme eines entleerten geschlossenen Stahlfilters, so-dass der Aufbau des Filterbodens mit integrierten Polsterrohrdüsen erkennbar wird.

Abb. 7.25 Blick auf den Filterboden mit Polsterohrdüsen in einem geschlossenen Stahlfilter

Es gibt zahlreiche Ausführungsmöglichkeiten der Schnellfiltration. Es bestehen ebenso viele Kriterien, um die technische Ausführung zu unterscheiden: offen o-der geschlossene Filter, Filter aus Stahl oder Beton, von oben nach unten oder von unten nach oben durchströmte Filter, die als Ein-, Zwei und Mehrschichtfilter aus-geführt werden können.

7.3.2.3 Membranverfahren

Auch für die Trinkwasseraufbereitung sind Membranverfahren von verfahrens-technischem Interesse. Die bei Einsatz der Membrantechnik erreichbaren Trenn-leistungen reichen vom Feststoffrückhalt über die Desinfektion bis hin zum Rück-halt gelöster Stoffe. Bei den Membranverfahren sind entweder eine Druckdifferenz oder ein elektrisches Feld als treibende Kräfte für den Fluss des Lösungsmittels durch die Membran verantwortlich [7.16]. Die Membranfiltration steht für eine hohe betriebliche Zuverlässigkeit mit kleinem Fußabdruck, der dadurch erreicht wird, dass durch eine möglichst hohe Membran-Packungsdichte eine sehr große Filtrationsfläche auf engem Raum geschaffen wird. Das einfache Grundprinzip der Membranfiltration ist in Abb. 7.26 dargestellt.

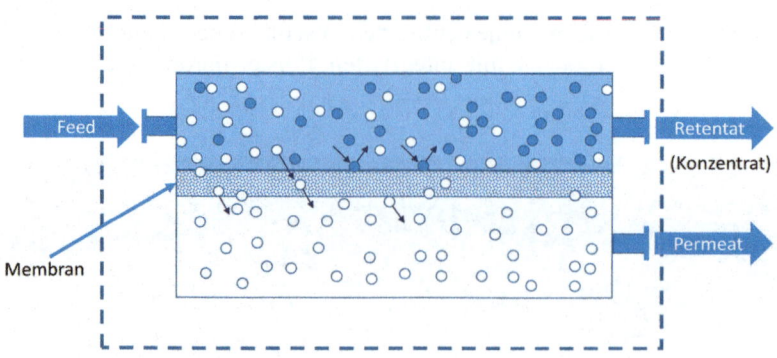

Modul: geschlossene Einheit, in der Membranen angeordnet sind.

Abb. 7.26 Prinzip der Membranfiltration (*Melin und Rautenbach* [7.62])

Grundsätzlich sind die Verfahren der Mikrofiltration, Ultrafiltration, Nanofiltration und Umkehrosmose zu unterscheiden. Die Verfahren der Mikro- und Ultrafiltration sind mit Blick auf die Druckverhältnisse als Niedrigdruckmembransysteme klassifiziert, die dem Rückhalt von Feststoffen dienen. Ein Rückhalt gelöster Stoffe findet hier nicht statt. Die gewählte Porengröße bei der Mikro- und Ultrafiltration entscheidet darüber, inwieweit zusätzlich eine (Teil-)Desinfektion erreicht werden kann.

Gelöste und ungelöste Teilchen

Stoffe kleiner als 1 nm gelten als molekular gelöst und liegen damit als „echt gelöst" vor. Teilchengrößen von 1 nm bis 0,1 µm werden als „kolloidal gelöst" klassifiziert. Teilchen mit Größen zwischen 0,1 µm und 50 µm gehören zu den so genannten „suspendierte Feststoffen". Es sind also Stoffe, die in fester Phase vorliegen, aber keine Neigung zeigen sich abzusetzen. Teilchen mit Größen von mehr als 50 µm gelten dagegen als absetzbar.

Die Hochdrucksysteme der Nanofiltration und Umkehrosmose erlauben den Rückhalt gelöster Stoffe. Der Theorie nach hält die Nanofiltration bis zu zweiwertige Ionen zurück. Die Umkehrosmose ist noch effektiver und produziert – ebenfalls der Theorie nach – ein vollständig deionisiertes Wasser. Dies bedeutet im Umkehrschluss, dass die Nanofiltration und Umkehrosmose nicht zum Feststoffrückhalt eingesetzt werden sollten. Zumindest gilt als Voraussetzung für den Feststoffrückhalt, dass die genutzten Membranen rückgespült werden können. Abb. 7.27 gibt eine Übersicht über die Trennleistung der vier druckgetriebenen Membranverfahren sowie über die zugehörigen Bandbreiten an erforderlichen Drücken.

Aktuelle Werkstoffe für Membrane sind Kunststoffe und keramische Materialien. Letztere gelten als deutlich robuster als Kunststoffmembranen, sind aber deutlich teurer in der Anschaffung. Die einzelnen Membranen werden in Modulen zusammengefasst, um die oben angesprochene angestrebte Packungsdichte zu erreichen. Hier gibt es zahlreiche Modulformen, die nass oder trocken aufgestellt

eingesetzt werden können. Abb. 7.28 zeigt ein Beispiel für in der Trinkwasseraufbereitung eingesetzte Ultrafiltrationsmembranen. Die Abbildung veranschaulicht
zudem, welche hohen Packungsdichten erreichbar sind, um eine sehr hohe Mem-
branfiltrationsfläche bei möglichst geringem Platzbedarf zu erreichen.

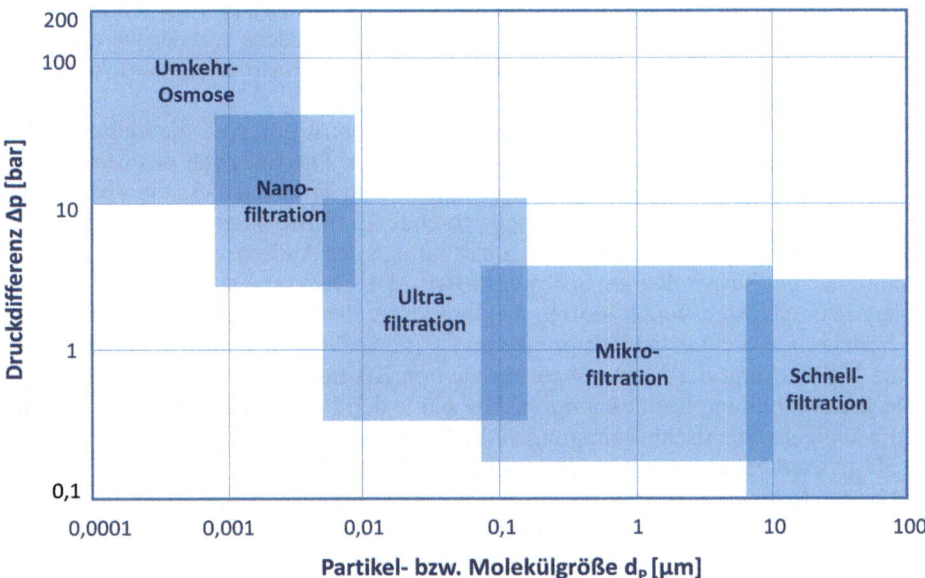

Abb. 7.27 Übersicht über die Trennleistung der Membranverfahren und zugehörige
Druckverhältnisse (*Melin und Rautenbach* [7.62])

Abb. 7.28 Beispiel für in der Trinkwasseraufbereitung eingesetzte Ultrafiltrationsmemb-
ranen

Betriebliche Aspekte der Membranfiltration

Bei der Niederdruck-Membranfiltration sind zwei Betriebsarten zu unterscheiden. Die *Dead-End* und *Cross-Flow* Filtration. Beim *Dead-End*-Betrieb wird die Membran von dem zu filtrierenden Medium orthogonal durchströmt. Dagegen ist der *Cross-Flow*-Betrieb eine Querstromfiltration mit einer membranparallelen Überströmung auf der Membran-Feedseite. Vorteil des *Cross-Flow*-Ansatzes ist es, dass mit der Überströmung Scherkräfte an der Oberfläche erzeugt werden, sodass abgelagerte Partikel aus der Deckschicht in die Kernströmung zurückgeführt werden können [7.62].

Auch wenn die Membrantechnologie als sehr robust gilt, sind die eingesetzten Membranen nicht frei von betrieblichen Problemen. Die Integrität des Membranmaterials kann im Falle des Feststoffrückhalts durch Trübungsmessung überwacht werden. Weitere maßgebliche betriebsstörende Einflüsse sind das Fouling und Scaling. Nach Melin und Rautenbach tritt infolge der Aufkonzentrierung an einer Membran bei suspendierten Schmutzstoffen eine Deckschichtbildung auf (Fouling). Bei gelösten Inhaltsstoffen beginnt diese Deckschichtbildung erst nach Überschreiten der Löslichkeitsgrenze und wird Scaling genannt. Das heißt, dass eine Verblockung der Membranen infolge von Kristallisation vorliegt [7.62]. Die Deckschichtbildung beeinträchtigt insbesondere den Permeatfluss (Flux) und kann aufwändigere chemische Reinigungen der Membran erforderlich machen.

Ergänzend ist zu beachten, dass es bei der Membranfiltration feedseitig immer zu einem Retentat beziehungsweise Konzentrat kommt (Abb. 7.26), das zu entsorgen bzw. einer weiteren Behandlung zu unterziehen ist. Die Aufkonzentrierung kann selbst bei einem zeitgemäßen Anlagendesign einen Anteil von bis zu 10 % der behandelten Wassermenge ausmachen. Dies ist eine durchaus bedeutsame Größenordnung.

Meerwasserentsalzung mittels Membrantechnik

Das Membranverfahren der Umkehrosmose darf als Stand der Technik bei der Meerwasserentsalzung gelten. Vor der Anwendung der Umkehrosmose ist eine geeignete Vorbehandlung erforderlich, beispielsweise durch eine Ultrafiltration, um die im Meerwasser enthaltenen Feststoffe vollständig zurückzuhalten. Dennoch bleibt die Meerwasserentsalzung nach wie vor mit essentiellen Nachteilen behaftet. Zentraler Nachteil ist der zu leistende energetische Aufwand, der nicht nur bei den Verfahrensalternativen (thermische Meerwasserentsalzung), sondern auch bei den membranbasierten Verfahren erheblich ist. In diesem Kontext sind die aktuellen Bemühungen hinsichtlich einer Energierückgewinnung bei der Umkehrosmose zu sehen. Da die Umkehrosmose ein deionisiertes Wasser produziert, sind dem Wasser nach der Behandlung erneut Mineralstoffe zuzugeben, damit am Ende ein konsumierbares Trinkwasser vorliegt. Abb. 7.29 zeigt eine Umkehrosmoseanlage zur Meerwasserentsalzung in Caofeidian in China. Die Anlage verfügt über eine Aufbereitungskapazität von 50.000 m³/d. Es handelt sich hierbei um eine Pilotinstallation mit dem Ziel, eine (weitere) Trinkwasserversorgungsalternative für die wasserarme, rund 300 km entfernt liegende Hauptstadt Peking anbieten zu können.

Abb. 7.29 Meerwasserentsalzung mittels Umkehrosmose

7.3.2.4 Fällung und Flockung

Die Prozesse der Flockung und Fällung wurden bereits in Kap. 6 Abwasser ange-sprochen. Es sei noch einmal kurz erwähnt, dass die <u>Flockung</u> oft erst die Voraus-setzungen dafür schafft, dass Phasenseparationsprozesse erfolgreich verlaufen. Flockungsmittel sind Stoffe, durch deren Zusatz die Koagulation kollodial gelöster oder sehr fein verteilter ungelöster Stoffe unterstützt wird. So führen Flockungs-mittel zu einer Entstabilisierung der im Wasser enthaltenen Teilchen, die als Vo-raussetzung für die anschließende Flockung gilt. Das heißt, dass die Abstoßungs-kräfte der Teilchen aufgehoben oder abgeschirmt werden, sodass sich (Mikro-)Flocken bilden können. Unter Umständen ist ein Flockungsprozess zu-sätzlich durch die Zugabe weiterer Hilfsmittel zu unterstützen. Diese dienen dazu, die Bildung größerer (Makro-)Flocken anzuregen, sodass die Abtrennleistung von Separationseinrichtungen signifikant verbessert wird. Für die Flockung bedarf es einer turbulenten Zone zur Einmischung des Flockungsmittels. Direkt im An-schluss ist ein Reaktionsraum erforderlich, um den eigentlichen Flockungsprozess stattfinden zu lassen, bevor anschließend die Feststoffabtrennung erfolgen kann. Die Auslegung der Einmisch- und Reaktionsbecken ist unter anderem abhängig von dem sich anschließenden Abtrennverfahren. Gängige und in der Praxis be-währte Flockungsmittel sind [7.37]:

- Eisensalze (z. B. $FeCl_3$ und $FeSO_4$): optimaler pH-Wertbereich pH 5,5–7,5
- Aluminiumsalze (z. B. $Al_2(SO_4)_3$): optimaler pH-Wertbereich pH 5,5–7,2

In der Trinkwasserversorgung werden bei der Flockenfiltration „fertige" Flocken, die sich in einer vorgeschalteten Flockungsstufe gebildet haben, in einer anschließenden Filterstufe abgetrennt. Bei der so genannten „Flockungsfiltration" wird der Flockungsprozess in den Filter verlegt. Dort dient der Überstauraum des Raumfilters als Reaktionsbereich für die Flockung. Die Fällung ist – im Gegensatz zur Flockung – ein Übergangsprozess von einem gelösten in einen ungelösten Zustand. Sie ist daher nicht mit der Flockung zu verwechseln. In den meisten Fällen werden Chemikalien als Fällungsmittel zugegeben, die die gewünschte Fällungsreaktion hervorrufen. Hier werden ebenfalls die oben genannten metallischen Salze eingesetzt. Bei der Entkarbonisierung kommt Kalziumhydroxid (gelöschter Kalk $(Ca(OH)_2$ bzw. Kalkmilch) als Fällmittel zum Einsatz.

7.3.2.5 Entsäuerung

Die Entsäuerung ist kein Verfahren, dass dem weltweiten Kanon der zwingend erforderlichen Trinkwasseraufbereitungsschritte angehört. In einigen Ländern ist eine Entsäuerung nahezu unbekannt und wird demnach auch nicht ausgeführt. Die Entsäuerung dient in erster Linie dem Schutz der Wasserverteilungsanlagen vor Korrosion und somit auch der Vermeidung durch Korrosionseffekte ausgelöster Beeinträchtigungen der Trinkwasserqualität. Insbesondere in Ländern, die metallische Werkstoffe zur Trinkwasserverteilung einsetzen, sind die korrosionschemischen Eigenschaften des verteilten Trinkwassers von großer Relevanz. Die Entsäuerung ist der zentrale Schritt, das Wasser korrosionschemisch optimal einzustellen, indem das Wasser in das so genannte Kalk-Kohlensäure-Gleichgewicht gebracht wird. Aus dieser Begrifflichkeit lässt sich entnehmen, dass bei der Entsäuerung die im Wasser enthaltene Kohlensäure im Mittelpunkt steht. Ziel ist, dass bei Abgabe an das Verteilungsnetz kein kalkaggressives Wasser mehr vorliegt, das die Korrosions- bzw. Kalkrostschutzschicht in den Rohren zerstören könnte.

Liegt in einem Wasser freie aggressive Kohlensäure vor, wirkt das Wasser korrosiv. Um Korrosionsprozesse während der Verteilung zu vermeiden, ist das Wasser entsprechend bei der Aufbereitung zu konditionieren. Die hierfür meist erforderliche Entsäuerung findet auf mechanischem oder chemischem Weg statt. Entweder wird die aggressive Kohlensäure aus dem Wasser ausgetrieben (*Strippung*) oder der überschüssigen und damit aggressiven Kohlensäure wird durch die Zugabe von zusätzlichen Härtebildnern begegnet. Beide Ansätze dienen dem Einstellen des Kalk-Kohlensäure-Gleichgewichts. Dies bedeutet in den meisten Fällen eine Anhebung des pH-Wertes, sodass dieser Prozess mit Entsäuerung bezeichnet wird.

Wichtige Größen bei der Entsäuerung

- CO_2 ist <u>Kohlendioxid</u>. CO_2 plus H_2O ergibt H_2CO_3. H_2CO_3 ist die Formel für <u>Kohlensäure</u>.
- HCO_3^- ist <u>Hydrogencarbonat</u>. Kohlensäure (H_2CO_3) liegt im Wasser immer dissoziiert vor. In den für Trinkwasser üblichen pH-Werten liegt als Dissoziationsform überwiegend Hydrogencarbonat HCO_3^- vor. Das heißt, dass H_2CO_3 zu $HCO_3^- + H^+$ dissoziiert. Angesichts der Bildung der H^+-Ionen wird deutlich, warum von <u>Kohlensäure</u> zu sprechen ist.
- CO_3^{2-} ist <u>Carbonat</u>. Es tritt als 2. Dissoziationsstufe der Kohlensäure bei höheren pH-Werten im Wasser auf.
- <u>Calcium</u> und <u>Magnesium</u> sind die maßgeblichen Erdalkaliionen im Trinkwasser. Sie sind zeitgleich die Härtebildner. Zusammen mit den Erdalkaliionen bildet Hydrogencarbonat die so genannte <u>Karbonathärte</u> ($Ca(HCO_3)_2$), die auch <u>temporäre Härte</u> genannt wird.
- Die <u>permanente Härte</u> steht für Verbindungen der Erdalkaliionen mit den im Wasser enthaltenen Salzen Nitrat, Sulfat und Chlorid.
- Liegt mit Blick auf die Erdalkaliionen zu wenig Kohlensäure im Wasser vor, ist das Wasser <u>kalkabscheidend</u>. Liegt zu viel Kohlensäure vor, ist das Wasser <u>kalkaggressiv</u>. Ist das Wasser im Kalk-Kohlensäure-Gleichgewicht, ist das Wasser weder kalkabscheidend noch kalkaggressiv und somit optimal eingestellt.

Grundwässer werden in der Regel durch Gasaustauschverfahren mechanisch entsäuert (*Strippung*). Hierbei werden CO_2 und andere unerwünschte Gase aus dem Wasser in die Atmosphäre ausgetrieben. Weiche Oberflächenwässer dagegen werden über die Zugabe alkalischer Materialien chemisch entsäuert. Hierzu stehen Entsäuerungsfilter zur Verfügung, die mit Jurakalk oder halbgebrannten dolomitischen Materialien befüllt sein können. Alternativ kann auch Kalkhydrat ($Ca(OH)_2$) bzw. Kalkmilch zugegeben werden. Bei der chemischen Entsäuerung enthalten die eingesetzten Chemikalien oft selbst Härtebildner, sodass es zu einer Aufhärtung des Wassers kommt. Dies kann mit Blick auf eine Erhöhung des Pufferungsvermögens bei Vorliegen weicher Rohwässer durchaus vorteilhaft sein. Die chemische Entsäuerung bedeutet aber auch immer den Verbrauch von Chemikalien. So wird in den chemisch-reaktiven Entsäuerungsfiltern das Filtermaterial verbraucht. Es wird über die Zeit weniger und muss regelmäßig nachgefüllt werden. Dabei ist darauf zu achten, dass immer eine ausreichend große Reaktionsmenge im Filter für die Entsäuerung vorhanden ist. Tabelle 7.8 gibt einen Übersicht über die in der Trinkwasseraufbereitung eingesetzten Entsäuerungsverfahren und benennt zusätzlich die zugehörigen Wirkprinzipien und Verfahrensmerkmale.

Tabelle 7.8 Entsäuerungsverfahren und zugehörige Wirkprinzipien zusammengestellt aus Angaben von (*Mutschmann et al.* [7.21]; *Wilhelm* [7.37])

Ansatz	Verfahren	Entsäuerung	Wirkprinzip, Verfahrensmerkmale
Physikalisch	Gasaustausch	Austrag von CO_2 durch Strippung	Bei Gasaustausch über Kalk-Kohlensäure-Gleichgewicht auch enthärtend; Ggf. chem. Restentsäuerung erforderlich
Filtration über reaktive Materialien	Filtration über Jurakalk	1) Lösung Kalkstein: $CaCO_3 \longleftrightarrow Ca_2^+ + 2CO_3^{2-}$; 2) Bindung der Kohlensäure bei Bildung von Hydrogencarbonat: $CO_3^{2-} + CO_2 + H_2O \longleftrightarrow 2HCO_3^-$ (verkürzt: $CaCO_3 + CO_2 + H_2O \longleftrightarrow Ca(HCO_3)_2$)	Verbunden mit einer Aufhärtung
	Filtration über (halbgebrannte) dolomitische Materialien	$CaCO_3 + MgO + 3CO_2 + 2H_2O \longleftrightarrow Ca(HCO_3)_2 + Mg(HCO_3)_2$	Erheblich kürzere Kontaktzeit als bei Calciumkarbonat; Verbunden mit einer Aufhärtung
Stoff-/ Alkalienzugabe	Zugabe Calciumhydroxid	$Ca(OH)_2 + 2CO_2 \rightarrow Ca(HCO_3)_2$	Verbunden mit einer Aufhärtung
	Zugabe Natronlauge	$NaOH + CO_2 \rightarrow NaHCO_3$, Bindung des Hydrogencarbonats an Natrium	keine Aufhärtung

7.3.2.6 Enthärtung

Insbesondere Grundwasser kann aufgrund der Bodenpassage „hart" beziehungsweise „sehr hart" sein (Abschn. 7.2.2.1). Dies macht sich bei den Verbrauchern insbesondere durch Kalkablagerungen in Warmwassergeräten bemerkbar. Die Härte eines Wassers hat zunächst keine gesundheitlichen Implikationen. Ein maßgeblicher Grund, eine zentrale Enthärtung vorzunehmen, ist zu vermeiden, dass verstärkt in den privaten Haushalten zu Enthärtungsmaßnahmen gegriffen wird. Der DVGW empfiehlt, die Option einer zentralen Enthärtung zu überprüfen, wenn die Wasserhärte bei 3,8 mmol/l liegt (entspricht etwa 21°dH und ist mit „sehr hart" eingestuft). Einige technische Maßnahmen zur Enthärtung sind eng mit Prozessen der Entsäuerung verbunden. Andere Prozesse laufen eigenständig und unabhängig von Maßnahmen der Entsäuerung ab. Wichtige verfahrenstechnische Ansätze sind der Gasaustausch, die Entkarbonisierung, der Ionenaustausch und Membranverfahren [7.21]. Konkrete technische Ausführungsmöglichkeiten werden in Tabelle 7.9 benannt.

Tabelle 7.9 Verfahren zur Enthärtung von Wasser (*Mutschmann et al.* [7.21])

Prinzip der Enthärtung	Technische Ausführung
Fällungsverfahren	Langsamentkarbonisierung
	Schnelle Langsamentkarbonisierung
	Schnellentkarbonisierung
	Kalk-Soda-Verfahren
Ionentausch	Na-Austauscher
	H-Austauscher
	CARIX-Verfahren
Membranverfahren	Nanofiltration
	Umkehrosmose
	Elektrodialyse
Gasaustausch	Ausblasen von CO_2 bis Kalkausfall
Sonderverfahren	Thermische Enthärtung

7.3.2.7 Entsalzung

Bei der Trinkwasseraufbereitung in Deutschland spielt die Entsalzung bisher keine nennenswerte Rolle. Dies könnte sich mittelfristig ändern, wenn es nicht zu einer entscheidenden Entschärfung der Nitratproblematik kommt (siehe Abschn. 7.2.2). Nitrat steht für eine Stoffproblematik, die die Rohwasservorkommen beeinträchtigt. Liegen die Nitratgehalte im Rohwasser über 50 mg/l, ist konkret die Frage zu beantworten, wie die Vorgaben der Trinkwasserverordnung erfüllt werden können. Kann nicht auf andere Rohwasservorkommen ausgewichen werden, wäre eine Entsalzung bei der Trinkwasseraufbereitung vorzusehen. Eine Vollentsalzung ist mittels Ionentauscher möglich. Hierzu werden stark saure und stark basische Ionenaustauscher hintereinander geschaltet. Nitratspezifische Anionentauscherharze sind aber nicht verfügbar [7.37]. Das CARIX-Verfahren ist zur Stickstoffelimination einsetzbar. Eine weitere Alternative wären Membranverfahren wie die Umkehrosmose oder Elektrodialyse [7.37]. Eine Teilstrombehandlung wäre hier grundsätzlich auskömmlich. Zu guter Letzt kommen auch biologische Verfahren wie die Denitrifikation durch heterotrophe Bakterien in Frage. Dennoch ist man hier mit den schwierigen Fragen konfrontiert, wie man die Bakterien (Kohlenstoff-Quelle zugeben) alimentiert und wie man den Bioschlamm wieder zuverlässig vom Trinkwasser abtrennt.

7.3.2.8 Enteisenung und Entmanganung

Es gibt mehrere Gründe, die Gehalte an Eisen und Mangan im Roh- bzw. Trinkwasser zu reduzieren. Zum einen sind dies ästhetische Gründe, da Eisen und Mangan auf gewaschener Wäsche oder auf anderen Wasserkontaktflächen wie Waschbecken und Badewanne unansehnliche Verfärbungen hinterlassen können. Ein weiterer wichtiger Aspekt ist, dass gelöstes Eisen und Mangan auch noch während der Trinkwasserverteilung ausfällen kann und es damit im Verteilungssystem zu einer Partikelbildung kommt. Fällungsprozesse während der Trinkwasserverteilung sind ein grundsätzlich unerwünschter Effekt und können unter Umständen eine Wiederverkeimung des Trinkwassers begünstigen.

Sowohl bei der Grundwasser- als auch Talsperrenwasseraufbereitung stehen recht einfache technische Möglichkeiten zur Verfügung, Eisen und Mangan deutlich unter den Grenzwert der Trinkwasserverordnung zu reduzieren. Es stehen letztlich zwei praxisrelevante Eliminationsansätze zur Auswahl. Der erste Ansatz ist zweistufig. Zunächst ist eine Oxidation der gelösten Eisen- und Manganverbindungen vorzunehmen, die eine Fällungsreaktion hervorruft. Die anschließend in fester Phase vorliegenden Eisen- und Manganverbindungen können dann über eine klassische Mehrschichtfiltration aus dem Wasser entnommen werden. Die Oxidation erfolgt über ein Gasaustauschverfahren oder durch Zugabe eines stärkeren Oxidationsmittels wie Kaliumpermanganat oder Ozon. Der zweite Ansatz ist die Nutzung einer autokatalytischen Filtration. Das heißt, dass in einem Einschichtfilter mit entsprechend eingearbeitetem Filtermaterial die Oxidation teils unter Mitwirkung von Bakterien stattfindet, sodass gelöstes Eisen und Mangan direkt im Filter umgesetzt und zurückgehalten wird. Die Erkenntnis der Möglichkeit einer biologischen Mitwirkung stammt aus Untersuchungen zur Brunnenverockerung [7.37] (siehe auch Abschn. 7.2.2.1). Wilhelm resümiert, dass „in Filtern, in denen Enteisenung und Entmanganung stattfindet, zu beobachten ist, dass sie nicht gleichzeitig nebeneinander, sondern nacheinander verlaufen. Im oberen Teil des Filters findet zuerst die kontaktkatalytische Enteisenung statt. In den tieferen Filterschichten findet danach die – wahrscheinlich auf biologischen Ursachen beruhende Entmanganung statt" [7.37]. Daher empfiehlt der Autor, die Enteisenung und Entmanganung auf zwei Filter aufzuteilen [7.37]. Im Vergleich zu den bei der Mehrschichtfiltration umsetzbaren Filtergeschwindigkeiten liegen die hier erreichbaren Filtergeschwindigkeiten spürbar höher. Es ist darauf zu achten, dass bei einer biologischen Mitwirkung für die Filterrückspülung kein gechlortes Wasser genutzt wird, da dies den Biofilmen auf dem Filtermaterial schaden würde. Eine direkte Enteisenungs- und Entmanganungsfiltration kann auch in einem dolomitischen Entsäuerungsfilter ablaufen. Hier ist aber die dadurch bedingte Leistungseinbuße des Entsäuerungsfilters zu beachten. Neben den genannten Ansätzen kommen grundsätzlich auch eine Nanofiltration oder Umkehrosmose als Abtrennungsverfahren in Frage, vgl. (Abb. 7.27).

7.3.2.9 Desinfektion

Es ist besonderer Ausdruck des Erfolges des Multibarrierenprinzips, wenn eine Desinfektion des Trinkwassers nicht erforderlich ist. Das Umweltbundesamt informierte 2009 darüber, dass „mittlerweile in 50 % der deutschen Wasserversorgungssysteme nicht mehr mit Chlor bzw. Chlordioxid desinfiziert wird. Der Nachweis von Restgehalten chemischer Desinfektionsmittel, wie Chlor oder Chlordioxid, ist in Deutschland eher selten" [7.55]. Dies befreit nicht von der

Pflicht, angesichts der möglichen hygienischen Beeinträchtigungen des Trinkwassers bei der Trinkwasserüberwachung den Krankheitserregern eine besondere Bedeutung beizumessen [7.55]. Insbesondere bei Oberflächenwasser liegen häufig Desinfektionserfordernisse vor. Die Desinfektion hat letztlich zwei Aufgaben zu erfüllen. Bereits vorhandene Pathogene sind zu eliminieren beziehungsweise zu deaktivieren und – soweit erforderlich – ist einer Wiederverkeimung bei der Wasserverteilung vorzubeugen. In der Trinkwasserversorgungspraxis genutzte Desinfektionsverfahren sind die chlorbasierten Verfahren wie Chlorgas, Chlordioxid oder die Zugabe von Natrium- oder Calciumhypochlorit. Alternativ kann eine Bestrahlung mit UV-Licht vorgenommen werden. Grundsätzlich kämen auch hier die Hochdruckmembranverfahren der Nanofiltration und Umkehrosmose als chemikalienfreies Desinfektionsverfahren in Betracht.

Chlor wird noch für die Desinfektion aber nicht mehr für die Oxidation anorganischer und organischer Wasserinhaltsstoffe eingesetzt. Eine so genannte Knickpunktchlorung – wie früher noch praktiziert – ist nicht mehr zulässig. Eine Knickpunktchlorung bedeutet verkürzt dargestellt, dass solange Chlor zugegeben wird bis keine Chlorzehrung mehr festgestellt werden kann. Wird dieser Zustand erreicht, können bereits gesundheitsgefährdende Stoffe entstanden sein wie beispielsweise kanzerogene Trihalogenmethane. Der Einsatz von Chlorgas basiert darauf, dass das zugegebene Chlor im Wasser dissoziiert. Die dabei entstehende hypochlorige Säure (HClO) übt die Desinfektionswirkung aus. Die Dissoziation von Chlor ist aber pH-Wert-abhängig. So liegt die wichtige hypochlorige Säure nur bis zu einem pH-Wert von 8,0 in ausreichender Menge vor, sodass das Chlorgas-Verfahren pH-Wert-limitiert ist.

Als Alternative kann das Chlordioxid-Verfahren genutzt werden, das unabhängig vom pH-Wert wirkt. Daher kommt Chlordioxid häufig dort zum Einsatz, wo die einzustellenden Sättigungs-pH-Werte deutlich im alkalischen Bereich liegen. Dies trifft häufig auf Oberflächenwasser zu. Ein weiterer Vorteil ist, dass keine toxischen bzw. kanzerogenen Nebenprodukte entstehen. Chlordioxid wird erst vor Ort aus Chlorgas und Natriumchloritlösung hergestellt. Bei der Nutzung sind Aspekte der Arbeitssicherheit besonders zu beachten.

Prinzipiell eignet sich auch eine Ozonung zur Desinfektion. Angesichts des recht hohen technischen Aufwands sowie des größeren Raumbedarfs ist jedoch zu prüfen, ob eine Desinfektion durch Ozon sinnvoll durchgeführt werden kann. Praktische Relevanz hat die Ozonung in jedem Fall als Oxidationsverfahren mit dem begrüßenswerten Nebeneffekt einer Desinfektion (siehe auch Ausführungen zum Mülheimer Verfahren).

Als chemikalienfreie Alternative zu den chlorbasierten Desinfektionsverfahren hat sich die UV-Bestrahlung zunehmend durchgesetzt. Die Wirkung der UV-Bestrahlung beruht auf einem sehr einfachen Prinzip. Aus Niederdruck-Quecksilberlampen wird UV-Licht in einem sehr eng gesteckten Wellenlängenbereich emittiert. So sind die entsprechenden UV-Lampen so konstruiert, dass sie vorrangig im Bereich 254 nm emittieren und damit ein Desinfektionsmaximum erzielen können. Durch UV-Licht mit dieser Wellenlänge wird eine Zellschädigung hervorgerufen, die eine Fortpflanzung von Mikroorganismen und Viren unmög-

lich macht oder unmittelbar zum Zelltod führt. Abb. 7.30 zeigt eine Bestrahlungs-
einheit, wie sie in der Trinkwasserversorgung eingesetzt wird.

Die UV-Bestrahlungsenergie sollte nicht unter 400 J/m² liegen [7.21]. Ferner ist
zu beachten, dass ein desinfiziertes Wasser nur unmittelbar am Ausgang der Be-
strahlungseinheit vorliegt. Vor einer Wiederverkeimung während der Verteilung
schützt diese Desinfektionsmethode nicht. Sollten im Verteilungsnetz Probleme
mit einer Wiederverkeimung bestehen, wäre bei Anwendung der UV-Bestrahlung
noch eine Sicherheitschlorung vorzusehen, um die erforderliche Depotwirkung zu
erzielen.

Abb. 7.30   UV-Bestrahlungseinheit in der Wasserversorgung (*RWW* [7.51])

7.4 Trinkwasserverteilung

Die Trinkwasserverteilung ist letzter und größter Bestandteil einer Wasserversorgungsanlage. Das Trinkwasserverteilungsnetz hat die Aufgabe, das Trinkwasser
ohne Qualitätseinbußen zügig zum Verbraucher zu transportieren. Es muss der
Stundenspitzenbedarf abgedeckt werden, ohne dass es zu Versorgungsproblemen
oder -unterbrechungen kommt (Abschn. 7.1.1).

Das Verteilungsnetz besteht nicht ausschließlich aus Leitungen, sondern es ist
eine sehr komplexe Infrastruktur, in die zusätzlich Armaturen, Behälter und För-
der- und Druckerhöhungsanlagen sowie MSR-Technik eingebunden sind. Daher
ist darauf zu achten, dass alle genannten Bestandteile dieses betrieblichen Systems
hinsichtlich ihrer Leistungsfähigkeit aufeinander abgestimmt sind [7.16]. In der

Regel weisen Trinkwassernetze eine große Ausdehnung auf und sind aufgrund der unterirdischen Lage der Rohrleitungen in großen Teilen nicht leicht zugänglich.

Die Trinkwasserleitungen dienen sowohl dem Transport als auch der Verteilung. Hinsichtlich der Transportleitungen leisten nach DIN 4046 die Zubringerleitungen den Transport zu den Versorgungsgebieten. Eine Fernwasserleitung liegt vor, wenn die Leitungslänge länger als 25 km und der Durchmesser größer als DN 500 ist. Bei der Verteilung kommen Hauptleitung, Versorgungsleitungen und Anschlussleitungen zum Einsatz. In der Trinkwasserverteilung sind drei Gestaltungsformen der Netze zu unterscheiden: das verästelte Netz (Baumstruktur) sowie das Ringnetz ohne und mit Vermaschung. Eine Vermaschung bringt gegenüber der Verästelung den erheblichen Vorteil, dass die Versorgung von zwei Seiten erfolgt und damit eine größere Versorgungssicherheit erreicht wird. Zusätzlich werden wenig durchflossene und insbesondere Totzonen vermieden. Abb. 7.31 stellt das Verästelungssystem dem Ringsystem ohne und mit Vermaschung gegenüber.

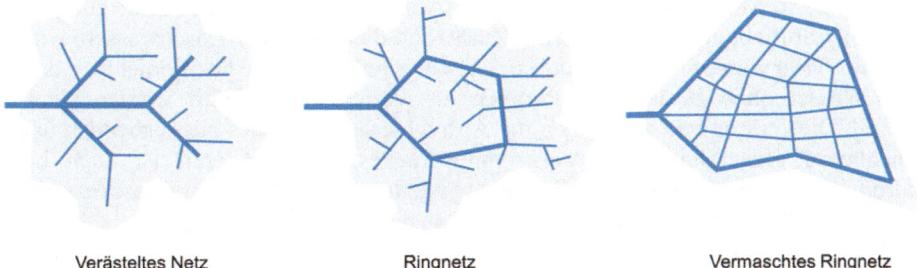

Verästeltes Netz   Ringnetz   Vermaschtes Ringnetz

Abb. 7.31 Verästelungssystem, Ringsystem ohne und mit Vermaschung

Überall im Trinkwassernetz muss ein ausreichend hoher Versorgungsdruck vorhanden sein. Dieser sollte mindestens 2,0 bar betragen. Ferner sollte im realen Betrieb ein Druck im Trinkwassernetz von insgesamt 10 bar nicht überschritten werden. Dies kann so gewährleistet werden, dass ein Versorgungsdruck von 8 bar plus 2 bar Sicherheit gegenüber Druckstößen gewählt wird. Stiege in einer Zone der Wasserdruck über 10 bar an, so nähmen die Havarien und Leckverluste überproportional zu [7.21]. Bei der Auslegung der Trinkwasserverteilung sind neben den geodätischen Druckverlusten selbstredend auch die Verluste zu berücksichtigen, die infolge der Rohreibung, Krümmungen und eingebauten Armaturen entstehen. Bei sehr ausgeprägten Topografien im Versorgungsgebiet ist die Einrichtung mehrerer Druckzonen empfehlenswert. Ferner kann es auch zur Aufteilung von Versorgungsgebieten kommen, wenn beispielsweise für die Versorgung einer Siedlung auf unterschiedliche Rohwasserarten (Grundwasser und Oberflächenwasser) zurückgegriffen wird.

Rohrnetzlängen in Deutschland und ausgesuchten Städten (öffl. Verteilungs-netze)

- Die Länge des Trinkwassernetzes in Deutschland kann nur abgeschätzt werden. Schätzungen gehen von einer Gesamtlänge von rund 530.000 km aus. Die Hausanschlussleitungen sind in dieser Abschätzung nicht enthalten [7.17];
- Die Länge des öffentlichen Trinkwassernetzes von <u>Berlin</u> ist 7.900 km [7.63];
- Das Trinkwassernetz in <u>Hamburg</u> erstreckt sich über 5.500 km [7.64];
- In 2015 war das Trinkwassernetz von <u>Leipzig</u> insgesamt 3.431 km lang [7.65];

Wasserspeicher

Gujer leitet her, dass „aus verschiedensten Gründen sich Unterschiede zwischen dem momentanen Wasserangebot (Input) und dem Wasserbedarf (Output) erge-ben. Da die Verteilnetze immer voll sind, muss zum Ausgleich dieser Unterschie-de ein Element mit variablem Volumen zur Verfügung stehen: Trinkwasserspei-cher" [7.66]. Trinkwasserspeicher haben daher neben der Speicher- zusätzlich noch eine wichtige Ausgleichsfunktion. Durch die Speicher kann insbesondere die Nachfrage in Spitzenstunden bereitgestellt werden, wenn deutlich mehr aus dem Speicher abfließt als zugeführt wird. Zusätzlich dienen sie der Löschwasserbevor-ratung. Trinkwasserspeicher sind so im Verteilungsnetz zu positionieren, „dass das Wasser ohne zusätzliches Pumpen ins Verteilnetz geliefert werden kann" [7.66]. Dies ermöglicht zum einen die Aufrechterhaltung eines ausreichenden und annähernd gleichbleibenden Versorgungsdruckes. Zum anderen ist auch bei Stromausfall eine Notversorgung sichergestellt, das heißt, wenn Wassergewin-nungs-, Aufbereitungs- und Förderanlagen ausfallen sollten [7.67].

Wasserförderung

In der Trinkwasserversorgung sind es neben den Speichereinrichtungen die Pumpwerke, „die den Betriebsdruck im Verteilnetz herstellen und aufrechthalten" [7.66]. Regelfall ist, dass die genutzten Pumpen drehzahlgeregelt sind, sodass eine (automatische) Anpassung an Bedarfsschwankungen jederzeit vorgenommen wer-den kann [7.67]. Pumpen sind bei der Wasserversorgung ein sehr maßgeblicher Energieverbraucher [7.66]. Als Pumpenart werden vornehmlich Kreiselpumpen eingesetzt. Dieser Pumpentyp hat sich in der Wasserversorgung betrieblich und wirtschaftlich bewährt [7.21]. Pumpen können unterschiedlich angeordnet und miteinander kombiniert werden. Auf diesem Weg nimmt man Einfluss auf die leistbare Förderhöhe beziehungsweise Fördermenge. Abb. 7.32 zeigt bespielhaft mögliche Pumpenanordnungen und welche Auswirkungen sich hinsichtlich För-derhöhe- und -menge dadurch ergeben.

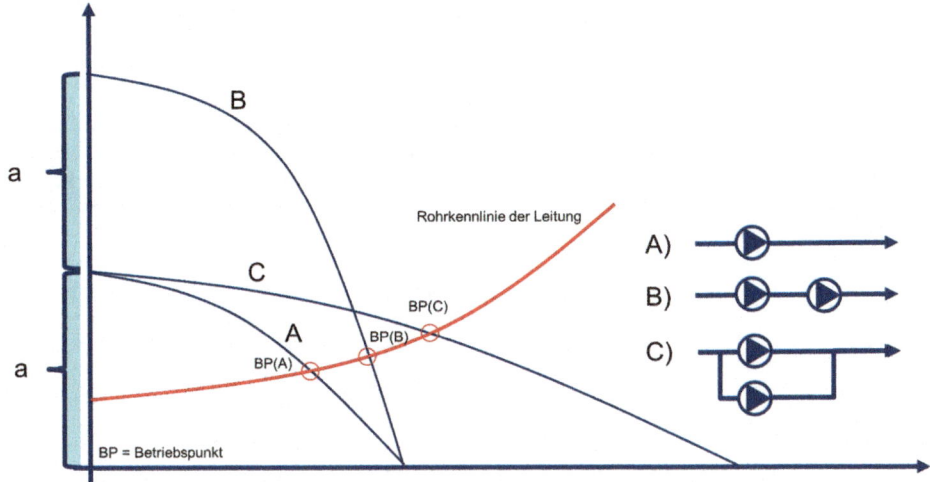

Reihenbetrieb: H wird verdoppelt bei gleichem Q
Paralellbetrieb: Q wird verdoppelt bei gleichem H

Abb. 7.32 Pumpenanordnungen

Werkstoffe in der Trinkwasserverteilung

In der Trinkwasserverteilung eingesetzte Werkstoffe sind duktiles Gusseisen (GGG), Stahl (nahtlos, geschweißt) sowie Kunststoffe (PE-HD, PE-LD und PVC). In Sonderfällen kommen auch Spannbetonrohre zum Einsatz, beispielsweise beim Transport über größere Distanzen in Fernleitungen. Es ist letztlich eine Abwägungsfrage, welche Werkstoffe eingesetzt werden, da die einzelnen Materialien unterschiedliche Eigenschaften mit Blick auf die Belastbarkeit gegenüber mechanischer Beanspruchung und ihrer Korrosionsbeständigkeit haben. „Stahl zum Beispiel hat eine große Festigkeit, ist aber anfällig für Korrosion. Kunststoffe dagegen besitzen eine weitaus geringere Festigkeit, aber eine hohe Korrosionsbeständigkeit" [7.16]. Die bei der Aufbereitung geleistete Einstellung der Wassereigenschaften zur Vermeidung von Korrosion adressiert in erster Linie die metallischen Werkstoffe. Im Laufe der 1960er-Jahre wurde mit der Entwicklung des „Duktilen Gusseisens" ein Werkstoff eingeführt, der sich durch eine hohe Festigkeit und ausreichende Verformbarkeit auszeichnet. „Doch duktiles Gusseisen erwies sich als weit korrosionsempfindlicher als ursprünglich angenommen" [7.16]. Nach Exner et al. „haben metallische Werkstoffe, die mit Wasser in Kontakt sind, in der Anfangsphase nach Neuinstallation eine relativ hohe Korrosionsgeschwindigkeit, die sich abhängig von der Wasserbeschaffenheit nach kurzer oder längerer Betriebszeit infolge Bildung korrosionsschützender Deckschichten stark vermindert" [7.68]. Dort, wo es möglich ist, ist es heute Standard, dass die Innenseite metallischer Rohre gegen Korrosion geschützt wird, indem eine Innenauskleidung mit Zementmörtel in die Rohre eingebracht wird [7.16]. Tabelle 7.10 fasst wesentliche Merkmale der in der Trinkwasserverteilung eingesetzten Werkstoffe zusammen.

Tabelle 7.10 Übersicht über Werkstoffe in der Trinkwasserverteilung (*Kaczmarczyk et al.* [7.69])

Material	Nennweiten (mm)	Nenndruck (bar)	Verbindungen	Korrosionsschutz	Bemerkungen
Gusseisen duktil (GGG)	genormt 80–1.200, gebaut bis 2.000	10, 16, 25, 40	Schweißung V-Naht, diverse Muffen, Flanschen	Außen: Steinkohlenteerpech, div. sonstige. Oberflächenschutzmaßnahmen, Kathodenschutz Innen: Zementmörtel	Relativ korrosionsbeständig. Hohe Zug- und Schlagfestigkeit
Stahlrohre – nahtlos – geschweißt	80–500 80–2.000	10, 16, 25, 40	Stumpfschweißen, Schraubmuttern, Steckmuffen, Flanschen	Wie Gusseisen	Weniger korrosionsbeständig als GGG, daher sorgfältige Ausbesserung von Transport- und Verarbeitungsschäden
Spannbetonrohre	500–2.000	bis 16	Glockenmuffen	Anstriche auf Bitumen- oder Kunststoffbasis	Nur Fernleitungen und Talsperren
Polyethylen PE-HD (Hohe Dichte) PE_LD (niedrige Dichte)	HD ≤ 300, als bewehrte Rohre auch > 300 LD ≤ 80	10, 16	Stumpfschweißen, Muffenschweißen, Verschraubung	Nicht erforderlich	Hausanschlüsse, Düker, Endlosverlegung von Trommeln bis DN150
Polyvinylchlorid weichmacherfrei PVC-U	≤ 400	10, 16	Klebemuffe, Steckmuffe, Flanschen, Schweißverbindung	Nicht erforderlich	Rohre vor Sonnenlicht schützen, keine Verlegung unter +5 °C

Aspekte der Wasserqualität

Maßgebliche Stelle zur Einhaltung der Vorgaben der Trinkwasserverordnung ist nicht das Wasserwerk und nicht der Hausanschluss sondern jeder einzelne Zapfhahn in den Gebäuden. Ferner ist festzuhalten, dass die Zuständigkeit eines Wasserversorgungsunternehmens formal am Hausanschluss beziehungsweise am Wasserzähler endet. Dies ist mit Blick auf qualitative Veränderungen des Wassers, die noch während der Verteilung im Haus auftreten können, durchaus relevant. Die Trinkwasserverordnung umfasst mit Teil II der Anlage 2 eine Liste, in der chemische Parameter aufgeführt sind, deren Konzentration im Verteilungsnetz einschließlich der Hausinstallation ansteigen kann (Rechtliche Regelungen in Abschn. 7.1). Hier finden sich Stoffe wie Blei, Kupfer, THM, Nitrit, PAK und weitere. Mit Blick auf die in Abschn. 7.3.1 angesprochenen Desinfektionserfordernisse sind unter anderem folgende Voraussetzungen zu erfüllen, um eine Trinkwasserverteilung desinfektionsmittelfrei zu betreiben: eine ab Wasserwerk „einwandfreie mikrobiologische Trinkwasserbeschaffenheit, ein kontinuierlicher Netzbetrieb mit ausreichendem Versorgungsdruck, eine geschützte Wasserspeicherung und eine regelmäßige Rohrnetzpflege" [7.21]. Tietz bestätigt ferner, dass die Trinkwasser-Hausinstallationen der hygienisch empfindlichste Teil des Wasserverteilungssystems sind. Das hohe Verhältnis von Oberflächen zu Volumen in den kleinen Rohrdurchmessern, häufige und vor allem längere Stagnationsphasen (über Nacht) sowie höhere Umgebungstemperaturen können insgesamt zu verstärkten Korrosionsprozessen und einem vermehrten mikrobiellem Wachstum führen [7.16]. In diesem Kontext ist auch die Problematik „Blei im Trinkwasser" einzuordnen. Ein Eintrag von Blei in das Trinkwasser kann heute ausschließlich über nicht mehr zeitgemäße Hausinstallationen erfolgen. Die Grenzwertvorgabe der Trinkwasserverordnung zum Parameter Blei schließt eine Wasserverteilung über Bleirohre grundsätzlich aus. Daher ist Blei im Trinkwasser ein Problem, das offiziell nicht mehr existieren dürfte und höchstens aufgrund von Unwissenheit oder Untätigkeit zuständiger Eigentümer noch bestehen kann, da entsprechende Rohrleitungen eben nicht rechtzeitig ausgetauscht wurden. Auch das Thema Legionellen bezieht sich im Wesentlichen auf die Hausinstallationen und hier auf die Warmwasserbereitstellung. Siehe hierzu Abschn. 7.3.1.

Wasserverluste

Die Begrifflichkeit Wasserverluste vereint zunächst mehrere Formen von Verlusten: echte, unechte und administrative Wasserverluste. Administrative Wasserverluste entstehen, wenn beispielsweise in Ermangelung von installierten Zählern reale und letztlich auch bestimmungsgemäße Verbräuche nicht erfasst werden. Ferner kann es durch sehr geringe Wasserentnahmen (z. B. tropfender Wasserhahn) dazu kommen, dass dieser „Verbrauch" von den vorhandenen Messgeräten (Wasserzähler) nicht erfasst wird. Das Wasser gelangt an seinen Bestimmungsort, sodass kein technischer Mangel besteht. Es liegt ein unechter Wasserverlust vor.

Echte Wasserverluste bedeuten, dass dem Verteilungssystem an nicht dafür vorgesehenen Stellen Wasser verloren geht (z. B. aufgrund von Leitungsundichtigkeiten). Dass es zu derartigen baulichen und materialbedingten Unzulänglichkeiten bei der druckgetriebenen Wasserverteilung kommt, überrascht nicht. Große

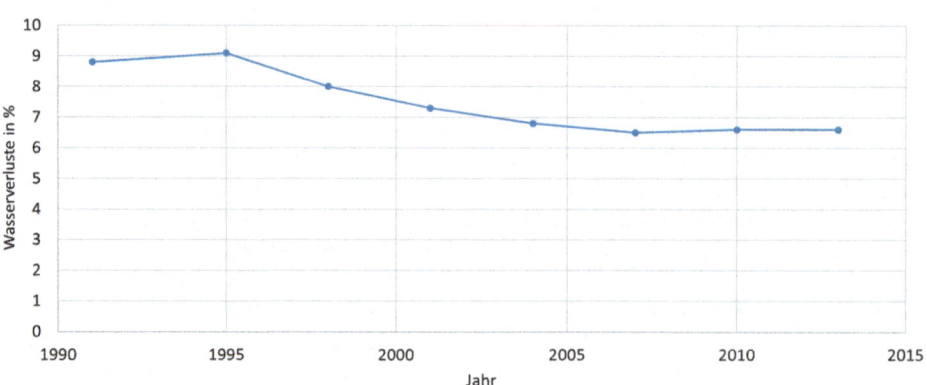

Abb. 7.33 Wasserverluste nach Angaben des Statischen Bundesamtes (*BDEW* [7.71])

Leckagen bis hin zu Wasserrohrbrüche sind meist sehr zügig festzustellen und können auch schnell behoben werden. Deutlich größere Schwierigkeiten bereiten die kleinen, teils nicht einmal detektierbaren Leckagen, die in der Summe über längere Zeiträume zu erheblichen Wasserverlusten führen können. So gelten Leckagen, die in Verteilungsleitungen zu Verlusten von 20 l/km/h führen, als nicht detektierbar [7.70]. Für Deutschland werden für das Jahr 2013 bezogen auf das Bruttowasseraufkommen Wasserverluste von 6,6 Prozent ausgewiesen [7.71]. Abb. 7.33 zeigt den Verlauf über die zurückliegenden Jahre.

Damit steht Deutschland im internationalen Vergleich sehr gut da. Unter Heranziehung anderer Quellen wurde im Branchenbild der deutschen Wasserwirtschaft 2008 Deutschland mit den im europäischen Vergleich geringsten Wasserverlusten als Spitzenreiter ausgewiesen. Länder wie Italien (28,5 %), Großbritannien (22 %), Spanien (22 %), Schweden (17 %) und Dänemark (10 %) hatten zum Teil deutlich höhere Wasserverluste zu verzeichnen. In Deutschland lagen die realen Wasserverluste im Verhältnis zur Netzlänge in 2012 bei 0,07 m³/(km x h) [7.17]. Das Geringhalten der Wasserverluste darf als eines der wichtigsten Ziele des Betriebs und der Instandhaltung von Wasserversorgungssystemen gelten. Dessen ungeachtet ist auch festzustellen, dass angesichts der oben zitierten Zahlen nicht in allen Ländern gleichermaßen konsequent gegen Wasserverluste vorgegangen wird wie in Deutschland. In Großbritannien beispielsweise werden Wasserverluste bis zu 60 % offensichtlich als wirtschaftlicher angesehen als eine Reparatur [7.72]. Derartige Einschätzungen werfen aber auch vermehrt Fragen hinsichtlich der Aufrechterhaltung der Wasserqualität während der Verteilung auf.

7.5 Weitere Aspekte der Trinkwasserversorgung

7.5.1 Wassersparen: pro und contra

Der sparsame Umgang mit Wasser gilt allgemeinhin als Ausdruck umweltbewussten Verhaltens. Das Wasserhaushaltsgesetz fordert in § 5 „Allgemeine Sorgfaltspflichten" Absatz 1, eine mit Rücksicht auf den Wasserhaushalt gebotene sparsame Verwendung des Wassers sicherzustellen. Ferner wird diagnostiziert, dass „in Deutschland persönliche und soziale Normen zum Wassersparen relativ stark verankert sind. Diese Normen sowie erlernte und entwickelte Gewohnheiten dürften eine bedeutendere Rolle spielen als der objektive Wasserpreis" [7.73]. Gerade weil monetäre Gründe nicht primär ausschlaggebend zu sein scheinen, lohnt sich ein genauer Blick auf die positiven und gegebenenfalls auch negativen Effekte des Wassersparens. Die heutige Gestalt der Wasserversorgungssysteme basiert auf Annahmen aus einer Zeit, in der von quasi linear ansteigenden Wasserverbräuchen ausgegangen wurde (Abschn. 7.1). Oben wurde bereits dargelegt, dass sich alle länger zurückliegenden Prognosen zur Entwicklung des Wasserverbrauchs als gegenstandslos erwiesen haben. Die zunehmende Verbreitung wassersparender Armaturen und ein insgesamt aufmerksamer Umgang mit Wasser haben dazu geführt, dass in der Vergangenheit die Wasserverbräuche in den privaten Haushalten immer weiter abnahmen, bevor sie sich in den letzten Jahren im Bundesschnitt bei rund 120 Litern pro Einwohner und Tag stabilisierten. Auch ein noch weiteres Absinken ist möglich.

Trotz der Erfolge in der Umwelterziehung ist der Wasserpreis dennoch ein maßgeblicher Faktor. „Laut Hillenbrand & Schleich (2009) weist der private Wasserverbrauch eine Preiselastizität in Höhe von −0,2 auf. Das heißt, steigt der Preis um zehn Prozent, sinkt die Nachfrage um etwa zwei Prozent" [7.73]. Interessant ist auch, dass ein Blick auf die Kostenentwicklung der letzten Jahre sehr schnell aufzeigt, dass die Bemühungen des Wassersparens nicht durch Preissenkungen belohnt wurden. In Deutschland stiegen die Kosten in Euro pro Jahr bei Bezug von 80 m³ Trinkwasser inklusive der haushaltsüblichen Grundgebühr von 185,03 EUR in 2005 auf 206,18 EUR in 2013. In allen Bundesländern mit Ausnahme von Brandenburg, Bremen und Sachsen stiegen die Kosten – in einigen Einzelfällen zum Teil erheblich (Abb. 7.34).

Neben dem Rückgang des Wasserverbrauchs in den privaten Haushalten ist zusätzlich anzuführen, dass seit 1995 auch im industriell-gewerblichen Sektor die benötigten Wassermengen für zahlreiche Branchen abnahmen oder zumindest stagnierten [7.74–7.76]. In der Gesamtschau nahm der Verbrauch des verarbeitenden Gewerbes in Deutschland in den Jahren 1995 bis 2010 um 806 Mio. m³ ab. Wesentlicher Grund hierfür ist, dass die Unternehmen ihre Wasserkreisläufe durch technologische Prozessintegration und durch die Nutzung von modernen Aufbereitungstechnologien wie der Membrantechnik entscheidend haben optimieren können [7.74–7.76]. Tabelle 7.11 zeigt für wichtige Branchen die Entwicklung zwischen 1995 und 2010 auf.

Festzuhalten ist, dass große Teile der heutigen Wasserversorgungsanlagen auf unzutreffenden Prognosen zur Wasserbedarfsentwicklung basieren. Wenn der Verbrauch entgegen getroffener Annahmen abnimmt, schrumpft das Verteilungsnetz nicht mit. Die Wasserverteilung ist eine unterirdische Infrastruktur, die eben nicht in kurzen Zeiträumen beliebig rückbaubar bzw. anpassbar ist. Demzufolge besteht das Erfordernis, sich mit den konkreten Auswirkungen auf den Netzbetrieb auseinanderzusetzen, die sich infolge des veränderten Wasserkonsums ergeben. So sind längere Aufenthaltszeiten des Wassers im Netz zu verzeichnen. Folge ist unter anderem eine geringere Fließgeschwindigkeit im Netz. Längere Aufenthaltszeiten

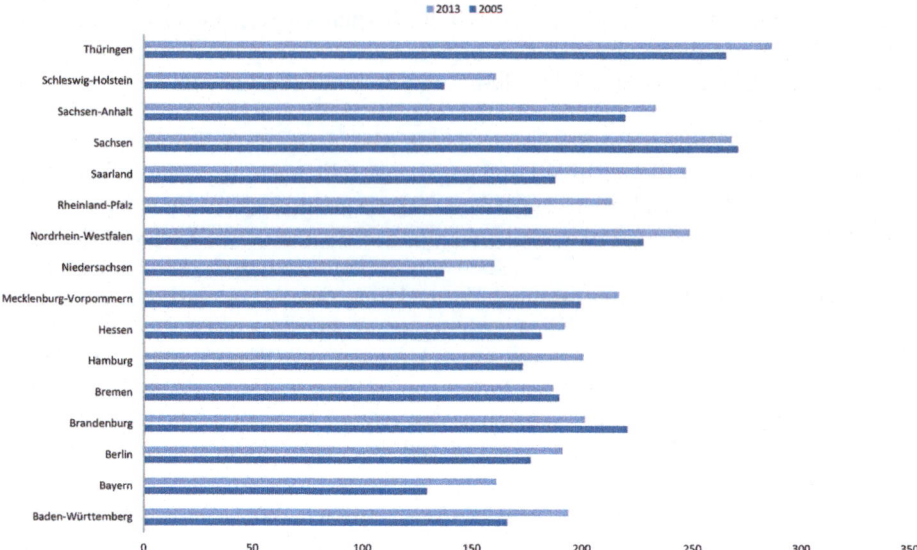

Abb. 7.34 Vergleich der Kosten für die Trinkwasserversorgung privater Haushalte in 2005 und 2013 (*DESTATIS* [7.23])

Tabelle 7.11 Wassereinsatz im verarbeitenden Gewerbe in Deutschland zwischen 1995 und 2010 in Mio. m³ (*Statistisches Bundesamt* [7.74, 7.75]; *UBA* [7.76])

Kurzbezeichnung	1995	1998	2001	2004	2007	2010
Nahrungsmittel und Getränke	546	538	532	480	531	457
Papiererzeugnisse	441	356	374	395	433	429
Kokerei- und Mineralölerzeugnisse	276	232	201	193	192	204
Chemische Erzeugnisse	3.215	3.253	3.365	3.605	3.172	2.758
Glaswaren, Keramik, bearbeitete Steine und Erden	209	191	173	175	162	181
Metalle und Metallerzeugnisse	708	734	537	547	569	547
Maschinen, Kraftwagen und sonstige Fahrzeuge	152	149	133	172	139	168
Sonstige	305	302	291	258	238	303
Verarbeitendes Gewerbe gesamt	5.852 Mio. m³	5.753 Mio. m³	5.606 Mio. m³	5.826 Mio. m³	5.436 Mio. m³	5.046 Mio. m³

bedeuten aber zusätzlich auch ein erhöhtes Risiko der Wiederverkeimung. Um diesem Problem vorzubeugen, ist ein höherer betrieblicher Aufwand zu leisten. Unter Umständen ergeben sich auch veränderte Desinfektionserfordernisse. So kann ein verstärkter Einsatz chemischer Desinfektionsmitteln im Wasserwerk erforderlich werden, um für die Wasserverteilung eine Depotwirkung an Desinfektionsmitteln sicherzustellen. Oder die Wasserversorgungsanlagen sind öfter zu spülen und auf geeignetem Weg zu desinfizieren. Häufigere Rohrspülungen haben wiederum einen steigenden Eigenverbrauch der Wasserversorger zur Folge. Zusätzlich können sich negative Auswirkungen auf die Stadtentwässerung ergeben, die in Kap. 6 beschrieben werden.

Insgesamt ist zu resümieren, dass Wassersparen aus rein monetären Gründen derzeit wenig zweckmäßig ist. In der Wasserversorgung ist der Fixkostenanteil so hoch, dass sich geringere spezifische Wasserverbräuche nicht wirklich durchschlagend auswirken, insbesondere wenn alle Verbraucher Wasser zu sparen versuchen. Erschwerend kommt hinzu, dass sinkende Wasserverbräuche oft zusätzliche betriebliche Maßnahmen erforderlich machen, deren Kosten wiederum auf den Kubikmeter Wasser umgelegt werden müssen. Unter Hinweis auf den größten Umweltnutzen, der sich durch Wassersparmaßnahmen ergeben kann, empfiehlt das Umweltbundesamt den privaten Haushalten, insbesondere möglichst wenig Warmwasser zu verbrauchen [7.77]. Somit würden weniger Wasser und gleichzeitig weniger Energie verbraucht.

7.5.2 Konzept des virtuellen Wassers

Die Diskussion bezüglich des nachhaltigen Umgangs mit Wasser wurde in der Vergangenheit nochmals durch das Konzept des virtuellen Wasser und des daraus resultierenden Water Footprint bereichert [7.78]. Das in Rede stehende Konzept des Wasserfußabdrucks besagt, dass nicht nur der unmittelbare Wasserverbrauch eines jeden von uns zu betrachten sei, sondern auch der Verbrauch an Wasser, der sich beispielsweise durch die Produktion von Lebensmitteln und Konsumgütern ergibt. Der Wasserfußabdruck beziffert demnach die Wassermenge, die für die Produktion industrieller oder landwirtschaftlicher Güter eingesetzt wird und somit virtuell in den jeweiligen Produkten „steckt", ohne direkt sichtbar zu sein. Der Wasserfußabdruck beziffert nicht nur den entsprechenden Wasserverbrauch, sondern gestattet zusätzlich, wenig offensichtliche Wasserexporte und -importe aufzuzeigen. Das Konzept ist mittlerweile elaboriert. Tabelle 7.12 schlüsselt auf, wie sich der Wasserfußabdruck aus blauem, grünem und grauem Wasser zusammensetzt.

Betrachtet man die publizierten Angaben, können einzelne produktspezifische Wasserfußabdrücke sehr imposant sein. In einer Tasse Kaffee stecken abgeschätzt rund 140 Liter Wasser. Rindfleisch gilt als sehr wasserintensiv. So stecken in einem Kilogramm Rindfleisch schätzungsweise mehr als 16.000 Liter Wasser. Mekonnen und Hoekstra geben für die nachstehend aufgeführten landwirtschaftliche Erzeugnisse recht beachtliche Fußabdrücke an [7.80]:

- Zuckerhaltige Pflanzen (200 m³/t)
- Gemüsepflanzen (300 m³/t)

Tabelle 7.12 Komponenten des Wasserfußabdruckes (*UBA* [7.79]; *Mekonnen und Hoekstra* [7.80])

Komponente des Wasserfußabdruckes	Beschreibung des Umweltbundesamts	Beschreibung durch Mekonnen und Hoekstra
„Grünes Wasser"	Grünes Wasser ist das natürlich vorkommende Boden- und Regenwasser, welches von Pflanzen aufgenommen und verdunstet wird. Es ist relevant für landwirtschaftliche Produkte.	*The green water footprint refers to the rainwater consumed.*
„Blaues Wasser"	Blaues Wasser ist Grund- oder Oberflächenwasser, das zur Herstellung eines Produktes genutzt wird und nicht mehr in ein Gewässer zurückgeführt wird. In der Landwirtschaft ist es das Wasser für die Bewässerung der Pflanzen.	*The blue water footprint refers to the volume of surface and groundwater consumed (evaporated) as a result of the production of a good.*
„Graues Wasser"	Graues Wasser ist die Wassermenge, die während des Herstellungsprozesses verschmutzt wird.	*The grey water footprint of a product refers to the volume of freshwater that is required to assimilate the load of pollutants based on existing ambient water quality standards.*

- Wurzeln und Knollen (400 m³/t)
- Früchte (1.000 m³/t)
- Getreide (1.600 m³/t)
- Pflanzliche Öle (2.400 m³/t)
- Hülsenfrüchte (4.000 m³/t)

Hinsichtlich der industriellen Produktion lenkt das Konzept des Wasserfußabdrucks unseren Blick insbesondere auf Branchen, in denen sehr viel Wasser benötigt wird. Das Konzept lässt es aber auch zu, den Bürgern eines Landes einen Wasserfußabdruck zuzuschreiben. Deutschlands Einwohner haben einen Wasserfußabdruck von 3,9 m³ pro Tag. Dies entspricht 3.900 Litern Wasser. Darin enthalten sind Wasserverbräuche für die Herstellung von Lebensmitteln, Bekleidung und anderen Bedarfsgütern [7.81]. In der Gesamtschau ist das Konzept des virtuellen Wassers beziehungsweise des Wasserfußabdrucks eine Mahnung, unser Konsumverhalten zu hinterfragen und dazu beizutragen, die Wassereffizienz in Industrie und Landwirtschaft zu verbessern.

7.5.3 Mikroschadstoffe: Handlungsbedarf im Wasserwerk?

Die Siedlungswasserwirtschaft und die von ihr zu verantwortenden Bereiche der Trinkwasserversorgung und Abwasserentsorgung stehen immer wieder im Mittelpunkt des öffentlichen Interesses. Dies betrifft oftmals die Kosten für die erbrachten Wasserdienstleistungen aber auch scheinbare technische Unzulänglichkeiten der Aufbereitungssysteme. Derzeit werden vermehrt die „neuen Schadstoffe" wie die organischen Mikroschadstoffe diskutiert. Das Auftreten dieser Stoffe im urbanen Wasserkreislauf und ihr Verbleib wurde bereits in Kap. 6 Abwasser diskutiert und als aktuelle Umweltproblematik eingeordnet (Abschn. 6.4.5 – Vierte Reinigungsstufe). Es widerspricht den Paradigmen der Siedlungswasserwirtschaft, Stoffproblematiken erst im Wasserwerk zu lösen. Vielmehr sollten die Probleme direkt an der Quelle oder zumindest im Vorfeld gelöst worden sein, so zum Beispiel bei der Reinigung von Abwässern vor der Einleitung in ein Gewässer. Nach wie vor ist die Leitidee und Ausdruck eines sehr gut funktionierenden Multibarrierensystems, wenn die Trinkwasseraufbereitung – falls überhaupt erforderlich – möglichst naturnah gestaltet werden kann. Aufgrund des so erfolgreich praktizierten Rohwasserschutzes im Multibarrierensystem konnte dieser Ansatz bis heute weitgehend aufrechterhalten werden. Dennoch sei auch erwähnt, dass nicht immer verhindert werden kann, dass Schadstoffe beziehungsweise organische Mikroschadstoffe bis ins Wasserwerk „durchschlagen". Ein prägender Meilenstein war der PFT-Skandal in Nordrhein-Westfalen, der 2006 seinen Anfang nahm. Es wurden hohe Konzentrationen an Perfluorierten Tensiden (PFT) in Abschnitten der Ruhr und Möhne gemessen. Infolgedessen war auch die Trinkwasserversorgung betroffen, sodass man sich dort gezwungen sah, das Wasserwerk Möhnebogen in Neheim mit einer Adsorptionsstufe aufzurüsten.

7.6 Literatur

7.1   WHO (2003): Domestic Water Quantity, Service Level and Health. Unter Mitarbeit von Jamie Bartram und Guy Howard. Hg. v. World Health Organization. World Health Organization. Online verfügbar unter http://www.who.int/water_sanitation_ health/diseases/WSH03.02.pdf, zuletzt geprüft am 13.03.2017.

7.2   BDEW (2015a): Wasserfakten im Überblick. BDEW Bundesverband der Energie und Wasserwirtschaft e. V. Online verfügbar unter https://www.bdew.de/ internet.nsf/id/C125783000558C9FC125766C0003CBAF/$file/Wasserfakten% 20-%20%C3%96ffentlicher%20Bereich%20Mai%202015.pdf, zuletzt geprüft am 07.03.2017.

7.3   PUB (ohne Jahresangabe): NEWater. Hg. v. Singapore's National Water Agency. Singapore's National Water Agency. Online verfügbar unter https://www.pub.gov.sg/Documents/NEWater%20Technology.pdf, zuletzt geprüft am 07.03.2017.

7.4   Veolia (ohne Jahresangabe): WINGOC: Wastewater to clean water – Windhoek, Namibia. Online verfügbar unter http://www.veolia.com/africa/our-services/ achievements/municipalities/veolia-optimized-resource-management/wingoc-wastewater-clean-water-windhoek-namibia.

7.5   WHO (2016): Drinking Water Fact sheet. Online verfügbar unter
        http://www.who.int/mediacentre/factsheets/fs391/en/,
        zuletzt geprüft am 07.03.2016.

7.6   UN (ohne Jahresangabe_a): Millennium Development Goals and beyond 2015.
        United Nations. Online verfügbar unter http://www.un.org/millenniumgoals/,
        zuletzt geprüft am 07.03.2017.

7.7   UN (ohne Jahresangabe_b): Sustainable Development – 17 Goals to Transform Our
        World. United Nations. Online verfügbar unter http://www.un.org/
        sustainabledevelopment/, zuletzt geprüft am 07.03.2017.

7.8   National Bureau of Statistics of China: Statistical Yearbook China 2015. National
        Bureau of Statistics of China. Online verfügbar unter http://www.stats.gov.cn/tjsj/
        ndsj/2015/indexeh.htm, zuletzt geprüft am 07.03.2017.

7.9   Masud Karim, Md. (2000): Arsenic in groundwater and health problems in Bangla-
        desh. In: *Water Research* (Volume 34, Issue 1), Pages 304–310.

7.10   Castell-Exner, C.; Meyer, V. (2010): Sicherheit in der Trinkwasserversorgung – Ri-
        sikomanagement im Normalbetrieb. In: *energie – wasser – praxis* (11), S. 44–49.

7.11   UBA (2014a): Das Water-Safety-Plan-Konzept: Ein Handbuch für kleine Wasser-
        versorgungen. Online verfügbar unter https://www.umweltbundesamt.de/sites/
        default/files/medien/378/publikationen/rd140220_handb_wsp_rz04low.pdf,
        zuletzt geprüft am 07.03.2017.

7.12   UBA (ohne Jahresangabe): Sicheres Management von Trinkwasserversorgungen.
        Schritte zur Entwicklung eines WSP. Online verfügbar unter
        https://www.umweltbundesamt.de/themen/wasser/trinkwasser/
        sicheres-management-von-trinkwasserversorgungen#textpart-2.

7.13   WHO; IWA (2009): Water Safety Plan Manual. Step-by-step risk management for
        drinking-water suppliers, zuletzt geprüft am 07.03.2017.

7.14   UBA (2015a): Bekanntmachung der Liste der Aufbereitungsstoffe und Desinfekti-
        onsverfahren gemäß § 11 der Trinkwasserverordnung (Oktober 2015).
        18. Änderung. Hg. v. Umweltbundesamt. Umweltbundesamt. Online verfügbar un-
        ter https://www.umweltbundesamt.de/sites/default/files/medien/374/dokumente/18.
        _bekanntmachung_der_liste_der_aufbereitungsstoffe_und_desinfektionsverfahren_
        gemaess_ss_11_trinkwv_2001.pdf, zuletzt geprüft am 07.03.2017.

7.15   Statistisches Bundesamt (2015b): Umwelt – Öffentliche Wasserversorgung und öf-
        fentliche Abwasserentsorgung – Strukturdaten zur Wasserwirtschaft – 2013 (Fach-
        serie 19 Reihe 2.1.3). Online verfügbar unter https://www.destatis.de/DE/
        Publikationen/Thematisch/UmweltstatistischeErhebungen/Wasserwirtschaft/
        Wasserwirtschaft2190213139004.pdf;jsessionid=B8CCCEC542007F6A16DF50A1
        70F228DA.cae1?__blob=publicationFile.

7.16   Tietz, Hans-Peter (2007): Systeme der Ver- und Entsorgung. [Funktionen und
        räumliche Strukturen]. Wiesbaden: Teubner.

7.17   ATT; BDEW; DBVW; DVGW; DWA; VKU (2015): Branchenbild der deutschen
        Wasserwirtschaft 2015. Hg. v. Arbeitsgemeinschaft Trinkwassertalsperren e. V.
        (ATT), Bundesverband der Energie- und Wasserwirtschaft e. V. (BDEW), Deut-
        scher Bund der verbandlichen Wasserwirtschaft e. V. (DBVW), Deutscher Verein
        des Gas- und Wasserfaches e. V. – Technisch-wissenschaftlicher Verein (DVGW),
        Deutsche Vereinigung für Wasserwirtschaft, Abwasser und Abfall e. V. (DWA)
        und Verband kommunaler Unternehmen e. V. (VKU).

7.18   Statistisches Bundesamt (2015a): Umwelt – Öffentliche Wasserversorgung und öf-
        fentliche Abwasserentsorgung – Öffentliche Wasserversorgung. Statistisches Bun-
        desamt (Fachserie 19 Reihe 2.1.1). Online verfügbar unter https://www.destatis.de/
        DE/Publikationen/Thematisch/UmweltstatistischeErhebungen/Wasserwirtschaft/
        WasserOeffentlich2190211139004.pdf, zuletzt geprüft am 07.03.2017.

7.19   DESTATIS (2015): 13. Koordinierte Bevölkerungsvorausberechnung für Deutsch-
        land. Statistisches Bundesamt. Online verfügbar unter https://service.destatis.de/
        bevoelkerungspyramide/#!y=2050&o=2015v1, zuletzt geprüft am 07.03.2017.

7.20   Karger, Rosemarie; Hoffmann, Frank (2013): Wasserversorgung. Gewinnung –
        Aufbereitung – Speicherung – Verteilung. 14., vollst. akt. Aufl. 2013. Wiesbaden:
        Springer Fachmedien Wiesbaden; Imprint; Springer Vieweg.

7.21   Mutschmann, Johann; Stimmelmayr, Fritz; Fritsch, Peter; Merkl, Gerhard; Preinin-
        ger, Erwin; Rautenberg, Joachim et al. (2014): Taschenbuch der Wasserversorgung.
        Mit 286 Tabellen. 16., vollst. überarb. und aktual. Aufl. Wiesbaden: Springer Vieweg.

7.22   Bundesfinanzministerium (1995): AfA-Tabelle für den Wirtschaftszweig „Energie-
        und Wasserversorgung". Bundesfinanzministerium. Online verfügbar unter
        http://www.bundesfinanzministerium.de/Content/DE/Standardartikel/Themen/
        Steuern/Weitere_Steuerthemen/Betriebspruefung/AfA-Tabellen/1995-01-24-afa-
        24.pdf;jsessionid=9C4D90F2FBBE09B21815EDA16077B1A3?__blob=
        publicationFile&v=3, zuletzt geprüft am 17.03.2017.

7.23   DESTATIS (2014): 1000 Liter Trinkwasser kosteten 2013 im Durchschnitt
        1,69 Euro. Pressemitteilung vom 21. März 2014 – 110/14. Statistisches Bundesamt.
        Online verfügbar unter https://www.destatis.de/DE/PresseService/Presse/
        Pressemitteilungen/2014/03/PD14_110_322pdf.pdf;jsessionid=
        DFFF203E513E010FDE1D8FA09D207581.cae2?__blob=publicationFile,
        zuletzt geprüft am 17.03.2017.

7.24   Hopp, Vollrath (2016): Wasser und Energie. Ihre zukünftigen Krisen? 2. Auflage.
        Berlin, Heidelberg: Springer Spektrum. Online verfügbar unter http://dx.doi.org/
        10.1007/978-3-662-48089-2.

7.25   Gawel, Erik (2014): Zur Berücksichtigung von Umwelt- und Ressourcenkosten
        nach Art. 9 der EG-Wasserrahmenrichtlinie. Helmholtz-Zentrum für Umweltfor-
        schung GmbH – UFZ Department of Economics (UFZ Discussion Papers), zuletzt
        geprüft am 07.03.2017.

7.26   BMUB (2013): Wasserwirtschaft in Deutschland, Teil 1 Grundlagen. Bundesminis-
        terium für Umwelt; Naturschutz; Bau und Reaktorsicherheit, zuletzt geprüft am
        07.03.2017.

7.27   DWD (ohne Jahresangabe): Deutscher Klimaatlas. Deutscher Wetterdienst. Online
        verfügbar unter http://www.dwd.de/DE/klimaumwelt/klimaatlas/
        klimaatlas_node.html, zuletzt geprüft am 15.03.2017.

7.28   Neumann, Jörg; Wycisk, Peter (2002): Mittlere jährliche Grundwasserneubildung
        (Nationalatlas Bundesrepublik Deutschland – Relief, Boden und Wasser). Online
        verfügbar unter http://archiv.nationalatlas.de/wp-content/art_pdf/
        Band 2_144-145_archiv.pdf, zuletzt geprüft am 07.03.2017.

7.29   BGR (ohne Jahresangabe): Grundwasserleiter in Deutschland. Bundesanstalt für
        Geowissenschaften und Rohstoffe. Online verfügbar unter http://www.bgr.bund.de/
        DE/Themen/Wasser/Bilder/Was_wasser_startseite_gwleiter_g.html, zuletzt geprüft
        am 07.03.2017.

7.30   UBA (2016a): Mengenmäßiger und chemischer Zustand der Grundwasserkörper in Deutschland. Auswertung von Daten der Bund/Länder-Arbeitsgemeinschaft Wasser (LAWA). Hg. v. Umweltbundesamt. WasserBlick/BfG. Online verfügbar unter http://www.bmub.bund.de/service/mediathek/infografiken/detailview/?tx_cpsbmugallery_pi1%5BshowUid%5D=50516&tx_cpsbmugallery_pi1%5Bimage%5D=4.

7.31   Voigt, Hans-Jürgen (1990): Hydrogeochemie. Eine Einführung in die Beschaffenheitsentwicklung des Grundwassers; 115 Tabellen. Berlin: Springer (Springer-Lehrbuch).

7.32   Kunkel, Ralf; Hannappel, Stephan; Voigt, Hans-Jürgen; Wendland, Frank (2002): Die natürliche Grundwasserbeschaffenheit ausgewählter hydrstratigrafischer Einheiten in Deutschland. Hg. v. Länderarbeitsgemeinschaft Wasser, zuletzt geprüft am 08.03.2017.

7.33   Hilberg, Sylke (2015): Umweltgeologie. Eine Einführung in Grundlagen und Prasix. Berlin, Heidelberg: Springer-Verlag (Lehrbuch).

7.34   BMUB; BMEL (2017): Nitratbericht 2016 – Gemeinsamer Bericht der Bundesministerien für Umwelt, Naturschutz, Bau und Reaktorsicherheit sowie für Ernährung und Landwirtschaft. Hg. v. Bundesministerien für Umwelt, Naturschutz, Bau und Reaktorsicherheit (BMUB) und Bundesministerium für Ernährung und Landwirtschaft. Bundesministerien für Umwelt, Naturschutz, Bau und Reaktorsicherheit (BMUB), zuletzt geprüft am 08.03.2017.

7.35   SRU (2015): Sondergutachten „Stickstoff: Lösungsstrategien für ein drängendes Umweltproblem", zuletzt geprüft am 08.03.2017.

7.36   UBA (2004): Nitrat im Trinkwasser – Maßnahmen gem. § 9 TrinkwV 2001 bei Nichteinhaltung von Grenzwerten und Anforderungen für Nitrat und Nitrit im Trinkwasser. In: *Bundesgesundheitsbl – Gesundheitsforsch – Gesundheitsschutz* 47 (10), S. 1018–1020, zuletzt geprüft am 08.03.2017.

7.37   Wilhelm, Stefan (2008): Wasseraufbereitung. Chemie und chemische Verfahrenstechnik. [Online-Ausg. der] 7., aktualisierte und erg. [gedr.] Aufl. Berlin, Heidelberg: Springer (VDI-Buch).

7.38   UBA (2013b): Zu welchen Schäden führt Streusalz in Gewässern? Hg. v. Umweltbundesamt. Umweltbundesamt. Online verfügbar unter https://www.umweltbundesamt.de/service/uba-fragen/zu-welchen-schaeden-fuehrt-streusalz-in-gewaessern, zuletzt geprüft am 13.03.2017.

7.39   LfU Bayern; LGL Bayern (2007): Untersuchungen zum Vorkommen von Uran im Grund- und Trinkwasser in Bayern. Hg. v. Bayerisches Landesamt für Gesundheit und Lebensmittelsicherheit und Bayerisches Landesamt für Umwelt. Bayerisches Landesamt für Gesundheit und Lebensmittelsicherheit; Bayerisches Landesamt für Umwelt. Online verfügbar unter https://www.lgl.bayern.de/lebensmittel/warengruppen/wc_59_trinkwasser/doc/uranbericht.pdf.

7.40   Förstner, Ulrich (2012): Umweltschutztechnik. 8., neu bearb. Aufl. Berlin: Springer. Online verfügbar unter http://dx.doi.org/10.1007/978-3-642-22973-2.

7.41   Heimerl, Stephan; Kohler, Beate; Ebert, Marco; Libisch, Christoph (2013): Talsperren in Deutschland. Wiesbaden: Imprint: Springer Vieweg (SpringerLink : Bücher).

7.42   Wupperverband (ohne Jahresangabe): Eschbachtalsperre. Wupperverband. Online verfügbar unter https://www.wupperverband.de/internet/web.nsf/id/pa_de_eschbachtalsperre.html, zuletzt geprüft am 08.03.2017.

7.43   WTV (ohne Jahresangabe): Phosphor-Eliminierungsanlage. Wahnbachtalsperren-
        verband. Online verfügbar unter https://www.wahnbach.de/wasserschutz/
        phosphoreliminierung/die-anlage.html, zuletzt geprüft am 08.03.2017.

7.44   LAWA (1990): Limnologie und Bedeutung ausgewählter Talsperren in der Bundes-
        republik Deutschland.

7.45   Bodensee-Wasserversorgung (ohne Jahresangabe): Wege des Wassers. Online ver-
        fügbar unter http://www.bodensee-wasserversorgung.de/?id=124.

7.46   Hartmann, Ludwig (1992): Ökologie und Technik. Analyse, Bewertung und Nut-
        zung von Ökosystemen. Berlin [u. a.]: Springer.

7.47   Plum, Nathalie; Schulte-Wülwer-Leidig, Anne (2014): From a sewer into a living
        river: the Rhine between Sandoz and Salmon. In: *Hydrobiologia*, S. 95–106.

7.48   Giger, Walter (2009): The Rhine red, the fish dead – the 1986 Schweizerhalle disas-
        ter, a retrospect and long-term impact assessment. In: *Environ Sci Pollut Res* 16 (1),
        S98–S111.

7.49   BMUB (2016a): 30 Jahre nach Sandoz-Chemieunglück: Wieder Lachse im Rhein.
        Pressemitteilung Nr. 259/16. Bundesministerien für Umwelt, Naturschutz, Bau und
        Reaktorsicherheit (BMUB). Online verfügbar unter http://www.bmub.bund.de/
        pressemitteilung/30-jahre-nach-sandoz-chemieunglueck-wieder-lachse-im-rhein/,
        zuletzt geprüft am 08.03.2017.

7.50   BMUB (2016b): Die Wasserrahmenrichtlinie – Deutschlands Gewässer 2015. Hg.
        v. Bundesministerien für Umwelt, Naturschutz, Bau und Reaktorsicherheit
        (BMUB). Bundesministerien für Umwelt, Naturschutz, Bau und Reaktorsicherheit
        (BMUB), zuletzt geprüft am 08.03.2017.

7.51   RWW (2017): Bereitstellung und Freigabe des Fotos durch RWW am 7.7.2017

7.52   Bubendorf, Lukas; Feichter, Georg E.; Obermann, Ellen C.; Dalquen, Peter; Klöp-
        pel, Günter; Kreipe, Hans H.; Remmele, Wolfgang (2011): Pathologie: Zytopatho-
        logie. 3., neubearb. Aufl. Berlin, Heidelberg: Springer-Verlag Berlin Heidelberg
        (Pathologie). Online verfügbar unter http://dx.doi.org/10.1007/978-3-642-04562-2.

7.53   Berninger, Gudrun (1997): Pathologie kompakt. Berlin [u. a.]: Springer.

7.54   Auckenthaler, Adrian; Huggenberger, Peter (2003): Pathogene Mikroorganismen
        im Grund- und Trinkwasser. Transport – Nachweismethoden – Wassermanage-
        ment. Basel: Birkhäuser.

7.55   UBA (2009): Coliforme Bakterien im Trinkwasser. In: *Bundesgesundheitsbl – Ge-
        sundheitsforsch – Gesundheitsschutz* 52, S. 474–482, zuletzt geprüft am 08.03.2017.

7.56   Botzenhart, K. (2007): Viren im Trinkwasser. In: *Bundesgesundheitsbl – Gesund-
        heitsforsch – Gesundheitsschutz* 50, S. 296–301.

7.57   Ramo, Ana; Cacho, Emilio Del; Sánchez-Acedo, Caridad; Quílez, Joaquín (2017):
        Occurrence of Cryptosporidium and Giardia in raw and finished drinking water in
        north-eastern Spain. In: *Science of The Total Environment* (580), Pages 1007–1013.

7.58   Gornik, V.; Behringer, K.; Kölb, B.; Exner, M. (2000): Erster Giardiasisausbruch
        im Zusammenhang mit kontaminiertem Trinkwasser in Deutschland. In: *Bundesge-
        sundheitsbl – Gesundheitsforsch – Gesundheitsschutz* 44, S. 351–357.

7.59   Donner, Christoph; Schöpel, Mathias (ohne Jahresangabe): Das Mülheimer Verfah-
        ren. Hg. v. RWW. RWW. Online verfügbar unter https://www.rww.de/fileadmin/
        pdf-Dateien/M%C3%BClheimer_Verfahren_final.pdf.

7.60   RWW (ohne Jahresangabe): Wasserwerk Mülheim/Styrum-Ost. RWW. Online ver-
        fügbar unter http://www.rww.de/fileadmin/pdf-Dateien/Fliessschema_WStO_
        MhVerf.pdf.

7.61   Eurawasser (2017): Aus Flusswasser wird Trinkwasser. Eurawasser. Online verfügbar unter http://www.eurawasser-nord.de/privatkunden/trinkwasser/wissenswertes/wasserwerk-rostock/aufbereitung/.

7.62   Melin, Thomas; Rautenbach, Robert (2007): Membranverfahren. Grundlagen der Modul- und Anlagenauslegung. 3., aktualisierte und erw. Aufl. Berlin [u. a.]: Springer.

7.63   Berliner Wasserbetriebe (ohne Jahresangabe): Trinkwasser – lückenlos rund um die Uhr. Berliner Wasserbetriebe. Online verfügbar unter http://www.bwb.de/content/language1/html/941.php, zuletzt geprüft am 13.03.2017.

7.64   Hamburg Wasser (ohne Jahresangabe): Täglich versorgen wir über zwei Millionen Menschen mit Trinkwasser. Hamburg Wasser. Online verfügbar unter https://www.hamburgwasser.de/privatkunden/unser-wasser/der-weg-des-wassers/, zuletzt geprüft am 13.03.2017.

7.65   Leipziger Wasserwerke (ohne Jahresangabe): Zahlen, Daten & Fakten. Leipziger Wasserwerke. Online verfügbar unter https://www.l.de/wasserwerke/das-sind-wir/zahlen-daten-fakten, zuletzt geprüft am 13.03.2017.

7.66   Gujer, Willi (2007): Siedlungswasserwirtschaft. Mit 84 Tabellen. 3., bearb. Aufl. Berlin, Heidelberg: Springer. Online verfügbar unter http://dx.doi.org/10.1007/978-3-540-34330-1.

7.67   Rötsch, Dietmar (1999): Zuverlässigkeit von Rohrleitungssystemen. Fernwärme und Wasser. Berlin, Heidelberg: Springer (VDI-Buch). Online verfügbar unter http://dx.doi.org/10.1007/978-3-642-60217-7.

7.68   Exner, M.; Nissing, W.; Grummt, H.-J (2008): Hygienische Probleme von Trinkwasser-Installationen – Vermeidung und Sanierung,. In: *Bundesgesundheitsblatt – Gesundheitsforsch – Gesundheitsschutz* (11), S. 1340–1346.

7.69   Kaczmarczyk, Christel; Kuhr, Harald; Schmidt, Arne; Schmidt, Jürgen; Strupp, Petra (2010): Bautechnik für Bauzeichner. Zeichnen – Rechnen – Fachwissen ; mit Tabellen. 2., überarbeitete Auflage. Wiesbaden: Vieweg + Teubner. Online verfügbar unter http://dx.doi.org/10.1007/978-3-8348-9391-8.

7.70   Keck, Torben; Stürtz, Christian; Kober, Erwin (2015): Wasserverluste in Rohrnetzen: die Aufnahme des Infrastructure Leakage Index (ILI) als Kennzahl im DVGW-Arbeitsblatt W 392E. In: *energie/wasser-praxis*, S. 92–98.

7.71   BDEW (2015b): Wasserverluste seit 1991 – öffentliche Wasserversorgung, Anteile in % bezogen auf Bruttowasseraufkommen lt. StaBuA. BDEW Bundesverband der Energie und Wasserwirtschaft e. V. Online verfügbar unter https://www.bdew.de/internet.nsf/id/C125783000558C9FC125766C00042C7E/$file/Wasserverluste%20ab%201991.pdf, zuletzt geprüft am 10.03.2017.

7.72   Holzwarth, Fritz; Kraemer, R. Andreas (2001): Umweltaspekte einer Privatisierung der Wasserwirtschaft in Deutschland. Dokumentation der internationalen Fachtagung vom 20. und 21. November 2000 in Berlin. Berlin: Ecologic (Beiträge zur internationalen und europäischen Umweltpolitik).

7.73   UBA (2015b): Rebound-Effekte: Ihre Bedeutung für die Umweltpolitik (Texte, 31). Online verfügbar unter http://www.umweltbundesamt.de/sites/default/files/medien/376/publikationen/texte_31_2015_rebound-effekte_ihre_bedeutung_fuer_die_umweltpolitik.pdf, zuletzt geprüft am 09.03.2017.

7.74   Statistisches Bundesamt (2012): Bericht zu den Umweltökonomischen Gesamtrechnungen 2012. Statistisches Bundesamt.

7.75   Statistisches Bundesamt (2014): Bericht zu den Umweltökonomischen Gesamtrechnungen 2014. Statistisches Bundesamt.

7.76   UBA (2013a): Wassereinsatz des verarbeitenden Gewerbes. Umweltbundesamt.
        Online verfügbar unter https://www.umweltbundesamt.de/daten/industrie/
        wassereinsatz-des-verarbeitenden-gewerbes#textpart-2,
        zuletzt geprüft am 10.03.2017.

7.77   UBA (2014b): Wassersparen: sinnvoll, ausgereizt oder übertrieben? Vor allem
        Warmwassersparen lohnt sich. Umweltbundesamt. Online verfügbar unter
        https://www.umweltbundesamt.de/presse/pressemitteilungen/wassersparen-
        sinnvoll-ausgereizt-uebertrieben, zuletzt geprüft am 10.03.2017.

7.78   Hoekstra, Y. A. (Hg.) (2003): Virtual water trade. International Expert Meeting on
        Virtual Water Trade. UNESCO-IHE. Delft, Netherlands (Value of Water Research
        Report, Series No. 12).

7.79   UBA (2015c): Wasserfußabdruck. Umweltbundesamt. Online verfügbar unter
        https://www.umweltbundesamt.de/themen/wasser/wasser-bewirtschaften/
        wasserfussabdruck#textpart-1, zuletzt geprüft am 10.03.2017.

7.80   Mekonnen, M. M.; Hoekstra, A. Y. (2010): The green, blue and grey water foot-
        print of crops and derived crop products. UNESCO-IHE (Main Report, Volume 1:).

7.81   UBA (2016b): Wassernutzung privater Haushalte. Umweltbundesamt. Online ver-
        fügbar unter https://www.umweltbundesamt.de/daten/private-haushalte-konsum/
        wassernutzung-privater-haushalte#textpart-1, zuletzt geprüft am 10.03.2017.

8 Bodenschutz

In ihrer Multifunktionalität und im Zeichen der Nachhaltigkeit muss die Ressource Boden umfassend geschützt werden. Der Abschn. 8.1 beschreibt, u.a. aus der Sicht des Sachverständigenrats für Umweltfragen und der Deutschen Akademie der Technikwissenschaften, die aktuellen Herausforderungen für schwach- bis mittelkontaminierte Böden in sechs Themenfeldern: (1) Ernährung, (2) nachwachsende Rohstoffe, (3) Klima, (4) Wasser, (5) Ökonomie und (6) anthropogene Nutzungen (8.1.1); langfristige Effekte werden für die Bereiche „Landwirtschaft" (8.1.2), „Flächenmanagement" (8.1.3) sowie „Schadstoffeinträge und Klimawandel" (8.1.4) dargestellt. Der zweite Teil dieses Kapitels befasst sich mit „historisch" kontaminierten Feststoffen – Abschn. 8.2 mit Sedimenten und Abschn. 8.3 mit Altablagerungen (kommunal) bzw. Altstandorten (gewerblich/industriell). Der Abschn. 8.4 behandelt technische Sicherungsmaßnahmen aus Barrierensystemen (Verfestigung, Stabilisierung und eine Einbindung von Schadstoffen; 8.4.1), die „Sanierung" im engeren Sinne mit Waschverfahren, biologischer oder thermischer Behandlung (8.4.2) und naturnahe Ansätze wie die Durchströmten Reinigungswände oder die Anwendung des Konzepts des natürlichen Abbaus und Rückhalts (8.4.3). Bei der Entwicklung von Technologien für Sedimentaltlasten kommen die wichtigsten Impulse aus dem U.S.-amerikanischen Superfundprogramm (8.4.4).

8.1 Grundlagen und Stand des Bodenschutzes

Die Komplexität der Bodenfunktionen hat dazu geführt, dass der Boden erst spät unter den Schutz von Gesetzen und Verordnungen gestellt wurde. Andererseits war die lange Konzeptionsphase vorteilhaft, weil alle wesentlichen Problembereiche nun in einem integrierten Ansatz behandelt werden konnten [8.1]:

- der Schutz der *Nahrungsmittel* vor Risikostoffen, die sich im Boden anreichern, unmittelbar schädigend wirken oder in Nahrungsketten gelangen;
- der Schutz vor einer weiteren *Versauerung* der Böden durch anhaltende und großflächige Zufuhr von Schwefeldioxid und Stickstoffoxiden, die die Pufferungs- und Abbaufähigkeit des Bodens überfordern;
- der Schutz der *Grundwasservorräte* vor weiteren Belastungen, insbesondere durch Stickstoffverbindungen aus Düngemitteln;
- ein ökologisch vertretbarer Einsatz von *Pflanzenschutzmitteln*; und
- die Sanierung von *Altlasten* aus Deponien und ehemaligen Industriestandorten.

Die Bundes-Bodenschutz-Altlastenverordnung von 1999 (BBodSchV [8.2, 8.3]) konkretisierte die Anforderungen an den Bodenschutz und die Altlastenbehandlung mit ihren Maßnahmen-, Prüf- und Vorsorgewerten. Die Forschungsprojekte zu diesen Themen werden scherpunktmäßig vom BMBF finanziert [8.4]. Die internationale Entwicklung des Standes der Technik im Altlastenbereich lässt sich u.a. anhand der Konferenzserie „Contaminated Soil" [8.5] verfolgen.

© Springer-Verlag Berlin Heidelberg 2018
U. Förstner, S. Köster, *Umweltschutztechnik*, https://doi.org/10.1007/978-3-662-55163-9_8

Entwicklung von Bodenschutzstrategien in Deutschland

Der Sachverständigenrat für Umweltfragen (SRU [8.5]) hat als die wesentlichen Bodenprobleme in Deutschland die *Flächenversiegelung* und den flächigen *Eintrag von Schad- und Nährstoffen aus der landwirtschaftlichen Nutzung* benannt. Maßnahmen zur Eindämmung dieser Belastungen sind:

- rechtlich verbindliche Festlegung von Teilzielen zur *Reduzierung der Flächeninanspruchnahme* und ihre konsequente Umsetzung auf kommunaler Planungsebene sowie die Einführung handelbarer Flächenausweisungsrechte,
- *Verschärfung der Düngemittelverordnung* (DüMV; Harmonisierung der Grenzwerte für Schwermetalle und organische Schadstoffe über alle düngenden Substanzen auf anspruchsvollem Niveau) nebst Einführung einer *Stickstoffüberschussabgabe*, die Konkretisierung und Vollzugskontrolle der Einhaltung der *guten fachlichen Praxis*, der Ausbau von *Agrarumweltmaßnahmen* sowie eine Steigerung des *Ökolandbau-Anteils*.

Generell sollte die *strategische Ausrichtung* des Bodenschutzes darauf abzielen,

a) die Multifunktionalität der Böden in das Bewusstsein von Nutzern und Öffentlichkeit zu rufen;

b) das Spektrum der Grenz- und Orientierungswerte für Bodenbelastungen sowie der messbaren Qualitätsziele funktions- und standortabhängig zu erweitern und in die bestehenden Rechtsvorschriften (WHG, BNatSchG usw.) zu integrieren;

c) den Bodenschutz bei der Ableitung von Grenzwerten für Emissionen und Immissionen (BImSchG) stärker zu berücksichtigen, vorhandene Konzepte für die Entwicklung von Grenzwerten (z. B. die Frachtenbetrachtung, die das Verhältnis Nähr-/Schadstoffgehalt berücksichtigt) auf weitere Parameter auszuweiten;

d) die Regelungen zum Bodenschutz mit den Zielvorgaben anderer Umweltmedien abzugleichen und so ein konsistentes Regelungssystem aufzubauen;

e) die Anwendung und Umsetzung der bodenschutzrelevanten Regelungen zu vereinheitlichen und auf ihre Wirksamkeit zu überprüfen.

Die Bundesregierung hat sich dem mehrheitlich vom EU-Parlament gebilligten *Entwurf einer Bodenrahmenrichtlinie* widersetzt *(Kasten)*, während das UBA in der EU-BRRL keinen bedeutenden zusätzlichen Verwaltungsaufwand sah [8.7]:

- Die Bestimmung der „verunreinigten Standorte" (Artikel 10; in Deutschland „Altlasten") erfolgt analog dem deutschen Recht über die Gefahr für Mensch und Umwelt unter Berücksichtigung der Grundstücksnutzung.
- Die Bestimmung der altlastverdächtigen Flächen (Artikel 11) gilt in der BRRL für eine „gefahrenträchtige Tätigkeit", während in Deutschland „Hinweise auf Einträge in den Boden" genügen. Die Fristen zur Klärung des Altlastenverdachts (100% in 25 Jahren) mögen Anlass zur Kritik bieten, bundeslandinterne Planungen sind jedoch meist ambitionierter (Bayern: 100% bis 2020).
- Beim Verkauf von verdächtigen Grundstücken ist ein Bericht über den Zustand des Bodens vorzulegen (Artikel 12). An dieser Stelle müssen die Vor- und Nachteile abgewogen werden.
- Sanierungspflichten und -anforderungen (Artikel 13) sind analog zu den Pflichten und Anforderungen zur Gefahrenabwehr (§ 4 BBodSchG) in Deutschland.

Warum Europa keine Bodenschutzrahmenrichtlinie besitzt [8.8]

Koordinierte Maßnahmen auf europäischer Ebene sind notwendig, da der Zustand der Böden auch andere Umweltbereiche beeinflusst, ferner auch aus Gründen der auf Gemeinschaftsebene reglementierten Lebensmittelsicherheit sowie aufgrund von Verzerrungen des Binnenmarktes im Zusammenhang mit der Restaurierung verschmutzter Flächen, aufgrund möglicher grenzüberschreitender Auswirkungen und infolge der internationalen Dimension dieses Problems (aus der Begründung der EU-Kommission für eine europäische Bodenschutzstrategie [8.9]). Die nach den Leitlinien der Kommission durchgeführte Folgenabschätzung stellte Kosten und Nutzen der vorgeschlagenen Maßnahmen dar; sie zeigte, dass die Verschlechterung der Bodenqualität in der europäischen Union pro Jahr Kosten von bis zu 38 Milliarden EUR verursachen kann [8.10].

Der Ausschuss der Regionen und der Wirtschafts- und Sozialausschuss stimmten der Initiative der EU-Kommission zu [8.11]; das Europäische Parlament sah mit einer ¾-Mehrheit am 13. Nov. 2007 einen deutlichen Bedarf für effektive und produktive Maßnahmen und für eine *Rahmenrichtlinie zum Bodenschutz* [8.12]. Parallel zu den Beratungen im EU-Parlament wurde der Vorschlag auch im Umweltrat, der Vertretung der EU-Mitgliedstaaten, behandelt. Im Europäischen Rat fand – „nach konzertierten Aktionen der Agrar- und Industrielobby sowie wichtiger Mitgliedsstaaten" [8.13] – der Richtlinienvorschlag keine Zustimmung [8.8].

Um das Argument des unverhältnismäßig hohen Bürokratieaufwand und der hohen Folgenkosten zu belegen, hat das *Bundesministerium für Ernährung, Landwirtschaft und Verbraucherschutz* untersuchen lassen, welche zusätzlichen Kosten für den Vollzug der nationalen bodenschutzrechtlichen Regelungen entstehen würden [8.8]. Das Gutachten der Fachhochschule des Mittelstands [8.14] kam zu dem Ergebnis, dass die auf alle staatlichen Hierarchieebenen entfallenden Kosten zwischen 2,6 Mrd. und 31 Mrd. € liegen werden. Aufschlussreich sind die *Vorbehalte von Bodenschutzexperten* (die z.T. anonym bleiben wollten), bspw.:

„Eine allein sich mit den Kosten einer künftigen Rahmenrichtlinie zum Bodenschutz befassende Untersuchung ist sinnlos, wenn der dagegen stehende gesamtgesellschaftliche Nutzen nicht berücksichtigt wird; dieser ist erheblich höher als die zu erwartenden Kosten …" und „…. es handelt sich um ein Thema, dessen Bedeutung bisher nicht in allen EU-Staaten hinreichend gewürdigt wurde; eine isolierte Kostenbetrachtung birgt die Gefahr in sich, die existentiellen Gesichtspunkte ‚in die Ecke zu drängen'…." [8.14].

Die Europäische Kommission hat sich in einem Schreiben vom 6. April 2011 kritisch zu dem Gutachten geäußert; *Michael Hamell*, Leiter der DG Environment, gab zu bedenken [8.15]: „…it also neglects the German achievements in the field thus failing to recognise that German soil legislation would possibly require what could be considered relatively minor adaptations to the proposed Directive".

Die EU-Kommission veröffentlichte am 13. Februar 2012 einen Bericht „Die vier Säulen der Strategie – eine Aktualisierung" [8.16]. KOM(2006) 232 wurde am 21. Mai 2014 Rahmen von REFIT (Regulatory Fitness and Performance Programme) zusammen mit über 70 weiteren Kommissionsvorschlägen zurückgezogen [8.17].

8.1.1 Georessource Boden – Themenfelder (acatech [8.18])

(1) Böden und Ernährung
Weltweit nimmt die zur Verfügung stehende produktive Bodenfläche infolge von
Degradation und Flächenverbrauch ab. Gleichzeitig steigen die Ansprüche an die
Bodenfunktionen. Noch im Jahr 1960 standen pro Kopf der Weltbevölkerung
mehr als 0,4 Hektar Ackerland zur Verfügung; im Jahr 1990 waren es rund 0,25
Hektar; 2025 werden es nur noch etwa 0,15 Hektar sein [8.19]. Die Ernährung von
9 Milliarden Menschen im Jahr 2050 erfordert allerdings eine Steigerung der Nah-
rungsmittelproduktion von 70 bis 100 Prozent [8.20].

(2) Böden und nachwachsende Rohstoffe
Der Anbau nachwachsender Rohstoffe zur energetischen und stofflichen Verwendung belegte 2010 mit ca. 2,3 Mio. Hektar 20 Prozent der gesamten Ackerfläche
in Deutschland [8.21]. Damit werden nur knapp 2 Prozent des bundesdeutschen
Energiebedarfs gedeckt. Prognosen gehen für Bioenergie von einem Potenzial der
bis 2030 benötigten Fläche von 2,4 bis zu 4,3 Mio. Hektar aus, je nachdem, ob
bzw. wie stark die Naturschutzziele berücksichtigt werden [8.22].

(3) Böden und Klima
Die wichtigste Beziehung zwischen Böden und Klimasystem besteht in einem
Austausch von Treibhausgasen, vor allem Kohlenstoffdioxid, Methan und Lachgas; die Vegetation ist dabei die Brücke, über die etwa CO_2 aus der Atmosphäre in
den Boden gelangt. Temperatur und Niederschläge beeinflussen die physikoche-
mischen Prozesse; Klimaänderungen können so die Vielfalt an Organismen beeinträchtigen und damit den Stoffumsatz sowie den Stofftransport in Böden.

(4) Böden und Wasser
Die Funktion des Bodens hinsichtlich der verfügbaren Wassermengen wird bislang unterschätzt. Böden erfüllen nicht nur wichtige Funktionen der Speicherung
des Wassers im Hinblick auf die Pflanzen, sondern auch im Hinblick auf die Dynamik des Wassers im Wasserkreislauf. Ohne Böden wären unter anderem Hoch-
wässer in der Regel wesentlich stärker; Bodenabtrag und Bodenverdichtung führen deshalb meist zur Erhöhung der Hochwassergefahr.

(5) Böden und Ökonomie
Die bearbeitbaren Bodenflächen werden weltweit knapper. Deshalb weichen internationale Konzerne sowie auch Staaten mit nicht ausreichender eigener Landfläche (u.a. China und Indien) auf Flächen in Drittlandstaaten aus. Zu den Trieb-
kräften dieser Landnahme („land grabbing") gehören das starke Verlangen nach
Nahrungsmittelsicherung, die Möglichkeit der kostenextensiven Futtermittel- und
Biokraftstoffproduktion sowie die Spekulation auf Agrarmärkten [8.18].

(6) Böden und anthropogene Nutzungen
Der Nutzungsdruck auf landwirtschaftliche Flächen steigt. Obwohl in den zurückliegenden Jahren wissenschaftlich intensiv über eine Reduzierung der Flächeninanspruchnahme, Flächensparen und -recycling geforscht wurde, sind wesentliche Fortschritte nicht erzielt worden. Bis zum Jahr 2020 will die Bundesregierung den Flächenverbrauch auf maximal 30 Hektar pro Tag verringern.

Weiterentwicklung von Technologien der Bodenbewirtschaftung [8.18]
„Sowohl im Ernährungs- als auch im Energie- und stofflichen Verwertungsbereich sind die agrartechnischen Forschungs- und Entwicklungsaktivitäten zu intensivieren, um einen *ressourcenschonenden Umgang mit der Biomasse* bereits zu Beginn der Wertschöpfungskette zu erreichen – vor allem im Hinblick auf eine *physikalische Entlastung* von Böden und zur *Bodenmelioration* oder *Tiefenbearbeitung*".

Entwicklung von Anbauverfahren. Gegenwärtig werden zum Beispiel Nahrungs- oder Futterpflanzen und Pflanzen zur stofflichen oder energetischen Nutzung vorwiegend in getrennten, auf nur *einen* Nutzungszweck hin optimierten Erntesystemen geborgen. Zielführend scheint jedoch, Ernteverfahren zu entwickeln, die eine effiziente Weiterverarbeitung sowohl in Richtung Nahrungsmittel als auch stofflicher oder energetischer Produktion kombinieren. Dies kann zum Beispiel durch die Entwicklung neuer Verfahrenstechniken für eine nutzungsorientierte Ernte unterstützt werden.

Einrichtung standortspezifischer Produktionssysteme. Die Anpassung an ein ressourcenschonendes Landmanagement und an den Klimawandel erfordert ein detailliertes Verständnis der Wechselwirkungen von Pflanzen mit Böden und ihrer Umwelt. Hier ist besonders die *Pflanzenzüchtung* gefordert.

Technologien für eine effizientere Bestandsführung. Bei der Verringerung des Einsatzes von Energie, Pflanzen und Düngemittel („Faktoreinsatz") können automatische Steuerungs- und Regelungstechniken sowie die Weiterentwicklung von Sensortechniken einen wesentlichen Beitrag leisten. Dazu sind neue Konzepte für die Antriebstechnik, Sensoren und Aktoren für die Automatisierungstechnik sowie integrierte und ökologische Technologien für Düngung und Pflanzenschutz und das Bestellen von Ernten zu entwickeln.

Bestellung und Ernte kleinräumiger Area. Bewährte Bestellverfahren sollen weiterentwickelt und innovative Verfahren wie „Precision Farming", „Strip Tillage" und „Controlled Traffic Farming" sowie die Minimalbodenbearbeitung verbessert werden. Wasser- und energiesparende Bewässerung unterschiedlicher Kulturen von Land und Forstwirtschaft sind standörtlich zu optimieren.

Erkundungs- und Fernerkundungsverfahren. Sensortechniken bilden die Grundlage für eine automatische Zustandsbeschreibung von Pflanzen und Standort. Dies gilt insbesondere für Real-Time-Monitoring-Technologien zu Pflanzenwachstum/ -reife, Bodenzustand und Wasserhaushaltsdynamik.

Weitere Themen: (i) Technologien einer effizienteren Nutzung von Niederschlags- und Beregnung werden in der zukünftigen Bodenforschung eine große Rolle spielen. (ii) Wesentlich wird auch die Modellierung ausgewählter Produktionsprozesse in der Pflanzenproduktion zur Abwägung hinsichtlich des System-Inputs und der Prognose von System-Outputs (Quantität und Qualität) beitragen. (iii) Zur Anpassung der Pflanzenproduktion an Klimawandel und damit veränderte Wasserverfügbarkeiten sollten Techniken zur Tiefenplatzierung von Nährstoffen weiterentwickelt werden, die das Wurzelwachstum in tieferen Bodenschichten anregen und dadurch die Trockentoleranz der Pflanzen anregen (siehe auch *acatech*-Papier „Anpassungsstrategien in der Klimapolitik" [8.23])

8.1.2 Nachhaltige Landwirtschaft

Begriffe
Seitdem für Fragen der Landwirtschaft und Umwelt das Konzept der Nachhaltigkeit die öffentliche Diskussion bestimmt, wird von verschiedenen Seiten versucht, eine Gleichsetzung der bereits etablierten Leitbilder mit der Nachhaltigkeit zu erreichen. Neben dem *integrierten Landbau* gibt es den *ökologischen bzw. organischen Landbau*; es müssen aber auch die Begriffe *ordnungsgemäße Landwirtschaft* und die sogenannte *gute fachliche Praxis* im Verhältnis zur nachhaltigen Landwirtschaft eingeordnet werden (*Christen* [8.24]):

Ordnungsgemäße Landwirtschaft bezeichnet alle Bewirtschaftungsformen, die die gültigen Rechtsgrundlagen wie Wasserrecht, Boden- und Naturschutzrecht, Tierschutzgesetz, Saatgutverkehrsgesetz usw. beachten. Im Unterschied dazu ist *die gute fachliche Praxis* ein unbestimmter Rechtsbegriff und versucht, der großen Vielfalt der landwirtschaftlichen Produktion Rechnung zu tragen; einige Teilbereiche sind bereits genauer geregelt, bspw. die Düngeverordnung sowie die Richtlinie für den Pflanzenschutz.

Der *Integrierte Pflanzenbau* beinhaltet im Wesentlichen die pflanzliche Erzeugung unter ausgewogener Beachtung ökologischer und ökonomischer Erfordernisse. Dabei werden alle geeigneten Verfahren des Acker- und Pflanzenbaus standortgerecht aufeinander abgestimmt; Einzelbereiche sind u.a. die Betriebsplanung und Betriebsorganisation, die Gestaltung der Feldflure und ihres Umfeldes, die Sorten- und Saatgutwahl, die Bodenbearbeitung und Bodennutzung, die Pflanzenernährung sowie der Pflanzenschutz.

Im Unterschied zu den Grundsätzen des Integrierten Landbaus (Fruchtfolgegestaltung, beschränkte Nährstoffzufuhr usw.) gibt es im *ökologischen Landbau* eine Reihe von konkreten Einschränkungen, bspw. das Verbot von chemisch-synthetischen Pflanzenschutzmitteln sowie den Verzicht auf synthetische Stickstoffdünger; daraus resultieren vorbeugende Maßnahmen zur Vermeidung von Schäden durch Unkräuter, Pflanzenkrankheiten oder Schädlinge und in der Konsequenz ein deutlich geringeres Ertragsniveau als in konventionellen Systemen und ein deutlich höherer Flächenbedarf.

Indikatoren
Indikatoren spielen ein zentrale Rolle bei der Umsetzung des Leitbildes Nachhaltigkeit (Abschn. 1.1.4) und sie haben speziell Eingang in Bewertungsansätze der Landwirtschaft gefunden [8.25, 8.26]. In der Tabelle 8.1 wird ein Beispiel aus der *Biogum*-Studie [8.27] gezeigt, die fünf deutsche Bewertungsverfahren vergleicht. Ausgangspunkt ist die im Sondergutachten „Umweltprobleme der Landwirtschaft" des Sachverständigenrats für Umweltfragen [8.28] vorgeschlagene Systematisierung über *Umweltmedien* (Spalte 1 in Tab. 8.1). Die Studie von *Geier et al.* [8.28] für das Umweltbundesamt leitet daraus zunächst 16 *Umweltwirkungsbereiche* ab und fügt noch weitere hinzu, u.a. den Ressourcenverbrauch, Ozonabbau und den Einsatz gentechnisch veränderter Organismen (2. Spalte). In der 3. Spalte der Tab. 8.1 ist der Indikatorenset des Modells MODAM [8.29] beispielhaft aufgeführt.

Tabelle 8.1 Umweltprobleme, Umweltwirkungsbereiche und Bewertungskonzepte (mit Beispielen für Indikatoren) der Landwirtschaft in Deutschland (nach *Roedenbeck* [8.27])

Umweltprobleme der Landwirtschaft (SRU 1985 [8.28])	Umweltwirkungsbereiche nach Umweltbundesamt (Geier 1999 [8.29])	Indikatorenset „Landwirtschaft". Beispiel: Modell MODAM [8.30] (Verfahrensvergleich bei [8.27])
1. Beeinträchtigung naturnaher Biotope	Artenvielfalt (wildlebend)	+ Störungswahrscheinlichkeit + Habitatqualität für Zielart + Grenzlinien-Index + Pflanzabstand + PSM-Einsatz + N-Düngung + Anteil Ernterückstände + Verfügbarkeit Ernterückstände + Umbruchtermin Vorfrucht + Herbizid-Einsatz
	Biotopvielfalt	-
	Landschaftsbild	-
2. Gefährdung des Grundwassers	Trinkwasserqualität	+ PSM-Einsatz + N-Saldo + Brutto-N-Düngung + N-Haltungsvermögen d. Bodens + Bodendecke im Winter
3. Belastung des Bodens	Bodenfunktion (incl. Gefüge. Erosion)	+ Potentielle Erosionsneigung + Wind-Erosionspotenzial + Bodensubstrat-Typ + Hangneigungs-Typ + Nutzungs-Typ + Häufigkeit Bodenbearbeitung + Saattermin u.a. Indikatoren
	Boden-Eutrophierung	+ N-Saldo
	Versauerung	+/- Ammoniak-Emissionen +/- N-Saldo
4. Gefährdung v. Oberflächengewässern	Gewässer-Eutrophierung	+ N-Saldo
	Ökotoxizität	+ PSM-Einsatz
5. Belastung der Luft	Staubemissionen	-
	Geruchsbelastung	-
	Treibhauseffekt	+ Globales Erwärmungspotenzial
	Ammoniak-Emissionen	+ PSM-Emissionen
	Pflanzenschutzmittel-Em.	+ PSM-Einsatz
Sonstige Umweltprobleme	Ressourcenverbrauch	+ Energie
	Tiergerechtigkeit	-
	Diversität von Nutztieren und -pflanzen	-
	Ozonabbau	-
	Einsatz von GVO's	-

8.1.3 Flächenrecycling – nachhaltiges Flächenmanagement

Der *tägliche Zuwachs an Siedlungs- und Verkehrsfläche* betrug 2014 etwa 70 Hektar [8.31]. Andererseits liegen in urbanen Gebieten etwa 25.000 Hektar früher gewerblich oder industriell genutzter Fläche brach. Die Zahl der bundesweit erfassten *Altlastenverdachtsflächen* beträgt ca. 190.000, von denen schätzungsweise 10 bis 20 % saniert werden müssen. Bisher ist es in Deutschland wie in den meisten anderen Industriestaaten noch nicht gelungen, eine Entkopplung von Flächeninanspruchnahme und Wirtschaftswachstum zu erreichen. Ansiedlungen auf der „Grünen Wiese" werden von Investoren nach wie vor bevorzugt und wirksame Instrumente, dies zu verhindern, stehen bislang nicht zur Verfügung [8.32].

In Deutschland wurde mit dem BMBF-Förderprogramm REFINA (Forschung für die Reduzierung der Flächeninanspruchnahme und ein nachhaltiges Flächenmanagement) eine interdisziplinäre Plattform für das Flächenrecycling in *Stadtumbauregionen* geschaffen [8.33]. Die Abb. 8.1 nach einer Vorlage aus dem Praxishandbuch „Nachhaltiges Flächenmanagement" [8.34] zeigt schematisch die Verknüpfung von städtebaulichen, praktischen und energetischen (!) Aspekten mit der Risikobewertung an belasteten Grundstücken. Vorschläge zur Bewertung von Bodenschadstoffen geben *Terytze et al.* [8.36]. Eine weitere REFINA-Publikation befasst sich mit der Bauleitplanung beim Recycling kontaminierter Flächen [8.37].

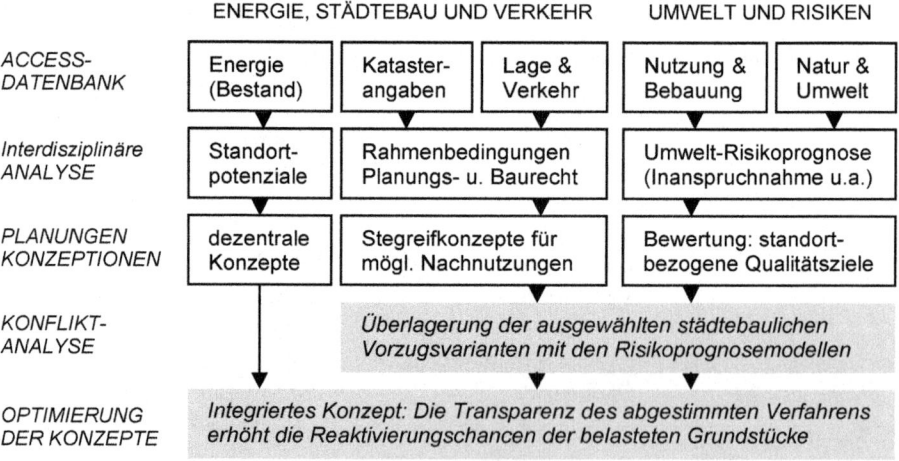

Abb. 8.1 Die Optimierung von Standortentwicklungskonzepten belasteter Grundstücke (nach *Roselt* [8.35])

REFINA schlägt auch die Brücke zu dem BMBF-Förderschwerpunkt „KORA – Kontrollierter natürlicher Rückhalt und Abbau von Schadstoffen bei der Reinigung kontaminierter Grundwässer und Böden" (Abschn. 8.4.3): die Frage ist, wie weit Sanierungsmaßnahmen gehen müssen und welchen zuverlässig prognostizierbaren Anteil Naturprozesse, wie z.B. mikrobiologischer Abbau oder chemisch-physikalische Einbindung von Schadstoffen übernehmen können [8.38].

8.1.4 Art und Ausmaß von Schadstoffeinträgen in Böden

Die stofflichen Einwirkungen auf den Boden können sowohl *qualitativ* (z.B. Toxizität oder Persistenz) als auch *quantitativ* (z.B. Versauerung oder Auswaschung) problematisch sein. Die Gruppe der *persistenten*, d.h. im Boden nur in langen Zeiträumen abbaubaren, problematischen Stoffe bildet ein wachsendes Gefahrenpotential, weil diese Schadstoffe sich mit fortschreitendem Eintrag im Boden kontinuierlich anreichern. Für die persistenten Schadstoffe gilt, dass bei begründeten Anhaltspunkten für bodenbeeinträchtigende Wirkungen bereits im Vorfeld der Gefahrenabwehr vermeidbaren Schäden vorzubeugen ist.

Schadstoff-Einträge in den Boden – Beispiel Metalle
Außer durch natürliche Einträge können Metalle durch Bodenverbesserungsmittel wie Kalk, Stallmist, Düngemittel, durch Bewässerung oder durch Pflanzenschutzmittel in den Boden gelangen; daneben finden sich Einträge aus Abfallstoffen wie Klärschlamm, Müllkomposten, Minenabfällen, Flugaschen und aus den atmosphärischen Niederschlägen im Boden. In Tabelle 8.2 sind die Einflüsse von Düngemitteln, Flugasche und atmosphärischen Niederschlägen auf die Metallgehalte in landwirtschaftlich genutzten Böden verzeichnet. Insgesamt ist festzustellen, dass Cadmium in allen Kategorien ein vorrangiges Schadstoffpotenzial besitzt.

Die technischen Möglichkeiten zur Eliminierung von Cadmium aus Düngemittelphosphaten sind begrenzt oder zumindest sehr teuer. Die Einträge von anorganischen Pestiziden wurden inzwischen stark reduziert.

Tabelle 8.2 Gehalte an Spurenelementen, in mg/kg Trockensubstanz, in unbelasteten Böden und in Materialien, die zu einer Verschmutzung führen [8.39]. Kritische Werte sind in *kursiver Schrift* verzeichnet

	Typischer Bodenwert		Dünger[a]	Klärschlamm	häuslicher. Kompost	Flug-Asche	Nieder-[b] schläge
B	10	(0,9...1000)	P(30)	50	–	*200*	5,5
Cd	0,4	(<0,01...8)	P(*50*)	*12*	*10*	*10*	*0,25*
Cu	12	(<1...390)	StM(20)	*800*	*800*	320	*8,8*
Hg	0,06	(>0,01...5)	Gering	*4,4*	–	–	*0,05*
Pb	15	(<1...890)	P(100)	*700*	*1200*	330	*11,0*
Zn	40	(1,5...2000)	P(150)	*3000*	*2000*	360	*29*

[a] Düngemittel typisch mit höchsten Gehalten; P = Phosphat-Dünger, StM = Stallmist etc., mit normalen Gehalten jeweils in Klammern. [b] Atmosphärische Niederschläge in mg/kg Oberboden bis 20 cm Tiefe, geschätzt auf 100 Jahre einer Metallanreicherung.

In Tabelle 8.2, letzte Spalte, sind die Durchschnittsgehalte von Spurenmetallen angegeben, die im Boden über einen Zeitraum von 100 Jahren aus den *Niederschlägen* angereichert werden könnten (Beispiele von acht Lokalitäten in Großbritannien). Dabei ist angenommen worden, dass eine Elementablagerung von 2.5 kg/ha einem Anstieg von 1 mg/kg in den oberen 20 cm des Bodens entspricht.

Verhalten von organischen Schadstoffen im Boden

Für die Mobilität von organischen Schadstoffen sind die transportbestimmenden Faktoren neben der Porenwassergeschwindigkeit die Diffusion, Dispersion und Sorption/Desorption. Der Schadstofftransport erfolgt durch Konvektion, also durch „Mitfahren" der Schadstoffe in einem strömenden Medium, und durch Diffusion, also durch eine selbständige Ausbreitung der Schadstoffe in dem Medium. Die beiden Vorgänge sind voneinander unabhängig und können sich überlagern.

Tabelle 8.3 Verhalten organischer Biozide in Böden (nach *Scheffer/Schachtschabel* [8.1])

Kurzbezeich-Nung	Chem. Charakter	(a) Flüch-tigkeit	(b) Lös-lichkeit	(c) Bindung an		(d) Abbau	
				Humus	Ton, Oxid	aerob	anaerob
Herbizide							
2,4-D	Anion	1	4	1	0	4	2
2,4,5-T	Anion	1	3	1-2	0	3-4	2
Deiquat	Kation	1	4	4	3	3	
Atrazin	Kation	1	2-3	1-2	1	3	3-4
Simazin	Kation	1	2	1-2	1	3-4	
Diuron	Neutral	1	2	2	1	3	
Insektizide							
PCP	Anion	2	2	3	0	1-2	2
Lindan	Neutral	2	2	4	2	1	2
Parathion	Neutral	2	2	3-4	1-2	4	4
Klassifikation		0	1	2	3	4	
(a) Flüchtigkeit (hPa, 25° C)			$<10^{-5}$	$10^{-5}-1$	$1-50$	>50	
(b) Löslichkeit (mg/l)			<1	1-50	50-500	>500	
(c) Bindung (K_{oc}, K_{Ton})		<1	1-300	300-1000	10^3-10^4	$>10^4$	
(d) Abbau			<3 a	1-3 a	18 Wo – 1 a	>18 Wo	

Mit den Parametern der Flüchtigkeit, Löslichkeit, Bindung und Abbau können bspw. die organischen Biozide klassifiziert werden (Tabelle 8.3 nach [8.1]).

- Bei der *Flüchtigkeit* lassen sich die wenig flüchtigen Herbizide von den leichter flüchtigen Insektiziden unterscheiden.
- Gut *wasserlöslich* (überwiegend >500 mg/l) sind die Herbizide 2,4-D, 2,4,5-T, Deiquat und Paraquat, während die Löslichkeit der Insektizide PCP, Lindan und Parathion und der Herbizide Simazin und Diuron <50 mg/l beträgt. Der *pH-Wert* beeinflusst die Adsorption, weil sowohl die Ladung mancher Adsorbentien als auch die einiger Biozide vom pH abhängt; so liegen schwache Säuren wie 2,4-D nur bei höherem pH als Anion vor, schwache Basen mit Aminogruppen bei tieferem pH als Kation und werden dann adsorbiert.
- Die *Bindung an Humussubstanzen und an Tonminerale* ist neben dem Abbau das wichtigste Kriterium für das Verhalten Biozide im Boden und Grundwasser. Die Herbizide Deiquat und Paraquat sind sowohl an Humussubstanzen als

auch an Tonminerale sehr fest gebunden ($>10^4$ für K_{OC} und K_{Ton}); die Insektizide PCP, Lindan und Parathion besitzen eine starke Bindung an organische Substanzen, weisen jedoch nur eine mäßige (Lindan, Parathion) oder keine Bindung (PCP) an Tonminerale auf. Die geringe Bindung von 2,4-D, 2,4,5-T, Atrazin, Simazin und Diuron sowohl an Tonmineralien als auch an Humussubstanzen erklärt ihre geringe Rückhaltung im Boden und ihre gute Grundwassergängigkeit.

Einfluss des Klimawandels auf die Schadstofffreisetzung
Indirekt beeinflusst das Klima die Wechselwirkungen von Schadstoffen und Feststoffen, bspw. in einem Flusseinzugsgebiet (Abschn. 8.4.4). Abb. 8.2 zeigt, wie im Teilsystem Wasser/Boden die Temperatur und der Niederschlag über die mikrobiellen Prozesse die organische Substanz und die Nitrifikation im Boden verndert und daraus die Bodenstruktur, Kationenaustauschkapazität, Versalzung sowie die Regelgrößen pH und Redox. Im Teilsystem Wasser-Sediment sind die Verhältnisse übersichtlicher, weil hier in erster Linie die Niederschläge über die Hydrodynamik einwirken; es sind jedoch auch hier die biogeochemischen Prozesse zu beachten, die zu einer verstärkten Schadstofffreisetzung aus den Sedimenten führen können [8.40].

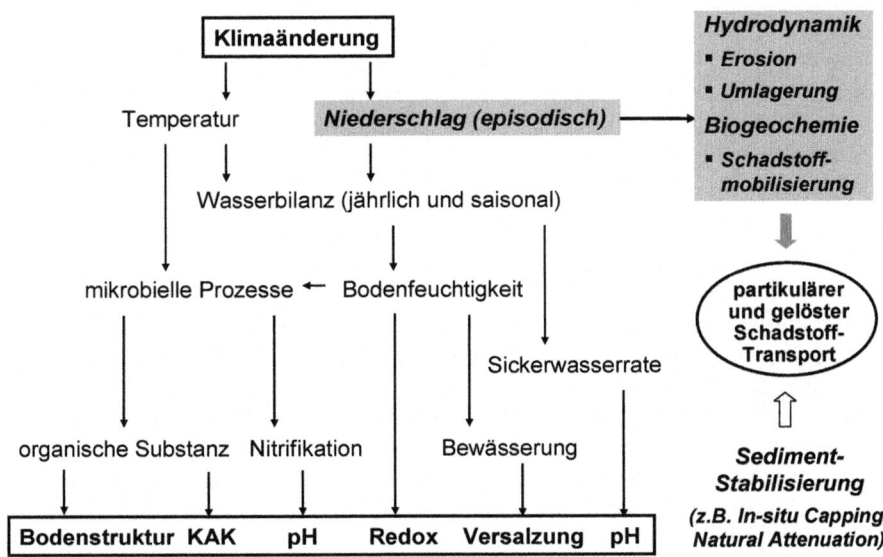

nach Stigliani 1991, Sedimentteil zusätzlich

Abb. 8.2 Auswirkungen einer Klimaänderung auf die Mobilität von Schwermetallen in Böden und Feuchtgebieten (nach *Stigliani* [8.41]), ergänzt durch die Effekte von episodischen Niederschlägen bei der Schadstoffmobilisierung aus Sedimenten [8.42].

8.2 Sedimente

Gering wasserlösliche Substanzen, zu denen viele potentielle Schadstoffe wie
Schwermetalle und chlorierte Kohlenwasserstoffverbindungen zählen, sind im
Gewässer an die Schwebstoffe und Sedimente angelagert. Daraus resultieren meh-
rere Funktionen im Hinblick auf die Gewässerchemie und -ökologie [8.43]:

- Bei ausreichender Fixierung der Schadstoffe an den Partikeln und anhaltender
  Ablagerungstendenz der Feststoffe können "Sedimente als Schadstoffsenken"
  wirken; eine zeitliche Abfolge von konservierten Ablagerungsperioden kann
  die Entwicklung der regionalen Schadstoffbelastung dokumentieren – *„Sedimente als Gedächtnis als 'Gedächtnis' des Gewässers"* (8.2.1).
- Für die Gewässerökologie bedeutet die Bindung von Schadstoffen an die Feststoffphasen grundsätzlich eine Entgiftung der Lösungsphase; allerdings können
  auch feststoffgebundene Schadstoffe toxische oder kanzerogene Wirkungen
  hervorrufen, die bei immissionsbezogenen Zielvorgaben für das *"Schutzgut
  Sedimente"* berücksichtigt werden müssen (8.2.2).
- Die Neigung zur Feststoffbindung beinhaltet auch den Aufbau eines Schad-
  stoffpotenzials, das ggf. bei veränderten Gewässerbedingungen freigesetzt
  wird. Bei Überlastung oder Abbau wichtiger pH- oder Redox-Puffer kann eine
  solche Remobilisierung plötzlich und intensiv erfolgen und die Sedimente können damit den Charakter einer *"chemischen Zeitbombe"* annehmen (8.2.3).
- Die optimale Technik zur Behandlung kontaminierter Sedimente bzw. Baggerschlämme ist daher die langfristige Stabilisierung der pH- und Redoxbedingungen; die Deponierung unter permanent anoxischen Bedingungen entspricht dem
  Konzept der *"Endlagerqualität"* von Abfallstoffen als einem der zentralen Leitbilder des ökologisch-technischen Umweltschutzes (Abschn. 9.3.4).

Entwicklung der Sedimentforschung und -praxis in Deutschland
Mit dem Schwerpunktprogramm „Schadstoffe im Wasser" der Deutschen Forschungsgemeinschaft (1970-1977) begann auch die systematische Bearbeitung
kontaminierter Sedimente als fester Teil der Wasserforschung. Die Ergebnisse
dieser frühen Forschungsprojekte bildeten – zusammen den Arbeiten an der Bundesanstalt für Gewässerkunde – die wichtigste Informationsbasis zum Thema
„Gewässersedimente" in den Überwachungsprogrammen der Länder. In den achtziger Jahren wurde die Thematik „Kontaminierte Sedimente" von den wissen-
schaftlich-technischen Gesellschaften aufgegriffen. Die sedimenthydraulischen
Aspekte wurden vom Deutschen Verband für Wasserwirtschaft und Kulturbau
(DWA) vertreten; der Arbeitskreis „Sedimenttransport in Fließgewässern" erstell-
te u.a. ein Methodenhandbuch zur Erkundung, Untersuchung und Bewertung von
Sedimentablagerungen und Schwebstoffen in Gewässern [8.44]. Die Kompetenz
der Wasserchemischen Gesellschaft in der Gesellschaft Deutscher Chemiker lag
im Bereich der Gewässergüte; ein Arbeitskreis befasste sich mit Qualitätskriterien
für Sedimente und veröffentlichte ein Kompendium über ökotoxikologische und
chemische Testmethoden [8.45]. Die Arbeitsschwerpunkte der beiden wissenschaftlichen Gesellschaften wurden im Verbundprogramm „Sedimentdynamik und
Schadstoffmobilität in Fließgewässern" zusammengeführt [8.46].

8.2.1 Sedimente, das Gedächtnis der Gewässer

Begonnen hatte die umweltbezogene Sedimentforschung um 1920, als *Nipkow* [8.47] anhand von Sedimentkernen aus dem Zürichsee zeigte, dass Gewässerablagerungen ökologische Geschichtsbücher darstellen, die ähnlich den Jahresringen von Bäumen zu lesen sind. Veränderungen der Sauerstoffgehalte am Boden des Gewässers, des Stoffwechsels von Organismen, die Zunahme und Abnahme von umweltbelastenden Stoffen – alles wird in den Sedimentkernen dokumentiert. Ablagerungen der vergangenen 100 bis 200 Jahre werden heute routine-mäßig mit radiometrischen Verfahren, vorzugsweise auf der Basis des Blei-210-Isotops, datiert (*Alderton* [8.48]). In einer Literaturauswertung solcher Profildaten hat *Müller* [8.49] die zeitliche Entwicklung typischer Umweltchemikalien nachgezeichnet:

- Eine Gruppe von Substanzen, die sich vor allem mit der *Kohleverbrennung* in Zusammenhang bringen lässt, nimmt seit ca. 1850 zunächst langsam, seit 1940 stärker zu: die *Schwermetalle*, die *polyzyklischen aromatischen Kohlenwasserstoffe*, und die *Rußpartikel*. Sie gehen seit Mitte der 60er Jahre wieder zurück. Die *Ölprodukte* treten etwas später in die Umwelt ein als die kohlebürtigen Substanzen, doch ist ihr Anstieg noch nicht gebremst.
- Einen ähnlichen Verlauf zeigt das verstärke Auftreten von *Coprostanol*, einem Indikator für den Eintrag von Fäkalien von höheren Lebewesen.

Dann ergibt sich ein zeitlicher Sprung bis zum Auftreten neuer Umweltchemikalien, die teilweise zu Recht den Namen "xenobiotisch" = "lebensfremd" tragen:

- Es sind dies z.B. die *polychlorierten Biphenyle*, die bis Anfang der 70er Jahre eine weite Anwendung als Gießharze, Schweröl und als Flammschutzmittel gefunden hatten; weiter finden sich *Pflanzenschutzmittel* wie DDT und nachfolgend Lindan, inzwischen durch andere, leichter abbaubare Stoffe ersetzt.
- Eine andere typische Gruppe von synthetischen organischen Substanzen sind die *Phthalate*, die u.a. als Weichmacher in Kunststoff eingesetzt werden und auch bei der PVC-Produktion als Zwischenprodukt anfallen. Auch sie beginnen ihren Eintritt in die Umwelt um 1950.
- Schließlich ist die Gruppe der *künstlichen Radionuklide* zu nennen, deren "Einstieg" in die Sedimente auf 1952/1953 zurückdatiert werden kann, als Folge der oberirdischen Atombombentests. Die Emissionen aus der Tschernobyl-Katastrophe lassen sich weltweit in den Sedimentkernen nachweisen lassen.

Bei der aktuellen Diskussion um das *neue Erdzeitalter „Anthropozän"* geht es um die Frage: Sind die Eingriffe des Menschen geologisch manifest? Kann man sie in den Sedimenten nachweisen, den Archiven der Erdgeschichte? Die Antwort einer Gruppe von 34 Wissenschaftlern ist: „Ja, was wir seit circa 1950 vorfinden, das ist anders als in der gesamten Welt des *Holozäns*, der Epoche, die vor circa 11.700 Jahren nach dem Ende der letzten Eiszeit begann und von stabilen Umweltbedingungen geprägt war" [8.50]. Seit der Mitte des 20. Jahrhunderts „explodierte der Einsatz von Erdöl und Kohle, die Erosionsraten schossen hoch, der Kunstdüngereinsatz in der Landwirtschaft. In den Sedimenten stecken Flugasche, Aluminium- und Betonpartikel und jede Menge Plastik. Seit damals werden auch in einem nie gekannten Ausmaß Tier- und Pflanzenarten um die Welt transportiert" [8.51].

8.2.2 Biologische Wirkungen (Ahlf in [8.43])

Unter rechtlichen Aspekt sind Sedimente und Schwebstoffe „*Schutzgüter*", wobei die Sedimente als Lebensraum für zahlreiche Organismen und Lebensgemeinschaften betrachtet werden. Für die meisten Organismen der *Makro-* und *Meiofauna* ist eine Umgebung ohne Sauerstoff lebensfeindlich, da sie ihn für ihren Stoffwechsel benötigen. Die Organismen haben daher eine Vielzahl von Strategien entwickelt, um diese Bedingung auch in *anoxischer Umgebung* zu erfüllen. Dies erfolgt entweder durch direkten Kontakt mit der *oxischen Oberflächenschicht* oder durch aktiven *Eintransport sauerstoffhaltigen Wassers* in das Sediment, wodurch oxische Zonen mit Redoxgradienten im Millimetermaßstab geschaffen werden. Diese komplizierten *Habitatverhältnisse* waren ein Grund, warum lange Zeit die Einflüsse der sedimentgebundene Schadstoffe nicht gesondert differenziert wurden.

Sedimentassoziierte Umweltchemikalien können nachhaltige Auswirkungen auf Ökosysteme ausüben. Kleinlebewesen können aussterben oder einige Arten werden durch tolerante Spezies verdrängt. In jedem Fall wird die *Integrität des Ökosystems* durch derartige Änderungen ausgeprägt gestört, wobei die Abwandlung ökologischer Funktionen ebenso wie der Energiefluss meist unerkannt erfolgt (Abschn. 1.3.2). In der Natur sind die Auswirkungen der Schadstoffe, die in den Sedimenten angelagert werden, schwierig zu beobachten, da natürliche Faktoren die Sediment-Lebensgemeinschaften ebenfalls beeinflussen.

Nach der Konzeption des Bund/Länder Arbeitskreises „Ableitung von Qualitätszielen zum Schutz oberirdischer Binnengewässer vor gefährlichen Stoffen" wurden in den 1990er Jahren neben den obligatorischen Emissionsgrenzwerten auch Immissionskriterien im Sinne von Zielvorgaben (Qualitätsziele als Stoffkonzentrationen für Einzelsubstanzen) für das Schutzgut „Schwebstoffe/Sedimente" definiert. Diese Bewertung der stofflichen Umweltqualität im allgemeinen und der Gewässer- und Sedimentqualität im Besonderen durch ausschließlich chemisch-analytische Daten basiert auf einem Überwachungskonzept, wonach zeitliche und räumliche Belastungsschwerpunkte in Beziehung zu Einleitungen gesetzt werden, um dann ein effektives Umweltmanagement durchführen zu können. Üblicherweise kommen in der Umwelt aber Schadstoffgemische vor, die sich anders als die einzelnen Bestandteile verhalten können. Bei Bestandsaufnahmen, die die Gesundheit von Ökosystemen repräsentieren sollen, resultieren aus der alleinigen Betrachtung von chemischen Daten mehrere Probleme [8.52]:

1. Die Zahl der zu analysierenden Zielsubstanzen ist gewaltig und übersteigt die verfügbaren analytischen Möglichkeiten.
2. Es wird angenommen, dass die Ausgangsprodukte (die gemessen werden) verantwortlich sind für beobachtete Wirkungen, was immer dann nicht gegeben ist, wenn Metaboliten oder andere Abbauprodukte die aktiven Stoffe sind.
3. Die große zeitliche Variation, die besonders in Ästuarien und Küstengewässern typisch ist, kann nicht vollständig charakterisiert werden.
4. Die Angaben von Schadstoffkonzentrationen können nicht genutzt werden, um ihre Interaktionen untereinander auszurechnen, und sie erstellen keine Beziehung zu Umweltfaktoren, die eine Bioverfügbarkeit beeinflussen.

Es ist offensichtlich, dass Verunreinigungen in der Umwelt eine ökologische Bedeutung nicht durch ihre Anwesenheit, sondern durch ihre Wirkung erhalten. Daraus leitet sich ab, dass diese lebensnotwendige Wechselbeziehung bei dem Entwurf von Bewertungsprogrammen durch biologische und chemische *Diagnosetechniken* berücksichtigt werden sollte. Es existieren genügend Beweise, dass ernsthafte Effekte durch ökotoxikologische Verfahren erkannt werden, besonders in stärker industrialisierten Regionen. Biotests zeigen ebenfalls eindeutig an, ob eine Verunreinigung im Wasser oder Sediment bioverfügbar und potentiell gefährlich ist. Biotestverfahren sollten daher generell als *Screeningmethoden* innerhalb einer Bewertungsstrategie für Verdachtsflächen verwendet werden [8.53]. Diese Vorgehensweise erlaubt es, chemisch-analytischen Aufwand für die Zeiten und Orte, wo nachweisbare Probleme existieren, zu reservieren.

Ein überarbeitetes Konzept mit einer gestuften Vorgehensweise ist daraus entstanden, um die einzelnen Komponenten aus Kostengründen sinnvoll einzusetzen[8.52]. Dabei wurde deutlich, daß Biotests zum Nachweis toxischer Wirkungen den wohl wichtigsten Bestandteil darstellten. Allerdings kann eine Sedimentbewertung nicht mit Hilfe eines einzelnen Biotests zu aussagekräftigen Ergebnissen kommen. Dagegen sprechen die differierenden Expositionswege und die unterschiedlichen Empfindlichkeiten der Testorganismen auf Umweltchemikalien. Eine logische Folgerung ist daher, eine Kombination von Biotests einzusetzen.

8.2.3 Chemische Zeitbombeneffekte

Auslöser für die Mobilisierung von Schadstoffen ist häufig eine biochemische Umsetzung organischer Stoffe, doch spielen auch anorganische Komponenten eine wichtige Rolle als Milieu- und Steuerfaktoren. Organische Substanzen in Porenlösungen beeinflussen die Schadstoffgehalte in mehrfacher Weise, u.a.

- als lösungsvermittelnder Faktor für den Transport von Spurenelementen, vor allem durch Komplexierungsprozesse mittels organischer Abbauprodukte
- als Ursache für die Bildung von Kolloiden, mit denen ein intensiver Transport auch der schwerlöslichen Komponenten im Grundwasserbereich erfolgt,
- als Motor und wesentlicher Milieu- und Steuerfaktor für die Stoffkreisläufe anderer Haupt- sowie Neben- und Spurenkomponenten. Biochemische Umsetzungen spielen eine wichtige Rolle

Wie stark die Steuerprozesse ein geochemisches System verändern (und gegebenenfalls zu einer massiven Freisetzung von Schadstoffen führen), hängt von dessen „kapazitätsbestimmenden Eigenschaften" (*Stigliani* [8.41]) ab (Abb. 8.3). Dieser Faktor zeigt sich einmal darin, dass die Aufnahmefähigkeit des Feststoffs durch direkte Sättigung erschöpft werden kann, weist aber zum anderen vor allem auf die Möglichkeit hin, dass bestimmte Feststoffphasen, die als „Puffer" oder „Barrieren" wirken, durch äußere Einflüsse in ihrer Kapazität reduziert werden können. Vor allem Systeme, die hohe Anteile abbaubarer organischer Substanzen enthalten, zeigen typische nicht-lineare, verzögerte Entwicklungen und sind – anders als mineralogisch-geochemische Systeme – mit den derzeit verfügbaren Methoden nicht ausreichend beschreibbar, modellierbar und prognostizierbar.

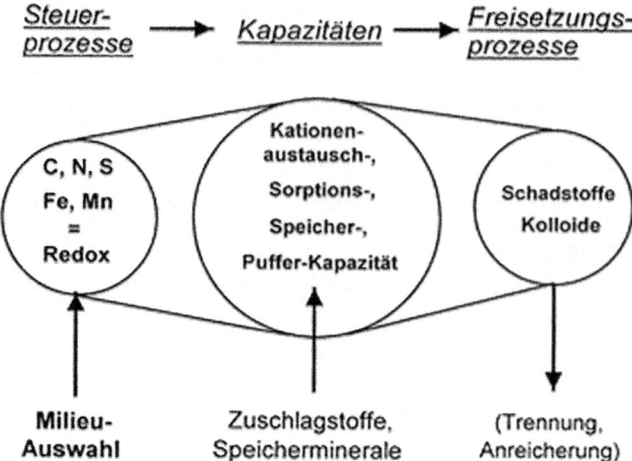

Abb. 8.3 Kopplung der geochemischen Systemfaktoren (*Salomons* [8.54]) und Schwerpunkte von ingenieurgeochemischen Problemlösungen: Auswahl langfristig stabiler Milieubedingungen für Ablagerung, Zuschlagstoffe für die Stabilisierung der Schadstoffbindung und verfahrenstechnische Abtrennung/Anreicherung der Schadstoffe

In der Tabelle 8.4 (*Salomons* [8.40]) sind die wichtigsten kapazitätsbestimmenden Eigenschaften und ihre Verbindungen zu den globalen biogeochemischen Kreisläufen zusammengefasst. Die *Kationen-* bzw. *Anionenaustauschkapazitäten* werden vor allem durch die Art und die Gehalte an Tonmineralen und festen organischen Substanzen sowie den pH-Wert im Boden oder Abfall bestimmt. Der *pH-Wert* wiederum beeinflusst vorrangig die Metalllöslichkeit und die mikrobiologischen Populationen. Die Absenkung des *Redoxpotenzials* führt zur Auflösung von Eisen- und Manganoxiden und damit zur Freisetzung von Schwermetallen, die unter oxidierenden Bedingungen adsorbiert wurden. Eine Abnahme der *Gehalte an organischen Feststoffen* verringert die Kationenaustauschkapazität, die pH-Pufferkapazität und die Sorptionskapazität für organische Schadstoffe. Methoden für die Untersuchung der zeitabhängigen Freisetzung von Spurenelementen aus Baggerschlämmen (Abschn. 8.4.4) bei Redox- und pH-Änderungen siehe [8.55-8.57].

Tabelle 8.4 Verknüpfung zwischen kapazitätsbestimmenden Eigenschaften und den wichtigsten biogeochemischen Stoffkreisläufen [8.40]

Kapazitätsbestimmende Eigenschaften	Wichtige Parameter	Biogeochemische Stoffkreisläufe
Kationenaustausch-kapazität	Tonminerale, organische Substanz	Kohlenstoffkreislauf
pH	Karbonatgehalt	Calciumkreislauf
Redoxpotenzial	Eisen- und Manganoxide, Sulfide	Eisen-, Mangan- und Schwefelkreisläufe
Organische Substanz	Organische Substanz	Kohlenstoffkreislauf

8.2.4 Schwerpunkte aktueller Sedimentforschung

Für ein Zwischenfazit beim Stand der Wissenschaft im Bereich der Mess-, Beprobungs-, Analysen- und Modellierungsmethoden sowie anderen klassischen Themenbereichen der Sedimentforschung wie „zeitliche und räumliche Verteilung von Schadstoffen", "Bioakkumulation und -abbau" und „Ansätze zur Risikobewertung" wurden die entsprechenden Beiträge in der führenden naturwissenschaftlich-technischen Umweltzeitschrift *Envionmental Science & Technology* aus dem Zeitraum 1/2011-6/2013 ausgewertet [8.58]:

- Bei dem unmittelbar methodisch ausgerichteten Aspekt "Probenahme" dominiert eindeutig die Thematik der "In-situ Beprobung von Porenwasser". Von den acht Artikeln werden hier die beiden jüngsten Beispiele zitiert: Physikochemische Effekte beim *Dünnschicht-Capping* von PCCD/F-kontaminierten Sedimenten in Grenlandfjord, Norwegen [8.59] und *Passivprobenehmer* zur Abschätzung der zugänglichen und Porenwassergehalte von PAK und PCB im Sediment [8.60].

- Bei den Untersuchungen an Greiferproben und Sedimentkernen zum Nachweis der zeitlichen und räumlichen Verteilung von Schadstoffen, stehen unter den 15 Beiträgen die „neuen" organischen Schadstoffe im Fokus: *Dechlorane* in den Sedimenten der Großen Seen [8.61], Quantifizierung von *Triclosan*, chlorierte Triclosan-Derivate und ihre Dioxin-Photoprodukte in Sedimentkernen von abwasserbelasteten Seen [8.62] und *Bisphenol* in Sedimenten aus Industrieregionen in den USA, in Japan und Korea [8.63] sowie in China [8.64].

- Bioakkumulation und Bioabbau werden in 8 Beiträgen behandelt; das erste der vier ausgewählten Zitate gilt einem nach wie vor kontrovers diskutierten Ansatz zur Bestimmung der *Bioverfügbarkeit von Metallen*: Kann AVS (acid volatile sulfide) die Metallkonzentrationen in Algen beeinflussen? [8.65]. Weitere Beispiele: Anreicherung und Ausscheidung von polychlorierten Biphenylen von im Freiland gesammelten Sedimenten in drei Süßwasserorganismen [8.66], *Bioabbau* von Chlorbenzol und Nitrobenzol an Grenzflächen zwischen Sediment und Wasser [8.67] und Schadstoffe an der Sediment/Wasser-Grenzfläche: Folgen für die Umweltverträglichkeitsprüfung [8.68].

- Bei den Ansätzen zur *Risikobewertung* werden aus den 12 Beiträgen in der ES&T-Auswahl zwei Beispiele zitiert: Screening von Seesedimenten bezüglich „neuer" organischer Problemstoffe aus Pharmazeutika, Körperpflegemitteln, Pestiziden, Korrosionshemmer, UV-Licht-Stabilisatoren mittels Flüssigchromatographie und weitergehender Detektionsanalytik [8.69] und Identifikation der Ursachen für die sedimentbürtige *Toxizität* in städtischen Wasserwegen im Pearl River Delta, China [8.70].

- Zwei weitere Zitate wurden für den Umgang mit *Umweltkatastrophen* ausgewählt: Ausbreitung und Rückhaltung von Spurenschadstoffen stromabwärts vom *Dammbruch* eines Beckens für Bauxitreststoffe (Rotschlamm) bei Ajka, Ungarn [8.71] und Bioabbau und biologische Sanierung: Berichte über die beiden schlimmsten *Ölunfälle* in der U.S.-Geschichte - *Exxon Valdez* und BP *Deepwater Horizon* [8.72].

8.3 Altlastenprobleme

Altlasten sind alte Ablagerungen kommunaler Abfälle und industrieller Produktionsrückstände, Kontaminationen von Betriebsgeländen und im Umfeld emittierender Produktionsstätten, Begleiterscheinungen und Folgen zweier Weltkriege, Militärstandorte der Vergangenheit und Gegenwart, Basis undichter Abwasserleitungen und Bauwerke, die gesundheitsschädliche Materialien enthalten [8.73].

Aus der Sicht der Verwaltung sind *Altablagerungen* „verlassene und stillgelegte Ablagerungsplätze von Abfällen, unbeschadet des Zeitpunktes ihrer Stillegung, vor Inkrafttreten des betreffenden Abfallgesetzes entstandene unzulässige Abfalllagerungen (sogen. „wilde" Ablagerungen) und „sonstige stillgelegte Aufhaldungen und Verfüllungen". *Altstandorte* hingegen sind „Standorte stillgelegter Anlagen, in denen mit umweltgefährdenden Stoffen umgegangen wurde" (d.h. es handelt sich überwiegend um alte Industrie- und Gewerbebetriebe).

Auf solchen Industriestandorten wurden bspw. *Produktionsrückstände* oberflächlich vergraben oder Produktionsausgangs-, -zwischen- oder -endprodukte ohne Schutzeinrichtungen gelagert (ehemalige Gaswerke, Produktionsstätten von Insektiziden). Daneben sind Untergrundverunreinigungen durch leckgewordene Transportleitungen von Chemikalien, Ölen etc. oder Tanks entstanden (z.B. Altraffinerien, Flughäfen). Durch ausgelaufenes Öl oder Benzin aus unterirdischen Tanks sind besonders weiträumige Bodenverunreinigungen entstanden.

Ausgelöst von Kriegshandlungen sind aus zerstörten Oberflächentanks oder Betriebseinrichtungen Chemikalien und Ölprodukte in den Untergrund versickert. Unter Einbeziehung aller Ursachen ist der Begriff „Kriegsfolgelasten" umfassender als der Begriff „Rüstungsaltlasten" [8.73].

Obwohl Deutschland bereits seit Mitte der 1980er Jahre große Anstrengungen bei der Altlastensanierung unternommen hat, enthalten die *Kataster der Bundesländer* nach einer nahezu flächendeckenden Erfassung noch immer rund 290.000 altlastverdächtige Flächen. Bislang wurde für etwa 25 % der Verdachtsflächen eine abschließende Gefährdungsabschätzung durchgeführt und bei etwa 10 % Sanierungsmaßnahmen eingeleitet oder bereits abgeschlossen [8.74].

Der *Dienstleistungsmarkt* für Bodensanierung in Deutschland unterliegt stetigen Veränderungen. Nachdem es in den 1990er Jahren darum ging, eine funktionierende Sanierungsinfrastruktur zu entwickeln und verfügbar zu machen, bekamen die stationären Bodenbehandlungsanlagen zunehmend Konkurrenz durch mobile und semimobile Anlagen, die – projektspezifisch optimiert – vielfach eine ökonomisch attraktivere Alternative boten. Insgesamt gesehen verfügt die Bundesrepublik Deutschland über eine ausreichende Sanierungsinfrastruktur. Eine genehmigte Anlagenkapazität von gegenwärtig mehr als 7.000.000 t/a belegt eine stetige Kapazitätssteigerung seit 1995 und bietet offenbar noch genügend Ressourcen für die Behandlung auch bodenähnlicher Materialien wie beispielsweise Straßenkehricht oder von Materialien aus anderen Staaten. Im Jahr 2010 wurden in Deutschland 9 thermische, 20 chemisch-physikalische und 71 biologische Bodenbehandlungsanlagen stationär betrieben. Diese werden teilweise durch genehmigte Aufbereitungsanlagen und Zwischenlager ergänzt [8.74].

Tabelle 8.5 Altlastenverdächtige Standorte und mögliche relevante Stoffe [8.73]

Batterien, Akkumulatoren	Antimon, Arsen, Blei, Cadmium, Chrom, Fluoride, Kupfer, Nickel, Quecksilber, Säuren/Basen, Selen, Zink
Kunststoffe	Acrylnitril, Benzol, Blei, Cadmium, Chrom, Cyanide, Dibromethan, Dichlorethen, Dichlorethan, Dichlorpropan, Dninitrotoluol, Epichlorhydrin, Fluoride, Kresole, PAH, Phenol, Phtalate, Säuren/Basen, Selen, Tetrachlormethan, Toluol, Vinylchlorid, Zink
Farben und Lacke	Anthracen, Antimon, Arsen, Benzin, Benzol, Blei, Cadmium, Chlorbenzol, Chlorphenol, Chrom, Cyanide, Dichlormethan, Dichlorphenol, Dninitrotoluol, Ethylbenzol, Fluoranthen, Fluoride, Kresole, Kupfer, Mesitylen, Mineralöl, Naphtalin, Nitrobenzol, PAH, PCB, Pentachlorphenol, Phenol, Phtalate, Quecksilber, Säuren/Basen, Selen, Teeröle, Tetrachlorethan, Tetrachlorethen, Tetrachlormethan, Thallium, Thiocyanate, Tuluol, Trichlorethan, Trichlorethen, Trichlormethan, Xylole, Zink
Pflanzenschutzmittel, Schädlingsbekämpfungsmittel usw.	Aldrin, Arsen, Benzol, Blei, Chlorbenzol, Chlorphenol, Chrom, Cyanide, DDT, Dibromethan, Dichlorphenol, Dichlorpropan, Dinitrophenol, Epichlorhydrin, Fluoride, Fluorsilicate, Hexachlorbenzol, Pentachlorphenol, Phenol, Quecksilber, Selen, TCDD, Teeröle, Tetrachlorethan, Tetrachlormethan, Thallium, Trichlormethan, Trichlorbenzol, Trichlorphenol, Xylole, Zink
Munition und Explosivstoffe	aromatische Amine, Antimon, Arsen, Blei, Chrom, Dinitrobenzol, Dinitrophenol, Dinitrotoluol, Kupfer, Methylaminnitrat, Nitrobenzol, Nitrophenole, Phenol, Quecksilber, Säuren/Basen, Toluol, Trimethylentrinitroamin (Hexogen), Trinitrotoluol
Mineralölverarbeitung/Mineralöllagerung (incl. Altöl)	Antracen, Arsen, Benzin, Benzol, Blei, Chrom, Dibromethan, Dichlorethan, Dichlorpropan, Ethylbenzol, Kupfer, Mineralöl, Naphtalin, Nickel, PAH, PCB, PCN, Pentachlorphenol, Phenol, Säuren/Basen, Selen, TCDD, Teeröle, Trichlorethan, Trichlorethen, Tetraethylblei, Toluol, Trichlorethan, Trichlorethen, Vanadium, Xylole, Zink
Eisen- und Stahlerzeugung	Antimon, Arsen, Beryllium, Blei, Cadmium, Chrom, Cyanide, Fluoride, Kupfer, Nickel, Quecksilber, Säuren/Basen, Selen, Thallium, Vanadium, Zink
NE-Metallhütten	Antimon, Arsen, Beryllium, Blei, Cadmium, Chrom, Cyanide, Fluoride, Kupfer, Nickel, Quecksilber, Säuren/Basen, Selen, Thallium, Vanadium, Zink
Chemische Reinigungen	Benzin, Benzol, Dichlorethan, Tetrachlorethen, Trichlorethan, Trichlorethen, Trichlormethan
Flugplätze	Benzin, Benzo, Bleialkyle, Bromverbindungen, Mineralöl, Phosphatester, Tetrachlorethen, Trichlorethen
Tankstellen	Benzin, Benzol, Bleiakyle, Chlorkohlenwasserstoffe, Dieselkraftstoff, PAH, Petroleum, Schmieröle, Testbenzin, Toluol, Xylole

8.3.1 Sanierungsziele

Was kann man tun, wenn eine Bodenbelastung festgestellt wurde? Es gibt die folgenden Alternativen [8.73]:

- *Belassen* des kontaminierten Bodens vor Ort und Veranlassung einer Nutzungsbeschränkung;
- *Abdecken* bzw. *Einkapseln* des vor Ort belasteten Bodens mit weitgehend wasserundurchlässigem Material und Wiederaufbringen von kulturfähigem unbelastetem Boden;
- *Ausgraben* des kontaminierten Bodens und Verbringen auf eine Sonderdeponie;
- *Reinigung* des kontaminierten Bodens „on-site", d.h. auf dem kontaminierten Standort bzw. „off site" in einer an einem anderen Ort befindlichen Anlage.

Die ersten drei Verfahren sollten langfristig nur in Ausnahmefällen praktiziert werden, da die Schadstoffe vor Ort verbleiben.

Die Auswahl der Sanierungsmethode ist auch für die spätere Wiedernutzung des Standorts bzw. Bodens von Bedeutung. In der Reihenfolge „biologische Verfahren", „Waschverfahren" und „thermische Bodenbehandlung" nimmt die Intensität des Eingriffs auf den jeweils behandelten Boden und somit die Bodenveränderung zu. Bei einzelnen biologischen Reinigungs- und Waschverfahren können zwar die ursprünglichen chemischen Bodeneigenschaften durch den Eintrag von Chemikalien und Nährstoffen sowie durch das gezielte Heranzüchten bestimmter Mikroorganismen stark verändert werden; die physikalischen Bodeneigenschaften bleiben aber in der Regel erhalten und eine gestörte Bodenbiologie regeneriert sich nach einigen Jahren bzw. passt sich den Standortbedingungen wieder an.

Nachfolgende Nutzungsbeschränkungen ergeben sich hinsichtlich einer möglichen Grundwasserbelastung durch Nitrate sowie durch Stickstoff aus dem endogenen Abbau der Mikroorganismenbiomasse. Bei *in-situ*-Bodenwaschverfahren können Reste von Wasch- oder Lösungsmitteln zeitweise das Grundwasser belasten. Bei on-site-Bodenwaschverfahren wird das gereinigte gröbere Material dagegen weitgehend frei von Ton und organischen Substanzen; diese Sandgemische eignen sich vorrangig als Baustoff für einen qualifizierten Bauuntergrund.

Die am weitest gehende Veränderung des Bodenmaterials erfolgt bei der thermischen Behandlung. Bei Hochtemperaturverfahren werden die organischen Bestandteile und Tonminerale weitgehend zerstört, Hydroxide in Oxide umgewandelt und durch „Vergrusung" (Gesteinzerfall) primäre Minerale zerkleinert. Die pH-Werte von aufgeschlämmten thermisch behandelten Böden liegen sehr hoch (pH 11); diese Produkte sind deshalb hinsichtlich ihrer Nutzungsmöglichkeiten problematisch. Sandige und steinige Böden können ggf. als Füllboden verwendet werden; die tonigen Substrate mit einem hohen Anteil an pelletisiertem Material halten jedoch nicht allen Beanspruchungen stand. Insgesamt erscheint es nicht zweckmäßig, in allen Fällen eine Wiedernutzung für Kultursubstrate anzustreben. Eine Abdeckung der für gärtnerische und landwirtschaftliche Nutzungen vorgesehenen Flächen mit weniger belastetem Kulturboden ist meistens die einfachere und wirtschaftlichere Lösung.

8.3.2 Erkundung von Altablagerungen und Altstandorten

Bei den Altablagerungen hat sich seit Mitte der achtziger Jahre eine schematische Vorgehensweise entwickelt, die mit einer Gefahrenfeststellung und der Erarbeitung eines Sanierungskonzeptes beginnt. Nach Bestätigung des Altlastencharakters schließt sich im allgemeinen eine Kombination von Sicherungsmaßnahmen (Abb. 8.4) an, die meist aus einer Abdeckung (in einigen Fällen sind „Umschließungen" in Form von Dichtwänden erstellt worden) und hydraulischen Verfahren bestehen. Der Zeitraum der ersten Phase liegt bei etwa 10 Jahren. Angesichts der komplexen Situation und des zu erwartenden Kostenaufwandes bei größeren Altdeponien muss man bezweifeln, ob diese jemals in die zweite Phase einer echten „Sanierung" gelangen.

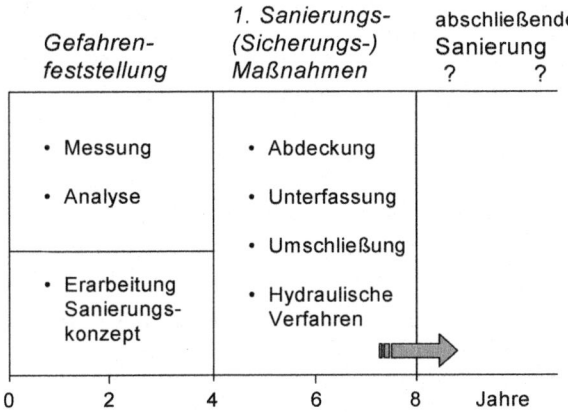

Abb. 8.4 Zeitverlauf der Behandlung von Altdeponien

Verdachtsflächen sind hinsichtlich ihrer potentiellen Umweltgefährlichkeit zu bewerten, um diejenigen zu identifizieren, die vorrangig saniert werden müssen. Aus ökonomischen Gründen ist hierzu eine systematische Vorgehensweise erforderlich; Nachvollziehbarkeit und Transparenz sind Voraussetzung dafür, dass die jeweiligen administrativen Entscheidungen und Maßnahmen von der Öffentlichkeit akzeptiert werden [8.73].

Erfassung
Quellen zur Erfassung von Altlastverdachtsflächen waren früher vor allem Werksakten, Karten, Unterlagen der Bauordnungs- oder Tiefbauämter bzw. der Staats-, Regional-, Kreis- und Ortsarchive, Befragung ehemaliger Betriebsangehöriger sowie monotemporale Karten- und Luftbildanalysen. Die Schwächen dieser Erfassungsmethoden liegen darin, dass die Erhebungen zufällig, nicht vollständig und nicht flächendeckend sind, keine Chronologie verfolgen und ungenaue Flächenabgrenzungen liefern. Inzwischen wird immer deutlicher, dass nur die multitemporale Luftbild- und Kartenauswertung eine objektive, umfassende, parzellenscharfe und weitgehend abgesicherte Erfassung von Altlastverdachtsflächen ermöglicht.

Vergleichende Bewertung

Anhand eines formalisierten Bewertungs- und Einstufungsverfahrens werden Prioritäten für bekanntermaßen aufwendige Einzelstandortuntersuchungen gesetzt. Bewertungskriterien, deren Erfüllung/Erfüllungsgrad zur Einstufung herangezogen wird, sind [8.73]:

- *Stoffinventar* der Verdachtsfläche;
- *Emissionen* aus der Verdachtsfläche;
- *Ausbreitungsmöglichkeiten* für Stoffe in Umweltmedien;
- *Nutzung* der Verdachtsfläche und der Umweltmedien.

Die vergleichende Bewertung wird meist auf der Grundlage der im Verdachtsflächenkataster vorhandenen Informationen durchgeführt. Zusätzlich nehmen einige Länder erste orientierende Untersuchungen von *Grundwasser* und *Boden* vor, um die *Prioritätensetzung* besser abzusichern und rascher die Notwendigkeit von *Sofortmaßnahmen* erkennen zu können. Dabei ist die Anwendung einer *gestuften chemischen Analytik* vorteilhaft, bei der zunächst anhand weniger Parameter geprüft wird, ob überhaupt eine Beeinflussung von Wasser, Boden oder Luft vorliegt und bei positivem Befund in weiteren Schritten die Art der Kontamination genauer festgestellt („3-Stufen-Analytik").

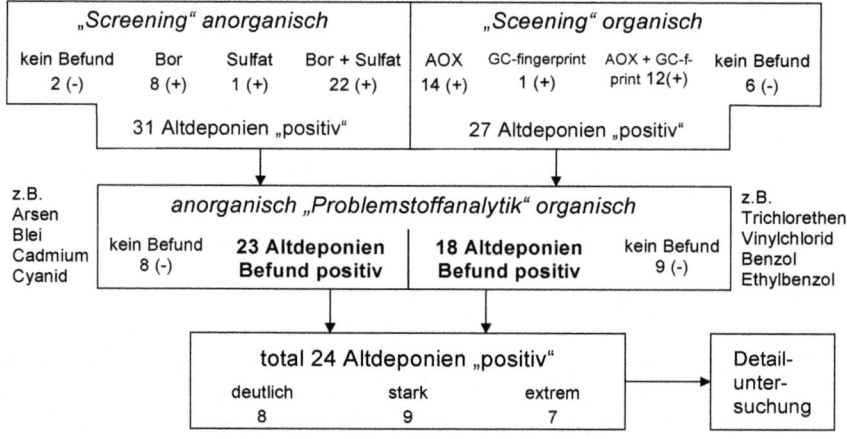

Abb. 8.5 Beispiel für die 3-Stufen-Analytik an Grundwasserproben [8.75]

Als Beispiel für die Anwendung der 3-Stufen-Analytik wird in Abb. 8.5 die Erkundung von Altablagerungen wiedergegeben, die im Grundwasserabstrom unterhalb von 33 altlastenverdächtigen Deponiestandorten durchgeführt wurden [8.75]. Das Screening mit Bor, Sulfat, AOX (an Aktivkohle adsorbierbare organische Halogene) und gaschromatographischen Signalen typischer organischer Einzelsubstanzen ergab für die meisten Beispiele „positive" Hinweise auf eine Kontamination des Grundwassers. Mit der Problemstoffanalytik auf weitere deponietypische anorganische und organische Spurenstoffe wurde der Altlastenverdacht auf 24 Beispiele eingeschränkt, von denen insbesondere diejenigen, die das Grundwasser stark oder extrem belasten, einer Detailuntersuchung unterzogen werden.

Detaillierte Standortuntersuchung und Einzelfallbewertung
Neben chemischen Analysen im unmittelbaren Bereich der Verdachtsfläche und in den umgebenden Umweltmedien sind für die detaillierte Standortuntersuchung insbesondere *geophysikalische* und *geologische Erkundungen* erforderlich. Der Untersuchungsumfang richtet sich nach den örtlichen Gegebenheiten und nach der Zielsetzung der abschließenden Einzelfallbewertung. Die untersuchten Parameter im Wasser, Boden und im Gas der Altlasten entsprechen den Kenngrößen, die auch bei der Überwachung von Deponien von Bedeutung sind (Kap. 9.4).

In der Regel wird bei der *Einzelfallbewertung* festgestellt, ob eine Verdachtsfläche als sanierungsbedürftig oder als „nur" potentiell gefährdend und damit zunächst überwachungsbedürftig einzustufen ist oder als langfristig ungefährlich aus dem Verdachtsflächenkataster ausgeschieden werden kann [8.73].

Von einem ganz anderen Ansatz geht das Konzept aus, das *Kerndorff* und Kollegen [8.76] zur *Bewertung des Grundwassergefährdungspotentials* von altlastverdächtigen Flächen und Altlasten erarbeitet haben. Hier werden nur eingetretene Verunreinigungen bewertet, und deshalb werden Untersuchungsbefunde über Art und Konzentration typischer Stoffe benötigt. Als maßgebliche Bewertungskriterien für die Stoffbewertung werden „Konzentration", „Grundwassergängigkeit" und „Toxizität" angesehen, von denen die beiden letztgenannten Kriterien wiederum durch bestimmte Eigenschaften charakterisiert werden (Tabelle 8.6; *Abschn, 3.1.4 Umweltgefährliche Stoffeigenschaften* gibt Definitionen für die Begriffe „Resorption", „Persistenz", „Bioakkumulation" und „Mobilität" unter besonderer Berücksichtigung der Gruppe von „POPs" [*persistent organic pollutants*]).

Tabelle 8.6 Konzept zur standardisierten Bewertung des Grundwassergefährdungspotenzials von altlastenverdächtigen Flächen und Altlasten [8.76]

Pfad	Bewertungskriterien		Ermittlung der Bewertungszahlen	
Stoffbewertung	Konzentration		Grundwasserabstrom	0-100
	Grundwassergängigkeit	*Mobilität* *Akkumulierbarkeit* *Persistenz*	Wasserlöslichkeit Oktanol/Wasser-Koeff. noch offen	0-100
(für Hauptkontaminanten)	Toxizität	*Verlässlichkeit der getesteten Kriterien* *Humantoxikologie*	bestimmt Aussagekraft der toxikol. Bewertung keine zahlenmäßige Bewertung	0-100 berechnet aus: Tox-Bewertungszahl

Eine zentrale Rolle nimmt in diesem Konzept der *Oktanol/Wasser-Koeffizient* ein, mit dem sich insbesondere das Verhalten von unpolaren organischen Schadstoffen im Untergrund prognostizieren lässt (Tabelle 8.3, Abschn. 8.1.4). Für das *Rückhaltevermögen* gegenüber diesen Schadstoffen sind die Anteile fester organischer Substanz entscheidend [8.77]; damit können auch die *Abstandsgeschwindigkeiten der Wasserinhaltsstoffe* gegen die Wasserausbreitung – zusätzlich mit den Materialeigenschaften wie der Dichte der trockenen Matrix, Porosität und Schüttdichte – abgeschätzt werden.

8.4 Altlastensanierung

Die Maßnahmen zur *Sicherung und Dekontamination* von Altlasten werden zusammen als *Sanierungsmaßnahmen* definiert. Der Rat von Sachverständigen für Umweltfragen [8.73] war der Auffassung, dass beide Ansätze gleichberechtigt sind, „wenn hierdurch der Schutz des Menschen und der Umwelt, bezogen auf die entsprechende Nutzung, gewährleistet ist bzw. wenn die Gefährdung, bezogen auf die entsprechenden Schutzgüter und Nutzungen, nicht mehr besteht; im Hinblick auf einen *langfristigen* Schutz der Umwelt ist eine *Dekontamination* dann als höherwertig zu betrachten, wenn hierzu umweltverträgliche Maßnahmen angewandt werden" (Nr. 458 in [8.73]).

8.4.1 Sicherungsmaßnahmen

Sicherungsmaßnahmen an Altablagerungen und Altstandorten umfassen die Ausgrabung, Deponierung bzw. Zwischenlagerung, die Errichtung eines Barrierensystems mit Oberflächen-, vertikaler bzw. Untergrundabdichtung, und die Verfestigung bzw. chemische Immobilisierung von schadstoffhaltigen Materialien. Mit den Sicherungstechniken werden Schadstoffe nicht vernichtet, sondern die von einem Standort ausgehende Gefährdung wird abgewehrt, indem eine Verbreitung der Schadstoffe reduziert wird. Sicherungstechniken – vor allem die Ausgrabung und der Einsatz von Barrieren – finden ihre Berechtigung darin, dass sie bei einer akuten Gefährdung schnell eingesetzt werden können, mit der Maßgabe, zu einem späteren Zeitpunkt eine vollständige Sanierung durchzuführen [8.78].

Ausgraben und Umlagern
Auskofferung und Bodenaustausch bedeuten in den meisten Fällen eine Verlagerung in besonders abgedichtete und kontrollierte Sondermülldeponien. Der hierfür notwendige *Deponieraum* steht nicht nur heute nicht zur Verfügung: „es ist vollkommen illusorisch, darauf zu setzen, Sondermüll-Deponieraum in solchen Größenordnungen neu zur Verfügung stellen zu können, dass die Auskofferung als generell anzustrebende Sanierungsmethode möglich wäre" [8.79]. Die einzelnen Verfahrensschritte bei Umlagerungen sind [8.80]:

- *Lösen, Fördern und Laden.* Auf Erdbaustellen ist es oft wirtschaftlich sinnvoll, ganze Bereiche durchgängig abzugraben Der Aufbruch versiegelter Flächen und der eigentlichen Altlasten sollte dagegen kleinflächig erfolgen, um einen zusätzlichen Sickerstrom durch eintretendes Regenwasser zu vermeiden.
- *Transport.* Die Transportbehälter müssen geschlossen oder abdeckbar sein. Mit einer Fahrzeugreinigungsanlage sind kontaminierte Materialien vor Verlassen des Geländes abzuwaschen.
- *Abladen und Einbau.* Das Abladen des kontaminierten Materials muss durch spezielle Vorrichtungen, wie z.B. Schürzen an den Ladeklappen, so geschehen, dass keine staub- oder gasförmigen Emissionen vom Abladevorgang ausgehen können. Am zweckmäßigsten ist der Einbau in Kassetten- oder Mietenform.

Ein zentrales Problem beim Abgraben ist das – auch unerwartete – Freiwerden von Schadgasen. Hierzu zählen auch flüchtige Substanzen, die sich erst unter Luftabschluss im Deponiekörper gebildet haben (Beispiel: gasförmiger Arsenwasserstoff aus Arsen-kontaminierten Ablagerungen). Umgekehrt ist nicht auszuschließen, dass durch den Sauerstoff in dem vorher anaeroben Deponiekörper chemische Prozesse in Gang gesetzt werden, die bei einer Risikobetrachtung nur schwer vorherzusagen waren [8.79]. Unter bestimmten Bedingungen, z.B. bei Vorliegen von leichtflüchtigen Chlorkohlenwasserstoffen, kann eine Bodenluftabsaugung (nach Möglichkeit über Aktivkohlefilter vorgenommen werden. Auskofferungen von kompliziert zusammengesetzten Altlasten sollten – wenn überhaupt – nur nach einer ausreichenden Risikoabschätzung vorgenommen werden [8.79].

Barrierensysteme
Die wichtigste Aufgabe bei Sicherungsmaßnahmen ist die Unterbrechung von Emissionspfaden; dabei wiederum geht es im wesentlichen um eine Unterbrechung des Grundwasserstroms und die Verringerung der Sickerwasserneubildung. Eine Sofortmaßnahme bei eng begrenzten Kontaminationsherden ist die *Grundwasserabsenkung*, bei der Entnahmebrunnen gesetzt und das Grundwasser abgepumpt wird, wodurch sich der Grundwasserspiegel im Bereich der Brunnen trichterförmig absenkt. Die *Einkapselung von Altlasten* ist wesentlich aufwendiger.

Hydraulische Maßnahmen
Das Abpumpen von Grundwasser ist eine der technisch einfachsten Möglichkeiten, um bestehende Kontaminationen zu kontrollieren und insbesondere weiträumige Verfrachtungen von Verunreinigungen zu vermeiden [8.79]. Hydraulische Maßnahmen werden nicht nur in Verbindung mit Sicherungstechniken eingesetzt, sondern können auch für eine Sanierung verwendet werden, indem Schadstoffe in einem Behandlungssystem abgebaut oder eliminiert werden. Es werden passive und aktive hydraulische Maßnahmen unterschieden [8.81]:

- *passive Maßnahmen* sind Sperrbrunnen, Injektions- oder Infiltrations- und Entnahmebrunnen, die eine Veränderung der hydromechanischen Verhältnisse des Grundwassers bewirken. Dazu werden in der Nachbarschaft einer Kontamination Entnahmebrunnen gesetzt und das Grundwasser abgepumpt, wodurch sich der Grundwasserspiegel im Bereich der Brunnen trichterförmig absenkt.
- Akive hydraulische Maßnahmen dienen der Fassung und Behandlung des kontaminierten Grundwassers. Als Fassungsanlagen dienen Entnahmebrunnen, Schächte, Drainagegräben (Rigolen) sowie offene Gräben.

Die eingesetzten Maßnahmen reichen von einfachen Abwehrbrunnen und Ölabscheidern bis zu integrierten Systemen der weiterreichenden Abwasserreinigung (Abschn. 6.4.5 „Vierte Reinigungsstufe; Sonderverfahren zur weitergehenden Abwasseraufbereitung" für Arzneimittelrückstände und Industriechemikalien aber auch Mikroplastik-Partikel und Pathogene). Oft werden hydraulische Maßnahmen z.B. mit biologischen in-situ-Maßnahmen in der Form kombiniert, dass das geförderte Grundwasser vor der gezielten Wiederversickerung zusätzlich über *On-site-*Wasserreinigungstechniken behandelt wird.

Oberflächenabdichtungen

Die Oberflächenabdichtung einer Altlast dient vor allem der Behinderung des Zutrittes von Oberflächenwasser in den kontaminierten Bereich bzw. in den Deponiekörper. Sie setzt sich aus einem wurzelfähigen Oberboden, einer Dränage zum Ableiten des Oberflächenwassers, einer mineralischen Abdichtungsschicht und einer Gasdränage zusammen [8.82].

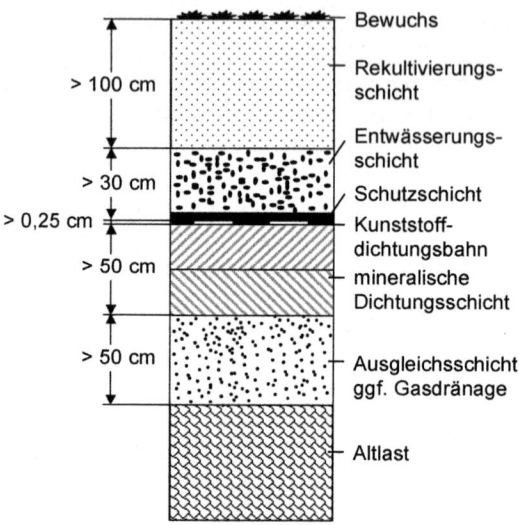

Abb. 8.6 Oberflächenabdichtungssystem mit Kombinationsdichtung (mineralische Dichtungsschicht und Kunststoffdichtungsbahn), Entwässerungsschicht und Rekultivierungsschicht [8.83]

Dichtwände

Bei den vertikalen Abdichtungen von Altablagerungen unterscheidet man Spundwände, Schmalwände und Schlitzwände. Spundwände, die normalerweise aus Stahlteilen von ca. 2 cm Dicke bestehen, sind bislang bei der Einkapselung von Altlasten selten eingesetzt worden. Für den Bau von Schmalwänden werden Einzelbohlen, die in der Regel 6 bis 8 cm mächtig sind, in den Untergrund eingerammt oder -gerüttelt; bei gängigen Einsatztiefen von 12 bis 15 m ist die für die Einkapselung erforderliche Lückenlosigkeit nur schwer zu gewährleisten.

Bei den Schlitzwandverfahren wird der Schlitz mit Spezialwerkzeugen (Greifer, Meißel) abschnittsweise ausgehoben [8.84]: Beim Zweiphasenverfahren wird zunächst eine Stützsuspension aus Bentonit eingebracht, die anschließend durch andere Baustoffe – Erdbetone, Tone – ersetzt wird. Beim Einphasenverfahren wird eine Bentonit-Zementsuspension verwendet, die nach Beendigung des Bodenaushubs im Schlitz verbleibt und dort langsam durch den Zementanteil erhärtet. Die Länge einer Schlitzwandlamelle entspricht im Allgemeinen der Öffnungsbreite des Spezialgreifers (2,50 bis 4,20 m). Die einzelnen Lamellen werden schrittweise im sogen. „Pilgerschrittverfahren" hergestellt (Abb. 8.7).

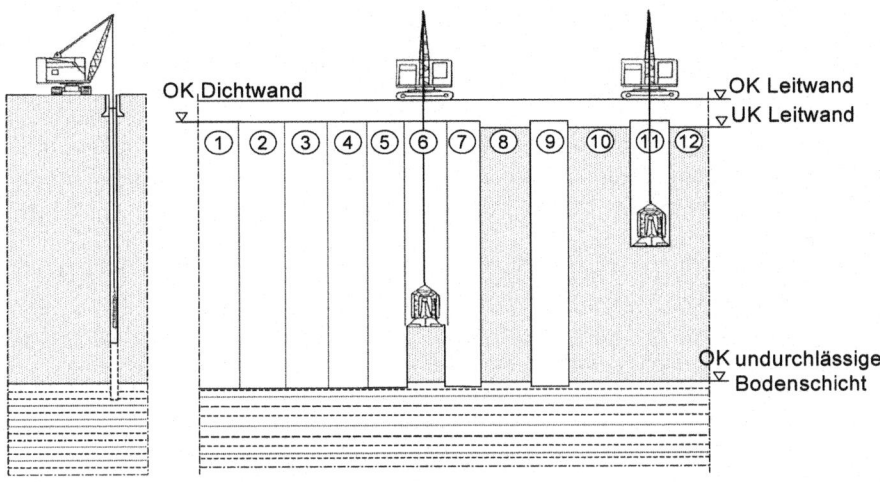

Abb. 8.7 Dichtwandherstellung im Einmassenverfahren [8.85]

Verfestigung, Stabilisierung und Einbindung

Die amerikanische Umweltbehörde definiert in ihrem „Handbuch der Stabilisierung/Verfestigung gefährlicher Abfälle" [8.86] diese beiden Begriffe gemeinsam als Abfallbehandlungsverfahren, die folgende Ziele haben:

1. Die Handhabbarkeit und die physikalischen Eigenschaften zu verbessern, z.B. durch die Sorption freier Flüssigkeiten;
2. die freie Oberfläche des Abfalls, durch die ein Schadstofftransport oder -verlust auftreten kann, zu verringern, und
3. die Löslichkeit gefährlicher Abfallinhaltsstoffe z.B. durch eine pH-Einstellung oder durch Sorptionsprozesse zu begrenzen.

In der Literatur findet man die Begriffe Verfestigung, Konditionierung, (Mikro- und Makro-)Einkapselung, Stabilisierung, Einbindung, Fixierung und Immobilisierung, wobei eine Begriffsabgrenzung selten erfolgt [8.87]. In Übereinstimmung mit der U.S. EPA [8.86] wird folgende Begriffsdefinition vorgeschlagen:

- *Verfestigung* beschreibt einen Prozess, bei dem ein Bindemittel dem Abfallmaterial zugemischt wird, um ein mechanisch festes Produkt zu erhalten [8.88]. Die zugehörigen Untersuchungsmethoden entstammen zumeist der Bodenmechanik und Bauphysik (Festigkeit, Durchlässigkeit, Temperatur- und Feuchtebeständigkeit usw.). Zusammen mit seiner technischen Umsetzung beschreibt dieser Begriff überwiegend eine Methode der Abfallbehandlung.
- *Stabilisierung* beschreibt das auf die Schadkomponenten bezogene Ziel der Verfestigung, das Abfallmaterial in eine stabilere chemische Form umzuwandeln und die Löslichkeit der Inhaltsstoffe zu begrenzen. Der Grad der Stabilisierung wird durch Elutionstests, durch Sorptions-, Diffusions- und Verflüchtigungsuntersuchungen ermittelt.

Die Methoden der Verfestigung und Stabilisierung sind inzwischen zu anerkannten Technologien ausgereift [8.89]; sie können aufgrund der wirksamen Prozesse wie folgt unterteilt werden ([8.90]; siehe auch Abschn. 1.4.8):

- *Chemische Prozesse:* vor allem begründet auf Zement-, Puzzolan- (Flugaschen, Hüttenwerksnebenprodukte) und Wasserglastechnologien; dazu kommen noch geeignete Additive wie Tonminerale, Eisenoxide etc. Die Wirkung z.B. auf die Schwermetalleinbindung beruht vor allem auf einer Erhöhung der pH-Werte.
- *Physikalische Prozesse:* Makro-Einkapselung, „Containerisierung", nicht-chemische Mikro-Einkapselung.
- *Thermische Prozesse:* Einbindung durch thermoplastische organische Polymere, Herstellung von Ziegeln, Verglasung.

Die Art der Einbindung kann durch spezielle physikalische (elektronenoptische oder röntgenographische) oder chemische Verfahren (bei Schwermetallen z.B. durch sequentielle Extraktionen) geprüft werden. Weitere Hinweise auf die wirksamen Bindungsmechanismen geben Desorptionsexperimente und physikalischchemische Untersuchungen, z.B. die Bestimmung der Bindungsenthalpien.

In Tabelle 8.7 sind die Verfahren und Mittel zu Verfestigung/Stabilisierung mit den wichtigsten Anwendungsgebieten zusammengestellt.

Tabelle 8.7 Verfahren und Mittel zur Verfestigung/Stabilisierung [8.73]

Mittel	Zuschlagstoffe	Einbinde-Mechanismen	Anwendungs-Beispiele
A. Anorganische Bindemittel			
Zement (Portlandzement)	Wasser, evtl. Bentonit (Tonminerale)	Verfestigung, z.T. Fixierung	*Untergrundinjektionen, wässrige Schlämme*
Wasserglas (Na-Silicat); pulverförmiges Silicat	k.A.	Verdichtung	*„Bodenverdichtung" (Baugrund aus Altlast)*
Kalk	Hydrophobieungsmittel	Dispersion	*Ölschlämme, Sickeröle*
Braunkohlekraftwerksasche	Rauchgasreinigungsreste, REA-Abwasser	Verfestigung, Stabilisierung	*Reste aus Braunkohleverbrennung und REA*
Glas	Elektrolyt-Salz	Verglasung	*Abfälle und Böden*
B. Organische Bindemittel			
Bitumen/Asphalt, Paraffin	organische/anorganische Adsorbentien	Fixierung	*organische Schadstoffe, z.B. in Sickerölen*
Polyethylen/-Polybuten-1	k.A.	Makroeinkapselung	*kontaminiertes Abbruchmaterial*
Epoxydharze, Polyesterharze	k.A.	Verfestigung, Verpressung	*Abfallstoffe, kontaminierte Böden*

8.4.2 Sanierung von Altlasten

Alle Sanierungsverfahren, mit deren Hilfe Schadstoffe aus einer Matrix, z.B. Erdreich oder Grundwasser, entfernt, umgewandelt oder zerstört werden, ausgenommen die thermischen und biologischen Methoden, werden als *chemisch-physikalische Verfahren* definiert. Im weiteren Sinne gehören dazu auch die Verfestigungsverfahren, da bei diesen ebenfalls chemische Prozesse wirksam sind. Bei *hydraulischen* und *pneumatischen Maßnahmen* kann sich einem Entnahmeschritt ein Dekontaminationsschritt zur Reinigung der entnommenen Grund-, Sicker-, Stauwässer sowie der kontaminierten Bodenluft anschließen [8.78]. Mit chemisch-physikalischen Methoden können grundsätzlich zwei unterschiedliche Strategien verfolgt werden [8.91]:

- Erzeugung relativ kleiner Mengen von *Schadstoffkonzentraten* durch Umwandlung und Separation
- Erzeugung relativ großer Mengen von *verdünnten Schadstoffströmen*, aus denen vor ihrer Verteilung u.U. wieder Schadstoffkonzentrate abzuscheiden sind
  Typische Beispiele für die *Separationsstrategien* sind die Wasch- und Extraktionsverfahren mit dem Anfall von relativ konzentrierten zu entsorgenden Flüssigkeiten und Schlämmen. Endprodukte der Reinigung sind in der Regel Schlämme, beladene Adsorbentien oder Destillationsrückstände aus der Regenerierung von Extraktionsmitteln. Beispiele für die Verteilungsstrategie sind die Auslaugung („Leaching") aus anstehendem Boden („in situ") mit Anfall relativ schwach belasteter reinigungsfähiger Abwässer oder das „Luftstripping" (Verdünnung der Bodenluft) mit anschließender adsorptiver Reinigung.

Bodenluftabsaugung
Für die Beseitigung von leichtflüchtigen Substanzen mit ausgeprägtem Dampfdruck werden in der ungesättigten Bodenzone vorteilhaft Absaugungstechniken eingesetzt. Bodenluftanlagen gelten allgemein als problemlos und wartungsarm. In der Praxis werden Reinigungsgrade bis über 90% erreicht. Die geförderten Schadstoffe müssen nach den Vorschriften der TA Luft aus dem Abluftstrom abgeschieden werden. Die gesetzlich vorgeschriebene Reinigung der Abluft kann durch Adsorptions-, Absorptions-, Wasch- und Kondensationsverfahren oder Verbrennung erfolgen; in der Regel wird die Adsorption an Aktivkohle eingesetzt [8.73].

Bei der Bodenluftabsaugung wird an eine Bohrung bzw. einen Absaugpegel ein Unterdruck angelegt, durch den die Gasphase, z.B. von chlorierten Kohlenwasserstoffen, über einen Radius von 50 - 60 m abgesaugt werden kann. Als begleitende Maßnahme können Druckluftlanzen eingebracht werden, über die auch die im Grundwasser (gesättigte Zone) enthaltenen flüchtigen Kohlenwasserstoffe verdrängt und von der installierten Bodenluftabsaugung aufgenommen werden [8.27].

Um eine zusätzliche Auswaschung durch Niederschläge zu verhindern und eine möglichst weiträumige Absaugung zu erzielen werden häufig Folien zur Versiegelung der Oberflächen aufgebracht. Probleme können bei Verockerung des Grundwasserleiters und durch teilweise Verdrängung des Grundwassers auftreten. Deshalb sind hydraulische Begleitmaßnahmen in vielen Fällen zu empfehlen [8.78].

Waschverfahren

Bei der extraktiven Bodenreinigung werden die kontaminierten Materialien mit Spülmitteln gereinigt. Grundsätzlich besteht der Vorteil dieser Verfahren darin, dass kein biologisch toter Boden anfällt und bei entsprechender Durchführung der Extraktion auch anorganische Kontaminationen effizient beseitigt werden können. In den Fällen, wo der geforderte Grad der Dekontamination nicht ausreicht, kann eine mikrobiologische Stufe (Abschn. „Biologische Behandlung von Altlasten") nachgeschaltet werden [8.92]. Anlagenkonzepte und praktische Anwendungen von Bodenwaschverfahren sind bei [8.73, 8.93, 8.94] beschrieben.

Die Anwendung chemischer Wasch- und Spülverfahren „on-site", wie sie nahezu ausschließlich praktiziert werden, erfordern mehrere Prozessschritte. Zunächst wird das Material homogenisiert, zerkleinert oder durch Siebung fraktioniert. Der eigentliche Laugungsprozess wird in einem Mischer durchgeführt; besonders günstig ist der Kontakt zwischen den Feststoffen und der Lösung im Wirbelschichtreaktor. Anschließend sind Lösung und entgiftete Feststoffe zu trennen – in Absetzbecken, durch Filterpressen, Hydrozyklone, Zentrifugen etc. Die Nachbehandlung besteht meist aus einem Waschprozess, bei der die anfallende Lösung aufgearbeitet wird: Fällung von anorganischen Bestandteilen, Verflüchtigung und Adsorption, Verbrennung, chemische bzw. mikrobiologische Behandlung der organischen Komponenten, ggfs. Rückgewinnung des Extraktionsmittels. Durch die völlige Rezirkulation des Prozesswassers im normalen Betrieb erfolgt kein Austrag von Wasser [8.92].

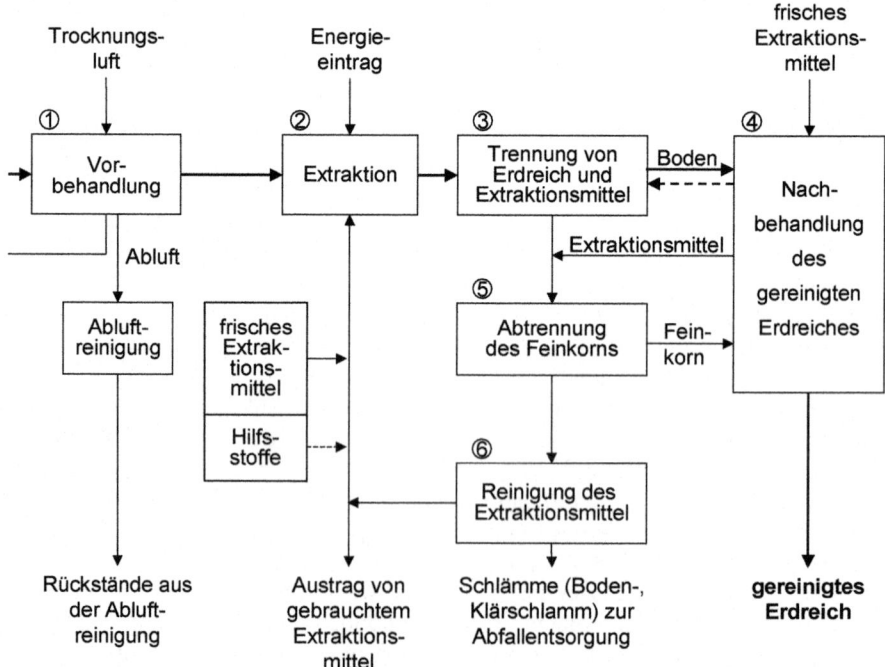

Abb. 8.8 Prozessschema der Extraktions- und Waschverfahren [8.73]

Wegen der verfahrenstechnischen Forderung des innigen Kontaktes und der Rolle der Oberflächenphänomene wurden die Verfahren zuerst auf die Behandlung von Mittelgrobfraktionen, z.B. Kies, Sand, zerkleinerte Abbruchmaterialien mit Kornfraktionen von 25 bis 0,1 mm, ausgelegt. Inzwischen können sie auch für Böden mit hohem Fein- und Feinstkornanteil durch Verschiebung der Trenngrenze zum Feinstkorn, z.B. von 60 µm auf 15 µm angewandt werden [8.94]. Dies hat jedoch zur Folge, dass nicht nur die Schadstoffe und ihre Umwandlungsprodukte, sondern auch die gesamte Feinkornfraktion als Schlamm zu entsorgen sind.

Die Eigenschaften von Wasser als Wasch- und Lösungsmittel sind durch *Zusätze* zu beeinflussen. Zusatzstoffe sind u.a.:

- *oberflächenaktive Substanzen*, die die Benetzbarkeit der Bodenbestandteile und die Löslichkeit von lipophilen Verunreinigungen verbessern,
- *Komplexbildner*, die Schwermetalle und deren nichtlösliche Verbindungen in wasserlösliche Verbindungen überführen,
- *Flotationshilfsstoffe* (Sammler und Schäumer), die bestimmte nicht lösliche Substanzen in eine abtrennbare Phase überführen,
- *Säuren oder Basen*, mit denen der pH-Wert der Lösung eingestellt werden kann, der für die Stabilität der Verbindungen und die Selektivität bei Flotationsprozessen benötigt wird.

Bei Bodensanierungen wurden für die *Extraktion von Metallen* Salzsäure, Schwefelsäure und Salpetersäure eingesetzt; bei der guten Löslichkeit basischer Salze, z.B. Blei und Zink, ist auch eine Behandlung mit Natriumhydroxid möglich. Auch *Cyanide* werden normalerweise durch NaOH umgesetzt; erfahrungsgemäß ist jedoch die Behandlung von Eisencyaniden in feinkörnigen Materialien schwierig. *Kohlenwasserstoffverbindungen* können auch durch wässrige Lösungen von Salzsäure, Natronlauge oder Soda extrahiert werden; diese Chemikalien lösen die Humussubstanzen in den Böden und geben die gebundenen Schadstoffe frei. Bei den organischen Lösungsmitteln werden wassermischbare Verbindungen wie Äthanol, Isopropanol und Aceton bevorzugt [8.95].

Wegen des problematischen Umgangs mit Chemikalien wird dem Einsatz mechanischer Energie der Vorzug gegeben. Eine ausreichend lange Behandlung jedes einzelnen Bodenpartikels von allen Seiten kann bspw. erreicht werden, indem man die Mischung aus Wasser und Bodenmaterial durch eine Förderschnecke leitet oder in einem Hochdruck-Strahlrohr intensiv verwirbelt und homogenisiert [8.96]. Die meisten Verfahren haben schon Anwendungsreife in industriellem Maßstab bei Durchsatzleistungen zwischen 3 und 40 t Eingangsmaterial pro Stunde.

Elektrosanierung

Schwermetalle und andere Kontaminanten können mit Hilfe von elektrokinetischen Phänomenen wie Elektroosmose, Elektrophorese und Elektrolyse [8.97] aus dem Boden und dem Grundwasser entfernt werden. Es wird dabei ein elektrische Gleichfeld über Elektroden in den kontaminierten Boden eingeführt [8.98, 8.99]. Mit einer solchen Behandlung konnte beispielsweise auch sechswertiges Chrom zur schwerlöslichen, nicht-toxischen dreiwertigen Chromspezies reduziert werden [8.100].

Biologische Behandlung von Altlasten

Mikrobiologische Verfahren sind vielseitig anwendbar bei der Dekontamination von Böden. Durch die üppige Boden-Mikroflora liegt in den oberflächlichen Bodenzonen ein hohes Abbaupotential für bestimmte organische Schad- und Belastungsstoffe, wie aromatische und aliphatische Kohlenwasserstoffe, Benzol, Toluol, Xylol, Phenole oder Naphthalin vor. Schwerer abbaubar sind chlorierte Lösemittel, Chlorphenole, chlorierte Pestizide, polycyclische Aromaten und Ferricyanide. Es gibt nur wenige synthetische nieder- und hochmolekulare Verbindungen, die sich gegen den mikrobiellen Abbau als resistent erwiesen haben [8.101]. Eine umfassende Bewertung und Weiterentwicklung der biologischen Altlastenverfahren wurde von einem Sonderforschungsbereich der Deutschen Forschungsmeinschaft (DFG) vorgenommen [8.102]

Organismen

In den meisten Sanierungsfällen reichen die natürlich vorhandenen Mikroorganismen sowohl in ihrer Menge wie in ihrem Abbauvermögen auch unter optimierten Bedingungen nicht aus, den Bioabbau in akzeptablen Zeiträumen zu bewältigen. Durch Zuchtwahl und Auslese lassen sich jedoch adaptierte Bakterienstämme mit speziellen Eigenschaften gewinnen, die auf mit unterschiedlichen Schadstoffen versetzten Nährmedien gezüchtet und als getrocknetes Produkt in den Handel gebracht werden [8.73].

Lebensbedingungen

Bei allen biologischen aeroben Verfahren müssen optimale Lebensbedingungen für die schadstoffabbauenden Mikroorganismen durch Zugabe von Nährstoffen, wie Stickstoff-/Phosphorverbindungen und Spurenelementen sowie ausreichende Versorgung mit *Sauerstoff* hergestellt werden. Das Anwendungsspektrum für die Sauerstoffversorgung reicht von der Belüftung mit Rein-Sauerstoff oder Luftsauerstoff über direkte Sauerstoffdonatoren wie Wasserstoffperoxid oder Ozon [8.103] bis zu indirekten Sauerstoffdonatoren wie Nitrat. Aus ökologischen Gründen ist der Einsatz von Nitrat bedenklich. Die meisten Anwendungen basieren auf Wasserstoffperoxid, das umweltfreundlich in Wasser und Sauerstoff zerfällt.

Biologische in-situ-Verfahren

Neben der Vermeidung zusätzlicher Umweltgefährdungen ist ein wichtiger Kostenvorteil der In-Situ-Maßnahmen mit mikrobiellen Methoden die Möglichkeit, Boden und Grundwasser kombiniert und umfassend zu dekontaminieren [8.104]. In dem hier beschriebenen Fallbeispiel von *Battermann/Werner* [8.105] wurden in dem mit Kohlenwasserstoffen verunreinigten Bereich eines flachen Grundwasserleiters zwei Wasserkreisläufe eingerichtet, die parallel als Spül- und Reinwasserkreislauf betrieben werden konnten (Abb. 8.9). Um ein Ausspülen der Schadstoffe zu bewirken, wird durch Infiltration von Reinwasser eine Erhöhung des Grundwasserspiegels erreicht; damit wurden gleichzeitig „Schutzinfiltrationsbrunnen" geschaffen, mit denen das Abströmen von Teilen des durch den Schadensherd fließenden Grundwassers aus dem Sanierungsgebiet verhindert wird.

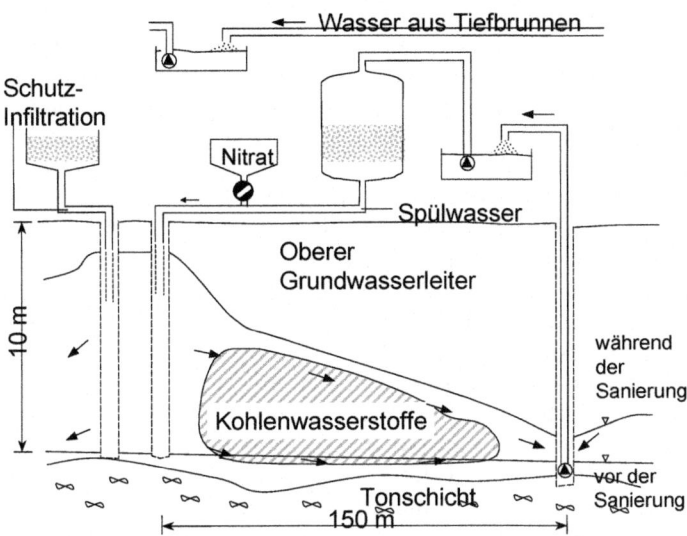

Abb. 8.9 In-situ-Sanierung einer Untergrundkontamination von Mineralöl-Kohlenwasserstoffen aus: *Battermann/Werner* [8.105]

Nach Ausspülen des kontaminierten Bereichs des Grundwasserleiters und nach Entfernung der den laufenden Betrieb störenden Stoffe, wie z.B. Eisen und Mangan, wird das Spülwasser erneut gezielt in die Versickerungsbrunnen infiltriert. Biologische Untersuchungen an Wasser- und Bodenproben belegten die Anwesenheit von Mikroorganismen mit der Fähigkeit zum Abbau von aliphatischen und aromatischen Kohlenwasserstoffen. Als Sauerstoffträger wurde Nitrat eingesetzt. Die Mengenbilanz ergab, dass innerhalb der ca. zweijährigen Sanierungszeit etwa 90 t Nitrat zum Abbau von etwa 30 t Kohlenwasserstoff denitrifiziert wurden. Ein Temperaturanstieg um 12°C führte zu etwa einer Verdoppelung der Abbauraten.

Biologische On-Site-Verfahren
Diese Verfahren machen einen Aushub des belasteten Bodens erforderlich. Der Vorteil liegt in der Möglichkeit, das Erdreich zu homogenisieren und aufzulockern. Teilweise werden dabei Materialien wie feine Kiese, Häcksel oder Baumrinde zugesetzt, die gleichzeitig als Trägermaterial für Mikroorganismen wirken sollen [8.104].

Bei der „Landfarming-Methode", einer Bearbeitung des Bodens mit Hilfe landwirtschaftlicher Geräte, erfolgt ein großflächiges Ausbringen der kontaminierten Bodenpartien [8.106]. Über einer Schutzfolie wird eine Schicht durchlässigen Sandes zusammen mit einem Entwässerungssystem aufgebracht. Das durchsickernde Wasser wird über das Entwässerungssystem gesammelt und entweder abgeleitet oder zurückgeführt. Der zuvor homogenisierte Boden wird in einer Mächtigkeit von ca. 40 cm über die Sandschicht verteilt. Je nach Zusammensetzung des Bodens werden stickstoff- und phosphorhaltige Düngemittel sowie Kalk und/oder strukturverbessernde Zusätze (z.B. Kompost) hinzugefügt.

Thermische Behandlung kontaminierter Böden

Thermische Verfahren werden im allgemeinen dort eingesetzt, wo Böden in relativ geringem Umfang mit verdampfbaren und/oder verbrennbaren Substanzen verunreinigt sind. Eine Hochtemperatur-Behandlung ist nur bei Böden mit besonders problematischen organischen Komponenten (in entsprechend hoher Konzentration) angebracht. Die thermischen Reinigungsverfahren haben den höchsten Wirkungsgrad – zumindest für halogenfreie organische Kontaminationen – sind aber auch am teuersten, weil durch nachgeschaltete Reinigungsstufen auf der Gasseite ein hoher Aufwand für Zerstörung oder Aufkonzentrierung der Schadstoffe Nachverbrennung und mehrstufige Gaswäsche) betrieben werden muss. Alle thermischen Behandlungsverfahren sind durch Zufuhr von Zusatzenergie, z.B. Heizöl, Erdgas oder Strom, gekennzeichnet [8.73].

Das Prinzip der thermischen Dekontamination besteht in der Destabilisierung von adsorptiven und chemischen Bindungskräften auf thermischem Wege. Die Schadstoffe können anschließend oxidativ zerstört oder in die Rückstände eingebunden werden. Je nach Wahl der verfahrenstechnischen Einflussgrößen kann die thermische Dekontamination als Entgasungs-, Vergasungs- bzw. Verbrennungsprozess geführt werden, wobei die Abgrenzung zwischen diesen Grundformen unter Praxisbedingungen nicht immer möglich ist [8.78]. Das kontaminierte Material muss in den meisten Fällen in die thermische Behandlungsanlage eingebracht werden; sie kann vor Ort („on site") oder zentral („off site") aufgestellt werden. In Spezialfällen können in-situ-Behandlungen eingesetzt werden.

Bei höheren Temperaturen werden Systeme mit direkter und indirekter Beheizung eingesetzt: Eine Anlage mit direkter Beheizung besteht aus Verdampfer und einem „Vernichter". Der Verdampfer ist ein rotierender Trommeltrockner, in dem Wärme durch einen offenen Ölbrenner zugeführt wird. Der Vernichter besteht aus einem Nachbrenner, in dem die Abgase auf 700 bis 950° erhitzt werden. Bei entsprechender Sauerstoffkonzentration werden die kontaminierten Dämpfe zu Kohlendioxid und Wasserdampf oxidiert. Bei der indirekten Erwärmung wird ein Drehrohrofen auf ca. 800°C aufgeheizt; die zu entfernenden Verunreinigungen gehen in Dampfform ab und werden vom Rohr in den Nachbrenner geleitet, wo sie bei 1300°C nachverbrannt werden. Für die sichere Beseitigung chlorierter Kohlenwasserstoffe sind Temperaturen von 1200 bis 1300°C erforderlich, die eine Oxidation innerhalb einiger Zehntelsekunden ermöglichen [8.107].

Eignung für Einsatzstoffe und Schadstoffe

Die thermische Dekontamination muss auf die Eigenschaften der Matrix, z.B. auf die Bodenart, und auch auf die Bindungsform der Kontamination Rücksicht nehmen. Der brennbare Anteil im Erdreich wird, vom Humusanteil oder Holzstücken abgesehen, von den Schadstoffen geliefert; dieser liegt selten höher als 20 %, vielmehr bei 1 bis 2 % und darunter. Kontaminiertes Erdreich liefert nicht genügend Energie zur Aufrechterhaltung des Erwärmungsprozesses und der Schadstoffzerstörung.

Es ist zweckmäßig, die Schadstoffe im Erdreich im Hinblick auf die thermische Sanierbarkeit in drei Gruppen einzuteilen [8.73]:

- *Gruppe 1* (bei < 550°C verdampft): flüchtige, halogenfreie organische Verbindungen, z.B. Lösemittel, mineralöl- und kohlestämmige Kohlenwasserstoffe wie Heizöl, BTX-Aromaten, PAK
- *Gruppe 2* (nicht zerstört, als Rückstand zu behandeln): flüchtige Elemente bzw. anorganische Verbindungen wie Hg, Cd, Zn, Sb, As, F, Cl, N, P, Cyanide
- *Gruppe 3* (mögliche Vorläufersubstanzen für die Bildung von PCDD/F): halogenierte organische Verbindungen wie leichtflüchtige CKW, chlorhaltige Pflanzenschutzmittel (HCH-Isomere, 2,4,5-T, „Natur"-PVC, PCB, PCDD/F).

Praxisbeispiel
Die klassische Anlage zur thermischen Behandlung von kontaminiertem Erdreich ist das Ecotechniek-System [8.107], das in Holland von 1982 bis 1994 schon mehr als 1,5 Mio. t Böden saniert hatte, bevor es durch die Ruhrkohle Umwelttechnik, Terra-Term, an die deutschen Sicherheits- und Luftreinhaltestandards angepasst wurde. Die Anlage weist eine Leistung von bis zu 50 t/h auf und besteht aus einem Drehrohrofen, einer thermischen Nachverbrennung und einem Abgasreinigungssystem. Der Boden wird am kalten Ende des 15 Meter langen Drehrohrofens zudosiert, wandert durch diesen unter stetiger Umwälzung und wird zunächst durch indirekten Wärmeaustausch und direkt durch Heißgas im Gegenstrom erwärmt. Die weitere Aufheizung auf die gewünschte Endtemperatur erfolgt durch die Strahlung der Flamme eines EL-Brenners und konvektiv durch die heißen Flammengase. Die Temperatur in der isolierten Brennkammer der Nachverbrennung liegt je nach Anforderung zwischen 850°C und 1200°C. Nach einer mehrstufigen Abhitzenutzung wird das Abgas feinentstaubt und gewaschen [8.107)].

Rekultivierbarkeit thermisch behandelter Böden [8.108]
Mit der thermischen Dekontamination ist die Bodensanierung noch nicht beendet, denn das vorrangige Ziel eines Bodenreinigungsverfahrens sollte es sein, den Boden an seinem Entnahmeort wieder in den Naturhaushalt einzugliedern. Die Schwierigkeit bei einer Rekultivierung besteht vor allem darin, gleichzeitig pflanzenverfügbare und relativ auswaschungssichere Nährstoffe in einer Matrix sicherzustellen, die weitgehend von organischem Material befreit ist und nachteilige Veränderungen der Tonmineralstrukturen erfahren hat.

Insgesamt hat sich gezeigt, dass die Revitalisierung thermisch behandelter Böden ökonomisch machbar und auch sinnvoll ist. Bei einem Kostenvergleich zwischen einer Rekultivierungsmaßnahme und der Verwendung des Bodens als Wirtschaftsgut ist zu berücksichtigen, dass in letzteren Fall die Integration des Entnahmeorts mit fremdem Boden ebenfalls zusätzliche Kosten verursacht.

Die Thematik interessiert auch im Hinblick auf die Herstellung und Anwendung von Biokohlen aus biogenen Ausgangsstoffen mit dem Ziel der Bodenverbesserung und Kohlenstoffspeicherung in Böden [8.109]. Die bisherigen Erkenntnisse belegen das Potenzial von Biokohlen zur Verbesserung von Bodenfunktionen (z.B. Nährstoff- und Wasserhaushalt, Bodenreaktion, Bindung von Schadstoffen, Ertragsfähigkeit) vor allem in solchen Böden, die entsprechende Defizite aufweisen. Neben einer Bodenverbesserung fördern besonders Pyrolysekohlen aufgrund ihrer hohen Stabilität auch die C- Sequestrierung in Böden.

8.4.3 In-situ Methoden

Mit dem Bodenschutzgesetz von 1999 sollte der bisherige Maßstab der Gefahren-abwehr durch einen anspruchsvolleren Vorsorgeansatz abgelöst werden. Vorder-gründiges Motiv war, angesichts der enormen Kostenerwartungen die Sanierung von Altdeponien und Industriestandorten bundeseinheitlich zu regeln und darauf zu achten, dass „aus volkswirtschaftlicher Sicht nur die tatsächlich erforderlichen Maßnahmen durchgeführt werden" [8.110]. Inzwischen wird immer deutlicher er-kennbar, dass in der Mehrzahl der wirklich schwerwiegenden Kontaminationen „letztlich der Wirkungspfad Boden-Grundwasser den Ausschlag dafür gibt, über welche Größenordnung des finanziellen Aufwands man mit den Sanierungspflich-tigen redet" [8.111]. Daraus folgt zunächst, dass nur ein vertieftes Verständnis der chemischen Prozesse an der Grenzfläche Feststoff-Wasser zu belastbaren Ent-scheidungskriterien führen kann.

Gleichzeitig können solche Erkenntnisse auch die *Grundlage kostengünstiger naturnaher Sanierungsverfahren* bilden, wie Beispiele in den USA, in Kanada und in den Niederlanden zeigen. Im Vordergrund stehen dabei die passiven *in-situ*-Methoden – das sind Behandlungsverfahren direkt im Untergrund ohne Energie-eintrag und mit geringem Gefährdungspotenzial für das Personal. Typische Bei-spiele für die technischen Entwicklungen auf dem Gebiet der passiven Grundwas-sersanierungsverfahren sind die durchströmten, reaktiven Wände (siehe unten).

Der wichtigste Paradigmenwechsel des Bodenschutzrechts galt dem Wasser in der ungesättigten Bodenzone und manifestiert sich in der sog. Sickerwasserprog-nose. Auch wenn nach wie vor vom Wasserrecht bestimmt wird, welchen Schutz ein Grundwasservorkommen erhalten soll, ist es nun Sache des Bodenschutzrechts festzustellen, mit welcher Wahrscheinlichkeit die Schadstoffe aus einer Altlast die gesättigte Zone erreichen [8.111]. Inzwischen zeigt sich, dass der Schwerpunkt der Sickerwasserprognose weniger auf der Beurteilung von Altlasten als vielmehr auf der Bewertung von verwertbaren Abfällen und Produkten liegen wird – ein Resultat des neuen Schutzgutansatzes [8.112].

Sickerwasserprognose [8.113]
Zur Bewertung der von Verdachtsflächen oder altlastverdächtigen Flächen ausge-henden Gefahren für das Grundwasser ist gemäß Bundes-Bodenschutz- und Alt-lastenverordnung (BBodSchV) eine Sickerwasserprognose zu erstellen. Dieser Be-griff wird in § 2 Abs. 5 definiert als „Abschätzung der von einer Verdachtsfläche, altlastverdächtigen Fläche, schädlichen Bodenveränderung oder Altlast ausgehen-den oder in überschaubarer Zukunft zu erwartenden Schadstoffeinträge über das Sickerwasser in das Grundwasser, unter Berücksichtigung von Konzentrationen und Frachten und bezogen auf den Übergangsbereich von der ungesättigten zur wassergesättigten Zone". Dabei soll abgeschätzt und bewertet werden, inwieweit in absehbarer Zeit zu erwarten ist, dass die Schadstoffkonzentration im Sickerwas-ser den Prüfwert am Ort der rechtlichen Beurteilung überschreitet. Ort der rechtli-chen Beurteilung ist der Bereich des Übergangs von der ungesättigten in die gesät-tigte Zone (§ 4 Abs. 3).

Maßstab der Gefahrenbeurteilung sind die in der BBodSchV für organische und anorganische Schadstoffe für den Wirkungspfad Boden-Grundwasser jeweils festgelegten Prüfwerte (Anhang 2, Nr. 3.1).

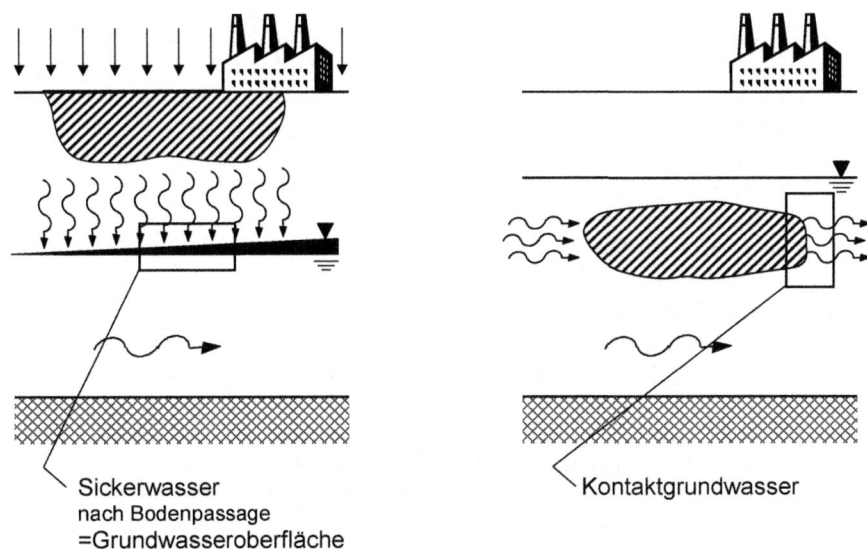

Sickerwasser
nach Bodenpassage
=Grundwasseroberfläche

Kontaktgrundwasser

Abb. 8.10 Ort der Beurteilung bei der Sickerwasserprognose [8.114]

Die Prüfwerte entsprechen Geringfügigkeitsschwellen für Schadstoffkonzentrationen im Grundwasser, die sich an Trinkwasserwerten und ökotoxikologischen Kriterien orientieren. Sie sind ausdrücklich *nicht* als Grundwasserqualitätsziel zu verstehen, sondern gelten nur am Ort der rechtlichen Beurteilung. Damit wird verhindert, dass Grundwasser im Abstrom von schadstoffemittierenden Flächen bis zur Geringfügigkeitsschwelle mit Schadstoffen angereichert werden darf. Mit dem Kriterium „Ort der Beurteilung" (Abb. 8.10) wird also das „Auffüllprinzip" unterbunden [8.114].

Gleichzeitig wird jedoch bei Ablagerung von kontaminierten Stoffen an der Oberfläche der darunter liegende Boden (Sickerstrecke) als Reaktions- und Rückhalteraum betrachtet. Insbesondere beim Rückhalt nicht abbaubarer Schadstoffe wird für die Sickerstrecke das Auffüllprinzip angewandt. Denn auch bei geringer Schadstoffkonzentration im Sickerwasser kommt es im Boden bei Vorliegen einer bestimmten Lösungskonzentration (Intensität) und andauernder Nachlieferung zum „Auffüllen" der Bindungskapazität (Quantität) entsprechend der jeweils gültigen Quantitäts-/Intensitäts-Beziehung.

Bei der Transportprognose ist insbesondere die *Abbau- und Rückhaltewirkung* der ungesättigten Zone zu berücksichtigen. Maßgebende Kriterien sind Grundwasserflurabstand, Bodenart, Gehalt an organischer Substanz, pH-Wert, Grundwasserneubildungsrate/Sickerwasserrate sowie Mobilität und Abbaubarkeit der Stoffe (Anhang 1, Nr. 3.3; zu den Aspekten „Sickerwasserprognose" und „Geringfügigkeitsschwellen" gibt es weitere Hinweise und Literatur im Abschn. 10.4.3).

Natürlicher Abbau und Rückhalt

Natürliche Abbau- und Rückhalteprozesse können die Ausbreitung von Schadstoffen in Grundwasserleitern verlangsamen, stark reduzieren oder gar zum Stillstand bringen. So konnte bspw. in vielen Fällen nachgewiesen werden, dass Schadstofffahnen im Grundwasser nur eine begrenzte Ausdehnung erreichen [8.115]. Eine gezielte Nutzung dieser Prozesse könnte an geeigneten Standorten als Alternative zur herkömmlichen Altlastensanierung herangezogen werden [8116]. Als notwendige Maßnahmen verblieben eine gezielte Erkundung zur Quantifizierung der natürlichen Abbau- und Rückhalteprozesse am Standort sowie ein anschließendes Langzeit-Monitoring (Monitored Natural Attenuation; [8.117]).

Vorteile des Konzepts „Natürlicher Rückhalt und Abbau (NA)" sind – wie bei den meisten *in situ*-Verfahren – die Vermeidung von Sekundärabfällen und ein geringeres Gefahrenpotential für exponierte Personen im Vergleich zu einer *ex situ*-Behandlung. Problematisch sind die u.U. langen Zeiträume bis zum Erreichen des Sanierungszieles und die nachfolgende langfristige Überwachung. Typisch für Anwendungen des NA-Konzepts ist die enge Verzahnung von biologischen, chemischen und ingenieurgeologischen Techniken. Diese Dreigliederung gilt auch für die Kriterien, die erfüllt sein müssen, um einen natürlichen Rückhalt und Abbau für eine Altlastenfläche in Betracht ziehen zu können [8.118].

Die amerikanische Umweltbehörde EPA beschreibt „Natural Attenuation" wie folgt [8.119]: „Die Natural Attenuation Prozesse beinhalten eine Vielzahl physikalischer, chemischer und biologischer Prozesse, die unter geeigneten Bedingungen ohne menschlichen Einfluss die Masse, Toxizität, Mobilität, Volumen oder die Konzentration von Schadstoffen in Boden und Grundwasser verringern. Diese *in situ* Prozesse beinhalten biologischen Abbau, Dispersion, Verdünnung, Sorption, Verflüchtigung, radioaktiven Zerfall und chemische oder biologische Stabilisierung, Transformation oder Zerstörung von Schadstoffen."

Die im Untergrund ablaufenden Prozesse lassen sich hinsichtlich der Auswirkung auf die Schadstoffe in „destruktiv" und „nicht-destruktiv" untergliedern:

Tabelle 8.8 Einteilung der im Untergrund ablaufenden Prozesse [8.120]

destruktive Prozesse	nicht-destruktive Prozesse
biologischer Abbau	Sorption
abiotischer Abbau	Dispersion
Humifizierung	Immobilisierung
biologisch-chemische Transformation	Verdünnung
	Verflüchtigung

Die destruktiven Prozesse führen vor allem zu einer Reduzierung von Masse und Fracht der Schadstoffe (direkte Wirkung). Die nicht-destruktiven Prozesse bewirken hauptsächlich eine reine Konzentrations- und Mobilitätsabnahme durch physikalisch-chemische Prozesse (indirekte Wirkung). Für die Nachhaltigkeit und Akzeptanz von Natural Attenuation sind unabhängig von Standort- und Schadenscharakteristik destruktive Prozesse von besonderer Bedeutung.

Einflussgrößen auf den Abbau organischer Schadstoffe [8.120]

Von den destruktiven Prozessen im Rahmen der Natural Attenuation ist der biologische Abbau in Boden und Grundwasser der dominierende. Es gilt, dass prinzipiell alle Schadstoffe, die biologisch abbaubar sind und in biologischen Sanierungsverfahren behandelt werden, auch bei Natural Attenuation eliminiert werden können. Allerdings beeinflussen verschiedene Faktoren in Boden und Grundwasser (Tabelle 8.9) die Geschwindigkeit eines Schadstoffumsatzes. So kann ein biologischer Abbau als destruktiver Prozess hinter den nicht-destruktiven zurückbleiben, wenn bestimmte Bedingungen nicht erfüllt sind.

Tabelle 8.9 Auswahl von Einflussfaktoren auf den biologischen Schadstoffumsatz [8.120]

Faktoren	Einfluss auf den biologischen Schadstoffumsatz
Redoxpotential	Konzentration und Verhältnisse von Elektronendonatoren/-akzeptoren bestimmen Abbauwege und -leistungen
pH-Wert	Organismen und Enzyme haben pH-abhängige Aktivitäts-Optima
Temperatur	Zusammensetzung der Biozönose und Abbaugeschwindigkeit
Konzentration, Wasserlöslichkeit, Flüchtigkeit, Oberfläche, Sorption	sie limitieren die Bioverfügbarkeit eines Schadstoffes; die Begrenzung kann sich negativ auf die Abbaugeschwindigkeit auswirken; bei toxischen Stoffen ist eine Begrenzung der Bioverfügbarkeit sogar sinnvoll.
Wassergehalt	ein ausreichender Wassergehalt ist essentiell für den Abbau sowie den Transport von Edukten und Produkten
Auxiliar-(Co-)Substrate	ermöglichen cometabolische Transformationen von Schadstoffen, die nicht produktiv abgebaut werden können, oder den biologischen Abbau nicht induzieren
Nährstoffe	essentiell für Wachstum und Vermehrung der Mikroorganismen
Biozönose	schadstofftolerante und abbauaktive Organismen und Konsortien bestimmen die Stoffumsatzrate; deren Entwicklung wird entscheidend davon bestimmt, ob der Abbau einen Selektionsvorteil mit sich bringt (z.B. Energiegewinn).
Co-Kontaminanten	Begleit-Kontaminanten können „bevorzugt" abgebaut werden, können aber auch die Bioverfügbarkeit beeinflussen oder den biologischen Abbau hemmen
Alter	das Alter einer Kontamination im Boden beeinflusst die Bioverfügbarkeit der Schadstoffe; mit der Zeit können sich geeignete Biozönosen entwickeln.

„Produktiver Abbau" (z.B. beim Faktor „Auxiliar-(Co)-Substrate" in Tab. 8.9) bedeutet die vollständige Verwertung eines Schadstoffs als Kohlenstoff- bzw. als Energiequelle. Daneben werden aber viele Schadstoffe nur teilweise metabolisiert. Sofern dabei keine toxischen Produkte angereichert werden, die zu einer Gefährdung führen, sind auch diese Prozesse wünschenswert. Vielfach werden die (aktivierten) Metabolite besser in den Huminstoff-Pool integriert oder durch Konsortien abgebaut.

Nachweis und Bewertung des Abbaus organischer Schadstoffe [8.120, 8.121]
Voraussetzung für eine Nutzung von Natural Attenuation ist die Kenntnis darüber,
ob die zur Bewertung akzeptierten Prozesse der Natural Attenuation in ihrer Summe ausreichen, um eine Gefährdung von Schutzgütern und potentiellen Rezepto-
ren durch einen Schadensfall zu verhindern.

Schlecht abbaubare, aber gut wasserlösliche (d.h. mobile) Schadstoffe sind
maßgebend für die maximale Ausdehnung einer Schadstofffahne, ihren derzeitigen Ausbreitungszustand (d.h. zunehmend, stationär oder schrumpfend) und die
Zeiträume bis zur Stationarität oder zum Schrumpfen der Fahne. In dieser Gruppe
liegt das Augenmerk besonders auf Methyltertiärbutylether (MTBE), einem Ben-
zinadditiv. Es ist gut wasserlöslich (ca. 50 g/l), schlecht biologisch abbaubar und
wird beim Transport im Untergrund kaum retardiert [8.121].

Ein qualitativer Nachweis von Natural Attenuation kann z.B. durch Konzentra-
tionsveränderungen von Schadstoffen und Zwischenabbauprodukten, durch steigende Gehalte an Umsetzungsprodukten oder eine Konzentrationsabnahme von
Elektronendonatoren und -akzeptoren erfolgen. Eine Quantifizierung der ablaufenden Prozesse wird, auf Grund ihrer meist langsamen Kinetik, im Untergrund
und der oftmals knappen Zeitspanne für die Bewertung mit herkömmlichen Methoden nicht in allen Fällen möglich sein. Räumlich und zeitlich integrierende
Verfahren können hier einen Gewinn an Information und Aussagesicherheit (z.B.
Bestimmung von Schadstofffrachten [8.120, 8.121]) ermöglichen. Eine Beschreibung von Einzelprozessen ist dabei kaum möglich, aber auch nicht immer notwendig. Für die Aufklärung von Abbauprozessen haben sich die Untersuchungen
von stabilen Isotopen als wertvolles Werkzeug erwiesen [8.121].

Praktische Umsetzung des Konzeptes „Natural Attenuation" [8.117, 8.122]
Bislang fehlen die rechtlichen und verwaltungstechnischen Regelungen für die
Anwendung des NA-Konzeptes, doch werden – auch wenn man dies nicht öffentlich zugibt – in der Regel mobile Schadstofffahnen (z.B. CKW, BTEX), nachdem
sie von der Quelle abgeschnitten wurden, nicht „verfolgt" und saniert [8.117].
Eine prinzipielle Frage ist, ob ein Einsatz von Natural Attenuation ohne Entfernung des Schadensherdes erlaubt sein soll?

Das Alter vieler Untergrundverunreinigungen belegt, dass natürlich ablaufende
Prozesse im Schadensherd nicht greifen, weil die Diffusions- bzw. Lösungsraten
der Schadstoffe sehr gering sind. Die im Grundwasser auftretenden Schadstoff-
Frachten können hier zwar zu Konzentrationen führen, welche die Prüfwerte lokal
überschreiten, sie sind insgesamt gesehen aber verhältnismäßig niedrig; dadurch
können schon relativ langsam ablaufende natürliche Abbauprozesse im Abstrom
ausreichen, um die Schadstofffahne in ihrer Ausdehnung lokal zu begrenzen. Dies
kann nach BBodSchV § 4 (7) bei der Entscheidung über Verhältnismäßigkeit und
Ziele von Sanierungsmaßnahmen berücksichtigt werden [8.122].

Falls die natürlichen Abbauprozesse im Abstrom nicht ausreichen, um die Konzentrationen im zulässigen Rahmen zu halten, können unterstützende Maßnahmen
des „Enhanced Natural Attenuation" (ENA; z.B. Förderung der biologischen Abbauprozesse durch Zugabe von Nährstoffen) oder andere naturnahe in-situ Verfahren wie z.B. „Reaktive Wände" zum Einsatz kommen [8.122].

Rechtliche Aspekte beim Einsatz von Natural Attenuation Prozessen

Das Forschungsprojekt *Untersuchung der umweltrechtlichen Rahmenbedingungen für die Nutzung von NA-Prozessen* im Rahmen des KORA-Förderschwerpunktes hat folgende Ergebnisse erbracht [8.123]:

- „Die Durchführung eines MNA-Konzeptes ist nach dem geltenden deutschen Bodenschutzrecht grundsätzlich zulässig. Die zuständige Behörde kann im Rahmen der Ermessensausübung gestatten, dass anstelle oder in Kombination mit Sanierungsmaßnahmen die natürlichen Schadstoffminderungsprozesse genutzt werden, um die zuvor festgelegten Sanierungsziele zu erreichen. Sind die in Betracht kommenden Sanierungsmaßnahmen unverhältnismäßig, so hat der nach dem Bodenschutzrecht Verantwortliche einen Rechtsanspruch auf Durchführung eines MNA-Konzeptes".

- Die Umwelthaftungsrichtlinie der EU [8.124], die durch das Umweltschadensgesetz [8.125] in nationales Recht umgesetzt worden ist [8.126] enthält in Anhang II ein Gebot zur Berücksichtigung von natürlichen Wiederherstellungsprozessen bzw. natürlichen Schadstoffminderungsprozessen (Option „natural recovery"): „Das Berücksichtigungsgebot ist sowohl bei der Festlegung von Maßnahmen zur Sanierung von Gewässerschäden als auch bei der Sanierung von Schädigungen des Bodens zu beachten".

Die nationale umweltrechtliche Diskussion zur Nutzung von NA-Prozessen hat sich bislang nicht mit der Thematik „Sedimentaltlasten" befasst, obwohl dafür ein einschlägiges Beispiel aus der Spittelwasserregion vorlag. Der Leitfaden des Themenverbundes „Bergbau und Sedimente" [8.127] greift die allgemeinen Aussagen der KORA-Handlungsanweisungen [8.126] auf:

„Für die Standorte der Flussauensedimente sind die rechtlichen Regelungen bei der Implementierung relativ klar. Er erfolgt durch die Untersuchungen die Bewertung der Veränderung der mobilisierbaren Anteile in Folge des Ablaufs der NA-Prozesse. Somit sind die Prüfwerte der Bundes-Bodenschutzverordnung die Grundlage der Bewertung. Es handelt sich demzufolge vom Grundsatz her um ein an die Sickerwasserprognose nach BBodSchV angelehntes Verfahren, bei dem zusätzlich eine ökotoxikologische Bewertung vorgenommen und die resistierend gebundene Schadstofffraktion erfasst wird. Diese Verfahrensweise ist grundsätzlich auch auf andere Böden anwendbar".

„Bei Einhalten der Prüfwerte im Säuleneluat kann der natürliche Rückhalt als ausreichend bewertet werden. Bisher ist dieser Untersuchungsteil der einzig rechtlich bewertbare Aspekt des Verfahrens. Für die Erfassung der resistierend gebundenen Anteil sowie der ökotoxikologischen Wirkung liegen zwar geeignete Methoden, aber keine rechtlichen Bewertungsmaßstäbe vor".

„Aus der Sicht des Gewässerschutzes und mit Blick auf die EU-WRRL ist eine dauerhafte Festlegung (Immobilisierung) vor Ort gewollt. Nur durch nachhaltigen Schadstoffrückhalt in jedem Abschnitt eines Einzugsgebiets und der damit verbundenen deutlichen Abschwächung von Sekundärquellen kann eine gute stoffliche Qualität des gesamten Gewässers, wie von der EU-WRRL bis spätestens zum Jahr 2015 gefordert, erreicht werden".

Reinigungswände [8.128]

Durchströmte Reinigungswände sind Verfahren zur Sanierung von Grundwasser-schadensfällen direkt im Aquifer (*in-situ*, „an Ort und Stelle"), die darüber hinaus ohne einen nennenswerten oder gar keinen permanenten Energieeintrag von au-ßen, d.h. passiv, erfolgt. Eine Reinigungswand unterbindet oder reduziert den Schadstoffstrom, wohingegen das Grundwasser selbst die Wand passieren kann. Mithin nutzt man – im weiteren Sinne – eine Art Filtereffekt, der infolge der Plat-zierung geeigneter, wasserdurchlässiger (permeabler) „Filter"-Materialien direkt im Untergrund im Strömungspfad des Grundwassers erzielt wird. Man unterschei-det im Wesentlichen drei Konstruktionsarten:

- Vollflächig durchströmte Reinigungswände („Continuous Reactive Barriers", CRB), bei denen praktisch keine Lenkung des Grundwasserstromes hin zur Barriere, die das reaktive Material enthält,
- Reinigungswände mit gelenktem Grundwasserstrom, z.B. „Funnel-and-Gate" (F&G)-Systeme („Trichter" und „Tor"), und
- EC-PRB = „Efficiently Controllable PRB", Reinigungswände mit sehr starker Lenkung und effizienter Kontrolle.

Im Laufe der Entwicklung der Reinigungswand-Technik wurden nicht nur starke Modifikationen des F&G-Systems vorgenommen, sondern auch davon tatsächlich abweichende, neue Konstruktionsweisen entwickelt, beispielsweise „Drain-and-Gate"-Systeme, bei denen das Grundwasser nicht durch Dichtwände, sondern Fil-terkiesdrainagen zu Schachtbauwerken geleitet wird, wo es eingestellte Reaktor-gefäße, gefüllt mit reaktivem Material, durchströmt..

CRBs als einfachste Konstruktionsart – keine Beeinflussung des Grundwasser-stroms, keine Kontroll- oder Eingriffsmöglichkeiten – werden künftig dann ein-gesetzt werden, wenn die Untergrundverhältnisse einfach sind und die Interaktion des Grundwasserbiochemismus mit dem reaktiven Material kaum Ausfällungen im reaktiven Material erwarten lassen. Der Einsatz hängt vom Kostenvergleich mit Pump-and-Treat-(P&T)Verfahren ab. Bei großen Volumenströmen sprechen die relativ hohen Energiekosten von P&T für die Verwendung von EC-PRBs.

Ingesamt gelten vor allem Kombinationen aus einem weitgehend unselektiv stark auf Schadstoffe wirkenden Adsorptionsmittel, *und* Konstruktionen, die aus-gedehnte Kontroll- und Eingriffsmöglichkeiten bei potenziellen Störungen wäh-rend des Betriebs erlauben, als vielversprechende Reinigungswand-Varianten, weil sie bislang an mehreren Standorten in der Welt, insbesondere in Europa, gleichermaßen effizient und verlässlich arbeiten. In Europa findet Aktivkohle eine steigende Bedeutung und auch die Anwendung von elementarem Eisen besitzt weiterhin gute Perspektiven [8.129, 8.130].

Im internationalen Vergleich gibt es in Deutschland wenig full-scale-Anwen-dungen. Während bei zwei der vier F&G-Beispiele Schwierigkeiten bei der Abrei-nigung auftraten, erscheinen die stark gelenkten Systeme und die CRBs weniger problematisch. In den USA gibt es 70-80 praktisch betriebene Standorte/Anlagen. Auch dort wird F&G häufig kritisch gesehen; es gibt eindeutige Aussagen, dass die Hydraulik in den meisten Fällen weder vorhersehbar/modellierbar, noch be-stimmbar und letztlich beherrschbar ist [8.128].

8.4.4 Flussgebietsmanagement mit kontaminierten Sedimenten

Bislang befanden sich die Unterlieger in einem Einzugsgebiet – bspw. die großen Flusshäfen wie Hamburg – in einer wenig komfortablen Situation, da sie letztlich für alle früheren, heutigen und künftigen Fehlleistungen der Oberlieger aufkommen mussten. Diese ignorierten häufig die Probleme oder nahmen eine Methode in Anspruch, die sie „Sediment-Rückverlagerung" nannten; sie verschärften damit die Probleme für die Wasserwirtschaft im Unterlauf der Flüsse und trugen wesentlich zur Verschmutzung der Küstenregionen bei [8.131].

Mit der Europäischen Wasserrahmenrichtlinie begann eine flusseinzugsgebietsübergreifende Verantwortung für die Gewässerqualität – vor allem auch für die Sedimentprobleme [8.132]; diese sind in Abb. 8.11 schematisch dargestellt. Zur Sicherung des Unterlaufs und der Küstenregionen vor hohen Schadstoffeinträgen wurden für das Beispiel der Elbe drei Konzepte vorgeschlagen [8.134]:

1. In den Bergbauregionen des Oberlaufs können Schwermetalle direkt in den Grubenwässern an sorptionsfähigen Materialien gebunden werden [8.135].
2. In den Überflutungsgebieten des Mittellaufs kommen vorrangig Methoden aus dem Umfeld des ‚Monitored Natural Attenuation' (Abschn. 8.4.3) in Frage.
3. Im Unterlauf sollten belastete Sedimente in subaquatischen Depots gelagert und mit einer Abdeckung (mit reaktiven Zusätzen) gesichert werden.

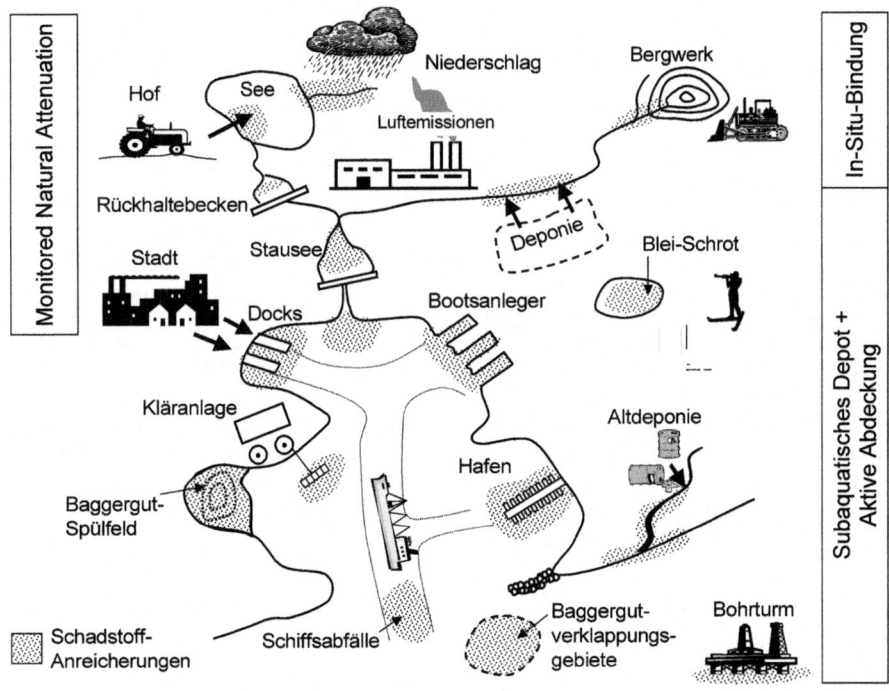

Abb. 8.11 Sedimentprobleme in einem Flusseinzugsgebiet (nach *Shea* [8.133])

Umgang mit kontaminierten Sedimenten

Die Erfahrungen an der Elbe haben gezeigt, dass bei feststoffgebunden Schadstoffen die kritischen „Areas of Risk" [8.136] relativ eindeutig sind, bei den Maßnahmen aber noch kein *Stand der Technik* definiert ist. Der Hinweis auf die Konzepte für naturnahe Sanierungsmaßnahmen, die unter Mitarbeit führender Fachwissenschaftler umgesetzt werden *(Kasten)*, wurden bei uns als „U.S.-lastig" abgetan [8.58]. Eine solche Meinung erscheint recht überheblich angesichts der Tatsache, dass sich die amerikanische Umweltbehörde seit über 20 Jahren mit innovativen Sedimenttechnologien befasst und z.Zt. allein im Superfund Programm weit über 100 größere Fälle bearbeitet werden; Ansätze sind [8.42]:

1. Baggern und Ausgraben. Während bei Instandhaltungs- und Ausbaumaßnahmen an Schifffahrtswegen und Hafenanlagen das Baggern unverzichtbar ist; sind bei Sanierungsmaßnahmen an stark kontaminierten Sedimentflächen die Vor- und Nachteile der Methode „Baggern und Ausgraben" abzuwägen: Die Hauptvorteile liegen darin, dass die Sanierungsziele schnell und dauerhaft sicher erreicht werden können. Um die Schadstofffreisetzung zu minimieren, wird das Sediment ohne Zusatz von Wasser ausgehoben, gefördert und am Bestimmungsort eingebaut.

2. Subaquatische Deponierung. Die traditionellen Maßnahmen für die Beseitigung von Baggergut sind die Ablagerung an Land oder in abgegrenzten Gewässerbereichen („Confined Disposal Facilities"). Subaquatische Depots, die in den Niederlanden in bislang 10 Depots mit einem Volumen von 125 Mio. m^3 installiert wurden [8.137], sind eine umweltfreundliche, dauerhafte und relativ preiswerte Lösung; dies gilt auch für die Beseitigung von anderen gebaggerten oder ausgegrabenen Sedimenten und Auenböden im Einzugsgebiet.

3. Abdeckung Ein Vorteil des In-situ Capping ist die rasche Abschirmung von kontaminierten Sedimenten gegen den überliegenden Wasserkörper [8.138]. Verglichen mit einer Sedimententnahme durch Baggern und Ausgraben erfordert die Abdeckung weniger Infrastruktur und ist umweltschonender. Risiken sind, dass das kontaminierte Sediment bei extremen Hochwasserbedingungen nach Beschädigung der Abdeckung resuspendiert werden kann und dass gelöste oder kolloidgebundene Schadstoffe durch die Abdeckung migrieren können.

4. Aufbereitung und Verwertung. Nach wie vor besitzen die mechanischen Trennverfahren und die Verwertung der gering belasteten Sandfraktionen Anwendungsmöglichkeiten bei größeren und kleineren Volumina sowohl von mäßig als auch stärker kontaminierten Sedimenten. Dagegen konnten sich die chemisch-biologischen und thermischen Behandlungsmethoden und die meisten Ansätze zur Nutzung von aufbereiteten Sedimenten als Baustoffe, nicht durchsetzen [8.42].

5. Natürlicher Abbau und Rückhalt bei Sedimenten und Auenböden. Für die Anwendung des Natural Attenuation Ansatzes bei Gewässersedimenten im engeren Sinne, d.h. den gering bis mäßig kontaminierten Ablagerungen in einem Oberflächengewässer, ist das wichtigste Kriterium die mechanische Stabilität gegen eine Erosion und Resuspension. Im Rahmen des BMBF-Verbundes KORA wurde eine praxisnahe Handlungsempfehlung erarbeitet [8.127]

Sanierung großer Sedimentaltlasten: Hudson (PCB) und Passaic (Dioxin)
Unter den Projekten zur Sedimentsanierung, die von der U.S.-amerikanischen Umweltbehörde im Rahmen des Superfundprogramms seit den 1980er Jahren genehmigt und geplant wurden, ragen die beiden Projekte am Hudson River (Hauptsanierungsphase bis 2016) und am Passaic River (ab 2016) aufgrund ihrer Kosten von deutlich über einer Milliarde U.S.-Dollar heraus.

Hudson River [8.139]. Seit den 1940er Jahren bis 1977 hat die Firma General Electric polychlorierte Biphenyle (PCB) als Isolierflüssigkeiten bei der Herstellung von Kondensatoren und Transformatoren eingesetzt und dabei sind ca. 70.000 kg der hochgiftigen Substanzen in die Sedimente des oberen Hudson River gelangt. Die wesentlichen Gesundheitsrisiken liegen im Verzehr von Fischen; PCBs wird als kanzerogen eingestuft und führt zu Erkrankungen der Schilddrüse sowie der Lern-, Gedächtnis- und Immunsysteme. Bereits im Jahr 1976 wurde vom Staat New York 1976 ein Verbot für Freizeit- und Berufsfischerei erlassen.

Im Jahr 1984 wurden 320 Fluss-Kilometer zwischen Hudson Falls und der Battery in New York City von der U.S. Umweltbehörde EPA auf die nationale Prioritätenliste für giftige Abfälle gesetzt. Nach einem „No-Action-Beschluss" im selben Jahr begann die U.S.-Umweltbehörde 1990 mit einer umfassenden Bestandsaufnahme, die im Jahr 2002 zu der Entscheidung führte, dass General Electric für die Sanierung von „Hot-Spot-Sedimenten" auf einer Flussstrecke von 65 km von Ft. Edward bis Troy am oberen, nicht tidebeeinflussten Hudson verantwortlich sein sollte. Zwischen 2009 und 2014 wurden in zwei Phasen und drei Flussabschnitten ~2 Mill. Kubikmeter PCB-kontaminiertes Sediment ausgebaggert und entwässert; 7.6 % der Fläche erhielt eine Abdeckung („Capping"). Nach einem Bericht von „The Wall Street Journal" vom 11. November 2015 wird General Electric Co. am Ende dafür mindestens 1,6 Milliarden U.S. $ ausgegeben haben [8.140].

Passaic River [8.141]. Der Lower Passaic hat mit ~29 kg 2,3,7,8-TCDD in ca. 5 Mill. m³ kontaminiertem Sediment ungefähr 80 % der Dioxinfrachten in den Newark Bay Complex im Staat New Jersey eingetragen; an diesem Abschnitt befindet sich die Diamond Superfund Site, wo in den 1940er Jahren die Produktion u.a. von DDT begonnen hatte. In den 1950er und 1960er Jahren wurde die Anlage zur Herstellung des Entlaubungsmittels „Agent Orange" genutzt; dabei entstanden 8 kg 2,3,7,8-TCDD, die im Fluss entsorgt wurden.

Im Jahr 1987 startete die EPA eine vorläufige Sanierung an der Lister Avenuue Site, bestehend aus einer Oberflächenabdichtung und Untergrundschlitzwänden sowie der Behandlung von Grundwasser. Am 11. April 2014 präsentierte die EPA einen „Vorschlagsplan" mit Sanierungsmaßnahmen für den am am stärksten belasteten Abschnitt, „Capping mit Baggern für Hochwasserschutz und Schifffahrt" mit einer „Off-Site Lagerung der Baggerguts". Die Kosten für diesen Vorschlag, mit dem das Krebsrisiko aus dem Verzehr von Flussfischen und -krebsen in den kommenden dreißig Jahren um den Faktor 10 verringert werden sollte, würde 1,73 Milliarden U.S. $ betragen. Es gibt inzwischen einen Alternativplan „Sustainable Remedy" der sich auf die Sanierung von 25 Hot Spots konzentriert, nur ca. 40% des EPA-Plans kosten würde und von ca. 100 Firmen unterstützt wird.

8.4.5 Böden und Sedimente im Flusseinzugsgebiet – Synthese

Von der Bodenschutzstrategie der Europäischen Kommission sind nach dem Scheitern der dort geplanten Rahmenrichtlinie (*Kasten im Abschn. 8.1*) die „vier Säulen" [8.16] übriggeblieben: (1) Sensibilisierung, (2) Forschung, (3) Einbeziehung in andere politische Maßnahmen und (4) Rechtsetzung. Auf diesen Säulen ist es jedoch gelungen, die ab dem Jahr 2000 praktizierte flussgebietsbezogene EU-Wasserrahmenrichtlinie über Sedimente und Organismen hinaus bis in den Bodenbereich, speziell bei Überflutungsböden („Fluvisole"), zu erweitern.

Ausgangspunkt war ein *Fallstudienvergleich* anlässlich der internationalen Altlastenkonferenz ConSoil2000 über Dioxin-kontaminierte Ablagerungen in der Spittelwasserniederung bei Bitterfeld. Der deutsche Beitrag, zunächst auf die Bundesbodenschutz- und Altlastenverordnung [8.2] ausgerichtet, untersuchte erstmals die Anwendung der Wasserrahmenrichtlinie auf *historisch kontaminierte Sedimente*, die durch das fließende Wasser einer Erosion insbesondere bei Hochwasserereignissen und Umlagerung entlang des gesamten Flusses („bis zur Nordsee") unterworfen waren [8.142].

Bei der Umsetzung der Wasserrahmenrichtlinie im ersten Bewirtschaftungsplan wurden die Feststoffaspekte durch zusätzliche Richtlinien konkretisiert [8.143]

- Die *Hochwasserrisikomanagement*-Richtlinie [8.144] umfasst auch den hochwasserbedingten Schadstofftransport: „Ohne eine gezielte Sicherung/Entnahme von hoch belasteten Altsedimenten werden die hochwasserbedingten Schadstofffreisetzungen ein wesentliches Erschwernis bei der Zielerreichung der guten stofflichen (und biologischen) Qualität gemäß WRRL darstellen" [8.143]".
- Die „Änderungs"-Richtlinie [8.145] enthält *Umweltqualitätsnormen* (UQN) für 12 neue prioritäre Stoffe, die fast alle über Biota-UQN geregelt werden. Es ist absehbar, dass die neuen und erweiterten Anforderungen zu einer Verfehlung des guten chemischen Zustands in allen Wasserkörpern führen werden.
- In der *Meeresstrategie-Rahmenrichtlinie* [8.146] zählen Kontaminationen von Sedimenten und Biota bereits zu den integralen Merkmalen, die im Rahmen der Bewertung der Meeresumwelt betrachtet werden müssen. Der Schadstofftransfer aus dem Einzugsgebiet führt zu gravierenden Einschränkungen im Umgang mit Sedimenten, vor allem im Tidebereich.

Der *Bewirtschaftungsplan des Flussgebiets Elbe* enthält ein entscheidendes Manko bei der Risikoeinschätzung von sedimentbürtigen Schadstoffeinträgen in die marinen Ökosysteme: ausgerechnet für die elbetypischen Dioxine gibt es keinen Richt- oder Zielwert [8.147], mit dem die Umlagerung bzw. die Verklappung von Sedimenten im Tidebereich und in der Nordsee überwacht werden könnte.

Am Übergang vom Fluss zum Meer gilt auch das *Verschlechterungsverbot* der Wasserrahmenrichtlinie. Es bedeutet eine Verpflichtung der Mitgliedstaaten zur Untersagung jedes Vorhabens, das nachteilige Auswirkungen auf den Zustand der Oberflächenwasserkörper hat oder haben kann. Im Fall der „Weservertiefung" hat der *Europäische Gerichtshof* [8.148] die „Verschlechterung des Zustands" relativ eng interpretiert („dass der Wert des Stoffes oder der Qualitätskomponente unter das der derzeitigen Einstufung entsprechende Niveau sinkt"); bei der „Elbvertiefung" ist das *Bundesverwaltungsgericht* diesem Vorschlag nicht gefolgt [8.149].

8.5 Literatur

8.1   Scheffer F, Schachtschabel P (2010) Lehrbuch der Bodenkunde; Schachtschabel P, Blume H-P, Brümmer G, Hartge K-H, Schwertmann U (Hrsg.) 16. Auflage, 570 S. Spektrum Akademischer Verlag Heidelberg

8.2   Anonym (1999) Bundes-Bodenschutz- und Altlastenverordnung (BBodSchV) vom 12. Juli 1999, BGBl. I, S. 1554. FNA 2129-32-1, zuletzt geändert durch Art. 16 G zur Neuregelung des Wasserrechts v. 31.7.2009 (BGBl. I S. 2585);

8.3   Anonym (1998) Gesetz zum Schutz vor schädlichen Bodenveränderungen und zur Sanierung von Altlasten (Bundes-Bodenschutzgesetz – BBodSchG) vom 17. März 1998, BGBl. I, G 5702, Nr. 16, S. 502-510, FNA 2129-32

8.4   Anonym (2008) Zweiter Bodenschutzbericht der Bundesregierung. Bundesministerium für Umwelt, Naturschutz und Reaktorsicherheit. 119 Seiten (mit Kurzberichten über die bodenbezogene BMBF-Forschung – REFINA, SIWAP, KORA und RUBIN – in den Abschn. 8.1.3 „Flächenrecycling" und 8.4.3 „In-situ-Methoden").

8.5   Conference Series „Contaminated Soil": *(1)* Assink JW, van den Brink WJ (Eds.): Contaminated Soil. Proc. 1st TNO Confon Contaminated Soil, November 11-15, 1985, Utrecht. Martinus Njihoff Publ. Dordrecht 1986. *(2)* Wolf K, van den Brink WJ, Colon FJ (Eds.): Contaminated Soil '88. Proc. 2nd TNO/BMFT Conf April 11-15, 1988, Hamburg. *(3)* Arendt F, Hinsenveld M, van den Brink WJ (Eds.) Contaminated Soil '90. Proc. 3rd KfK/TNO Conf, December 10-14 1990, Karlsruhe. *(4)* Arendt F, Annokkee G, Bosman R (Eds.) Contaminated Soil '93. Proc. 4th KfK/TNO Conference, Berlin. *(5)* Van den Brink WJ, Bosman R, Arendt F (Eds.) Contaminated Soil '95, 5th Int FZK/TNO Conf, Oct 30 - Nov 3, 1995. Kluwer Acad Publ., Dordrecht. *(6)* Contaminated Soil '98, Proc. 6th FZK/TNO Conference, 17-21 May 1998, Edinburgh. *(7)* ConSoil 2000, 7th FZK/TNO Conf, 18-22 Sept 2000, Leipzig; Thomas Telford London. *(8)* ConSoil 2003, 8th FZK/TNO Conf, 12-16 May 2003, Gent. CD-ROM 3955 p.; *(9)* ConSoil 2005, 9th FZK/TNO Conf on Soil-Water Systems, 3-7 Oct 2005, Bordeaux, CD-ROM 3074 p; *(10)* ConSoil 2008 10th FZK/TNO Conference on Soil-Water Systems, 3-6 June 2008, Milan; *(11)* ConSoil 2010, 11th Int UFZ-Deltares/TNO Conf on Management of Soil, Groundwater and Sediment, 22-24 September 2010, Salzburg; *(12)* AquaConSoil 2013, 12th Int UFZ-Deltares Conf on Groundwater-Soil-Systems and Water Resource Management, 16-19 April 2013, Barcelona; *(13)* AquaConSoil 2015, 13th Int UFZ-Deltares Conf on Sustainable Use and Management of Soil, Sediment and Water Resources, 9-12 June 2015, Copenhagen; *(14)* AquaConSoil Lyon 2017, Int Conf on Sustainable Use and Management of Soil, Sediment and Water Resources (Deltares, BRGM), 26-30 June 2017, Lyon/France

8.6   Anonym (2008) Bodenschutz. In: Umweltgutachten 2008 des Sachverständigenrats für Umweltfragen (SRU) „Umweltschutz im Zeichen des Klimawandels".

8.7   Anonym (2010) Boden und Altlasten. EU Bodenrahmenrichtlinie – BRRL. Einschätzung der nationalen Erfordernisse und möglicher Nachteile. Umweltbundesamt, Dessau-Roßlau

8.8   Anonym (2011) EU Bodenschutzpolitik – Historie, Hintergrund, Ziele und Stand der Beratungen. Bundesministerium für Umwelt, Naturschutz, Bau und Reaktorsicherheit. http://www.bmub.bund.de/themen/wasser-abfall-boden/bodenschutz-und-altlasten/braunkohlesanierung/eu-bodenschutzpolitik/ (16.05.2017)

8.9   Anonym (2006) Kommissions-Vorschlag für eine Richtlinie des Europäischen Par-
       lamentes und des Rates zur Schaffung eines Ordnungsrahmen für den Bodenschutz
       und zur Änderung der Richtlinie 2004/35/EG. KOM(2006) 232 vom 22.9.2006

8.10   Anonym (2006) Thematische Strategie für den Bodenschutz – Zusammenfassung
       der Folgenabschätzung. Begleitdokument zur Mitteilung der Kommission [8.9].
       KOM(2006)231 und SEK(2006)620 vom 22.09.2006

8.11   Anonym (2007) Stellungnahme des Ausschusses der Regionen „Thematische Stra-
       tegie für den Bodenschutz". 2007/C 146/05. Amtsblatt der Europäischen Union, C
       146/34 vom 30.7.2007

8.12   Anonym (2007) Legislative Entschließung des Europäischen Parlaments vom 14.
       November 2007 zu dem Vorschlag für eine Richtlinie zur Schaffung eines Ord-
       nungsrahmens für den Bodenschutz und zur Änderung der Richtlinie 2004/35/EG.

8.13   Haber W (2014) Nachhaltiger Umgang mit Boden – Notwendige Konventionen,
       Richtlinien und Gesetze. Memorandum November 2014, 2 S. http://www.landes-
       pflege.de/gremium/beitraege/Haber_Boden-Memorandum_Nov_2014.pdf
       (16.05.2017)

8.14   Anonym (2010) Gutachten zur Abschätzung der Verwaltungskosten zum Vorschlag
       der Europäischen Kommission (BRRL-Vorschlag[8.9]) unter Berücksichtigung des
       CZE-Präsidentschafts-Kompromisses vom 05.06.2009. Vorgelegt dem Bundesmi-
       nisterium für Ernährung, Landwirtschaft und Verbraucherschutz von der Fachhoch-
       schule des Mittelstands (FHM), Bielefeld, 07. Juni 2010, 71 S.

8.15   Hamell M (2011) Brief der Europäischen Kommission zu dem Gutachten der FHM
       Bielefeld [8.14]. Directorate-General Environment, ENV B.1/LM/sm D(2011)
       402979 vom 6. April 2011

8.16   Anonym (2012) Die Umsetzung der Thematischen Strategie für den Bodenschutz
       und laufende Maßnahmen. Bericht der Kommission an das Europäische Parlament,
       den Rat, den Europäischen Wirtschafts- und Sozialausschuss und den Ausschuss
       der Regionen. COM(2012) 46 final vom 13.2.2012, 17 S.

8.17   Anonym (2014) Rücknahme überholter Kommissionsvorschläge. (2014/C 153/03).
       Amtsblatt der Europäischen Union, C 153/3 vom 21.5.2014

8.18   Anonym (2012) Georessource Boden – Wirtschaftsfaktor und Ökosystemdienst-
       leister. Empfehlungen für eine Bündelung der wissenschaftlichen Kompetenz im
       Boden- und Landmanagement; acatech Position, Deutsche Akademie der Technik-
       wissenschaften (Hrsg.), 52 S., Dezember 2012

8.19   Anonym (2012) Bodennutzung – Fragen und Antworten. Fördergemeinschaft
       Nachhaltige Landwirtschaft (FNL), 17 S., Berlin

8.20   Godfray HCJ, Beddington JR, Crute IR, Haddad L, Lawrence D, Muir JF, Pretty J,
       Robinson S, Thomas SM, Toulmin C (2010) Food security: the challenge of feed-
       ing 9 billion people. Science 327, 12 February 2010, 812-818

8.21   Anonym (2012) Anbaufläche für nachwachsende Rohstoffe in Deutschland. Fach-
       agentur Nachwachsende Rohstoffe e.V. (FNR)

8.22   Nitsch J, Krewitt W, Nast M, Viebahn P, Gärtner S, Pehnt M, Reinhardt G,
       Schmidt R, Uihlein A, Scheurlen K , Barthel C, Fischedick M, Merten F (2004)
       Ökologisch optimierter Ausbau der Nutzung erneuerbarer Energien in Deutschland.
       Forschungsvorhaben im Auftrag des BMU. DLR Institut für Technische Thermo-
       dynamik, Institut für Energie- und Umweltforschung (ifeu), Wuppertal Institut für
       Klima, Energie und Umwelt. 305 S., März 2004

8.23   Anonym (2012) Anpassungsstrategien in der Klimapolitik. acatech Position, Deutsche Akademie der Technikwissenschaften (Hrsg.), 39 S. September 2012

8.24   Christen O (1999) Nachhaltige Landwirtschaft – Von der Ideengeschichte zur praktischen Umsetzung. 84 S. Schriftenreihe Institut für Landwirtschaft und Umwelt Bonn, Heft 1/99

8.25   Christen O, O'Halloran-Wietholtz Z (2002) Indikatoren für eine nachhaltige Landwirtschaft. 99 S. Schriftenr. Inst. f. Landwirtschaft und Umwelt Bonn, H.t 3/2002

8.26   Grimm C, Hülsbergen KJ (Hrsg., 2009) Nachhaltige Landwirtschaft – Indikatoren, Bilanzierungsansätze, Modelle. 202 S. Erich Schmidt Verlag

8.27   Roedenbeck IAE (2004) Bewertungskonzepte für eine nachhaltige und umweltverträgliche Landwirtschaft – fünf Verfahren im Vergleich. 161 S. Biogum-Forschungsbericht FG Landwirtschaft Nr. 8. Biogum, Universität Hamburg

8.28   Anonym (1985) Umweltprobleme der Landwirtschaft. Sondergutachten des Rats von Sachverständigen für Umweltfragen (SRU). 423 S. Verlag Kohlhammer

8.29   Geier U, Meudt M, Rudloff B, Urfei G (1999) Entwicklung von Parametern und Kriterien als Grundlage zur Bewertung ökologischer Leistungen und Lasten der Landwirtschaft – Indikatorensysteme. 258 S. Umweltforschungsplan des Bundesministeriums für Umwelt, Naturschutz und Reaktorsicherheit. Forschungsbericht

8.30   Sattler C, Zander P (2004) Environmental and economic assessment of agricultural production practices at a regional level based on uncertain knowledge. Paper submitted for the 6th IFSA European Symposium (zitiert nach [8.27])

8.31   Anonym (2017) Flächenverbrauch. Bundesministerium für Umwelt, Naturschutz, Bau und Reaktorsicherheit. http://www.bmub.bund.de/themen/nachhaltigkeit-internationales/nachhaltige-entwicklung/strategie-und-umsetzung/reduzierung-des-flaechenverbrauchs/ (16.05.2017)

8.32   Anonym (2015) Altlasten – Forschung und Förderung Umweltbundesamt. https://-www.umweltbundesamt.de/themen/boden-landwirtschaft/altlasten/aktivitaeten-des-bundes/foerderung-forschung#textpart-1 (16.05.2017)

8.33   Wollin K (2006) Das BMBF-Förderprogramm REFINA: Stand und weiteres Vorgehen. In: Flächenrecycling in Stadtumbauregionen – Strategien, innovative Instrumente und Perspektiven für das Flächenrecycling und die städtebauliche Erneuerung. Hrsg. Bundesamt für Bauwesen und Raumordnung in Kooperation mit dem Umweltbundesamt und dem Projektträger Jülich, Kap. 1.2, S. 17-20.

8.34   Bock S, Hinzen A, Libbe J (Hrsg., 2011) Nachhaltiges Flächenmanagement – Ein Handbuch für die Praxis. Ergebnisse aus der REFINA-Forschung, gefördert im Rahmen des Programms „Forschung für die Nachhaltigkeit" (FONA) des BMBF. Deutsches Institut für Urbanistik, Berlin, 492 Seiten

8.35   Roselt K (2011) Integrierte Bewertung altlastbezogener und städtebaulicher Aspekte. In [8.34], S. 309

8.36   Terytze K, Wagner R, Hund-Rinke K, Derz K, Rotard W, Vogel I, Schatten R, Macholz R, Liese M, Kaiser DB (2011) Bewertung von Bodenschadstoffen. In: [8.34], S. 285-289

8.37   Grimski D, König M (2010) Sanierungspläne im Flächenrecycling. Ein Instrument für die Bauleitplanung. Umweltbundesamt und HPC Harress Pickel Consult AG, gefördert im Rahmen des REFINA Forschungsvorhaben „Integrale Sanierungspläne" des Bundesministeriums für Bildung und Forschung. Dessau/Freiburg, 36 S.

8.38   Wittmann U, Enders R (2006) Künftige Forschungsschwerpunkte. In: Flächenrecycling in Stadtumbauregionen – Strategien, innovative Instrumente und Perspektiven für das Flächenrecycling und die städtebauliche Erneuerung. Hrsg. Bundesamt für Bauwesen und Raumordnung in Kooperation mit dem Umweltbundesamt und dem Projektträger Jülich, Kap. 4.1.7, S. 176-180.

8.39   Berrow ML (1986) An overview of soil contamination problems. In: Lester JN, Perry R, Sterritt RM (Eds.) Proc. Int. Conf. Chemicals in the Environment, pp. 543-552. Selper Ltd. London

8.40   Salomons W (1995) Long-term strategies for handling contaminated sites and large-scale areas. In: Salomons W, Stigliani WM (eds) Biogeodynamics of Pollutants in Soils and Sediments. Risk Assessment of Delayed and Non-Linear Responses, pp 1-30. Springer Berlin

8.41   Stigliani WM (1991) Chemical Time Bombs: Definition, Concepts, and Examples. Executive Report 16 (CTB Baqsi Document). IIASA, Laxemburg/Österreich

8.42   Förstner U (2008) Maßnahmen. S. 237-331. In: Heise S. et al. "Bewertung von Risiken durch feststoffgebundene Schadsstoffe im Elbeeinzugsgebiet". Im Auftrag der Flussgebietsgemeinschaft Elbe und Hamburg Port Authority, erstellt vom Beratungszentrum für Integriertes Sedimentmanagement (BIS/TuTech) an der TU Hamburg-Harburg Mai 2008

8.43   Förstner U, Calmano W, Ahlf W (1999) Sedimente als Schadstoffsenken und -quellen. Gedächtnis, Schutzgut, Zeitbombe, Endlager. In: Frimmel FH (Hrsg) Wasser und Gewässer – ein Handbuch. S. 249-279. Spektrum Akademischer Verlag

8.44   Kern U, Westrich B (Hrsg; 1999): Methoden zur Erkundung, Untersuchung und Bewertung von Sedimentablagerungen und Schwebstoffe in Gewässern. DVWK-Schriften Nr. 128, 418 S..

8.45   Calmano W (Hrsg, 2001): Untersuchung und Bewertung von Sedimenten. 551 S. Springer-Verlag Berlin

8.46   Westrich B, Förstner U (eds, 2007): Sediment Dynamics and Pollutant Mobility in Rivers – An Interdisciplinary Approach. 430 p. Springer-Verlag Berlin

8.47   Nipkow F (1920) Vorläufige Mitteilungen über Untersuchungen des Schlammabsatzes im Zürichsee. Z Hydrol 1, 101-123

8.48   Alderton DHM (1985) Sediments, in: Historical Monitoring, Technical Report 31, Monitoring and Assessment Research Centre (MARC), University of London

8.49   Müller G (1981) Heavy metals and other pollutants in the environment. A chronology based on the analysis of dated sediments. In: Ernst WHO (Hrsg) Proc. Inter. Conf. Heavy Metals in the Environment, Amsterdam, p 12-17. CEP Consultants

8.50   Leinfelder R (2016) Was wir der Welt angetan haben. Gespräch über „Anthropozän" mit Marco Evers. DER SPIEGEL 39/2016, S. 108-110

8.51   Pyritz L (2016) Quasi in Stein gemeißelte Veränderungen. Gespräch mit Dagmar Röhrlich im Deutschlandfunk am 29.08.2016

8.52   Ahlf W (1995). Ökotoxikologische Sedimentbewertung. USWF-Zeitschr Umweltchem Ökotox 7 (2) 84-91

8.53   Zimmer M, Ahlf W (1994). Erarbeitung von Kriterien zur Ableitung von Qualitätszielen für Sedimente und Schwebstoffe - Literaturstudie. UBA-Texte 69/94. 307 S. Umweltbundesamt Berlin

8.54   Salomons W (1993) Non-linear and delayed responses of toxic chemicals in the environment. In: Arendt F, Annokée GJ, Bosman R, van den Brink WJ (Hrsg) Contaminated Soil '93, p 225-238. Kluwer Acad Publ Dordrecht

8.55   Förstner U (1996) Langzeitprognosen und naturnahe Dauerlösungen – ingenieur-geochemische Konzepte für Schadstoffe in Abfällen auf Deponien und in Böden. Geowissenschaften 14:169-172

8.56   Obermann P, Cremer S (1992) Mobilisierung von Schwermetallen in Poren-wässern von belasteten Böden und Deponien. Entwicklung eines aussagekräftigen Elutionsverfahrens. Materialien zur Ermittlung und Sanierung von Altlasten. Band 6, 127 S. Landesamt für Wasser und Abfall Nordrhein-Westfalen, Düsseldorf

8.57   Kersten M, Förstner U (1991) Geochemical characterization of the potential trace metal mobility in cohesive sediment. Geo-Marine Letts 11, 184-187

8.58   Förstner U (2013) Von der Greiferprobe bis zur In-situ-Sanierung – 50 Jahre For-schung an kontaminierten Gewässersedimenten. Vom Wasser 111 (4) 132-140

8.59   Cornelissen G, Amstaetter K, Hauge A, Schaanning M, Beylich B, Gunnarsson JS, Breedveld GD, Oen AMP, Eek E (2012) Large-scale field study on thin-layer cap-ping of marine PCDD/F-contaminated sediments in Grenlandfjords, Norway: Phys-icochemical effects. Environ Sci Technol 46, 12030-12037

8.60   Smedes F, van Vliet LA, Booij K (2013) Multi-ratio equilibrium passive sampling method to estimate accessible and pore water concentrations of polycyclic aromatic hydrocarbons and polychlorinated biphenyls in sediment. Environ Sci Technol 47, 510-517

8.61   Yang R, Wei H, Guo J, McLeod C, Li A, Sturchio NC (2011) Historically and cur-rently used Dechloranes in the sediments of the Great Lakes. Environ Sci Technol 45, 5156-5163

8.62   Anger CT, Sueper C, Blumentritt DJ, McNeill K, Engstrom DR, Arnold WA (2012): Quantification of Triclosan, Chlorinated Triclosan derivatives, and their Dioxin photoproducts in lacustrine sediment cores. Environ Sci Technol 47, 1833-1843

8.63   Liao C, Liu F, Moon H-B, Yamashita N, Yun S, Kannan K (2012) Bisphenol ana-logues in sediments from industrialized areas in the United States, Japan, and Ko-rea: Spatial and temporal distributions. Environ Sci Technol 46, 11558-11565

8.64   Song S, Ruan T, Wang T, Liu R, Jiang G (2012) Distribution and preliminary expo-sure assessment of Bisphenol AF(BPAF) in various environmental matrices around a manufacturing plant in China. Environ Sci Technol 46, 13136-13143

8.65   Teuchies J, De Jonge M, Meire P, Blust R, Bervoets L (2012) Can acid volatile sul-fides (AVS) influence metal concentrations in the macrophyte Myriophyllum aquat-icum? Environ Sci Technol 46, 9129-9137

8.66   Van Geest JL, Mackay D, Poirier DG, Sibley PK, Solomon KR (2011): Accumula-tion and depuration of polychlorinated biphenyls from field-collected sediment in three freshwater organisms. Environ Sci Technol 45, 7011-7018

8.67   Zohre K, Shin K, Spain JC (2012) Biodegradation of chlorbenzene and nitrobenze-ne at interfaces between sediment and water. Environ Sci Technol 46, 11829-11835

8.68   Milligan TG, Law BA (2013) Contaminants at the sediment-water interface: Impli-cations for environmental impact assessment and effects monitoring. Environ Sci Technol 47, 5828-5834

8.69   Chiaia-Hernandez AC, Krauss M, Hollender J (2013) Screening of lake sediments for emerging contaminants by liquid chromatography atmospheric pressure photo-ionization and electrospray ionization coupled to high resolution mass spectrome-try. Environ Sci Technol 47, 967-986

8.70   Mehler WT, Li H, Lydy MJ, You J (2011) Identifying the causes of sediment-associated toxicy in urban waterways of the Pearl River Delta, China. Environ Sci Technol 45, 1812-1819

8.71   Mayes WM, Jarvis AP, Burke JT, Walton M, Feigl V, Klebercz O, Gruiz K (2011) Dispersal and attenuation of trace contaminants downstream of the Ajka bauxite residue (red mud) depository failure, Hungary. Environ Sci Technol 45, 5147-5155

8.72   Atlas RM, Hazen TC (2011) Oil biodegradation and bioremediation: A tale of the two worst spills in the U.S. history. Environ Sci Technol 45, 6709-6715

8.73   Anonym (1990, 1995) Sondergutachten Altlasten. Rat von Sachverständigen für Umweltfragen. Metzler-Poeschel Verlag Stuttgart

8.74   Frauenstein J (2010) Stand und Perspektiven des nachsorgenden Bodenschutzes. 13 S. Umweltbundesamt, März 2010

8.75   Kerndorff H, Brill V, Schleyer R, Friesel P, Milde G (1985) Erfassung grundwassergefährdender Altablagerungen – Ergebnisse hydrogeochemischer Untersuchungen. Institut für Wasser-, Boden- und Lufthygiene des Bundesgesundheitsamtes. WaBoLu-Hefte 5/1985

8.76   Kerndorff H, Milde G, Schleyer R, Arneth J-D, Dieter H, Kaiser U (1988) Grundwasserkontaminationen durch Altlasten: Erfassung und Möglichkeiten der standardisierten Bewertung. In: Wolf K et al. (Hrsg.) Altlastensanierung '88. 2nd TNO/BMFT-Congress on Contaminated Soil. Band 1, S. 129-145. Kluwer Academic Publ., Dordrecht

8.77   Schwarzenbach RP, Westall J (1983) Transport of non-polar organic compounds from surface water to groundwater. Laboratory sorption studies. Environ Sci Technol 15: 1360-1367

8.78   Neumaier H, Weber HH (Hrsg.) (1996) Altlasten – Erkennen, Bewerten, Sanieren. 3. Aufl. 519 S. Springer-Verlag

8.79   Thomé-Kozmiensky KJ (Hrsg.) (1987, 1988, 1989) Altlasten 1, 2 und 3. EF-Verlag für Energie- und Umwelttechnik Berlin

8.80   Simons K, Bartels-Langweide J, Hirschberger H (1989) Auskofferung kontaminierte Feststoffe – Überblick. In: Franzius V, Stegmann R, Wolf K (Hrsg.) Handbuch der Altlastensanierung. Kap. 5.1.1.0. R.v.Decker's Verlag G. Schenck Heidelberg

8.81   Thomé-Kozmiensky KJ (1989) Techniken zur Sanierung von Altlasten. In: Thomé-Kozmiensky KJ (Hrsg.) Altlasten 3. S. 1-30. EF-Verlag für Energie- und Umwelttechnik Berlin

8.82   Jessberger HL, Geil M (1989) Grundlegende Eigenschaften der mineralischen Baustoffe. In: Franzius V, Stegmann R, Wolf K (Hrsg.) Handbuch der Altlastensanierung. Kap. 5.3.1.1. R.v. Decker's Verlag G. Schenck, Heidelberg

8.83   Klenner P, Sokollek V, Zickermann H (1989) Oberflächenabdichtung der Deponie Georgswerder. Wasser und Boden 41: 515-521

8.84   Meseck H (1989) Bauverfahren zur Einkapselung von Altlasten. Entsorgungspraxis 1/5: 234-243

8.85   Müller-Kirchenbauer H, Friedrich W, Günther K, Nußbaumer M Stroh D (1990) Einkapselung. In: Weber HH (Hrsg.): Altlasten. Kap. 4.2.1, S. 168-198. Springer

8.86   Anonym (1986) Handbook for Stabilisation/Solidification of Hazardous Waste. U.S. Environmental Protection Agency, EPA/540/2-86/001. Cincinnati

8.87   Wienberg R, Khorasani R, Schweer C, Förstner U (1989) Verfestigung, Stabilisierung und Einbindung organischer Schadstoffe aus Deponien. In: Thomé-Kozmiensky KJ (Hrsg.) Altlasten 3. S. 227-259. EF-Verlag für Energie- und Umwelttechnik

8.88   Wiles CC (1987) A review of solidification/stabilization technology. J Hazardous Mater 14: 5-21

8.89   Means JL, Smith LA, Nehrung KW, Brauning SE, Gavaskar AR, Sass BM, Wiles CC and Mashni C.I. (1995) The application of solidification/stabilization to waste materials. 334 p. Lewis Publ. Boca Raton

8.90   Conner JR, Hoeffner SL (1998a) The history of stabilization/solidification technology. Crit Rev Environ Sci Technol 28: 325-396; (1998b) A critical review of stabilization/solidification technology. Crit Rev Environ Sci Technol 28: 397-462

8.91   Ehresmann J (1988) Neues Konzept für flächendeckende Entsorgung von kontaminierten Böden aus Unfällen und Altlasten. Müll und Abfall 20: 155-163

8.92   Rittmann K, Heijmans MJJ (1989) Anorganische und organische Dekontamination von Altlasten mittels optimierter Bodenwaschung. In: Thomé-Kozmiensky KJ (Hrsg.) Altlasten 3, S. 553-559. EF-Verlag für Energie- und Umwelttechnik Berlin

8.93   Wilichowski M (2001) Remediation of soils by washing processes – an historical overview. In: Stegmann R, Brunner G, Calmano W, Matz G (Eds.) Treatment of Contaminated Soil – Fundamentals, Analysis, Applications. S. 417-434. Springer

8.94   Neeße T, Grohs H (1990/1991) Verfahrenstechnische Grundlagen des Bodenwaschens. Aufbereitungs-Technik (Mineral Processing), 31(10) 563-569 (1990); 31 (12) 656-662 (1990); 32 (2) 72-74 (1991); 32 (6) 294-302 (1991)

8.95   Rulkens WH, Assink JW, Van Gemert WJTh (1985) On-site processing of contaminated soil. In: Smith MA (Ed.) Contaminated Land – Reclamation and Treatment. pp. 37-90. Plenum Press

8.96   Hüster F(1986) Schadstoffseparation aus kontaminierten Böden mit Hochdruck-Wasserstrahlen. Wasser und Boden, Bd 10/86: 156-165

8.97   Lageman R (1990) In-Situ Bodensanierung durch elektrokinetischen Schadstofftransport. In: Franzius V (Hrsg.) Sanierung kontaminierter Standorte 1989. Abfallwirtschaft in Forschung und Praxis, Band 33, S. 255-282. Erich Schmidt Verlag

8.98   Ottosen L, Jensen JB, Villumsen A, Laursen S, Hansen HK, Sloth P (1995) Electrokinetic remediation of soil polluted with heavy metals – experiences with different kinds of soils and different mixtures of metals. In: Van den Brink, WJ, Bosman R, Arendt F (Eds.) Contaminated Soil '95, pp. 1029-1038. Kluwer Academic Publ

8.99   Hansen HK, Ottosen LM, Laursen S, Villumsen A (1997) Electrochemical analysis of ion-exchange memberanes with respect to a possible use in electrodialytic decontamination of soil polluted with heavy metals. Separat Sci Technol 32: 2425-2444

8.100   Haus R, Czurda K (2000) Field scale study on in-situ electro-remediation. In: Contaminated Soil 2000, pp. 1052-1059. Thomas Telford Publ. London

8.101   Dott W (1989) Mikrobiologische Verfahren zur Altlastensanierung – Grenzen und Möglichkeiten. In: Thomé-Kozmiensky KJ (Hrsg.) Altlasten 3, S. 403-422 EF-Verlag für Energie- und Umwelttechnik Berlin

8.102   Stegmann R, Brunner G, Calmano W, Matz G (Eds. 2001) Treatment of Contaminated Soil – Fundamentals, Analysis, Applications. 658 S. Springer-Verlag Berlin

8.103   Behrendt J, Wiesmann U (1989) Biologischer Abbau von Schadstoffen aus dem Grundwasser vom Standort einer ehemaligen Altölaufbereitungsanlage. In: Thomé-Kozmiensky KJ (Hrsg.) Altlasten 3, S. 447-461. EF-Verlag für Energie- und Umwelttechnik Berlin

8.104   Rissing P-J (1989) Biologische Altlastensanierung. Entsorgungspraxis 1-2/89: S. 14-17

8.105   Battermann G, Werner P (1984) Beseitigung einer Untergrundkontamination mit Kohlenwasserstoffen durch mikrobiellen Abbau. gwf-Wasser/Abwasser 125 (8): 366-373

8.106   Soczo ER, Staps JJM (1988) Biologische Boden-Behandlungsverfahren in den Niederlanden. In: Wolf K, Brink WJ van den, Colon FJ (Hrsg.) Altlastensanierung '88. S. 681-688. Kluwer Academic Publ. Dordrecht

8.107   Fortmann J, Jahns P (1996) Thermische Bodenreinigung. In: Neumaier H, Weber, HH (Hrsg.) Altlasten – Erkennen, Bewerten, Sanieren. pp. 272-303. Springer

8.108   Bruns D, Reimann C, Jochimsen M (1990) Rekultivierung thermisch gereinigter Böden nach dem Muster der natürlichen Sukzession. In: Arendt F, Hinsenfeld M, Van den Brink W (Hrsg.) Altlastensanierung '90. S. 351-360. Kluwever Acad Publ

8.109   Haubold-Rosar M, Heinkele T, Rademacher A, Kern J, Dicke C, Funke A, Germer S, Karagöz Y, Lanza G, Libra J, Meyer-Aurich A, Mumme J, Theobald A, Reinhold J, Neubauer Y, Medick J, Teichmann I (2016) Chancen und Risiken des Einsatzes von Biokohle und anderer „veränderter" Biomasse als Bodenhilfsstoffe oder für die C-Sequestrierung in Böden. Texte 4/2016, 254 S. Umweltbundesamt

8.110   Anonym (o. J.) Gefahrenbeurteilung von Bodenverunreinigungen/Altlasten als Gefahrenquelle für Grundwasser. Länderarbeitsgemeinschaften Wasser, Abfall, Boden (LAWA/LAGA/ LABO. Arbeitspapier (zitiert aus einer Version von 1997)

8.111   Salzwedel J (1999) Rechtsgrundlagen des Umweltschutzes. B 5.3.4 Bodenschutz und Grundwasser. In: Görner K, Hübner K (Hrsg.) Hütte-Umweltschutztechnik. S. B 60. Springer-Verlag, Berlin

8.112   Anonym (1999) Grundsätze des Grundwasserschutzes bei Abfallverwertung und Produkteinsatz. Entwurfvorlage des LAWA-Arbeitskreises, Stand 27.01.1999, 17 S.

8.113   Gerth J (2007) Sickerwasserprognose für anorganische Schadstoffe. In: Förstner U, Grathwohl P (Hrsg.) Ingenieurgeochemie – Natürlicher Abbau und Rückhalt, Stabilisierung von Massenabfällen. S. 255-272. Springer-Verlag Berlin

8.114   Ruf J (1999) Stand der Regelungen im Rahmen des Bundes-Bodenschutzgesetzes zum Wirkungspfad Boden/Altlasten/Grundwasser. In: Beudt J (Hrsg.) Präventiver Grundwasser- und Bodenschutz – Europäische und nationale Vorgaben. S. 29-40. Springer-Verlag Berlin

8.115   Schiedek T, Grathwohl P, Teutsch G (1997) Literaturstudie zum natürlichen Rückhalt/ Abbau von Schadstoffen im Grundwasser. Report LAG 01/0460. Tübingen

8.116   Wiedemeier TH, Rifai HS, Newell CJ, Wilson HT (1999) Natural Attenuation of Fuels and Chlorinated Solvents in the Subsurface. John Wiley and Sons, New York

8.117   Teutsch G, Rügner H, Kohler W (2001) Entwicklung von Bewertungskriterien zum natürlichen Schadstoffabbau in Grundwasserleitern als Grundlage für Sanierungsentscheidungen bei Altstandorten. In: DECHEMA (Hrsg.) Beiträge zum 2. Symp. Natural Attenuation – Neue Erkenntnisse, Konflikte, Anwendungen. S. 173-182

8.118   Förstner U (1999) Neues Bodenschutzrecht – Herausforderung an die Wasserchemie. Nachr. Chem. Tech. Lab. 47: 1220-1223

8.119   Anonym (1999) Use of Monitored Natural Attenuation at a Superfund RCRA Corrective Action, and Underground Storage Tank Sites. OSWER-Directive 9200.4-17, 32 p. U.S. Environmental Protection Agency

8.120   Track T, Michels J (2000) Resümee des 1. Symposiums „Natural Attenuation – Möglichkeiten und Grenzen naturnaher Sanierungsstrategien", DECHEMA

8.121   Track T, Michels J (2001) Resümee des 2. Symposiums „Natural Attenuation – Neue Erkenntnisse, Konflikte, Anwendungen", DECHEMA Frankfurt/Main

8.122   Grathwohl P (2007) Natürlicher Abbau und Rückhalt von Schadstoffen. In: Först-
        ner U, Grathwohl P (Hrsg.) Ingenieurgeochemie. 2. Aufl. S. 151-242. Springer
8.123   Anonym (2005) Untersuchung der rechtlichen Rahmenbedingungen für den kon-
        trollierten natürlichen Rückhalt und Abbau von Schadstoffen bei der Sanierung
        kontaminierter Böden und Grundwässer. Anwaltskanzlei Steiner, Anwaltskanzlei
        Prof. Dr. Müller & Kollegen, RA Reinhard Struck. KORA Teilverbund 8, Förder-
        kennzeichen 02WN0383. Schlussbericht vom 30.06.2005, 188 Seiten
8.124   Anonym (2004) EU-Umwelthaftungsrichtlinie (EU-UmwHaftRL). Richtlinie
        2004/35/EG des Europäischen Parlaments und des Rates vom 21.04.2004 über
        Umwelthaftung zur Vermeidung und Sanierung von Umweltschäden. Amtsblatt der
        Europäischen Union Nr. L 143 vom 30.04.2004, S. 56-75
8.125   Anonym (2007) Umweltschadensgesetz (USchadG). Gesetz zur Umsetzung der
        Richtlinie des Europäischen Parlaments und des Rates über Umwelthaftung zur
        Vermeidung und Sanierung von Umweltschäden vom 10. Mai 2007. BGBl. Teil I
        Nr. 19, S. 666-671
8.126   Michels J, Stuhrmann M, Frey C, Koschitzky H-P (Hrsg. 2008) Handlungsempfeh-
        lungen mit Methodensammlung. Natürliche Schadstoffminderung bei der Sanierung
        von Altlasten. VEGAS, Institut für Wasserbau, Universität Stuttgart, DECHEMA
        e.V. Frankfurt/Main. ISBN-13 978-3-89746-092-0, 363 Seiten
8.127   Hoth N, Rammlmair D, Gerth J, Häfner F (2008) Leitfaden "Natürliche Schadstoff-
        minderungsprozesse an großräumigen Bergbaukippen/-halden und Flussauensedi-
        menten. Empfehlungen zur Untersuchung und Bewertung der natürlichen Quell-
        termminimierung. 124 Seiten + Anlage 1 (Förstner U: „Erkenntnisse zu Monitored
        Natural Recovery an Flusssedimenten", 19 S.). BMBF-Förderschwerpunkt „Kon-
        trollierter natürlicher Rückhalt und Abbau von Schadstoffe bei der Sanierung kon-
        taminierter Grundwasser und Böden" (KORA), TU Bergakademie Freiberg und
        DECHEMA, Freiberg/Frankfurt, Nov. 2008
8.128   Birke V (2007) Durchströmte Reinigungswände – Verbund „RUBIN" mit Foliense-
        rie auf CD-ROM. In: Förstner U, Grathwohl P (Hrsg.) Ingenieurgeochemie. 2. Aufl.
        S. 451-458. Springer Verlag Berlin
8.129   Birke V (2001) Reinigungswände 2001: Schadstoffe und reaktive Materialien –
        Stand der Technik, Entwicklungen und Grenzen. RUBIN – Reinigungswände und -
        barrieren im Netzwerkverbund. 116 Seiten, FH Nordostniedersachsen Suderburg
8.130   Burmeier H, Birke V, Ebert M, Finkel M, Rosenau D, Schad H (2007) Handbuch:
        Anwendung von durchströmten Reinigungswänden zur Sanierung von Altlasten.
        Teil I Leitfaden, Handlungsempfehlungen: Planung, Errichtung, Betrieb, Nachsor-
        ge. Teil II Entwicklungs- und Erfahrungsstand. Wissenschaftlich-technische Grund-
        lagen. Ausblick. Literatur, Patente, Verzeichnis, Anhänge. 471 S. BMBF
8.131   Förstner U (2002) Sediments and the European Water Framework Directive. J Soils
        Sediments 2 (2): 54
8.132   Anonym (2009) Hintergrundpapier zur Ableitung der überregionalen Bewirtschaf-
        tungsziele für die Oberflächengewässer im deutschen Teil der Flussgebietseinheit
        Elbe für den Belastungsschwerpunkt Schadstoffe, Flussgebietsgemeinschaft Elbe
        (Hrsg.), Abschlussbericht, Magdeburg, 27 Seiten
8.133   Shea D (1988) Developing national sediment quality criteria. Environ Sci Technol
        22: 1256-1260
8.134   Förstner U (2003) Geochemical techniques on contaminated sediments – river basin
        view. Environ Sci Pollut Res 10 (1): 58-68

8.135   Zoumis T, Calmano W, Förstner U (2000) Demobilization of heavy metals from mine waters. Acta hydrochim hydrobiol 28: 212-218

8.136   Heise S, Krüger F, Förstner U, Baborowski M, Götz R, Stachel B (2008) Bewertung der Risiken durch feststoffgebundene Schadstoffe im Elbeeinzugsgebiet, im Auftrag von FGG Elbe und Hamburg Port Authority, Hamburg, 349 Seiten

8.137   Anonym (2002) Die subaquatische Unterbringung von Baggergut in den Niederlanden. Sachstandsbericht. Januar 2002. Depotec Amersfoort, für HPA Hamburg

8.138   Jacobs PH, Förstner U (2003) Gewässersedimente und Baggergut. In: Förstner U, Grathwohl P (Hrsg) Ingenieurgeochemie. S. 330-360. Springer-Verlag Berlin

8.139   Anonym (2015) Hudson River PCBs Superfund Site: Hudson River Cleanup. U.S. Environmental Protection Agency. https://www3.epa.gov/hudson/cleanup.html (16.05.2017)

8.140   Mann T (2015) GE nears end of Hudson River cleanup. Company has spent past seven years dredging PCBs from a 40-mile stretch of the river. The Wall Street Journal, 11. November 2015

8.141   Anonym (2016) EPA Finalizes Passaic River Cleanup, One of the Largest Superfund Projects in EPA History Will Protect Peoples Health and the Environment. U.S. Environmental Protection Agency, April 2016.

8.142   Anonym (2000) Fallstudie Bitterfeld. Umgang mit Kontaminationen in Flusseinzugs- und Überschwemmungsgebieten am Beispiel des Niederungsgebietes Spittelwasser Bitterfeld. Deutscher Beitrag zum Fallstudienvergleich ConSoil 2000 vom 18.09.-22.09.2000 in Leipzig, 27 S.

8.143   Anonym (2014) Hintergrunddokument zur wichtigen Wasserbewirtschaftungsfrage. Reduktion der signifikanten stofflichen Belastungen aus Nähr- und Schadstoffen. Teilaspekt Schadstoffe. Hrsg. Flussgebietsgemeinschaft Elbe; Ad Hoc AG Schadstoffe/Sedimentmanagement der FGG Elbe. 05.11.2014, 29 Seiten

8.144   Anonym (2007) Richtlinie 2007/60/EG des Europäischen Parlaments und des Rates vom 23. Oktober 2007 über Bewertung und Management von Hochwasserrisiken

8.145   Anonym (2013) Richtlinie 2013/39/EU des Europäischen Parlaments und des Rates vom 12. August 2013 zur Änderung der Richtlinien 2000/60/EG und 2008/105/EG in Bezug auf prioritäre Stoffe im Bereich der Wasserpolitik („Änderungsrichtlinie")

8.146   Anonym (2008) Richtlinie 2008/56/EG des Europäischen Parlaments und des Rates vom 17. Juni 2008 zur Schaffung eines Ordnungsrahmens für Maßnahmen der Gemeinschaft im Bereich der Meeresumwelt (Meeresstrategie-Rahmenrichtlinie)

8.147   Anonym (2009/2013) Gemeinsame Übergangsbestimmungen zum Umgang mit Baggergut in den Küstengewässern. 39 Seiten. http://www.htg-baggergut.de/Downloads/Uebergangsbestimmungen_Baggergut_Kuestengewaesser.pdf (16.05.2017)

8.148   Anonym (2014) Schlussanträge des Generalanwalts Nilo Jääskinen vom 23. Oktober 2014. Rechtssache C-461/13, Bund für Umwelt und Naturschutz Deutschland gegen Bundesrepublik Deutschland. Gerichtshof der Europäischen Union, Luxembourg https://hamburg.nabu.de/imperia/md/content/hamburg/geschaeftsstelle/elbe/-eugh_weser_schlussantrag.pdf

8.149   Anonym (2017) Ausbau der Bundeswasserstraße Elbe („Elbvertiefung"). Urteil des Bundesverwaltungsgerichts, 7. Senat v. 9. Febr. 2017 BVerwG7A2.15, 23.05.2017 http://www.bverwg.de/entscheidungen/pdf/090217U7A2.15.0.pdf

9 Abfall

Die Abfallwirtschaft folgt grundsätzlich einer fünfstufigen Hierarchie „Vermeidung – Wiederverwendung – stoffliche Verwertung – u.a. energetische Verwertung – Beseitigung". Im Abschn. 9.1 wird die sektorale Abfallbeseitigung (Gewinnung und Behandlung von Bodenschätzen, Baggergut, Industrie, Hausmüll) mit dem Stand der Umsetzung „beste verfügbare Technik" beschrieben. Abschn. 9.2 befasst sich mit Müllverbrennungsanlagen (Rauchgasreinigung, Rückstandsbehandlung und Schlackenverwertung). Die Deponierung von Abfällen wird im Abschn. 9.3 abgehandelt; nach einer Übersicht über die gesetzlichen Regelungen für Deponien und länderbezogenen Überwachungsplänen wird auf die Aspekte „Deponiegas und Sickerwasser", „Mechanisch-biologische Vorbehandlung von Abfällen", „Langzeitprognosen für Reaktordeponien" und auf die Leitperspektive „Endlagerqualität" (mit Auszügen „Endlagerbergwerk mit Reversibilität" aus dem Kommissionsbericht zur Lagerung hochradioaktiver Abfälle) eingegangen.

9.1 Abfallbeseitigung – vom Abraum bis zum Hausmüll

„In einem nachhaltigen Stoffmanagement sollte sich die Abfallwirtschaft auf diejenigen Güter konzentrieren, die entsorgt werden müssen, und auf die Prozesse, in denen die Abfälle entweder zu ‚endlagerfähigen' oder zu wieder verwertbaren Gütern transformiert werden" (*Moser* [9.1]). Während die Entwicklung weltweit dem Prinzip der „Verwertung" folgt, hat nur die *Schweiz* auch die „Endlagerfähigkeit" zu einem Leitbild der Abfallwirtschaft erhoben [9.2].

In *Deutschland* waren als Folge des *Abfallbeseitigungsgesetzes* vom Juni 1972 die mehr als 50.000 Müllkippen in 400 zentrale Großdeponien überführt worden. Mit dem *Abfallgesetz* von 1986 entwickelte sich die Abfallbeseitigung zur *Abfallwirtschaft,* bei der die Abfallvermeidung eine hohe Priorität besitzen sollte. Im *Kreislaufwirtschafts- und Abfallgesetz* von 1994 schließlich wurden die stoffliche und energetische Verwertung gemeinsam auf Rang zwei platziert [9.3].

Mit dem seit 1. Juni 2012 gültigen *Kreislaufwirtschaftsgesetz* (KrWG [9.4]) wird die EU-Abfallrahmenrichtlinie [9.5] in deutsches Recht umgesetzt. Als Fortschritte sieht das BMUB [9.6] folgende Punkte: (1) EU-rechtlich harmonisierte Begriffe, (2) fünfstufige Abfallhierarchie mit „Auffangregelung" beim Heizwertkriterium, (3) mehr Produktverantwortung, (4) Verstärkung des Recycling, (5) Absicherung der „dualen Entsorgungsverantwortung" und (6) Bürokratieabbau sowie effizientere Überwachung (siehe Details im Kapitel 10 „Kreislaufwirtschaft").

Im Mittelpunkt des vorliegenden Kapitels 9 steht die „Gewährleistung einer umweltverträglichen Abfallbeseitigung"; diese bildet seit langem einen Eckpfeiler der deutschen Abfallwirtschaft [9.6]. Die rechtlichen Grundlagen der Abfallbeseitigung (§§ 15 und 16 KrWG) und insbesondere des Deponierechts (§§ 28 ff. KrWG) haben sich in den letzten Jahrzehnten bewährt und sind daher im Rahmen der Gesetzesnovelle von 2012 weitgehend unverändert geblieben.

© Springer-Verlag Berlin Heidelberg 2018
U. Förstner, S. Köster, *Umweltschutztechnik*, https://doi.org/10.1007/978-3-662-55163-9_9

9.1.1 Abfälle aus Gewinnung und Behandlung von Bodenschätzen

„Die alleinige Betrachtung der Abfallprobleme ..... lässt nicht erkennen, welche gewaltigen Güter und Abfallmengen zur Aufrechterhaltung des ‚Metabolismus' einer Dienstleistungsgesellschaft erzeugt werden" [9.1]. Die Tab. 9.1 vergleicht die weltweite Abfallerzeugung mit den Transportraten für natürliche Feststoffe. Während das Volumen an kommunalen Abfällen und Baggerschlämmen ~1 Mrd. m³/Jahr und Klärschlamm (mit 95 % Wasser) ca. 3 Mrd. m³/Jahr beträgt, liegt der Anfall von Bergbauresten mit etwa 20 Mrd. m³ in der Größenordnung der aktuellen Erosionsrate von Boden und Gesteinen [9.7].

Tabelle 9.1 Globale Abfallbilanzen und Vergleichdaten ([a] *Neumann-Malkau* [9.7])

Häusliche Abfälle	~ 1 x 10^9 m³/Jahr
Baggergut	~ 1 x 10^9 m³/Jahr
Klärschlamm (95 % H_2O)	~ 3 x 10^9 m³/Jahr
Bergbaurestmassen	17,8 x 10^9 m³/Jahr [a]
Gesteinserosion aktuell	26,7 x 10^9 m³/Jahr [a]

Als Konsequenz der Bergbauunglücke in Spanien und Rumänien (Abschnitt 2.3.1) hatte die Europäische Kommission Mitte 2003 eine sektorale Abfallrichtlinie vorgeschlagen, die am 15. März 2006 im Parlament verabschiedet wurde [9.8]. Die *EG-Bergbauabfallrichtlinie* [9.9] adressiert den Umgang mit Abfällen, die bei der Prospektion, Extraktion, Behandlung und Lagerung von mineralischen Rohstoffen anfallen, einschließlich Steinbrucharbeiten. „Eine gewisse Privilegierung bergbaulicher Abfälle gegenüber dem Deponierecht erschien dem europäischen Gesetzgeber gerechtfertigt, weil zur Bodenschatzgewinnung zwangsläufig Bodenmaterial verlagert werden muss und typischerweise Nebengestein anfällt, das auch gefährliche Abfälle enthalten kann" [9.8].

In Deutschland wurde die EG-Bergbauabfallrichtlinie durch die folgenden drei Aktivitäten umgesetzt [9.10, 9.11]:

• Erlass der „Gewinnungsabfallverordnung" (GewinnungsAbfV [9.12]),
• Ergänzung der „Allgemeinen Bundesbergbauverordnung" (ABBergV [9.13]),
• „Verordnung über die Umweltverträglichkeitsprüfung bergbaulicher Vorhaben" (UVPV Bergbau [9.14])

Im Unterschied zu anderen *BVT Merkblättern* ist das BVT-Merkblatt „Management von Bergbauabfällen und Taubgestein" [9.15] kein BVT-Merkblatt unter den *Richtlinien über Industrieemissionen* (IE-RL) beziehungsweise über die integrierte Vermeidung und Verminderung der Umweltverschmutzung (IVU-Richtlinie), sondern unterliegt der EG-Bergbauabfallrichtlinie, die im Vergleich zur IE-RL geringere Anforderungen an die Verbindlichkeit der BVT-Merkblätter bei der Anlagengenehmigung stellt. Das Merkblatt wird derzeit. nach dem „Sevilla-Prozess" überprüft [9.16], aber es ist noch nicht absehbar, ob es zu einer Verschärfung der Bergbauabfallrichtlinie im Sinne einer IE-RL kommen wird [9.11].

Langzeit-Ökoinventar „Bergbauabfälle" – Buntmetalltailings [9.17]
Deponierte Abfälle aus der Aufbereitung von Roherzen, sogenannte Tailings, spielen eine wichtige Rolle in der ganzheitlichen Umweltbewertung der Buntmetallproduktion. In der Bilanz von typischen Konsumprodukten – z.B. Heizungen, Elektrogeräten, Fahrzeugen – steigt dadurch zwar die relative Umweltbelastung aus der Infrastruktur, aber Belastungen aus dem Energieverbrauch der Gebrauchsphase verursachen normalerweise weiterhin den Großteil der Gesamtbelastung. Von besonderer Bedeutung sind die Tailings aus den zumeist sulfidhaltigen Roherzen für Kupfer, Nickel, Zink, Chrom, Blei, Kobalt, Quecksilber, Zinn, Antimon und Platingruppenmetalle (*Doka* [9.17]).

Der Boden ist im Vergleich zu Luft und Gewässern ein relativ langsames Umweltmedium. Es müssen deshalb außerordentlich lange Zeiträume modelliert werden, um die relevanten Bodenprozesse überhaupt erkennen zu können. In Anlehnung an die bereits international verwendeten Deponiemodelle für Ökobilanzierung wird hier ebenfalls ein langer Zeithorizont von 60'000 Jahren modelliert.

Ein Zeithorizont von 60'000 Jahren ist vergleichbar mit den Fristen für Langzeitemissionen in den Inventaren der Uranerz-Aufbereitung. Dieser Zeitraum bildet auch einen groben „ökologischen Planungshorizont" für die Schweiz: aufgrund vergangener Klimaentwicklungen wurde abgeschätzt, dass in ungefähr 60'000 Jahren mit einer neuen Eiszeit zu rechnen ist, welche das Schweizer Mittelland mit Gletschern bedecken wird. Die gesamte Ökosphäre der Schweiz wird (spätestens) zu diesem Zeitpunkt neu definiert. In anderen Ländern kann dieser Zeithorizont anders ausfallen, bspw. in tropischen Gebieten sehr lange gleichförmig sein.

Eine typische Tailingszusammensetzung wurde aus einer umfangreichen Literaturrecherche ermittelt und wird hier als repräsentativer Mittelwert für diese weltweit gehandelten Metalle verstanden. Ebenso wurden aus der Literatur typische Sickerwasserkonzentrationen Feld zusammengetragen. Dies charakterisiert das in bestehenden Deponien beobachtete Mobilitätspotential von toxischen Stoffen.

Die chemische Verwitterung der Tailings lässt sich bestenfalls vorübergehend verlangsamen, aber über sehr lange Zeiträume kaum verhindern. Das heißt, dass die deponierten Tailings ein Emissionspotential darstellen und es nur eine Frage der Zeit ist, wann dieses realisiert wird. Die Sickerwasserkonzentration eines Schadstoffes in Relation zu dessen Gehalt in den Tailings ist ein Maß dafür, wie leicht oder wie schwer sich der Schadstoff in die wässrige Phase überführen – und damit potentiell mobilisieren – lässt. Wie schnell aber ein Austrag aus der Deponie tatsächlich stattfindet, hängt aber vom Wasserdurchfluss ab,

Der pH ist eine wichtige Einflussgröße auf die Sickerwasserkonzentrationen. In Tailings kann sich durch mikrobielle Oxidation der vorhandenen Sulfidmineralien Schwefelsäure bilden – sog. „Acid Rock Drainage". Durch den sauren pH wird die Auswaschung verschiedener Schwermetalle begünstigt (z.B. Cd, Pb, Zn, Cu). Elemente, welche Oxianionen bilden, werden dagegen bei saurem pH weniger gut ausgewaschen (z.B. As, Cr, Mo, Se). Für die vorliegende, grobe Abschätzung wird angenommen, dass der Tailingskörper über die modellierte Zeitdauer von 60'000 Jahren keine Änderung des pH erfährt, da der Puffer im Durchschnitt 200'000 Jahre erhalten bleibt.

9.1.2 Behandlung von Massenabfällen

Bei Massenabfällen mit mäßig hohen Schadstoffanteilen – Baggerschlämme sind ein Beispiel – sollte ein Aufbereitungsprinzip zur Anwendung kommen, bei dem mit möglichst geringen Kosten eine Voranreicherung der schadstoffhaltigen Komponenten durchgeführt wird, die dann mit aufwendigen Methoden weiterbehandelt oder in kleinen Volumina sicher „endgelagert" werden. Das Prinzip der niederländischen Forschungsanstalt „TNO" ist in Abb. 9.1 (nach *Van Gemert* et al. [9.18]) dargestellt: Die „A"-Techniken werden großmaßstäblich angewendet, bei niedrigen Kosten pro Masseneinheit und relativ hoher Flexibilität, was die Änderungen der äußeren Bedingungen anlangt; die Anlagen können ggf. mobil bzw. transportabel sein. Die „B"-Techniken sind demgegenüber für die Behandlung kleinerer Massenströme konzipiert, in denen höhere Schadstoffkonzentrationen vorliegen; die Behandlungskosten pro Masseneinheit sind höher, die technische Ausstattung ist komplizierter und die Anforderungen an das Bedienungspersonal sind relativ hoch.

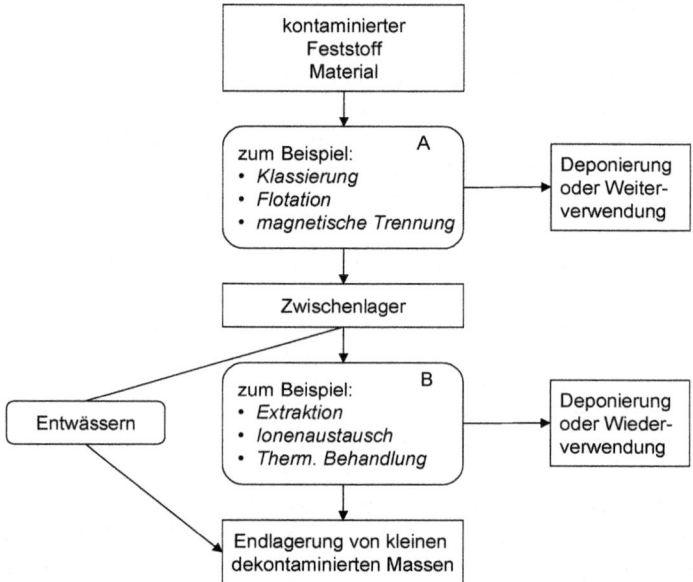

Abb. 9.1 Schema der Behandlungsschritte für kontaminierte Feststoffe [9.18]

Ein Beispiel für den Einsatz einer „A"-Technik ist die Abtrennung der schadstoffarmen Sandanteile aus dem Baggerschlick des Hamburger Hafens durch eine Kombination von Hydrozyklontrennung und Aufstromklassierung in der Aufbereitungsanlage „METHA" (*me*chanische *T*rennung von *Ha*fenschlick [9.19]. Die Hydrozyklonseparierung besitzt eine relativ geringe Trennschärfe bei einer hohen Durchsatzleistung; mit dem nachgeschalteten Aufstromklassierungsschritt kann die Grenzkorngröße genauer eingestellt und die angestrebte Abtrennung der feinkörnigen Schadstoffträger erreicht werden.

Merkblatt „Umgang mit Baggergut": Fallbeispiele aus Hamburg [9.20]

(1) Vermeiden, Umlagern, unmittelbares Verwenden:
- *Vermeidung:* Durch eine *Strömungsumlenkwand* mit zusätzlicher Unterwassersohlschwelle wird die unerwünschte Sedimentbildung in den Hafenbecken reduziert. Wenn Wasser an einem Hafenbecken vorbeiströmt, wird es in kreisende Bewegung versetzt; es entstehen Strömungswalzen in den Hafeneinfahrten, in deren Zentren sich Sedimente ablagern. Mehr als die Hälfte des jährlich im Hamburger Hafen anfallenden Baggergutes (2-4 Mio. m³) stammt aus diesen Sedimentationszonen. Nach dem Bau der Strömungsumlenkwand sind z.B. im Köhlfleet die Baggermengen um 30-40% zurückgegangen. Bei Baukosten von ca. 1.5 Mio. € hat sich der Bau innerhalb kurzer Zeit aufgrund reduzierter Bagger-, Behandlungs- und Unterbringungskosten amortisiert.
- Bei der *Umlagerung* unterscheidet man das Verklappen in die fließende Welle, das hydrodynamische Baggern (z.B. Wasserinjektion) oder die ortsfeste Ablagerung im gleichen Gewässer.
- Ein Beispiel für *unmittelbares Verwenden* von Baggergut ist die Verfüllung der Airbus-Erweiterungsfläche „Mühlenberger Loch" unterhalb von Hamburg. Das durch die Fa. Möbius entwickelte Bauverfahren beruht auf einem Gründungssystem mit Geokunststoff ummantelten Sandsäulen.

(2) Unterbringen im Gewässer:
- Im Rahmen der *Rekultivierungsmaßnahmen der Kiesgrube von Rogätz* werden bereits ausgekieste und in den kommenden Jahrzehnten noch auszukiesende Bereiche bis 2046 mit Erdstoffen wiederverfüllt und zu Flachwasserzonen umgestaltet, mit dem Ziel, ein Naturschutzgebiet (Feuchtbiotop) mit Elbauencharakter zu schaffen. Dazu werden 6 Mio. m³ unbelasteter Sand und Kies, mit geringen Anteilen von Auelehm/Mergel aus dem Elbe-Havel-Kanal eingesetzt.
- 1993 wurden ca. 300.000 m³ Baggergut aus den Unterhaltungsbaggerungen des Hamburger Hafens in den *ehemaligen Binnenschiffshafen „Rodewischhafen"* und in Teile des angrenzenden Ellerholzkanals unter wissenschaftlicher Begleitung eingespült.
- In den beiden nicht mehr benötigten Hafenbecken des *Südwest- und Indiahafens* wurden Sedimentablagerungen als Baugrund genutzt; außerdem wurde in einem *Großversuch im Indiahafen* ca. 100.000 m³ aufbereiteter Schlick aus der METHA-Anlage eingebaut. Damit er sich nicht mit Wasser vermischt, wurde er hydraulisch zu Schlickwürfeln (Größe 3 x 3 x 2 Meter) gepresst; diese wurden von einer schwimmenden Plattform mit einem massiven Absetzbehälter in die vorgesehene Position auf dem Hafenbeckengrund abgesetzt.

(3) Unterbringung an Land und auf Spülfeldern:
- Durch den Spülvorgang wird das Baggergut (1:8 bis 1:10 mit Wasser vermischt) klassiert und die schadstoffhaltigen Feinfraktionen, die sich in größerer Entfernung vom Spülkopf absetzen (Entmischungsfeld), können getrennt weiterbehandelt werden. Der erste Schritt ist Überpumpen aus dem Absetzbecken in ein Trocknungsfeld. Beispiele sind die Trocknungsfelder in Hamburg-Moorburg, die ca. 400.000 m³/Jahr Sediment aus der Unterhaltungsbaggerung im Hamburger Hafen verarbeiten.

9.1.3 Chemisch-physikalische Behandlung von Industrieabfällen

Struktur von chemisch-physikalischen Abfallentsorgungsanlagen [9.21]
Sonderabfälle, die für eine chemisch-physikalische (CP-)Behandlung ausgewählt
sind, werden entweder einem anorganischen oder organischen Strang zugeleitet;
es sind dementsprechend zunächst zwei Behandlungslinien für anorganisch und
organisch belastete Abfälle zu trennen. Eine weitere Unterscheidung betrifft:

- *Entgiftungs-Verfahren*, die umweltschädliche Komponenten von gefährlichen
  Sonderabfällen in umweltverträglichere Komponenten umwandeln, und
- *Entfrachtungs-Verfahren*, welche die Hauptbestandteile des Abfalls von den
  unerwünschten Begleitstoffen weitgehend befreien.

Im anorganischen Behandlungsstrang können Verfahrensschritte wie Neutralisati-
on, Fällung, Flockung, Oxidation, Reduktion und Entwässerung in Auswahl und
in Kombination eingesetzt werden. Mengenmäßig überwiegen die schlammbil-
denden Reaktionen, die abzulagernde Rückstände erzeugen. Den Hauptverfahren
können Vorbehandlungsschritte wie Homogenisierung usw. vorgeschaltet werden.
Evt. kann eine weitergehende Nachbehandlung z.B. durch Aktivkohleadsorption,
Stripping, Nachfällung als Sulfid, Ionenaustausch oder Umkehrosmose, notwendig
werden (siehe Abschn. 6.5.2 und Abschn. 7.3.2).

Im organischen Behandlungsstrang werden für den mengenmäßig bedeutsame-
ren Bereich der Trennung verschiedener Öl-Wasser-Gemische Verfahren wie Destillation, chemische Spaltung und Membranfiltration eingesetzt. Die rein organischen Abfälle sind vorrangig zu verbrennen (u.U. Sonderabfallverbrennung).

Typische Beispiele für die beiden Behandlungsstränge sind die Entgiftung me-
tallhaltiger Abfälle und die Emulsionstrennung [9.22]:

- *Entgiftung.* Standard-Entgiftungsverfahren werden für chromathaltige Abfälle
  eingesetzt, die bei der Oberflächenbehandlung und Metallveredelung in Metall-
  verarbeitungs- und Galvanisierungsbetrieben entstehen, für cyanidhaltige Abfälle aus der Metallhärtung und Elektroplatierung sowie für nitritreiche
  Schlämme, die in größeren Mengen beim Härten und bei der spanenden Fertigung (Rostschutzzusätze in den Kühlemulsionen). Während Chrom als schwer-
  lösliches Cr-Sulfat (Reaktion mit SO_2) oder nach Reduktion des Chromats (mit
  Natriumhydrogensulfit bzw. Eisen-(II)-Salzen unter sauren Bedingungen) als 3-
  wertiges Chromhydroxid ausgefällt wird, kann die Entgiftung von Cyanid und
  Nitrit durch eine Oxidationsreaktion, z.B. mit Natriumhypochlorit, erreicht
  werden.
- *Emulsionstrennung.* Emulsionen – Gemische mehrerer nicht ineinander löslicher Flüssigkeiten – fallen bei der Behandlung von Öl, Wasser und Schlamm-
  gemischen an, vor allem aus ölhaltigen Abwässern der metallverarbeitenden
  Industrie. Es wird zwischen Kühl- und Schmierstoffen auf Mineralölbasis
  (Bohr- und Schleifemulsionen), halbsynthetischen Ölen mit geringem Mineral-
  ölanteil und mineralölfreien Produkten (für Wasch- und Reinigungsanlagen
  sowie Entfettungsbädern) unterschieden. Je nach Verwendungszweck werden
  Additive wie Emulgatoren (zur Herabsetzung der Oberflächenspannung), Stabi-
  lisatoren/Hochdruckzusätze (Chlor-, Phosphor- oder Schwefelkomponenten)
  sowie korrosionshemmende Substanzen zugegeben.

Sachstand BVT-Merkblattbearbeitung für Abfallbehandlungsanlagen [9.23]
Beispiele von Abfallbehandlungsverfahren (Nr. 5 im Anhang I IED [9.24, 9.25])

5.1. Beseitigung oder Verwertung von gefährlichen Abfällen mit einer Kapazität von über 10 t pro Tag im Rahmen einer oder mehrerer der folgenden Tätigkeiten:

   a) biologische Behandlung;

   b) physikalisch-chemische Behandlung;

   c) Vermengung oder Vermischung vor der Durchführung einer der anderen in den Nummern 5.1 und 5.2 genannten Tätigkeiten;

   d) Rekonditionierung vor der Durchführung einer der anderen in den Nummern 5.1 und 5.2 genannten Tätigkeiten;

   e) Rückgewinnung/Regenerierung von Lösungsmitteln;

   f) Verwertung/Rückgewinnung von anderen anorganischen Stoffen als Metallen und Metallverbindungen;

   g) Regenerierung von Säuren oder Basen;

   h) Wiedergewinnung von Bestandteilen, die der Bekämpfung von Verunreinigungen dienen;

   i) Wiedergewinnung von Katalysatorenbestandteilen;

   j) Wiederaufbereitung von Öl oder andere Wiederverwendungsmöglichkeiten von Öl;

   k) Oberflächenaufbringung.

5.2. Beseitigung oder Verwertung von Abfällen in Abfallverbrennungsanlagen oder in Abfallmitverbrennungsanlagen

   a) für die Verbrennung nicht gefährlicher Abfälle mit einer Kapazität von über 3 t pro Stunde;

   b) für gefährliche Abfälle mit einer Kapazität von über 10 t pro Tag

5.3.a) Beseitigung nicht gefährlicher Abfälle mit einer Kapazität von über 50 t pro Tag im Rahmen einer oder mehrerer der folgenden Tätigkeiten und unter Ausschluss der Tätigkeiten, die unter die Richtlinie 91/271/EWG des Rates vom 21.05.1991 über die Behandlung von kommunalem Abwasser fallen:

   i. biologische Behandlung;

   ii. physikalisch-chemische Behandlung;

   iii. Abfallvorbehandlung für die Verbrennung oder Mitverbrennung;

   iv. Behandlung von Schlacken und Asche;

   v. Behandlung von metallischen Abfällen – unter Einschluss von Elektro- und Elektronik-Altgeräten sowie von Altfahrzeugen und ihren Bestandteilen – in Schredderanlagen.

Nr. 5.3.b) Verwertung – oder eine Kombination aus Verwertung und Beseitigung – von nichtgefährlichen Abfällen wird in Kapitel 10 behandelt. Für Nr. 5.2 besteht ein eigenständiges BVT-Merkblatt (Abschnitt 9.2 „Müllverbrennung").

9.1.4 Hausmüll

Eine systematische Darstellung des Themas gibt der Klassiker „Abfallwirtschaft" von *Bilitewski & Härdtle* [9.22]. Wir konzentrieren uns auf charakteristische Entwicklungen bei der *Entnahme von verwertbaren Anteilen* (Organikfraktion, Wertstoffe), bei der *Entfrachtung* von schädlichen oder störenden Komponenten sowie bei der *Verbrennbarkeit* von Abfällen nach Entnahme typischer Müllfraktionen. Dazu werden ältere Angaben aus den bundesweiten Hausmüllanalysen (alte Bundesländer) mit neuen Daten verglichen.

Die Tabelle 9.2 verzeichnet die Zusammensetzung von Restmüll in Österreich nach einer Studie aus dem Jahr 2004; unter Restmüll versteht man sämtliche in Haushalten und ähnlichen Einrichtungen üblicherweise anfallende feste Abfälle ausgenommen Sperrmüll und getrennt gesammelte Abfälle wie Altstoffe (Papier, Glas, Metalle, Kunststoffe), biogene Abfälle und Problemstoffe [9.26].

Tabelle 9.2 Zusammensetzung von Restmüll (links) und Verpackungsanteil im Restmüll (rechts) im Jahr 2004 nach einer Erhebung des *Österreichischen Lebensministeriums* [9.26]

Zusammensetzung Restmüll	Masse %	Verpackungsanteil (netto)	Masse %
Organische/biogene Abfälle	37	*Sonst. Verpackungen*	
Papier, Pappe, Kartonagen	11	- Papier	2,8
Hygieneartikel	11	- Glas	1,1
Kunststoffe	10	- Kunststoffe	4,6
Verbundstoffe	8	- Materialverbund	0,7
Textilien	6	- Metall	1,3
Glas	5	*Getränkeverpackung*	
Inerte Materialien	4	- Glas	1,3
Metalle	3	- PET, sonst. Kunststoffe	1,2
Problemstoffe	2	- Materialverbund	0,8
Fein-/Grobfraktion	2	- Metall	0,4
Holz, Leder, Gummi	1	*Gesamt*	*14,2*

Eine Studie zur Zusammensetzung des Hausmülls in der Bundesrepublik Deutschland im Jahr 1985 hatte im Durchschnitt ca. 30 % organische Stoffe, 12 % Papier, 9 % Glas und 3 % FE- und NE-Metalle ergeben. Die problemstoffhaltige Hausmüllmenge betrug pro Einwohner und Jahr 1,2 bis 1,5 kg; es handelte sich dabei zum Beispiel um Batterien, Leuchtstoffröhren, Farben und Lacke, die unter anderem organische Schadstoffe und verschiedene Schwermetalle enthalten [9.27].

Unter allen Maßnahmen zur Verminderung des Hausmüllanteils stellte die Verwertung der organischen Anteile, insbesondere der Biofraktion, den größten ökonomischen Nutzen dar. Während 1987/88 in der Bundesrepublik (alte Bundesländer) 430.000 Haushalte an laufende Bioabfallaktivitäten angeschlossen waren, erhöhte sich die Zahl 1999 auf etwa 20 Mio. Haushalte. Im Jahr 2014 wurden bundesweit 2.270 Kompostierungs- und Vergärungsanlagen ausgewiesen, in denen biologisch abbaubare Abfälle behandelt bzw. mitbehandelt wurden [9.28].

In Tabelle 9.3 sind die Daten der bundesweiten Hausmüllanalyse 1985 hinsichtlich der Auswirkungen der getrennten Sammlung auf die Gehalte an Schwermetallen und Halogenen in einzelnen Wertstofffraktionen und im Restmüll. Die organische Fraktion des Hausmülls ist vor der Vermischung so gering wie die Nahrungsmittel mit Metallen belastet. Wird diese Fraktion dagegen nachträglich aus dem gemischten Müll abgetrennt, so ist sie anschließend stark schwermetallhaltig. In der organischen Hausmüllfraktion fanden sich dann 65 % des Kupfer, 55 % des Bleis, 40 % des Zinks und 35 % des Cadmiums [9.29].

Tabelle 9.3 Die spezifische Entfrachtung des Hausmülls von Schwermetallen und Halogenen (bezogen auf etwa 230 kg/E·a) durch getrennte Sammlung [9.29]

gesammelte Stoffgruppe im Hausmüll		Anteil am Gesamtmüll in %							
		Cd	Pb	Zn	Cu	Cr	Ni	Cl_Σ	$F_{org.}$
Papier/Pappe	15,2 %	2,9	3,4	3,3	33,0	4,4	12,7	5,7	22,1
Kunststoffe	5 %	71,4	2,9	6,5	12,7	1,8	7,3	57,9	1,0
Biomüll	37 %	2,9	2,7	8,6	14,9	5,7	34,7	1,2	1,0
Metalle/Glas	10,5	11,4	19,3	19,1	25,5	64,2	37,3	–	–
Summe	67,7	88,6	28,3	39,5	86,1	76,1	92,0	64,8	24,1

Zur Beurteilung der Verbrennbarkeit von Müll wird der untere Heizwert H_u eingesetzt; er ergibt sich aus dem oberen Heizwert durch Abzug der für die Verdampfung des im Müll enthaltenen Wassers und der zur Erwärmung seiner Inertanteile auf Verbrennungstemperatur benötigten Wärme. Abb. 9.2 zeigt, dass bei einer gleichzeitigen Entnahme von Altpapier, Glas und Metall kaum eine Veränderung des Heizwertes resultiert. Die Entnahme von Biomüll führt zu einer Erhöhung, eine Entnahme von Kunststoffen zu einer Absenkung des Heizwertes.

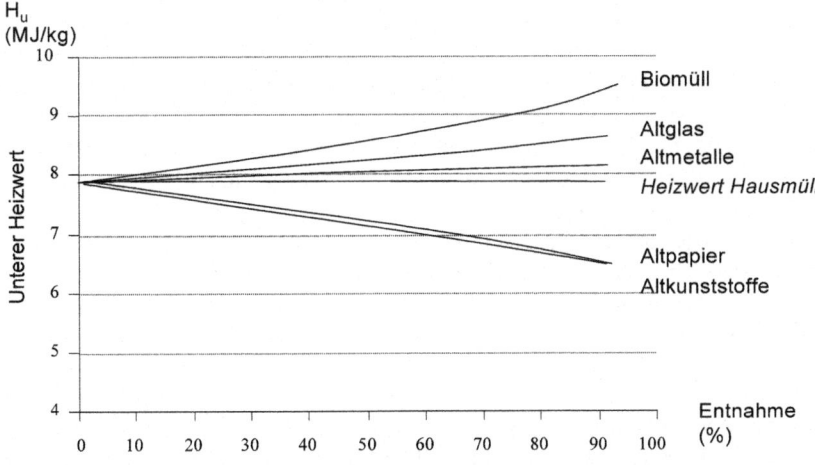

Abb. 9.2 Änderungen des Heizwertes bei Entnahme verschiedener Wertstoffe [9.22]

9.1.5 Abfallaufkommen in Deutschland

Das jährliche Abfallaufkommen in Deutschland wird seit 1996 erfasst, in erster Linie bei den Betreibern von Abfallentsorgungsanlagen. Die aktuelle Gliederung der Abfallarten folgt den Vorgaben im Europäischen Abfallverzeichnis [9.30]. Die Einzelangaben führt das Statistische Bundesamt mit Hilfe eines Rechenmodells zusammen [9.31]. Die Tabelle 9.4 gibt die endgültige Abfallbilanz 2014 nach den Listen des Umweltbundesamts [9.32]:

- Das *Netto-Abfallaufkommen* (ohne Abfälle aus Behandlungsanlagen) sank zwischen den Jahren 2000 und 2014 um 14 Prozent. Das liegt neben statistischen Effekten hauptsächlich an der konjunkturell bedingten Abnahme der Bau- und Abbruchabfälle. Die *Abfallintensität*, ein Indikator für die Entkopplung des Abfallaufkommens von der Wirtschaftsleistung, sank zwischen den Jahren 2000 und 2014 um 25,9 Prozentpunkte Die Abfälle aus Haushalten nahmen zu.

- Bei einem relativ konstanten Anfall an *Siedlungsabfällen* von ca. 50 Millionen Tonnen (Mio. t) pro Jahr stieg der Anteil der haushaltstypischen Siedlungsabfälle von 37,6 Mio. t im Jahr 2000 auf 45,6 Mio. t im Jahr 2014 stark an. Gleichzeitig stieg der verwertete Anteil: wurden im Jahr 2000 nur etwa 51 % verwertet, waren es 2014 bereits 89 %, davon 67 % mit stofflicher Verwertung.

- Über die öffentliche Müllabfuhr werden *Restabfälle* wie nicht gefährlicher Hausmüll und hausmüllähnliche Gewerbeabfälle sowie Sperrmüll eingesammelt. Die Menge dieser Abfälle lag im Jahr 2014 bei rund 191 kg/Ew, die zu rund der Hälfte beim Erstempfänger verwertet wurden. Die *übrigen getrennt eingesammelten Abfälle* – aus der Biotonne, Garten- und Parkabfälle sowie Wertstoffe – machten im Jahr 2014 269 kg/Ew aus. Diese Abfälle wurden zu nahezu 100 % verwertet. Insgesamt wurden im Jahr 2014 75 % der in Deutschland erzeugten Abfälle *verwertet*. Davon gingen 69 % in die Behandlung und stoffliche Verwertung, die restlichen 6 % in die energetische Verwertung.

- *Bergbauabfälle:* Die Abfallgruppe „Abfälle aus Gewinnung und Behandlung von Bodenschätzen" machten im Jahr 2014 mit 30,2 Mio. t etwa 7,5 % des Abfallaufkommens aus. Diese Abfälle stammen überwiegend aus dem Steinkohlebergbau. Der größte Teil des Materials wurde auf Halden gelagert. Lediglich 0,5 % dieses Abfalls konnte verwertet werden..

- *Gewerbeabfälle:* Die „Übrigen Abfälle (insbesondere aus Produktion und Gewerbe)" trugen mit rund 59,5 Mio. t ca. 15 Prozent zur Gesamtabfallbilanz 2014 in Deutschland bei.

- *Bau- und Abbruchabfälle:* Der Abfallgruppe der „Bau- und Abbruchabfälle" (einschließlich Straßenaufbruch) kommt eine Schlüsselrolle in der geschlossenen Kreislaufwirtschaft zu ([9.32], Kap. 10). Sie machte im Jahr 2014 mit 209,5 Millionen Tonnen den Großteil (52,3 Prozent) des Brutto-Abfallaufkommens aus. Den größten Anteil an dieser Abfallgruppe hat der *Bodenaushub*, der mit 85 Prozent überwiegend verwertet wurde. Auch die restlichen *mineralischen Bauabfälle* wurden zu einem erheblichen Teil verwertet. Die Entwicklung der Bau- und Abbruchabfälle verlief weitgehend parallel zur konjunkturellen Entwicklung im Baugewerbe.

Tabelle 9.4 Abfallaufkommen in Deutschland im Jahr 2014 (*Umweltbundesamt* [9.32]; Quelle: Statistisches Bundesamt. Verw. % = alle Behandlungsverfahren zur Verwertung, Recyc. % = alle Anlagen mit Verfahren „Behandlung und stoffliche Verwertung"

Abfallart	[in 1000 t]	Verw. %	Recyc. %
Siedlungsabfälle insgesamt	*51.107*	*88*	*66*
darunter: nicht gefährliche Abfälle	50.527	88	65
Haushaltstypische Siedlungsabfälle	*45.553*	*89*	*67*
darunter: nicht gefährliche Abfälle	45.045	89	67
davon: Hausmüll, hm-ähnliche Gewerbeabfälle	14.179	68	16
Sperrmüll	2.475	87	55
Abfälle aus der Biotonne	4.134	100	98
Garten- und Parkabfälle, biol. abbaubar	5.785	100	96
andere getrennt gesammelte Fraktionen	18.980	99	91
Glas	2.432	99	100
Papier, Pappe, Kartonagen	7.972	100	99
Leichtverpackungen / Kunststoffe	5.707	97	83
Elektroaltgeräte	598	100	100
sonstige (Verbunde, Metalle, Textilien)	2.271	98	71
Sonstige Siedlungsabfälle	*5.549*	*84*	*54*
darunter: nicht gefährliche Abfälle	5.482	84	54
davon: hausmüllähnliche Gewerbeabfälle	3.621	56	37
Straßenkericht, Garten- und Parkabfälle	918	74	68
abbaubare Küchen- und Kantinenabfälle	767	99	92
Leuchtstoffröhren u.a. Hg-haltige Abfälle	8	93	93
andere getrennt gesammelte Fraktionen	198	86	75
Abfälle aus Gewinn./Behandl. von Bodenschätzen	*30.172*	*0*	*0*
Übrige Abfälle (insbes. Produktion und Gewerbe)	*59.508*	*70*	*52*
darunter: gefährliche Abfälle	9.641	67	59
Bau- und Abbruchabfälle	*209.538*	*88*	*88*
darunter gefährliche Abfälle	7.567	54	50
darunter: nicht gefährliche Abfälle	202.031	90	89
davon Boden, Steine und Baggergut	121.105	85	85
gefährliche Abfälle	2.579	39	39
nicht gefährliche Abfälle	107.315	86	86
Beton, Ziegel, Fliesen, Keramik	55.306	93	93
Bitumengemische, Kohlenteer u.a.	16.456	93	93
Übrige Bau- und Abbruchabfälle	16.670	93	85
Σ (ne) Zusammen (Nettoaufkommen 2014)	*350.319*	*78*	*71*
darunter gefährliche Abfälle (2014)	17.109	62	56
Abfälle aus Abfallbehandlungsanlagen	*50.633*	*86*	*56*
darunter: gefährliche Abfälle	6.384	74	52
Σ (br) Abfallaufkommen 2014 insgesamt	*400.953*	*79*	*69*
gefährliche Abfälle (2014)	23.493	66	55
nicht gefährliche Abfälle insgesamt	377.459	80	70

9.2 Müllverbrennung

Das Ziel bei der Müllverbrennung ist zunächst, das Volumen der Abfälle zu reduzieren. Die Volumenreduktion beträgt ohne Schlackenverwertung rund 80 %, bei Aufbereitung und Verwertung der Schlacke ca. 95 %. Die Gewichtsreduktion liegt bei 60 bis 70 Gew.-%. In letzter Zeit ist man zunehmend bestrebt, diese Anlagen als Müllheizkraftwerke zu betreiben.

Die Randbedingungen, an denen sich die technische Entwicklung der thermischen Abfallbehandlung orientieren muss, sind:

- die gasförmigen Emissionen müssen bis auf das Minimum, das aus Umweltgesichtspunkten akzeptabel ist, reduziert werden (Abschn. 9.2.2);
- die festen Abfälle müssen so konditioniert werden, dass sie verwertet oder ohne Umweltbeeinträchtigung abgelagert werden können (Abschn. 9.2.3);
- in einem möglichst kleinen Rest sollen die anorganischen Schadstoffe – hauptsächlich Schwermetalle – konzentriert werden, die wiedergewonnen oder untertägig als Sonderabfall abgelagert werden (Abschn. 9.3.4).

Die thermische Abfallbehandlung umfasst ein breites Spektrum an Techniken und wie bereits bei den Abfallbehandlungsanlagen (Abschn. 9.1.3) stellt auch hier der BVT-Ansatz nach der Europäischen IVU-Richtlinie [9.33] einen wesentlichen Fortschritt für die Entwicklung in diesem Industriezweig dar. Die in dem BVT-Merkblatt zur Abfallverbrennung [9.34] beschriebenen Techniken beinhalten auch Umweltmanagementsysteme, prozessintegrierte Techniken und nachgeschaltete Maßnahmen; Vorsorge, Überwachung, Anlagenauslegung und Recyclingverfahren werden ebenso berücksichtigt, wie die Nutzung von Materialien und Energie. Jede beschriebene Technik enthält die Informationen, die die Technical Working Group zusammengetragen hat: Verbrauchs- und Emissionswerte, die beim Einsatz der Technik für erreichbar gehalten werden, eine Kostenabschätzung und der medienübergreifenden Auswirkungen, die mit der Technik verbunden sind.

Die aktuelle Überarbeitung des Merkblatts „Waste Incineration" im „Sevilla-Prozess" ([9.24], Abschn. 5.2.3) wird die bestehende Struktur prinzipiell erhalten; allerdings gibt es noch Abgrenzungsdiskussionen hinsichtlich des Regelbereichs im Vergleich zum BVT-Merkblatt „Abfallbehandlung" (Abschn. 9.1.3; [9.35]).

Tabelle 9.5 Organisationstabelle für die Informationen in Kapitel 4 des BVT-Merkblatts

Kap.-Nr.	Seiten	Titel des Kapitels
4.1	207 - 234	Allgemeine Arbeitsschritte vor der thermischen Behandlung
4.2	235 - 280	Thermische Behandlung
4.3	281 - 314	Energienutzung
4.4	315 - 383	Abgasreinigung
4.5	384 - 396	Prozesswasserbehandlung und -überwachung
4.6	397 - 420	Behandlungstechniken für feste Rückstände
4.7	421	Lärm
4.8	422 - 428	Instrumente des Umweltmanagements
4.9	429 - 430	Gute Praktiken der Öffentlichkeitsarbeit und Kommunikation

Entsprechend den zentralen Verfahrenstechniken können direkte Verbrennungs- und Kombinationsverfahren unterschieden werden [9.36]:

Direkte Verbrennungsverfahren
Diese Verfahren enthalten als wesentlichen Entsorgungsschritt die Zersetzung und weitgehende Oxidation von Abfallbestandteilen bei hohen Temperaturen (etwa 900° – 1100°C bei Siedlungsabfällen und über 1200°C bei Sonderabfällen [9.37]); die anorganischen Komponenten werden in mineralisierte Schlacke umgewandelt. Die Verbrennungsvorgänge und die Inertisierung des verbleibenden Restabfalls lassen sich prinzipiell durch Erhöhung der Prozesstemperaturund der Sauerstoff-konzentration (nicht zu verwechseln mit dem Luftüberschuss positiv beeinflussen [9.36].

Indirekte Kombinationsverfahren (Pyrolyse, Vergasung, BRAM)
Bei diesen Verfahren werden die organischen Inhaltsstoffe in zumeist mehreren Prozessstufen umgewandelt, oder sie werden so aufbereitet, dass sie in weiteren Bearbeitungsstufen energetisch genutzt werden können. Bei der *Pyrolyse* erfolgt die thermische Zersetzung des organischen Materials unter weitgehender Sauer-stoffabwesenheit vor allem zu Brenn- und Synthesegasen, kondensierten Komponenten und festen zumeist kohlenstoffhaltigen Produkten. Bei der *Vergasung* wird der Kohlenstoffanteil mit Vergasungsmitteln (z.B. Wasserdampf, Luft oder Sauerstoff) zu Kohlenmonoxid und -dioxid sowie Wasserstoff umgesetzt. Die Erzeugung fester Brennstoffe (BRAM) aus Abfällen erfordert z.B. bei Hausmüll eine Separierung hochenergetischer Müllfraktionen. Eine Übersicht der am Markt befindlichen Verfahren und deren Verfahrensspezifizierung wird in Tab. 9.6 (nach *Bilitewski* und *Gillmann* [9.36]) gegeben. Welche der genannten thermischen Behandlungstechniken letztlich einzusetzen ist, wird von der Abfallart (Siedlungsabfälle, Sonderabfälle einschl. Krankenhausabfälle, Altlasten und Abfälle aus der Landwirtschaft und Tierhaltung) und von den Abfalleigenschaften bestimmt.

Tabelle 9.6 Übersicht thermischer Verfahren zur Abfallbehandlung und deren Merkmale [9.36] (GM – Gasmotor, GuD – Gas- und Dampfturbinenprozess; HK – Heizkraftwerk)

Trocknung	Pyrolyse	Vergasung	Verbrennung	Verfahrenssynonym, Apparate
Rost (auch mit Sauerstoffanreicherung, Wasserkühlung)				Vorschub-, Rückschub-, Walzenrostfeuerung
Etagenofen		Wirbelschicht		Etagenwirbler
Wirbelschicht (stationäre, rotierende oder zirkulierende)				Rowitec, Thermitec
Rost		Drehrohr		Duotherm
Drehrohr		Schmelzkammerkessel		Schwel-Brenn-Verfahren
Entgasungskanal	Festbettvergaser		GM/GuD/HK	Thermoselect
Brikettierung	Festbettvergaser		GM/GuD/HK	GSP-Vergaser
Drehrohr		Flugstrom-vergasung	GM/GuD/HK	Noell-Konversionsverfahren
Wirbelschichtvergaser (Luft)			GM/GuD/HK	Ökogas, Wikonex
Staub-, Rost-, Wirbelschichtverfeuerung für Kohle und Abfall				Mischfeuerung

9.2.1 Müllverbrennungsanlagen

Die wesentlichen Teile einer Müllverbrennungsanlage sind:
1. Müllbunker mit Aufgabevorrichtung,
2. Verbrennungsraum,
3. Rauchgaskühleinrichtung mit oder ohne Wärmenutzung,
4. Entschlackungseinrichtung
5. Rauchgasreinigungsanlage.

Folgende technische Kriterien sollten berücksichtigt werden [9.38, 9.39]:
- Haus- und Industriemüll bedarf allgemein keiner besonderen Aufbereitung. Sperrmüll muss dagegen, soll er nicht in einem gesonderten Verbrennungsraum verbrannt werden, einer Zerkleinerung unterworfen werden. Schlammförmige industrielle Rückstände können auf das Brennstoffbett aufgedüst bzw. pastöse als Deckschicht aufgegeben werden.
- Um eine Geruchsbelästigung der Umgebung zu vermeiden, ist der Müllbunker mit Toren nach außen abgeschlossen. Die zur Verbrennung benötigte Luft wird aus dem Müllbunker abgesaugt, wodurch in ihm ein geringer Unterdruck und damit eine Luftströmung von außen nach innen erreicht wird (Unterdruckbetrieb der Müllbunkerung). Durch Selbsterhitzung des im Bunker befindlichen Abfalls und Bildung von brennbaren Gasen, die bei Gärprozessen entstehen können, kann es zu lokalen Bränden im Bunker und in den Einfülltrichtern kommen; aus diesem Grund ist eine Löscheinrichtung installiert, die von den Kranführerkabinen betätigt wird [9.22].

Die Verbrennungsbedingungen sind generell wie folgt einzuhalten [9.39, 9.40]:
- Bei Müllverbrennungsanlagen mit Rost (s.u.) besteht dessen wichtigste Aufgabe darin, die Brennstoffschicht aufzulockern, umzuwälzen und zu vergleichmäßigen. Das ist wiederum die Voraussetzung dafür, dass die durch schneller brennende Bestandteile des Verbrennungsgutes auf dem Rost entstandenen Leerstellen beseitigt werden. Das gesamte Rostsystem sollte dem Reaktionsablauf Trocknung-Zündung-Verbrennung-Ausbrand entsprechend regelbar hinsichtlich der Müllverweilzeit und der Verbrennungsluftbeaufschlagung sein.
- Die Rauchgastemperatur soll mindestens 800°C betragen, um alle bei der Verbrennung entstehenden Geruchskomponenten zu beseitigen (zur Verminderung feuerungsabhängiger Emissionen sind in einer nachgeschalteten Brennkammer Temperaturen von >850°C erforderlich; s. Abschn. 9.2.2). Damit diese Temperatur in der Nachverbrennungszone sichergestellt ist, muss zum Anfahren der Anlage der Feuerraum vorgeheizt werden. Zur Vorheizung sind Stützbrenner installiert, die mit Gas, Öl oder Kohlenstaub betrieben werden [9.22].
- Bei der Kesselanlagengestaltung ist der Hochtemperaturkorrosion Rechnung zu tragen. Eine ungenügende Homogenisierung des Mülls vor dem Beschicken bewirkt eine Bildung reduzierender Rauchgassträhnen, die im Zusammenwirken mit darin enthaltenen korrosiven Bestandteilen (z.B. Chlorkohlenwasserstoff) Zerstörungen hervorrufen. Wirksamen Schutz bieten niedrige Rohrwandtemperaturen. Diese wiederum können nur durch niedrige Drücke und Temperaturen des erzeugten Dampfes erreicht werden.

Müllverbrennungsanlagen mit Rost

Die Anlagen mit Rost dienen vorwiegend der Verbrennung von Siedlungsabfällen, doch sind sie durchaus geeignet, bis zu 25 % Industrieabfälle hohen Heizwertes (20-30 MJ/kg) mit zu verbrennen. Schlammiges oder schmelzendes Material darf bis zu 10 % im Brennstoff enthalten sein. Bei den Verfahren mit Rost sind für die Müllverbrennung Verfahren mit bewegtem Rost von Bedeutung [9.39]:

- Bei Wanderrostanlagen sind stets mehrere Einzelroste stufenförmig hintereinander angeordnet, d.h. ein Zuteilungs- und Trockenrost, ein oder mehrere Verbrennungsroste und ein Ausbrandrost. Auf dem jeweiligen Einzelrost kommt es dabei zu keinerlei Schürwirkung; diese wird erst und insgesamt betrachtet nur unvollkommen durch die Abkippstellen zwischen den einzelnen Rosten erreicht. Je nach Müllheizwert werden Rostwärmebelastungen von 1,25 bis 2,5 x 10^6 kJ m^{-2} h^{-1} als zulässig erachtet.

- Der Walzenrost, der für die Müllverbrennung entwickelt wurde, besteht aus mehreren in der Höhe gestaffelt angeordneten Walzen. Alle Walzen sind hinsichtlich Drehgeschwindigkeit und -richtung getrennt regelbar, so dass während des Verbrennungsvorganges eine gute Umschichtung und Auflockerung des Brennstoffs vorgenommen wird. Je nach Heizwert des Mülls werden Rostwärmebelastungen von 0,8 bis 2,1 x 10^6 kJ m^{-2} h^{-1} erreicht. Walzenrostanlagen haben sich für mittlere bis große Durchsätze bewährt.

Wirbelschichtverfahren

Die Wirbelschichttechnologie besitzt bei Verbrennungsprozessen die Vorteile einer geringen NO_x-Bildung und die Möglichkeit, saure anorganische Komponenten durch Additive im Wirbelbett zu binden. Der Wirbelschichtofen wird für die Verbrennung schlammiger Stoffe eingesetzt, eignet sich jedoch auch für flüssige sowie fein- bis grobkörnige feste Abfälle. Von Nachteil ist die hohe Staubbeladung des Rauchgases, während als Vorteil verbucht werden kann, dass eine kurzfristige Inbetriebnahme des Aggregates bei niedrigem Wärmeverbrauch möglich ist, so dass sich der Wirbelschichtofen für eine intermittierende Betriebsweise anbietet. Es sind verschiedene Systeme in der Entwicklung und teilweise bereits im Einsatz, wobei lediglich die japanischen Anlagen reine Hausmüllverbrennungsanlagen sind, während in den Anlagen in Europa Siedlungsabfälle oder Fraktionen hieraus nur in Kombination mit anderen Abfallstoffen verbrannt werden [9.40].

Drehrohröfen

Drehöfen haben sich für die Verbrennung von Industrieabfällen durchgesetzt, finden bei der Hausmüllverbrennung jedoch nur als Ausbrennaggregat hinter Rostfeuerungen Verwendung. Da sich in der Zukunft „Restabfälle" aus Siedlungsabfall im Wesentlichen nur noch durch ihre Heterogenität und ihrer Schadstoffkonzentration von Sonderabfällen unterscheiden werden, sind ähnliche thermische Behandlungsverfahren wie für die Sonderabfallverbrennung anwendbar [9.41]. Langjährige Erfahrungen mit der Sonderabfallverbrennungsanlage in Biebesheim haben gezeigt, dass auch bei einer von der Genehmigungsbehörde geforderten Verbrennungstemperatur von 1200°C (u.a. zur Verbrennung von PCB-Abfällen) die Drehrohröfen weitgehend problemlos arbeiteten [9.42].

9.2.2 Rauchgasreinigung

Stickoxidreduktion

Die Entstehung und Freisetzung von Stickoxiden bei Verbrennungsvorgängen wurde im Kapitel 5 dieses Buchs abgehandelt. Auch in Müllverbrennungsanlagen sind die NO_x-Emissionen vor allem dort ein Problem, wo durch eine sehr kompakte, intensive Verbrennung der Ausbrand optimal realisiert wird.

Als NO_x-Minderungstechniken (Abschn. 5.3.4) von Abfallverbrennungsanlagen kommen grundsätzlich die selektive nicht-katalytische Reduktion (SNR- oder SNCR-Verfahren) und die selektive katalytische Reduktion (SCR- bzw. SCR-Kaltend/Reingas-Schaltung) in Frage, bei denen Ammoniak oder Harnstoff in den Feuerraum eingedüst werden. Wichtig für die nicht-katalytische Entstickung ist die Einhaltung eines Temperaturbereichs von 850 bis maximal 1050°C. Bei Temperaturen oberhalb 1050°C tritt eine Oxidation des Ammoniaks zu Stickstoffmonoxid bzw. Selbstoxidation der Aminradikale von Harnstoff zu Stickoxid auf.

Reduzierung der PCDD/PCDF-Emissionen

Hinweise zur Optimierung der Prozessführung und für nachgeschaltete Maßnahmen zur Minderung von Dioxin-Emissionen erbrachten u.a. die Untersuchungen an der Pilot-Verbrennungsanlage des Forschungszentrums Karlsruhe [9.43]:

- verminderter Mülleintrag führt zu reduzierter Rostbelegungsdichte und niedrigen Dioxin/Furan-Werten;
- mit steigender „Luftzahl", dem Verhältnis Primärluftmenge zu Müllmassenstrom, nehmen die Dioxin/Furan-Konzentrationen ab;
- Nasswäschen stellen geeignete sekundäre Minderungsmaßnahmen für Dioxine/Furane dar; Abscheidegrade von ca. 90 % wurden gefunden;
- mit Hilfe von Wasserstoffperoxid können gasförmig vorliegende Dioxine/Furane mit guter Ausbeute zerstört werden.

Untersuchungen an einer konventionellen MVA zeigten, dass die PCDD/F-Gehalte proportional zur Verweilzeit der Asche in den Kesselrohren ansteigen [9.44]. Durch eine möglichst effektive Verbrennung und die Minimierung des Pyrolysebereichs zwischen Trocknungs- und Verbrennungszone, bspw. durch eine Zyklonentstaubung, bei der das kritische Temperaturfeld rasch überbrückt wird, kann die *in-situ*-Bildung von Dioxinen und Furanen deutlich verringert werden [9.45]. Nachgeschaltete Adsorptionsfilter auf der Basis von Aktivkohle und künstlichen oder natürlichen Zeolithen bilden den Stand der Technik zur Abscheidung schädlicher Spurenstoffe wie z.B. polychlorierte Dioxine/Furane sowie Hg [9.46].

Die gesamte Dioxin-Emission aus 66 Müllverbrennungsanlagen in Deutschland ist nach Einführung der Filteranlagen von 400 Gramm auf weniger als 0,5 Gramm gesunken [9.46]. Kamen 1990 ein Drittel aller Dioxin-Emissionen in Deutschland aus Müllverbrennungsanlagen, waren es im Jahr 2000 weniger als 1 %. Allein Kamine und Kachelöfen tragen rund 20 Mal mehr Dioxin in die Umwelt ein als Müllverbrennungsanlagen. Aus der Metallgewinnung und -verarbeitung, den stärksten Emittenten stammen 40 Mal mehr Dioxin als aus diesen Anlagen [9.46].

BVT-Merkblatt „Abfallverbrennung" im Sevilla-Prozess: Rauchgasreinigung
Über die „heiße Phase" der Revision des BVT-Merkblattes *Waste Incineration*, speziell für die Rauchgasreinigung, berichtet *Gleis* [9.47]: Ausgangspunkt waren die Daten in der Tabelle 9.7 [9.48]. Kontrovers war zunächst der Ansatz des der EU-Kommission und des Sevilla-Büros, sich nur noch auf wenige als relevant angesehene Emissionsparameter zu konzentrieren und auch die Datenerfassung auf diese reduzierte Anzahl zu beschränken. Bei der eigentlichen Diskussion um die Festlegung der Emissionswerte bei der Anwendung der Besten Verfügbaren Technik (BAT-AEL) wurde ein zentrales Problem identifiziert: die Unterscheidung von Normalen und Nichtnormalen Betriebsbedingungen (NOCs/OTNOCs), die ausgeprägt abfallspezifisch sind [9.49].

Tabelle 9.7 Erreichbare Emissionswerte von Abfallverbrennungsanlagen (BVT assoziierte Betriebswerte für Emissionswerte in die Luft [9.48]). * Werte wurden von einzelnen Mitgliedstaaten nur mit *split views* (Abweichungen von Mehrheitsbeschluss) akzeptiert.

Substanz	Einzel-messung	½-Stunden-mittelwerte mg/Nm³	Tages-mittelwerte	Bemerkungen
Staub		1 bis 20*	1 bis 5	in Verbindung mit Schlauchfiltern
HCl		1 bis 50	1 bis 8	Vorzug von Nassverfahren
SO₂		1 bis 150*	1 bis 40*	Vorzug von Nassverfahren
NOₓ mit SCR		40 bi 300*	40 bis 100*	höherer Energiebedarf und teurer
NOₓ mit SNCR		30 bis 350	120 bis 180	NH₃-Schlupf bei hohen Rohgas-werten, i.V. mit Nassverfahren
TOC		1 bis 20	1 bis 10	optimale Verbrennungsbedingung
CO		5 bis 100	5 bis 30	optimale Verbrennungsbedingung
Hg	< 0,05*	0,001 - 0,03	0,001 - 0,02	Inputminderung, C-dotierte Ads.
PCDD/ PCDF (ng/Nm³)	0,01 bis 0,1*			optimale Verbrennungsbedingung Denovo-Synthese T-kontrolliert, C-dotierte Adsorptionsverfahren

In Deutschland wurden im Rahmen der IED-Umsetzung fünf Schadstoffgruppen identifiziert, deren Grenzwerte modifiziert werden sollten: Stickoxide, Ammoniak, Quecksilber, Staub und Chlorwasserstoff; Änderungsvorschläge waren während eines nationalen Gesetzgebungsprozess (Verbändeversand, Kabinettsentwurf, Bundestag, Bundesratsbeschluss) erarbeitet worden [9.50]. Hinsichtlich der Feinstaubbelastung und einer weitergehenden Abscheidung von Stäuben hatte bereits der neue Grenzwert der 17. BImSchV mit 5 mg/m³ im Tagesmittel [9.51] die Richtung vorgegeben. Zu beachten ist, dass seit der Jahrtausendwende die Anlagen in Deutschland mit einer kostengünstigeren Rauchgasreinigung ausgerüstet werden; im Mittelpunkt stehen trockene bzw. quasitrockene Techniken in Kombination mit einem SNCR-Verfahren zur Abscheidung der Stickoxide [9.52].

9.2.3 Rückstandsbehandlung

Pro Tonne Müll fallen 250 kg bis 350 kg Asche und Schlacke, 20 kg bis 40 kg Filterstaub und je nach Rauchgasreinigungsverfahren 8 kg bis 45 kg Reaktionsprodukte an, wobei die Menge aus der Nassadsorption am geringsten, die aus der Trockenadsorption am größten ist [9.53]. Die Rückstände werden teilweise verwertet, zum Teil deponiert. Insbesondere die hochgradig schadstoffhaltigen Filterstäube müssen für die Übertagelagerung aufbereitet werden, aber auch bei Aschen und Schlacken wird zukünftig ein Aufbereitungsschritt vor einer Deponierung erforderlich sein; hier sind unterschiedliche Verfahren wie Waschen, Sintern oder Schmelzen zu untersuchen. Schließlich fallen bei der Müllverbrennung auch Abwässer an, für die wegen ihrer Zusammensetzung spezielle Behandlungstechniken zu entwickeln sind.

Begriffe [9.54]
Die wichtigsten Stoffströme einer Abfallverbrennungsanlage und die Anfallstellen der Verbrennungs- und Rauchgasreinigungsrückstände sind schematisch in Abb. 9.3 wiedergegeben. Dabei zeigt sich, dass die verschiedenen Rückstände in der Fachliteratur uneinheitlich definiert sind – je nach der Herkunft der Autoren. Bauingenieure verwenden für den Rostabwurf häufig den Begriff „Asche", Abfallwirtschaftler eher den Begriff „Schlacke". Für die Kohleverbrennung gelten beide Begriffe: „Brennkammeraschen" sind die nicht geschmolzenen Rückstände aus Trockenfeuerungen mit Feuerraumtemperaturen von 1100°C bis 1300°C, „Schlacken" (Schmelzkammergranulate) sind die geschmolzenen Rückstände aus der Schmelzkammerfeuerung mit Feuerraumtemperaturen von etwa 1600°C.

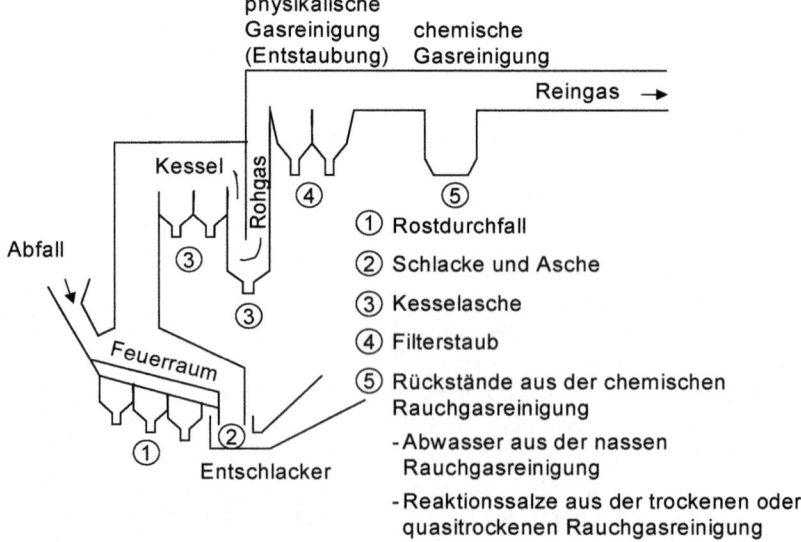

Abb. 9.3 Stoffströme einer Abfallverbrennungsanlage (*Borchers et al.* [9.54])

Mengen und Zusammensetzungen

Die Mengen- und Einzelkomponentenanteile der Verbrennungsprodukte hängen von der Zusammensetzung des Brennstoffs, der Feuerungsführung und der Rauchgasreinigung ab. Rohschlacken enthalten etwa:

- 3 % bis 5 % Unverbranntes;
- 7 % bis 10 % Eisen- und Nichteisenmetalle (Weißblech, Kupfer, Messing, Aluminium, Legierungen, Motoren etc.);
- 5 % bis 7 % grobstückiges Material >32 mm (Beton, Ziegel, Steine, Schlackebrocken etc.);
- 80 % bis 83 % feinstückiges Material <32 mm (s.o., Glas, Keramik, Porzellan etc.)

Flugstäube sind feinkörnig; 90 % der Masse hat ein Kornspektrum von 10 bis 100 μm [9.54]. Chemisch bestehen Schlacken und Flugstäube aus Metalloxiden und Silikaten, Salzen wie Chloriden und Sulfaten, Schwermetallen wie Zink, Blei und Cadmium. Insbesondere das letztgenannte Element ist in den Filterstäuben stark angereichert (Tab. 9.8) und daraus vergleichsweise leicht eluierbar (Abschn. 9.3.4).

Tabelle 9.8 Anreicherung typischer Schwermetalle in Schlacken und Filterstäuben aus Verbrennungsanlagen (nach [9.55]). AF = Anreicherungsfaktor im Vergleich zum Elementgehalt in der Erdkruste

	Erdkruste g/kg	Schlacke g/kg	*AF*	Elektro-Filterstaub g/kg	*AF*
Zink	0,07	4 15	*140*	13 39	*370*
Blei	0,013	1 17	*750*	6 50	*1200*
Cadmium	0,0002	0,01 .. 0,14	*200*	0,2 0,6	*2000*

Nachbehandlung von Filterstäuben

Das Fernziel einer emissionsarmen, überwachungsfreien Ablagerung von Reststoffen, die sogen. „Endlagerqualität" (9.3.4), ist durch Waschprozesse, immobilisierende Zuschlagstoffe und vor allem durch Verglasen oder Keramisieren von Rauchgasreinigungsrückständen erreichbar. Bei der Abwägung dieser Alternativen erscheint es als Vorteil, dass die Hochtemperaturbehandlung grundsätzlich die Möglichkeit der Wiederverwertung dieser Stoffe, z.B. als Baumaterialien, eröffnet. Eine Zusammenstellung von Methoden zur Verfestigung von Reststoffen aus der Müllverbrennung geben *Faulstich* und *Zachäus* [9.56]; Beispiele sind:

- Aufbereitungsverfahren, mit den aus der Schlacke die metallischen Wertstoffe separiert, ggf. das Unverbrannte aussortiert und die Restschlacke für die Verwertung im Straßenbau klassiert werden.
- Verfestigungsverfahren und Waschverfahren: Anwendung immobilisierender Zuschlagstoffe wie hydraulische Bindemittel (z.B. Flugaschen und Zement) oder Tone (gute Adsorptionsfähigkeit von Tonmineralen, geringe Durchlässigkeit von Tonen). Auslaugung als Vorbereitung weiterer Aufbereitungsschritte.

9.2.4 Verwertung von Müllverbrennungsschlacken

Verwertung von Hochtemperatur-Schmelzschlacken
Bis zur Mitte der neunziger Jahre wurden zahlreiche Verfahren zum Einschmelzen von Flugstaub und auch von Rostschlacke und von Reaktionsprodukten aus der chemischen Abgasreinigung bis zu unterschiedlicher Reife entwickelt (*Thomé-Kozmiensky* 2013 [9.57] mit einer ausführlichen Übersicht zu den Möglichkeiten und Grenzen der Schmelzverfahren). Beispiele sind das Siemens/KWU-Schwelbrennverfahren, das Noell-Konversionsverfahren, das HSR-Verfahren (Hochtemperatur-Schmelz-Redox) und das 2SV-Verfahren (Sauerstoff-Schmelz-Verfahren) der Mitteldeutschen Feuerungs- und Umwelttechnik. Die einzige derzeit bekannte in Betrieb befindliche großtechnische Anlage für die Behandlung von Flugstaub in Europa wurde nach dem Europlasma-Verfahren in der Abfallverbrennungsanlage Bordeaux-Cenon errichtet.

Mit Ausnahme des 2SV-Verfahrens, das den vorzerkleinerten Abfall direkt in den aus der Kupolofentechnik stammenden Hochtemperaturbereich einführt, laufen die übrigen Schmelzverfahren in der Regel zweistufig. Der Abfall wird in einem ersten Schritt bei Temperaturen von 200–600 °C unter Luftabschluss pyrolysiert. Der entstandene Pyrolysekoks wird entweder direkt oder nach Aufbereitung (z.B. Abtrennung von Eisenmetall bzw. Inertmaterialien) in den Hochtemperaturreaktor gegeben. Dort erfolgt das Schmelzen bei Temperaturen zwischen 1300 und 2000°C unter oxidierenden Bedingungen. Die Schmelzphasen trennen sich aufgrund ihrer unterschiedlichen Dichte durch mechanische Absaigerung der gegenüber der Silikatphase schwereren reduzierten Metallphase [9.58].

Der entscheidende Vorteil der Schmelztrennung besteht darin, dass damit eine weitergehende Metallabtrennung auch der höhersiedenden Metalle Cr, Cu und Ni aus der silikatischen Glasschmelze in die Metalllegierungsschmelze erreicht wird. Ohne Abtrennung verbleiben die Metalle ansonsten in einer eisenreichen Schmelzschlacke. In Abhängigkeit des Abtrennungsgrades wird eine völlig unproblematische Silikatschlacke erzeugt [9.59]. Angesichts des dafür notwendigen hohen Aufwands ist die uneingeschränkte Verwertung oder Weiterverarbeitung nicht nur der Metallschmelze sondern auch der Silikatschlacke das Ziel [9.60].

Diese Produkte sind typische *Ersatzbaustoffe*, die in den letzten Jahren immer stärker in ein Spannungsfeld gelangt sind, zwischen Ressourcenschonung (Einsparung von Primärbaurohstoffen) auf der einen Seite im Verhältnis zu vor allem Grundwasserschutz, aber auch Bodenschutz, auf der anderen Seite ([9.61] vertieft im Abschn. 10.4.3 „Nachhaltige Reststoffverwertung – Ersatzbaustoffe").

Die Wirtschaftlichkeit von Schmelzverfahren beurteilt *Thomé-Kozmiensky* [9.57] wie folgt: „In Untertagedeponien in Salzbergwerken, in denen Flugstaub und andere gefährliche Abfälle sicher von der Biosphäre abgeschlossen werden, kostet die Ablagerung von Flugstaub etwa 250 Euro pro Tonne. Schmelzverfahren müssen hinsichtlich ihrer Kosten zumindest in die Nähe dieses Preises kommen oder deutliche Vorteile hinsichtlich des Umweltschutzes sowie der Erlöse für die rückgewonnenen Sekundärrohstoffe aufweisen, soll ihre Anwendung eine Chance erhalten".

9.2.5 Thermische Abfallbehandlungsanlagen in Deutschland [9.62]

Die erste Abfallverbrennungsanlage in Deutschland entstand 1894/95 nach der letzten großen Choleraepidemie in Hamburg. Die sog. „Müllverbrennungsanstalt" nahm am 1. Januar 1896 am Bullerdeich in Hamburg ihren Regelbetrieb auf, um den Abfall von 300.000 Einwohnern der Stadt mit Hilfe der Verbrennung zu entsorgen. In den 20er und 30er Jahren des 20. Jahrhunderts kam es zu signifikanten Weiterentwicklungen der Verbrennungstechnik und erstmals zum Einsatz eines Elektrofilters. Die technischen Fortschritte ermöglichten einen voll automatisierten Anlagenbetrieb mit kontinuierlicher Beschickung des Brennraums und kontinuierlicher Entschlackung. Diese Entwicklungen der Anlagen der „2. Generation" waren die Grundvoraussetzungen für moderne Verbrennungsanlagen.

Die weiteren Entwicklungen führten – aus Sicht des Umweltschutzes – zur „Müllverbrennungsanlage (MVA) der Neuzeit" mit ausgereifter Feuerungstechnik und leistungsfähiger Abgasreinigung (3. Generation) – maßgeblich beschleunigt durch die anspruchsvollen Emission begrenzenden Anforderungen der Abfallverbrennungsanlagen-Verordnung (17. BImSchV) von 1990 [9.63]. Ende der 90er Jahre des vergangenen Jahrhunderts entstanden Anlagen der 4. Generation mit „verschlankter", aber ebenso wirksamer Abgasreinigung (statt aufwändiger Nasswäsche: optimierte trockene oder quasitrockene Abgasreinigung). Heute befindet sich die Abfallverbrennung auf dem Weg zur 5. Anlagengeneration. Die Entwicklung der Abfallverbrennungstechnik ist bei weitem noch nicht abgeschlossen. Dies gilt vorrangig für die Verbesserung der energetischen Effizienz der Anlagen.

Derzeit werden in Deutschland 68 Müllverbrennungsanlagen mit einer Kapazität von rund 20 Millionen Tonnen betrieben. Neben der Mitverbrennung in Kohlekraftwerken und bestehenden Industriefeuerungsanlagen (bspw. Zementwerken) sind in Deutschland mittlerweile etwa 30 sogenannte Ersatzbrennstoff-Kraftwerke in Betrieb; ihre Jahreskapazität beträgt insgesamt circa 4,7 Millionen Tonnen. Diese Anlagen sind speziell auf die Nutzung von Ersatzbrennstoffen, also auf den Einsatz von mittel- bzw. hochkalorischen aufbereiteten Abfallstoffen (Hausmüll oder hausmüllähnlichem Gewerbeabfall), ausgelegt. Alle bestehenden Müllverbrennungsanlagen nutzen die entstehende Energie als Strom, Prozessdampf und/-oder Fernwärme; der energetische Gesamt-Nutzungsgrad liegt im Durchschnitt bei circa 50 Prozent [9.64]. In der Regel werden die Rostschlacken aufbereitet und zusammen mit dem Eisenschrott stofflich verwertet (Abschn. 10.4.3).

Weltweiter Markt für Müllverbrennungsanlagen bleibt im Hoch [9.65]
Derzeit sind weltweit über 2.200 Müllverbrennungsanlagen in Betrieb; diese verfügen über Behandlungskapazitäten von rund 280 Millionen Tonnen Abfall pro Jahr. In den kommenden 10 Jahren werden geschätzt 550 Anlagen mit einer Kapazität von rund 150 Millionen Jahrestonnen neu errichtet.

Während der asiatische Markt weiter wächst, trübt sich der europäische Markt mittelfristig ein. Asiatische Unternehmen haben zuletzt zahlreiche europäische AVA-Spezialisten für Anlagenbau und Betrieb übernommen. Für die langfristig günstige Entwicklungsprognose sorgt die steigende Urbanisierung weltweit, aber auch das zunehmende Modernisierungs- und Instandhaltungsgeschäft [9.66].

9.3 Deponierung

Die *Deponieverordnung* vom 27. April 2009 [9.67] setzt alle deponiespezifischen Vorgaben der Europäischen Union [9.68-9.72] um. Mit dem Inkrafttreten wurden die früheren Rechtsverordnungen (Deponieverordnung von 2002, Abfallablagerungsverordnung von 2001, Deponieverwertungsverordnung von 2005) und drei Verwaltungsvorschriften (TA Abfall, TA Siedlungsabfall, 1. AbfVwV zum Grundwasserschutz) aufgehoben und die Inhalte in die neue DepV integriert. Der Anhang 3 legt die *Zuordnungskriterien* für die Deponieklassen 0 bis III fest.

Die wichtigsten Änderungen gegenüber der TASi, Ablagerungsverordnung und TA Abfall sind – neben der Regelung für *Langzeitlager* und der Einführung einer Deponieklasse für *Inertabfälle* – die Anpassung an die Anforderungen hinsichtlich Basisabdichtungssystemen und der geologischen Barriere. Bei den Basisabdichtungen sind unter anderem die harmonisierten Spezifikationen nach der europäischen Bauproduktenrichtlinie [9.73; 9.74] zu beachten. Die Anforderungen an die *geologische Barriere* wurden erhöht; dazu hatte das Bundesverwaltungsgericht [9.75] festgestellt, dass eine besondere Qualität der Basisabdichtung die geologische Barriere nicht entbehrlich macht: „Defizite der geologischen Barriere können nicht durch ein Übersoll bei anderen Systemkomponenten vervollständigt werden". Im Abschnitt 9.3.4 „Leitperspektive Endlagerqualität" wird die grundsätzliche Frage nach der Langzeitsicherheit von Barrieren behandelt.

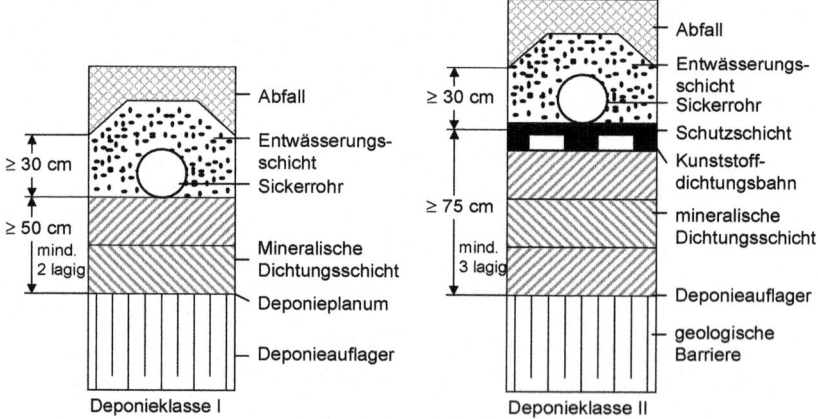

Abb. 9.4 Beispiele für Deponiebasisabdichtungssysteme [9.76]

Mit der Umsetzung der *IE-Richtlinie* (Integrierte Vermeidung und Verminderung der Umweltverschmutzung; Abschnitt 1.2.1 Entwicklung des Umweltrechts in Deutschland) wurden für Deponien seit 2013 unter anderem behördliche Überwachungspläne und regelmäßige Umweltinspektionen vorgeschrieben. In einigen Fällen wurden die Länder ermächtigt, landesrechtliche Vorschriften zu erlassen (*Beispiel Niedersachsen im Kasten rechts*); von den für das Verwaltungsverfahren getroffenen Regelungen dürfen diese jedoch nicht abweichen [9.77].

Überwachungspläne für Deponien nach der IE-Richtlinie (+KrWG, +DepV)*
(Beispiel: Niedersächsisches Ministerium für Umwelt, Energie und Klimaschutz)

„Die Richtlinie 2010/75/EU des Europäischen Parlaments und des Rates vom 24. 11. 2010 über *Industrieemissionen* – im Folgenden: *IE-Richtlinie* [9.25] – verpflichtet in Artikel 23 die Mitgliedstaaten, ein System für Umweltinspektionen von Industrieanlagen einzuführen, das die Prüfung der gesamten Bandbreite an Auswirkungen der von der IE-Richtlinie erfassten *Anlagen auf die Umwelt* umfasst. Nach Anhang I Nr. 5.4 der IE-Richtlinie fallen mit den unten dargestellten Ausnahmen auch die Deponien i.S. der Richtlinie 1999/31/EG des Rates vom 26. 4. 1999 – im Folgenden: *Deponierichtlinie* [9.67] – unter den Regelungsbereich der IE-Richtlinie.

Die Mitgliedstaaten haben sicherzustellen, dass alle betreffenden Anlagen auf nationaler, regionaler oder lokaler Ebene durch einen *Umweltinspektionsplan* abgedeckt sind. In den Umweltinspektionsplänen sind die Verfahren für die Aufstellung von Programmen zur Durchführung von routinemäßigen und nicht routinemäßigen Umweltinspektionen festzulegen, welche von den dafür zuständigen Behörden aufzustellen sind.

Die Anforderungen der IE-Richtlinie sind betr. die Anforderungen an Deponien und deren Überwachung im KrWG [9.4] und in der DepV festgelegt. Danach sind Überwachungspläne und *Überwachungsprogramme* für Deponien aufzustellen (§ 47 Abs. 7 KrWG), die den Inhalten nach § 22a DepV zu entsprechen haben.

Der Überwachungsplan für Deponien legt bezogen auf *Niedersachsen* für alle unter die IE-Richtlinie fallenden Deponien die Vorgaben fest, nach denen die zuständigen Überwachungsbehörden die Häufigkeit der *Vor-Ort-Besichtigungen* zu bestimmen haben und beinhaltet Maßgaben zur Durchführung der planmäßigen und außerplanmäßigen Vor-Ort-Besichtigungen (Inhalt und Dokumentation).

Diejenigen Deponien, die einer den Anforderungen der IE-Richtlinie entsprechenden Überwachung zu unterziehen sind, sind in einem *Verzeichnis* aufgeführt. Dies betrifft sämtliche Deponien der Klassen I, II und III in der *Ablagerungs- und Stilllegungsphase*. Deponien der Klasse IV, die ebenfalls von der IE-Richtlinie erfasst sind, werden in Niedersachsen zurzeit nicht betrieben.

Zusätzlich ist im Überwachungsplan dargestellt, in welchem Mindestumfang die nicht unter die IE-Richtlinie fallenden Deponien einer Überwachung zu unterziehen sind. Dies betrifft Deponien für *Inertabfälle*, also Deponien der Klasse 0, und *Altdeponien* nach § 3 Abs. 2 der bis zum 15. 7. 2009 geltenden AbfAblV, die ebenfalls in einem Verzeichnis aufgeführt sind, sowie alle Deponien in der *Nachsorgephase*.

Der Überwachungsplan stellt für die unter die IE-Richtlinie fallenden Deponien in *Niedersachsen* den Inspektionsplan gemäß Artikel 23 der IE-Richtlinie dar. Die unter das Immissionsschutzrecht fallenden *Industrieanlagen* sowie die unter das Wasserrecht fallenden Abwasserbehandlungsanlagen werden in jeweils eigenen Überwachungsplänen dargestellt.“

* Überwachungsplan für Deponien gemäß Artikel 23 Abs. 4 der Richtlinie 2010/75/EU des Europäischen Parlaments und des Rates, § 47 Abs. 7 KrWG und § 22a DepV [9.78]

9.3.1 Deponiegas und Sickerwasser

Reaktionen und Produkte

Die Prozesskette mit den Reaktionen des anaeroben Abbaus von organikhaltigen Feststoffen wurde in Abschn. 6.4.3 beschrieben. In den Deponien von Siedlungsabfällen werden fünf Abbau-Phasen unterschieden, die zeitlich aufeinanderfolgen ([9.79], Abb. 9.5):

* in einer kurzen *aeroben Phase* nach der Ablagerung werden die organischen Bestandteile des Abfalls durch den vorhandenen Luftsauerstoff in Kohlendioxid und Wasser umgewandelt;
* in einer *ersten anaeroben Phase* nimmt die Aktivität fermentativer und acetogener Bakterien zu. Es bilden sich flüchtige Fettsäuren, Kohlendioxid und u.U. etwas Wasserstoff. Die saure Reaktion setzt verstärkt Schwermetalle frei;
* im weiteren Verlauf der *Anaerobie* nimmt die Aktivität der methanogenen Bakterien zu. Durch die Bildung von Schwefelwasserstoff und gleichzeitige Erhöhung des pH-Wertes nimmt die Löslichkeit der Schwermetalle ab;
* die *Methanbildung* stabilisiert sich bei ca. 50 % bis 65 % der gesamten Gasproduktion; die Anteile an flüchtigen Fettsäuren und Wasserstoffgas nehmen weiter ab;
* am Ende der Entwicklung bleiben nur noch schwer abbaubare organische Stoffe zurück; allmählich können wieder *Stickstoff* und *Sauerstoff* aus der Atmosphäre in den Deponiekörper diffundieren.

In Abb. 9.5 (oben) ist die Gasentwicklung in den einzelnen Abbaustufen dargestellt: Während der sauren Gärung nimmt zunächst der CO_2-Gehalt stark zu, auf die dann die verstärkte Methanbildung folgt. Die Gasmenge liegt zwischen 40 und 300 m³/t Müll; die Dauer der Gasproduktion wird auf 10 bis 25 Jahre geschätzt. Die tatsächlich erfassbare Gasmenge ist jedoch wesentlich geringer und kann im Mittel mit 2 bis 3 m³/t Müll und Jahr angenommen werden. Bei den Gefährdungen werden genannt [9.80]: (1) Geruchsbelästigungen vor allem durch Zwischen- und Endprodukte der sauren Abbauphase wie Schwefelwasserstoff, Fettsäuren, Mercaptane; (2) Gesundheitsgefährdung durch Eintreten in Schächte, geschlossene Räume oder Gruben als Stickgas (Verdrängung von Sauerstoff!); (3) Brand- und Explosionsgefahr; (4) Beeinträchtigung des Pflanzenwachstums.

Das Sickerwasser ist gekennzeichnet durch eine bräunliche bis schwarze Farbe und einen jaucheartigen bis stechenden Geruch. Sickerwässer weisen im Vergleich zu kommunalem Abwasser hohe Konzentrationen an organischen und anorganischen Inhaltsstoffen wie Chlorid, Sulfat und Ammonium auf (Abb. 9.5 Mitte und unten). Die Konzentration an organischen Inhaltsstoffen des Sickerwassers ist von den Abbauvorgängen im Deponiekörper und damit vom Alter der Deponie abhängig. Das Sickerwasser einer jungen Deponie, bei der die anaerobe saure Gärung vorherrscht, weist eine hohe organische Belastung auf (CSB bis 110.000 mg/l; BSB_5 bis 50.000 mg/l). Mit zunehmendem Deponiealter nimmt die organische Belastung ab, wobei allerdings der Anteil an biologisch schwer abbaubaren organischen Schadstoffen zunimmt.

Deponien werden vor allem in Europa, Japan und den USA immer mehr als Bauwerke gesehen, um die Emissionen Gas und Wasser zu fassen, ggf. zu nutzen bzw. schadlos zu beseitigen. Die Deponietechnik hat sich im Laufe der Zeit im Wesentlichen von un- bzw. schwachverdichteten Deponien (Kippkantenbetrieb, Einbau mit Raupen etc.) zu hochverdichteten Deponien weiterentwickelt. Dadurch konnten Volumen eingespart und Probleme wie Brände, Rattenplagen, Gerüche, und Verwehungen von Papier- und Kunststoffen signifikant reduziert werden [9.81].

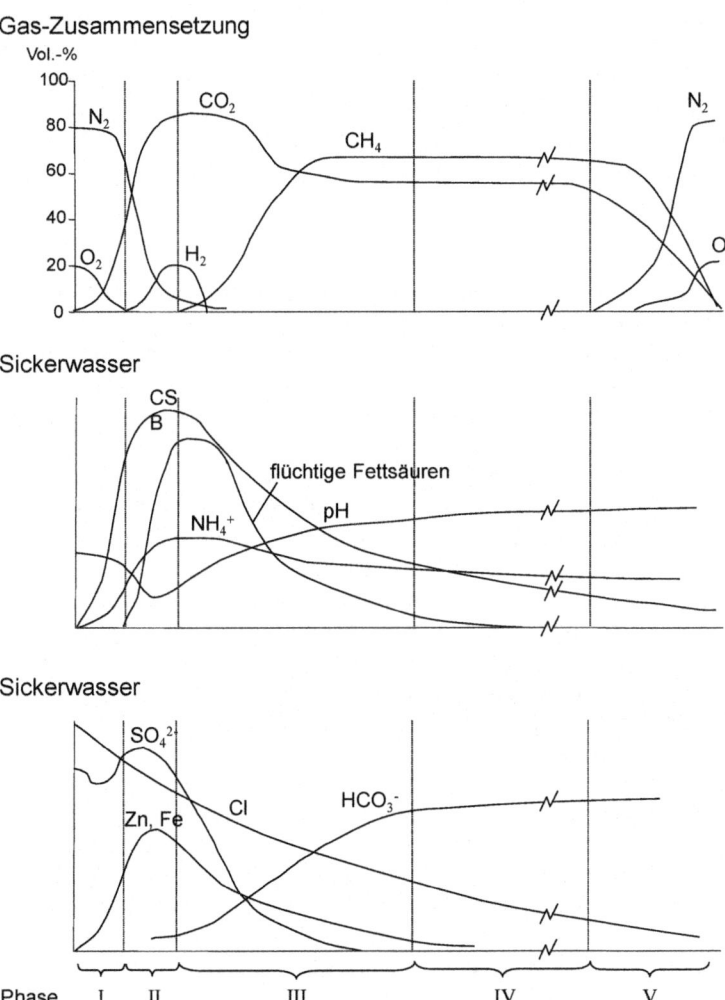

Abb. 9.5 Zeitliche Entwicklung der Gehalte typischer Inhaltsstoffe in der Gas- und Wasserphase von Siedlungsabfalldeponien (*Christensen/Kjeldsen* [9.79])

Deponiegas: Vorkommen, Nutzung und Probleme

Deponiegas besteht aus: 30 bis 60 % Methangas (CH_4), 30 bis 50 % Kohlendioxid (CO_2) sowie ca. 2 % eines Gemisches aus Schwefelwasserstoff, Kohlenmonoxid, Stickstoff und einer Vielzahl anderer, z.T. giftiger Spurengase [9.82]. Deponiegas kann zur Erzeugung von Heiz- und Prozesswärme oder zur Stromerzeugung genutzt werden. Der Heizwert von 2,5 m³ Deponiegas entspricht etwa dem von 1L Heizöl. So können z.B. durch die Nutzung des Gases aus einer Deponie mit 1 Mio. t Abfällen rund 1.000 m³ Heizöl eingespart werden. In der Bundesrepublik wird derzeit das Gas von über 100 Deponien etwa zur Hälfte für die Stromerzeugung und zur Hälfte für die Wärmenutzung verwendet. Ein Problem stellen verschiedene Spurenstoffe dar wie z.B. chlorierte Kohlenwasserstoffe, Schwefelwasserstoff oder Quecksilber. Diese Stoffe können zu Korrosion in Aufbereitungsanlagen und Gasmotoren führen sowie Ablagerungen in Brennern und Kesseln verursachen. Die Emissionen der Gasverwertungsanlagen, die durch diese Stoffe hervorgerufen werden, müssen überwacht werden und machen ggf. eine Aufbereitung des Deponiegases erforderlich.

Sickerwasseraufbereitung

Die Menge des Sickerwasseranfalls ist vor allem vom Niederschlag, der Verdunstung und dem Abfluss im Oberflächenbereich der Deponie abhängig. In schwach verdichteten Deponien (Planierraupe) werden 20 bis 40 % des Niederschlags zu Sickerwasser, in stark verdichteten Deponien (Kompaktor) sind es 10 bis 25 %. Bei einem mittleren Niederschlag von 750 mm/a fallen somit rund 5 m³ Sickerwasser pro Hektar und Tag an.

Für den chemischen Sauerstoffbedarf (CSB) wird meist in der Anfangsphase einer Deponie eine Reinigungsleistung von 95 % bis 99 % erforderlich; für Ammonium (NH_4^+-N) muss langfristig eine Reinigungsleistung von 96 bis 98 % vorgehalten werden [9.83]. Vergleichende Untersuchungen verschiedener Verfahrenskombinationen ergaben, dass den vorgenannten Forderungen nur mit den folgenden Methoden Rechnung getragen werden kann:
* biologische und chemisch-physikalische Behandlung
* Adsorption/Fällung mit Zwischenfiltration u. nachgeschalteter Umkehrosmose
* zweistufige Umkehrosmose (ggf. Energie aus Deponiegas)
* Eindampfung oder Trocknung
* Verbrennung

Unter Kostenaspekten sind die Flockung und Adsorption als mögliche Behandlungsverfahren für Sickerwässer aus Mülldeponien am günstigsten einzuschätzen, jeweils als Nachbehandlung nach einer biologischen Reinigung [9.84]: Die Eliminationsleistung bei der Flockung ist nicht sehr hoch (ca. 50 bis 60 % des CSB), aber das Verfahren ist einfach und kostengünstig (s. Abschn. 6.4.2 und 6.4.3). Durch Adsorption an Aktivkohle ist eine weitere Qualitätsverbesserung des Ablaufs (CSB) möglich, allerdings bei wesentlich höheren Kosten. Mit Kombinationen, die das Membranverfahren „Umkehrosmose" einschließen, lässt sich prinzipiell jeder beliebige Grenzwert einhalten.

9.3.2 Mechanisch-Biologische Vorbehandlung von Abfällen

Die mechanisch-biologische Vorbehandlung (MBV) von Siedlungsabfällen verfolgt das Ziel, alle mikrobiell leicht verfügbaren organischen Komponenten vor der Deponierung zu mineralisieren und damit eine möglichst geringe Restaktivität bzw. Restemission der Abfallrückstände zu erreichen. Diese Vorgehensweise ist – anders als die thermische Abfallbehandlung – kein eigenständiges Entsorgungsverfahren, sondern separiert die Restabfälle in unterschiedliche Fraktionen und bereitet sie für die Beseitigung oder Verwertung auf. MBA-Konzepte erfordern daher die Einbindung anderer Entsorgungsverfahren zur weiteren Entsorgung der erzeugten Abfallfraktionen. Bei der mechanisch-biologischen Abfallbehandlung wird zwischen zwei Verfahrensvarianten unterschieden [9.85]:

- Die klassischen MBA-Verfahren erzeugen nach Abtrennung von Metallen und heizwertreichen Bestandteilen eine Deponiefraktion, die nach einer biologischen Behandlung (Rotte, Vergärung) mit einer sehr geringen biologischen Restaktivität auf Deponien abgelagert wird.
- Das Behandlungsziel der Stabilatverfahren, die keine oder nur geringe Mengen mineralischer Abfälle auf Deponien entsorgen, ist die Erzeugung von Ersatzbrennstoffen (Stabilat). Die Restabfälle werden im biologischen Prozess durch die entstehende Reaktionswärme für eine weitere Aufbereitung getrocknet. Die trockenen Abfälle lassen sich schließlich in verwertbare Fraktionen (Ersatzbrennstoffe, FE- und NE-Metalle usw.) selektieren.

Beide MBA-Varianten benötigen Mitverbrennungskapazitäten in industriellen Feuerungsanlagen, in denen die die aus heizwertreichen Fraktionen oder Stabilaten erzeugten Ersatzbrennstoffe eingesetzt werden können.

Die Gesamtkapazität der 44 Mechanisch-Biologischen Abfallbehandlungsanlagen in Deutschland liegt derzeit bei etwa fünf Millionen Tonnen Restabfällen pro Jahr [9.84]. Die erst vor wenigen Jahren errichteten Anlagen stehen heute schon wieder vor einer veränderten Ausgangssituation [9.86]:

1. Durch die Einführung der flächendeckenden Getrenntsammlung der Bioabfälle seit dem 1. Januar 2015 [9.87; 9.88] wurden den MBA die Grundlage für die biologische Behandlungsstufe entzogen.
2. Durch die bessere Umsetzung der Gewerbeabfallverordnung [9.89] und die Steigerung des Recyclings verringert sich der Anteil der in der MBA anfallenden Stoffe, die für die energetische Verwertung aufbereitet werden können.

Insgesamt betrachtet wird in der Regel sowohl das stoffliche als auch das energetische Potential des Abfalls in MBA geringer genutzt als in MVA. Auch das Ziel der Reduzierung der zu deponierenden Abfallmengen kann durch eine Abfallbehandlung in MVA besser erreicht werden als in MBA. Die Kosten für die Abfallbehandlung in einer MBA hängen nicht nur von Kapitel- und Betriebskosten, sondern auch von den Kosten für die Deponierung (bis zu 60 €/t), die Entsorgung der Störstoffe (abhängig von der Zusammensetzung 30 €/t bis 200 €/l) und Logistikaufwendungen ab. In der Summe ergeben sich so Kosten von rund 80 bis 104 €/t Abfalle, wobei die Behandlungskosten bei abnehmender Auslastung der Anlage noch deutlich steigen. MVA sind mit Kosten in Höhe von 57 bis 92 €/t in den meisten Fällen klar im Vorteil [9.85]

9.3.3 Langzeitprognose für Reaktordeponien

Reaktionen von organikreichen Sickerwässern mit dem Deponieuntergrund
Beim Eintritt von organikreichen Deponiesickerwässern in den Untergrund finden drastische geochemische und mikrobiologische Veränderungen statt. Die Sickerlösungen aus der Deponie haben in der Regel die *Methanphase* erreicht (siehe Abschn. 9.3.1 und die Vorgänge beim anaeroben Abbau von Abwasserschlämmen im Abschn. 6.5.2) und treffen nun auf einen zunächst aeroben Grundwasserleiter (Abb. 9.6, nach Christensen et al. [9.90]).

Bei der nachfolgenden Ausbildung von Redoxzonierungen spielen die *Eisenverbindungen* eine Hauptrolle: In den unbelasteten Grundwasserleitern tritt Eisen vorwiegend als Fe(III)oxid und Fe(III)hydroxid in verschiedenen Kristallinitäten und Mineralstrukturen auf. Ein Teil des dreiwertigen Eisens liegt als Bestandteil von Tonmineralen vor, die langsam verwittern und Eisen freisetzen. Bei den relevanten pH-Bedingungen ist jedoch nicht mit Fe(III) in Lösung zu rechnen.

Solche Lösungseffekte werden aber durch Sickerwässer induziert, wie inzwischen in einer Reihe von Untersuchungen nachgewiesen wurde [9.91]. Eisen(III) in den Untergrundmaterialien einer Deponie ist ein wichtiger Redoxpuffer und besitzt entscheidende Funktionen für die Begrenzung der anaeroben Zone bei der Ausbreitung von Sickerwässern unterhalb von Hausmülldeponien. Reduziertes Fe(II) kann in gelöster Form im Grundwasser migrieren (mehrere hundert Meter im Beispiel der Abb. 9.6); es kann, an Untergrundmaterialien adsorbieren bzw. gegen andere Ionen ausgetauscht oder ausgefällt werden, z.B. als Eisensulfid bzw. Eisenkarbonat. Diese neugebildeten Eisenverbindungen – Sulfide und Carbonate – stellen gleichzeitig die wesentlichen *Reduktionspotenziale* dar, die im Zuge einer Grundwassersanierung – bei der Wiederherstellung der Ausgangsbedingungen – überwunden werden müssten.

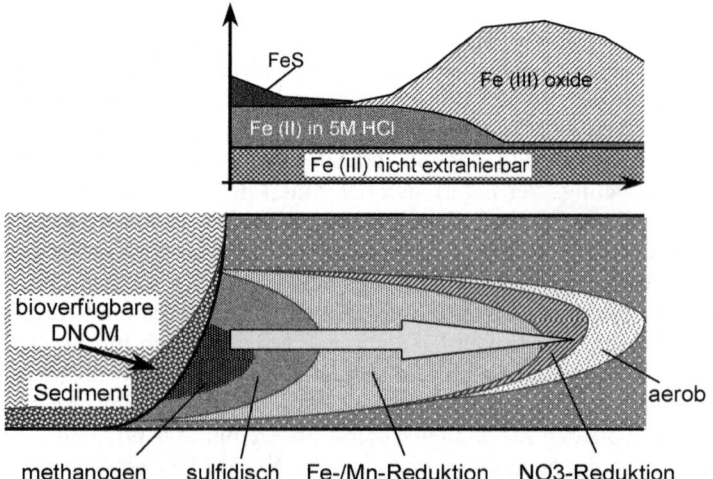

Abb. 9.6 Redoxpotenzial-Sukzession in kontaminierten Grundwasserleitern und Eisenverteilung in der Feststoffmatrix (nach *Christensen et al.* [9.90, 9.91])

Langzeitverhalten von organischen Substanzen in Deponien [9.92]

Die Prognose über das Langzeitverhalten organischer Deponieninhaltsstoffe, das durch den abbaubaren Organikanteil gesteuert wird, ist nach wie vor schwierg. Das liegt vor allem daran, dass die vielfältigen Steuermechanismen und -prozesse bei weitem noch nicht verstanden werden. Ein erster Ansatz für ein vertieftes Prozessverständnis war die Untersuchung von Altdeponien. In dem BMBF-Verbundvorhaben „Deponiekörper" wurde zum einen der Zustand von Deponiematerial nach mehreren Jahrzehnten der Ablagerung analysiert und zum anderen das Material längerfristigen Versuchen in Deponiesimulationsreaktoren (DSR) unter Zeitrafferbedingungen unterzogen [9.93, 9.94].

Durch Extrapolation der Sickerwasserkonzentrationen aus DSR-Versuchen in die Zukunft ergibt sich auf der Basis der Parameter CSB, BSB_5, Stickstoff und TOC eine Langzeitabschätzung, die bis zum Erreichen von umweltverträglichen Emissionen einen Zeitrahmen von Jahrhunderten vorhersagt [9.93-9.95]. Zu ähnlichen Ergebnissen über die Dauer der Nachsorgephase kommen auch *Belevi* und *Baccini* [9.96] anhand von Stoffflussermittlungen sowie *Krümpelbeck* und *Ehrig* [9.97] auf der Grundlage der Auswertung von Deponieüberwachungsdaten. Während *Kruse* [9.95] zusätzlich zu Ammonium auch den AOX (Organohalogene) im Sickerwasser als zeitbestimmend ansieht, gehen *Belevi* und *Baccini* [9.96] von organischen Stoffen (TOC) als den maßgeblichen Komponenten aus.

Durch die MB-Vorbehandlung wird in der Regel gegenüber unbehandelten Siedlungsabfällen sowohl das Gasbildungspotenzial als auch die Sickerwasserbelastung um ca. 90 %, reduziert, die Freisetzung von TOC über den Sickerwasserpfad vermindert sich um 90 – 98 %, die Ammoniumfracht im Sickerwasser um ca. 90 % [9.98]. Vor allem die leicht abbaubaren organischen Bestandteile sowie der Celluloseanteil nehmen signifikant ab. Die Atmungsaktivitäten des MBV-Materials (1,1–15,0 mg O_2/g TS) entsprechen dann denjenigen humifizierter organischer Substanz in den organikreichen Auflagehorizonten von Waldböden [9.99]. Durch den eingedrungenen Sauerstoff werden die Sulfide und Teile der Huminstoffe oxidiert, was eine Freisetzung der entsprechend gebundenen Schwermetalle sowie Säurebildung auslösen könnte. Das würde bedeuten, dass die Metallbindung im Deponiekörper wesentlich durch die Huminstoffe und deren Abbaubarkeit bestimmt würde; die Huminstoffoxidationsrate wird insgesamt als gering angenommen, vergleichbar der Oxidationsrate von Torf [9.100].

Bislang ist nicht festgelegt, wie lange die Nachsorgephase einer MBV-Deponie sein wird. Insofern ist es fraglich, ob die MBV-Deponie als Endglied einer nachhaltigen Stoffwirtschaft geeignet ist, in der jede Generation ihre stoffliche (Abfall-)Probleme selbst lösen sollte und damit evt. Nachsorgepflichten für abgelagerte Abfälle über mehrere Generationen grundsätzlich vermieden werden. Konzepte, die eine Nachsorgedauer von mehr als 100 Jahren beinhalten, erfüllen die notwendige Voraussetzung einer nachhaltigen Stoffwirtschaft nicht. Durch die Verlagerung von der aktiven zur passiven Gefährdungsminderung mit Dichtungssystemen resultiert für die MBV-Deponien nicht nur ein wesentlich größerer Regelungs- und Überwachungsaufwand, sondern auch ein höheres langfristiges Emissionsrisiko im Vergleich zu Schlackedeponien.

9.3.4 Leitperspektive Endlagerqualität

Das Konzept der Endlagerqualität, das zuerst in der Schweiz entwickelt wurde, setzt sowohl an den reaktiven Komponenten als auch direkt an den Schadstoffen an [9.2]:

> „*Endlagerfähig* ist ein Reststoff dann, wenn er in einer geeigneten *Hülle, die* nach geochemischen und geophysikalischen Kriterien ausgewählt wird, *langfristig* (über hunderte von Jahren) nur jene Stoffe an die *Umweltkompartimente* (Luft, Wasser, Boden) abgibt, welche diese in ihren chemischen und physikalischen Eigenschaften *nicht beeinträchtigen*".

Dass das Leitbild der „Endlagerqualität" in den fortschrittlichen Regelwerken der Nachbarländer, z.T. auch in der deutschen TA Siedlungsabfall, grundsätzlich festgeschrieben wurde, ist vor allem auf zwei Umstände zurückzuführen [9.101]:

- Die zunehmende Erkenntnis, dass Abfälle, die hohe Anteile abbaubarer organischer Substanzen enthalten, langfristige nachteilige Auswirkungen auf die Qualität des Untergrundes besitzen, die auch mit hohem technischen Aufwand nicht beherrschbar sind.
- Die verbesserte öffentliche Akzeptanz der Müllverbrennung, die durch wesentliche Fortschritte bei der Abgasreinigung ermöglicht und durch die Überzeugungsarbeit sachkundiger Politiker gefördert wurde.

Die *Schweiz* verfolgte strikt das Ziel der Deponie als anorganisches Endlager. Im Leitbild der schweizerischen Abfallwirtschaft, das 1985/86 von der Eidgenössischen Kommission für Abfallwirtschaft mit Vertretern aus Wissenschaft, Wirtschaft und Verwaltung im Konsens mit Umweltschutzorganisationen erarbeitet wurde (Schweizer Bundesamt für Umwelt, Wald und Landschaft; www.buwal.ch), ist die Behandlung der Abfälle entweder zu verwertbaren Stoffen oder zu endlagerfähigen Reststoffen vorgegeben. Als endlagerfähig gilt ein Abfall dann, wenn er auch ohne Maßnahmen zur Sickerwasser- und Gasbehandlung auf einer Deponie nur eine tolerierbare Umweltbelastung verursacht. Ein zentraler naturwissenschaftlich-technischer Grundsatz des Leitbildes lautet: *„Organische Stoffe gehören nicht in ein Endlager"*.

Auch nach der deutschen TA Siedlungsabfall von 1993 waren „Deponien so zu planen, zu errichten und zu betreiben, dass mehrere weitgehend unabhängig wirksame Barrieren geschaffen und die Freisetzung und Ausbreitung von Schadstoffen nach dem Stand der Technik verhindert werden". In der Tabelle 9.9 sind noch alle Sicherungselemente des früheren „Multibarrierenkonzeptes" [9.102] von der Geologie des Deponieuntergrundes bis zur Nachsorge aufgeführt.

Betrachtet man das auf die praktische Umsetzung gerichtete Ziel der TA Siedlungsabfall, die Ablagerung thermisch behandelter Abfälle zum Regelverfahren werden zu lassen, dann erfuhr die primäre Schadstoffeinbindung in der Abfallmatrix („Innere Barriere") eine hohe Priorität gegenüber den nachgeschalteten Barrieren. Daraus kann man die Schlussfolgerung ziehen, dass es bei einem überschaubaren Spektrum an Stoffen und Reaktionen künftig möglich sein sollte, mit verbesserten Prüfverfahren allein über die Zuordnungskriterien eine langfristige und weiträumige Sicherheit zu gewährleisten [9.101].

Tabelle 9.9 Bedeutung einzelner „Barrieren" für Reaktor- und Inertstoffdeponien [9.101]

	Schadstoff-„Barriere"	Charakterisierung der Barrierewirkung	Reaktor-Deponie	Inertstoff-Deponie
1	Geologie	Standortwahl nach sorgfältig vorge- prüften hydrogeologischen und geo- technischen Gesichtspunkten	++	+
2	Abdichtung	Schaffung eines allseitig wirksamen Abdichtungssystems aus Sohl-, Wand- und Oberflächendichtung	+++	+
3	„Innere" Barriere	Immobilisierung von Schadstoffen innerhalb des Abfallkörpers; Einhaltung von Zuordnungswerten	+	++++
4	Entsorgung	optimal wirkende Systeme zur Erfas- sung, Ableitung und Behandlung von Sickerwasser und Deponiegas	+++	+
5	Betrieb	Betrieb der Deponie nach dem Stand der Technik und allen Erfahrungen bei der Emissionsminderung	++	+
6	Überwachung, Kontrolle und Nachsorge	Messungen im Grundwasseranstrom und -abstrom, Kontrolle der Setzungen und Verformungen des Deponiekör- pers sowie der Abdichtungssysteme	++	(+)

Bei der Immobilisierung von Schadstoffen über geologische Zeiträume hinweg empfiehlt es sich, die in der Natur vorkommenden Mineralassoziationen zum Vor- bild zu nehmen. Je besser die Übereinstimmung zwischen dem anthropogenen „Sediment" und dem entsprechenden geogenen Modell, desto realistischer wird die Prognose über die Stabilität der Abfälle. Ein klassisches Beispiel ist die Mine- ralisierung von radioaktiven Abfalllösungen in der nuklearen Entsorgungstechnik [9.103]. Jedoch müssen nicht nur radioaktive Abfälle, sondern auch nichtradioak- tive Sonderabfälle oftmals mit der gleichen Sorgfalt von der Biosphäre isoliert werden (Schwerpunktaufgabe der Technischen Geochemie; Abschn. 1.4.7).

Endlagerqualität und Vorzug der Verwertung sind abfallwirtschaftliche Ziele, die im neuen Abfallrecht festgeschrieben sind und auch generell dem Leitbild der Nachhaltigkeit entsprechen. Allerdings ist im Lichte dieses Leitbildes noch zu klären, welche Rolle die einzelnen Systemkomponenten wie Endlagerqualität und Verwertung spielen, „wenn die Entsorgungssysteme als Ganzes ressourcenscho- nend ausgelegt werden müssen" [9.1]. Nach den vorliegenden Erfahrungen ist die dauerhafte Ablagerung nach dem Konzept der Technischen Geochemie, d.h. unter Nutzung natürlicher Materialien und Prozesse, vor allem bei Massenabfällen ohne Alternative. Dagegen ist bei den Recyclingkonzepten fallweise zu überprüfen, wie sie das Gesamtsystem beeinflussen (Kapitel 10).

Langfristige Auswaschprozesse aus einer Schlackendeponie

Langzeittests vom Langzeitverhalten von Müllschlacken in Deponien wurden u.a. in Projekten an der ETH Zürich [9.104-9.107] und im Rahmen des BMBF-Verbundprojekts „Deponiekörper" [9.108, 9.109] durchgeführt. Mit fortschreitender Zeit ist folgende Entwicklung in einer Schlackendeponie zu erwarten (Abb. 9.7):

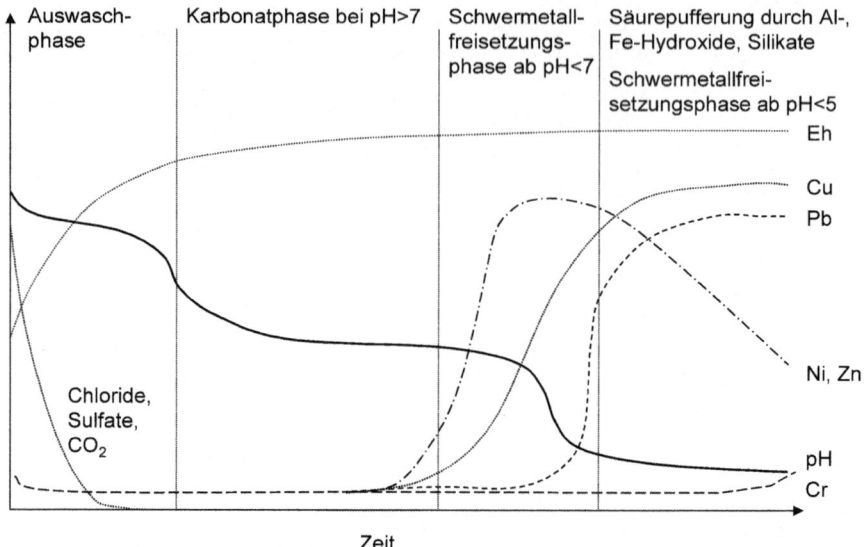

Abb. 9.7 Modell zur zeitabhängigen Entwicklung des Sickerwassers einer MV-Schlackedeponie (Achsen ohne Maßstab; OC = organischer Kohlenstoff) [9.109]

1. In einer *Auswaschphase* zu Beginn, weist das Sickerwasser einen alkalischen pH-Wert auf und die leichtlöslichen Chloride und Sulfate sowie die organische Substanz werden je nach Wasserhaushalt innerhalb von Jahren bis Jahrzehnten freigesetzt. Die Metallfreisetzung erfolgt auf einem sehr geringen Niveau. Die MV-Schlackedeponie fungiert offenbar sogar als Schwermetallsenke [9.107].
2. Danach folgt die *Karbonatpufferphase*, in der der pH-Wert des Sickerwassers in der Regel nicht unter pH 7 sinkt und nahezu keine Freisetzung stattfindet. Der Zeitrahmen für diese unkritische Phase kann anhand der Calcitlöslichkeit auf Jahrhunderte bis Jahrzehntausende abgeschätzt werden. Für eine mehrere Meter mächtige Schlackedeponie können unter der Voraussetzung eines über diesen Zeitraum gleichbleibenden Säureeintrags mehrere Tausend Jahre bis zum Verbrauch des Karbonatpuffers angesetzt werden.
3. In der *ersten Schwermetallfreisetzungsphase* ab einem pH-Wert unter pH 7 werden dann insbesondere Zn und Ni massiv freigesetzt. Während die Ni- und Zn-Freisetzung bereits in dieser Phase ihr Maximum erreichen, werden Cu und Pb erst in der *zweiten Schwermetallfreisetzungsphase* ab pH 5 verstärkt freigesetzt. Mit andauernder Lösung wird sich die Freisetzung aus den Sekundärphasen langsam erschöpfen und die Reaktionen mit den stabileren Primärphasen werden langfristig eine langsame, geringe Freisetzung bewirken.

Fazit und Ausblick: Langzeitprognosen für Deponie-Sickerwässer
Die Abb. 9.8 fasst die Befunde zum Langzeitverhalten von organikreichen und mineralischen Deponiematerialien und deren Sickerwässer zusammen und gibt Prognosen im Hinblick auf eine *Beeinträchtigung der Grundwasserqualität*:

- Relativ rasch und deutlich setzen die Signale durch die Sickerlösungen aus *Baggergutspülfeldern* und *Bergehalden* von Kohle- oder Erzminen ein. Auslöser sind in erster Linie Oxidationsprozesse an Sulfidmineralen.

- Bei der Schadstoffmobilität in organikhaltigen Deponien gibt es ein kritisches Stadium am Beginn der Entwicklung, wenn die pH-Werte sinken und reichlich organische Abbauprodukte für die Bildung von Kolloiden zur Verfügung stehen [9.111]. Eine Prognose über 50-100 Jahre ist schwierig, auch nach MBA-Vorbehandlung. Die Sekundärprozesse weisen typische nichtlineare Entwicklungen auf [9.112]. Was passiert bspw., wenn wieder sauerstoffreiche Lösungen durch die Deponie sickern und auf Metallsulfide treffen?

- Im Unterschied zu den Systemen mit organischen Komponenten können *anorganisch-geochemische Systeme* mit bereits verfügbaren Methoden beschrieben, modelliert und prognostiziert werden. Eine wichtige Rolle bei der Abschätzung des Emissionspotenzials einer Schlackenmonodeponie kommt dabei der Analyse des Mineralbestands zu [9.113, 9.114].

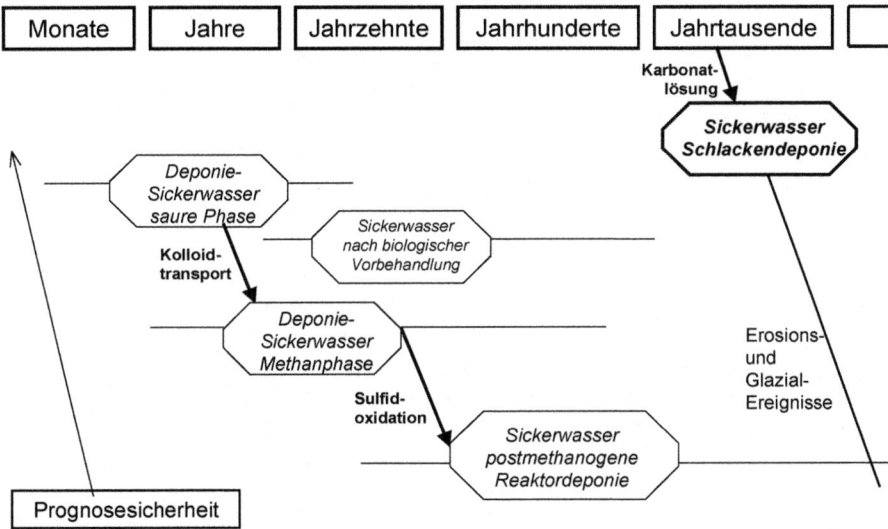

Abb. 9.8 Zeitliche Abfolge verschiedener Deponie-Sickerwassertypen mit einer Abschätzung der Prognosesicherheit bezüglich der Beeinflussung der Grundwasserqualität [9.110]

In Deutschland stellt sich die Frage nach der Sickerwasserqualität aus Schlackendeponien derzeit nicht – Müllschlacken werden zu mehr als 90 Prozent verwertet. In der Schweiz blieb – trotz oder wegen der beispielhaften Forschung [9.115] – eine kontroverse Diskussion: Baustoff – Schadstoff – Rohstoff: „Wisst Ihr endlich, was Ihr wollt, fragt sich die Schlacke" (*Suter* [9.116]).

Lagerung hoch radioaktiver Abfälle: Endlagerbergwerk mit Reversibilität
Auszug aus dem Abschlussbericht der Kommission „Lagerung hoch radioaktiver Abfallstoffe" ([9.117], S. 33-34) gemäß § 3 Standortauswahlgesetz [9.118]

Bergwerkslösungen in tiefen geologischen Schichten können nach dem Maß der Reversibilität unterschieden werden und reichen von einem raschen und praktisch irreversiblen Verschluss bis hin zur Sicherstellung der Rückholbarkeit der Abfälle über längere Zeiträume und der Bergbarkeit nach Verschluss des Bergwerks. Die zentralen Argumente der Kommission „Lagerung hoch radioaktiver Abfallstoffe", dem Deutschen Bundestag die Option „Endlagerbergwerk mit Reversibilität" zu empfehlen, lauten:

- Die Endlagerung in einer *tiefen geologischen Formation* bietet nach Meinung der Kommission als einzige Option die Aussicht auf eine dauerhafte und sichere Entsorgung der radioaktiven Abfälle für den *Nachweiszeitraum von einer Million Jahren*. Die langzeitige Verlässlichkeit der Einschlussfunktion und die Integrität der sicherheitstragenden geologischen Eigenschaften können durch empirische Erhebungen und Modellierungen wissenschaftlich nachgewiesen werden.
- Die Geologie bietet anders als oberirdische oder oberflächennahe Lagerung ab einem bestimmten Zeitpunkt *passive Sicherheit* und bedarf dann keiner Wartung.
- Auf sehr langfristig stabile *gesellschaftliche Strukturen*, die oberflächennah gelagerte radioaktive Abfälle auf Dauer sicher warten könnten, kann man nicht in gleicher Weise bauen.
- Die Option „Endlagerbergwerk mit Reversibilität" ist in Deutschland in absehbarer Zeit machbar. *Technische Voraussetzungen*, wie Behälter, Auffahren und Betrieb des Endlagerbergwerks, Einlagerung und Verschluss, hält die Kommission für realisierbar.
- Mit dieser Option werden *zukünftige Generationen* von einem bestimmten Zeitpunkt an von Belastungen durch die radioaktiven Abfälle befreit, anders als beispielsweise bei einer oberflächennahen Dauerlagerung.
- Die Option „Endlagerbergwerk mit Reversibilität" erlaubt hohe Flexibilität zur *Nutzung neu hinzukommender Wissensbestände*. Ein Umschwenken auf andere Entsorgungspfade bleibt über lange Zeit im Prozess möglich.
- Sie ermöglicht das Lernen aus den bisherigen Prozessschritten und die *Korrektur von Fehlern*, etwa durch Monitoring.
- Über die *geologischen Voraussetzungen* liegen weitreichende wissenschaftliche Kenntnisse vor, welche die Realisierung als aussichtsreich erscheinen lassen.
- Die Option „Endlagerbergwerk mit Reversibilität" entspricht damit nach Meinung der Kommission am besten ihrem *Leitbild* und ist der aussichtsreichste Weg, mit den hoch radioaktiven Abfällen in Deutschland verantwortlich umzugehen.

Die Kommission ist sich darüber im Klaren, dass die Endlagerung hoch radioaktiver Abfallstoffe nur in einem langfristigen Prozess möglich ist. Sie ist aber auch der Auffassung, dass alles getan werden muss, um das Endlager zügig zu verwirklichen.

9.4 Literatur

9.1   Moser F (1996) Kreislaufwirtschaft und nachhaltige Entwicklung. In: Brauer H (Hrsg) Handbuch des Umweltschutzes und der Umweltschutztechnik. Band 2: Produktions- und produktintegrierter Umweltschutz. S. 1059-1153. Springer-Verlag, Berlin

9.2   Anonym (1986) Leitbild für die schweizerische Abfallwirtschaft. Schriftenreihe Umwelschutz Nr. 51. Eidgenössische Kommission für Abfallwirtschaft. Bundesamt für Umweltschutz, Bern

9.3   Anonym (1994) Gesetz zur Förderung der Kreislaufwirtschaft und Sicherung der umweltverträglichen Beseitigung von Abfällen (Kreislaufwirtschafts- und Abfallgesetz – KrW-/AbfG) vom 27. September 1994. BGBl. III/FNA 2129-27-2. Berlin.

9.4   Anonym (2012) Gesetz zur Förderung der Kreislaufwirtschaft und Sicherung der umweltverträglichen Bewirtschaftung von Abfällen vom 24. Februar 2012 (Kreislaufwirtschaftsgesetz – KrWG). BGBl. I S. 212, zuletzt durch Artikel 4 des Gesetzes vom 4. April 2016 (BGBl. I S. 569) geändert

9.5   Anonym (2008) Richtlinie 2008/98/EG des Europäischen Parlaments und des Rates vom 19. November 2008 über Abfälle und zur Aufhebung bestimmter Richtlinien, Amtsblatt der Europäischen Union v. 22.11.2008, L 312/3

9.6   Anonym (2016) Eckpunkte des neuen Kreislaufwirtschaftsgesetzes. http://www.-bmub.bund.de/themen/wasser-abfall-boden/abfallwirtschaft/abfallpolitik/kreislaufwirtschaft/eckpunkte-des-neuen-kreislaufwirtschaftsgesetzes/ (16.05.2017)

9.7   Neumann-Malkau N (1991) Anthropogenic Mass Movement – Interfering with Geologic Cycles. Congress Handbook Geotechnica '91, pp. 153-154. Köln

9.8   Atterdorn T (2008) Die Entstehung eines Bergbauabfallrechts – Rechtsfragen der Umsetzung der Bergbauabfallrichtlinie 2006/21/EG. Natur und Recht 30: 153-163

9.9   Anonym (2008) Richtlinie 2006/21/EG des Europäischen Parlaments und des Rates vom 15. März 2006 über die Bewirtschaftung von Abfällen aus der mineralgewinnenden Industrie und zur Änderung der Richtlinie 2004/35/EG

9.10   Anonym (o.J) Überblick über die Anforderungen des Bergbauabfallrechts an Betriebe, die der Bergaufsicht unterliegen. http://bergbau.sachsen.de/download/Einfuehrung-Bergbauabfall-aktuell.pdf (16.05.2017)

9.11   Wittmer D (2015) EG-Bergbauabfallrichtlinie. UmSoRess Steckbrief. Berlin: adelphi. https://www.adelphi.de/de/projekt/negative-sozial-und-umweltauswirkungen-bei-der-rohstoffgewinnung-reduzieren (16.05.2017)

9.12   Anonym (2009) Verordnung zur Umsetzung der Richtlinie 2006/21/EG des Europäischen Parlaments und des Rats vom 15. März 2006 über die Bewirtschaftung von Abfällen aus der mineralgewinnenden Industrie und zur Änderung der Richtlinie 2004/35/EG (Gewinnungsabfallverordnung – GewinnungsAbfV) vom 27. April 2009 (BGBl. I S. 900, 947), die zuletzt durch Artikel 5 Absatz 29 des Gesetzes vom 24. Februar 2012 (BGBl. I S. 212) geändert worden ist

9.13   Anonym (1995) Bergverordnung für alle bergbaulichen Bereiche (Allgemeine Bundesbergbauverordnung – ABBergV) vom 23. Oktober 1995 (BGBl. I S. 1466), die zuletzt durch Artikel 22 des Gesetzes vom 31. Juli 2009 (BGBl. I S. 2585) geändert worden ist. Anonym (2008) Dritte Verordnung zur Änderung bergrechtlicher Verordnung vom 24. Januar 2008. BGBl. I, Nr. 4, S. 85, vom 30.01.2008.

9.14   Anonym (1990/2016) Verordnung über die Umweltverträglichkeitsprüfung berg-
        baulicher Vorhaben (UVP-V Bergbau) vom 13. Juli 1990 (BGBl. I S. 1420), zuletzt
        durch Artikel 1 der Verordnung vom 4 August 2016 (BGBl. I S. 1957 geändert

9.15   Anonym (2004) BVT-Merkblatt zum „Management von Bergabfällen und Taub-
        gestein" Juli 2004 mit ausgewählten Kapiteln in deutscher Übersetzung. Umwelt-
        bundesamt, National Focal Point – IPPC Dessau. 587 S.

9.16   Anonym (2015) Waste & Recycling: Extractive Waste. JRC B5 Unit – Circular
        Economy and Industrial Leadership, SUSPROC. http://susproc.jrc.ec.europa.eu/-
        activities/waste/index.html (16.05.2017)

9.17   Doka G (2008) Ökoinventardaten für Bergbauabfälle: Emissionen aus sulfidischen
        Buntmetalltailings. 30 S. Im Auftrag des Bundesamtes für Umweltschutz BAFU in
        Bern, Oktober 2008

9.18   Van Gemert WJTh, Quakernaat J, Van Veen HJ (1988) Methods for the treatment
        of contaminated dredged sediments. In: Salomons W, Förstner U (Eds) Environ-
        mental Management of Solid Waste – Dredged Material and Mine Tailings. pp. 44-
        64. Springer-Verlag Berlin

9.19   Werther J, Hilligardt R, Kalck U, Weber J (1988) Untersuchung zur mechanischen
        Aufbereitung kontaminierter Baggerschlämme. In: Wolf K, Van den Brink WJ,
        Colon FJ (Hrsg) Altlastensanierung '88. S. 1319-1329. Kluwer Publ. Dordrecht

9.20   Anonym (2003) Merkblatt ATV-DVWK-M-362. Umgang mit Baggergut. Teil 2:
        Fallbeispiele. Entwurf Dezember 2003. Deutsche Vereinigung für Wasserwirt-
        schaft, Abwasser und Abfall (jetzt: DWA)

9.21   Anonym (1991) Abfallwirtschaft. Sondergutachten September 1990. Der Rat von
        Sachverständigen für Umweltfragen. 718 S. Metzler-Poeschel Verlag Stuttgart

9.22   Bilitewski B, Härdtle G, Marek K (1990) Abfallwirtschaft – eine Einführung. 1.
        Aufl. Springer-Verlag Berlin; Bilitewski B, Härdtle G (2013) Abfallwirtschaft –
        Handbuch für Praxis und Lehre. 4. Auflage, 955 S. Springer-Vieweg

9.23   Butz W (2012) Sachstand der BVT-Merkblattbearbeitung für Abfallbehandlungs-
        anlagen. S. 69-77. In: Thomé-Kozmiensky KJ, Versteyl A, Thiel S, Rotary W, Ap-
        pel M (Hrsg.) Immissionsschutz Band 3, Vivis Verlag

9.24   Anonym (2006) Merkblatt über die besten verfügbaren Techniken für Abfallbe-
        handlungsanlagen, mit ausgewählten Kapiteln in deutscher Übersetzung. Umwelt-
        bundesamt Dessau, August 2006, 592 Seiten

9.25   Anonym (2010) Richtlinie 2010/75/EU des Europäischen Parlaments und des Rates
        vom 24. November 2010 über Industrieemissionen (integrierte Vermeidung und
        Verminderung der Umweltverschmutzung (Neufassung) ABl. L 334 vom
        17.12.2010, S. 17

9.26   Anonym (2007) Bundesabfallwirtschaftsplan BAWP – Restmüll, Abfallqualitäten.
        Daten 2004. Lebensministerium Österreich.

9.27   Gewiese A, Bilitewski B, Okeke M (1989) Möglichkeiten und Grenzen der Abfall-
        vermeidung von Haushaltsabfällen durch den Bürger – Ergebnisse des Modell-
        versuchs in Hamburg-Harburg im Jahre 1987. AbfallwirtschaftsJournal 1 (3): 30-36

9.28   Anonym (2016) Bioabfälle – Statistik 2014. http://www.bmub.bund.de/themen/-
        wasser-abfall-boden/abfallwirtschaft/statistiken/bioabfaelle/

9.29   Barghoorn M, Gössele S, Kaworski W (1986) Bundesweite Haushaltsanalyse 1983
        bis 1985. Im Auftrag des Umweltbundesamtes. UBA Forschungsbericht 10303508.

9.30   Anonym (2001/2016) Verordnung über das Europäische Abfallverzeichnis (Abfall-
        verzeichnis-Verordnung – AVV) vom 10.12.2001. BGBl. I S. 3379, geändert durch

Artikel 1 der Verordnung zur Umsetzung der novellierten abfallrechtlichen Gefähr-lichkeitskriterien vom 4. März 2016, BGBl. I S. 382

9.31   Anonym (2016) (a) Statistisches Bundesamt: Umwelt – Abfallentsorgung 2014. 250 S. Destatis Fachserie 19, Reihe 1, 18.08.2016. (b) Statistisches Bundesamt: Umwelt – Abfallbilanz 2014 (Abfallaufkommen/-verbleib, Abfallkennzahlen, Abfallaufkommen nach Wirtschaftszweigen. 63 S. Destatis, 18.08.2016.

9.32   Anonym (2016) Aufkommen, Beseitigung und Verwertung von Abfällen im Jahr 2014. Umweltbundesamt. https://www.umweltbundesamt.de/sites/default/files/-medien/384/bilder/dateien/3_tab_verwertung-2014_2016-09-28.pdf (16.05.2017)

9.33   Anonym (2008) Richtlinie 2008/1/EG des Europäischen Parlaments und des Rates vom 15. Januar 2008 über die integrierte Vermeidung und Verminderung der Umweltverschmutzung (kodifizierte Fassung)", veröffentlicht am 29.1.2008 im Amtsblatt der Europäischen Union, L 24, S. 8.

9.34   Anonym (2005) Merkblatt über die besten verfügbaren Techniken der Abfallverbrennung, mit ausgewählten Kapiteln in deutscher Übersetzung. Umweltbundesamt Dessau, Juli 2005, 602 Seiten

9.35   Gleis M (2016) Entwicklung, Stand und geänderte rechtliche Bedeutung der neuen BREF für Hausmüllverbrennungsaschen. S. 93-102 In: Thomé-Kozmiensky KJ (Hrsg.) Mineralische Nebenprodukte und Abfälle. Vivis Verlag

9.36   Bilitewski B, Gillmann P (1999) Abfallbehandlung. Kap. H-2 in: Görner K, Hübner K (Hrsg) HÜTTE – Umweltschutztechnik. Springer-Verlag Berlin

9.37   Anonym (1992) VDI-Richtlinie 2114. Emissionsminderung. Thermische Abfallbehandlung, Verbrennung von Hausmüll und hausmüllähnlichen Abfällen. Juni 1992. Düsseldorf; Anonym (1991) VDI-Richtlinie 3460. Emissionsminderung. Thermische Abfallbehandlung, Verbrennung von Sonderabfällen. Dezember 1991

9.38   Sattler K, Emberger J (1990) Behandlung fester Abfälle. 258 S. Vogel Buchverlag Würzburg

9.39   Jugel W et al. (1977) Umweltschutztechnik. 146 S. VEB Deutscher Verlag für Grundstoffindustrie, Leipzig

9.40   Thomé-Kozmiensky KJ (Hrsg, 1994) Thermische Abfallbehandlung. 1081 S. EF-Verlag für Energie- und Umwelttechnik Berlin

9.41   Reimann DO, Hämmerli-Wirth H (1992) Verbrennungstechniken: Bedarf - Entwicklung - Berechnung - Optimierung. AbfallwirtschaftsJournal 4 (8): 605-679

9.42   Erbach G, Schöner P (1989) Erfahrungen mit der Sonderabfallverbrennungsanlage in Biebesheim nach 7 Jahren Betrieb. AbfallwirtschaftsJournal 1 (12): 25-33

9.43   Vogg H, Hunsinger H, Stieglitz L (1989) Beitrag zur Lösung des Dioxin-Problems bei der Abfallverbrennung. In: Thomé-Kozmiensky KJ (Hrsg) Müllverbrennung und Umwelt 3. S. 15-32. EF-Verlag für Energie- und Umwelttechnik Berlin

9.44   Martin JJE, Zahlten M (1989) Betriebs- und Inputvariationsversuche an einer Müllverbrennungsanlage – Ergebnisse und Ausblick. In: Thomé-Kozmiensky KJ (Hrsg) Müllverbrennung und Umwelt 3. S. 179-213. EF-Verlag für Energie- und Umwelttechnik Berlin

9.45   Vogg H, Stieglitz L (1986) Thermal behavior of PCDD/PCDF in fly ash from municipal waste incinerators. Chemosphere 15: 1373-1378

9.46   Anonym (2005) Müllverbrennung – ein Gefahrenherd? Abschied von der Dioxinschleuder. Bundesministerium für Umwelt, Naturschutz und Reaktorsicherheit. 8 S. Juli 2005

9.47   Gleis M (2016) Revision des BVT-Merkblattes Waste Incineration in der heißen
        Phase. S. 145-152. In: Thomé-Kozmiensky KJ (Hrsg.): Strategie – Planung - Um-
        weltrecht, Band 10. Vivis Verlag

9.48   Gleis M (2012) Sachstand und Konzeption der Überarbeitung des BVT-Merkblatts
        Abfallverbrennungsanlagen. S. 70-88 in: Thomé-Kozmiensky KJ, Versteyl A, Thiel
        S, Rotary W, Appel M (Hrsg.) Immissionsschutz Band 3, Vivis Verlag

9.49   Spohn C, Treder M (2016) Betreiber von Abfallverbrennungsanlagen im Span-
        nungsfeld des BVT-Ansatzes. https://www.itad.de/information/studien/BREF-
        ITADTKBerlinJan2016.pdf (16.05.2017)

9.50   Peitan J (2014) Konsequenzen der IED-Umsetzung am Beispiel des Betreibers einer
        Abfallverbrennungsanlage. S. 15-28 in: Thomé-Kozmiensky KJ, Löschau M (Hrsg)
        Immissionsschutz, Band 4. Vivis Verlag, Neuruppin

9.51   Anonym (2013) Verordnung zur Umsetzung der Richtlinie über Industrieemissio-
        nen zur Änderung der Verordnung zur Begrenzung der Emissionen flüchtiger orga-
        nischer Verbindungen beim Umfüllen oder Lagern von Ottokraftstoffen, Kraftstoff-
        gemischen oder Rohbenzin sowie zur Änderung der Verordnung zur Begrenzung
        der Kohlenwasserstoffemissionen bei der Betankung von Kraftfahrzeugen. BGBl. I
        Nr. 21, ausgegeben zu Bonn am 2. Mai 2013, S. 1021. Artikel 3 Siebzehnte Ver-
        ordnung zur Durchführung des Bundes-Immissionsschutzgesetzes (Verordnung
        über die Verbrennung und die Mitverbrennung von Abfällen – 17. BImSchV), S.
        1044-1068

9.52   Richers U (2012) Abfallverbrennung in Deutschland – Entwicklungen und Kapazi-
        täten. 82 S. Institut für Technikfolgenabschätzung und Systemanalyse (ITAS)
        Karlsruhe. KIT Scientific Publishing

9.53   Thomé-Kozmiensky KJ (1989) Maßnahmen zur Emissionsminderung bei Müllver-
        brennungsanlagen. In: Thomé-Kozmiensky KJ (Hrsg) Müllverbrennung und Um-
        welt 3. S. 1-13. EF-Verlag für Energie- und Umwelttechnik Berlin

9.54   Borchers H-W, Faulstich M, Thomé-Kozmiensky KJ (1987) Maßnahmen zur
        Schadstoffreduzierung bei der Abfallverbrennung. In: Thomé-Kozmiensky KJ
        (Hrsg) Müllverbrennung und Umwelt 2. S. 1-150. EF-Verlag für Energie- und
        Umwelttechnik Berlin

9.55   Baccini P, Brunner PH (1985) Behandlung und Endlagerung von Reststoffen aus
        Kehrichtverbrennungsanlagen. Gas-Wasser-Abwasser 65: 403-409

9.56   Faulstich M, Zachäus D (1992) Verfahren zur Behandlung von Rückständen aus
        der Müllverbrennung. In: Faulstich M (Hrsg) Rückstände aus der Müllverbrennung.
        S. 1-159. EF-Verlag für Energie- und Umwelttechnik. Berlin

9.57   Thomé-Kozmiensky KJ (2013) Möglichkeiten und Grenzen der Verwertung von
        Sekundärabfällen aus der Abfallverbrennung. S. 77-278 in: Thomé-Kozmiensky KJ
        (Hrsg.) Asche-Schlacke-Stäube aus Metallurgie und Abfallverbrennung. Vivis Ver-
        lag Neuruppin (hier Kapitel 8 „Schmelzverfahren", S. 197-264)

9.58   Hirschmann G (2003) Langzeitverhalten von Deponien. In: Förstner U, Grathwohl
        P (Hrsg) Ingenieurgeochemie. Kap. 3.2, S. 273-298. Springer-Verlag Berlin

9.59   Faulstich M, Freudenberg A, Köcher P, Kley G (1992) RedMelt-Verfahren zur
        Wertstoffgewinnung aus Rückständen der Abfallverbrennung. S. 703-727 in: Faul-
        stich M (Hrsg.) Rückstände aus der Müllverbrennung. EF-Verlag für Energie- und
        Umwelttechnik Berlin

9.60   Hirschmann G (1999) Langzeitverhalten von Schlacken aus der thermischen Be-
        handlung von Siedlungsabfällen. Fortschritt-Berichte VDI, Reihe 15, Nr. 220. VDI-
        Verlag Düsseldorf, 176 S.

9.61   Fischer R (2015) Anmerkungen zur Mantelverordnung aus der Sicht der Wirtschaft. S. 5-28, in Thomé-Kozmiensky KJ (Hrsg.) Mineralische Nebenprodukte und Abfälle 2. Vivis Verlag

9.62   Anonym (2008) Stellenwert der Abfallverbrennung in Deutschland. Umweltbundesamt, Dessau, Oktober 2008, 30 Seiten

9.63   Anonym (2003) Siebzehnte Verordnung zur Durchführung des Bundes-Immissionsschutzgesetzes (Verordnung über die Verbrennung und die Mitverbrennung von Abfällen – 17. BImSchV) vom 14.08.2003. BGBl. I, S. 1633. Die novellierte Verordnung diente der Umsetzung der Richtlinie 2000/76/EG des Europäischen Parlaments und des Rates vom 4. Dezember 2000 über die Verbrennung von Abfällen [Abl. EG Nr. L 332 S. 91] in das deutsche Recht), siehe auch [9.51].

9.64   Anonym (2016) Thermische Behandlung. Umweltbundesamt, 20.04.2016. https://-www.umweltbundesamt.de/themen/abfall-ressourcen/entsorgung/thermische-behandlung#textpart-1 (16.05.2017)

9.65   Anonym (2015) Weltweiter Markt für Müllverbrennungsanlagen bleibt im Hoch. Pressemitteilung Waste to Energy 2015-2016. Ecoprog GmbH vom 25.08.2015

9.66   Döing M (2014) Der Weltmarkt für Abfallverbrennungsanlagen. S. 143-154 in: Thomé-Kozmiensky KJ (Hrsg.) Strategie, Planung und Umweltrecht, Band 8. Vivis Verlag

9.67   Anonym (2009) Verordnung über Deponien und Langzeitlager (Deponieverordnung – DepV) vom 27. April 2009 (BGBl. I S. 900), zuletzt geändert durch Artikel 5 Absatz 11 der Verordnung vom 26. November 2010 (BGBl. I S. 1643).

9.68   Anonym (1999) Richtlinie 1999/31/EG des Rates vom 26. April 1999 über Abfalldeponien (EU-Deponierichtlinie), Abl. EG Nr. L 182, S. 1

9.69   Anonym (2003) 2003/33 EG, Entscheidung des Rates vom 19. Dezember 2002 zur Festlegung von Kriterien und Verfahren für die Annahme von Abfällen gem. Artikel 16 und Anhang II der Richtlinie 1999/31/EG, Amtsblatt Nr. L 011 v. 16. Januar 2003, S. 27-49

9.70   Anonym (2004) Verordnung (EG) Nr. 850/2004 des Europäischen Parlaments und des Rates vom 29. April 2004 über persistente organische Schadstoffe und zur Änderung der Richtlinie 79/117/EWG. Amtsbl. der EU L. 158 v. 30.04. 2004, L 229/5

9.71   Anonym (2005) Über die einzelstaatlichen Strategien zur Verringerung der zur Deponierung bestimmten biologisch abbaubaren Abfälle gemäß Artikel 5 Absatz 1 der Richtlinie 1999/31/EG über Abfalldeponien. Bericht der Kommission an den Rat und das Europäische Parlament. Brüssel, den 30.03.2005. Commission Working Document:

9.72   Anonym (2006) Verordnung (EG) Nr. 1195/2006 des Rates vom 18. Juli 2006 zur Änderung von Anhang IV der Verordnung (EG) Nr. 850/2004 des Europäischen Parlaments und des Rates über persistente organische Schadstoffe. Amtsblatt der Europäischen Union L 217/1 vom 08.08.2006

9.73   Anonym (2011) Verordnung (EU) Nr. 305/2011 des Europäischen Parlaments und des Rates vom 9. März 2011 zur Festlegung harmonisierter Bedingungen für die Vermarktung von Bauprodukten und zur Aufhebung der Richtlinie 89/106/EWG des Rates. Amtsblatt der Europäischen Union L 88/5 vom 04.04.2011

9.74   Anonym (2011) Erste Verordnung zur Änderung der Deponieverordnung vom 17. Oktober 2011 (BGBl. I S. 2066)). Die Verordnung ist am 1. Dezember 2011 in Kraft getreten

9.75   Anonym (2004) Beschluss des Bundesverwaltungsgericht BVerwG 7 B 14.04 vom 03. Juni 2004

9.76   Storm P-C (Hrsg.) (2016) Umweltrecht – wichtige Gesetze und Verordnungen zum Schutz der Umwelt. 26. Auflage 2016. 1476 S. Dt. Taschenbuch Verlag München

9.77   Weber B (1999) Abfallablagerung. Kap. H-5. In: Görner K, Hübner K (Hrsg) HÜTTE – Umweltschutztechnik. Springer-Verlag Berlin

9.78   Anonym (2015) Überwachungsplan für Deponien gemäß Artikel 23 Abs. 4 der Richtlinie 2010/75/EU des Europäischen Parlaments und des Rates, § 47 Abs. 7 KrWG und § 22a DepV. Runderlass des Ministeriums für Umwelt, Energie und Klimaschutz des Landes Niedersachsen vom 02.01.2015 – 36-62812/24/4 Nds. MBl. Nr. 2/2015

9.79   Christensen TH, Kjeldsen P (1989) Basic Biochemical processes in landfills. In: Christensen TH, Cossu R, Stegmann R (Eds.) Sanitary Landfilling: Process, Technology and Environmental Impact. pp. 29-49. Academic Press London

9.80   Koch TC, Seeberger J, Petrik H (1986) Ökologische Müllverwertung - Handbuch für optimale Abfallkonzepte. Kap. 1: Bestehende Abfallwirtschaft. Verlag C.F. Müller Karlsruhe

9.81   Stegmann R, Dammann B, Heerenklage J, Mersiowsky J, Reimers C (2000) Neue Forschungsergebnisse für die Konzeptionierung einer nachsorgearmen Deponie – ausgewählte Beispiele des Symposiums Sardinia. In Stegmann R, Rettenberger G, Bidlingmaier W, Ehrig H-J (Hrsg.), Deponietechnik 2000, Hamburger Berichte Abfallwirtschaft TUHH 16: 21-46, Verlag Abfall aktuell, Stuttgart

9.82   Stegmann R (1989) Landfill gas extraction. In: Christensen TH, Cossu R, Stegmann R (Eds.) Sanitary Landfilling: Process, Technology and Environmental Impact. pp. 167-174. Academic Press London

9.83   Doedens H, Theilen U (1990) Sickerwasserentsorgung und -reinigung. In: Integrale Deponie-Entsorgung. Entsorgungspraxis Spezial 4/90: 2-10

9.84   Seyfried CF, Theilen U (1990) Biologische Vorbehandlung vor Membranverfahren bei der Sickerwasserbehandlung. In: Integrale Deponie-Entsorgung. Entsorgungspraxis Spezial 4/90: 11-16

9.85   Anonym (2016) Abfallwirtschaft – Entsorgungsverfahren – Mechanisch-biologische Abfallbehandlung (MBA). Umweltbundesamt

9.86   Briese D, Gatena J (2015) Die Zukunft der MBA in Deutschland. UmweltMagazin Juli-August 2015, S. 41-42

9.87   Anonym (2015) Pflicht zur getrennten Sammlung von Bioabfällen und ihre Grenzen. Rechtliches Argumentationspapier zu § 11 Abs. 1 KrWG. Bundesministerium für Umwelt, Naturschutz, Bau und Reaktorsicherheit. 19. Januar 2015, 9 S.

9.88   Krause P, Oetjen-Dehne R, Dehne I, Dehnen D, Erchinger H (2015) Verpflichtende Umsetzung der Getrenntsammlung von Bioabfällen. 202 S. Texte 84/2014 im Auftrag des Umweltbundesamtes, Januar 2015

9.89   Anonym (2002/2016) Verordnung über die Entsorgung von gewerblichen Siedlungsabfällen (Gewerbeabfallverordnung – GewAbfV) vom 19. Juni 2002 (BGBl. I S. 1938), die durch Art. 4 der Verordnung vom 2. Dezember 2016 (BGBl. I S 2770) geändert worden ist

9.90   Christensen TH, Kjeldsen P, Albrechtsen H-J, Heron G, Nielsen PH, Bjerg PL, Holm PE (1994) Attenuation of pollutants in landfill leachate polluted aquifers. Crit Rev Environ Sci Technol 24: 119-202

9.91 Christensen TH, Bjerg PL, Banwart SA, Jakobsen R, Heron G, Albrechtsen H-J (2000) Characterization of redox conditions in groundwater contaminant plumes. J Contam Hydrol 45: 165-241

9.92 Hirschmann G (2003) Langzeitverhalten von Deponien. In: Förstner U, Grathwohl P (Hrsg) Ingenieurgeochemie. Kap. 3.2, S. 273-298. Springer-Verlag Berlin

9.93 Kabbe G, Wirtz A, Roos HJ, Dohmann M (1997) Zusammenhang zwischen Stoffpotential und Emissionsverhalten von Altablagerungen und Altdeponien. BMBF-Verbundvorhaben Deponiekörper, 2. Statusseminar 4./5.2.97 Wuppertal, S. 10-45

9.94 Heyer KU, Stegmann R (1997) Untersuchungen zum langfristigen Stabilisierungsverlauf von Siedlungsabfalldeponien. BMBF-Verbundvorhaben Deponiekörper, 2. Statusseminar 4./5. Februar 1997 in Wuppertal, S. 46-78

9.95 Kruse K (1994) Langfristiges Emissionsgeschehen von Siedlungsabfalldeponien. Heft 54 der Veröff. des Instituts für Siedlungswasserwirtschaft, TU Braunschweig

9.96 Belevi H, Baccini P (1989) Long-term behaviour of municipal solid waste landfills. Waste Manage Res 7: 483-499

9.97 Krümpelbeck I, Ehrig H-J (2000) Emissionsverhalten von Altdeponien. In Stegmann R, Rettenberger G, Bidlingmaier W, Ehrig H-J (Hrsg.) Deponietechnik 2000. Hamburger Berichte Abfallwirtschaft, TUHH 16: 207-218, Verlag Abfall aktuell

9.98 Soyez K, Thrän D, Koller M, Hermann T (2000) Ergebnisse des BMBF-Verbundvorhabens „Mechanisch-biologische Behandlung von zu deponierenden Abfällen". In: Stegmann R, Rettenberger G, Bidlingmaier W, Ehrig H-J (Hrsg.) Deponietechnik 2000, Hamburger Berichte Abfallwirtschaft Technische Universität Hamburg-Harburg 16: 49-65, Verlag Abfall aktuell, Stuttgart

9.99 Pichler M (1999) Humifizierungsprozesse und Huminstoffhaushalt während der Rotte und Deponierung von Restmüll. Fortschritt-Berichte VDI, Reihe 15, Nr. 213, VDI-Verlag, Düsseldorf, 133 S.

9.100 Bozkurt S, Moreno L, Neretnieks I (2000) Long-term processes in waste deposits. Sci Total Environ 250: 101-121

9.101 Förstner U (2003) Endlagerqualität, Verwertung und Nachhaltigkeit. In: Förstner U, Grathwohl P (Hrsg) Ingenieurgeochemie. S. 35-42. Springer-Verlag Berlin

9.102 Stief K (1986) Das Multibarrierenkonzept als Grundlage von Planung, Bau, Betrieb und Nachsorge von Deponien. Müll und Abfall 18 (1): 15-20

9.103 Ringwood AE, Kesson SE (1988) Synroc. In: Lutze W (Ed) Radioactive Waste Forms for the Future, pp. 233-239. North Holland, Amsterdam

9.104 Anonym (1992) Emissionsabschätzung für Kehrichtschlacke (Projekt EKESA). MBT Umwelttechnik Zürich/EAWAG, Abteilung Abfallwirtschaft und Stoffhaushalt, Dübendorf

9.105 Baccini P, Bader H-P, Belevi H, Ferrari S, Gamper B, Johnson A, Kersten M, Lichtensteiger T, Zeltner C (1993) Deponierung fester Rückstände aus der Abfallwirtschaft – Endlager-Qualität am Beispiel Müllschlacke. vdf Hochschulverlag, Zürich, 100 S.

9.106 Kersten M, Moor CH, Johnson CA (1995) Emissionspotental einer Müllverbrennungsschlacken-Monodeponie für Schwermetalle. Müll u. Abfall 11/1995:748-758

9.107 Johnson CA, Kaeppeli M, Brandenberger S, Ulrich A, Baumann W (1999) Hydrological and geochemical factors affecting leachate composition in municipal solid waste incinerator bottom ash, Part II: The geochemistry of leachate from landfill Lostorf, Switzerland. J Contam Hydrol 40: 239-259

9.108 Förstner U, Hirschmann G (1997) Langfristiges Deponieverhalten von Müllver-
       brennungsschlacken. Abschlussbericht BMBF-Verbundforschungsvorhaben De-
       ponieponiekörper, Anorganische Abfälle. TV 1, FKZ 1460799A, 259 S.
9.109 Hirschmann G (1999) Langzeitverhalten von Schlacken aus der thermischen Be-
       handlung von Siedlungsabfällen. Fortschr-Ber VDI, Reihe 15, Nr. 220. Düsseldorf,
       176 Seiten
9.110 Förstner U (1996) Langzeitprognosen und naturnahe Dauerlösungen – ingenieur-
       geochemische Konzepte für Schadstoffe in Abfällen auf Deponien und in Böden.
       Geowissenschaften 14: 169-172
9.111 Peiffer S, Becker U, Hermann R (1994) The role of particulate matter in the mobili-
       zation of trace metals during anaerobic digestion of solid waste material. Acta hyd-
       rochim hydrobiol 22: 130-137
9.112 Salomons W (1995) Long-term strategies for handling contaminated sites and
       large-scale areas. In: Salomons W, Stigliani WM (eds) Biogeodynamics of pollu-
       tants in soils and sediments. Risk assessment of delayed and non-linear responses,
       pp. 1-30. Springer Verlag Berlin
9.113 Kersten M (1996) Emissionspotential einer Schlackenmonodeponie. Schwermetalle
       im Sickerwasser von Müllverbrennungsschlacken – ein langfristiges Umweltgefähr-
       dungspotential. Geowissenschaften 14: 180-185
9.114 Lichtensteiger T (1996) Müllschlacken aus petrologischer Sicht. Geowissenschaf-
       ten 14: 173-179
9.115 Schenk K (Hrsg., 2010) KVA-Rückstände in der Schweiz. Der Rohstoff mit Mehr-
       wert. Bundesamt für Umwelt, Bern, 230 S. (mit Beiträgen v. Adam F, Ammann P,
       Asai K, Blatter E, Böni D, Brunner M, Bühler A, Bunge R, Chardonnens M, Fahrni
       HP, Ganguin J, Hellweg S, Horn J, Huter C, Johnson CA, Koralewska R, Kuhn E,
       Langhein E-C, Ludwig C, Martin J, Morf LS, Schlumberger S, Selinger A, Steiner
       C, Stucki S, Walker B, Zeltner C)
9.116 Suter J (2010) Baustoff – Schadstoff – Rohstoff: Wisst Ihr endlich, was Ihr wollt,
       fragt sich die Schlacke. Vortrag anlässlich der Tagung „KVA – Rückstände in der
       Schweiz", 24. Juni 2010, in Bern (Konferenz der Vorsteher der Umweltschutzämter
       der Schweiz)
9.117 Anonym (2016) Verantwortung für die Zukunft – ein faire und transparentes Ver-
       fahren für die Auswahl eines nationalen Endlagerstandortes. Abschlussbericht der
       Kommissionen „Lagerung hoch radioaktiver Abfallstoffe" gemäß § 3 Standortaus-
       wahlgesetz [9.118]. K-Drs. 268 vom 30.08.2016. 684 S.
9.118 Anonym (2013/2016) Gesetz zur Suche und Auswahl eines Standortes für ein End-
       lager für Wärme entwickelnde radioaktive Abfälle und zur Änderung anderer Ge-
       setze (Standortauswahlgesetz – StandAG), BGBl. I Nr. 41, S. 2553, ausgegeben zu
       Bonn am 26. Juli 2013; Anonym (2016) Gesetz zur Neuordnung der Organisations-
       struktur im Bereich der Endlagerung. BGBl. I, Nr. 37, S. 1843, ausgegeben zu
       Bonn am 29. Juli 2016

10 Kreislaufwirtschaft

Das Thema Kreislaufwirtschaft umfasst alle Bereiche einer Integrierten Stoffwirtschaft mit den Aspekten „Märkte und Gesetze" (10.1.2), dem EU-Aktionsplan (10.1.3), dem Recycling in Theorie und Praxis sowie dessen Formen, Dimensionen und Prioritäten (10.1.4 bis 10.1.7). Im Abschnitt „Stoffstrommanagement" werden Bewertungsansätze dargestellt, von der Stoffkonzentrierungseffizienz (10.2.1), über den Stoffwechsel in urbanen Systemen (10.2.2), der energetischen Bilanzierung von Stoffkreisläufen (10.2.3), über Gebrauchszyklen (10.2.4) bis zur Vermeidung von Abfällen und Schadstoffen (10.2.5). Abschnitt 10.3 gibt einen Überblick über die Recyclingpraxis in verschiedenen Wirtschaftssektoren (Bergbau, Grundstoffindustrie, Baugewerbe) und für typische Materialien (Kunststoffe, Verpackungsabfälle, Elektronikschrott, Batterien). Abschnitt 10.4 beschreibt die Weiterentwicklung der Kreislaufwirtschaft, mit Beispielen zur Produktverantwortung (10.4.1), Wiederaufarbeitung von Produkten (10.4.2), Ersatzbaustoffe und Bodenschutz (10.4.3) sowie Recycling und Klimaschutz (10.4.4).

10.1 Integrierte Stoffwirtschaft

10.1.1 Entwicklung einer integrierten Abfallwirtschaft in Europa

Die Kreislaufwirtschaft entwickelt sich weltweit sehr dynamisch; den Wandel der europäischen „Recycling-Landschaft" charakterisiert *Henning Friege* [10.1]:

90er Jahre des 20. Jahrhunderts

- Entsorgungsunternehmen werden zu Spezialisten für Sammlung und Sortierung von Wertstoffen aus äußerst heterogenen Abfallströmen;
- der Staat schafft aus Sorge
  - um fehlende Senkenkapazität Strukturen für die Wiedergewinnung von Ressourcen (VerpackVO),
  - vor Freisetzung von Schadstoffen neue Weichenstellungen zur Rückführung komplexer Produkte (AltautoVO, RoHS, BatterieVO).

21. Jahrhundert

- Der Staat schafft neue Regelungen aus der Sorge um mangelnde Ressourcen (im Energiebereich bereits absehbar), bspw. durch
  - Verringerung des spezifischen Materialeinsatzes – weniger Abfälle, aber u.U. komplexere Produktzusammensetzung,
  - Rückbau energieintensiver Infrastruktur – mehr Abfälle;
- den Entsorgungsunternehmen wachsen zahlreiche Wettbewerber um die Sammlung bzw. Rückgewinnung von Werkstoffen („Lumpensammler").

Wird die Abfallwirtschaft zu einem integralen Teil des Managements von Stoffströmen im Sinne einer Steuerung hin zu ökologisch sicheren Senken?

© Springer-Verlag Berlin Heidelberg 2018
U. Förstner, S. Köster, *Umweltschutztechnik*, https://doi.org/10.1007/978-3-662-55163-9_10

10.1.2 Märkte und Gesetze in der Kreislaufwirtschaft [10.2]

Eine Übersicht über die Marktsegmente und wesentliche Technologielinien des *Leitmarktes Kreislaufwirtschaft* gibt die Studie *GreenTech made in Germany 4.0* nach einem Marktmodell von Roland Berger Strategy Consultants (Tabelle 10.1):
Das *globale Marktvolumen* der Kreislaufwirtschaft lag 2013 bei 102 Mrd. Euro, resp. 4 Prozent des globalen Marktes für Umwelttechnik und Ressourceneffizienz. *Abfallsammlung und -transport* waren 2013 mit einem globalen Volumen von 57 Mrd. Euro die dominierende Technologielinie des Leitmarktes. Die Größe dieses Marktsegmentes resultiert aus hohen Logistikkosten und Dienstleistungsanteilen.
Das Marktsegment *Stoffliche Verwertung* mit einem globalen Marktvolumen von 11,3 Milliarden Euro umfasst die *Technologielinien* Werkstoffliche Verwertung und Rohstoffliche Verwertung. Als *Werkstoffliche Verwertung* werden Recyclingverfahren bezeichnet, bei denen die chemischen Bindungen der genutzten Stoffe nicht verändert werden – bspw. das Umschmelzen von Altkunststoffen zur Herstellung von Granulat. Bei der *Rohstofflichen Verwertung* findet eine chemische Veränderung (Änderung der Bindungsform) statt – so lassen sich bspw. aus Altkunststoffen Öle, Wachse oder Gase gewinnen. Die traditionelle Förderung der Werkstofflichen Verwertung in Deutschland führte zu einem hohen Weltmarktanteil an dieser Technologielinie, der 2013 bei 27 Prozent lag. Im Vergleich dazu fällt der Weltmarktanteil deutscher Anbieter bei der Rohstofflichen Verwertung mit fünf Prozent kleiner aus; der Unterschied lässt sich auch dadurch erklären, dass diese Verwertungsart geringere technologische Anforderungen stellt.

Tabelle 10.1 Weltmarktanteile deutscher Anbieter in ausgewählten Technologielinien des Leitmarktes Kreislaufwirtschaft 2013 mit den Wachstumsperspektiven bis 2025 auf dem Weltmarkt und dem deutschen Markt (nach: *GreenTech made in Germany 4.0* [10.2]).

Marktsegmente und typische Technologielinien		Welt 2013	Welt Mrd. € 2013	2025	Δ% p.a.	Markt D Mrd. € 2013	2025	Δ% p.a.
Kreislaufwirtschaft gesamt		*17 %*	*102*	*170*	*4,4*	*17*	*31*	*5,2*
Abfallsammlung, -transp., -trennung	AbfS ATT	17 % 23 %	71	97	2,7	13	21	4,0
Stoffliche Verwertung	Wert- Roh-	27 % 5 %	11	42	11,5	2	7	11,3
Energetische Verwertung		34 %	5	10	6,9	2	3	4,3
Abfalldeponierung		3 %	15	21	3,0	<1	1	3,3

Die *Energetische Verwertung* umfasst vor allem Waste-to-Energy-Anlagen. Deutsche Unternehmen haben sich als Hersteller von Komplettanlagen und Zulieferer von Turbinen und Generatoren profiliert. Ihr Anteil am Weltmarkt für Energetische Verwertung liegt bei 34 %; künftig werden in Schwellen- und Entwicklungsländern tendenziell Anlagen kostengünstiger Anbieter bevorzugt werden.
Beim *Deponiebau* und bei der *Deponiesanierung* halten deutsche Anbieter einen Weltmarktanteil von 3 %, der bis 2025 voraussichtlich konstant bleiben wird.

Gesetz zur Förderung der Kreislaufwirtschaft und Sicherung der umweltverträglichen Bewirtschaftung von Abfällen vom 24. Februar 2012 [10.3]

Kern des Kreislaufwirtschaftsgesetzes von 2012 [10.3] ist die fünfstufige Abfallhierarchie (Einführung zu Kapitel 9 „Abfall"). Sie legt die grundsätzliche Stufenfolge aus Abfallvermeidung, Wiederverwendung, Recycling und sonstiger, u.a. energetischer Verwertung von Abfällen und schließlich der Abfallbeseitigung fest. Vorrang hat die jeweils beste Option aus der Sicht des Umweltschutzes.

Damit wird die EU-Abfallrahmenrichtlinie [10.4] in deutsches Recht umgesetzt. Die Abfallwirtschaft wird konsequent auf Abfallvermeidung und Recycling ausgerichtet. Das Gesetz leistet damit einen wichtigen Beitrag zur Steigerung der Ressourceneffizienz und zum Umwelt- und Klimaschutz. Gleichzeitig wird die Aufgabenteilung zwischen Kommunen und Privatwirtschaft in der Entsorgung präzisiert und dadurch Rechts- und Planungssicherheit geschaffen.

Wesentliche Elemente der nun geltenden Gesetzesfassung sind:

- Neuer Anwendungsbereich des Gesetzes (§ 2)
- EU-rechtlich harmonisierte Definitionen aller wesentliche Begriffe, z.B. Abfall, Verwertung, Recycling, Beseitigung, Erzeuger und Besitzer (§§ 3 bis 5)
- Einführung einer Pflicht zur Getrenntsammlung von Bioabfällen (§ 11 Abs. 1) sowie von Papier-, Metall-, Kunststoff und Glasabfällen (§ 14 Abs. 1)
- Gesetzliche Absicherung der von der Privatwirtschaft organisierten freiwilligen Qualitätssicherungssysteme für die Bioabfall- und Klärschlammverwertung (§ 12)
- Einführung einer im Jahr 2020 zu erfüllenden Recyclingquote von 65 % für Siedlungsabfälle (§ 14 Abs. 2) sowie einer Verwertungsquote von 70 % für Bau- und Abbruchabfälle; die Bundesregierung überprüft bis Ende 2016, ob die Zielquote für Bau- und Abbruchabfälle gesteigert werden kann (§ 14 Abs. 3)
- Absicherung der kommunalen Hausmüllentsorgung; Präzisierung der Möglichkeit gewerblicher Sammlung von werthaltigen Abfällen; gewerbliche Sammlungen sind nur zulässig, wenn die Erfüllung der kommunalen Entsorgungsaufgabe nicht gefährdet wird (§§ 17 und 18)
- Schaffung einer gesetzlichen Grundlage (§ 10 Abs. 1 Nr. 3, § 17 Abs. 2 Satz 1 Nr. 1, § 25 Abs. 2 Nr. 3) für die Weiterentwicklung der Verpackungsverordnung zu einer Wertstoffverordnung (Stichwort "einheitliche Wertstofftonne")
- Schaffung einer gesetzlichen Grundlage für die Erstellung von Abfallvermeidungsprogrammen durch Bund und Länder (§ 33)
- Neuordnung von Anzeige- und Erlaubnispflichten für Sammler, Beförderer, Händler und Makler von Abfällen unter Ausrichtung am Gefahrenpotential der Abfälle (§§ 53 und 54)

Gesetzliche Konkretisierung der Zertifizierung von Entsorgungsfachbetrieben und Schaffung einer umfassenden Verordnungsermächtigung (§§ 56 und 57). Die neuen Regelungen ermöglichen eine effizientere Kontrolle und behördliche Sanktionen bei Zertifikatsmissbrauch. Auch hier gilt es, die bestehende Entsorgungsfachbetriebeverordnung mittelfristig fortzuentwickeln [10.5].

10.1.3 EU-Aktionsplan für eine umfassende Kreislaufwirtschaft [10.6]

Einleitung. Kreislaufwirtschaft bedeutet, den Wert von Produkten, Stoffen und Ressourcen innerhalb der Wirtschaft so lange wie möglich zu erhalten und möglichst wenig Abfall zu erzeugen. Mit einer Kreislaufwirtschaft verbinden sich auch Investitionen, sozialpolitische Agenda und industrielle Innovation [10.7].

Die zusammen mit diesem Aktionsplan angenommenen *Legislativvorschläge* für Abfälle umfassen langfristige Ziele zur Verringerung der Ablagerung von Abfällen auf Deponien und besseren Vorbereitung zur Wiederverwendung und des Recyclings wichtiger Abfallströme wie Siedlungs- und Verpackungsabfälle.

Der *Aktionsplan* beinhaltet ein umfassendes Engagement für umweltgerechte Gestaltung (Ökodesign), die Entwicklung strategischer Konzepte für Kunststoffe und Chemikalien, eine Großinitiative zur Finanzierung innovativer Projekte im Rahmen des EU-Forschungsprogramms Horizont 2020 und gezielte Maßnahmen in Bereichen wie Kunststoffe, Lebensmittelabfälle, Bauwesen, kritische Rohstoffe, Industrie- und Bergbauabfälle, Verbrauch und öffentliches Auftragswesen.

Produktion (s.a. die Abschnitte in diesem Buch)
Sowohl die Gestaltungsphase als auch die sich anschließenden Produktionsprozesse wirken sich während des gesamten Lebenszyklus eines Produktes auf Beschaffung, Ressourcennutzung und Abfallerzeugung aus. Rohstoffe müssen weltweit, bspw. über politische Dialoge und Partnerschaften sowie über ihre Handels- und Entwicklungspolitik, auf nachhaltige Weise beschafft werden *(Abschn. 2.3.3)*.

Besseres *Design* kann Produkte langlebiger machen bzw. ihre Reparatur, ihre Nachrüstung oder ihre *Refabrikation* vereinfachen *(Abschn. 10.4.2)*. Im Rahmen der Ökodesign-Richtlinie [10.8], deren Ziel es ist, Effizienz und Umweltleistung energiebetriebener Produkte zu verbessern, wird nicht nur die Energieeffizienz, sondern auch die Kennzeichnung bestimmter Materialien systematisch geprüft.

Jede *Industriebranche* ist anders, wenn es um die Ressourcennutzung, Abfallerzeugung und Abfallbewirtschaftung geht. Deshalb spielen die „Referenzdokumente über beste verfügbare Techniken" (BVT-Merkblätter) hier eine zentrale Rolle *(Abschn. 9.1.1; 9.1.3; 9.2)*. In diesem Sinne wirken auch das EU-System für Umweltmanagement und Umweltbetriebsprüfung (Eco-Management and Audit Scheme, EMAS, *Abschn. 2.1.2)*.

Verbrauch
Sobald ein Produkt gekauft wurde, kann dessen *Lebensdauer* durch Wiederverwendung und Reparatur verlängert werden, wodurch auch Abfall vermieden wird. Die Wiederverwendungs- und Reparaturbranchen sind arbeitsintensiv und tragen als solche zur Beschäftigungs- und sozialpolitischen Agenda der EU bei.

Auch *innovative Formen des Konsums* können die Entwicklung der Kreislaufwirtschaft fördern, so z. B. die gemeinsame Nutzung von Produkten oder Infrastrukturen (partizipative Wirtschaft), Konsum von Dienstleistungen an Stelle von Produkten oder Nutzung von IT- oder digitalen Plattformen. Diese neuen Konsummuster werden oft von Unternehmen oder Bürgern entwickelt und auf nationaler, regionaler und lokaler Ebene gefördert. Unterstützung gibt es auch im Rahmen von „Horizont 2020" (Forschungsmittel) und aus dem EU-Kohäsionsfonds (s.u.).

Abfallbewirtschaftung

Heute werden nur etwa 40 % der in der EU erzeugten Haushaltsabfälle recycelt. Hinter diesem Durchschnittswert verbergen sich jedoch große Unterschiede zwischen den Mitgliedstaaten und Regionen: die Werte schwanken zwischen 80 % in bestimmten Gebieten und weniger als 5 % in anderen. Die überarbeiteten Vorschläge für Abfälle enthalten auch erhöhte Recyclingziele für *Verpackungsmaterialien*, die die Ziele für Siedlungsabfälle verschärfen und dazu führen werden, dass Verpackungsabfälle in Gewerbe und Industrie künftig besser bewirtschaftet werden. In der EU hat sich die Menge der recycelten Verpackungsabfälle seit der Einführung der EU-weiten Ziele für Papier-, Glas-, Kunststoff-, Metall- und Holzverpackungen (aus Haushalten und industriellen/gewerblichen Quellen) erhöht, und es besteht noch mehr Recyclingpotenzial – mit entsprechenden Vorteilen für Wirtschaft und Umwelt.

Der *Kohäsionspolitik* der EU kommt bei der Schließung der Investitionslücke zur Verbesserung der Abfallbewirtschaftung und bei der Förderung der Anwendung der Abfallhierarchie eine Schlüsselrolle zu [10.9]. Insgesamt ist vorgesehen, dass im derzeitigen Finanzierungsprogramm 5,5 Mrd. EUR für die Abfallbewirtschaftung aufgewendet werden. Um in der EU und andernorts hochwertiges Recycling zu fördern, sind weitere Maßnahmen wie die freiwillige Zertifizierung von Behandlungsanlagen für bestimmte wichtige Abfallarten (Elektronik-Altgeräte und Kunststoffe) einsetzen.

Vom Abfall zur Ressource: Stärkung des Marktes für Sekundärrohstoffe

Sekundärrohstoffe machen überwiegend nur einen geringen Teil der in der Europäischen Union verwendeten Materialien aus. Eines der Hindernisse, mit denen Marktteilnehmer, die Sekundärrohstoffe nutzen wollen, konfrontiert sind, ist die Unsicherheit in Bezug auf die *Qualität dieser Stoffe*. Die Ausarbeitung EU-weiter Standards dürfte das Vertrauen in Sekundärrohstoffe und recycelte Materialien stärken und zur Förderung des Markts beitragen. Dabei geht es auch um neue Maßnahmen, mit denen die EU-weite Anerkennung von organischen und abfallbasierten Düngemitteln erleichtert wird (EU-Düngemittelverordnung). Auch die Wiederverwendung von Wasser in der Landwirtschaft trägt zum Nährstoffrecycling bei (Ersetzung von festen Düngemitteln); dazu sind u. a. Rechtsvorschriften über Mindestanforderungen für wiederverwendetes Wasser auszuarbeiten.

Ein weiterer wichtiger Aspekt für die Entwicklung der Märkte für Sekundärrohstoffe ist die Verknüpfung mit den *Rechtsvorschriften über Chemikalien*. Eine wachsende Zahl von chemischen Stoffen ist als bedenklich für die Gesundheit oder Umwelt eingestuft und wird Beschränkungen oder Verboten unterworfen. Diese Stoffe können jedoch in – zum Teil langlebigen – Produkten enthalten sein, die verkauft wurden, bevor die Beschränkungen galten, so dass in Recyclingströmen bisweilen besorgniserregende chemische Stoffe auftreten können.

Das Zusammenspiel der Rechtsvorschriften über Abfälle, Produkte und Chemikalien muss im Kontext einer Kreislaufwirtschaft bewertet werden; es sind Handlungsoptionen zu entwickeln, um unnötige Hindernisse zu beseitigen und zugleich ein hohes Schutzniveau für die menschliche Gesundheit und die Umwelt aufrechtzuerhalten (künftige EU-Strategie für eine schadstofffreie Umwelt).

Kritik am Kommissionsvorschlag „Kreislaufwirtschaftspaket" [10.10-10.12]
Der Deutsche Naturschutzring (DNR), Dachverband von 91 deutschen Natur-,
Tier- und Umweltschutzorganisationen kritisiert, dass die EU-Kommission ihrem
eigenen Anspruch – in dem Aktionsplan „Den Kreislauf schließen" ([10.5]; s.o.)
– mit dem neuen Legislativvorschlag eines Kreislaufwirtschaftspakets nicht gerecht wird. Das DNR-Positionspapier [10.13] listet sieben Punkte auf (Auszüge):

Ressourcenverbrauch verringern. Die Barroso-Kommission [1. Vorschlag 2014]
wollte den gesamten Rohstoffverbrauch Europas (einschließlich Importen abzüglich Exporten) relativ zum Wirtschaftswachstum um 30 Prozent im Vergleich zu
2014 senken. Dieses politische Ziel sollte zwar nicht rechtsverbindlich verankert
werden, wurde aber auch durch das EU-Parlament in seiner Resolution zur Kreislaufwirtschaft unterstützt. Der DNR hält hingegen ein verbindliches Ressourcen-
effizienzziel, die Entwicklung geeigneter Indikatoren sowie politische Handlungsoptionen für essentiell, um den Rohstoffverbrauch in der EU zu verringern.

Abfallvermeidung rechtlich stärken. Der neue Vorschlag enthält erstmals Maßnahmen zur Abfallvermeidung auf der Basis einheitlicher Messung der Haushalts-
abfallmenge. Allerdings müssen EU-Parlament und Ministerrat bei der Definition
von quantitativen Zielen für die Abfallvermeidung nachbessern. Das bedeutet unter anderem, dass durch das Ordnungsrecht sowie durch wirtschaftliche Anreize
Mehrweg- und Wiederverwendungslösungen stärker gefördert werden müssen.

Vorbereitung zur Wiederverwendung fördern. Reparierte oder weiterverwendete
Altgeräte sollten besser durch Qualitätsstandards, professionelle Vermarktung und
Steuerermäßigungen gefördert werden als durch Erreichung von Recyclingzielen.
Ersatzteile müssen länger vorgehalten werden, Produktinformationen zur Repara-
tur öffentlich zugänglich sein und Rechtssicherheit für ReUse-Betriebe bestehen.

*Recyclingquoten erhöhen statt abschwächen / Einheitliche Quotenberechnung ein-
führen.* Eine Priorität der Kommissionen bei der Überarbeitung der Abfallrahmenrichtlinie [10.5] war es, der Situation der einzelnen Mitgliedstaaten in der Abfallentsorgung besser Rechnung zu tragen. Als Resultat hat sie die Recyclingraten
zugunsten von Ländern, die weit hinter den Recyclingzielen liegen, abgeschwächt.
Der DNR versteht diese Abmilderung als falsches Signal an die Mitgliedstaaten.

Deponierung und Verbrennung von Siedlungsabfällen wirksam begrenzen. Laut
dem aktuellen Vorschlag der Juncker-Kommission soll die Deponierung von Siedlungsabfällen auf zehn Prozent bis 2030 begrenzt werden; im ersten Vorschlag
waren es noch fünf Prozent. Außerdem verbietet der aktuelle Vorschlag nicht die
Deponierung von rycycelbaren Abfällen wie Kunststoffe, Metalle, Glas, Papier.

Saubere Materialkreisläufe gewährleisten. Zur Sicherstellung von sauberen Materialströmen muss eine Rückverfolgbarkeit von Chemikalien bereits in der Designphase von Produkten sichergestellt werden. Dazu gehört auch eine Stärkung und
konsequentere Umsetzung der EU-Chemikalienpolitik durch REACH [10.14].

Ökodesign und Kreislaufwirtschaft verbinden. Der DNR fordert die zeitnahe Veröffentlichung eines Arbeitsplans für die vorgesehenen Maßnahmen im Bereich
Ökodesign, der die wichtigsten Aspekte der Kreislaufwirtschaft bereits in einem
frühen Stadium aufgreift.

10.1.4 Recycling innerhalb der Wertschöpfungskette

Die *Abfolge der Wertschöpfung* besteht in der Regel aus einer mehr oder weniger großen Zahl von Prozessen. Diese wiederum umfassen mehrere Prozess- und Produktionsstufen (Abb. 10.1). Jeder Prozess ist mit einer *Wertsteigerung* der eingesetzten Rohstoffe bzw. Eingangsprodukte verbunden, gleichzeitig aber auch mit *Umweltbelastungen* in Form von Ressourcenverbrauch, Emissionen und Abfall.

Der *abfallintensivste Wertschöpfungsschritt* befindet sich meist *am Beginn des Gesamtprozesses*: Wenn bspw. hinter jedem neuen Auto von einer Tonne Gewicht ~ 25 t Abfälle liegen, so handelt es sich dabei überwiegend um Bergbaureststoffe. Da im Zuge des Abbaus bekannter Vorräte immer weniger ergiebige Lagerstätten erschlossen werden, müssen für eine Einheit Rohstoff immer größere Mengen von Materialien bewegt und gefördert werden [10.16]. Durch diese Gesetzmäßigkeit werden die Vorteile, die aus der intensiveren Nutzung von Rohstoffen resultieren, teilweise wieder zunichte gemacht [10.17]. Man schätzt, dass sich dieser unerwünschte „ökologische Rucksack" [10.18] jeweils in einem Zeitraum von 20 bis 25 Jahre verdoppelt. Eine Verbesserung der Rohstoffausbeute trägt deshalb entscheidend zur Einsparung von Energie und zur Vermeidung von Emissionen bei.

Während es sich bei der Verwertung von Produktionsabfällen und Abfällen nach dem Gebrauch eines Produkts um ein *stoffliches Recycling* handelt, das mit einem erhöhten Material- und Energieaufwand sowie zusätzlichen Emissionen verbunden ist, tritt bei der Wiederverwendung eines Produkts während des Gebrauchs unter Wahrung der Produktgestalt ein relativ geringer Wertverlust auf. Das *Produktrecycling* sollte so oft wiederholt werden, wie es technisch machbar und wirtschaftlich sinnvoll ist; erst dann ist auf das Materialrecycling mit niedrigerem Wertniveau überzugehen [10.19].

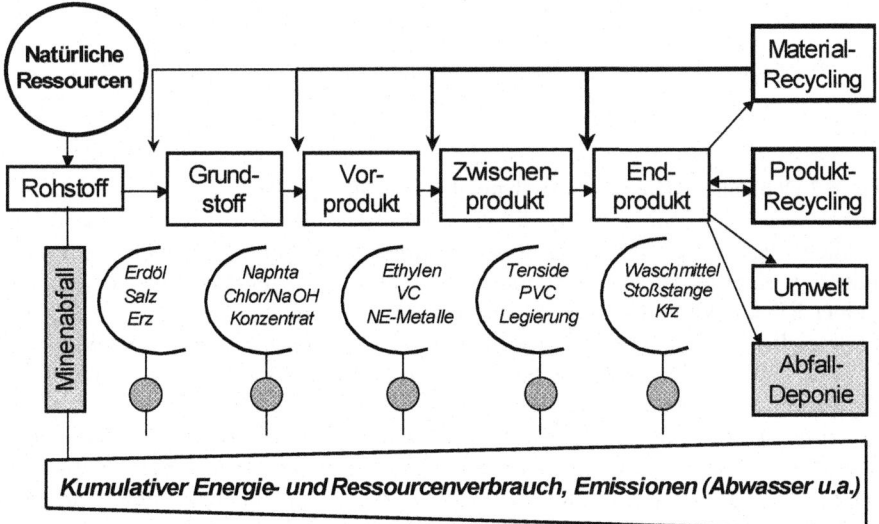

Abb. 10.1 Wertschöpfungskette unter Einbeziehung der Abfallwirtschaft (nach [10.15])

10.1.5 Theorie und Praxis des Recyclings

Für die ökologische Wirtschaftsweise mit einer höheren Ressourcenproduktivität und -effizienz ist der viel zitierte „Kreislauf" eigentlich gar kein so gutes Symbol, „denn er impliziert, dass das Arbeiten in Kreisläufen schon die Lösung ist" [10.20]. In der Praxis handelt es sich aber meist um ein sog. „Downcycling" mit verschlechterten Material- und Produktqualitäten und häufig sind solche Kreislaufprozesse mit einer Anreicherung von Schadstoffen verbunden. Der Anspruch an eine nachhaltige Verwertungsstrategie ist als erstes eine lange und intensive Nutzungsphase und ein möglichst selten durchlaufener Kreislauf (Abb. 10.2), da dabei sowohl Energie als auch Ressourcen gespart werden können. Technisch müssen solche Langzeitprodukte offen für Innovationen sein durch Modulbauweise, der Verschleiß muss auf leicht ausbaubare Teile gelenkt werden, sie müssen reparaturfreundlich sein und sollten eine zeitlose Produktästhetik besitzen.

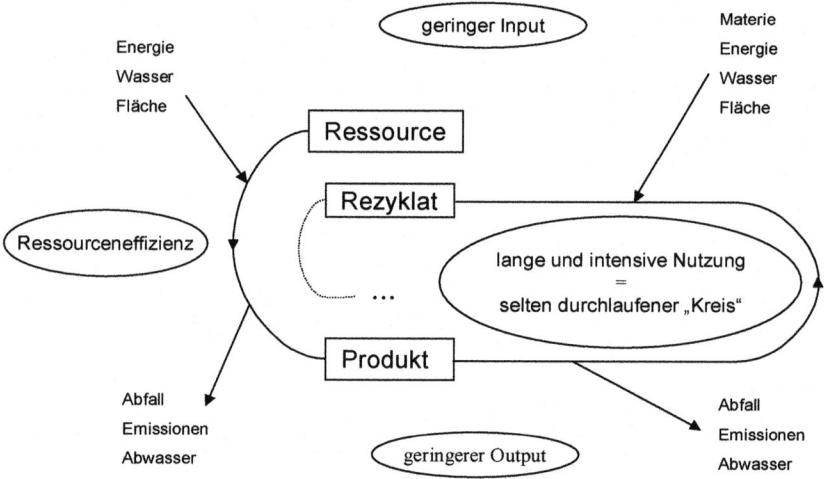

Abb. 10.2 Ökologische Kreislaufwirtschaft: „Longcycling" [10.21]

Vor allem die starke Vermischung der Komponenten beim Gebrauch – oft verbunden mit einer extremen Verdünnung der Wertstoffe – schränkt die Möglichkeiten einer Rückgewinnung dieser Stoffe mit vertretbarem Aufwand ein [10.21]. So kann verschiedentlich der Energieaufwand für abfallvermindernde Technologien sehr groß sein und den gesamtökologischen Gewinn der Vermeidung von Abfallstoffen zu Nichte machen.

In Abb. 10.3 (*Moser* [10.19]) ist die Gesamtenergie zur Erzeugung einer Tonne Rohstoff in Abhängigkeit vom prozentualen Anteil des rezyklierten Rohstoffs aufgetragen. Die Gesamtenergie setzt sich aus zwei Anteilen zusammen: dem Anteil für die Herstellung des Rohstoffs aus der Primäraufbereitung und dem Anteil für die Rückgewinnung und Aufbereitung vom rezyklierten Material. Die Summenkurve der Gesamtenergie weist ein Minimum auf.

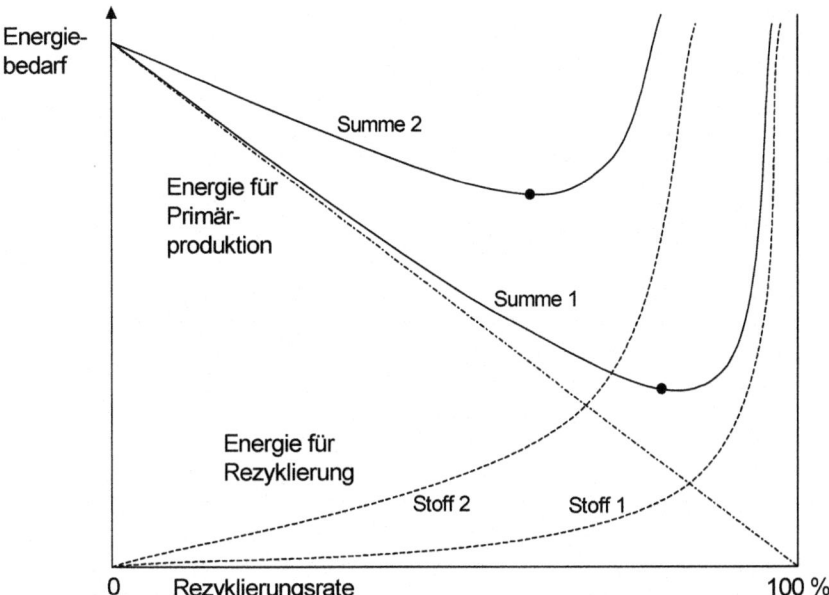

Abb. 10.3 Energiebedarf verschiedener Recyclingsraten [10.19]

Ein Beispiel ist die Rückführung von Altkupfer. Bei etwa 40 - 50 % Altkupferanteil ist der Gesamtenergieaufwand im Minimum; bei ca. 65 % rezirkuliertem Kupfer muss dieselbe Energie eingesetzt werden wie zur Gewinnung von Rohkupfer aus Erz (13.000 kWh je t Kupfer). Dies Entwicklung wird verständlich, wenn man berücksichtigt, dass etwa 30 % des totalen Kupferverbrauches in leicht rezirkulierbarer Form (z.B. Kupferdrähten, -röhren, blech) vorliegt und zur Sammlung nur ein geringer Transportaufwand erforderlich ist. Ein weiterer rückführbarer Anteil (ca. 25 - 30 %) liegt in einer schwer rezirkulierbaren Form, wie Legierungen, Mischungen mit anderen Materialien etc. vor oder erfordert einen großen Transportaufwand. Der Rest von 35-45 % des Kupfers wird „dissipativ" verbraucht (Pigmente, Farbstoffe, Korrosionsprodukte). Wollte man diese Verteilung rückgängig machen, d.h. in der Sprache der Thermodynamik, die Entropie vermindern, würden der Energieaufwand und damit die Kosten ins Unendliche steigen [10.22].

Die Abb. 10.3 mit den beiden unterschiedlichen Energieanteilen für die Gewinnung eines Rohstoffs zeigt nach *Moser* [10.19], dass eine nachhaltige Wirtschaft keine vollständige Trennung des technischen Bereichs von der Biosphäre, d.h. eine vollständige Rezyklierung der Stoffströme im technischen Bereich voraussetzt. Dabei sind die Bedingungen der Nachhaltigkeit zu beachten, also die Einhaltung der maximal zulässigen, d.h. der natürlichen Konzentrationen in den einzelnen Bereichen der Biosphäre: „Mit dieser Einsicht ist ein wesentlicher Einwand gegen eine nachhaltige Wirtschaft entkräftet, nämlich jener, dass für eine solche ein unendlich hoher Energieaufwand notwendig wäre" [10.19].

10.1.6 Formen des Recyclings – Dimensionen der Praxis

In der traditionellen Praxis gibt es verschiedene Begriffe für das, was mit Produkten gemacht wird, wenn sie ihre erste Gebrauchsphase hinter sich haben [10.23]:

- Wiederverwendung – Beispiele: Pfandflasche, Austauschmotor
- Weiterverwendung – Beispiel: Senfglas als Trinkglas
- Wiederverwertung – Beispiel: Altglaseinsatz bei der Glasherstellung
- Weiterverwertung – Beispiel: Herstellung von Kartonagen aus Papierabfällen

Bei der „Verwertung" werden die Begrenzungen des Recyclings besonders deutlich. Neben den Beispielen für Papier und Kunststoff gilt das auch für andere gebrauchte Produkte: Glasbruch kann nur wieder zu weißem Glas verarbeitet werden, wenn keine farbigen Gläser beigemischt sind. Das hochwertige Stahlblech aus Schrottautos wird wegen des Kupfergehaltes heute noch in der Regel nicht wieder zu Stahlblech, sondern zu dem minderwertigen Gusseisen.

Die Weiterverwertung kann über verschiedene Stufen ablaufen („Produktkaskade"), in denen jeweils ein Qualitätsverlust auftritt, der letztlich zu einem auch für minderwertige Anwendungen unbrauchbaren Einsatzmaterial führt. Dieser Qualitätsverlust kann durch Reinigungs- (z.B. De-Inking beim Papierrecycling) oder Aufwertungsmaßnahmen (z.B. Zumischen von Neumaterialien) aufgehalten bzw. abgeschwächt werden. Beim Recycling von Kunststoffen finden sich – hier bei der Altfahrzeug-Demontage - die typischen Anwendungsbereiche (Abb. 10.4):

- Hochwert-(Werkstoff-)Recycling – Komponenten
- Stoffliches Recycling – sortenreines oder sortenähnliches Regranulat
- Chemisches Recycling – Mischkunststoffe, Materialverbunde
- Energetisches Recycling – Verbrennung

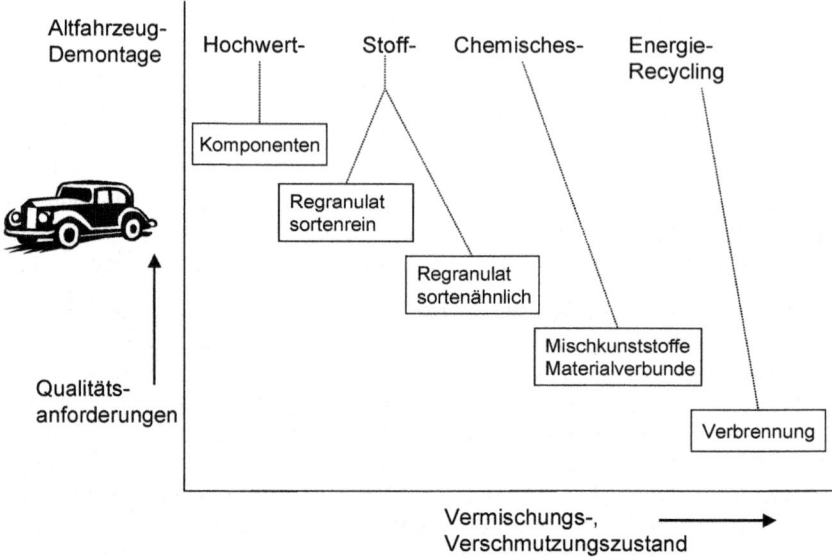

Abb. 10.4 Arten der Kunststoffverwertung bei der Altfahrzeugdemontage [10.24]

Globale Dimension des Recycling – die Vision einer „Circular Economy"
In Deutschland könnten bis 2030 durch das Wirtschaftsmodell der „Circular Economy" die Ausgaben für Mobilität, Wohnen und Lebensmittel um 25 Prozent sinken. Durch das Prinzip der Kreislaufwirtschaft – im weitesten Sinn – könnte die Wirtschaft im Land zudem jährlich 0,3 Prozentpunkte schneller wachsen. Dies sind die zentralen Ergebnisse für Deutschland in der Studie „Growth Within: A Circular Economy Vision for a Competitive Europe" der Ellen MacArthur Foundation, dem McKinsey Center for Business and Environment und dem Stiftungsfonds für Umweltökonomie und Nachhaltigkeit [10.7].

Basierend auf dem *Cradle-to-Cradle-Konzept* von Braungart und McDonough [10.25] werden die drei Prinzipien der Kreislaufwirtschaft (1) „Minimierung des Verbrauchs natürlicher Ressourcen", (2) „Maximierung der Nutzung physischer Ressourcen" und (3) „Eliminierung systemexterner Effekte" in sechs geschäftliche Aktionsfelder – „Hebel" – übersetzt, deren Einzelaktivitäten alle bei der „Verminderung struktureller Verschwendung" helfen und von denen „sich die meisten für Unternehmen direkt ökonomisch auszahlen werden" (*Zusammenstellung* [10.26]).

Regenerate	• Umstellung auf erneuerbare Energie und Materialien • Regeneration, Erhalt und Wiederherstellung der Ökosysteme • Rückführung zurückgewonnener Ressourcen in die Biosphäre
Share	• Gemeinsame Nutzung (z.B. Autos, Räumlichkeiten, Geräte • Wiederverwendung/Secondhand • Verlängerung der Lebensdauer durch Instandsetzung; auf Langlebigkeit/Ausbaufähigkeit ausgelegtes Design etc.
Optimise	• Steigerung der Leistungsfähigkeit von Produkten • Eliminierung von Verschwendung in Produktion und Lieferkette • Effiziente Nutzung von Big Data, Automatisierung, Fernerkundung
Loop	• Wiederaufarbeitung von Produkten und Komponenten • Recycling von Materialien • Anaerobe Vergärung • Extraktion biochemischer Ausgangsstoffe aus organischem Abfall
Virtualise	• Bücher, Musik, Reise etc. • Online-Shopping • Autonome Fahrzeuge
Exchange	• Austausch alter durch fortschrittliche, nicht erneuerbare Materialien • Anwendung neuer Technologien (z.B. 3D-Druck) • Auswahl neuer Produkte/Services (z.B. multimodaler Transport)

Die Analyse der eingangs genannten Bereiche in dem „RESOLVE"-Bezugssystem ergab, dass bei der *Mobilität* Einsparpotenziale (Optimierungspotenzial für 2050) pro EU-Haushalt von 60-80 % = jährlich ~5,500 EUR vorhanden sind („Share" 40 %, „Virtualise" und „Exchange" je 25 %); bei *Lebensmitteln* sind es 25-40 % = ~6,600 EUR (fast alles unter „Optimise") und beim *Wohnraum* sind es 25-35 % = ~9,600 EUR (je 15 % „Share" und „Optimise", 10 % „Regenerate").

10.1.7 Prioritäten im System „Kreislaufwirtschaft"

Bei der Heterogenität der „Hebel" und Vielfalt an Einzelaktivitäten der „Circular Economy" stellt sich die Frage nach Prioritäten aus verschiedenen Blickwinkeln:

(1) Prioritäten durch Umweltschutzleitlinien und Gesetze
Allem voran steht die fünfstufige Abfallhierarchie, bei der sich zwischen „Abfall-vermeidung" und „Abfallbeseitigung" die Wiederverwendung, das Recycling und die sonstige, u.a. energetische, Verwertung von Abfällen einreihen. Diese Abfall-hierarchie sollte als Grundsatz für rechtsetzende Maßnahmen dienen, bei dem die EU-Mitgliedstaaten die allgemeinen Umweltschutzleitlinien der *Vorsorge* und *Nachhaltigkeit* berücksichtigen, aber „genügend Flexibilität für die Mitgliedstaa-ten bieten, indem auch Kriterien wie technische Machbarkeit, ökonomische Zu-mutbarkeit und die ökologischen Auswirkungen bei seiner Anwendung Berück-sichtigung finden" [10.27]. Ein Beispiel ist die Streichung der *Heizwertklausel* zwischen energetischer und stofflicher Verwertung [10.28], die nach den Ergeb-nissen eines Forschungsvorhabens „zur effizienten und rechtssicheren Umsetzung der Abfallhierarchie in Deutschland nicht mehr erforderlich ist" [10.29].

(2) Prioritäten auf dem Weltmarkt bei Technologielinien für Abfälle [10.2]
Das Marktsegment „Stoffliche Verwertung" hatte 2013 ein Volumen von 11,3 Mrd. Euro und soll mit einer jährlichen Steigerung von 11,5 Prozent – die mit Ab-stand höchste im „Leitmarkt Kreislaufwirtschaft" (Tabelle 10.1) – im Jahr 2025 über 42 Mrd. Euro erreichen. Der Anteil der *Rohstofflichen Verwertung* wird auf 26,9 Mrd. beziffert; während die jährliche Steigerung hier bei 14,3 Prozent liegen wird, beträgt die jahresdurchschnittliche Wachstumsrate bei der *Werkstofflichen Verwertung* voraussichtlich etwa 8 Prozent – wie bei der *Energetischen Verwer-tung*, die zwischen 2013 und 2025 von 5 auf 10 Mrd. Euro global steigen wird.

(3) Prioritäten beim „Anthropogenen Lager"
In einer kritischen Stellungnahme zum Entwurf des Kreislaufwirtschaftspakets har *Scharff* [10.12] darauf hingewiesen, dass eine großer Teil der jährlich nach Euro-pa importierten 1,8 Mrd. t Rohstoffe, Energieträger und Waren (dreimal mehr als aus Europa exportiert wird) „in Produkten, in der Infrastruktur, in der von uns ge-schaffenen, anthropogenen Welt" verbleibt:

„Das Paket hat in seinem *Aktionsplan* [10.6] erkannt, dass die etwa 0,5 t pro Einwohner und Jahr an *Siedlungsabfall politisch* im Vordergrund stehen (und des-halb die Änderungsvorschläge zu den Abfallrichtlinien dominieren), *aus resour-cenpolitischer Sicht* aber ein nachrangiges Restpotenzial darstellen". Das Gesamt-abfallaufkommen ist um den Faktor zehn größer (~ 5 t/E.a) und der Aufbau an anthropogenen Lagern in Form von Gütern und Infrastruktur ist mit 8-10 t/E.a abermals höher als das gesamte Abfallaufkommen. „In entwickelten Volkswirt-schaften beträgt das anthropogene Lager, der *statistische Rucksack*, ~ 400 t/Kopf, der sich auf Güter *in* Gebrauch und *nach* Gebrauch (Deponien) verteilt [10.30]. Diese Massen werden nach Erreichen ihrer Nutzungsdauer das künftige Abfall-aufkommen quantitativ und qualitative entscheidend bestimmen, noch bevor künf-tige Maßnahmen zu *Ecodesign* ihre Wirkung entfalten" [10.12].

10.2 Stoffstrommanagement

Ansätze für ein praxisbezogenes Stoffmanagement kann man vorrangig von regionalen Stoffflussanalysen erwarten. Es sollen Instrumente sein, um Entscheidungsgrundlagen für die Steuerung anthropogener Stoffwechselprozesse zu schaffen. Pionierarbeit für das Konzept wurde an der ETH Zürich geleistet [10.31, 10.32].

In einer standardisierten Vorgehensweise werden zuerst typische Stoffe (Indikatorstoffe) für die zu betreffende Region ausgewählt und es wird dann überprüft, ob die Stoffflüsse die Nachhaltigkeitskriterien verletzen. Daraus werden konkrete Maßnahmen zur Verringerung der Defizite vorgeschlagen und im Hinblick auf ihre Wirksamkeit, ihre Kosten und ihre Akzeptanz bewertet [10.33].

Dieses Vorgehen wurde auf die Kupferflüsse in der schweizerischen Region Töss angewandt (Abb. 10.5). Die wichtigsten Nachhaltigkeitsdefizite sind dort die Anreicherung in Böden, Sickerkörpern und Deponien sowie der Export in die Gewässer. Die wirksamsten Handlungsoptionen sind die Reduktion des Kupferaustrages durch Spritzmittel und Dünger, die Verwendung von Ersatzmaterialien für Dachinstallationen, der Einbau einer austauschbaren Absorberschicht in Sickeranlagen und die Rückgewinnung von Kupfer in der Müllverbrennungsanlage. Dabei weist die Reduktion des Kupferaustrags durch Spritzmittel und Dünger das beste Nutzen/Aufwand-Verhältnis auf.

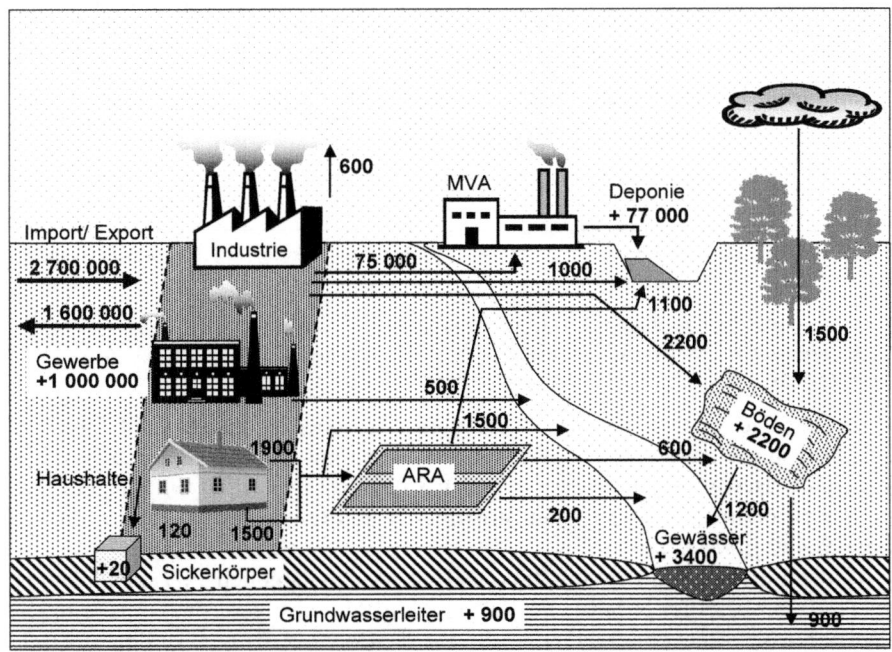

Abb. 10.5 Kupferflüsse in der Region Töss/Schweiz (Einzugsgebiet mit einer Fläche von 430 km³ und 180.000 Einwohnern). Die Kupferflüsse sind in Kilogramm pro Jahr angegeben. „+" bezeichnet Senken (modifiziert nach [10.33])

10.2.1 Stoffflussanalysen für ein nachhaltiges Materialmanagement

Die dritte der vier Grundregeln für die Umsetzung des Leitbildes Nachhaltigkeit –
„Belastbarkeit der Umweltmedien" (Abschn. 1.1.3) – besitzt Vorrang, weil „durch
die *Überbeanspruchung der Aufnahmekapazität* für anthropogene Stoffeinträge
die natürlichen Grundlagen des Wirtschaftens schneller und stärker gefährdet
werden als durch die Erschöpfung nicht erneuerbarer Ressourcen" [10.34, 10.35].

Diese Prämisse für die Arbeit der Enquetekommission „Schutz des Menschen
und der Umwelt" des Deutschen Bundestags förderte die Entwicklung von Stoffflussanalysen (aktuelle Übersicht [10.36]). Das Schema von *Bringezu* [10.36], das
im Folgenden verwendet wird, unterscheidet die beiden grundlegenden Strategien
„Detoxifikation" und „Dematerialisierung" sowie die vier Betrachtungsebenen (1)
Substanzen, (2) Materialien, (3) Sektoren und (4) Regionen (Tabelle.10.2).

Tab. 10.2 Grundlegende Typen von Stoffflussanalysen ([10.37] nach *Bringezu* und *Kleijn*
[10.38], aus: *Weber-Blaschke* [10.39])

ÖKOLOGISCHE NACHHALTIGKEIT			
Detoxifikation *Schadstoffkontrolle*		*Dematerialisierung* *Ökologischer Strukturwandel*	
Spezifische Umweltprobleme bedingt durch bestimmte Wirkungen pro Stoffflusseinheit von		Probleme nicht nachhaltiger Entwicklung bedingt durch Umfang und Struktur des Durchsatzes von	
Substanzen	*Materialien*	*Sektoren*	*Regionen*
z.B.	z.B.	z.B.	z.B.
Cd, Cl, Pb, Zn, Hg, N, C, CO_2, FCKW	Holzprodukte, Energieträger, bewegte Massen, Biomasse, Kunststoffe	Produktions- sektoren, chemische Industrie, Bausektor	Haupt-Durchsatz, Stoffbilanz, Gesamter Materialaufwand
innerhalb bestimmter *Kompartimente, Sektoren, Regionen*		*mit* *Substanzen oder Materialien*	

„Unter der Zielsetzung, dass auch die vom Menschen erzeugten Stoffflüsse im
Einzelnen in die natürlichen Stoffwechselprozesse integriert werden müssen, bietet sich die Bewertung der *anthropogenen Stoffflüsse und Lager im Vergleich* mit
den korrespondierenden geogenen Stoffflüssen und Lager an" (*geogen/anthropo-
gener Referenzansatz* [10.39]).

An der Entwicklung der Stoffflussanalytik war maßgeblich *P.H. Brunner* von
der TU Wien beteiligt [10.40]; für ihn ist das Bild eines „Kreislaufs" zu einfach:
„undifferenziert Recyclingmethoden für alle Stoffe zu verlangen, ist unrealistisch;
damit ignoriert man die verschiedenen Verwendungen, chemischen Eigenschaften
und das unterschiedliche biochemische Verhalten von zehntausenden heute verwendeten Substanzen. ‚Zero Waste' ist zwar wünschenswert, aus wirtschaftlichen
und thermodynamischen Gründen aber nicht realisierbar" [10.41, 10.42].

Beispiel: Stoffkonzentrierungseffizienz [10.43, 10.38]

Die Methode der Stoffkonzentrationseffizienz (*Rechberger & Brunner* [10.44]) lässt sich einsetzen, um abfallwirtschaftliche Verfahren, die verdünnen oder konzentrieren, zu bewerten. Grundsätzlich muss es das Ziel sein, die Schadstoffe in wenige Kompartimente mit geringer Masse zu lenken, wo sie hochkonzentriert vorliegen. Der Fokus liegt dabei auf den anorganischen, inerten Schadstoffen, die nicht zerstört werden können, wie den Schwermetallen; von Interesse sind auch anorganische Nährstoffe, wie bspw. Phosphor, der oft in Abfallprodukten (Klärschlamm, Bioabfall etc.) nur verdünnt vorliegt, in konzentrierter Form aufbereitet aber natürliche Vorkommen ersetzen könnte (*Faulstich et al.* [10.45]).

Hinsichtlich der Entsorgung von Restmüll wurden die Varianten *Müllverbrennung und mechanisch-biologische Abfallbehandlung* verglichen [10.43]. In Abb. 10.6 ist die Aufteilung der Gesamtmasse wie auch die des Cadmiums (Cd) im Output jeweils der beiden Verfahren dargestellt. In der Müllverbrennung wird Cd zu 92 % in die Flugasche transferiert (siehe auch Tab. 9.8 im Abschn. 9.2.3), die aber nur 2,5 % der Masse ausmacht. Diese kann mit geringerem Aufwand sicher im Untertageversatz gelagert werden. Die mechanisch-biologische Abfallbehandlung (MBA) führt dagegen nicht zu einer Konzentration des Cd in wenigen Rückständen. Die Aufteilung der Masse und des Cd auf die verschiedenen Kompartimente sind relativ ähnlich. Hinsichtlich des Cd-Management ist somit die Variante Müllverbrennung zu bevorzugen, was die Bewertung mit der Stoffkonzentrationseffizienz auch quantitativ ermittelt: SKE_{MV} = 42 % > SKE_{MBA} = 4,2 % [10.42].

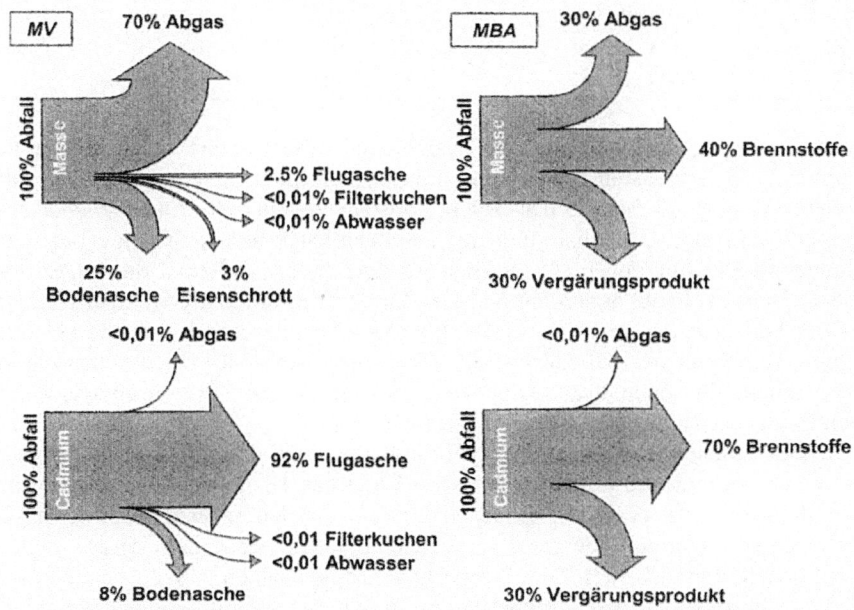

Abb. 10.6 Vergleich der Müllverbrennung (MV) und der mechanisch-biologischen Abfallbehandlung (MBA) anhand der Stoffkonzentrationseffizienz ([10.38] nach [10.43])

10.2.2 Anthropogener Stoffwechsel in urbanen Systemen [10.46]

In Bezug auf die Kreislaufwirtschaft stellt sich die Frage, inwieweit urbane Systeme der entwickelten Regionen dem Leitbild der Nachhaltigkeit entsprechen bzw. welche Veränderungen vorgenommen werden müssen („Design"). Dazu werden *Indikatoren* benötigt, die auf die einzelnen Komponenten dieser Systeme – Stoff- und Energieumsätze, menschliche Aktivitäten wie Ernährung, Wohnen und Transportieren sowie Ressourcen im weitesten Sinn, also auch Gesetze, die Ökonomie und Technologien – spezifisch und empfindlich ansprechen *(Kasten)*.

Einen Einstieg gibt die Tabelle 10.3; diese zeigt in der Spalte 1 eine Auswahl geschätzter globaler Ressourcen (Holz, Erdöl, Kupfer) jeweils pro Kopf für eine Population von 8 Milliarden Menschen, eine konservative Schätzung für die Mitte des 21. Jahrhunderts. In der Spalte 2 werden die entsprechenden *„Lager"* pro Kopf in neuen urbanen Systemen und in der Spalte 3 der *Konsum* – das Verschieben eines Stoffs aus der Bio-/Geosphäre in die Anthroposphäre – dieser Lager pro Kopf und Jahr quantifiziert (es handelt sich dabei um Größenordnungen!).

Tabelle 10.3 Ausgewählte Globale Ressourcen und ihre Nutzung durch neue urbane Systeme (diverse Referenzen, u.a. *Zeltner et al.* [10.47], nach *Baccini* [10.46])

	(1) Globale Ressourcen für 8 Mrd. Menschen	(2) Lagerbestand in neuen urbanen Systemen	(3) Konsum in neuen urbanen Systemen
Holz	50 m³/Kopf	10 m³/Kopf	0,4 m³/Kopf & Jahr
Erdöl	800 GJ/Kopf	40 GJ/Kopf	100 GJ/Kopf & Jahr
Kupfer	300 kg/Kopf	300 kg/Kopf	10 kg/Kopf & Jahr

Die *Holznutzung* heutiger urbaner Systeme entspricht dem Nachwachsen von Neuholz, weil die meisten entwickelten Länder, spätestens zu Beginn des 20. Jahrhunderts, ihre Waldbestände per Gesetz konstant hielten. Das *Erdölbeispiel* zeigt dagegen, dass eine Globalisierung der entwickelten urbanen Systeme bezüglich aktueller Energienutzung nicht möglich ist, auch wenn vielleicht die Lager noch größer wären als heute angenommen. Das Lager wäre innerhalb weniger Jahre erschöpft. Das *Kupferbeispiel* illustriert folgenden Sachverhalt: Das heute bekannte Kupfererzreservoir in der Erdkruste pro Kopf für 8 Mrd. Menschen entspricht ungefähr jenem Zwischenlager, welches entwickelte urbane Systeme inzwischen in ihren Bauwerken aufgebaut haben (Abschn. 10.3.2).

„Die Beispiele unterstützen die Hypothese, dass sich die Anthroposphäre in einem Übergangszustand befindet, der etwa Ende des 18. Jahrhundert begann und etwa 300 Jahre oder etwa 10 Menschengenerationen dauert bis zum Ende des 21. Jahrhunderts. Es ist ein Übergang von einem solaren System, dem agrarischen, zu einem neuen, dem urbanen. Dieses müsste allerdings seinen Ressourcenverbrauch pro Kopf, bezogen auf den aktuellen Konsum in entwickelten Ländern, um ca. den Faktor 3 bis 5 verringern, vor allem was die Energie betrifft" (*Baccini* [10.46]).

Baccini/Brunner: "Metabolism of the Anthroposphere" – Vier Szenarien
(Unterschiedliche Gewichtung von Indikatoren für Stoffwechsel, Aktivitäten und Ressourcen in ausgewählten Beispielen aus entwickelten Regionen [10.30])

Der *Phosphormetabolismus* wird vor allem durch die Aktivität *Ernährung* gesteuert. Seine Hauptfunktion ist die eines Nährstoffs in der Landwirtschaft. Aus physiologischen Gründen kann P nicht durch andere Stoffe ersetzt werden. Weltweit zeigt die Phosphorwirtschaft eine geringe Effizienz, weil das Phosphat kontinuierlich im Boden verteilt und verdünnt wird, und nach ein oder zwei Jahren kaum noch für die Pflanzen verfügbar ist. Die Belastung der Oberflächengewässer (die Eutrophierung) verläuft proportional zum wachsenden P-Lager in der Pedosphäre.

Tabelle 10.4 Synopse der qualitativen Eigenschaften von vier Fallstudien [10.30]

	Metabolismus				*Aktivitäten*				Ressourcen			
	S	G	E	A	*N*	*R*	*W*	*T*	Le	Ec	Te	Ln
Phosphorwirtschaft	x	o	o	x	*x*	*o*	-	-	o	o	x	o
Urban Mining (Cu)	x	o	o	o	*o*	-	*x*	*x*	o	o	x	o
Plastik-Management	x	x	o	-	*o*	*x*	*o*	*o*	x	o	x	-
Mobilität, Verkehr	o	x	x	x	*o*	-	*x*	*x*	o	x	x	x

S, Stoffe; G, Güter; E, Energie; A, Areal; *N, Ernähren; R, Reinigen; W, Wohnen; T, Transportieren & Kommunizieren*; Le, Recht & Gesetze; Ec, Ökonomie (Geschäft & Handel); Te, Technologie; Ln, Landnutzung; x = Indikator mit hoher Gewichtung; o = Indikator mit geringerem Gewicht; - = Indikator vernachlässigbar

Im Vergleich zum Fall „Phosphor" zeigt das Beispiel *„Kupfer im Urban Mining"* zwei Hauptunterschiede: (1) Kupfer, obwohl physiologisch ebenfalls ein essentielles Element, lässt sich in seiner technologischen Rolle *durch andere Materialien ersetzen*, und zwar in praktisch jeder Funktion; (2) das *Design* des Urban Mining (bspw. für Kupfer) ist nicht auf eine neue Technologie hin ausgerichtet, sondern bezieht sich insgesamt auf die Grenzfläche zwischen dem Verbrauch und der Abfallwirtschaft. Insofern ist Urban Mining, analog zur Phosphorbewirtschaftung, ein langfristiges Projekt (siehe Abschnitt 10.3.4).

Das Beispiel von *Plastikabfällen* zeigt, dass ein abfallwirtschaftliches Design sich bei variablen Materialien an der Reihenfolge „Sammlung-Behandlung-Beseitigung" orientiert und dass in diesem metabolischen Dreigestirn der Nachdruck auf der Behandlungsstufe liegt. Daraus können nur drei Produkte resultieren: (1) „saubere" Materialien für das Recycling, (2) immobile Materialien zur Deponierung und (3) Emissionen, die mit den Umweltstandards kompatibel sind; eine solche Designstrategie macht weitere industrielle Ökologiekonzepte überflüssig.

Das Design-Ziel zwischen *Wohnen* und *Transportieren* ist „mehr Mobilität bei weniger Verkehr". Die Kombination von (1) Verfügbarkeit von fossiler Energie, (2) erschwinglichen Autos und (3) ausreichend Straßen übt weltweit die stärkste politische Macht aus und profitiert immer noch von der Trägheit des Systems. Der Umbau ist ein Dreigenerationen- oder Jahrhundertprojekt, anders als bei den drei vorgenannten Fallstudien, und erfordert ein übergreifendes politisches Design.

10.2.3 Energetische Bilanzierung von Stoffkreisläufen

Im Abschnitt 10.1.5 wurde die bedeutende Rolle des Energieeinsatzes bei Recyclingprozessen, speziell bei der Gewinnung von Rohstoffen, dargestellt. Es liegt deshalb nahe, den Faktor „Energie" in die weitergehende Analyse von Stoff- und Güterströmen einzubeziehen. Aus der Fülle der Bewertungsverfahren werden hier zwei Methoden genannt:

1. *Ganzheitliche Bilanzierung* versteht sich als ein Werkzeug zur Erfassung aller relevanten Daten entlang des Produktlebenszyklus [10.48]. Die zweite Dimension ist die Breite der Untersuchung - Rohstoff- und Energieverbräuche sowie alle Emissionen. Die dritte Dimension ist die Tiefe der Untersuchung - die Einbeziehung der technischen und wirtschaftlichen Randbedingungen (Werkstoffwahl, Verfahrenstechnik, Kosten, Fertigungs- und Oberflächentechnik, Entsorgung) beim Produkt-Engineering.

2. *Kumulierter Energieaufwand (KEA)*: Der kumulierte Energieaufwand stellt die Summe der kumulierten Energieaufwendungen für die *Herstellung* (KEA_H), *Nutzung* (KEA_N) und *Entsorgung* (KEA_E) des ökonomischen Gutes dar, wobei für diese Teilsummen anzugeben ist, welche Vor- und Nebenstufen mit einbezogen sind. Wichtig ist, anzugeben, in welcher Energieform der KEA und seine Teilsummen ausgewiesen werden. Verbrauchswerte zum KEA werden in aller Regel für den Endenergiesektor zunächst als Sekundärenergien Strom, Brennstoffe oder Fernwärme vorliegen. Die vorgelagerten Aufwendungen für diese Energien unterliegen einem stetigen Wandel [10.49].

Auch Entsorgungsaspekte lassen sich solchen Bilanzen unterziehen. Die Tabelle 10.5 zeigt die Werte für den kumulierten Energieaufwand für kommunale Abfälle, die entweder direkt deponiert werden oder zuvor eine Müllverbrennungsanlage durchlaufen. Der KEA für die Müllabfuhr ist in beiden Fällen dieselbe; für die Einrichtung und den Betrieb der Müllverbrennungsanlage werden 138 MJ/t Müll in Rechnung gestellt. Bei der Deponierung der Schlacken wird dieser Betrag wegen der geringeren Volumina beinahe wieder eingespart. Die Gutschrift für die Energieerzeugung erbringt bei der Verbrennung der organischen Anteile etwa 7000 MJ/kg mehr als die Methanproduktion auf der Deponie.

Tabelle 10.5 Vergleich des Kumulativen Energieaufwands für eine Schlackedeponie und eine traditionelle Deponie [10.49].

	Weg über die MVA in MJ/t$_{Müll}$	Weg direkt zur Deponie in MJ/t$_{Müll}$
Müllabfuhr	320	320
Müllverbrennungsanlage	138	–
(Schlacken-)Deponie	67	223
Summe des KEA	525	543
Gutschrift für Energieerzeugung	8.500	1.360
Differenz	7.975	817

Tabelle 10.6 Energieaufwand für die Einrichtung und den Betrieb einer Abfalldeponie [10.49]

Arbeitsabschnitt	KEA (MJ/t Müll)	rel. KEA-Anteil %
Deponieherstellung		
Oberbodenabtrag	1,14	0,5
Basisabdichtung	26,61	11,9
Gaserfassung	6,86	3,1
sonstige (Gebäude etc.)	14,13	6,3
Deponiebetrieb		
Deponiefahrzeuge	16,95	7,6
Deponieführung	5,61	2,5
Sickerwasseraufbereitung d. Umkehrosmose	101,56	45,6
Rekultivierung	38,60	17,3
Fahrzeugverschleiß	11,16	5,0
Gesamtsumme Deponie Nordwest	222,62	100,0

Dabei sind die ökologischen Konsequenzen, die sich aus der Ablagerung von reaktiven, schadstoffreichen Abfällen auf einer Deponie ergeben können, in der vorliegenden Bilanz noch nicht berücksichtigt. Aus den kalkulierbaren Energieaufwänden bei der Einrichtung und beim Betrieb der Deponie (Tabelle 10.6] ist zu erkennen, dass die Aufbereitung der Sickerwässer einen hohen Anteil des Energieeinsatzes ausmacht. Unter der Annahme, dass die NH_4-Gehalte in den Deponiesickerwässern über mehrere hundert Jahre eine derartige Aufbereitung benötigen, stellt sich der Betrieb solcher Reaktordeponien aus heutiger Sicht auch ökonomisch als eine Reise ins Ungewisse dar.

Wirtschaftliche und ökologische Randbedingungen
Folgende *grundsätzlichen Bedingungen* müssen für ein Recyclingverfahren vorliegen, um es wirtschaftlich und ökologisch *sinnvoll* werden zu lassen [10.50]:
• ausreichende Menge der verbrauchten Produkte,
• hohe Konzentration der recyclierten Stoffe in verbrauchten Produkten,
• Verfügbarkeit einer Rückführlogistik mit hoher Einsammelquote,
• Separierung unterschiedlicher Produkte bereits bei der Rückgabe,
• geringer zusätzlicher Stoff- und Energieverbrauch,
• geringe Emissionen und Rückstände des Recyclingverfahrens,
• Wirtschaftlichkeit im Vergleich zur Gewinnung der Primärstoffe, eventuell auch unter Berücksichtigung des teilweisen Fortfalls der Deponiekosten.
Das „Neue Recycling" zieht im Gegensatz zum klassischen Recycling nicht nur den Wert der wiedergewonnenen Inhaltsstoffe, sondern auch einen Teil der eingesparten *Deponiekosten* zur Kostendeckung heran. In diese Rechnung sind auch andere Sektoren unter dem Kreislaufwirtschaftsgesetz wie „Gefährliche Abfälle" und deren Entsorgungsverfahren (§ 48 KrWG) [10.51, 10.52]) einzubeziehen.

10.2.4 Material- und Energie-Intensität über einen Gebrauchszyklus

Stoff- und Energiebilanzen von Recyclingprodukten und -komponenten können über die Herstellung hinaus auch deren Nutzungsphase umfassen; eine solche Erweiterung kann vor allem im Hinblick auf den zu erwartenden Energieverbrauch angebracht sein. Dies wird hier am Beispiel „Herstellung und Verwendung einer PKW-Stoßstange" in drei Schritten dargestellt (Tabelle 10.7 nach [10.53]):

1. Der Energiebedarf für ein *Produkt* setzt sich zusammen aus der Energie für die *Rohmaterialherstellung* und der Energie für die *Fertigung* der entsprechenden Bauteile. Im Falle der hier untersuchten Stoßstange ist der Energiebedarf für die Herstellung des Rohmaterials und der Bauteile ist am höchsten für Aluminium, gefolgt von einem Verbundwerkstoff aus Polyurethan plus Glasfasern. Bei Stahl sind beide Energieaufwände etwa gleich niedrig.

2. Der *Einsatz von Recyclingrohstoffen* spart viel Energie (Tabelle 10.7). Dabei ist der Einspareffekt bei Verwendung von Sekundäraluminium mit Abstand am stärksten. Durch Wegfall der Tonerdefabrikation und Schmelzelektrolyse können 90 % des Energiebedarfs eingespart werden. Der spezifische Energiebedarf für Sekundäraluminium beträgt 14 MJ/kg gegenüber 140 MJ/kg für primäres Aluminium; die Fertigung erfordert jeweils 60 MJ/kg. Der Verbundwerkstoff ist dagegen kaum recycelbar und verbraucht zusätzlich Deponievolumen.

Tabelle 10.7 Energieverbrauch bei der Erzeugung und beim Einsatz einer Stoßstange (für verschiedene Materialien, Recycling etc.). [a] berechnet auf eine Gesamtfahrleistung von 150.000 km; mit dem ΔG einer Stoßstange aus Aluminium bzw. Verbundwerkstoffen gegenüber Stahl von 2,4 kg (= 21,6 l Kraftstoff) bzw. 2,9 kg (= 25,6 l Kraftstoff).

| | Gewicht | spezifische Energie | | Energie pro Stück | | *Kraftstoff-* |
		Primär	sekundär	primär	sekundär	*Ersparnis[a]*
Aluminium	2,9 kg	200 MJ/kg	74 MJ/kg	580 MJ	214 MJ	*700 MJ*
Stahl	5,3 kg	54 MJ/kg	38 MJ/kg	286 MJ	201 MJ	-
Verbundstoff	2,4 kg	88 MJ/kg	88 MJ/kg	220 MJ	220 MJ	*812 MJ*

3. Wegen des *geringeren Gewichts* der Aluminium- und Verbundwerkstoff-Stoßstangen im Vergleich zur Stahlstoßstange ergibt sich eine Kraftstoffeinsparung, die sich mit der Zahl der gefahrenen km immer deutlicher zu Buche schlägt: Die Energieeinsparung bei einer Gewichtsreduktion von 2,4 kg bzw. 2,9 kg beträgt bei einer Gesamtfahrleistung von 150.000 km ca. 700 MJ bei Aluminium und 812 MJ beim Verbundwerkstoff (Tabelle 10.7, *letzte Spalte*).

Ergebnisse von aktuellen Studien zum Thema „Ökobilanzen von Elektromobilität" (siehe auch *Kasten* auf S. 169 im Kapitel 4): (1) Bei der *Herstellung der Batterie* von *Tesla Model S* mit 86 kWh Leistung (544 kg) fallen rund 17 Tonnen CO_2 an; dafür könnte ein Fahrzeug mit einem benzinbetriebenen Motor acht Jahre gefahren werden, bei einem *Nissan Leaf* (23,8 kWh, 272 kg) wären es drei Jahre [10.54a]. (2) Den größten ökologischen Mehrwert für E-Fahrzeuge bringt der *Ladestrom aus zusätzlich installierten Kapazitäten an erneuerbaren Energien* [10.54b].

10.2.5 Vermeidung von Abfällen und Schadstoffen

„Als Abfallvermeidungsmaßnahme wird jede Maßnahme verstanden, die ergriffen wird, *bevor* ein Stoff, Material oder Erzeugnis zu Abfall geworden ist, *und dazu dient*, die Abfallmenge, die schädlichen Auswirkungen des Abfalls auf Mensch und Umwelt oder *den Gehalt an schädlichen Stoffen in Materialien oder Erzeugnissen zu verringern*" [10.55]. In der Anlage 4 des Kreislaufwirtschaftsgesetzes [10.3] sind Beispiele von *Abfallvermeidungsmaßnahmen nach § 33 KrWG* aufgelistet, die sich auf die drei Abschnitte des Stoff- bzw. Produktbiographien auswirken können: (1) Abfallerzeugung, (2) Konzeptions-, Produktions- und Vertriebsphase und (3) Verbrauchs- und Nutzungsphase. Da sich die Wirkung von Abfallvermeidungsmaßnahmen bisher nur schwer messen ließ, untersucht ein aktuelles Projekt geeignete *Maßstäbe und Indikatoren zur Erfolgskontrolle* [10.56].

Cadmium als Beispiel für die Komplexität von Vermeidungsstrategien
Das Beispiel des Cadmiums zeigt die vielfältigen praktischen Schwierigkeiten für Vermeidungsstrategien, aber auch, wie sich bei einem sehr gefährlichen Stoff eine generelle Tendenz hin zu *kontrollierten Anwendungen* entwickeln lässt.

Cadmium steht für eine der großen Umweltkatastrophen nach dem 2. Weltkrieg in Japan („Itai-Itai"-Vergiftungsfälle durch Auswaschungen aus dem Zinkbergbau [10.57]) und für die allgegenwärtige Kontamination von Nahrungsmitteln [10.58]. Stoffflussdaten für konkrete Maßnahmen wurden in Schweden erhoben [10.59].

In Deutschland (Tabelle 10.8) ist der Einsatz von Cadmium in den Problembereichen Pigmente, Stabilisatoren und Galvanotechnik stark zurückgegangen, während er bspw. bei der Verwendung in Batterien, durch die ein Kreislauf für Cadmium aufgebaut werden kann, deutlich zugenommen hat. Der Eintrag von Cadmium über Phosphatdünger soll außer durch den Grenzwert für Cadmium in der Düngemittel-Verordnung auch durch Aufbringungsvorschriften verringert werden. Seit einigen Jahren ist der Cadmiumrestgehalt im Zink, das bspw. für Leitungsrohre und Dachrinnen eingesetzt wird, durch Normen geregelt. Durch die Cadmiumeinträge während der vergangenen fünfzig Jahre hat sich jedoch ein großes Gefährdungspotenzial in vielen Böden angesammelt [10.60].

Tabelle 10.8 Cadmium in Produkten und dadurch verursachte Umweltbelastung bei Gebrauch (G) oder Entsorgung (E). (Friege, unveröffentlicht, nach Daten der Enquete-Kommission Schutz des Menschen und der Umwelt" [10.34].

	Inland t Cd pro Jahr			Umwelt-Belastung	Kreislauf schließbar?	notw. Maßnahmen	
	1980	1989	1999			1994	2001ff
Pigmente	548	282	70	G/E	nein	Verzicht	Verbot
Stabilisatoren	490	94	47	E	schwierig	Verzicht	Verbot
Galvanotechnik	266	35	kA	G/E	nein	Verzicht	~0
Batterien/Akkus	238	427	415	E	ja	Pfand	(Rückg)
Legierungen	44	21	~0	E	nein	Verzicht	Verbot
Cd in Dünger	35	28	kA	G	nein	Limit	Limit

10.3 Recycling in den einzelnen Wirtschaftszweigen

Bei dem Gang durch die einzelnen Wirtschaftssektoren kann man grundsätzlich zwischen dem *rohstofflichen und werkstofflichen Recycling* unterscheiden – wie bereits bei der Zuordnung dieser beiden Technologielinien zu dem zentralen Marktsegment „Stoffliche Verwertung" im globalen *Leitmarkt Kreislaufwirtschaft* (Tabelle 10.1; Abschn. 10.1.2). Das *Unterkapitel 10.3* ist wie folgt gegliedert:

Die *Rohstoffversorgung mit ihrem Regelkreis* (Abb. 10.7) steht im Mittelpunkt des Abschn. 10.3.1. Nachdem bereits im Abschn. 2.3.2 „Ressourceneffizienz und Ressourcenproduktivität" der Umgang mit kritischen Rohstoffen beschrieben wurde, folgt hier ein Ausblick auf die besondere Rolle des Recycling bei den sog. „wirtschaftsstrategischen" Rohstoffen.

Abschn. 10.3.2 gibt einleitend ein Beispiel für das *rohstoffliche Recycling* bei einem „gefährlichen Abfall". Die bei der Produktion von Titandioxid-Pigmenten entstehende Dünnsäure wird zur Wiederverwendung aufkonzentriert und kritische Schadstoffe werden in eine langfristig deponierbare Form übergeführt.

Im Abschn. 10.3.3. wird die *Kompostierung* als ein rohstoffliches Recyclingverfahren vorgestellt, bei dem organisches Material unter dem Einfluss von Luftsauerstoff von heterotrophen Bodenlebewesen abgebaut wird. Dabei wird einerseits ein Teil der Zwischenprodukte zu Humus umgewandelt; zum anderen werden wasserlösliche Mineralstoffe freigesetzt wie bspw. Nitrate, Phosphate, Kalium- und Magnesiumverbindungen, die als Dünger wirken. Grundsätzlich sind an das *rohstoffliche Recycling* folgende Anforderungen zu stellen (*Martens* [10.61]):
1. Es muss ein qualitativ hochwertiger Sekundärrohstoff erzeugt werden.
2. Der Einsatz an Energie und Hilfsstoffen ist zu beschränken.
3. Die volkswirtschaftlichen Gesamtkosten (abzüglich evtl. alternativer Deponiekosten) sollten nahe bei den Kosten der Primärrohstoffe liegen.

Die weiteren Beispiele in diesem *Unterkapitel 10.3* (10.3.4 Baumaterialien, 10.3.5 Kunststoffe, 10.3.6 Verpackungsabfälle, 10.3.7 Elektronikschrott, 10.3.8 Altfahrzeuge, 10.3.9 Batterien) liegen vorrangig auf der *werkstofflichen Technologielinie*. Spezielle Recyclingmaßnahmen müssen immer wieder neu durchgerechnet und bewertet werden; konkret ergeben sich hier die folgenden Anforderungen [10.61]:
1. Das Recyclingprodukt sollte die Qualität von Primärprodukten haben.
2. Der Energiebedarf des Werkstoffrecyclings sollte geringer als der für die Primärproduktion sein.
3. Der Einsatz von Hilfsmaterial ist zu beschränken.
4. Eine wirtschaftlich ausreichende Durchsatzmenge ist erforderlich.
5. Der Recyclingprozess sollte ab einer bestimmten Recyclingstufe mit der Primärproduktion verknüpft werden (Kosten- und Qualitätsvorteile) bzw. in bereits vorhandene Stoffkreisläufe eingebunden werden (allgemeines Verfahrensschema des Werkstoffrecyclings in Abb. 10.10, Abschn. 10.3.5).
6. Der Anfall von sekundären Abfällen/Abgasen/Abwasser sollte gering sein.
7. Die volkswirtschaftlichen Gesamtkosten sollten unter denen der Primärproduktion liegen (identisch mit dem Punkt 3 beim rohstofflichen Recycling).

10.3.1 BGR-Regelkreis und wirtschaftsstrategische Rohstoffe

„Bei einer Rohstoffverknappung steigen die Preise und Lagerstätten mit niedrigeren Gehalten werden abbauwürdig; gleichzeitig wird es attraktiver, höhere Explorationsrisiken einzugehen, bspw. in größeren Teufen zu suchen. Es kann auch lohnender werden, die Recyclingraten zu steigern, nach Substitutionsmöglichkeiten zu suchen, den spezifischen Materialeinsatz noch weiter zu reduzieren oder nach ganz anderen technischen Lösungen zu forschen. Hohe Preissteigerungen können aber auch zu verstärkten Anstrengungen, bspw. hinsichtlich der Substitution für diesen Rohstoff führen. Bleibt der Preis über lange Zeit hoch, wird dies zu neuen Investitionen und damit zu zusätzlichen Angebotsmengen führen; ist der Markt nach einer gewissen Zeit überversorgt, kommt es zu Preiseinbrüchen, die sich manchmal auf einem tieferen Preisniveau als zuvor einpendeln können" (*Wellmer & Becker-Platen* [10.62], Abb. 10.7).

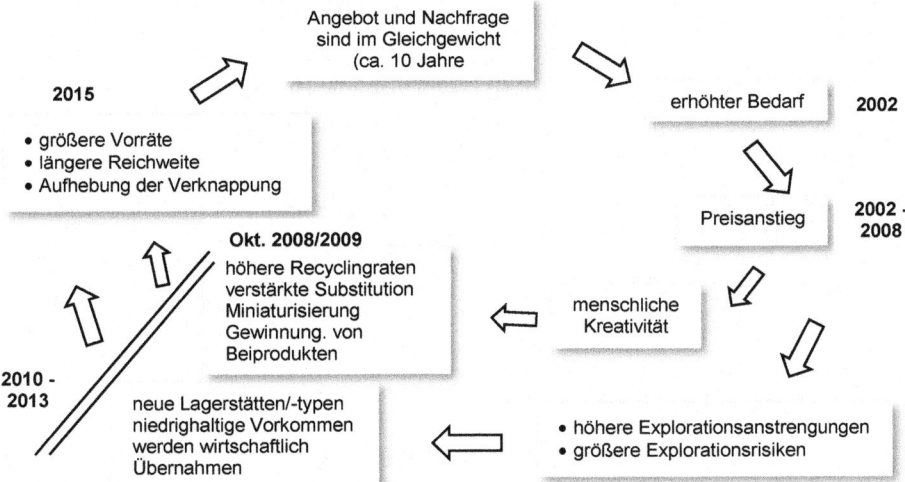

Abb. 10.7 Regelkreis der Rohstoffversorgung, in der aktuellen Version der Bundesanstalt für Geowissenschaften und Rohstoffe (*BGR* [10.63])

Im Mittelpunkt der Debatten um Ressourcenknappheit (ausführlicher in Abschn. 2.3.2) stehen die ca. 10 Prozent der jährlich in Deutschland importierten Metalle und Minerale, die für die Entwicklung von Zukunftstechnologien unverzichtbar sind und deshalb als wirtschaftsstrategische Rohstoffe bezeichnet werden (*Huthmacher* [10.64]). Für die *zivile Industrie* ist bei diesen „technologieoffenen" Rohstoffen „nicht nur die physische Verfügbarkeit, sondern auch der Preis von erheblicher Bedeutung, denn sie muss mit ihren Produkten international konkurrenzfähig sein" (*Wellmer* 10.65). Die Förderrichtlinie „r^4 – Innovative Technologien für Ressourceneffizienz" der Bundesregierung [10.66] fokussiert auf wirtschaftsstrategische Rohstoffe, bspw. Platingruppenmetalle, Stahlveredler, Hochtechnologiemetalle und Seltene Erden; dabei sind auch auf der Sekundärrohstoffseite, bspw. in Aufbereitungsabgängen, Schlacken und Rückständen [10.67].

10.3.2 Verwertung gefährlicher Abfälle – Beispiel: Säurerecycling

Seit dem 11. März 2016 gilt in Deutschland eine novellierte Abfallverzeichnisverordnung (AVV [10.52]), die das *Europäische Abfallverzeichnis* [10.68] in nationales Recht überführt. Es enthält 839 Abfallarten, von denen 405 als *gefährlich* – mit einem Stern (*) hinter der Abfallschlüsselnummer – deklariert wurden.

Anhang III der Abfallrahmenrichtlinie [10.4] definiert 15 Gefährlichkeitskriterien (*Kasten* im Kap. 3.1.5). *Grenzkonzentrationen*, die dort für bestimmte Gefährlichkeitsmerkmale aufgeführt werden, stützen sich auf chemikalienrechtliche Regelungen (UN „Globally Harmonized System of Classification and Labelling of Chemicals" [10.69], EU CLP (Classification, Labelling and Packaging of Chemical Substances and Mixtures)-Verordnung [10.70] und REACH [10.71, 10.72]).

Die Vermeidung und die Bewirtschaftung von Abfällen unterliegen nach § 47 Absatz 1 des Kreislaufwirtschaftsgesetzes der Überwachung durch die zuständige Länderbehörde. In den Ländern, in denen eine Andienungs- und Überlassungspflicht für gefährliche Abfälle besteht, muss der Abfall erzeugende Betrieb seine Behörde über Art, Menge und Zusammensetzung des Abfalls und die vorgesehene Entsorgungsanlage informieren [10.51]. Die Tabelle 10.9 gibt *Beispiele für Länderstatistiken* (Rheinland-Pfalz, Sachsen) über erzeugte Mengen an gefährlichen Abfällen für typische *Wirtschaftszweige des Produzierenden Gewerbes*.

Tabelle 10.9 Gefährliche Abfälle (in t/a) aus dem Produzierenden Gewerbe (*Wirtschaftszweige nach [10.73]); Beispiele aus Rheinland-Pfalz [10.74] und Sachsen [10.75]

WZ*	Wirtschaftszweige des „Produzierenden Gewerbes"	Rh-Pfalz 2013 [t]	Sachsen 2014 [t]
20-21	Herstellung von chemischen Erzeugnissen (20) Herstellung von pharmazeutischen Erzeugnissen (21)	84.701 44.745	33.924 (21) k.A.
22-23	Herstellung von Gummi- und Kunststoffwaren (22) Glas, Keramik, Verarbeitung Steine und Erden (23)	8.711 9.280	9.444
24-25	Metallerzeugung und -bearbeitung (24) Herstellung von Metallerzeugnissen (25)	31.382 13.650	65.582
26-27	Datenverarbeitungsgeräte, elektronische und optische Erzeugnissen (26), Elektrische Ausrüstungen (27)	(26) k.A. (27) 724	27.834 6.394
28	Maschinenbau	9.693	13.487
29	Herstellung von Kraftwagen und Kraftwagenteilen	12.975	18.121

Die bundesweite Abfallbilanz für 2014 [10.76] weist unter der Abfallart „Übrige Abfälle (insbesondere aus Produktion und Gewerbe)" 9.641.000 t gefährliche Abfälle aus, von denen 67 % im weiteren Sinn „verwertet" und 59 % einer Behandlung und stofflichen Verwertung („Recycling") zugeführt wurden. Die Statistik zur Abfallerzeugung [10.73] differenziert nach Wirtschaftszweigen und Abfallkapiteln, aber nicht weiter nach „Gefährlichkeit" und „Verwertung". Diese Informationen werden – zumindest ansatzweise – für die Entwicklung des BVT-Merkblatts „Abfallbewirtschaftung" (1. Entwurf [10.77]) benötigt.

Dünnsäure aus der TiO2-Produktion: Rückführung statt Verklappung

Nach der Statistik auf der Basis einer ersten bundesweiten Auswertung der Begleitscheine [10.78] fielen 1983 insgesamt 4,8 Mio. t „gefährliche Sonderfälle" an. Die *schwefelhaltigen Abfälle* hatten mit ca. 2 Mio. t/a den höchsten Anteil und davon entfielen etwa 2/3 auf die sog. Dünnsäure. Diese etwa 20%ige Schwefelsäure mit gelösten Salzen entsteht bei der Herstellung von *Titanoxidpigmenten* nach dem „Sulfatverfahren". Nachdem die Dünnsäureverklappung in der Nordsee 1989 eingestellt wurde, kam ein Verfahren zum Zuge, bei dem eine bestehende Schwefelsäurefabrik in den Gesamtprozess integriert wurde [10.79]. Die Dünnsäure-Rückgewinnungsanlage der *Sachtleben-Chemie GmbH* (seit 2014: *Huntsman*) in Duisburg-Homberg umfasst einen *chemischen Betriebsteil*, die *Eindampfungsanlagen* und ein *Kraftwerk;* der Recycling-Prozess besteht aus fünf Stufen:

1. In einer 3-stufigen *Vakuumeindampfungsanlage* mit Zwangsumlaufverdampfer wird die schwefelsaure Dünnsäure auf 70%ige Schwefelsäure konzentriert.

2. Die Suspension der 3. Eindampfungsstufe wird in hintereinander geschalteten Rührbehältern nach und nach auf Filtrationstemperatur abgekühlt (*Salzreifung*).

3. Die teilweise *auskristallisierten Salze* werden mit Filterpressen und zur Restentfeuchtung durch Luftausblasung über Membranfilterpressen *abgetrennt*.

4. (a) Die vorkonzentrierte Schwefelsäure wird in einer 2. Vakuumeindampfung auf 80% konzentriert; (b) das Grünsalz wird mit *Eisensulfid (Pyrit) und Kohle* versetzt und im Wirbelbett bei 800-1000°C *thermisch gespalten* (Abb. 10.8):

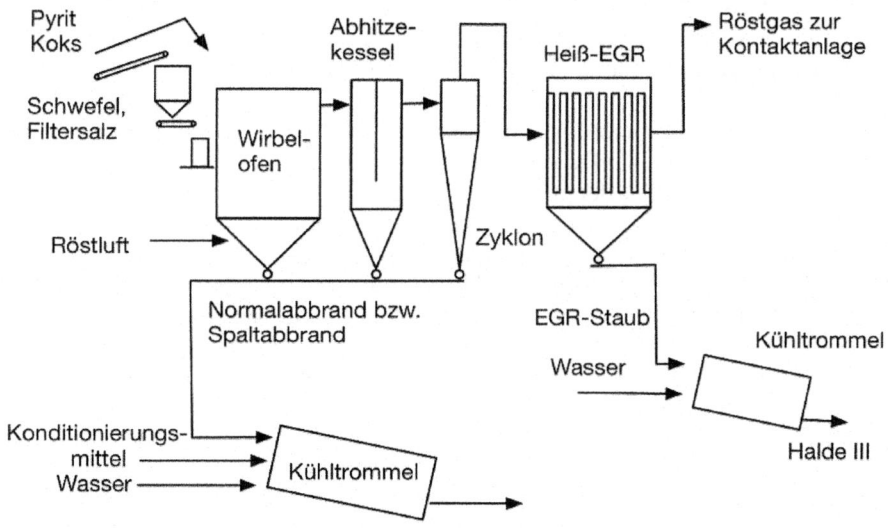

Abb. 10.8 Verfahrensschema der Röstung/Spaltung und Abbrandführung in der Schwefelsäurefabrik (Stufe 4b, aus: *Schmidt* [10.80])

5. Nach Spaltgaskühlung und Spaltgasreinigung wird anschließend das anfallende Schwefeldioxid mit Sauerstoff in Gegenwart eines Katalysators (meist V_2O_5) in einer *Kontaktanlage zu Schwefelsäure* umgesetzt.

10.3.3 Aufbereitung von Organikresten – Kompostierung

Die Kompostierung ist ein Vorgang, der auf mikrobiologischen Stoffwechselprozessen beruht. Dabei entsteht aus den im Müll enthaltenen organischen Stoffen in einem exothermen Prozess und Kohlendioxidentwicklung im Zeitraum von mehreren Monaten ein organomineralisches Bodenverbesserungs- und Düngemittel, das Nitrate und Sulfate enthält; Zellulose und Lignin bilden die Humussubstanz. Die in den Abfällen enthaltenen Krankheitserreger werden vernichtet. Gleichzeitig wird Unkrautsamen keimunfähig. Diese Umwandlung in hygienisch unbedenkliches Material wird als Rotteprozess bezeichnet. Da die abbaubaren Verbindungen im Müll erheblich konzentrierter als im Boden vorliegen, tritt hier meist starke Selbsterhitzung auf (Abb. 10.9).

Durch entsprechende Einstellung der Prozessparameter müssen optimale Bedingungen für eine Massenentwicklung von Mikroorganismen geschaffen werden. Dabei sind folgende Faktoren zu berücksichtigen [10.23, 10.81]:

- Ausreichende *Luftzufuhr* ist notwendig um anaerobe Faulungsprozesse zu vermeiden, die zu längeren Abbauzeiten, starker Geruchsentwicklung und mangelhafter Entseuchung führen können.
- Die Lebensfähigkeit der Mikroorganismen ist an die gleichen Nährstoffe gebunden, die auch die höheren Pflanzen benötigen. Für die Kompostierung ist ein *C/N-Verhältnis* von 35:1 bis 20:1 erforderlich. Um ein häufig auftretendes Stickstoffdefizit auszugleichen, bieten sich vor allem Abwasserklärschlämme mit C/N-Verhältnissen von 10:1 bis 13:1 an.
- Toxisch wirkende Stoffe, Salzkonzentrationen und stark saures oder basisches Milieu hemmen die Tätigkeit der v. Der *pH-Wert* bei der Kompostierung sollte zwischen 5 und 8 liegen.
- Wichtig ist die *Anzahl an Mikroorganismen* im Rohmüll, die sich unter optimalen Bedingungen im Verlaufe der Verrottung auf das 100- bis 100.000fache erhöht. Der Rotteprozess kann durch Impfung mit an Mikroorganismen reichem Fertigkompost beschleunigt werden (Impfkompostrückführung).

Die Kompostierung erfolgt im Allgemeinen in zwei Stufen, der Vor- oder Intensivverrottung und der Nachverrottung [10.23, 10.82]:

1. Bei der Vorrotte gibt es dynamische Verfahren, bei denen das Material dauernd bewegt wird, damit Luft an alle Teil herankommt und das Auftreten von anaeroben Stellen im Material verhindert wird. Im Rotteturm oder in der Rottetrommel wird in 1 bis 2 Tagen ein Frischkompost erzielt. Beim statischen Verfahren wird Luft durchgepresst; solche Verfahren entsprechen mehr der natürlichen Rotte, da Pilze nur auf ruhigem Material optimal wachsen.
2. Bei den Nachrotteverfahren wird heute zunehmend an Stelle der früher üblichen Dreiecksmieten, die im Innern leicht anaerob werden, der Kompost auf Wandermieten geschichtet. Die Wandermiete besitzt eine schnellere Rotte und verbraucht durch ihre Trapezform eine geringere Fläche.

Anschließend wird der Kompost gesiebt und es werden zwei Siebklassen und ein Überkorn gewonnen; außerdem können zur Feinaufbereitung bspw. eine Metallabscheidung und Windsichtung zur Folienabtrennung eingesetzt werden [10.83].

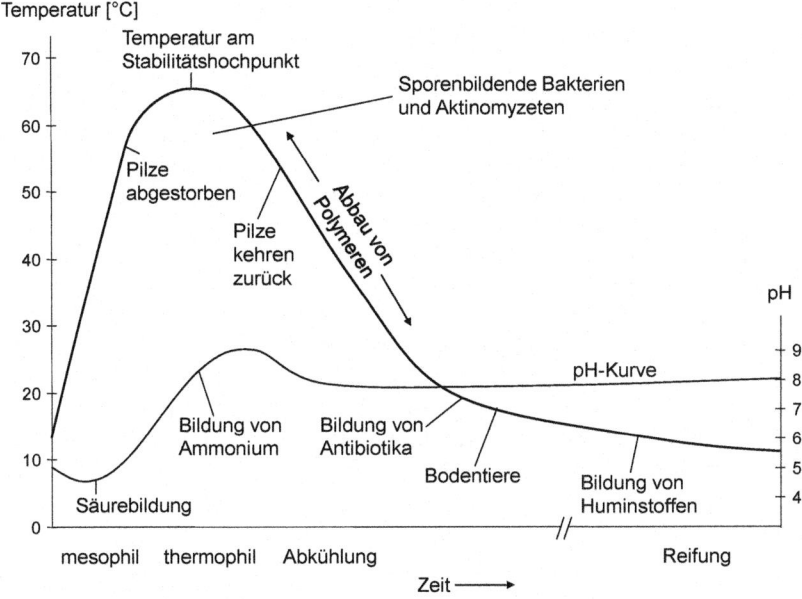

Abb. 10.9 Temperatur- und pH-Verlauf während der Kompostierung (nach [10.84, 10.85])

Die Beeinträchtigung der Umwelt durch Kompostierungsanlagen ist gegenüber anderen Müllbeseitigungsanlagen gering. *Geruchsprobleme* sollten bei der aeroben Zersetzung eigentlich nicht auftreten, doch war dies besonders bei gemeinsamer Kompostierung mit Klärschlamm häufig der Fall. Eines der Hauptprobleme bei der Verwendung von Müllkompost ist sein Gehalt an *Schwermetallen* und persistenten organischen Schadstoffen. Es ergibt sich daraus die Forderung nach geeigneten Formen der Sammlung, insbesondere durch eine getrennte Erfassung der organischen Müllfraktion.

Die *Bioabfallverordnung* von 2012 [10.86] soll u.a. gewährleisten, dass Abfallgemische zur landbaulichen Verwertung nur aus solchen Bestandteilen hergestellt werden, deren unvermischte Bestandteile, lückenlos bis zum Ort des Anfalls rückverfolgt werden können und als unbedenklich im Sinne der Verordnung zu bewerten sind. Grund für die Beschlüsse war die Aufbringung von Abfallgemischen, die mit PFT (perfluorierte Tenside) belastet waren [10.87-10.90].

Derzeit werden in Deutschland biologisch abbaubare Abfälle in *Kompostierungsanlagen* (ca. 7,46 Mio. t) und *Vergärungs-/Biogasanlagen* (ca. 6,14 Mio. t) behandelt [10.91]. Das Vorschalten einer Vergärung vor die Kompostierung reduziert die CO_2-Freisetzung bei der Kompostierung und erzielt darüber hinaus eine erhebliche Energie-Gutschrift durch die Biogasnutzung [9.92]. Umfassende Informationen zu dieser Thematik, einschließlich der Erfassung des Anlagenbestands, gibt das *Handbuch Bioabfallbehandlung* [10.93].

10.3.4 Urban Mining, Recycling von Baumaterialien

Während die Frage der Ressourcen-Nachhaltigkeit bei einer Reihe von Wertmetallen im Vergleich zur Schadstoffproblematik häufig überschätzt wird, gibt es zumindest regional eindeutige Knappheitssymptome bei einer öffentlich weniger beachteten Gruppe von Rohstoffen – bei den quantitativ wichtigsten Baumaterialien *Kies und Sand*. Dies wird in Tabelle 10.10 an einem Beispiel aus der Schweiz dargestellt: Die im Quartär durch fluvio-glaziale Erosion und Akkumulation entstandenen Kieslagerstätten des Modellgebietes zeigen eine mittlere Bildungsrate, die etwa zwei Zehnerpotenzen kleiner ist als die mittlere Nutzungsrate des Menschen seit der zweiten Hälfte des letzten Jahrhunderts. Der Transfer ist zwar erst etwa 15 % des theoretisch verfügbaren Lagers; durch andere Bedürfnisse der Raumnutzung bzw. deren Einschränkung (z.B. Grundwasserschutz, Forstwirtschaft etc.) hat das anthropogene Lager jedoch inzwischen die gleiche Größe wie das noch verfügbare geogene Lager erreicht. Würde die heutige Nutzungsrate, die drei- bis viermal größer ist als die mittlere, fortgeführt, so wäre in dreißig bis vierzig Jahren das noch verfügbare geogene Lager aufgebraucht.

Tabelle 10.10 Kiesbildung und Kiesnutzung in der Schweiz [10.94]

	Geogen	Anthropogen
Zeitperiode	100.000 – 10.000 v.u.Z.	1850 – 1990
Dauer	10^5 Jahre	10^2 Jahre
Bildungsrate	10^5 m^3/ Jahr	
Nutzungsrate		10^7 m^3/Jahr
Lager	10^{10} m^3 (1850)	10^9 m^3 (1990)
„verfügbar" (1990) [a]	10^9 m^3	

[a] gemäß heutigen Nutzungsplänen   v.u.Z.: vor unserer Zeitrechnung

Für die Verwertung von Baumaterialien gibt es u.a. ein übergreifendes Projekt an der ETH Zürich: „Ressourcen im Bau – Aspekte einer nachhaltigen Ressourcenbewirtschaftung im Bauwesen" [10.95], mit zwei Sekundärressourcen:

1. Das *Bauwerk* selbst, d.h. die bereits verbauten Materialien lassen sich über Rückbau und Bauteilbörsen sowie über geeignete Aufbereitungstechniken wieder erschließen.
2. Ressourcenquellen *außerhalb des eigentlichen Baubereichs*. Dazu gehören: (a) Produktionsabfälle wie z.B. Gießereisande, Papierschlämme oder Hüttensande, (b) Rückstände aus Kraftwerksanlagen wie Aschen, Flugstäube oder Schmelzprodukte und (c) Produkte aus der Behandlung nichtbauspezifischer Abfälle oder nicht ausschließlich bauspezifischer Abfälle wie z.B. thermisch nutzbare Güter wie Kunststoffe oder Altöl, aber auch anorganische Produkte z.B. aus der hochthermischen Abfallbehandlung.

Baustoffrecycling: Entwicklungen in der Schweiz [10.96-10.100]
In der Bauwirtschaft gibt es eine Reihe von praktischen Ansätzen für eine ökologische Optimierung von Stoffkreisläufen. Der bislang aussichtsreichste Sektor
ist die Zementproduktion, doch sind in den vergangenen Jahren vor allem in der
Schweiz wichtige Impulse auch in anderen Gebieten der Bautechnik entstanden
[10.96]. In den folgenden vier Bereichen besitzt die Baustoffindustrie selbst wesentliche Einflussmöglichkeiten:

- *Verminderung des Einsatzes fossiler Brennstoffe* in der Zementindustrie (bis
  vor kurzem gingen 80 % der Schweizer Kohlenimporte in Zementwerke) durch
  den Einsatz geeigneter Abfallbrennstoffe wie Altholz, Trockenklärschlamm
  und Altreifen; bei der Initiativfirma "HCB stammte 1997 bereits ein Viertel der
  benötigten thermischen Energie aus diesen Alternativbrennstoffen.
- *Einsatz von alternativen mineralischen Rohstoffen*: Ein mit einem speziellen
  Aktivkoksfilter ausgerüstetes Zementwerk verwertet bspw. Ölunfallerde und
  Bodenmaterial, das mit Kohlenwasserstoffen und Polyaromaten verunreinigt ist
  (die bei den hohen Prozesstemperaturen vernichtet werden).
- *Verminderung des Anteils an Klinker* (gebranntes Zwischenprodukt) durch
  stoffliche Verwertung von geeigneten Abfallstoffen in der Zementproduktion.
  Geprüft wird der außerhalb der Schweiz bereits gängige Einsatz von Flugasche
  aus Kohlekraftwerken und Hochofenschlacken oder ähnlich wirkende Sekundärressourcen als Zusatzstoffe.
- *Multiplizierung der Einsatzmöglichkeiten für Recyclingbeton*: Hier geht es darum, die Zusammensetzung von Zement und Beton so zu steuern, dass sich der
  Beton am Ende seines Ersteinsatzes problemlos recyclieren lässt; dies heißt insbesondere, dass problematische Inhaltsstoffe gemieden werden.

Die Steigerung der Ressourceneffizienz, die hier am Beispiel der Zementproduktion verdeutlicht wurde, setzt ein tief greifendes Prozessverständnis in einer
Kombination natur- und ingenieurwissenschaftlicher Vorgehensweisen mit Verfahrenstechnik voraus [10.97]. Der Ansatz der „petrologischen Evaluation", der
ebenfalls an der Abteilung Stoffhaushalt und Entsorgung" der ETH Zürich entwickelt wurde [10.98], bewährt sich vor allem bei der übergreifenden Frage, welche Effizienzsteigerungen insgesamt zu einer *Ressourcenschonung* beitragen: Ob
es z.B. angebracht ist, kupferhaltige Güter bei der Zementherstellung einzusetzen,
ist nicht alleine eine Frage der Einbindung des Schadstoffs Kupfer im Zement,
sondern auch eine Frage, inwieweit Kupfer zur Zementherstellung erforderlich ist.
Da es dazu nicht erforderlich ist, anderswo aber sehr wesentlich sein kann, bedeutet die Einbringung in den Zement einen Wertverlust. In einer gesetzlichen Richtlinie der Schweiz [10.99] und dem zugrunde liegenden Thesenpapier (Abfallentsorgung in Zementwerken [10.100]) wurde dieser Gedanke bereits aufgenommen,
indem bei jeder Entsorgung/Verwertung im Zementwerk die förderliche Funktion
in Bezug auf das zu produzierende Gut nachgewiesen werden muss. So ist z.B.
beim Einsatz von Klärschlamm nicht nur zu prüfen, inwieweit dessen organische
Stoffe den Brennstoff Kohle ersetzen, sondern auch inwieweit die anorganischen
Anteile des Klärschlamms Funktionen als Rohmehlersatzstoff übernehmen, und
ob störende Stoffe in den Prozess bzw. in das Produkt eingetragen werden [10.96].

Verwertung von Bau- und Abbruchabfällen in Deutschland

Der Abfallgruppe der „Bau- und Abbruchabfälle (einschließlich Straßenaufbruch)" kommt eine Schlüsselrolle in der geschlossenen Kreislaufwirtschaft zu. Sie machte im Jahr 2014 mit 209,5 Mio. t den Großteil (52,3 Prozent) des Brutto-Abfallaufkommens aus. Die in der deutschen Abfallstatistik ([10.76]; *Tabelle 9.4, Abschn. 9.1.5*) aufgeführten Abfallkategorien (Boden, Steine, Baggergut; Beton, Ziegel, Fliesen, Keramik; Bitumengemische, Kohlenteer, teerhaltige Produkte; übrige Bau- und Abbruchabfälle) wurden 2014 zu *85-93 % stofflich verwertet*. Bei den 7,6 Mio. t *gefährlichen Abfällen* dieser Abfallart (AVV-Ziffer 17; 16 von 38 Fraktionen mit * gekennzeichnet) wurde eine Recyclingquote von 50 % erreicht; bei der stofflichen Verwertung ist das *Vermischungsverbot* für gefährliche Abfälle des § 9 Absatz 2 des Kreislaufwirtschaftsgesetzes zu berücksichtigen.

Nach der Verordnung (EU) Nr. 305/2011 zur Festlegung harmonisierter Bedingungen für die Vermarktung von Bauprodukten [10.101] hat die deutsche Bundesregierung den Weg über die Novellierung der *Gewerbeabfallverordnung* [10.102] gewählt, um das Ziel eines *hochwertigen Recyclings der aussortierten Fraktionen* von Bau- und Abbruchabfällen zu erreichen. Im Vordergrund steht dabei, dass „die Sortieranlagen im Hinblick auf die Anlagenkomponenten und den Betrieb dem Stand der Technik entsprechen ..." [10.102].

In *§ 8 der neuen GewAbfV* werden die *Abfallfraktionen* benannt (Bundestagsdrucksache [10.102] S. 98-104) , die getrennt zu sammeln, zu befördern und nach Maßgabe des § 8 Absatz 1 des Kreislaufwirtschaftsgesetzes [10.3] vorrangig der Vorbereitung zur Wiederverwendung oder dem Recycling zuzuführen sind:

1. Glas (Abfallschlüssel 17 02 02),
2. Kunststoff (17 02 03),
3. Metalle, einschließlich Legierungen (17 04 01 bis 17 04 07 und 17 04 11),
4. Holz (17 02 01),
5. Dämmmaterial (17 06 04),
6. Bitumengemische (17 03 02),
7. Baustoffe auf Gipsbasis (17 08 02),
8. Beton (17 01 01),
9. Ziegel (17 01 02) und
10. Fliesen und Keramik (17 01 03).

Der *§ 9 der neuen GewAbfV* befasst sich mit der Vorbehandlung und Aufbereitung von bestimmten Bau- und Abbruchabfällen (Bundestagsdrucksache [10.102] S. 104-107). Bei der *Abfallkategorie Beton, Ziegel, Fliesen und Keramik*, die ca. 27 % dieser Abfallgruppe repräsentiert, sind die Anforderungen für die bauphysikalischen Eigenschaften, insbesondere für *Anwendungen im Straßenbau*, die technische Ausstattung der Anlage mit bestimmten und dem Stand der Technik entsprechenden Aggregaten bereits vorgegeben. Hinzu kommt die langjährige Entwicklung der technischen Verfahren von Aufbereitungsanlagen, die insbesondere marktgängige *Ersatzbaustoffe* herstellen, so dass eine hochwertige Aufbereitung bereits die Praxis ist. Die Annahmekontrolle und die Güteüberwachung bei der Herstellung von Ersatzbaustoffen soll in der geplanten Ersatzbaustoffverordnung detailliert geregelt werden (weitere Informationen im Abschn. 10.4.3).

10.3.5 Werkstoffrecycling – Beispiel Kunststoffe

Der allgemeine Ablaufplan beim werkstofflichen Recycling von *Altstoffen* wie Metalle, Kunststoffe, Glas und Papier ist in der Abb. 10.10 (nach *Martens* [10.103]) dargestellt. Dieses Verfahrensschema, das sich bei der mechanischen Aufbereitung von Erzen, Kohlen, Steinen und Erde bewährt hat [10.61], wird zweckmäßigerweise in sechs Stufen gegliedert; bei *Altprodukten* wird an Stelle der Sammlung und Vorsortierung die Demontage-Stufe vorgeschaltet. *Produktionsabfälle* aus anderen Bereichen können nach dem Schritt „Identifizierung/-Sortierung" in der Homogenisierungsstufe der Hauptabfolge zugegeben werden.

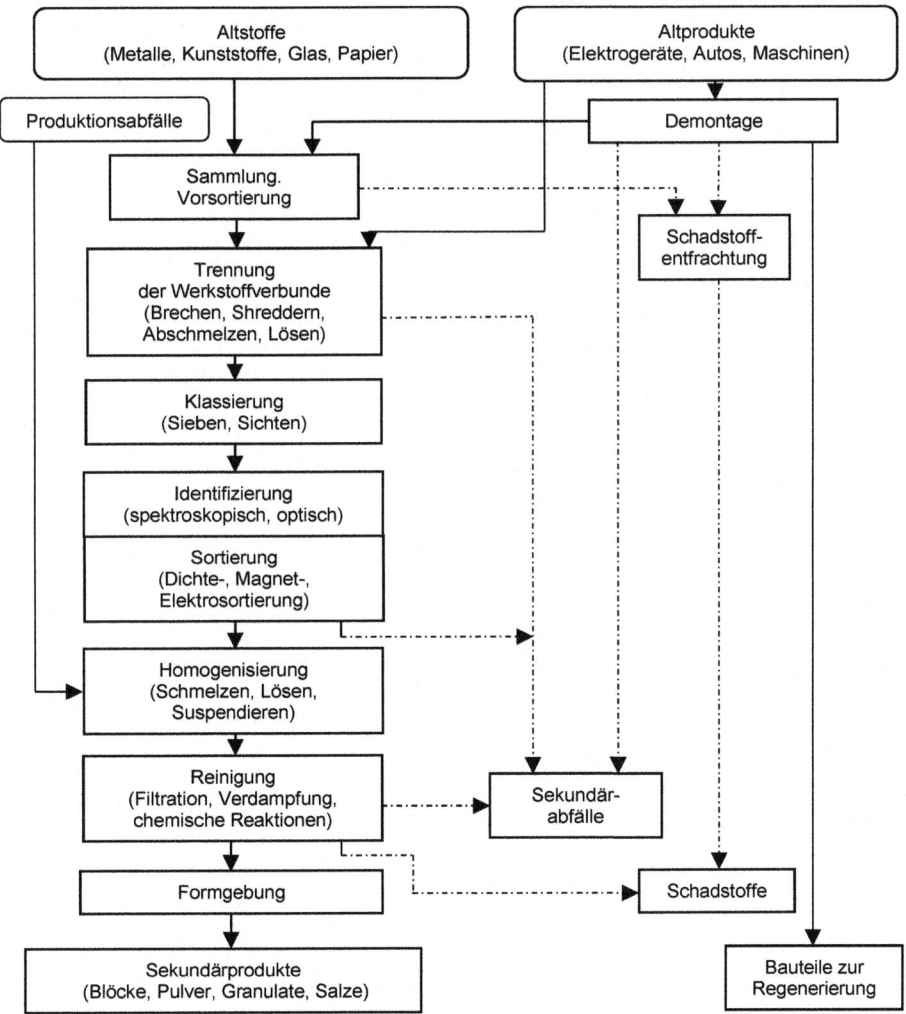

Abb. 10.10 Allgemeines Verfahrensschema des Werkstoffrecyclings [10.103]

Herkunft und Verbleib von Kunststoffabfällen in Deutschland [10.104]
Der private und gewerbliche *Endverbrauch von Kunststoffen* als „reines" Kunst-stoffprodukt (bspw. Verpackung) oder als Teilkomponente eines Systems (bspw. Automobil) betrug 2015 in Deutschland *10,14 Mio. t*. Die unterschiedliche Lebens- bzw. Gebrauchsdauer dieser Produkte beeinflusst die Abfallstatistiken sehr stark; die Zeitskalen differieren von wenigen Tagen (z.B. Verpackungen) bis hin zu 80 Jahren und mehr (z.B. Kunststoffrohre im Bau-Bereich [10.105]):

Die *Kunststoffabfallmenge* stieg im *Zeitraum von 1994 bis 2015* von 2,80 auf 5,92 Mio. Tonnen; dies bedeutet einen Anstieg um etwa *3,7 % p.a.* Die Steigerung ist dabei fast ausschließlich auf den Anstieg im *Post-Consumer-Bereich* zurück-zuführen; hier stieg die Abfallmenge von 1,95 auf rd. 5,01 Mio. Tonnen. Die Stei-gerung liegt damit mittlerweile prozentual über dem Verbrauchsanstieg, wofür der *verstärkte Rücklauf* von mittel- und langlebigen Kunststoffprodukten verantwort-lich ist. Die Abfälle im Bereich der Produktion und Verarbeitung nahmen trotz deutlich gestiegener Durchsatzmengen aufgrund verbesserter Prozesse nur gering-fügig zu (1994: 850 kt / 2015: 916 kt). Dies lässt sich auf Effizienzsteigerungen insbesondere im kunststoffverarbeitenden Gewerbe zurückführen [10.105].

In der Praxis fallen Kunststoffabfälle unterschiedlich stark verunreinigt und in sehr unterschiedlicher Zusammensetzung an (Tabelle 10.11).

Tabelle 10.11 Aufkommen und Verbleib von Kunststoffabfällen in Deutschland 2013 [10.104]. Mengen-Angaben in 1000 Tonnen.

Anfallort	Auf-kommen	Ver-wertung	Besei-tigung
Gewerbeabfälle über private Entsorger	1.103	1.088	15
Verkaufspackungen (Duale Systeme/Branchenlösungen)[1]	1.455	1.455	0
Restmüll Haushalte	917	903	14
Hausmüllähnliche Gewerbeabfälle durch öffentlich-rechtliche Entsorger	197	193	4
Sperrmüll Haushalte[2]	201	200	1
Wertstoffsammlung d. öffentlich-rechtliche Entsorger[3]	56	56	0
Schredderbetriebe[4] + Autoverwerter/Reparaturwerkstätten	183	177	6
Wertstoffsammlung Elektro-/Elektronikschrott aus Privathaushalten, Gewerbe und Industrie (Rücknahme über öffentlich-rechtliche und private Entsorger, Handel)	175	175	0
Sammel- und Verwertungssysteme für gewerbliche Verpackungen (auch Transport- und Umverpackungen)	357	357	0
sonstige Sammlungs- und Verwertungssysteme (AgPR, Kunststoffrohrverband, Dachbahnen, Rewindo etc.)	103	103	0
Kunststofferzeuger	74	72	2
Kunststoffverarbeiter[5]	858	856	2
Gesamt	*5.679*	*5.635*	*44*

[1]inkl. Sortierreste zur thermischen Verwertung, [2]bspw. Möbel, Teppiche, „weiße Ware, braune Ware", [3]div. Kunststoffprodukte (bspw. Rohre, Behälter, Folien aus Haushalt und Gewerbe, [4]nur Altkarossen, [5]Abfälle von Kunststoffverarbeitern (Extrusion, Spritzgießen), Weiterverarbeitung (bspw. Fensterbau)

Verwendung von verschiedenen Kunststoffarten in Deutschland
Im Jahre 2013 entfielen über 75 % aller verarbeiteten Kunststoffe auf die Thermoplaste Polyethylen, Polypropylen, Polyvinylchlorid, Polystyrol und Polyamid; ca. 14 % der Gesamtmenge waren andere Thermoplaste, wie. Polycarbonat (PC), Styrol-Copolymere (ABS, SAN) oder Polyethylenenterephthalat (PET). Die restlichen 11% waren *Duroplaste* wie Polyurethane, Polyester oder Formaldehydharze ([10.104], Beispiele für Strukurformeln: Abb. 10.11).

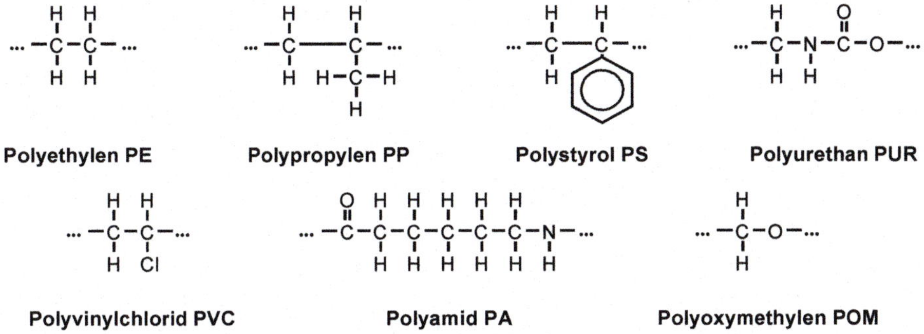

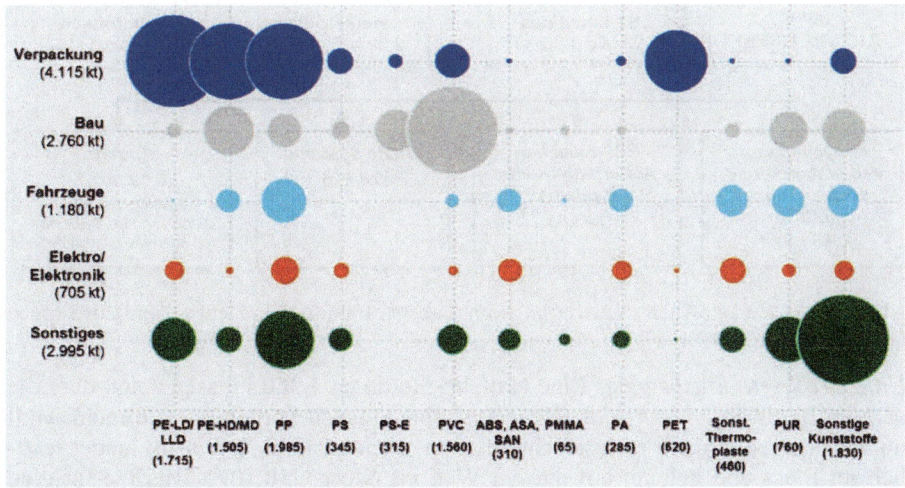

Polyethylen PE   Polypropylen PP   Polystyrol PS   Polyurethan PUR

Polyvinylchlorid PVC   Polyamid PA   Polyoxymethylen POM

Abb. 10.11 Monomere für wichtige thermoplastische Kunststoffe [10.24]

Im Bereich Verpackungen wird der Bedarf an Kunststoffen vorwiegend durch PE, PP und PET (rund 87%) abgedeckt. Im Baubereich dominiert PVC (ca. 40%); PUR und PS-E werden vor allem zur Dämmung eingesetzt. Im Fahrzeugbereich (mit leichter Fokussierung auf PP) und vor allem im Elektro/Elektronikbereich kommen unterschiedlichste Kunststoffe zum Einsatz (Abb. 10.12).

Abb. 10.12 Menge (in 1000 t / 2013) der verarbeiteten Kunststoffe nach Anwendungsbereich und Kunststoffart [10.106]

Verwertung und Recycling von Kunststoffen in Deutschland

Nach Ablauf ihrer Lebenszeit haben die Kunststoffprodukte zwar an Gebrauchs-
wert eingebüßt, ihr Energieinhalt ist aber erhalten geblieben. Insofern ist eine nahezu 100%ige *thermische Verwertung* auch von Haushaltabfällen plausibel.

Die *Recyclingquote* von Abfällen aus der Kunststofferzeugung und Kunst-
stoffverarbeitung in Deutschland betrug 2013 66,6 % [10.104]. Von den Kunststoffabfällen aus privaten Haushalten wurden nur 34,2 % stofflich verwertet, von
den Kunststoffabfällen aus dem gewerblichen Endverbrauch nur 30,3 %.

Die *werkstoffliche Verwertung* von Abfällen in Deutschland lag 2013 mit ca.
2,32 Mio. t um fast 100% über dem Wert von 1994. Die Abbildung 10.13 zeigt,
dass die Ströme Produktions- und Verarbeitungsabfälle, PET Flaschen und Duale
Systeme die mengenmäßig bedeutendsten Einzelkategorien der werkstofflichen
Verwertung darstellen. Dagegen liegt die *rohstoffliche Verwertung* (Beispiele im
Kasten), die zwischenzeitlich bis auf 300 kt/a angestiegen war, mit 70 kt in 2015
wieder auf dem Ausgangsniveau von 1994 [10.105].

Bei den *Einzelfeldern der Post-Consumer Abfälle* dominiert das stoffliche Recycling von Verpackungen (79%), in großem Abstand gefolgt von Bauprodukten,
z.B. Fenster und Rohre (7 %) sowie mit ca. 5% Folien und anderen Produkte aus
Anwendungen im Bereich der Landwirtschaft [10.106].

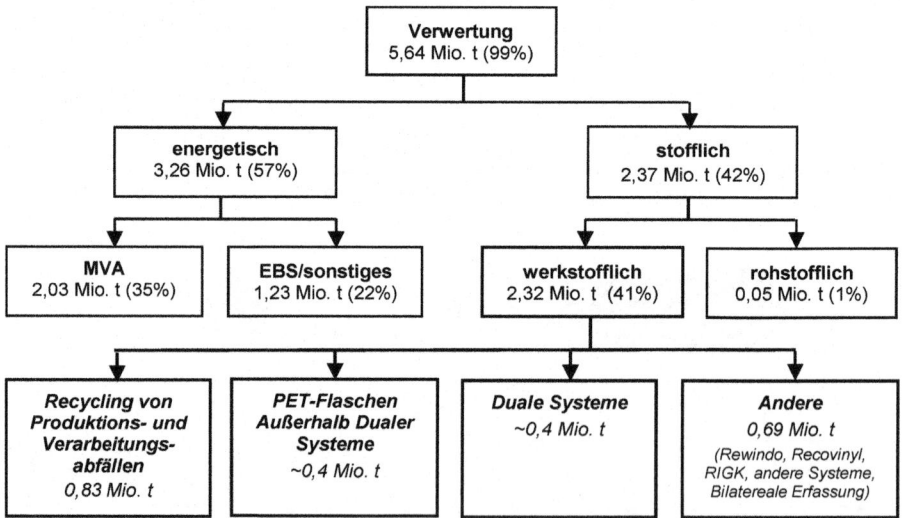

Abb. 10.13 Werkstoffliche Verwertung von Kunststoffabfällen in Deutschland 2013 (nach
Consultic [10.105, 10.106])

Unkontrollierte Entsorgung: Eine aktuelle Studie an 1.350 Flüssen zeigt, dass die
globale Belastung durch Plastikteilchen sehr ungleich verteilt ist: „Je mehr Müll
im Einzugsgebiet nicht fachgerecht entsorgt wird, desto mehr Plastik landet letztlich im Fluss und gelangt auf diesem Weg ins Meer" [10.107]. Ansätze für eine
wissenschaftliche *Bewertung von Gesundheitsrisiken*, verursacht durch Einträge
von *Plastikmüll* in die Umwelt, diskutieren *Koelmans et al.* [10.108].

Chemische Reaktionen beim stofflichen Recycling von Kunststoffen [10.109]
Es bestehen grundsätzlich zwei Möglichkeiten zur Gewinnung von Kohlenwasserstoffen aus Kunststoffabfällen: die Hydrierung und die Pyrolyse; der Unterschied der beiden Verfahren wird in den Reaktionsbedingungen deutlich (Abb. 10.14). Während die Hydrierung unter hohem Wasserstoffdruck abläuft, erfordert die Pyrolyse lediglich den Ausschluss von Sauerstoff, wodurch das Verbrennen der Produkte vermieden wird. Ein hoher Druck der Inertgasatmosphäre ist nicht notwendig, aber wesentlich höhere Temperaturen als bei der Hydrierung.

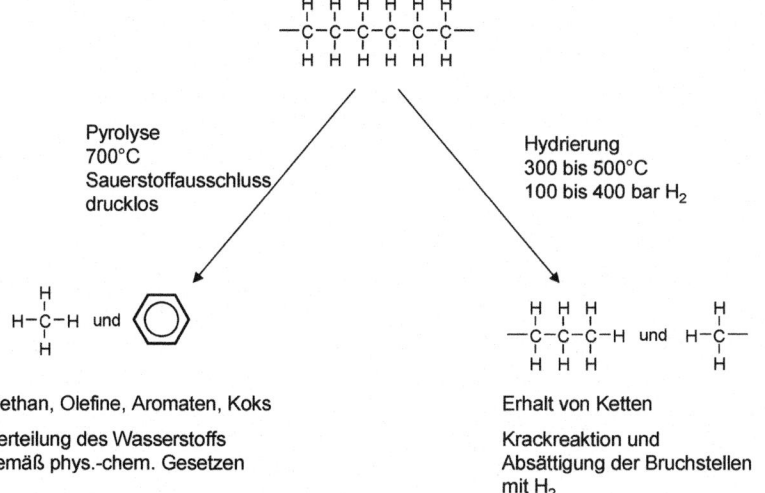

Abb. 10.14 Vergleich der Reaktionsprinzipien von Hydrierung und Pyrolyse [10.109]

Bei den Bedingungen der *Hydrierung* werden die Makromoleküle zu flüssigen und gasförmigen Zwischenprodukten gespalten. Die Bruchstellen reagieren mit Wasserstoff unter Absättigung. Dies ist ein Aspekt, der die Produktqualität entscheidend verbessert: Die Heteroatome Chlor, Sauerstoff, Stickstoff und Schwefel werden zum größten Teil abgespalten und in ihre Wasserstoffverbindungen überführt; das Ölprodukt ist weitgehend frei von diesen Elementen.

Bei der *Pyrolyse* verteilt sich der Wasserstoff entsprechend dem im Kunststoff intramolekular vorhandenen Angebot auf die Produkte. Dies führt einerseits zur Bildung hoher Gasanteile, die wasserstoffreiche Komponenten wie Methan und wasserstoffarme wie Ethylen enthalten. Andererseits werden aromatenreiche Öle, die arm an Wasserstoff sind, und erhebliche Mengen an Koks gebildet.

In praktischen Versuchen mit *PE/PP-Gemischen* entstanden in der Pyrolyse Gasanteile von 51 % (jeweils m/m) sowie 6 % Rückstand, der überwiegend aus Teer und Ruß besteht; die Ölausbeute liegt bei 42 %. Mit Hydrierung ergeben sich ca. 90 % Öl. 10 % Gas und 1 % Rückstände. Bei der Umsetzung von *Kunststofffraktionen aus Hausmüll* werden mit Pyrolyse Ölausbeuten von 27 % genannt, mit der Hydrierung 65 %. Die Gasanteile liegen hier bei 43 % (Hydrolyse) bzw. 17 % (Hydrierung), die Rückstandsanteile in beiden Verfahren bei ca. 20%.

10.3.6 Verwertung von Verpackungsabfällen [10.110]

Die Menge an Verpackungsabfällen in Deutschland betrug während der vergangenen 25 Jahre zwischen 13,6 und 17,8 Millionen Tonnen. In 1991 waren es 15,6 Mio. t, 1996 nur noch 13,6 Mio. t; seitdem gibt es eine steigende Tendenz mit dem Einbruch im Rezessionsjahr 2009 auf 15,1 Mio. t. In 2014 stieg die Verpackungsabfallmenge auf den bisher höchsten Stand von 17,8 Mio. t. Diese Entwicklung ist vor allem auf veränderte Lebensbedingungen und die damit verbundenen Verzehr- und Konsumgewohnheiten zurückzuführen. Bei den privaten Endverbrauchern fiel knapp die Hälfte aller Verpackungsabfälle an; für deren Sammlung und Verwertung sind in Deutschland die Dualen Systeme zuständig (*Kasten*).

Vorgaben für Verpackungsabfälle in der EU und in Deutschland
Die *Verpackungsrichtlinie der EU von 1994* orientierte sich noch an der deutschen Verpackungsverordnung; die aktuellen Anforderungen lauten [10.111]
- Von allen in einem EU-Mitgliedstaat in Verkehr gebrachten Verpackungen müssen mindestens 55 Prozent (%) stofflich und mindestens 65 % stofflich und energetisch verwertet werden.
- Die stofflichen Verwertungsquoten für einzelne Materialien unterscheiden sich: Von Holz müssen 15 %, von Kunststoff 22,5 %, von Metall 50 %, von Glas wie auch von Papier, Pappe und Karton müssen jeweils 60% recycelt werden.

Die Quoten der deutschen *Verpackungsverordnung* von 2014 sind [10.112]:
- Verpackungen aus Glas müssen zu 75 % stofflich verwertet werden. Bei Verpackungen aus Weißblech, Papier, Pappe oder Karton liegt der Prozentsatz bei 70 %, aus Aluminium oder aus Verbundwerkstoffen bei 60 %.
- Kunststoffverpackungen müssen zu mindestens 60 % stofflich und energetisch verwertet werden. Dabei ist eine *werkstoffliche Verwertung* von mindestens 36 % zu erreichen.

Letzteres wurde bisher knapp verfehlt (Abschn. 10.3.5): „von Kunststoffabfällen aus privaten Haushalten wurden 2013 nur 34,2 % stofflich verwertet, von den Kunststoffabfällen aus dem gewerblichen Endverbrauch nur 30,3 %" [10.110], während die übrigen Anforderungen schon seit langer Zeit – Beispiel für 2003 in der Tabelle 10.12 – deutlich übererfüllt werden.

Tabelle 10.12 Aufkommen und stoffliche Verwertung von Verpackungsabfällen in Deutschland – Vergleich der Daten von 2003 und 2014 (nach Tabellen aus [10.110])

Material	2003		2014	
	Aufkommen [kt]	Recycling	Aufkommen [kt]	Recycling
Glas	3.130	85,9 %	2.748	89,0 %
Kunststoff	2.071	52,8 %	2.946	50,2 %
Papier/Karton	6.789	80,7 %	8.149	87,3 %
Aluminium	93	71,2 %	107	88,1 %
Weißblech	877	82,6 %	822	93,0 %
Holz	2.508	35,1 %	2981	26,8 %
Insgesamt	*15.466*	*70,6 %*	*17.778*	*71,4 %*

Private Systeme bei der Verwertung von Verpackungsabfällen

Mit der Verpackungsverordnung wurde die deutsche Wirtschaft 1991 erstmals verpflichtet, Verpackungen nach Gebrauch zurückzunehmen und bei deren Entsorgung mitzuwirken. Auf Grundlage der Verpackungsverordnung wurden *Duale Systeme* eingerichtet, die außerhalb der öffentlichen Abfallentsorgung die haushaltsnahe Abholung der gelben Säcke und Tonnen sowie eine anspruchsvolle Verwertung der gesammelten Verkaufsverpackungen gewährleisten sollten.

Der Wettbewerb zwischen diesen Systemen wurde jedoch teilweise durch *Missbrauch* und Umgehung einzelner Regelungen verzerrt. Die zunehmende Nutzung von Schlupflöchern im Bereich von Ausnahmeregelungen der Verpackungsverordnung zu Eigenrücknahmen und besonderen Branchenlösungen drohte das Erfassungssystem insgesamt zu destabilisieren.

Mit der siebten VO *zur Änderung der Verpackungsverordnung* [10.113] wurden diese Schlupflöcher geschlossen. Die Möglichkeit für Hersteller und Vertreiber, die für die Beteiligung an einem dualen System geleisteten Entgelte zurückzuverlangen, soweit sie Verkaufsverpackungen am Ort der Abgabe zurückgenommen und auf eigene Kosten einer Verwertung zugeführt haben, wurde gestrichen.

Trotzdem wird es weiter *Kritik* geben [10.114]: „der Wettbewerb der dualen Systeme stellt sich ausschließlich über den Preis dar und nicht über die ökologisch sinnvollste Lösung" und „durch die mittlerweile neun Mitbewerber von DSD ist das Lizenzgebührenmodell noch unübersichtlicher geworden, wodurch Trittbrettfahrer nur schwer aufzuspüren sind".

Nach dem neuen *Verpackungsgesetz* [10.115] können die Kommunen wieder in eigener Regie entscheiden, ob Verpackungsabfälle und andere Wertstoffe gemeinsam in einer Wertstofftonne gesammelt werden. Für alle Verpackungen, die bei dualen Systemen lizenziert sind, steigen die Recycling-Quoten: für Kunststoffverpackungen bis zum Jahr 2022 von heute 36 Prozent auf 63 Prozent, bei Metallen (heute bei 60 Prozent), Papier (70) und Glas (75) auf 90 Prozent [10.116].

Seit dem Jahr 2005 gibt es in Deutschland das Ziel, im Bereich der *pfandpflichtigen Getränkesegment* (Bier, Wässer, Erfrischungsgetränke sowie alkoholhaltige Mischgetränke mindestens 80 % der Abfüllung in Mehrweg- und ökologisch vorteilhaften Einweggetränkeverpackungen (MövE) zu erreichen. Real ist die Quote in den vergangenen Jahren aber stark gesunken: von 71 Prozent im Jahr 2004 auf 46 Prozent 2014 (Bier: 88 auf 84 %, Mineralwasser: 68 auf 41 %, Erfrischungsgetränke: 63 auf 30 %, Alkoholhaltige Mischgetränke: 26 auf 6 % [10.117]).

In den Pfandsystemen tragen die *Getränkehersteller und -händler* vollständig die erweiterte Produzentenverantwortung (*extended producer responsibility*; [10.118]). Mehrweggetränkeverpackungen bieten aus ökologischer Sicht Vorteile gegenüber Einweggetränkeverpackungen, solange sie nicht über sehr lange Entfernungen transportiert werden und die Wiederverwendung sichergestellt ist. Mehrwegsysteme weisen nach Etablierung in der Regel Rücklaufquoten von nahezu 100% auf. Ein „Littering" von Mehrwegflaschen findet aufgrund des finanziellen Anreizes zur Rückgabe nicht statt; Voraussetzung ist, wie auch beim Pfandsystem für Einweggetränkeverpackungen, dass für den Konsumenten ausreichende und bequem erreichbare Rückgabemöglichkeiten zur Verfügung stehen [10.118].

10.3.7 Aufbereitung von Elektro- und Elektronikaltgeräten

Elektro- und Elektronikaltgeräte umfassen Produkte mit sehr unterschiedlichen Nutzungsdauern und Nutzungsprofilen. Aus ökologischer Sicht bildet diese große Produktpalette ein schwer kalkulierbares Gemisch von Schad- und Wertstoffen. Die europäischen Richtlinien 2012/19/EU [10.119] über Elektro- und Elektronik-Altgeräte (*WEEE* – Waste of Electric and Electronic Equipment) und 2011/65/EU [10.120] zur Beschränkung der Verwendung bestimmter gefährlicher Stoffe in Elektro- und Elektronikgeräten (*RoHS* – Restriction on the Use of Certain Hazardous Substances in Electrical and Electronic Equipment) sind in deutsches Recht überführt worden: ElektroG (2015 [10.121]) und ElektroStoffV (2013 [10.122]). Die ElektroStoffV schränkt die Verwendung der sechs Stoffe Blei, Quecksilber, Cadmium, Sechswertiges Chrom, Polybromierte Biphenyle und Polybromierte Diphenylether in neuen Elektrogeräten stark ein (praktischer Hinweis: die deutsche Verordnung sollte zusammen mit der EU-Richtlinie 2011/65 gelesen werden, da sie nicht alle Teile der „RoHS-II" umsetzt [10.123]).

In Deutschland wurde für die Entsorgung von Elektroaltgeräten die so genannte geteilte Produktverantwortung eingeführt. Dies bedeutet, dass wesentliche Pflichten zum einen bei den öffentlich-rechtlichen Entsorgungsträgern (örE), zum anderen bei den Herstellern von Elektro(nik)geräten liegen. Die örE sind verpflichtet, Sammelstellen für Elektroaltgeräte einzurichten und diese dort kostenlos zurückzunehmen. Dies geschieht an rund 1.500 kommunalen Sammelstellen. Die Hersteller können außerdem freiwillig eigene Rücknahmesysteme anbieten [10.124].

WEEE II brachte neue Sammelziele und erhöhte Recycling- und Verwertungsquoten: Ab 2019 müssen 65 % des Durchschnittsgewichts der in den drei Vorjahren in Verkehr gebrachten Elektrogeräte gesammelt werden. Die Verwertungsquoten werden je nach Gerätekategorie auf 75 bis 85 % und die Recyclingquoten auf 55 bis 80 % angehoben (Daten für Deutschland 2014 in Tabelle 10.13).

Tabelle 10.13 Im Jahr 2013 in Deutschland in Verkehr gebrachte (i.V.g.)*, gesammelte, verwertete und wiederverwendete/recycelte Mengen an Elektroaltgeräten [10.125])

Kat	Produktkategorie	i.V.g.* t (2013)	gesammelt t (2013)	Verwertung 1000 t	%	Recycling 1000 t	%
1	Haushaltsgroßgeräte	762.654	248.618	260	95,1	231	84,6
2	Haushaltkleingeräte	172.217	76.331	90	97,8	75	82,2
3	IT- und Telekommunikation	232.678	116.681	144	97,0	128	86,0
4	Unterhaltungselektronik	149.413	132.931	142	96,5	125	84,5
5	Beleuchtungskörper	43.786	1.638	1,7	97,6	1,4	79,0
5a	Gasentladungslampen	16.219	8.192	7,9	95,0	7,8	94,3
6	Elektrische/elektronische Wz	125.234	21.906	24	96,5	20	80,3
7	Spielzeug, Sport- u. Freizeit	40.518	6.566	6,9	96,6	5,6	77,8
8	Medizinische Geräte	24.345	2.050	3,6	98,0	3,1	83,4
9	Kontroll-/Überwachungsinstr.	31.921	1.459	3,5	95,6	2,9	79,7
10	Automatische Ausgabegeräte	10.247	480	3,8	95,2	3,6	90,3
	Summe	*1.609.232*	*616.852*	*687*	*96,2*	*603*	*84,4*

10.3.8 Altfahrzeug-Verwertung

Die EG-Altfahrzeugrichtlinie [10.126] schreibt seit 2015 folgende Verwertungsquoten vor: 85 Prozent für Wiederverwendung und Recycling bzw. 95 Prozent für
die Verwertung insgesamt. Nach dem Jahresbericht 2014 des Umweltbundesamtes
für die EU (mit allen Statistiken [10.127]) erfüllt Deutschland diese Vorgaben.

Altfahrzeuge werden in Deutschland im Allgemeinen zweistufig behandelt
bzw. verwertet. In der ersten Stufe legt der Demontagebetrieb das Fahrzeug trocken (Betriebsflüssigkeiten, Treibstoff, Kühlerflüssigkeit, Motor-, Getriebe- und
weitere Öle, Kältemittel in Klimaanlagen usw.), behandelt es vor (u.a. Auslösen
oder Entfernen der Airbags, Entfernen schadstoffhaltiger Bauteile) und demontiert
Ersatzteile und weitere Komponenten zur Wiederverwendung und zur Verwertung
(z.B. Reifen, Starterbatterie, Katalysator). Die zweite Stufe ist das Schreddern der
Restkarosse. Hierbei werden eisen- bzw. stahlhaltiger Schredderschrott und eine
buntmetallhaltige Schredderschwerfraktion gewonnen [10.128].

Wünschenswert ist die Steigerung des *Produktrecycling* vor allem in Form der
sog. „Austauscherzeugnisfertigung" im Vergleich zu einer bloßen Verwertung der
Materialien. In der Praxis findet jedoch die Verwendung und Verwertung nicht
unabhängig voneinander statt. In Abb. 10.15 ist die Abfolge der Schritte des Re-
cyclingablaufs in einer solchen Mischform aufgezeigt, wie am Ende einer Pro-
duktnutzung typischerweise auftreten. Die Wieder- und Weiterverwendung stellt
momentan den einzigen profitablen Recyclingschritt dar. Der Erlös kann die Kosten aus den anderen Schritten ausgleichen oder zumindest reduzieren. Mit tiefer
gehender Demontage steigen die Verwendungsmöglichkeiten und damit die Erlöse
für die Produkte und deren Teile [10.129]. Weitere Informationen zum Produktrecycling bei Altfahrzeugen und Elektroaltgeräten gibt Abschn. 10.4.2.

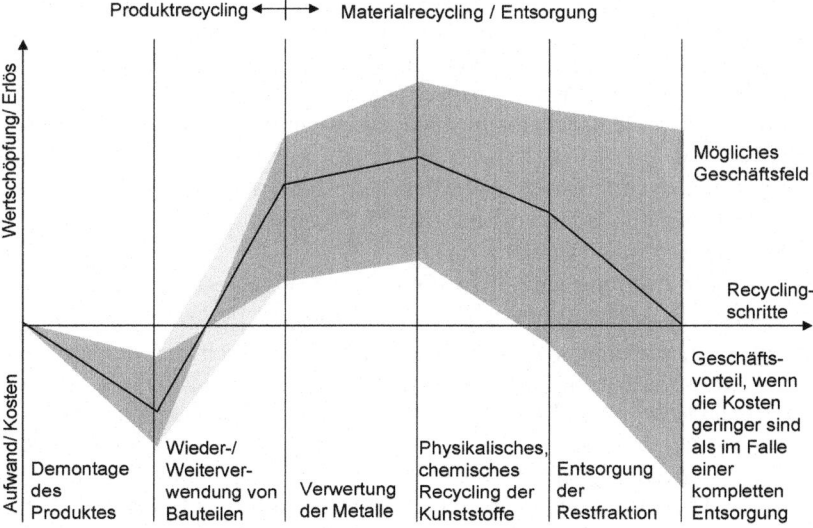

Abb. 10.15 Recyclingpotenziale – Erlöse/Kosten in den einzelnen Schritten [10.129]

10.3.9 Batterien-Recycling [10.130]

Unter *Batterien* versteht man nicht (oder nur sehr begrenzt) wiederaufladbare Speicher für elektrische Energie („Primärzellen"). *Akkumulatoren* sind wiederaufladbare Speicherelemente („Sekundärzellen"); zusammengeschaltete Sekundärzellen werden ebenfalls als „Batterie" bezeichnet. *Gerätebatterien* sind definitionsgemäß „alle gekapselten Batterien, die von Durchschnittspersonen problemlos in der Hand gehalten werden können" [10.131]. Zu *Industriebatterien* zählen Akkus für die Notstromversorgung und für den Antrieb von Elekrofahrrädern. *Fahrzeugbatterien* werden auch Starterbatterien genannt, da sie zum Anlassen, der Beleuchtung und der Zündung von Fahrzeugen dienen.

Wegen ihrer Anteile an gesundheits- und umweltgefährdenden Stoffen, insbesondere Metallen, ist die Entsorgung über den Hausmüll untersagt. Die Batteriehersteller haben ein gemeinsames Rücknahmesystem eingerichtet (Stiftung Gemeinsames Rücknahmesystem Batterien, GRS; daneben gibt es weitere herstellereigene Rücknahmesysteme – CCR REBAT, ÖcoReCell, ERP Deutschland).

Die meisten Regelungen der *EU-Batterierichtlinie* [10.132] wurden 2009 durch das deutsche Batteriegesetz [10.133] umgesetzt. Die Mindestsammelquoten liegen auf EU-Ebene seit 2016 bei 45 Prozent [10.130]. Deutschland hat bereits 2015 alle von der EU festgelegten Mindestziele für das Sammeln und Recyceln von Altbatterien erreicht; von 232.031 t Altbatterien, die den speziellen Recyclingverfahren für Altbatterien zugeführt wurden, konnten 195.764 t Sekundärrohstoffe wiedergewonnen werden [10.130]. Allerdings ist festzustellen, dass im Jahr 2015 erneut weniger als 50 % der zuvor in Verkehr gebrachten Gerätebatterien an den Sammelstellen abgegeben wurden.

Im Jahr 2012 war die *EU-Recyclingeffizienzverordnung* [10.134] in Kraft getreten. Die Effizienz eines Recyclingverfahrens errechnet man, indem die Masse der zurückgewonnenen Sekundärrohstoffe (Outputfraktionen) zur Masse der Altbatterien, die dem Verfahren zugeführt wurde (Inputfraktionen), ins Verhältnis gesetzt wird. Für das Jahr 2015 wurden – entsprechend der Methodik der Recyclingeffizienzverordnung – in Deutschland folgende durchschnittliche Recyclingeffizienzen erzielt [10.130]:

- Verfahren der Recyclingbetriebe von Blei-Säure-Batterien 85,1 %,
- Verfahren von Nickel-Cadmium-Batterien 78,5 % und
- Verfahren von sonstigen Batterien 76,3 %.

Das Beispiel der Bewertung nach dem BVT-Ansatz von Verfahren zum Ni/Cd-Batterierecycling [10.135] wird im nebenstehenden *Kasten* beschrieben.

Die zukünftige Entwicklung der Recyclingbranche lässt sich aus der aktuellen Batterieproduktion abschätzen. Die Masse der in Deutschland in Verkehr gebrachten *Lithium-Primärbatterien* (Li) stieg 2015 – nach bereits hohen Zuwächsen in den Vorjahren – um etwa 25 %; bei den in Verkehr gebrachten Lithium-Ionen-Akkus (Li-Ion) war ein Anstieg von 3.220 t im Jahr 2009 auf 6.911 t im Jahr 2012 zu verzeichnen. Die Rückgewinnung der in Lithium-Ionen-Batterien enthaltenen Materialien wurde u.a. in dem BMUB-geförderten Projekt „LithoRec" [10.136] von zehn Industriepartnern und sechs Hochschulinstituten untersucht.

Beste verfügbare Technik bei der Verwertung von Batterien [10.135]
„In Deutschland hat die Batterieverordnung von 1998 die Aktivitäten zur Verwertung von Batterien forciert und damit ein eher junges (im Gegensatz zum Recycling von Starter und Industriebatterien) Marktsegment etabliert. In ihren abfallwirtschaftlichen Zielen wird das Hauptziel – die Verringerung des Eintrags von Schadstoffen in Abfälle – definiert und dazu als Teilziel die Rücknahme sowie ordnungsgemäße und schadlose Verwertung gefordert. Es zeigt sich, dass auf Batterien spezialisierte Verwertungsverfahren in der Regel höhere Kosten aufweisen, als sie bei der Nutzung von Mitverwertungsoptionen in der NE- oder Eisen- und Stahlindustrie entstehen. Ein besonderes Augenmerk gilt aufgrund seiner Schädlichkeit dem Schwermetall Cadmium. Unter wirtschaftlichen Gesichtspunkten steht bei der Verwertung von Nickel/Cadmium-Akkumulatoren zunehmend die Rückgewinnung des Nickels im Vordergrund" (*Rentz et al.* [10.135]).

In dieser Studie am KIT Karlsruhe wurden u.a. verschiedene Verwertungsverfahren von Ni/Cd-Batterien im Sinne der *IVU/IE-Richtlinie* [10.77] verglichen: Die ersten vier Kriterien (A – D in Tabelle 10.14) beziehen sich im Wesentlichen auf den benutzten Recyclingprozess als solchen, wohingegen die nachfolgenden Kriterien (E – H) auf die jeweilige Einzelanlage und ihren Betreiber abzielen. Neben der unmittelbaren Umweltbelastung (A1) wird auch der Einsatz von Energie und Hilfsstoffen erfasst (A2). Es sind diejenigen Verfahren zu bevorzugen, die zu einer möglichst weitgehenden stofflichen Verwertung der verschiedenen Batterieinhaltsstoffe führen (B1), d.h. gut vermarktbar sind (B2). Die Frage der Wirtschaftlichkeit (Kriterium C) wurde oben angesprochen: bereits geringe Anteile an stofflichen Verunreinigungen – *Rentz et al.* nennen hier Zink und Quecksilber – können die Vermarktung der Produkte in Frage stellen (D).

Tabelle 10.14 Gegenüberstellung von Verfahren zur Verwertung von Nickel/Cadmium-Akkumulatoren (nach Rentz et al. [10.135])

Kz	Kriterien/Verfahren	Vakuum-destillation	Destillation, Pyrolyse (1)	Destillation, Pyrolyse (2)	Drehherd-verfahren
Prozessbezogene Kriterien					
A1	Umweltbelastung	++	+ [1]	+ [1]	+ [1]
A2	Ressourceneinsatz	++	+/-	+/-	+/-
B1	Grad der Verwertung	++	++	++	++
B2	Produktabsetzbarkeit	++	++	++	++
C	Wirtschaftlichkeit	++	++	++	++
D	Qualitätsanforderungen	--	--	--	--
Anlagenbezogene Kriterien					
E	Transportaufwand	++	+/-	+/-	--
F	Betriebserfahrung	++	++	++	++
G	Beitrag zum Recycling	+	++	+/-	++
H	Transparenz/PR	++	+/-	-	++

[1] Die vom Bestwert abweichenden Bewertungen sind hier durch den Vergleich mit dem Vakuumdestillations-Verfahren zu erklären, das sich durch besonders geringe Emissionen, geringen Energieverbrauch (Kriterium A2) und eine hohe Umweltverträglichkeit auszeichnet.

10.4 Weiterentwicklung der Kreislaufwirtschaft

10.4.1 Produktverantwortung – § 23 im Kreislaufwirtschaftsgesetz

Im Kreislaufwirtschafts- und Abfallgesetz von 1994 war das Prinzip der Produkt-verantwortung bereits festgeschrieben [10.137], aber die Diskussionen über die praktische Umsetzung wurden intensiv weitergeführt (Beispiel im *Kasten oben*). Parallel dazu entwickelte sich aus den Arbeiten von *Lifset* und *Lindhqvist* an der Universität in Lund [10.139, 10.140] eine weltweite Bewegung „Extended Produ-cing Responsibility (EPR)" [10.142-10.144]; die EU-Kommission gab eine Studie in Auftrag [10.145] und darauf aufbauend, entwarfen die Autoren acht „Goldene Regeln" für eine effiziente Erweiterte Herstellerverantwortung (*Kasten unten*).

Die Produktverantwortung ist als Eckpfeiler einer modernen Kreislaufwirtschaft ein Instrument zur Förderung einer intensiven Ressourcenschonung und verwirk-licht zudem das Verursacherprinzip. Die Produktverantwortung wurde in Deutsch-land sowohl für Verpackungen (Abschn. 10.3.6) als auch für Batterien (10.3.9), Altfahrzeuge (10.3.8, 10.4.2) sowie für elektrische/elektronische Geräte (10.3.7, 10.4.2) eingeführt. Die Produktverantwortung wird im Kreislaufwirtschaftsgesetz in § 23 geregelt; dort lautet Absatz 1 wie folgt:

„Wer Erzeugnisse entwickelt, herstellt, be- oder verarbeitet oder vertreibt, trägt zur Erfüllung der Ziele der Kreislaufwirtschaft die Produktverantwor-tung. Erzeugnisse sind möglichst so zu gestalten, dass bei ihrer Herstellung und ihrem Gebrauch das Entstehen von Abfällen vermindert wird und sicher-gestellt ist, dass nach ihrem Gebrauch entstandenen Abfälle umweltverträg-lich verwertet oder beseitigt werden".

Die Produktverantwortung betrifft folgende *Punkte* (KrWG § 23, Abs. 2):
1. Entwicklung, die Herstellung und das Inverkehrbringen von Erzeugnissen, die mehrfach verwendbar, technisch langlebig und nach Gebrauch zur ordnungs-gemäßen, schadlosen und hochwertigen Verwertung sowie zur umweltverträg-lichen Beseitigung geeignet sind;
2. vorrangigen Einsatz von verwertbaren Abfällen oder sekundären Rohstoffen bei der Herstellung von Erzeugnissen;
3. Kennzeichnung von schadstoffhaltigen Erzeugnissen, um sicherzustellen, dass die nach Gebrauch verbleibenden Abfälle, umweltverträglich verwertet oder beseitigt werden;
4. Hinweis auf Rückgabe-, Wiederverwendungs- und Verwertungsmöglichkeiten oder -pflichten und Pfandregelungen durch Kennzeichnung der Erzeugnisse;
5. Rücknahme der Erzeugnisse und der nach Gebrauch der Erzeugnisse verblei-benden Abfälle sowie deren umweltverträgliche Verwertung oder Beseitigung.

Absatz 3 im KrWG § 23 [10.3] weist darauf hin, dass im Rahmen der Produktver-antwortung Anforderungen auch *aus anderen Rechtsvorschriften* zu berücksichti-gen sind. Nach Absatz 4 wird durch Rechtsverordnungen auf Grund der §§ 24 und 25 KrWG bestimmt, *welche Verpflichteten* die Produktverantwortung nach den Absätzen 1 und 2 wahrzunehmen haben, sowie, für welche *Erzeugnisse* und in welcher *Art und Weise* die Produktverantwortung wahrzunehmen ist.

Thesen zur Weiterentwicklung der Produktverantwortung [10.138]

„Das *Produkt-Design* ist die zentrale Stelle im Produktsystem*, an der in entscheidendem Maße Art und Höhe der Umweltwirkungen eines Produkts festgelegt werden. Die Vielzahl der notwendigen Entscheidungen kann nur im Bereich der einzelwirtschaftlichen Verantwortung der Produkthersteller (Systemführer) erfolgen; dieser wird damit auch zum Träger der Gesamt-Produktverantwortung. Um die „Leitplanken-Wirkung" bestehender Schutzregelungen nicht auf den EU-Raum zu limitieren, sollten die Träger der Produktverantwortung (Systemführer) vergleichbare Anforderungen auch in ihren Lieferketten einfordern".

„Das System der *Verwertungsquoten* als entsorgungswirtschaftliches Steuerungssystem ist durch seine rein quantitative Ausrichtung an seine Grenze gelangt. Weiterführende qualitative, d.h. auf die selektive Kreislaufführung einzelner, ressourcenpolitisch relevanter Inhaltsstoffe ausgerichtete Anforderungen sind im Instrument der massenbezogenen Verwertungsquoten nur mit hohem Aufwand mit ausreichender Anpassungsdynamik zu adressieren. Sinnvoll erscheint es dagegen, produktgruppenspezifisch, konkrete Anforderungen an die Vorbehandlung der Altgeräte zu formulieren" (*Jepsen et al.* [10.138]).

* *Produktsystem-Optimierung* umfasst nach der Ökopolstudie ([10.138], Abb. 18) *die Ziele*: Schutz von Mensch & Umwelt, Gesellschaftliche Akzeptanz, Ressourcenschonung, Ressourcenverfügbarkeit sichern und Grenzen der Senken beachten, sowie *die Instrumente*: Angepasste Produktgestaltung, Ökodesign, Weiterentwicklung der Entsorgung und Ökoeffiziente Entsorgung.

Extended Producer Responsibility in der EU – Ein Vergleich [10.145]

Bislang existiert kein europaweit einheitliches Modell für die Umsetzung der erweiterten Herstellerverantwortung in der EU-Abfallhierarchie. Die individuellen Systeme der EU-Mitgliedstaaten variieren stark in puncto Kosten, Ressourceneffizienz und Sammelquoten. Nach der Analyse von 36 Case Studies – beispielhaft für die Abfallströme Verpackungen, Elektroaltgeräte, Altautos, Batterien, Papier und Öle – empfahlen die Autoren der EU-Kommissionsstudie [10.146]:

(1) Erweiterte Herstellerverantwortung sollte klar definiert und auf einheitliche Ziele fixiert werden. (2) Die Verantwortung und Funktion jedes Akteurs entlang des Produktlebenszyklus sollte festgelegt werden. (3) EPR-Modelle sollten mindestens garantieren, dass die Hersteller die vollen Nettokosten für die separate Sammlung und Verwertung tragen. (4) Entgelte, die ein Hersteller für ein System zahlt, sollten die reellen Kosten für das produktspezifische End-of-Life-Management widerspiegeln. (5) Ungeachtet der Wettbewerbsform ist ein klarer und stabiler Rahmen erforderlich, um fairen Wettbewerb zu sichern – mit ausreichend Kontrolle und gleichen Regeln für alle sowie mit unterstützenden Vollzugsmaßnahmen (z.B. Sanktionen). (6) Effizienz, Leistung und Kosten von EPR-Modellen müssen transparent gemacht werden. (7) Schlüsseldefinitionen und Modalitäten zur Berichterstattung sollten europaweit vereinheitlicht werden. (8) Mitgliedstaaten und verpflichtete Industrie sollten mitverantwortlich sein für das Monitoring und die Kontrolle von EPR-Modellen, und zudem sicherstellen, dass adäquate Mittel für den Vollzug bereitstehen.

10.4.2 Wiederaufarbeitung von Produkten

„Die effiziente Kreislaufführung aller Materialien erfordert ein Zusammenwirken von Produzenten, Konsumenten und Recyclingunternehmen – mit einer Steigerung der Komplexität der zu gestaltenden und zu koordinierenden Systeme von Stoff-, Wert- und Informationsflüssen" ([10.147] *Kasten oben*).

Eingebettet sind diese Systeme in rechtliche Regelungen. Bereits vor der Neufassung der Richtlinien „Elektro- und Elektronik-Altgeräte" [10.119] und „Beschränkung der Verwendung bestimmter gefährlicher Stoffe in Elektro- und Elektronikgeräten" ([10.120] Abschn. 10.3.7), hatte das Europäische Parlament mit der *Ökodesign-Richtlinie* [10.8] einen Rahmen für die Qualität von Stoffströmen in diesem Bereich gesetzt. Am 25. November 2011 trat das deutsche *Energieverbrauchsrelevante-Produkte-Gesetz* (EVPG [10.148]) in Kraft.

Die *EuP*-(Energy-using Products)-*Richtlinie* [10.8] ist eines der Instrumente zur Umsetzung des *EU Top Runner-Ansatzes*, mit dem sichergestellt werden soll, dass die 2020-Ziele zur Energieeinsparung und damit zur CO_2-Minderung auch im Bereich der *energiebetriebenen Produkte* erreicht werden [10.149]. Die *Industrie* kann sich freiwillig zu Mindesteffizienzstandards verpflichten [10.150], die sich an den besten verfügbaren technischen Lösungen orientieren [10.151].

Bei der Auswahl von *Effizienzoptionen*, die in einen *Regulationsvorschlag* einfließen, steht das *Prinzip des Lebenszykluskosten-Minimums* im Mittelpunkt [10.152]. National wurde ein *Netzwerk Ökodesign* [10.153] eingerichtet; die Kriterienmatrix des *Bundespreises Ecodesign* [10.154] gründet sich auf der Abfolge im Lebenszyklus der Produkte.

Energetisch vorteilhaft sind industrielle Prozesse zur qualitätsgesicherten *Überholung* („Refurbishing") und vor allem *Aufarbeitung* („Remanufacturing") von Produkten nach ihrem Nutzungszyklus (Abb. 10.17). Diese „Refabrikation" folgt auf einen Demontageschritt – rechte Seite im *Allgemeinen Verfahrensschema des Werkstoffrecyclings* (Abb. 10.10 im Abschn. 10.3.5) – und wird vorrangig bei Altfahrzeugen eingesetzt (Abschn. 10.4.8). Beide Technologien werden in Folienserien von *Steinhilper & Butzer* beschrieben ([10.155, 10.156] *Kasten unten*).

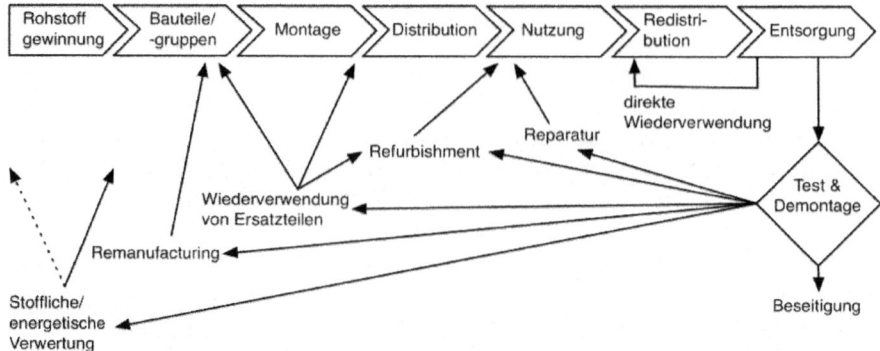

Abb. 10.16 Optionen des Produkt- und Materialrecyclings ([10.147] nach [10.159])

Nachhaltige Wertschöpfungsnetzwerke (Walther [10.147])

„In der Nutzungsphase ergeben sich für Hersteller hochwertiger Produkte durch eine Verlängerung der Nutzungsdauer betriebswirtschaftliche und ökologische Potentiale, da hierbei die in der Phase der Produktion in die Geräte eingebrachte Wertschöpfung und Energie erhalten bleiben. Dies erfordert allerdings die Rückführung, Aufarbeitung und Wieder-in-Verkehr-Bringung der Geräte. Im Rahmen der Produktionsprogrammplanung in einem derartigen Planungsumfeld ist nicht nur ein Abgleich der Absatzmengen und des Produktionsprogramms erforderlich, sondern es sind zusätzlich auch die prognostizierten Geräterückläufer mit den darin enthaltenen Komponenten mit der Nachfrage nach aufgearbeiteten Geräten sowie der Beschaffung von Neukomponenten abzustimmen. Ausgehend von der Darstellung der Handlungsspielräume der Hersteller wird ein Modell zur Integration der Produkt- und Komponentenaufarbeitung in die klassische Produktionsplanung entwickelt. Das Konzept wird am Beispiel eines Automatenherstellers angewandt" ([10.147] *Auszug aus der Zusammenfassung, Seite 275*).

Refurbishing und Refabrikation (Steinhilper, Butzer [10.155-10.158])

a) Refurbishing – Identifikation geeigneter Produkte [10.155]
– Technische Kriterien (Art und Anzahl Bauteile/Werkstoffe, Aufarbeitbarkeit)
– Mengenkriterien (Stückzahlen, räumliches/zeitliches Aufkommen, Nachfrage)
– Wertkriterien (Wertschöpfung, Material/Fertigung/Montage)
– Zeitkriterien (Lebens- und Nutzungsdauer, Produktionszeitraum ...)
– Innovationskriterien (technischer Fortschritt bei Neu-/Recyclingprodukten)
– Entsorgungskriterien (Rohstoffgehalt, Schadstoffgehalt ...)
– sonst. Kriterien (Image, Produkthaftung, Schutzrechte der Recyclingprodukte)

b) Refabrikation – Einflussfaktoren auf die Wirtschaftlichkeit [10.157]

Produkt-/prozessseitige Kriterien	Unternehmensbezogene Kriterien	Markt-/branchenbezogene Kriterien	Makroumwelt-/Länderkriterien
• Werkstoffvielfalt • Eignung zur Aufarbeitung • Anteil wiederverwendeter Bauteile • Refabrikationsgerechtes Produktdesign • Transportierbarkeit value-to-weight-ratio • Anteil der Kosten für Material / Komponenten	• (Produktions-) Standorte • Marktpositionierung Produktprogramm • Logistikkompetenz • Refabrikations-Know-How • Alt-gegen-Neu-Programme	• Produktlebenszeit am Markt • Produkt-Nutzungszeit pro Lebenszyklus • „graue Märkte / „gefälschte" Ersatzteile	• Internationale Entwicklung von Kaufkraft und Nachfrage • Transport- und Logistikkosten • Internationale Arbeits- und Produktivitätsentwicklung • Langfristige Entwicklung Rohstoffpreise • Sustainability-Awareness

10.4.3 Ersatzbaustoffe zwischen Recycling und Bodenschutz

Mineralische Abfälle stellen mit ungefähr 240 Mio. t den mit Abstand größten Abfallstrom in Deutschland dar. Die beiden wichtigsten Verwertungswege für mineralische Abfälle sind das Recycling, also die Aufbereitung und der nachfolgende Einbau in technische Bauwerke, sowie die sonstige stoffliche Verwertung in Form der Verfüllung von Tagebauen (Tabelle 10.15).

Tabelle 10.15 Ersatzbaustoffe und derzeit übliche Verwertung (Bauweise) [10.160]

	offene Bauweise	teildurch- strömt	geschlos- sene Bw.
Braunkohlenflugasche (BFA) 8,9 Mio. t/a	-	100 %	-
Steinkohlenflugasche (SFA) 4,2 Mio t/a	-	-	100 %
Steinkohlenkesselasche (SKA) 0,6 Mio. t/a	-	100 %	-
Schmelzkammergranulat (SKG) 1,5 Mio. t/a	100 %	-	-
Stahlwerksschlacke (SWS) 6,3 Mio. t/a	66 %	2 %	32 %
Hochofenstückschlacke (HOS) 1,2 Mio. t/a	-	100 %	-
Hüttensand (HS) 6,7 Mio. t/a	100 %	-	-
Hausmüllverbrennungsasche (HMVA) 4,7 Mio. t/a	-	60 %	40 %
Gießereirestsande (GRS) 2,3 Mio. t/a (Rest beseit.)	55 %	31 %	-
Gießerei-Kupolofenschlacke (GKOS) 0,45 Mio. t/a	100 %	-	-
Kupferhüttenmaterial (CUM) 0,9 Mio. t/a	40 %	14 %	46 %
Recycling-Baustoffe (RC) 55,9 Mio. t	59 %	23 %	18 %
Gleisschotter (GS) 3,0 Mio. t/a	n.b.	n.b.	n.b.
Bodenmaterial (BM) 10,5 Mio. t/a	n.b.	n.b.	n.b.
Summe 107,15 Mio. t/a	*51 %*	*29 %*	*20 %*

Seit 10 Jahren initiiert und fördert das Umweltbundesamt Projekte über das langfristige Verhalten von mineralischen Abfällen bei der stofflichen Verwertung:

- Aufkommen, Qualität und Verbleib mineralischer Abfälle (2008 [10.161]).
- Ermittlung von Ressourcenschonungspotenzialen bei der Verwertung von Bauabfällen und Erarbeitung von Empfehlungen zu deren Nutzung (2010 [10.162]).
- Steigerung von Akzeptanz und Einsatz mineralischer Sekundärrohstoffe unter Berücksichtigung schutzgutbezogener und anwendungsbezogener Anforderungen, des potenziellen, volkswirtschaftlichen Nutzens sowie branchenbezogener, ökonomischer Anreizinstrumente (2012 [10.163])
- Optimierung des Rückbaus/Abbaus von Gebäuden zur Rückgewinnung und Aufbereitung von Baustoffen unter Schadstoffentfrachtung (insbesondere Sulfat) des RC-Materials sowie ökobilanzieller Vergleich von Primär- und Sekundärrohstoffeinsatz inkl. Wiederverwertung (2013 [10.164]).
- Kartierung des anthropogenen Lagers in Deutschland zur Optimierung der Sekundärrohstoffwirtschaft (2015 [10.165]).
- Planspiel Mantelverordnung (Aspekte der Kreislaufwirtschaft und des Bodenschutzes) Planspiel mit dem Ziel einer Gesetzesfolgenabschätzung zu den Auswirkungen der Mantelverordnung (aktueller Entwurf 2017 [10.166]).

„Mantelverordnung" [10.167]: u.a. EBV (neu) und BBodSchV (novelliert)
Die als Beurteilungsgrundlage in der Praxis häufig herangezogenen Regelwerke –
die LAGA Mitteilung 20 und die „Technische Regel Boden" – bilden weder eine
bundeseinheitliche noch eine rechtsverbindliche Grundlage für die ordnungsgemäße und schadlose Verwertung mineralischer Abfälle [10.167]. Die generelle
Vorgehensweise der angestrebten Regelung der Umweltverträglichkeit von Ersatzbaustoffen (EBS) ist vom Ansatz her identisch [10.168]:

- Jeder Ersatzbaustoff unterliegt bestimmten Schadstoffgrenzwerten und wird
  bei Einhaltung dieser einer entsprechenden Güteklasse zugeordnet.
- Für jede Güteklasse eines Ersatzbaustoffes werden die Einsatzgebiete in Abhängigkeit der lokalen Bedingungen festgelegt.
- Lokale Bedingungen spiegeln die Sensibilität der Umwelt wieder, ausgedrückt
  durch die Lage innerhalb oder außerhalb eines Wassergebietes sowie der weiteren Unterscheidung in günstige/ungünstige hydrogeologische Bedingungen
  bzw. der entsprechenden Einhaltung von Grundwasserabständen.

Ziele der in der Mantelverordnung vorgesehenen Regelungen sind die im Sinne
des § 6 des Kreislaufwirtschaftsgesetzes bestmögliche Verwertung von mineralischen Abfällen zu gewährleisten sowie die Anforderungen an die nachhaltige Sicherung und Wiederherstellung der Funktionen des Bodens im Sinne des §1 des
Bundes-Bodenschutzgesetzes [10.169] näher zu bestimmen bzw. an den gegenwärtigen Stand der Erkenntnisse anzupassen [10.167].

Prüfwerte für Ersatzbaustoffe im Wirkungspfad Boden-Grundwasser
Die Ergebnisse aus dem BMBF-Verbundprojekt *Sickerwasserprognose* (Abschn.
8.4.3 „In-situ Methoden") und einer ergänzenden Studie im Auftrag des Umweltbundesamtes [10.170, 10.171] bilden den zentralen Bestandteil der Mantelverordnung im Bereich Grundwasser/Ersatzbaustoffe/Bodenschutz. Nach langjährigen
Diskussionen um die Grundsätze für Anwendungsregeln für die jeweils betroffenen Rechtsbereiche (Wasserrecht, Abfallrecht, Bodenschutzrecht) zeichnen sich
bei der Frage der *Geringfügigkeitsschwellenwerte* (GFS) und anderen Bewer-
tungsansätzen einvernehmliche Lösungen ab [10.172]:

„Eine Übernahme der GFS-Werte der Bund-Länder-Arbeitsgemeinschaften
LABO und LAWA aus 2015 [10.173] wird zurzeit noch diskutiert. Eckpunkte im
Falle einer Übernahme wären neben den bereits implementierten Regeln zur Si-
ckerwasser- und Einmischprognose die *Begrenzung der Prüfwerte* nach unten
durch die doppelten Basiswerte sowie die Heranziehung der bei der Ableitung der
GFS-Werte humantoxikologisch begründeten Werte sofern die Betroffenheit von
angrenzenden Oberflächengewässern ausgeschlossen werden kann [10.174]....
Abweichend vom dritten Arbeitsentwurf der Novelle der BBodSchV ist beabsichtigt, einen deutlichen Abstand zwischen *Fallgestaltungen im vor- und nachsorgenden Bodensch*utz zu schaffen. Hierzu sollen die methodenspezifischen Prüfwerte im Sinne von Hintergrundwerten für anorganische Schadstoffe im 2:1 Eluat
analog der Regelung von doppelten Basiswerten im Grundwasser für Fragestellungen im nachsorgenden Bodenschutz verdoppelt werden" [10.172].

10.4.4 Kreislaufwirtschaft im Zeichen des Klimaschutzes

Die aktuellen Daten für Treibhausgasemissionen aus verschiedenen Sektoren in der Tabelle 10.16 zeigen, dass die THG-Emissionen aus dem Abfall- und Abwasserbereich seit dem Jahr 1990 um über 70 % abgenommen haben und inzwischen nur noch etwa 1 % der Gesamtemissionen ausmachen.

Tabelle 10.16 Treibhausgasemissionen in Deutschland in einzelnen Sektoren (Verkehrssektor ist in den Energiesektor eingerechnet [10.175]; vgl. Tabelle 4.5 in Abschn. 4.3)

Sektoren	Treibhausgasemissionen 2015		Minderung gegenüber 1990	
	in Mio. t CO_2-Äq	Anteil an den Gesamtemissionen	in Mio. t CO_2-Äq	in Prozent
Energie	762,2	84,5 %	274,5	26,5 %
Industrieprozesse	61,5	6,8 %	35,1	36,6 %
Landwirtschaft	67	7,4 %	12,6	15,9 %
Abfall & Abwasser	11,2	1,2 %	26,2	70,5 %
Insgesamt	*901,9*	*100,0 %*	*349,0*	*27,9 %*

Ausblick: Beitrag der Kreislaufwirtschaft zur Energiewende

Dehoust et al. [10.176, 10.177] bilanzierten in fünf Szenarien die Klimawirksamkeit der Kreislaufwirtschaft in den Jahren 2011, 2030 und 2050. Für alle Szenarien in 2030 wird die Erreichung der in der Energiewende festgeschriebenen Klimaschutzziele unterstellt (Mindestziel eine Reduktion der Klimagasemissionen bis 2050 um 80 %):

- *„Status Quo" Szenario 2011*,
- *„Status Quo" Szenarien 2030 und 2050*, in denen bezüglich dem Umgang mit Abfällen das „Weiter so" unter heutigen Rahmenbedingungen der Abfallpolitik und -wirtschaft beschrieben wird, aber die zukünftigen Randbedingungen der Energiewirtschaft, die sich insbesondere bezüglich der Emissionsfaktoren für die durchschnittliche Bereitstellung von Strom und Wärme auswirken, berücksichtigt werden.
- *Optimierte Szenarien 2030 und 2050*, in denen die in der Studie beschriebenen Optimierungen bezüglich Recycling, Flexibilisierung und Nutzung von Abfallbiomasse umgesetzt werden. Dazu gehört vor allem die Steigerung bzw. Ausgestaltung der getrennten Erfassung von Wertstoffen (Leichtverpackungen, Stoffgleiche Nichtverpackungen, Papier/Pappe/Karton, Bio- und Grünabfälle sowie Elektrokleingeräte). Außerdem wird die Umstellung auf eine stoffstromorientierte Restmüllbehandlung mit einem Schwerpunkt auf die Gewinnung von flexiblen Ersatzbrennstoffen bilanziert [10.176].

Die Studie ergab einen *Gesamtentlastungsbeitrag der Kreislaufwirtschaft* in den „optimierten" Szenarien für 2030 und 2050 von knapp 31Mio. t CO_2-Äq/a. Dies entspricht ca. 20 % der Emissionen des Verkehrssektors im Jahr 2011 bzw. den durchschnittlichen Emissionen von 2,8 Millionen Bürgern in Deutschland.

10.5 Literatur

10.1   Friege H (2007) Abfall als Ressource. Vorhersehbare und notwendige Entwicklungen. 14. Euroforum-Jahrestagung „Abfallwirtschaft 2007", 27./28.11.2007, Köln.

10.2   Anonym (2014) GreenTech made in Germany 4.0 – Umwelttechnologie-Atlas für Deutschland. 222 S. Bundesministerium für Umwelt, Naturschutz, Bau und Reaktorsicherheit, Text von Roland Berger Strategy Consultants, Stand Juli 2014

10.3   Anonym (2012) Gesetz zur Förderung der Kreislaufwirtschaft und Sicherung der umweltverträglichen Bewirtschaftung von Abfällen vom 24. Februar 2012 (Kreislaufwirtschaftsgesetz – KrWG). BGBl. I S. 212, zuletzt durch Artikel 4 des Gesetzes vom 4. April 2016 (BGBl. I S. 569) geändert. http://www.bmub.bund.de/-themen/wasser-abfall-boden/abfallwirtschaft/abfallpolitik/kreislaufwirtschaft-/eckpunkte-des-neuen-kreislaufwirtschaftsgesetzes (22.08.2017)

10.4   Anonym (2008) Richtlinie 2008/98/EG des Europäischen Parlaments und des Rates vom 19. November 2008 über Abfälle und zur Aufhebung bestimmter Richtlinien, Amtsblatt der Europäischen Union v. 22.11.2008, L 312/3

10.5   Anonym (2016) Zweite Verordnung zur Fortentwicklung der abfallrechtlichen Überwachung vom 2. Dezember 2016. BGBl. I Nr. 58 S. 2770-2795. 07.12.2016

10.6   Anonym (2015) Den Kreislauf schließen – Ein Aktionsplan der EU für die Kreislaufwirtschaft. Mitteilung der Kommission an das Europäische Parlament, den Rat, den Europäischen Wirtschafts- und Sozialausschuss und den Ausschuss der Regionen, Brüssel den 2.12.2015, COM(2015) 614 final

10.7   Anonym (2015) Growth Within: a Circular Economy Vision for a Competitive Europe, Bericht der Ellen-MacArthur-Stiftung, des McKinsey Centre for Business and Environment und des Stiftungsfonds für Umweltökonomie und Nachhaltigkeit (SUN), Juni 2015

10.8   Anonym (2009/2016) Richtlinie 2009/125/EG des Europäischen Parlaments und des Rates vom 21. Oktober 2009 zur Schaffung eines Rahmens für die Festlegung von Anforderungen an die umweltgerechte Gestaltung energieverbrauchsrelevanter Produkte. Anonym (2016) Empfehlung (EU) 2016/2125 der Kommission vom 30. November 2016 zu Leitlinien für Selbstregulierungsmaßnahmen der Industrie im Rahmen der Richtlinie 2009/125/EG des Europäischen Parlaments und des Rates.

10.9   Anonym (2014) Einführung in die EU-Kohäsionspolitik 2014 – 2020. 8 S., Europäische Kommission, Juni 2014

10.10   Anonym (2015) Den Kreislauf schließen: Kommission verabschiedet ehrgeiziges neues Maßnahmenpaket zur Kreislaufwirtschaft, um die Wettbewerbsfähigkeit zu steigern, Arbeitsplätze zu schaffen und ein nachhaltiges Wachstum zu erreichen. Pressemitteilung der Europäischen Kommission, Brüssel, 2. Dezember 2015

10.11   Anonym (2016) Circular Economy in Europe – Developing the Knowledge Base. EEA Report No 2/2016, 42 p. European Environmental Agency

10.12   Scharff C (2016) Das EU Kreislaufwirtschaftspaket und die Circular Economy Coalition for Europe. In: Thomé-Kozmiensky KJ (Hrsg.) Recycling und Rohstoffe Band 9, Seiten 11-26. Vivis Verlag

10.13   Anonym (2016) DNR-Position zum EU-Kommissionsvorschlag des Kreislaufwirtschaftspaket. Berlin, 24. März 2016

10.14   Romano D, Santos T (2015) A Roadmap to Revitalize REACH. 48 p., European Environmental Bureau, July 2015

10.15   Sutter H, Mahrwald B, Grosse-Ophoff M (1994) Die Bedeutung der ökologischen Rangfolge im neuen Kreislaufwirtschafts- und Abfallgesetz. Umwelttechnologie aktuell 6/94: 427-436

10.16   Anonym (1983) Umwelt – Weltweit. Bericht des Umweltprogramms der Vereinigten Nationen (UNEP) 1972. 1982. Erich Schmidt Verlag Berlin

10.17   Schenkel W, Reiche J (1993) Abfallwirtschaft als Teil der Stoffflusswirtschaft. In: Schenkel W (Hrsg) Recht auf Abfall? S. 59-110. Erich Schmidt Verlag Berlin

10.18   Schmidt-Bleek F (1994) Wieviel Umwelt braucht der Mensch? MIPS – das Maß für ökologisches Wirtschaften. Birkhäuser, Berlin Basel Boston

10.19   Moser F (1996) Kreislaufwirtschaft und nachhaltige Entwicklung. In: Brauer H (Hrsg.) Handbuch des Umweltschutzes und der Umweltschutztechnik. Band 2: Produktions- und produktintegrierter Umweltschutz. S. 1059-1153. Springer-Verlag

10.20   Faulstich M, Weber G (1999) Ressourcenschonung in Bayern. Forschungs- und Entwicklungsbedarf im BayFORREST-Bereich 1. Schlußbericht für das Bayerische Staatsministerium für Wissenschaft, Forschung und Kunst. 96 S. München.

10.21   Esser R (1992) Thermodynamische Aspekte der Abfallverwertung. AbfallwirtschaftsJournal 4: 227-238

10.22   Schenkel W, Knauer P (1978) Feste Abfälle. In: Buchwald K, Engelhardt W (Hrsg) Handbuch für Planung, Gestaltung und Schutz der Umwelt. Band 2: Die Belastung der Umwelt. S. 270-301. BLV Verlagsgesellschaft München

10.23   Koch TC, Seeberger J, Petrik H (1986) Ökologische Müllverwertung. Alternative Konzepte Nr. 44. Verlag CF Müller Karlsruhe

10.24   Bode R (1993) Kreislauf der Kunststoffe und Verbundwerkstoffe mit Polymermatrix. In: Hornbogen E, Bode R, Donner P (Hrsg) Recycling – materialwissenschaftliche Aspekte. S. 46-60. Springer

10.25   Braungart M, McDonough W (2014) Cradle to Cradle – einfach intelligent produzieren. 240 S. Piper Verlag

10.26   Stuchtey MR (2016) Circular Economy – Werte schöpfen – Kreisläufe schließen. Vortrag am 25. Januar 2016 in Berlin, 16 Folien. Ellen-MacArthur-Stiftung, McKinsey Centre for Business and Environment, Stiftungsfonds für Umweltökonomie und Nachhaltigkeit (SUN) und acatech

10.27   Anonym (2006) Arbeitspapier: Vorläufige Textvorschläge der Regierung der Bundesrepublik Deutschland zum Kommissionsvorschlag für eine Richtlinie des Europäischen Parlaments und des Rates über Abfälle (Dokument KOM (2005) 667 endgültig), Bundesministerium für Umwelt, Naturschutz und Reaktorsicherheit

10.28   Anonym (2016) Gesetzesentwurf der Bundesregierung: Entwurf eines Zweiten Gesetzes zur Änderung des Kreislaufwirtschaftsgesetzes [Aufhebung der Heizwertklausel]. Deutscher Bundestag, 18. Wahlperiode, Drucks. 18/10026 v. 19.10.2016

10.29   Zotz F, Weißenbacher J, Dollhofer M, Greßmann A (2016) Evaluation der ökologischen und ökonomischen Auswirkungen des Wegfalls der Heizwertregelung des § 8 Abs. 3 Satz 1 KrWG. 175 S. Texte 21/2016, UBA-FB 002298. Umweltbundesamt

10.30   Baccini P, Brunner PH (2012) Metabolism of the Anthroposphere – Analysis, Evaluation, Design. 2nd edition, 392 p. The MIT Press, Cambridge, Massachusetts

10.31   Baccini P, Brunner PH (1991) Metabolism of the Anthroposphere. Springer Berlin

10.32   Baccini P, Bader H-P (1996) Regionaler Stoffhaushalt – Erfassung, Bewertung und Steuerung. Spektrum Heidelberg

10.33   Meier W, Bader H-P, Henseler G, Krebs P, Reichert P, Scheidegger R (1997) Regionale Stoffbewirtschaftung im Spannungsfeld von Nachhaltigkeit und Gesellschaft. EAWAG Jahresbericht 1997, S. 22-23. Dübendorf/Schweiz

10.34   Anonym (1994) Die Industriegesellschaft gestalten – Perspektiven für einen nachhaltigen Umgang mit Stoff- und Materialströmen. Enquetekommission „Schutz des Menschen und der Umwelt" des Deutschen Bundestags. 756 S. Economica Verlag

10.35   Anonym (1997) Konzept Nachhaltigkeit – Fundamente für die Gesellschaft von morgen. Zwischenbericht der Enquetekommission „Schutz des Menschen und der Umwelt" des Deutschen Bundestags. Referat Öffentlichkeitsarbeit. Zur Sache 1/97. 192 S. Bonn

10.36   Allesch A, Brunner PH (2014) Assessment methods for solid waste management: A literature review. Waste Management & Research 32(6) 461-473

10.37   Bringezu S (2000) Ressourcennutzung in Wirtschaftsräumen. Stoffstromanalysen für eine nachhaltige Raumentwicklung. 239 S. Springer-Verlag Berlin

10.38   Bringezu S, Kleijn R (1997) Short review of the MFA work presented, p. 310, in: Bringezu S, Fischer-Kowalski M, Kleijn R, Palm V (Eds.) Regional and national material flow accounting: from paradigm to practice of sustainability. Proc Con-Account Workshop, Leiden/NL, 21-23 January 1997. Wuppertal Special 4

10.39   Weber-Blaschke G (2009) Stoffstrommanagement als Instrument nachhaltiger Bewirtschaftung von natürlichen und technischen Systemen – ein kritischer Vergleich anhand ausgewählter Beispiele. Habilitationsschrift TU München, Dezember 2005. 330 S. Hrsg. von M. Faulstich, Wissenschaftszentrum Straubing, Nachwachsende Rohstoffe in Forschung und Praxis Nr. 1, Verlag Attenkofer 2009

10.40   Brunner PH, Rechberger H (2016) Handbook of Material Flow Analysis: for Environmental, Resource, and Waste Engineers. 2nd Edition, 435 p. CRC Press

10.41   Brunner PH (2013) Cycles, spirals and linear flows. Waste Management & Research 31(10) Supplement, p. 1-2

10.42   Kranner A (2013) Warum immer im Kreis? Urban Mining, Blog by Altmetalle Kranner, Müll_Deponie, 12. November 2013

10.43   Brunner PH, Rechberger H (2004) Practical Handbook of Material Analysis. 1st ed. 318 p. Lewis Publ CRC Press, Boca Raton, Florida

10.44   Rechberger H, Brunner PH (2002) A new entropy based method to support waste and resource management decisions. Environ Sci Technol 36:809-816

10.45   Faulstich M, Günther C, Kühn M (2003) Nutzung von phosphorhaltigen Abfallfraktionen in industriellen Prozessen. S. 10/1-10/7 in: Dohmann M, Hahn J (Hrsg.) Rückgewinnung von Phosphor in der Landwirtschaft und aus Abwasser und Abfall. Symposium, Berlin, 6./7. Februar 2003, Gesellschaft zur Förderung der Siedlungswasserwirtschaft an der RWTH Aachen

10.46   Baccini P (2008) Zukünfte urbanen Lebens mit Altlasten, Bergwerken und Erfindungen. Kap. 19, S. 218-237 in: von Gleich A, Gößling-Reisemann S (Hrsg.) Industrial Ecology – erfolgreiche Wege zu nachhaltigen industriellen Systemen. Vieweg + Teubner

10.47   Zeltner C, Bader H-P, Scheidegger R, Baccini P (1999) Sustainable metal management exemplified by copper in the USA. Regional Environ Change 1(1) 31-46

10.48   Eyerer P (1996) Die Ganzheitliche Bilanzierung – Definition, Geschichte, Hintergründe. In: Eyerer P. (Hrsg) Ganzheitliche Bilanzierung – Werkzeug zum Planen und Wirtschaften in Kreisläufen. S. 1-26. Springer Verlag Berlin

10.49   Mauch W, Schaefer H (1996) Kumulierter Energieaufwand von Entsorgungs-pfaden. In: Eyerer P (Hrsg) Ganzheitliche Bilanzierung – Werkzeug zum Planen und Wirtschaften in Kreisläufen. S. 628-635. Springer Verlag Berlin

10.50   Bank M (1993) Basiswissen Umwelttechnik – Wasser, Luft, Abfall, Lärm, Umwelt-recht. 1143 S. Vogel Buchverlag Würzburg

10.51   Anonym (2016) Gefährliche Abfälle. Umweltbundesamt, 16.12.2016. https://-www.umweltbundesamt.de/themen/abfall-ressourcen/abfallwirtschaft/abfallarten/-gefaehrliche-abfaelle

10.52   Anonym (2016) Abfallverzeichnis-Verordnung vom 10. Dezember 2001 (BGBl. I S. 3379), die zuletzt durch Artikel 2 der Verordnung vom 22. Dezember 2016 (BGBl. I S. 3103) geändert worden ist

10.53   Escher C, Skrotzki B (1993) Werkstoffe und Energie. In: Hornbogen E, Bode R, Donner P (Hrsg) Recycling – materialwissenschaftliche Aspekte. S. 16-29. Sprin-ger-Verlag Berlin

10.54   (a) Romare M, Dahllöf L (2017) The life cycle energy consumption and greenhouse gas emissions from lithium-ion batteries. IVL-Study No. C 243, May 2017, 58 p. (b) Held M, Graf R, Wehner D, Eckert S, Faltenbacher M, Weidner S, Braune O (2016) Bewertung der Praxistauglichkeit und Umweltwirkungen von Elektrofahr-zeugen. Fraunhofer-Institut für Bauphysik Stuttgart, Hrsg. Bundesministerium für Verkehr und digitale Infrastruktur, Referat G 21 Elektromobilität, 69 S.

10.55   Rummler T, Jaron A, Neubauer A, Neuhaus B, Krämer E (2013) Abfallvermei-dungsprogramm des Bundes unter Beteiligung der Länder. 77 S. Bundesministeri-um für Umwelt, Naturschutz und Reaktorsicherheit, Referat WA II 1, Juli 2013

10.56   Wilts H, Krause S (Ansprechpartner, 2015) Geeignete Maßstäbe und Indikatoren zur Erfolgskontrolle von Abfallvermeidungsmaßnahmen. Projekt des Wuppertal In-stituts für Klima, Umwelt, Energie GmbH in Zusammenarbeit mit Ökopol und Eco-logic Institut, Juli 2015 bis 31. Okt. 2017. Umweltbundesamt FKZ 3715343020

10.57   Förstner U, Müller G (1974) Schwermetalle in Flüssen und Seen als Ausdruck der Umweltverschmutzung. 225 S. Springer-Verlag Heidelberg

10.58   Anonym (2010) Final review of scientific information on cadmium. Version of De-cember 2010, 324 p. United Nations Environment Programme, Chemical Branch, Division of Technology, Industry and Economics

10.59   Bergbäck B, Anderberg ST, Lohm U (1994) Accumulated environmental impact: the case of cadmium in Sweden. Sci Total Environ 145:13-28

10.60   Six L, Smolders E (2014) Future trends in soil cadmium concentration under cur-rent cadmium fluxes to European agricultural soils. Sci Total Environ 485-486: 319-328

10.61   Martens H (2011) Recyclingtechnik – Fachbuch für Lehre und Praxis. 345 Seiten Spektrum Akademischer Verlag Heidelberg

10.62   Wellmer FW, Becker-Platen JD (Hrsg. 1999): Mit der Erde leben – Beiträge Geo-logischer Dienste zur Daseinsvorsorge und nachhaltigen Entwicklung, 273 S., Springer Verlag

10.63   Anonym (2016) Regelkreis der Rohstoffversorgung. Bundesanstalt für Geowissen-schaften und Rohstoffe. http://www.bgr.bund.de/DE/Themen/Min_rohstoffe/-Bilder/rohstoffwirtschaft-regelkreis_g.html

10.64   Huthmacher KE (2012) Forschung sicher nachhaltige Rohstoffversorgung. S. 243-252 in: Thomé-Kozmiensky KJ, Goldmann D (Hrsg.) Recycling und Rohstoffe, Band 5, TK Verlag, Neuruppin

10.65 Wellmer F-W (2012) Was sind wirtschaftsstrategische Rohstoffe? S. 525-535 In: Thomé-Kozmiensky KJ, Goldmann D (Hrsg.) Recycling und Rohstoffe, Band 5, TK Verlag, Neuruppin

10.66 Anonym (2016) Wie sich wertvolle Hightech-Ressourcen gewinnen lassen - führende Rohstoffwissenschaftler stellen auf BMBF-Statuskonferenz ihre Forschungsarbeiten vor. Pressemitteilung vom 19.10.2016, BMBF Projektträger Jülich

10.67 Anonym (2015) r4 – Innovative Technologien für Ressourceneffizienz – Forschung zur Bereitstellung wirtschaftsstrategischer Rohstoffe – eine Initiative des Bundesministeriums für Bildung und Forschung (BMBF). https://www.ptj.de/r4

10.68 Anonym (2014) Beschluss der Kommission vom 18. Dezember 2014 zur Änderung der Entscheidung 2000/532/EG über ein Abfallverzeichnis gemäß der Richtlinie 2008/98/EG des Europäischen Parlaments und des Rates. Amtsblatt der Europäischen Union vom 30.12.2014, L 370/44

10.69 Anonym (2015) Globally Harmonized System of Classification and Labelling of Chemicals (GHS). Sixth revised edition, 527 p. United Nations Economic Commission for Europe (UNECE)

10.70 Anonym (2008/2016) Verordnung (EG) Nr. 1272/2008 des Europäischen Parlaments und des Rates vom 16. Dezember 2008 über die Einstufung, Kennzeichnung und Verpackung von Stoffen und Gemischen, zur Änderung und Aufhebung der Richtlinien 67/548/EWG und 1999/45/EG und zur Änderung der Verordnung (EG) Nr. 1907/2006. Anonym (2016) Verordnung (EU) 2016/1179 der Kommission vom 19. Juli 2016 zur Änderung der Verordnung (EG) Nr. 1272/2008 … zwecks Anpassung an den technischen und wissenschaftlichen Fortschritt

10.71 Stark C, Koch-Jugl J (2013) Das neue Einstufungs- und Kennzeichnungssystem für Chemikalien nach GHS. Leitfaden zur Anwendung der CLP-Verordnung. 134 S. Forschungsvorhaben 206 67 460/06 Neue Einstufung und Kennzeichnung unter GHS und REACH. Umweltbundesamt

10.72 Warnecke D, Duis K, Knacker T, Schüürmann G, Kühne R, Ost N (2014) Review and Enhancement of New Risk Assessment Concepts under REACH. Texte 48/2014, 148 S. Umweltbundesamt

10.73 Anonym (2016) Umwelt – Erhebung über die Abfallerzeugung 2014. Statistisches Bundesamt, 40 S., 15. Dezember 2016, Wiesbaden

10.74 Anonym (2015) Rheinland-Pfalz – Abfallwirtschaft 2013. Tabelle T7: Primärerzeugung gefährlicher Abfälle 2013 nach Wirtschaftszweigen und Verbleib. 99 Seiten, Statistischer Bericht, Statistisches Landesamt Rheinland-Pfalz

10.75 Anonym (2016) Gefährliche Abfälle im Freistaat Sachsen 2014. 2. In Sachsen im Verarbeitenden Gewerbe erzeugte Abfallmengen und deren Verbleib 2014 (S. 10). 54 S., Statistischer Bericht, Statistisches Landesamt Freistaat Sachsen, Mai 2016

10.76 Anonym (2016) Umwelt – Abfallbilanz (Abfallaufkommen/-verbleib, Abfallkennzahlen, Abfallaufkommen nach Wirtschaftszweigen) 2014. Statistisches Bundesamt, 63 S., 18. August 2016, Wiesbaden.

10.77 Anonym (2015) Best Available Technique (BAT) Reference Document for Waste Treatment. Draft 1, December 2015, 1030 p. JRC Science for Policy Report

10.78 Anonym (1985) Bundesweite Auswertung der Begleitscheine. Informationsverarbeitung für Planung, Umwelt, Statistik (Inplus). Forschungsbericht 103 02113/06. Umweltbundesamt Berlin

10.79   Okon G (1989) Rückgewinnung von Schwefelsäure aus der Titandioxid-Produktion. Sutter H (Hrsg.) Vermeidung und Verwertungvon Abfällen 1, S. 189-201. EF-Verlag für Energie- und Umwelttechnik Berlin

10.80   Schmidt HC (1994) Möglichkeiten und Grenzen der Konditionierung von Abbränden und die Abschätzung der langfristigen Schadstoffmobilität. Dissertation an der Technischen Universität Hamburg, 166 Seiten

10.81   Wiemer K (1989) Stand der Kompostierung. In: Thomé-Kozmiensky, K.J.(Hrsg) Recycling von Abfällen 1. S. 157-161. EF-Verlag für Energie- und Umwelttechnik Berlin

10.82   Thomé-Kozmiensky KJ (1985) Kompostierung von Abfällen 1. EF-Verlag für Energie- und Umwelttechnik Berlin

10.83   Bilitewski B, Härdtle G, Marek K (2000) Abfallwirtschaft – Handbuch für Praxis und Lehre. 3. Auflage, 729 S., Spriinger

10.84   Biddlestone AJ, Gray KR (1985) Composting. In: Moo-Young M, Robinson C-W, Howell JA (Hrsg.) Comprehensive Biotechnology. Vol. 4, 1059-1070. Pergamon

10.85   Scherer PA (1993) Abfallrecycling mittels Kompostierung. AbfallwirtschaftsJournal 5: 909-916

10.86   Anonym (2012) Verordnung zur Änderung der Bioabfallverordnung, der Tierische Nebenprodukte-Beseitigungsverordnung und der Düngemittelverordnung vom 23. April 2012. BGBl. 2012 Teil I Nr. 17, 27. April 2012

10.87   Barkowski D, Günther P, Raecke F, Wind D (2007) Pilotuntersuchungen zu Vorkommen und Auswirkungen von perfluorierten Tensiden (PTF) in Abfällen, die der BioAbfV unterliegen. Bericht des Instituts für Umweltanalyse, Bielefeld, Sept. 2007

10.88   Anonym (2009) Zwischenbericht über die Sanierung einer PFT-belasteten Fläche in Scharfenberg, Hochsauerlandkreis. Landesamt für Natur, Umwelt und Verbraucherschutz Nordrhein-Westfalen, Stand Mai 2009

10.89   Anonym (2010) Situation in NRW – Herkunft von PFT im Abfallgemisch, Bodenuntersuchungen. Ministerium für Klimaschutz, Umwelt, Landwirtschaft, Natur- und Verbraucherschutz des Landes Nordrhein-Westfalen

10.90   Anonym (2010) PFT-Bodenuntersuchungen in NRW auf mit dem Abfallgemisch der Fa. GW Umwelt beaufschlagten Flächen (Stand 31.08.2010). Landesamt für Natur, Umwelt und Verbraucherschutz Nordrhein-Westfalen.

10.91   Anonym (2016) Bioabfälle – Statistik 2014. Bundesministerium für Umwelt, Naturschutz, Bau und Reaktorsicherheit. http://www.bmub.bund.de/themen/wasser-abfall-boden/abfallwirtschaft/statistiken/bioabfaelle/

10.92   Anonym (2009) Ökologisch sinnvolle Verwertung von Bioabfällen – Anregungen für kommunale Entscheider. Bundesministerium für Umwelt, Naturschutz und Reaktorsicherheit und Umweltbundesamt, September 2009, 47 Seiten

10.93   Rettenberger G, Urban-Kiss S, Schneider R, Müsken J, Kruse G (2012) Handbuch Bioabfallbehandlung – Erfassung des Anlagenbestands Bioabfallbehandlung. 848 S., Umweltbundesamt

10.94   Baccini P (1992) Vom Abfall zum Stein der Weisen. Einführungsvorlesung 20. Mai 1992. 18 S. Eidgenössische Technische Hochschule Zürich

10.95   Lichtensteiger T (Hrsg, 1998) Ressourcen im Bau – Aspekte einer nachhaltigen Ressourcenbewirtschaftung im Bauwesen. 129 S. Vdf Hochschulverlag Zürich

10.96   De Quervain B (1998) Neupositionierung von Baustoffen im Umfeld der Abfall-
         wirtschaft. In: Lichtensteiger T (Hrsg) Ressourcen im Bau – Aspekte einer nachhal-
         tigen Ressourcenbewirtschaftung im Bauwesen. S. 51-67. Vdf Hochschulverlag

10.97   Lichtensteiger T, Kruspan P, Zeltner C (1998) Design von Sekundärressourcen –
         Konzepte und Methoden. In: Lichtensteiger T (Hrsg) Ressourcen im Bau – Aspekte
         einer nachhaltigen Ressourcenbewirtschaftung im Bauwesen. S. 31-50. Vdf Hoch-
         schulverlag AG an der ETH Zürich

10.98   Lichtensteiger T (2001) Die petrologische Evaluation als Ansatz zu erhöhter Effizi-
         enz im Umgang mit Rohstoffen. In: Huch M, Matschullat J, Wycisk P (Hrsg) Im
         Einklang mit der Erde – Geowissenschaften für die Zukunft. S. 193-208. Springer
         Berlin

10.99   Anonym (1998) Entsorgung in Zementwerken – Richtlinie. Vollzug Umwelt. Do-
         kumentationsdienst Bundesamt für Umwelt, Wald und Landschaaft (BUWAL),
         3003 CH-Bern

10.100   Anonym (1997) Abfallentsorgung in Zementwerken – Thesenpapier. Umwelt-
         Materialien Nr. 70, Abfälle. Bundesamt für Umwelt, Wald und Landschaft. Bern.

10.101   Anonym (2011) Verordnung (EU) Nr. 305/2011 des Europäischen Parlaments und
         des Rates vom 9. März 2011 zur Festlegung harmonisierter Bedingungen für die
         Vermarktung von Bauprodukten und zur Aufhebung der Richtlinie 89/106/EWG
         des Rates. Amtsblatt der Europäischen Union L 88/5 vom 04.04.2011

10.102   Anonym (2016) Verordnung über die Bewirtschaftung von gewerblichen Sied-
         lungsabfällen und von bestimmten Bau- und Abbruchabfällen (Gewerbeabfallver-
         ordnung – GewAbfV). Verordnung der Bundesregierung. Deutscher Bundestag
         Drucksache 18/10345 18. Wahlperiode 16.11.2016

10.103   Martens H (2008) Recycling. Kap. 3, S. 879-913 in: Moeller E (Hrsg.) Handbuch
         Konstruktionswerkstoffe. Hanser, München

10.104   Anonym (2015) Kunststoffabfälle. Umweltbundesamt

10.105   Anonym (2016) Produktion, Verarbeitung und Verwertung von Kunststoffen in
         Deutschland 2015 – Kurzfassung. 24 S. CONSULTIC, Studie im Auftrag von
         BKV, PlasticsEurope, Industrievereinigung Kunststoffverpackungen, VDMA und
         bvse, 19.09.2016

10.106   Lindner C, Hoffmann O (2015) Analyse/Beschreibung der derzeitigen Situation der
         stofflichen und energetischen Verwertung von Kunststoffabfällen in Deutschland.
         Endbericht, 113 S. Consultic Marketing & Industrieberatung GmbH, erstellt für die
         Interessengemeinschaft der Thermischen Abfallbehandlungsanlagen e.V. (ITAD),
         April 2015

10.107   Schmidt C, Krauth T, Wagner S (2017) Export of plastic debris by rivers into the
         sea. Environ Sci Technol 51(21):12246-12253

10.108   Koelmans AA, Besseling E, Foekema E, Kooi M, Mintenig S, Ossendorp BC, Re-
         dondo-Hasselerharm PE, Verschoor A, van Wezel AP, Scheffer M (2017) Risks of
         plastic debris: unravelling fact, opinion, perception, and belief. Environ Sci Technol
         51(20):11513-11519

10.109   Kaminsky W, Sinn H (1992) Pyrolyse. In: Menges G, Michaeli W, Bittner M
         (Hrsg) Recycling von Kunststoffen. S. 243-252. Carl Hanser Verlag München

10.110   Anonym (2016) Verpackungsabfälle. Umweltbundesamt

10.111   Anonym (1994/2015) EU-Gesetzgebung – Richtlinie 94/62/EG des Europäischen
         Parlaments und des Rates vom 20. Dezember über Verpackungen und Verpa-

ckungsabfälle. http://eur-lex.europa.eu/legal-content/DE/TXT/PDF/?uri=CELEX:-01994L0062-20150526&from=DE (16.05.2017)

10.112 Anonym (2014) Verordnung über die Vermeidung und Verwertung von Verpackungsabfällen (Verpackungsverordnung – VerpackV) vom 21. August 1998, die zuletzt durch Artikel 1 der Verordnung vom 17. Juli 2014 (BGBl. I S. 1061) geändert worden ist.

10.113 Anonym (2014) Siebte Novelle zur Verpackungsverordnung - Neue Verordnung soll Fehlentwicklungen bei den dualen Systemen entgegenwirken http://www.-bmub.bund.de/presse/pressemitteilungen/pm/artikel/neue-verordnung-soll-fehlent-wicklungen-bei-den-dualen-systemen-entgegenwirken/?tx_ttnews%5BbackPid%5-D=3500

10.114 Kloiber B (2016) DSD Historie X: Die Kritik am System wird lauter – alle wollen an den Recyclingrohstoffen verdienen. Der Wertstoff Blog v. 25. Februar 2016

10.115 Anonym (2017) Gesetz zur Fortentwicklung der haushaltsnahen Getrennterfassung von wertstoffhaltigen Abfällen vom 5. Juli 2017. Bundesgesetzblatt Jahrgang 2017 Teil I Nr. 45, S. 2234-2261, herausgegeben zu Bonn am 12. Juli 2017

10.116 Anonym (2017) Neues Verpackungsgesetz passiert den Bundesrat. Künftig mehr Recycling und höhere Effizienz. Pressemitteilung Nr. 154/17 Abfallwirtschaft vom 12.05.2017. http://www.bmub.bund.de/pressemitteilung/neues-verpackungsgesetz-passiert-den-bundesrat/

10.117 Anonym (o.J.) Anteile der in Mehrweg-Getränkeverpackungen sowie in ökologisch vorteilhaften Einweg-Getränkepackungen abgefüllten Getränke in den Jahren 2004 bis 2014 (in %) in der Bundesrepublik Deutschland. GVM Getränkestudie für 2014, Tabelle 7 „Anteile MövE-Verpackungen am Getränkeverbrauch 2009-2014. http://www.bmub.bund.de/fileadmin/Daten_BMU/Bilder_Infografiken/verpackung en_mehrweganteile_oeko_bf.pdf

10.118 Albrecht P, Brodersen J, Horst DW, Scherf M (2011) Mehrweg- und Recyclingsysteme für ausgewählte Getränkeverpackungen aus Nachhaltigkeitssicht. 456 S. PricewaterhouseCoopers (pwc) für Deutsche Umwelthilfe e.V.

10.119 Anonym (2012) Richtlinie 2012/19/EU des Europäischen Parlaments und des Rates vom 4. Juli 2012 über Elektro- und Elektronik-Altgeräte (WEEE – Waste of Electric and Electronic Equipment), Amtsblatt der Europäischen Union L 197/38 vom 24.7.2012

10.120 Anonym (2011) Richtlinie 2011/65/EU des Europäischen Parlaments und des Rates vom 8.. Juni 2011zur Beschränkung der Verwendung bestimmter gefährlicher Stoffe in Elektro- und Elektronikgeräten (RoHS – Restriction on the Use of Certain Hazardous Substances in Electrical and Electronic Equipment), Amtsblatt der Europäischen Union L 174/88 vom 1.7.2011

10.121 Anonym (2015) Gesetz über das Inverkehrbringen, die Rücknahme und die umweltverträgliche Entsorgung von Elektro- und Elektronikgeräten (Elektro- und Elektronikgerätegesetz – ElektroG) vom 20. Oktober 2015 (BGBl. I S. 1739)

10.122 Anonym (2013) Verordnung zur Beschränkung der Verwendung gefährlicher Stoffe in Elektro- und Elektronikgeräten (Elektro- und Elektronikgeräte-Stoff-Verordnung vom 19. April 2013 (BGBl. I S. 1111)

10.123 Anonym (o.J.) Elektro- und Elektronikgeräte-Stoffverordnung, it-recht-kanzlei-münchen. http://www.it-recht-kanzlei.de/Thema/elektrostoffv.html (16.05.2017)

10.124 Anonym (2016) Elektroaltgeräte. Umweltbundesamt 22.04.2016

10.125 Anonym (2015) Elektro- und Elektronikaltgeräte (u.a. Statistik). Umweltbundesamt 25.11.2015. https://www.umweltbundesamt.de/daten/abfall-kreislaufwirtschaft/entsorgung-verwertung-ausgewaehlter-abfallarten/elektro-elektronikaltgeraete

10.126 Anonym (2009) Gesetzgebung der Europäischen Union: EG-Richtlinie über Altfahrzeuge. Übersicht des Bundesministeriums für Umwelt, Naturschutz, Bau und Reaktorsicherheit vom 01.08.2009. http://www.bmub.bund.de/themen/wasser-abfall-boden/abfallwirtschaft/abfallarten-abfallstroeme/altfahrzeuge/abfallwirtschaft-altfahrzeuge-gesetzgebung-der-europaeischen-union/ (16.05.2017)

10.127 Anonym (2016) Jahresbericht über die Altfahrzeug-Verwertungsquoten in Deutschland im Jahr 2014 nach Art. 7 Abs. 2 der Altfahrzeug-Richtlinie 2000/53/EG. 47 S. Bundesministerium für Umwelt, Naturschutz, Bau und Reaktorsicherheit/Umweltbundesamt

10.128 Anonym (2011) Daten zur Umwelt – Umweltzustand in Deutschland – Abfall- und Kreislaufwirtschaft. Altfahrzeugaufkommen und -verwertung. Stand Sept. 2011. Umweltbundesamt Dessau-Roßlau.

10.129 Steinhilper R, Schneider A (1996) Produktions- und produktintegrierter Umweltschutz in der Fertigungsindustrie. In: Brauer H (Hrsg) Handbuch des Umweltschutzes und der Umweltschutztechnik. Band 2: Produktions- und produktintegrierter Umweltschutz. S. 689-781. Springer Verlag Berlin

10.130 Anonym (2017) Altbatterien – Masse der zurückgewonnenen Sekundärrohstoffe erhöhte sich im Jahr 2015 um 18.000 Tonnen. Umweltbundesamt Dessau-Roßlau, 11.01.2017. https://www.umweltbundesamt.de/daten/abfall-kreislaufwirtschaft/-entsorgung-verwertung-ausgewaehlter-abfallarten/altbatterien

10.131 Anonym (o.J.) Abgrenzung der unterschiedlichen Batteriearten. Bundesministerium für Land- und Forstwirtschaft, Umwelt und Wasserwirtschaft, Wien

10.132 Anonym (2006) Richtlinie 2006/66/EG des Europäischen Parlaments und des Rates vom 6. September 2006 über Batterien und Akkumulatoren sowie Altbatterien und Altakkumulatoren und zur Aufhebung der Richtlinie 91/157/EWG. Amtsblatt der Europäischen Union L 266/1 vom 26.9.2006, 14 S.

10.133 Anonym (2009/2015) Gesetz über das Inverkehrbringen, die Rücknahme und die umweltverträgliche Entsorgung von Batterien und Akkumulatoren (Batteriegesetz – BattG) vom 25. Juni 2009 (BGBl. I S. 1582), das zuletzt durch Artikel 1 des Gesetzes vom 20. November 2015 (BGBl. I S. 2071) geändert worden ist

10.134 Anonym (2012) Verordnung (EU) Nr. 493/2012 der Kommission vom 11. Juni 2012 mit Durchführungsbestimmungen zur Berechnung der Recyclingeffizienzen von Recyclingverfahren für Altbatterien und Altakkumulatoren gemäß der Richtlinie 2006/66/EG des Europäischen Parlaments und des Rates. Amtsblatt der Europäischen Union, L 151/9 vom 12.6.2012

10.135 Rentz O, Engels B, Schultmann F (2001) Untersuchung von Batterieverwertungsverfahren und -anlagen hinsichtlich ökologischer und ökonomische Relevanz unter besonderer Berücksichtigung des Cadmiumproblems. Forschungsprojekt 299 35 330 im Umweltforschungsplan des BMUB, im Auftrag des Umweltbundesamtes, 296 S., Juli 2001

10.136 Bärwaldt G (o.J.) LithoRec – Recycling von Lithium-Ionen-Batterien. Übersicht

10.137 Anonym (1994) Gesetz zur Förderung der Kreislaufwirtschaft und Sicherung der umweltverträglichen Beseitigung von Abfällen (Kreislaufwirtschafts- und Abfallgesetz – KrW-/AbfG) vom 27. September 1994. BGBl. III/FNA 2129-27-2. Berlin.

10.138 Jepsen D, Schilling S, Sander K, Spengler L (2010) Studie zur Weiterentwicklung der Produktverantwortung. Endbericht, 108 S., Ökopol – Institut für Ökologie und Politik GmbH im Auftrag des Niedersächsischen Ministerium für Umwelt und Klimaschutz

10.139 Lindhqvist T (1992) Extended producer responsibility. In: Lindhqvist T (ed) Extended Producer Responsibility as a Strategy to Promote Cleaner Products, p 1-5. Department of Industrial Environmental Economics, Lund University

10.140 Lifset R (1993) Take it back: Extended producer responsibility as a form of incentive-based environmental policy. J Resource Management Technol 21:163-175

10.141 Lindhqvist T (2000) Extended Producer Responsibility in Cleaner Production - Policy Principle to Promote Environmental Improvements in Product Systems. Doctoral Dissertation, Lund University, May 2000, 197 p

10.142 Tong X, Lifset R, Lindhqvist T (2005) Extended producer responsibility in China – where is "best practice"? J Industrial Ecol 8(4):6-9

10.143 Manomaivibool P (2009) Extended producer responsibility in a non-OECD context: The management of waste electrical and electronic equipment in India. Resources Conserv Recycling 53(3):136–144

10.144 Khetrival DS, Kraeuchi P, Widmer R (2009) Producer responsibility for e-waste management: Key issues for consideration – Learning from the Swiss experience. J Environ Manag 90(1):153–165

10.145 Monier V, Hestin M, Cavé J, Laureysens I, Reisinger H, Porsch L (2014) Development of Guidance on Extended Producer Responsibility (EPR). Final Report, 227 p, BIO Intelligence Service with Arcadis, Ecologic, IEEP and UBA for European Commission – DG Environment

10.146 Anonym (2014) Studie: Deutschland Spitzenreiter beim Abfallmanagement. RecyclingNews vom 28.08.2014

10.147 Walther G (2010) Nachhaltige Wertschöpfungsnetzwerke – Überbetriebliche Planung und Steuerung von Stoffströmen entlang des Produktlebenszyklus. 304 S., Gabler

10.148 Anonym (2008/2015) Gesetz über die umweltgerechte Gestaltung energieverbrauchsrelevanter Produkte (Energieverbrauchsrelevante-Produkte-Gesetz – EVPG) vom 27.02.2008, zuletzt geändert durch Art. 332 der Verordnung vom 31. August 2015 (BGBl. I S. 1474)

10.149 Anonym (2016) Ökodesign-Richtlinie. Bundesministerium für Umwelt, Naturschutz, Bau und Reaktorsicherheit, 08.12.2016, http://www.bmub.bund.de/themen/wirtschaft-produkte-ressourcen-tourismus/produkte-und-umwelt/oeko-design/oeko-design-richtlinie/

10.150 Anonym (2016) (1) Commission recommendation of 30.11.2016 on guidelines for self-regulation measures concluded by industry under Directive 2009/125/EC of the European Parliament and of the Council; (2) Ecodesign Working Plan 2016-2019, Communication from the Commission from 30.11.2016

10.151 Kemna R, Van Elburg M, Li W, Van Holsteijn R (2005) Methodology Study Ecodesign of Energy-using Products. MEEUP Methodology Report. Final Report, 188 p, Van Holsteijn en Kemna BV (contractor) for European Commission, DG ENTR, Unit ENTR/G/3

10.152 Jepsen D, Sprengler L, Reintjes N, Rubik F, Schomerus T (2011) Produktbezogenes Top-Runner-Modell auf der EU-Ebene. Konzeptpapier, 19 S. Texte 39/2011. Umweltbundesamt

10.153 Anonym (o.J.) EuP-Netzwerk. Ökopol Institut für Ökologie und Politik GmbH. http://www.eup-network.de/de/aktuell/

10.154 Anonym (o.J.) Kriterienmatrix zum Bundespreis Ecodesign. https://www.bundes-preis-ecodesign.de/de/ecodesign/kriterien.html

10.155 Steinhilper R (2009) Refurbishing – Boomende Technologien und Märkte. Vortrag Hamburg, 3. November 2009. 34 Folien

10.156 Steinhilper R (2012) Von Fabrikation bis zur Refabrikation – Lösungswege und Lösungsbeispiele zur ressourceneffizienten Produktion. 39 Folien

10.157 Butzer S (2016) Remanufacturing – Ein wichtiger Beitrag zur Circular Economy. Ressourceneffizienz Kongress BW Kreislaufwirtschaft. 6. Oktober 2016, Karlsruhe

10.158 Butzer S, Schötz S, Steinhilper R (2016) Remanufacturing process assessment – A holistic approach. Procedia CIRP 52: 234-238

10.159 Thierry M, Salomon M, Van Nunen JAEE, Wassenhove LV (1995) Strategic issues in product recovery management. California Management Review 37(2): 114-135

10.160 Kopp A (2010) Anforderungen an den Einbau von mineralischen Ersatzbaustoffen in technischen Bauwerken – ErsatzbaustoffV. Vortrag Dr. Axel Kopp (Bundesum-weltministerium) anl. der Tagung Stoffstrommanagement – Bau- und Abbruchab-fälle, 04.10.2010 in Mainz; https://www.ifeu.de/abfallwirtschaft/pdf/Kopp.pdf (16.05.2017)

10.161 Dehoust G, Küppers P, Gebhardt P, Rheinberger U, Hermann A (2008) Aufkom-men, Qualität und Verbleib mineralischer Abfälle. Endbericht, 153 S. Öko-Institut e.V., im Auftrag des Umweltbundesamts

10.162 Schiller G, Deilmann C, Reichenbach J, Baumann J, Günther M (2010) Ermittlung von Ressourcenschonungspotenzialen bei der Verwertung von Bauabfällen und Er-arbeitung von Empfehlungen zu deren Nutzung. Texte 56/2010, 195 S. Studie im Auftrag des Umweltbundesamts, Dessau-Roßlau, November 2010

10.163 Knappe F, Dehoust G, Petschow U, Jakubowski G (2012) Steigerung von Akzep-tanz und Einsatz mineralischer Sekundärrohstoffe unter Berücksichtigung schutz-gutbezogener und anwendungsbezogener Anforderungen, des potenziellen, volks-wirtschaftlichen Nutzens sowie branchenbezogener, ökonomischer Anreizinstru-mente. Texte 28/2012, 153 S. Studie des IFEU-Instituts im Auftrag des Umwelt-bundesamtes, Dessau-Roßlau, Juli 2012

10.164 Weimann K, Matyschik J, Adam C, Schulz T, Linß E, Müller A (2013) Optimie-rung des Rückbaus/Abbaus von Gebäuden zur Rückgewinnung und Aufbereitung von Baustoffen unter Schadstoffentfrachtung (insbes. Sulfat) des RC-Materials so-wie ökobilanzieller Vergleich von Primär- und Sekundärrohstoffeinsatz inkl. Wie-derverwertung. Texte 05/2013, 227 S. Studie der Bundesanstalt für Materialfor-schung und -prüfung/Bauhaus-Universität Weimar, im Auftrag des Umweltbundes-amtes, Dessau-Roßlau, Februar 2013

10.165 Schiller G, Ortlepp R, Krauß N, Steger S, Schütz H, FernándezJA, Reichenbach J, Wagner J, Baumann J (2015) Kartierung des anthropogenen Lagers in Deutschland zur Optimierung der Sekundärrohstoffwirtschaft. Texte 83/2015, 315 S., Studie des Leibniz-Institut für ökologische Raumentwicklung, Wuppertal Institut für Klima, Umwelt, Energie, INTECUS, Dresden, im Auftrag des Umweltbundesamtes, Des-sau-Roßlau, Oktober 2015

10.166 Bleher D, Dehoust G, Alwast H, Thörner T, Stuckenholz F, Grass V, Susset   B, Ewen C, Albrich H (2017) Planspiel Mantelverordnung (Aspekte der Kreislaufwirt-schaft und des Bodenschutzes). Planspiel mit dem Ziel einer Gesetzesfolgenabschätzung zu den Auswirkungen der Mantelverordnung. 129 S. Ökoinstitut e.V. im Auftrag des Umweltbundesamres, Stand des Entwurfs: 18. Januar 2017

10.167 Anonym (2017) Verordnung zur Einführung einer Ersatzbaustoffverordnung, zur Neufassung der Bundes-Bodenschutz-und Altlastenverordnung und zur Änderung der Deponieverordnung und der Gewerbeabfallverordnung. Referentenentwurf des Bundesministeriums für Umwelt, Naturschutz, Bau und Reaktorsicherheit. WR III 3 – 73103-1/0 vom 06.02.2017, 178 S. (Begründung 121 Seiten). [Über den aktuellen Stand der Mantelverordnung berichtete am 20.10.2017 Michael Heugel, Referat WR III 3 des Bundesministerium für Umwelt, Naturschutz, Bau und Reaktorsicherheit www.ngsmbh.de/bin/pdfs/Vortrag_191017_Heugel.pdf]

10.168 Onkelbach A (2015) Mineralische Ersatzbaustoffe – Herausforderungen der Wiederverwerung und Strategien zur Verbesserung der Marktsituation. S. 305-320 in: Thomé-Kozmiensky KJ (Hrsg.) Mineralische Nebenprodukte und Abfälle, Band 2, TK Verlag Neuruppin

10.169 Anonym (1999) Bundes-Bodenschutz- und Altlastenverordnung. BGBl. I S. 1554

10.170 Eberle SH, Freyas R, Huckele S, Haag I, Rödelsberger M (2010) Wissenschaftliche Begleitung und Ergebnisauswertung des Projektverbundes zum BMBF-Förderschwerpunkt „Sickerwasserprognose". Abschlussbericht Sept. 2010, Veröffentlichungen aus dem Technologiezentrum Wasser (TZW) Nr. 47, 204 S., Karlsruhe

10.171 Susset B, Leuchs W (2011) Ableitung von Mineralwerten im Eluat und Einbaumöglichkeiten mineralischer Ersatzbaustoffe. Texte 04/2011, 124 S. Umweltbundesamt Dessau-Roßlau

10.172 Utermann J, Bieber A, Busch J (2016) Diskussionsstand Mantelverordnung mit Schwerpunkt Novellierung Bundes-Bodenschutz- und Altlastenverordnung (BBodSchV). S. 3-15 in: Thomé-Kozmiensky KJ (Hrsg.) Mineralische Nebenprodukte und Abfälle, Band 3, TK Verlag Neuruppin

10.173 Anonym (2015) Ableitung von Geringfügigkeitsschwellenwerten für das Grundwasser. Stand: 15. Juli 2015. Länderarbeitsgemeinschaft Wasser (aus [10.172])

10.174 Zeddel A, Quadflieg A, Utermann J (2016) Grundsätze für Anwendungsregeln der Geringfügigkeitsschwellen an der Schnittstelle Wasserrecht – Abfallrecht – Bodenschutzrecht. S. 51-63 in: Thomé-Kozmiensky KJ (Hrsg.) Mineralische Nebenprodukte und Abfälle, Band 3, TK Verlag Neuruppin

10.175 Anonym (2017) Treibhausgasemissionen 2015 im zweiten Jahr in Folge leicht gesunken. Energiewende beginnt zu wirken – Emissionen des Verkehrs stagnieren aber weiter. Pressemitteilung vom 30.01.2017 https://www.umweltbundesamt.de/sites/default/files/medien/2294/dokumente/pm-2017-03_treibhausgase_2015.pdf

10.176 Dehoust G, Harthan RO, Stahl H, Hermann H, Matthes FC, Möck A (2014) Beitrag der Kreislaufwirtschaft zur Energiewende. Klimaschutzpotenziale auch unter geänderten Rahmenbedingungen optimal nutzen. Öko-Institut e.V. im Auftrag des Bundesverbands der Deutschen Entsorgungs-, Wasser- und Rohstoffwirtschaft e.V. (BDE), Berlin, 15. Januar 2014. 84 S.

10.177 Dehoust G, Harthan H, Hermann H (2014) Beitrag der Kreislaufwirtschaft zur Energiewende. Bundespressekonferenz Berlin, 30. Januar 2014, 19 Folien (https://de.slideshare.net/Oeko-Institut/itrag-der-kreislaufwirtschaft-zur-energiewende) aufgerufen am 04.10.2017

Sachverzeichnis

© Springer-Verlag Berlin Heidelberg 2018
U. Förstner, S. Köster, *Umweltschutztechnik*, https://doi.org/10.1007/978-3-662-55163-9

C

Printed by Printforce, the Netherlands